Nur das Beste für die Marine!

DaimlerChrysler Aerospace AG
Führung und Kommunikation
89070 Ulm
Telefon 07 31 3 92 - 37 21
Telefax 07 31 3 92 - 49 08
E-mail kurt.schieder@vs.dasa.de

Fernmeldeaufklärungsanlage Maigret.

Unsere elektronischen Produkte und Systeme gehören weltweit zu den modernsten und sichersten auf dem Markt.

Als Systemanbieter entwickeln und produzieren wir alles aus einer Hand für alle Einheiten der Marine.

- ☐ Sensoren
- ☐ Flugabwehrsysteme
- ☐ Führungssysteme
- ☐ EloKa-Systeme
- ☐ DV-Systeme

DaimlerChrysler Aerospace AG
Boden- und Schiffssysteme
89070 Ulm
Telefon 07 31 3 92 - 37 82
Telefax 07 31 3 92 - 28 28
E-mail silvia.sugg@vs.dasa.de

TRS-3D Antennengruppe.

Wir unterstützen unsere Partner mit Logistik, Schulung und Training, denn die Zufriedenheit unserer Kunden bestimmt unser Handeln.

DaimlerChrysler Aerospace AG
LFK-Lenkflugkörpersysteme GmbH
81663 München
Telefon 0 89 60 72 - 85 07
Telefax 0 89 60 72 - 52 28
E-mail friedrich-wilhelm.koch@lfk.dasa.de

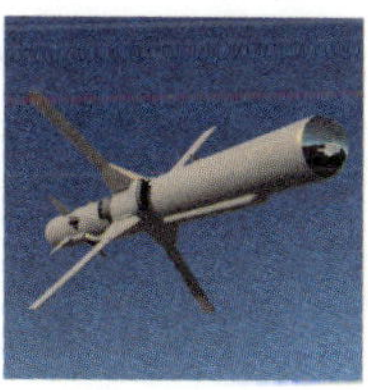

Lichtwellenleitergelenktes Flugkörpersystem Polyphem.

DaimlerChrysler Aerospace

www.dasa.com

Verteidigung und Zivile Systeme

WEYERS

FLOTTENTASCHENBUCH
WARSHIPS OF THE WORLD

64. JAHRGANG 1999-2001

HERAUSGEGEBEN VON/COMPILED BY

WERNER GLOBKE

MIT EINER EINFÜHRUNG VON/WITH AN INTRODUCTION
BY JÜRGEN RHADES

SKIZZEN VON/DRAWINGS BY
F. W. BESCH, S. BREYER, E. KAISER W. KRAMER

MIT 1500 SCHIFFSSKIZZEN UND 792 PHOTOS
WITH 1500 DRAWINGS OF SHIPS AND 792 PHOTOS

BERNARD & GRAEFE VERLAG BONN

DG: **Sovremennyj** [136]: **Hang Zhou** 9. 1. 2000 © Flottenkommando

Vorwort

Im 64. Jahrgang wurden 144 neue Skizzen und 750 neue Fotos aufgenommen, ein Teil der alten Skizzen wurde datentechnisch aufgearbeitet.
Innerhalb der Reihenfolge der Länder wurde die übliche amtliche Schreibweise berücksichtigt. Für die Gliederung der Schiffstypen wurde, soweit für den Weyer zweckmäßig, die im militärischen Nachrichtenwesen gebrauchte Reihenfolge übernommen. Neue Kurzbezeichnungen von Schiffstypen wurden zur besseren Unterscheidung einzelner Schiffsklassen eingeführt. Dieses System soll mit der nächsten Ausgabe noch weiter überarbeitet werden.
Ausgeweitet wurde die Darstellung der Küstenwachen, die vom Umfang her ständig wachsen und deren Bedeutung bei der Sicherung der Seegrenzen zunimmt. Allerdings war es nicht möglich, eine alle Länder umfassende Darstellung zu geben.
Im Bereich der Seerüstung zeigen sich unterschiedliche Tendenzen. Die Marine der Vereinigten Saaten verliert seit Jahren mehr Schiffe, als neue in Dienst gestellt werden, die Ubootflotte und die Anzahl der einsatzbereiten Hilfsschiffe befinden sich im ständigen Abwärtstrend, neue Schiffsprojekte werden auf der Zeitachse geschoben. Die russische Marine scheint sich auf niedrigem Niveau zu stabilisieren, man muß jedoch abwarten, ob der Krieg in Tschetschenien nicht notwendige Mittel für Betrieb und Instandsetzung auffrißt. Die französische Marine muß wegen fehlender Haushaltsmittel Einbußen hinnehmen, der Wegfall der Wehrpflicht dürfte die angespannte Situation weiter verschärfen.
Großbritannien hingegen beabsichtigt mit interessanten Projekten wie neuen Flugzeugträgern, Zerstörern des Typs 45 und neuer Uboote seinen maritimen Beitrag innerhalb und außerhalb der NATO deutlicher zu machen.
Noch kann nicht abgesehen werden, welche Auswirkungen die strukturellen Änderungen der Bundeswehr auf die deutsche Marine haben werden. Es kann jedoch als sicher gelten, daß auch bei der Marine mit deutlichen Reduzierungen gerechnet werden muß, obwohl das Auftragsspektrum bei Einsätzen im Rahmen der NATO oder UNO kaum geringer wird.
In anderen Teilen der Welt wird die Marinerüstung intensiv vorangetrieben, die Lieferung des ersten rotchinesischen Sovremennyjs aus russischer Fertigung Anfang dieses Jahres sei hier als Beispiel genannt.
Im kommenden Jahrzehnt werden viele neue Techniken in Einzelschiffen erprobt, die dann vermutlich für viele Jahre das Aussehen und die Leistungsfähigkeit neuer Schiffsgenerationen beeinflussen werden.
In den vergangenen zwei Jahren wurde die Arbeit am Weyer wieder durch zahlreiche Mitarbeiter unterstützt. Erfreulich ist, daß mehrere neue Herren dazu gekommen sind.
Mein besonderer Dank gilt den Zeichnern, die erneut einen wesentlichen Beitrag zu diesem Buch geleistet haben. Es sind dies die Herren F. W. Besch, S. Breyer, E. Kaiser und W. Kramer.
Die Unterstützugen des Führungsstabs der Marine, des Amts für Nachrichtenwesen der Bundeswehr und des Flottenkommandos sind erneut von großem Wert gewesen.
Erstmalig konnte auch die Unterstützung des Bundesgrenzschutzamts-See, des Küstenwachzentrums Nordsee sowie des Bundesamts für Seeschifffahrt und Hydrographie erreicht werden.
In besonderem Maße haben mich mit Informationen und Bildern unterstützt die Herren F. Behling, H. Ehlers, A. Engel, F. Findler, L. van Ginderen, R. Kramer, J. Kürsener, B. Lemachko, N. Sifferlinger, P. Voß und M. Winter. Die gute Zusammenarbeit mit A.D. Baker III *(Combat Fleets)*, B. Prézelin *(Flottes de Combat)* und T. Kizu *(Ships of the World)* war für mich sehr wertvoll.

Angaben und Fotos stellten zur Verfügung die Damen Ursula Albrecht und Marianne Globke sowie die Herren G. Arra, R. Bacchi, D. Barner, R. Bentin, G. Berger, M. Berger, T. Brandt, C. Busquets i Villanova, L. Černjul, S. Cioglia, J. Cislak, M. Cristoffanini, G. Fiebiger, A. Fraccaroli, Z. Freivogel, R. Gierke, L. Grazioli, G. Giorgerini (*Almanaco Navale*), C. Groll, M. Hübner, S. Karpinski, G. Koop, F. Kosar, Hr. Kurganow, B. Loose, T. Lüdtke, J. Malinowski *(Okrety Wojenne),* H. Mießner, A. Moreno, S.L. Morison, F. Mrva, R. Nerlich, V. Osintsev *(Almanach Tajfun),* A. Pavlov (*F.M.F. Rossii*), J. Parczyk, J. Pellegrini, B. Plokker, A. Preston *(Navint),* W.D. Prokasi, D. Quevedo-Carmona, H.J. Reinecke, E. Röper, F. Sadek, R. Sannicolo, O. Seesemann, E. Sieche, H.J. Schaefer, G. Schaeffer, M. Schiele, , K.J. Schneider, R. Schupita, R. Sharpe *(Jane's Fighting Ships),* A. Šmigielski, D. Streich, M. Streich, X. Taibo, S. Terzibaschitsch *(Nachrichten aus der U.S. Navy),* Hr. Veselov, M. Voss, I. Wamser und D. Wolf.

Neue Mitarbeiter, besonders aus Lateinamerika und dem asiatischen Raum, sind stets willkommen.

Die Arbeiten am *Weyer 2002/03* haben schon begonnen, Informationen und Bilder sollten frühzeitig zugesandt werden.

Bonn, im März 2000 Werner Globke
Zanderstr. 31
D-53177 Bonn

Preface

A total of 144 new drawings and 750 photos have been integrated into the 64th edition, and a great deal of older drawings were updated.
For the order of countries, the usual official spelling has been used. For the classification structure of the vessels, the structure used by the military intelligence service was adopted – as far as appropriate for this book. New basic designators for the types of ships have been introduced to easier distinguish between classes of ships. For the forthcoming edition, this system will be further revised.
The presentation of the coast guards was expanded, because their size keeps on growing and their importance in securing the sea boundaries is getting more attention, although it proved to be impossible to give a complete overview on all countries.
In the area of maritime armament procurement, there are various different tendencies to be observed:
Since quite a few years, the United States Navy is taking more ships out of service than introducing new ones; the amount of submarines and operational auxiliary ships is steadily decreasing, new projects are being postponed.
The Russian Navy seems to be stabilising itself at a pretty low level, but it has to be seen, whether the war in Chechnya won't use up the entire budget for operation and maintenance.
The French Navy has to take losses due to severe budgetary restrictions, in addition, the situation will be aggravated due to the cancellation of the conscription system.
The Royal Navy intends to increase her contribution to and presentation out of NATO by interesting projects as new aircraft carriers and submarines and type 45 destroyers.
For the German Navy, still the consequences of the structural changes of the Bundeswehr (Federal Armed Forces) can not be judged. But apparently, it can be taken for granted that also the Navy has to live with clear reductions, although the operational role of the German Navy within NATO or the UN will not change.
In other areas of the world, maritime armament procurement is growing intensively, the delivery of the first Sovremenny of Russian production for the People's Republic of China earlier this year is pointing exactly in this direction.
In the forthcoming decade, we will see a great deal of new ship construction techniques, which in turn will most likely have severe impacts on shape and capabilities on the future generation of naval vessels.
During the past two years, the work on the *Weyer* has again been supported by numerous collaborators with several new gentlemen having joined the team.
My special thanks to the graphic artists, who again have created a major contribution to this book: F.W. Besch, S. Breyer, E. Kaiser and W. Kramer.
Again, the support given by the Naval Staff, the Federal Armed Forces Intelligence Office and the Naval Fleet Command was highly valuable.
For the first time, support was granted by the Federal Office for Border Control (Sea), the Coastal Surveillance Centre North Sea and the Federal Office for Shipping and Hydrographics.
Special support with respect to information, pictures and photos was provided by: F. Behling, H. Ehlers, A. Engel, F. Findler, L. van Ginderen, R. Kramer, J. Kürsener, B. Lemachko, N. Sifferlinger, P. Voß, and M. Winter. Of very high value was the co-operation with A.D. Baker III (*Combat Fleets*), B. Prézelin (*Flottes de Combat*), and T. Kizu (*Ships of the World*).

Additional information and photos have been contributed by: Ursula Albrecht and Marianne Globke; G. Arra, R. Bacchi, D. Barner, R. Bentin, G. Berger, M. Berger, T. Brandt, C. Busquets i Villanova, L. Cernjul, S. Cioglia, J. Cislak, M. Cristoffianini, G. Fiebiger, A. Fraccaroli, Z. Freivogel, R. Gierke, L. Grazioli, G. Giorgerini (*Almanaco Navale*), C. Groll, M. Hübner, S. Karpinski, G. Koop, F. Kosar, Hr. Kurganow, B. Loose, T. Lüdke, J. Malinowski (*Okrety Wojenne*), H. Mießner, A. Moreno, S.L. Morison, F. Mrva, R. Nerlich, V. Osintsev (*Almanach Tajfun*), A. Pavlov (*V.M.F. Rossii*), J. Parczyk, J. Pellegrini, B. Plokker, A. Preston (*Navint*), W.D. Prokasi, D. Quevedo-Carmona, H.J. Reinecke, E. Röper, F. Sadek, R. Sannicolo, O. Seesemann, E. Sieche, H.J. Schaefer, G. Schaeffer, M. Schiele, K.J. Schneider, R. Schupita, R. Sharpe (*Jane's Fighting Ships*), A. Smigielski, D. Streich, M. Streich, X. Taibo, S. Terzibaschitsch (*Nachrichten aus der U.S. Navy*), Hr. Veselov, M. Voss, I. Wamser, and D. Wolf.
New correspondents, especially from Latin America and from the Asian Region are always welcome.
Works on the *2002/2003 edition of the Weyer* have already started, information and pictures for contribution should be forwarded pretty soon.

Bonn, March 2000 Werner Globke

Zanderstr. 31
D-53177 Bonn

100 Jahre Weyer • 100 Years Weyer

Korvettenkapitän a. D. Bruno Weyer
** 1857 † 10. 12. 1936*

100 Jahre Weyer

Im November 1899 schrieb Kapitänleutnant a. D. Bruno Weyer das Vorwort für die erste Ausgabe des „Taschenbuch der Deutschen Kriegsflotte".
Bereits im darauffolgenden Jahr wurde der Inhalt erweitert und der Titel lautete „Taschenbuch der Deutschen und fremden Kriegsflotten".
Ab 1903 erschien der *Weyer,* wie er schon damals genannt wurde, als „Taschenbuch der Kriegsflotten". Besondere Bedeutung für die Verwirklichung dieses deutschen Flottenhandbuchs hatte der Münchner Verleger J.F. Lehmann, ohne den der *Weyer* in der vorliegenden Form nicht denkbar gewesen wäre. 1905 hatte der *Weyer* einen Umfang von 348 Seiten und berichtete über 23 Marinen.
Während des Ersten Weltkrieges wurden fünf Kriegsausgaben unter der redaktionellen Leitung des Geheimen Rechnungsrats Paul Evers herausgegeben. 1922 erschien der erste Nachkriegsjahrgang, im Umfang gegenüber den vorhergehenden Bänden deutlich reduziert.

Alexander Bredt
** 1897 – † 8. 8. 1969*

Gerhard Albrecht
** 23. 10. 1924*
† 20. 10. 1993

Im Jahr 1925 stieß der Schriftleiter und Leutnant z. S. a. D. Alexander Bredt zu den Mitarbeitern. Ab 1933 wurde er der verantwortliche Herausgeber. Alexander Bredt führte wesentliche Neuerungen bei der Gestaltung des *Weyer* ein, vor allem die Übernahme von Schiffsskizzen nach dem System Gröner. Die Skizzen sind bis heute ein wesentlicher Bestandteil des Buchs. Im Weyer 1935 wurden 48 Marinen auf 418 Seiten ausführlich dargestellt.
Am 24. März 1935 starb der Verleger J.F. Lehmann, der den *Weyer* über die schwierigen Jahre nach dem Ersten Weltkrieg erhalten und gefördert hatte. In diesem Jahr trat Erich Gröner zu den Mitarbeitern Bredts, er hat bis zu seinem Tod am 21. Juni 1965 dem *Weyer* wichtige und entscheidende Impulse gegeben.
Im Oktober 1944 erschien der letzte Kriegsjahrgang, allerdings als Verschlußsache, der mit einer für die damalige Zeit erstaunlichen Offenheit über die enormen Schiffbauprogramme der deutschen Kriegsgegner berichtete.
Anfang 1953 kam die erste Ausgabe nach dem Zweiten Weltkrieg als „Weyers Flottentaschenbuch" heraus. 64 Marinen waren aufgelistet, und Alexander Bredt führte eine neue Gliederung und ein neues Format ein. Ab 1962 war er aufgrund einer schweren Erkrankung gezwungen, Teile der redaktionellen Arbeit in die Hände von Gerhard Albrecht zu legen, der bereits seit 1953 als Mitarbeiter tätig war. Alexander Bredt starb am 8. August 1969.
Im Jahr 1967 übernahm Gerhard Albrecht offiziell die Aufgaben des Herausgebers. In diesem Jahr erschien die erste englische Ausgabe als „Weyers Warships of the World" in Zusammenarbeit mit dem U.S. Naval Institute. Kurz danach kam der *Weyer* 1968 in der alleinigen Verantwortung des neuen Herausgebers heraus. Gerhard Albrecht war 25 Jahre als Herausgeber tätig, er hat in dieser Zeit den *Weyer* in seiner heutigen Form und Qualität geformt, auch unter wesentlicher Mithilfe seiner Frau Ursula.

Werner Globke
** 27. 3. 1942*

1969 erschien der 50. Jahrgang, der über 94 Marinen berichtete. Ab 1977/78 erschien der *Weyer* zweisprachig Deutsch/Englisch.
Der Jahrgang 1992/93 war der letzte, den Gerhard Albrecht vollständig bearbeitet hat, er enthielt 149 Marinen und war auf 874 Seiten angewachsen.
Als Gerhard Albrecht am 20. Oktober 1993 plötzlich verstarb, lag das Manuskript des *Weyer* 1994/96 nur in Teilen vor und wurde durch Frau Ursula Albrecht und dem jetzigen Herausgeber fertiggestellt.

1994 beauftragte mich der Verlag Bernard & Graefe, die Herausgeberschaft des *Weyer* zu übernehmen.
Zum Schluß möchte ich noch an die Zeichner und vielen Mitarbeiter erinnern, die in den vergangenen 100 Jahren, teilweise jahrzehntelang, die Herausgabe des *Weyer* erst ermöglicht haben.

Es sind dies die Zeichner der Skizzen: Erich Gröner (1935–65), Hr. Wolff (1943/44), Hr. Schünemann (1953–60), K.D. Schack (1953–86), S. Breyer (1954–98), E. Kaiser (1960–92), H. Möller (1966), F. Mrva (1963–92), F.W. Besch (seit 1984), und W. Kramer (seit 1994).
Und einige Mitarbeiter für viele: Paul Evers (1913–22), Hr. Bille (1935–72), Hr. Saracoglu (1925–76), Hr. Accorsi, Hr. Aguilera, Hr. Aoki, A. Fraccaroli, Hr. Fukaya, Hr. Gigante, F. Kosar, H. Krüger, J. Meister, Dr. Noecker, S. Terzibaschitsch, Hr. Westerlund.

Bonn, im März 2000 Werner Globke

100 Years of Weyer

In November 1899, ret. Lieutenant (Navy) Bruno Weyer wrote the preface for the first edition of the "Taschenbuch der Deutschen Kriegsflotte" (Pocket Handbook of the German Combat Fleet).
Only one year later, contents of the book were expanded and the new title was amended to "Taschenbuch der Deutschen und fremden Kriegsflotten" (Pocket Handbook of the German and other Combat Fleets). Since 1903, the *Weyer* – as the book was named very early – was published under the name of "Taschenbuch der Kriegsflotten" (Pocket Handbook of Combat Fleets). Special influence in realising a German Fleet Handbook had the Editor J.F. Lehmann of Munich, without him the *Weyer* would have never been printed in the present way. In 1905, the *Weyer* encompassed 348 pages and reported on 23 different navies.
During World War I, five wartime editions were published under the editorial leadership of the Financial Secretary Paul Evers. In 1922, the first post war edition was published – although pretty much reduced in size in comparison to earlier editions.

Alexander Bredt
** 1897 – † 8. 8. 1969*

In 1925, the editor and ret. Lieutenant j.g. Alexander Bredt joined the team, he was made Chief Editor in 1933. Important innovations in the layout were introduced by Alexander Bredt, especially the introduction of the ships graphics according to the Gröner System. These graphics still form an important part of the book. In the 1935 edition, already 48 navies were presented on 418 pages.
On May 24th, 1935, chief editor J.F. Lehmann, who had brought the *Weyer* through the difficult times of the war, died and Erich Gröner joined the editorial team. Until his death on June 21st, 1965, he had given most important and decisive impulses to the *Weyer*.

In October 1944, the last wartime edition had been issued, although as "classified", which had reported – astonishing for those times – in a very open manor on ship building programmes of the German opponents. Early 1953, the first post World War II edition was published under the name "Weyers Flottentaschenbuch" (Weyers Fleet Pocket Handbook). 64 navies were listed and A. Bredt had introduced a new structure and a new format. Starting in 1962, A. Bredt was forced – due to serious illness – to hand over the editorial work to Gerhardt Albrecht, who had been a member of the team since 1953 already. Alexander Bredt died on August 08th, 1969.

Gerhard Albrecht
** 23. 10. 1924*
† 20. 10. 1993

In 1969, Gerhardt Albrecht officially took over the responsibilities of the Chief Editor. During the same year, the first English edition was published under the title of "Weyers Warships of the World" in co-operation with the U.S. Naval Institute. Shortly after this, the first *Weyer* was edited under the new Chief Editor G. Albrecht, who held this post for 25 years. He had formed the *Weyer* in the present form and quality, with considerable assistance of his wife Ursula.

Werner Globke
** 27. 3. 1942*

In 1969, the 50th edition was published, reporting on 94 navies, and in 1977 / 78, the first bilingual *Weyer* edition in German/English was on the market.
The 1992 / 93 edition was the last one under the complete editorial responsibility of Gerhardt Albrecht, containing 149 navies and encompassing 874 pages.
When G. Albrecht suddenly died on October 20th, 1993, the manuscript of the 1994 / 96 edition was only available in parts, but was finished by Mrs. Ursula Albrecht and the present Chief Editor.

In 1994, I was asked by the Publishing House Bernard & Graefe to take over the editorial responsibility.
Finally, I would like to recall all the graphic artists and the many employees and co-workers, who in the past 100 years – sometimes for decades – have enabled the edition of the *Weyer*.

These are for the graphics: Erich Gröner (1935–65), Hr. Wolff (1943/44), Hr. Schünemann (1953–60), K.D. Schack (1953–86), S. Breyer (1954–98), E. Kaiser (1960–92), H. Möller (1966), F. Mrva (1963–92), F.W. Besch (since 1984), and W. Kramer (since 1994).
And some of the employees representing all of them: Paul Evers (1913–22), Hr. Bille (1935–72), Hr. Saracoglu (1925–76), Hr. Accorsi, Hr. Aguilera, Hr. Aoki, A. Fraccaroli, Hr. Fukaya, Hr. Gigante, F. Kosar, H. Krüger, J. Meister, Dr. Noecker, S. Terzibaschitsch, Hr. Westerlund.

Bonn, March 2000 Werner Globke

Inhaltsverzeichnis / Contents

Die Kriegsschiffe aller Staaten / Warships of the World

Schiffsskizzen und -photos:

Drawings and Photographs of Ships:

Die Kriegsschiffe aller Staaten

Erklärungen zu den Flottenlisten

Die Einzelnen Schiffe fast aller Klassen haben individuelle Unterschiede, insbesondere wenn sie von verschiedenen Werften stammen. Auf diese Unterschiede kann im Rahmen des Taschenbuchs im allgemeinen nicht eingegangen werden.

Anzahl und Gattung: Kreis – O – Skizze des Schiffes oder der Schiffsklasse vorhanden.

Schiffsnamen:
Im Bau befindliche Schiffe = magerer Sperrdruck, fertige = **halbfett.**
Die Typschiffe jeder Klasse sind in GROSSEN BUCHSTABEN gesetzt.
Allgemeine Typenbezeichnungen (z.B. *Typ Gearing*) – *Kursivdruck.*

Schiffe führen in ihrem Ursprungsland die Bezeichnung „Klasse" (z.B. Gearing Klasse), gehören sie einer anderen Marine an, führen sie die Bezeichnung „Typ" (z.B. Gearing).
Schiffe, deren Name oder Nummer noch nicht bekannt ist, sind im allgemeinen mit römischen Zahlen bezeichnet.

Wasserverdrängung (Deplacement = Gewicht der verdrängten Wassermasse in englischen tons = 1016 kg):
Typverdrängung (standard displacement, déplacement type) voll ausgerüstet, mit Wasser in den Kesseln, aber ohne Brennstoff und Zusatzkesselspeisewasser – obere Angabe,
Höchstverdrängung des voll ausgerüsteten Schiffes – untere Angabe.
Berechnungsart der Verdrängung nicht bekannt = Kursivdruck.

Mit Überschreitungen der ursprünglichen Verdrängung durch nachträgliche Ein- und Umbauten ist zu rechnen. Die angegebenen Verdrängungen sind deshalb vielfach zu niedrig.

Länge: Es ist die Länge über alles angegeben, *anders berechnete Längenangaben = Kursivdruck.*

Breite: Bei Flugzeugträgern größte Breite im Rumpf und über das Flugdeck in Bruchform.

Besatzung: Obere Angabe Friedens-, untere Angabe Kriegs-Besatzung.

Bewaffnung: siehe dazu auch Waffentafel, Seite 824 ff. – Gesamte Ausrüstung des Schiffes an Über- und Unterwasserwaffen, Flugzeugen, Flugzeugschleudern und Landungsmitteln (siehe Abkürzungen). Mehrfachlafetten sind durch Zusatzzahlen gekennzeichnet (z.B. $4-4_4$ = 4x4 cm in Vierlingslafette). Alle neueren Geschütze von 15,2 cm abwärts sind auch für die Bekämpfung von Luftzielen eingerichtet. Die Ausrüstungen mit leichten Flugabwehrgeschützen (Flak) und Ubootsabwehrwaffen (UAbw.) ist vielfach wechselnd und wird im Kriegsfall verstärkt. Die größeren und die zur Flugabwehr verwandten Flugkörper sind bis auf die ballistischen mehr oder weniger lenkbar, Kleinraketen für kurze Entfernungen meist nicht. Die Flugzeuganzahl der Flugzeugträger ist abhängig vom Typ der Flugzeuge.

Die Torpedowaffe dient heute – abgesehen von Schnellbooten – in erster Linie zur UAbwehr.

6 **TR** III = 6 Torpedorohre in meist schwenkbaren Drillingsgruppen an Deck.

Bei Unterseebooten bedeutet ↓ in den Druckkörper fest eingebaute Torpedorohre.

Geschwindigkeit: Angegeben in Knoten, d.h. Seemeilen (= 1852 m) in der Stunde und bezeichnet mit kn. Die Geschwindigkeitswerte werden in den einzelnen Marinen bei verschiedenartiger Verdrängung ermittelt. Die tatsächliche Höchstgeschwindigkeit ist weitgehend abhängig von Alter, Zustand und Bedienung des Schiffes; soweit bekannt, ist sie angegeben.

Heutige Seegeschwindigkeit = Kursivdruck.

Maschinen / Kessel: Die Anzahl der Maschinen ist nur angegeben, falls sie von der der Schrauben abweicht; siehe auch Abkürzungen.

Bei **Unterseebooten** gilt in den Spalten für Wasserverdrängung, Geschwindigkeit, Pferdestärken und Maschinen die obere Angabe – ↑ – für über Wasser, die untere Angabe – ↓ – für unter Wasser.

Kilowatt (kW): Gesamtsumme des konstruktionsmäßigen Leistungsvermögens der einen oder aller Schiffsantriebsmaschinen. Anzahl der Schrauben als Zusatzzahl.

Fahrstrecke: Entfernung in Seemeilen (sm), die mit der darunter angegebenen Geschwindigkeit ohne Brennstoffergänzung durchlaufen werden kann.

Panzer: Es ist nur die jeweils größte Panzerstärke angegeben. Diese ist meist auf eine kleine Fläche beschränkt und wird auf modernen Schiffen an vielen Stellen noch durch zusätzliche, abgesetzte Panzerwände verstärkt. Zuverlässige Zahlen über die Panzerung moderner Schiffe fehlen.

Klassifikation

Um die Flottenlisten nicht nur zum Nachsehen einzelner Schiffe, sondern auch zu übersichtlichen Vergleichen benutzen zu können, sind die Kriegsschiffe einheitlich in Gattungen und Untergattungen zusammengefaßt. In den europäischen NATO-Marinen sind bei den im Bilderteil aufgeführten Kennungen einheitliche Leitbuchstaben für die einzelnen Schiffsgruppen eingeführt. Diese Leitbuchstaben sind als erste Buchstaben für die nachstehenden Kurzbezeichnungen übernommen.

R = Flugzeugträger
- RB = Große Träger
- RL = Leichte Träger
- RH = Hubschrauber-Träger

B = Schlachtschiffe

C = Kreuzer
- CH = Hubschrauber-Kreuzer
- CG = Lenkwaffen-Kreuzer
- CL = Leichte Kreuzer

D = Zerstörer
- DG = Lenkwaffen-Zerstörer
- DD = Flottenzerstörer

F = Fregatten
- FG = Lenkwaffen-Fregatten
- FF = Schnelle Fregatten
- FE = Geleitfregatten
- FS = Korvetten

S = Uboote
- SB = Uboote für ballistische Flugkörper
- SG = Uboote für Lenkwaffen
- SS = Große Uboote
- SC = Küsten-Uboote
- SZ = Klein-Uboote

P = Kleine Kampfschiffe
- PG = Flugkörper-Schnellboote
- PC = U-Jäger
- PF = Schnellboote
- PP = Wachfahrzeuge
- PR = Flußkampfschiffe

N = Minenleger
- NB = Große Minenleger
- NS = Kleine Minenleger

M = Minensucher
- MC = Minensucherführungsschiff
- MB = Große Minensucher
- MS = Kleine Minensucher
- MD = Minendrohnenlenkboote
- MH = Minenjäger

L = Landungsfahrzeuge
- LF = L-Führungsschiffe
- LH = Große L-Schiffe
- LD = Dockschiffe
- LP = Amphibische Truppentransporter
- LS = Landungsschiffe
- LC = Landungsboote

A = Hilfsfahrzeuge
- AC = Kabelleger
- AR = Begleit- und Werkstattschiffe
- AP = Truppentransporter
- AK = Frachter
- AO = Tanker
- AN = Netzleger
- AT = Schlepper und Bergungsfahrzeuge
- AI = Eisbrecher
- AG = Aufklärungs-, Forschungs- und Vermessungsschiffe
- AH = Lazarettschiffe
- AX = Schulschiffe

Y = Verschiedenes
- YD = Taucherfahrzeuge
- YP = Torpedofangboote
- YE = Versuchsschiffe
- YT = Hafenschlepper

Abkürzungen – siehe auch Waffentafel, Seite 828 ff.

Allgemein:
- b = Bug
- Bes = Besatzung
- **Bew** = Bewaffnung
- BRT = Brutto-Register-Tonnen
- h = Heck
- **Kess** = Kessel
- kn = Knoten
- Kw = Kilowatt
- Lg = Länge
- **Masch** = Maschinen
- **Ö** = Schweröl
- **Pz** = Panzer
- s = Seite, seitlich
- sm = Seemeile
- ts = engl. tons
- ↑ = über Wasser
- ↓ = unter Wasser
- a.St. = auf Stapel
- bew. = bewilligt
- gepl. = geplant

Maschinen:
- Exp = Expansions-Maschine
- Tu = Turbine
- GTu = Gasturbine
- DG = Diesel-Generator
- DM = Diesel-Motor
- AIP = Außenluftunabhängiger Antrieb
- EM = Elektromotor
- ⚙ = Rädergetriebe
-  = Elektrogetriebe

Kessel:
- atü = Kesseldruck in kg/cm²
- Wr = Wasserrohrkessel

Kombinierter Antrieb:
- COSAG = Dampf-Tu + GTu
- CODAD = Diesel + Diesel
- CODOG = Diesel oder GTu
- CODAG = Diesel + GTu
- COGOG = GTu oder GTu
- CODEOG =  DM oder GTu
- CONAS = Nuklear + Dampf

Bewaffnung:
- FK = Flugkörper
-  = Starter für ballistische FK

Starter für gelenkte FK:
- ⇨ = Mittel- und Kurzstrecken
-  = Flugabwehr
-  = Kleinraketenstarter
- **TA** = Torpedoabwurfvorrichtung
- **TR** = Torpedorohr
-  = Flak
- Mg = Maschinengewehr
-  = Mine
- UAbw = Ubootabwehr
- **UTR** = UAbw-**TR**
- **UTA** = UAbw-**TA**
- VDS = verstellbares Tiefensonar
- VLS = senkr. Startanlage
- ⊙ = Wasserbombe / Wabo
-  = Wabowerfer
- = Wabo-Salvenwerfer
-  = Wabo-Mörser
- = UAbw-Rakentenwerfer
-  = Katapult
- = Radflugzeug
-  = Hubschrauber
- = Panzer

Fassungsvermögen an Truppen in Klammern [400]

Elektronik, Sensoren:
-  = Navigationsradar
-  = Großradar
- = 3-D Radar
-  = Suchradar, Luft
-  = Suchradar, Boden
- = Raketen-Leitradar, Boden/Boden
-  = Raketen-Leitradar, Boden/Luft
-  = Torpedo-Feuerkontrolle
-  = Artillerie-Feuerkontrolle
-  = Sonar, aktiv/passiv
- = ECM, elektr. Abwehr
- = elektronische Datenübertragung
-  = Satcom

– in einer Spalte bedeutet nichts vorhanden

. in einer Spalte bedeutet keine Angaben

Warships of the World

Comments on the Fleet Lists

In most cases, even ships in the same class are not identical, especially if they have been built by different yards. It is beyond the scope of this book, however, to mention all differences.

Ship's number and type: A small circle (O) indicates that a drawing of the ship or class is shown in this book.

Ship's name:

The name of a ship under construction is printed in light face, the name of a ship already completed is printed in **bold face.**

The name of the lead ship of a class is printed in CAPITAL LETTERS. General class designations (e.g. *Gearing class*) are printed in *italics.*

When a ship belongs to the Navy in which she originated she is called a member of a "class" (e.g. Gearing class) and when she belongs to another Navy she becoms a member of a "type" (Gearing type).

Ships whose name or number are unknown are identified by Roman numerals.

Displacement: Light displacement is given above the horizontal line. Full load displacement is shown below the horizontal line.

Italics indicate that type of displacement is unknown. The original displacement may have changed due to modifications and conversions so that the indicated displacement sometimes does not coincide with the actual displacement, but is somewhat smaller.

Lenght: The quoted lenght is over-all, other lenght dimensions are shown in *italics.*

Maximum width: For aircraft carriers beam (hull) and maximum width of flight deck are shown in the form of a fraction.

Crew: Peacetime crew / wartime crew

Armament: Refer to Table of Special Naval Weapons, page 824 ff. – Total ship's armament includes guns, missiles, underwater weapons, aircraft, aircraft catapults and arresting gear (see Abbreviations below). Multiple-gun mounts are designated by indices, e.g. $4-4_4$ = four 4 cm guns in a quadralupe mount. Nearly all modern guns with a caliber of less than 6 inches (15.2 cm) are of the double-purpose type. The number of small caliber guns and ASW weapons varies in most cases and will be increased in wartime. Larger missiles and surface / air missiles are more or less guided, while small short range rockets and ballistic missiles are unguided. The number of aircraft aboard aircraft carriers varies in accordance with the type of the airplanes (also, large carriers can carry large aircraft, while small carriers can carry small airplanes only).

With the exception of fast patrol boats and submarines, warships use torpedos primarily for antisubmarine warfare.

6 **TR** ||| = 6 torpedo tubes in trainable triple-mounts on deck.

Fixed torpedo tubes in the pressure hull of submarines are identified by the symbol ↓, torpedo tubes (sometimes trainable) in the superstructure by ↑.

Ship's speed: Not all navies determine speed (in knots) based on the same type of displacement. The actual maximum speed depends largely on age, condition, and operations of the ship. If maximum speed is known, it is indicated.

Present speed at sea – in *italics.*

Engines and Boilers: Number of main engines is given only if is not identical with number of screws, see Abbreviations.

For **Submarines** the data above the horizontal line under the headings "Displacement", "Speed", "Horsepower", and "Engines" pertain to a surfaced submarine, while the data below the line pertain to the submarine submerged.

Kilowatt (kW): Total design hp of one or all main engines. Number of ship's crews is added as suffix.

Endurance: Range in sea miles without replenishment of fuel at the speed indicated below it.

Armor: Only maximum thickness of amor is quoted, in millimeters. Since only a small of part any ship is protected by heavy armor, we find additional armored bulkheads on many newly constructed ships. Reliable data one the armor of modern ships is not available in most cases.

Classification

All naval vessels are compiled by groups and sub-groups to make it easier to find individual ships in the fleet lists and to enable easy comparison. The European NATO navies have introduced certain uniform designation letters for the various groups of warships. These letters are used as the first letter in the following abbrevations.

R = aircraft carriers
- RB = big carriers
- RL = light carriers
- RH = helicopter carriers

B = battleships

C = cruisers
- CH = helicopter cruisers
- CG = guided missile cruisers
- CL = light cruisers

D = destroyers
- DG = guided missile destroyers
- DD = fleet destroyers

F = frigates
- FG = guided missile frigates
- FF = fast frigates
- FE = escort frigates
- FS = corvettes

S = submarines
- SB = ballistic missile submarines
- SG = guided missile submarines
- SS = large submarines
- SC = coastal submarines
- SZ = midget submarines

P = small fighting vessels
- PG = guided missile boats
- PC = subchasers
- PF = fast patrol boats
- PP = patrol vessels
- PR = river fighting boats

N = minelayers
- NB = large minelayers
- NS = small minelayers

M = minesweepers
- MC = Mine Countermeasures Support ship
- MB = large minesweepers
- MS = small minesweepers
- MD = minesweeper, drone guidance
- MH = mine hunter

L = landing vessels
- LF = landing flagships
- LH = amphibious assault ships
- LD = dock ships
- LP = amphibious transports
- LS = landing ships
- LC = landing craft

A = auxiliary vessels
- AC = cable layer
- AR = depot and repair ships
- AP = transports
- AK = cargo ships
- AO = tankers
- AN = netlayers
- AT = tugs and salvage vessels
- AI = icebreakers
- AG = intelligence, research and surveying ships
- AH = hospital ships
- AX = training ships

Y = miscellaneous
- YD = diving tender
- YP = Torpedo recovery vessels
- YE = experimental/trials vessels
- YT = harbour tugs

Abbreviations and Symbols (refer also to Table of Special Naval Weapons, page 828 ff.)

General:

AMT	= armament
b	= bow, bow mounted
Bes	= crew
Bew	= armament
grt	= gross register tons
h	= stern
Kess	= boiler
kn	= knots
Kw	= Kilowatt
Lg	= length
Masch	= machinery
Ö	= fuel oil / **F**
Pz	= armor
s	= side
sm	= nautical mile
ts	= tons
↑	= above water
↓	= below water
o.st.	= on stocks
auth.	= authorised
plan.	= planned

Machinery:

Exp	= expansion steam engine
Tu	= turbine
GTu	= gas turbine
DG	= Diesel generator
DM	= Diesel engine
AIP	= air independent propulsion
EM	= electric motor
⚙	= mechanical drive
↝	= electric drive

– in a column = no data available

. in a column = no data

Boilers:

atü	= absolute excess presse
Wr	= watertube boiler

Combined Plant:

COSAG	= Steam + GTu
CODAD	= Diesel + Diesel
CODOG	= Diesel or GTu
CODAG	= Diesel and/or GTu
COGOG	= GTu or GTu
CODEOG	= ↝ DM or GTu
CONAS	= Nuclear + Steam

Armament:

FK	= missile
	= launcher for ballistic missiles

launchers for guided missiles:

⇨	= medium and short range
	= antiaircraft
↣ ↥	= small rocket launcher
TR	= torpedo tube
TA	= torpedo launcher
	= antiaircraft gun
Mg	= machine gun
	= mine
UAbw	= antisubmarine
UTR	= ASW torpedo tube/ **AST**
UTA	= ASW torpedo launcher / **ASL**

VDS	= variable depth sonar
VLS	= vertical launch system
⊙	= depth charge
	= depth charge-launcher
	= hedgehog
	= depth chargemortar
	= ASW rocket launcher
	= catapult
	= airplane
	= helicopter
	= tank

troop carrying capacity in brackets [400]

Elektronics, Sensors:

	= navigation radar
	= long rang search and survaillance
	= 3-D radar
	= air search radar
	= surface search radar
	= missile fire control/ surface
	= missile fire control/ air
	= torpedo fire control
	= gun fire control
	= sonar, aktive/passive
	= electronic counter-measures / ECM
	= electronic data system
	= satcom

„Die Marinen der Welt – eine Betrachtung zur Lage der Flotten um die Jahrtausendwende“

1999 feierte die NATO – mitten im Kosovo-Krieg – ihr 50-jähriges Jubiläum. Die Lehren, die aus diesem Krieg gezogen werden, haben ebenso Einfluss auf die Zukunft der NATO wie die Umsetzung ihres neuen strategischen Konzeptes und die zukünftige (maritime) Rolle der europäischen Partner im Bündnis. Das Schlagwort „Revolution in Military Affairs“ beschreibt die gegenwärtige Entwicklung zutreffend. Doch Bewährtes, wie ihre vier Ständigen Einsatzverbände, wird bleiben. Damit demonstrieren die Verbündeten, was oft, besonders in Deutschland, übersehen wird, dass der Nordatlantik Pakt vom Charakter her ein maritimes Bündnis ist und bleiben wird. In Krisen- und Spannungszeiten sind diese Verbände eingefahren und rasch verfügbar, wie die Auseinandersetzungen mit dem ehemaligen Jugoslawien nachhaltig belegen. 90 Prozent des internationalen Handels werden noch immer über See abgewickelt. Vier Fünftel der Welt sind Küstenstaaten – und in ihnen leben 80 Prozent der Weltbevölkerung. Freie Seeverbindungen sind und bleiben also das Unterpfand der ideellen und materiellen Interessen der Mitgliedstaaten der Allianz sowie deren Partner weltweit. Nicht nur die Sea Lines of Communications (SLOC) auf Atlantik, Pazifik und Indik, werden nach der Jahrtausendwende ihre Bedeutung behalten, vielmehr werden Randmeere, wie beispielsweise das Mittelmeer, verstärkt in das Blickfeld der westlichen Allianz rücken. Die von der NATO nach Auflösung des Warschauer Paktes konzipierte Form der „Combined Joint Task Force“, die das enge Zusammenwirken von Marine, Heer und Luftwaffe vorsieht, ist ein strategischer Denkansatz, um effektiver als früher über das Küstenmeer – Stichwort: „Littoral Warfare“ – an mögliche Krisenherde an Land zu gelangen.

Die deutsche Marine auf dem Wege zur „Marine 2005“

Als erstes Minensuchboot der Klasse 343 wurde im Rahmen der Modernisierung der Flottille der Minenstreitkräfte die „Kulmbach“ auf der Peenewerft zum Minenjagdboot Klasse 333 umgebaut. Es wurde nach umfangreichen Erprobungen am 23. September 1999 an die Marine übergeben. Ausgerüstet mit einem Minenjagdsonar, der neuen Minenjagd-Führungsanlage TAKIS und der neuen Einwegdrohne SEEFUCHS ist es damit eines der modernsten Minenjagdboote der Welt. Von der gleichen Werft werden auch die Schwesterboote „Uberherrn“, „Herten“, „Passau“ und „Laboe“ zu Minenjagdbooten der Klasse 333 termingerecht umgebaut.

Die erste von drei Fregatten der Klasse 124, gebaut vom Fregattenkonsortium Blohm + Voss, Thyssen-Nordseewerke und Howaldtswerke-Deutsche Werft, wurde am 1. Dezember auf den Namen „Sachsen“ getauft, und der erste Einsatzgruppenversorger, zur Zeit bei der Kroeger-Werft in der Endausrüstung, hat den Namen „Berlin“ erhalten. Für den zweiten Einsatzgruppenversorger – er wird „Frankfurt am Main“ heissen – wurde bei der Flensburger Schiffbaugesellschaft mit dem Bau begonnen. Bei der Arbeitsgemeinschaft U-212 (HDW und Thyssen-Nordseewerke) läuft das Bauprogramm erfreulicherweise im vorgegebenen zeitlichen Rahmen. Nach Baubeginn für das erste Boot am 1. Juli 1998 wird mit dem zweiten Boot am 11. Juli 2000 begonnen. Bereits ein Jahr später folgen das dritte und vierte Boot (bei TNSW), während das erste 2003 (von HDW) an die deutsche Marine abgeliefert werden soll.

Für die Flottille der Marineflieger (Marinefliegergeschwader 3) und damit zum Einsatz als Bordhubschrauber auf den Fregatten der Klassen 122 und 123 befinden sich sieben neue

SEA LYNX im Zulauf. Auf der Zeitachse könnten sich jedoch andere wichtige Beschaffungsvorhaben, die die deutsche Marine zum Erhalt ihrer „verbundenen Fähigkeiten" dringend benötigt, verschieben. Dazu zählen die Korvetten Klasse 130, für die zur Zeit die Definitionsphase läuft und von der insgesamt 15 Boote – zeitlich gestaffelt in drei Losen – beschafft werden sollen. Gleiches gilt auch für die unerlässliche Modernisierung der Marineflieger: MPA-Nachfolge als Ersatz für die BREGUET ATLANTIC und der Marinehubschrauber NH-90, der den SEA KING (Marinefliegergeschwader 5) ersetzen und auch als Bordhubschrauber eingesetzt werden soll. Geschoben wird aus Haushaltsgründen auch das neue Wehrforschungs- und Erprobungsschiff der Klasse 751, das einmal die 32 Jahre alte „Planet" ersetzen soll. Damit wird der deutsche Marineschiffbau bezüglich Schiffsform (Doppelrumpfschiff) in der Form Small Waterplane Area Twin Hull (SWATH) und im Antrieb „Voll elektrisches Schiff" – neue Technologien zur Anwendung bringen. Auftragnehmer werden, wenn das Schiff einmal kommen sollte, die Thyssen-Nordseewerke Emden.

Im Phasenvorlauf befindet sich die Fregatte 125; sie soll nach 2010 die acht Fregatten der BREMEN-Klasse ersetzen. Gleiches gilt für das zweite Los der neuen U-Boot-Klasse 212, wie für die Torpedoabwehr für Überwasserschiffe (ab 2005). Im Bereich kleinkalibriger Rohrwaffen wird das Marineleichtgeschütz 27 (Mauser/Rheinmetall/Systemtechnik Nord Atlas Elektronik) die überalterten Geschütze der Kaliberklassen 20 und 40 mm ersetzen. Sie werden dem heutigen Bedrohungsszenario nicht mehr gerecht. Mit der Einführung soll – nach der BWB-Erprobung in 2000 – ab 2001 begonnen werden. Die geplanten Einsparmaßnahmen der Bundesregierung im Verteidigungsetat für 2000 und die Folgejahre bis 2003 ergeben jedoch weitere Unwägbarkeiten. Dafür nur ein Beispiel: Die Weiterentwicklung des bordgestützten Flugkörperabwehrsystems RAM (Rolling Airframe Missile). Unter der Bezeichnung RAM IRMU (Infra-Red Mode Upgrade) oder Block 1 steht die Entwicklung eines leistungsstärkeren, bildverarbeitenden Infrarot-Suchkopfes für den Flugkörper RAM. Bisher war die Marine davon ausgegangen, dass er zeitgerecht mit dem Zulauf der Fregatten 124 („Sachsen") eingeführt wird. Jetzt wird befürchtet, dass aufgrund des Sparzwanges die Umrüstung des RAM-Bestandes (Block 0) – damit sind die Zerstörer, Fregatten und Schnellboote derzeit ausgerüstet – verschoben werden könnte.

Die seit einigen Jahren verstärkt laufende Unterstützung der wehrtechnischen deutschen Industrie (Werften und Zulieferer) in ihren Exportbemühungen durch Schiffe und Boote der deutschen Marine auf deren Ausbildung in ausländischen Gewässern (AAGs) hat sich bewährt und soll auch nach der Jahrtausendwende fortgesetzt werden. So geht ein Verband der deutschen Marine 2000 nach Südafrika.

Die NATO-Marinen

Während die Kooperation im Übungs- und Ausbildungsbereich der europäischen NATO-Marinen eigentlich unverändert positiv verläuft, hapert es dagegen nach wie vor in der Zusammenarbeit bei multi- und bilateralen Schiffbauprogrammen. Trotz verschiedener Ansätze, bisweilen auch von Erfolg gekrönt, müssen die NATO-Partner hier über ihren Schatten springen. Denn mit dem Schrumpfen ihrer Verteidigungsetats schrumpft auch die jeweilige wehrtechnische Industrie. Damit gehen in jedem Land wertvolle Kernfähigkeiten verloren. Vor allem die europäische maritime wehrtechnische Industrie leidet unter diesem Prozess, während die USA ihre wehrtechnische Industrie frühzeitig konzentriert und konsolidiert haben. Radikale Veränderungen bei Marineschiffen, insbesondere im Bereich der Sensoren und Effektoren (Flugkörper), die Entwicklung und Einführung von Präzisionswaffen und deren Auswirkungen auf künftige Szenarien, kurz eine „Revolution in

Military Affairs", sollte die Kooperation doch zwingend erforderlich werden lassen. Am Beispiel der Fregatten sei dies kurz skizziert: Allgemein wird in Europa ein Ersatz diverser Fregatten- und Korvetten-Klassen dringend erforderlich. Man rechnet hier mit zirka 100 Schiffen in den nächsten zwanzig Jahren, weil die Lebensdauer moderner Fregatten, allgemein mit 30 bis 35 Jahren angenommen, und zwischen 2000 und 2020 zirka hundert Fregatten/Korvetten in Europa außer Dienst gestellt werden müssen. Für diese wären dann Ersatzbauten notwendig. Der Kooperationsversuch, wie einst für die NATO-Fregatte (NFR-90), an dem einmal acht Nationen beteiligt waren, die 50 Schiffe (!) bauen wollten, war ein Programm, das einfach an nationalen Egoismen scheitern musste.

Nachfolgeprogramme, wie die HORIZON (Frankreich, Großbritannien und Italien) oder die Trilateral Frigate Corporation (TFC) von den Niederlanden, Deutschland und Spanien, waren und sind Programme, die mit Risiken behaftet sind. Ihr Bau ergibt zwar keine identischen Schiffe, sondern es werden nationale Forderungen gewahrt.

Belgien
Belgiens Marine will ihre Minenjagd-Komponente – sieben Boote der AST-Klasse – modernisieren. Unter der Bezeichnung „Capability Upkeep Programme" (CUP) sind dafür ca. 350 Mio. DM veranschlagt; es soll demnächst beginnen und bei jährlich zwei Umrüstungen bis 2004 abgeschlossen sein. Damit will man die Boote bis zwischen 2015 und 2020 im aktiven Dienst halten.

Dänemark
Die drastischen Einsparungen im Verteidigungsetat bis 2003 treffen auch die Marine schwer, die in den kommenden Jahren die Minenleger der FALSTER-Klasse sowie einen Großteil der WILLEMOES-FAC-Boote außer Dienst stellen wird, ohne dafür auf adäquaten Ersatz hoffen zu können. Ausgemustert werden auch die drei überalterten U-Boote der TUMLEREN-Klasse, für die man als Nachfolgeboote an das skandinavische Gemeinschaftsprojekt VIKING denkt. Außerdem will man die drei Korvetten der NIELS JUEL-Klasse durch zwei größere, modernere Führungsschiffe (4600 ts) ersetzen, die zum Teil auf dem bewährten Standardflex-Prinzip variabler Ausrüstung und Bewaffnung basieren. Das Rückgrat der Flotte bilden noch immer die vierzehn Standardflex-Boote.

Frankreich
Nahezu zwanzig Jahre sind inzwischen vergangen, dass der atombetriebene Flugzeugträger „Charles de Gaulle" (40.000 ts) für den Dienst in der Flotte konzipiert wurde. Nun steht endlich – nach einer neuerlichen sechsmonatigen Refit-Phase bei DCN in Brest – seine Übernahme bevor. Inzwischen ist gar die Rede von einem zweiten Träger, den man eventuell in enger Kooperation mit der Royal Navy bauen will. Damit könnten Entwicklungskosten gespart und Synergieeffekte erzielt werden. Angesichts der verstärkt angestrebten Interoperabilität im Bündnis kein schlechter Gedanke. Doch den allgegenwärtigen Sparzwängen muss auch die französische Marine folgen. Sie soll in den nächsten fünfzehn Jahren „kleiner, aber feiner" werden. Das heißt, dass sie dann statt neunzig Einheiten nur noch etwa 82 Schiffe und Boote im aktiven Dienst haben wird. Dazu gehören die vier Nuklear-U-Boote der LE TRIUMPHANT-Klasse, und ab 2010 sollen Neubauten der BARRACUDA-Klasse die RUBIS-Klasse ersetzen. Zur Überwasserflotte gehören dann vier größere amphibische Schiffe – so wurde im Dezember 1999 das Docklandungsschiff „Sirocco" (11.700 ts), Schwesterschiff der „Foudre" in Dienst gestellt – vier AAW-Zerstörer, sechs Fregatten und elf Patrouillenfahrzeuge. Die Anzahl der Minenabwehrfahrzeuge wird von vierzehn auf dann sechzehn erhöht. Nach dem Scheitern des trinationalen Fregattenprogramms HORIZON plant man eine nationale Lösung: Basierend auf den guten

Erfahrungen mit der LAFAYETTE-Klasse gibt es bei DCN eine erste Konzeptstudie für ein Stealth-Schiff unter der Bezeichnung „Corvette Concept X 21 (CCX 21)“. Für den bejahrten, mehr als vierzig Jahre in Dienst stehenden Hubschrauberträger „Jeanne d'Arc“ dürfte es vorerst keinen Ersatz geben.

Großbritannien

Eigene Wege geht jetzt die Royal Navy im Zerstörer-Neubauprogramm. Unter der Bezeichnung „Typ 45“ wird Marconi Electronic Systems einen AAW-Zerstörer (ca. 6000 ts) konzipieren, der nach 2007 die Klasse 42 ersetzen soll. Das Vorhaben – zwölf Zerstörer ist der Bedarf – wird auf umgerechnet 20 Mrd. DM geschätzt. HMS „Ocean“, ein Hubschrauberträger LPH, wurde nach einer längeren Erprobungsphase 1999 einsatzbereit. Die Hauptaufgabe: Unterstützung des britisch-niederländischen amphibischen Einsatzverbandes (an Bord zwölf SEA KING- bzw. MERLIN-Hubschrauber, 500 Marines). Vorzeitig ausgemustert, nach nur zwölf Dienstjahren, wurde Fregatte „London“. Sie ist übrigens das zehnte Schiff der Royal Navy, das seit 1652 (!) diesen Namen trägt. Sie gehört zu fünf Fregatten des Typs 22 (Batch 2), die nach dem letzten „Defence Review“ nach knapp der Hälfte der eigentlich geplanten Indiensthaltungsperiode außer Dienst gestellt werden. Als ein gewisser Ersatz gelten die neuen ASW-Fregatten der DUKE-Klasse (Typ 23), von denen inzwischen dreizehn in Dienst gestellt wurden. Die letzte Fregatte „St. Albans“ soll 2002 in die Flotte übernommen werden. Angekündigt wurde für diese Fregatte eine Modernisierung „Service Life Extension Programme = SLEP“, mit dem insbesondere die U-Jagd-Fähigkeit (Sonar 2087, ein neues aktives Towed Array Sonar) verbessert werden soll. Im Bereich der Flugabwehr sollen die beiden großen Flottenversorger „Fort Victoria“ und „Fort George“ für die Selbstverteidigung aufgerüstet werden. Ob es nun das Flugkörpersystem SA SEAWOLF oder PHALANX wird, ist zur Zeit noch unklar. Ausgeschrieben wurden Entwurfsarbeiten für zwei große Flugzeugträger (40 000 ts), die etwa nach zwölf bis fünfzehn Jahren die drei Flugzeugträger der INVINCIBLE-Klasse ersetzen sollen.

Aufsehen erregte besonders in der Fachwelt, wie bei anderen Marinen, Vosper Thornycrofts 300 m langer „Stealth Trimaran Aircraft Carrier“ (STAC). Das Projekt basiert auf Studien der DERA-Gruppe, eine Einrichtung der britischen Regierung, die bereits seit 1992 die Trimaran-Technik für Kriegsschiffe erforscht.

Griechenland

Für die Modernisierung der Flotte steht ein 1,7 Mrd. US$-Etat zur Verfügung, von dem allein 1,14 Mrd. US$ für drei U-Boote des neuesten HDW-Typs „U-214“ gebraucht werden. Das Typboot, mit außenluftunabhängigem Antrieb, eine Weiterentwicklung des Typs „U-212“, wird bei HDW gebaut, während die zwei nachfolgenden bei Hellenic Shipyard gefertigt werden sollen. Allerdings bedarf es dort noch einer grundlegenden Modernisierung der Anlagen sowie einer umfassenden Schulung des Personals, das für den Bau so hochwertiger High-Tech-Schiffe noch nicht vorbereitet ist. Hier hilft, wie auch anderen Marinen, die Kieler Traditionswerft. Die Laufzeit des Programms wird auf zehn Jahre veranschlagt. Zusammen mit der britischen Werft Vosper Thornycroft wird Eleusis ab 2001 drei FACs nach dem Super-Vita-Design bauen. Sie sollen einmal die überalterten Boote der ANINOS-Klasse (französisch COMBATTANTE II) ersetzen. Es bestehen Überlegungen zum Erwerb von zwei weiteren MEKO-200-Fregatten der HYDRA-Klasse. Überraschung löste übrigens der Kauf von insgesamt vier Luftkissenlandungsbooten des ex-sowjetischen Typs POMORNIK (mit 550 ts die weltweit größten militärisch genutzten Luftkissenboote!), jeweils zwei von Russland und der Ukraine, aus. Für die POL-Versorgung großer Überwasserschiffe soll ein Flottentanker – nach dem italienischen Tanker „Etna“ bei Eleusis gebaut werden. Technischen Support gibt Fincantieri.

Italien

Im Juni 1999 wurde der Fertigungsbeginn der ersten Sektion des italienischen U-Boot-Neubaus der Klasse 212A das herausragende Ereignis. Mit der gemeinsamen Beschaffung wird die deutsch-italienische Rüstungskooperation fortgesetzt, wobei beide Marinen in der Ausbildung und Logistik eng zusammenarbeiten, was insbesondere zur Kostenreduktion beitragen dürfte. Bis diese Boote in die Flotte kommen, werden vier Boote der PELOSI-Klasse einer umfangreichen Modernisierung unterzogen, damit ihre Indiensthaltung bis etwa 2010 gesichert bleibt. Für mehr als 700 Mio. DM baut Fincantieri ein erstes Los von vier Hochsee-Patrouillenbooten (ca. 1500 ts). Sie haben die Bezeichnung NUOVA UNITA MINORE COMBATTENTE (NUMC), das erste Boot soll bereits 2001 mit der Erprobung beginnen. Das Design, mit begrenzten Stealth-Eigenschaften, beruht offensichtlich auf den Erfahrungen der italienischen Marine mit der Balkan-Krise (Stichwort „Flüchtlingsströme über die Adria“).
Zwei der drei Docklandungsschiffe der SAN GIORGIO-Klasse werden bis 2003 umgebaut und modernisiert; vor allem sollen die Fähigkeiten zu Hubschrauberoperationen gesteigert werden. Die über 30 Jahre alte Fregatte „Alpino“ hat bis 2008 eine neue Aufgabe erhalten: Sie wird Führungs- und Unterstützungsschiff für Minenabwehroperationen und – eine Zusatzaufgabe – als SIGINT-Schiff bei Bedarf für fernmelde-elektronische Aufklärung einsetzbar sein. Das Schwesterschiff „Carabiniere“ dient, nach Umbau, seit einigen Jahren als Erprobungsplattform für das Flugkörpersystem ASTER-15.

Niederlande

Für die nächsten zehn Jahre sollen die Verteidigungsausgaben um umgerechnet fast 6 Mrd. DM gekürzt werden. Von diesen Einschnitten ist natürlich auch die Marine betroffen. Das betrifft gleichermaßen den Fregattenbestand – 14 sollen einsatzbereit bleiben – als auch andere Seekriegsmittel, wie die Reduzierung der Seefernaufklärer von dreizehn auf zehn P-3C ORION. Auch die Einführung des neuen Marinehubschraubers (NH-90) wird sich um vier Jahre verschieben (20 Hubschrauber bis 2007). Dagegen bleibt die Beschaffung eines zweiten Docklandungsschiffes der ROTTERDAM-Klasse (Indienststellung 2007) fest im Programm wie auch die Verstärkung des Royal Netherlands Marine Corps befürwortet wird. Das Fazit: Man will sich damit von den letzten, noch am Kalten Krieg orientierten Strukturen lösen und zügig neue Schwerpunkte bei Kriseneinsätzen und Peace-Keeping-Operationen setzen. Eine folgenschwere Grundberührung (mit Schäden am Sonardom, Propellern und Unterwasserboden) hat die Fregatte „Jacob van Heemskerk“ vorerst außer Gefecht gesetzt. Ob eine Reparatur dieser umfangreichen Schäden noch finanziell vertretbar ist, bleibt derzeit noch offen. Möglicherweise wird die Fregatte auch zum Ersatzteillager für das Schwesterschiff „de With“.

Norwegen

Ein Küstenstaat wie Norwegen braucht eine Marine; es ist nur paradox, dass sie zurzeit die kleinste der drei Teilstreitkräfte ist. Dennoch unternimmt sie gewichtige Anstrengungen, diese zu modernisieren und schlagkräftiger zu machen. Dazu gehört die Beschaffung von modernen fünf bis sechs Fregatten, von denen die erste 2004 in Dienst gestellt werden soll. Die Ausschreibung hat die spanische Bazan-Werft gegen die deutsche Werft Blohm + Voss mit ihrem MEKO-Konzept gewonnen. Im Bereich der Flugkörper-Schnellboote sollen einmal 22 Stück beschafft werden. Gegenwärtig ist der Prototyp „Skjold“ (SES) in Katamaran-Bauweise in der Erprobung; bei Bewährung erfolgt die Entscheidung zum Serienbau. In der neuen Organisation wird die Küstenwache bis Ende 2000 voll in die Marine integriert, und die bisher stationäre Küstenartillerie soll in hochmobile und über See verlegbare FK-Einheiten umgewandelt werden.

Portugal

Nach den NATO-Erfahrungen der letzten Jahre mit KRK-Operationen überlegt die Marine die Beschaffung einer größeren amphibischen Einheit. Das Schiff soll ein Bataillon Soldaten samt Fahrzeugpark und Ausrüstung für zehn Tage aufnehmen und transportieren können. Zum Konzept gehört auch die Installation eines Flugdecks zur Aufnahme eines schweren Transporthubschraubers. Überdies soll es, wenn es denn einmal kommt, auch als schwimmendes Hauptquartier (Führungsschiff) dienen. Dem – vorläufigen – Denkmodell nach scheint es der spanischen „Galicia" bzw. der niederländischen „Rotterdam" als Docklandungsschiff zu ähneln.

Spanien

1999 gab es dort zwei wichtige Ereignisse: Einmal im Sommer der Stapellauf des zweiten Docklandungsschiffes „Castilia" (GALICIA-Klasse, 13800 ts) – es soll bereits in diesem Sommer in Dienst gestellt werden – und zum anderen die Kiellegung der ersten Flugabwehr-Fregatte „Alvaro de Bázan" (F-100-Klasse, 5760 ts). Diese Klasse ist das spanische Pendant zur deutschen F-124, allerdings mit dem US-amerikanischen AEGIS-FÜWES. Mit der Indienststellung wird 2002 gerechnet. Acht Minenjagdboote der SEGURA-Klasse sind im weiteren Beschaffungsprogramm, von der aus dem ersten Los das Typboot „Segura" bereits an die Marine abgeliefert wurde.

Türkei

Von dem schweren Erdbeben 1999 wurde auch die Marine, in ihrem Hauptstützpunkt Gölcük, die Werft dort – sie baut Fregatten und U-Boote – sowie die Arsenaleinrichtungen schwer getroffen. Damit hat sich auch die Fertigstellung eines weiteren U-Bootes der PREVEZE-Klasse (Typ 1400) erheblich verzögert. Mit der „Salih-Reis" – gebaut bei Blohm + Voss – hat die Marine die vorletzte von acht Fregatten des MEKO-200-Designs übernommen. Die letzte „Kemal-Reis" steht vor ihrer Indienststellung. Inzwischen plant man eine neue Fregattenfamilie für Luftraumverteidigung und Flugkörperabwehr (AAW) unter der Bezeichnung „TF 2000". Ein anderes Programm, in Kooperation mit Abeking & Rasmussen, sind sechs Minenjagdboote, von denen nur das erste Boot bei der deutschen Werft gebaut werden soll. Des Weiteren kaufte die Marine von den USA drei FFG-7-Fregatten der PERRY-Klasse – und außerdem wird an der Entwicklung einer Serie von bis zu zwölf Küstenschutzbooten mit U-Jagd-Fähigkeit gearbeitet. Priorität bei diesem Programm hätten dann türkische Werften. Erwähnung verdient noch die Lieferung von bis zu 30 Bordhubschraubern Sikorsky S-70B SEA HAWK, für die die US-Regierung inzwischen grünes Licht gegeben hat. Zu deren Bewaffnung gehört, ebenfalls bereits genehmigt, die Seezielvariante des Panzerabwehr-Flugkörpers RB-17 HELLFIRE II.

US Navy und Kanadas Marine

„Eine gute Marine ist keine Provokation zu einem Krieg. Sie ist die sicherste Garantie für den Frieden." Das bekannte vor vielen Jahren der damalige US-Präsident Theodore Roosevelt. Ein Leitspruch, dem sich auch die heutige politische und militärische Führung der USA – die einzige verbliebene Weltmacht – verpflichtet fühlt. Freilich kämpft die US-Navy Jahr für Jahr im Konzert der Teilstreitkräfte um einen angemessenen Anteil im Verteidigungshaushalt. Mit einer Personalstärke von knapp 400.000, davon ca. 53.000 Frauen und über 200.000 Zivilpersonal, unterhält sie nach wie vor fünf kampfkräftige Flotten: die 2. im Atlantik, die 3. und 7. im Pazifik, die 5. im Indischen Ozean/Persischen Golf und die legendäre 6. Flotte im Mittelmeer, ganz im Sinne ihrer Doktrin „Power Projection". Und ihre Unterhaltung („Combat Ready") kostet Geld, viel Geld, was natürlich gleichermaßen für das Personal (Gehälter und Verpflichtungsprämien) und die nachfolgenden Kommandobereiche, einschließlich ihrer Materialerhaltung zu gelten hat. Zur Navy gehören weiter das Military Sealift Command und die Naval Reserve Force (mit über 200.000 Reservisten). Das US Marine Corps (USMC), oft als die vierte Teilstreitkraft bezeichnet, hat einen Personalbestand von etwa 174.000, davon 8500 Frauen. Im Fiscal Year 2000 hat die US-Navy einen Gesamtetat von 83,3 Mrd. US$ zur Verfügung; für 2001 sind 91,4 Mrd. US$ geplant, also ein Haushalt mit steigender Tendenz! Nahezu gleichbleibend sind auch die Etats für Forschung, Entwicklung und Versuche wie die Beschaffung für das US-Marine Corps. In der Waffenbeschaffung haben vornehmlich die Flugkörpersysteme TRIDENT II, TOMAHAWK, STANDARD und RAM erste Priorität, und im Bereich der Schiffsneubauten rangieren 2000/2001 die Programme DDG-51, LPD-17 und ADC(X) ganz oben.

Das dritte und letzte U-Boot der SEAWOLF-Klasse (SSN-23), die „Jimmy Carter", soll nun erst 2004 in Dienst gestellt werden. Noch unter der Bedrohung des Kalten Krieges konzipiert, wird dieses Programm, auch wegen der Kostenexplosion – ein U-Boot kostet inzwischen 4,8 Mrd. DM! – eingestellt. Dafür sollen einmal neue Angriffs-U-Boote (Typboot: „Virginia", 7700 ts) gebaut werden. In der Planung befinden sich insgesamt 30 Einheiten, die Kiellegung der „Virginia" ist bereits am 2. September 1999 erfolgt. Der neueste Flugzeugträger „Ronald Reagan" (CVN-76) soll 2002 zulaufen und als letzter der NIMITZ-Klasse der CVN-77. Der Name wurde noch nicht festgelegt.

Für eine neue sechsjährige Erprobungsphase hat die U.S. Navy ihr vor fünf Jahren bereits ausgemustertes Testfahrzeug „SEA SHADOW" reaktiviert. In San Diego am Pazifik stationiert, soll es Hinweise auf Konstruktionsmerkmale zukünftiger Kriegsschiffe liefern. In erster Linie wohl für das große Zerstörerprojekt DD-21. Dahinter verbirgt sich ein „Multi-Mission-Surface Combatant", der einmal als eine Hauptaufgabe den Angriff „from the sea to the shore" – in enger Kooperation mit den AEGIS-Zerstörern (DDG-51) – führen soll. Dazu einige vorläufige Daten:

Verdrängung 10.000-12.000 ts, Länge 210-245 m, Geschwindigkeit 26,5 kn, Aktionsradius 6000 nm und für den Antrieb eine neue Elektro-Technologie. Innerhalb eines Zehn-Jahreszeitraumes, etwa ab 2003 beginnend, will die U.S. Navy 32 Schiffe bauen. Ihre Indiensthaltungszeit wird mit 35 Jahren angegeben. Der mit heutigem Stand kalkulierte Preis für den ersten Zerstörer – er soll etwa ab 2008 in Dienst gestellt werden – liegt bei ca. 750 Mio. US$. Aber: ob das alles in einem engen Marine-Etat, der freilich auch noch andere wichtige Vorhaben bedienen soll, unterzubringen sein wird, bleibt abzuwarten.

Kanada

Vier Fregatten, zwei U-Boote und ein Versorger hat die kanadische Marine außer Dienst gestellt, für die dringend Ersatz erforderlich wird. Bis die vier „neuen" britischen U-Boote der UPHOLDER-Klasse nach Umrüstung und Besatzungstraining voll einsatzfähig sein werden, wird noch eine geraume Zeit vergehen. Für die durch vorzeitige Außerdienststellung eingesparten Betriebsmittel kann ein Teil der UPHOLDER-Umrüstungen bezahlt werden. Trotzdem bleibt wenig übrig, um ein Midlife-Upgrade für einige Fregatten zu finanzieren bzw. den gewünschten Neubau von maximal vier kombinierten Transportern/Versorgern im Verteidigungsetat unterzubringen.
Dazu die nüchterne Stellungnahme des Verteidigungsministeriums: „Wir beschaffen Schiffe so, wie wir sie benötigen."

„Partnership for Peace" in der Ostsee

Beim Aufbau ihrer kleinen Marinen erhalten die drei baltischen Staaten Litauen, Lettland und Estland nicht nur aus Deutschland Hilfe und Unterstützung – und das nicht nur bei der Beseitigung militärischer Altlasten vor ihren Küsten und Häfen. Die wichtigste Maßnahme war so, die Abgabe von drei Minensuchbooten der Klasse 331 „Völklingen", „Koblenz" und

„Cuxhaven“ an Lettland und Litauen. Auch Estlands Marine will ihre Minensuch- und Minenjagdfähigkeiten verbessern. „Learning by doing“ heißt die Devise, die durch die regelmäßige Teilnahme an Übungen, wie BALTOPs, „Open Spirit“ oder „Amber Sea“ erreicht wird. Längerfristig sollen acht schnelle Wachboote für die Küstenüberwachung beschafft werden.

Polens – überalterte – Marine befindet sich auf dem Weg zur Integration in die NATO. Die notwendige Modernisierung wird jedoch durch finanzielle Probleme nicht unerheblich beeinträchtigt. Geplant werden – in enger Kooperation mit Blohm + Voss – bis zu sieben Mehrzweck-Korvetten (MEKO A-100), von denen die erste bereits 2003 von der Marinewerft in Gdingen abgeliefert werden soll. Zum Modernisierungsprogramm gehört auch ein neues ASM-System für die drei Flugkörperkorvetten der ORKAN-Klasse sowie der Neubau eines Tenders für logistische Unterstützung. Die Übernahme einer ersten von zwei U.S.-Fregatten der OLIVER HAZARD PERRY-Klasse („Clark“), die eventuell das Flaggschiff der Marine, den 30 Jahre alten Zerstörer „Warszawa“ (ex-Kashin Mod) ablösen könnte, wurde am 15. März vollzogen.

Schwedens Marine erhält zwei weitere Korvetten der VISBY-Klasse (YS-2000), damit sechs Schiffe, die auf der Basis der Stealth-Technologie gebaut werden. Auf diesem Gebiet gilt die Marine in Europa als ein Trend-Setter. Die Korvette ist ein Mehrzweckschiff, das außer ASW auch die Minenjagd, den Überwasserangriff, internationale Missionen und Überwachungsaufgaben durchführen kann. Zur Bewaffnung gehört natürlich der RBS-15 Mk.3 Seeziel-Flugkörper, entwickelt von der schwedischen Firma Saab Dynamics. Nach den drei U-Booten der GOTLAND-Klasse wurde ein neues U-Boot-Projekt unter der Bezeichnung VIKING, diesmal in Kooperation mit Norwegen und Dänemark, in Angriff genommen. Gegenwärtig laufen unter der Federführung von Kockums „Brainstorming“ und Definition.

Russland und die GUS-Staaten

Was ist eigentlich aus der einst so stolzen „Roten Flotte“ des legendären Admiral Gorschkow geworden? Dafür als nur ein Beispiel der Schiffsbestand der baltischen Flotte: Sie hat seit der Perestroika in den vergangenen zehn Jahren mehr als zwei Drittel ihres Bestandes verloren. Nur noch zwei Zerstörer, vier Fregatten, 17 Flugkörperschnellboote, sieben U-Boote und – noch – ein erhebliches amphibisches Potential sind übrig geblieben. Zur Erneuerung fehlt einfach das Geld, denn die Ausgaben für die russische Marine betragen in den nächsten fünf Jahren vom Volumen des Verteidigungsetats ganze 20 Prozent! So gilt für die Admiralität das Prinzip Hoffnung, dass sich nach 2004 etwas ändert. Ohne eine materielle und finanzielle Sicherstellung scheint das normale Funktionieren der Seekriegsflotte nicht mehr möglich. Dazu zählt die Modernisierung der Werften, die Verbesserung der landgestützten Infrastruktur, die Sicherung der Versorgung der Flotte, nicht zuletzt die Verbesserung der Lebensbedingungen des Personals an Bord wie an Land. Nur vier der atomgetriebenen strategischen Raketen-U-Boote sind derzeit einsatzbereit. Weitere 24 müssen dringend repariert werden, gab kürzlich der Vorsitzende des Verteidigungsausschusses, Wladimir Wolkow, bekannt. So nimmt es nicht wunder, dass man sich wohl vorzeitig von den prestigeträchtigsten Einheiten, wie den nuklearstrategischen U-Booten der TYPHOON-Klasse, 26.500 ts getaucht, trennen wird. Bereits 1995 war in der Pazifikflotte das Schwesterschiff „Admiral Lazarev“ (ex-„Frunze“) aus dem aktiven Dienst genommen worden. In guter Marineschiffbautradition aber stehen einige interessante Projekte: Zum einen das neue U-Boot-Projekt „Amur 1650“ (mit Brennstoffzelle, zunächst zur Stromversorgung) und ein – noch-dieselelektrisches – Einhüllenboot, dessen Typboot 2002 fertiggestellt sein wird, und zum anderen – wohl in erster Linie für den Export gedacht – ein kleiner Mehrzweck-Patro-

ler (545 ts) in drei verschiedenen Versionen Flugkörper-Kanonenboot, U-Jagdboot und Patrouillenboot geliefert werden kann. Im Modell wurde er der Öffentlichkeit erstmalig 1999 auf der Defence + Systems Equipment International (DSEi) in London präsentiert. Die maritime Bilanz der anderen GUS-Staaten, Ukraine, Georgien und Kasachstan, bleibt eher mager und unübersichtlich. Natürlich dominiert auch dort der Geldmangel und, wenn etwas an die Öffentlichkeit dringt, dann sind es die ständigen Auseinandersetzungen um Häfen, Stützpunkte, unbezahlte Rechnungen zwischen Russland und der Ukraine.
Obwohl vornehmlich auf einem eigenen Kurs, navigieren die kleinen Marinen der Balkan-Staaten in unsicheren Gewässern. Das ehemalige Jugoslawien besaß einst zahlenmäßig und auch technisch die größte Marine. Sie leckt sich noch immer die Wunden, die das NATO-Embargo ihr geschlagen hat. Und die dringend anstehende Modernisierung scheitert an den fehlenden Haushaltsmitteln, was gleichermaßen auch für die Marinen der Nachbarländer Rumänien und Bulgarien zu gelten hat. Ohne dass konkrete Zahlen genannt werden, geht bei beiden der Schrumpfungsprozess, personell und materiell, weiter. Beide werden sich künftig noch mehr auf ausgewählte Aspekte der unmittelbaren Küstenverteidigung und -überwachung beschränken.

Ein Blick auf Afrika und Nahost
Die mit Abstand modernste und kampfkräftigste Marine ist noch immer die von Israel. Als letzte Einheit der DOLPHIN-U-Boote wird die „Tekuma" in diesem Jahr abgeliefert. Bei dieser Klasse, die durch ihren grünen Anstrich auffällt, handelt es sich um konventionelle diesel-elektrische U-Boote (ca. 1600 ts) mit optimaler Bewaffnung (zehn Torpedorohre für Minen, Torpedos und Seeziel-HARPOON) für ein vielfältiges Einsatzspektrum.

Ägypten hat für die von der U.S. Navy übernommene Fregatte „Lewis B. Puller" (O.H. PERRY Klasse) eine umfassende Ausrüstungs- und Ausbildungshilfe erhalten, die seine Marine in die Lage versetzen wird, das Schiff entsprechend zu fahren und einzusetzen.

Saudi-Arabien modernisiert die kleine Marine mit dem SAWARI-2-Programm. Dahinter verbirgt sich die Beschaffung von drei Fregatten des modifizierten französischen Typs LAFAYETTE (F 3000 S). Ihre Ablieferung ist zwischen 2001 und 2003 vorgesehen. Nach gründlicher Ausbildung und Einfahrzeit mit französischer Marinehilfe im Mittelmeer sollen sie in Jeddah stationiert werden. Industrieller Supervisor für das Gesamtprogramm ist Thomson-CSF, das mit der DCA auch die umfangreiche Ausbildung des Schlüsselpersonals (seit 1996) steuert.

Für die Marine **Kuwaits** geht, ebenfalls mit massiver französischer Unterstützung (CMN), der Neuaufbau nach dem Golfkrieg konsequent weiter. Insgesamt acht Patrouillenboote des Typs P-37-BR wird sie bis 2001 erhalten. Damit ist das bereits 1994 initiierte Projekt abgeschlossen. Ob man an der Planung zur Beschaffung weiterer Korvetten festhält, ist derzeit noch ungewiss. Bis zum Sommer 2000 soll die Marine der Vereinigten Arabischen Emirate (**VAE**) nach Grundüberholung und Modernisierung wieder über die sechs Flugkörper-Schnellboote der TNC-45-Klasse (Lürssen-Typ) verfügen können. Angeblich sollen die Boote in den kommenden Jahren mit einem weiteren Refit ein neues Gefechtsführungssystem erhalten. In dieser Tour d'Horizon – mehr kann es aus Platzgründen auch nicht sein – dürfen die Marinen **Nigerias** und **Südafrikas** nicht fehlen. Erstere soll sich in Zukunft vermehrt um den Schutz von Ölförderanlagen vor dem Niger-Delta kümmern. Dazu soll eine „Special Security Force" aufgestellt werden, die der „fortwährenden Zerstörung" von Offshore-Anlagen ein Ende bereiten soll. Über den wahren Einsatzzustand der 1982 von Blohm + Voss gebauten und einzigen Fregatte „Aradu" darf weiter spekuliert werden. Trotz der weiter gestiegenen Einnahmen aus der Ölförderung fehlen einfach Haushaltsmittel für die Wartung und Spezialisten für die Instandsetzung der kleinen Flotte. Ganz anders steht die Marine **Südafrikas** (SAN) da. Sie erhält einen kräftigen Modernisierungsschub durch die Beschaffung von U-Booten des deutschen Typs 209 und MEKO-Korvetten. Die Verträge dafür sind, nach langwierigen Verhandlungen, nun endlich unter Dach und Fach.

Bangladesh – Indien – Pakistan

Die **Bangladesh-Navy** (BN) erwägt die Beschaffung einer neuen Fregatte. Nicht ausgeschlossen wird, dass es sich dabei um die in der Ukraine speziell für den Export konzipierte Fregatte SAPSAN 2100 handeln könnte. Ihre bisher bekannten Daten und Abmessungen: 2100 ts, mit CODOG-Antrieb für eine Geschwindigkeit max. von 32 kn. Für die W&F-Ausrüstung wäre ein Mix aus westlicher und östlicher Technologie vorstellbar.

Indien hat sich, nach jahrelangen zähen Verhandlungen, für den Ankauf des russischen Flugzeugträgers „Admiral Gorschkow“ (ex-„Baku“) entschlossen. Seit dem vergangenen Sommer liegt das 41.000-ts-Schiff zur Grundüberholung und Modernisierung in einer russischen Werft. Damit wird nach der Außerdienststellung des Flugzeugträgers „Vikrant“ eine Lücke geschlossen, wobei freilich Indien nach wie vor an einem Flugzeugträger-Eigenbau (32.000 ts Air Defence Ship) festhält.

Pakistan verstärkt seine Flotte mit drei U-Booten der AGOSTA-90B-Klasse (1700 ts). Das Typboot „Khalid“ wurde komplett bei DCN in Cherbourg gebaut; die beiden anderen dagegen mit französischer Werftunterstützung beim Karachi-Arsenal. Zur Bewaffnung gehören unter anderem der Seezielflugkörper SN-39 EXOCET und Torpedos. Das dritte und letzte Boot soll wahrscheinlich einen außenluftunabhängigen Antrieb (NESMA) erhalten.

Maritime Balance in Fernost

Vergleicht man die Rüstungsausgaben verschiedener Marinen dieser Region in den vergangenen zehn Jahren, so fällt auf, dass alle, von der Volksrepublik China bis hin zu Taiwan, mit Ausnahme Nordkoreas, ihre Etats kontinuierlich gesteigert haben. Das Ende des Kalten Krieges in Europa hat auch dort die sicherheitspolitische Landschaft verändert. Auseinandersetzungen um die Aufteilung der Exclusive Economy Zone (EEZ), territoriale Ansprüche, Offshore-Rechte oder Fischereiprobleme definieren die Notwendigkeit und den Ausbau bzw. die Modernisierung der dortigen Seestreitkräfte. Es gilt sich für das 21. Jahrhundert, von Analysten oft als das maritime Zeitalter gezeichnet, entsprechend zu rüsten. Dabei gibt es unterschiedliche Ansätze und Ausprägungen. Einige signifikante Beispiele mögen das verdeutlichen: Die **Volksrepublik China** hält rund 1100 Boote und Schiffe verschiedener Typen mit 270.000 Mann im Dienst, aber gut 90 Prozent der Schiffe sind veraltet. Es gibt unter anderem ein neues U-Boot-Programm (vier SSBN, Typ 0490), aber auch neue Fregatten (JIANG WEI II) und moderne Flugkörperschnellboote. Über die Beschaffung von Flugzeugträgern wird noch beraten, während Russland zwei Zerstörer der SOVREMENNY-Klasse liefert und die chinesische Marine die Beschaffung von zwei weiteren Einheiten aus dem Bestand der russischen Nordflotte Anfang dieses Jahres angekündigt hat. Ein in China gebauter Zerstörer der Luhai-Klasse (6000 ts) wurde Anfang 2000 in Dienst gestellt.

Japans maritime Selbstverteidigungskräfte (JMSDF), nach wie vor fest in das Sicherheitsabkommen mit den USA eingebunden, haben einen Personalbestand von rund 45.000 Mann. Außer vier modernen AEGIS-Zerstörern (KONGO-Klasse) gehören zur aktiven Flotte: ca. 35 Zerstörer, 20 Fregatten, 18 Landungsboote, 27 Minensuchboote und etwa 100 MPAs. Eine neue Klasse von Flugkörperschnellbooten (44 kn Geschwindigkeit max.) befindet sich in der Planung.

Die Marine **Australiens** steht, wie die Japans, traditionell fest im Bündnis mit der U.S. Navy. Ihre kontinuierlich laufende Modernisierung, bisweilen nicht ganz ohne Probleme (Stichwort: Einsatzbereitschaft der COLLINS-U-Boote), steht unter der sicherheitspolitischen Prämisse: „Forward Co-operation". Ihr Kern besteht aus zwei Zerstörern, neun Fregatten, sechs U-Booten, einer Anzahl Minenabwehrfahrzeuge und Landungsbooten sowie etwa 20 MPAs. Die Personalstärke beträgt derzeit 14.000 Mann. Einiges Aufsehen erregte kürzlich HMAS „Jervis Bay" (40 kn max., 380 ts), ein Hochgeschwindigkeitskatamaran, der für militärische Transportaufgaben erprobt wird. Seine erste Bewährung hatte das Schiff bereits während der Ost-Timor-Krise.

Gegen die stetig gewachsene Piraterie wollen die Marinen **Thailands** und **Vietnams** gemeinsam vorgehen. Damit wollen sie auch einen Beitrag zur Entspannung leisten.

Die gestärkte Marine **Südkoreas** hat einen Personalbestand von 34.000, das Marinecorps umfasst 26.000 Mann. Mit einem Modernisierungsprogramm will man fünf neue U-Boote und drei Zerstörer (KDX-1/-2-3) bauen. Der erste „Uljimundok" wurde bereits 1999 auf der Werft Daewoo Heavy Industries in Dienst gestellt.

Neuseeland hat Ende 1999 seine zweite ANZAC-Fregatte „Te Mana" erhalten; die Bestellung der dritten ist noch ungewiss, weil in einem „Review" zur Zeit der neue maritime Streitkräftebedarf erarbeitet werden soll.

Für **Malaysia** ist maritime Präsenz ausschlaggebend. Das Land will mit Überwasserschiffen, die eine lange Seeausdauer besitzen, in den riesigen Seegebieten kontinuierlich präsent sein.

Auch die kleine, aber kampfkräftige Marine **Singapurs,** seit 1980 kontinuierlich modernisiert, setzt weiter auf Verstärkung, beispielsweise durch drei U-Boote und acht neue Korvetten.

Die Marinen Südamerikas

Trotz drastischer Sparmaßnahmen hat **Argentinien** seinen Flottenbestand durch den ehemaligen französischen Versorger „Durance" (17.800 ts) ergänzen können. Unter dem neuen Namen „Patagonia" soll er die Einsatzdauer der Überwasserschiffe verlängern. Ansonsten setzt die Armada Argentina die Aussonderung älterer Einheiten (z.B. Minensuchboote) fort, während die Küstenwache in ihrem Bestand erweitert werden soll.

Brasilien hat für seine Marine als sechsten Neubau einen weiteren Patroler „Gravatai" (P-51), gebaut von der Peenewerft, erhalten. Für 2001 ist die Übernahme des französischen Flugzeugträgers „Foch" geplant.

Bei der Marine **Chiles** wird weiter außer Dienst gestellt. Der alleinige Grund: ihre Überalterung. Verkauft wird auch das größte Schiff, der Versorger „Almirante Jorge Montt", wie das Landungsschiff „Maipo". Auf der Liste als mögliche Kandidaten stehen auch die ex-COUNTY-Zerstörer „Prat" und „Latorre". Dafür will man bis zu acht neue Fregatten (MEKO-200-Design?) beschaffen. Die Entscheidung soll in 2000 fallen, wobei die Beschaffung von zwei Ubooten vom französischen Typ Scorpene bereits eingeleitet wurde.

Ecuadors Marine will die U-Jagdfähigkeiten mit der Beschaffung neuer Hubschrauber (Bell 412EP SENTINEL) verbessern. Sie sollen einmal auf den zwei Fregatten der britischen LEANDER-Klasse stationiert werden.

Blick auf zukünftige Trends zur Jahrtausendwende

Heute stellt sich für viele Marinen in der Welt dringender denn je die Frage, ob denn auch alle Seekriegsmittel gleichermaßen für die Durchführung aller Aufgaben geeignet sind. Ist dies nicht der Fall, kann dann die richtige Auswahl der Seekriegsmittel für die Erfüllung der Aufgaben überhaupt getroffen werden? Der Ausgang von Kampfhandlungen auf einem Kriegsschauplatz war oft einmalig und nicht repräsentativ. Dafür nur ein Beispiel aus der jüngeren Geschichte: Der Falkland-Krieg Anfang der 80-er Jahre zwischen Großbritannien und Argentinien wurde zum ersten Seekrieg der Geschichte, in dem kein Gefecht zwischen Überwasserkampfschiffen stattgefunden hat. Kampfhandlungen beruhen nun einmal auf dem wechselseitigen Verhalten zweier Kontrahenten; sie sind praktisch nicht wiederholbar und sie haben somit auch keinen grundsätzlichen Charakter. Dagegen ist die Eignung von Kriegsmittel für Aufgaben grundsätzlicher Art und durch die augenblicklichen Umstände auf einem möglichen Gefechtsfeld kaum beeinflussbar. Seekriegsmittel der Zukunft werden also aufgrund der Erfahrungen und der absehbaren technischen Entwicklungen bei der Durchführung eines Seekrieges folgende Rollen übernehmen:

- Abwehr und Schutz von Landungsverbänden
- Angriff auf und/oder Schutz von Transporten und schließlich
- der Angriff auf Seestreitkräfte durch Flugzeuge, Hubschrauber und U-Boote.

Um das Kräfteverhältnis zu verändern, werden bei jeder sich bietenden Gelegenheit Seestreitkräfte angreifen. Welche Seekriegsmittel eine Marine gleich welchen Landes beschafft, hängt also ausschließlich von den Aufgaben ab, die ihr von der Politik anteilig gestellt werden. Beispielsweise bleiben Flugzeugträger und Hubschrauberträger für „Blue-Water"-Marinen unverzichtbar, wenn Landungsgebiete nicht durch landgestützte Flugzeuge oder Hubschrauber erreicht werden können. Flugzeugträger in toto sind zudem für die großen Marinen ein Faktor der „Power Projection". Die Anzahl der Seekriegsmittel, die eine Marine benötigt, hängt aber von der Politik ab, durch die potentielle Gegner und Verbündete und das daraus resultierende geografische Gebiet definiert werden. Deshalb ist es für eine Marine, gleich welchen Landes, wichtig, alle Arten von Seekriegsmitteln zu beschaffen, die sie zur Durchführung der ihr gegebenen Aufgaben benötigt. Nur so kann sie entsprechende Fähigkeiten entwickeln und bei Bedarf auch einen raschen Aufwuchs ermöglichen. Doch das bleibt in vielen Fällen wohl ein Wunschdenken, ist Theorie, die durch aktuelle Entwicklung und Einschränkungen überrollt werden kann. Dafür ein Beispiel: Der Export von Marineschiffen aus Industrieländern in die Dritte Welt. Neben allgemeinen Budgetbeschränkungen in den Verteidigungsetats vieler Staaten werden zunehmend lokale ausländische Zulieferer und Industrie sowie Gegengeschäftsverpflichtungen, sogenannte „Offsets", in die Exportprogramme eingebunden. Nach dem Ende des Kalten Krieges haben sich aber die Budgets im Marineschiffbau für Neuanschaffungen im Westen wie im Osten drastisch verringert. Um nun der Schrumpfung der wehrtechnischen Industrie durch Exportaufträge entgegenzuwirken, unterstützen Regierungen der westlichen Länder massiv ihre nationale Industrie, unter anderem in der Akquisition – vor allem in Frankreich, Großbritannien und den USA. So zählt in Großbritannien die Unterstützung des nationalen Marineschiffbaus sogar zu den Aufgaben der Royal Navy und ist im Weißbuch der dortigen Regierung festgeschrieben.

Dr. Jürgen Rhades
Kapitän zur See a. D.

Ägypten/Egypt

Anzahl-Art/ Number-Group	Schiffsnamen und Stapellauf/ Ship's Name and Launching		Baubeginn-Fertig-*Umbau*/On Keel-Completed-*Conv.*	Bauwerft/Builder	Wasser-verdrängung/ Displacement ts	Länge/Length m	Breite/Beam m	Tiefgang/Draft m	Besatzung/ Crew Bes
Zerstörer/Destroyers									
1 DD	**El Fatih** (ex Zenith)/921	1944	42/44 64	Denny, Dumbarton	1710 2530	110	10.9	3.5	250
Fregatten/Frigates									
4 FG	**Toshka** (ex Lewis B. Puller)/906 **Sharm el Sheikh** (ex Fahrion)/901 **Mubarak** (ex Copeland)/911 **Tabha** (ex Gallery)/916	1979-80	79/82 78/82 79/82 80/81 .	Todd, San Pedro Todd, Seattle Todd, San Pedro Bath Iron Works	2770 3660	136	13.7	7.5	205
2 FG ○	**Damyat** (ex Jesse L. Brown)/961 **Rasheed** (ex Moinester)/966	1972-73 1972-73	71/73 72/74	Avondale, N. Orleans	3070 4250	134	14.3	7.5	285
2 FG ○	**El Nasser, Najim Al Zafir/** 956, 951	1983	./85 84	Jiangnan, Shanghai	1570 1900	103	10.2	3.1	195
2 FG ○	**Aboukir** (ex Serviola)/946 **El Sues** (ex Centinela)/941	1979 1979	79/84 78/84	Bazán, Ferrol Bazán, Ferrol	1360 1560	88.9	10.4	3.7	116
Uboote/Submarines									
4 SS ○	**849, 852, 855, 858**	~1975-82	./83 84 *92-98*	China	1320↑ 1712↓	76.6	6.7	5.5	51
2 SS	**I, II** (ex Tigerhaai, ex Zwaardvis)	~1970-71	66/72	Rotterdam D.D. Mij	2350↑ 2640↓	66.0	8.4	7.1	67
Kleine Kampfschiffe/Small Fighting Vessels									
6 PG ○	**Hettein, Badr, El Yarmouk**/680, 678, 676 **El Kadesseya, Khyber**/674, 672 **RAMADAN**/670	1979-81	78/81 80/82	Vosper Thornycroft	260 310	52.0	7.6	1.9	40
3 PG ○	**633, 641, 643**	~1965	.	USSR	210 220	39.6	7.6	2.9	30
5 PG ○	**609, 611, 613, 615, 617**	.	./84	China	68 75	26.8	5.5	1.2	20
4 PG ○	*Oktober Klasse* **785, 787, 789, 791**	~1975	./81 ./82	Ägypten/Egypt + Thornycroft, Portsm.	70 80	25.6	6.2	1.5	20
8 PC ○	**El Nour, El Hady, El Hakim, El Wakil, El Salam, El Qatar, El Saddam, El Rafia**/430, 433, 436, 439, 448, 442, 445, 451	1982-83	./83 84	China	375 400	59.0	7.3	2.4	69
4 PC	**793, 795, 797, 799**	~1975	.	China	120 155	38.8	5.5	1.7	25
6 PP ○	**751, 753, 755, 757, 759, 761**	~1963	.	UDSSR	145 160	34.0	6.8	1.5	16
6 PG	I-VI	gepl./plan.	01/.	.	450	60.0	.	.	.

Bewaffnung/ Armament	Sensoren-Elektronik/ Sensors-Electronic	Geschwindigkeit/speed kn	Antrieb/Propulsion: Maschine / Kessel; Engines / Boilers; Masch	Leistung/ Power kW (1 kW = 1.36 PS)	Fahrstrecke/ Range sm	Sonstige Angaben/ Remarks

Ägypten / Egypt

Bewaffnung/ Armament	Sensoren	kn	Maschine/Kessel	kW	sm	Remarks
4-11.4, 6-4, 5 **TR** 53.3 **IIIII**, 4		36.7	Parsons Tu 3 Wr	29420 2	2800 20	Typ brit. ZC. AX
4 Harpoon/36 Standard SM-1MR ⇨/ 1-7.6 OTO 1-2 Phalanx 6 UTR 32.4 **III** 2 LAMPS I		28.0	2 Gen. El. GTu	29490 1	4500 20	Übergabe/transfer in 1997/98
8 Harpoon ⇨, 1-12.7 L_{54}, 1-2 Phalanx, 4 **UTR** 32.4 **II**, 1, Asroc, 1		27.0	Westingh. Tu 2 Comb. Eng.	25740 1	4000 20	Typ US Knox. 1993 übernommen/acquired
4 HY 2 ⇨$_2$, 4-5.7 ×2, 12-3.7 ×2, 2 ×5 RBU 1200, 2 ,		25.5	Pielstick-DM	17650 2	4000 15	Typ chin. Jianghu I
8 Harpoon ⇨$_4$, 1-7.6, 2-4, 1 Albatros ×8 6 **UTR** 32.4 **III**, 1 ×2		26.0	4 MTU-DM	12880 2	4000 18	Typ span. Descubierta
8 **TR**↓ (6 b 53.3, 2 h 40.6)		17.0↑ 14.0↓	DM EM	2940 3970 2	14000 9	Typ USSR Romeo. Erhalten/to get: Singer Libra scope, updated Mk 37 torpedoes + Harpoon ⇨;
6 **TR** b↓		13.0↑ 20.0↓	3 Werkspoor DM 1 EM	3100 3750 1	10000 9	Übernahme geplant/ Transfer planned: in 2000?
4 Otomat ⇨, 1-7.6 OTO, 2-4 ×2		38.0	MTU-DM	11765 4	2000 16	Verbesserter/improved Typ brit. Tenacity. Einige/several 1 SA-N-5 ×4
4 SS-N-2 A ⇨, 1 SA-N-5 ×4, 4-3 ×2, 2 Mg ×2		36.0	MTU-DM	8825 3	750 25	Typ USSR Osa I
2 HY 2 ⇨, 2-2.5 ×2		40.0	DM	3535 4	450 30	Typ chin. Hegu
2 Otomat ⇨, 4-3 ×2,		40.0	CRM-DM	3972 4	400 30	Rumpf ähnlich/hull similar to Typ USSR Komar
4-5.7, 4-2.3 ×2, 4 ×5 RBU 1200, ,		30.5	DM	6475 4	1000 10	Typ chin. Hainan. 4 Boote: 6 **UTR** 32.4 **III**
4-5.7 ×2, 4-2.5 ×2,		30.0	DM	3110 4	800 17	Typ chin. Shanghai
1 SA-N-5 ×4, 4-3 ×2, 2 BMP 21		40.0	DM	8825 3	450 35	Typ USSR Shershen. 2 Boote/ vessels: 4 **TR** 53.3 **I**, keine/no
⇨,		40.0	4 DM	.	.	

Anzahl - Art/ Number - Group	Schiffsnamen und Stapellauf/ Ship's Name and Launching		Baubeginn - Fertig- *Umbau*/On Keel - Completed - *Conv.*	Bauwerft/Builder	Wasser-verdrängung/ Displacement ts	Länge/Length m	Breite/Beam m	Tiefgang/Draft m	Besatzung/ Crew Bes
Minensucher/Minesweepers									
4 MB ○	**Azwan, Giza, Qena, Sohag/** 533, 530, 536, 539	~1965	.	USSR	400 460	52.0	9.3	2.0	45
5 MB	**Assiut, Baharija, Gharbija, Sinai Daqahliya/** 516, 510, 501, 513, 507	~1953	.	USSR	500 600	58.0	8.4	2.5	40
3 MS	**Dat Assawari, Navarino, Burulus**	1994	./96	Swiftships, Morgan City	203	33.5	8.2	2.3	25
2 MS	**Safaga, Abu al Goshon** 610, 613	1993	./94	Swiftships, Morgan City	175	27,4	7,6	2,4	.
Landungsfahrzeuge/Landing Vessels									
3 LS	**301, 303, 305**	~1965	.	St. Polnocna, Gdansk	780 1000	73.2	8.9	1.8	40
9 LS	**330, 332, 334, 336, 338, 340, 342, 344, 346**	. ~1968		USSR	425 600	55.0	8.1	2.0	20

6 LC: **21, 23, 25, 27, 29, 30** — LCM 11 ts, 30 kn, 200/20 sm, Typ Seafox

Hilfsfahrzeuge/Auxiliary Vessels

8 AO: **Ajeda, El Furat, El Nil, Akdu, Marjut, Atbarah, El Mazilla, El Burullus**/210, 212, 213, 214, 211, 215, 217, 216 (72-77) 465/1180 ts, 10 kn, 440 kW_1, DM, 54.3 x 9.4 x 3.4 m, Bauwerft/builder: Alexandria Shy. — Typ USSR Toplivo 2
4 AT: **El Iskandarani, El Agami, El Dikhila, El Makas** /111, 105, 109, 103 (~65) 700 ts, 13 kn, DM, Typ USSR Okhtensky
2 AG: **I, II** (92) Lg 27 m, Bauwerft/builder: Swiftships, Morgan City
2 YD: **I, II** 145 ts, 12.5 kn, 1 Mg ⚓, DM, Bes 15, Typ USSR Nyryat
2 YP: **I, II** (~60) 70 ts, 20 kn, 2 Mg ⚓$_2$, DM, Typ USSR Poluchat I
2 Tender: **I, II** 50 ts, 9 kn, DM, Typ USSR PO 2
3 AX: **Al Kousser** 1000 ts; **Intishat; 160** Typ USSR Sekstan
1 AX: **El Horria** (ex Mahroussa) (1865) 4561 ts, 16 kn, 3 Tu, 4100 kw, 146 x 13 x 5.3 m, Bes 160, Bauwerft: Samuda, Poplar, *auch Staatsyacht/Presidential Yacht*

Albanien/Albania

2 PC	**322, I**	~1952	.	USSR	303 335	52.1	6.5	2.1	51
3 PC	**121-123**	~1962	.	China	120 155	40.0	5.5	1.7	25
4 PF	**S 107, 104, 307, 306**	1968-74	.	China	45	22.0	4.5	0.9	20
1 PP	**I**	~1955	.	USSR	50 56	21.6	3.8	1.0	.
5PP	**I-V** 13m, Typ US 42ft; 1999: übernommen von/handed over from: USCGd.								
1 MB	**M 741**	~1954	.	USSR	500 600	58.0	8.4	2.5	40
2 MS	**M 425, I**	~1948	.	USSR	146 160	38.0	5.8	1.3	30

2 AO: **854, I** (~56)./1525 ts, 12 kn, Typ USSR Khobi
1 AT: **A-252** (~50) 320 ts, 32.5 x 8.0 x 3.0 m, Typ USSR Tugur

Bewaffnung/ Armament	Sensoren-Elektronik/ Sensors-Electronic	Geschwindigkeit/speed kn	Antrieb/Propulsion Maschine/Kessel Engines/Boilers Masch	Leistung/ Power kW 1 kW = 1.36 PS	Fahrstrecke/ Range sm	Sonstige Angaben/ Remarks
4-3 $_{2}$, 10,		16.0	DM	2940 2	3200 10	Typ USSR Yurka. VDS
4-3.7 $_{2}$		14.0	DM	1472 2	1600 10	Typ USSR T43
2-Mg $_{1}$		12.4	MTU-DM	760 2	2000 10	Bugstrahlruder/bow thruster: 220 kW. GRP Rumpf/hull
1 Mg		12.0	MTU-DM	682 2	1500 10	
2-3 $_{2}$, 2 $_{18}$, 8		18.0	DM	3680 2	1500 14	Typ USSR Polnocny A
[2-3.7 , 8]		11.0	DM	590 2	2700 10	Typ USSR Vydra

Küstenwache/Coast Guard

3 PP: **346, 347, 354** (96-97): 85 ts, 24 kn, 2-2,3 $_{2}$, 1-2 , 2 DM, 25.5 x 6.5 x 1.7 m, Bes 12, Bauwerft: Ägypten/Egypt

9 PP: **335-343** (84-86) 102 ts, 27 kn, 2-2,5 $_{2}$, 1 Mg , 1960 kW_2, MTU-DM, 28,3 x 5.7 x 1.5 m, Bes 14, Bauwerft/ builders: I-III Swiftships, IV-X Ägypten/Egypt — Typ US Commercial Cruiser

15 PP: **Timsah 07-21** (86-97) 99 ts, 24 kn, 1960 kW_2, MTU-DM, 29 x 5.2 x 1.5 m — verbesserte/ improved Timsah Klasse

5 PP: **Timsah 01, 02, 04-06** (81-85) 100 ts, 25 kn, 2-3 $_{2}$, 1-2 , MTU-DM, 2175 kW_2, 29 x 5.2 x 1.5 m

6 PP: **I-VI** (81-82) 33 ts, 35 kn, 2-3 $_{2}$, 1-2 , 2 Mg , MTU-DM, 2058 kW_2, Bauwerft/builder: Crestitalia, La Spezia

9 PP: **71-79** (93-94) 18 ts, 34 kn, 2 Mg $_{1}$, 2 MTU-DM, 966 kW, Bauwerft/builders: Peterson, Sturgeon Bay

Albanien/Albania

Bewaffnung/ Armament	Sensoren-Elektronik/ Sensors-Electronic	kn	Masch	kW	sm	Remarks
1-8.5 , 1-3.7 3-Mg $_{2}$, 2 RBU 1200 2 ,		18.0	3 DM	2200 3	1400 12	Typ USSR: Kronstadt
4-3.7 $_{2}$, 4-2.5 $_{2}$,		30.0	DM	3530 4	800 17	Typ chin. Shanghai II
4-1.5 $_{2}$, 2 **TR** 5.3		55.0	DM	2650 3	300 54	Typ chin. Huchuan
1 Mg		9.0	DM	220 1	500	Typ USSR PO 2 (ex MS)
4-3.7 $_{2}$, 8-1.5 $_{2}$, 2		17.0	DM	1470 2	1600 10	Typ USSR T 43
2-4.5 , 4-1.3 $_{2}$		12.5	DM	1060 3	2200 10	Typ USSR T 301

1YD: **A-534** (55) 120 ts, 29.0 x 5.5 x 1.7 m, Typ USSR Nyriat I

1 YP: **I** (58) 90 ts, 29.6 x 6.1 x 1.9 m, Typ USSR Poluchat

Anzahl - Art/ Number - Group	Schiffsnamen und Stapellauf/ Ship's Name and Launching	Baubeginn - Fertig- *Umbau*/On Keel - Completed - *Conv.*	Bauwerft/Builder	Wasser- verdrängung/ Displacement ts	Länge/Length m	Breite/Beam m	Tiefgang/Draft m	Besatzung/ Crew Bes

Algerien/Algeria

Fregatten/Frigates

3 FF	**Murat Reis, Reis Kellik, Reis Korfo/**	./80	Werft 340, Zelenodolsk	1500	96.4	12.6	4.3	130
○	901, 902, 903 ~1978-83	84		1575				
3 FG	**Ras Hamidou, Salah Reis, Reis Ali/**	./80	Petrovskij, Leningrad	.	60.3	13.2	2.7	60
○	801, 802, 803 ~1979-82	85		770				

Uboote/Submarines

2 SS	**El Hadj Slimane/**013 ~1986-87	./87	Werft 112, Gorkij	2300↑	72.6	9.9	6.6	52
○	**El Hadj Mubarak** (ex B-871)/ 012			3100↓				

Kleine Kampfschiffe/Small Fighting Vessels

9 PG	**R 644-652** ~1970-75	.	USSR	195	40.0	8.1	2.0	30
				240				
2 PG	**R 641, 642** ~1965	.	USSR	210	39.6	7.6	2.9	30
				220				
3 PP	**Djebel Chenoua, El Chihab, I**	84/89	Mers-el-Kébir	495	58.4	8.4	2.6	52
	351, 352, 353 1985-00	90/93		540				
		./01						

Landungsfahrzeuge/Landing Vessels

2 LS	**Kalaat Beni Rached** [473]	82/84	Vosper, Thornycroft	2130	93.0	15.5	2.3	81
○	**Kalaat Beni Hammad** [472] 1983-84	82/83	Brooke, Lowestoft					
1 LS	**471** ~1970	.	St. Polnocna, Gdansk	890	76.2	8.9	1.9	40
				1100				

Hilfsfahrzeuge/Auxiliary Vessels

2 AG: **Benyahiya** (82) 84 ts, 10.5 kn, Bauwerft/builder: Yokohama Yacht; **El Idrissi**/A673 (80) 250 BRT/grt
1 AR: **El Mourrafek**/[261] 930 ts, 14 kn, 2 Mg ⚓, DM, 1620 kW_2, 60.6 x 10.2 x 3 m
2 AX: I, II/ (geplant/planned)

Küstenwache/Coast Guard

9 PP	**El Moutarid, El Rassed**/344, 345	83/89	Mers-el-Kébir	166	37.5	6.9	1.7	27
○	**El Djari, El Saher, El Moukadem/**	93		200				
	346, 347, 348, **349, El Yadekh,**	81/83						
	El Mourakeb, El Kechef/		Brooke, Lowestoft					
	341-343 1982-88							
7 PP	**El Mouderrib I-VI**/GC 251-257	./90	China	.	58.5	7.3	2.4	44
	~1988-90	91						
25 PP	I-XXV a.St./o.St-bew./auth.	99/00	Almaz, St. Petersburg	109	34.2	6.8	2.5	12
		./.		126				

3 PP: **Bouzagza, Djurdjura, Hodna** (85) 39 ts, 35 kn, 2 Mg ⚓, MAN-DM, 955 kW_2, Bauwerft/builder: Watercraft, Shoreham — Zoll/Customs

3 PP: **GC 231-233** Lg 25 m — SAR

Bewaffnung/ Armament	Sensoren-Elektronik/ Sensors-Electronic	Geschwindigkeit/speed kn	Antrieb/Propulsion: Maschine/Kessel, Engines/Boilers, Masch	Leistung/Power kW, 1 kW = 1.36 PS	Fahrstrecke/Range sm	Sonstige Angaben/Remarks

Algerien/Algeria

4-7.6 $_2$, 4-3 $_2$, 2 SA-N-4 $_2$, 2 $_{12}$ RBU 6000,		29.0	1 GTu + 2 DM	14705 11765 3	4500 18	Typ USSR Koni-II **Masch:** CODAG Sollen 1999 erhalten/may get in 1999: SS-N-25.
4 SS-N-2 C $_2$, 2 SA-N-4 $_2$, 2-5.7 $_2$		30.0	6 DM	22065 3	3600 15	Typ USSR Nanuchka II Werden ab 1999 mglw. auf SS-N-25 umgerüstet/May be rearmed with SS-N-25 from 1999 onwards.
6 **TR** 53.3 b oder/or 24		10.0 17.0	2 DM EM + 2 EM	4050 1 + 95 + 150	6000 7	Typ USSR Kilo. Projekt 877-E Höchsttauchtiefe/max. depth: 300 m. Erhielten bei Werftzeiten 93-96 neue Batterien / Received new batteries during a yard period in 93-96
4 SS-N-2 B, 4-3 $_2$		36.0	DM	11030 3	800 25	Typ USSR Osa II
4 SS-N-2 A, 4-3 $_2$		36.0	DM	8825 3	800 25	Typ USSR Osa I
1-7.6, 2-4 $_2$, 4-2.3 $_2$		31.0	3 MTU-DM	9400 3	.	Typ Bulg. C 58
2-4 $_2$, 2-3 $_2$, [240]		12.0	MTU-DM	4130 2	3000 12	-Deck
4-3 $_2$, 2 $_{18}$, 8 [200 ts]		18.0	DM	3680 2	1500 14	Typ USSR Polnocny B

1 YP: **A 641** (~ 60) 90 ts, 20 kn, 2 Mg $_2$, Typ USSR Poluchat

1-7.6 OTO, 1-2		29.0	MTU-DM	4415 2	3000 12	Bew: Einige/some 4-2.5 $_2$, 2-2.3 $_2$
4 Mg $_2$		24.0	2 DM	6400 4	1800 18	
2 Mg		50.0	2 M-520 DM	7940 2	1500 8	Typ Rus-Projekt 14310 Bestellt/ordered: 1998

4 PP: **El Hamil, El Assad, Markhad, Etair/** GC 325-328, 44 ts, 34 kn, 1-2, 1990 kW$_2$, CRM-DM, 20.4 x 5.2 x 1.7 m, Bes 10, Bauwerft/builder: Baglietto – Typ ital. 20 GC

12 PP: **Djebel Antar, Djebel Handa, I-X** (80-82) 18 ts, Bauwerft/builder: ONCN/CNE, Mers-el-Kébir

Anzahl-Art/ Number-Group	Schiffsnamen und Stapellauf/ Ship's Name and Launching	Baubeginn-Fertig- *Umbau*/On Keel- Completed-*Conv.*	Bauwerft/Builder	Wasser-verdrängung/ Displacement ts	Länge/Length m	Breite/Beam m	Tiefgang/Draft m	Besatzung/ Crew Bes

Angola

4 PP	**MANDUME, Polar, Atlantico, Golfinho** [P101-104] 1992	./92 93	Bazan, San Fernando	104	29.1	5.9	1.4	11
3 PP	**Patrulheiro, Temerario, Preservador**	93/94	Couach, Arcachon	.	19.3	5.6	0.9	8

Anguilla

1 PP: **Dolphin** (89) 18 ts, 27 kn, GM-DM, 810 kW_2, Bauwerft/builder: HALMATIC
1 PP: **Lapwing** (90) Lg 8.5 m;

Äquatorial Guinea/Equatorial Guinea

1PP: **Isla de Bioko**/037 (88) 33 ts, 24 kn, 2 DM, 860 kW, 3 Mg ⟂, Bauwerft/builders: Lantana, Boatyard
1PP: **Riowelle** (85) 45 ts, 35 kn, 2 MTU-DM, 1655 kW, 1-2 ⟂, 2 Mg $⟂_2$, Bauwerft/builders: Van Mill Marine

Argentinien/Argentina

Zerstörer/Destroyers

4 DG ○	**Sarandi** **Heroina** **La Argentina** **ALMIRANTE BROWN** 1981-82	82/84 81/83 81/83 81/83	Blohm + Voss, Hamburg	2900 3630	126	15.0	4.3	200
2 DG ○	**Santísima Trinidad,** **HERCULES** 1972-74	74/81 71/76	Astill-Nav., R. Santiago Vickers-A., Newcastle	3150 3600	125	14.6	5.2	270 312

Fregatten/Frigates

6 FG ○	Gomez Roca Robinson **Parker** **Spiro** **Rosales** **ESPORA** 1982-86	83/02 83/00 82/90 82/87 81/86 80/85	AFNE, Rio Santiago AFNE, Rio Santiago AFNE, Rio Santiago AFNE, Rio Santiago AFNE, Rio Santiago AFNE, Rio Santiago	1560 1790	91.2	11.0	3.3	93
3 FG ○	**Drummond, Guerrico** (ex Good Hope, Transvaal), **Granville** 1977-80	76/78 79/81	St. W., Lorient	1090 1250	80.5	10.3	5.2	84
1 FS	**Teniente Olivieri** (ex Marsea 10) 1987	./87	Quality Shb., Moss Pt.	1640	56.4	12.2	3.7	16
2 FS	**KING, Murature** 1943-45	38/46 39	Astill. Nav., R. Santiago	913 1032	77.0	8.8	2.2	130
2 FS	**Alferez Sobral, Comodoro Somellera** (ex ATA 210, 187) 1945	44/44	Levingstone Shb.	690 800	43.0	10.4	3.6	49

Bewaffnung/ Armament	Sensoren-Elektronik/ Sensors-Electronic	Geschwindigkeit/speed kn	Antrieb/Propulsion: Maschine/Kessel, Engines/Boilers, Masch	Leistung/Power kW, 1 kW = 1.36 PS	Fahrstrecke/Range sm	Sonstige Angaben/ Remarks

Angola

1-2 ⊾, 1 Mg ⊾	T	24.0	Paxman-DM	2788 2	.	
1 Mg ⊾	T	25.0	2 DM	1250 2	1000 18	Fischereischutz/Fishery protection duties

Antigua and Barbuda

1 PP: **Hermitage** (ex Pt. Steele) (67) 64 ts, 23 kn, 2 Cummins DM, 180 kW_2, 25,3 x 5.23 x 1.95 m, 2 Mg $⊾_1$, Bauwerft: Coast Guard Yd, Curtis Bay; 7/98: übernommen/transferred
1 PP: **Liberta**/P 01 (84) 36 ts, 23 kn, 1 Mg ⊾, GM-DM, 990 kW_2, 20 x 5.6 x 1.5 m, Bauwerft/builder: Swiftships, Louisiana, Typ US 65h, Commercial Cruiser
1 PP: **Palmetto** (95) 11 ts, 12 m; Bauwerft/builder: Sea Ark Marine Typ US Dauntless, von USA finanziert/funded by USA
2 PP: **CG 071, 072** (~87) 2.5 ts, 8.2 m, 30 kn, 298 kW

Argentinien/Argentina

8 MM 40 ⇨, 1-12.7 ⊾, 8-4 $⊾_2$, 1 Albatros $⇧_8$, 6 **UTR** 32.4 **III**, 2 🚁 Lynx	T ⊕ ⊖ ⊕ ⊕ Y ⊂ ⊖	30.5	2 R.R.Olympus-GTu + 2 Tyne-GTu	40750 + 6770 2	4000 18	*Destructores Misilístico.* Typ deutsch/German MEKO 360 H 2 **Masch:** COGOG
4 MM 38 ⇨, 1-11.4 ⊾, 2-4 ⊾, 2-2 ⊾ 6 **UTR** 32.4 **III**, 2 Seadart $⇧_7$, 1 🚁	T ⊖ ⊕ ⊖ ⊕ Y ⊂ ⊖	30.0	.R.R.Olympus- + Tyne GTu	40000 + 6770 2	4000 18	Typ brit. Sheffield **Masch:** COGOG. Sta. Trinidad: Hulk
4 MM 38 $⇨_2$, 1-7.6 ⊾ OTO, 4-4 $⊾_2$, 6 **UTR** 32.4 **III**, 1 🚁	T ⊖ ⊕ ⊕ Y ⊂	27.0	Pielstick-DM	16624 2	4000 18	*Corbetas.* Typ deutsch/German MEKO 140A 16. I-III Teleskop Hangar/ telescopic hangar
4 MM 38 ⇨, 1-10 ⊾, 2-4 $⊾_2$, 2-2 ⊾, 6 **UTR** 32.4 **III**	T ⊕ ⊖ ⊕ Y	24.0	SEMT.-P.-DM	8825 2	4500 15	Ähnlich franz./similar to French Typ A 69
2 Mg ⊾, [610 ts]	T	16.0	GM-DM	2720 2	.	Ex US oil rig support tug. Bugstrahlruder/bow thruster: 220 kW
3-10.5 ⊾, 4-4 ⊾, 5 Mg ⊾, 4 ⌕	T	18.0	Werkspoor-DM	1840 2	6150 12.5	*Patrulleros.* Schulschiffe/ Training ships
-4 ⊾, 2-2 ⊾	T	12.5	2 [illegible] DM	1100 2	.	Typ US Sotoyomo

Anzahl - Art/ Number - Group	Schiffsnamen und Stapellauf/ Ship's Name and Launching		Baubeginn - Fertig- *Umbau*/On Keel - Completed - *Conv.*	Bauwerft/Builder	Wasser- verdrängung/ Displacement ts	Länge/Length m	Breite/Beam m	Tiefgang/Draft m	Besatzung/ Crew Bes
1 FS	**Erebuz** (ex Fort Good Hope)	1982	./83	Goole Shb., Goole	2100	60.2	13.3	4.6	.
3 FS	**Comandante General Irigoyen,** **Francisco de Gurruchaga,** **Suboficial Castillo** (ex Cahuilla, Luiseno, Takelma)	1944-45	44/45 44/44	Charleston Shb.	1235 1675	63.0	11.6	4.7	85
Uboote/Submarines									
2 SS	**San Juan**	1984	80/85	Thyssen-NSW, Emden	2150↑	65.9	7.3	6.5	30
○	**SANTA CRUZ**	1982	79/84	Thyssen-NSW, Emden	2365↓				
1 SS ○	**SALTA**	1972-73	70/74 *88-95*	Howaldt, Kiel + Tandanor, B. Aires *AFNE, Rio Santiago*	1185↑ 1365↓	56.0	6.3	5.0	32
Kleine Kampfschiffe/Small Fighting Vessels									
2 PF ○	**Intrépida, Indomita**	1973-74	73/74	Lürssen, Vegesack	240 265	44.9	7.4	2.3	42
4 PP ○	**Baradero, Barranqueras, Clorinda,** **Concepción del Uruguay**	1977	./78	Ramta, Israel	27 34	19.8	5.8	1.8	8
1 PP:	**Zurubi** ( ) Typ u/i								
Minensucher/Minesweepers									
2 MS	**Chaco, Formosa** (ex Rennington, Ilmington)	1954-58	./59 ./54	Großbritannien/ Great Britain	360 425	46.0	8.7	2.3	27
Landungsfahrzeuge/Landing Vessels									
~12 LC:	**EDM 1-4** (~70) 28/56 ts, 11 kn, Typ US LCM; **EDVP 30-37** 13 ts, 9 kn, Typ US LCVP								
Hilfsfahrzeuge/Auxiliary Vessels									
3 AK	**Cabo de Hornos, Bahia San Blas,** **Canal Beagle**	1977-78	77/78 /79	Principe Menghi y. Penco	. 5800	120	17.5	6.4	.
1 AO ○	**Patagonia** (ex Durance)	1975	73/76	St. W. Brest	7800 17950	157	21,1	8,7	150 +45
2 AT	**Querandí, Tehuelche**	1977	77/78	Forte, Buenos Aires	270	33.6	8.3	3.0	30
6 AT:	**Calchaqui, Capayán, Chiquillán, Chulupí, Mocoví, Morcoyán** 70 ts, 10 kn								
1 AI ○	**Almirante Irizar**	1978	77/78	Wärtsilä, Helsinki	11810 14900	119	25.0	9.5	125 +100
1 AG	**Capitan Oca Balda**	1983	82/83	Jansen, Leer	1000	65.0	10.4	4.2	27 +9
1 AG ○	**Puerto Deseado**	1977	76/79	Astarsa, San Fernando	2135	78.2	13.2	4.4	65 +19
1 AG:	**Comodoro Rivadavia**	1973	72/76	Mestrina, Tigre	610 670	51.0	8.8	2.6	27
2 AG:	**Cormoran,** 82 ts, 11 kn; **Petrel** 52 ts, 9 kn — *Lanchas hidrográficas*								

Bewaffnung/ Armament	Sensoren-Elektronik/ Sensors-Electronic	Geschwindigkeit/speed kn	Antrieb/Propulsion Maschine/Kessel Engines/Boilers Masch	Leistung/ Power kW 1 kW = 1.36 PS	Fahrstrecke/ Range sm	Sonstige Angaben/ Remarks
2 Mg $_1$		12.5	2 DM	4530 2	.	Auch für Einsatz in der Antarktis/also for operations in the Antarctic.
6-4 $_{2, 1}$, 2-2		16.0	4 DM	2210 1	7000 15	*Avisos.* Typ US Cherokee II: **Bew** nur 2-4 $_2$ **AMT** only 2-4 $_2$
6 **TR** 53.3 b↓		13.0↑ 25.0↓	MTU-Siem.-DG 1 Siemens-EM	4400 6600 1	15000 5	*Submarinos.* Plan Thyssen Typ TR 1700, Tauchtiefe 300 m. Diving depth 300 m. **Bew/ AMT:** 22 SST-4 Torpedos.
8 **TR** 53.3 b↓		10.0↑ 21.0↓	4 MTU-DG 1 Siemens-EM	1760 3680 1	6000 8	*Submarinos.* Typ deutsch/ German 209/1200. **Bew/AMT:** 14 SST-4 Torpedos.
1-7.6 , 2-4 , 2-8.1 Mörser/mortars, 2 **TR** 53.3 h		38.0	MTU-DM	10590 4	700 30	*Lanchas rápidas.* **Bew/AMT:** SST-4 Torpedos
2-2 , 4 Mg $_2$		22.0	GM-DM	710 2	1200 17	Typ israel. Dabur
1-4 , 2-2		15.0	2 Paxman-Deltic DM	2240 2	3000 8	*Rastreadores.* Typ brit. Ton. Minenjäger/minehunter
—		15.0	Sulzer-DM	4710	.	*Transportes*
1-4 , 2-2 , 2 Mg $_2$, 2 LCVP, 2 Lynx		19.0	SEMPT-P.-DM	12800 2	9000 15	1999: von Frankreich angekauft/purchased from France
—		12.0	MAN-DM	1010 2	1000 12	

5 AT: **Huarpe, Mataco, Ona, Toba** 210 ts, 12 kn, 2 MAN-DM, 610 kW$_1$ — **R 12**

2-4 , 2 Agusta A 109 [100]		16.5	4 SEMT-P. DM	11900 2	.	*Rompehielo.* Auch/also AK, AP, AH
—		14.0	MaK-DM	1930 1	.	Forschung/Research. Handelsmarine/Merchant Navy
—		15.0	GMT-DM	1810 2	12000 12	Buque oceanográfico
—		12.0	Werkspoor-DM	850 2	6000 12	*Buque hidrográfico*

3 AK: **Punta Alta, Ciuadad de Zarate, Ciudade de Rosario** (ex Red Birch, Red Cedar, Red Wood) (64) 525 ts, 12 kn, 1 DM, 1320 kn, 48 x 10.1 x 1.8, *Bojentender/Buoy Tender*

Anzahl - Art/ Number - Group	Schiffsnamen und Stapellauf/ Ship's Name and Launching	Baubeginn - Fertig- *Umbau*/On Keel - Completed - *Conv.*	Bauwerft / Builder	Wasser-verdrängung/ Displacement ts	Länge/Length m	Breite/Beam m	Tiefgang/Draft m	Besatzung/ Crew Bes

1 AX: **Libertad** (60) 3765 ts, 13 kn, [1-7.6, 4-4 ⚔], 1765 KW$_1$, 2 DM, 92 x 13.8 x 6.4, Bes 239, Segelschulschiff/Sail training vessel, 130 Kadetten, St. W., Rio Santiago;

Küstenwache/Coast Guard: — *Prefectura Naval Argentina*

Anzahl - Art/ Number - Group	Schiffsnamen und Stapellauf/ Ship's Name and Launching	Baubeginn - Fertig- *Umbau*/On Keel - Completed - *Conv.*	Bauwerft / Builder	Wasser-verdrängung/ Displacement ts	Länge/Length m	Breite/Beam m	Tiefgang/Draft m	Besatzung/ Crew Bes
5 FS ○	**Mantilla, Azopardo, Thompson, Prefecto Fique, Prefecto Derbes** 1981-82	81/83 80/82	Bazán, Ferrol	767 910	67.0	10.5	3.1	34

1 FS: **Delfin** (57) 700/1000 ts, 15 kn, 1690 kW$_1$, DM, 60 x 9.0 x 4.7 m, Bes 32 — ex Trawler

2 PP: **Lynch, Toll** (64-67) 110 ts, 20 kn, 1-2 ⚔, 1990 kW, Maybach-DM, Bes 20

1 PP: **Tonina** 100/150 ts, 10 kn, 1-2 ⚔, 370 kW$_1$, DM — auch/also YD

1 PP: **Mandubi** (38) 210 ts, 14 kn, 2 Mg ⚔, 370 kW$_1$, MAN-DM

1 PP: **Rio Mogotes** (ex Pt. Hobart/WPB 82377) (70) 68 ts, 23 kn, 1180 kW — Typ USCGd 82` Klasse — Übergabe/transfer from USA: 7/99

1 PP: **Dorado** (39) 43 ts, 12 kn, GM-DM, 265 kW$_1$

5 PP: **SB 3-5, 9; SB 8** 53 ts, 10 kn

1 AX: **Esperanza** (68) 32 ts — Sail training ship

Aserbaidschan/Azerbaijan

Die aufgeführten Einheiten wurden 1992 von der russischen Kaspi-Flottille übernommen. 1995 waren diese Schiffe der russischen Kaspi-Flottille unterstellt. Die meisten Schiffe sind Anfang 1999 nicht einsatzbereit.

Anzahl - Art/ Number - Group	Schiffsnamen und Stapellauf/ Ship's Name and Launching	Baubeginn - Fertig- *Umbau*/On Keel - Completed - *Conv.*	Bauwerft / Builder	Wasser-verdrängung/ Displacement ts	Länge/Length m	Breite/Beam m	Tiefgang/Draft m	Besatzung/ Crew Bes
1 FF	**I** (ex SKR 16)/404	~1965 .	USSR	950 1150	82.3	9.1	3.2	100
1 PG	**I** (ex R 173)	? .	USSR	195 240	40.0	8.1	2.0	30
2 PC	**I, II** (ex AK 234, 374)	~1980 .	USSR	170 210	39.5	8.0	1.8	30
1 PP	**I** (ex AK 55)	? .	USSR	45 60	24.6	5.2	1.0	8
3 MS	**I-III** (ex BT 16, 103, 155)	. ?	Werft 789, Petrozavodsk	350 400	48.5	9.0	2.1	45
2 MS	**I, II** (ex RT 136, 473)	. ?	Srednyj Neva, Kolpino	70 80	26.1	5.8	1.2	10
1 LS	**I** (ex MDK 107)	? .	St. Polnocna, Gdansk	780 1000	73.0	8.9	1.8	40
3 LS	**I-III** (ex MDK 36, 37, 68)	? .	St. Polnocna, Gdansk	780 1000	73.2	8.9	1.8	35
1 LC	**I** (ex D 603)	? .	USSR	70	19.0	4.3	1.0	5

Bewaffnung/ Armament	Sensoren-Elektronik/ Sensors-Electronic	Geschwindig-keit/speed kn	Antrieb/Propulsion Maschine/Kessel Engines/Boilers Masch	Leistung/ Power kW 1 kW = 1.36 PS	Fahrstrecke/ Range sm	Sonstige Angaben/ Remarks

4 AX: **Itati II** (79) 80 ts, 15 kn; **Fortuna I** 17 ts; **Fortuna II** 31 ts; **Adhara** — small sail training yachts

1-4 ⛭, 1 🚁 Alouette III	⊤	21.0	MTU-DM	6600 2	5000 18	Typ span. Halcón

18 PP: **Mar del Plata, Martin García, Río Luján, Río Uruguay, Río Paraguay, Río Paraná, Río de la Plata, La Plata, Buenos Aires, Cabo Corrientes, Río Quequén, Bahía Blanca, Ingeniero White, Golfo San Matías, Madryn, Río Deseado, Ushuaia, Canal Beagle**/GC 64-81 (79) 81 ts, 24.5 kn, 1-2 ⛭, 2 Mg ⛭, DM,1570 kW_2, 28 x 5.3 x 1.7 m, Bes 15, Bauwerft/builder: Blohm + Voss, Hamburg
○

33 PP: **GC 48-61, 88-95, 102-108, 111-114** (78-82) 13 ts, 25 kn, DM — und zahlreiche kleinere Boote/and numerous smaller boats

22 PP: **GC 118-126, 130-136, SP 19, 23, 25, 27, 30**: *Lago-Klasse*

4 PP: **GC 137-139** (94) 9 ts, 18 kn, 2 DM, 11.5 x 3.8 x 0.6 m — **GC 142** (97) 14.5 ts, 38 kn, 2 DM, 1-Mg ⛭

12 PP: **LS 9201-9212** (95-96) 7 ts, 18 kn, 2 DM, 10.5 x 3.7 x 0.6 m

Aserbaidschan/Azerbaijan

The units mentioned below were taken over in 1992 from the Russian Kaspi-Flottilla. In 1995 these ships were again under the control of the Kaspi-Flottilla. Early in 1999 most ships were non operational.

4-7.6 $⛭_2$, 10 **UTR** 40.6 **IIIII**, 2 $✎_{12}$ RBU 6000, ◘	⊤ ⏀ ⏁ Y ⌁	32.0	2 GTu + 1 DM	22060 + 4410 3	4000 10	Typ USSR Petya II
4 SS-N-2 B ⇨, 4-3 $⛭_7$	⊤ ⏀ ⏁	36.0	DM	11030 3	800 25	Typ USSR Osa II
4-3 $⛭_2$, 4 **UTR** 40.6 **I**, 2 ⛯	⊤ ⏀ ⏁ ⊤	36.0	DM	8825 3	450 34	Typ USSR Stenka
3 Mg $⛭_{2,1}$	⊤	34.0	DM	1765 2	.	Typ USSR Zhuk
2-3 $⛭_2$, 2-2.5 $⛭_2$	⊤ Y	18.0	DM	1765 2	1600 10	Typ USSR Sonya
2 Mg $⛭_2$	⊤	16.0	DM	880 2	1000 9	Typ USSR Yevgenya
4-3 $⛭_2$, 2 $↣_{18}$, 3 ⛟, [180 ts], [130]	⊤ ⏁	18.0	DM	3680 2	.	Typ USSR Polnocny B
2-3 $⛭_2$, 2 $↣_{18}$, 3 ⛟, [200 ts]	⊤ ⏁	18.0	DM	3680 2	.	Typ USSR Polnocny A
	⊤	10.0	DM	440 2	.	Typ USSR T 4

Anzahl - Art/ Number - Group	Schiffsnamen und Stapellauf/ Ship's Name and Launching		Baubeginn - Fertig- *Umbau*/On Keel - Completed - *Conv.*	Bauwerft/Builder	Wasser- verdrängung/ Displacement ts	Länge/Length m	Breite/Beam m	Tiefgang/Draft m	Besatzung/ Crew Bes

Australien/Australia

Zerstörer/Destroyers									
2 DG	**Brisbane**		65/67	Defoe, Bay City	3370	134	14.3	6.1	332
	Hobart		62/65		4500				
		1964-66	*73-78*						
			85-91						
Fregatten/Frigates									
8 FG	Perth		02/04	Transfield, Williamstown	3200	116	14.8	4.1	163
	Toowoomba		01/03		3595				
	Ballarat		00/02						
	Parramatta		99/02						
	Stuart		98/01						
	Warramunga		97/00						
	Arunta		95/98						
	ANZAC	1994-bew./auth.	93/96						
6 FG	**Newcastle**	1992	88/93	AMECON, Williamstown	3200	139	13.7	7.5	226
○	**Melbourne**	1989	85/92	AMECON, Williamstown	4100				
	Darwin		81/84	Todd, Seattle					
	Sydney		80/83	Todd, Seattle					
	Canberra		78/81	Todd, Seattle					
	ADELAIDE	1978-82	77/80	Todd, Seattle					
Uboote/Submarines									
6 SS	Rankin		95/01	Australian Sub. Corp.,	3051	77.5	7.8	7.0	42
○	Sheean		94/01	Adelaide	3353				
	Dechaineux		93/00						
	Waller		92/99						
	Farncomb		91/98						
	COLLINS	1993-a.St./o.St.	90/99						
1 SS	**Otama**	1975	73/78	Scotts, Greenock	2030↑	90.0	8.1	5.5	62
○					2410↓				
Kleine Kampfschiffe/Small Fighting Vessels									
15 PP	**Bendigo, Bunbury, Cessnock, Dubbo,**		78/81	Cairns, Queensland	200	42.7	7.2	1.8	22
○	**Gawler, Geelong, Geraldton,**		83/85		230				
	Townsville, Warrnambool, Whyalla,								
	Gladstone, Ipswich, Launceston								
	Wollongong								
	FREMANTLE	1979-84	78/80	Brooke, Lowestoft					
			99-02						
15 PP	I-XV	gepl./plan.	./12	Australien/	.	55.0	.	.	.
			04/08	Australia					
Minensucher/Minesweepers									
6 MB	Yarra		99/02	ADI, Newcastle	720	52.5	9.9	3.0	36
	Gascoyne, Diamantina		97/01						
	Hawksbury, Norman		96/00						
	Huon	1997-a.St./o.St.	94/99	Intermarine, Sarzana					
2 MS	**Shoalwater**		85/87	Carrington, Newc.	100	31.9	9.0	1.8	14
○	**RUSHCUTTER**	1986-87	84/86	Carrington, Newc.	170				

Bewaffnung/ Armament	Sensoren- Elektronik/ Sensors- Electronic	Geschwindig- keit/speed kn	Antrieb/Propulsion Maschine / Kessel Engines / Boilers Masch	Leistung/ Power kW 1 kW = 1.36 PS	Fahrstrecke/ Range sm	Sonstige Angaben/ Remarks

Australien/Australia

1 Standard SM-1A ⇑ 2-12.7 ⚔₁, 2-2 ⚔ Phalanx, 2 Mg ⚔, 6 **UTR** 32.4 **III**	⊤ ⌖ ⌽ ⚲ ⌽ ⌽ ⍒ ⌁ ⚲	35.0	Gen. El. ✿ Tu 4 Foster	58840 2	8000 20	Typ US Ch. F. Adams. Haben Harpoon ⇨ und neue Feuerleitanlage/have Harpoon ⇨ and new gunfire control system; NCDS
[⇨], 1 VLS ⇑₈ Sea Sparrow, 1-12.7, [1-2 ⚔ Phalanx], 2 Mg ⚔₁, 6 **UTR** 32.4 **III**, 1 ✈ SH-2G	⊤ ⌖ ⌽ ⚲ ⌽ ⌽ ⍒ ⌁ ⊖ ⚲	27.0	1 Gen. El. GTu + 2 MTU-DM	22300 + 6500 2	6000 18	Typ deutsch/German MEKO 200 ANZ. Modernisierung ab 2001 Ab III: Harpoon ⇨ + ⇑ ESSM
1 Standard ⇑₁/ Harpoon ⇨, 1-7.6 ⚔, 1-2 ⚔ Phalanx, 6 **UTR** 32.4 **III**, 2 ✈ LAMPS III	⊤ ⌽ ⚲ ⌽ ⍒ ⌁ ⚲	29.0	2 Gen. El. GTu	29420 1	4500 20	Typ US FFG 7 (III-VI: ex US FFG 17, 18, 35, 44). 40 FK/MI: 8 ⇨, 32 ⇑. Modernisierung 2001-05: Projekt SEA 1390 durch ADI. Sollen erhalten/to get: SM-2 Mk 41 VLS ⇑ + ESSM.
6 **TR** 53.3 b↓, (Torpedo Mk 48, Sub-Harpoon ⇨) [44 ♉]	⊤ ⌽ ⍒ ⊖	10.0↑ 20.0↓	3 Hedemora ⇝ DM + 1 J. Schneider EM	4200 5400 1	9000 10	Plan/design: Kockums AB/471. **Bew/AMT:** ASTASS-Towed array sonar. **Masch:** Außenluftunabhängiger Antrieb↓/AIP = air independent propulsion. Haben Probleme bei Systemintegration/Do have problems with systems integration.
6 **TR** 53.3↓ (6 b) **TR** auch für/also for Harpoon ⇨	⊤ ⌽ ⍒ ⌁	12.0↑ 17.0↓	Adm.-DM EM	2650 4410 2	12000 11	Typ brit. Oberon. Modernisiert/modernized: Harpoon ⇨, Krupp-Sonar CSU 3-41.
1-4 ⚔, 2 Mg ⚔, 1-8.1 Mörser/mortar	⊤	30.0	MTU-DM + Dorman-DM	6760 + 228	4800 8 3	Typ brit. PCF 420. Dorman-DM auf Mittelschraube für Marschfahrt/Dorman-DM on centre line for cruising. XIII, XV: AX Ab/from 1999: LOTE (=Life of type extension)
1-3 ⚔	⊤	27.0	DM	.	.	Typ Project, Sea 1444 Ersatz für Freemantle-Klasse
1-3 ⚔ 2 SUTEC-Dronen	⊤ ⍒ ⚲	14.0	1 GMT-DM + 3 APU	1400 1 + 370 3	 1600 12	Typ ital. Gaeta. I: Fertigbau bei/fitting out: ADI, Newcastle, N.S.W
. PAP 104, Sonar Krupp-Atlas	⊤ ⍒	10.0	Poyaud-DM	440	1200	Minenjäger/Minehunter. Glasfiber- und Katamaranrumpf/hull. Neues Sonar/ new sonar

Anzahl - Art/ Number - Group	Schiffsnamen und Stapellauf/ Ship's Name and Launching		Baubeginn - Fertig- *Umbau*/On Keel - Completed - *Conv.*	Bauwerft/Builder	Wasser- verdrängung/ Displacement ts	Länge/Length m	Breite/Beam m	Tiefgang/Draft m	Besatzung/ Crew Bes
1 MS	**Brolga** (ex Lumen),	1975	./75	Australien	268	28.5	8.1	3.5	8
2 MS	**Bermagui, Koraaga** (ex Nadgee 2, Grozdana)	 1973-74	./73 ./74	Australien	119	20.9	6.4	3.0	8
2 MS	**Bandicoot** (ex Grenville VII), **Wallaroo** (ex Grenville V)		./82	Singapore	. 245	29.6	8.4	3.6	10
Landungsschiffe/Landing Ships									
2 LS ○	**Kanimbla, Manoora** (ex Saginaw, Fairfax Co.)	 1970	69/71 70 *97-00*	Nat. Steel, S. Diego FORGACS, Newcastle	4970 8450	159	21.2	5.3	160
1 LS ○	**Tobruk**	1980	79/81	Carrington, Newc.	3400 6000	130	19.6	4.3	130
1 LP	**Jervis Bay** (ex InCat 045)	1997	./98	InCat, Hobart	900	86.0	26.0	3.7	20 + 20
6 LC	**BALIKPAPAN, Brunei, Labuan,** **Betano, Tarakan, Wewak**	 1971-72	71/71 72/74	Walkers, Maryborough	315 500	44.5	12.1	2.0	13
14 LC	**AB 1056, 1058-1067** **AB 1050, 1051, 1053**	 1971-72	. .	N. Queensland, Cairns N. Queensland, Cairns	60 115	22.4	6.4	1.0	5
4 LC:	**T4-7**(92) Typ LCVP								
Hilfsfahrzeuge/Auxiliary Vessels									
1 AO ○	**Success**	1983	81/86	Vickers Cockatoo	7600 17930	157	21.2	8.7	180
1 AO ○	**Westralia** (ex Appleleaf)	 1975	./79	Cammell Laird	. 40870	171	25.9	11.9	57

4 AO: **Warrigal, Wallaby, Wombat, Wyulda** (81-82) 265 ts, 9 kn, DM — *Water and fuel lighter*
2 AT: **Tammar** (84) 168 ts, 11.5 kn, 2060 kW$_2$, 25.7 x 8.2 x 3.4 m; **Quokka** (83) 110 ts, 8 kn, 220 kW
3 AT: **Bronzewing, Currawong, Mollyhawk** (69-72) 48 ts 9 kn, DM
1 AR: **Seahorse Standard** (80) 1635 tdw, 12 kn, 72 x 16 x 5.3 m, 2 DM, 4030 kW
3 Tender: **Wattle, Boronia, Telopea** (72) 145 ts, 8 kn, DM, 24 x 10 x 1.5 m — *Crane stores lighters*
1 AX: **Young Endeavour** 200 ts, 14 kn, 2 DM, 44 x 7.8 x 4 m — *Sail training ship*
2 YD: **Seal, Shark** (93) 22 ts, 28 kn, 20 x 5.6 x 1.4 m, Bes 6 + 16 Diving tender
2 YP: **Tuna, Trevally** (69-71) 80/92 ts, 11 kn, 510 kW$_3$, GM-DM, 26.8 x 6.3 x 1.4 m, Bes 9, Dy., Williamstown — *Torpedo recovery vessels*

Bahamas

2PP: **I**, II (98), 375 ts, 24kn, 2-2 ⊿, 60.6 x 8.9 x 2.6 m, 3000 Sm$_{15}$, Bes/crew 62,
○ Bauwerft/builders: Halter-Marine, Moss Pt.
3 PP: **Yellow Elder, Port Nelson, Samana**/P 03-05 (85-86) 100 ts, 30 kn, 1-2 ⊿, 2 Mg ⊿, Detroit-DM, 3970 kW$_3$, 1400/14 sm, 33 x 6.7 x 2.0 m, Bes 20, Bauwerft/builder: Fairey Marine
1 PP: **Marlin**/P 01 (77) 110 ts, 24 kn, 2-2 ⊿, 2200 kW$_2$, Paxman-DM, Bes 24, Bauwerft/builder: V. Thornycroft, Portsmouth
2 PP: **San Salvador II, Fort Fincastle**/P 10, 11 (ex Fox, Morgan)/90/145 ts, 21 kn, 2 Mg ⊿, 2-4 Mörser/mortars, 4 Cummins-DM, 1690 kW$_2$, 29 x 6.1 x 1.8 m, Bes 14, Typ US WPB 95'

Bahrein/Bahrain

Fregatten/Frigates									
1 FG ○	**Sabha** (ex Jack Williams) [30]	1980	80/81	Bath Iron Works	2770 3660	136	13.7	7.5	205

Bewaffnung/ Armament	Sensoren-Elektronik/ Sensors-Electronic	Geschwindigkeit/speed kn	Maschine/Kessel Engines/Boilers Masch	Leistung/ Power kW 1 kW = 1.36 PS	Fahrstrecke/ Range sm	Sonstige Angaben/ Remarks
—	⊤ Y	10.0	Mirrlees-DM	405_1	.	*Small auxiliary minesweepers/* MSA (S). Versuchsschiffe für/ trial ships for COOP (craft-of-opportunity program)
—	⊤ Y	10.0	Caterpillar-DM	360_1	.	
—	⊤	11.0	Werkspoor-DM	1765 2	6300 10	*Large auxiliary minesweepers/* MSA (T).
[1-2 ⚔ Phalanx], 2 Mg $⚔_1$, 4 ✈ [400]	⊤ ⌽ ⌕ ♁	20.0	6 Alco-DM	1230 2	14000 15	Typ US Newport. Schul- u. Hubschrauberunterstütz.-Schiffe/training and helicopter support ships
2-4 ⚔, 2 Mg ⚔, [500], ✈ Sea King, 2 LCVP, 2 LCM 8	⊤	17.0	Mirrlees-DM	7060 2	. .	AHLS (Amphibious Heavy Lift Ship).
[500]	⊤ ♁	43.0	4 Ruston-DM	34800 2	1000	Catamaran; Charter
2 Mg ⚔, [400] oder/or 200 ts	⊤	10.0	GM-DM	500 2	1500 9	LCH (Landing Craft Heavy). II, IV AG; III AX
1 ⛟	⊤	9.0	GM-DM	500 2	140 9	Typ US LCM (8). Unterstehen der Armee/Belong to the Army
3-4 ⚔, 4 Mg ⚔, 1 ✈	⊤ ♁	19.0	DM	12800 2	9000 15	Typ franz./French La Durance
2-2 ⚔	⊤ ♁	16.0	2 Pielstick-DM	10300 1	7260 15	22000 ts Dieselöl/fuel, 3800 ts Flugzeugtreibstoff/ aviation fuel

1 AI: **Aurora Australis** (90) — for Antarctic research
2 AG: **Leeuwin, Melville** (97-98) 2550 ts, 15 kn, GEC-Alsthom ⇝, 71.2 x 15.2 x 4.4 m, 8000/12 sm, Bes. 42 + 9, Bauwerft/builder: NQEA, Cairns
Für ozeanographische Forschung und Vermessung/for oceanographic research and survey
4 AG: **Paluma, Mermaid, Shepparton, Benalla** (89-90) 310 ts, 12 kn, GM-DM, 960 kW_2, 36.6 x 13.7 x 1.9 m,
1 AX: **Seahorse Mercator** (98) 165 ts, 16 kn, 31.5 x 8.2 x 2.4 m, 2 DM

Bahamas

4 PP: I-IV (gepl./plan.) 43.0 m; Bauwerft/builders: Halter Marine, Moss Pt.
4 PP: **P 110, 111, P 112, 113,** (95) 1.5 ts, 45 kn, Typ Boston Whale
2 PP: **P 42, P 43** (95) 11 ts, 25 kn, Typ Dauntless
1 PP: **P 41** (95) 9 ts, 28 kn, Typ Challenger
1 PP: **Inagua**/P 27 (77) 30 ts, 20 kn, 1-2 ⚔, 2 Mg ⚔, Caterpillar-DM, 18.9 x 4.8 x 1.4 m, Bes 11, Bauwerft/builder: Vosper Th., Portsmouth, ähnlich/similar to Typ Abu Dhabi Kawab
1 Tender: **Fort Montague**/A 01 90 ts, 10 kn, 2 Mg ⚔

Bahrein/Bahrain

Bewaffnung/ Armament	Sensoren-Elektronik/ Sensors-Electronic	Geschwindigkeit/speed kn	Maschine/Kessel Engines/Boilers Masch	Leistung/ Power kW	Fahrstrecke/ Range sm	Sonstige Angaben/ Remarks
4 Harpoon/36 Standard SM-1 MR ⇨/⇧, 1-7.6 ⚔, 1-2 Phalanx, 6-UTR 32.4 **III**, 2 ✈	⊤ ⌽ ⌽ ⌽ Y ⌕	28.0	2 Gen. El. Gin	29490 1	4500 20	Übergabe Herbst 96/ transfer in late 96

Anzahl-Art/ Number-Group	Schiffsnamen und Stapellauf/ Ship's Name and Launching		Baubeginn-Fertig-*Umbau*/On Keel-Completed-*Conv.*	Bauwerft/Builder	Wasser-verdrängung/ Displacement ts	Länge/Length m	Breite/Beam m	Tiefgang/Draft m	Besatzung/ Crew Bes
Kleine Kampfschiffe/Small Fighting Vessels									
2 PG	**Al Muharraq**	1987	86/88	Lürssen, Vegesack	536	63.0	9.3	2.9	43
○	**Al Manama**	1986	85/87		632				
2 PG	**Al Taweelah**	1988	86/89	Lürssen, Vegesack	.	46.9	7.3	3.0	43
○	**Abdul Rahman Al-Fadel**	1986	85/86		270				
2 PG	**Al Jaberi**		83/84	Lürssen, Vegesack	231	44.9	7.0	2.5	36
○	**Ahmad Al Fatheh**	1983-84	82/83		259				
2 PF	**Al Riffa, Hawar**	1981	80/81	Lürssen, Vegesack	170	38.5	7.0	2.2	21
○					186				
2 PP	**Al Jasrah, Al Jarim**	1982	81/82	Swiftship, Morgan C.	33	19.2	5.6	2.0	.
1 LC	**Ajeera** /41	1981	81/82	Swiftship, Morgan C.	420	39.5	11.0	1.8	21
3 LC	**Mashtan, Rubodh, Suwad/**		/83	USA	360	36.3	10.4	1.8	15
	42-44	1982							

Küstenwache/Coast Guard

1 PP: **Al Muharraq** (85) 105 ts, 23.5 kn, 1-2 ∡, 1 Mg ∡, GM-DM, 1325 kW_2, 30 x 6.4 x 1.6 m, Bes 9, Bauwerft/ builder: Souter, Cowes — Yacht

7 PP: **Dera'a 2, 6-8** (91) 31 ts, 25 kn, 2 Mg ∡, GM-DM, 603 kW_2, 20.1 x 5.3 x 1.5 m, Bes 7, Bauwerft/builder: Halmatic, Havant; **Dera'a 4, 5** (83) 34 ts, 24.5 kn, 2 Mg ∡, GM-DM, 955 kW_2, 20 x 3.2 x 1.5 m, Bauwerft/ builder: Souter, Cowes;

Bangladesch/Bangladesh

Anzahl-Art/ Number-Group	Schiffsnamen und Stapellauf/ Ship's Name and Launching		Baubeginn-Fertig-*Umbau*/On Keel-Completed-*Conv.*	Bauwerft/Builder	Wasser-verdrängung/ Displacement ts	Länge/Length m	Breite/Beam m	Tiefgang/Draft m	Besatzung/ Crew Bes
Fregatten/Frigates									
1 FG	**Osman** (ex Xiangtan/556)	1988	86/89	Hudong, Shanghai	1675	103	10.2	3.5	195
○					1925				
1FG	I	a. St./o. St.	98/01	Daewoo H. I., Okpo	2300	.	.	.	.
2 FE	**Ali Haider** (ex Jaguar)		53/59	Denny, Dumbarton	2300	104	12.2	3.7	230
○	**Abu Bakr** (ex Lynx)	1955-57	53/57	Brown, Clydebank	2520				
1 FE	**Umar Farooq** (ex Llandaff)	1955	53/58	Hawthorn, Leslie	2170	104	12.2	3.7	210
○					2410				
1 FS	**Madhumati**/P 911		96/98	Hyundai, Ulsan	635	60.8	8.0	2.7	43
○		1997							
Kleine Kampfschiffe/Small Fighting Vessels									
5 PG	**Durdharsha, Durdanta,**	.	.	Jiangnan, Shanghai	210	38.8	7.6	2.0	30
○	**Durnibar, Dordanda, Anirban**	~1985			220				
5 PG	**Durbar, Duranta, Durvedya, Durdam,**		./83	China	68	26.8	5.5	1.5	20
○	**Uttal,**		~1980		75				
1 PC	**Nirbhoy**	~1978	./82	China	375	59.0	7.3	2.4	69
○			85		400				
1 PC	**Barkat**	~1994	./95	China	170	41.0	5.3	1.8	45
4 PC	**Tawheed, Tawfiq,**	~1980	./80	China	120	38.8	5.4	1.7	25
○	**Tamjeed, Tanveer**		82		155				
4 PF	**TB 8235-8238**	~1980	.	Hudong, Shanghai	39	21.5	5.0	0.9	20
					45				
2 PP	**Meghna, Jamuna**	1984	83/84	Vosper, Singapur	195	46.5	7.5	2.0	44

Bewaffnung/ Armament	Sensoren-Elektronik/ Sensors-Electronic	Geschwindigkeit/speed kn	Antrieb/Propulsion: Maschine/Kessel, Engines/Boilers, Masch	Leistung/Power kW (1 kW = 1.36 PS)	Fahrstrecke/Range sm	Sonstige Angaben/ Remarks
4 MM 40 ⇒₂, 1-7.6 ∡, 2-4 ∡₂, 2-2 ∡, 1 ✈ Dauphin	┬ ⊸ ⊕ ↜	34.5	MTU-DM	14410 2	4000 16	Typ deutsch/German Lürssen 62 001
4 MM 40 ⇒₂, 1-7.6 ∡, 2-4 ∡₂, 2 Mg ∡, ▫	┬ ⊸ ⊕ ↜	41.0	MTU-DM	11490 4	1500 16	Typ deutsch/German Lürssen TNC 45
4 MM 40 ⇒, 1-7.6 ∡, 2-4 ∡₂, 2 Mg ∡, ▫	┬ ⊸ ⊕ ↜	41.0	MTU-DM	11490 4	1500 16	Typ deutsch/German Lürssen TNC 45
2-4 ∡₂, 2 Mg ∡, ▫	┬ ⊕	33.0	MTU-DM	6990 2	1150 16	Typ deutsch/German Lürssen FPB 38
1 Mg ∡	┬	30.0	GM-DM	880 2	1200 18	Typ US Commercial Cruiser
2 Mg ∡₁	┬	12.0	2 DM	605 1	1500 10	
2 Mg ∡₁	┬	8.0	3 DM	504 3	800 8	Typ US LCU-1466

9 PP: **Saif 1-4** (80) 15 ts; **Al Bayneh, Junnan, Quaimas** (77) 6.3 ts, 27 kn; **Noon, Askar,**
— und zahlreiche kleinere Boote/and numerous smaller boats

1 LC: **Safra II** (81) 150 ts, 8 kn, GM-DM;

Bangladesch/Bangladesh

Bewaffnung/ Armament	Sensoren-Elektronik/ Sensors-Electronic	Geschwindigkeit/speed kn	Antrieb/Propulsion	Leistung/Power kW	Fahrstrecke/Range sm	Sonstige Angaben/ Remarks
4 HY-2 ⇒₂ 4-10 ∡₂, 8-3.7 ∡₂, 2 ✎₅ RBU 1200, 2 ⚲, ▫	┬ ♁ ⊕ ⊽ ↜	26.0	DM	11765 2	4000 18	Typ chin. Jianghu I
⇒, ⇑, 1-7.6; 4-3 ∡₂,	┬ ♁ ⊕ ⊽	.	Piel.-DM	.	.	1997: i.A./ordered
4-11.4 ∡₂, 1-4 ∡, 1 ▥₃ Squid	┬ ♀ ♁ ⊸ ⊕ ⊽	25.0	8 Stand. R.-DM	10600 2	7500 16	Typ brit. Leopard
2-11.4 ∡₂, 2-4 ∡, 2-2 ∡, 1 ▥	┬ ♀ ♁ ⊸ ⊕ ⊽	24.0	8 Stand. R.-DM	10590 2	7500 16	Typ brit. Salisbury.
1-5.7 ∡, 1-4 ∡, 2-2 ∡₁	┬ ⊕	23.5	2 Piel.-DM	7080 2	6000 15	Typ korean. Sea Dragon + 5 gepl./plan.
4 HY-1 ⇒, 4-3 ∡₂	┬ ♁	36.0	DM	8825 3	800 25	Typ chin. Huangfen
2 HY-1 ⇒, 2-2.5 ∡₂	┬ ♁ ⊕	40.0	DM	3535 4	450 30	Typ chin. Hegu
4-5.7 ∡₂, 4-2.5 ∡₂, 4 ✎₅, ⚲, ▫	┬ ♁ ⊸	24.0	DM	6475 4	1000 10	Typ chin. Hainan
4-3.7 ∡₂, 4-2.5 ∡₂	┬ ⊽	25.0	4 DM	3220 4	750 17	Typ chin. 062/1
4-3.7 ∡₂, 4-2.5 ∡₂, 2 ⚲, ▫	┬ ♁ ⊸	28.5	DM	3110 4	800 17	Typ chin. Shanghai II
4-1.5 ∡₂, 2 **TR**	┬	55.0 53.3	DM	2650 3	500 20	Typ chin. Huchuan
4-4 ∡₂, 2 Mg ∡	┬	20.0	MTU-DM	3200 2	2000 16	Fischereischutz/Fishery protection

Anzahl-Art/ Number-Group	Schiffsnamen und Stapellauf/ Ship's Name and Launching		Baubeginn-Fertig-/*Umbau*/On Keel-Completed-*Conv.*	Bauwerft/Builder	Wasser-verdrängung/ Displacement ts	Länge/Length m	Breite/Beam m	Tiefgang/Draft m	Besatzung/ Crew Bes
1 PP	**Bishkali** (ex Jessore)	1965	64/65	Brooke, Lowestoft	115	32.6	6.1	1.5	19
○					143				
2 PP	**Shaheed Rahul Amin**(ex Jersey)		./76	Hull Russell, Aberdeen	1000	59.5	10.9	4.6	26
	I (ex Orkney)	1976	./77		1280				
2 PP	**Padma, Surma** (ex Akshay, Ajay)		60/62	Hooghly, Calcutta	120	35.7	6.1	1.7	33
		~1961			150				
2 PP	**Tista, Karnaphuli** (ex PBR 505, 502)		54/56	Jugoslawien/Yugoslavia	190	41.0	6.3	2.2	44
○		~1955			245				
5 PR	**Bogra, Noakhali, Pabna, Patuakhali,**		71/75	Narayangonj, Dakka	70	23.0	6.1	1.1	33
	Rangamati	1972-76	77						
	Minensucher/Minesweepers								
4 MB	**Shapla, Shaikat, Surovi,**		83/84	Richards, Lowestoft	770	47.5	10.5	2.9	30
○	**Shaibal** (ex Waveney, Carron,		84/85	+ Great Yarmouth	890				
	Dovey, Helford)	1983-84							
1 MB	**Sagar**		93/95	Wuhan S. Y.	520	60.0	8.8	2.3	70
		1994			590				
	Landungsfahrzeuge/Landing Vessels								
3LS	**Shah Amanat, Shak Paran**		.	Danyard, Aalborg	.	47.0	10.5	2.3	32
	Shak Makhdum	1987-88			366				
5 LC	**Darshak, Tallashi,**	.	.	China	60	24.8	5.1	1.1	25
	L 101, 102, 104				85				

Hilfsfahrzeuge/Auxiliary Vessels

1 AR: **Shahayak** Lg 55 m — Werkstattschiff/repair vessel
1 AO: **Khan Jahan Ali** 2900 ts, 12 kn, DM, 990 kW$_1$, Bes 26
2 AT: **Khadem** (84), 1470 ts, 4 Mg ∡$_2$, DM, 1940 kW$_2$, 60.2 x 11.6 x 4.4 m, Bes 32, Typ chin. Hujin; **Sebak** (93)
1 Tender: **Shah Jalal** (ex Gold) 305 ts, 12 kn

Belgien/Belgium

	Fregatten/Frigates								
3 FG	**Wandelaar**		75/78	Boelwerf, Temse	1940	106	12.3	5.6	157
○	**Westdiep**		74/78	Cockerill, Hoboken	2340				
	WIELINGEN	1975-77	74/78	Boelwerf, Temse					
1 PP	**Stern** (ex Kbv 171)	1979	78/80	Karlskronavarfet	335	50.0	8.5	2.6	10
○					375				
	Minensucher/Minesweepers								
4 MB	II-IV		01/04	SKB, Antwerpen	650	52.4	10.4	3.5	27
○	I	a.St./o.St.	99/01						
7 MB	**Primula, Narcis, Myosotis,**		85/87	T.V.M.-Béliard	510	51.6	9.0	2.5	49
○	**Lobelia, Crocus**		88/91	Ostende	595				
	Bellis, Aster		83/85	T.V.M.-Béliard,					
		1984-90	85/87	Ostende					
1 MB	**Truffaut** (ex MSO 515)		55/56	Tampa Shb.	730	52.0	10.0	3.2	72
					790				

Bewaffnung/ Armament	Sensoren-Elektronik/ Sensors-Electronic	Geschwindigkeit/speed kn	Antrieb/Propulsion Maschine/Kessel Engines/Boilers Masch	Leistung/Power kW 1 kW = 1.36 PS	Fahrstrecke/Range sm	Sonstige Angaben/ Remarks
2-4		24.0	MTU-DM	2500 2	.	Typ pakist. Rajshahi
1-4 , 2 Mg		16.0	2 Ruston-DM	3220 1	7000 12	Typ brit. Island. AX
8-2 $_{4}$		12.5	2 Paxman-DM	810 2	5000 10	Typ brit. Ford
2-12.2 Mörser/mortars, 2-4 , 2-2		18.0	MAN-DM	2430 2	1000 12	Typ jugosl. PBR
1-4		10.8	Cummins-DM	150 2	700 10	Flußkampfboote/Riverine patrol craft
1-4		14.0	Ruston-DM	2235 2	4500 10	Typ brit. River 1995 übergeben/transferred **Shaibal:** AGS
4-3.7 $_{2}$, 4-2.5 $_{2}$, 4-Mg ,		14.0	2 DM	1470 2	3000 10	Typ USSR T43
2 Mg		9.0	2 Caterpillar-DM	545 2	.	
4 Mg $_{2}$		11.5	2 DM	440 2	.	Typ chin. Yuchin

3 LC: **LCVP 011-013** 83 ts, 12 kn

Barbados

1 PP: **Trident**/P 01 (81) 165/200 ts, 25 kn, 1-4 , 1-2 , DM, 4410 kW$_{2}$, Bauwerft/builder: Brooke, Lowestoft
1 PP: **J.T.C. Ramsay**/P 06 (74) 11 ts, 24 kn, 1 Mg , Caterpillar-DM, 430 kW, 12.6 x 3.7 x 1.0 m, Bes 4, Bauwerft/builder: Aquarius, Christchurch
1 PP: **George Ferguson**/P 04 (~74) 30 ts, 24 kn, [2 Mg], DM, 20 x 5.3 x 1.5 m, Bauwerft/builder: Aquarius, Christchurch
1 PP: **Excellence**/P 04 (97) 11 ts, 27 kn, 1 Mg , 2 Cat. DM, 650 kW, 12.2 x 4.3 x 1.3 m, Bes 4, Bauwerft/builders: Sea Ark, Monticello.

Belgien/Belgium

Bewaffnung/ Armament	Sensoren-Elektronik/ Sensors-Electronic	kn	Maschine/Kessel	kW	sm	Sonstige Angaben/ Remarks
4 MM 38 , 1-10 , 1 Sea Sparrow $_{8}$, 1 $_{6}$ 37.5, 2 **UTR** L 5		25.0	Olympus-GTu + Cockerill-DM	20230 + 4410 2	5000 14	*Escorteschepen.* **Masch:** CODOG. Wielingen: 95 in Reserve
[1-2]		18.0	Hedomora-DM	3294 4	3000 12	SAR+Fischereischutz/SAR+ Fishery Protection, 10/98: von Schweden/from Sweden.
1-2.5		15.0	Werkspoor-DM	1600 2	3000 12	Sterne: Minensuchsystem/ mine sweeping system
1-2		15.0	Werkspoor-DM + EM	1400 + 176 1	3000 12	Typ franz./French Eridan. Minenjäger/minehunters. Modernisierung/Modernization: 2001-2004; Primula: i. R.
[1-4]		12.0	4 GM-DM	1180 2	2400 12	Typ US Agile. Versuchsschiff für „Sterne"-Minensuchsystem/ trialsship: „Sterne" multi influence sweep system.

Anzahl - Art/ Number - Group	Schiffsnamen und Stapellauf/ Ship's Name and Launching	Baubeginn - Fertig- *Umbau*/On Keel - Completed - *Conv.*	Bauwerft / Builder	Wasser- verdrängung/ Displacement ts	Länge/Length m	Breite/Beam m	Tiefgang/Draft m	Besatzung/ Crew Bes
Hilfsfahrzeuge/Auxiliary Vessels								
1 AR	**Zinnia** 1967	66/67	Cockerill, Antwerpen	1700	100	14.0	3.6	125
○				2700				
1 AR	**Godetia** 1965	65/66	Boel, Tamise	1700	92.0	14.0	3.5	95
○		*81/82*		2500				

4 AT: **Zeemeeuw** (71) 400 ts, 10 kn, DM; **Valcke** (ex Astrolog) (60) 183 ts, 12 kn, Deutz ⇝ DM;
Krekel (59) 83 ts, 10 kn, Voith-Schneider-Antrieb;
Bauwerft/builder: Voith, Heidenheim; **Albatros** (ex Westgat) (67) 185 ts, 12 kn, 530 kW
1 Tender: **Spin** (58) 32 ts, 8 kn, auch/also AT
2 AT: **Wesp, Mier** (ex N° 63, 66) 195 t, 2 DM, 26.2 x 7.5 x 3.3 m.

Belize

2 PP: **Dangriga, Toledo**/PB 01, 02 (83) 36.5 ts, 23 kn, 1 Mg ∡, 4 Mg $∡_4$, GM-DM, 1765 kW_2, 430 sm_{18}, 20 x 5 x 1.5 m, Bes 8, Bauwerft/builder: Souter, Cowes, Typ brit. Wasp

4 PP: **P 1-4** (93-96) 3 ts, 8.1 x 3.0 x 0.5 m, 35 kn, Typ US Boston Whaler

3 LC **Eden, Forth, Medway** (~65) 100 ts, 9 kn, 2 DM, 22.0 x 6.1 x 1.7 m, Bes 6, Typ brit. Avon

Benin

1 PP: **Patriote** (88) 70 ts, 36 kn, 1-2 ∡, 2 Mg ∡, Baudouin-DM, 2650 kW_3, 36 x 6.8 x 1.3 m, Bes 23, Bauwerft/builder: SBCN, Loctudy

Bermuda

3 PP: **Heron I, III** (97, 92) 7 ts, GM-DM, 190 kW_2; **Heron II** (88) 1.5 ts
2 PP: **Rescue I, II** (86-88) 1.4 ts, 15 kn

Brasilien/Brazil

Flugzeugträger/Aircraft Carrier								
1 RL	**Minas Gerais** (ex Vengeance)	42/45	Swan Hunter, Walls.	15980	212	24.5	7.5	1300
○	23. 2. 44	57-60	*Verolme, Rotterdam*	19900		36.9	.	
		91-94	*Ars. de Marinha, Rio*					
1 RL	I gepl./plan.	./.	Bazan	25000	240	.	.	.
Fregatten/Frigates								
2 FG	**Liberal**	75/78	Vosper Th., Woolston	3300	129	13.5	6.0	200
○	**Independência** 1974-77	72/79	Ars. de Marinha, Rio	3900				
		97-01	*Ars. de Marinha, Rio*					
4 FG	**Defensora, Constituição,**	72/78	Vosper Th., Woolston	3300	129	13.5	6.0	200
○	**União**	72/79	Ars. de Marinha, Rio	3900				
	NITEROI 1974-76	72/76	Vosper Th., Woolston					

Bewaffnung/ Armament	Sensoren-Elektronik/ Sensors-Electronic	Geschwindigkeit/speed kn	Antrieb/Propulsion: Maschine/Kessel, Engines/Boilers, Masch	Leistung/Power kW (1 kW = 1.36 PS)	Fahrstrecke/Range sm	Sonstige Angaben/ Remarks
3-4, 1 Alouette		18.0	2 Cockerill-DM	3680 1	7700 15	Führungs- und Versorgungsschiff/command and logistic support ship. In Reserve
2-4 $_2$, 1 Alouette		18.0	4 MAN-DM	3970 2	4500 15	Führungs- und Versorgungsschiff/command and logistic support ship.

1 AG: **Belgica** (84) 1200 ts, 13.5 kn, ABC-DM, 1175 kW$_1$, 51 x 10 x 4.4 m, Bes 15 + 11,
○ Bauwerft/builder: Boel, Tamise

2 AG: **Zenobe Gramme** (61) 136 ts, 8 kn, 160 kW, MWM-DM, 28.2 x 6.9 x 2.2 m, Ketsch, 240 m$_2$, Bauwerft/builder: Boel, Tamise;

Bolivien/Bolivia

2 PR: **General Banzer**/P 31 (90) Bauwerft/builder: Guayaramerin; **Santa Cruz de la Sierra**/PR 51 (86), 46 ts, 20 kn

3 PR: **Presidente Paz Zamora, Capitan Palomeque, Antofagasta** / PR 11, 21, 32 (~93)

11 PR: **Comando, Inti, Mallcu, Auxiliar, Mariscal de Zapita, Cobija, Rapirran, Puerto Rico, Santa Rosa, Porvenir, Acre**/LP 401, 404, 405, 408, 409, 601-606

6 PR: **Capitan Bretel, Teniente Soliz, T. F. Bacarezza, Copacabana, Guaqui, Chaguaya**/LP 410-415: 5 ts, 15 kn, 1 Mg, 2 DM, 12.9 x 9.9 x 1.0 m

7AK: **Almirante Grau, Comandante Arandia, Libertador, Trinidad, J. Chavez Suarez, Ing. Palacios, Ing. Gumucio**/M-101, 103, 223, 224, 225, 315, 341, 510

6 AO: **General Pando, Nicolas Suarez, Mariscal Cruz, Max Paredes, Capitan Olmoz, V. A. H. Ugarteche** BTL 01-06

2 AG: **Pionera, Centauro**/LH 01, 03
1 AH: **Julian Apaza**/AH 01
1 AX: **Libertador Bolivar**/TM 01 (51) 9000 ts, 14.5 kn — auch/also AK

Brasilien/Brazil

Bewaffnung/ Armament	Sensoren-Elektronik/ Sensors-Electronic	Geschwindigkeit/speed kn	Antrieb/Propulsion	Leistung/Power kW	Fahrstrecke/Range sm	Sonstige Angaben/ Remarks
6 A4-Skyhawk 10, 2 SADRAL $_4$, 1		24.5	Parsons Tu 4 Wr 28 atü	30890 2	12000 14	*Navio Aeródromo.* Typ brit. Colossus. Winkeldeck/angled deck 8.5°. Typ SAC 220
.	. . .	.	.		.	
4 MM 40 ⇒ 2-11.4, 2-4, 6 Seacat $_3$, 6 **UTR** 32.4 **III**, 1 37.5$_2$, 1 Lynx		28.0	Olympus-GTu + 4 MTU-DM	41180 + 13240 2	5300 17.5	*Fragatas.* Typ Vosper Mk 10. Werden gem. Proj. MOD-FRAG modernisiert/will be modernised according project MOD-FRAG: 1997-2001 **Bew/AMT:** 4 MM 40 ⇒ 1-11.4, 2-4 $_1$, 1 Albatros $_8$, 6 **UTR** 32.4 **III**, 1 37.5 $_2$, Radar: Selenia RAN 20 S.
4 MM 40 ⇒ 1-11.4, 2-4, 6 Seacat $_3$, 6 **UTR** 32.4 **III**, Ikara, 1 37.5$_2$, 1 Lynx		28.0	Olympus-GTu + 4 MTU-DM	41180 + 13240 2	5300 17.5	Typ Vosper Mk 10. ASW-Version Defensora: seit Herbst 96 im Umbau/under modernisation since fall 96.

Brasilien/Brazil

Anzahl - Art/ Number - Group	Schiffsnamen und Stapellauf/ Ship's Name and Launching	Baubeginn - Fertig - *Umbau*/On Keel - Completed - *Conv.*	Bauwerft/Builder	Wasser- verdrängung/ Displacement ts	Länge/Length m	Breite/Beam m	Tiefgang/Draft m	Besatzung/ Crew Bes
4 FG ○	**Greenhalgh** (ex Broadsword) **Dodsworth** (ex Brillant) **Bosisio** (ex Brazen) **Rademaker** (ex Battleaxe) 1976-80	75/76 77/81 78/82 76/80	Yarrow, Scotstoun Yarrow, Scotstoun Yarrow, Scotstoun Yarrow, Scotstoun	3500 4400	131	14.8	6.0	225
1 FG ○	Barroso 1999	94/02	Ars. de Marinha, Rio	1780 2350	101	11.4	4.0	160
4 FG ○	**Frontin** **Julio de Noronha** **Jaceguai** **INHÁUMA** 1986-92	87/94 87/92 84/91 83/91	Verolme, Brasilien Verolme, Brasilien Ars. de Marinha, Rio Ars. de Marinha, Rio	1600 1966	95.8	11.4	3.7	122
4 FF ○	**Paraná, Pará** (ex Sample, Albert David) **Paraiba** (ex Davidson) **Pernambuco** (ex Bradley) 1964	63/68 64 63/65 63/65	Lockheed, Seattle Avondale Shy. Bethlehem, S. Franc.	2624 3403	126	13.4	7.9	250
6 FS ○	**ANGOSTURA, Bahiana, Caboclo, Imperial, Marinheiro, Purus, Solimoes** 1954-55	53/55 /56	Niederlande/ Netherlands	911	56.0	9.6	3.5	60

Uboote/Submarines

2 SS	Tikuna a.St./o.St.-bew./auth. I ·	98/03 00/.	Ars. de Marinha, Rio	. ↑ 2500↓	62.1	6.3	5.5	.
4 SS ○	**Tapajó** **Timbira** **Tamoio** **Tupi** 1987-98	89/99 87/96 86/94 85/89	Ars. de Marinha, Rio Ars. de Marinha, Rio Ars. de Marinha, Rio HDW, Kiel, Ars. de Marinha, Rio.	1450↑ 1590↓	61.2	6.3	5.5	33
1 SS ○	**Tonelero** 1972	71/77	Vickers, Barrow	2030↑ 2410↓	90.0	8.1	5.5	62

Kleine Kampfschiffe/Small Fighting Vessels

4 PP	**Bracui, Benevente, Bocaina, Babitonga** (ex Itchen, Blackwater, Spey, Arun) 1984/85	84/85 85/86	Richards Shipb., Lowestoft + Great Yarmouth	770 890	47.6	10.5	3.8	30
6 PP ○	**Guajará Guaporé, Gurupá, Gurupi, Guaratuba, Gravatai** 1994-99	93/94 95/96 98/99	Peenewerft, Wolgast	213	46.5	7.5	2.0	25 +5
6 PP ○	**Graúna, Goiana, Grajaú, Guaiba, Guanabara,Guarujá** 1993-97	88/94 90/94 96/99	Estaleiro Maua Ars. de Marinha, Rio Inace, Céara	210	46.5	7.5	2.3	25 +5
6 PP ○	**PIRATINI, Pirajá, Pampeiro, Penedo, Poti, Parati** (ex PGM 109, 110, 118-121) 1968-71	68/70 /71	Ars. de Marinha, Rio	100 110	29.0	5.8	2.1	15

Bewaffnung/ Armament	Sensoren-Elektronik/ Sensors-Electronic	Geschwindigkeit/speed kn	Antrieb/Propulsion Maschine / Kessel — Engines / Boilers Masch	Leistung/ Power kW 1 kW = 1.36 PS	Fahrstrecke/ Range sm	Sonstige Angaben/ Remarks
4 MM 38 ⇨, 2-4 $_1$, 12 Sea Wolf $_6$, 4-3 $_2$, 2-2 $_1$, 6 **UTR** 32.4 **III** 2 Lynx		30.0	2 Olympus TM-3B 2 Tyne RM-1C GTu	37300 + 7400 2	4500 18	1996/97: übernommen/ acquired
4 MM 40 ⇨, 1-11.4, 2-4, [1-2 Phalanx], 6 **UTR** 32.4 **III**, 1 Lynx		29.0	GE-GTu + 2 MTU-DM	20520 + 8670 2	4000 15	
4 MM 40 ⇨, 1-11.4, 2-4, [1-2 Phalanx], 6 **UTR** 32.4 **III**, 1 Lynx		27.0	GE-GTu + 2 MTU-DM	20520 + 4260 2	4000 15	
2-12.7, 6 **UTR** 32.4 **III**, 1 $_8$ Asroc		27.0	Westingh. Tu 2 Foster-Wh.	25740 1	4000 20	Typ US Garcia
1-7.6, 4-2		15.0	Sulzer-DM	1590 2	.	*Corvetas.* Auch Schlepper/also tugs.
8 **TR** 53.3 b↓		. ↑ 25.0↓	4 MTU-DG 4 EM	.	11000 8	*Submarinos.* Verbesserter/improved Typ deutsch/German 209/1400-MOD
8 **TR** 53.3 b↓		10.0↑ 22.0↓	4 MTU-DG 4 EM	1760 3680 1	8200 8	Typ deutsch/German 209/1400
8 **TR** 53.3↓ (6 b, 2 h)		12.0↑ 17.0↓	Standard R.-DM Eng. El. EM	2710 4410 2	12000 10	Typ brit. Oberon STN Atlas CSU-90 Sonar
1-4 $_1$		14.0	Ruston-DM	2235 2	4500 10	Typ brit. River Übernahme/transfer: 1998
1-4, 2-2 $_1$		24.0	2 MTU-DM	4108 2	.	
1-4, 2-2		25.0	2 MTU-DM	4108 2	2000 12	Typ Vosper QAF Singapore
5 Mg, 1-8.1 Mörser/ mortar, 1		20.0	4 DM	1430 2	1500 10	Typ US CG Cape

Brasilien/Brazil

Anzahl-Art/ Number-Group	Schiffsnamen und Stapellauf/ Ship's Name and Launching	Baubeginn-Fertig-*Umbau*/On Keel-Completed-*Conv.*	Bauwerft/Builder	Wasser-verdrängung/ Displacement ts	Länge/Length m	Breite/Beam m	Tiefgang/Draft m	Besatzung/ Crew Bes
6 PP	**LP 01-07** 1987-95	86/88 94/95	Ebin So, P. Alegre	31	20.9	5.2	1.5	8 + 3
10 PP	**R 71-76** ~1982 **R 61-64** ~1972	. .	DM-Commercio Swiftships, Morgan C.	23	15.7	4.6	1.1	6
16 PP	I-XVI bew./auth.-gepl./plan.	./.	Emp. Tec. Nacional, Belém	.	22.8	5.5	0.9	.
3 PR ○	**Amapá, Rondônia, Roraima** 1972-73	72/75 76	MacLaren, Niteroi	340 365	46.3	8.5	1.4	40
2 PR ○	**Pedro Teixeira, Raposo Tavares** 1972	71/73	Ars. de Marinha, Rio	690	63.5	9.7	1.7	60
1 PR ○	**Parnaiba** 1937	36/37 *95-98*	Ars. de Marinha, Rio	594	55.0	10.2	1.6	90
Minensucher/Minesweepers								
6 MS ○	**ARATU, Anhatomirim, Araçatuba, Atalaia, Abrolhos, Albardão** 1970-74	69/71 73/75	Abeking & R., Lemw.	.230 280	47.2	7.2	2.1	39
Landungsschiffe/Landing Ships								
2 LD ○	**Ceará** (ex Hermitage) **Rio de Janeiro** (ex Alamo) 1956	55/56 54/56	Ingalls, Pascagoula Ingalls, Pascagoula	6880 12150	155	25.6	5.8	405
1 LS ○	**Mattoso Maia** (ex Cayuga) 1969	68/70	National St., S. Diego	4970 8450	159	21.2	5.3	190
1 LS ○	**Duque de Caxias** (ex Grant County) 1956	55/57	Avondale, N. Orleans	4300 8000	135	18.9	5.5	170
46 LC:	30 **EDVP**, 3 **EDCG: Guarapari, Tambaú, Camboriú**/GED 10-12 13 **EDVM** (LCM)							
Hilfsfahrzeuge/Auxiliary Vessels								
1 AR ○	**Felinto Perry** (ex Holger Dane) 1979	78/79	Smedviks M. V. Tjørvåg	1380	78.2	17.5	4.6	69
3 AP ○	**Ary Parreiras, Custódio de Mello, Soares Dutra** 1955-56	./55 57	Ishikawajima, Tokyo	4800 7300	119	16.0	6.3	130
1 AP:	**Piraim** (82) 73.5 ts, 7 kn;							
1 AO ○	**Almirante Gastão Motta** 1990	89/91	Ishibras, Rio	. 10300	135	19.0	7.5	120
1 AO ○	**Marajo** 1968	66/68	Ishikawajima, Tokio	10500 16000	134.4	19.3	7.3	119
3 AT ○	**Tritão, Tridente, Triunfo** 1985-86	./86 87	Estanave, Manaus	820 1680	55.4	11.6	3.4	50
2 AT ○	**Almirante Guilhem, Almirante Guillobel**	75/76	Sumitomo	1200	63.2	13.4	4.5	40

Bewaffnung/ Armament	Sensoren- Elektronik/ Sensors- Electronic	Geschwindig- keit/speed kn	Antrieb/Propulsion Maschine / Kessel Engines / Boilers Masch	Leistung/ Power kW 1 kW = 1.36 PS	Fahrstrecke/ Range sm	Sonstige Angaben/ Remarks
1-3 ∡	┯	30.0	MTU-DM	1465 2	600 15	Typ brit. Tracker. GRP Rumpf/hull. 10: gepl./planed
1 Mg ∡	┯	22.0	GM-DM	625 2	400 22	Typ US Swift Mk II
1 Mg ∡	┯	.	2 MTU-DM	.	.	Typ Baglietto; Flußpatrouillen/River patrol
1-4 ∡, 2-8.1 Mörser/ mortars, 6 Mg ∡, 1 LC	┯	14.0	MAN-DM	1350 2	6000 11	
1-4 ∡, 2-8.1 Mörser/ mortars, 2 LC, [🚁]	┯	17.0	4 DM	2825 2	6800 13	
3-4 $∡_1$	┯	12.0	2 DM	960 2	1350 10	Mato Grosso-Flottille
1-4 ∡	┯ ⏀	24.0	Mayb.-DM_4	3030 2	718 20	*Navios mineiros.* Ähnlich/similar to Typ deutsch/German Schütze
6-7.6 $∡_2$, 1-2 ∡ Phalanx, [350], 18 LCM (6) oder/ or 3 LCU	┯ ⌽ ⍜	22.5	Gen. El. ⚙ Tu 2 Babcock	17650 2	10000 18	Typ US Thomaston. Dockraum/docking well: 119 x 14.6 m
1-2 ∡ Phalanx [400], 500 ts Ladung/load	┯ ⌽ ⍜	20	6 ALGO-DM	12130 2	2500 14	Typ US Newport
2-7.6 $∡_2$, 2 LCVP, [600], 🚁	┯	18.0	6 Fairb. Morse- DM	10590 2	13000 10	Typ US Suffolk County. Heavy lift gear: 60 ts
—	┯	14.8	4 BMV-DM	5150 2	.	Salvage and diving support ship. 🚁-Deck
2-7.6 ∡, 8-2 $∡_2$,	┯	15.0	⚙ Tu 2 Wr	3535 2	.	🚁-Deck

7 AP: **Rio Real, Rio Turvo, Rio Verde** (53-54) 150 ts, 14 kn;
Rio Pardo, Rio Negro, Rio Chuí, Rio Oiapoque (75-76) 150 ts, 14 kn — Flußtransporter/River transports

—	┯	20.5	2 Wärtsilä- Vasa-DM	8600 1	10000 15	
—	┯	13.5	Sulzer-DM	5880 1	9200 13	
2 Mg ∡	┯	12.0	DM	1825 2	.	Ex oilfield supply tugs. Auch/also PP
—	┯	14.0	GM-DM	5300	.	Ex offshore supply ships 2

Anzahl - Art/ Number - Group	Schiffsnamen und Stapellauf/ Ship's Name and Launching		Baubeginn - Fertig- *Umbau*/On Keel- Completed - *Conv.*	Bauwerft/Builder	Wasser- verdrängung/ Displacement ts	Länge/Length m	Breite/Beam m	Tiefgang/Draft m	Besatzung/ Crew Bes
1 AT	**Trindade** (ex Nobistor)	1968	/69	Hitzler, Lauenburg	590 1310	53.7	6.1	2.1	22

4 AT: **Intrepido, Arrojado, Valente, Impavido** / BNRJ 16-19, 200 ts, 11.7 kn (92)
Bauwerft/builder: Damen, Gorinchen

4 AT: **Comandante Didier, Comandante Marriog, Tenente Magalhães, Cabo Schramm**/BNRJ 04, 03, 05, 06 (81) 115 ts, 10 kn, 2 GM-DM, 660 kW

1 AG ○	**Ary Rongel** (ex Polar Queen)	1980	./81	Norwegen	. 3670	75.5	13.0	5.2	67
1 AG	**Barão de Teffé** (ex Thala Dan)	1957	./57	Aalborg Værft	2183	82.0	13.7	6.3	90
1 AG	**Antares** (ex Lady Harrison)	1983	./84	M. & K., Bergen	855 1400	55.0	10.3	4.3	45
1 AG ○	**Almirante Câmara** (ex Sands)	1963	62/65	Marietta, Pt. Pleasant	1200 1380	63.7	12.2	4.7	26 + 15
1 AG ○	**Sirius**	1957	55/58	Ishikawajima, Tokyo	1460 1800	78.0	12.1	3.7	115
2 AG	**Argus, Orion**	1957-58	55/59	Ars. de Marinha, Rio	250 340	44.7	6.5	2.8	34
3 AG ○	**Amorim do Valle, Taurus** **Garnier Sampaio** (ex Humber, Ribble, Helmsdale)	1984-85	84/85 85/86	Richards Shipb., Lowestoft + Great Yarmouth	770 890	47.6	10.5	3.8	30

1 Bojenleger/Lighthouse Tender: **Almirante Graça Aranha** (74) 1253/2390 ts, 14 kn, 1470 kW, DM 75 x 13 x 4.2 m, Bes 80 — *Navio faroleiro*

1 Bojenleger/Buoy Tenders: **Faroleiro Mario Seixas** (62)

1 AX ○	**Brasil**	1983	81/86	Arsenal Nav., Rio	2380 3400	131	13.5	4.2	215 + 200

3 AX: **Rosca Fina, Voga Picada, Leva Arriba** (83-84) 50 ts, 11 kn, DM, 480 kW_1, 18.6 x 4.7 x 1.2 m, Bes 5 — *Aviso de instrução*

1 AX: **Cisne Branco** (99) 1038 ts, 76 m, Damen S. Y. — Segelschulschiff/sail training vessel

2 AH: **Oswaldo Cruz, Carlos Chagas** (83-84) 500 ts, 9 kn, DM, 525 kW_2, 47.2 x 8.5 x 1.8 m, Bes 25 + 21 — *Navios de assistência hospitalar*

Brunei Darussalam

3 FG	II-III I	a. St./o. St.–bew./auth.	./. 99/02	Yarrow, Scotstoun	1500 2000	95.0	12.7	3.6	79
3 PG ○	**Waspada, Pejuang, Seteria/** P 02-04	1977-78	76/78	Vosper Th., Singapur	150	36.8	7.2	1.7	23
2 PP	**Perwira, Pemburu/** P 14, 15	1974-75	74/44 75	Vosper Th., Singapur	30	21.7	6.1	1.2	12
2 LC	**Damuan, Puni**/L 31, 32	1976-77	./76 /77	Cheverton	60	19.8	6.1	1.1	13

2 LC: **Serasa, Teraban**/L33,34 (96) 36.5 x 8.0 m, 12 kn, Bauwerft/builders: Transfield, Perth

Marine Polizei/Marine Police

7 PP	**PDB 11-15, 63, 68**	1987	87/87	Singapore Shb. & Eng.	20	14.5	4.3	1.2	.

Bewaffnung/ Armament	Sensoren-Elektronik/ Sensors-Electronic	Geschwindigkeit/speed kn	Antrieb/Propulsion: Maschine/Kessel, Engines/Boilers, Masch	Leistung/ Power kW 1 kW = 1.36 PS	Fahrstrecke/ Range sm	Sonstige Angaben/ Remarks
2 Mg ⦢	┬	12.5	MWM-DM	2000 2	.	Zielschiffschlepper/ for target towing

11 AT: **D. N. O. G., Lahmeyer** 100 ts, Lg 32 m; / BNA 02, 01

[2 🚁]	┬ ♀	14.0	2 Mak-DM	3300 1	19500 14	Polarforschungsschiff/ Polar research vessel
—	┬ ♀	12.5	B & W-DM	1610	. 1	Eisverstärkt/strengthened for ice
—	┬ ♀	13.5	B & W-Alpha-DM	1370 1	10000 12	Seismic survey vessel
—	┬ ♀	13.5	2 Caterpillar ⇝DM	735 1	10000 12	Typ US Conrad
[4-2 ⦢], 1 🚁	┬	15.0	Sulzer-DM	1990 2	12000 11	*Navio hidrográfico*
2-2 ⦢	┬	15.0	DM	880 2	1200 15	
[1-4 ⦢, 2-Mg ⦢]	┬	14.0	Ruston-DM	2235 2	4500 10	Typ brit. River 1995: über- nommen, handed over

4 Bojenboote/Buoy Tenders: **Castelhanos, Faroleiro Areas, Faroleiro Nascimento, Mestre João dos Santos** 37.5 x 8.6 x 2.6 m — *Navios balizadores.*
transfer: 1998

8 Bojenboote/buoy tenders: **Achenar, Aldebaran, Betelgeuse, Capella, Denebola, Formalhaut, Regulus, Rigel** (95-96) 130 ts, 10 kn, 2 Cummins-DM, 480 kW, 19.8 x 6.0 x 2.0 m, Bes/crew: 6, Bauwerft/builders: Wilson, San Pedro

2-4 ⦢, 2 🚁 Lynx	┬ ⚲ ♀	18.0	Pielstick-DM	5740 2	7000 15	

4 Bojenleger/Buoy Tenders: **Comandante Varella, Comandante Manhães, Tenente Castelo, Tenente Boanerges** (81-85) 330/440 ts, 12 kn, DM, 955 kW_2, 37.5 x 8.6 x 2.6 m, Bes 22

3 AX: **Aspirante Nascimento, Guarda-Marinha Jansen, Guarda-Marinha Brito** (80-81) 110/130 ts, 10 kn, 1 Mg ⦢ 7, DM, 480 kW_2, 28 x 6.5 x 1.8 m, Bes 12 + 24, Bauwerft/builder: Embrasa Naval, Itajai — für Kadetten/ for cadets

Brunei Darussalam

8 Harpoon ⇒, ESSM-VLS ⇑, 1-7.6 ⦢, 1-2 ⦢ Goalkeeper, 1 🚁 Sea Lynx	┬ ⌖	30.0	DM	.	5000	OPV=offshore patrol vessels
2 MM 38 ⇒, 2-3 $⦢_2$, [2 Mg ⦢]	┬ ⌖	30.0	MTU-DM	5515 2	1200 14	Typ venezol. Federacion
2-2 ⦢, 2 Mg ⦢	┬	32.0	MTU-DM	1990 2	600 22	
—	┬	9.0	GM-DM	255 2	300	Typ brit. Loadmaster
1-2 ⦢	┬	30.0	MAN-DM	935 2	.	

Anzahl - Art/ Number - Group	Schiffsnamen und Stapellauf/ Ship's Name and Launching		Baubeginn - Fertig- *Umbau*/On Keel - Completed - *Conv.*	Bauwerft/Builder	Wasser-verdrängung/ Displacement ts	Länge/Length m	Breite/Beam m	Tiefgang/Draft m	Besatzung/ Crew Bes

Bulgarien/Bulgaria

Nur ca. 25% der aufgelisteten Schiffe waren Ende 1999 einsatzbereit.

1 FF ○	**Smelij** (ex Delfin)/11	 1976	./76	Werft 340, Zelenodolsk	1500 1575	96.4	12.6	4.3	130
1 FG ○	**Mulnija**/101	1982	./83	Petrovskij, Leningrad	430 550	56.1	10.2	2.5	50
2 FS ○	**Bodri, Resitelni**/14,13 (ex MPK 146, 124)	1983	./83 ./84	Werft 345, Jaroslavl	415 475	57.5	10.8	2.5	40
4 FS	**Letjăsči, Bditelni, Bestrašni Chrabri**/41, 42, 43, 46	~1961	.	Werft 340, Zelenodolsk	500 650	61.0	8.5	2.9	50
2 SS ○	**Slava**/84, **I**	 ~1960	.	Werft 112, Gorkij	1330↑ 1700↓	77.0	6.7	5.5	54
6 PG ○	**Uragon, Grum, Svetkavista, Burja, Tyfon, Smerch**/102, 104, 111, 103, 112, 113	~1962-72	.	USSR	195 240	40.0	8.1	2.0	30
2 PF ○	**I, II**	~1965	.	USSR	145 160	34.0	6.8	1.5	16
10 PP	**511-513, 515, 521-523, 531-533**	~1975	.	USSR	45 60	24.6	5.2	1.0	8
4 MB ○	**Briz, Škval, Priboj, Štorm/** 61-64	~1980	.	Werft 789, Petroza- vodsk	350 400	48.5	9.0	2.1	45
4 MS ○	**Iskar, Zibar, Dobrotich, Ekstati Kinarov**/31-33, 35	~1962	.	USSR	200 270	40.5	7.8	2.2	30
4 MS ○	**65, 66, 67, 68**	~1973	.	USSR	70	26.1	5.8	1.2	10
6 MS	**51, 52, 53, 54, 55, 56**	1988-94	.	Bulgarien	64	26.0	4.5	1.0	15
3 MS	**56, 57, 58**	.	.	Varna	55	210	3.9	1.4	.
2 LS	**Sirius, Antares** / 701, 702	1963-68	./63 ./68	Polnocna, Gdansk	740 940	73.2	8.9	1.8	35
6 LS:	**703-707, 712**	 1963-69	./64 ./69	USSR + Bulg.	425 550	54.8	7.7	2.0	20
2 AO: ○	**Dmitri AT. Dimitrov, Atiya/** 202, 302	 1979-87	./80 ./87	Bulg.	. 3500	97.5	13.9	5.0	32
2 AO ○	**203, 303**	1993-99	89/94 ./00	Burgas	1250	55.4	11.0	3.5	20

2 AO: **204, 205** (~55) 450 ts, 9 kn, 46 x 6.1 x 2.5 m

1 AT: **Jupiter** [221] (63) 800 ts, 12 kn, 4-2.5 ⍼, Typ ex DDR 700

1 AG: **Admiral Branimir Ormanov**/401 (~70) 1400 ts, 15 kn, DM, Typ USSR Moma — Vermessung/survey

1 AX: **Dimitr Blagoev** [421] (57) 900 BRT/grt, 68.1 x 10.0 x 3.2 m

1 AG: **Kapitan 1. Rang Dimitri Dobrev** [206] (~88) 2051 ts, 15 kn — Typ USSR Bereza

Bewaffnung/ Armament	Sensoren-Elektronik/ Sensors-Electronic	Geschwindigkeit/speed kn	Antrieb/Propulsion Maschine/Kessel Engines/Boilers Masch	Leistung/ Power kW 1 kW = 1.36 PS	Fahrstrecke/ Range sm	Sonstige Angaben/ Remarks

Bulgarien/Bulgaria

Only about 25% of the listed ships were operational late in 1999.

2 SA-N-4 ↑$_{2}$, 4-7.6 ▲, 4-3 ▲$_{2}$, 2 ✎$_{12}$ RBU 600,	⊤ ⌽ ⌽ ⌖ ⊽ ⌒	30.0	1 GTu + 2 DM	14705 + 11765	4500 10 3	Typ USSR Koni I: Übergeben/transferred 7-90
4 SS-N-22 ⇒$_{2}$, 1 SA-N-5 ↑$_{4}$, 1-7.6 ▲, 2-3 ▲$_{6}$	⊤ ⌽ ⌽ ⌖ ⌒	35.0	2 GTu + 2 DM	22080 + 2940 3	2000 20	Typ USSR Tarantul II
1-7.6 ▲, 1-3 ▲$_{6}$, 1 SA-N-5 ↑$_{4}$, 4 **UTR** 40 **I**, 2 ✎$_{5}$ RBU 1200	⊤ ⌽ ⌖ ⊽ ⌒	32.0	DM	14700 2	.	Typ USSR Pauk I
2-5.7 ▲$_{2}$, 4 **UTR** 40.6 **II**, 2 ✎$_{12}$	⊤ ⌽ ⌖	28.0	GTu + DM	17650 + 5580 2	6000 10	Typ USSR Poti
8 **TR** 53.3↓(6 b, 2 h)	⊤ ⌽ ⌽ ⊽	15.0↑ 13.0↓	DM EM	2940 4410 2	1400 9	Typ USSR Romeo. AX
4 SS-N-2 B ⇒, 4-3 ▲$_{2}$	⊤ ⌽ ⌖	36.0	DM	11030 3	800 25	Typ USSR Osa II Typ USSR Osa I: 112, 113
4-3 ▲$_{2}$, 4 **TR** 53.3	⊤ ⌽ ⌖	40.0	DM	8825 3	450 35	Typ USSR Shershen
3 Mg ▲$_{2, 1}$	⊤	34.0	DM	1765 2	.	Typ USSR Zhuk Küstenwache/Coast Guard
2-3 ▲$_{2}$, 2-2.5 ▲	⊤	18.0	DM	1765 2	.	Typ USSR Sonya
2-3 ▲$_{2}$	⊤	18.0	DM	1620	1100 10	Typ USSR Vanya
2 Mg ▲	⊤	18.0	DM	1620 2	1000 9	Typ USSR Yevgenya
2 Mg ▲	⊤	12.0	2 DM	346 2	300 10	Typ USSR Olya 5: i. R.
1 Mg ▲	⊤	12.0	DM			Typ USSR PO-2
2-3 ▲$_{2}$, 2 ↣18, 8 ▭, [200 ts]	⊤ ⌖	18.0	DM	3680 2	3300 14	Typ USSR Polnocny A. 1986-87 übernommen/ transferred
[Ö], [100], [200 t]	⊤	12.0	2 DM	440 2	2500 10	Projekt 106/ Vydra Klasse/class
4-3 ▲$_{2}$	⊤	18.0	2 DM	8820 2	12000 15	Proj. bulg. 102/ *Mesar Klasse/class*
2-2.3 ▲$_{2}$	⊤	12.0	2 SLZ-DM	1100 2	1000 8	Typ bulg. 650

2 AG: **231, 331** (86-88) 114 ts, 12 kn, 2 DM, 26.7 x 5.8 x 1.5 m
2 Tender: **315, 607** — Entmagnetisierung/degaussing
2 YD: **223, 233** (86-88) 112 ts, 10 kn, 1 DM, 220 kW, 28 x 5.2 x 1.7, Bew: 2 Mg ▲$_{1}$, Bes: 6; Projekt 245
1: **224** (~94) 531 ts, 13 kn, DM, 1544 kW, 38.5 x 10.0 x 3.0 – Feuerlöschboot/fire fighting vessel

Grenzpolizei/Frontier Police
12 PP: **I-XII** (~50) 55 ts, 12 kn, 1 Mg ▲, DM, Typ USSR PO 2

Chile

Anzahl - Art/ Number - Group	Schiffsnamen und Stapellauf/ Ship's Name and Launching	Baubeginn - Fertig- *Umbau*/On Keel - Completed - *Conv.*	Bauwerft/Builder	Wasser- verdrängung/ Displacement ts	Länge/Length m	Breite/Beam m	Tiefgang/Draft m	Besatzung/ Crew Bes
Zerstörer/Destroyers								
1DG	**Capitán Prat** (ex Norfolk)	66/70	Swan Hunter, Walls.	5440	159	16.5	6.1	470
○	1967			6200				
2 DG	**Almirante Cochrane** (ex Antrim)	66/70	Fairfield, Glasgow	5440	159	16.5	6.1	470
○	**Almirante Blanco Encalada**	62/66	Fairfield, Glasgow	6200				
	(ex Fife) 1964-67	87-94	ASMAR, Talcahuano					
Fregatten/Frigates								
2FG	**Lynch,** 1972	71/74	Yarrow, Scotstoun	2500	113	13.1	5.5	260
○	**Condell**	*88*		2960				
		71/73	Yarrow, Scotstoun					
		93	ASMAR, *Talcahuano*					
1 FG	**Ministro Zenteno** (ex Achilles) 1968	67/70	Yarrow, Scotstoun	2550	113	13.1	5.5	260
○				3000				
4 FG	II-IV	05/.	ASMAR, Talcahuano	2800	116	14.8	4.1	.
	I bew./auth.-gepl./plan.	01/.	Blohm + Voss, Hamburg	3400				
6 FS	**Contramaestre Micalvi, Contra-maestre Ortiz, Aspirante Isaza,**	92/93	Asmar, Talcahuano	520	41.7	8.5	2.8	23
	Aspirante Morel, Corneta	94						+ 30
	Cabrales, Piloto Sibbald 1992-96	96						
Uboote/Submarines								
2 SS	I	./07	DCN, Cherbourg	1400↑	67.0	6.2	5,8	32
	Hyatt a.St./o.St.-bew./auth.	99/05	Bazan, Cartagena	1600↓				
2 SS	**Simpson**	81/84	HDW, Kiel	1260↑	59.5	6.3	5.0	33
○	**Thomson** 1982-83	80/84		1390↓				
1 SS	**O'Brien** 1973	72/77	Scott, Lithgow	2030↑	90.0	8.1	5.5	65
○				2410↓				
Kleine Kampfschiffe/Small Fighting Vessels								
3 PG	**Casma, Chipana** (ex Romach,	73/73	Haifa Shy.	415	58.1	7.6	2.4	45
○	Keshet)	/74		450				
	Angamos (ex Reshev) 1973-74							
2 PG	**Covadonga, Iquique** (ex Hetz, Hanit)	69/70	C. Mec., Cherbourg	235	45.0	7.0	1.8	40
○	1969			260				

Bewaffnung/ Armament	Sensoren-Elektronik/ Sensors-Electronic	Geschwindigkeit/speed kn	Antrieb/Propulsion Maschine/Kessel Engines/Boilers Masch	Leistung/ Power kW 1 kW = 1.36 PS	Fahrstrecke/ Range sm	Sonstige Angaben/ Remarks

Chile

4 MM 38 ⇨, 2 Seaslug II $_2$, 2-11.4 $_2$, 2-2, 2 Mg, 2 Barak $_8$, 1		30.0	AEI Tu Babcock + 4 Metrovik-GTu	22060 + 22060 2	3500 28	*Destructores. Typ brit. County.*
4 MM 38 ⇨, 2 Barak $_8$, 2-11.4 $_2$, 2-2 $_1$, 2 Mg, 2, Super Puma		30.0	AEI Tu 2 Babcock + 2 Engl. El GTu	22060 + 22060	3500 28	
8 MM 40 ⇨, 2-11.4 $_2$, 2-2, 4 Seacat $_4$, 4 MM 38 ⇨ 6 **UTR** 32.4 **III**, 1 Cougar		30.0	Engl. El. Tu 2 B. & W.	22065 2	4500 12	*Fragata.* VLS $_6$ Barak achtern/aft. Ersatz für/replacement for Seacat
2-11.4 $_2$, 3-2 $_{2,1}$, 4 Seacat $_4$, 4 MM 38 6 **UTR** 32.4 **III**, 1 Cougar		28.0	Wh. E. Tu 2 Babcock	22060 2	4500 12	Typ brit. Leander. Batch 3 B. 1990: übernommen/acquired
⇨, , **UTR**	. . .	.	GTu + 2 DM	.	.	Typ MEKO 200 A + 4: möglich/possible
1-4, 2-2		.	DM	1840	3800 12	**Cabrales**: Sonar-STN-Atlas
5 **TR** 53.3 b↓		12.0↑ 20.0↓	DM EM	2800 1	6500 8	Typ Scorpène
3 **TR** 53.3 b↓		10.0↑ 22.0↓	MTU-DG EM	1760 3680 1	.	*Submarinos.* Typ deutsch/German 209/ 1300
5 **TR** 53.3↓ 6 b,)		12.0↑ 17.0↓	ASR-DM EM	2700 4410 2	.	Typ brit. Oberon Sonar: STN Atlas CSU-90
Gabriel ⇨, -7.6 OTO, 2-2, Mg		32.0	MTU-DM	10960 4	1500 30	*Lanchas misileras.* Typ israel. Sa'ar 4
Gabriel ⇨, -7.6, 2 Mg		40.0	MTU-DM	9930 4	1600 20	Typ israel. Sa'ar 2

Anzahl - Art/ Number - Group	Schiffsnamen und Stapellauf/ Ship's Name and Launching	Baubeginn - Fertig- *Umbau*/On Keel - Completed - *Conv.*	Bauwerft/Builder	Wasser-verdrängung/ Displacement ts	Länge/Length m	Breite/Beam m	Tiefgang/Draft m	Besatzung/ Crew Bes
4 PG	**Serrano, Uribe** (ex Kranich, Tiger) **Teniente Orella, Guardia-Marina Riquelme** (ex Elster, Wolf) 1972-75	71/75 73/74	CMN, Cherbourg Lürssen, Vegesack	234 265	47.0	7.0	2.7	30
4 PF ○	**FRESIA, Guacolda, Quidora, Tegualda** 1964-65	62/64 /65	Bazán Cadiz	134 180	36.0	5.6	2.2	20
10 PP	**Grumete Diaz, G. Bolados, G. Salinas, G. Tellez, G. Bravo, G. Camposi, G. Machado, G. Johnson, G. Troncoso, G. Hudson** 1975-94	74/75 94/95	Israeli Aircraft Ind.	25 35	19.8	5.8	0.8	6
Landungsfahrzeuge/Landing Vessels								
1 LS ○	**Valdivia** (ex San Bernadino) 1970	69/71	National St., S. Diego	4970 8540	171.3 159.0	21.2	5.3	220
2 LS ○	**Chacabuco** **Rancagua** 1982-85	83/86 80/82	Asmar, Talcahuano	750 1330	80.0	13.0	2.3	39
2 LS	**Elicura** **OROMPELLO** 1964-67	./68 ./64	Asmar, Talcahuano Dade Drd., Miami	500 770	44.0	10.4	2.1	19
1 LC	**Pisagua** 1995	./95	Simar, Santiago	.	22.6	6.0	1.6	.
Hilfsfahrzeuge/Auxiliary Vessels								
1 AR ○	**Almirante José Toribio Merino Castro** (ex Alvsborg) 1969	69/71	Karlskronavarvet	. 2650	92.4	14.7	4.0	95
1 AP ○	**Aquiles** 1987	85/88	Asmar, Talcahuano	2760 4550	103	17.0	5.3	83
1 AP:	**Grumete Perez** (ex Meteoro) (67) 205 ts, 7.8 kn, [220], DM, Bauwerft/builder: Asmar — *Transbordador*							
1 AN	**Ingeniero Slight Marshal** (ex Vigilant) 1978	77/78	Patje S.W., Waterhuizen	816	52.9	11.2	3.5	.
1 AO ○	**Araucano** 1965	65/67	Burmeister & W., Kopenhagen	. 17300	162	22.9	8.9	.
1 AK:	**Leucoton,** (ex Smit-Lloyd 44) (72) 1750 ts, 13 kn, DM, 2940 kW_2							
2 AT	**Galvarino, Lautaro** (ex Maersk Traveller, Tender) 1974	./74	Aukra Bruk	1445	58.3	12.6	5.4	19
1 AG	**Vidal Gormaz** (ex Thomas Washington) 1964	./65	Marinette, Wisconsin	1200 1410	64.0	11.9	4.6	26 + 15
1 AX	**Esmeralda** (ex Don Juan de Austria) 1952	46/54	Echevarrieta, Cadiz	3040 3673	94.0	13.0	6.7	270 + 100
1 AI	**Contralmirante Oscar Viel Toro** 1968 (ex Norman McLeod Rogers) *83-84*	66/69	Can. Vickers, Montreal	6320	90.0	19.0	6.1	56 + 22

Küstenwache/Coast Guard — *Dirección General del Territorio Maritimo y Marina Mercante*

2 PP: **Alacalufe, Hallef** (89) 110 ts, 20 kn, MTU-DM, 3825 kW_2, Bauwerft/builder: ASMAR, Talcahuano — Typ brit. Protector – *Lanchas estación de prácticos*

8 PP: **Antuco, Choshuenco, Copahue, Corcovado, Llaima, Osorno, Rano Kau, Villarrica** (78-82) 31/43 ts, 25 kn 2-2 ⛵, MTU-DM, 1325 kW_2, 750/15 sm, 18.6 x 5.3 x 1.6 m, Bauwerft/builder: Mac Laren, Niteroi — *Lanchas patrulleras costeras*

Bewaffnung/ Armament	Sensoren-Elektronik/ Sensors-Electronic	Geschwindigkeit/speed kn	Antrieb/Propulsion Maschine/Kessel Engines/Boilers Masch	Leistung/ Power kW 1 kW = 1.36 PS	Fahrstrecke/ Range sm	Sonstige Angaben/ Remarks
4 MM 40 ⇨ 1-7.6 ⛛, 1-4 ⛛, ✪	⊤ ♁ ⚲ ⌖	38.0	4 MTU-DM	10590	600	Typ deutsch/German Kl. 148 1997/98: übernommen/ acquired. Ex S 43, 53: für Ersatzteile/for spares
2-4 ⛛, [4 **TR** 53.3]	⊤	32.0	MB-DM	3535 2	1500 15	Werden gestrichen/to be deleted: 1999/2000
2-2 ⛛, 2 Mg ⛛	⊤ ⛉	25.0	GM-DM	1410 2	1200 17	Typ isr. Dabur
1-2 ⛛ Phalanx [400], 500 ts Zuladung/load	⊤ ⚲	20.0	6 ALCO-DM	12130 2	2500 14	übernommen/acquired: 9/95
2-4 ⛛, 2-8. 1 Mörser/ mortars, [180], 400 ts Ladung/load	⊤	16.0	MGO-DM	1320 2	4500 13	*Barcazas.* Typ franz./French BATRAL
3-2 ⛛	⊤	10.5	DM	660 2	2700 9	
[50 t]	⊤	8.0	DM	.	500 8	
3-4 ⛛ 1	⊤ ♁ ⌖	15.0	2 Nohab-DM	3090 1	.	*Buque madre de submarines* 11/96: von Schweden übernommen/acquired from Sweden
292]	⊤	18.0	2 MaK-DM	5295 1	17050 16	*Transporte.* ✈-Deck
-2 ⛛ 1	⊤	12.0	2 Ruston-DM	1000 2	.	Netz- und Kabelleger/ Net- and Cablelayer
-4 ⛛ 2	⊤	17.0	B & W-DM	7210	12000 15.5	
	⊤	14.5	MaK-DM	4705 2	5000 13	*Remolcadores de Alta Mar.* Ex oilfield supply tugs
–	⊤	13.5	2 ⇝ DM + GTu	1180 + 460 1	12000 12	*Buque oceanográfico.* Typ US Robert D. Conrad
-5.7,		12.0	DM	1030 1	13000 8	*Buque escuela.* Segelschulschiff/sail training ship
✈	⊤	15.0	Paxman ⇝ DM	5880 2	12000 12	übernommen/ acquired: 2/95

PP: **Ona, Yagan** (81) 72 ts, 22 kn, Bauwerft/builder: Asenav, Valdivia — *Lanchas estación de prácticos*
PP: **Kimitahi** (81) 45 ts, 17 kn — *Lancha de Salvamento y Rescate*
4 PP: **Maule, Lauca, Aconcagua, Rapel, Isluga, Loa, Maullin, Copiapo, Cau-Cau, Pudeto, Riñihue, Chadmo, Petrohue, Rio Bueno** (82-83) 17 ts, 18 kn, [1 Mg ⛛], MTU-DM, 970 kW2, 13.3 x 3.5 x 1.0 m, Bauwerft/builder: Asenav, Valdivia — *Lanchas policia maritima*
5 PP: **PM 2031-2045** (95-96) 30 kn, DM, 220 kW, 8.9 x 3.0 x 0.8 m, 1-Mg ⛛, Bauwerft: Rodman Polyships, Vigo
PP: **I-III** (99) 150 ts, 20 kn, 1 MTU-DM, 2440 kW, 33,1 x 6.6 x 1.9 m; ASMAR, Talcahuano

Anzahl - Art/ Number - Group	Schiffsnamen und Stapellauf/ Ship's Name and Launching		Baubeginn - Fertig- *Umbau*/On Keel - Completed - *Conv.*	Bauwerft/Builder	Wasser- verdrängung/ Displacement ts	Länge/Length m	Breite/Beam m	Tiefgang/Draft m	Besatzung/ Crew Bes

China

Zerstörer/Destroyers									
2 DG	II (ex Aleksander Nevskij)		89/01	Severnij Verf,	6300	156	17.1	6.2	~380
○	**Hang Zhou** (ex Jekatarinburg),		88/99	St. Petersburg	7850				
	(ex Važnyj)	1994-99							
2 DG	**Shenzhen**/167		95/99	Dalian S.Y.	6600	153	16.5	6.0	250
○	I	1997-a.St./o.St.	98/.		7500				
2 DG	**Qingdao**/113		89/96	Jiangnan, Shanghai	5300	145	15.1	5.2	220
○	**Harbin**/112	1991	88/94						
1 DG	**Zhuhai**/166	1991	88/93	Jiangnan, Shanghai	3450	132	13.7	5.2	280
○					3950				
2 DG	**Jinan, Dalian**/105, 110		68/71	Dalian S.Y.	3500	132	137	5.2	280
○		1970-78	77/80		4000				
			87-96						
14 DG	**Xian, Yinchuan, Xining,**		./72	Dalian S.Y.	3450	132	13.7	5.2	300
	Kaifeng/106-109		93		3950				
	Nanjing, Hefei, Chongqing,			Guangzhou S.Y.					
	Zunyi/131-134								
	Changsha, Nanning, Nanchang,								
	Guilin, Zhanjang/161-165	1971-91		Zhonghua, Shanghai					
Fregatten/Frigates									
4 FG	**Tongling**/542		88/92	Hudong, Shanghai	2500	112	12.1	4.9	170
○	**Huaibei**/541,		90/94						
	Huainan/548,								
	Anqing/539	1991-95							
Jiangwei II-Klasse									
5 FG	**I**/521		96/98	Hudong, Shanghai	2650	112	12,1	5,0	
	II/522		97/99						
	III/523								
	IV/524								
	V/525	1997-a.St./o.St.							
1 FG	**Siping**/544	1985	84/86	Hudong, Shanghai	1600	103	10.8	3.1	20[illegible]
○					1900				
2 FG	**Huang Shi, Wu Hu**/	1984-85	./86	Hudong, Shanghai	1700	103	10.8	3.1	20[illegible]
○	535, 536		./87		1900				
1 FG	**Zhou Shuan**/537	1992	./93	Hudong, Shanghai	1700	103	10.8	3.1	20[illegible]
○					1852				

China

Bewaffnung/ Armament	Sensoren-Elektronik/ Sensors-Electronic	Geschwindigkeit/speed kn	Antrieb/Propulsion: Maschine/Kessel, Engines/Boilers, Masch	Leistung/Power kW (1 kW = 1.36 PS)	Fahrstrecke/Range sm	Sonstige Angaben/ Remarks
8 SS-N-22, 4-13 $_2$, 2 SA-N-7, 4-3 $_6$, 4 **UTR** 53.3 **II**, 2 $_6$ RBU 1000, 1		32.0	2 Tu 4 Wr	73500 2	7000 14	Typ USSR Sovremennyj/ Projekt 956 E. Nr. 018, 019 1997: angekauft/purchased. [II: 17. 04. 99 v. St.]
16 C-802 $_4$, [8 VLS $_8$,] 2-10 $_2$, 8-3.7 $_2$, 1 Crotale $_8$, 6 **UTR** 53.3 **III** 2 KA-28		29.0	2 GTu + 2 GTu	33820 2	.	*Luhai-Klasse/class*
8 C 801 $_2$, 2-10, 8-3.7 $_2$, 1 Crotale $_8$ 2 $_{12}$, 6 **UTR** 32.4 **III**, 2 Harbin Z-9A		32.0	GE-LM 2500-GTu + MTU-DM	4100 + 6500 2	5000 16	Typ 052/*Luhu-Klasse*
8 C 801 $_2$, 4-13 $_2$, 8-3.7 $_2$, 6 **UTR** 32.4 **III**, 2 $_{12}$, VDS		32.0	2 Tu/4Wr	44120 2	3480 15	*Luda-III Klasse*
6 C 201 $_3$, 2-13 $_2$, 6-3.7 $_2$, 8-2.5 $_2$, 2 $_{12}$, 2 Harbin-Z-9A		31.0	2 Tu/4Wr	44120 2	3400 15	Typ 051 (M) *Luda-II Klasse/ class*
6 C 201 $_3$, 4-13 $_2$, 8-3.7 $_2$, 8-2.5 $_2$, 2 $_{12}$,		31.0	2 Tu/4Wr	44120 2	3400 15	Typ 051; *Luda-I Klasse* Kaifeng: 1 Crotale $_8$, 6-5.7 $_2$ 108, 110, 132: 3 D-Radar Rice Screen, 108, 132: 8-5.7 $_2$
C 802 $_2$, 2-10, HQ-61 $_6$, -3.7 $_2$ RBU 1200, 1		28.0	4 Piel. DM	21000 2	4000 18	Typ 055/*Jiangwei-I Klasse/class*
C 802 $_3$, 6 HQ-61 $_6$, -10 $_2$, 8-3.7 $_2$, RBU 1200, Harbin Z-9A		28.0	4 Piel.-DM	21000 2	4000 18	*Jiangwei-II Klasse*
C 201 $_2$, 1-10, -3.7 $_2$, 2 $_5$ RBU 1200, UTR 32.4 **III**, 1 Dauphin		26.0	Pielstick-DM	11760 2	4000 15	Jianghu IV Klasse. Typ 053 HT (H)
C 801, 4-10 $_2$, -3.7 $_2$, 2 $_5$ RBU 1200,		26.0	Pielstick-DM	11760 2	4000 15	Jianghu III Klasse. Typ 053 HT
C 801 $_1$, 4-10 $_2$, 3.7 $_2$, 2 RBU 1200,		26.0	2 Pielstick-DM	11760 2	4000 15	Jianghu II Klasse Typ 053 HT

China (Volksrepublik)

Anzahl-Art/ Number-Group	Schiffsnamen und Stapellauf/ Ship's Name and Launching		Baubeginn-Fertig-*Umbau*/On Keel-Completed-*Conv.*	Bauwerft/Builder	Wasser-verdrängung/ Displacement ts	Länge/Length m	Breite/Beam m	Tiefgang/Draft m	Besatzung/ Crew Bes
6 FG	**Zigong, Kang Ding, Dong Guan,**		/93	Hudong, Shanghai	1430	103	10.8	3.1	195
○	**Shantou, I, II**	1992-96	/96		1705				
6 FG	**Ning Po, Jin Hua, Dan Dong,**		82/84	Hudong, Shanghai	1425	103	10.8	3.1	195
○	**Lin Fen, Shao Guan, Ji Shou**	1983-86	85/86		1700				
15 FG	**Chang De, Shao Ying, Nan Tong.**		73/75	Hudong, Shanghai	1425	103	10.8	3.1	195
○	**Wuxi, Hua Yin, Zhen Jiang, Xiamen,**		81/83		1700				
	Jiu Jiang, Nan Ping, Jian, Chang Zhi,								
	Mao Ming, Yibin, Zhao Tong								
	An Shun	1975-86	85/87	Jiangnan, Shanghai					
Uboote/Submarines									
1 SB	I	a.St./o.St.	98/05.	Bohaiwerft, Huludao	.	.	.	.	.
					~8500↓				
1 SB	**406**	1981	75/87	Bohaiwerft, Huludao	6000↑	120	10.0	8.0	84
○					6900↓				
1 SB	**200**	1966	.	Dalian	2350↑	98.0	8.5	6.4	90
○					2850↓				
1 SG	*E 5 SG Klasse*	?	./86	Wuhan S.Y.	1400↑	76.6	7.6	8.6	58
○	**351**				1800↓				
1 SS	I	a.St./o.St..	98/04	Bohaiwerft, Huludao	.	110	.	.	.
					~5500↓				
5 SS	**401-405**		71/74	Bohaiwerft, Huludao	4100↑	108	11.5	8.5	75
○		1972-90	./91		5000↓				
2 SS	**364, 365**	~94	./95	Werft 112,	2325↑	72.6	9.9	6.2	56
○	(ex B-171, 177)			Nishnij Novgorod	3076↓				
2 SS	**Lin San Liu**/366	.	./97	Ver. Admiralitätswerft,	2350↑	73.8	9.9	6.2	52
	I/376	1997-98	./98	St. Petersburg	3120↓				
3 SS	**320,** I, II		./01	Wuhan S.Y.	1700↑	75.0	8.5	5.3	62
○		1994-a.St./o.St.	./96		2250↓				
20 SS	**352-354, 356-363,**		./71	Wuhan S.Y.	1584↑	76.0	7.6	7.6	5[illegible]
	I-IX	1970-a.St./o.St.	./98		2113↓				
			./99						
33 SS	**237-240, 245-260, 267-281,**	1960-81	58/60	Wuhang + Guangzhou	1320↑	76.6	6.7	6.7	5[illegible]
○	**286-304, 343-350, 355**		80/82	+ Jiangnan + Huludao	1712↓				

1 SZ: **I** (~85) 4 kn ↓, 15 x 2.5 m, Bes 4 — Tauchtiefe 600 m/diving depth 600 m, DSRV

Anzahl-Art/ Number-Group	Schiffsnamen und Stapellauf/ Ship's Name and Launching		Baubeginn-Fertig-*Umbau*/On Keel-Completed-*Conv.*	Bauwerft/Builder	Wasser-verdrängung/ Displacement ts	Länge/Length m	Breite/Beam m	Tiefgang/Draft m	Besatzung/ Crew Bes
Kleine Kampfschiffe/Small Fighting Vessels									
6 PG	**770, 771, 772, 773,774, 775**		./92	Huangpu S.Y.	542	65.4	8.4	2.4	4[illegible]
○		1989-97	/98		600				
6 PG	*Huangfen Klasse*	1964-?	./65	Jiangnan, Shanghai	210	38.8	7.6	2.0	3[illegible]
○			.		220				
46 PG	*Hoku/Hegu Klasse*	1962-?	./65	USSR + China	68	26.8	5.5	1.5	2[illegible]
○			.		75				

Bewaffnung/ Armament	Sensoren-Elektronik/ Sensors-Electronic	Geschwindigkeit/speed kn	Antrieb/Propulsion Maschine/Kessel Engines/Boilers Masch	Leistung/ Power kW 1 kW = 1.36 PS	Fahrstrecke/ Range sm	Sonstige Angaben/ Remarks
4 C 201 ⇒$_2$, 4-10 ⚔$_2$, 8-3.7 ⚔$_2$, 2 Ⅲ RBU 1200, 2 ⚲, ♉	┬ ♀ ⚲ ╋ Y ⸢	25,5	2 Pielstick-DM	11760 2	4000 15	Jianghu V Typ 053-? Nr. 07: im Bau/building?
4 C 201 ⇒$_2$, 4-10 ⚔$_2$, 8-3.7 ⚔$_2$, 2 Ⅲ RBU 1200, 2 ⚲, ♉	┬ ♀ ⚲ ╋ Y ⸢	25.5	2 Pielstick-DM	11760 2	4000 15	Jianghu II Typ 053 H
4 C 201 ⇒$_2$, 4-10 ⚔$_2$, 12-3.7 ⚔$_2$, 2 Ⅲ RBU 1200, 2 ⚲, ♉	┬ ♀ ⚲ ╋ Y ⸢	25.5	2 Pielstick-DM	11760 2	4000 15	Jianghu I Typ 053
16 Julong 2 ⇑, ⇒, **TR**	┬ Y ⸢ ⊟ ♀	.	Reaktor	.	.	Typ 094/*Daqingyu-Klasse*
12 CSS-N-3 ⇑, 6 **TR** 53.3 b↓	┬ Y ⸢ ⊟ ♀	. 22.0↓	1 Druckw.-Reaktor	.	.	Typ 092/*Xia-Klasse*
2 CSS-N-3 ⇑, 10 **TR** 53.3↓ (6 b, 4 h)	┬ Y	17.0↑ 14.0↓	3 DM 3 EM	4410 4410 2	9500 5	Ähnlich/similar to Typ USSR Golf; Typ 031
6 C 801 ⇒, 8 **TR** 53.3↓(6 b, 2 h)	┬ ♀ ⚲	15.0↑ 17.0↓	DM EM	.	.	Typ 033G
⇒, **TR**	┬ Y ⸢ ⊟ ♀	.	Reaktor	.	.	Typ 093 ~Typ USSR Victor III
6 **TR** 53.3 b↓ C 801 ⇒	┬ ⸢	13.0↑ 26.0↓	1 Druckw.-Reaktor	.	.	Typ 091/*Han Klasse* **401, 402**: Lg 100 m
6 **TR** 53.3 b↓ oder/or 24 ♉	┬ ⸢	10.0↑ 17.0↓	⇉ DM EM + 2 EM	3000 + 139 + 150 1	.	Typ USSR Kilo-I/ Proj. 877 EKM
6 **TR** 53.3 b↓ oder/or 24 ♉	┬ ⸢	11.0↑ 19.0↓	⇉ DM EM + 2 EM	4050 + 139 + 150 1	7500 7	Typ USSR Kilo-II/ Proj. 636
6 **TR** 53.3 b↓ ♉, YJ8-2 ⇒	┬ ⸢	15.0↑ 20.0↓	⇉ DM EM	4480↑ 1	.	Typ 039/*Song-Klasse*
8 TR 53.3↓ (6 b, 2 h)	┬ ⊕ Y	15.0↑ 18.0↓	⇉ DM EM	.	.	Typ 035/*Ming-Klasse* I-VIII: 70-79 v. St. IX-XII: 87-91v. St.
8 TR 53.3↓ (6 b, 2 h), 28	┬ ⊕ Y	15.0↑ 13.0↑	DM EM	2940 1	13000	Ähnlich/similar to Typ USSR Romeo; Typ 033 + 30: aufgelegt/laid up
C 801 ⇒, -3.7 ⚔$_2$, 4-3 ⚔$_2$	┬ ♀ ╋ ⸢	33.6	Pielstick-DM	10620 3	1800 18	Typ 037/2. *Houjian-Klasse* Weitere im Bau/more under construction.
HY-2 ⇒, 4-3 ⚔$_2$ oder/ r 4-2.5 ⚔$_2$	┬ ♀ ╋	36.0	DM	8825 3	800 25	Typ 021/Typ USSR Osa. Einige Radome achtern/several Radome aft. + 30: aufgelegt/laid up
C 801 ⇒, 2-2.5 ⚔$_2$	┬ ♀ ╋	40.0	DM	3535 4	450 30	Typ 024/Typ USSR Komar. Stahlrumpf/steel hull. + 25: aufgelegt/laid up

Anzahl-Art/ Number-Group	Schiffsnamen und Stapellauf/ Ship's Name and Launching		Baubeginn-Fertig-*Umbau*/On Keel-Completed-*Conv.*	Bauwerft/Builder	Wasser-verdrängung/ Displacement ts	Länge/Length m	Breite/Beam m	Tiefgang/Draft m	Besatzung/ Crew Bes
20 PG	*Houxin-Klasse*	1990-98	./93	Qiuxin S.Y., Shanghai	430	62	7.2	2.3	60
	751-760, 764-769, 653-656		./98		470				
	Haijiu Klasse								
2 PC	**693, 697**	~1982	.	Qiuxin S. Y., Shanghai	490	64.0	7.2	2.4	.
22 PC	**710-717, 743, 744, 761-765,**		./93	Qiuxin S. Y., Shanghai	.	63.0	7.2	2.4	65
	786-792	1992-a.St./o.St.	/99		480				
98 PC	*Hainan Klasse*	1970-95	./71	Shanghai	375	59.0	7.3	2.4	69
○			./95		400				
	Haizhui-Klasse								
11 PC	**I-XI**	91-a.St./o.St.	90/92	China	170	41	5.4	1.8	.
			96						
105 PC	*Shanghai II Klasse*	1962-92	./62	Shanghai	120	38.8	5.5	1.7	25
○		./93			155				
65 PF	*Huchuan Klasse*	1966-80	./66	Hudong, Shanghai	39	21.5	5.0	0.9	20
○○			80		45				
Einige Hundert bewaffnete Fischkutter/several hundred armed fishing trawlers									
Minenleger/Minelayer									
1 NB	**Wolei**/814	~1987	./88	Dalian S.Y.	3100	93.8	14.4	4.0	180
Minensucher/Minesweepers									
27 MB	**821-823, 831-833,** u.a./a.o.	1955-1989	./55	Wuzhang + Guangzhou	520	60.0	8.4	2.5	65
○			./89		590				
7 MS	**4422, 4423, I-V**	?	86/88	China	.	44.7	6.2	2.1	25
					310				
45 MS	*312 Klasse*	~1970	.	China	47	20.1	4.2	1.3	
60 MS	50 *Lienyun Klasse* (ex Trawler); 10 *Fushan Klasse* (ex Shanghai II Klasse)								
Landungsfahrzeuge/Landing Vessels									
6 LS	**934, 935, 936-938, 991**	1992-96	90/92	Zhougou, Shanghai	3700	130	16.0	3.2	11[illegible]
			97		4800				
7 LS	**927, 928, 929, 930, 931, 932, 933**	?	78/80	Shanghai	1200	119	15.3	2.9	10[illegible]
○			./95		3400				
8 LS	**905, 906, 921-926**	1942-45	.	USA	1650	100	15.3	4.2	
					4080				
9 LS	**N1122, I-VIII**	~1994-a.St./o.St.	./99	China	810	58.4	10.4	2.7	6[illegible]
	7579		/96						
1 LS	**990**	1990	85/94	Shanghai	1460	87.0	12.6	2.3	7[illegible]
1 LS	**965**	~1980	.	China	.	80.0	10.5	3.1	
					1500				
31 LS	**904, 958, 959, I-XXII**	1971-?	.	China	.	72.0	10.0	2.0	
○○					1100				
36 LS	*Yunnan Klasse*	1968-72	.	China	.	29.0	5.2	1.1	
○					135				

8 LC: *Yuch'in Klasse* (62-72) 60/; 10 ts, 11.5 kn, 2 Mg $\measuredangle_2$, DM, 24.8 x 5.1 x 1.1 m, Typ 068/069, ~32: aufgelegt/laid u

Bewaffnung/ Armament	Sensoren-Elektronik/ Sensors-Electronic	Geschwindig-keit/speed kn	Antrieb/Propulsion: Maschine/Kessel – Engines/Boilers – Masch	Leistung/Power kW 1 kW = 1.36 PS	Fahrstrecke/ Range sm	Sonstige Angaben/ Remarks
4 C 801 ⇨$_2$, 4-3.7 ◣$_2$, 4-Mg ◣$_2$	⊤	30.0	DM	9700	.	Typ 037/1 G. Bau dauert an/ building continues
2-5.7 ◣$_2$, 4-3 ◣$_2$, 4 $_2$ RBU 1200	⊤	30.0	DM	6470 4	.	Verlängerte/lengthened Hainan Klasse
4-3.7 ◣$_2$, 4-Mg ◣$_2$	⊤	26.0	4DM	2940 4	1300 15	Typ 037/1 – *Haiqing Klasse* Bau dauert an/building continues
4-5.7 ◣$_2$, 4-2.5 ◣$_2$, 4 $_5$ RBU 1200, ,	⊤	30.5	DM	6475 4	1000 10	Typ 037 **Bew/AMT:** Einige/some 2-7.6 ◣ statt/instead of 5.7 ◣
4-3.7 ◣$_2$, 4-Mg ◣$_2$ 1 RBU 1200		28.0	4 DM	3200 4	.	Bau dauert an/building continues
4-3.7 ◣$_2$, 4-2.5 ◣$_2$	⊤	30.0	DM	3110 4	800 17	Einige/some: 2-5.7 ◣$_2$, 2-2.5 ◣$_2$ + 170: aufgelegt/laid up.
4-1.5 ◣$_2$, 2 **TR** 53.3	⊤	55.0 3	DM 20	2650	500	Typ 025, 026 Tragflächenboote/Hydrofoils. ◣-Aufstellung unterschiedlich/◣-mounting differs + 30 aufgelegt/laid up
8-3.7 ◣$_2$, 300	⊤	18.0	4 DM	4700 2	7000 14	*Beleijan-Klasse*
4-3.7 ◣$_2$, 4-2.5 ◣$_2$, 4-1.5 ◣$_2$, 2	⊤	14.0	DM	1620 2	1600 10	Typ USSR T 43.
4-2.5 ◣$_2$	⊤	15.5	4 DM	3230 4	500 15	*Wosao-Klasse*
	⊤	12.0	DM + EM	220	.	Ferngelenkte MS/drone MS. 40: aufgelegt/laid up
-3,7 ◣$_2$, [200] LCVP	⊤	17.0	2 DM	.	3000 14	Typ 074/*Yuting-Klasse*
-5.7 ◣$_2$, 8-2.5 ◣$_2$, [200], LCVP, , 10	⊤	13.0	Pielstick-DM	10600 2	3000 14	Typ 072/*Yukan-Klasse*
-5.7 ◣$_2$, 9-3.7 ◣$_{2,1}$,	⊤	11.0	DM	1250 2	1500 11	Typ US LST (1), (2). **Bew/AMT:** Unterschiedlich/ differs. Auch/also NB
-Mg ◣$_2$, , [250]	⊤	14.0	2 DM	3600 2	.	Typ 074/Wuhu-A- *Yuhai-Klasse*
-3.7 ◣$_2$	⊤	17.0	2 DM	.	.	Typ 073/*Yudeng-Klasse*
-2.5 ◣$_2$,	⊤	18.0	DM	.	1000 16	*Yudao-Klasse*
Mg ◣$_2$, 2 ↣	⊤	14.0	DM	.	.	*Yuliang-Klasse*
Mg ◣, 1	⊤	10.5	DM	.	500 10	Typ 079 ~180: aufgelegt/laid up

Hovercraft: *Jingsah II Klasse* (79) 70 ts, 55 kn, 22 x 8.0 m
Hovercraft: *Payi Klasse* (70-?) 55 kn, 15 x 7.0 m

Anzahl-Art/ Number-Group	Schiffsnamen und Stapellauf/ Ship's Name and Launching	Baubeginn-Fertig-*Umbau*/On Keel-Completed-*Conv.*	Bauwerft/Builder	Wasser-verdrängung/ Displacement ts	Länge/Length m	Breite/Beam m	Tiefgang/Draft m	Besatzung/ Crew Bes
Hilfsfahrzeuge/Auxiliary Vessels								
3 AR ○	**Changxingdao, Chongmingdao, Yongxingdao**/J 121, 302, 506 1973-77	./78 80	Hudong, Shanghai	. 10980	156	20.5	7.0	.
4 AR	**U 911, J 503, J 122, 428** 1973-85	./75 86	Guangzhou + Wuhu	. 4000	130	14.0	4.0	.
1 AR ○	**Dazhi**/U 920 1963	63/65	Hudong, Shanghai	5600	107	15.3	6.1	290
2 AR	**800, 801** ~1991	./92	China	3300	119	15.3	2.9	100
1 AR ○	**Haijui** (ex J 301)/512 1967	./69	Hudong, Shanghai	. 5000	95.0	17.0	4.5	225
3 AR:	*Da Dong Klasse* **J 304, I,** II (75, 99-a.St./o.St.) 2800 ts, 82 x 12.5 m							
1 AR	*Kansha Klasse* ~1980	80/81	Shanghai	1325	70.0	10.5	3.6	.
1 AR	**499** .	./93	China	4700	100	13.0	5.5	60
1 AR	**Dagushan** (ex Achilles/LST 455) 1942	42/43	Kaiser, Vancouver	1625 4325	100	15.2	3.4	270
1 AR	**809** ~1960	./70	Santierul Naval, Galati	5300	100	14.0	6.6	.
9 AP ○	*Qiongsha Klasse* **Y 830-833, I-V** 1980-?	./80 85	Guangzhou	. 2150	86.0	13.4	3.9	60
2 AK	**Haiyun, Haijiu** ~1960	.	Santierul, Galati	5300	100	14.0	6.6	50
2 AK ○	**951, Nan Yun**/952 1990-95	./91 96	Hudong, Shanghai	8500	125	128	3.8	.
4 AK:	**L 191, L 201, L 790, L 795** (~68) 1500 ts, 2-3.7 $_2$, 60 x 9 m — *Danlin Klasse*							
1 AO ○	**Nanchang**/953 (ex VladimirPeregudov) ~1990	89/96	Werft 102, Cherson	39500	182	25.3	10.4	130
2 AO ○	*Fuqing Klasse* **Taicang, Dongyun**/575, 615 ~1977-79	./80 82	Dalian S.Y.	7500 21500	181	21.8	9.4	146
3 AO	**622, 625, 675** 1989-90 90	./89 4800	Kanahashi S.Y.	2500	99.0	13.8	5.7	40
2 AO	**620, 621** ~1980	.	Hudong, Shanghai	3000 4940	101	13.8	5.5	
13 AO	**583, 606, 607, 609, 628, 629, 633 623, 626, 923, 924, 940, 1104** ~1970	./72	Hudong, Shanghai	. 2200	66.0	10.0	4.0	30
22 AO	**570, 573, 580, 581, 608, 903, 904 906, 907, 909, 910, 912, 920, 926 927, 930, 935, 938, 941 N 1101, 1102** u.a./a.o. ~1965	.	Hudong, Shanghai	1200	60.0	9.0	3.5	3[illegible]
9 AO	**726, 736, 792, 793, 823, 826, 838, 973, 974** ~1965	.	China	. 900	53.0	8.8	3.0	3[illegible]
1 AT	**Daozha** 1993	93/94	China	4080	84.0	12.6	5.4	12

Bewaffnung/ Armament	Sensoren-Elektronik/ Sensors-Electronic	Geschwindigkeit/speed kn	Antrieb/Propulsion Maschine/Kessel Engines/Boilers Masch	Leistung/ Power kW 1 kW = 1.36 PS	Fahrstrecke/ Range sm	Sonstige Angaben/ Remarks
[Mg ▲], 1 🚁 Super Frelon	┬ ○	20.0	DM	13235	.	*Dajiang-Klasse.* Für/for SS
8-3.7 ▲$_2$, 4 Mg ▲$_2$	┬	16.0	DM	2940 2	.	*Dalang-Klasse*
4-3.7 ▲$_2$, 8-2.5 ▲$_4$	┬	14.0	DM	2575	6000 14	
2-3.7 ▲$_2$	┬	17.0	2 DM	7000 2	3000 16	*Yantai-Klasse*
4-3.7 ▲$_2$, 4 Mg ▲$_2$	┬	16.0	DM	2650 2	5000 12	ASR; *Hudong-Klasse*
2 AR: *Dazhou Klasse* **J 502, 504** (76-77) 1100 ts, 18 kn, 79 x 9.5 x 2.6 m, 2 DM						
1 DSRV	┬	13.5	DM	1620 2	2400	Bergungsschiff/Salvage vessel
.	┬	13.0	1 DM	.	.	*Andong-Klasse*
12-3.7 ▲$_2$, 4 Mg ▲$_2$	┬	12.0	DM	1250 2	15000	Werkstattschiffe/Repair ships. Typ US Achelous/LST (2)
—	┬	12.5	Sulzer-DM	1840 1	5000 12	*Galati-Klasse*
8 Mg ▲$_2$, 4 LCP, [400]	┬	22.0	DM	2911 3	.	Transporter. 2 AH, ohne Bew/ without AMT
—	┬	12.5	DM	1840 1	5000 12	Galati Klasse. Versorger/ Store ships
4-3.7 ▲$_2$, 4-2.5 ▲$_2$ 2 🚁 Super Frelon, 4 LCVP	┬	22.0	2 DM	6600	. 2	*Dayun-Klasse*
7 AK: **Y 433, 443, 528, 755, 756, 771, 836** (~75) 1950 ts, 14 kn, 4-2.5 ▲$_2$, DM — *Hongqi Klasse*						
.	┬	16.4	1 B & W-DM	7800 1	12000 15	Typ russ. Kommandarm Fedko-A 1992: von Ukraine angekauft/ purchased from Ukraine
[8-3.7 ▲$_2$]	┬ ○	18.5	B & W-DM	9560 1	15000 14	Versorgungstanker/ Replenishment oilers
—	┬	15.0	SEMT-P-DM	2200 1	4000 9	
[2-5.7 ▲$_2$, 2-2.5 ▲$_2$]	┬	14.0	DM	1910 1	2400 14	*Shengli-Klasse* Tanker/Oilers
-2.5 ▲$_2$	┬	10.0	DM	440 1	1500 8	*Fulin-Klasse*
-2.5 ▲$_2$,4 Mg ▲$_2$		12.0	DM	440 1	1500	*Fuzhou-Klasse* 5 für Wasser/5 for water
-3.7 ▲$_2$, 2 Mg ▲$_2$	┬	10.0	DM	440 1	1200	*Leizhou-Klasse* 4 für Wasser/4 for water
–	┬	18.0	2 DM	6400 2	.	*DaozhaKlasse*

China (Volksrepublik)

Anzahl - Art/ Number - Group	Schiffsnamen und Stapellauf/ Ship's Name and Launching		Baubeginn - Fertig- *Umbau*/On Keel - Completed - *Conv.*	Bauwerft/Builder	Wasser- verdrängung/ Displacement ts	Länge/Length m	Breite/Beam m	Tiefgang/Draft m	Besatzung/ Crew Bes
4 AT ○	**T 164, 710, 830, 890**	1975-?	.	Zonghua, Shanghai	. 3600	84.9	14.0	5.5	.
4 AT	**T 717, 837, 842, 843**	~1975	.	Wuhu	. 1470	60.2	11.6	4.4	.
3 AT	**T 155, 711, 867**	~1980	.	China	. 750	49.0	9.5	3.7	.
	16 AT:**I-XII** (~60) ./900 ts, 11 kn, 2 Mg $_2$, 800 kW$_2$ — Typ USSR Gromovoj; **I-IV** (58-64) 750 ts, 11 kn, DM, 880 kW$_2$ — Typ USSR Roslavl								
6 AC	*Youdian Klasse* **233, 234, 764, 765, 873, 874**	?	.	Zonghua	1500	71.4	10.5	3.6	.
3 AC	*Youzhong Klasse* **G 2693, N 2304, 2404**	?	./82	Zonghua	750	59.0	10.5	2.8	.
1 AX ○	**Shi Chang**/82	 1994	./97	Qiuxin, Shanghai	. 10000	120	18.0	7.0	200 +
1 AX ○	**Zhenghe**/81	1986	./87	Qiuxin, Shanghai	4700 5470	132	16.4	5.3	170 + 230
2 AG ○	**I**/909, **II**/970	 1997	./99 ./98	Shanghai	4630	130	17.5	7.0	.
1 AG ○	**I**/323	 ~1996	./97	China	~5100	~130	.	.	.
1 AG	**Xing Fengshan**/V856	~1987	./88	Guangzhou S.Y.	5500	115	15.0	4.3	.
1 AG	**Beidiao**/V841	~1984	./86	Wuhan S.Y., Wuchang	2550	94	11.3	4.0	170
1 AG	**Hsiang Yang Hong 09**/V233	~1976	./78 .	Hudong, Shanghai	4435	122	15.2	7.2	150
1 AG	**Xiangyang Hong 10**	1979	78/79	Jiangnan, Shanghai	10975	156.2	20.6	6.8	.
1 AG	*Yanha-Mod Klasse* **723**	 1981	./82	China	4400	102	17.1	5.9	98
3 AG	*Yanha Klasse* **519, 721, 722**	 1969-88	69/70 ./89	China	3200	88	15.3	4.9	93
3 AG ○	**Yuan Wang 1, 2** **Yuan Wang 3**	 ~1977-93	./79 ./95	Jiangnan, Shanghai	17100 18400	190	22.6	7.5	450
1 AG ○	**Yuan Wang 4**	 1998	97/99	Shanghai	.	115	.	.	
2 AG	**R327, I**	 ~1979-80	./81 ./82	Hudong, Shanghai	. 10975	156	20.5	7.0	
1AG	**Ji Di Hao**	1984	83/85	Mjellem u. Karlsen, Bergen	1050	50	10.4	5.0	2[illegible] + 1[illegible]
2 AG	**Shijian, Ke Xue Yihao**	 .	65/68 ./89	Shanghai	3700	95	14.0	5.0	5[illegible] + 8[illegible]
2 AG	**Ke Xue Yihao 1, 2**	 .	./87 ./89	China	4500	126	15.5	7.3	14[illegible]
1 AG ○	**Xue Long** (ex...)	~1993	./94	Werft 102, Cherson	21000	166.0	22.9	9.0	
1 AG ○	**Jidi** (ex Reha)	1971	./72 *85/86*	Rauma Repola *China*	. 10160	152.4	20.0	6.5	[illegible]
2 AG ○	**Hai Ying Hao 11, 12**	1987-89	./88 ./90	China	4500	130	15.5	7.3	15[illegible]
1 AG	**Xiangyang Hong 05**	1996	./67 *70-72*	Polen *Guangzhou*	14500	152.5	19.5	8.8	
2 AG	**Xiangyang Hong 04, 06**		71/73	China	1150	67	10.0	4.0	

Bewaffnung/ Armament	Sensoren-Elektronik/ Sensors-Electronic	Geschwindigkeit/speed kn	Maschine/Kessel Engines/Boilers Masch	Leistung/ Power kW 1 kW = 1.36 PS	Fahrstrecke/ Range sm	Sonstige Angaben/ Remarks
[4-3.7 ⚓$_2$]	⊤	18.5	DM	6620 2	18000	*Tuzhong-Klasse*
—		.	DM	1810 2	7200	*Dinghai-Klasse*
.	⊤	13.5	DM	1325 2	.	*Huju-Klasse*
4-3.7 ⚓$_2$, 4 Mg ⚓$_2$	⊤	14.0	DM	1620 2	.	Kabelleger und Bojenleger/ Cable ships and buoy tenders
4 Mg ⚓$_2$	⊤	14.0	DM	1620 2	.	
[✈]	⊤ ♁	17.5	2 DM	.	8000 17	*Zhong-B Klasse* auch/also: AR/AH
4-5.7 ⚓$_2$, 4-3 Mg ⚓$_2$ 4 Mg$_2$, 2 RBU 2500	⊤ ⌀ ⊕	20.0	2 Piel-DM	5730 2	5000 15	*Daxin-Klasse*
1 ✈	⊤ ⋖ ⊖ ♁	20.0	2 DM	.	.	*Wuhu-B Klasse* AGE
—	⊤ ⊖ ♁	20.0	DM	.	.	AGOR
4-3.7 ⚓$_2$	⊤ Ƴ ⋖ ⊖	16.0	2 DM	.	.	AGI
4-3.7 ⚓$_2$	⊤ Ƴ ⋖ ⊖	17.0	2 DM	.	.	AGI, *Dadie-Klasse*
—	⊤ ⋖ ⊖	22.0	2 DM	6320 2	11000 15	AGI
1 ✈ Super Frelon	⊤ ⊖	20.0	2 DM	.	.	auch/also: AGI
4-3.7 ⚓$_2$	⊤ ⋖ ⊖	17.0	2 ⇉ DM	.	.	AGI/AI
8-3.7 ⚓$_2$, 4-2.5 ⚓$_2$	⊤ ⋖ ⊖	17.5	2 ⇉ DM	3825 2	.	AGI/AI
—	⊤ ⊖ ♁	20.0	SLZ DM	12780 1	18000 20	Für Raketen- und Flugkörperbeobachtung/Space event ships
[1 ✈]	⊤ ⋖ ⊖ ♁	20.0	DM	.	.	AGMH
2 ✈ Super Frelon	⊤ ⊖ ♁	20.0	2 MAN-DM	13235 2	.	AGOR
—	⊤	14.0	B & W-DM	1620 1	12000 11	AGOR
3 Mg ⚓$_2$	⊤ ⊖	15.0	2 DM	2940 2	10000 12	AGOR
—	⊤ ⊖	22.0	2 DM	.	.	AGOR
2 ✈	⊤ ⊖	17.0	2 B & W-DM	12880 1	10000 16	Für Antarktisforschung/ for Antartic research
–	⊤	17.0	B & W-DM	6105	.	Für Antarktisforschung/ for Antartic research
–	⊤ ⋖ ⊖ ♁	22.0	2 DM	.	.	AGOR/AGI
–	⊤ ⊖	16.0	1 SLZ-DM	.	.	Typ poln. B41
–	⊤	15.0	2 DM	.	.	AGOR/AGI

Anzahl - Art/ Number - Group	Schiffsnamen und Stapellauf/ Ship's Name and Launching	Baubeginn - Fertig- *Umbau*/On Keel - Completed - *Conv.*	Bauwerft/Builder	Wasser- verdrängung/ Displacement ts	Länge/Length m	Breite/Beam m	Tiefgang/Draft m	Besatzung/ Crew Bes
1 AG	**Xiangyang Hong 01** 1970	./71	China	1100 1150	67	10.0	4.0	.
3 AG	**Xiangyang Hong 02, 03, 08**	71/73	Guangzhou	800 1000	72	8.0	2.5	30
4 AG	**Xiangyang Hong 12, 13, 15**	/.	China	~4000	111	15.2	7.1	120
2 AG	**Hai Yang 01, 02** 1969-71	./72 ./74	Shanghai	3300 4500	104	13.0	4.5	150
5 AG	**Shuguang 04, 05, 06, 07, 08** ~1964-74	./70 ./75	Guangzhou	1700 2400	65.5	10.0	.	.
5 AG	**200, 226, 426, 427, 943** ~1971-74	./72 75	Zhonghua, Shanghai	1040	74	10.0	3.0	25
8 AG ○	**263, 463, 982, 983** **B 21, 22, 24, 25** 1978-79	./80 81	China	1750	72	12.0	4.0	95
2 AG	**Nan Hai**/502, **Bin Hai**/511 1979	79/80	Mitsubishi	1257 BRT/grt	66	11.2	4.0	50
1 AG	**Hai 521** 1975	74/75	Niigata Eng. Co	550	50	10.0	3.5	15 + 25
1 AG	**992**	.	China	1250 2000	70	20.0	3.0	.
	und zahlreiche weitere Hilfs- und Vermessungsschiffe							
Küstenwache/Maritime Border Guard								
2 PP	I, II a.St./o.St.	98/99	Wuzhou S.Y.	.	.	.	.	.
17 PP	**Gong Bian Huxin 178, I-XVI** 1988-a.St./o.St.	./89 96	China	165	28	4.2	1.6	26
? PP	**Gong Bian 3110** . u.a./a.o.	.	China	32	20	4.0	1.1	5
? PP	**Gong Bian 3218** . u.a./a.o.	.	China	58	22.5	4.8	1.6	12
? PP	**Gong Bian 4402** . u.a./a.o.	.	China	82	25.0	4.1	1.4	12
3 PP	**I-III** 1993-94	./94 96	Wuchang S.Y.	975	71.0	10.2	2.4	62
? PP	**Hai Guan 812** u.a./a.o. ~91-a.St./o.St.	./92 ./96	Shanghai	98	31	4.7	1.4	15
? PP	**Hai Guan 702** . u.a./a.o.	.	China	110 130	38.8	5.5	1.6	18

— Sonderverwaltungsregion Hong Kong —

6 PP: **Protector, Guardian, Defender, Preserver, Rescuer, Detector**/PL 51-56 (92-93) 150 ts, 26 kn, 3 Mg $_{2,1}$, 2 + 1 Caterpillar-DM, 2075 + 570 kW3, 32.6 x 8.2 x 1.6 m, Bes 19, Bauwerft/builder: Australian Shb, Typ austral. ASI 315 (verbessert/improved)

14 PP: **KING Lai, K. Yee, K. Lim, K. Hau, K. Dai, K. Chung, K. Shun, K. Tak, K. Chi, K. Tai, K. Kwan, K. Yan, K. Yung, K. Kan**/PL 70-80, 82-84, (84-85) 85 ts, 25 kn, 1 Mg, MTU-DM + MB-DM, 2180 kW_2 + 340 kW, 26.5 x 5.8 x 1.8 m, Bauwerft/builder: Chung Wah, Kowloon

11 PP: **PL 57-61, 63-68** (80-81) 86 ts, 23 kn, 1 Mg, MTU-DM, 1920 kW_2 + 143 kW, Bauwerft/builder: Chung Wah

2 PP: **Sea Panther, Sea Horse**/PL 3, 4 (87) 420 ts, 14 kn, 2 Mg, Caterpillar-DM, 1730 kW_2, DM, 40 x 8.6 x 3.2 m Bauwerft/ builder: Hong Kong Shy.

5 PP: **PL 85-89** (99) ~30 ts, 55 kn, 14.8 x 2.7 x 0.8 m, 3 DM, 1100 kW, Damen, Gorinchen — Typ Sea Stalker 1500

Bewaffnung/ Armament	Sensoren-Elektronik/ Sensors-Electronic	Geschwindigkeit/speed kn	Antrieb/Propulsion Maschine/Kessel Engines/Boilers Masch	Leistung/ Power kW 1 kW = 1.36 PS	Fahrstrecke/ Range sm	Sonstige Angaben/ Remarks
2-3.7 ∡$_2$, 8 Mg ∡$_4$	┬	15.0	2 DM	.	.	AGOR/AGI
—	┬	14.0	2 DM	.	.	
—	┬	15.0	2 DM	.	.	AGOR
4-3.7 ∡$_2$	┬	21.0	2 DM	5900 2	10000 18	AGOR
2-3.7 ∡$_2$, 4 Mg$_2$	┬	16.0	2 DM	.	.	AGOR
4-3.7 ∡$_2$, 4-2.5 ∡$_2$	┬	25.0	2 DM	1470 2	4000 14	*Yenlai-Klasse* AGS
4-3.7 ∡$_2$, 4 Mg$_2$	┬	12.0	2 DM	1900 2	.	*Yannan-Klasse* AGS
—	┬ ⊂	15.0	2 DM	1470 1	.	AGS
1 DSRV	┬ ⊂	14.0	2 DM	1118 2	5000 11	
4 Mg$_2$	┬ ⊂	17.0	2 DM	1470 2	.	*Yanlun-Klasse* AGS

and many additional auxiliary and survey ships

.	┬	.	4 DTZ-DM	. 4	.	OPV
2 Mg	┬	13.0	2 DM	735 2	400 10	
1 Mg	┬	15.0	2 DM	660 2	.	
1 Mg	┬	22.0	2 DM	1180 2	850 11	
2 Mg$_2$	┬	14.0	2 DM	660 2	900 11	
2-3.7 ∡$_2$, 4-3 ∡$_2$	┬	15.0	2 MAN-DM	2235 2	.	
2 Mg$_2$	┬	32.0	2 DM	.	.	
4 Mg$_2$	┬	30.0	4 DM	3110 4	800 17	

— Special Administrative Region Hong Kong —

4 PP: **PL 46-49** (92) 30 kn, 2 Cat.-DM, 410 kW, 11.4 x 4.2 x 1.3 m; Katamaran Rumpf/hull

PP: **PL 20, 21** (88) 4.5 ts, 40 kn; **PL 90-92** (97) 4.5 ts, 35 kn; **PL 93-96** (97) 4.5 ts, 38 kn;

7 PP: **Petrel, Auk, Gull, Tern, Skua, Puffin, Gannet**/PL 11-17 (86-87) 36 ts, 12 kn, Cummins-DM, 515 kW$_2$

PP: **Jetstream, Swiftstream, Tidestream**/PL 6-8 (86) 24 ts, 18 kn, DM;

1 PP: **PL 22-32** (92-93) 35 kn, 2 Cat.-DM, 508 kW, 9.9 x 4.2 x 1.3 m

AP: **PL 46-49** (92) 32 kn, 2 Cat.-DM, 508 kW, 9.9 x 4.2 x 1.3 m

Anzahl - Art/ Number - Group	Schiffsnamen und Stapellauf/ Ship's Name and Launching		Baubeginn - Fertig- *Umbau*/On Keel - Completed - *Conv.*	Bauwerft/Builder	Wasser-verdrängung/ Displacement ts	Länge/Length m	Breite/Beam m	Tiefgang/Draft m	Besatzung/ Crew Bes

Costarica/Costa Rica

1 PP: **Isla del Coco**/1055 (78, *84-85*) 118 ts, 36 kn, 5 Mg $_{2,\ 1}$, 1-6 Mörser/mortar, MTU-DM, 7720 kW$_3$, 31.7 x 7.1 x 2.2 m, Bes 21, Bauwerft/builder: Swiftships, Morgan City — Typ US Commercial Cruiser 105 ft.

1 PP: **Astronauta Franklin Chang** (ex WPB 45328)/95-1 (58) 83/105 ts, 21 kn, 2 Mg, GM-DM, 1815 kW$_2$ — Typ US CG 95'

1 PP: **I** (ex Pt. Camden/WPB-82373) (69) 68 ts, 23 kn, 1180 kW — USCGd 82' — 11/99: Übernahme/transfer from: USA

1 AH **Donna Margarita** (ex Puntarena)/421 (86) 16.5 ts, 34 kn, GM-DM, 12.8 x 4.3 m, Bauwerft/builder: Swiftships, Morgan City

Dänemark/Denmark

Fregatten/Frigates									
2 FG ○	I, II	gepl./plan.	./06	Dänemark/ Denmark	4600	125	15.0	.	60
4 FS	I-IV	gepl./plan.	./.	Dänemark/ Denmark	~2000	110	.	.	.
3 FG ○	**Peter Tordenskiold**		78/82	Aalborg V.	1190	84.0	10.3	4.5	90
	Olfert Fischer		78/81	Aalborg V.	1320				
	NIELS JUEL	1978-81	77/80	Aalborg V.					
4 FS ○	**Vædderen**		91/93	Svendborg V.	2600	113	14.5	6.0	61
	Hvidbjørnen		90/92	Svendborg V.	3500				+ 12
	Triton		89/91	Svendborg V.					
	THETIS	1989-91	88/91	Svendborg V.					
1 FS ○	**Beskytteren**	1975	74/76	Aalborg V.	1640 1970	74.4	12.2	5.3	60
Uboote/Submarines									
3 SC ○	**Springeren** (ex Kya)		63/64	Nordseewerke, Emden	460↑	47.4	4.8	4.3	24
	Tumleren (ex Utvær)		65/65	Nordseewerke, Emden	550↓				
	Sælen (ex Uthaug)	1964-65	65/66	Nordseewerke, Emden					
			87-90	*URIVALE Shy., Bergen*					
2 SC ○	**NARHVALEN, Nordkaperen**	1968-69	65/70 66 *93-96*	St. W. Kopenhagen *Aarhus Flyded.*	420↑ 450↓	44.0	4.6	3.8	22
Kleine Kampfschiffe/Small Fighting Vessels									
10 PG ○	**Bille, Bredal, Hammer, Huitfeld, Krieger, Norby, Rodsteen, Sehested, Suenson, WILLEMOES**	1974-78	71/77 77/79	Frederikshavn V.	240 270	46.0	7.4	2.7	25

Bewaffnung/ Armament	Sensoren-Elektronik/ Sensors-Electronic	Geschwindigkeit/speed kn	Antrieb/Propulsion Maschine/Kessel, Engines/Boilers Masch	Leistung/Power kW (1 kW = 1.36 PS)	Fahrstrecke/Range sm	Sonstige Angaben/ Remarks

Costarica/Costa Rica

4 PP: **Cabo Velas, Isla Uvita, Cabo Blanco, Punta Burica**/656, 652-654 (68, 85) 25/33 ts, 24 kn, 2 Mg, MTU-DM, 1030 kW_2, 19.8 x 5.6 x 2 m, Bes 7, Bauwerft/builder: Swiftships, Morgan City — Typ US Commercial Cruiser 65 ft.

2 PP: **Telamanca, Cariari**/361, 362 (86) 10.5 ts, 24 kn, 4 Mg $_2$, 1-6 Mörser/mortar, GM-DM, 11 x 3.1 m, Bauwerft/builder: Swiftships, Morgan City

1 PP: **Colonel Alfonso Monje**/82.1 (ex Point Hope) (60) 67 ts, 23 kn, 2 Mg_1, 2 Cummins-DM, 25.3 x 5.2 x 1.8 m, Bauwerft/builder: C.G.Y., Curtis Bay

Cook-Inseln/Cook Islands

1 PP: **Te Kukupa** (89) ./165 ts, 20 kn, [1-2], Caterpillar-DM, 2075 kW_2, 31.5 x 8.1 x 2.1 m, Bes 17, Bauwerft/builder: Australian Shb. Ind., Typ austr. ASI 315

Dänemark/Denmark

Harpoon, ESSM 1-7.6	.	26.0	2 DM	.	.	Führungsschiff/ command ship
1-7.6,	.	.	DM	.	.	Sollen nach 2000 gebaut werden / to be built after 2000
8 Harpoon $_4$, 1 Sea Sparrow $_8$, 2 Stinger 1-7.6, 2-2 $_1$ 4 **UTR** 32.4		30.0	Gen. El. GTu + MTU-DM	11830 + 3830 2	2500 18	*Korvetter.* Masch: CODOG 1995-99: Modernisierung/ mid-life modernization. TRS-3D Radar
1-7.6 OTO, 2-2, 1 Lynx		20.0	3 MaK-B & W-DM	7940 1	8500 15.5	*Fiskeriinspektionsskibe.* Bugstrahlruder/Bow thruster: 650 kW
1-7.6, 1 Lynx		18.0	4 B & W-DM	5470 1	4500 16	Fischereischutzschiff/ for fishery protection duties Wird gestr. bis:/to be deleted by: 2001
8 **TR** 53.3 b↓		12.0↑ 18.0↓	MTU-DM EM	880 1250 1	5000 8	*Kystundervandsbåde.* Typ deutsch/German 207. 1986 von Norwegen gekauft. Modernisiert./1986 acquired from Norway. Modernized
8 **TR** 53.3 b↓		10.0 17.0	DM EM	880 880 1	.	Typ deutsch/German 205-mod. Werden mglw. bis 2001 gestrichen / may be deleted in 2001
Harpoon, 1-7.6, 2 Stinger 2 **TR** 53.3		38.0	3 Bristol-Proteus GTu + 2 GM-DM	9510 + 343 3	.	*Missiltorpedobåde.* **Masch:** CODOG. Werden mglw. bis 2003 gestrichen/may be deleted until 2003

Anzahl - Art/ Number - Group	Schiffsnamen und Stapellauf/ Ship's Name and Launching		Baubeginn - Fertig - *Umbau*/On Keel - Completed - *Conv.*	Bauwerft/Builder	Wasser- verdrängung/ Displacement ts	Länge/Length m	Breite/Beam m	Tiefgang/Draft m	Besatzung/ Crew Bes
14 PG	**Glenten, Gribben,**		91/93	Danyard Værft, Aalborg	320	54.0	9.0	3.5	19
○○	**Lommen, Ravnen, Skaden,**		96		450				+ 29
	Viben, Søløven								
	Hajen, Havkatten, Laxen,		88/89	Danyard Værft, Aalborg					
	Makrelen, Støren,		./92						
	Sværdfisken								
	FLYVEFISKEN	1988-96	86/89	Aalborg Værft					
3 PP	**Tulugaq**		78/79	Svendborg, Skibsværft	330	31.4	7.7	3.6	14
○	**AGDLEK, Agpa**	1974-79	73/74	Svendborg, Skibsværft					
9 PP	**BARSØ, Drejø, Farø, Læsø, Romsø,**		68/69	Svendborg, Skibsværft	155	25.6	6.0	3.0	12
○	**Rømø, Samsø, Thurø, Vejrø**	1969-73	72/73						
Minenleger/Minelayers									
4 NB	**FALSTER, Sjælland**		62/63	Nakskov, Skibsv.	1900	77.0	12.8	4.0	111
○	**Fyen, Møen**	1962-63	63/64	Frederikshavn V.					
2 NS	**Lindormen, Lossen**	1977	76/78	Svendborg V.	575	44.5	9.0	2.6	27
○			77		600				
Minensucher/Minesweepers									
4 MS	**MSF 2-4**		99/00	Danyard Værft, Aalborg	125	26.5	7.0	2.2	4
	MSF 1	1998-99	97/98						
6 MS	**MRD 1, 2, 3-6**	1990-95	89/92	Danyard Vaerft, Aalborg	32	18.2	4.3	1.3	4
			94/96		38				
Hilfsfahrzeuge/Auxiliary Vessels									
2 AO	**Rimfaxe, Skinfaxe**	1943-45	43/45	Jeffersonville, Ind.	525	53.1	9.8	4.0	13
					1350				
1 AK	**Sleipner**	1986	86/86	Åbenrå Skibsværft	465	36.5	7.6	2.7	7
2 AT	**Balder, Hermod**	1983	./83	Assens Skibsværft	20	11.9	4.0	1.7	.
					BRT/grt				
6 AG	**SKA 11-16**	1980-85	80/80	Rantzausminde	52	20.0	5.2	2.8	6
			84/85						
2 AX	**Svanen, Thyra**	1961	60/61	Molich, Hundested	32	19.2	4.8	2.4	.
3 YP	**Hugin, Munin, Mimer**	?	.	Eivinds P., Svendborg	23	16.2	4.2	1.3	.
1	**Dannebrog**	1931	31/32	St. W., Kopenhagen	1130	80.0	10.4	3.7	51
○			*81*						
Marineheimwehr/Naval Homeguard									
18 PP	**Baunen, Budstikken, Kureren**	.	97/98	Søby M. & S. Værft	80	23.7	5.6	2.0	8
	I-III/MHV 816-818		99/00						
	Jupiter, Lyra, Antares, Apollo,		93/94		83				
	Luna, Herkules		96/97						
	Aldebaran, Carina, Aries,		91/92						
	Andromeda, Gemini, Dubhe		94/94						
		1992-a.St./o.St.							

7 PP: **Fænø, Askø, Enø, Manø, Baagø, Hjortø, Lyø** (41) 70 ts, 10 kn, 1-2 ⦣, 1 Mg ⦣, DM, 150 kW, 24.3 x 4.6 x 1.5 m — ex MS

Bewaffnung/ Armament	Sensoren-Elektronik/ Sensors-Electronic	Geschwindigkeit/speed kn	Antrieb/Propulsion: Maschine/Kessel, Engines/Boilers, Masch	Leistung/Power kW (1 kW = 1.36 PS)	Fahrstrecke/Range sm	Sonstige Angaben/ Remarks
NS: 1-7.6, 60 MS: 1-7.6, 2 Mg PG: 8 Harpoon, 1-7.6, 2 **TR** 53.3, Sea Sparrow VLS PP: 1-7.6, 2-2		33.0	1 GE-LM 500-GTu 2 MTU-DM	4175 + 5120 3	2400 18	Standard Flex 300. GRP-Rumpf/hull. Vielzweck-boote/Multi purpose vessels (NS, 7 MS, PG, PP). Sollen alle TRS-3D Radar erhalten/all ships to get TRS-3D radar
2		12.0	Alpha-DM	590 1	.	*Inspektionskuttere.* II, III 300 ts, Lg 31 m
2-2		11.0	Alpha-DM	283 1	.	*Marinekuttere.* IV Taucher-tender/diving tender
2-7.6, 400 [2 Stinger], 4-2		16.0	GM-DM	3535 2	.	Minelæggere. Werden mglw. bis 2003 gestrichen/may be deleted until 2003 IV AX, Bes 155
3-2, 60		14.0	Frichs-DM	1180 2	.	Kabelminelæggere. II: Versorger für SS/ depotship for SS
—		12.0	2 DM	735 2	.	Minesweeper drones: Typ MRD STOR-1 6: weitere geplant / 6 more planned
—		12.0	DM	257 1	.	Minesweeper drones for MS Standard Flex 300 class, s. PG
—		10.0	GM-DM	410 1	2000 8	*Tankskibe.* Typ US YO 65
—		11.0	Callesen-DM	425 1	2400 11	*Transportskib*
[30]		8.7	GM-DM	220 1	.	*Bugserbåde.* Auch/also AP
—		12.5	GM-DM	390 1	.	*Opmålingsfartøjer*
—		7.5	Volvo P.-DM	53 1	.	*Øvelseskuttere.* Für Kadetten/for cadets
—		15.0	MWM-DM	330 1	.	*Torpedobjærgningsbåde*
—		13.0	B & W-DM	1370 2	.	*Kongeskib. Königsyacht/* royal yacht
[1-2], 2 Mg		13.0	Scania-DM	650 2	790 11	*Hjemmeværnskutter*

PP: **VTS 3-5** (97-98) 34 ts, 1-Mg, 33 kn, 2 DM, 720 kW, 17.0 x 4.9 x 2.1 m, Bauwerft: Mulder & Rijke

Anzahl-Art/ Number-Group	Schiffsnamen und Stapellauf/ Ship's Name and Launching		Baubeginn-Fertig-*Umbau*/On Keel-Completed-*Conv.*	Bauwerft/Builder	Wasser-verdrängung/ Displacement ts	Länge/Length m	Breite/Beam m	Tiefgang/Draft m	Besatzung/ Crew Bes

9 PP: **Bopa, Brigaden, Holger Danske, Hvidsten, Ringen, Speditøren** (74-75) 85 ts, 10.5 kn, 1-2 ⚔, 1 Mg ⚔, Alpha-DM, 295 kW_1, 19.7 x 5.7 x 2.5 m, **Saturn, Scorpius, Sirius** (57-58) 41.5 ts, 10 kn, 1-2 ⚔, 1 Mg ⚔, Alpha-DM, 150 kW, 19.5 x 5.1 x 2.5 m — *Marinehjemmeværnsfartøjer*

Spezialfahrzeuge/Special Ships

2 **Gunnar Seidenfaden, Gunnar Thorson** (80) 750 ts, 12 kn, B. & W. Alpha-DM, 1700 kW, 55.6 x 12.3 x 3.8 m, Bes 16, Bauwerft/builder: Ørskov Christensens Stålskibsværft — Ölbekämpfung/oil pollution

— unterstehen alle dem Umweltministerium/all belong to Ministry of the environment — *Miljøministeriet*

2 **Marie Miljø, Mette Miljø** (79) 157 ts, 10 kn, DM, 410 kW, 29.8 x 8.0 x 1.6 m, Bes 9, Bauwerft/builder: C.B. Hoffmann, Esbjerg — für Ölbekämpfung/for oil recovery operations

2 **Miljø 101, 102** (77) 16 ts, 15 kn, Bes 3

1 AG: **Dana** (80) 2483 BRT/grt, 16 kn, 2 Alpha-DM, 3410 kW_1, 78.4 x 14.7 x 3.9 m, Bes 27 + 12, Bauwerft/builder: Daneborg, Aarhus — Fischereiforschung/Fishery research

Deutschland/Germany

Zerstörer/Destroyers

2 DG	**Mölders**		66/69	Bath Iron Works	3370	134	14.3	6.3	337
○			*82-84*	HDW, Kiel	4720				
	LÜTJENS	1967-68	66/69	Bath Iron Works					
			84-86	*HDW, Kiel*					

Fregatten/Frigates

3 FG	Hessen		./05	TNSW, Emden	5100	143	17.4	4.5	255
○	Hamburg		./04	HDW, Kiel	5600				
	SACHSEN	1999- bew./auth.	99/02	Blohm + Voss, Hamburg					
4 FG	**Mecklenburg-Vorpommern**		93/96	Bremer Vulkan	3600	139	16.7	4.4	219
○	**Bayern**		93/96	Thyssen-NSW, Emden	4700				
	Schleswig-Holstein		93/95	HDW, Kiel					
	BRANDENBURG		92/94	Blohm + Voss, Hamburg					
		1992-95							
8 FG	**Lübeck**		87/90	Thyssen NSW, Emden	3000	130	14.5	6.0	200
○	**Augsburg**		87/89	Bremer Vulkan	3800				
	Karlsruhe		81/84	Howaldt,Kiel					
	Köln		80/84	Blohm + Voss, Hamburg					
	Emden		80/83	Thyssen NSW, Emden					
	Rheinland-Pfalz		79/83	Blohm + Voss, Hamburg					
	Niedersachsen		79/82	AG Weser, Bremen					
	BREMEN	1979-87	79/82	Bremer Vulkan					
5 FS	II-V	gepl./plan.	04/07	.	1480	92,5	12.7	3.2	60
○	I		01/04						

3 AT **Nordjylland, Nordsøen** (67-68) 475 BRT/grt, 14 kn, DM; **Vestkysten** (87) 657 BRT/grt, 17 kn, MAN-DM, 1620 kW_2, 49.9 x 10 x 4.2 m, Bauwerft/builder: Marstal Stålskibsværft
1 AT **Jens Væver** (60) 142 BRT/grt, 10 kn, DM

— unterstehen alle dem Fischereiministerium/all belong to Ministry of the Fishery — *Fiskeriministeriet*

4 AI: ○ **Thorbjørn** (80) 2344 ts, 16 kn, Alpha-DM, 5000 kW_2, 67.5 x 15.3 x 4.7 m, Bauwerft/builder: Svendborg Skibsv.; ○ **Danbjørn, Isbjørn** (65) 3685 ts, 14 kn, 7720 kW, -DM, 77 x 17 x 6 m, Bauwerft/builder: Odense; **Elbjørn** (54) 893/1400 ts, 12 kn, 1985 kW, -DM-EM, 47 x 12.1 x 4.4 m — *Isbrydere,* unterstehen dem Handelsministerium, Zivilbesatzung/assigned to Ministry of Trade, civil crew

Küstenwache Faröer/Coast Guard of Faero Islands
1 PP: **Tjaldrid** (76) 437 BRT/grt, 14.5 kn, 1-7.5, MWM-DM, 1765 kW_2, 44.5 x 10.1 x 4 m

1 PP: **Torsvik** (79) 370 BRT/grt, 12 kn, 1 B & W-DM, 298 kW, 39.0 x 8.5 x 3.25 m
— Fischereischutz/Fishery protection vessel —

Deutschland/Germany

Bewaffnung/ Armament	Sensoren-Elektronik/ Sensors-Electronic	Geschwindigkeit/speed kn	Antrieb/Propulsion: Maschine/Kessel, Engines/Boilers, Masch	Leistung/Power kW (1 kW = 1.36 PS)	Fahrstrecke/Range sm	Sonstige Angaben/Remarks
2-12.7, 1 Standard I $_1$, 2 RAM $_{21}$, 2-2 $_1$, 6 **UTR** 32.4 **III**. 1 $_8$ ASROC/Harpoon		34.0	Tu 4 Wr	51485 2	4030 18	*Flugkörper-Zerstörer.* Typ US Charles F. Adams Klasse 103 B:
8 Harpoon $_4$, 2 RAM $_{21}$ VLS$_{32}$: SM-2 + ESSM, 1-7.6 OTO, 2-2 $_1$, 6 **UTR** 32.4 **III** 2		29.0	1 LM- GTu + 2 MTU-DM	23500 + 14300	4000 18	*Fregatten.* Klasse 124 Erhalten/to get: APAR = active phased array radar: ESSM = Evolved Sea Sparrow Missile. Sonar: DSQS 24 B
4 MM 38, 2 RAM $_{21}$ Sea Sparrow VLS $_{16}$ 1-7.6 OTO, 2-2 $_1$, 4 **UTR** 32.4 **II**, 2 Lynx		29.0	2 LM-GTu + 2MTU-DM	38000 + 8100 2	4000 18	*Fregatten.* Klasse 123 Sonar: DSQS 23 B Sollen mit einem Schleppsonar nachgerüstet werden/to be equipped with Towed array sonar. Nr. 04: Fertigstellung/completion: TNSW, Emden
8 Harpoon $_4$, 1 Sea Sparrow $_8$, 2 RAM $_{21}$, 1-7.6 2-2 $_1$, 4 **UTR** 32.4 **II** 2 Lynx		30.0	2 LM- GTu + 2 MTU-DM	36775 + 7650 2	4000 18	*Flugkörper-Fregatten.* Klasse 122. II, III, V, VI: Führungsschiffe/ Command ships; ./3815 ts Erhalten/to get DASA TRS 3D/32 Radar
4 Harpoon, 2 RAM $_{21}$, Polyphem, 1-7.6, 2-2.7 $_2$, 1	.	26.0	GTu + DM	15000 2	2500 15	*Korvetten,* Klasse 130 10 weitere in 2. Baulosen bis 2012 vorgesehen/10 more planed in 2 batches till 2012

Anzahl - Art/ Number - Group	Schiffsnamen und Stapellauf/ Ship's Name and Launching	Baubeginn - Fertig- *Umbau*/On Keel - Completed - *Conv.*	Bauwerft/Builder	Wasser- verdrängung/ Displacement ts	Länge/Length m	Breite/Beam m	Tiefgang/Draft m	Besatzung/ Crew Bes
Uboote/Submarines								
4 SS	U 31-34	02/06	HDW, Kiel +	.↑	56.0	6.8	6.4	27
○	a.St./o.St.-bew./auth.	98/03	Thyssen NSW, Emden	1450↓				
12 SC	**U 26, 30**	72/75	Nordseewerke, Emden	456↑	48.6	4.6	4.0	22
○	**U 28, 24**	72/74	Nordseewerke, Emden	500↓				
	U 23	73/75	Nordseewerke, Emden					
	U 18, 22	71/74	Nordseewerke, Emden					
	U 16	70/73	Nordseewerke, Emden					
	U 29	72/74	HDW, Kiel					
	U 25	71/74	HDW, Kiel					
	U 17	70/73	HDW, Kiel					
	U 15 1972-74	70/74	HDW, Kiel					
		87-92	*Thyssen NSW, Emden + HDW, Kiel*					
2 SC	**U 12**	66/69	HDW, Kiel	419↑	45.8	4.6	3.8	21
○	**U 11** 1968	66/68	HDW, Kiel	455↓				
Kleine Kampfschiffe/Small Fighting Vessels								
10 PG	**Dachs, Hermelin, Zobel**	79/82	Kröger, Rendsburg	375	57.6	7.8	2.6	34
○		82/84		391				
	Frettchen, Gepard, Hyäne, Nerz,	79/82	Lürssen, Vegesack					
	Ozelot, Puma, WIESEL 1981-83	82/84						
10 PG	**Habicht, Kondor, Sperber**	74/76	Kröger, Rendsburg	380	57.6	7.8	2.6	40
○		77		398				
	ALBATROS, Bussard, Falke, Geier,	72/76	Lürssen, Vegesack					
	Greif, Kormoran, Seeadler 1973-76	75/77						
10 PG	**Reiher, Pinguin, Weihe,**	71/73	C. Mécaniques, Cherb.	234	47.0	7.0	2.7	30
○	**Dommel, Alk,**	74/75	(I, IV, V, VI, IX)	265				
	Panther,		Rumpf/hull					
	Löwe, Jaguar, Leopard, Fuchs,		Lürssen, Vegesack)					
	1972-75							
Minensucher/Minesweepers								
12 MB	**Rottweil, Grömitz,**	90/93	Kröger, Rendsburg	600	54.4	9.2	2.5	44
○	**Homburg**	92/95		500				
	Weiden, Bad Rappenau,	90/93	Abeking & R., Lemwerder					
	Dillingen	92/95						
	Fulda	96/98						
	Frankenthal, Bad Bevensen,	91/92	Lürssen, Vegesack					
	Datteln, Sulzbach-Rosenberg	93/95						
	Weilheim 1992-98	96/98						

Bewaffnung/ Armament	Sensoren-Elektronik/ Sensors-Electronic	Geschwindigkeit/speed kn	Antrieb/Propulsion Maschine/Kessel Engines/Boilers Masch	Leistung/ Power kW 1 kW = 1.36 PS	Fahrstrecke/ Range sm	Sonstige Angaben/ Remarks
6 **TR** 53.3 b↓	⊤ Y ⌐ Towed array sonar	12.0↑ 17.0↓	⇢ DM EM	1700 1	.	Klasse 212 A-typgleich mit ital. Booten. DM+Generator-Permasynmotor Hybrid-Antrieb/propulsion **Bew:** DM 2 A3/4 Torpedos, DBQS 40 Sonar
8 **TR** b↓	⊤ ◊ ○ Y	10.0↑ 17.0↓	MB ⇢ DM Siemens-EM	880 1100 1	4500 6	*Uboote.* Klasse 206 A. Plan Gabler. „Kampfkraft-erhalt“ bei Thyssen NSW, Emden: U 15, 22, 23, 26, 30. Bei HDW, Kiel: U 16, 17, 18, 25, 28, 29. Generalmanagement HDW, Kiel. Sonar DBQS-21 D, Lageverarbeitungs- und Waffeneinsatzanlage LWU 83 von Krupp Atlas Elektronik. Elo UM und Navigation verbessert/improved.
8 **TR** b↓	⊤ ◊ ○ ⌐ Y	10.0↑ 17.0↓	MB ⇢ DM Siemens-DM	880 1100 1	.	Klasse 205. Plan Gabler. Lübeck. U 11 Zweihüllenboot als ↓ Ziel/ double hull for ↓ target. U 12 Sonarversuchsschiff/ sonar trials platform. LüA/Length: 53.5 m
4 MM 38 ⇨, 1-7.6 ⛵, 1 RAM ⇮21, Ⴆ 2 Mg ⛵1	⊤ ◊ ○ ╪ ⌐ ▭	40.0	MTU-DM	13200 4	600 33	*Flugkörperschnellboote.* Klasse 143 A. General-management: MTG. Haben/have: Eloka FL 1800 II ECM/ESM
4 MM 38 ⇨, 2-7.6 ⛵, 2 **TR** 53.3 h	⊤ ◊ ○ ╪ ⌐ ▭	38.0	16 Cyl-MTU-DM	11770 4	600 33	Klasse 143. Holzrumpf/ wooden hull. Eloka „Octopus“, verbesserte Feuerleitanlage/ improved fire control systems WM 27
4 MM 38 ⇨, 1-7.6 ⛵, 1-4 ⛵, Ⴆ	⊤ ◊ ○	38.0	MTU-DM	10590 4	600 30	Klasse 148. Stahlrumpf/ steel hull. Rundsuchradar Triton G. Verbesserte Feuer-leitanlage/improved fire control: CASTOR S 148.
1-4 ⛵, 2 Stinger ↑, 2 Pinguin-B 3 MSG	⊤ Y	18.0	MTU-DM + EM	4080 2	.	*Minenjagdboote.* Klasse 332. Antimagnetischer Stahlrumpf wie Kl. 343/antimagnetic steel hull as cl. 343. Minenjagdsonar DSQS 11 M Krupp Atlas. EM für Langsamfahrt/for quiet propulsion.

Anzahl-Art/ Number-Group	Schiffsnamen und Stapellauf/ Ship's Name and Launching	Baubeginn-Fertig-*Umbau*/On Keel-Completed-*Conv.*	Bauwerft/Builder	Wasser-verdrängung/ Displacement ts	Länge/Length m	Breite/Beam m	Tiefgang/Draft m	Besatzung/ Crew Bes
5 MH ○	**Laboe, Herten** **Überherrn, Kulmbach, Passau** 1988-90	87/89 89/91 86/90 *99/01*	Kröger, Rendsburg Abeking & R., Lemwerder *Peenewerft, Wolgast*	590	54.4	9.2	2.5	37
5 MD ○	**HAMELN, Pegnitz, Ensdorf,** **Auerbach** **Siegburg** 1988-90	86/89 89/91 87/90 *98/01*	Lürssen, Vegesack Kröger, Rendsburg *Lürssen, Lemwerder* *+ A & R, Lemwerder*	590	54.4	9.2	2.5	37
5 MS ○	**Düren, Konstanz, Paderborn,** **Schleswig, Wolfsburg** 1957-59	57/58 59/59 *78-82*	Burmester, Bremen *Kröger, Rendsburg* (2) *Lürssen, Vegesack* (2) *Schürenstedt, Bardenfl.* (1) *Abeking & Rasmussen,* *Lemw.* (1)	392 430	47.1	8.3	2.8	44
18 ○	**Seehund 1-18** 1980-81	79/80 82	MaK, Kiel und Blohm + Voss, Hamburg	99.5	27.0	3.5	2.1	[3]
3 MS ○	**Cuxhaven, Lindau, Marburg**	57/58 58/59 *75-79*	Burmester, Bremen	390 400	47.5	8.3	2.7	46
5 MS ○	**FRAUENLOB,** **Gefion, Loreley,** **Medusa, Undine** 1965-67	64/65 66/68	Kröger, Rendsburg	238 249	38.0	8.3	2.0	24
Landungsfahrzeuge/Landing Vessels								
5 LS ○	**Flunder, Lachs, Plötze,** **Schlei, Zander** 1965-66	64/65 65/67	Howaldt, Hamburg	166 403	42.0	8.8	2.1	17
8 LC	**Sardelle, Hummer, Krabbe,** **Auster, Muschel, Koralle,** **Garnele, Languste/** LCM 14, 21, 23-28 1966-67	65/66 66/67	Rheinwerft, Walsum	116 133	23.6	6.4	1.5	7
Hilfsfahrzeuge/Auxiliary Vessels								
2 AK ○	Frankfurt/Main a.St./o.St. Berlin 30.04.99	99/02 99/00	FSG Flensburg + Kröger, Rendsburg + Lürssen, Vegesack	9905 20240	174	24.0	7.4	139 +89
6 AR ○	**Donau** **Main** **Werra** **Rhein** **Mosel** **ELBE** 1992-93	93/94 93/94 92/93 92/93 92/93 92/93	Kröger, Rendsburg Kröger, Rendsburg Flensburger Schiffb. Flensburger Schiffb. Bremer Vulkan Bremer Vulkan	. 3450	99.8	15.5	4.1	40 + 50
1 AK ○	**Freiburg** 1966	65/68 *84*	Blohm + Voss, Hamburg *MWM, Bremerhaven*	. 3900	118	13.2	.	

Bewaffnung/ Armament	Sensoren-Elektronik/ Sensors-Electronic	Geschwindigkeit/speed kn	Antrieb/Propulsion Maschine/Kessel Engines/Boilers Masch	Leistung/ Power kW 1 kW = 1.36 PS	Fahrstrecke/ Range sm	Sonstige Angaben/ Remarks
2-4, 2 Stinger		18.0	MTU-DM	4080 2	.	*Minensuchboote,* Klasse 343: Umrüstung zum Minenjäger/ Conversion to mine hunters: Klasse 333 Elektronik: Atlas Elektronik
2-4, 2 Stinger		18.0	MTU-DM	4080 2	.	Klasse 343: Umrüstung zu TROIKA-MOD-Lenkbooten/ Conversion to control vessels for TROIKA-MOD: Kl. 352 Projektmanagement: STN-AE
1-4		16.5	Maybach-DM_4	2490 2	1500 16	*Hohlstablenkboote* Klasse 351. Für Fernräumung (Troika)/guidance vessels for controlled MCM vehicles (Troika). Generalmanagement: VFW; II, IV in 2000 a.D./decom.
—		9.4	1 Mak-DM	335 2	520 8.8	Hohlstab-Fernlenkgerät für Troika Umbau zu Troika-Mod.
1-4		16.5	Maybach-DM_4	2900 2	1500 16	*Minensuchboote.* Klasse 331B. Haben PAP 104 (Drahtlenkung, Fernsehkamera)/have PAP 104 (wire-guided, television). 2000 a.D./decom.
1-4		14.3	MB-DM	1470 2	900 13	*Binnenminensuchboote, ex Küstenwachboote.* Klasse 394A.
2-2 oder/or 1-2, 60 ts Ladung/load		12.0	MWM-DM	880 2	2000 10	*Mehrzwecklandungsboote.* Klasse 520 A-D. Ähnlich/ similar to Typ US LCU.
60 ts Ladung/load		10.6	MWM-DM	475 2	1430 7	*Versorgungs- und Transportboote.* Klasse 521. Ähnlich/ similar to Typ US LCM 8.
2], [2-2]		19.5	DM	10560 2	.	*Einsatzgruppenversorger,* EGV. Klasse 702. Fertigstellung/ completion: Krögerwerft
Mg $_1$ [1] Stinger		15.0	MWM/KHD-DM	2450 1	2000	Tender. Klasse 404. 1996/97: Umrüstung für -Betrieb/conversion for -operations I, II: Bremer Vulkan III-VI: Kröger, Rendsburg
-4 $_2$		17.0	Maybach-DM	4120 2	3000 17	*Versorgungsschiff.* Klasse 701E. Für/for FG. -Deck

Anzahl-Art/ Number-Group	Schiffsnamen und Stapellauf/ Ship's Name and Launching	Baubeginn-Fertig-/*Umbau*/On Keel-Completed-*Conv.*	Bauwerft/Builder	Wasser-verdrängung/ Displacement ts	Länge/Length m	Breite/Beam m	Tiefgang/Draft m	Besatzung/ Crew Bes
2 AK ○	**Glücksburg, Meersburg** 1966	65/68	Flensb. Schiffb. + Bremer Vulkan	3450 3679	114	13.2	3.9	110
2 AK ○	**Odenwald, WESTERWALD** 1966	65/67	Lübecker MB	3460 4032	105	14.0	3.7	60
2 AO ○	**Rhön, Spessart** (ex Okene, Okapi) 1974-75	74/74 75	Kröger, Rendsburg	11208 14200	130	19.3	8.2	42
4 AO ○	**Ammersee, Tegernsee, WALCHEN-SEE, Westensee** 1965-67	64/66 66/67	Lindenau, Kiel	2044 2174	74.2	11.2	4.1	21
1 AO	**Eversand** 1988	87/88	Lühring, Brake	.	49.6	12.0	3.5	.
1 AO ○	**Bottsand** 1984	83/85	Lühring, Brake	500 BRT/grt	46.3	12.0	3.1	6
1 AO:	**FW 5** (63) 598/626 ts, 9.5 kn, MWM-DM, 180 kW_1, 44 x 7.8 x 2.6 m, Bes 12 — *Frischwasserboot,* Klasse 705							
1 AT ○	**Fehmarn** 1965	65/67	Unterweser Wft., Bremerhaven	1310 1643	68.0	12.7	4.4	45
3 AT ○	**WANGEROOGE, Spiekeroog, Norderney** 1966-68	65/68 67/70	Schichau, Bremerh.	854 1024	52.0	12.1	4.2	31
1 AT	**EISVOGEL** 1960	59/61	Hitzler, Lauenburg	496 576	37.8	9.5	4.2	14
6 AT ○	**Lütje Hörn, Scharhörn,** **Knechtsand, Nordstrand,** **Langeness, Vogelsand** 1986-90	89/90 86/87	Husumer Schiffswerft Orenstein & Koppel, Lübeck	445	30.3	9.1	2.5	4
1 AT	**Neuende** 1971	70/71	Schichau, Bremerh.	232	26.6	7.4	2.6	6
2 AT ○	**Wustrow** (ex Zander) **Dranske** (ex Komoran)	87/88 88/89	VEB Yachtbau, Berlin	286 320	30.9	8.8	2.8	8
3 AX ○	**Baltrum, Langeoog** **Juist** 1967-68	66/68 67/71	Schichau, Bremerh.	854 1024	52.0	12.1	4.2	24 +33
1 AX ○	**Gorch Fock** 1958 *84* *91*	57/58	Blohm + Voss, Hamburg	1760 1880	81.0 89.4	12.0	5.3	76 + 160
1 AX:	**Nordwind** (44): 110 ts, 8 kn, 24.3 x 6.4 x 2.7 m, Bes 4, 180 m²/1937 sq. ft. Ketsch/ketch — *Ausbildungsboot*							
3 AG ○	**Alster** **Oker** **OSTE** 1987-88	87/89 86/88 86/88	Neue Flensb. Schiffb.ges.	2375 3200	83.5	14.6	4.2	42 + 35
1 AG ○	**Planet** 1965	64/67	Norderw., Hamburg	1513 1943	80.0	12.6	4.0	39 + 22
1 AG ○	I gepl./plan.	./.	TNSW, Emden	3500	73.0	25.0	6.8	2[illegible] + 2[illegible]

Bewaffnung/ Armament	Sensoren-Elektronik/ Sensors-Electronic	Geschwindigkeit/speed kn	Antrieb/Propulsion Maschine/Kessel – Engines/Boilers – Masch	Leistung/ Power kW 1 kW = 1.36 PS	Fahrstrecke/ Range sm	Sonstige Angaben/ Remarks
4-4 ▲$_2$, [1600 ts], ☉	⊤	17.0	Maybach-DM	4120 2	3000 17	*Versorgungsschiffe.* Klasse 701 C. Für PG, II für SS Glücksburg: 2000 a.D./decom.
2-4 ▲$_2$, [1080 ts]	⊤	16.0	DM	4120 2	3000 17	*Versorger* Klasse 760
—	⊤	16.0	MaK-DM	5880 1	7400 16	*Betriebsstofftransporter.* Klasse 704
—	⊤	12.5	2 MWM-DM	1010 1	3250 12	*Betriebsstofftransporter.* Klasse 703. 1100 ts **Ö/F**, 60 ts Frischwasser/fresh water
—	⊤	10.5	AEG-Deutz-DM	1200	.	Klasse 738. *Ölreinigungsschiff/* *Oil pollution control vessel*
—	⊤	11.0	Deutz-DM	1200 2	.	*Ölreinigungsschiff/* *Oil pollution control vessel*
[2-4 ▲$_2$]	⊤	16.6	MWM ↝ DM	2795 2	6000 10	*Bergungsschlepper.* Klasse 720. Sicherungsboot für SS/ safety vessel for SS
1-4 ▲]	⊤	13.6	MWM ↝ DM	1765 2	5000 10	*Seeschlepper.* Klasse 722.
1-4 ▲]	⊤	13.0	Maybach-DM	1765 2	2000 12	*Schlepper und Eisbrecher/* AI. Klasse 721
—	⊤	12.0	KHD-DM	1640 2	. .	*Seehafenschlepper.* Klasse 725.
—	⊤	12.0	MWM-DM	590 1	.	*Arsenalschlepper.* Klasse 724
—	⊤	12.0	1 DM	530 1	1800 10	*Hafenschlepper.* Klasse 660 ex Volksmarine: Projekt414
1-4 ▲]	⊤	13.6	MWM ↝ DM	1765 2	5000 10	Klasse 754. I, III: für Taucher/ for divers. II: für Minentaucher u. Kampfschwimmer/for minedivers and frogmen.
–	⊤	10.0	Deutz-MWM-DM	900 1	1990	*Segelschulschiff.* Klasse 441. Bark 1964 m². 160 Kadetten/ barque 21141 sq.ft., 160 cadets
Stinger ↑, -2.7 ▲$_2$	⊤ Y ⌒ ▭ ♀	19.0	Humboldt-Deutz-DM	6500	.	*Flottendienstboote.* Klasse 423.
–	⊤ Y ♀	14.0	MWM ↝ DM	1030 1	9400 13.5	*Wehrforschungsschiff.* Klasse 750.
–	⊤ Y ♀	15.0	↝ DM	4500 *2*	5000 15	*Wehrforschungserprobungs-schiff.* Klasse 751. Naval research and trials ship; Doppelrumpf/SWATH

Anzahl-Art/ Number-Group	Schiffsnamen und Stapellauf/ Ship's Name and Launching	Baubeginn-Fertig- *Umbau*/On Keel- Completed-*Conv.*	Bauwerft/Builder	Wasser- verdrängung/ Displacement ts	Länge/Length m	Breite/Beam m	Tiefgang/Draft m	Besatzung/ Crew Bes
1 AG ○	**Mühlhausen** (ex Walther von Ledebur) 1966	65/67	Burmester, Bremen	770 820	63.0	10.6	2.7	12
4:	**Vogtland, Altmark, Wische** (ex Harz), **Uckermark** 1983-85	82/84 84/86	VEB Peenewerft, Wolgast	2298 2393	89.6	13.2	2.4	8
2:	**TF 5,TF 6** (66) 56 ts, 17 kn, MWM-DM, 700 kW_1, Bes 6 — *Torpedofangboote*/Klasse 430							
3:	**AK 2, AK 6, MT 1** (65-88) 46 ts, 10 kn, MAN-DM, 206 kW_1, 19.8 x 4.4 x 1.2 m, Bes 2, — *Funkbeschickungsboot* /Klasse 744							
5:	**Todendorf, Putlos, Baumholder, Bergen, Munster** (93 - 94) 120 ts, 16 kn, Deutz-MWM-DM, 1510 kW_2, 28.7 x 6.5 m, Bes 6, Bauwerft/builder: Lürssen, Vegesack — aus Heeres-Etat finanziert/Klasse 905							

Versuchsfahrzeuge der Marine und des Bundesamtes für Wehrtechnik und Beschaffung/**Experimental Vessels** of

1 AG	**Wilhelm Pullwer** 1966	65/67	Schürenstedt, Bardenfl.	132 160	31.5	7.5	2.2	17
3 AG ○	**Helmsand**	87/88	Kröger, Rendsburg	1000	54.5	11.0	3.7	13 + 10
	Kronsort	86/87	Elsflether Werft					
	Schwedeneck 1986-87	86/87	Kröger, Rendsburg					
5 AG	**Mittelgrund, Breitgrund, Stollergrund, Kalkgrund, Bant** 1988-89	88/89 88/89 89/90	Elsflether Werft Kröger, Rendsburg	. 450	38.7	9.2	3.1	7 + 6

KÜSTENWACHE / COAST GUARD

Bundesgrenzschutz — See — Untersteht dem Bundesinnenministerium/belongs to the Ministry of the Interior

2 PP	**Bad Düben** (ex Binz), **Neustrelitz** (ex Saßnitz) 1987-89	86/96 88/93	Peenewerft, Wolgast Peenewerft, Wolgast	. 408	48.9	8.9	2.5	17
1 PP ○	**Bredstedt** 1988	87/89	Elsflether Werft	. 673	65.4	9.2	3.3	17
3 PP	I-III gepl./plan	00/.	.	.	~50.0	.	.	
7 PP ○	**Alsfeld, Bad Bramstedt, Bayreuth, Duderstadt, Eschwege, NEUSTADT, Rosenheim** 1969-70	68/69 69/70	Lürssen, Vegesack	190 218	38.5	7.0	2.2	17
4 PR	**Prignitz, Uckermark, Altmark, Börde** ~1971	./71	VEB Yachtwerft, Berlin	38.6	22.6	4.7	1.4	4
4 PR	**Oderbruch, Rhön, Spreewald, Vogtland:** 14 ts, 12.6 x 4.0 x 1.1 m, 2 DM, 16 kn, Bes 5 Bauwerft/builders: VEB Yachtwerft, Berlin							
1 AT	**Rettin** 1976	76/76	Mützelfeldt, Cuxhaven	105 BRZ	21.8	6.6	2.9	

Zoll - untersteht dem Bundesfinanzministerium

2 PP	**Hamburg, Emden** 1982	81/82	Schweers, Berne	150	38.0	7.8	1.8	
2 PP	**Bremerhaven, Schleswig-Holstein** 1985-88	84/85 88	Schweers, Berne	150	34.6	7.8	2.1	
5 PP	**Glückstadt, Priwall, Hiddensee, Hohwacht, Kniepsand** 1991-96	./91 /96	Fassmer, Berne	97	28.0	6.2	1.8	

Bewaffnung/ Armament	Sensoren-Elektronik/ Sensors-Electronic	Geschwindig-keit/speed kn	Antrieb/Propulsion Maschine/Kessel Engines/Boilers Masch	Leistung/ Power kW 1 kW = 1.36 PS	Fahrstrecke/ Range sm	Sonstige Angaben/ Remarks
—	┬	19.0	2 MTU-DM	3800 2	.	*Minentaucherboot* Klasse 742 A
—	┬	7.3	2 DM	694 2	2150 7	*Wohnschiffe,* Klasse 650 ex Volksmarine, Projekt 162

4: **Bums** 25.0 x 6.8 x 1.5 m; Klasse 740
AM 6-8 (70-77) 16.2 x 4.4 x 1.2 m; Klasse 743
5: **AK 1, 3, MA 2, 3, Borby** 25 ts, MAN-DM, 185 kW — Klasse 946,
2: **MA 1, Aschau** (92) 25 ts, 10 kn, DM, 220 kW — Klasse 945,
1 YD: **A 41** (74) 25 ts, 8 kn, 1 DM, 15.3 x 4.0 x 0.9 m (ex Projekt 1344)

the navy and of Federal Office for Military Technology and Procurement

—	┬	13.0	MB-DM	515 2	.	Klasse 741
—	┬	12.6	AEG-EM	1095 1	2400 13	*Mehrzweckboote mittel.* Klasse 748. Generalmanage-ment: Lürssen, Vegesack
—	┬	12.5	Deutz-DM	890	. 1	*Mehrzweckboote klein.* Klasse 745. Generalmanage-ment: Lürssen, Vegesack

KÜSTENWACHE / COAST GUARD

Einige Boote des Zolls und der Wasserschutzpolizei gehören ebenfalls zur Küstenwache/some boats from customs and the water police also belong to the coast guard

[1-4 ▲]	┬	26.0		6480 2	.	Typ PB 50; ex Volksmarine Projekt 151
[1-4 ▲]	┬ ○	25.0	MTU-DM + → DM	6120 1	3500 10	Typ PB 60; Hubschrauber-deck/helicopter platform
[2-Mg ▲1]	┬	.	DM	.	.	Ersatz für/Replacement for: Typ BG 157
[2-4 ▲]	┬ ⌖	30.0	2 MTU-DM + 1 MWM-DM	5300 + 500	1100 9	*Patrouillenboote.* Typ BG 157.
	┬	17.5	DM	588 2	300 12	Ex Volksmarine. Projekt 1589

PR: **Schwedt, Küstrin-Kiez, Frankfurt/Oder, Aurith**/BG 41-44

—	┬	9.0	MWM-DM	434 2	2250 9	Typ BG 22

Customs Service - belongs to the Fed. Ministry of Finance

-Mg ▲1	┬	28.0	3 MWM-DM	3300 3	2100	
-Mg ▲1	┬	28.0	3 MWM-DM	3000 3	2000	
-Mg ▲1	┬	23.0	3 MTU-DM	1812 3	.	

Anzahl - Art/ Number - Group	Schiffsnamen und Stapellauf/ Ship's Name and Launching		Baubeginn - Fertig- *Umbau*/On Keel - Completed - *Conv.*	Bauwerft/Builder	Wasser- verdrängung/ Displacement ts	Länge/Length m	Breite/Beam m	Tiefgang/Draft m	Besatzung/ Crew Bes
1 PP	**Oldenburg**	1977	./77	Burmester, Burg	79	28.1	4.8	1.4	8
1 PP	**Kalkgrund**	1986	./86	Schweers, Bardenfleth	77	27.0	6.3	1.6	12
Fischereischutz- und Forschungsschiffe/Fishery Protection and -Research Ships — Unterstehen dem Bundesamt für									
1 AG ○	**Seefalke**	1980	79/81	Orenstein & Koppel, Lübeck	1790 BRT/grt	83.0	12.8	4.7	29
1 AG	**Seeadler**	1999	98/00	Peenewerft, Wolgast	.	72.0	.	4.9	.
1 AG ○	**Meerkatze**	1977	76/77	Lürssen, Vegesack	2386 BRT/grt	76.5	11.8	5.3	30 + 15
1 AG	**Walther Herwig III**	1992	92/93	Peenewerft, Wolgast	2390 2485	64.5	14.8	5.5	21 + 12
1 AG	**Solea**	1974	./74 *91*	Sieghold, Bremerhaven	337 BRZ	31.7	9.1	3.6	11 + 5
1 AG	**Narwal**	1998	97/98	Schweers, Bardenfleth	91 BRZ	23.6	6.0	1.5	[illegible]
Schiffahrtspolizei/Sea Police — untersteht der/belong to Wasser- und Schiffahrtsdirektion des Bundes									
1 AG ○	**Neuwerk**	1997	96/98	Volkswerft, Stralsund	3422 BRZ	78.6	18.0	5.8	16 + 34
1 AG ○	**Mellum**	1984	./84 *99*	Elsflether Werft	1717 tdw	80.5	15.1	5.2	
1 AG	**Scharhörn**	1982	./83 *88*	GHH, Walsum	1047 tdw	56.1	14.3	4.7	
1 AG	**Buk**	1969	68/69	St. Polnocna, Gdansk	654 760	53.4	9.0	2.8	1[illegible]
3 AG	**Gustav Meyer, Otto Treplin, Bruno Illing**	1967-68	./67 ./68	Jadewerft, W.-haven Norderwerft, Hamburg	226 tdw	48.8	9.6	3.2	
3 AG	**Gellen, Darßer Ort, Arkona**	1976	./77	VEB Elbewerft, Boizenburg	156 177	29.6	6.4	2.3	[illegible]
5 AG	**Gollwitz, Ranzow, Landtief, Grasort, Palmer Ort**	1968	67/68 68/68	VEB Peenewerft, Wolgast	149	29.4	6.4	1.9	[illegible]
1 AG	**Norden**	1997	./98	Fassmer, Berne	238 BRZ	39.2	8.9	1.6	
1 AG	**Triton**	1997	./97	St. Polnocna, Gdansk + Maaskant M + D, Stellendam	98 tdw	49.5	9.2	2.1	

Bewaffnung/ Armament	Sensoren-Elektronik/ Sensors-Electronic	Geschwindigkeit/speed kn	Antrieb/Propulsion Maschine/Kessel Engines/Boilers Masch	Leistung/ Power kW 1 kW = 1.36 PS	Fahrstrecke/ Range sm	Sonstige Angaben/ Remarks
.	⊤	23.3	2 MTU-DM	1200 2	.	
1-Mg	⊤	23.0	2 MTU-DM	2019 2	2100	
Ernährung und Forstwirtschaft **(Küstenwache/Coast Guard)**						
—	⊤ ♁	20.0	2 MWM ⇄ DM	5970 1	.	Fischereischutzschiff Fishery protection ship
—	⊤ ♁	19.0	2 DM	7600 1	.	Fischereischutzschiff Fishery protection ships
—	⊤	15.5	3 MWM ⇄ DM	2365 1	.	
—	⊤ ♁	13.5	MaK ⇄ DM	2900 1	.	Forschungsschiff/ Research vessel
—	⊤	12.0	Deutz-DM	640 1	.	
—	⊤	21.0	MTU-DM	1680 *2*	.	*Fischereiaufsicht*
Küstenwache/Coast Guard)						
—	⊤	15.0	3 MTU ⇄ DM	5800 2	.	WSA: Cuxhaven
—	⊤	15.5	4 MaK-DM	6620 2	.	WSA: W.-haven
—	⊤	13.0	2 MWM-DM	2574 2	.	WSA: Cuxhaven
—	⊤	13.0	2 SKL-DM	1279 2	1720 13	Typ USSR Kamenka WSA: Stralsund
—	⊤	13.7	2 KHD-DM	1103 1	.	WSA: Emden, Lübeck, Bremerhaven
—	⊤	10.0	1 SKL-DM	425 1	800 9	WSA: Stralsund Projekt 601
—	⊤	11.3	1 SKL-DM	425 1	300 11	WSA: Lübeck, Stralsund Projekt 64
—	⊤	11.3	1 CUM-DM	536 1	.	WSA: Emden
—	⊤	12.0	1 MTU-DM	740 1	.	WSA: Tönning

Anzahl - Art/ Number - Group	Schiffsnamen und Stapellauf/ Ship's Name and Launching		Baubeginn - Fertig - *Umbau*/On Keel - Completed - *Conv.*	Bauwerft/Builder	Wasser-verdrängung/ Displacement ts	Länge/Length m	Breite/Beam m	Tiefgang/Draft m	Besatzung/ Crew Bes
2 AG	**Barsemeister Breme, Johann Georg Repsold**	1964	./64	Hitzler, Lauenburg	328 tdw	41.5	8.0	1.7	.
1 AG	**Baumrönne**	1993	./93	Alu. Schiffswerft, Lübeck	111 tdw	26.4	9.2	.	.
1 AG	**Eversand**	1972	./73	Schichau, Bremerhaven	125 tdw	28.2	6.1	1.5	.
1 AG	**Jade**	1998	./98 /99	Yantar, Kaliningrad + Fassmer, Berne	120	30.0	6.5	2.2	.
1 AO	**Nordsee**	1978	77/79	O & K, Lübeck	10026 tdw	132	23.1	6.9	.
1 AO	**Knechtsand**	1994	93/94	MWB, B.-haven	462 BRZ	38.5	13.0	1.25	.
1 AO	**Vilm**	1998	97/99	Oderwerft, Frankfurt/O.	.	48.5	10.2	2.5	.
1 AI ○	**Stephan Jantzen**	1966	66/67	Admiralitätswerft, Leningrad	2500	67.7	18.3	6.0	[illegible]
1 AI	**Max Waldeck**	1966	/67	Norderwerft, Hamburg	742 BRT	50.9	12.2	3.9	[illegible]

Polarforschungsschiff/Arctic Research Ship — Untersteht dem Bundesminister für Forschung und

1 AG ○	**Polarstern**	1982	81/82	HDW, Kiel + Nobiskrug, Rendsburg	15000	118	25.0	10.5	36 + 40

Forschungs- und Vermessungsschiffe/Research and Surveying Ships — Unterstehen nicht der Marine/do not belong

1 AG ○	**Meteor**	1985	85/86	Schlichting, Travemünde	3500	97.5	16.5	4.8	3[illegible] + 29
1 AG	**Sonne**	1969	68/69	Rickmers W., Bremerh.	3516 BRZ	97.6	14.2	6.8	
1 AG	**Senckenberg**	1976	./77	Diedrich, Moormerland	185 BRZ	29.5	7.4	2.45	
1 AG ○	**Gauss**	1979	79/80	Schlichting, Travemünde	1964	68.7	13.1	4.5	2[illegible] + 1[illegible]
1 AG ○	**Komet**	1998	97/98	Kröger, Rendsburg	1590	64.2	12.5	3.6	1[illegible] + [illegible]
1 AG	**Deneb**	1993	93/94	Peenewerft, Wolgast	969 BRZ	52.1	11.4	3.45	1[illegible] + [illegible]
2 AG	**Atair, Wega**	1987-89	86/87 89/90	Kröger, Rendsburg	950 BRT/grt	52.1	11.4	3.45	1[illegible] + [illegible]
1 AG	**Bessel** (79) 20 BRT/grt, 8.5 kn, DM, 103 kW_1, 14.6 x 4.0 x 0.9 m, Bes 8 — BSH								
1 AG ○	**Alkor**	1989	89/90	Cassens, Emden	999 BRT/grt	56.2	11.4	2.8	1[illegible]
1 AG	**Poseidon**	1976	./76	Schichau, Unterweser	1050 BRT/grt	58.0	11.4	.	
1 AG	**Heincke**	1990	89/90	D. Hegemann, Berne	999 BRT/grt	56.2	11.4	2.8	1[illegible]
1 AG	**Uthörn**	1982	./82	Schlömer, Oldersum	250 BRT/grt	30.5	8.6	2.5	

Bewaffnung/ Armament	Sensoren-Elektronik/ Sensors-Electronic	Geschwindig-keit/speed kn	Antrieb/Propulsion Maschine/Kessel Engines/Boilers Masch	Leistung/ Power kW 1 kW = 1.36 PS	Fahrstrecke/ Range sm	Sonstige Angaben/ Remarks
—	⊤	11.0	2 MAN-DM	515	.	WSA: Tönning
—	⊤	13.5	MTU-DM	1360 1	.	WSA: Cuxhaven
—	⊤	10.5	KHD-DM	330 1	.	WSA: Bremerhaven
—	⊤	12.0	Cummins DM	447 1	.	WSA: Wilhelmshaven WSA: Emden
—	⊤	11.2	2 MaK-DM	10529 2	.	*Ölauffangschiff* WSA: Emden
—	⊤	8.5	2 MWM-DM	860 2	.	Ölbekämpfungsschiff Oil pollution control vessel
—	⊤	9.0	2 DM	794 2	.	
—	⊤	12.5	3 SKL-DM	3972 3	.	*Eisbrecher/Ice breaker* Typ USSR Nikitich
—	⊤	14.5	3 May.-DM	2648 3	.	
Technologie						
—	⊤	15.5	4 Deutz →-DM	14120 1	.	*Polarforschungs- und Versorgungsschiff*
o the Navy						
—	⊤	15.0	4 → EM	2500 1	10000	RF Reedereigemeinschaft Forschungsschiffahrt GmbH
—	⊤	12.5	3 MaK-DM	4500	.	RF
—	⊤	10.0	KHD-DM	346 1		RF
—	⊤ Y	13.5	3 MaK → DM	1770 1	4000 13	Bundesamt für Seeschiffahrt und Hydrographie (BSH). Bugstrahlruder/bow thruster: 533 kW
—	⊤ Y ◯	13.1	3 MTU →	1350	.	BSH
—	⊤ Y	11.3	3 MTU-DM	1960	.	BSH
—	⊤ Y	11.5	MWM-DM	926 1	.	BSH. Bugstrahlruder/ bow thruster: 800 kW
—	⊤	11.5	2 → DM	880 1	.	Institut für Meereskunde der Universität Kiel
—	⊤	15.0	MWM-DM	1180 1	.	Institut für Meereskunde der Universität Kiel
—	⊤	11.5	2 → DM	880 1	.	Alfred Wegener Institut, Bremerhaven
—	⊤	10.7	2 MWM-DM	460 1	.	Biologische Anstalt Helgoland

Anzahl - Art/ Number - Group	Schiffsnamen und Stapellauf/ Ship's Name and Launching	Baubeginn - Fertig- *Umbau*/On Keel - Completed - *Conv.*	Bauwerft/Builder	Wasser- verdrängung/ Displacement ts	Länge/Length m	Breite/Beam m	Tiefgang/Draft m	Besatzung/ Crew Bes

Dominikanische Republik/Dominican Republic

Korvetten/Corvettes

Anzahl - Art/ Number - Group	Schiffsnamen und Stapellauf/ Ship's Name and Launching	Baubeginn - Fertig	Bauwerft/Builder	ts	m	m	m	Bes
1 FS	**Alm. Juan Alejandro Acosta** (ex Citrus)/BM-456 1942	42/43	M. J. Duluth, Minn.	935 1025	54.9	11.3	4.0	55
2 FS	**Separacion, Calderas/** P 208, 209 1944	44/45	USA	650 780	51.4	10.3	3.3	48
1 FS ○	**Prestol,** /BM 454, (ex Signet) 1943	42/43	Associated, Seattle	650 900	56.0	10.1	4.4	100
1 FS	**Tortuguero** (ex White Pine/WLM 547)/1 1943	./43	Peterson & Haecker, Blair	435 600	40.5	10.1	2.7	21

Kleine Kampfschiffe/Small Fighting Vessels

10 PP: **Cristobal Colon** (ex Canopus), **Orion**/GC 107, 109, (84) 95 ts, 23 kn, 2 Mg, GM-DM, 990 kW$_2$, 500/18 sm, Bes 6, Bauwerft/builder: Swiftships, Morgan City; **BELLATRIX, Capella, Aldebaran, Procion**/GC 106, 108, 104, 103 (67-72) 60 ts, 19.5 kn, 3 Mg, 735 kW, GM-DM, 25.9 x 3.3 x 1.5 m; **Betelgeuze**/GC 102 (ex PGM 77) (66) 100 ts, 16 kn, 1-2, 2 Mg, DM, Typ US PGM; **Luperon**/GG 110 (88) 18.0 m

2 PP: **Antares, Aries** (ex Pt. Batan, Pt. Martin) (61-70) 68 ts, 23 kn — Typ USCGd 82'-99: von/from USA

Dominica

1 PP: **Melville**/P 04 (84) 34 ts, 23 kn, 2 Mg, GM-DM, 900 kW$_2$, 500/18 sm, Bes 6, Bauwerft/builder: Swiftships, Morgan City

1 PP: **Ukale**/D05 (95) 11 ts, 27 kn, 1 Mg, 2 Caterpillar-DM, 650 kW$_2$, 600/18 sm, Bes. 5, Bauwerft/builders. Sea Ark Marine, Typ US Dauntless

3 PP: **Vigilance, Observer** (88) Typ Boston Whatler, **Rescuer** (94)

Dschibuti/Djibouti

2 PP: **Moussa Ali, Mont Arreh**/P 10, 20 (85) 35 ts, 25 kn, 1-2, SACM-DM, 750/12 sm, 23 x 5.5 x 1.5 m, Bes 15, Bauwerft/builder: Plascoa, Cannes — GRP Rumpf/hull

5 PP: **5-7**: 13 m, 25 kn; **12-13**: 21m, 25 kn

1 LC: **I** (ex CTM 14) (~67) 56/150 ts. 99: von Frankreich/transferred from France

El Salvador

1 PP: **GC 11** (85) 48 ts, 26 kn, 2 Mg, GM-DM, 880 kW$_2$, 23.5 x 6.1 x 1.5 m, Bauwerft/builder: Swiftships, Morgan City

1 PP: **GC 10** (84) 36 ts, 1-2, 2-Mg$_1$, 23 kn, 2 DM, 626 kW, 20.0 x 6.0 x 1.5 m, Bauwerft/builders: Swiftships, Morgan City

3 PP: **GC 6-8** (75) 100 ts, 25 kn, 3 Mg$_3$, 880 kW$_3$, DM, 30.5 x 6.4 x 1.5 m, Bes 10, Bauwerft/builder: Camcraft, Louisiana

4 PP: **LOF 021-026** (86-87) 8 ts, 26 kW, 4 Mg$_{2,1}$, 2 DM, 507 kW, 11.0 x 3.1 x 0.5 m, Bes 5, Bauwerft/builders: Lantana Btyd.

8 PP: **LP 0301-0310** (88) 9 ts, 28 kn, 4 Mg$_{2,1}$, 2 DM, 507 kW, 12.3 x 4.0 x 0.4 m, Bes 4, Bauwerft/builder: Sea Ark Marine

11 PR: **LOF 07-011** (88) Ford-DM, 440 kW$_2$; **LDF 1-6** (86-87) 9 ts, 26 kn, 4 Mg$_2$, Caterpillar-DM, 465 kW$_2$

7 PP: **I-VII** (~96-98) 9 m, Bauwerft: Rodman Polyships, Vigo

Ecuador

Anzahl - Art/ Number - Group	Schiffsnamen und Stapellauf/ Ship's Name and Launching	Baubeginn - Fertig	Bauwerft/Builder	ts	m	m	m	Bes
2 FG ○	**Moran Valverde** (ex Danae) **Presidente Eloy Alfaro** (ex Penelope) 1962-65	64/67 61/64	R. Dy., Devonport Vickers-A., Newcastle	2650 3200	113	12.5	5.8	22

Bewaffnung/ Armament	Sensoren-Elektronik/ Sensors-Electronic	Geschwindigkeit/speed kn	Antrieb/Propulsion Maschine/Kessel Engines/Boilers Masch	Leistung/ Power kW 1 kW = 1.36 PS	Fahrstrecke/ Range sm	Sonstige Angaben/ Remarks

Dominikanische Republik/Dominican Republic

2-2 ⊿$_1$	⊤	12.8	⇝ DM	735 1	12000 9	Ex WLB Balsam-Klasse 1995: von USA übernommen/ acquired from USA
2-7.6 ⊿, 3-2 ⊿	⊤	12.0	⇝ DM	880 1	.	Typ US Cohoes. Ex AN.
1-7.6, 2-4 ⊿, 6-2 ⊿, 1 ⊟	⊤	15.0	DM	1250 2	5600 9	Typ US MSF/Admirable
.	⊤	10.0	DM	440 2	4500 5	06.99: von USA/ transferred from USA

Hilfsfahrzeuge/Auxiliary Vessels

1 AO: **Capitan Beotegui**/BT 5 (45) 370/1080 ts, 8 kn, Typ US YO
1 AT: **Bohechio**/RP-16-ex US-YTL 600
4 AT: **Enriquillo**/RM 22 (ex Stallion) (44), 534 ts, 13 kn, 1-7.6, 2-2⊿, 1100 kW$_2$, Typ US ATA; **Ocoa**/LPD 303 (76) 9 kn, 165 kW, DM, 17.1 x 4.3 x 1.2 m; **Hercules, Guacanagarix**/RP 12, 13 (~59) 200 ts, 370 kW$_1$
4 AX: **Atun, Carite, Jurel, Picua**/BA 6, 3, 15, 9 (74) 24 ts, 9 kn, 1 Mg ⊿, 75 kW, 13.7 x 4.0 x 0.8 m
1 AX: **Nube del Mar**/BA 7 40 ts, 12 kn

Elfenbeinküste/Ivory Coast

2 PP: **L'Ardent, L'Intrépide** (78) 136 ts, 26 kn, 1-4 ⊿, 1-2 ⊿, 2 Mg ⊿, DM, 2940 kW$_2$, 40.4 x 5.9 x 1.8 m, Bauwerft/builder: A & C, Auroux — ähnlich/similar to Typ frz./French PATRA
2 PP: **Le Valeureux** (76) 235 ts, 18 kn, 2-4 ⊿, 2 Mg ⊿, 2000/18 sm, 1765 kW$_2$, MGO-DM, 48 x 7.3 x 2.5 m, Bauwerft/builder: Chantiers Naval Belge, Villeneuve, Typ madagas. Malaika. **Aries** (77) 3 ts, 25 kn, 2 DM, 7.0 x 1.7 x 0.4 m; Bes. 10
1 LS: **Eléphant** (77) 750/1136 ts, 13 kn, 2-4 ⊿, 2-8.1 Mörser/mortars, [180], 3500/13 sm, 1320 kW$_2$, AGO-DM, 80 x 13.0 x 2.4 m, Bes 47, Bauwerft/builder: Dubigeon, Normandie, Typ frz. BATRAL
2 LC: **I, II** (ex CTM 15, 16) (67) 55/150 ts, 9.5 kn; 1999: von Frankreich/from France
3 LC: **I, II, III** (80) 9 ts, 28 kn, 176 kw, 2 DM, 9.5 x 3.5 x 0.9 m, Typ ROTORK 412
3 Tender: **I-III** (85-87) 5 ts, 20 kn, DM, 235 kW$_2$, Typ ARCOR 31
2 AT: **I, II** (ex Merisier, Maronnier) 105 ts;
2 Tender: **I, II** (ex Burao, Tamanu) (89) 9 ts, 25 kn

Fidschi/Fiji

4 PP: **Vai, Ogo, Saku, Saqa**/301-304 25/30 ts, 25 kn, 2-2 ⊿, 2 Mg ⊿$_2$, GM-DM, 1410 kW$_2$, 19.8 x 5.8 x 0.8 m, Bes 6 — Typ israel. Dabur

2 PP: **Levuka, Lautoka**/101, 102 (~79) 97 ts, 27 kn, 1 Mg ⊿, GM-DM, 1585 kW$_4$, 33.8 x 7.4 x 1.5 m, Bauwerft/ builder: Beaux's Bay Craft, Louis

3 PP: **Kula, Kikau, Kiro**/201-203 (94-95) 162 ts, 20 kn, 1-Mg ⊿, 2 DM, 2090 kW, 31.5 x 8.1 x 2.1 m, Bes 17, Bauwerft/builders: Transfield Shpbldg, Typ austr. ASI 315

AG: **Tovuto**(ex Babele, McDermott II) 1200 ts, 12 kn, DM, 52.6 x 11.7 x 3.4 m, Bes 31 — Vermessung/survey

Ecuador

MM 38 ⇨, 2-4 ⊿, [2 Seacat ⇑$_4$,] ⊼	⊤ ♀ ♁ ⚲ ⊕ ⚲	28.0	Wh. E. ✿ Tu 2 Babcock	22060 2	4500 12	Typ brit. Leander, Batch 2 B

Anzahl-Art/ Number-Group	Schiffsnamen und Stapellauf/ Ship's Name and Launching	Baubeginn-Fertig-/*Umbau*/On Keel-Completed-*Conv.*	Bauwerft/Builder	Wasser-verdrängung/ Displacement ts	Länge/Length m	Breite/Beam m	Tiefgang/Draft m	Besatzung/ Crew Bes
2 SS ○	**Shyri, Huancavilca** 1976-77	74/77 75/78 *84/85*	Howaldt, Kiel	1285↑ 1450↓	59.5	6.3	5.0	32
6 PG ○	**Manabi, El Oro, Loja**	80/83 84	CNR, Ancona	605 685	62.3	9.3	2.8	51
	Esmeraldas, Los Rios, **Los Galapagos** 1980-82	79/82 80/83	CNR, Muggiano					
2 PG ○	**Guayaquil, Cuenca, QUITO** 1975-76	75/76 76/77	Lürssen, Vegesack	255	44.3	7.0	1.8	34
2 PG ○	**MANTA, Nuevo Rocafuerte** (ex Tena) 1970-71	70/71 *79-81*	Lürssen, Vegesack	116 132	36.0	5.8	1.7	20
20 PR	**I-X, XI-XX** 1992-98	./92 ./98	ASTINAVE, Guayaquil	.	6.7	.	.	2 + 21
1 LS	**Hualcopo** (ex Summit County) 1945	44/45	USA	1650 4050	100	16.1	4.3	120

1 AK: **Calicuchima** (ex Throsk) (77) 2190 ts, 14 kn, DM, 2205 kW_1, Bauwerft/builder: Cleland, Wallsend

2 AK: **Isla la Plata, Isla Puna** 11 ts, 19 kn, DM

2 AO: **Taurus** 1100 BRT/grt, 11 kn, GM-DM, 770 kW_1; **I** (ex YO 223) (45) 440/1390 ts, 10.5 kn

1 AO: **Quisquis** (ex Waterside) (68) 340 ts, 11 kn, DM, 440 kW_1, — für Wasser/for water

1 AO: **Atahualpa** (ex YW 131) (45) 415/1240 ts, 11.5 kn, DM; Typ US YW — für Wasser/for water

3 AT: **Cayambe, Chimborazo** (ex Cusabo, Chowanoc) (45) 1235 ts, 16.5 kn, 1-7.6 ⛭, 2-4 ⛭, Typ US ATF; **Sangay** (ex Loja) (52) 293 ts, 12 kn

5 AT: **Tungurahua, Antizana, Cotopaxi, Altair, Quilotoa** 490 ts, 8 kn

1 Segelschulschiff/Sail Training Ship: **Guayas** (76) 1200 ts, 10.5 kn, 515 kW_1, GM-DM, 76.2 x 10.4 x 4.2 m, Bes 75 + 80, Bauwerft/builder: Gelaya, Bilbao

2 AG: **Orion** (81) 1100 BRT/grt, 12.6 kn, 1985 kW, 64.2 x 10.7 x 3.6 m, Bauwerft/builder: IHI, Tokyo; **Rigel** (75) 50 ts — Vermessung/survey

Eritrea

Anzahl-Art/ Number-Group	Schiffsnamen und Stapellauf/ Ship's Name and Launching	Baubeginn-Fertig-/*Umbau*/On Keel-Completed-*Conv.*	Bauwerft/Builder	Wasser-verdrängung/ Displacement ts	Länge/Length m	Breite/Beam m	Tiefgang/Draft m	Besatzung/ Crew Bes
1 PG	**P 161** 1970	./71	Petrovskij, Leningrad	195 240	40.0	8.1	2.0	3[illegible]
6 PP	**P 111-116** 1992-95	./.	IAI, Haifa	54	21.6	5.5	1.8	[illegible]
3 PP	**P 151-153** 1977	./77	Swiftships	118	32.0	7.2	2.0	2[illegible]
2PP	**P 206, 207** 1981	./81	USSR	40 50	24.6	5.2	1.0	[illegible]
1 LS	**LTC 9502** 1977	./77	SFCN, Villeneuve	250 670	59.0	12.0	1.6	1[illegible]

Bewaffnung/ Armament	Sensoren-Elektronik/ Sensors-Electronic	Geschwindigkeit/speed kn	Antrieb/Propulsion Maschine / Kessel Engines / Boilers Masch	Leistung/ Power kW 1 kW = 1.36 PS	Fahrstrecke/ Range sm	Sonstige Angaben/ Remarks
8 **TR** 53.3↓b		10.0↑ 21.0↓	4 MTU-DG 1 EM	1760 3680 1	.	Typ deutsch/German 209/ 1300
6 MM 40 ⇨$_{3}$, 1-7.6, 2-4 $_{2}$, 1 Albatros $_{4}$, 6 **UTR** 32.4 **III**		34.0	MTU-DM	15000 4	4000 18	-Deck
4 MM 38 ⇨, 1-7.6, 2-3.5 $_{2}$		40.0	MTU-DM	10300 4	1800 16	Typ deutsch/German Lürssen FPB 45
4 Gabriel II ⇨$_{2}$, 2-3 $_{2}$		35.0	MTU-DM	6620 3	1500 15	**TR** ausgebaut/removed. Neue/new ⇨
1-Mg		20.0	2 DM	.	.	Typ ROTORK 412 XI-XX: Heer/Army
8-4 $_{4, 2}$		11.0	GM-DM	1250 2	7200 10	Typ US LST (2)

Küstenwache/Coast Guard

2 PP: **5 de Agosto, 21 de Febrero**/LG 35, 36 (91) 120 ts, 27 kn, 1-4, 3 Mg, GM-DM, 1880 + 630 kW$_{3}$, 34.1 x 6.9 x 2.1 m, Bauwerft/builder: Equitable Bld.

6 PP: **Rio Puyango, Rio Matage, Rio Zarumilla, Rio Chone, Rio Daule, Rio Babahoyo**/LG 41-46 (86-88) 17 ts, 26 kn, 3 Mg, Detroit-DM, 13.4 x 4.1 x 2.1 m, Bes 5

2 PP: **9 de Octubre, 27 de Octubre**/LG 37, 38 (92) 17 ts, 22 kn, 2 Mg, DM, 671 kW$_{2}$, Bauwerft/builder: Swiftships

1 PP: **24 de Mayo** (ex Pt. Richmond)/LG.. (67) 66 ts, 23 kn, 1 Mg, 2 CAT-DM,1119 kW, 25.3 x 5.2 x 1.8 m, Bes. 10. Typ USCG 83' - Übernahme von/transfer from USA: 8/97

1 PP: **25 de Julio** (ex Quito)/LG 31 (65) 130/145 ts, 21 kn, 1-4, 4-2 $_{2}$, 2 Mg, DM, 30.9 x 6.4 x 1.5 m, Bes 15, Typ US PGM 71

2 PP: **10 de Agosto, 3 de Noviembre**/LG 33, 34 (54-55) 45/65 ts, 22 kn, 2 Mg, DM, 735 kW$_{2}$, Bauwerft/builder: Schürenstedt, Bardenfleth

14 PP: **I-XIV** (79-80) Lg 12.2 m

6 PR: **I-VI** (91) 20 kn, 1 Mg, Lg 6.7 m

Eritrea

Bewaffnung/ Armament	Sensoren-Elektronik/ Sensors-Electronic	Geschwindigkeit/speed kn	Maschine	Leistung/ Power	Fahrstrecke/ Range	Sonstige Angaben/ Remarks
4 SS-N-2 B/C ⇨, 4-3 $_{2}$,		36.0	2 GTu +	11030 3	800 25	Projekt 205 M. FK-Schnellboote/Missile attack boat
2-2.3 $_{2}$		45.0	3 DM	1540 3	1200 17	Typ israel. Super Dvora
4-3 $_{2}$, 4-2.3 $_{2}$, 2 Mg		30.0	2 MTU-DM	4410 2	1200 18	Typ Swiftships 105 ft
3 Mg $_{2, 1}$		34.0	DM	1765 2	1100 15	Typ USSR Zhuk/ Projekt 1400
4-2 $_{2}$,		8.0	MGO-DM	735 2	1800 8	Typ franz. EDIC Ehemals aethiop. Einheit/ former Ethiopian unit

Anzahl - Art/ Number - Group	Schiffsnamen und Stapellauf/ Ship's Name and Launching		Baubeginn - Fertig- *Umbau*/On Keel - Completed - *Conv.*	Bauwerft/Builder	Wasser- verdrängung/ Displacement ts	Länge/Length m	Breite/Beam m	Tiefgang/Draft m	Besatzung/ Crew Bes

Estland/Estonia

1 PP	**Grif**/P401	.	.	USSR	45 60	24.6	5.2	1.0	12
1 PP ○	**Sulev** (ex Komet) /M 412	1971	71/72	VEB Peenwerft, Wolgast	436 471	56.7	7.7	2.4	30
2 PP	**Valas** (ex Bittersweet) **I** (ex Papaw)	1943-44	./44 43/44	Duluth S.Y.	935 1025	54.9	11.3	3.8	53
3 PR	**I, II, III** (ex PSKR -389, …)	~1968	./.	USSR	40 60	28.0	4.4	1.0	15
1 MS	**I** (ex Cuxhaven?)	1958	57/58	Burmester, Bremen	390 400	47.5	8.3	2.7	46
2MS ○	**Kalev, Olev** (ex Minerva, Diana)	1966	66/67	Krögerwerft, Rendsburg	238 246	38.0	8.0	2.2	24
1 AK ○	**Ahti** (ex Malle- mukken)/A431	1960	./60	Helsingor S.V.	175 190	27.0	7.2	2.8	12
1 AK	**Laine** (ex Revalia)/A432	1986	./86	Kaliningrad	87	18.3	5.4	1.7	15
1 AK	**Mardus** (ex Rylen)/A433 ( ) 12ts, ~1996 von Dänemark übernommen/acquired from Denmark								

Küstenwache/Coast Guard

1 PP	**Kou** (ex Silmä)/107	1963	62/63	Laiv., Turku	530	48.3	8.2	4.3	22
1 PP ○	**Maru** (ex Viima)/106	1964	./64	Laiv., Turku	135	35.7	6.6	2.0	12
1 PP ○	**Torm** (ex Arg)/105	1966	65/66	Bergens M.V.	100 125	36.5	6.2	1.5	26
3 PP	**PVL 100, 101, 102** (ex Telkkä, Kuikka, Kaakurij) (55-60) 95 ts, 23 kn, 1-Mg, MB-DM, 1985 kW_2								
1 PP	**Pikker**/103	1995	95/96	Tallinn	90	30.0	5.8	1.5	6
3 PP	**PVK 001, 002, 003** (ex Kbv 257, 259, 246)/001-003 (70) 17 ts, 22 kn, 19.2 x 4.0 x 1.3 m, 2 Volvo-Penta DM, 515 kW, 1992-93: von Schweden übernommen/acquired from Sweden								
9 PP	**PVK 006-008, PVK 013-015, PVK 017, 018, PVK 020, 021** (63-93) 93/94 von Finnland übernommen/ acquired from Finland.								
1 LC ○	**Tiir**/104	1994	/94	Wolgawerft, Niš.-Novgorod	53 105	25.6	5.8	1.5	4
1 AX	**Linda** (ex Kemiö)/108	1958	./58	Valmet, Turku	. 340	36.7	9.4	3.0	10

Wasser- und Schiffahrtsamt (EVA = Eesti Veeteede Amet)

2 PP	**EVA-09, 310** (ex BGK-117, 630)	.	./.	Werft 640, Sosnovka	. 120	29.0	5.5	1.7	15
4 PP	**EVA-312, 313** (ex MGK 844, 929) Typ USSR Proj. 1440; **EVA-314, 315;**								
1 AG	**EVA-307** (ex Zenit)	1962	62/63	Stocz. Polnoc., Gdansk	1050 1280	60.4	10.5	3.5	45
1AG	**EVA-308** (ex GS-108)	1967	67/68	Stocz. Polnoc., Gdansk	700 950	53.5	9.1	2.6	25
1 AI	**Tarmo**	1962	62/63	Wärtsilä, Helsinki	4890	86.5	21.2	6.2	

Finnland/Finland

Fregatten/Frigates

2 FF ○	**TURUNMAA, Karjala**	1967	67/68 *86-87*	Wärtsilä, Helsinki	660 770	74.0	7.8	2.8	7(

Bewaffnung/ Armament	Sensoren-Elektronik/ Sensors-Electronic	Geschwindigkeit/speed kn	Antrieb/Propulsion Maschine/Kessel Engines/Boilers Masch	Leistung/ Power kW 1 kW = 1.36 PS	Fahrstrecke/ Range sm	Sonstige Angaben/ Remarks

Estland/Estonia

2-Mg ◣$_2$	⊤	34.0	2 DM	1765 2	1100 15	Typ USSR Zhuk/Projekt 1400
2-2.5 ◣$_2$	⊤	20.0	2 Russki-DM	3676 2	2000 15	Typ DDR Kondor/Projekt 65.2
2-Mg ◣$_2$,	⊤	12.8	⇝ DM	895 1	8000 12	Typ US *Balsam Klasse* 97/99: übernommen/ taken over from: USA
1-7.6, 2-2.5 ◣$_2$, 5 Mg ◣$_1$, 1 ⇝$_{18}$, ⌂	⊤ ϕ	22.0	DM	1765 2	600 10	Typ USSR Shmel/ Projekt 1204
1-4 ◣	⊤ ϒ	16.5	Maybach-DM$_4$	2900 2	1500 16	*Minensuchboote*. Klasse 331 B. Übergabe geplant/transfer planned: 12/99
1-4 ◣, ⌂	⊤	14.3	2 MB-DM	1470 2	900 13	Ex dt. Klasse 394 Übergabe/transfer:7/97
2-2.5 ◣$_2$	⊤	10.0	1 DM	285 1	.	Typ dän. Magen. Übergabe/transfer: 3/94
.	⊤	9.0	1 DM	175 1	.	

Küstenwache/Coast Guard

2-2.5 ◣$_2$	⊤	15.0	Werkspoor-DM	1325 1	.	1994: von Finnland übernommen/acquired from Finland
3-Mg ◣$_{2, 1}$	⊤	23.0	Maybach-DM	2980 3	.	1995: von Finnland übernommen/acquired from Finland
2-2.5◣$_2$, 2 Mg ◣$_2$	⊤	32.0	Maybach-DM	5295 2	550	Norweg. Storm-Klasse 1994: von Norwegen übernommen/ acquired from Norway
1-Mg ◣	⊤	23.0	2 DM	1980 2	.	

1 PP: **PVK-019** ( ) Typ USSR PO-2

1 ⛟, [15t]	⊤	30.0	2 DM	4860 2	600 12	Typ russ. Serna
2-2.3 ◣$_2$	⊤	11.0	Alpha-DM	335 1	.	1992: von Finnland übernommen/acquired from Finland

Wasser- und Schiffahrtsamt (EVA = Eesti Veeteede Amet)

1-Mg ◣	⊤	12.0	DM	330 1	1600 8	Typ USSR Nyriat-I/ Projekt 522

1 PP: **EVA-316** (ex Lonna) (80) 266 tdw; von Finnland übernommen/aquired from Finland

—	⊤	15.5	Skoda/SLZ-DM	2210 2	6200 11	Typ USSR Samara/ Projekt 860
—	⊤	13.5	DM	1300 2	4000 10	Typ USSR Kamenka/ Projekt 870
—	⊤	16.5	4 ⇝ Wärtsilä-Sulzer-DM	10120 4	.	1994: von Finnland übernommen/acquired from Finland

Finnland/Finland

1-12 ◣, 2-4 ◣, 4-2.3 ◣$_2$, ◣$_5$ RBU 1200	⊤ ϕ ⚲ ⌽	35.0	Olympus-GTu + MTU-DM	13500 + 2930 3	2500 14	*Tykkiveneet.* **Masch:** CODOG.

Anzahl - Art/ Number - Group	Schiffsnamen und Stapellauf/ Ship's Name and Launching	Baubeginn - Fertig- *Umbau*/On Keel - Completed - *Conv.*	Bauwerft/ Builder	Wasser- verdrängung/ Displacement ts	Länge/Length m	Breite/Beam m	Tiefgang/Draft m	Besatzung/ Crew Bes
Kleine Kampfschiffe/Small Fighting Vessels								
4 PG ○	II-IV **Hamina** 1998-gepl./plan.	97/. 97/98	Finnyards, Rauma	235 268	50.8	8.3	2.0	20
4 PG ○	**RAUMA, Raahe, Porvoo,** **Naantali** 1989-91	88/90 90/92	Finnyards, Rauma	215	48.0	8.0	3.2	19
4 PG ○	**Turku, Oulu, Kotka** **Helsinki** 1980-85	84/85 85/86 80/81	Wärtsilä, Helsinki	280 300	45.0	8.9	3.0	30
2 PP ○	**Raisio, Röyttä** 1959	58/59 *80-81*	Laiv., Turku	115 135	34.0	6.0	1.8	20
2 PP ○	**Rihtniemi, Rymättylä** 1956	55/57	Repola, Rauma	115	34.0	6.0	1.8	20
1 PF	**Hurja** 1981	80/81	Laiv., Turku	54 60	22.6	5.0	1.5	10
Minenleger/Minelayers								
2 NB ○	**Uusimaa** **Hämeenmaa** 1991-92	91/92 90/92	Finnyards, Rauma	1000 1330	76.0	11.5	3.0	70
1 NB	**Pohjanmaa** 1978	77/80 *96/98*	Wärtsilä, Helsinki	1000 1100	78.0	11.5	3.0	80 + 70
3 NS	**PORKKALA, Pyhäranta,** **Pansio** 1990/91	90/91 92	Olkiluoto, Telakka	620	43.0	10.0	2.0	.
4 NS	**Tuima, Tuuli, Tuisku,** **Tyrsky** ~1974	./74 /75 *92/94*	USSR *Mudenkaup, Telakka*	250	38.6	8.0	3.0	
Minensucher/Minesweepers								
6 MS ○	**Kuha 21-26** 1974	73/74	Laiv., Turku	90	26.6	6.9	2.0	15
7 MS ○	**Kiiski 1-7** 1983-84	83/84	Fiskars, Turku	17	15.8	4.1	1.2	4
Landungsfahrzeuge/Landing Vessels								
3 LC ○	**Kampela 3** **Kampela 1, 2** 1976-79	79/79 76/77	Finn Tekno Enso-Gutzeit	90 240	32.5	8.0	1.6	1[illegible]
3 LC	**Kala 1, 4, 6** 1956-59	./56 59	Rauma-Repola	60 200	27.4	8.0	1.2	1[illegible]

2 LC: **Askeri, Viiri** (79) 20 ts, 20 kn, 1-2 [gun symbol], 1 Mg [gun symbol], DM, 800 kW

Anzahl - Art/ Number - Group	Schiffsnamen und Stapellauf/ Ship's Name and Launching	Baubeginn - Fertig- *Umbau*/On Keel - Completed - *Conv.*	Bauwerft/ Builder	Wasser- verdrängung/ Displacement ts	Länge/Length m	Breite/Beam m	Tiefgang/Draft m	Besatzung/ Crew Bes
Hilfsfahrzeuge/Auxiliary Vessels								
4 AK ○	**Valas, Vahakari, Vaarlahti,** **Vänö** 1979-80	./79 81	Hollming, Rauma + Enso-Gutzeit	275 320	30.6	8.1	3.2	1[illegible]
1 AG	**Kustaanmiekka** (ex Valvoja III), 1963	63 *89*	Hollming, Rauma	. 340	36.7	9.4	3.0	1[illegible]
1 AG	**Isku** 1969	68/70 *88-89*	Reposari, Pori	115 180	33.5	8.7	2.0	2[illegible]
2 AP	**Lohi, Lohm** 1984	./84	Savonlinna	28 38	20.5	5.9	1.0	
6 AP	**Houtskär, Hakuni, Hankoniemi** **Hirsala, Havouri, Hauki** 1978-80	./80 ./79	Valmet, Kotka Linnan, Turku	45	14.4	4.5	1.2	

1 AP: **Pikalla** (47) 66 ts, 10 kn, 2 DM, 260 kW, 22.5 x 4.4 x 2 m

Bewaffnung/ Armament	Sensoren-Elektronik/ Sensors-Electronic	Geschwindigkeit/speed kn	Antrieb/Propulsion Maschine/Kessel Engines/Boilers Masch	Leistung/ Power kW 1 kW = 1.36 PS	Fahrstrecke/ Range sm	Sonstige Angaben/ Remarks
6 RBS-15 ⇨$_2$, 1-4, 1 Mistral $_6$, 2-3 $_2$, 1 Mg,		30.0	2 MTU-DM	11765 2	500 30	Typ Rauma 2000
6 RBS 15 ⇨$_2$, 1-4, 2 Mg, 1 MISTRAL $_6$, 4 $_9$ ELMA		30.0	MTU-DM	6600 2	.	*Ohjusveneet.* Verbesserte/improved Helsinki Klasse. Waterjet propulsion
4 RBS 15 ⇨$_2$, 1-5.7, 4-2.3 $_2$,		30.0	MTU-DM	8825 3	.	
4-2.3 $_2$, 2 $_5$ RBU 1200		18.0	MB-DM	1840 2	.	*Vartioveneet.* Ex MS. 1977-80 modernisiert/ modernized
4-2.3 $_2$, 2 $_5$ RBU 1200		15.0	MB-DM	1030 2	.	Ex MS. 1980 modernisiert/ modernized
2-2.3 $_2$		30.0	3 DM	2795	.	*Kevyt nopea Vartiovene.* GRP-Rumpf/hull. Waterjet propulsion
2-4, 4-2.3 $_2$, 1 MISTRAL $_6$,		20.0	Wärtsilä-Vasa-DM	4700 2	.	*Miinalaiva.* Bug- und Heckrampen/ ramps in bow and stern.
2 Mistral $_6$, 1-5.7, 2-4 $_1$, 4-2.3 $_2$,		19.0	W. Vasa-DM	4280 2	3000 17	*Miinalaiva — Koululaiva* Auch/also AX
2 Mg $_1$, 2-2.3 $_2$, 50, 1 Mg,		10.0	DM	1100 1	.	Bug- und Heckrampe/ Ramps in bow and stern. Auch/also LC
4-3 $_2$,		20.0	2 DM	7340 2		Typ USSR OSA
2-2.3 $_2$, 1 Mg		10.0	Cummins-DM	440 2	.	*Raivaajat.* Glasfiberrumpf/GRP hull. 4: modernisiert/modernized
1 Mg		10.0	Valmet DM	260 2	250 10	
2 Mg $_2$, 50 95 ts]		9.0	Scania-DM	340 2	.	*Kuljetuslautat*
-2, 34 60 ts]		9.0	Valmet-DM	265 2	.	Katamaran

9 LC: **I-XXIX** (83-89) 10 ts; *Serie U 200, U 300, U 400*

-2.3 $_2$, 1 Mg, 30 ts], [50]		12.0	Wärtsilä-DM	1070 1	1000 10	Mehrzweckschiffe/General purpose vessels
-2.3 $_2$		11.0	Alpha-DM	480 1	.	Ex Bojenleger/buoy tender AGI
		15.0	DM	3535 4	.	Versuchsschiff trial vessel
2-2.3 $_2$], 1-2,		24.0	MB-DM	735 2	240 24	
–		10.0	2 Valmet-DM	220 1	.	*Kelirikkoveneet*

AP: **681, 683, 685** (60) 29 ts, 10 kn, Valmet-DM, 150 kW, 18.0 x 4.1 x 1m: AX Marineakademie/naval academy.

Finnland/Finland

Anzahl-Art/ Number-Group	Schiffsnamen und Stapellauf/ Ship's Name and Launching		Baubeginn-Fertig- *Umbau*/On Keel- Completed-*Conv.*	Bauwerft/Builder	Wasser-verdrängung/ Displacement ts	Länge/Length m	Breite/Beam m	Tiefgang/Draft m	Besatzung/ Crew Bes
1 AT	**Parainen** (ex Pellinki, ex Meteor)	1960	./60 *87*	Laiv., Turku	700	38.5	9.2	4.2	17
2 AT	**Haukipää, Kallanpää**	1985-86	./86	Teijon Telakka	38	14.5	4.7	2.3	.
1 YD	**Mursu**	1980	./80	Hollming, Rauma	300	30.6	8.1	3.2	7 + 20
1 AC	**Putsaari**	1965	./66	Rauma-Repola	450	45.6	8.7	2.5	20

4 Tender: **Harun, Hila, Hästö, Högsåra** (91-92) Lg 16 m, Bauwerft/builder: Kotkan, Telakka

Küstenwache/Coast Guard — untersteht dem Innenministerium/assigned to the Ministry of the Interior

1 PP	**Merikarhu**	1994	93/94	Finnyards, Rauma	1100	57.8	11.0	4.5	30
2 PP ○	**Uisko,** **Tursas**	1986	86/87 86/86	Hollming, Rauma Hollming, Rauma	850	49.0	10.2	4.6	32
1 PP	**Turva**	1977	./77	Laiv., Turku	550	48.5	8.6	3.9	.
1 PP	**Valpas**	1970	70/71	Laiv., Turku	545	48.3	8.6	4.0	22
2 PP ○	**Kiisla, Kurki**	1986-90	86/87 89/90	Hollming, Rauma	250 270	48.3	8.8	2.2	22

1 PP **Telkka** (99) 400 ts, 48 m — Typ PV 2000

3 PP: **Kajava, Tiira** (85-86) 65 ts, 25 kn, 1-2, MTU-DM, 1680 kW_2, 26.8 x 5.5 x 1.9 m, Bes 8; **Lokki** (81) 53/60 ts, 25 kn, MTU-DM, 1500 kW_2, 26.8 x 5.5 x 1.4 m, Bes 7, Bauwerft/builder: Valmet, Turku

7 LC **I-III** (94-95) 7 ts, 33 kn, 1 Deutz-DM, 239 kW, 1 Mg, 11.0 x 4.6 x 0.3 m, Typ brit. Griffon 2000 TDX, Hovercraft **I-IV** (98-a.St./o.St.) Typ brit. Slingsby

Unterstehen dem Schiffahrtsamt/assigned to Board of Navigation:

2 AI	**Nordica** **Fennica**	1992–93	92/94 91/93	Finnyards, Rauma Finnyards, Rauma	3400	107	26.0	7.0 8.4	16 + 80
1 AI ○	**Botnica**	1997	97/98	Finnyards, Rauma	2850 tdw	97.0	24.0	7.2 8.5	.
2 AI ○	**Kontio** **Otso**	1985-86	85/87 84/86	Wärtsilä, Helsinki Wärtsilä, Helsinki	9000 BRT/grt	99.0	24.2	8.0	28
2 AI ○	**Urho, Sisu**	1974-75	71/75 72/76	Wärtsilä, Helsinki	7875 9500	105	23.8	8.3	57
1 AI ○	**Apu**	1970	69/70	Wärtsilä, Helsinki	4890	86.5	21.2	6.2	
1 AI ○	**Voima**	1952	52/53 78-79	Wärtsilä, Helsinki	4415	84.0	19.4	6.2	73

Unterstehen dem Ministerium für Verkehr und Industrie/assigned to Ministry of Trade and Industry:

1 AG: **Airisto** (72) 350 ts, DM; — *Mittausalukset*

5 AG: **Prisma** (78) 1080 ts, DM; **Kalla** (63) 920 ts, DM; **Linssi** (79) 445 ts, DM; **Saaristo** (65, 79) 535 ts, DM; **Sesta** (79) 120 ts, DM — *Tukialukset*

Bewaffnung/ Armament	Sensoren-Elektronik/ Sensors-Electronic	Geschwindigkeit/speed kn	Antrieb/Propulsion Maschine/Kessel Engines/Boilers Masch	Leistung/ Power kW 1 kW = 1.36 PS	Fahrstrecke/ Range sm	Sonstige Angaben/ Remarks
[1-2 ⊿]	⊤	13.0	DM	880	.	*Yhteysalus.* Verbindungsschiff
.	⊤	9.0	DM	240 2	.	Hafenschlepper/ harbour tug
2-2.3 ⊿$_2$, 1 Mg ⊿	⊤	11.0	Wärtsilä-DM	1070 1	.	Ähnlich/similar to Valas Klasse. Auch/also AP: [300]
2 Mg ⊿$_1$	⊤	10.0	Wärtsilä-DM	375 1	.	*Kaapelialus.* Kabelleger/cable layer

7 Tender: **Syöksy, Vinha, Raju, Iymi, Träskö, Torsö, Alskär** (88-93) 20 ts, 30 kn, 15.0 x 5.0 x 1.0 m, 980 kW, 2 DM

[2-2.3 ⊿$_2$]	⊤	15.0	2 DM	2800 2	.	
1-2.3 ⊿$_2$	⊤ Y	15.0	Wärtsilä V.-DM	2400 2	.	Auch/also ATR
1-2 ⊿	⊤ Y	16.0	2 Wärtsilä-DM	1470 1	.	*Ulkovartiolaivat*
1-2 ⊿	⊤ Y	15.0	Werkspoor-DM	1470 1	.	
[1-2 ⊿]	⊤ ◊ Y	25.0	MTU-DM	5500 2	.	Mehrzweckboote/multi purpose vessels. Towed passiv sonar **Masch:** 2 Water jets

2 PP: **RV 150, 151** (92)
17 PP: **PV 11, 12, 104, 108, 121, 205, 209, 210, 306, 307** (83) 10 ts, 28 kn;
RV 37-41, 142, 243 (78-85) 20 ts, 12 kn, MB-DM, 220 kW
~31 kleinere Boote/smaller craft: **RV**-Serie und Tender~

—	⊤ Y Q	16.0	Wärtsilä ⇄ DM + EM	20955 2	.	Mehrzweckfahrzeuge/multi purpose vessels. Chartered in summer for private duties off-shore support)
—	⊤ Y Q	15.0	⇄ 12 CAT-DM + EM	13600 2	.	
⇉	⊤ Q	18.5	4 Wärtsilä-Vasa ⇄ DM-EM	15000 3	.	*Jäänmurtajat.* Keine Bugpropeller/no bow propellers
⇉	⊤	17.05	Pielstick ⇄ DM + 4 Strömberg-DM	16200 4	.	
⇉	⊤	16.5	4 ⇄ Wärtsilä-Sulzer-DM	10120 4	.	
—	⊤	16.5	6 Vasa ⇄ DM	10300 4	.	

Unterstehen dem Schiffahrtsamt/assigned to Board of Navigation:

AO: **Halli** (86) 1400 ts; **Hylje** (81) ./1500 ts, 7 kn, DM, 440 kW$_2$, 46 x 12.5 x 3.0 m, Bauwerft/builder: Laiv., Turku — *Öljyntorjunta-alukset.* Ölbekämpfung/pollution clean-up ships
: **Linja** (88) 498 ts, 2 DM, 920 kW, 35.5 x 9.2 x 2.5 m
: **Oili 1-3** (82-87) 16 kn, Perkins-DM, 265 kW$_2$, 19 x 6.6 x 2.1 m, Bauwerft/builder: Rauma-Repola

Anzahl - Art/ Number - Group	Schiffsnamen und Stapellauf/ Ship's Name and Launching		Baubeginn - Fertig- *Umbau*/On Keel - Completed - *Conv.*	Bauwerft/Builder	Wasser- verdrängung/ Displacement ts	Länge/Length m	Breite/Beam m	Tiefgang/Draft m	Besatzung/ Crew Bes

1 AG: **Aranda** (88) 1600 ts, ⇝ DM, 3000 kW, 59 x 13.8 m, Bes 12 + 13, Bauwerft/builder: Laiv., Turku — *Merentutkimusalus*

3 AT	**Letto, Lonna,**		/79	Rauma, Repola	933	42.7	12.6	3.8	.
	Seili	1979-80	/80						

Frankreich/France

Flugzeugträger/Aircraft Carriers

1 RB	**Charles de Gaulle**	14. 05. 94	89/00	St. W. Brest	35500	262	31.5	8.5	1950
					40600		64.4		
1 RL	**Foch**	28. 7. 60	56/63	Ch. Atlant., St. Naz.	27300	265	31.7	8.0	1338
○		*80-81*			32780		51.2		1920
		87-88							

Kreuzer/Cruisers

1 CG	**Jeanne d'Arc** (ex La Résolue)		60/64	St. W. Brest	10570	182	24.0	6.6	640
○		30. 9. 61				13280			+ 192

Zerstörer/Destroyers

2 DG	**Duquesne**		64/70	St. W. Brest	5340	158	15.5	7.3	340
○	**SUFFREN**	1965-66	62/67	St. W. Lorient	6790				
			77-80						
2 DG	**De Grasse**		72/77	St. W. Lorient	4580	153	15.3	6.5	285
○	**TOURVILLE**	1972-74	70/74	St. W. Lorient	5885				
			93/96						
2 DG	**Jean Bart**		86/91	St. W. Lorient + Brest	3900	139	14.0	5.5	25[illegible]
○	**Cassard**	1985-88	82/88	St. W. Lorient + Brest	4730				
3 DG	**Latouche-Tréville**		84/90	St. W. Brest + Lorient	3680	139	14.0	5.7	20[illegible]
○	**La Motte-Picquet**		82/88	St. W. Brest + Lorient	4580				
	Primauguet	1984-88	81/86	St. W. Brest					
4 DG	**Jean de Vienne**		79/84	St. W. Brest	3550	139	14.0	5.7	22[illegible]
○	**Montcalm**		75/82	St. W. Brest	4400				
	Dupleix		75/81	St. W. Brest					
	GEORGES LEYGUES	1976-81	74/79	St. W. Brest					

Bewaffnung/ Armament	Sensoren-Elektronik/ Sensors-Electronic	Geschwindigkeit/speed kn	Antrieb/Propulsion: Maschine/Kessel Engines/Boilers Masch	Leistung/Power kW 1 kW = 1.36 PS	Fahrstrecke/ Range sm	Sonstige Angaben/ Remarks
1 AO: **Oili** 4 (87) 138 ts, 268 kW, 17.2 x 6.6 x 1.6 m						
—		12.0	DM	2500 2	.	

Frankreich/France

Bewaffnung/ Armament	Sensoren-Elektronik/ Sensors-Electronic	Geschwindigkeit/speed kn	Antrieb/Propulsion: Maschine/Kessel Engines/Boilers Masch	Leistung/Power kW 1 kW = 1.36 PS	Fahrstrecke/ Range sm	Sonstige Angaben/ Remarks
35-40 , , 8-2 $_{4}$, 2 SAAM $_{32}$, 2 SADRAL $_{6}$, 2		28.0	Tu 2 Reaktoren K 15	56000 2	.	*Porte-avions nucléaire.* Flugdeck/flight deck 261 x 56 m, Winkeldeck/ angled deck 8.3g. 2 Aufzüge/ elevators à 40 ts, 19 x 12.5 m Bau Nr. 02 fraglich/construction of No. 2 uncertain
35 : 4 Étendard IV P, 15 Super Étendard, 8 Crusader F-8 P, 8 Alizé, 4 : 2 Super Frelon, 2 Dauphin; 2 Crotale EDIR $_{8}$, 2 SADRAL $_{6}$; 5 Mg $_{1}$; 2		32.0	CEM Tu 6 Wr 45 atü	92660 2	7500 18	*Porte avions.* Typ PA 54. Winkeldeck 8° angled deck 8g. 2000: in Reserve
6 MM 38 , 4-10 , 8 , [700]		26.5	Rateau Tu 4 Wr 45 atü	29420 2	6800 16	*Croiseur porte-hélicoptères* Typ PH 57. Im Frieden AX: 4 . Als Führungsschiff eingerichtet/Peacetime AX: 4 . Equipped as command ship
4 MM 38 , 2-10 , 4-2 , 2 Masurca $_{2}$, 4 **UTR II**, 1 Malafon		34.0	Rateau Tu 4 Wr 45 atü	53320 2	5000 18	*Frégates lance-missiles.* **UTR:** Katapulte für/catapults for L 5 Torpedos
6 MM 38 , 1 Crotale $_{8}$, 2-10 , 2-2 , 1 Malafon, 2 **UTR**, 2 Lynx		31.0	Rateau Tu 4 Wr	40000 2	5000 18	*Frégates anti-sous-marines.* **Bew: UTR:** Katapulte für L 5 Torpedos/Catapults for L 5 torpedoes. Haben/have: SLASM = Système de Lutte ASM/ASW, DUBV 43 (VDS).
8 MM40 , 1SM-1MR , 2 SADRAL $_{6}$, 1-10 , 2-2 , 4 Mg $_{1}$, 2 **UTR**, 1 Lynx		29.5	4 SEMT-P.-DM	31760 2	8000 17	*Frégates anti-aériennes.* Typ F 70. **UTR:** Katapult für L 5 Torpedos.
8 MM 40 , 1 Crotale $_{8}$, 2 Simbad $_{6}$/Sadral $_{6}$ 1-10 , 2-2 , 4 Mg $_{1}$, 2 **UTR,** 2 Lynx		30.0	R. R. Ol.-GTu + Pielstick-DM	38290 + 7650 2	9000 18	*Frégates anti-sous-marines.* Typ F 70. **Masch:** CODOG. Verbesserte Radars und Sonar/ improved radars and sonar
4 MM 38 , 1 Crotale $_{8}$, 2 Sadral $_{6}$/Simbad $_{6}$, 1-10 , 2-3 $_{1}$, 2-2 $_{1}$, 4 Mg $_{1}$, 2 **UTR**, 2 Lynx		30.0	R. R. O.-GTu + Pielstick-DM	38290 + 7650 2	9000 18	Typ F 70. AS-Version. **Masch:** CODOG. **Bew/AMT:** I, II: MM 40 . Erhalten/toget SADRAL

Frankreich/France

Anzahl-Art/ Number-Group	Schiffsnamen und Stapellauf/ Ship's Name and Launching		Baubeginn-Fertig-*Umbau*/On Keel-Completed-*Conv.*	Bauwerft/Builder	Wasser-verdrängung/ Displacement ts	Länge/Length m	Breite/Beam m	Tiefgang/Draft m	Besatzung/ Crew Bes
4 DG	II-IV		./.	.	5500	149	19.9	5.4	235
	I	a.St./o.St.-gepl./plan.	00/05	St. W. Lorient	6300				
Fregatten/Frigates									
5 FG	Guépratte,		98/02	St. W. Lorient	3000	125	15.4	4.8	155
○	**Aconit** (ex Jauréguiberry)		95/99	St. W. Lorient	3350				
	Surcouf, Courbet		90/97	St. W. Lorient					
	LA FAYETTE	1992-99	89/93	St. W. Lorient					
6 FG	**Nivôse, Ventôse, Germinal,**		91/92	Ch. de l'Atlantique,	2600	93.5	14.0	4.3	80
○	**Vendemiaire**		93/94	Saint Nazaire	2950				+ 24
	Prairial		90/92						
	FLOREAL	1990-93	90/91						
13 FG	**Cdt. Bouan, Cdt. Birot, Cdt. Ducuing,**		73/76	St. W. Lorient	1090	80.0	10.3	3.0	63
○	**PM L'Her, Cdt. Blaison, EV Jacoubet,**		82/84		1250				
	SM Le Bihan, LV Le Hênaff,								
	LV Lavallée, Cdt. L'Herminier,								
	QM Anquetil,								
	Cdt. De Pimodan, Drogou	1974-83							
Uboote/Submarines									
4 SB	I	bew./auth.	00/08	St. W. Cherbourg	12700↑	138	12.5	10.6	111
○	Le Vigilant	a.St./o.St.	97/04	St. W. Cherbourg	14300↓				
	Le Téméraire		93/99	St. W. Cherbourg					
	Le Triomphant	1994 -97	89/97	St. W. Cherbourg					
1 SB	**L'Inflexible**	1982	80/85	St. W. Cherbourg	8080↑	128	10.6	10.0	127
○					8920↓				
6 SS	II-VI		./20	.	.↑	.	.	.	60
	I	gepl./plan.	03/08		4000↓				
2 SS	**Perle**		87/94	St. W. Cherbourg	2400↑	73.6	7.6	6.4	66
	AMÉTHYSTE	1988-90	83/91	St. W. Cherbourg	2660↓				
4 SS	**Emeraude**		82/89	St. W. Cherbourg	2385↑	72.7	7.6	6.4	66
○	**Casabianca** (ex Boúrgogne)		81/87	St. W. Cherbourg	2670↓				
	Saphir (ex Bretagne)		79/84	St. W. Cherbourg					
	RUBIS (ex Provence)	1979-86	76/82	St. W. Cherbourg					
			89-96						

Bewaffnung/ Armament	Sensoren-Elektronik/ Sensors-Electronic	Geschwindigkeit/speed kn	Antrieb/Propulsion Maschine/Kessel Engines/Boilers Masch	Leistung/ Power kW 1 kW = 1.36 PS	Fahrstrecke/ Range sm	Sonstige Angaben/ Remarks
⇨, VLS ⇧, 1-10 ⩘, **UTR**, 1 ✈ NH90	┬ ⌖ ⌖ ⌖ ⌖ ⊽ ⊟ ◊	30.0	2 GTu + 4 DM	36700 2	7000 18	Gemeinschaftsentwicklung, Frankreich/Italien. Common French-Italien frigate Projekt HORIZON
8 MM 40 ⇨$_4$ 1 Crotale ⇧$_8$, 1-10 ⩘, 2-2 ⩘, 1 ✈	┬ ⌖ ⌖ ⊽ ⌒ ⊟ ◊	26.0	4 SEMT.-P.-DM	14700 2	7000 15	*Frégates légères.* Ab/from: Aconit: Aster 15 VL↥ + neue /new ELINT
[4 MM 40 ⇨$_2$], 1-10 ⩘, 2-2 ⩘, 2 SADRAL↥$_6$, 1 ✈ Dauphin	┬ ⌖ ⌖ ⌒ ◊	20.0	4 SEMT.-P.-DM	6470 2	9000 15	*Frégates de surveillance.*
2 MM 38 ⇨, 1-10 ⩘, 2-2 ⩘, 2 Mg ⩘, 1 Ⅲ$_6$ 37.5, 4 **UTR**, [30]	┬ ⌖ ⌒ ⌖ ⊽ ◊	23.5	SEMT.-P.-DM	8825 2	4500 15	Avisos. Typ A 69. I-VI: 4 MM 40 ⇨, Syracuse 2 ↥, VI, IX, XII: Simbad ↥ Cdt. L'Herminier: 9700 kW I-III: 2000 a.D./decom.
16 M 4.5 ↟, 4 **TR** 53.3 b↓, SM 39 ⇨ I: 16 MS-1⇧	┬ ⌖ ⊽ ⌒ ⊟ ◊	25.0↓	Reaktor K 15 + ✿ Tu	30515 1 + ⇝ DM	.	*Sous-marins nucléaires lanceurs d'engins, nouvelle géneration,* SNLE. Gefechtskopf/war head: 6 TN 71.
16 M 4 ↟, 4 **TR** 53.3 b↓, [SM 39 ⇨]	┬ ⌖ ⌒ ⌒ ◊	20.0↑ 25.0↓	Reaktor 2 ✿ Tu + 1 EM	11770 + 2030 1	.	*Sous-marins nucléaires lanceurs d'engins.* ↟ MIRV = 6 MRV TN 70 von je/each of 150 kt
TR, ⇨	┬ ⌖ ⊽ ⌒ ⊟ ◊	.	Reaktor Tu + EM	.	.	Typ Barracuda
4 **TR** 53.3 b↓, SM 39 ⇨, ⌂	┬ ⌖ ⊽	25.0↓	Reaktor 2 ✿ Tu + 1 ⇝ DM	6985 1	.	*Sous-marins nucléaires d'attaques.* Programm AMETHYSTE = AMElioration Tactique HYdrodynamique Silence Transmission Ecoute.
4 **TR** 53.3 b↓	┬ ⌖ ⊽	15.0↑ 25.0↓	Reaktor ✿ Tu + EM	6985 + 850 1	.	Typ SNA 72. Tauchtiefe/ diving depth: 300 m

Frankreich/France

Anzahl - Art/ Number - Group	Schiffsnamen und Stapellauf/ Ship's Name and Launching	Baubeginn - Fertig- *Umbau*/On Keel - Completed - *Conv.*	Bauwerft/Builder	Wasser- verdrängung/ Displacement ts	Länge/Length m	Breite/Beam m	Tiefgang/Draft m	Besatzung/ Crew Bes
2 SS ○	**Ouessant** **La Praya** 1976	74/78 74/78	St. W. Cherbourg St. W. Cherbourg	1490↑ 1740↓	68.0	6.8	5.4	54
	Kleine Kampfschiffe/Small Fighting Vessels							
1 PP ○	**Albatros** (ex Névé) 1967	./67	C.N. du Trait, Le Havre	1940 2800	84.8	13.5	5.6	46 + 16
1 PP	**Fulmar** 1990	/90	SOCARENAM, Boulogne	680	40.0	8.5	4.7	9
10 PP ○	**La Tapageuse, La Rieuse,** **La Railleuse, La Moqueuse,** **La Gracieuse, La Glorieuse,** **La Fougueuse, La Capricieuse,** **La Boudeuse,** **L'AUDACIEUSE** 1984-87	83/84 85/88 *90-95*	C. Mécaniques, Cherb.	375 480	54.5	8.0	2.6	24
3 PP	**Cormoran** **Flamant, Pluvier** 1995-96	95/96 94/95	Leroux & Lotz, Lorient CMN, Cherbourg	300 375	54.8	10.0	2.2	19
1 PP	**Grèbe** 1989	89/91	SFCN, Villeneuve	260 315	52.0	8.5 9.8	2.8	17
1 PP	**Sterne** 1979	79/80	La Perrière, Lorient	250 340	49.0	7.5	2.8	16
2 PP ○	**GLAIVE, Epée** 1976	75/77	C. Mécaniques, Cherb. Auroux	120 150	40.7	5.9	1.6	18
2 PP	**Athos, Aramis** 1979-80	79/79 80	Esterel, Cannes	80 100	32.1	6.5	1.9	12
2 PP	**Geranium, Violette** 1996	95/96 96/97	DCN, Lorient	80 100	32.1	6.1	1.8	14
2 PP	**Jonquille, Jasmin** 1996-97	95/96 96/96	C./P.-Arcachon	82 98	32.0	6.5	1.1	12
6 PP	**Pétulante, Mimosa, Réséda,** **Mélia, Hortensia, P 764** 1985-90	./85 ./90	Stento, Balaruc Sibril, Carantec	16 20	14.6	4.6	1.9	7
2 PP	**Stellis, Sténia** (92-93) 60 ts 1 Mg, 28 kn, 1850 kW, 24.9 x 6.1 x 1.7 m							
	Minensucher/Minesweepers							
10 MB ○	**ERIDAN, Cassiopée, Andromède,** **Pégase, Orion, Croix du Sud, Aigle,** **Lyre, Persée, Sagittaire** 1979 -1995	77/84 93/96	St. W. Lorient	535 610	51.5	8.9	2.5	45

Bewaffnung/ Armament	Sensoren-Elektronik/ Sensors-Electronic	Geschwindigkeit/speed kn	Maschine/Kessel Engines/Boilers Masch	Leistung/ Power kW 1 kW = 1.36 PS	Fahrstrecke/ Range sm	Sonstige Angaben/ Remarks
4 **TR** 53.3 b↓		12.0↑ 17.5↓	2 SEMPT.-P. DM/EM	1700 3500 1	8500 9	*Sous-marins océaniques à hautes performances.* Ouessant: 2000 a.D./decom.
1-4, 2 Mg		15.0	DG + AEG-EM	2535 1	12000 15	*Chalutier de surveillance.* Für südliche Gewässer/ for southern areas
1-Mg		12.0	Stork-DM	880 1	3500 12	Stationiert/stationed: St. Pierre et Miquelon
1-4, 1-2, 1 Mg		24.5	SEMT-P.-DM	5880 2	4000 15	Patrouilleurs. P 400 Klasse.
Mg $_1$		23.0	2 MWM-DM + 2 MWM-DM	4480 + 1440 2	4500 12	
2 Mg		23.0	UD DM + EM	3330 + 185 2	4500 12	*Bâtiment de surveillance*
2 Mg		20.0	SACM-DM	3100 2	4900 12	*Bâtiment de surveillance*
1-4, 2 Mg		26.0	AGO-DM	2940 2	1500 15	*Patrouilleurs rapides/PATRA.* Gendarmerie Maritime
1-2		28.0	SACM-DM	2941 2	1500 15	*Vedettes/VSS*
2 Mg $_1$		30.0	3 MWM-DM	2920 3	1200 15	
2 Mg $_1$		28.0	3 MWM-DM	2920 3	1200 15	
2 Mg $_1$		20.0	2 DM	590 2	360 18	

.5 PP: **Lilas, Bégonia, Pivoine, Nymphea, MDLC Robet, Gendarme Perez, MDLC Richard, Genéral Delfosse, Gentiane, Fuchsia, Capitaine Moulié, Lieutenant Jamet, Bellis, MDLC Jacques, Lavande/**P 703-717 (85-97) 7 ts, 1 Mg , 25 kn, 370 kW, 10.3 x 3.74 x 1.03 m: Gendarmerie Martime

Bewaffnung/ Armament	Sensoren-Elektronik/ Sensors-Electronic	Geschwindigkeit/speed kn	Maschine/Kessel Engines/Boilers Masch	Leistung/ Power kW	Fahrstrecke/ Range sm	Sonstige Angaben/ Remarks
-2, 2 Mg PAP 104		15.0	Stock-Werkspoor-DM + EM	1400 + 176 1	3000 12	*Chasseurs de mines.* Minenjäger/minehunters. EM: 7 kn, Erhalten ab/to get from 2001-2006: Sonar TMS 2022 Mk3

Anzahl-Art/ Number-Group	Schiffsnamen und Stapellauf/ Ship's Name and Launching	Baubeginn-Fertig-*Umbau*/On Keel-Completed-*Conv.*	Bauwerft/Builder	Wasser-verdrängung/ Displacement ts	Länge/Length m	Breite/Beam m	Tiefgang/Draft m	Besatzung/ Crew Bes
3 MB	**Verseau, Céphée, Capricorne**	86/88	Béliard, Ostende	510	51.6	9.0	2.5	49
	(ex Iris, Fuchsia, Dianthus)	85/87		595				
	1986-87							
4 MB	**Achéron, Styx**	86/87	CMN, Cherbourg	375	41.6	7.5	3.2	15
○	**Vulcain, Pluton** 1986-87	85/86	La Perrière, Lorient	505				+ 14
3 MS	**Antares, Altair,**	92/94	Socarenam, Boulogne	245	28.3	7.7	3.8	25
	Aldébaran 1993-94	93/95		250				

Landungsfahrzeuge/Landing Vessels

Anzahl-Art/ Number-Group	Schiffsnamen und Stapellauf/ Ship's Name and Launching	Baubeginn-Fertig	Bauwerft/Builder	ts	m	m	m	Bes
2 LD	**Siroco**	94/98	St. W. Brest	9300	168	23.5	5.2	210
○	**Foudre** 1988 - 96	86/90	St. W. Laurient	11600				
2 LD	**Orage**	66/68	St. W. Brest	5950	149	21.5	8.7	210
○	**OURAGAN** 1963-67	62/65		8500				
5 LS	**La Grandière**	84/87	Ch. d. Normandie	750	80.0	13.0	2.3	39
○	**Jacques Cartier**	81/83	Ch. d. Normandie	1330				
	Dumont d'Urville	81/82	Ch. d. Normandie					
	Champlain, Francis Garnier 1973-86	73/74	St. W. Brest					
2 LS	**Rapière, Hallebarde/** 1988	87/88	SFCN, Villeneuve	250	59.4	11.9	1.8	12
	L 9061, 9062			600				
1 LS	**L 9052** 1988	87/89	SFCN, Villeneuve	315	59.4	11.9	1.7	16
				740				
1 LS	**Gapeau** 1987	./87	Serra, La Seine	510	64.0	12.2	3.3	6
				1060				+ 30

15 LC: **CTM 17-31** (82-89) 55/150 ts, 9.5 kn, Poyaud-DM, 350 kW_2, 23.8 x 6.4 x 1.3 m; Bauwerft: Auroux, Arcachon

Hilfsfahrzeuge/Auxiliary Vessels

Anzahl-Art/ Number-Group	Schiffsnamen und Stapellauf/ Ship's Name and Launching	Baubeginn-Fertig	Bauwerft/Builder	ts	m	m	m	Bes
1 AR	**Jules Verne** (ex Achéron) 1974	69/75	St. W. Brest	6485	147	21.5	6.5	29[illegible]
○		*88-89*		10250				
1 AR	**Garonne** 1964	63/65	St. W. Lorient	2320	101	13.8	39.0	22[illegible]
○				2500				
1 AR	**Loire**	65/67	St. W. Lorient	2075	101	13.1	3.7	17[illegible]
○	1966			2200				
4 AO	**Somme**	85/88	Normed, La Seine	7800	157	21.1	8.7	15[illegible]
○○	**Marne**	82/86	St. W. Brest	17950				+ 4[illegible]
	Var	79/83	St. W. Brest					
	Meuse 1978-87	77/80	St. W. Brest					

Bewaffnung/ Armament	Sensoren-Elektronik/ Sensors-Electronic	Geschwindigkeit/speed kn	Antrieb/Propulsion Maschine/Kessel Engines/Boilers Masch	Leistung/ Power kW 1 kW = 1.36 PS	Fahrstrecke/ Range sm	Sonstige Angaben/ Remarks
1-2 , 1 Mg $_1$, 2 PAP 104		15.0	DM + EM	1400 + 176 1	3000 12	1997: von Belgien an: gekauft/acquired from Belgium. Erhalten ab/to get from 2001-2006: Sonar TMS 2022 Mk3
1 Mg		13.7	SACM-DM	1620 2	7200 12	*Bâtiments-bases de plongeurs-*démineurs. BBPD. I: YD
—		10.0	DM	590 1	.	*Bâtiments remorqueurs de sonar de surveillance des fonds: BRS*
1-4 , 2-2 , 4 Mg $_2$, 2 SADRAL $_6$, 2 CDIC 4 Super Puma, [470]		20.5	SEMT-P.-DM	15880 2	11000 15	*Transport de chalands de débarquement.* TCD 90 Klasse/class. Bugstrahlruder/bow thruster: 515 kW.Dock: 1740 m_3 Nr. 03, 04 gepl./planned
2-4 , 2-12 Mörser/ mortars, 2 SIMBAD $_6$, 18 LCM oder/or 2 LCT oder/or 1500 ts, , [464]		17.3	SEMT-P.-DM	6350 2	4000 15	*Transports de chalands de débarquement.* Dockraum/length of dock: 120 x 13.2 m
2-4 , 2-8.1 Mörser/ mortars, [180], 400 ts Ladung/load, 1]		16.0	MGO-DM	1320 2	4500 13	*Bâtiments de transport et d'appui léger/BATRAL/3 F.* I-III: 2-2 , 2 Mg statt/instead of 2-4
2-2 , 2 Mg 335 ts]		10.0	SACM-DM	795 2	1000 10	*Chalands de débarquement d'infanterie et de chars. CDIC* Ersatz für/replacement for EDIC
2-2 , 2 Mg		12.0	SACM-DM	1030 2	1800 12	EDIC 700
460 ts]		10.0	DM	.	.	AP/AK

LC: **LCM 1057, 1058** 26/50 ts, 8 kn — Typ US LCM (6),

-4 , 2		18.0	SEMT-P.-DM	8800 1	9500 18	*Navire-atelier*
-4 , 2-2 , 1		15.0	2 SEMT Pielstick-DM	-2650 1	13000 13	*Bâtiments de soutien logistique.*
-4 , 2 Alouette		16.5	2 SEMT-Pielstick-DM	2650 1	13000 13	für/for electronics
-4 , 2-2 , 4 Mg $_2$, LCVP, 2 Lynx		19.0	SEMT-P.-DM	12800 2	9000 15	*Pétroliers ravitailleurs.* Führungsschiffe/command ships, V: 2-4 , 4 Mg $_2$ III, IV: 7600/17800 ts **P**

Frankreich/France

Anzahl - Art/ Number - Group	Schiffsnamen und Stapellauf/ Ship's Name and Launching		Baubeginn - Fertig- *Umbau*/On Keel - Completed - *Conv.*	Bauwerft/Builder	Wasser- verdrängung/ Displacement ts	Länge/Length m	Breite/Beam m	Tiefgang/Draft m	Besatzung/ Crew Bes
1 AG ○	**Monge**	1990	89/92	Ch. Atl., St. Nazaire	17760 21040	226	24.8	7.7	120 + 184
1 AG ○	**Ile d'Oléron** (ex Mur)	1939	.	AG Weser, Bremen	5100 6500	115	15.2	6.5	120
1 AG	**Thétis** (ex Néréide)	1986	86/88	St. W. Lorient	720 1000	56.5	11.0	3.6	32 + 7
1 AG:	**Denti** (75) 160 ts, 12 kn, DM, 705 kW — für U-Abwehrversuche/for ASW trials								
1 AG ○	**D'Entrecasteaux**	1970	69/71	St. W. Brest	2050 2440	89.0	13.0	3.9	80 + 70
4 AG ○	**Laplace, Arago** **Lapérouse, Borda**	 1986-91	89/91 85/88	Ch. d. Normandie St. W. Lorient	780 920	56.5	11.0	3.6	27 + 11
1 AG	**L'Espérance** (ex J. Cœur)	 1962	./69 /72	Gdynia, Polen	960 1360	63.0	9.8	5.9	32 +3(
1 AG	I	gepl./plan.	./.	.	.	.	.	.	
1 AG ○	**Bougainville**	1986	86/88	Dubigeon, Nantes	4870 5100	113	17.0	4.2	8 + 5
3 AN:	**Albacore** (ex Berryl Fish) 3200 kW, Lg 57 m; **Ailette** (ex Cyrus), **Alcyon** (ex Bahran) 1500 ts, 13.5 kn, 3620 kW, Lg 53 m — *Flotte auxiliaire occasionelle/* FAO								
3 AT	**Isard** **Chevreuil, Elan**	 1977-78	78/78 77/77	La Perrière, Lorient La Perrière, Lorient	310 510	41.5	7.5	3.2	1
2 AT ○	**Malabar, Tenace**	 1971-75	75/76 71/73	Oelkers, Hamburg	970 1440	51.0	11.5	5.7	5
2 AT ○	**Rari, Revi**	1984	83/84	Dubigeon, Nantes	900 1450	51.0	12.6	4.0	1 + 1
3 AT	**Bélier, Buffle, Bison**	 1979-80	79/80 80/8	St. W. Cherbourg	500	32.0	8.8	.	1
1 AR	**Taape**	1983	82/83	La Perrière, Lorient	400 505	41.0	7.5	3.2	2
3 AT	**Maïto, Maroa, Manini**	 1984-85	84/84 84/85	SFCN, Villeneuve	245 260	27.6	8.3	3.5	

6 AT: **Frehel, Saire, Armen, La Houssaye, Kereon, Sicie** (89-94) 259 ts, 11 kn, DM, 1000 kW, 25 x 8.4 x 3.4 m, Bauwerft/builder: LNI, Lorient, *Remorqueurs côtiers*

26 AT: *Hafenschlepper/Harbour tugs* + 40 AT: *Schubschlepper/Pusher tugs*

Bewaffnung/ Armament	Sensoren-Elektronik/ Sensors-Electronic	Geschwindigkeit/speed kn	Antrieb/Propulsion: Maschine / Kessel — Engines / Boilers — Masch	Leistung/ Power kW 1 kW = 1.36 PS	Fahrstrecke/ Range sm	Sonstige Angaben/ Remarks
2-2 [symbol], 2 [symbol] Super Frelon	⊤ [symbol] [symbol] [symbol]	16.0	2 SEMT Pielstick-DM	6615 1	15000 15	*Bâtiment d'essais de mesure.* Bugstrahlruder/bow thruster: 1000 kW
–	⊤ [symbol] [symbol] [symbol]	14.5	MAN-DM	2570 1	7200 12	*Bâtiment expérimental.* Erprob. „Arabella-Radar“ für CVN/trials of „Arabella-radar“ for CVN. 2000: a.D./decom.
2 Mg [symbol], [symbol]	⊤ [symbol]	15.0	SACM-MGO-DM	1620 2	6000 12	*Bâtiment d'expérimentation de guerre des mines.* Querstrahlruder/broadside thruster 150kW
1 [symbol]	⊤ [symbol] [symbol]	15.0	[symbol] DM	.	10000 12	*Bâtiment océanographique.* Vermessung/survey
–	⊤	15.0	MGO-DM	1840 2	6000 12	*Bâtiments hydrographiques.* III Sonar für Wracksuche
–	⊤ [symbol] [symbol]	13.5	MAN-DM	1370 1	7500 13	AGOR
	⊤ [symbol] [symbol]	.	.	.	.	AGOR: Ersatz L'Esperance
Mg [symbol], 1 EDIC, [symbol] Super Frelon	⊤ [symbol]	14.5	UNI-DM	3530 2	6000 12	AGI, ex LD

AN: **Telenn Môr** (85) 518 ts, 8 kn, DM; **Tupa** 292 ts, 6 kn, DM;

Bewaffnung/ Armament	Sensoren-Elektronik/ Sensors-Electronic	kn	Maschine	kW	sm	Remarks
–	⊤	14.5	SACM-DM	1990 2	6000 12	*Bâtiments de soutien de région* (BSR). Auch/also YP, AK, AT, NS
–	⊤	13.5	2 MaK-DM 2 SACM DM	3380 1	9500 10	*Remorqueurs de haute mer*
–	⊤	14.5	SACM-DM	2940 2	5000 12	Typ RR 4000. 400 ts Zuladung/cargo
–	⊤	11.0	SACM-DM	1910 2	.	*Remorqueurs côtiers.* Voith-Schneider-Propeller
–	⊤	14.5	SACM-DM	1616 2	7200 12	Typ RR 2000
–	⊤	11.0	SACM-DM	940	1200 10	*Remorqueurs portuaires côtiers*

5 AT: **Taunoa, Lardier, Giens, Mengam, Balaguier, Taillat, Nividic, Port Cros, Le Four, Eckmühl, Saranier, Men-Hir, Tévennec, Rozel, Lavezzi, Larmor** (94-00) 259 ts, 11 kn, DM, 1000 kW, 25 x 8.4 x 3.4 m
Bauwerft/builders: SOCARENAM, Boulogne

Anzahl - Art/ Number - Group	Schiffsnamen und Stapellauf/ Ship's Name and Launching		Baubeginn - Fertig- *Umbau*/On Keel - Completed - *Conv.*	Bauwerft/Builder	Wasser- verdrängung/ Displacement ts	Länge/Length m	Breite/Beam m	Tiefgang/Draft m	Besatzung/ Crew Bes
2 AX	**Églantine, Glycine**	1992	91/92	SOCARENAM	250 295	28.3	7.7	3.75	10 + 16

8 AX: **Guépard, Chacal, Tigre, Lion, Léopard, Panthère, Jaguar, Lynx** (81-82) 463 ts, 15 kn, 2-2, SACM-DM,
○ 1618 kW, 43 x 8.3 x 3.2 m, Bauwerften/builders: A. C. M., St. Malo + La Perrière, Lorient

1 AP: **Morgane** (76) 170 ts, 11 kn, [400], 710 kW, 31.4 x 7.1 x 2.4 m, Bes 9

10 YD: **La Coralline, Y 790-798** (89-92) 44 ts, 13 kn, DM, 195 kW, 21 x 4.5 m, Bauwerft/builder: St. W. Lorient — *Vedettes pour le support de plongeurs et de Surveillance Radiologique*

1 YD: **Poseidon** (74) 200 ts, 13 kn, 440 kW_1, 40.5 x 7.3 x 2.2 m, Bes 42 — *Bâtiments-base de plongeurs démineurs*

1 Tender: **Y 732** (78) 260 ts, 10 kn, 279 kW_2 — Entmagnetisierungsboot/degaussing vessel

Affaires Maritime

2 PP	**Armoise, Origan**/PM 32, 31	1992-95	92/93 94/95	St. W. Lorient	76 84	31.2	5.5	1.6	9
1 PP	**Iris**/PM 40	1988	88/89	CN Estérel, Cannes	210 230	45.8	8.5	2.3	16
2 PP	**Administrateur en Chef Ancelle, Patron Louis Renet**/PM 25, 26		./62 ./63	CN Estérel, Cannes	74	31.5	5.8	3.1	9

3 PP: **Gabian**/PM 30 (86) 76 ts, 23 kn, 660 kW, 46.0 x 8.5 x 23 m; **Tourne Pierre**/PM 28 (84) 76 ts, 22 kn, 2 DM, 1560 kW, 29.0 x 5.7 x 2.0 m; **Mauve**/PM 29 (84) 65 ts, 26 kn, 2 DM, 1560 kW, 30.5 x 5.7 x 2.8 m

Zoll/Douanes

35 PP **Arafenua**/DF 48 (92) 105 ts, 25 kn, 2 DM, 1620 kW; 32.3 x 6.5 x 2.0 m; **Avel Gwalarn, Suroît**/DF 41, 42 (84-88) 67 ts, 28 kn, 2 DM, 1620 kw, 30.4 x 5.8 x 1.8 m;
Vent d'Amon/DF 40 (83) 71 ts, 25 kn, 2 DM, 1940 kW, 29.0 x 5.7 x 1.7 m; **Alizé, Vent d'Aval, Haize Hegoa, Mervent, Vent d'Autan, Avel Sterenn, Lissero**/DF 31, 37, 43-47 (90-93) 75 ts, 28 kn, 3 DM, 1620 kW 28.7 x 6.4 x 1.6 m
Mistral, Aquilon/DF 38, 39 (77-78) 45 ts, 30 kn, 2 DM, 660 kW, 26.8 x 5.0 x 1.5 m; **Rafale, Sua Louiga, Marinada**/DF 49, 24, 30, (93-98) 41 ts, 34 kn, 2 DM, 2060 kW, 23.0 x 5.6 x 1.7 m;

Bâtiments de Servitude Affrétés

2 AT	**Abeille Flandre, Abeille Languedoc**	1978-79	./97	Ulstein Hatlo	1584 BRT	63.4	14.4	6.9	1[illegible]
1 AT	**Merou**	1982	./82	Paatje, Waterhuizen	1470 BRT	59.5	15.0	5.3	
1 AT	**Langvin**	1980	./80	Halter Marine	1324 BRT	67.7	13.4	4.1	
1 AT	**Carangue**	1980	./80	Samsung, Koje	1179 BRT	64.4	13.8	5.1	
2 AT	**Ailette, Alcyon**	1981-82	./81	A & C de la Manche, Dieppe	487 BRT	53.0	13.0	4.5	
1 AT	**Abeille Supporter** (ex Seaway Hawk)	1975	/76	Aukra S.V., Aukra	2500	63.6	13.4	5.8	1 + 2

Bewaffnung/ Armament	Sensoren-Elektronik/ Sensors-Electronic	Geschwindig-keit/speed kn	Antrieb/Propulsion Maschine/Kessel Engines/Boilers Masch	Leistung/ Power kW 1 kW = 1.36 PS	Fahrstrecke/ Range sm	Sonstige Angaben/ Remarks
—	⊤	10.0	1 DM	590	3600 10	*Bâtiments d'instruction à la navigation*

5 AX: **La belle Poule, L'Etoile** (32) 227 ts, 6 kn, Gaffelschoner mit DM/schooner with DM; **Chimère, Farfadet** 100 ts, 11 kn; **La Grande Hermine, Mutin** — kleine Segelschulschiffe/small sail training ships

9 AP: **Alphée, Dryade, Elfe, Faune, Korrigan, Naiade, Néréide, Ondine** (64-79) 195/225 ts, 16 kn, [400], 320 kW, 40.5 x 7.5 x 3.3 m; **Sylphe** 140 ts, 13 kn, 440 kW

3 YD: **Y 783, 784, 785** (93-94) 23 ts, 17 kn, 2 DM, 550 kW, 14.6 x 4.6 x 1.4 m

2 YD: **Machaon, Phaéton** (94) 69 ts, 8 kn, 2 DM, 485 kn, 19.2 x 6.82 x 1.2 m

3 Feuerlöschboote/Fire Fighting Craft: **Aiguière, Cascade, Embrum** (68-70) Lg 32 m — *Bateaux-pompes*

-Mg	⊤	22.0	2 MWM-DM	1545 2	1200 16	
-Mg	⊤	22.0	2 MTU-DM	2940 2	3000 12	
-Mg	⊤	21.0	2 DM	590 2	1380 15	

Gregeau/DF 16 (90) 41 ts, 28 kn, 3 DM, 2025 kW, 23.0 x 5.6 x 1.7 m; **Noroît, Nordet, Norues, Karina, Macari, Largade, Orsuro, Muntese**/DF 12,14,15, 20, 21, 25, 28, 29 (87-91) 35 ts, 28 kn, 2 DM, 1620 kW, 21.0 x 5.6 x 1.5 m;
Tramontana, Marinu, Cers/DF 17-19 (91-92) 34 ts, 27.5 kn, 2 DM 1340 kW, 19.3 x 5.5 x 1.5 m; **Libecciu, Levant**/DF 26, 27 (79-85) 30 ts, 28 kn, 2 DM, 1030 kW, 21.0 x 4.7 x 1.4 m;
Liane, Yser, Agly, Touloubre/DF 50, 51, 56, 57 (82-84) 14 ts, 27 kn; 2 DM, 735 kW, 14.0 x 4.1 x 1.2 m

–	⊤	17.0	4 Mak-DM	9400 2	.	Gechartert seit/chartered since: 1979
–	⊤	12.0	4 DM	5880 2	13000 13	Gechartert seit/chartered since: 1986
–	⊤	12.0	2 ↣ DM	2560 2	.	Gechartert seit/chartered since: 1990
–	⊤	16.0	2 Nohab-DM	5200 2	21000 10	Gechartert seit/chartered since: 1994
–	⊤	13.5	2 DM	3820 2	.	Gechartert seit/chartered since: 1988
–	⊤	14.0	Mak-DM	5880 2	.	D.G. Armement (Dir. des Missiles et de l'Espace)

Anzahl-Art/ Number-Group	Schiffsnamen und Stapellauf/ Ship's Name and Launching	Baubeginn-Fertig- *Umbau*/On Keel- Completed-*Conv.*	Bauwerft/Builder	Wasser- verdrängung/ Displacement ts	Länge/Length m	Breite/Beam m	Tiefgang/Draft m	Besatzung/ Crew Bes

Gabun/Gabon

2 PP	**Général d'Armée Ba Oumar,** **Colonel Djoué Dabany**/P 07, 08 1987-90	86/88 88/90	CMN, Cherbourg	372 445	54.5	8.0	2.5	25 + 23
1 PP	**Général Nazaire Boulingoui** (ex Président El Hadj Omar Bongo)/P 10 1977	76/78	D'Esterel, Cannes	100 160	42.0	7.7	2.0	23

1 LS: **Président El Hadj Omar Bongo**/L 05 (84) 750/1330 ts, 16 kn, 2-4 ⊿, Typ frz./French BATRAL

Gambia

1 PP: **Balongkanta** (94) 24 ts, 24 kn, 1 Mg ⊿, Bauwerft/builder: Peterson Bld., Sturgeon Bay — Typ US Republic 5

1 PP: **Jato**/P 12 (78) 34 ts, 24 kn, 1-2 ⊿, 2 Mg ⊿, DM, Typ brit. Tracker 2

1 AX: **Sea Dog** (76) 17 ts, 24 kn, Typ brit. Lance

Ghana

2 PF ○	**Achimota**/P 28, **Yogaga**/P 29 1979	78/80 81 *88-92*	Lürssen, Vegesack *Vosper Th., Portsmouth + Frankreich/France*	380 410	58.1	7.6	2.7	6
2 PF ○	**Dzata, Sebo**/P 26, 27 1978	78/79 *88-89*	Lürssen, Vegesack Swan Hunter	234 260	45.0	7.0	2.3	3

Griechenland/Greece

Zerstörer/Destroyers

Die angekündigte Lieferung von 4 DG der Kidd-Klasse durch die USA wird wegen des schlechten Erhaltungszustand der Schiffe und des hohen Personalbedarfs vermutlich nicht realisiert.

4 DG ○	**Niarchos** (ex Waddell) **Themistokles** (ex Berkeley) **Formion** (ex Joseph Strauss) **Kimon** (ex Semmes) 1961-63	62/64 62/64 60/63 60/62	Todd, Seattle New York Shb., Camden New York Shb., Camden Avondale, N. Orleans	3570 4890	133	14.3	8.3	35

Bewaffnung/ Armament	Sensoren-Elektronik/ Sensors-Electronic	Geschwindigkeit/speed kn	Antrieb/Propulsion: Maschine / Kessel — Engines / Boilers — Masch	Leistung/ Power kW (1 kW = 1.36 PS)	Fahrstrecke/ Range sm	Sonstige Angaben/ Remarks

Gabun/Gabon

1-5.7, 1-2		26.0	UNI-DM	5880 2	4000 15	Ähnlich/similar to Typ frz./French P 400. II Keine/no 5.7
1-4, 1-2, 4 ↣ SS 12		32.0	SACM-DM	3970 3	1000 18	

1 LC: **I** (99) 130 BRT/GRT: Bauwerft/builders: Ast. Zamacona, Santurce

12 LC: **I-XII:** Verschiedene Typen/various types

Georgien/Georgia

Küstenwache/Coast Guard

9 PP: **Ayety** (ex Minden) (59) 402 ts, 16 kn, 2 DM, 2900 kW, 47.1 x 8.1 x 2.7 m: Typ dt. Lindau;
I (ex R-15) (~85) 230 ts, 40 kn, 2 GTu, 17650 kW, 40.3 x 8.0 x 1.9 m: Typ USSR Matka/Proj. 206 MR;
I (ex PSKR-638) (~75) 210 ts, 36 kn, 3 DM, 8825 kW, 39.5 x 8.0 x 1.8 m: Typ USSR Stenka/Proj. 205 P;
I (ex SG-30) (68) 170 ts, 22 kn, 2 DM, 2350 kW, 40.2 x 6.4 x 1.8 m: Typ Türk. SG 21;
Iveria, I (ex Lindos, Delos)/201 (78) 85 ts, 25 kn, 2 DM, 2000 kW, 29.0 x 5.0 x 1.7 m: Typ griech. Delos;
I, II/103, 104 (~78) 40 ts, 34 kn, 2 DM, 1470 kW, 23.8 x 5.0 x 1.0 m: Typ USSR Zhuk/Proj. 1400;
I (ex SG 48) (~44) 15 ts, 18 kn, 2 DM, 330 kW, 13.9 x 4.2 x 1.1 m: Typ US 45 ft;

Ghana

1-7.6, 1-4		27.0	MTU-DM	4410 2	1800 16	Typ deutsch/German FPB 45 Einsatz im Fischereischutz/ Employed on fishery protection duties
2-4		27.0	MTU-DM	4410 2	1800 16	Typ deutsch/German FPB 45 Einsatz im Fischereischutz/ Employed on fishery protection duties

Griechenland/Greece

The announced delivery of destroyers of the US Kidd class will most probably not be realized due to the poor state of maintenance of the ships and the crew needed to man the ships.

1-6 Harpoon, 1-12.7, 4 Mg, Standard SM-1 MR, **UTR** 32.4 **III**, 8 Asroc		30.0	Gen. El. Tu 4 Babcock	51485 2	4500 20	Typ US Charles F. Adams. Employed on fishery Werden vermutlich nach Übernahme der Kidd-Kl. gestrichen/Will most probably be deleted after transfer of Kidd-Class.

Griechenland/Greece

Anzahl - Art/ Number - Group	Schiffsnamen und Stapellauf/ Ship's Name and Launching		Baubeginn - Fertig- *Umbau*/On Keel - Completed - *Conv.*	Bauwerft/ Builder	Wasser- verdrängung/ Displacement ts	Länge/Length m	Breite/Beam m	Tiefgang/Draft m	Besatzung/ Crew Bes
Fregatten/Frigates									
4 FG	**Salamis**		94/99	Hellenic Shy., Skaram.	2710	116	14.8	4.1	190
○	**Psara**		93/98	Hellenic Shy., Skaram.	3350				
	Spetsai		91/96	Hellenic Shy., Skaram.					
	HYDRA	1991-97	90/92	Blohm + Voss, Hamburg					
2 FG	**Limnos** (ex Witte de With)		78/82	de Schelde, Vlissingen	3000	130	14.6	6.0	195
○	**Elli** (ex Pieter Florisz)	1979	77/81	de Schelde, Vlissingen	3790				
4 FG	**Aegeon** (ex Banckert),		75/78	de Schelde, Vlissingen	3000	130	14.6	6.0	195
	Adrias (ex Callenburgh),		78/82		3790				
	Navarinon (ex van Kinsbergen)								
	Kountoriotis (ex Kortenaer)	1976-78							
2 FG	**Epiros** (ex Connole),		67/69	Avondale, New Orleans	3070	134	14.3	7.5	285
○	**Thraki** (ex Trippe)		68/70		4250				
		1968-69							
3 FG	I-III	gepl./plan.	./.	.	.	.	.	.	.
Uboote/Submarines									
4 SS	**Pontos**		77/80	HDW, Kiel	1185↑	56.1	5.5	5.0	33
○	**Okeanos**		77/79	HDW, Kiel	1290↓				
	Amphitriti		76/79	HDW, Kiel					
	Poseidon	1978-79	76/79	HDW, Kiel					
4 SS	**GLAVKOS, Nerevs, Protevs,**		69/72	HDW, Kiel	1105↑	54.4	5.5	5.0	32
○	**Triton**	1970-72	68/71		1230↓				
			91-99	*HDW, Kiel + Salamis*					
3 SS	II-III		./.	Hellenic S.Y., Skaram.	1700↑	65.0	6.3	.	27
○	I	bew./auth.	00/.	HDW, Kiel	1950↓				
Kleine Kampfschiffe/Small Fighting Vessels									
5 PC	**Niki** (ex Thetis),		59/61	Rolandw., Bremen	575	70.0	8.2	2.7	68
	Doxa (ex Najade)		61/63		750				
	Eleftheria (ex Triton),								
	Agon (ex Hermes),								
	Karteria (ex Thesus),	1960-62							
3 PG	II-III		./.	Elefsis S.Y., Skaramanga	570	62.0	9.5	.	4
	I	bew./auth.	00/.						
2 PG	**Pirpolitis, Polemistis**		91/93	Hellenic Shy., Skaram.	.	56.5	10.5	3.5	3
○		1992 - 93	92/94		550				

Bewaffnung/ Armament	Sensoren-Elektronik/ Sensors-Electronic	Geschwindigkeit/speed kn	Antrieb/Propulsion Maschine/Kessel Engines/Boilers Masch	Leistung/Power kW 1 kW = 1.36 PS	Fahrstrecke/Range sm	Sonstige Angaben/ Remarks
8 Harpoon ⇨$_2$, 1-12.7, 2-2 Phalanx, 1 VLS $_{16}$ Sea Sparrow, 6 **UTR** 32.4 **III**, 1 S-70 B-6		31.0	GE-LM 2500-GTu + 2 MTU-DM	44600 + 7660 2	4000 18	Typ deutsch/German MEKO 200 HN
8 Harpoon ⇨$_4$, 2-7.6, 2 -2 Phalanx, 8 Sea Sparrow/Aspide $_8$, 4 **UTR** 32.4 **II**, 1 AB 212		30.0	R. R. Ol.-GTu + R. R. Tyne-GTu +	39710 6030 2	4000 18	Typ niederl./nether Kortenaer. Verlängerter/ lengthened hangar
4 Harpoon ⇨$_2$, 1-7.6, 1-2 Phalanx, 8 Sea Sparrow $_8$, 4 **UTR** 32.4 **II**, 1		30.0	R. R. Ol.-GTu + R. R. Tyne-GTu +	39710 6030 2	4000 18	Typ niederl./netherl. Kortenaer.
8 Harpoon ⇨, 1-12.7 L_{54}, 1-2 Phalanx, 4 **UTR** 32.4 **II**, 1 $_8$ Asroc, 1 AB 212		27.0	Westingh. Tu 2 Comb. Eng.	25740 1	4000 20	Typ US Knox **Bew:** Harpoon ⇨, Abschuß aus Asroc-Starter/**AMT** Harpoon ⇨, fired from Asroc launcher. **Epiros:**
⇨, , **UTR**,	. . .	.	.	.	.	
8 **TR** 53.3 b↓		10.0↑ 21.0↓	4 MTU-DG 1 Siemens-EM	1760 3680 1	11300 4	Typ deutsch/ German 209/1200
8 **TR** 53.3 b↓		10.0↑ 21.0↓	MTU-DM Siemens-EM	1760 3680 1	8600 4	Typ deutsch/German 209/1100. Haben/have Sub-Harpoon ⇨, Krupp-Atlas Sonar PSU 83-90, Kanaris combat system
8 **TR** 53.3 b↓ [Sub-Harpoon ⇨]		16.0↑ 22.0↓	2 MTU DG + Permasyn EM	4000 1	12000 6	Typ HDW 214 Tauchtiefe/Diving depth: 400 m
2-4 $_2$, 6 **UTR** 32.4		23.5	MAN-DM	5000 2	2800 15	Typ deutsch/German 420
-7.6, 2-3 $_2$, -CIWS [Harpoon/Exocet ⇨]	.	35.0	MTU-DM	.	.	Typ Vosper Thornycroft Super Vita, Option: + 4
4 Harpoon ⇨], 1-7.6, -4, 2-2		25.0	Wärtsilä-DM	7350 2	2200 15	Ähnlich/similar to Armatolos. P 100 Klasse;

Anzahl - Art/ Number - Group	Schiffsnamen und Stapellauf/ Ship's Name and Launching	Baubeginn - Fertig- *Umbau*/On Keel - Completed - *Conv.*	Bauwerft / Builder	Wasser- verdrängung/ Displacement ts	Länge/Length m	Breite/Beam m	Tiefgang/Draft m	Besatzung/ Crew Bes
2 PG	**Armatolos, Navmachos** 1989-90	88/90 89	Hellenic Shy., Skaram.	. 550	56.5	10.0	2.5	36
5 PG ○	**Simaioforos Kavaloudis, Ipopliarchos Dejannis, Simaioforos Xenos, Simaioforos Simitzopoulos, Simaioforos Starakis** 1979-81	77/80 81/81	Hellenic Shipyard, Skaramanga	385 425	56.2	7.9	2.5	42
4 PG ○	**Antipliarchos Laskos, Antipliarchos Blessas, Ipopliarchos Troupakis, Ipopliarchos Mykonios** 1976-77	75/76 76/77	C. Mécaniques, Cherb.	360 425	56.2	8.0	2.5	42
4 PG ○	**Ipopliarchos Konidis, Ipopliarchos Batsis, Ipopliarchos Aninos, Ipopliarchos Arliotis** 1971	70/71 71/72	C. Mécaniques, Cherb.	234 255	47.0	7.1	2.5	40
4 PG	**Antipliarchos Pezopoulos, Simaioforos Votsis, Plotarchis Maridakis, Plotarchis Vlachavas** (ex Iltis, Storch, Häher, Marder) 1972-74	72/73 73/74	CMN, Cherbourg	234 265	47.0	7.0	2.7	30
2 PP	**Tolmi, Ormi** (ex Beacon, Green Bay) 1967	67/69	Petersen, Sturgeon Bay	225 240	50.1	7.3	2.9	25
4 PF	**Andromeda, Kyknos, Pegasos, Toxotis** 1966-67	65/66 66/67	Manda	172	24.5	7.5	2.1	20
4 PF ○	**Esperos, Kyklon, Lelaps, Tyfon** (ex Seeadler, Greif, Kondor, Geier) 1958-59	57/58 58/59	Lürssen, Vegesack + Kröger, Rendsburg	160 190	42.5	7.2	2.4	39
1 PP	**Knossos** 1979	./80	Hellenic Shipyard, Skaramanga	75 85	29.0	5.0	1.7	15
2 PP ○	**Kelefstis Stamou, Diopos Antoniou** 1975	75/75	Esterel, Cannes	80 115	32.0	5.8	1.6	17
4 PP	I-IV bew./auth.	./.	Elefsis S.Y., Skaram.	.	.		.	.
Minenleger/Minelayers								
2 NB ○	**AKTION, Amvrakia** (ex LSM/CMS 301, 303) 1944-45	./45	N. Y. Charleston	720 1100	62.0	10.4	2.5	65
Minensucher/Minesweepers								
8 MS ○	**AIDON, Alkyon, Avra, Daphni, Kichli, Kissa, Klio, Pleias** (ex MSC 310, 319, 318, 307, 308, 309, 317, 314) 1963-68	62/63 68/70	USA	340 400	44.3	8.2	2.6	38
6 MS ○	**Atalanti, Niovi, Phaidra, Thalia, Erato, Evniki** (ex MSC 169, 171, 154, 170, Castagno, Gelso) 1954	53/54 54/55	USA	330 400	43.0	8.0	2.4	3[illegible]
2 MS	**I, II** (ex Bicester, Berkley) 1982-85	81/84 84/86	Vosper Th., Woolston	625	60.0 750	9.9	3.4	4[illegible]

Bewaffnung/ Armament	Sensoren- Elektronik/ Sensors- Electronic	Geschwindig- keit/speed kn	Antrieb/Propulsion Maschine/Kessel Engines/Boilers Masch	Leistung/ Power kW 1 kW = 1.36 PS	Fahrstrecke/ Range sm	Sonstige Angaben/ Remarks
[4 Harpoon ⇨$_2$], 1-7.6 ⊿, 2-2 ⊿, ☐	┬ ⌽ ф ↶	24.0	MTU-DM	7260 2	2200 15	Ähnlich/similar to Typ dän./Dan. Osprey 55
6 Penguin ⇨$_3$, 2-7.6 ⊿, 4-3 ⊿$_2$, 2 **TR** 53.3 h	┬ ⌽ ⌕ ф ↶	35.7	MTU-DM	11030 4	2750 15	Ähnlich/similar to Typ frz. French Combattante III
4 MM 38 ⇨, 2-7.6 ⊿, 4-3 ⊿$_2$, 2 **TR** 53.3 h	┬ ⌽ ⌕ ф ↶	35.0	MTU-DM	13240 4	2000 15	Typ frz./French Combattante III
4 MM 38 ⇨, 4-3.5 ⊿$_2$, 2 **TR** 53.3 h	┬ ⌽ ⌕ ф ↶	36.0	MTU-DM	10600 4	800 30	Typ frz./French Combattante II
4 MM 38 ⇨, 1-7.6 ⊿, 1-4 ⊿, [☐]	┬ ⌽ ⌕ ф ↶	38.0	MTU-DM	10590 4	600 30	Typ deutsch/German 148 **Vlachavas** u. **Maridakis:** 4 Harpoon ⇨ statt/instead of MM 38. + 2 in 2000?
4 SS-12 M ⇨, 1-7.6 ⊿, 1-4 ⊿, 4 Mg ⊿$_2$	┬ ⌽ ⌕ ф	16.0	2 Cummins- DM	1290 2	1700 16	Typ US Asheville.
1-4 ⊿, 1-2 ⊿, 4 **TR** 53.3	┬	25.0	MTU-DM	2250 2	670 17	Typ norw. Nasty. 1988 reaktiviert/reactivated
2-4 ⊿, 4 **TR** 53.3	┬ ⌽ ф	42.0	Mayb.-DM	8825 4	1000 32	Typ deutsch/German Jaguar
2-2 ⊿	┬	25.0	MTU-DM	2000 2	1600 25	Auch/also SAR
1-4 ⊿, 1-2 ⊿, 4 ⤚ SS 12	┬	30.0	MTU-DM	1990 2	1500 15	Holzrumpf/wooden hull
1-2 ⊿	┬	.	DM	.	.	2/98 i.A./ordered
3-4 ⊿$_2$, 6-2 ⊿, 120 ☐	┬	12.0	DM	2060 2	2500 12	Typ US LSM/CMS 99: in Reserve
-2 ⊿$_2$	┬ Y	13.0	Waukesha-DM2	880 2	2500 10	Typ US Bluebird/MSC 294. Erhalten/to get mod. Sonar
-2 ⊿$_2$	┬ Y	14.0	GM-DM	660 2	2500 10	Typ US Adjutant/ MSG 60:
-3 ⊿, 2-2 ⊿$_1$, 2 Mg ⊿$_1$ PAP 105	┬ Y	17.0	Paxman Deltic-DM	2795 2	1500 12	Typ brit. Hunt: 2000/01: übernommen/acquired

Griechenland/Greece

Anzahl-Art/ Number-Group	Schiffsnamen und Stapellauf/ Ship's Name and Launching	Baubeginn-Fertig-/ *Umbau*/On Keel-Completed-*Conv.*	Bauwerft/Builder	Wasser-verdrängung/ Displacement ts	Länge/Length m	Breite/Beam m	Tiefgang/Draft m	Besatzung/ Crew Bes
Landungsfahrzeuge/Landing Vessels								
1 LD ○	**Nafkratoussa** (ex Fort Mandan/ LSD 21) 1945	44/45	N. Y. Boston	4790 9375	139	21.9	5.5	265
5 LS	**Lesbos, Samos, Ikaria,** Rhodos **CHIOS** 1988-99	89/01 87/93	Eleusis Shy. Eleusis Shy.	2770 4930	116	15.3	3.4	110
2 LS ○	**Oinoussai** (ex Terrel Co.) **Kos** (ex Whitfield Co.) 1952-53	52/53 53/54	Bath Iron Works Christy, Sturgeon B.	2700 5800	117,4	16.8	3.7	116
2 LS ○	**Kriti, Syros** (ex LST 1076, 325) 1943-45	./43 45	USA	1625 4080	100	15.3	2.9	58
2 LS ○	**Ipopliarchos Krystalidis, Ipopliarchos** **Roussin** 1945	44/44 45/45	USA	743 1095	62.0	10.4	2.5	60
6 LS	**Naxos, Paros, Ios, Sikinos, Irakleia,** **Folegandros** (ex Renke, Salm, Barbe, Dorsch, Forelle, Delphin) 1966	66/66	Howaldt, Hamburg	166 403	42.0	8.8	2.1	17
11 LC	**ABM 20-30** (ex Seetaucher, Seenadel, Seedrache, Seeotter, Seespinne, 1965-66 Seezunge, Seelilie, Seefeder, Seerose, Seenelke, Seerochen)	64/64 66/67	Rheinwerft, Walsum	116 133	23.6	6.4	1.5	7
2 LS:	**Kithera, Milos** (44) ./400 ts, 7 kn, 2-2 ⚔, Typ brit. LCT							
4 LC ○	**I, II** **III, IV** 1996-a.St./o.St.	94/00 ./.	Almaz, St. Petersburg Feodosija	350 550	57.6	21.5	2.0	31
Hilfsfahrzeuge/Auxiliary Vessels								
2 AK ○	**Axios** (ex Coburg) **Aliakmon** (ex Saarburg) 1965-66	65/68 *77-78* 66/68 *74/75*	Flensb. Schiffsbauges. Blohm + Voss, Hbg.	3450 3679	114	13.2	3.9	110
1 AK ○	**Evros** (ex Schwarzwald, ex Amalthée) 1956	55/56	Dubigeon, Nantes	2395	80.0	11.9	4.5	54
1 AO	I bew./auth.	00/03	Elefsis S.Y., Skaram.	6700 13400	147	.	.	.
2 AO ○	**Arethousa, Ariadni** (ex Natchaug, Tombigee) 1944	44/45	Cargil, Minn.	1850 4335	94.0	14.8	4.8	43
5 AO	**Orion, Zeus, Stymfalia** **Ouranos, Hyperion** 1976-92	./93 88/89 ./77	Hellenic Shy., Skaram. Kynossoura, Piräus	2100	67.7	10.0	4.7	18
2 AO	**Kerkini, Trichonis** (ex FW 3, 6) 1963-64	63/64	Jadewerft, W'haven + Renke, Hamburg	598 626	44.1	7.8	2.5	12

3 AO: **Doirani, Kalliroi, Prespa** (72) 850 ts,13 kn; — für Wasser/for water

2 AP: **Pandora, Pandrosos** (72-73) 350 ts, 13 kn, [500], 46.8 x 8.3 x 1.9 m

1 AN: ○ **Thetis** (59) 680 ts, 12 kn, 4-2 ⚔, 1030 kW_1, MAN-DM, Bauwerft/builder: Kröger, Rendsburg, Natoauftrag AN 103/NATO order AN 103

Bewaffnung/ Armament	Sensoren-Elektronik/ Sensors-Electronic	Geschwindigkeit/speed kn	Antrieb/Propulsion: Maschine/Kessel – Engines/Boilers – Masch	Leistung/ Power kW 1 kW = 1.36 PS	Fahrstrecke/ Range sm	Sonstige Angaben/ Remarks
8-4 ⊿, 4-2 ⊿, 14 LC, ⚞	┬	15.4	⚙ Tu 2 Wr	5150 2	8000 15	Typ US LSD/Cabildo
1-7.6 ⊿ OTO, 2-4 $⊿_1$, 2-2 $⊿_1$, [300], 4 LCVP	┬	17.0	DM	7795 2	.	⚞-Deck achtern/aft
6-7.6 $⊿_2$, 3-2 ⊿, 4 LC, [400]	┬ ⌽	15.5	4 GM-DM	4410 2	.	Typ US Terrebonne Parish
8-4 ⊿, 4-2 $⊿_2$, 2 LC, 20 ⛟, [400]	┬	10.0	DM	1180 2	15000 9	Typ US LST: werden gestrichen/to be deleted
2-4 ⊿, 4-2 ⊿, 10 ⛟ [100]	┬	12.0	DM	2060 2	2500 12	Typ US LSM
2-2 ⊿, [160 t]	┬	12.0	MWM-DM	880 2	2000 10	Typ deutsch/German 520 A
60 t Ladung/load	┬	10.6	MWM-DM	475 2	1430 7	Typ deutsch/German 521
66 LC: 11 **LCM**, 7 **LCVP**, 29 **LCVP**, 12 **LCP**, 7 **LCA**						
2 SA-N-5 ↥, 2-3 $⊿_6$, 2 $↣_{12}$, 3 ⛟, [220]	┬ ⌽	60.0	3 GTu	26110	300 55	Typ Rus Pomornik/Projekt 12322. III, IV: 2000 von/from Ukraine
4-4 ⊿, [1600 ts], ♁	┬	17.0	Mayb.-DM	4120 2	3000 17	Typ deutsch/German 701 C Umbau zu/Conversion to: AOR in 1999/2000.
4-4 $⊿_2$	┬	17.5	Sulzer-DM	2210 1	4500 15.5	1976 von Dt. Marine übernommen/1976 acquired from German Navy
	┬	21.0	DM	.	.	Typ ~ital. Etna
-7.6	┬	14.0	GM ↣ DM	2430 2	.	Typ US Patapsco. II: 2-7.6 ⊿ 1999/2000: a.D./decom.
-2 ⊿	┬	12.0	MAN-B & W-DM	1290 1	.	
–		9.5	MWM-DM	170	2150 1	Typ deutsch/German FW. Für Wasser/for water

AG: **Strabon** (88) 250 ts, 12.5 kn, MAN-DM, 880 kW_1; ○ **Hermis** (ex Oker) (60) 1500 ts, 17 kn, DM

YP: **Evrotas, Arachthos, Nestos, Strymon** (ex TF 106, 108, 4, 6) (65-66) 56 ts, 17 kn, MWM-DM, 700 kW_1, Bes 6, ex Typ deutsch/German TF

Leuchtturmtender/Lighthouse Tender: **St. Lycoudis, I. Theophilopoulos Karavoyiannos** (76-77) 1450 ts, 15 kn, 1765 kW, MWM-DM, 63.2 x 11.6 x 4 m, Bes 40

Anzahl - Art/ Number - Group	Schiffsnamen und Stapellauf/ Ship's Name and Launching	Baubeginn - Fertig- *Umbau*/On Keel- Completed - *Conv.*	Bauwerft/Builder	Wasser-verdrängung/ Displacement ts	Länge/Length m	Breite/Beam m	Tiefgang/Draft m	Besatzung/ Crew Bes
1 AX ○	**Aris** 1978	76/80	Salamis S.Y.	3532	100	14.7	4.5	130 + 370
2 AT	**Atreus, I** (ex Ellerbeck, Neuende) 1971	70/71	Schichau, Bremerh.	232	26.6	7.4	2.6	6

3 AT: **Iraklis, Jason, Odissefs** (77-78) 345 ts, 12 kn, 880 kW_1, MWM-DM — und viele andere/and many more

2 AT: **Atromitos, Adamastos** (~67) 310 ts, 10 kn, DM, 930 kW_1, 30 x 7.9 x 3.0 m

5 AT: **Pilefs, Minos, Pelias, Aegeos, I** (58-59) 46.5 ts, 10 kn, Deutz-DM, 220 kW_2, Typ deutsch/German Lütje Hörn

Anzahl - Art/ Number - Group	Schiffsnamen und Stapellauf/ Ship's Name and Launching	Baubeginn - Fertig- *Umbau*/On Keel- Completed - *Conv.*	Bauwerft/Builder	ts	m	m	m	Bes
2 YD	**E. Panagopoulos II,** **E. Panagopoulos III** 1980	./80 81	Hell. Shipyord, Skaramanga	39	23.0	5.0	10	6
Küstenwache/Coast Guard — *Limeniko Soma*								
5 PP	**LS 010-050** 1977-88	./77 ./88	Hellenic. Shy., Skaramanga	75 86	29.0	5.0	1.7	15
41 PP	**LS 115-123,** **LS 125-134, 138-147** 1993-97	/93 /97	Colvic Craft, Colchester Motomarine, Glifada	24	16.5	4.7	1.4	5
13 PP	**LS 55, 65, 84-88,** **LS 97, 101, 112** .	.	Olympic Marine	14	13.7	4.4	0.6	4
16 PP	**LS 51, 52, 156** u.a./a. o. .	.	Olympic Marine	13	13.4	3.5	1.0	4
3 PP	**LS 413-415** 1993	.93 94	Ast. Gondan	230	29.0	6.2	2.5	12
3 PP	**LS 135-137** 1998	97/98	Dochstavarvef	19	15.0	3.8	.	4 + 21
1 PP	**AL-50** 1994	./94	Mc Tay Marine	245	47.3	7.5	2.5	21

und viele andere/and many others: **LS-401, LS 252, LS 409, 410, LS 103, 110, LS 410, LS 333**

Grenada

1 PP: **Tyrrel Bay**/PB 01 (84) 94 ts, 24 kn, 4 Mg$⯬_2$, GM-DM, 1655 kW_3, 32.3 x 6.3 x 2.1 m, Bes 16, Bauwerft/ builder: Lantana, Florida

Großbritannien/Great Britain

Anzahl - Art/ Number - Group	Schiffsnamen und Stapellauf/ Ship's Name and Launching	Baubeginn - Fertig- *Umbau*/On Keel- Completed - *Conv.*	Bauwerft/Builder	ts	m	m	m	Bes
Flugzeugträger/Aircraft Carriers								
2 RB ○	II I gepl./plan.	./15 ./12	.	~40000	~300	.	.	1200
2 RL ○	**Illustrious** 1. 12. 78	76/82 *91-94*	Swan Hunter, Walls. R. Dy., Devonport	16860 20600	210	27.5 36.0	8.8	717 + 366
	Invincible 3. 5. 77	73/80 *86-89*	Vickers-A., Barrow R. Dy., Devonport					

Bewaffnung/ Armament	Sensoren-Elektronik/ Sensors-Electronic	Geschwindigkeit/speed kn	Maschine/Kessel Engines/Boilers	Leistung/Power kW 1 kW = 1.36 PS / Masch	Fahrstrecke/Range sm	Sonstige Angaben/ Remarks
1-7.6, 2-4 $_1$, 2-2 $_1$, [1]	⊤	18.0	2 MaK-DM	7350 / 2	.	Auch/also: AP, AH
—	⊤	12.0	MWM-DM	590 / 1	.	Typ deutsch/German 724 1995: übernommen/acquired.

1 AT: **Atlas** (ex Mediator) (44) 1120/1630 ts, 16 kn, DM, 2350 kW_2, Typ brit. Bustler

3 AT: **Kekrops, Kadmos** (~ 88), **Pelops**

2 Hydrographische Forschungsschiffe/Hydrographic Research Ships: **Pitheas** (83) 670 ts, 14 kn, 1325 kW_2, GM-DM, ○ **Naftilos** (75) 1400 ts, 15 kn, 1940 kW_1, B&W-DM, 63.2 x 11.6 x 4.2 m, Bauwerft/builder: Perana

Bewaffnung/ Armament	Sensoren-Elektronik/ Sensors-Electronic	kn	Masch	kW / Masch	sm	Remarks
1-Mg,	⊤	40.0	DM	.	1600	Tauchertender/diving tender
2-2 $_1$	⊤	27.0	2 MTU-DM	2000 / 2	1600 / 25	Typ Delos
2-Mg $_1$	⊤	34.0	2 MAN-DM	1210 / 2	500 / 25	
1-Mg,	⊤	23.0	2 DM	440 / 2	.	Typ OL 44
1-Mg,	⊤	25.0	2 DM	460 / 2	.	Typ LS 51
—	⊤	15.0	2 Caterpillar DM	1880 / 2	500 / 13	Ölbekämpfungsschiff/ Oil pollution control ship
3-Mg $_1$, [20]	⊤	35.0	2 Volvo-Penta DM	1104 / 2	240 / 30	Typ schwed. CB-90 HCG
1-4, 1-2, 2 Mg $_1$	⊤	38.5	3 Paxman DM	9750 / 3	2000 / 10	Zoll/Customs

Grenada

PP: **Levera**/PB 02 (95) 11 ts, 27 kn, 1 Mg, 2 Cat. DM, 650 kW_2, 12.2 x 4.3 x 1.3 m, Bes 5, Bauwerft/builders: Sea Ark Marine

Großbritannien/Great Britain

Bewaffnung/ Armament	Sensoren-Elektronik/ Sensors-Electronic	kn	Masch	kW / Masch	sm	Remarks
0 ,	.	~30.0	GTu	.	.	
Sea Harrier, 2 Sea King 9 ASW, 3 AEW), -3 Goalkeeper, 2-2,	⊤	28.0	4 R. R. TM 3 B Olympus GTu	82370 / 2	7000 / 18	*Light aircraft carriers.* „Ski-jump" ramp: 13°. 3 D Radar 996 (2), Sonar 2016, ADAWS 10; 1997/98: können einsetzen/can operate Harrier GR7 (RAF)

Anzahl - Art/ Number - Group	Schiffsnamen und Stapellauf/ Ship's Name and Launching		Baubeginn - Fertig- *Umbau*/On Keel - Completed - *Conv.*	Bauwerft/Builder	Wasser- verdrängung/ Displacement ts	Länge/Length m	Breite/Beam m	Tiefgang/Draft m	Besatzung/ Crew Bes
1 RL	**Ark Royal**	2. 6. 1981	78/85	Swan Hunter, Walls.	16860	210	27.5	8.8	717
			99-01	*Babcock, Rosyth*	20600		36.0		+ 366
Zerstörer/Destroyers									
6 DG	II-VI		./.	Vosper T., Woolston	6400	~149	19.9	5.4	198
	I	gepl./plan.	03/07	Yarrow, Scotstoun					
4 DG	**Edinburgh**		80/86	Cammell Laird	4100	141	14.9	5.8	300
○	**York**		80/85	Swan Hunter, Walls.	4775				
	Gloucester		79/85	Vosper Th., South.					
	MANCHESTER	1980-83	78/82	Vickers-A., Barrow					
7 DG	**Liverpool**		78/81	Cammell Laird	3500	125	14.3	5.8	300
○	**Nottingham**		78/82	Vosper Thornycroft	4100				
	Southhampton		76/81	Vosper Thornycroft					
			89-91	*Swan Hunter, Walls.*					
	Exeter		76/80	Swan Hunter, Walls.					
	Glasgow		74/79	Swan Hunter, Walls.					
	Newcastle		73/79	Swan Hunter, Walls.					
	Cardiff	1974-80	72/79	Vickers-A., Barrow					
Fregatten/Frigates									
16 FG	St. Albans		98/01	Yarrow, Scotstoun	3500	133	16.3	5.5	157
○	Portland		97/00	Yarrow, Scotstoun	4200				185
	Kent		96/00	Yarrow, Scotstoun					
	Sutherland		93/97	Yarrow, Scotstoun					
	Grafton		93/96	Yarrow, Scotstoun					
	Somerset		92/96	Yarrow, Scotstoun					
	Richmond		92/94	Swan Hunter, Walls.					
	Northumberland		91/94	Swan Hunter, Walls.					
	Westminster		91/93	Swan Hunter, Walls.					
	Montrose		90/93	Yarrow, Scotstoun					
	Monmouth		89/93	Yarrow, Scotstoun					
	Iron Duke		88/93	Yarrow, Scotstoun					
	Lancaster		88/92	Yarrow, Scotstoun					
	Argyll		87/91	Yarrow, Scotstoun					
	Marlborough		87/91	Swan Hunter, Walls.					
	NORFOLK	1987 - a.St./o.St.	85/90	Yarrow, Scotstoun					
4 FG	**Chatham**		86/90	Cammell Laird	4200	148	14.8	6.0	28[illegible]
○	**Campbeltown**		85/89	Cammell Laird	4900				32[illegible]
	Cumberland		84/89	Yarrow, Scotstoun					
	Cornwall	1985-88	83/88	Yarrow, Scotstoun					
3 FG	**Coventry**		84/88	Swan Hunter, Walls.	4250	147	14.8	6.0	29[illegible]
○	**Sheffield**		84/88	Swan Hunter, Walls.	4800				32[illegible]
	Brave		82/86	Yarrow, Scotstoun					
		1983-86							

Bewaffnung/ Armament	Sensoren-Elektronik/ Sensors-Electronic	Geschwindigkeit/speed kn	Antrieb/Propulsion: Maschine/Kessel – Engines/Boilers – Masch	Leistung/Power kW 1 kW = 1.36 PS	Fahrstrecke/Range sm	Sonstige Angaben/ Remarks
8 Sea Harrier, 10 Sea King (7 ASW, 3 AEW), 3-2 Phalanx, 2-2 ,		28.0	4 R. R. TM 3 B Olympus GTu	82370 2	7000 18	*Light aircraft carrier.* „Ski-jump“ ramp: 12° Seit 1994 aufgelegt/laid up since 1994.
, VLS PAAMS$_{48}$ 1-12.7 , **UTR**, 1 Merlin		30.0	GTu + DM	.	7000 18	Type 45 Total: 12 gepl./plan.
1-11.4 , 2-2 Phalanx, 2-2 , 2 Seadart $_{2}$, 6 **UTR** 32.4 **III**, 1 Lynx		30.0	Rolls R. Olymp. TM 3 B + R. R. Tyne RM 1 C GTu	40000 + 6030 2	4750 18	*Guided missile armed destroyers.* Typ 42 Batch 3. Rumpf zwischen 11.4 und Hangar verstärkt/hull between 11.4 and hangar strengthened. FK-Vorrat: 40/total number of MI: 40.
1-11.4 , 2-2 Phalanx, 4-2 $_{2}$, 2 Seadart $_{2}$, 6 **UTR** 32.4 **III**, 1 Lynx		28.0	Rolls R. Olymp. TM 3 B + R. R. Tyne RM 1-C GTu	40000 + 6030 2	4750 18	Typ 42 Batch 1: I-III, Typ 42 Batch 2: IV-VII FK/MI: 24. **Masch:** COGOG, Tyne GTu für Marschfahrt/for cruising. 3D Radar 996, ADAWS-8 Command and control system.
8 Harpoon $_{4}$, 1-11.4 , 32 Sea Wolf $_{32}$, [2-3 Goalkeeper,] 2-3 $_{1}$, 4 **UTR** 32.4 **II**, 2 Lynx oder/or 2 Merlin		28.0	R.R.-Spey SM1A GTu + 4 Paxm. DG	27600 + 5150 2	8000 15	Typ 23. Duke Klasse. Norfolk Holz--Deck/wooden deck. **Masch:** CODLAG. Bow sonar and towed array sonar/TAS. Wegen TAS Rumpfverstärkung nötig. XI-XVI: erhalten neues LFTAS/to get new low frequency active towed sonar. I-X: haben/equipped with: Type 2031 Z + Type 2059 Sonar I-VII: erhalten SSGS für mit der nächsten Werftliegezeit./to get SSGS for during the next yard period.
Harpoon $_{4}$, 2 Sea Wolf $_{6}$, 1-11.4 , -3 Goalkeeper, 2-3 , **UTR** 32.4 **II**, Lynx		31.0	R. R.-SPEY 1A- GTu + R.R.Tyne RM 1 C-GTu	27600 + 7850 2	7500 17	Typ 22, Batch 3. Towed Array Sonar System/TASS **Masch:** COGAG
MM 38 , 2 Sea Wolf $_{6}$, 4-3 $_{2}$ -2 , **UTR** 32.4 **II**, 2 Lynx		30.0	R.R. Olympus + Tyne GTu	41200 + 6250	7000 18 2	Typ 22, Batch 2. Coventry: 2001 a.D./decom. Brave: in Reserve

Anzahl - Art/ Number - Group	Schiffsnamen und Stapellauf/ Ship's Name and Launching	Baubeginn - Fertig- *Umbau*/On Keel - Completed - *Conv.*	Bauwerft/Builder	Wasser- verdrängung/ Displacement ts	Länge/Length m	Breite/Beam m	Tiefgang/Draft m	Besatzung/ Crew Bes
1 FG	I gepl./plan.	./12	.	.	.	.	.	.
Uboote/Submarines								
4 SB	**Vengeance**	93/99	Vickers Shb., Barrow	.	150	12.8	10.1	130
○	**Vigilant**	90/96	Vickers Shb., Barrow	15850↓				
	Victorious	87/95	Vickers Shb., Barrow					
	VANGUARD 1992-98	86/93	Vickers Shb., Barrow					
5 SS	I, II	./.	.	6300↑	91.7	10.8	10.0	100
	Ambush, Artful,	02/08	Marconi Marine,	6800↓				
	Astute a.St./o.St.-gepl./plan.	99/06	Barrow					
7 SS	**Triumph**	87/91	Vickers, Barrow	4780↑	85.4	9.8	9.5	131
○	**Talent**	86/90	Vickers, Barrow	5210↓				
	Trenchant	84/89	Vickers, Barrow					
	Torbay	82/87	Vickers, Barrow					
	Tireless	81/85	Vickers, Barrow					
	Turbulent	80/84	Vickers, Barrow					
	TRAFALGAR 1981-91	79/83	Vickers, Barrow					
5 SS	**Splendid**	76/81	Vickers, Barrow	4400↑	82.9	9.8	8.5	137
○	**Spartan**	74/79	Vickers, Barrow	4900↓				
	Sceptre	73/78	Vickers, Barrow					
	Superb	73/77	Vickers, Barrow					
	Sovereign 1973-79	70/74	Vickers, Barrow					
Kleine Kampfschiffe/Small Fighting Vessels								
2 PP	**Dumbarton Castle**	80/82	Hall Russell, Aberdeen	1250	81.0	11.5	3.4	50
○	**Leeds Castle** 1980-81	80/81	Hall Russell, Aberdeen	1450				+ 25
5 PP	**Alderney, Anglesey, Guernsey,**	75/76	Hall Russell, Aberdeen	1000	59.5	10.9	4.6	26
○	**Lindisfarne,**	78/79		1280				
	Shetland 1976-79							
16 PP	**Example, Explorer, Express, Exploit,**	85/85	Watercraft/Shoreham	38	20.8	5.8	1.5	11
	Archer, Smiter, Pursuer, Biter,	86/88		43				
	Blazer, Dasher, Puncher, Charger,							
	Ranger, Trumpeter,							
	Raider, Tracker 1985-98	97/98	Ailsa, Troon					
1 PP	**Orwell**	84/85	Richards Shipb.,	770	47.5	10.5	2.9	3[illegible]
○	1985		Lowestoft +	890				
			Great Yarmouth					
Minensucher/Minesweepers								
12 MS	Bangor, Blyth, **Grimsby,**	97/99	Vosper Th., Woolston	385	52.7	10.5	2.1	4[illegible]
○	**Pembroke, Penzance,** Ramsey,	98/00		465				
	Shoreham 1997-a.St./o.St.	99/01						
	Inverness, Cromer, Walney,	88/91						
	Bridport	89/93						
	Sandown 1988-92	87/89	Vosper Th., Woolston					

Bewaffnung/ Armament	Sensoren-Elektronik/ Sensors-Electronic	Geschwindigkeit/speed kn	Antrieb/Propulsion Maschine/Kessel Engines/Boilers Masch	Leistung/ Power kW 1 kW = 1.36 PS	Fahrstrecke/ Range sm	Sonstige Angaben/ Remarks
⇨, ⇧, ⛭	.	.		.	.	*Future Service Combatant/F.S.C.* Trimaran
16 Trident 2 D 5 4 **TR** 53.3 b↓ (Spearfish), Sub-Harpoon ⇨, [Tomahawk ⇨]	⊤ ⊕ ⊖ ♀ Y	.↑ 25.0↓	2 GEC ⚙ Tu 1 PWR 2-Reaktor + 2 Paxman DM	22060 1	.	*Fleet ballistic missile submarines.* Geräuscharmer Antrieb/noise reduction of machinery. Sonar Suite Type 2054
6 **TR** 53.3 b↓, Sub-Harpoon ⇨, Tomahawk ⇨	⊤ ⊕ ♀ Y	. 32.0↓	2 GEC ⚙ Tu PWR 2-Reaktor + 2 DM	22060 1	.	*Nuclear powered fleet submarines.* Verlängerte/stretched Trafalgar Klasse, Batch 2.
5 **TR** 53.3 b↓, Sub-Harpoon ⇨, ⌂ Tomahawk ⇨	⊤ ⊕ ♀ Y	. 30.0↓	2 GEC ⚙ Tu 1 R.R. PWR 1-Reaktor + Paxman-DM	11030 1	.	25 Torpedonachladungen/ 25 torpedo reloads. Erhalten ATWCS/to get Advanced Tomahawk Weapons Control System.
5 **TR** 53.3 b↓, Sub-Harpoon ⇨ Tomahawk ⇨	⊤ ⊕ ♀ Y	20.0↑ 30.0↓	2 GEC ⚙ Tu R.R. PWR 1-Reaktor + Paxman-DM	11030 + 2940 1	.	*Nuclear powered fleet submarines.*
1-3 ⛭, 2 Mg ⛭, ⌂	⊤ ⊖ ♀	20.0	Ruston-DM	4150 2	10000 12	*Offshore patrol ships.* ✈-Plattform
1-3 ⛭, 2 Mg ⛭	⊤ Y	16.0	2 Ruston-DM	3220 1	7000 12	*Offshore patrol ships.* Island Klasse. Für Ölfeldüberwachung/ for oil-rig patrols.
1-2 ⛭	ı	22.5	Perkins-DM	1170 2	550 15	P 2000 Klasse/class. GRP-Rumpf/hull. XV + XVI: MTU-DM
[1-4 ⛭], 2 Mg ⛭$_2$	⊤ ♀	14.0	Ruston-DM	2235 2	4500 10	River Klasse/class Einsatz als Wachfahrzeug/ used as patrol vessel
1-3 ⛭, 2 PAP 104 MK 5	⊤ Y	14.5	Paxman-V.-DM + EM	1488 + 295 2	3500 12	*Single role minehunters/* SRM H. GRP-Rumpf/hull. EM für Langsamfahrt/for low speed: 6.5 kn

Anzahl - Art/ Number - Group	Schiffsnamen und Stapellauf/ Ship's Name and Launching	Baubeginn - Fertig- *Umbau*/On Keel - Completed - *Conv.*	Bauwerft/Builder	Wasser- verdrängung/ Displacement ts	Länge/Length m	Breite/Beam m	Tiefgang/Draft m	Besatzung/ Crew Bes
13 MB	**Cottesmore, Middleton**	79/84	Yarrow, Scotstoun	625	60.0	9.9	3.4	45
○	**BRECON, Ledbury, Cattistock,**	75/80	Vosper Th., Woolston	750				
	Brocklesby, Dulverton, Atherstone,	86/89						
	Chiddingfold, Bicester, Hurworth,							
	Berkeley, Quorn 1978-88							

Landungsfahrzeuge/Landing Vessels

Anzahl - Art/ Number - Group	Schiffsnamen und Stapellauf/ Ship's Name and Launching	Baubeginn - Fertig- *Umbau*/On Keel - Completed - *Conv.*	Bauwerft/Builder	Wasser- verdrängung/ Displacement ts	Länge/Length m	Breite/Beam m	Tiefgang/Draft m	Besatzung/ Crew Bes
1 LH	**Ocean** 11.10. 95	94/98	GEC-Vickers, Barrow	.	203	34.0	6.6	250
○			+Kvaerner, Govan	21758				+180
2 LD	Albion, Bulwark a.St./o.St.	98/03	GEC-Vickers, Barrow	.	176	29.0	6.6	325
○		98/02		16980				
2 LD	**Intrepid**	62/67	Brown, Clydebank	12650	159	24.4	6.1	580
○		*86-88*		16950				
	FEARLESS 1963-64	62/65	Harland & W., Belfast					
		89-91	*Dy., Devonport*					
2 LS	I, II gepl./plan.	./.	.	.	.	.	.	.
1 LS	**Sir Galahad** 1986	85/87	Swan Hunter, Wallsend	7400	140	19.5	4.3	52
○				8585				
1 LS	**Sir Bedivere** 1966	65/67	Hawthorn, Hebburn	3390	135	18.2	4.0	49
○		*94-98*	*Rosyth*	6700				
3 LS	**Sir Tristram,**	66/67	Hawthorn, Hebburn	3270	126	18.0	3.8	68
○	**Sir Percivale**	66/68		5675				
	Sir Geraint 1966-67	65/67	Stephen, Govan	.				
12 LC	**L 713-715**	./86	Mc Taine, Liverpool	75	25.7	6.5	1.7	6
	L 710, 711	./65	Bolson, Poole	176				
	L 704-709	./64	Dunston, Hessle					
	L 700-702 1964-86	./64	Brooke Marine					

4 LC: **C 21-C 24** (93-94) 7 ts, 33 kn, [16] 1DTZ-DM, 240 kW, 11.0 x 4.6 m; Typ Griffon 2000 TDX (M)
21 LC: **LCVP 8301, 8401-8420** (84-87) 10 ts, 20 kn, 2 Mg ⛵, [35] Perkins-DM, 325 kW_2, 13 x 3.2 x 0.8 m, Mk 4 Klasse.

Anzahl - Art/ Number - Group	Schiffsnamen und Stapellauf/ Ship's Name and Launching	Baubeginn - Fertig- *Umbau*/On Keel - Completed - *Conv.*	Bauwerft/Builder	Wasser- verdrängung/ Displacement ts	Länge/Length m	Breite/Beam m	Tiefgang/Draft m	Besatzung/ Crew Bes
6 LC	**Andalsnes, Akyab,**	83/84	James + Stone,	.	33.3	8.3	1.5	6
	Aachen, Arezzo, Audemer	86/87	Brightlingsea	290				
	Arromanches (ex Agheila) 1984-87							

Hilfsfahrzeuge/Auxiliary Vessels

Anzahl - Art/ Number - Group	Schiffsnamen und Stapellauf/ Ship's Name and Launching	Baubeginn - Fertig- *Umbau*/On Keel - Completed - *Conv.*	Bauwerft/Builder	Wasser- verdrängung/ Displacement ts	Länge/Length m	Breite/Beam m	Tiefgang/Draft m	Besatzung/ Crew Bes
1 AG	**Scott** 1996	95/97	Apledore Shy,	13300	131.1	21.5	9.0	63
○			Bideford					
1 AG	**Herald** 1973	72/74	Robb, Caledon	2125	79.3	14.9	4.7	123
○				2510				

Bewaffnung/ Armament	Sensoren-Elektronik/ Sensors-Electronic	Geschwindigkeit/speed kn	Antrieb/Propulsion: Maschine / Kessel — Engines / Boilers — Masch	Leistung/ Power kW 1 kW = 1.36 PS	Fahrstrecke/ Range sm	Sonstige Angaben/ Remarks
1-3 , 2-2 , 2 Mg , 2 PAP 105		17.0	Paxman Deltic-DM	2795 2	1500 12	*Minesweepers/minehunters/ coastal.* Hunt-Klasse/class Glasfiberrumpf/glass fibre hull. 3: 2001 a.D./to be decom. Brecon, Cottesmore, Dulverton: 1998: Northern Ireland Patrol Ships
12 Sea King, 6 Lynx, 8-2 2, 3-2 Phalanx, 4 LCVP [830]		18.0	2 Piel.-DM	17570	8000 15	*Assault helicopter carrier* LPH
2-3 Goalkeeper, 8-3 2, 4 LCU, 4 LCVP [650],		18.0	2 Wärtsilä-DM + 2 Wärtsilä-DM	15600 2	.	*Assault ships.*
2-2 Phalanx, 2-2 , 8 Seacat 4, 4 4 LCM + 4 LCVP [700]		21.0	Engl. El. Tu 2 B & W	16180 2	5000 20	*Assault ships.* I Bew: 2-4 , 4-3 2, 2-2 2, 8 Seacat 4 Intrepid: aufgelegt/laid up
.	.	.	.	.	.	ALSL
[2-2 Phalanx], 2-2 , [340]		17.5	Mirrlees-B.-DM	8820 2	13000 15	Bug- und Heckrampe/bow and stern ramps. -Plattform für/for 2 Sea King/ EH-101.
4-2 1, 4-Mg 1, [340], 18		16.0	Wärtsilä-DM	7300 2	8000 15	*Landing ships logistic* SLEP: 1994-98
[2-2 Phalanx], 2-2 , 150 ts load, [400], 16		17.0	Mirrlees-DM	6900 2	.	*Landing ships logistic*
1 , [60 ts]		10.0	Paxman-DM	470 2	.	LCM (9) Klasse. Für Verwendung auf Fearless Klasse/for use aboard Fearless class.

8 LC: **I-VIII** (95-98) 20 ts, 17 kn, [35] 2 Volvo-Penta DM; 15.0 x 3.5 x 0.9 m, Bauwerft/builders: Vosper-Thornycroft, LCVP Mk 5 Klasse
10 LC: **LCU 01**-09 (99-02) 170/240 ts, [1 , 120], 30 m, Bauwerft/builders: Ailsa, Troon-Typ LCU Mk 10

[illegible]		10.3	Mirrlees-DM	1470 2	4000 10	*Landing craft logistic/* LCL. RCT=Royal corps of transport, army.
1]		17,5	2 Mak-DM	8000 1		Survey ship
Lynx		14.0	3 Paxman DM	4290 1	12000 10	Survey ship. Für Vermessung und Ozeanographie.

Anzahl - Art/ Number - Group	Schiffsnamen und Stapellauf/ Ship's Name and Launching	Baubeginn - Fertig- *Umbau*/On Keel - Completed - *Conv.*	Bauwerft/Builder	Wasser-verdrängung/ Displacement ts	Länge/Length m	Breite/Beam m	Tiefgang/Draft m	Besatzung/ Crew Bes
1 AG ○	Triton a.St./o.St.	99/01	Vosper Th., Woolston	1100	97.0	22.5	3.2	12 +12
1 AG ○	**Roebuck** 1985	84/86	Brooke, Lowestoft	1060 1400	63.9	13.0	3.8	52
2 AG	**Beagle, BULLDOG** 1967-68	66/68	Brooke, Lowestoft	800 1090	58.0	11.4	3.6	38
1 AG	**Gleaner** 1983	83/83	Emsworth Shy.	22	14.8	4.7	1.3	6
1 AG	**Colonel Templer** (ex Criscilla) ~1965	./66	Hall Russell, Aberdeen	1500	56.5	11.0	4.3	.
1 AG:	**Marine Explorer** (ex Hamburg) 3300 ts, 13 kn, Deutz-DM, 2205 kW, 83.6 x 13.6 x 5.6 m, Bauwerft/builder: Seebeck, Bremerhaven							
1 AI ○	**Endurance** (ex Polar Circle) ~1990	./90	Ulstein, Hatlo	6500	91.0	17.9	6.5	126
Royal Fleet Auxiliary Service/RFA								
1 AR ○	**Argus** (ex Contender Bezant) 1981	./83 84-88	Cant. Nav., Breda Harland & W., Belfast	22260 28480	173	30.6	8.0	117 + 137
1 AR	**Diligence** (ex Stena Inspector) 1981	./81 83-84	Öresund V., Lands-krona	. 10600	111	21.0	6.7	40 + 90
2 AK ○	**Sea Chieftaín** (ex Stena Hispania) **Sea Centurion** (ex Stena Grecia) 1998	97/99 97/98	SEC, Viareggio	21000	183	25.8	7.4	.
2 AK	I, II gepl./plan.	./.	.	15000	.	.	.	.
1 AK ○	**Sea Crusader** (ex Celestine) 1996	94/96	Kawasaki, Sakaide	23986 BRT/grt	161	25.2	6.5	17
2 AK ○	**Fort George** **Fort Victoria** 1990-91	89/93 86/93	Swan Hunter Harland & W., Belfast	. 32550	204	28.5	9.8	125 + 72
2 AK ○	**Fort Austin, Fort GRANGE** 1976-78	73/78 75/79	Scott, Lithgow	. 23400	184	24.1	8.6	185
2 AO ○	Wave Ruler Wave Knight 1999-a.St./o.St.	99/02 98/00	VSEL, Barrow	12000 30000	196	26.9	9.5	102
2 AO ○	**Olna, OLWEN** (ex Olynthus) 1964-65	63/65 /66	Leslie, Hebburn	10890 36000	197	25.6	10.4	87
2 AO ○	**Gold Rover, Black Rover** **Grey Rover** 1969-73	72/74 68/70	Swan Hunter, Walls.	4700 11520	141	19.2	7.3	47
1 AO	**Oakleaf** (ex Oktania) 1981	. *86*	Uddevalla V.	. 49300	174	32.3	10.2	36
3 AO ○	**Brambleleaf, Bayleaf, Orangeleaf** (ex Hudson Cavalier, Hudson Progress, Balder London) 1976-81	./80 82	Cammell Laird	. 40200	171	25.9	11.9	4

Bewaffnung/ Armament	Sensoren-Elektronik/ Sensors-Electronic	Geschwindigkeit/speed kn	Antrieb/Propulsion Maschine/Kessel Engines/Boilers Masch	Leistung/ Power kW 1 kW = 1.36 PS	Fahrstrecke/ Range sm	Sonstige Angaben/ Remarks
[1]		20.0	DM + 2	4000 1 + 700 2	3000 12	*Vermessungsschiff/Survey Ship* Trimaran: Versuchsträger für/ trials vessel for: F.S.C.
—		15.0	4 Mirrlees-DM	2235 2	4000 10	Coastal surveying ship. Verbesserte/improved Bulldog Klasse/class.
—		15.0	4 Blackstone- DM	1940 2	4500 12	*Coastal surveying ships*
—		14.0	R.R.-DM + Perkins-DM	385 + 53	450 10	*Survey motor launch/* SML. GRP Rumpf/hull
		15.0	Mirrlees-DM	1235 1	.	*Aviation trials support ship*

4 AG: **Cook, Nesbitt, Owen, Pat Barton** (97) 11 ts, 15 kn, 2 DM, 316 kW, 10.6 x 2.9 x 1.0 m — survey launches

		12.0	Bergen-DM	5993	4500 12	Eispatrouillenschiff/ice patrol ship. Bow thruster: 810 kW
12 Sea Harrier der/or 8 Sea Harrier + 6 Sea King, 2-3, 2-2		20.0	Pielstick-DM	17205 2	20000 19	*Aviation training ship*
4-2		15.5	Nohab-Polar DM	4410 1	500 12	Repair/Maintenance ship. 1983 gekauft/acquired.
—		22.0	4 SLZ-DM	23040	6000	RoRo; 98/00 als RFA in Langzeitcharter/as RFA in longterm bare boat charter
—		.	.	.	.	4 weitere geplant/4 more planned; RoRo
60]		18.0	2 MAN-DM	.	.	RoRo; 10/96: für RFA
2-3, [Sea Wolf 32], 2-2 Phalanx Sea King		20.0	S. Pielstick-DM	17575	. 2	*Fleet replenishment ships.* (AOR). 12500 ts liquid cargo, 5000 ts ammunition, 3000 ts dry stores, 500 ts refrigerated cargo.
2-2, Sea King		20.0	Sulzer-DM	17150 1	10000 20	*Fleet replenishment ships.* [AFS(H)]
3 Goalkeeper 2 Phalanx, 4 Mg Merlin HAS 1		16.0	4 Wärtsilä DM	14000 1	8000	*Large fleet tankers*
2, 2 Mg, Sea King		21.0 *19.0*	Pametrada Tu 2 B & W	19490 1	.	*Large fleet tankers* 2000/2002: a.D./to be decommissioned
2, 2 Mg		19.0	Pielstick-DM	11770 1	15000 15	Small fleet tankers. (AOL). -Deck.
2, 2 Mg		15.8	B & W-DM	9520 1	.	*Support tankers.* (AOT)
2, 4 Mg		15.5	2 Pielstick-DM	10300 1	.	Full replenishment at sea capability. Langfristig gechartert/on long-term charter.

Anzahl - Art/ Number - Group	Schiffsnamen und Stapellauf/ Ship's Name and Launching		Baubeginn - Fertig - *Umbau*/On Keel - Completed - *Conv.*	Bauwerft/Builder	Wasser- verdrängung/ Displacement ts	Länge/Length m	Breite/Beam m	Tiefgang/Draft m	Besatzung/ Crew Bes
1 AH	I	gepl./plan.	./.	.	.	.	.	.	.

Royal Maritime Auxiliary Service/RMAS

Anzahl - Art/ Number - Group	Schiffsnamen und Stapellauf/ Ship's Name and Launching		Baubeginn - Fertig - *Umbau*/On Keel - Completed - *Conv.*	Bauwerft/Builder	Wasser- verdrängung/ Displacement ts	Länge/Length m	Breite/Beam m	Tiefgang/Draft m	Besatzung/ Crew Bes
3 AN	**Salmaid**		84/86	Hall Russell, Aberdeen	1605	77.1	14.9	4.3	17
	Salmoor, Salmaster	1985-86	84/85	Hall Russell, Aberdeen	2295				+ 6
1 AN	**Warden**	1989	88/89	Richards J., Lowestoft	625	46.6	10.5	3.5	14
3 AN	**Cameron,**	1991	90/91	Dunston, Hessle	600	32.3	11.5	2.0	10
	Moorfowl, Moorhen	1989	88/89	McTay Mar., Brombor.					
2 AK	**Arrochar,**		80/77	Appledore Shy.	1150	70.6	11.9	4.6	22
	Kinterbury	1980-81	80/81	Cleland, Wallsend	1970				
3 AK	**Bee, Cockchafer,**		./70	Holmes, Beverly	200	34.0	8.5	3.4	7
	Ladybird,	1970-73	73		450				

4 AK: **Melton, Menai, Meon, Milford,** (81-82) 150 ts, 11.5 kn, DM — auch/also AX für/for RMAS

12 AK: **Elkstone, Epworth, Fulbeck, Grasmere, Hambledon, Harlech, Headcorn, Hever, Holmwood, Horning, Lamlash, Lechlade,** (71-74) 120/143 ts, 10.5 kn, 235 kW, DM, 24.4 x 6.4 x 1.9 m, Bes 6 — *Fleet tenders*

3 AP: **Newhaven, Nutbourne, Nettley, Padstow** (99-a.St./o.St.)
3 Tender: Oban, Oronsay, Omagh (a.St./o.St.)

8 AT: **Powerful, Faithful, Forceful, Dextrous, ADEPT, Bustler, Capable, Careful** (80-86) 450 ts, 12 kn, Ruston-DM, 1940 kW, Voith-Schneider Propeller

2 AT: **Impetus, Impulse** (92-93) 530 ts, 12.5 kn, DM, 2540 kW_2, 32.5 x 10.4 x 3.5 m

Anzahl - Art/ Number - Group	Schiffsnamen und Stapellauf/ Ship's Name and Launching		Baubeginn - Fertig - *Umbau*/On Keel - Completed - *Conv.*	Bauwerft/Builder	Wasser- verdrängung/ Displacement ts	Länge/Length m	Breite/Beam m	Tiefgang/Draft m	Besatzung/ Crew Bes
1 AG	**Newton**	1975	73/76	Scott, Lithgow	3150	98.6	16.0	4.7	64
○					4650				

3 YP: **TORNADO, Tormentor,** (79-80) 660 ts, 14 kn, 1620 kW_2, Mirrlees-DM, 47.4 x 8.5 m, Bauwerft/builder: Russell, Aberdeen; **Torrent** (71) 550 ts, 12 kn, Paxman-DM, 46 x 9.6 x 3.4 m, Bauwerft/builder: Cleland, Wallsend

4 YD: **Ilchester, Instow, Ironbridge, Ixworth** (72-74) 118 ts, 10.0 kn, Clovelly Klasse

Guatemala

Anzahl - Art/ Number - Group	Schiffsnamen und Stapellauf/ Ship's Name and Launching		Baubeginn - Fertig - *Umbau*/On Keel - Completed - *Conv.*	Bauwerft/Builder	Wasser- verdrängung/ Displacement ts	Länge/Length m	Breite/Beam m	Tiefgang/Draft m	Besatzung/ Crew Bes
1 PP	**Kukulkan**/GC 1051	1976	./76	Halter Mar., N. Orleans	91	32.0	6.2	1.9	2[illegible]
			77		110				
6 PP	**Tecun Uman, Kaibil Balam, Azamanche,**		./72	Halter Mar., N. Orleans	34	19.7	5.2	0.9	[illegible]
	Tzacol, Bitol, Gucumaz/GC 651-655,		81		45				
	656	1972-81							
2 PP	**Utatlan, Subteniente Osorio Saravia**		./72	Sewart, Louisiana	44	25.9	5.7	0.9	1[illegible]
	GC 851, 852	1969-72			55				

1 PP: **Iximiche** (97) 11 ts, 27 kn, 2 DM, 650 kW, 12.2 x 4.3 x 1.3 m; Sea Ark Marine

16 PR: **Lago de Atitlan, Mazatenango, Retalhuleu, Escuintla** 28 kn, 2 Mg ⛵, 220 kW, Al-hull; **Deneb, Sirius, Procyon, Vega, Pollux, Spica, Stella Maris** 19 kn, 110 kW, wooden hull; **Alioth, Dubhe, Kochab, Mirfa, Schedar** 8 ts, 25 kn, 2 Mg ⛵
4 PR: **Mero, Sardina, Pampana, Mavro I**

Bewaffnung/ Armament	Sensoren-Elektronik/ Sensors-Electronic	Geschwindigkeit/speed kn	Maschine / Kessel — Engines / Boilers — Masch	Leistung/ Power kW 1 kW = 1.36 PS	Fahrstrecke/ Range sm	Sonstige Angaben/ Remarks
—	⊤	.	.	.	.	*Lazarettschiff/Hospital Ship*
—	⊤	15.0	2 Ruston-DM	2940	5000 15	*Mooring/salvage/diving support/ fire fighting ships*
—	⊤ ⛉	15.0	Ruston-DM	1400 2	.	*Weapon range mooring tender*
—	⊤	8.0	Cummins-DM	535 2	.	*Powering mooring lighters*
'60 ts load	⊤	14.0	2 Mirrlees-B.-DM	2200 1	5000 10	*Naval armament carriers/* AKF.
—	⊤	10.0	Lister B.-DM	490 1	3000 10	*Fleet tenders.* VII Netzleger/netlayer

AK: **Adamant** (92) 23 kn, [36], 2 Cummins-DM, 30.8 x 7.8 x 1.1 m — *Submarine tender*

AK: **Miner III, Datchet** (94), 23 ts, 14.3 m, *clearance diving tenders*

AO: **OILpress** (68) 280/530 ts, 10 kn, 290 kW, DM

AP: **Bovisand, Cawsand** (97) 225 ts, 15 kn, 2 DM, 900 kW, 23.9 x 11.1 x 2.3 m; FBM Cowes-Storm Klasse/class

1 AT: 5 **„Dog“** Klasse (62-72) 170 ts, 12 kn, DM; 3 **„Felicity“** Klasse (79-81) 80 ts, 10 kn, DM; 3 **„Triton“** Klasse (72-74) 103 ts, 8 kn, DM — *Harbour berthing tugs*

–	⊤ ⛉	15.0	3 Mirrlees ⇝ DM	3200 1	5000 13	*Trial ship.* Für Sonarversuche, auch Kabelleger/for sonar trials, also cable layer.

alkland: Fischereischutz/Fishery Patrol

PP: **Cordella** (74) 1535 ts, 16.0 kn, Mirrlees-DM, 2390 kW, Bes/crew 17,

PP: **Dorada** 2860 BRT/GRT

Guatemala

-2 🔫, 2 Mg 🔫	⊤	32.0	Detroit-DM	2350 2	1150 20	Typ US Broadsword
-2 🔫, 2 Mg 🔫	⊤	25.0	Detroit-DM	705 2	400 15	Typ US Cutlass **Bew:** 655: 3 Mg 🔫 $_1$
2 🔫, 2 Mg 🔫	⊤	23.0	Detroit-DM	1620 2	400 12	Typ US Commercial Cruiser

PP: **GC 271-276** (94) 3.5 ts, 40 kn, 2 DM, 448 kW, 8.1 x 3.0 x 0.5 m — Typ Boston Whaler

LC: **Picuda, Barracuda**/D 361, 362 (76) 8.5 ts, 36 kn

Anzahl - Art/ Number - Group	Schiffsnamen und Stapellauf/ Ship's Name and Launching		Baubeginn - Fertig- *Umbau*/On Keel - Completed - *Conv.*	Bauwerft/Builder	Wasser- verdrängung/ Displacement ts	Länge/Length m	Breite/Beam m	Tiefgang/Draft m	Besatzung/ Crew Bes

Guinea

1 PP	**Intrepide**/P 328	1985	84/86	Swiftships, Morgan C.	40 48	23.5	6.1	1.5	10
1 PP	**Vigilante**/P300	1985	84/85	Swiftships, Morgan C.	36.5	19.8	5.6	1.6	10

Guinea-Bissau

2 PP: **Cacine, Cacheu**/LF 01, 02 (94) 55 ts, 28 kn, DM, 2200 kW, Bauwerft/builder: Alfeite, Portugal

1 PP: **Ilha de Caio**/LF 03 (93) 22 ts,1 Mg ∡, Bauwerft/builder: Peterson, Sturgeon Bay — Typ US Mk4

1 LC: **LDM 119** (65) 50 ts, 9 kn, 2 GM-DM, 340 kW, 15.3 x 4.4 x 1.1 m,
1993: von Portugal übernommen/acquired from Portugal

Honduras

2 PP: **Copan, Tegucigalpa**/FNH 106, 107 (83-86) 94 ts, 35 kn, 1-2 ∡ Sea Vulcan, 2 Mg ∡, GM-DM, 2870 kW_3, 32.3 x 6.3 x 2.1 m, Bes 16, Bauwerft/builder: Lantana, Florida

3 PP: **Guaymuras, Honduras, Hibures**/FNH 101-103 (77-80) 90 ts, 32 kn, 1-2 ∡, 2 Mg ∡, 3160 kW_2, MTU-DM, Typ US Swift 105 h

5 PP: **Nacaome, Goascoran, Petula, Ulua, Chuluteca**/FNH 651-655 (~78) 36 ts, 25 kn, 2 Mg ∡, GM-DM, III-V: MTU-DM, 36 kn, Typ US Commercial cruiser

10 PR: **I-X** (92) 2.2 ts, 30 kn, 2 DM, 224 kW, 7.6 x 2.4 x 0.4 m

Indien/India

Flugzeugträger/Aircraft Carriers

1 RB	**I** (ex Admiral Gorškov)	17. 04. 82	78/87 *99-02*	Nos. 444, Nikolajew SMP, Severodvinsk	. 44500	276	32.7 51.4	.	
1 RL	I	gepl./plan.	./10	Cochin	32000	.	.	.	
1 RL ○	**Viraat** (ex Hermes, ex Elephant)	16. 2. 1953	44/59 *76-77* *80-81*	Vickers-A., Barrow *R. Dy., Devonport*	23900 28300	227	27.4 48.8	8.5	117

Zerstörer/Destroyers

3 DG	Bombay **Mysore** **DELHI**	 1991-95	92/02 91/99 87/97	Mazagon D., Bombay Mazagon D., Bombay Mazagon D., Bombay	. 6700	163	17.0	6.5	36

Bewaffnung/ Armament	Sensoren-Elektronik/ Sensors-Electronic	Geschwindig-keit/speed kn	Antrieb/Propulsion Maschine/Kessel Engines/Boilers Masch	Leistung/ Power kW 1 kW = 1.36 PS	Fahrstrecke/ Range sm	Sonstige Angaben/ Remarks

Guinea

4 Mg		24.0	GM-DM	1750 3	1800 15	Typ US 77 ft
4 Mg		24.0	GM-DM	1170 2	500 18	Al-Rumpf/Al-hull

Guyana

2 PP: **Waitipu,** 9.5 kn — ex Fischkutter; **Houri,** 14 kn, Lg 15 m, Typ US 45'

Honduras

PR: **I-VIII** (85) 8.5 ts, 26 kn, 4 Mg, DM, 465 kW_2, 11 x 3.1 x 0.5 m, Bes 5, Bauwerft/builder: Lantana, Florida

LS: **Punta Caxinas**/FNH 1491 (88) 625 ts, 14.5 kn, Caterpillar-DM, 1490 kW_3

LC: **Warunta, Tansin, Caratasca**/FNH 7401-7403 55/115 ts, 12 kn, 2 Mg, DM, Typ US LCM (8)

AK: **Juliana, San Rafael, Carmen, Mairy, Yosuro, Gregori** FNH 7501-7506 — ex Fischerboote/fishing boats

Bojenleger/Buoy Tender: **Yojoa** (ex Walnut) (39) 825/986 ts, 12 kn, DM, 990 kW_2, Typ US Hollyhock

Indien/India

1, 13		32.0	4 Tu 8 Wr	125000 4	13500 18	Soll 2000 von RUS angekauft werden/to be acquired in 2000 from Russia.
6, 20	.	.	.	.	.	Projekt Sakariga Air Defence Ship (ADS)
Sea Harrier, Sea King		28.0	Parsons Tu 4 Wr 28 atü	55900	.	Winkeldeck/angled deck 6.5°, „Ski-jump" Rampe 12°. 1986 angekauft/purchased
SA-N-7, 16 SS-N-25 $_4$, 10, 4-3 $_6$, **UTR** 53.3 **IIIII**, $_{12}$ RBU 6000, Sea King		28.0	2 AM-50 GTu + 2 DM	39705 + 7352 2	.	Project 15. I **Masch:** US LM 2500 GTu

Anzahl-Art/ Number-Group	Schiffsnamen und Stapellauf/ Ship's Name and Launching		Baubeginn-Fertig-*Umbau*/On Keel-Completed-*Conv.*	Bauwerft/Builder	Wasser-verdrängung/ Displacement ts	Länge/Length m	Breite/Beam m	Tiefgang/Draft m	Besatzung/ Crew Bes
2 DG	**Ranvijaj**		82/87	Kommuna, Nikolaev	3950	147	15.8	5.0	365
	Ranvir	1983-86	81/85	Kommuna, Nikolaev	4950				
3 DG	**Ranjit**		77/83	Kommuna, Nikolaev	3950	147	15.8	5.0	320
○	**Rana**		76/81	Kommuna, Nikolaev	4950				
	Rajputj	1977-79	76/79	Kommuna, Nikolaev					

Fregatten und Korvetten/Frigates and Corvettes

Anzahl-Art/ Number-Group	Schiffsnamen und Stapellauf/ Ship's Name and Launching		Baubeginn-Fertig-*Umbau*/On Keel-Completed-*Conv.*	Bauwerft/Builder	Wasser-verdrängung/ Displacement ts	Länge/Length m	Breite/Beam m	Tiefgang/Draft m	Besatzung/ Crew Bes
3 FG	II-III		./08	Mazagon Dy., Bombay	4600	124	.	.	
	I	bew./auth.-gepl./plan.	99/.						
3 FG	II-III		00/03	Baltische Werft,	3100	126	15.2	4.2	22
○	I	a.St./o.St.-bew./auth.	99/02	St. Petersburg	3780				
3 FG	Betwa		01/03	Garden Reach, Calcutta	3700	126	14.5	4.5	35
	Beas		94/02	Garden Reach, Calcutta	4300				
	Brahmaputra	1996-bew./auth.	89/00	Garden Reach, Calcutta					
3 FG	**Gomati**		81/88	Mazagon D., Bombay	4700	126	14.5	4.5	36
○	**Ganga**		80/85	Mazagon D., Bombay	5300				
	GODAVARI	1981-84	78/83	Mazagon D., Bombay					
4 FF	**Vindhyagiri**		76/81	Mazagon D., Bombay	2680	113	13.1	4.7	26
○○	**Taragiri**		74/80	Mazagon D., Bombay	2950				
	Dunagiri		73/77	Mazagon D., Bombay					
	Himgiri	1970-77	67/74	Mazagon D., Bombay					
4 FF	**Amini, Androth**		./69	USSR	950	82.3	9.1	3.2	9
○	**Anjadip, Arnala**		75		1100				
		1968-74							
2 FG	**Sindhudurg, Vijaydurg**		./76	Petrovskij, Leningrad	675	60.3	12.2	3.1	6
○		~1973	78						
4 FG	**Kora**, Kulish, Kirch, Karmukh		90/98	Garden Reach, Calcutta	1400	91.2	10.5	4.5	8
○		1992-a.St./o.St.	97/03						
4 FG	**Kirpan, Khanjar**		87/91	Garden Reach, Calcutta	1350	91.0	10.5	4.5	8
○	**Kuthar**		86/90	Mazagon D., Bombay					
	Khukri	1986-88	85/89	Mazagon D., Bombay					
7 FG	**Vidyut, Nashak, Prahar, Vinash,**		93/01	Goa S.Y.	430	56.9	10.6	3.9	4
	Vibhuti, Vipul, I	1990-a.St./o.St.	92/95	Mazagon D., Bombay					
			88/91						

Bewaffnung/ Armament	Sensoren-Elektronik/ Sensors-Electronic	Geschwindigkeit/speed kn	Antrieb/Propulsion Maschine/Kessel Engines/Boilers Masch	Leistung/Power kW 1 kW = 1.36 PS	Fahrstrecke/Range sm	Sonstige Angaben/ Remarks
SS-N-2 C ⇨, SA-N-1 ⇑$_2$, 2-7.6 $_2$, -3 $_6$, 5 **UTR** 53.3 **IIIII**, $_{12}$ RBU 6000, Ka 28		30.0	4 GTu	55000 2	5000 18	Verbesserter/improved Typ USSR Kashin. Führungsschiffe/Command Control Ships Projekt 61-ME.
SS-N-2 C ⇨, SA-N-1 ⇑$_2$, 2-7.6 $_6$, 6-3 $_2$, 5 **UTR** 53.3 **IIIII**, $_{12}$ RBU 6000, Hormone		30.0	4 GTu	55000 2	5000 18	Ähnlich/similar to Typ USSR Kashin mod. Führungsschiffe/Command Control Ships.
⇨, ⇑,	. . .	.	GTu + DM	.	.	Projekt 17 A.
VLS ⇑, 1 SA-N-4 ⇑, 6 SS-N-25$_4$, 1 CADS-1, -10, 4-3 $_6$, **UTR** 53.3 **IIIII**, $_{12}$ RBU 6000, 1 KA-28		33.0	2 GTu + 2 GTu	~35735 + 17495 2	4500 15	Typ russ. KRIVAK-III-MOD Projekt 1135.6
6 SS-N-25 ⇨$_4$, VLS ⇑ Barak, 1-7.6, -3 $_6$, 6 **UTR** 32.4 **III**, Sea King,		29.0	Tu 2 Bhopal Wr	22400 2	4500 12	Verbesserte/improved Godavari Klasse. Projekt 16 A Erhalten/to get: 16 SS-N-25$_4$ ⇨
SS-N-2 C ⇨, SA-N-4 ⇑$_2$, -5.7 $_2$, 8-3 $_2$, **UTR** 32.4 **III**, Sea King + 1 Chetak		27.0	Tu 2 B & W Wr	22065 2	4500 12	Entwickelt aus Nilgiri Klasse/ development of Nilgiri class Erhalten/to get: 16 SS-N-25$_4$ ⇨
-11.4 $_2$, 4-3 $_2$, -2, $_3$ Limbo, Chetak, II: Sea King		30.0	Eng. El. Tu 2 B & W Wr	22065 2	4500 12	Ähnlich/similar to Typ brit. Leander. I, II: größeres -Deck, 6 **UTR** 32.4 **III**, $_2$ Bofors, kein Limbo/ enlarged -deck, 6 **UTR** 32.4 **III**, $_2$ Bofors, no Limbo.
-7.6 $_2$, **UTR** 53.3 **III**, 2 $_{16}$ BU 2500		35.0	2 GTu + 2 DM	22065 + 4410 2	4000 20	Typ USSR Petya II. Werden bis 2000 gestrichen/will be deleted till 2000.
SS-N-2 C ⇨$_2$, SA-N-4 ⇑$_2$, 2-5.7		34.0	6 DM	22065 3	3600 15	Typ USSR Nanuchka II
SS-N-25 ⇨$_4$, 1-7.6, 3 $_6$, 1 SA-N-5 $_4$, **UTR** 32.4 **III**]		25.0	Pielstick-DM	10590 2	4000 16	Projekt 25 A -Deck
SS-N-2 D ⇨$_2$, 1-7.6, 3 $_2$, 1 SA-N-5 $_4$, **UTR** 32.4 **III**		25.0	2 Piel.-DM	10300 2	4000 16	Projekt 25 -Deck
SS-N-2 C ⇨$_2$, 7.6, 2-3 $_6$, SA-N-5 $_4$		35.0	1 LM-GTu + 2 MTU-DM	17130 + 4410 2	2000 20	Verbesserter/improved Typ USSR Tarantul I. **Masch:** CODOG

Anzahl - Art/ Number - Group	Schiffsnamen und Stapellauf/ Ship's Name and Launching		Baubeginn - Fertig- *Umbau*/On Keel - Completed - *Conv.*	Bauwerft/Builder	Wasser- verdrängung/ Displacement ts	Länge/Length m	Breite/Beam m	Tiefgang/Draft m	Besatzung/ Crew Bes
5 FG ○	**Veer, Nirbhik, Nipat, Nishank, Nirghat**	1986-90	./87 90	Werft 341, Rybinsk	480 550	56.1	11.3	3.9	50
5 FG	I-V	bew./auth.	98/.	Goa Shy., Goa	430	56.9	10.6	3.9	4
4 FS ○	**Abhay, Ajay, Akshay, Agray**	1988-90	./89 91	Rybinsk	440 510	58.5	9.4	2.5	[illegible]
7 FS ○	**Savitri, Saryu, Sharada, Sujantha** **SUKANYA, Subhadra, Suvarna**	1989 - 91	88/90 90/93 88/89	Hindustan Shy. Korea Tacoma, Masan	1650 1890	103	11.5	3.4	10
Uboote/Submarines									
1 SS	I	bew./auth.	./06	Mazagon Dy., Bombay	5500↑ 7000↓	105	13.5	9.0	
2 SS	I, II	gepl./plan	./.	Mazagon Dy., Bombay	2100↓	.	.	.	
4 SS ○	**Shankul** **Shalki** **Shankush** **Shishumar**	1984-92	89/94 84/92 82/86 82/86	Mazagon D., Bombay Mazagon D., Bombay HDW, Kiel HDW, Kiel	1655↑ 1810↓	64.4	6.5	5.5	3
10 SS	**Sindhushastra,** **Sindhurakshak,** **Sindhukirti, Sindhuvijay** **Sindhukesari, Sindhuratna** **Sindhudvay, Sindhuraj, Sindhuvir** **Sindhughosh**	1985-99	94/99 93/98 89/90 88/89 86/87 83/85	Admiralitätswerft, St. Petersburg Admiralitätswerft, Leningrad Werft 112, Gorkij	2300↑ 3200↓	72.6	9.9	6.2	5
4 SS ○	**Karanj,** **Vagir, Vagli, Vela**	1969-73	./69 73/74	Adm. W., St. Petersburg	1950↑ 2400↓	91.5	7.5	6.1	7
Kleine Kampfschiffe/Small Fighting Vessels									
5 PG ○	**Prachand, Pralaya, Prabal,** **Chapal, Chatak**	~1970	./76	USSR	195 240	38.6	7.6	2.0	3
5 PP	**T 58-62**	1983-86	./84 87	Garden Reach, Calcutta	. 210	37.8	7.6	1.3	3
6 PP	**T 80, 81** III-VI	1996-bew./auth.	95/96 99/.	IAI, Haifa Goa Shy., Goa	48 60	26.0	5.5	1.8	[illegible]
Minensucher/Minesweepers									
10 MB	I-X	gepl./plan.	./.	Goa Shy., Goa	.	.	.	.	
12 MB ○	**Pondicherry, Porbandar, Bedi,** **Bhavnagar, Alleppey, Ratnagiri,** **Karwar, Kakinada, Kuddalore, Kana-nore, Kozikode, Konkan**	1975-87	./78 ./88	Sr. Neva, Kolpino	750 880	61.0	10.2	5.3	1
6 MS ○	**Magdala, Malpe, Malwan, Mahé,** **Mulki, Mangalore**	~1982	./83 /84	Sr. Neva, Kolpino	80 90	26.1	6.1	1.2	[illegible]

Bewaffnung/ Armament	Sensoren-Elektronik/ Sensors-Electronic	Geschwindigkeit/speed kn	Antrieb/Propulsion Maschine/Kessel Engines/Boilers Masch	Leistung/Power kW 1 kW = 1.36 PS	Fahrstrecke/Range sm	Sonstige Angaben/ Remarks
4 SS-N-2 C ⇒$_2$, 1-7.6, 2-3 $_6$, 1 SA-N-5 $_4$		35.0	2 GTu + DM	17650 + 2940 2	2000 20	Typ USSR Tarantul I
8 SS-N-25 ⇒$_4$, 1-7.6, 2-3 $_6$		35.0	1 LM-GTu + 2 MTU-DM	17130 + 4410 2	2000 20	
1-7.6, 1-3 $_6$, 1 SA-N-5 $_4$, 4 **UTR** 53.3 **II**, $_5$ RBU 1200		32.0	DM	14700 2	2400 14	Typ USSR Pauk II
2-4, 1 Chetak		20.0	SEMT-Pielstick-DM	9140 2	7000 16	
⇒, 2 **TR** 65.0 b↓, 4 **TR** 53.3 b↓	.	15.0↑ 30.0↓	Reaktor + DM/EM	70000 1	.	Advanced Technology Vessel (ATV) ~Rus. Severodvinsk?
⇒, 8 **TR** 53.3 b↓	.	11.0↑ 23.0↓	DM + EM	.	.	Typ T-75
8 **TR** 53.3 b↓		11.0↑ 22.5↓	MTU-Piller-DG Siemens-EM	4500 1	8200 8	Typ deutsch/German T 1500. ↓ Fahrstrecke/range: 30 sm/ 20 kn. Rettungskugel/rescue sphere + 2?
6 **TR** 53.3 b↓, 24 ⇒ SS-N-27/3 M-54 E		10.0↑ 17.0↓	DM → EM + EM + 2 EM	4050 + 95 + 150 1	6000 7	Typ USSR Kilo-I/ Projekt 877 EKM Erhalten ab/to get from: 1999: SS-N-27
10 **TR** 53.3↓ (6 b, 4 h)		18.0↑ 18.0↑	DM EM	4410 4410 3	11000 8	Typ USSR Foxtrot
4 SS-N-2 B ⇒, 4-3		36.0	DM	11030 3	800 25	Typ USSR Osa II.
1-4		28.0	MTU-DM	6765 2	.	SDB MK 3 Klasse
⇒], 2-2 $_1$, 2 Mg $_1$		45.0	MTU-DM	2880 2	1200 17	Typ israel. Super Dvora
	.	.	.	.	.	Minenjäger/minehunters. GRP-Rumpf/hull
-3 $_2$, 4-2.5 $_2$, SA-N-5 $_4$, $_6$ RBU 1200		17.0	DM	3535 2	5200 10	Typ USSR Natya. Keine Heckrampe/no stern ramp
Mg		16.0	DM	440 2	300 10	Typ USSR Yevgenya

Anzahl - Art/ Number - Group	Schiffsnamen und Stapellauf/ Ship's Name and Launching	Baubeginn - Fertig- *Umbau*/On Keel - Completed - *Conv.*	Bauwerft/Builder	Wasser-verdrängung/ Displacement ts	Länge/Length m	Breite/Beam m	Tiefgang/Draft m	Besatzung/ Crew Bes
Landungsfahrzeuge/Landing Vessels								
3 LS	I a. St./o. st.	91/08	Hindustan Shy.	3200	125	17.5	4.0	135
○	**Gharial** 1991	88/97	Hindustan Shy.	5500				
	Magar 1984	82/87	Garden Reach, Calcutta					
4 LS	**Cheetah, Mahish, Guldar, Khumbir**	./84	St. Mar.Woj., Oksywie	1000	82.0	9.9	2.6	40
○	1984-86	86		1300				
4 LS	**Ghorpad, Kesari, Shardul, Sharabh**	./75	St. Mar.Woj., Oksywie	1000	82.0	8.9	1.8	40
	1974-76	76		1300				
10 LS	**Midhur, Mangala, L 40,**	./80	Goa Shy., Goa	500	56.0	8.0	1.7	.
○	**L 33, 35-37**	87						
	Vasco da Gama,	./81	Hooghly, Calcutta					
	L 31, 32 1978-86	/83						
Hilfsfahrzeuge/Auxiliary Vessels								
1 AR	**Amba** 1968	65/69	Werft 444, Nikolajew	6750	141	17.7	6.5	400
○				9500				
1 AR	**Nireekshak** 1984	82/89	Mazagon D., Bombay	.	70.5	17.5	4.2	63
				3600				
1 AO	**Jyoti** 1995	./96	Admiralitätswerft,	28840	179	25.3	11.3	.
○			St. Petersburg	35900				
1 AO	**Aditya** 1993	88/99	Garden Reach, Calcutta	17000	172	23.0	9.1	190
1 AO	**Shakti** 1975	74/76	Vulkan, Vegesack	6785	168	23.0	9.1	170
○				22000				
2 AO:	**Ambuda, Cochin** (77) 200 ts, 9 kn, 32.0 m; Wassertanker/water carriers							
5 AO:	**Poshak, Puran, Pushpa** (81-88) 600 ts, 8 kn, DM, 36.3 x 7.6 x 2.4 m; **Purak, Pradhayak** (76-77) 960 ts, 9 kn, 410 kW_1, MAN-DM, 49.7 x 8 x 3 m							
1 AG	**Sagardhwani** 1993	./94	Garden Reach, Calcutta	2050	85.1	12.8	3.7	80 + 1[illegible]
8 AG	**Sandhayak, Nirdeshak, Nirupak,**	75/81	Garden Reach, Calcutta	1200	85.8	12.3	3.4	14[illegible]
○	**Investigator, Jamuna, Sutlej**	91/93		1800				
	Darshak, Sarveshak 1977-98	./00	Goa S.Y., Goa					
4 AG:	**Makar, Mithun, Meen, Mesh** (83-85) 185 ts, 12.5 kn, DM, Bauwerft/builder: Goa Shy.; Küstenvermessung/inshore survey							
1 AG	**Samudra Manthan** ?	.	AG Weser, Bremen	2350	88.8	12.9	5.0	6[illegible]
		81-83	*Tyne Ship Repair*	BRT/grt				
1 AG	**Sagar Sampada** 1984	83/84	Dannebrog, Århus	2400	78.0	16.4	5.6	
				BRT/grt				
1 AG	**Sagar Kanya** 1982	81/83	Schlichting, Travem.	4209	100	16.4	5.9	5[illegible]
				BRT/grt				

Bewaffnung/ Armament	Sensoren-Elektronik/ Sensors-Electronic	Geschwindigkeit/speed kn	Maschine/Kessel Engines/Boilers Masch	Leistung/Power kW 1 kW = 1.36 PS	Fahrstrecke/Range sm	Sonstige Angaben/ Remarks
4-4 ⍊, 2 $\rightarrowtail_{18}$	⊤	15.0	SEMT-P.-DM	6300 2	3000 14	Ähnlich/similar to Typ brit. Sir Geraint, ⥼-Deck. Nr. 03:?
4-3 $⍊_2$, 2 $\rightarrowtail_{18}$, 8 ⛟, [200 ts]	⊤ ⌽	18.0	DM	3680 2	3300 14	Typ USSR Polnocny D. ⥼-Deck, Projekt 773 M
4-3 $⍊_2$, 2 $\rightarrowtail_{18}$, 8 ⛟, [350 ts]	⊤ ⌽	18.0	DM	3680 2	3300 14	Typ USSR Polnocny C Projekt 773 I
2-4 ⍊, [250 ts], ▫	⊤	9.0	MAN-DM	915 3	1000 8	
4-7.6 $⍊_2$	⊤ ⌽ ⌽	17.0	4 DM	10300 2	10000 12	Typ USSR Ugra. Uboot-Begleitschiff/ submarine depotship
2 DSRV	⊤ ⍒	12.0	Bergen-DM	2060 2	.	2 Bugstrahlruder/2 bow thrusters
—	⊤ ⍜	14.5	1 B & W-DM	7720	10500 12	Typ rus. Projekt 15966
3-4 ⍊, 1 ⥼ Chetak	⊤	20.0	.	17650 1	10000 16	
3-4 ⍊, 2-2 ⍊	⊤	20.0	de Laval ✲ Tu 2 B & C Wr	12130 1	5500 18.5	⥼-Deck

1 AT: **Ambika** (93) 1600 ts, 15 kn, 2 DM, 2900 kW, 68.0 x 12.5 x 4 m;

2 AT: **Matanga** (77) 1600 ts, 15 kn, MAN-DM, 2880 kW_2; **Gaj** (74) 1460 ts, 15 kn, MAN-DM, 2180 kW_2

7 AT: **Rajaji** (81) 430 ts, 12.5 kn, MAN-DM, 1560 kW_2; **Agaral, Arjun, Balshil, Balram, Bajrang, Anand** (73-88)

—	⊤	16.0	2 MAN-DM	2840	6000 16	
1-4 ⍊, 1 ⥼ Chetak	⊤	16.8	MAN-DM	2880 1	6000 14	Vermessung/survey. Pleuger aktiv Ruder/propeller. ⥼-Deck + Hangar

1 AG: **Astravahini** (83) 110 ts, 11 kn, DM, für Versuche/for trials

—	⊤	12.0	MAN-DM	1575 1	.	Vermessung/survey. Not navy
—	⊤	13.5	B & W-MAN-DM	1680 1	.	Forschung/research. Not navy
—	⊤	14.3	MaK ⇶ DM	4730 2	.	Forschung/research. Not navy

Anzahl - Art/ Number - Group	Schiffsnamen und Stapellauf/ Ship's Name and Launching		Baubeginn - Fertig- *Umbau*/On Keel - Completed - *Conv.*	Bauwerft/Builder	Wasser-verdrängung/ Displacement ts	Länge/Length m	Breite/Beam m	Tiefgang/Draft m	Besatzung/ Crew Bes
1 AX	**Krishna** (ex Andromeda)	1967	66/68	R.Dy., Portsmouth	2960	113.4	13.1	5.5	260
1 AX	**Tir**	1983	./86	Mazagon D., Bombay	2000	106	13.2	4.8	239
					2400				+ 120
1 AP	**Andamans** (ex Swaraj Dweep)		97/99	Hindustan S.Y.,	19000	157	21.0	7.5	160
		1998		Vishakapatnam					

2 AX: **Tarangini** (97) 300 ts; **Varuna** (80) 105 ts — Segelschulschiffe/sail training ships
1 AH: **Lakshadweep** (81) 80 ts, 12 kn, 660 kW_2, DM, 52 x 9.5 x 3 m

Küstenwache/Coast Guard

Anzahl - Art/ Number - Group	Schiffsnamen und Stapellauf/ Ship's Name and Launching		Baubeginn - Fertig- *Umbau*/On Keel - Completed - *Conv.*	Bauwerft/Builder	Wasser-verdrängung/ Displacement ts	Länge/Length m	Breite/Beam m	Tiefgang/Draft m	Besatzung/ Crew Bes
2 FE	II		99/.	Goa Shy., Goa	.	89.0	12.4	.	.
	I	a.St./o.St.	97/.						
3 FE	**Sarang**		94/97	Hindustan Shy.+	1650	103	11.5	3.4	45
	Sangram		93/96	Garden Reach, Calcutta	1890				
	Samar	1993-97	92/96						
9 FE	**Varada, Varaha**		90/92	Mazagon D., Bombay	940	74.0	10.6	3.5	96
○	**Vikram, Vijaya, Veera, Varuna,**		80/83	Mazagon D., Bombay	1225				
	Vajra, Vivek, Vigraha		86/90	Goa Shy.					
		1981-90							
14 PP	**Sucheta Kripalani, Bhikaji Cama,**		./98	Garden Reach, Calcutta	175	44.9	7.0	2.6	34
	Kanak Lata Baura,		./97		200				
	Priyadarshini, Razya Sultana,		90/92	Garden Reach, Calcutta					
	Annie Besant, Kamla Devi, Amrit Kaur		91/93	Goa Shy.					
	Lakshmi Bai, Akka Devi,		87/89	Garden Reach, Calcutta					
	Naiki Devi, Ganga Devi		90						
	Tara Bai, Ahalya Bai		86/87	Singapor Shb. & Eng.					
		1987-89							
7 PP	**Rani Jindan, Kittur Chinnama,**		83/85	Garden Reach, Calcutta	.	44.0	7.4	1.7	34
	Ramadevi, Avvaiyar, Chand Bibi,		87/88		275				
	Habbakhatun								
	Jija Bai	1983-88	82/83	Sumidagawa					
10 PP	**C 131-140**	1991-95	91/93	Anderson Marine,	.	20.8	5.8	1.5	10
			93/94	Chincalim + Goa Shy.	49				
			./98						
7 PP	**C 01, 02, 04-08**	1979-81	./80	Swallow Craft, Pusan	32	20.0	4.7	1.3	8
			./82		35				

Indonesien/Indonesia

Fregatten/Frigates

Anzahl - Art/ Number - Group	Schiffsnamen und Stapellauf/ Ship's Name and Launching		Baubeginn - Fertig- *Umbau*/On Keel - Completed - *Conv.*	Bauwerft/Builder	Wasser-verdrängung/ Displacement ts	Länge/Length m	Breite/Beam m	Tiefgang/Draft m	Besatzung/ Crew Bes
3 FG	**Nala**		78/80	Wilton, Fijenoord	1150	84.0	11.1	3.3	90
○	**Malahayati**		77/80	Wilton, Fijenoord	1460				
	FATAHILLAH	1977-79	77/79	Wilton, Fijenoord					
6 FG	**Karel Satsuitubun** (ex Isaac Sweers)		65/68	Ned. D. Mij., Amsterdam	2200	114	12.5	4.6	184
○	**Slamet Riyadi** (ex Van Speijk)		63/67	Ned. D. Mij., Amsterdam	2850				
	Ahmad Yani (ex Tjerk Hiddes)		64/67	Ned. D. Mij., Amsterdam					
	Abdul Halim Perdanakusuma (ex Evertsen)		65/67	de Schelde, Vlissingen					
	Oswald Siahaan (ex Van Nes)		63/67	de Schelde, Vlissingen					
	Jos Sudarso (ex Van Galen)	1965-66	63/67	de Schelde, Vlissingen					

Bewaffnung/ Armament	Sensoren-Elektronik/ Sensors-Electronic	Geschwindigkeit/speed kn	Antrieb/Propulsion Maschine/Kessel Engines/Boilers Masch	Leistung/ Power kW 1 kW = 1.36 PS	Fahrstrecke/ Range sm	Sonstige Angaben/ Remarks
4-2 $_{1}$,		28.0	Wh. E. Tu 2 Babcock	22060 2	4500 12	1995: als Schulschiff erworben/ acquired as training vessel.
2-4 $_{2}$, [1]		18.0	2 Piel.-DM	5200 2	6000 12	
[1200], LCPV, 1		16.0	2 DM	.	.	

3 YD: **I-III** (82-84) 36 ts, 12 kn, DM, 190 kW_{2}, Bauwerft/builder: Cleback, Calcutta
2 YD: **A 71, 72** (80-81) 110 ts, 12 kn, DM, 220 kW_{1}, 28.5 x 6.1 x 1.4 m, Bauwerft/builder: Goa Shy.

1-7.6 , 2 Mg $_{1}$		.	DM	.	.	Weitere geplant/ more are planned
1-7.6 , 2 Mg, 1 Chetak		20.0	SEMT-Pielstick-DM	9140 2	7000 16	Sukanya Klasse
2-4 , 1 Chetak		22.0	SEMT-P.-DM	9550 2	3500 18	Chetak = Alouette III
1-4 , 2 Mg		25.0	MTU-DM	2960 2	2400 14	Typ deutsch/German Lürssen 45.
1-4		25.0	MTU-DM	2960 2	2400 14	
1-2 , 1 Mg		25.0	MWM-DM	1325 2	600 15	Typ brit. P 2000. GRP Rumpf/hull
—		20.0	GM-DM	990 2	400 20	

Indonesien/Indonesia

4 MM 38 , 1-12 , 1-4 , 2-2 , 6 **UTR** 32.4 **III**, 1 $_{2}$		30.0	R.R.-GTu + MTU-DM	20540 + 4410 2	4250 16	**Masch:** CODOG. I: 1 BO 105, 2-4 , Falthangar/collapsible hangar
8 Harpoon $_{4}$, 1-7.6 OTO, 8 Seacat $_{4}$, 6 **UTR** 32.4 **III**, 1		28.5	Werkspoor Tu 2 Babcock	22065 2	4500 12	Typ brit. Leander Seacat wird ersetzt/to be replaced by: SIMBAD

Anzahl - Art/ Number - Group	Schiffsnamen und Stapellauf/ Ship's Name and Launching	Baubeginn - Fertig- *Umbau*/On Keel - Completed - *Conv.*	Bauwerft/Builder	Wasser- verdrängung/ Displacement ts	Länge/Length m	Breite/Beam m	Tiefgang/Draft m	Besatzung/ Crew Bes
3 FF	**Martha Khrystina Tiyahadu** (ex Zulu)	60/64	Stephen, Govan	2300	110	13.0	5.3	253
○	**Hasanuddin** (ex Tartar)	59/62	R. Dy., Devonport	2700				
	Wilhelmus Zakarias Yohannes	58/63	Thornycroft, South.					
	(ex Gurkha) 1960-62	*84-85*						
4 FF	**Martadinata, Samadikun, Monginsidi,**	57/59	USA	1450	95.0	11.8	4.3	175
○	**Ngurah Rai** (ex Charles Berry,	58/60		1930				
	John R. Perry, Claud Jones,							
	Mc Morris) 1958-59							
16 FF	**Sutanto, Sutedi Senoputra, Wiratno,**	78/81	Peenewerft, Wolgast	793	75.2	9.8	4.4	59
	Memet Sastrawiria, Cut Nyak Dien,	83/85		820				
	Sultan Thaha Syaifuddin,							
	Hasan Basri, Nuku, Kapitan Patimura, Pati Unus, Untung Suropati, Iman Bonjol, Silas Papare, Teuku							
	Umar, Tjiptadi, Lambung Mangkurat (ex Wismar, Parchim, Perleberg, Bützow, Lübz, Bad Doberan,							
	Güstrow, Waren, Prenzlau, Ludwigslust, Ribnitz-Damgarten, Teterow, Gadebusch, Grevesmühlen,							
	Bergen, Angermünde) 1979-85							
Uboote/Submarines								
2 SS	**Cakra**	77/81	HDW, Kiel	1285↑	59.5	6.3	5.0	33
○	**Nanggala** 1980	78/82	HDW, Kiel	1390↓				
		86-89	*HDW, Kiel*					
Kleine Kampfschiffe/Small Fighting Vessels								
4 PG	**Badik, Keris, Mandau, Rencong**	77/79	Korea Tacoma, Masan	280	53.6	8.0	2.0	32
○	1970-80	79/80						
4 PC	**Singa, Ajak, Pandrong, Sura** 1986-88	./88	PAL, Surabaya +	342	58.1	7.6	2.8	42
○		./89	Lürssen, Vegesack	425				
4 PF	**Kakap, Kerapu, Barakuda** (ex Bervang)	83/87	Lürssen, Vegesack	350	58.1	7.6	2.8	40
	Tongkol, 1984 - 94	./95.	+ PAL, Surabaya	415				+ 17
4 PF	I-IV	95/99	PAL, Surabaya	.	58.1	7.6	2.8	42
	1998-a.St./o.St.	./.		447				
8 PP	**Sada, Sikuda, Sibarau, Siliman, Sigalu,**	66/68	Australien/Australia	100	32.6	6.0	2.2	19
○	**Silea, Siribua, Sigurot** (ex Barbette,			146				
	Attack, Bandolier, Archer, Barricade,							
	Acute, Bombard, Assail) 1967-68							
25 PP	**1101-1125** 1987-92	./87	PT Kabrick Kapal	.	24.5	4.3	1.0	.
		92		45				
Minensucher/Minesweepers								
2 MB	**Pulau Rupat**	86/88	De Noord, Alblasserdam	510	51.5	8.9	2.5	45
○	**Pulau Rengat** 1987	85/88	De Noord, Alblasserdam	570				
9 MS	**Pulau Rote, P. Romang, P. Rimau,**	69/71	Peenewerft, Wolgast	437	56.8	7.7	2.4	30
	P. Rondo, P. Rusa, P. Rangsang,	73/73		471				
	P. Raibu, P. Raas, P. Rempang							
	(ex Wolgast, Pritzwalk, Bitterfeld, Zerbst, Oranienburg, Jüterbog, Sömmerda, Hettstedt, Grimma) 1970-73							

Bewaffnung/ Armament	Sensoren-Elektronik/ Sensors-Electronic	Geschwindigkeit/speed kn	Antrieb/Propulsion: Maschine/Kessel, Engines/Boilers, Masch	Leistung/Power kW (1 kW = 1.36 PS)	Fahrstrecke/Range sm	Sonstige Angaben/ Remarks
2-11.4 $_1$, 2-2, 2 Mg, 8 Seacat $_4$, 1 $_3$ Limbo, 1		25.0	Metrovik Tu + Metrovik-GTu-1 Babcock	9200 + 5500 1	4580 12	Typ brit. Tribal. **Masch:** COSAG I: in Reserve
1-7.6, 4-2.5 $_2$, 6 **UTR** 32.4 **III**, 2		21.0	2 Fairbank-Morse-DM	6770 1	3590 20	Typ US Claud Jones. II Flaggschiff/flagship. **Bew/AMT:** III, IV 2-7.6. I, II- 2-3.7 $_2$ zusätzlich/added
2-5.7 $_2$, 1-3 $_6$, 2 SA-N-5, 4 **TR** 40 **I**, 2 $_{12}$ RBU 6000		24.5	DM	10480 3	2250 12	Typ ex DDR/GDR Parchim I. 1992 erworben/acquired
8 **TR** 53.3 b↓		10.0↑ 22.5↓	MTU-DG EM	1760 3680 1	8400 8	Typ deutsch/German 209/1300
4 MM 38, 1-4, 2-2		41.0	1 LM-GTu + 2 MTU-DM	18390 + 1470 2	2000 17	Typ US PSMM
-5.7, 1-4, 2-2, 2 **UTR** 53.3 (SUT) h		27.5	MTU-DM	6075 2	6100 15	Typ deutsch/German PB 57. ASW-Version, NAV I, II
-4, 2 Mg, [1 BO 105]		29.0	MTU-DM	6075 2	6100 15	Typ deutsch/German PB 57. NAV III, IV. SAR-Version. Marine Security Agency
-5.7, 1-4, 2-2 $_1$,		27.0	2 MTU-DM	6500 2	6100 15	Typ deutsch/German PB 57-NAV-V
-4, 1 Mg		27.0	Paxman-DM	2540 2	500 25	Typ austral. Attack. Lieferung/delivery: 1973-86 Einsatzbereitschaft fraglich/ only limited operational
-2.5 $_2$, 2 Mg $_2$		18.0	DM	.	.	Kal Kangean Klasse
-2, 2 PAP 104		15.0	MTU-DM	1765 2	3000 12	Ähnlich/similar to Typ niederl./netherl. Alkmaar.
-2.5 $_2$		18.5	DM	3675 2	2000 15	Typ ex DDR/GDR Kondor II. 8: Bendix AQS - 17 (V) VDS

Anzahl - Art/ Number - Group	Schiffsnamen und Stapellauf/ Ship's Name and Launching		Baubeginn - Fertig- *Umbau*/On Keel - Completed - *Conv.*	Bauwerft/Builder	Wasser- verdrängung/ Displacement ts	Länge/Length m	Breite/Beam m	Tiefgang/Draft m	Besatzung/ Crew Bes
2 MB	**Pulau Rani, Pulau Ratewo**	~1955	.	USSR	500 580	58.o	8.4	2.5	65

Landungsfahrzeuge/Landing Vessels

6 LS ○	**Teluk Banten, Teluk Ende Teluk Semangka, Teluk Penyu, Teluk Mandar, Teluk Sampit**	1980-82	81/82 80/81	Korea Tacoma, Masan	1800 3770	100	15.4	3.0	115
12 LS ○	**Teluk Gilimanuk, T. Celukan Bawang, T. Cendrawasih, T. Berau, T. Peleng, T. Sibolga, T. Manado, T. Hading, T. Parigi, T. Lampung, T. Jakarta, T. Sangkulirang** (ex Hoyerswerda, Hagenow, Frankfurt/Oder, Eberswalde-Finow, Lübben, Schwerin, Neubrandenburg, Cottbus, Anklam, Schwedt, Eisenhüttenstadt, Grimmen)	1975-78	74/76 77/79	Peenewerft, Wolgast	1710 1930	90.7	11.1	3.5	50
7 LS	**Teluk Bone, Teluk Kau, Teluk Langsa, Teluk Ratai, Teluk Saleh, Teluk Bajur, Teluk Tomini**	1944-45	43/44 44/45	USA	1653 4080	100	15.3	4.3	120

44 LC: **I-XX** (88) 25/60 ts, 13 kn, DM, Typ US LCM (6); 24 **LCVP**

Hilfsfahrzeuge/Auxiliary Vessels

1 AR	**Multatuli**	1961	60/61	Ishikawajima, Tokyo	3220 4500	111	16.0	7.0	134
1 AR	**Jaja Wijaja** (ex Askari)	~1943	43/43	USA	2130 3640	100	15.3	3.4	280
2 AK ○	**Teluk Cirebon, Teluk Sabang** (ex Nordperd, Südperd)	1978	78/79 80	Peenewerft, Wolgast	1900	96.4	12.6	4.1	35
1 AO	**Arun** (ex Green Rover)	1968	67/69	Swan Hunter, Hebburn	4700 11520	141	19.2	7.3	47
1 AO	**Sorong**	1965	./65	Jugoslawien/ Yugoslavia	. 5100	112	15.4	6.6	109
2 AO	**Balikpapan, Sambu**	?	.	Japan	1525	63.0	10.1	4.5	37
1 AT	**Soputan**	1994	./95	Südkorea	1470 tdw	68.5	14.5	5.8	4.

1 AT: **Rakata** (ex Menominee) (42) 1235 ts, 16.5 kn, Typ US ATF

2 AG	**Baruna Jaja V,** VI	1999-a.St./o.St.	./02 98/01	CMN, Cherbourg	1400	66.5	12.0	4.5	4
4 AG	**Baruna Jaja I-IV**	1986-95	./89 90 ./97	CMN, Cherbourg	1350	60.4	12.1	3.8	4 + 1
1 AG ○	**Dewa Kembar** (ex Hydra)	1964	64/66	Yarrow, Blythswood	1915 2733	79.3	15.0	4.7	11

2 AG: **Burujalasad** (66) 2150 ts, 19.5 kn, 5040 kW, 4 MAN-DM, 82 x 11.4 x 3.5 m, Bes 129, Bauwerft/
○ builder: Schlichting, Travemünde; **Jalanidhi** (62) 433 ts, 12.5 kn, 735 kW, 54 x 9.5 x 3.4 m, Bes 64

1 AX ○	**Hadjar Dewantara**	1980	79/81	Uljanik Shy.	1850	96.7	11.2	3.6	9 + 10

Bewaffnung/ Armament	Sensoren-Elektronik/ Sensors-Electronic	Geschwindigkeit/speed kn	Antrieb/Propulsion: Maschine/Kessel, Engines/Boilers, Masch	Leistung/Power kW (1 kW = 1.36 PS)	Fahrstrecke/Range sm	Sonstige Angaben/ Remarks
4-3.7 $_2$, 8-1.5 $_2$		14.0	DM	1620 2	1600 10	Typ USSR T 43 Auch/also PC
3-4, 2-2, [1800 ts]		15.0	DM	5050 2	7500 13	Ähnlich/similar to Typ US LST 1. Auch/also AH. I, II -Deck + Hangar achtern/aft
3-3.7 $_{1,2}$		18.0	DM	8824 2	3200 11	Typ ex DDR/GDR Frosch I.
7-4, [2100 ts]		11.5	GM-DM	1250 2	7000 10	Typ US LST. **Bew:** Einige some 6-3.7 $_2$ T. Tomini: Führungsschiff/ Command Ship

27 LC: **ADRI XXXII-LVIII** (79-82) 580 ts, 10 kn, 42 x 10.7 x 1.8 m; unterstehen der Armee/subordinate to the army

-3.7 $_2$, 8 Mg $_2$, 1		18.5	B & W-DM	4045 1	6000 10	Führungsschiff/command ship
-4 $_4$		11.5	GM-DM	1320 2	15000 9	Typ US LST (2), ex ARL
-3.7 $_2$, 2		18.0	DM	8825 2	.	Typ ex DDR/GDR Frosch II.
-2		19.0	Pielstick-DM	11770 1	15000 15	Typ brit. Rover
Mg $_2$		15.0	DM	.	.	
4 Mg $_2$		12.7	DM	1175 2	2500 10	Typ USSR Khobi
–		16.0	4 DM	9000 1	.	

AT: **Lambo Batang** (61) 250 ts, 11 kn; **Bromo, Tambora** (61) 150 ts, 10.5 kn; I (a.St./o.St.) 5514 kW, Daewoo H.I.

–		13.0	2 DM	2200 1	7500 12	
–		14.0	SEMT-P.-DM	1215 2	7500 10	
		14.0	3 Paxman-DM	4290 1	12000 10	Typ brit. Hecla

AX: **Dewaruci** (53) 810 ts, 10.5 kn, Schunerbark/schooner barque, 1091 m² Segelfläche/1305 squ. yards sail area, 70 Kadetten/cadets, Bauwerft/builder: Stülcken, Hamburg

MM 38 $_2$], 1-5.7, -2 $_2$, 2 **UTR**,		27.0	R.R. Oly.-GTu + 2 MTU-DM	16400 + 5150 2	4000 20	**Masch:** CODOG.

Anzahl-Art/ Number-Group	Schiffsnamen und Stapellauf/ Ship's Name and Launching		Baubeginn-Fertig-*Umbau*/On Keel-Completed-*Conv.*	Bauwerft/Builder	Wasser-verdrängung/ Displacement ts	Länge/Length m	Breite/Beam m	Tiefgang/Draft m	Besatzung/ Crew Bes

Marine Transport Kommando/Military Sealift Command — *Kolinlamil*

1 LS ○	**Teluk Amboina**	1961	60/61	Japan	2200 4800	100	15.3	4.6	88
3 LS	**Krupang, Dili, Nusantara**	1978-79	./78 80	Surabaya	. 400	43.0	9.1	.	17
1 LC	**Dore**	1968	67/68	Korneuburg	182 275	38.3	10.0	1.8	17
1 AP	**Tanjung Oisina** (ex Gunung Djati; ex Prinses Irene)	1965	63/65	Merwede, Hardinxveld	8450 BRT/grt	140	18.7	8.6	.

2 AK: **Teluk Mentawi, Karamaja** (~62) 2000 ts, 12 kn, 4 Mg$_2$, 735 kW$_1$, DM, 74 x 11.3 x 4.6 m, Bes 26, Bauwerft/builder: Angyafold, Budapest — Typ ung./Hung. Tisza, ~1 AK: **Nusa Telu** (~62)

Seestraßenverwaltung/Sea Communications Agency

4 PP	**Golok, Kapak, Panan, Pedang**	1980-81	80/82	Schlichting, Travem.	. 200	37.5	7.0	2.0	18
5 PP	**Kujang, Parang, Celurit, Cundrik,** **Belati**	1980-81	80/81 81	SFCN, Villeneuve	156	37.7	6.0	1.8	18

1 Leuchtturmtender und Kabelleger/Lighthouse Tender and Cable Layer: **Biduk** (51) 1250 ts, 12 kn, 65 x 12.0 x 3.5 m
2 Bojenleger/Buoy Tenders: **Majang, Mizan** (63) 1705 BRT/grt, Bauwerft/builder: Schlichting, Travemünde
2 Bojenleger/Buoy Tenders: **Karakata, Kumba** (76) 552 ts, 13 kn, DM, 625 kW$_1$, 50.5 x 10 x 3.7m

Zolldienst/Customs Service

6 PP	**BC 10001, 10002,** I-IV	1999-a.St./o.St.	98/99 99/00	Lürssen, Lemwerder PAL, Surabaya	80	28.2	6.6	1.4	.
48 PP	**BC 8001-8006, 9001-9006**		84/86 88/95	PAL, Surabaya	61 69	28.0	5.4	1.6	19
	BC 7001-7006		82/82	V. Gangebrugge					
	BC 6001-6024		81/82	Fulton Marine					
	BC 5001-5003		80/81	Lürssen, Vegesack					
	BC 4001-4003	1980-95	80/81	Lürssen, Vegesack					
7 PP	**BC 3001-3007**	1979-81	79/80 80/81	d'Esterel, Cannes	. 57	28.2	5.2	1.6	18
7 PP	**BC 2001-2007**	1979-80	79/80 80/81	C. Mécaniques, Cherb.	59 71	28.5	5.4	1.7	
3 PP	**BC 1001-1003**	1975	./75	d'Esterel, Cannes	. 56	28.0	5.3	1.6	15

Irak/Iraq

2 FG	**Mussa Ben Nussair,** **Tariq Ibn Ziad**	1982/83	82/86	Fincantieri, Muggiano	685	62.3	9.3	2.5	5[illegible]

~10PP: **I-X** 7 ts, 22 kn, 11.0 x 2.5 x 0.6 m, 1-Mg, Bauwerft: Irak-Typ Sawari-4

Bewaffnung/ Armament	Sensoren-Elektronik/ Sensors-Electronic	Geschwindigkeit/speed kn	Antrieb/Propulsion Maschine/Kessel Engines/Boilers Masch	Leistung/ Power kW 1 kW = 1.36 PS	Fahrstrecke/ Range sm	Sonstige Angaben/ Remarks
6-3.7 ⊾$_2$, [2100 ts]	┬	13.0	MAN-DM	2210 2	4000 13	Ähnlich/similar to Typ US LST
—	┬	11.0	DM	.	700 11	Ähnlich/similar to Typ USLCU 1610
—	┬	8.0	DM	310 2	.	
—	┬	16.5	DM	6320 1	.	
1-2 ⊾	┬	28.0	MTU-DM	3090 2	1500 8	SAR
1-2 ⊾	┬	28.0	SACM-AGO- DM	3310 2	1500 18	SAR

Marine-Polizei/Maritime Police

19 PP: **DKN 504-513** (63) 390 ts, 14.7 kn, 940 kW$_2$, MAN-DM, Bes 31, ähnlich/similar to Typ jap. Matsuura;
DKN 908-916 (57-60) 140 ts, 24.5 kn, 4-2 ⊾, 2210 kW$_2$, MTU-DM

5 PP: **Sasila, Sabola, Sadarin, Salmaneti, Samandar, Sawangi** (75-77) 22 ts, 28 kn, 2 Mg ⊾

1 Mg ⊾	┬	40.0	2 MTU-DM	.	.	Typ Lürssen FPB 28
1 Mg ⊾	┬	30.0	MTU-DM	2000 2	1050 17	Typ deutsch/German FPB 28. 6001-6024: Deutz-DM
-2 ⊾	┬	34.0	MTU-DM	1985 2	800 15	
Mg ⊾	┬	30.0	MTU-DM	1795 2	.	
Mg ⊾	┬	34.0	MTU-DM	1985 2	750 15	

Irak/Iraq

Otomat, Teseo ⇨, -7.6 ⊾, 2-4 ⊾$_2$, Albatros ⇧$_4$, **UTR** 32.4 **III**	┬ ⌖ ⚲ ⌖ ⌖	37.5	MTU-DM	17650 4	4000 18	Aufgelegt unter irak. Flagge/laid up under Iraqi flag: in La Spezia

10 PP: **I-X** 12 ts, 25 kn, 2-Mg ⊾$_2$, Bauwerft: Irak-Typ Sawari-6

Anzahl - Art/ Number - Group	Schiffsnamen und Stapellauf/ Ship's Name and Launching		Baubeginn - Fertig- *Umbau*/On Keel - Completed - *Conv.*	Bauwerft/Builder	Wasser-verdrängung/ Displacement ts	Länge/Length m	Breite/Beam m	Tiefgang/Draft m	Besatzung/ Crew Bes
3 MS	**I-III**	1977	./78 79	Jugoslawien/ Yugoslavia	65 72	27.0	6.3	1.6	17
2 LS	**Al Zahraa, Khawla**	1982-83	81/83	Helsingør Shb.	3450 5800	105	18.8	5.3	50
1 AK	**Agnadeen**	1982	82/83	CNR, Castellammare	3560 8700	129	18.0	6.5	133

Iran

Zerstörer/Destroyers									
2 DG ○	**Babr, Palang** (ex Zellars, Stormes)	 1944	44/44 ./45 *71-74*	Todd, Tacoma *N. Y., Philadelphia*	2200 3320	115	12.4	5.8	240
Fregatten/ Frigates									
3 FG	II-III I	 a.St./o.St.-gepl./plan.	./. 98/.	Iran	1000	88.0	.	.	.
3 FF ○	**Sabalan** (ex Rostam) **Alborz** (ex Zaal) **Alvand** (ex Saam)	 1968-69	67/72 68/71 67/71	Vickers, Barrow Vickers, Barrow Vosper Th., Woolston	1250 1540	95.0	11.1	3.2	14
2 FS ○	**BAYANDOR, Naghdi** (ex PF 103, 104)	 1963	62/64	Levingst. Shb., Orange	900 1135	84.0	10.1	3.0	13
Uboote/Submarines									
3 SS ○	**Yunes**/903 **Nuh**/902 **Taregh**/901	 1990-92	./96 ./93 ./92	Admiralitätswerft, St. Petersburg	2300↑ 3200↓	72.6	9.9	6.2	5
2 SZ	**I, II**	?	./87	Bandar Abbas	76↑ 90↓	19.0	2.8	.	
Kleine Kampfschiffe/Small Fighting Vessels									
10 PG ○	**Fath, Nasr, Saf, Ra'd, Fajr,** **Shams, Me'raj, Falaq, Hadid, Qadr**	1993-95	92/94 ./96	Zijang S.Y.	171 205	19.0	2.8	.	
10 PG ○	**Tabarzin, Neyzeh, Khanjar,** **Gardouneh, Gorz, Shamshir,** **Falakhon, Khadang, Zoubin,** **Kaman**	 1976-78	75/77 77/81	C. Mécaniques, Cherb.	250 275	47.0	7.1	2.8	4
3 PP ○	**Bahram, Nahid, Parvin** (ex PGM 112, 122, 103)	 1969-70	./70	Peterson Bld.	105 146	30.5	6.7	3.1	2

6 PP: **I-VI** (75-80) 22 ts, 28 kn, 1 Mg, GM-DM, 625 kW_3, 15.2 x 4.8 x 1.9 m, Bes 6, Bauwerft/builder: Peterson, Sturgeon Bay — Typ US 50 ft

6 PP: **I-VI** 22 ts, 26 kn, GM-DM, 660 kW_2, 15.3 x 4.8 x 1.9 m, Bes 6, Bauwerft/builder: Peterson, Sturgeon Bay — Typ US Swift Mk II

Bewaffnung/ Armament	Sensoren-Elektronik/ Sensors-Electronic	Geschwindigkeit/speed kn	Antrieb/Propulsion Maschine/Kessel Engines/Boilers Masch	Leistung/Power kW 1 kW = 1.36 PS	Fahrstrecke/Range sm	Sonstige Angaben/ Remarks
4-2		15.0	DM	380 2	.	Typ jugosl./Yugosl. Nestin
[250]		15.5	MTU-DM	4410 2	.	**Al Zahraa:** Auflieger seit/laid up since: 9/90 in Bremerhaven
1-7.6, 2-4, 1		19.0	2 Fiat-DM	7060 1	4000 19	Typ ital. Stromboli. In Alexandria aufgelegt/ laid up in Alexandria

Iran

Bewaffnung/ Armament	Sensoren-Elektronik/ Sensors-Electronic	Geschwindigkeit/speed kn	Antrieb/Propulsion Maschine/Kessel Engines/Boilers Masch	Leistung/Power kW 1 kW = 1.36 PS	Fahrstrecke/Range sm	Sonstige Angaben/ Remarks
4 Standard, 4-12.7, 2-2.3, 6 **UTR** 32.4 **III**, 1 AB 204		35.0	Tu 4 Babcock	44130 2	6000 15	Typ US Allen M. Sumner/ FRAM 2 Auflieger/laid up
, **UTR**	.	.	.	.	.	Angeblich im Bau seit/ Reported to be under construction since: 04.98
1-11.4, 2-3.5, 4-2, 2 Mg, 1 Limbo, 4 C-802		40.0	R.R. Ol.-GTu + Paxman-DM	33830 + 2795 2	5000 16	Typ Vosper Mark 5. 18. 4. 88: **Sahand:** versenkt/sunk
2-7.6, 2-4, 2-2, 2 Mg, 4		20.0	Fairb. M.-DM	4410 2	3600 15	Typ US PF 103
6 **TR** 53.3 b↓ oder/ or 24		10.0↑ 17.0↓	DM EM + EM + 2 EM	4050 + 95 + 150 1	6000 7	Typ USSR Kilo/Proj. 877 EKM
.	.	12.0↑ 8.0↓	DM + EM	236 1	1200 6	
4 C-802, 2-3		35.0	MTU-DM	.	800	Typ chin. Hudong
4 C-802, 1-7.6, 1-4		34.5	MTU-DM	10590 4	800 25	Typ franz./French Combattante II.
1-4, 2-2, 2 Mg		18.5	8 MG-DM	1320 2	1500 10	Verbesserter/improved Typ US PGM

10 PP: **1-10** (75-76) 28 ts, 24 kn, 3 Mg $_{2,\ 1}$, GM-DM, 1325 kW$_3$, Bauwerft/builder: Marinette, Typ US Mk III

35 PP: **1-35** (84-85) 6.4 ts, 45 kn, →, 1-10.7 rückstoßfrei/recoiless gun, 522 kW$_2$, 500/46 sm, Lg 12.8 m, Bes 5, Bauwerft/builder: Boghammar Marina Co. Zahlreiche kleinere/and numerous smaller ones: Pasdaran-Boote/boats

Anzahl-Art/ Number-Group	Schiffsnamen und Stapellauf/ Ship's Name and Launching	Baubeginn-Fertig-*Umbau*/On Keel-Completed-*Conv.*	Bauwerft/Builder	Wasser-verdrängung/ Displacement ts	Länge/Length m	Breite/Beam m	Tiefgang/Draft m	Besatzung/ Crew Bes
Minensucher/Minesweepers								
2 MS ○	**Schahrokh, Karkas** 1958	./59 60	USA	320 380	44.5	8.5	2.5	40
1 MS	**Riazi** 1964	63/64	Tacoma Bt. Bld.	. 240	33.9	7.0	2.4	21
Landungsfahrzeuge/Landing Vessels								
4 LS ○	**Hengam, Larak** 1973-74 **Lavan, Tonb** 1980	73/74 78/85	Yarrow, Scotstoun Yarrow, Scotstoun	3000	91.5	15.0	2.2	80
3 LS	**Farsi, Sardash, Sab Sahel** 1985	85/86	Inchon Shb.	. 2015	73.6	14.2	2.5	30
3 LS	**Hejaz, Karabala, Amir** 1984	84/85	Ravenstein, Deest	. 1400	65.1	12.0	2.6	.
2 LS	**Iran Asr, Iran Ghadr** (ex Arya Akian, Arya Dokht) 1977	./78	Teraoka, Japan	620 2270	53.6	10.8	3.0	30
2 LC:	**Foque, I** (92-95) 260 ts, 10 kn, 2 MWM-DM							
Hilfsfahrzeuge/Auxiliary Vessels								
1 AK ○	**Kharg** 1977	76/80	Swan Hunter, Walls.	10890 33014	207	26.5	9.1	250
7 AK	**Delvar, Sirjan, Dayer, Dilim, Charak, Chiru, Souru** ~1977	./77 78	Karatschi Shy.	840 BRT/grt	64.0	10.5	3.2	.
13 AK ○	**Hendijan, Kalat, Konarak, Genavah, Sirik, Gaveter, Geno, Hogan, Rostam, Nayband, Mogam, Bamregan, Koramshar** 1984-95	87/88 93/95	Damen Shy.	650	50.8	8.6	3.5	15 + 90
2 AO ○	**Bandar Abbas, Booshehr** 1973-74	73/74	Lühring, Brake	3250 4670	108	16.6	4.5	60
2 AO	**Kangan, Taheri** 1978	76/77 77/78	Mazagon, Bombay	. 12000	148	21.5	5.0	20
2 AT:	**Hari-Rud, Sefid-Rud** (85-87) 157 BRT/grt, MTU-DM							

Island/Iceland

1 FS	I gepl./plan.	./.	.	3000	.	.	.	.
1 FS	**Tyr** 1974	74/75	Arhus Vft.	1150 1500	70.9	10.0	5.8	22
1 FS ○	**Ægir** 1968	67/68	Aalborgs Vft.	1150 1500	69.8	10.1	4.6	22
1 FS ○	**Odinn** 1959	59/60 *75*	Aalborgs Vft. *Arhus Vft.*	1000	64.0	10.4	4.9	22

1 AG: **Baldur** (90) 80 BRT/grt, 12 kn, Caterpillar-DM, 480 kW_2, 20.1 x 5.2 x 1.3 m, Bes 10, auch/also PP

Bewaffnung/ Armament	Sensoren-Elektronik/ Sensors-Electronic	Geschwindigkeit/speed kn	Antrieb/Propulsion: Maschine/Kessel — Engines/Boilers — Masch	Leistung/Power kW (1 kW = 1.36 PS)	Fahrstrecke/Range sm	Sonstige Angaben/ Remarks
2-2 $_2$		13.0	GM-DM	880 2	2400 11	Typ US Bluebird
1 Mg		13.0	4 DM	955 2	3500 8	Typ US MSI
4-4, 8-2.3 $_2$, 2 Mg, 1 $_{18}$, 9		16.0	4 Paxman-DM	4120 2	3500 12	Lavan, Tonb: 1985 geliefert/ delivered, MTU-DM: 4120 kW_2
8, [140]		12.0	Daihatsu-DM	1860 2	.	Bugklappen/bow doors
[600 ts]		9.0	MAN-DM	535 2	.	Bugrampe/bow ramp. 2 weitere möglich/2 more possible
2 Mg, [650 ts]		11.0	DM	1620 2	.	**Iran Ajr** 21. 9. 87 captured by US Navy and 26. 9. 87 scuttled

4 Luftkissenboote/Hovercraft: **I-IV** (70-75) 50 ts, 65 kn, 2 Mg, Proteus-GTu, 3120 kW, 400/$_{56}$ sm, 24 x 13.9 x 1.7 m, Typ brit. BH 7 MK 5

1-7.6 OTO, 12-2.3 $_2$, 3		21.5	Westingh. Tu 2 B & W	19760 1	13950 12	1984 geliefert/delivered
2-2.3 $_2$		11.0	MAN-DM	1150 2	.	I, II für Munition/for ammunition
2 Mg $_1$		21.0	Mitsubishi-DM	5150 2	.	auch/also: PP/AP
2-2.3 $_2$, 2-2, 1		16.0	MAN-DM	4410 2	.	Auch/also AK
2-2.3, 2 Mg		12.0	MAN-DM	5440 2	.	Für Wasser/for water

3 AT: **Haamon, Hirmand, Menab** (83-85) 122 BRT/grt, 12 kn, 880 kW_2

Island/Iceland

		.	DM	.	.	-Deck
[illegible]-5.7		20.0	MAN-DM	6325 2	10000 19	-Deck
[illegible]-5.7		19.0	B & W-DM	6325 2	10000 19	-Deck
[illegible]-5.7		18.0	MAN-DM	3715 2	.	-Deck

Anzahl-Art/ Number-Group	Schiffsnamen und Stapellauf/ Ship's Name and Launching		Baubeginn-Fertig-*Umbau*/On Keel-Completed-*Conv.*	Bauwerft/Builder	Wasser-verdrängung/ Displacement ts	Länge/Length m	Breite/Beam m	Tiefgang/Draft m	Besatzung/ Crew Bes
	Irland/Ireland								
1 FS	**Le Róisin**/P51	1999	98/99	Appeldore S.Y.	1700	79.0	14.0	3.9	57
1 FS	**Eithne**/P 31	1984	82/84	Verolme, Cork	1760	80.8	12.0	4.3	20
○					1970				+ 19
3 FS	**Aisling**/P 23		79/80	Verolme, Cork	980	65.2	10.5	4.6	46
○	**Aoife**/P 22		79/79	Verolme, Cork	1025				
	Emer/P 21	1977-79	76/78	Verolme, Cork					
1 FS	**Deirdre**/P 20	1971	71/72	Verolme, Cork	970	62.6	10.4	4.3	55
○					1020				
2 PP	**Ciara** (ex Swallow)/P 42		83/84	Hall Russell, Aberdeen	660	62.6	10.0	2.7	44
○	**Orla** (ex Swift)/P 41	1984	83/85	Hall Russell, Aberdeen	700				
	Israel								
Korvetten/Corvettes									
3 FG	**Hanit**		93/94	Ingalls, Pascagoula	1060	85.6	11.8	3.7	52
○	**Lahav**		92/94	Ingalls, Pascagoula	1200				+ 10
	Eilat	1993-94	92/94	Ingalls, Pascagoula					
Uboote/Submarines									
3 SS	Tekuma		94/00	HDW, Kiel +	1550↑	56.4	6.8	6.2	35
○	**Leviathan**		92/99	TNSW, Emden	1710↓				
	Dolphin	1996-98	92/99						
3 SC	**Gal, Rahav, Tanin**	1975-77	74/76	Vickers-A., Barrow	450↑	45.0	4.7	3.7	22
○			76/77		600↓				
			83						
Kleine Kampfschiffe/Small Fighting Vessels									
1 PG	**Chetz** (ex Nirit)		./91	Israel Shy., Haifa	.	61.7	7.6	2.8	50
		1990			490				
3 PG	**Romach, Keshet, Kidon**		./81	Israel Shy., Haifa	375	61.7	7.6	2.4	50
○			./82		490				
		1974-82	./74						
			99-						
2 PG	**Aliya, Geoula**	1980	./80	Israel Shy., Haifa	500	61.7	7.6	2.4	53
○									
5 PG	**Atsmout, Komemiut, Moledet,**		75/76	Israel Shy., Haifa	415	58.1	7.6	2.4	45
○	**Nitzhanon**		77/80		450				
	Yaffo		74/75	Israel Shy., Haifa					
		1975-79							

Bewaffnung/ Armament	Sensoren-Elektronik/ Sensors-Electronic	Geschwindigkeit/speed kn	Antrieb/Propulsion Maschine/Kessel Engines/Boilers Masch	Leistung/Power kW 1 kW = 1.36 PS	Fahrstrecke/Range sm	Sonstige Angaben/Remarks
Irland/Ireland						
1-7.6 OTO, 1		22.0	DM	.	6000 15	Für Fischereischutz/ for fishery protection
1-5.7, 2-2, 1 Dauphin II		19.0	Ruston-DM	4880 2	7000 15	Für Fischereischutz/ for fishery protection
1-4, 2-2		18.0	SEMT-Pielstick-DM	3535 1	5000 12	I, II haben Bugstrahlruder/ have bow thruster
1-4, 2-2		18.0	Polar-DM	3090 2	5000 12	12/99: a.D./decom.?
1-7.6, 6 Mg		25.0	Crossley P.-DM	10590 2	2000 14	Typ brit. Peacock. 1988 angekauft/acquired
Israel						
8 Harpoon 4, 8 Gabriel 2 2 VLS (64 Barak I), 1-7.6, 2-2.5, 1-2 Phalanx, 6 **UTR** 32.4 **III**, 1		33.0	1 GM-LM 2500-GTu + 2 MTU-DM	17650 + 5880 2	3500 17	Sonar 796, hull-mounted
10 **TR** 53.3 b↓, Sub-Harpoon		12.0↑ 20.0↓	DM EM	3875 1	8000 8	Dolphin Klasse
8 **TR** 53.3 b↓, Sub-Harpoon		11.0↑ 17.0↓	2 MTU-DM EM	880 1325 1	4500 5	Plan Gabler, Lübeck. Typ 206; Verkauf geplant/ Planned to be sold
8 Harpoon 2, 6 Gabriel III, 1 VLS (32 Barak I), 1-7.6, 1-2 Phalanx, 2-2, 4 Mg		32.0	MTU-DM	10295 4	1500 30	Nirit Klasse Typ Sa'ar 4.5
8 Harpoon 4, 6 Gabriel II 1/2 VLS Barak 16/32 1-7.6, 2-2 1, 1-2 Phalanx, 2 Mg 1		31.0	MTU-DM	10295 4	1500 30	Nach Umbau/after modernisation : Sa'ar 4.5 Klasse
4 Harpoon 2, 4 Gabriel, 1-2 Phalanx, 2-2, 2 Mg, AB 206		31.0	MTU-DM	10295 4	1500 30	Führungsschiffe für PG/ Command ships for PG
4 Harpoon 2, 5-8 Gabriel, 1-7.6, 1-2 Phalanx, 2-2, 2 Mg		32.0	MTU-DM	10295 4	1500 30	Sa'ar 4 Klasse Umbau zu Sa'ar 4.5 Klasse geplant/Modernisation planed to Sa'ar 4.5

Anzahl-Art/ Number-Group	Schiffsnamen und Stapellauf/ Ship's Name and Launching		Baubeginn-Fertig-*Umbau*/On Keel-Completed-*Conv.*	Bauwerft/Builder	Wasser-verdrängung/ Displacement ts	Länge/Length m	Breite/Beam m	Tiefgang/Draft m	Besatzung/ Crew Bes
14 PG	*Super Dvora Klasse*		87/88	RAMTA-IAI	48	22.4	5.5	1.8	8
	811-819, 820-823, 854	1987-92	90/91		54				
15 PP	*Dabur Klasse*	1974-77	./74	Sewart Seacraft (12)	25	19.8	5.8	0.8	6
	I-XV		77	+ Israeli Air Ind.	35				
Landungsfahrzeuge/Landing Vessels									
3 LS	**ASHDOD, Achziv, Ashkelon**		./66	Israel Shy., Haifa	400	62.7	10.0	1.8	20
○		1966-67	./67	730					
3 LC: Typ US **LCP** 24 ts, 11 kn									
Hilfsfahrzeuge/Auxiliary Vessels									
1 AR	**Nir** (ex Maoz)	1975	.	Todd, Seattle	3050	69.6	13.4	5.8	.
1 AR:	**Naharya** — Tender für/for PG in Eilat								
1 AG:	**Qeshet** (~78) 2800 BRT/grt								

Italien/Italy

Anzahl-Art/ Number-Group	Schiffsnamen und Stapellauf/ Ship's Name and Launching		Baubeginn-Fertig-*Umbau*/On Keel-Completed-*Conv.*	Bauwerft/Builder	Wasser-verdrängung/ Displacement ts	Länge/Length m	Breite/Beam m	Tiefgang/Draft m	Besatzung/ Crew Bes
Flugzeugträger/Aircraft Carrier									
1 RL	Luigi Einaudi		01/07	Fincantieri	18500	218	39.0	6.0	633
○		bew./auth.			20100		29.5		+ 140
1 RL	**Giuseppe Garibaldi**	4. 6. 83	81/85	Italcant., Monfalc.	10100	180	33.4	6.7	825
○					13250				
Kreuzer/Cruiser									
1 CH	**Vittorio Veneto**	5. 2. 67	65/69	Italcant., Castell.	8150	180	19.4	6.0	568
○			*81-84*	*Arsenale, Taranto*	9500				
Zerstörer/Destroyers									
2 DG	**Francesco Mimbelli** (ex Ardimentoso)		89/93	CNR, R. Trigoso	4500	148	16.1	6.7	400
○	**LUIGI DURAND DE LA PENNE**		88/92	CNR, R. Trigoso	5250				
	(ex Animoso)	1989-91							

Bewaffnung/ Armament	Sensoren-Elektronik/ Sensors-Electronic	Geschwindigkeit/speed kn	Antrieb/Propulsion: Maschine/Kessel – Engines/Boilers – Masch	Leistung/ Power kW (1 kW = 1.36 PS)	Fahrstrecke/ Range sm	Sonstige Angaben/ Remarks
[⇨], 2-2, 2 Mg		38.0	MTU-DM	2880 2	1200 17	
2-2 $_2$, 2 Mg $_2$		25.0	GM-DM	1410 2	1200 17	Einige/several 2 **UTR**
2-2		10.5	MWM-DM	1400 3	.	
		15.0	GM-DM	5295 2	.	Tender für/for PG, PP im Mittelm./in the Mediterranean

AK: **Bat Sheva** 900/1150 ts, 10 kn, 4-2, 4 Mg, DM, 95 x 11.1 m, Bes 26

Italien/Italy

Bewaffnung/ Armament	Sensoren-Elektronik/ Sensors-Electronic	Geschwindigkeit/speed kn	Maschine/Kessel	Leistung/ Power kW	Fahrstrecke/ Range sm	Sonstige Angaben/ Remarks
Harrier II Plus / 2 EH 101, 3-7.6, Aster VLS $_8$, 2 LCAC, 520]		28.0	4 GE-GTu	88000 2	.	*Nuova Unita Maggiore*
Sea Harrier AV-8B 2 Sea King Otomat ⇨, 6-4 $_2$, Albatros $_8$, **UTR** 32.4 **III**, [2 MEN]		29.5	4 GE-GTu	58840 2	7000 20	Flaggschiff/Flagschip. „Ski-jump“ 6°. Hangar 110 x 15.6 x 6.3 m. Flugdeck/ Flight deck 174 x 30 m.
Otomat-Teseo ⇨, 7.6, 6-4 $_2$, Standard ER/Asroc $_2$, **UTR** 32.4 **III**, Agusta Bell 212		31.0	Tosi Tu 4 Foster-Wh.	53680 2	6000 20	*Incrociatore portaelicotteri*
Otomat MK 2 ⇨$_4$, 12.7, 3-7.6 OTO Standard MR, Albatros $_8$, **UTR** 32.4 **III**, AB 212		31.5	2 GE-LM 2500-GTu + 2 GMT-DM	40440 + 9260 2	7000 18	*Caccia lanciamissili* Fertigbau/completed by: CNR Muggiano

Italien/Italy

Anzahl-Art/ Number-Group	Schiffsnamen und Stapellauf/ Ship's Name and Launching		Baubeginn-Fertig-*Umbau*/On Keel-Completed-*Conv.*	Bauwerft/Builder	Wasser-verdrängung/ Displacement ts	Länge/Length m	Breite/Beam m	Tiefgang/Draft m	Besatzung/ Crew Bes
2 DG	**ARDITO**		68/73	Italcant., Castell.	3600	141	14.7	4.6	412
○	**Audace**	1971	68/72 *86-90*	Tirreno, R. Trigoso	4850				
2 DG	II	gepl./plan.	00/05	Fincantieri, Riva Trigoso	6400	148	19.9	5.4	23[illegible]
○	I								
Fregatten und Korvetten/Frigates and corvettes									
8 FG	**Zeffiro**		83/85	CNR, R. Trigoso	3040	123	12.9	4.1	23[illegible]
○	**Espero**		82/85	CNR, R. Trigoso	3200				
	Euro		81/84	CNR, R. Trigoso					
	Aliseo		80/83	CNR, R. Trigoso					
	Scirocco		80/83	CNR, R. Trigoso					
	Libeccio		79/83	CNR, R. Trigoso					
	Grecale		79/83	CNR, Muggiano					
	MAESTRALE	1981-84	78/82	CNR, R. Trigoso					
4 FG	**Granatiere** (ex Al Yarmouk)		84/95	CNR, Riva Trigoso	2200	113	12.0	3.7	18[illegible]
○	**Bersagliere** (ex Al Qadissyya)		83/95	CNR, Ancona				2500	
	Aviere (ex Thi Qar)		82/95	CNR, Ancona					
	Artigliere (ex Hittin)	1983-85	82/95	CNR, Ancona					
4 FG	**Orsa**		77/80	CNR, Muggiano	2210	113	12.0	3.7	19[illegible]
○	**Perseo**		77/80	CNR, R. Trigoso	2530				
	Sagittario		76/78	CNR, R. Trigoso					
	LUPO	1976-79	74/77	CNR, R. Trigoso					
8 FS	**Sibilla**		89/91	CNR, Muggiano	1030	86.6	10.5	3.2	12[illegible]
○	**Chimera**		88/91	CNR, R. Trigoso	1285				
	Fenice		88/90	CNR, R. Trigoso					
	Driade		88/90	CNR, R. Trigoso					
	Sfinge		86/88	CNR, Muggiano					
	Danaide		85/87	CNR, Muggiano					
	MINERVA, Urania	1986-90	85/87	CNR, R. Trigoso					
4 FS	**Vega, Spica, Libra, Cassiopea**		87/89	Fincant., La Spezia	1010	79.8	11.8	3.5	7[illegible]
○		1988/90			1480				
4 FS	II-IV	a.St./o.St.-bew./auth.	./03	Fincantieri	1715	88.7	.	.	6[illegible]
○	I		99/01						
Uboote/Submarines									
2 SS	I, II	a.St./o.St-bew./auth.	./06 99/05	Fincant., Muggiano	. 1450↓	56.0	6.8	6.4	[illegible]
4 SS	**G. F. Gazzana Priaroggia**		92/95	Fincant., Monfalcone	1650↑	66.5	6.8	6.0	[illegible]
○	**Primo Longobardo**		91/93	Fincant., Monfalcone	1860↓				
	Guiliano Prini		87/89	Fincant., Monfalcone	1476↑	64.4	6.8	6.0	[illegible]
	Salvatore Pelosi	1986-93	86/88	Fincant., Monfalcone	1662↓				

Bewaffnung/ Armament	Sensoren-Elektronik/ Sensors-Electronic	Geschwindigkeit/speed kn	Antrieb/Propulsion Maschine/Kessel Engines/Boilers Masch	Leistung/ Power kW 1 kW = 1.36 PS	Fahrstrecke/ Range sm	Sonstige Angaben/ Remarks
Otomat MK 2 ⇨$_{4}$, -12.7, 4-7.6 $_{1}$, Standard MR $_{1}$, Albatros $_{8}$, **UTR** 32.4 **III**, Agusta Bell 212		33.0	Tu 4 Foster-Wh.	53680 2	4000 25	II: 7.6: OTO Super Rapido. Neues Radar und Raketenfeuerleitsystem/new radars and missile fire control.
VLS ⇨,		29.0	CODLAG	.	7000 18	Gemeinschaftsentwicklung: Italien-Frankreich/ Jt. Projekt: Italy-France
Otomat-Teseo ⇨, -12.7, 4-4 $_{2}$, Albatros $_{8}$, 2-2 $_{1}$, **TR** 53.3 **I**, **UTR** 32.4 **III**, AB 212 ASW		32.0	GE-GTu + 2 Fiat-DM	36775 + 8090 2	5500 16	*Fregate lanciamissili.* Verbesserte Lupo Klasse/ improved Lupo class. Fertigbau in Muggiano (La Spezia) fitting out in Muggiano.
Otomat-Teseo ⇨, -12.7, 4-4 $_{2}$, 2-2 $_{1}$] Albatros $_{8}$, AB 212		34.0	Gen. El. Fiat-GTu + 2 Fiat DM	36775 + 5740 2	4350 16	Ähnlich/similar to Lupo Klasse. Gebaut für Irak. Übernommen 1992. U-Abwehr ausgebaut. Neue Elektronik/ Built for Iraq. Acquired in 1992. ASW removed. New electronics
Otomat-Teseo ⇨, -12.7, 4-4 $_{2}$, Sea Sparrow $_{8}$, **UTR** 32.4 **III**, 1 AB 212 ASW		34.0	Gen. El. Fiat-GTu + 2 Fiat-DM	36775 + 5740 2	4350 16	**Masch:** CODOG
Otomat-Teseo ⇨,] -7.6 OTO, 2-2 $_{1}$, Albatros $_{8}$, **UTR** 32.4 **III**		24.0	GMT-DM	16180 2	3500 18	*Corvette.* Ersatz für/replacement for Cristofaro, Airone Klasse
-7.6, 2 Mg, AB 212 ASW		19.5	GMT-DM	5435 2	3300 15	*Pattugliatori marittimi.* Offshore patrol vessels OPV
-7.6, 2-2.5 $_{2}$ AB 212		25.0	2 GMT-Wärtsilä DM	6480 2	3500 14	*Nuova Unita Minore Combattente*
TR 53.3 b↓, owed array onar		12.0↑ 17.0↓	DM + EM	1700 1	8000 8	*Sottomarini d'attacco.* Typ deutsch/German 212-A Option: Nr.03, 04
TR 53.3 b↓ (Sub-Harpoon ⇨)		11.0↑ 19.0↓	3 Fincant.-DG Marelli-EM	4515 1	7000 12	300 m Tauchtiefe/diving depth. 1999/01: Erhalten neues Führungssystem + Sonar/ to get new combat system + sonar: STN-Atlas Elektronik-ISUS 90.

Anzahl - Art/ Number - Group	Schiffsnamen und Stapellauf/ Ship's Name and Launching		Baubeginn - Fertig- *Umbau*/On Keel - Completed - *Conv.*	Bauwerft/Builder	Wasser- verdrängung/ Displacement ts	Länge/Length m	Breite/Beam m	Tiefgang/Draft m	Besatzung/ Crew Bes
4 SS	**Guglielmo Marconi**		79/82	Italcant., Monfalcone	1450↑	63.9	6.8	5.7	45
○	**Leonardo da Vinci**		76/82		1630↓				
	Fecia di Cossato		76/80	Italcant., Monfalcone					
	NAZARIO SAURO	1976-80	74/80						
Kleine Kampfschiffe/Small Fighting Vessels									
4 PG	**Gheppio, Condor**		79/83	CNR, Muggiano	59	24.6	7.0	1.9	10
○			84		63.5	23.0			
	Grifone		78/83	CNR, Muggiano					
	Falcone	1980-83	77/82	CNR, Muggiano					
4 PP	**Esploratore, Sentinella,**	1996-99	95/97	COINAVAL, La Spezia	164	37.2	7.1	1.9	14
	Vedetta, Staffetta		./00						
2 PP	**Squalo, Storione**		54/56	Martinolich, S. Diego	665	52.7	10.7	2.6	51
○	(ex AM 518, 506)	1955-56	57	+ Tampa Marine	750				
Minensucher/Minesweepers									
1 MC	**Alpino** (ex Circe)		63/68	Tirreno, R. Trigoso	1900	114	13.3	3.9	16.
○		1967							
8 MB	**Gaeta, Termoli, Alghero,**		88/92	Intermar., Sarzana	665	52.5	9.9	3.0	5
	Numana, Crotone, Viareggio,		93/96		697				+
	Chioggia, Rimini	1990 - 94							
4 MB	**Sapri, Milazzo, Vieste**		84/86	Intermar., Sarzana	485	50.0	9.6	2.6	3
○	**LERICI**	1982-85	78/85	Intermar., Sarzana		520			
Landungsfahrzeuge/Landing Vessels									
3 LS	**San Giusto**		92/94	Fincant., R. Trigoso	5000	133	20.5	5.3	16
○	**San Marco**		86/89	Fincant., R. Trigoso	7665				
	San Giorgio	1987-93	84/87	Fincant., R. Trigoso					

9LC: **MTM 217-222, 227, 228, 551** (86-92) 62 ts, 9 kn, [30 ts], DM, Lg 18.5 m — *Mototrasporti medi*

17 LC: **MDN 94-104, 108, 109, 114-117** (87-91) 14 ts, 12 kn, [45], DM, Lg 13.5 m — *Mototrasporti personale*

Hilfsfahrzeuge/Auxiliary Vessels									
1 AR	**Anteo**	1978	77/80	CN Breda, Venedig	2500	98.4	15.8	5.2	13
○					3200				+ 1
1 AR	**Proteo** (ex Perseo)	1944	43/51	CNR, Ancona	1860	75.7	11.7	6.1	12
			84-85		2170				
2 AR	**MOC 1201, MOC 1204**		.	Großbritannien/	350	58.3	9.2	2.1	2
		~1943		Great Britain	735				

Bewaffnung/ Armament	Sensoren-Elektronik/ Sensors-Electronic	Geschwindigkeit/speed kn	Antrieb/Propulsion Maschine/Kessel Engines/Boilers Masch	Leistung/ Power kW 1 kW = 1.36 PS	Fahrstrecke/ Range sm	Sonstige Angaben/ Remarks
TR 53.3 b↓		14.0↑ 19.0↓	3 GMT-DG EM	2650 3090	12500 4	250 m Tauchtiefe/diving depth. **N. Sauro**: Erprobungsträger/ trials boat
Otomat-Teseo, -7.6		45.0	R. R. Proteus-GTu + GM-DM	3310 + 120	600 41	Verbesserter/improved Typ US Tucumcari 10/99: in Reserve
-2, 2 Mg		22.0	Isotta-F.DM	2794 2	1200 20	*Pattugliatori costieri*
-4		14.0	GM-DM	1180 2	3000 10	Typ US Agile. Ex MB. Im Umbau/under conversion
-7.6, AB 212 ASW		20.0	4 Tosi-DM	12140 2	3500 18	Führungsschiff Minensuchverbände/Minesweeper Command Ships **Masch:** CODAG
-2, 1 MIN 77-Pluto		14.3	GMT-DM	1460 1	2500 12	*Cacciamine. Minenjäger/* minehunters. Verbesserte/ improved Lerici. Bow thruster: 265 kW. Sonar SSN 7 M
-2, 1 MIN 77-Pluto		15.8	GMT-DM	1353 1	2500 12	*Cacciamine.* Minenjäger/minehunter
-7.6, 2-2, [500], 6 MTM		20.0	GMT-DM	12360 2	7500 16	*Navi da sbarco.* I: AX I, II: Umbau mit größerem Flugdeck, Ausbau 7.6 zwischen/Modernization + enlarged flight deck, removal of 7.6 between: 10/99-2002

LC: **MTM 544, 545, 547-549** (~50) 24/55 ts, 10 kn, DM, 242 kW_2 — Typ US LCM (6)

2, AB 212 ASW		18.3	3 GMT DM	5960 1	4000 14	Bergungsschiff/salvage vessel. 1 SX: **Usel:** 13.2 ts, DM/EM, 8.1 x 1.9 x 2.7 m
2		16.0	2 Fiat-DM	3530 1	7500 13	Bergungsfahrzeug/salvage vessel. Auch/also AT.
4, 2-2		8.0	DM	735 2	.	*Moto officine costiere.* Typ brit. LCT 3

Anzahl - Art/ Number - Group	Schiffsnamen und Stapellauf/ Ship's Name and Launching		Baubeginn - Fertig- *Umbau*/On Keel - Completed - *Conv.*	Bauwerft/Builder	Wasser- verdrängung/ Displacement ts	Länge/Length m	Breite/Beam m	Tiefgang/Draft m	Besatzung/ Crew Bes
1 AK ○	**Etna**	1997	95/98	Fincantieri, R. Trigoso	6700 13400	146.5	21.0	7.4	243
2 AK ○	**Vesuvio** **Stromboli**	1975-77	74/78 73/75	CNR, Muggiano CNR, R. Trigoso	3560 8700	129	18.0	6.5	133
6 AK	**Gorgona, Tremiti, Caprera, Pantelleria, Lipari, Capri**	1985-87	85/86 87/87	C. N. Morini, Ancona	. 630	56.7	10.0	2.5	32
5 AK	**Ponza, Levanzo, Tavolara, Procida, Palmaria**	1989-90	87/88 90	C. N. Morini, Ancona	585 610	56.7	10.8	2.5	34
2 AP:	**MEN 215, 216** (86) 82 ts, 28 kn, [250], DM, 1175 kW_2 — *Trasporti personale*								
4 AO:	**Simeto** (87) 1860 ts, 13 kn, 2 Mg 🚁, GMT-DM, 1764 kW_1, 68.3 x 10 x 4.6 m; ○ **Basento, Bradano, BRENTA** (70-72) 1200/1915 ts, 12.5 kn, [2-2 🚁, 2 Mg 🚁], 1650/12,5 sm, 1270 kW, 68.7 x 10.1 x 3.9 m, Bauwerft/builder: I. N. M. A., La Spezia — für Wasser/for water								
1 AG ○	**Carabiniere** (ex Climene)	1967	65/68	Tirreno, R. Trigoso	2400 2700	113	13.3	3.9	
1 AG	**Vincenzo Martellotta** (88) 340 ts, 17.5 kn, DM, 2575 kW_2, 44.5 x 7.9 x 2.3 m —								
1 AG:	**Murena** (57) 190 ts, 14 kn, 25.9 x 6.9 x 1.0 m — *Motoscafi app. insursori*								
1 AG	I	bew./auth.	00/.	.	3000	93.0	15.5	5.0	2
1 AG ○	**Ammiraglio Magnaghi**	1974	73/75	CNR, R. Trigoso	1700	82.7	13.7	3.5	13
2 AG ○	I, II	1999-00	./00 ./99	Intermarine, Sarzana	390	39.2	12.6	3.0	2
6 AT	**Ciclope, Gigante, Polifemo, Titano, Saturno, Tenace**	1985-88	84/85 86/88	Ferrari, La Spezia	660 750	38.9	9.9	3.8	1
2 AT:	**Atlante, Prometeo** (74) 750 ts, 16 kn, 2180 kW_1, Tosi-DM, 39 x 9.6 x 4.1 m								
9 AT	**Porto Conte, Porto Empedocle, Portoferraio, Porto Pisano, Porto Salvo, Portovenere** **Porto Fossone, Porto Torres, Porto Corsini**	1984-90	84/85 91 84/85 91	De Poli, Pellestrina Giacalone, Napoli	. 412	32.3	8.5	3.3	1
2 AT:	**Porto d'Ischia, Riva Trigoso** (69) 300 ts, 12 kn, 1-2 🚁, 625 kW_1, DM								
1 AX ○	**Amerigo Vespucci**	1931	30/31	St. W. Castellammare	3550 4146	82.0 101	15.5	7.3	45
1 AX:	**Orsa Maggiore** (94) 69 ts, 10.5 kn, 232 kW, DM, 28.3 x 6.5 x 4.0 m, Ketch								
4 AX:	**Palinuro** (ex Jean Marc Aline, ex Cdt. Louis Richard) (33) ~450 ts, Schunerbark mit DM/schooner barque with DM; **Caroly** (60 ts, 6.5 kn, GM-DM, 73.5 kW, Yawl; **Corsaro II, Stella Polare** (60-64) 41 ts, Yawl, 70 kW, DM, 21 x 4.7 x 2.9 m, 205 m²/2117 sq. ft., Bes 14								

Bewaffnung/ Armament	Sensoren-Elektronik/ Sensors-Electronic	Geschwindigkeit/speed kn	Antrieb/Propulsion: Maschine/Kessel, Engines/Boilers, Masch	Leistung/Power kW 1 kW = 1.36 PS	Fahrstrecke/ Range sm	Sonstige Angaben/ Remarks
1-7.6, 2-2 1, 1 CIWS, 1		21.0	SLZ-DM	17280 2	7600 18	*Navi rifornimento flotta.* 4800 ts **Ö/F**, 500 ts jet fuel
1-7.6, [2-4], 1		19.0	2 Fiat-DM	7060 1	4000 19	3000 ts Ö/F, 1000 ts Diesel, 400 ts jet fuel
[1-2, 2 Mg]		14.0	CRM-DM	1116 2	1500 14	*Mototrasporti costieri*
[2 Mg]		14.0	Isotta F.-DM	1295 2	1500 14	*Navi servicio fari*

1 AO: **Bormida** (74) 470 ts, 7 kn, DM, 95 kW_1 — für Wasser/for water
7 AO: **GGS 1012-1014, GRS 1010-1012, 1013** (89-90) 200 ts — für Wasser/for water
4 AO: **MCC 1101-1104** (86-88) 860 ts, 13 kn, DM, 585 kW_2 — *Motocisterne per combustibili*
2 AO: **Ticino, Tirso** (94) 1968 ts, 13 kn, 69.8 x 10.1 x 4.1 m — für Wasser/for water

1-7.6, VLS Aster 15, 1 MILAS-Teseo-3		20.0	4 Tosi-DM	12140 2	3500 18	Ex FF Alpino Klasse. Versuchsschiff für/ trials ship for: EMPAR

1 AG: **Raffaele Rossetti** (86) 282/230 ts, 17.5 kn, 1 **TR** für/for↓, 1 **TR** für/for Experimente, 3 **UTR** 32 4 **III**, DM, 44.6 x 7.9 x 2.1 m, Bes 9 — *Nave esperienze*

		16.0	2 DM	1800 2	8000 12	AGI: SIGINT + ACINT
1-4, 1		16.0	GMT-DM + EM	2205 + 175	6000 12	*Nave idrografica.* Vermessung/survey
—		13.0	Isotta-F. DM	. 2	1700 13	
		14.5	2 DM	2425 1	3000 14.5	*Rimorchiatori d'altura*
		11.5	GMT-DM	1177 1	1800 10	*Rimorchiatori costieri*

2 AT: **RP 127-134** (83-86) 120 ts, 9.5 kn, Fiat-DM, 270 kW_1; **RP 101-116, 119-126** (72-81) 76 ts, 9.5 kn, DM 270 kW_1 — *Rimorchiatori portuali*

AH: **R. Paolucci** (70) 70 ts, 21 kn, 2 DM, 27.7 x 7.4 x 1.0 — *Nave ambulanza veloce*

-4, 1-2		10.5	Fiat DM	1400 1	5450 6.5	Segelschulschiff. Segelfläche 2600 m². Für 150 Kadetten/ Sail training ship. Sail area 28000 sq ft. For 150 cadets

AX: ○ **Aragosta, Astice, Mitilo, Porpora** (57) 120 ts, 14 kn, 1-2, DM, 810 kW_2 — Typ brit. Ham; **Alloro** (57) 400 ts, 13.5 kn, 2-2, Agave Klasse, ex MS, unterstehen der/belong to *Academia Navale Livorno*

Anzahl - Art/ Number - Group	Schiffsnamen und Stapellauf/ Ship's Name and Launching	Baubeginn - Fertig- *Umbau*/On Keel - Completed - *Conv.*	Bauwerft/Builder	Wasser- verdrängung/ Displacement ts	Länge/Length m	Breite/Beam m	Tiefgang/Draft m	Besatzung/ Crew Bes

2 YD: **Alcide Pedretti, Mario Marino** (84) 97 ts, 28 kn, DM, 1120 kW_2, GRP-Rumpf/hull — *Unitá appoggio subacquei*

Comando Generale della Guardia di Finanza Servizio Navale — Finanzverwaltung See —

1 PP:	**Denaro**/P03 1997	96/98	Fincantieri, La Spezia	. 320	51.0	7.5	1.9	33
2 PP	**Zara, Vizzari**/P 01, 02 1989	87/89 88/90	Fincant., La Spezia	290 315	51.0	7.5	1.9	31
1 PP	**Saettia**/CP 901 1985	./87	CNR, Muggiano	351 391	51.7	8.1	5.4	25
11 PP	**Bigliani, Cavaglia, Gagliano, Macchi, Smalto, Foruna, Buonocore, Squitieri, Barletta, La Malfa, Rosati**/ G 80-87, 79, 88-89 1985-96	84/87 91/92 95/97	CNR, R. Trigoso	85	26.4	7.0	1.2	11
26 PP	**Corrubia, Giudice, Alberti, Angelini, Capelletti, Ciorlieri, D'Amato, Fais, Feliciani, Garzone, Lippi, Lombardi, Miccoli, Trezza, Apruzzi, Ballali, Bovienzo, Carreca, Conversano, Inzerilli, Letízía, Mazzarella, Nioi, Patipilo, Puleo, Zannotti**/G 90-115	./89 ./97 ./99	Cant. d. Golfo, Gaeta Crest-Italia Intermarine, Sarzana	. 81	26.2	7.4	1.1	12

54 PP: 52 **Meattini** Klasse (70-85) 40 ts, 34 kn, 1-2◢, CRM-DM; **Gabriele, Grasso** (66-67) 54 ts, 34 kn, CRM-DM;

1 AX: **Giorgio Cini** (~70) 800 ts, 14 kn, Fiat-DM, 1100 kW_1; Paolini 350 ts, 11 kn, DM, 390 kW

Corpo delle Capitanerie di Porto — Guardia Costiera — Hafenverwaltung/Port Authority — Coast Guard

1 PP: **CP 409 Giulio Ingianni** (93) 22 kn, 1-2 ◢, DM, 34.6 x 7.1 x 2.1 m

8 PP: **CP 405/Francesco Mazzinghi, CP 406/Antonio Scialoja, CP 407/Michele Lolini, CP 408/Mario Grabar** (87-88) 136 ts, 22 kn, 1-2 ◢, 2 Mg ◢, CRM-DM, 4044 kW_2, 29.5 x 6.7 x 1.8 m; (87-88) 130 ts, 22 kn, 1-2 ◢ 2 Mg ◢, DM, 2590 kW_2, 28.6 x 6.2 x 2 m
CP 401/Oreste Cavallrai, CP 402/Renato Penetti, CP 403/Walter Fachin, CP 404/Gaetano Magliano

3 PP: **CP 313/Dante Novaro** (77) 55 ts, 23.5 kn, DM, 1765 kW_2; **CP 312/Bruno Gregoretti** (72) 65 ts, 19 kn, DM; **CP 307/Michele Fiorillo** (68) 84 ts, 17 kn, 2 Mg ◢

1 AG: CP-452/**Barbara** (74)

Jamaika/Jamaica

1 PP: **Paul Bogle**/P 8 (85) 93 ts, 35 kn, 1-2 ◢, 2 Mg ◢, MTU-DM, 2650 kW_3, 32.3 x 6.3 x 2.1 m, Bes 20, Bauwerft/builder: Lantana, Florida

1 PP: **Fort Charles**/P 7 (74, 79-81) 103/130 ts, 32 kn, 1-2 $◢_2$, 2 Mg ◢, [24], 5150 kW_2, MTU-DM, 34.5 x 7.3 x 2.1 m Bes 15, Bauwerft/builder: Sewart Seacraft

Japan

MARINE — Maritime Self Defence Force/MSDF

Zerstörer/Destroyers

4 DG ○	**Chokai**/176 **Myoko**/175 **Kirishima**/174 **KONGO**/173 1991 - 1996	95/98 93/96 92/95 90/93	Ishikawajima, Tokio Mitsubishi, Nagasaki Mitsubishi, Nagasaki Mitsubishi, Nagasaki	7250 9485	161	21.0	6.1	31

Bewaffnung/ Armament	Sensoren-Elektronik/ Sensors-Electronic	Geschwindigkeit/speed kn	Antrieb/Propulsion Maschine/Kessel Engines/Boilers Masch	Leistung/ Power kW 1 kW = 1.36 PS	Fahrstrecke/ Range sm	Sonstige Angaben/ Remarks

1 YP: **MEN 212** (83) 32 ts, 22 kn, DM

Financial Administration/Sea

1-3 ⚔, 2 Mg ⚔$_1$	┬	34.0	4 GMT-DM	10294	3800 15	
2-3 ⚔, 2 Mg ⚔	┬ ⌖	28.0	GMT-DM	4850 2	2700 15	
1-2.5 ⚔, 2 Mg ⚔$_1$	┬ Ɣ	38.0	4 MTU-DM	12940 4	1800 18	1999: reaktiviert/reactivated
1-3 ⚔, 2 Mg ⚔	┬ ⌖	43.0	MTU-DM	2575 2	700 25	
1-3 ⚔, 2 Mg ⚔$_1$ 1-2 ⚔, 2 Mg ⚔$_1$	┬ ⌖	40.0	2 botta-F.DM	4700	700 2	20

21 PP: **GL 432, 433** (68) 13.3 ts, 33 kn; **GL 103-106** (64) 7.1 ts, 34 kn; **GL 314, 315, 317-323, 325, 327-331** (57-59) 16.4 ts, 31 kn — und zahlreiche kleinere/and numerous smaller

2 AX: **Brig. Francesco Mazzei, Fin. Girolamo Vaccaro** (97), 115 ts, 40 kn, 2 MTU-DM, 9000 kW, 35.5 x 7.6 x 2.1 m — Bew.: 1-3 ⚔, 2 Mg$_1$, Bes: 17 + 18 — Bauwerft: Intermarine, Sarzana

11 PP: **CP 314/Gemma, CP 315-318** (87-92) 43 ts, 21 kn, CRM-DM, 1250 kW$_2$; **CP, 306, 309-311** (62-70) 29 ts, 8.5 kn; **CP 303, 304** (65) 18 ts, 13 kn

34 PP: **CP 257, 258** (87) 24 ts, 30 kn, 950 kW; **CP 254-256, 259, 260** (84-87) 22.5 ts, 31 kn; **CP 246-253** (77-81) 21.5 ts, 29.5 kn; **CP 239-245** (71) 25 ts, 30 kn; **CP 231-238** (66-69) 14 ts, 26 kn; **CP 226-230** (66) 18 ts —

121 PP: **CP 1001-1006** (74-76) 5 ts, 24 kn; CP **2001-2083, 2201-2205** (73-85) 13 ts, 20 kn; **CP 6001-6022** (86-89) 4 ts, 23 kn;

10 PP: **CP 501-503** (78-81) 7 ts, 28 kn; **CP 504, 506** (78-81) 6 ts, 28 kn; **CP 506-510** (88-89) 7 ts, 34 kn

1 AX **CP 451** (ex Bannock) (41) 1278 ts, 16 kn, 2 DM, 2200 kW, 62.6 x 11.7 x 4.1 m

Jamaika/Jamaica

4 PP: **CG 121-124** (92) 15 ts, 27 kn, 1 Mg ⚔, Caterpillar-DM, 650 kW$_2$, 12.2 x 4.3 x 1.3 m, Bes 5, Bauwerft/builder: Sea-Ark Marine, Monticello

3 PP: **CG 101-103** (92) 3 ts, 48 kn, 1 Mg, 2 DM, 330 kW; 2 PP: **CG 091, 092** (92) 3.8 ts, 36 kn;

2 PP: **Savanna Point, I** (66-69) 68 ts, 23 kn, 1180 kW — Typ USCGd 82' — 99/00: von/from: USA

Japan

Harpoon ⇨, VLS ⇧$_{61, 29}$ (Standard MR, Asroc), 1-12.7 ⚔ -2 ⚔ Phalanx, **UTR** 32.4 **III**	┬ ⌖ ⌖ ⌖ ⌖ ⌖ Ɣ ⌖ ⌖ ⌖	30.0	4 LM-GTu	73530 2	4500 20	AEGIS-System. **Bew/AMT:** TACTASS. 🚁-Deck. Masch: COGAG

Japan

Anzahl - Art/ Number - Group	Schiffsnamen und Stapellauf/ Ship's Name and Launching		Baubeginn - Fertig- *Umbau*/On Keel - Completed - *Conv.*	Bauwerft / Builder	Wasser- verdrängung/ Displacement ts	Länge/Length m	Breite/Beam m	Tiefgang/Draft m	Besatzung/ Crew Bes
2 DD	**Kurama**/144		78/81	Ishikawajima, Tokio	5200	159	17.5	5.3	360
○	**SHIRANE**/143	1978-79	77/80	Ishikawajima, Tokio	6800				
2 DD	**Hiei**/142		72/74	Ishikawajima, Tokio	4950	153	17.5	5.1	340
○			*87-89*		6550				
	HARUNA/141	1972-73	70/73	Mitsubishi, Nagasaki					
			86-87						
2 DG	**Shimakaze**/172		85/88	Mitsubishi, Nagasaki	4600	150	16.4	4.8	260
○	**Hatakaze**/171	1984-87	83/86	Mitsubishi, Nagasaki	5500				
3 DG	**Sawakaze**/170		79/83	Mitsubishi, Nagasaki	3850	143	14.3	4.6	260
○	**Asakaze**/169		76/79	Mitsubishi, Nagasaki	4800				
	Tachikaze/168	1974-81	73/76	Mitsubishi, Nagasaki					
4 DG	IV/113		02/.	.	4600	151	17.4	5.3	170
○	III/112		01/.	.					
	II/111		00/03	Mitsubishi, Nagasaki					
	I/110	bew./auth.	00/03	Sumitomo, Uraga					
9 DG	II/109		99/02	Mitsubishi, Nagasaki	4400	151	17.4	5.2	170
○	I/108		99/02	Ishikawajima, Tokio	5100				
	Ikazuchi/107		98/01	Hitachi, Maizuru					
	Samidare/106		97/00	Ishikawajima, Tokio					
	Inazuma/105		97/00	Mitsubishi, Nagasaki					
	Kirisame/104		96/99	Mitsubishi, Nagasaki					
	Yudachi/103		96/99	Sumitomo, Uraga					
	Harusame/102		94/97	Mitsui, Tamano					
	Murasame/101	1994-a.St./o.St..	93/96	Ishikawajima, Tokio					
8 DG	**Umigiri**/158		88/91	Ishikawajima, Tokio	3500	137	14.6	4.5	23[illegible]
○	**Sawagiri**/157		87/90	Mitsubishi, Nagasaki	4200				
	Setogiri/156		87/90	Sumitomo, Uraga					
	Hamagiri/155		87/90	Hitachi, Maizuru					
	Amagiri/154		86/89	Ishikawajima, Tokio					
	Yugiri/153		86/89	Sumitomo, Uraga					
	Yamagiri/152		86/89	Mitsui, Tamano					
	ASAGIRI/151	1986-89	85/88	Ishikawajima, Tokio					
11 DG	**Asayuki**/132		83/87	Sumitomi, Uraga	2950	132	13.7	4.3	20[illegible]
○	**Setoyuki**/131		84/86	Mitsui, Tamano	3700				
	Matsuyuki/130		83/86	Ishikawajima, Tokio					
	Yamayuki/129		83/85	Hitachi, Maizuru					
	Haruyuki/128		82/85	Sumitomo, Uraga					
	Isoyuki/127		82/85	Ishikawajima, Tokio					
	Hamayuki/126		81/85	Mitsui, Tamano					
	Sawayuki/125		81/84	Ishikawajima, Tokio					
	Mineyuki/124		81/84	Mitsubishi, Nagasaki					
	Shirayuki/123		79/83	Hitachi, Maizuru					
	HATSUYUKI/122	1980-85	79/82	Sumitomo, Uraga					

Bewaffnung/ Armament	Sensoren-Elektronik/ Sensors-Electronic	Geschwindigkeit/speed kn	Antrieb/Propulsion Maschine/Kessel Engines/Boilers Masch	Leistung/ Power kW 1 kW = 1.36 PS	Fahrstrecke/ Range sm	Sonstige Angaben/ Remarks
2-12.7, 2-2 Phalanx, 1 Sea Sparrow 8, 6 UTR 32.4 III, 1 8 Asroc, 3		32.0	Tu Wr	55150 2	7000 20	Flaggschiffe/flagships
2-12.7, 2-2 Phalanx, 1 Sea Sparrow 8, 6 UTR 32.4 III, 1 8, Asroc, 3		31.0	Tu Wr	51485 2	7000 20	Flaggschiffe/flagships. FRAM (Fleet Rehabilitation And Modernization Program)
8 Harpoon 4, 2-12.7, 2-2 Phalanx, 1 Standard MR, 6 UTR 32.4 III, 1 8 Asroc		30.0	2 R. R. Spey SM-1 A-GTu + 2 Ol. TM-3 D-GTu	52940 2	.	I: 4650/5600 ts. **Masch:** COGAG
8 Harpoon 4, 2-12.7, 2-2 Phalanx, 1 Standard MR, 6 UTR 32.4 III, 1 8 Asroc		33.0	Gen. El. Tu 2 Wr	51470 2	.	
8 Harpoon 4, 1-12.7, 2-2 Phalanx, 1 VLS (Sea Sparrow + Asroc), 6 UTR 32.4 III, 1		30.0	2 LM 2500 GTu + 2 SM-1C GTu	. 2	.	
8 Harpoon 4, 1-7.6, 2-2 Phalanx, 1 VLS (Sea Sparrow + Asroc), 6 UTR 32.4 III, 1		30.0	2 R.R.Spey- + GE-LM-2500-GTu	19600 + 33825 2	.	**Masch:** COGAG
8 Harpoon 4, 1-7.6, 2-2 Phalanx, 1 Sea Sparrow, 6 UTR 32.4 III, 1 8 Asroc, 1		30.0	4 R. R. Spey SM-1-A-GTu	50295 2	.	154-158: Active array naval radar OPS 24. Can rotate 360°. **Masch:** COGAG
8 Harpoon 4, 1-7.6 OTO, 2-2 Phalanx, 1 Sea Sparrow 8, 6 UTR 32.4 III, 8, 1		30.0	R. R.-GTu + Tyne GTu	39720 + 7330	. 2	122-125: Alu-Aufbauten/ Al superstructure, 126-132: Stahlaufbauten/steel superstructure. **Masch:** COGOG. 122: keine/no 2-2 Phalanx

Anzahl - Art/ Number - Group	Schiffsnamen und Stapellauf/ Ship's Name and Launching	Baubeginn - Fertig - *Umbau*/On Keel - Completed - *Conv.*	Bauwerft/Builder	Wasser-verdrängung/ Displacement ts	Länge/Length m	Breite/Beam m	Tiefgang/Draft m	Besatzung/ Crew Bes
2 DG	**Kikuzuki**/165	65/68	Mitsubishi, Nagasaki	3250	136	13.4	4.4	270
○		*83-86*		4500				
	TAKATSUKI/164 1966-67	64/67	Ishikawajima, Tokio					
		81-85						
2 DD	**Yugumo**/121	76/78	Sumitomo, Uraga	2150	115	11.8	4.0	210
○	**Akigumo**/120 1973-77	72/74	Sumitomo, Uraga	2700				
Fregatten/Frigates								
6 FG	**Tone**/234	91/93	Sumitomo, Uraga	2050	109	13.4	3.8	120
○	**Chikuma**/233	91/93	Hitachi, Maizuru	2550				
	Sendai/232	89/91	Sumitomo, Uraga					
	Oyodo/231	89/91	Mitsui, Tamano					
	Jintsu/230	88/90	Hitachi, Maizuru					
	ABUKUMA/229 1988-92	88/89	Mitsui, Tamano					
2 FG	**Yubetsu**/228	82/84	Hitachi, Maizuru	1470	91.0	10.8	3.5	94
○	**Yubari**/227 1982-83	81/83	Sumitomo, Uraga	1760				
1 FG	**Ishikari**/226 1980	79/81	Mitsui, Tamano	1280	85.0	10.6	3.5	90
○				1450				
4 FE	**Noshiro**/225	76/77	Mitsui, Tamano	1500	93.0	10.8	3.5	165
○	**Yoshino**/223	73/75	Mitsui, Tamano	1800				
	Teshio/222, **Kumano**/224 1974-76	73/75	Hitachi, Maizuru					
Uboote/Submarines								
7 SS	IV/596	./04	Kawasaki, Kobe	2700↑	82.0	8.9	7.9	71
○	III/595	98/03	Mitsubishi, Kobe	2900↓				
	II/594	98/02	Kawasaki, Kobe					
	I/593	97/01	Mitsubishi, Kobe					
	Uzushio/592	96/00	Kawasaki, Kobe					
	Michishio/591	95/99	Mitsubishi, Kobe					
	Oyashio/590 1996-bew./auth.	94/98	Kawasaki, Kobe					
7 SS	**Asashio**/589	92/97	Mitsubishi, Kobe	2450↑	80.0	10.8	10.5	75
	Fuyushio/588	91/95	Kawasaki, Kobe	2750↓				
	Wakashio/587	90/94	Mitsubishi, Kobe					
	Arashio/586	90/93	Kawasaki, Kobe					
	Hayashio/585	89/92	Mitsubishi, Kobe					
	Natsushio/584	89/91	Kawasaki, Kobe					
	HARUSHIO/583 1989-95	87/91	Mitsubishi, Kobe					
7 SS	**Sachishio**/582	86/89	Kawasaki, Kobe	2200↑	76.0	9.9	7.5	50
○	**Yukishio**/581	85/88	Mitsubishi, Kobe	2450↓				
	Takeshio/580	84/87	Kawasaki, Kobe					
	Akishio/579	83/86	Mitsubishi, Kobe					
	Hamashio/578	82/85	Kawasaki, Kobe					
	Nadashio/577	81/84	Mitsubishi, Kobe					
	Okishio/576 1982-88	80/83	Kawasaki, Kobe					

Bewaffnung/ Armament	Sensoren-Elektronik/ Sensors-Electronic	Geschwindigkeit/speed kn	Antrieb/Propulsion Maschine/Kessel Engines/Boilers Masch	Leistung/ Power kW 1 kW = 1.36 PS	Fahrstrecke/ Range sm	Sonstige Angaben/ Remarks
8 Harpoon ⇨ $_4$, 1-12.7, 1-2 Phalanx, 1 Sea Sparrow $_8$, 6 **UTR** 32.4 **III**, 1 $_8$ Asroc, 1 $_4$ Bofors		32.0	Kawasaki GE Tu 2 Foster Wh.	44310 2	7000 20	Verbesserte Elektronik/ improved electronics
4-7.6 $_2$, 6 **UTR** 32.4 **III**, 1 $_8$ Asroc, 1 $_4$ Bofors		27.0	6 B & W-DM	19490 2	7000 20	Verbesserte/improved Minegumo Klasse
8 Harpoon ⇨ $_4$, 1-7.6, 1-2 Phalanx, 6 **UTR** 32.4 **III**, 1 $_8$ Asroc		27.0	2 R. R. Spey-SM-1 A-GTu + 2 Mits.-DM	19900 + 4410 2	.	**Masch:** CODOG
8 Harpoon ⇨ $_4$, 1-7.6, 6 **UTR** 32.4 **III**, 1 $_4$ Bofors		25.0	R. R. Ol.-GTu + DM	20590 + 3680 2	.	**Masch:** CODOG
4 Harpoon ⇨ $_4$, 1 7.6 OTO, 6 **UTR** 32.4 **III**, 1 $_4$ Bofors		25.0	R.R.Ol.-GTu + DM	20590 + 3680 2	.	**Masch:** CODOG
2-7.6 $_2$, 2-4 $_2$, 1 $_8$ Asroc, 6 **UTR** 32.4 **III**		25.0	4 DM	11770 2	10700 12	
6 **TR** 53.3↓ Sub-Harpoon ⇨		12.0↑ 20.0↓	DM EM	5700 1	.	*Sensuikan*
6 **TR** 53.3↓ Sub-Harpoon ⇨		12.0↑ 20.0↓	DM EM	5295 1	.	*Sensuikan.* Tactical towed array sonar system/TACTASS
6 **TR** 53.3↓		12.0↑ 20.0↓	2 MAN-DM Fuji-EM	2500 5295 1	.	Zweihüllenboot double hull. 577-582: Sub-Harpoon ⇨, TACTASS

Anzahl-Art/ Number-Group	Schiffsnamen und Stapellauf/ Ship's Name and Launching		Baubeginn-Fertig-*Umbau*/On Keel-Completed-*Conv.*	Bauwerft/Builder	Wasser-verdrängung/ Displacement ts	Länge/Length m	Breite/Beam m	Tiefgang/Draft m	Besatzung/ Crew Bes
Kleine Kampfschiffe/Small Fighting Vessels									
2 PG	I, II	bew./auth.	00/.	.	200	~40.0	.	.	20
○									
3 PG	**PG 03**/823		93/95	Sumitomo, Uraga	50	21.8	7.0	1.7	10
	PG 01, 02/821, 822	1992 -94	91/93	Sumitomo, Uraga	63	24.6	12.1	4.4	.
Minensucher/Minesweepers									
3 MB	**Hachijo**/303		91/94	Nihon K., Tsurumi	1000	67.0	11.8	3.1	60
○	**Tsushima**/302		90/93	Nihon K., Tsurumi	1275				
	YAEYAMA/301	1991-92	90/93	Hitachi, Kanagawa					
7 MB	IV/687		.	.	510	57.5	9.4	3.0	40
○	III/686		.	.	620				
	II/685		99/02	Hitachi, Kanagawa					
	Naoshima/684		98/00	NKK, Tsurumi					
	Tsunoshima/683		97/99	Hitachi, Kanagawa					
	Notojima/682		96/98	Hitachi, Kanagawa					
	Sugashima/681	1997-bew./auth.	96/98	NKK, Tsurumi					
9 MB	**Nagashima**/680		95/96	NKK, Tsurumi	490	57.7	9.4	2.5	45
	Yugeshima/679		95/96	Hitachi, Kanagawa	600				
	Tobishima/678		93/95	Nihon K., Tsurumi					
	Makishima/677		93/94	Hitachi, Kanagawa					
	Kumejima/676		93/94	Nihon K., Tsurumi					
	Maejima/675		92/93	Hitachi, Kanagawa					
	Tsukishima/674		91/93	Hitachi, Kanagawa					
	Ieshima/673		89/90	Hitachi, Kanagawa					
	Uwajima/672	1990-96	89/90	Nihon K., Tsurumi					
14 MB	**Sakushima**/671		88/89	NKK, Tsurumi	440	55.0	9.4	2.4	45
○	**Awashima**/670		88/89	Hitachi, Kanagawa					
	Hikoshima/669		87/88	Hitachi, Kanagawa					
	Yurishima/668		87/88	Nihon K., Tsurumi					
	Moroshima/667		86/87	Nihon K., Tsurumi					
	Ogishima/666		86/87	Hitachi, Kanagawa					
	Himeshima/665		85/86	Hitachi, Kanagawa					
	Kamishima/664		85/86	Nihon K., Tsurumi					
	Etajima/663		84/85	Nihon K., Tsurumi					
	Nuwajima/662		84/85	Hitachi, Kanagawa					
	Takashima/661		83/84	Hitachi, Kanagawa					
	Hahajima/660		83/84	Nihon K., Tsurumi					
	Torishima/659		82/83	Nihon K., Tsurumi					
	Chichijima/658	1983-89	82/83	Hitachi, Kanagawa					
2 MB	**Niijima**/722		80/81	Nihon K., Tsurumi	440	55.0	9.4	2.5	28
	Yakushima/723	1981-82	81/82						
1 MB	**Fukue**/721	1975	./75	Nihon K., Tsurumi	380	52.0	8.8	2.4	28
Landungsfahrzeuge/Landing Vessels									
3 LD	**Oosumi**/4001	18.11.96	95/98	Mitsui, Tamano	8900	178	25.8	6.0	130
○	I/4002	a.St./o.St.	99/03		11000				
	II/4003	bew./auth.	00/04	.					

Bewaffnung/ Armament	Sensoren-Elektronik/ Sensors-Electronic	Geschwindigkeit/speed kn	Antrieb/Propulsion: Maschine/Kessel, Engines/Boilers, Masch	Leistung/ Power kW (1 kW = 1.36 PS)	Fahrstrecke/ Range sm	Sonstige Angaben/ Remarks
1-7.6, 4 Harpoon⇒$_2$		~40.0	GTu	.	.	.
4 Harpoon⇒$_2$, 1-2 Sea Vulcan		50.0	GE-LM 500 GTu + 1 DM	4060	400 45	Verbesserter/improved Typ ital. Sparviero. Total 4
1-2 Sea Vulcan		14.0	Mitsubishi-DM	1765 2	.	
1-2 Sea Vulcan		14.0	DM	1325 2	2500 10	
1-2 Sea Vulcan		14.0	Mitsubishi-DM	1325 2	2400 10	Ab/from 672: Neues/new Sonar
1-2 Gatling		14.0	DM	1060 2	.	Verbesserte/improved Takami Klasse. Minenjäger/minehunters. 649-652: 1-2
-2		14.0	DM	1060 2	.	Lenkboote für Minensuchdrohnen/Command ships for minesweeping drones: **NAMIE 1-4**
-2		14.0	DM	1058 2	.	
-2 Phalanx, 0, 2 LCAC, 1000],		22.0	DM	19850 2	10000 13	.

Anzahl - Art/ Number - Group	Schiffsnamen und Stapellauf/ Ship's Name and Launching		Baubeginn - Fertig- *Umbau*/On Keel - Completed - *Conv.*	Bauwerft/ Builder	Wasser- verdrängung/ Displacement ts	Länge/Length m	Breite/Beam m	Tiefgang/Draft m	Besatzung/ Crew Bes
3 LS	**Satsuma**/4153		75/77	Ishikawajima, Tokio	2000	98.0	14.0	3.0	115
○	**Ojika**/4152		74/76	Ishikawajima, Tokio	3200				
	MIURA/4151	1974-76	73/75	Ishikawajima, Tokio					
1 LS	**Nemuro**/4103		76/77	Sasebo H. Ind.	1550	89.0	13.0	2.5	100
○		1977			2400				
2 LS	**Noto**/4172, **Yura**/4171	1980	80/81	Sasebo H. Ind.	500	58.0	9.5	1.7	32
○					590				
2 LS	**LC 2001, 2002**	1987-91	87/88	Sasebo H. Ind.	420	52.0	8.7	1.6	28
			91/92						
19 LC: 10 Typ US LCM (6), 9 Typ US LCVP									
Hilfsfahrzeuge/Auxiliary Vessels									
2 AR	**Bungo**/464		96/98	Mitsui, Tamano	5600	141.0	22.0	5.4	160
○	**Uraga**/463	1996-97	95/97	Hitachi, Maizuru	8400				
1 AR	**Hayase**/ASU 7020	1971	70/71	Ishikawajima, Tokio	2000	99.0	14.9	4.1	180
					3050				
1 AR	**Kurobe**/4202	1988	87/89	Nihon K., Tsurumi	2270	101	16.5	4.0	150
○					3200				
1 AR	**Tenryu**/4203	1999	98/00	Sumitomo, Uraga	2400	106	16.5	4.0	156
○									
1 AR	**Azuma**/4201	1969	68/69	Maizuru H. Ind.	1950	98.0	13.0	3.8	185
○					2400				
1 AR	**Chihaya**/403	1998	97/00	Mitsui, Tamano	5400	127	20.0	5.1	125
					6200				
1 AR	**Chiyoda**/405	1983	83/85	Mitsui, Tamano	3650	112	17.6	4.6	120
○					4450				
1 AR	**Fushimi**/402	1969	69/70	Sumitomo, Uraga	1430	76.0	12.5	3.8	102
1 AO	I	bew./auth.	.	.	13500	.	.	.	
3 AO	**Hamana**/424		88/90	Hitachi, Maizuru	8150	167	22.0	8.4	140
○	**Tokiwa**/423		88/90	Ishikawajima, Tokio	15850				
	Towada/422	1986-89	85/87	Hitachi, Maizuru					
1 AO	**Sagami**/421	1978	77/79	Hitachi, Maizuru	5000	146	19.0	7.3	130
○					11600				
1 AI	**Shirase**/5002	1981	81/82	Nihon K., Tsurumi	11660	134	28.0	9.2	174
○					17600				
1 AC	**Muroto**/482	1979	78/80	Mitsubishi, Shimon.	4544	131	17.4	5.7	135
○									
1 AG	**Nichinan**/5105	1998	97/99	Mitsubishi, Shimon.	3300	111	17.0	4.5	9[illegible]
○					4100				
2 AG	**Harima**/5202		90/92	Mitsui, Tamano	2800	71.5	28.5	7.6	3[illegible]
○	**Hibiki**/5201	1990-91	89/91	Mitsui, Tamano	3800				
1 AG	**Wakasa**/5104	1985	84/86	Hitachi, Maizuru	2050	97.0	15.0	4.2	10[illegible]
○					3175				
1 AG	**Suma**/5103	1981	80/82	Hitachi, Maizuru	1180	72.0	12.8	3.5	6[illegible]
○									

Bewaffnung/ Armament	Sensoren-Elektronik/ Sensors-Electronic	Geschwindigkeit/speed kn	Maschine/Kessel Engines/Boilers Masch	Leistung/Power kW 1 kW = 1.36 PS	Fahrstrecke/ Range sm	Sonstige Angaben/ Remarks
2-7.6 $_2$, 2-4 $_2$ 2 LCM, [1800 ts], [180]		14.0	MAN-DM	2940 2	4300 12	*Yorikukan*
4-4 $_2$, 2 LCVP, [400 ts], [120]		13.0	MAN-DM	3240 2	4300 12	
1-2 Gatling [70]		12.0	DM	2210 2	.	
1-2 Gatling		12.0	DM	2210 2	.	
4 LC: **LA 01-04** (97-99): Typ US LCAC-1 — Luftkissenfahrzeug/Air cushion vessel + 2: FY 2000						
[ ], [ ]		22.0	DM	14550 2	4600 20	Für/for MS Bungo: **Bew:** 1-7.6
2-7.6 $_2$, 2-2 , 6 **UTR** 32.4 **III**,		18.0	DM	4710 2	.	*Sokay-bokan.* Für/for MS
1-7.6		20.0	DM	6690 2	.	*Kunren-sien-kan.* AX für Flak/for gunnery
1-7.6		22.0	DM	.	.	Training Support Ship
1-7.6 , 2 **UTA**		18.0	Kawas.-MAN-DM	2940 2	.	2000: a.D./to be deleted
1 DSRV [1]		21.0	2 DM	14705 2	6000 13	*Sensuikan-kyununkan.* Uboot-Bergungsfahrzeug/ submarine rescue vessel
1 DSRV		17.0	DM	8456 2	.	Für/for SS.
—		16.0	Kawas.-DM	2210 2	.	2000: a.D./to be deleted
		.	.	.	.	.
1-2 Phalanx		22.0	Mitsui-DM	19410 2	10500 20	Flottenversorger/fleet replenishment ships. -Deck achtern/aft
—		22.0	DM	13680 2	9500 20	-Deck
CH 53, OH 6		19.0	5 MAN DM	22065 3	25000 15	*Saihyokan.* Auch/also AG
—		17.0	MTU-DM	5880 2	. 2	Kabelleger/cable layer. Auch ozeanographische Forschung/ also ocean research
—		18.0	DM	4265 2	.	Vermessung/survey-AGI
—		11.0	DM	2350 2	3800 10	Für/for SURTASS. SWATH (Small Waterplane Area, Twin-Hull)-Design, Total 5 ?
—		16.0	Fuji-DM	3310 2	.	Vermessung/survey
—		15.0	Fuji-DM	2390 2	.	Für Vermessung und Versuche/for survey and trials

Anzahl-Art/ Number-Group	Schiffsnamen und Stapellauf/ Ship's Name and Launching		Baubeginn-Fertig-*Umbau*/On Keel-Completed-*Conv.*	Bauwerft/Builder	Wasser-verdrängung/ Displacement ts	Länge/Length m	Breite/Beam m	Tiefgang/Draft m	Besatzung/ Crew Bes
1 AG	**Asuka**/6102	1994	93/95	Sumitomo, Uraga	4250	151	17.3	5 .0	170
○									+ 100
1 AG	**Kurihama**/6101	1979	78/80	Sasebo H. Ind.	960	68.0	11.6	3.0	42
○									+ 13
1 AG	**Futami**/5102	1978	78/79	Mitsubishi, Shimon.	2050	97.0	15.0	4.3	105
○					3000				
1 AT	I	bew./auth.	./.	.	980	.	.	.	40
1 AX	**Kashima**/3508	1994	93/95	Hitachi, Maizuru	4060	142	18.0	4.6	250
○									+ 140

Ausbildungsschiffe und Tender/Training Vessels and Tenders — Bew unsicher/**AMT** uncertain
1 Tender: **Shimayuki**/TV 3513 (86) 2950/3700 ts, 30 kn, 2 + 2 GTu, 39720 kW + 7330 kW, 132 x 13.7 x 4.3 m,
Bew: 8 Harpoon ⇨, 1-7.6, 2-2 Phalanx, 1 Sea Sparrow, 6 **UTR III**$_3$, 1

2 Tender: **Murakumo, Aokumo**/TV 3511, 3512 (68-72) 2750 ts, 27 kn, 2 DM, 19490 kW, 115 x 11.8 x 3.9 m,
Bew: 3-7.6, 6 **UTR** 32.4 **III**, 1$_4$ Bofors, 1 Asroc$_8$;

2 SS: **ATSS 8007, 8008** (ex Mochishio, Setoshio) (80-81) 2200/2450 ts, 12.0/20.0 kn, 76.0 x 9.9 x 7.5 m,
Bew: 6 **TR** 53.3 b↓

4 Tender: **ASU 83-85 (**ex YAS 103-105) (68-73) 500 ts, 14 kn, 1180 kW$_2$, 52.3 x 10.1 x 2.5 m — auch/also AR

1 Tender: **Hashidate**/ASY 91(99) 400 ts, 20 kn, 2 DM, 4044 kW, 62.0 x 9.4 x 2.0 m, **Bes:** 20

Küstenwache/Coast Guard — Maritime Safety Agency/MSA

Fregatten/Frigates

1 FS	**Shikishima**/PLH 31	1991	90/92	Ishikawajima, Tokio	6500	150	17.0	6.0	140
○					9350				
2 FS	**Yashima**/PLH 22		87/88	Nihon K., Tsurumi	4950	130	15.5	5.3	250
○	**Mizuho**/PLH 21	1985-88	84/86	Mitsubishi, Nagasaki	5210				
7 FS	**Echigo**/PLH 08		88/90	Mitsui Z., Tamano	3730	105	14.6	4.8	55
○	**Settsu**/PLH 07		83/84	Sumitomo, Uraga	4040				+ 15
	Chikuzen/PLH 06		82/83	Kawasaki, Kobe					
	Zaoh/PLH 05		80/82	Mitsubishi, Nagasaki					
	Hayato (ex Uraga)/PLH 04		79/80	Hitachi Z., Maizuru					
	Oosumi/PLH 03		78/80	Mitsui Z., Tamano					
	Tsugaru/PLH 02	1978-89	78/79	Ishikawajima H., Tokio					
1 FS	**Soya**/PLH 01	1978	77/78	Nihon K., Tsurumi	3560	98.6	15.6	5.2	55
○					4100				+ 15
2 FS	**Kojima**/PL 21		91/93	Hitachi, Maizuru	2650	115	14.0	5.0	118
○	**Miura**/PL 22	1992-98	97/98	Sumitomo, Uraga					
1 FS	**Izu**/PL 31	1997	96/98	Kawasaki, Kobe	3500	110.0	15.3	5.3	
○									
2 FS	II		99/00	.	3800	105	14.6	4.8	.55
	Ryukyu/PLH 09	1999-a.St./o.St.	98/00	Mitsubishi, Nagasaki					

Bewaffnung/ Armament	Sensoren-Elektronik/ Sensors-Electronic	Geschwindigkeit/speed kn	Antrieb/Propulsion Maschine/Kessel Engines/Boilers Masch	Leistung/ Power kW 1 kW = 1.36 PS	Fahrstrecke/ Range sm	Sonstige Angaben/ Remarks
VLS₈		27.0	2 LM 2500-GTu	31617 2	.	Für Versuche und Waffenerprobung/for experimental and weapontrials
—		15.0	Fuji-DM	3500 2	.	Für Vermessung und Versuche/for survey and trials
—		16.0	MAN-DM	2390 2	.	*Kaiyo-kansoku-kan.* Vermessungsschiff/surveying ship
.		.	DM	.	.	AMS
1-7.6, 2-4, 6 **UTR** 32.4 **III**		25.0	R.R. Spey GTu + Mitsubishi-DM	19600 + 5880 2	.	Schulschiff für Kadetten/ training ship for cadets

5 Tender: **YAS 95, 96** (ex Oumi, Okitsu) (76-77) 380 ts, 14 kn, 880 kW, 2 DM; ex MB
YAS 98, 01, 02 (ex Hatsushima, Ninoshima, Miyajima) (78-79) 440 ts, 14 kn, 1060 kW_2, DM, ex MS

2 Tender: **YDT 01, 02** (99) 300 ts, 15 kn, 2 DM, 1103 kW, 46.0 x 8.6 x 2.2 m

22 AT: **YT 58, 63-74, 78, 79, 81,** (78-96) (78-91) 260 ts, 11 kn, 1320 kW; **YT 53, 55-57** (74-77) 195 ts, 11 kn, 1100 kW_1; **YT 37, 44-46, 48** (62-68) 100 ts, 10 kn, DM, 294 kW_2 — und zahlreiche kleinere/ and numerous smaller

4-3.5 ₂, 2-2, 2		25.0	SEMT-Pielstick-DM	15295 2	20000 18	Escort ship for Plutonium transport
1-3.5, 1-2, 2 Bell 212		23.0	SEMT-Pielstick-DM	13380 2	8500 22	Bugstrahlruder/bow thruster
1-4, 1-2, 1 Bell 212		22.0	SEMT-Pielstick-DM	11470 2	5700 18	Bugstrahlruder/bow thruster. PLH 05-07: 1-3.5
-2, Bell 212		20.8	Pielstick-DM	11470 2	5700 18	Auch/also AI
-3.5, 1-2, Mg		18.0	DM	5880 2	7000 15	AX
-3.5 ₁, 1-2		20.0	2 DM	8800 2	.	
-3.5,		23.0	DM	11470 2	5700 18	

Anzahl - Art/ Number - Group	Schiffsnamen und Stapellauf/ Ship's Name and Launching	Baubeginn - Fertig- *Umbau*/On Keel - Completed - *Conv.*	Bauwerft/Builder	Wasser- verdrängung/ Displacement ts	Länge/Length m	Breite/Beam m	Tiefgang/Draft m	Besatzung/ Crew Bes
1 FS	**Oki** (ex Nojima)/PL 01 1989	88/89	Ishiwakajima, Tokio	1200	87.0	10.5	3.5	.
○				1350				
4 FS	I/PL 08	99/00	Mitsui, Tamano	1000	.	.	.	38
	Satsuma/PL 07	98/99	Kawasaki, Kobe					
	Dejima/PL06	98/99	Mitsubishi, Nagasaki					
	Hakata/PL 05 1998-a.St./o.St.	97/98	IHI, Tokio					
3 FS	**Satsuma**/PL 04	94/95	Sumitomo, Uraga	1885	91.4	11.0	3.5	38
○	**Kudaka**/PL03	93/94	Hakodate Dock					
	Ojika/PL 02 1991-95	90/91	Mitsui, Tamano					
28 FS	**Amagi** (ex Mashiyu)/PL 128	80/82	Skikoku D., Kochi	970	77.8	9.6	3.4	41
○	**Etomo**/PL 127	80/82	Uzumi, Zosen	1350				
	Kunigami/PL 126	79/80	Kanda Z., Kawajiri					
	Katori/PL 125	78/80	Tohuku Z., Shiogama					
	Hateruma/PL 124	79/80	Osaka Zosen, Osaka					
	Koshiki/PL 123	79/80	Kasato S., Kasato					
	Goto/PL 122	79/80	Onomichi Z., Onomichi					
	Genkai/PL 121	79/80	Oshima Z., Oshima					
	Kunisaki/PL 120	79/80	Koyo S., Mihara					
	Suzuka/PL 119	79/80	Kanesashi, Toyohashi					
	Shimokita/PL 118	79/80	Kakoki, Tokyo					
	Kurikoma (ex Kudaka)/PL 117	79/80	Hakodate D., Hakodate					
	Yonakuni/PL 116	79/79	Hayashikane, Nagasaki					
	Noto/PL 115	79/79	Miho Z., Shimitsu					
	Tosa (ex Oki)/PL 114	79/79	Tokoishi Z., Tokoishi					
	Nojima (ex Ashizuri)/PL 113	79/79	Sanoyasu, Misushima					
	Chokai/PL 112	79/79	Nihon Kai, Toyama					
	Rebun/PL 111	79/79	Narasaki, Muroran					
	Suruga/PL 110	78/79	Kurushima D.,					
	Shikine/PL 109	78/79	Uzuki I. W., Uzuki					
	Iwaki/PL 108	78/79	Naikai Z., Takuma					
	Matsushima/PL 107	78/79	Tohoku Z., Shiogama					
	Rishiri/PL 106	78/79	Shikoku D., Kochi					
	Motobu/PL 105	78/78	Sasebo, H. Ind.					
	Yahiko/PL 104	78/78	Mitsubishi, Shimon.					
	Wakasa/PL 103	78/78	Kawasaki, Kobe					
	Esan/PL 102	78/78	Sumitomo, Uraga					
	SHIRETOKO/PL 101 1978-81	78/78	Mitsui, Tamano					
2 FS	**Muroto**/PL 16	74/74	Nakai Zosen	980	76.6	9.6	3.0	50
○	**Daio**/PL 15 1973-74	72/73	Hitachi Maizuru	1205				
14 FS	**Natsui** (ex Teshio) **Oirase, Echizen,**	79/80	Japan	540	67.8	7.9	2.7	33
○	**Tokachi, Hitachi, Okitsu, Isazu,**	87/88		630				
	Chitose, Kuwano, Sorachi, Yubari,							
	Motoura, Kano, Sendai/PM 01-14 1980-88							
2 FS	**Kunashiri, Minabe**/PM 97/98 1998	97/99	Mitsubishi, Shimon.	350	56.0	7.5	4.0	
1 FS	**Teshio**/PM 15 1995	93/95	NKK, Tsurumi	550	55.0	10.6	3.9	35
○								
2 FS	**Amami**/PM 95 1992-95	91/92	Hitachi, Kanagawa	230	56.0	7.5	2.0	
	Matsuura/PM 96	94/95	Hitachi, Kanagawa	350				
2 FS	**Takatori**/PM 89	77/78	Takuma, Zosen	477	46.5	9.2	3.9	34
	Kumano/PM 94 1977-78	78/79	Namura, Osaka	631				

Bewaffnung/ Armament	Sensoren-Elektronik/ Sensors-Electronic	Geschwindig-keit/speed kn	Antrieb/Propulsion Maschine/Kessel Engines/Boilers Masch	Leistung/ Power kW 1 kW = 1.36 PS	Fahrstrecke/ Range sm	Sonstige Angaben/ Remarks
1-2 ⊿	⊤ ○	20.0	Fuji-DM	5970 2	.	
1-2 ⊿	⊤ ○	18.0	2 DM	5150 2	.	
1-2 ⊿	⊤○	18.0	Fuji-DM	5150 2	.	SAR Command Ships
1-4 ⊿, 1-2 ⊿	⊤	20.0	Niigata-DM oder/or Fuji-DM	5150 2	5200 16	PL 101-105: im Unterauftrag bei anderen Werften gebaut/subcontracted at other yards. **Bew:** PL 118, 122, 124-128 1-3.5 ⊿ anstatt 1-4 ⊿/**AMT:** PL 118, 122, 124-128 1-3.5 ⊿ instead of 1-4 ⊿
1-4 ⊿, 1-2 ⊿	⊤	20.4	B. & W.-DM	5150 2	5200 16	
1-2 ⊿ Gatling	⊤	18.0	DM	2210 2	3500 16	PM 07: AX
-2 ⊿	⊤	24.0	DM	5140	.	
1-2 ⊿ Gatling	⊤ ○	14.5	2 DM	2650 2	.	
-2 ⊿	⊤	25.0	Fuji-DM	5970 2	.	
–	⊤	15.7	Niigata-DM	2210 2	750 15	Rettungs- und Löschboote/ rescue- and fire boats

Anzahl-Art/ Number-Group	Schiffsnamen und Stapellauf/ Ship's Name and Launching	Baubeginn-Fertig-*Umbau*/On Keel-Completed-*Conv.*	Bauwerft/Builder	Wasser-verdrängung/ Displacement ts	Länge/Length m	Breite/Beam m	Tiefgang/Draft m	Besatzung/ Crew Bes
4 FS	**Chikugo, Yamakuni,** **Katsura, Shinano**/PM 90-93 1977	77/77 78/78	Japan	635 660	63.4	7.8	2.6	34
6 FS	**Horobetsu, Shirakami, Sagami, Tone,** **Yoshino, Kurobe**/PM 83-88 1976	76/76 /77	Japan	635 660	63.3	7.8	2.6	34
5 FS	**Ishikari, Abukuma, Isuzu, Kikuchi,** **Kuzuryu**/PM 78-82 1975-76	75/76	Japan	635 660	63.3	7.8	2.6	34
5 FS ○	**Fuji, Kabashima, Sado**/PM 75-77 **BIHORO, Kuma**/PM 73, 74 1973-75	74/75 73/74	Japan	635 660	63.4	7.8	2.6	34
5 FS ○	**Miyake, Awaji, Yaeyama**/PM 70-72 **Kamishima**/PM 68 **Sarobetsu**/PM 67 1970-72	72/72 71/71 71/71	Uzuki Iron Works Uzuki Iron Works Maizuru	530 575	58.0	7.4	2.4	40
1 FS	**Misasa** (ex Okinawa) PM 69 1970	70/70	Uzuki Iron Works	330 375	50.0	7.3	2.3	37
Kleine Kampfschiffe/Small Fighting Vessels								
2 PP	**Nobaru**/PS 109 **Takatsuki**/PS 108 1992	92/93 91/92	Hitachi, Kanagawa Mitsubishi, Shimon.	115	35.0	6.7	1.3	10
6 PP	**Sanbe**/PS 10 **Arase**/PS 09 **Kurama**/PS 08 **Ashitaka**/PS 07 **Banna**/PS 06 **Kamui**/PS 05 1993-96	96/97 96/97 94/95 93/94 93/94 93/94	Mitsubishi, Shimon. Hitachi, Kanagawa Mitsubishi, Shimon. Mitsui, Tamano Mitsubishi, Shimon. Hitachi, Kanagawa	195	46.0	7.5	1.7	15
4 PP	**Kirishima**/PS 04 **Saroma**/PS 02 **Akiyoshi, Inasa**/PS 01, 03 1988-91	90/91 88/89 87/88 89/90	Sumidagawa, Tokio Hitachi, Kanagawa Mitsubishi, Shimon.	195	43.0	7.5	1.7	13
6 PP	**Akagi, Tsukuba, Kongo** **Katsuragi, Hiromine, Shizuki,** **Takachio**/PS 101-107 1979-88	79/80 87/88	Japan	189	35.0	6.3	1.3	12

13 PP: **Hayanami, Shikinami, Mizunami, Iyonami, Kurinami, Hamanami, Shinonome, Harunami, Kiyozuki, Ayanami, Tokinami, Hamagumo, Awanami**/PC 11-23 (93-99) 110 ts, 25 kn, DM, 2940 kW_2, 35 x 6.3 x 2.3 m

23 PP: **Murakumo, Kitagumo, Yukigumo, Asagumo, Hayagumo, Akigumo, Yaegumo, Natsugumo, Yamagiri, Kawagiri, Teruzuki, Natsuzuki, Miyazuki, Nijigumo, Tatsugumo, Hamayuki, Isonami, Nagozuki, Yaezuki Yamayuki, Komayuki, Umigiri, Asagiri**/PC 201-223 (77-84) 89/175 ts, 30 kn, 1-1.3, 2340 kW_2, 2 MTU-DM 31 x 6.3 x 1.2 m, Bes 10, Bauwerften/builder: Hitachi, Kanagawa + Mitsubishi, Shimonoseki

4 PP: **Asogiri, Murozuki, Wakagumo, Naozuki**/PC 101-104 (94-96) 101 ts, 30 kn, 3820 kW, 33.0 x 6.3 x 1.4 m;

1 PP: **Kagayuki**/PC 105 (99) 100 ts, 36 kn, 3824 kW, 32 x 6.5 m x 3.3 m, Bew: 1-Mg

91 PP: **CL 11-17, CL 18-33, CL 34 -57, CL58-71, CL 72-96, 97-102** (91-97) 23 ts, 30 kn, 2 DM, 1338 kW, 20.0 x 4.3 x 1.5 m; — **Suzukaze-Klasse**

11 PP: **Sawakaze, Benibana, Yamazaku, Kaido, Sazanka, Aoi, Suisen, Yaezaku, Yanakaze, Yukitsuki, Washikaze**/ CL 103-113 (98): 29 kn, 2 DM, 1338 kW, 20.0 x 4.5 x 1.5 m

Bewaffnung/ Armament	Sensoren-Elektronik/ Sensors-Electronic	Geschwindigkeit/speed kn	Antrieb/Propulsion Maschine / Kessel, Engines / Boilers, Masch	Leistung/ Power kW 1 kW = 1.36 PS	Fahrstrecke/ Range sm	Sonstige Angaben/ Remarks
1-2	┬	18.0	DM	2210 2	3200 16	
1-2	┬	18.0	Fuji-DM	2210 2	3200 16	
1-2	┬	18.0	Fuji-DM	2210 2	3200 16	
1-2	┬	18.1	DM	2210 2	3200 16	
1-2	┬	17.6	Niigata-DM	1910 2	3000 16	
1-2	┬	13.4	DM	960 2	3500 12	
Mg	┬	35.0	DM	3825 2	.	
Mg	┬	35.0	DM	6545 3	650 34	
Mg	┬	35.0	DM	6030	650 34	
Mg	┬	28.0	Pielstick-DM	3529 2	500 20	PS 106, 107: 106 ts, 330 kW_2,

PP: **Matsunami**/PC 01 (94) 204 ts, 25 kn, 3824 kW, 35.5 x 8.0 x 1.9 m

1 PP: **Urayuki, Iseyuki, Hatagumo, Makigumo, Hamazuki, Isozuki, Shimanami, Yuzuki, Hanayuki, Awagiri, Shimagiri, Setogiri, Hayagiri, Natsugiri, Suganami**/PC 72, 73, 75-82, 75-81, 83-87 (73-89) 110 ts, 22 kn, 2210 kW_2, 26 x 6.3 m; **Tamanami, Minegumo, Kiyonami, Okinami, Wakagumo, Asoyuki**/PC 66-70, 74 (72-75) 46 ts, 24 kn, 1620 kW_2

4 PP: **CL 201-264** (77-88) 37 ts, 20 kn, 662 kW, 2 DM, 18 x 4.3 x 1.1m, **Yamayuri**-Klasse

PP: **Kawakaze**/CL 128 (70) 24 ts, 16 kn, 367 kW, 2 DM, 16 x 4.1 x 1.1 m

PC: **CL 01-04**: 23 ts, 17.0 x 4.0 x 2.0 m

4 PP: **CL 142-150, 152-156** (70-76) 24 ts, 17 kn, 367 kW, 2 DM, 15 x 4.1 x 1.1 m, — **Chiyokaze**-Klasse

PP: **Hayate, Inazuma**/GS 01, 02 (87-88) 7.9 ts, 30 kn, DM

Anzahl - Art/ Number - Group	Schiffsnamen und Stapellauf/ Ship's Name and Launching		Baubeginn - Fertig- *Umbau*/On Keel - Completed - *Conv.*	Bauwerft/Builder	Wasser-verdrängung/ Displacement ts	Länge/Length m	Breite/Beam m	Tiefgang/Draft m	Besatzung/ Crew Bes
1 AG	**Shoyo**/HL 01	1997	96/98	Mitsui, Tamano	3000	115	14.0	7.3	60
2 AG	**Kaiyo**/HL 05 **Meiyo**/HL 03	1990-93	92/93 89/90	Mitsubishi, Shimon. Kawasaki, Kobe	500 550	60.0	10.5	2.2	25
1 AG ○	**Takuyo**/HL 02	1983	82/83	Nihon K., Tsurumi	2980 3370	96.0	14.2	4.5	64 + 42
1 AG	**Tenyo**/HL 04	1986	85/86	Sumitomo, Uraga	770	56.0	9.8	2.9	38
1 AG ○	**Tsushima**/LL 01	1977	76/77	Mitsui, Tamano	1719 1834	75.0	12.5	4.1	54

6 AG: **HS 21, 22, 23** (91-95) 42 ts, 15 kn, DM, 740 kW_3, 21 x 4.5 x 1.2 m, Bes 10 — **HS 24-26** (98-99)

4 AG: **HS 32-35** (74-77) 21 ts, 9 kn, DM, 130 kW_1, Lg 15 m; **HS 11** (72) 6 ts, 8.5 kn

3 Bojenleger/Buoy Layers: **Hokuto, Kaio, Ginga**/LL 11-13 (79) 800 ts, 13 kn, 960 kW_2, DM, 55 x 10.6 x 2.7 m

1 Bojenleger/Buoy Layer: **Zuiun**/LM 101 (83) 370 ts, 14.5 kn, DM, 955 kW_2, Nav. Aids Service

1 Bojenleger/Buoy Layer: **Myojo**/LM 11 (73) 300 ts, 11.2 kn, DM, 440 kW_2 — Navigation Aids Service

Jemen/Yemen

2 FG ○	**971, 976**	?	.	Werft 341, Rybinsk	420 455	56.1	11.3	3.9	38
3 PG	**126, 127, 128**		90/95	CSC, Shanghai	180 220	34.0	7.7	2.7	30
1 PP	**26. September**	1977	./78	Halter Mar., N. Orleans	91 110	32.0	6.2	1.9	20
2 PP	**202, 203**	~1974	.	USSR	44 60	24.1	4.9	1.0	8
6 PP	**Baklan, Siyan, Zuhrab**/1201-1203 **Akissan, Hunaish, Zakr**/1204-1206	1996-97	96/97	CMN, Cherbourg	12	15.5	3.0	0.8	4
2 MB	**634, 201**	?	.	Srednij Neva, Kolpino	680 750	61.0	9.6	2.4	6
5 MS ○	**11, 12, 15, 20, I**	~1975	.	Srednij Neva, Kolpino	70 80	26.1	5.8	1.2	1
1 LS ○	**Sira/137**	~1975	.	St. Polnocna, Gdansk	890 1050	76.0	8.9	1.8	4

1 LS: I (a.St./o.St.) — Stocz. Mar. Woj., Gdynia

2 AO: **135, 140** (~56) 1300/1525 ts, 10 kn, Typ USSR Toplivo

Bewaffnung/ Armament	Sensoren-Elektronik/ Sensors-Electronic	Geschwindigkeit/speed kn	Antrieb/Propulsion Maschine/Kessel Engines/Boilers Masch	Leistung/ Power kW 1 kW = 1.36 PS	Fahrstrecke/ Range sm	Sonstige Angaben/ Remarks
—	⊤ ♀	17.0	DM	5882 2	.	
—	⊤	15.0	2 Daihatsu-DM	1620 2	5000 14.5	
—	⊤ ▽	17.0	Fuji-DM	3825 2	12000 16	Vermessungsschiff/ surveying vessel
—	⊤	13.0	DM	1215 2	5400 12	
1-4 ▲, 1-2 ▲, 1 ✈	⊤	15.5	Fuji-DM	2940 1	10000 15	Forschungsschiff/ Navigation Aids Service

10 Bojenleger/Buoy Layers: **LM 106, 107, 114, 201-206** (77-91) 58 ts, 14 kn; **LM 112** (72) 185 ts, 12 kn — and numerous smaller: **LS 116-118; LS 137; LS 141-143; LS 144-146, 148, 149, 154, 157, 158, 160; LS 161, 164-167; LS 168-170; LS 181, 185-195; LS 204-221; LS 231, 232** (98)

15 Feuerlöschboote/Fire Fighting Craft: **Shoryu, Nanryu, Kairyu, Suiryu**/FL 02-05 (69-76) 250 ts, 13.5 kn, 1620 kW_2, DM — Katamaranrumpf/catamaran hull; **Nunobiki, Yodo, Otowa, Shiraito, Kotobiki, Nachi, Kegon, Mino, Ryusei, Kiyotaki**/FM 01-10 (73-81) 87 ts, 14 kn, 1180 kW
Hiryu/FL 01 (97) 280 ts, 14 kn, DM, 2941 kW, 35.0 x 12.2 m

Jemen/Yemen

SS-N-2 C ⇨$_2$, SA-N-5 ↥$_4$, -7.6 ▲, 2-3 ▲$_6$	⊤ ♁ ⊕ ⊕ ⌒	44.0	2 GTu + 2 GTu	22500 2	1400 14	Typ USSR Tarantul I
C-801 ⇨, 4-3 ▲$_2$,	⊤ ♁ ⌒	35.0	DM	7940 3	800 30	Typ chin. Huangfen
-2.3 ▲$_2$, 4 Mg ▲$_2$	⊤	28.0	GM-DM	1030 3	.	Typ US Broadsword
Mg ▲	⊤	34.0	DM	1765 2	.	Typ USSR Zhuk
Mg ▲$_1$	⊤	55.0	2 DM	.	400 30	
-3 ▲$_2$, 4-2.5 ▲$_2$, SA-N-5 ↥$_4$, ✎$_5$ RBU 1200, ⊡	⊤ ⊕ ▽	17.0	DM	3535 2	2800 10	Typ USSR Natya-I
Mg ▲$_2$	⊤ ▽	11.0	DM	440 2	300 10	Typ USSR Yevgenya
-3 ▲, 2 ↣$_{18}$, 8 ⛟, 50 ts]	⊤ ⊕	18.0	DM	3680 2	3300 14	Typ USSR Polnocny B

LC: I, II (a.St./o.St.) — Stocz. Mar. Woj., Gdynia

LC: **13, 14** (~ 80) 90/145 ts, 10 kn, Typ USSR Ondatra

Anzahl - Art/ Number - Group	Schiffsnamen und Stapellauf/ Ship's Name and Launching		Baubeginn - Fertig - *Umbau*/On Keel - Completed - *Conv.*	Bauwerft/Builder	Wasser-verdrängung/ Displacement ts	Länge/Length m	Breite/Beam m	Tiefgang/Draft m	Besatzung/ Crew Bes

Jordanien/Jordan

3 PP:	**Al Hussein, Al Hussan,** **Abdullah**	1988-89	88/89 89/91	Vosper Th., Portchester	95 125	30.5	6.9	1.5	16

3 PP: **Al Hashim, Al Faisal, Al Hamza** (90) 9 ts, 28 kn, 1 Mg, DM, 180 kW_2 — Typ Rotork

4 PP: **Faysal, Han, Hasayu, Muhammed** (~74) 8 ts, 25 kn, 3 Mg $_{2,\ 1}$, DM, 440 kW_2, 11.6 x 4 x 0.5 m, Bauwerft/builder: Bertram, Miami

Jugoslawien/Yugoslavia

Zahlreiche Einheiten wegen UN-Waffenembargo nicht einsatzbereit. Namen teilweise unsicher.

Fregatten/Frigates

2 FG ○	**Novi Sad** (ex Pula) 34 **Kotor**/33	1985-86	./89 81/88	B. Titovo, Kraljevica	1850	91.8	11.2	3.6	9
1 FG ○	**Podgorica** (ex Koper)/32	1981	80/82	Werft 340, Zelenodolsk	1500 1580	96.4	12.6	4.1	13

Uboote/Submarines

2 SS	**Sava, Drava**/831, 832	1977-82	75/78 78/81	Brodosplit, Split	834 960	55.8	5.1	4.7	3
1 SS ○	**Heroj**/821	1967	66/70	Uljanik, Pula	615↑ 705↓	50.3	4.7	4.2	3
3 SZ	*Una Klasse* **Zeta, Kupa, Vrbas** (ex Vardar)	?	./85 89	Brodosplit, Split	80↑ 90↓	18.8	2.7	2.5	

Kleine Kampfschiffe/Small Fighting Vessels

5 PG ○	**Rade Končar, Ramiz, Sadiku, Hasan Zahirovic Laca, Jordan Nikolov-Orce, Ante Banina**/ 401, 403, 404-406	1976-79	./77 79	B. Titovo, Kraljevica	240	45.0	8.4	2.5	3
5 PG ○	**Stefan Filipovič Steva, Žikica, Jovanovič-Španac, Nikola Martinovič, Josip Mažar Sosa, Karlo Rojc**/304-308	1963-68	.	USSR	210 220	39.6	7.6	2.9	3
6 PP	*Mirna Klasse* **I, II** (ex Pohorje, Učka) 172, 174 **Grmeč, Kosmaj, Fruška Gora, Zelengora**/175, 178, 177, 179	1981-83	80/81 ./85	B. Titovo, Kraljevica	120	32.0	6.7	2.3	1

Bewaffnung/ Armament	Sensoren-Elektronik/ Sensors-Electronic	Geschwindigkeit/speed kn	Antrieb/Propulsion Maschine/Kessel Engines/Boilers Masch	Leistung/ Power kW 1 kW = 1.36 PS	Fahrstrecke/ Range sm	Sonstige Angaben/ Remarks

Jordanien/Jordan

2-3 $_2$, 1-2 , 2 Mg		32.0	MTU-DM	4265 2	1500 11	GRP Rumpf/hull

Jungfern-Inseln/Virgin Island

PP: **St. Ursula** (88) 17 ts, 27 kn, 1 Mg, GM-DM, 810 kW_2, 15.4 x 3.9 x 1.2 m

PP: **PB 1** (93) 12 ts, 2 Mg $_1$, 31 kn, 3 DM, 671 kW, 12.2 x 4.3 x 1.3 m

Jugoslawien/Yugoslavia

Due to UN weapon's embargo several units non-operational. Some names not confirmed

SS-N-2 C, 2-7.6 $_2$, -3 $_2$, 2 SA-N-4 $_2$, , 6 **UTR** 32.4		27.0	1 GTu + 2 Pielst.-DM	11030 + 7060 3	.	*Velici patrolni brod*/VPB Kotor: 4/99 aufgelegt/laid up
SS-N-2 C, 4-7.6 $_2$, -3 $_2$, 2 SA-N-4 $_2$, $_{12}$ RBU 6000,		30.0	1 GTu + 2 DM	14705 + 11765 3	4500 18	Typ USSR Koni. 4/99 aufgelegt/laid up
TR 53.3↓,		11.0↑ 16.0↓	DM EM	1765 1	.	*Podnornica* Drava: 1/99: aufgelegt/laid up
TR 53.3↓,		10.0↑ 15.5↓	DM EM	1275 1	4100 10	1/99 aufgelegt/laid up
SDV,		6.0↑ 8.0↓	2 EM	50	250	SDV = Swimmer Delivery Vehicle
SS-N-2 B, 2-5.7		40.0	2 R. R. Proteus-GTu + MTU-DM	6620 + 5295 4	500 35	*Raketni topovnjača* 4/99: Einige aufgelegt/ some laid up
SS-N-2 A, 4-3 $_2$		36.0	DM	8825 3	800 25	*Raketni čamac.* Typ USSR Osa I 4/99: Einige aufgelegt/ some laid up
4 , 1-2 ,		28.0	SEMT-P.-DM + EM	4410 + 2	400 20	*Patrolni čamac.* 4/99: Einige aufgelegt/ some laid up

Anzahl-Art/ Number-Group	Schiffsnamen und Stapellauf/ Ship's Name and Launching		Baubeginn-Fertig-/ *Umbau*/On Keel-Completed-*Conv.*	Bauwerft/Builder	Wasserverdrängung/ Displacement ts	Länge/Length m	Breite/Beam m	Tiefgang/Draft m	Besatzung/ Crew Bes
5 PP	**Granica, Kalnik, Romanija, Rudnik, Velebit**	1964-68	./65 68	Trogir Shy.	85 120	28.0	4.4	2.5	.
6 PR	*20 Klasse* **PČ 211-216**	?	./84 .	.	55	21.8	5.3	1.2	10
1 PR	*16 Klasse* **PČ 303**	?	.	.	23	17.0	3.6	0.9	7
12 PR	*15 Klasse* **PČ 15-1 — 15-12**	?	.	.	19.5	16.9	3.9	0.7	6
Minensucher/Minesweepers									
2 MS ○	**Blitvenica, Podgora** (ex Slobodni, Smeli)/153, 152	1957	./57 *80-81*	Normand, Le Havre	365 425	46.3	8.6	2.1	40
1 MS	**Brsec** (ex MSI -99)/142	~1964	./64	Jugoslawien/ Yugoslavia	125 165	32.4	6.3	1.7	22
7 MS	**Neštin, Motajica, Belegiš, Bosut, Vučedol, Djerdap, Novi Sad**/ 331-337	1975-96	./75 ./81 ./96	Brodotehnika, Belgrad	65 73	27.0	6.3	1.6	16
Landungsfahrzeuge/Landing Vessels									
1 LS ○	**Silba**	1987	86/87	Brodosplit, Split	700 880	49.7	10.2	2.6	3
8 LC	**DJČ 621, 625-628, 630-632**	~1986-87	.	Gleben, Korčula	48	22.3	4.8	1.6	
6 LC	**DJČ 604-606, 608-610**	1976-77	./76 77	Gleben, Korčula	35	21.4	4.8	1.6	
4 LC	**614, 616-618**	~1986	./86 88	Jugoslawien/ Yugoslavia	10	113	3.1	0.5	
Hilfsfahrzeuge/Auxiliary Vessels									
1 AK	**Kit**	1983	./84	.	600 860	58.2	11.0	2.8	4

5 AK: **Jastog** (83) 310/430 ts, 7 kn, DM, 220 kW_1; **PT 82, 83, 86, 87** (~86-87) 60 ts, 12 kn, [2-2 ⯊], [60], DM, 225 kW_2, 400/10 sm, 20.5 x 4.5 x 1.4 m — *Pomoćni transporter*

1 AO: **PN 24** (~50) 300/430 ts, 7 kn, DM, 220 kW_1 — Oiler — *Pomoćni naftaš;*

12 AT: **PR 37, 38, 48** (~50) 550 ts, 11 kn, DM — *Pomorski remorker;* **LR 67-74** (~60) 130 ts — *Lučki remorker*

1 AR	**RSRB 36**	1985	/85	Jugoslavien/ Jugoslavia	110	32.2	7.1	1.2	2

Bewaffnung/ Armament	Sensoren-Elektronik/ Sensors-Electronic	Geschwindigkeit/speed kn	Maschine/Kessel Engines/Boilers Masch	Leistung/Power kW 1 kW = 1.36 PS	Fahrstrecke/Range sm	Sonstige Angaben/ Remarks
6-2 ⊿$_3$	T	22.0	MTU-DM	1175 2	.	
2-2 ⊿, ▫	T	16.0	DM	850 2	200 15	Donau-Flottille/ Danube-Flotilla
1-2 ⊿, 9 Mg ⊿$_9$, [3 ts]	T	15.0	DM	340 2	340 15	Donau-Flottille/ Danube-Flotilla
1-2 ⊿, 2 Mg ⊿	T	16.0	DM	242 2	160 12	Donau-Flottille/ Danube-Flotilla
2-2 ⊿, PAP 104	T Y	15.0	Pielstick-DM	1470 2	3000 15	*Minolavac.* Typ franz./French Ton. I: Minenjäger/minehunter
-4 ⊿	T Y	14.0	DM	810 2	2000 9	Typ brit. Ham
-2 ⊿$_{3, 2}$	T ⌒	12.0	DM	380 2	860 11	*Rečni minolavac.* Flußminensucher/ river minesweepers
-3 ⊿$_2$, 4-2 ⊿$_4$, SA-N-5 ↟$_4$, [1000 ts], 300] oder/or 94 ▫	T	12.5	Alpha-DM	2280 2	1200 12	
-2 ⊿, [40]	T	35.0	DM	1280	320 22	Typ 22. Auf der Donau/ on the river Danube
-2 ⊿, [32 ts]	T	23.0	MTU-DM	1066 1	320 22	*Desantni jurišni čamac.* Typ 21. GRP Rumpf/hull
-Mg ⊿	T	22.0	2 DM	.	100 15	GRP Rumpf/hull
-4 ⊿, 8-2 ⊿$_2$, 150]	T	16.0	DM	2560 2	1500 16	*Pomoćni oružar.* Auch/also LS

YD: **BM 70** (80) 43 ts, 12 kn, 2-2 ⊿, DM, 220 kW$_2$, 20.5 x 4.5 x 1.4 m, Bes 6 + 4 (AP: 6 + 70)

Tender: **BB 35** (56) 510/680 ts, 17 kn, 1-4 ⊿, 2-2 ⊿, DM, 1400 kW$_2$ — für/for PG; **Kozara** (ex Kriemhild) (39) 690 ts, 10.5 kn, 9-2 ⊿$_3$, DM, 67 x 9.5 x 1.4 m, Bauwerft/builder: Linzer Schiffswerft — Donau/Danube

-2 ⊿$_1$	T	10.0	DM	338 1	600 10	Entmagnetisierungsschiff/ degaussing vessel

Anzahl-Art/ Number-Group	Schiffsnamen und Stapellauf/ Ship's Name and Launching		Baubeginn-Fertig-*Umbau*/On Keel-Completed-*Conv.*	Bauwerft/Builder	Wasser-verdrängung/ Displacement ts	Länge/Length m	Breite/Beam m	Tiefgang/Draft m	Besatzung/ Crew Bes

Kambodscha/Cambodia

2 PC: **1133, 1134** (~80) 170 ts, 36 kn, 2-4 ⊾$_1$, DM, 8825 kW$_3$, 39.5 x 8 x 1.8 m, Bes 30 — Typ USSR Stenka
2 PP: **Koh Chklam, Koh Rong** [1105, 1106] (97) 44 ts, 34 kn, 2 DTZ-DM, 2200 kW, 22.0 x 5.8 x 1.4 m, Bauwerft/builders: Hong Leong Lürssen, Penang
2 PP: **41, 42** (84-86) 40 ts, 2 DM, 1470 kW, 4 Mg ⊾$_2$, 24 x 5.0 x 1.0 — Typ USSR Zhuk
9 PR: **1-9:** 3.6 ts, 20 kn, 1 DM, 1-7.6 ⊾, 9.1 x 2.6 x 0.5 m

Kamerun/Cameroon

1 PP	**Bakassi**/P 104	1982	81/83	SFCN, Villeneuve	270 310	52.6	7.1	2.4	39
1 PP	**L'Audacieux**/P 103	1975	75/76	SFCN, Esterel	250	48.0	7.1	2.5	34
1 PP	**QM Alfred Motto**	1974	./74	ACRE, Libreville	96	29.1	6.2	1.9	1[illegible]

15 PP: **I-XV** (87-88) 11.5 ts, 33 kn, 4 Mg ⊾, DM, 810 kW$_2$, 11.6 x 3.8 m, Bes 4, Bauwerft/builders: Swiftships, Morgan City

6 PP: **I-II** (91) 8 ts, 2 DM, 368 kW, 11.1 x 3.5 x 1.0 m; **I-IV** (91) 4 ts

12 PP: **I-XII** (77-82) 3.5 ts, 8.5 x 3.0 x 0.7 m, Bauwerft/builders: Plascoa, Cannes, Zoll/customs

Kanada/Canada

Zerstörer/Destroyers

4 DD	**Algonquin**		69/73	Davie Shb., Lauzon	4200	130	15.3	4.3	24
○			*87-91*	*Versatile Davie Inc.*	5100				
	Athabaskan		69/72	Davie Shb., Lauzon					
			91-94	*Versatile Davie Inc.*					
	Huron		69/72	Marine Ind., Sorel					
			92-95	*Versatile Davie Inc.*					
	Iroquois		69/72	Marine Ind., Sorel					
		1970-71	*88-92*	*Versatile Davie Ind.*					

Fregatten/Frigates

12 FG	**Ottawa**		95/96	St. Johns Shb., N. Brunsw.	4360	136	16.4	6.2	22
○	**St. John's**		94/96	St. Johns Shb., N. Brunsw.	4675				
	Charlottetown		93/95	St. Johns Shb., N. Brunsw.					
	Winnipeg		93/95	St. Johns Shb., N. Brunsw.					
	Fredericton		92/94	St. Johns Shb., N. Brunsw.					
	Montreal		90/93	St. Johns Shb., N. Brunsw.					
	Calgary		90/94	MIL Davie SY, Lauzon					
	Regina		89/94	MIL Davie SY, Lauzon					
	Toronto		89/92	St. Johns Shb., N. Brunsw.					
	Ville de Québec		88/93	MIL Davie SY, Lauzon					
	Vancouver		88/92	St. Johns Shb., N. Brunsw.					
	HALIFAX	1988-95	87/92	St. Johns Shb., N. Brunsw.					

Bewaffnung/ Armament	Sensoren-Elektronik/ Sensors-Electronic	Geschwindigkeit/speed kn	Antrieb/Propulsion Maschine/Kessel Engines/Boilers Masch	Leistung/Power kW 1 kW = 1.36 PS	Fahrstrecke/ Range sm	Sonstige Angaben/ Remarks

Kambodscha/Cambodia

2 PR: **21, 22** 30 ts, 10 kn, 2 DM, 2 Mg $_1$, 14.5 x 4.5 x 1.5 m, Typ US PBR

3 LC: **60, 61, 62** (84) 70 ts, 10 kn, 2 DM, 230 kW, 19 x 4.3 x 1.0 m, Typ USSR T4

5 LC: **63-65, 68, 69:** 45 ts, 9 kn, 2 DM, 382 kW, 17.4 x 4.2 x 1.2 m

Kamerun/Cameroon

Bewaffnung/ Armament	Sensoren/ Sensors	kn	Masch	kW	sm	Remarks
2-4		25.0	SACM-AGO-DM	4710 2	2000 16	Typ frz./French P 48-S
2-4, [8 ↣ SS 12]		22.0	MGO-DM	1765 2	2000 1	Typ frz./French P 48. Hulk
2-2 $_1$, 2 Mg $_1$		14.0	Baudouin DM	950 1	.	

3 PP: **I-III** (87) 3 ts, 40 kn, 2 DM, 230 kW, 6.8 x 2.3 x 0.9 m; Bauwerft/builders: NAPCO; Polizei + Zoll/police + customs

2 LC: **Betika** (73), **Bibundi** (83) 57 ts, 9 kn, 2 DM, 360 kW, 17.5 x 4.3 x 1.3 m

1 YD: **Nyong** (90) 218 tdw, 11 kn, 2 MWM-DM, 1620 kW_2, 42.5 x 11.5 x 3.0 m Bauwerft builders: Cassens, Emden

Kanada/Canada

Bewaffnung/ Armament	Sensoren/ Sensors	kn	Masch	kW	sm	Remarks
1 VLS: (32 Standard SM 2), 1-7.6 OTO, 1-2 Phalanx, 6 **UTR** 32.4 **III**, 2 Sea King		27.0	2 Pratt Wh.-GTu + 2 Pratt Wh.-GTu	36760 + 5440 2	4500 20	*Antisubmarine helicopter destroyers.* DDH, VDS: SQS-510
8 Harpoon $_4$, 1-5.7, 1-2 Phalanx, 8 Mg $_1$, 2 VLS: Sea Sparrow $_8$, 4 **UTR** 32.4 **II**, 1 Sea King		29.0	2 GE LM-2500-GTu +1 SEMT-P. DM	36760 + 8660 2	4500 20	FFH. Für Luft- und U-Abwehr. CANTASS/for AAW (Anti-Air-Warfare) and ASUW (Anti-Submarine-Warfare). CANTASS (CANadian-Towed-Array-Sonar-System) 4 sollen ab 2005: erhalten/ 4 to get from 2005: Active Phased Array Radar (APAR)

Kanada/Canada

Anzahl - Art/ Number - Group	Schiffsnamen und Stapellauf/ Ship's Name and Launching	Baubeginn - Fertig- *Umbau*/On Keel - Completed - *Conv.*	Bauwerft/Builder	Wasser- verdrängung/ Displacement ts	Länge/Length m	Breite/Beam m	Tiefgang/Draft m	Besatzung/ Crew Bes
Uboote/Submarines								
1 SS ○	**Onondaga** 1965	65/68 *82-84*	R. Dy., Chatham	2030↑ 2410↓	90.0	8.1	5.5	65
4 SS ○	**Chicoutimi** (ex Upholder) **Windsor** (ex Unicorn) **Cornerbrook** (ex Ursula) **Victoria** (ex Unseen) 1986-91	90/93 89/92 86/92 83/90	Cammell Laird Cammell Laird Cammell Laird Vickers, Barrow	2160↑ 2460↓	70.3	7.6	5.5	46
Minensucher/Minesweepers								
12 MB ○	**Brandon, Summerside,** **Goose Bay, Moncton, Saskatoon** **Shawinigan, Whitehorse, Yellowknife** **Glace Bay, Nanaimo, Edmonton,** **KINGSTON** 1995-bew./auth.	98/99 97/98 96/97 95/96 94/95	Halifax Shy.	970	55.0	11.3	3.4	35
2 MB	**Moresby, Anticosti** (ex Joyce Tide, Jean Tide) ~1973	./73	Allied Shb., Vancouver	. 2200	58.3	13.1	5.2	18
Hilfsfahrzeuge/Auxiliary Vessels								
2 AO	I, II gepl./plan.	.	Canada	27000	125	28	8.5	110
2 AO ○	**Preserver, Protecteur** 1968-69	67/69 /70	Saint John Shb., D. D.	8380 24700	172	23.2	9.1	230
1 AG ○	**Quest** 1968	67/69	Burrard, Vancouver	2130	77.0	12.8	4.6	56

12 AT: 5 **Glen** (75) 255 ts, 11.5 kn, 960 kW_2, DM; 5 **Ville** Klasse (74) 9.8 kn, DM 270 kW; 2 **Fire**..130 ts

3 YD: **YDT 11, 12** (61-62) 110 ts, 10.5 kn, DM; **YMT 10** 70 ts, 120 kW, DM

Anzahl - Art/ Number - Group	Schiffsnamen und Stapellauf/ Ship's Name and Launching	Baubeginn - Fertig- *Umbau*/On Keel - Completed - *Conv.*	Bauwerft/Builder	Wasser- verdrängung/ Displacement ts	Länge/Length m	Breite/Beam m	Tiefgang/Draft m	Besatzung/ Crew Bes
Transportministerium/Ministry of Transport – Coast Guard								
1 FE	**Sir Wilfred Grenfell** ~1985	84/85	Marystown Shy.	3750	68.5	15.0	6.0	20
1 FE	**Mary Hichens** (ex Beau Bois) 1983	83/84	Marystown Shy.	. 3265	64.4	13.8	5.9	22 + 85
1 FE	**Simon Fraser** 1959	./60 *85-86*	Burrard, Vancouver	1375	62.3	12.8	4.3	25
2 PP	**Gordon Reid, John Jacobson** 1990	89/91	Versatile Pac., Victoria	.	50.0	11.0	4.0	14
6 PP	**Bickerton, Spindrift,** **Spray, Spume,** 1989-95 **Cap aux Meules, W.G. George**	./89 ./95	Halmatic, Havant Ind. Raymond, Quebec	34	15.9	5.3	1.5	

2 PP: **Harp, Hood** (86) 225 ts, 10 kn, DM, 625 kW_2, 24.5 x 8.5 x 2.4 m, Bes 7

Bewaffnung/ Armament	Sensoren-Elektronik/ Sensors-Electronic	Geschwindigkeit/speed kn	Antrieb/Propulsion Maschine/Kessel Engines/Boilers Masch	Leistung/ Power kW 1 kW = 1.36 PS	Fahrstrecke/ Range sm	Sonstige Angaben/ Remarks
6 **TR** 53.3↓ (6 b)		12.0↑ 17.0↓	Adm. St. R.-DM EM	2710 4410 2	9000	Typ brit. Oberon. Krupp-Atlas CSU 3-41 Sonar
6 **TR** 53.3 b ↓ (MK 24 + Spearfish), Sub Harpoon ⇨		12.0↑ 20.0↓	2 Paxman-V.-DM 1 GEC-EM	. 3970 1	8000 8	*Submarines.* Typ 2400 TAS 2046. 2000/2001: für 8 Jahre von/for 8 years from: Großbritannien/Great Britain
1-4, 2 Mg		15.0	DM	2205 2	4000 12	*Coastal patrol/mine countermeasures vessels* (MCDVs). Vorw./largely PP
—		13.5	4 NOHAB-DM	3090 2	12000 13	Ex offshore vessels. Für Minensuchausbildung/ for Minesweeping training
;		20	DM	.	.	Mehrzweckschiffe/ Multipurpose vessels: Tanker + Ro Ro
3 Sea King		20.0	Tu 2 Wr	15440 1	7500 11.5	*Operational support ships.* 7.6 entfernt/removed. 13100 ts Öl/fuel, 1250 ts Munition/ammunition
1		16.0	DM	2170 2	10000 12	*Oceanographic research vessel*

4 YP: **Sechelt, Sikanni, Sooke, Stikine** (90 91) 220 ts, 12.5 kn, DM — Torpedofangboote/torpedo recovery vessels, auch/also PP

Bewaffnung/ Armament	Sensoren-Elektronik/ Sensors-Electronic	Geschwindigkeit/speed kn	Maschine	Leistung/ Power	Fahrstrecke/ Range	Sonstige Angaben/ Remarks
—		16.0	DM	9455 2	.	*Large search and rescue cutter,* Typ 600
—		15.0	B & W-DM	5455 2	8000 15	*Large search and rescue cutter,* Typ 600
—		13.5	DM	2130 2	5000 10	
—		17.0	4 Deutz-DM	3660 2	2500 12	*Intermediate SAR cutters*
—		17.0	Caterpillar-DM	828 2	.	*SAR self-righting lifeboats*

4 PP: **Mallard, Skua, Osprey, Sterne** (86) 15 BRT/grt, 26 kn, DM, 470 kW_2

Kanada/Canada

Anzahl-Art/ Number-Group	Schiffsnamen und Stapellauf/ Ship's Name and Launching	Baubeginn-Fertig-*Umbau*/On Keel-Completed-*Conv.*	Bauwerft/Builder	Wasser-verdrängung/ Displacement ts	Länge/Length m	Breite/Beam m	Tiefgang/Draft m	Besatzung/ Crew Bes
17 PP:	**Point Henry, Ile Rouge, Point Race, Cape Hurd** (80) 60 ts, 24 kn, MTU-DM, 21 x 5.5 x 1.7 m; **CG 102-109, 114-118** 38 ts, 14 kn, DM							
1 AI ○	**Louis S. St. Laurent** 1966	65/69 *89-91*	Can. Vickers, Montreal	6000 13800	120	24.4	9.5	56
1 AI ○	**Henry Larssen** 1987	86/88	Versatile Pacific	5800 8290	99.8	19.7	7.2	52
3 AI ○	**Pierre Radisson, Franklin** **Des Groseilliers** 1977-81	75/78 80/83	Burrard, Vancouver Port Wellard	6400 8180	98.0	19.5	7.3	60
1 AI	**Terry Fox** 1982	./83	Burrard, Vancouver	4230BRT	88.0	17.9	8.3	24
6 AI ○	**Sir Wilfrid Laurier** **Ann Harvey** **Sir William Alexander, Edward Cornwallis** **George R. Pearkes** **Martha L. Black** 1986/87	84/86 84/86 85/87 84/86 84/86	Canadian Shb. Halifax Shy. Marine Ind., Sorel Burrard, Victoria Burrard, Vancouver	3290 4860	83.0	16.2	6.0	40 + 12
1 AI	**Sir Humphrey Gilbert** 1958	./59 *83-86*	Davie Shb., Lauzon	.	68.0 3000	14.6	5.0	40
1 AI	**Griffon** 1970	./70 *89-90*	Davie Shb., Lauzon	. 3100	71.4	14.9	4.7	38
1 AI	**J. E. Bernier** 1967	./67 *89-90*	Davie Shb., Lauzon	. 3100	70.5	14.9	4.8	37
3 AI	I-III gepl./plan.	01/.	.	2000	65.0	14.0	3.6	34
1 AI	**Narwhal** 1963	./63 *84-86*	Can. Vickers, Montreal	. 2200	76.7	12.8	3.7	32
2 AI	**Earl Grey** **Samuel Risley** 1985	./85 ./85	Ferguson, Pictoe VITO, Vancouver	2190 2935	69.7	13.7	5.2	31
2 AI	**Bartlett, Provo Wallis** 1970	./70	.	1620	58.0	13.0	3.8	30
1 AI	**Tracy** 1968	./68	Port Weller Dd.	1300	76.7	12.8	3.7	30
1 AI	**Simcoe** 1962	./62	Can. Vickers, Montreal	. 1300	60.0	11.6	3.7	34
1 AI	**Montmagny** 1962	./63	Russel, Ontario	565 625	45.1	8.8	2.6	25

6 Tender: **I-IV** (91-93); **Robert Foulis, Kenoki** — *Small non-ice strengthened navigational aids tenders,* Typ 900

6 Tender: **Partridge Island, Ile de Barques, Ile Saint-Ours, Caribou Isle** (85-86) 92 BRT/grt, 11 kn, DM, 350 kW_2, 23 x 6 x 1.4 m, Bes 5; **Cove Isle, Gull Isle** (80) 80 BRT/grt, 10 kn, DM, 275 kW_2, 20 x 6 x 1.4 m, Bes 5 — *Small navigational aids tenders* — und zahlreiche kleinere/and numerous smaller ones

Bewaffnung/ Armament	Sensoren-Elektronik/ Sensors-Electronic	Geschwindigkeit/speed kn	Antrieb/Propulsion Maschine / Kessel Engines / Boilers Masch	Leistung/ Power kW 1 kW = 1.36 PS	Fahrstrecke/ Range sm	Sonstige Angaben/ Remarks

1 Bojenleger/Buoy Tender: **Namao** (76) 370 ts, 11.5 kn, Lg 52 m

2 🚁	┬	17.8	5 ⇢ MAK-DM	17650 3	16000 13	*Heavy icebreaker.* Typ 1300. 🚁-Deck.
1 🚁	┬	16.0	3 Wärtsilä-Vasa ⇢ DM	11985 2	15000 13.5	Typ 1200
1 🚁	┬	16.0	Alco ⇢ DM	10000 2	15000 13.5	
—	┬	15.0	4 Werkspoor DM	17000 2	.	Eisbrecher/Versorger; Icebreaker/supply tug
1 🚁	┬	15.3	Alco ⇢ DM	6510 2	6500 15	*Light icebreaker/navaids tenders,* Typ 1100
1 🚁	┬	13.0	⇢ DM	3130 2	10000 11	
	┬	13.5	DM	2940 2	5500 11	🚁-Deck
1 🚁	┬	13.5	⇢ DM	3130 2	8000 11	
—	┬	14.0	2 DM	.	6000 12	
1 🚁	┬	12.0	C. Bessemer-DM	1470 2	9200 11	Neuer Antrieb/ new propulsion
—	┬	12.0	Bombardier- Wärtsilä-DM	6470 2	.	*Navigational aids tenders,* Typ 1050
—	┬	12.5	DM	1290 2	3300 11	
—	┬	13.0	⇢ DM	1470 2	5000 11.5	
—	┬	13.0	⇢ DM	1470 2	5000 10	
—	┬	12.0	DM	735 2	.	

6 Hovercraft: **Waban-Aki** (86) 55 kn, 11 ts load, 4 air-cooled Deutz-DM, Typ AP 1-88; **GC 039, 045, 086** (68-76) Typ brit. SR-N 6 (Mk 1)

Sipu Muin, Sisay (97) 20 ts Zuladung/load capacity, Typ API-88/400, Bauwerft/builders: GKN Westland Aerospace

Anzahl-Art/ Number-Group	Schiffsnamen und Stapellauf/ Ship's Name and Launching		Baubeginn-Fertig-*Umbau*/On Keel-Completed-*Conv.*	Bauwerft/Builder	Wasser-verdrängung/ Displacement ts	Länge/Length m	Breite/Beam m	Tiefgang/Draft m	Besatzung/ Crew Bes

Kasachstan/Kazakhstan

4 PP	**Almaty** (ex KW 16)		52/53	Schweers, Bardenfleth	62	28.9	4.7	1.4	6.0
	Aktau, Chambyl (ex KW 15, 20)		52/52	Lürssen, Vegesack	67				
	Atyrau (ex KW 17)	1952-53	53/53	Schürenstedt, Bardenf.					
4 PP	**I-IV**		~75	USSR	40	24.0	5.0	1.0	9

5 PP: **I-V** (~95) Typ Guardian - 1996 übergeben/transfered
2 PR: **I, II** (~97-98) 13 ts, 35 kn, 1 DM, 720 kW, 14.1 x 3.5 x 1.0 m; — Typ. russ. Sajgak/Proj. 14081

2 MS	**I, II**	.	.	Išora, Leningrad	75 90	24.6	5.8	1.4	10

Kenia/Kenya

2 PP	**Shujaa, Shupavu**	1997	./97	Ast. Gondan	480	58.0	8.2	2.8	24
2 PG	**Umoja**/P 3127		84/87	Vosper Th., Portchester	310	56.7	8.2	2.4	40
○	**Nyayo**/P 3126	1986-87	84/87	Vosper Th., Portchester	365				+ 20
3 PG	**Madaraka, Jamhuri, Harambee**/		74/75	Brooke, Lowestoft	120	32.6	6.1	1.7	18
	P 3121-3123	1975	*81-83*	*Africa Mar., Mombasa*	145				
1 PG	**Mamba**/P 3100	1974	72/74	Brooke, Lowestoft	125	37.5	6.9	1.6	25
			81-82	*Africa Mar., Mombasa*	160				
2 LS	**Galana, Tana**/L38,39	1993	./94	Ast. Gondan	. 1400	63.5	13.3	2.4	30

1 AT: **Ngamia** (69) 298 BRT/grt, 14 kn, DM, 880 kW$_1$

Kapverden/Cape Verde

1 PP: **Vigilante** (ex Kühlungsborn)/P 521 (70) 285, 21 kn, DM, 2940 kW, Bew: 2-2.5 $_2$, 52.0 x 6.7 x 2.4 m, Bauwerft: Peenewerft, Wolgast — Typ Kondor I
1 PP: **I** (~74) 60 ts, 34 kn, 2 Mg, Typ USSR Zhuk
1 PP: **Espadarte**/P 151 (93) 22 ts, 24 kn, 4 Mg $_{1,\ 1}$, Detroit-DM, 670 kW$_2$, 15.6 x 4.5 x 1.3 m, Bes 6, Peterson, Sturgeon Bay

Kiribati

1 PP: **Teanoai**/301 (93) 135 ts, 18 kn, 2 Cat.-DM, 3820 kW, 31.5 x 8.1 x 2.1 m, Transfield Shp. Bldrs., Typ austral. AS 315

Kongo/Congo (Brazzaville)

3 PC	**Marien Nguoabi, Les Trois Glorieuses,**		81/82	Bazan, S. Fernando	116	32.7	6.1	1.5	19
	Maloango/P 601-603	1982-83	83		131				
3 PP	**V 301-303**	~1975	.	USSR	45 60	24.6	5.2	1.0	8
3 PP	I-III	1999-a.St./o.St.	98/99 ./.	Vympel, Rybinsk	26	17.1	4.4	1.2	6

Bewaffnung/ Armament	Sensoren-Elektronik/ Sensors-Electronic	Geschwindigkeit/speed kn	Antrieb/Propulsion: Maschine / Kessel, Engines / Boilers, Masch	Leistung/ Power kW 1 kW = 1.36 PS	Fahrstrecke/ Range sm	Sonstige Angaben/ Remarks

Kasachstan/Kazakhstan

[?⚔]	⊤	22.0	2 MB-DM	1472 2	.	Typ deutsch/German: Klasse 369 übergeben/transfered:8/96
4 Mg ⚔$_2$	⊤	32.0	2 DM	1470 2	450 13	Typ USSR Zhuk

1 PP: **I** (95) 11 ts, 35 kn, 2 DM, 935 kW, 12.8 x 4.3 x 1.3 m; Typ Dauntless

2 Mg ⚔$_2$	⊤ ⌽ ⋲	15.0	DM	880 2	1000 9	Typ USSR Yevgenja/ Projekt 1258

Kenia/Kenya

⚔	⊤	22.0	2 DM	.	.	
4 Otomat⇒, 1-7.6 ⚔, 2-3 ⚔$_2$, 2-2 ⚔	⊤ ⌽ ⊕ ⋲	40.0	Paxman-V.-DM + EM	13380 4	2000 15	Typ brit. Province. EM: 147 kW für Schleichfahrt/ for slow speed
4 Gabriel⇒$_2$, 2-3 ⚔$_2$	⊤ ⊕	25.5	R. Paxman-DM	3970 2	2500 12	
4 Gabriel⇒$_2$, 2-3 ⚔$_2$	⊤ ⊕	25.0	R. Paxman-DM	2940 2	3300 13	
—	⊤	12.5	MTU-DM	1980 2	.	

1 AP: **I** (97) 10 kn, 2 Cat-DM, 647 kW, 18.3 x 4.8 x 1.5 m, Bes. 2 + 136, Bauwerft: Souter, Cowes

Komoren/Comoro Islands

2 PP: **Karthala, Ntringhui** (81) 27 ts, 20.5 kn, DM, Typ jap. Yamayuri

Kongo/Congo (Dem. Rep.)

4 PC: **P 103-106** (~65) 120/155 ts, 30 kn, 4-3.7 ⚔$_2$, 4-2.5 ⚔$_2$, DM — Typ chin. Shanghai II

8 PP: **I-VIII** (74-81) 2 Mg ⚔, DM, Lg 7.5 m, Bauwerft/builders: Arcoa

Kongo/Congo (Brazzaville)

2-4 ⚔, 2 Mg ⚔	⊤	25.0	MTU-DM	4410 2	1100 17	Typ span. Piraña
3 Mg⚔$_2$	⊤	30.0	DM	1765 2	1100 15	Typ USSR Zhuk
Mg ⚔, [4 ↥]	⊤	53.0	DM	1880 2	350 40	Typ RUS. MANGUST/ Proj. 12150

Anzahl - Art/ Number - Group	Schiffsnamen und Stapellauf/ Ship's Name and Launching		Baubeginn - Fertig- *Umbau*/On Keel - Completed - *Conv.*	Bauwerft/Builder	Wasser-verdrängung/ Displacement ts	Länge/Length m	Breite/Beam m	Tiefgang/Draft m	Besatzung/ Crew Bes

Kolumbien/Colombia

4 FG	**Independiente**		82/84	HDW, Kiel	1500	95.3	11.3	3.4	92
○	**Antioquia**		82/83	HDW, Kiel	1810				
	Caldas		81/83	HDW, Kiel					
	ALMIRANTE PADILLA	1982-83	81/83	HDW, Kiel					
3 FS	**Pedro de Heredia, Sebastian de Belal**		42/43	Charleston Shb.	1235	62.5	11.7	4.7	75
○	**Calzar, Rodrigo de Bastidas**		43/44		1640				
	(ex Choctaw, Caribe, Hidatsa)	1943-44							
2 SS	**Pijao, Tayrona**	1974	72/75	Howaldt, Kiel	1185↑	56.0	6.2	5.0	32
○			*90-91*	*HDW, Kiel*	1356↓				
2 SZ	**Intrepido, Indomable**	1972	.	Cos. Mo. S., Livorno	60↑ 70↓	23.0	2.0	4.0	5+8
2 PP	**T. Jaime Cardenas,**		./81	Swiftships, Berwick	.	31.5	6.7	2.1	19
	Rafael del Castillo y Rada	1981-82	83		105				
2 PP	**Jaime Gomez Castro, Juan**		./75	Peterson Bld.	.	19.8	5.5	1.6	7
	Nepomuceno Peña	~1975	77		35				
2 PP	**Juan Nepomuceno Eslava,**		93/94	Bender Mar. Mobile	131	35.4	7.6	2.1	25
	José Maria Garcia de Toledo	1994							
		1975							
3 PR	**ARAUCA, Leticia, Rio Hacha**		53/56	Unial, Barranquilla	170	47.0	8.2	1.0	39
○		1955							
5 PR	**Rio Magdalena, Rio Cauca,**		.	Uniflite, Bellingham	9	9.8	3.4	0.8	4
	Rio Sinu, Rio Atrato,								
	Rio San Jorge	~1983							

7 PR: **Tenerife, Tarapaca, Mompox, Orocue, Calamar, Magangue, Monclart, Caucaya, Mitu** (93-94)
1-4 ⚔, 3 Mg ⚔, 1-60 Mörser/mortar — Typ US PBR

2 PR/AP: **Manuela Saenz, Jamie Rook** (~88) 9 ts, 25 kn, 3 Mg ⚔, [4 ts], [8] — Typ US Rotork

2 AK	**Cartagena de Indias** (ex Lüneburg)		64/66	Flensb. Schiffsbauges.	3524	104	13.2	4.2	110
○	**Buenaventura** (ex Nienburg)		65/68	Flensb. Schiffsb. +	3483				
		1965-66		Bremer Vulkan					

2 AP: **Hernando Gutierrez, Socorro** (53-55) 70 ts, 9 kn, Flußtransporter/River transports, II AH

2 AT: **Igaraparana, Manacasias** (84-85) 105 ts, 7 kn, GM-DM, 170 kW_2 — Flußschlepper/river tugs

5 AT: **Capitan Castro, Capitan Alvaro Ruis, Capitan Rigoberto Giraldo, Capitan Vladimir Valek, Teniente Luis Bernal** 50 ts, 10 kn, 2 GM-DM, 190 kW

2 AG: **Malpelo, Providencia** (80-81) 1040 ts, 13 kn, MAN-DM, 1154 kW1, 50.3 x 10 x 4 m, Bauwerft/builder: Jansen, Leer — I für Fischereiforschung/for fishery research, II für geophysikalische Forschung/ for geophysical research

Küstenwache/Coast Guard — *Cuerpo del Guardacosta*

1 PP	**Espartana** (ex Cormoran)	1985	./89	Bazan, Ferrol	330 375	56.6	7.5	2.0	3[illegible]
2 PP	**CI.T.C.M. Jorge Enrique**	1975	/76	Bazan, Cadiz	275	58.1	7.6	2.8	3[illegible]
○	**Márquez Durán, Capitan Pablo**		77		398				
	José de Porto (ex Cadarso, Recalde)								
2 PP	**Jose Maria Palas, Medardo**		./89	Swiftships, Berwick	.	33.5	7.5	2.0	1[illegible]
	Monzon	1989-90	90		95				

Bewaffnung/ Armament	Sensoren-Elektronik/ Sensors-Electronic	Geschwindigkeit/speed kn	Antrieb/Propulsion Maschine/Kessel Engines/Boilers Masch	Leistung/ Power kW 1 kW = 1.36 PS	Fahrstrecke/ Range sm	Sonstige Angaben/ Remarks

Kolumbien/Colombia

Bewaffnung/ Armament	Sensoren-Elektronik/ Sensors-Electronic	Geschwindigkeit/speed kn	Maschine/Kessel Engines/Boilers Masch	Leistung/ Power kW	Fahrstrecke/ Range sm	Sonstige Angaben/ Remarks
8 MM 40 $_2$, 1-7.6 OTO, 2-4 $_2$, 1 Albatros $_2$, 6 **UTR** 32.4 **III**, 1 Bo 105		28.0	4 MTU-DM	16000 2	7000 14	Typ deutsch/German HDW FS 1500. **Masch:** CODAD
1-7.6		15.0	DM	2210 1	.	Typ US ATF.
8 **TR** 53.3 b↓		10.0↑ 21.0↓	4 MTU-DG 1 EM	1760 3680 1	8000 8	Typ deutsch/German 209/1200
2 TR oder/or 2 Chariots		8.5↑ 6.0↓	DM EM	220 ./1	1200 7	Chariot: 2 ts, [260 kg], 50 sm, Bes 2,7 x 0.8 m
1-4 , 2 Mg		25.0	MTU-DM	3910 2	1200 18	Typ US Swiftships 105h. I: Zoll/costums
4 Mg		28.0	Detroit-DM	700 3	450 26	Typ US Mk III PB
1-2.5 , 2 Mg$_1$		25.0	2 MTU-DM	.	.	
2-7.6, 2-2 $_1$, 2 Mg $_1$		12.0	Caterpillar-DM	590 2	10000 12	II Lazarettschiff, ohne **Bew.**/ AH without **AMT**
3 Mg $_{2,1}$, 1-60 Mörser/mortar		25.0	Detroit-DM	315 2	150 22	Typ US PBR Mk II

1 PR: **Sargento Segundo Julio Correa Hernandez:** 32 x 8.0 m. Bew. 6 Mg $_1$; ex AT

45 PR: **I-XXXXV** (93 - 95) 3 Mg $_{2,1}$ — Typ US Pirana

4-4 $_2$, [1100t],		17.0	Maybach-DM	4120 2	3000 17	Klasse 701A 1997/98: von Deutschland übernommen/acquired from Germany

1 AG: **Quindio** (43) 380 ts, 10 kn — Typ US YFR — für Vermessung/for survey

1 AX: ○ **Gloria** (68) 1300 ts, 10.5 kn, 390 kW, DM, 76 x 10.6 x 4.5 m, Bauwerft/builder: Celaya, Bilbao — Bark, 1400 qm/barque, sail area 1675 sq. yards

1 Tender: **Gorgona** (54) 560 ts, 13 kn, 2 Mg $_1$, Nohab-DM, 660 kW$_2$, Bauwerft/builder: Lindigo V

-4 , 1-2		34.0	MTU-DM	9930 3	2500 15	1996 angekauft/ acquired
-4 , 2-2 $_1$, 2 Mg $_1$,		28.0	MTU-DM	6620 2	4200 17	Typ span. Lazaga 1997 angekauft/
-4 , 2 Mg		25.0	MTU-DM	.	2250 15	Typ US Swiftships 110h

Anzahl - Art/ Number - Group	Schiffsnamen und Stapellauf/ Ship's Name and Launching		Baubeginn - Fertig- *Umbau*/On Keel - Completed - *Conv.*	Bauwerft/Builder	Wasser- verdrängung/ Displacement ts	Länge/Length m	Breite/Beam m	Tiefgang/Draft m	Besatzung/ Crew Bes
1 PF	**Quito Sueño** (ex Tacoma)	1968	67/69	Tacoma Bt. Bld.	225 235	50.1	7.3	2.9	24

12 PR: **Acquario, Alpherax, Aries, Bellatrix, Canopus, Capricornio, Deneb, Escorpion, Geminis, Libra, Piscis, Tauro** (92-94), 35 kn, 3 Mg_1, 2 DM, 8 x 2.6 x 0.6 m.

Korea (Volksrepublik/Peoples Republic)

Anzahl - Art/ Number - Group	Schiffsnamen und Stapellauf/ Ship's Name and Launching		Baubeginn - Fertig- *Umbau*/On Keel - Completed - *Conv.*	Bauwerft/Builder	Wasser- verdrängung/ Displacement ts	Länge/Length m	Breite/Beam m	Tiefgang/Draft m	Besatzung/ Crew Bes
Fregatten/Frigates									
1 FG	*Soho Klasse*	~1982	80/83	Najin Shy.	1600 1850	75.0	16.0	3.8	200
2 FG ○	*Najin Klasse* **531, 631**	 1972-73	71/73 72/75	Nord-Korea/ North Korea	1200 1500	102	10.0	2.7	155
Uboote/Submarines									
22 SS ○	**I-XXII**	~1960-92	./73 92	Mayang Do + China	1400↑ 1800↓	77.0	7.3	5.5	54
4 SS ○	**I-IV**	~1960-?	.	USSR + China	1100↑ 1350↓	76.0	6.7	4.9	50
21 SC	*Sang-O Klasse* **I-XVIII,** XIX, XXI	 1991-a.St./o.St.	90/94 95/.	Nord Korea/ North Korea	275↑ 330↓	34.0	3.8	3.7	14
44 SZ	Jugo-*Klasse* **I-XXXXV**	1969-88	.	Nord-Korea/ North Korea	90 110	20.0	3.1	4.6	2 + 6
? SC	**I-**	 1995	./95	Nord-Korea/ North Korea	10	12.8	2.5	0.9	4 + 4
Kleine Kampfschiffe/Small Fighting Vessels									
15 PG	*Soju Klasse*	1980-?	./81	Nord-Korea/ North Korea	. 220	43.0	7.5	1.7	.
12 PG ○	**I-XII**	~1968	.	USSR + China	210 220	39.6	7.6	2.9	30
15 PG ○	**I-XV**	~1965-88	.	USSR (10) + Nord-Korea (10)	68 75	26.8	6.2	1.5	20
13 PC	*Tae Chong I Klasse*	1975-/95	.	Nord-Korea/ North Korea	385 415	59.8	7.2	2.0	80
3 PC	*Sariwon- Klasse* **725-727**	~1965	.	Nord-Korea/ North Korea	600 650	62.1	7.3	2.4	65
6 PC ○	**I-VI**	~1975	./75 78	China	360 400	60.0	7.4	2.1	60
18 PC ○	**I-XVIII**	~1955-?	./57 .	USSR (8) + Nord-Korea (11)	170 215	42.0	6.0	2.0	30

Bewaffnung/ Armament	Sensoren-Elektronik/ Sensors-Electronic	Geschwindigkeit/speed kn	Antrieb/Propulsion: Maschine/Kessel, Engines/Boilers, Masch	Leistung/Power kW 1 kW = 1.36 PS	Fahrstrecke/Range sm	Sonstige Angaben/ Remarks
1-7.6, 1-4, 4 Mg		40.0	1 GE-Tu + 2 Cummins-DM +	9270 1290 2	1700 15	Typ US Asheville. **Masch:** CODOG

8 LC: **Morrosquillo, Uruba, Bahia Honda, Bahia Potrete, Bahia Solano, B. Cupica, B. Utria, B. Malaga**
(ex LCU 1516, 1550, 1543, 1583) (~54) 180/350 ts, 8 kn, 2 Mg, DM, 500 kW_3 — Typ US Army LCU 1466

Korea (Volksrepublik/Peoples Republic)

Bewaffnung/ Armament	Sensoren	kn	Maschine	Leistung	Range	Remarks
4 SS-N-2 A, 1-10, 4-3.7 $_2$, 4-2.5 $_2$, 2 $_5$ RBU 1200		27.0	DM	11030 2	.	Katamaran Rumpf/hull
2 SS-N-2 A $_2$, 2-10, 4-5.7 $_2$, 8-2.5 $_4$, 8 Mg $_4$, 2 $_5$ RBU 1200, 2,		24.0	DM	11030 2	4000 14	
8 **TR** 53.3↓ (6 b, 2 h)		17.0↑ 16.0↓	DM EM	2940 2940 2	13000 10	Typ USSR Romeo. Chinabauten/China built Lg 79 m
6 **TR** 53.3↓ (4 b, 2 h)		18.0↑ 15.0↓	DM EM	2940 1990 2	13000 8	Typ USSR Whiskey Einsatzbereit?/operational?
2 **TR** 53.3 b↓		7↑ 6↓	DM EM	.	.	Einige für Kommando-unternehmen/some used for commando raids
2 **TR** 53.3 b↓	.	12.0↑ 8↓	DM EM	236 + 1	150 4	Geeignet für Kommandounter-nehmen/suitable for commando raids
.		45.0↑	DM	.	.	Typ Impo - Ri Für Kommandounternehmen/ high speed infiltration craft
4 SS-N-2, 4-3 $_2$		34.0	DM	8825 3	.	Verbesserter/improved Typ USSR Osa I
4 SS-N-2, 4-3 $_2$		36.0	DM	8825 3	800 25	8 Typ USSR Osa I + 4 Typ chin. Huang Fen
2 SS-N-2, 2-2.5 $_2$		40.0	DM	3535 4	400 30	9 Typ USSR Komar, 6 *Sohung Klasse*
1-10, 2-5.7 $_2$, 1-3.7, 2-3 $_2$, 4 Mg $_2$, 2 $_5$ RBU 1200		30.0	DM	3530 4	2000 12	5 *Tae Chong II Klasse:* ./430 ts, Lg. 60.8 m
1-10, 2-3.7 $_2$, 2 Mg $_4$, 30		21.0	DM	2210 2	2700 18	Ähnlich/similar to Typ USSR MS Tral
2-7.6, 4-2.5 $_2$, $_5$ RBU 1200, 2		28.0	DM	5880	1000 10	Typ chin. Hainan
-8.5, 2-3.7 $_2$, Mg $_2$		27.0	DM	4410 3	1100 15	Typ USSR SO 1.USSR-Bauten/ built: 4-2.5 $_2$, 4 $_5$ RBU 1200

Korea (Volksrepublik/Peoples Republic)

Anzahl - Art/ Number - Group	Schiffsnamen und Stapellauf/ Ship's Name and Launching		Baubeginn - Fertig- *Umbau*/On Keel - Completed - *Conv.*	Bauwerft/Builder	Wasser- verdrängung/ Displacement ts	Länge/Length m	Breite/Beam m	Tiefgang/Draft m	Besatzung/ Crew Bes
16 PF ○	**I-XVI**	~1958	.	USSR + China	65 75	25.5	5.5	2.0	20
98 PF	*Sin Hung + Kusong Klasse*	? 1955-70	.	Nord-Korea/ North Korea	35 42	18.3	3.4	1.7	.
1 PP	*Soman Klasse*	?	.	Nord-Korea/ North Korea	. 190	27.9	5.8	1.9	50
12 PP ○	**I-XII**	~1964	./67	China	120 155	40.0	5.5	1.7	25
6 PP	*Chong Ju Klasse*	1985-89	.	Nord-Korea/ North Korea	205	42.4	6.8	1.9	.
58 PP	*Kim Jin Klasse*	1980-85	.	Nord-Korea/ North Korea	. 38	18.0	3.2	1.3	14
52 PP	*Chon Jin Klasse*	1985	.	Nord-Korea/ North Korea	80	27.7	6.1	1.8	10
55 PP	*Chaho Klasse*	1974-?	.	Nord-Korea/ North Korea	82	26.0	6.1	1.8	12
24 PP	*Sinpo Klasse/Sinam Klasse*	1973	.	Nord-Korea/ North Korea	65 74	25.5	6.1	1.5	.
45 PP	*Yong Do Klasse*	~1986	.	Nord-Korea/ North Korea	. 20	16.2	4.3	0.8	7
3 PP	*Chodo Klasse*	~1965	.	Nord-Korea/ North Korea	130	42.7	5.8	2.6	40
Minensucher/Minesweepers									
24 MS	*Yukto I Klasse*	1980-?	.	Nord-Korea/ North Korea	52 60	24.0	4.0	1.7	22
Landungsfahrzeuge/Landing Vessels									
10 LS	*Hantae Klasse*	~1981-?	./83	Nord-Korea/ North Korea	. 350	50.0	6.5	2.0	
7 LC	*Hanchon Klasse*	1988	.	Nord-Korea/ North Korea	. 150	35.7	7.9	1.2	15
18 LS	*Hungnam Klasse*	1980	.	Nord-Korea North Korea	. 70.0	17.0	4.4	1.2	6
98 LC	*Nampo + Nampo MOD*	1975-?	.	Nord-Korea/ North Korea	145	36.0	6.1	1.8	20

40 LC: *Songjong I Klasse* Lg 25 m + *Songjong II Klasse* Lg 18 — Hovercraft

Anzahl - Art/ Number - Group	Schiffsnamen und Stapellauf/ Ship's Name and Launching		Baubeginn - Fertig- *Umbau*/On Keel - Completed - *Conv.*	Bauwerft/Builder	Wasser- verdrängung/ Displacement ts	Länge/Length m	Breite/Beam m	Tiefgang/Draft m	Besatzung/ Crew Bes
Hilfsfahrzeuge/Auxilary Vessels									
1 AR	*Kowan-Klasse* **S 992**	 1984	.	Nord-Korea/ North Korea	2010	84.0	14.0	3.8	12

Bewaffnung/ Armament	Sensoren-Elektronik/ Sensors-Electronic	Geschwindigkeit/speed kn	Antrieb/Propulsion Maschine/Kessel Engines/Boilers Masch	Leistung/ Power kW 1 kW = 1.36 PS	Fahrstrecke/ Range sm	Sonstige Angaben/ Remarks
4-2.5 ∡$_2$, 2 **TR** 53.3	┬ ⏀	45.0	DM	3535 4	450 30	Typ USSR P 6
2 Mg ∡, 2 **TR**	┬ ⏀	.	DM	1765 2	.	Für Vorfeldüberwachung/ for inshore guard
4-2.5 ∡$_2$, 4 Mg ∡$_2$, □	┬ ⏀	10.0	DM	.	1200 9	Auch/also NS
4-3.7 ∡$_2$, 4-2.5 ∡	┬ ⏀	30.0	4 DM	3535 4	800 17	Typ chin. Shanghai II
4 Mg ∡$_2$, 1-12.2 ↣ 20	┬	38.8	DM	3535 4	.	Vergrößerte und verbesserte/ enlarged and improved Chong Jin Klasse
4 Mg ∡$_2$	┬	29.0	2 DM	1800 2	350 15	
1-8.5, 4 Mg ∡	┬ ⏀	38.0	DM	3535 4	.	Verbesserte/improved Chaho Klasse
8-2 ∡, 4 Mg ∡, 1 ↣ 40	┬	38.0	DM	3535 4	.	Rumpf/hull: Typ USSR P 6
6 Mg ∡$_2$	┬	45.0	DM	3535 4	.	Mod. Typ USSR P 6
2 Mg ∡$_2$	┬	24.0	2 DM	400 2	.	
4-3.7 ∡, 4-2.5 ∡$_2$	.	24.0	DM	4410 2	2000	
2-2.5 ∡, 2 Mg ∡	┬ ф	18.0	DM	.	.	4 *Yukto II Klasse:* Lg 21 m
3 ⛟, 8-2.5 ∡$_2$ [350]	┬	18.0	DM	3200 2	2000 12	
2 Mg ∡$_2$, 2 ⛟	┬ ⏀	10.0	DM	.	600 6	
4-Mg ∡$_2$	┬	8.0	DM	300 2	.	
4 Mg ∡$_2$, [30]	┬	40.0	DM	3535 4	375 40	Bugrampe/Bow ramp, ~20 PP
12-Mg ∡$_2$	┬ ∀	15.0	4 DM	6000 2	.	Ubootrettungsschiff/submarine rescue ship Katamaran

Anzahl - Art/ Number - Group	Schiffsnamen und Stapellauf/ Ship's Name and Launching		Baubeginn - Fertig- *Umbau*/On Keel - Completed - *Conv.*	Bauwerft/Builder	Wasser- verdrängung/ Displacement ts	Länge/Length m	Breite/Beam m	Tiefgang/Draft m	Besatzung/ Crew Bes

Korea (Republik/Republic)

Zerstörer/Destroyers									
3 DG	I-III	gepl./plan.	06/.	Korea	7000	.	.	.	.
3 DG	II-III		.	Daewoo, Okpo	5000	154	16.9	4.3	200
	I	1999-gepl./plan.	99/03	Hyundai, Ulsan					
3 DG	Xangmanchun		98/01	Daewoo, Okpo	3900	135	14.2	4.2	170
○	**Ulchimundok**		97/00						
	Kwanggaetodewan	1996-99	93/98						
2 DG	**Kwang Ju** (ex Richard E. Kraus)		45/46	Bath Iron Works	2425	119	12.4	5.8	280
○	**Kwang Won** (ex William R. Rush)		44/45	Federal, Kearny	3500				
		1945-46							
1 DD	**Jeong Ju** (ex Rogers)	1944-45	44/45	Consolidated, Orang	2425	119	12.4	5.8	280
					3500				
Fregatten und Korvetten/Frigates and Corvettes									
9 FG	**Pusan**		90/93	Hyundai Shb., Ulsan	1600	102	11.5	3.4	145
○	**Kyong Buk, Che Ju, Chung Ju**		86/90	Daewoo, Okpo	2180				
			90/93						
	Masan		83/85	Korea Shb., Tacoma					
	Chung Nam		84/86	Korea Shb., Pusan					
	ULSAN, Seoul, Chon Nam	1980-92	79/81	Hyundai Shb., Ulsan					
			86/89						
8 FG	**Mok Po, Yo Su**		./86	Daewoo, Okpo	.	88.3	10.0	3.4	95
○			88		1180				
	Kyong Ju, Jin Ju		./86	Hyundai, Ulsan					
			88						
	Kun San, Chung Ju		./85	Korea Tacoma, Masan					
			87						
	Po Hang, Kim Chon		83/84	Korea Shb., Pusan					
		1983-87	./87						
16 FF	**Won Ju, Song Nam, Nam Won,**		./89	Daewoo, Okpo	.	88.3	10.0	3.4	95
○	**Kong Ju**		93	Korea Tacoma, Masan	1180				
	Yee Ree, Bu Chon, Yong Ju		./89	Hyundai, Ulsan					
			91						
	Sun Chon, Je Chon,		./89	Korea Tacoma, Masan					
	Dae Chon, Sok Cho, Sin Hung,		92						
	An Dong, Chon An,		./89	Korea Shb., Pusan					
	Jin Hae, Kwang Myong	1988-90	91						
4 FS	**An Yang**		./83	Daewoo, Okpo	950	78.1	9.6	2.6	95
○	**Kang Reung**		./83	Hyundai, Ulsan					
	Su Won		./83	Korea Tacoma, Masan					
	Dong Hae	1981-82	./82	Korea Shb., Pusan					

Bewaffnung/ Armament	Sensoren-Elektronik/ Sensors-Electronic	Geschwindigkeit/speed kn	Antrieb/Propulsion: Maschine/Kessel, Engines/Boilers, Masch	Leistung/ Power kW 1 kW = 1.36 PS	Fahrstrecke/ Range sm	Sonstige Angaben/ Remarks
⇨,	. . .	.	.	.	.	KDX-3 Aegis Klasse/class
SM-2 MK-41 $_{32}$, 1-12.7, 1-3 $_{6}$, 1 CIWS,		29.0	2 GE-LM 2500 GTu+2 MTU-DM	43420 +5800	4000 18	KDX-2 Klasse/class Towed array sonar
8 Harpoon ⇨$_{4}$, 1-12.7 2-3 $_{6}$ Goalkeeper, 1 VLS NATO Sea Sparrow $_{16}$, 6 **UTR** 32.4 **III**, 1		30.0	GE-LM 2500 GTu + DM	42800 + 5880 2	4000 18	KDX Klasse/class
8 Harpoon ⇨$_{4}$, 4-12.7 $_{2}$, 2-4, 2-2 Gatling, 6 **UTR** 32.4 **III**, 1 Alouette III		35.0	Tu 4 Babcock	44130 2	5800 15	Typ US Gearing, FRAM I. -Deck und Hangar vergrößert und verstärkt/ -deck and hangar enlarged and strengthened
4-12.7 $_{2}$, 2-4 $_{2}$, 2-2 Gatling, 6 **UTR** 32.4 **III**, 1 $_{8}$ Asroc		30.0	Tu 4 Babcock	44130 2	5800 15	Typ US Gearing, FRAM 1
8 Harpoon ⇨$_{4}$, 2-7.6, 8-3 $_{2}$, 6 **UTR** 32.4 **III**, ⊙		35.0	Gen. El. GTu + MTU-DM	39440 + 4370 2	4000 18	HDF 2000 Klasse. Masch: CODOG. I-IV, IX: 6-4 $_{2}$ anstelle/ instead of 8-3 $_{2}$
2 MM 38 ⇨, 1-7.6, 4-3 $_{2}$, 6 **UTR** 32.4		32.0	LM 2500 GTu + SEMT-P.-DM	20000 + 5000	4000 15 2	Po Hang-Klasse
2-7.6, 2-4, 6 **UTR** 32.4 **III**, 12 ⊙		32.0	LM 2500 GTu + SEMT-P.-DM	20000 + 5000 2	4000 15	An Dong-Klasse
1-7.6, 4-3 $_{2}$, 2-2 $_{2}$, 6 **UTR** 32.4 **III**, 12 ⊙		31.0	LM 2500 GTu + MTU-DM	20000 +4515	4000 15	Dong Hae-Klasse

Anzahl - Art/ Number - Group	Schiffsnamen und Stapellauf/ Ship's Name and Launching		Baubeginn - Fertig- *Umbau*/On Keel - Completed - *Conv.*	Bauwerft/Builder	Wasser- verdrängung/ Displacement ts	Länge/Length m	Breite/Beam m	Tiefgang/Draft m	Besatzung/ Crew Bes
Uboote/Submarines									
3 SS	I-III	gepl./plan.	./.		.	.	.	.	.
9 SS	I		99/.	Daewoo, Okpo	1185↑	56.1	6.2	5.5	33
○	Nadae Jong		98/00	Daewoo, Okpo	1290↓				
	Lee Sun-sin		95/99	Daewoo, Okpo					
	Jeongun		94/98	Daewoo, Okpo					
	Lee Jong Mu		93/98	Daewoo, Okpo					
	Pakui		92/96	Daewoo, Okpo					
	Choi Muson		91/95	Daewoo, Okpo					
	Yi Chon		90/94	Daewoo, Okpo					
	Chang Bogo	1992-a.St./o.St.	89/93	HDW, Kiel					
8 SZ	**051-053, I-V**	1983	./83 ./97	Süd-Korea/South Korea	150↑ 175↓	.	.	.	.
3 SZ:	**I-III** 78/85 ts, 9/6 kn, 2 **TA** — Typ ital. Cosmos								
Kleine Kampfschiffe/Small Fighting Vessels									
5 PG	**Paek Ku 57-59, 61**		76/78	Tacoma, Chinhae, Korea	240	50.3	7.3	2.9	32
○	**Paek Ku 56**		74/75	Tacoma Bt. Bld.	270				
		1975-77	75/76						
72 PF ○	**PKM 211-213, 215-219, 221-223, 225-229, 231-233, 235-239, 251-253, 255-259, 262, 272-278, 282-286, 325, 365, 385** u.a./a.o.	1973-85	./74 ./85	Korea Tacoma, Chinhae	115 144	32.9	8.0	2.5	28
Minenleger/Minelayers									
1 NB ○	**Won San**/560	1997	96/98	Hyundai, Ulsan	. 3300	104.0	15.0	3.4	150
Minensucher/Minesweepers									
7 MB	II-VII		./.	Kangnam Corp., Pusan	60.0	52.0	8.3	2.8	.
	Yangyang	1999-bew./auth.	96/00						
6 MB ○	**Kang Keong, Kang Jin, Ko Ryeong, Kim Po, Ko Chang, Kum Wha**	1985-93	84/88 ./94	Kangnam Corp., Pusan	470 520	50.0	8.3	2.6	40
5 MS ○	**Nam Yang, Ha Dong, Sam Kok, Yong Dong, Ok Cheon** (ex MSC 295, 296, 316, 320, 321)	1963-75	62/63 75/75	Peterson, Sturg. Bay	315 380	44.3	8.3	2.7	40
3 MS	**Kum San, Ko Hung, Kum Kok** (ex MSC 284-286)	1959	58/59	Harbor Bt. Bld.	320 370	43.0	8.0	2.6	40
Landungsfahrzeuge/Landing Vessels									
4 LS ○	**Kojoon Bong, Biro Bong, Hyangro Bong,** I	1992-99	91/94 ./99 ./00	Korea, Tacoma, Masan	. 4200	107	15.3	3.0	120

Bewaffnung/ Armament	Sensoren-Elektronik/ Sensors-Electronic	Geschwindigkeit/speed kn	Antrieb/Propulsion: Maschine/Kessel, Engines/Boilers, Masch	Leistung/ Power kW (1 kW = 1.36 PS)	Fahrstrecke/ Range sm	Sonstige Angaben/ Remarks
TR, ⇨,	. . .	.	.	.	.	Planung wegen Haushaltsschwierigkeiten verzögert/ plans delayed due to funding problems.
8 **TR** 53.3 b↓, 28		11.0↑ 21.5↓	MTU-DG EM	1760 + 3680 1	7880 8	Typ deutsch/German 209/1200. Weitere möglich/ more possible.
2 **TR** 40.6↓		.	.	.	.	AX. Tolgorae Klasse
4 Harpoon ⇨$_2$, 1-7.6, 2-3 $_2$, 2 Mg		40.0	6 Avco L.-GTu	12360 2	550 39	Verbesserter/improved Typ US Asheville. III-V 2 Standard ARM ⇨$_2$
1-4, 2-3 $_2$, 2-2, 2 Mg $_2$		38.0	MTU-DM	7940 3	1000 20	Sea Dolphin Klasse **Bew:** unterschiedlich/ **AMT**: differs
1-7.6, 2-4 $_1$, 6 **UTR** 32.4 **III**, 300		22.0	DM	12600 2	4500 15	
1-2		15.0	MTU-DM	.	2000 10	
1-2, 2 Pluto		15.0	MTU-DM	1500 2	2000 10	Entwurf basiert auf/design based on Typ ital. Lerici
2-2		14.0	4 GM-DM	750 2	.	Typ US MSC 289
2-2		14.0	GM-DM	880 2	2500	Typ US MSC 268
4-4 $_2$, 2-2, [700 t], 4 LCVP		16.0	SEMT-Pielstick-DM	9410 2	10000 12	Typ Alligator

Korea (Republik/Republic)

Anzahl-Art/ Number-Group	Schiffsnamen und Stapellauf/ Ship's Name and Launching	Baubeginn-Fertig-*Umbau*/On Keel-Completed-*Conv.*	Bauwerft/Builder	Wasser-verdrängung/ Displacement ts	Länge/Length m	Breite/Beam m	Tiefgang/Draft m	Besatzung/ Crew Bes
6 LS ○	**BUK HAN,** **Hwa San, Kae Bong, Su Yong,** **Un Bong, Wee Bong** 1943-45	./43 45	USA	1653 4080	100	15.2	4.3	113
2 LS ○	**Ki Rin, Wolmi** 1944-45	44/44 46	USA	743 1095	62.0	10.4	2.5	62
6 LS	**Mulkae 72, 73, 75-78** 1978-81	./79 81	Korea Tacoma, Chinhae	. 420	41.1	8.8	1.8	14

10 LC: **I-X** Typ US LCM (8)

Hilfsfahrzeuge/Auxiliary Vessels

Anzahl-Art/ Number-Group	Schiffsnamen und Stapellauf/ Ship's Name and Launching	Baubeginn-Fertig-*Umbau*/On Keel-Completed-*Conv.*	Bauwerft/Builder	Wasser-verdrängung/ Displacement ts	Länge/Length m	Breite/Beam m	Tiefgang/Draft m	Besatzung/ Crew Bes
1 AR ○	**Chunghaejin**/21 1995	93/96	Daewoo, Okpo	. 4300	103	16.5	4.8	130
1 AR	**Sunjin** 1992	92/93	Hyundai, Ulsan	. 310	34.5	15.0	3.5	5 +20
3 AO ○	**Dae Chung, Hwa Chun,** **Chun Jee** 1990-97	97/99 89/90	Hyundai, Ulsan	4800 7500	130	17.8	6.5	.
2 AT ○	**Kwang Yang, Pyong Taek** (ex Brunswick, Beaufort) 1969	68/72	Brooke Marine, Lowestoft	2650 3200	88.0	15.2	4.6	115

2 AT: **Do Bong, Yong Mun** (ex Pinola, Keosanqua) (45) 538/838 ts, 13.5 kn, 1-7.6, 4-2 ⊿, Typ US ATA

Küstenwache/Coast Guard

Anzahl-Art/ Number-Group	Schiffsnamen und Stapellauf/ Ship's Name and Launching	Baubeginn-Fertig-*Umbau*/On Keel-Completed-*Conv.*	Bauwerft/Builder	Wasser-verdrängung/ Displacement ts	Länge/Length m	Breite/Beam m	Tiefgang/Draft m	Besatzung/ Crew Bes
1 FS	**Sum Jin Kang**/PC 1006 1999	98/99	Daewoo, Okpo	1650	84.0	10.4	3.6	57
1 FS	**Han Kang**/PC 1005 1985	84/85	Daewoo, Okpo	. 1180	88.3	10.0	2.9	72
3 FS ○	**PC 1001-1003** ~1981	./82	Korea Tacoma	1200 1400	80.5	9.5	3.2	70
3 PP	**402, 403, 300** 1991-93 92/95	90/91	Hyundai, Ulsan	. 430	53.5	7.5	2.6	14

6 PP: ○ **PC 501-503, 505-507** (79-84) 430/580 ts, 24 kn, 1-4 ⊿, 2-2 ⊿, 2 Mg ⊿$_2$, MTU-DM, 6765 kW$_2$, 60.8 x 8 x 2.3 m, Bes 39 — *Sea Whale Klasse*

2 PP: **Buk Han San, Chulmasan** (88) ./370 ts, 28 kn, 2-4 ⊿$_2$, 2 Mg ⊿, MTU-DM, 6620 kW$_2$, 53 x 7.3 x 2.2 m, Bes 35
Bauwerft/builder: Hyundai, Ulsan + Daewoo Okpo

Anzahl-Art/ Number-Group	Schiffsnamen und Stapellauf/ Ship's Name and Launching	Baubeginn-Fertig-*Umbau*/On Keel-Completed-*Conv.*	Bauwerft/Builder	Wasser-verdrängung/ Displacement ts	Länge/Length m	Breite/Beam m	Tiefgang/Draft m	Besatzung/ Crew Bes
1 AR	I a.St./o.St.	./01	Hyundai, Ulsan	3900	111	15.4	4.9	12[illegible]
1 AR	**Tae Pung Yang**/3001 1991	91/92	Hyundai, Ulsan	3150 4200	105	15.0	5.2	12[illegible]
1 AR	**Jaemin II**/1502 1995	95/96	Hyundai, Ulsan	. 2500	88.0	14.5	4.6	8[illegible]
1 AR	**Jaemin I**/1501 1991	91/92	Daewoo, Okpo	. 2080	77.5	13.7	4.3	9[illegible]

Bewaffnung/ Armament	Sensoren-Elektronik/ Sensors-Electronic	Geschwindigkeit/speed kn	Antrieb/Propulsion Maschine/Kessel Engines/Boilers Masch	Leistung/ Power kW 1 kW = 1.36 PS	Fahrstrecke/ Range sm	Sonstige Angaben/ Remarks
8 bis/to 10-4, 2-2		11.0	DM	1250 2	15000 9	Typ US LST (2)
2-4$_2$, 4-2		12.5	DM	2120 2	2500 12	Typ US LSM.
2-2, [200 ts]		13.0	GM-DM	880 2	560 13	Furseal Klasse

LC: **Solgae**/611 (97) 182 ts, 40 kn, 4 GTu, 12000 kW, [], 26.8 x 14.3 x 0.9 m — Typ US LCAC

-2 Phalanx, Mg		18.0	4 MAN DM	8676 + 4000	9500 15	3 Bug/bow + 2 Heck/ stern thrusters
—		21.0	MTU-DM	2010 1	600 16	SWATH-Rumpf/hull Versuchsschiff/trials ship
-3$_2$, 2-2,		20.0	SEMT-Pielstick-DM	11510 2	4500 15	
-2$_1$,		16.0	4 Paxman-DM	5000 2	10000 12	Ex US Edenton Klasse. 1997: übernommen/acquired

AG: **Pusan 805** (83) 160 ts; **Pusan 802** (82) 240 ts; **Pusan 801** (80) 495 ts; **Pusan 806** (87) 22 ts; **Kangwon, Ch'ungnam** (81) 65 ts — unterstehen dem Transportministerium/belong to the Ministry of Transport, Vermessung/survey

-2$_6$, 4 Mg$_1$		21.0	2 Nohab-DM	7350 2	4500 18	
-7.6, 1-4, -2		32.0	1 GE-GTu + 2 MTU-DM	20000 + 4600 3	4000 15	
-4, 4-2$_2$		21.5	Pielstick-DM	6765 2	7000 18	I: Flaggschiff/flagship
-2, 4 Mg		19.0	MTU-DM	1465 2	2100 17	

8 PP: **I-XVIII** (72-?) 80 ts, 30 kn, DM, 2880 kW$_2$, 24 x 5.5 x 2 m, Bes 18, Bauwerft/builder: Korea Shb. & Eng., Pusan — *Sea Gull Klasse*

2 PP: **251-277** (80-88) 250/280 ts, 28 kn, 4-2$_2$, 1, 2 Mg, DM, 5380 kW$_2$ — Sea Shark/*Sea Wolf Klasse*

2$_6$, 6 Mg$_1$		18.0	2 DM	.	.	
2, 1		21.0	DM	3530 2	8500 15	Bergungsschiff/ salvage vessel
2		20.0	2 MTU-DM	9310 2	4500 15	Bergungsschiff/ salvage vessel
2		18.0	MTU-DM	5880 2	4500 12	Bergungsschiff/ salvage vessel

Anzahl - Art/ Number - Group	Schiffsnamen und Stapellauf/ Ship's Name and Launching	Baubeginn - Fertig- *Umbau*/On Keel - Completed - *Conv.*	Bauwerft/ Builder	Wasser- verdrängung/ Displacement ts	Länge/Length m	Breite/Beam m	Tiefgang/Draft m	Besatzung/ Crew Bes

Kroatien/Croatia

2 SC ○	**Velebit** (ex Zeta?) I 1996-a.St./o.St.	./97 95/.	Brodosplit, Split	88 99	21.9	2.7	2.4	6
2 SZ	**I, II**, 1.4 ts, 6.5 kn, EM, 4.5 kW_1, 4.9 x 1.4 x 1.3 m; R-2M/ Mala-Klasse							
2 PG ○	Kralj Tomislav **Kralj Petar Krešimir IV** 1992-98	92/. 91/92	Kraljevica Shy. Kraljevica Shy.	. 385	53.6	8.5	2.3	33
1 PG ○	**Šibenik** (ex Vlado Četković) ~1977	./78 *90-91* *94*	B. Titovo, Kraljevica	240	45.0	8.4	1.8	3
4 PP ○	**PB 61, Solta, Vrlika, Hrvatska Kostajnica** (ex Biokovo, Mukos, Čer, Durmitor) ~1983	./83 85	B. Titovo, Kraljevica	120 135	32.6	6.7	2.3	1
1 PR:	**PB 91** (ex RL 307) (52) 38 ts, 12 kn, 1-4 ⚓, 1-2 ⚓, 2 Mg ⚓, Flußpatrouillenboote/river patrol boats							
3 PR:	**Breki, Vukovar-91, Domagoj:** Flußpatrouillenboote/river patrol boats							
1 NS	**Dubrovnik** (ex V. Škorpik) ~1965	. *95*	.	170 210	38.6	7.6	2.7	2
1 MS	I (a. St./o. St.) 173 ts — Bauwerft/builders: Vela Luka — GFK Rumpf							
2 LS ○	**Cetina, Krka** 1992-94	90/93 93/95	Brodosplit, Split	. 880	49.7	10.2	3.4	3
1 LS	**DSM-110** 1944	43/44	.	260	25.8	14.1	1.1	2
1 LS	**DTM 219** ~1955	.	Jugoslawien/ Yugoslavia	240 410	49.8	8.6	2.1	3
1 LS	**DJČ 106** (ex DJČ 624) 1987	./87	Gleben, Korčula	48	22.3	4.8	1.6	
4 LC	**DJČ 101-104** (ex DJČ 602, 603, 612, 615) ~1976	./76 79	Gleben, Korčula	. 32	21.3	4.8	1.6	
1 LC	**DJČ 107** (ex DJČ 613) 1977	./77	Gleben, Korčula	32	21.3	4.8	1.6	
1 AR	**Faust Vrančić** (ex Spasilac) ~1975	./76	Tito Shy., Belgrad	. 1590	55.5	12.0	3.9	5 +1

2 AK: **Alga** (53) 310/430 ts, 7 kn, DM, 220 kW_1; **Medusa** (56) 310 ts, 7 kn, 1 DM, 220 kW, 43.1 x 7.2 x 4.9 m

1 AO: **PN 25** (~50) 300/430 ts, 7 kn, DM, 220 kW_1

3 AT: **Bizon, I, II/301-303**

1 AX: **Kraljica Jelina** (ex ACI No. 1)/91 — Segelyacht/sail training vessel

Bewaffnung/ Armament	Sensoren-Elektronik/ Sensors-Electronic	Geschwindigkeit/speed kn	Antrieb/Propulsion Maschine/Kessel Engines/Boilers Masch	Leistung/ Power kW 1 kW = 1.36 PS	Fahrstrecke/ Range sm	Sonstige Angaben/ Remarks

Kroatien/Croatia

4 SDV,		6.0↑ 7.0↓	DM EM	50 1	200 6	Umbau aus ex jug. Una-Klasse Converted from ex Yugoslav Una-class
3 RBS 15, 1-5.7, 1-3 $_{6}$,		36.0	MTU-DM	10700 3	1700 18	Ex jug. Kobra Klasse. I = Zvonimir ?
RBS 15, -5.7, 1-3 $_{6}$		35.0	2 R.R. Proteus-GTu + 2 MTU-DM	6620 + 5295 4	800 23	Ex jug. Končar Klasse
-4, 1-2, SA-N-5 $_{4}$		28.0	SEMT-P.-DM + EM	2205 2	400 20	Ex jug. Mirna Klasse

PR: **PB 92, 93** 1-4, 1-2, ex jug. PB 92 Klasse: Flußpatrouillenboote/river patrol

-3 $_{2}$,		35.0	DM	8825 3	400 34	Typ USSR Osa I 1995: Umbau zum schnellen Minenleger/
-4, 2-2 $_{1}$, 4 SA-N-5 $_{4}$,] 4 [1000 ts], [300]		12.5	Alpha-DM	2280 2	1200 10	Typ: Silba-Mod
-2 $_{1}$,		8.0	2 DM	294 2	.	Typ Siebelfähre
-2 $_{4, 1}$ SA-N-5 $_{4}$,		10.0	Gray M.-DM	460 3	500 9	Ex jug. DTM 211 Klasse
2-2, 1-3 Mörser/ mortar, [15 ts]		35.0	MTU-DM	1280	320 22	Typ ex jug. 22 Klasse Umbau zum Rettungsschiff/ Converted to rescue vessel.
-2, 2-3 Mörser/ mortars, [6 ts]		23.0	DM	1066 1	320 22	Typ ex jug. 11 Klasse
-2, [40]		23.0	MTU-DM	1070	320 22	Typ ex jug. 21 Klasse
0-2 $_{4, 1}$]		13.5	DM	3190 2	4000 12	Bugstrahlruder/bow thruster

AG: ○ **Andrija Mohorovičić** (71) 1250 ts, 15 kn, DM, 2210 kW_2, 73.3 x 10.5 x 4.0 m, Typ USSR Moma — Vermessung/survey — auch/also AX

AG: **PH 123** (ex M 117) (~66) 120 ts, 12 kn — ex MS

YD: **Žirje, Zecevo** 43 ts, 12 kn, 2-2, DM, 220 kW_2, 20.5 x 4.5 x 1.4 m, Bes 6 + 4 (AP: 6 + 70)

Anzahl-Art/ Number-Group	Schiffsnamen und Stapellauf/ Ship's Name and Launching		Baubeginn-Fertig- *Umbau*/On Keel-Completed-*Conv.*	Bauwerft/Builder	Wasser-verdrängung/ Displacement ts	Länge/Length m	Breite/Beam m	Tiefgang/Draft m	Besatzung/ Crew Bes

Kuba/Cuba

Zahlreiche Einheiten sind wegen fehlender Ersatzteile u. mangelnder Haushaltsmittel nicht einsatzbereit.

1 FS ○	**321**	1989	./90	Werft 345, Jaroslavl	395 480	58.5	9.4	2.5	40
6 PG ○	**261, 262, 267, 268, 271, 274**	1970	.	USSR	195 240	40.0	8.1	2.0	30
1 PG ○	**252**	1962-70	.	USSR	210 220	39.6	7.6	2.9	30
2 MS ○	**570, 578**	~1978	.	Werft 789, Petrozavodsk	350 400	48.5	7.3	1.9	4
4 MS ○	**I-IV**	~1975	. 80	Sredne Neva, Kolpino	70	26.1	5.8	1.2	1
1 AG ○	**Guama** (ex GS 186)/H 103	~1975	./76	St. Polnocna, Gdansk	750 1000	55.0	9.2	2.5	2

5 AG: **H 93-96** (~60) 145 ts, 12.5 kn — Typ USSR Nyryat; **Siboney** (72) 600 ts — Vermessung/survey

Küstenschutz/Coast Guard

3 PC ○	**I-III**	~1975	.	Petrovskij, Leningrad	170 210	39.5	8.1	1.8	3
16 PP ○	**568, I-XV**	~1974	.	USSR	37 40	23.8	5.0	1.0	[illegible]

Kuwait

8 PG	**Um Almaradim, Ouha, Failaka,** **Maskan, Al Ahmadi, Al Fahaheel** Al Yarmook, Garoh	1997-99	96/98 97/99 98/00	CMN, Cherbourg	225 250	42.0	8.2	1.9	2
1 PG ○	**Al Sanbouk**/P 4505	1982	82/84	Lürssen, Vegesack	231 259	44.9	7.0	2.5	4
1 PG ○	**Istiqlal**/P 5702	1982	81/83	Lürssen, Vegesack	350 400	58.1	7.6	3.1	4
4 PP	**Inttisar, Aman,** **Maimon, Mubarak** P 301-304	1992-93	92/93 93	Australian Shb. Ind.	. 150	31.5	6.5	2.0	1

12 PP: I-XII (98-99) 50 kn, 2 MTU-DM, 16 m, 1-2 ⛵, 2 Mg ⛵$_1$, Simmoneau Marine
2 PP: **Al Shaheed, Bayan** (P303, 306) (97-99) 90 ts, 33.0 x 7.0 x 1.2 m, 30 kn, 2 MTU-DM, 3235 kW, O.C.E.A., St. Nazaire

2 LC:	**Al Tahaddy, Al Soumood/401, 402**	1994	93/94	Singapore Shbldg.	130	43.0	10.0	1.8	[illegible]

2 LC **Hadiyah, Ceriff** (79) 170/320 ts, 9.5 kn, 32.4 x 7.5 x 2.5, Bauwerft/builders: Vosper, Thornycroft, Singapur

Bewaffnung/ Armament	Sensoren-Elektronik/ Sensors-Electronic	Geschwindigkeit/speed kn	Antrieb/Propulsion: Maschine/Kessel, Engines/Boilers, Masch	Leistung/ Power kW (1 kW = 1.36 PS)	Fahrstrecke/ Range sm	Sonstige Angaben/ Remarks

Kuba/Cuba

Many ships are non operational due to the lack of spare parts and funding.

1-7.6, 1-3 $_{6}$, SA-N-5 $_{4}$, **UTR** 40 I, $_{5}$ RBU 1200		32.0	DM 2	14700	.	Typ USSR Pauk II
SS-N-2 B, -3 $_{2}$, SA-N-5		36.0	DM	11030 3	800 25	Typ USSR Osa II
SS-N-2 A, 4-3 $_{2}$		36.0	DM	8825 3	800	Typ USSR Osa I
-3 $_{2}$, 2-2.5 $_{2}$		18.0	DM	1765 2	1600 14	Typ USSR Sonya
Mg $_{2}$		16.0	DM	880 2	300 10	Typ USSR Yevgenya
–		13.0	DM	880 2	4700 11	Typ USSR Biya. Vermessung/survey

Tender: **I, II** 295 ts, 12.5 kn, DM — Typ USSR Yelva

-3 $_{2}$		36.0	DM	882 3	450 14	Typ USSR Stenka.
Mg $_{2}$		29.0	DM	1470 2	450 13	Typ USSR Zhuk

Kuwait

Sea Skua, 1-4 [1-2], 2 Mg $_{1}$		30.0	MTU-DM	5880 2	1350 14	Typ P 37 BRL
MM 40, 1-7.6, -4 $_{2}$, 2 Mg		40.5	MTU-DM	10590 4	1600 16	Typ deutsch/German TNC 45
MM 40 $_{2}$, -7.6, 2-4 $_{2}$		38.0	MTU-DM	11770 4	1300 30	Ähnlich/similar to Typ deutsch/German FPB 57
-2, 1 Mg		28.0	MTU-DM (2 + 1)	4265 2 + 550	300 28	Typ austr. OPV 310 Küstenwache/Coast Guard

PP: **I-XVII** (93) - Typ US Cougar - **I-IV** (96) 6 ts - Typ US Cougar Enforcer 40
AR: **Qaruh** (87) 1800 ts, 7 kn, 1765 kW, 2 DM, 55 x 20 x 2.0 m, Bauwerft/builders: Inchon ShpBldg.

5 ts]		12.0	2 MTU-DM	.	.	

LC: **Fareed**/55 (75) 88/170 ts, 10 kn, 480 kW, 2 R.-R. DM, 27 x 6.9 x 1.3 m.Vosper, Thornycroft, Singapur

Anzahl - Art/ Number - Group	Schiffsnamen und Stapellauf/ Ship's Name and Launching		Baubeginn - Fertig- *Umbau*/On Keel - Completed - *Conv.*	Bauwerft/Builder	Wasser-verdrängung/ Displacement ts	Länge/Length m	Breite/Beam m	Tiefgang/Draft m	Besatzung/ Crew Bes

Lettland/Latvia

2 PP ○	**Zibens, Heindrich Dor** (ex Josef Schares, Fritz Gast)/P 01, 02	./71 1965-71	USSR ./65	190 209	38.6	7.6	2.9	22	
1 PP	**Bulta** (ex Traust)/P04	1966	66/67	Bergens M.V.	. 135	36.5	6.1	1.5	22
1 MB	**Namejs** (ex Völklingen)/M 03	1959	59/60	Burmester, Burg	465 488	45.6	8.1	2.75	43
2 MS ○	**Viesturs, Imanta** (ex Kamenz, Röbel)/M 01, 02	1971	70/71	Peenwerft, Wolgast	436 471	56.7	7.7	2.4	3[illegible]
1 AR	**Lidaka** (ex Gefests)/A 51	.	./.	USSR	90 115	28.6	5.2	1.7	[illegible]
1 AT	**Perkons** (ex H 18)/A 18	1963	./63	Gdynia	. 150	21.4	6.1	2.6	[illegible]

Grenzwache/Border Guard (untersteht Marine/belongs to the Navy)

2 PP ○	**Spulga, Kometa** (ex 102, 103)/ KA 02, 03	1978	./92	USSR	141 171	34.4	5.8	2.5	1[illegible]
6 PP	**Kristaps, Gaisma, Ausma, Saule** **Klints** (ex Kbv 244, 249, 260, 256, 250) KA 01, 06-09		./70	Schweden/ Sweden	15 17	19.2	4.0	1.3	
1 PP	**Sams** (ex 101)/KA 04	1974	./92	USSR	150 175	24.1	6.0	2.2	1[illegible]

5 PP: **KA 10, KA 11, KA 12,** Hafenschutzboote/harbour patrol craft

1 AI:	**Varma**	1967	/67	Wärtsilä, Helsinki	4890	86.5	21.2	6.2	
1 AG	**Vejas** (ex Lev Titov)	~1980	79/80	Werft 368, Chabarowsk	. 1050	54.9	9.5	4.2	3

Libanon/Lebanon

5 PP: **Trablous, Jbeil, Jounieh, Beirut, Saida,** (ex Attacker, Chaser, Fencer, Hunter, Striker) L01-05 (82-83) 38 ts, 22.5 kn, [1-2 ⚓], Perkins-DM, 1170 kW_2, Typ brit. Attacker

5 PP: **I-V:** 6 ts, 22 kn, 2 DM, 156 kW, 8.2 x 2.5 x 0.6 m, 2 Mg $⚓_1$

Bewaffnung/ Armament	Sensoren-Elektronik/ Sensors-Electronic	Geschwindigkeit/speed kn	Antrieb/Propulsion Maschine/Kessel Engines/Boilers Masch	Leistung/Power kW 1 kW = 1.36 PS	Fahrstrecke/Range sm	Sonstige Angaben/ Remarks

Lettland/Latvia

4-2.3 ⊿$_2$	┬	35.0	3 DM	8823	800	I: aufgelegt/laid up; Typ:USSR Osa-I
1-4 ⊿	┬	32.0	2 MTU-DM	4400	.	Typ norweg. Storm
1-4 ⊿	┬ Y	16.5	Maybach DM	2490 2	1500 16	Minenjäger - 24.03.99: von Deutschland/from Germany.
2-2.3 ⊿$_1$	┬	18.0	2 DM	3676 2	2000 15	Typ DDR Kondor II
—	┬	11.0	DM	330	1500 10	Typ USSR Nyriat
—	┬	12.0	DM	220	300 9	Typ poln. Goliat
1-2 ⊿	┬	15.0	DM	1620 1	.	Typ USSR Ribnadzdor-4 Kometa: 96: aufgelegt/laid up.
1-Mg ⊿	┬	22.0	DM	515 2	.	Typ schwedisch Kbv 236, 1993/94: von Schweden übernommen/taken over from Sweden
1-Mg ⊿	┬	10.0	DM	220 1	.	Typ USSR Spulga
—	┬	16.5	4 ⇝ DM	10120 4	.	Typ finn. Apu
—	┬	12.0	DM	625 1	.	Für Umweltschutzaufgaben/ for environmental protection

Libanon/Lebanon

4 PP: **Sarafand, Batroun**/302, 303 **Lebanon II, Arz II** (79) 30 ts, 25 kn, 2-2.3⊿$_2$, Detroit-DM, 625 kW$_2$, Typ brit. Tracker Mk 2; Nr. 03, 04: Zoll/Customs

2 LC: **Damour, Sour** (84) 290/640 ts, 8.3 kn, 2-2⊿, MGO-DM, 735-765 kW$_2$, Typ frz./French EDIC

Anzahl - Art/ Number - Group	Schiffsnamen und Stapellauf/ Ship's Name and Launching		Baubeginn - Fertig- *Umbau*/On Keel - Completed - *Conv.*	Bauwerft/Builder	Wasser-verdrängung/ Displacement ts	Länge/Length m	Breite/Beam m	Tiefgang/Draft m	Besatzung/ Crew Bes

Libyen/Libya

Nach Aufhebung der UN-Sanktionen im April 99 dürften einige der aufgelegten Einheiten reaktiviert werden.

Fregatten/Frigates									
2 FG ○	**Al Qirdabiyah** **El Hani**	 ~1985-86	./87 ./86	Werft 340, Zelenodolsk	1500 1580	96.4	12.6	4.1	130
3 FG ○	**Tarek Ibn Ziyad** (ex Ean Mara), **Ean Al Gazala, Ean Zaara**	 1980-84	./82 85	Petrovskij, Leningrad	780 930	60.3	13.2	2.7	60
Uboote/Submarines									
4 SS ○	**Al Ahad, Al Badr, Al Mitraka,** **Al Hunain**	 1975-82	./76 83	Werft 194, Leningrad	1950↑ 2400↓	91.5	7.5	6.1	75
Kleine Kampfschiffe/Small Fighting Vessels									
4 PG ○	**Assad Al Tadjier, Assad Al Tougour,** **Assad Al Khalij, Assad Al Hudud** (ex Wadi Mragh, W. Maser, W. Marseat, W. Magrawa)	 1977-79	77/79 78/81	CNR, Muggiano	550 630	61.7	9.3	2.9	54
9 PG ○	**Sharaba, Shehab, Shoula, Whag, Bark,** **Shafak, Rad, Shouaiai, Laheeb** (ex Beir Grassa, B. Gzir, B. Ktitat, B. Gtifa, B. Alkardmen, B. Alkarim, B. Alkur, B. Algandula, B. Alkuesat)	 1979-82	78/82 81/84	C. Mécaniques, Cherb.	285 311	49.0	7.1	2.5	30
12 PG ○	**Al Katum, Al Zuara, Al Baida, Al Nabha,** **Al Safhra, Al Fikar, Al Mathur,** **Al Muwashan, Al Sakab, Al Bitar,** **Al Sadad, Al Ruha**	 1975-78	./76 80	USSR	195 240	40.0	8.1	2.0	40
Minensucher/Minesweepers									
8 MB ○	**Al Tiyar, Al Isar, Ras Al Hamman,** **Ras Al Fulaijah, Ras Al Qula,** **Ras Al Madwar, Ras Al Massad,** **Ras Al Hani**	 1980-85	79/81 84/86	Sredne Neva, Kolpino	680 750	61.0	9.6	2.4	70
Landungsfahrzeuge/Landing Vessels									
1 LS ○	**Ibn Harissa**	1976-77	77/78	Méditer., La Seyne	2800	99.5	15.6	2.5	34
3 LS ○	**Ibn El Farat, Ibn El Hadrami,** **Ibn Umaja**	 1976-78	./77 79	St. Mar. Woj., Oksywie	1150 1300	84.0	9.7	2.3	40
3 LS	**Ibn Al Idrissi, Ibn Marwan, El Kobayat** (ex C 130, 131, ...)	 1979-90	79/79 90/91	Taskizak	400 580	56.2	12.0	1.4	1[illegible]

Bewaffnung/ Armament	Sensoren-Elektronik/ Sensors-Electronic	Geschwindigkeit/speed kn	Antrieb/Propulsion: Maschine/Kessel – Engines/Boilers Masch	Leistung/ Power kW 1 kW = 1.36 PS	Fahrstrecke/ Range sm	Sonstige Angaben/ Remarks

Libyen/Libya

After lifting the UN-sanctions in April 99, some of the non operational units may return to active duty.

4 SS-N-2 C, 4-7.6 $_{2}$, 4-3 $_{2}$, 2 SA-N-4 $_{2}$, 4 **UTR** 40 **I**, 1 $_{12}$ RBU 6000		30.0	1 GTu + 2 DM	14705 + 11765 3	4500 18	Typ USSR Koni. Bau-Nr./building number: 12, 13
4 SS-N-2 C $_{2}$, 2 SA-N-4 $_{2}$, 2-5.7		32.0	DM	15880 3	3600 15	Typ USSR Nanuchka II
10 **TR** 53.3↓ (6 b, 4 h)		18.0↑ 18.0↓	DM EM	4410 4410 3	11800 8	Typ USSR Foxtrot Nicht einsatzbereit/non - operational
4 Otomat, 1-7.6, 2-3.5 $_{2}$, 6 **UTR** 32.4 **III**,		31.5	MTU-DM	13240 4	3900 16	Nicht fahrbereit/non-operational
4 Otomat, 1-7.6, 2-4 $_{2}$		36.0	MTU-DM	10590 4	1600 15	Typ frz./French Combattante II G Die meisten Einheiten nicht einsatzbereit/most units non-operational
[4 SS-N-2 B], 4-3 $_{2}$		36.0	DM 3	11030 25	800	Typ USSR Osa II
4-3 $_{2}$, 4-2.5 $_{2}$, 2 $_{5}$ RBU 1200		20.0	DM	3535 2	2800 10	Typ USSR Natya
6-4 $_{2}$, 11, [240], 570 ts Ladung/load		15.2	SEMT-P.-DM	3930 2	4000 14	-Deck achtern/aft
4-3 $_{2}$, 2 40, 8		15.5	DM	3680 2	2900 12	Typ USSR Polnocny C Einsatzbereitschaft fraglich/ operational status doubtful
2-2		8.5	DM	660 2	1100 8	Typ türk./Turk. C 107

Anzahl - Art/ Number - Group	Schiffsnamen und Stapellauf/ Ship's Name and Launching		Baubeginn - Fertig- *Umbau*/On Keel - Completed - *Conv.*	Bauwerft/Builder	Wasser-verdrängung/ Displacement ts	Länge/Length m	Breite/Beam m	Tiefgang/Draft m	Besatzung/ Crew Bes
Hilfsfahrzeuge/Auxiliary Vessels									
1 AR ○	**Zeltin**	1968	67/68	Vosper Th., Woolston	2200 2470	99.0	14.6 5.8	3.0	100

1 AR: **Al Munjed** (ex Zlatica) 1300 ts, 16 kn, DM, 3310 kW_2, Typ kroat. Faust Vrančić

2 AK: **Garyounis** 2410 BRT/grt, 20 kn; **El Timsah** 3100 BRT/grt, 20 kn, 6620 kW, 117.5 x 17.5 x 4.9 m

3 AT: **A 33-35** (79-80) 150 BRT/grt, DM

Litauen/Lithuania

Anzahl - Art	Schiffsname	Stapellauf	Baubeginn - Fertig	Bauwerft	ts	m	m	m	Bes
2 FF ○	**Žemaitis, Aukstaitis** (ex MPK 108, 44)	~1980	.	Werft 340, Zelenodolsk	950 1200	71.6	9.8	3.6	49
1 PP	**Dzukas** (ex Glimt)/P 31	1966	65/66	Bergens M.V.	. 135	36.5	6.1	1.5	20

3 PP **HK 24** - TYP USSR PO-2; **Vilnele**/HK 21, 88 ts, 23.1 x 5.8 x 1.8 m; **HK23**

Anzahl - Art	Schiffsname	Stapellauf	Baubeginn - Fertig	Bauwerft	ts	m	m	m	Bes
1 PP	**Kihu**	1986	85/86	Valmet Laiv., Turku	65	26.8	5.5	1.9	6
1 MB	**Süduvis** (ex Koblenz)/M 52	1957	57/58	Burmester, Burg	465 488	45.6	8.1	2.75	43
1 AR ○	**Vétra** (ex Rudolf Samojlovič)	~1980	./81	Werft 368, Chabarowsk	. 1050	54.9	9.5	4.2	34
Grenzwache/Border Guard (Pasienio Policija)									
1 PP	**Lilian** (ex Kbv 101)	1969	./69	Karlskronavarvet	50 60	24.9	5.0	1.1	6
9 PP	**101-109**	~1991	./91	Wisla, Gdansk	21 27	11.7	4.6	0.9	4
1 LC:	**Madeleine** (ex Kbv 041)	1972	./72	Karlstad	. 70	18.4	5.4	1.3	4
1 AG:	**Victoria** (ex Kbv245)	1970	./70	Schweden/ Sweden	17	19.2	4.0	1.3	4

Madagaskar/Malagasy

1 PP: **Malaika** (67) 235/250 ts, 18.5 kn, 2-4 ⛵, 2000/15 sm, 1765 kW_2, DM, 47.5 x 7.2 x 2.5 m, Bes 25, Bauwerft/builder: Franco Belge

1 PP: **I** …… (96) 273 ts, Bauwerft/builders: CN ……

1 AR: **Matsilo** (ex Chamois) (76) 495 ts, 14 kn, 2 DM, 1980 kW, 41.5 x 7.5 x 3.2 m
La Perrière, Lorient -05.96: von Frankreich/from France

Bewaffnung/ Armament	Sensoren- Elektronik/ Sensors- Electronic	Geschwindig- keit/speed kn	Antrieb/Propulsion Maschine / Kessel — Engines / Boilers Masch	Leistung/ Power kW 1 kW = 1.36 PS	Fahrstrecke/ Range sm	Sonstige Angaben/ Remarks
2-4 ⚔	⊤ ⏀ ⏀	15.0	Paxman-DM	2575 2	3000 14	Dockraum/length of dock: 41 x 12 m

4 AT: **Ras El-Helal, Al Ahweirif, Al Keriat, Al Tabkah** (76-78) 200 BRT/grt, 14 kn, MaK-DM, 1850 kW_1, Bauwerft/builder: Mondego, Portugal

2 Tender: **I** (~60) 90 ts, 18 kn, Typ USSR Poluchat; **Al Manoud** Typ USSR Yelva

Litauen/Lithuania

Bewaffnung/ Armament	Sensoren- Elektronik/ Sensors- Electronic	Geschwindig- keit/speed kn	Maschine Masch	Leistung/ Power kW	Fahrstrecke/ Range sm	Sonstige Angaben/ Remarks
2 SA-N-4 ⚔$_2$, 2-5.7 ⚔$_2$, 1-3 ⚔$_6$ 2 ⚔$_{12}$ RBU 6000, 18 ▫	⊤ ⏀ ⏀ Y ⌁	34.0	1 GTU + 2 DM	11030 + 11150	2500 14	Typ USSR Grisha III 1996: TR ausgebaut/ TR deleted
1-4 ⚔, 1 Mg ⚔	⊤	32.0	2 MTU-DM	4410 2	.	Typ norweg. Storm

2 PP: **Vytis-01, 02**: 10 ts, 14 kn, 12.6 x 3.2 x 0.6 m, Typ USSR Projekt 371

Bewaffnung/ Armament	Sensoren- Elektronik/ Sensors- Electronic	Geschwindig- keit/speed kn	Maschine Masch	Leistung/ Power kW	Fahrstrecke/ Range sm	Sonstige Angaben/ Remarks
[1-2 ⚔]	⊤	25.0	2 DM	1680 2	.	Ex fin. Kihu
1-4 ⚔	⊤ Y	16.5	Maybach-DM	2490 2	1500 16	Minenjäger - 09/99: von Deutschland/from Germany.
2 Mg ⚔$_1$	⊤	12.0	DTZ-DM	625 1	.	Typ USSR Valerian Urivayev
—	⊤	22.0	2 MTU-DM	1371 2	.	Typ schwedisch Kbv-Kl. A
3 Mg ⚔$_1$	⊤	38.0	2 DM	1470 2	.	Typ poln. Szkwal
—	⊤	11.0	2 DM	330 2	.	Typ schwed. Kbv-Kl.B
—	⊤	22.0	2 Volvo Penta- DM	515 2	.	Fischereischutz/Fishery Inspection

Madagaskar/Malagasy

2 LS: **Toky** (73) 250/810 ts, 13 kn, 1-7.6 ⚔, 2-2 ⚔, 1300/13 sm, 1765 kW_2, 2 MGO-DM, 64 x 12.5 x 1.9 m, Bauwerft/builder: St. W., Diego Suarez; **Aina Vao Vao** (ex L 9082) (64) ./610 ts, 8 kn, 2-2 ⚔, 735 kW_2, MGO-DM

3 LC: **Fiherenga, Marola, Sambathra** (88) , 1 AT: **I** (ex Bouleau) (~60) 105 ts, 515 kW

1 AT: **Trozona**

Anzahl - Art/ Number - Group	Schiffsnamen und Stapellauf/ Ship's Name and Launching	Baubeginn - Fertig- *Umbau*/On Keel - Completed - *Conv.*	Bauwerft/Builder	Wasser- verdrängung/ Displacement ts	Länge/Length m	Breite/Beam m	Tiefgang/Draft m	Besatzung/ Crew Bes

Malawi

1 PP: **Kasungu** (ex Chikala)/ P 703 (84) 33/36 ts, 22 kn, 1 Mg, Poyaud-DM, 1030 kW_2, Bes 10, Bauwerft/builder: SFCN, Villeneuve

1 PP: **Kaning'a**/P 704 5 ts, 32 kn, 3 Mg, DM — Typ südafrikan./South African Namacurra
1 LC: **Chikoko I**/L 702: 9 ts, 24 kn, 2 DM, 191 kW, 12.7 x 3.2 x 0.5 m

Malaysia

Anzahl - Art/ Number - Group	Schiffsnamen/ Ship's Name	Stapellauf/ Launching	Baubeginn - Fertig-/ On Keel - Completed - *Conv.*	Bauwerft/Builder	Displacement ts	Länge/Length m	Breite/Beam m	Tiefgang/Draft m	Besatzung/Crew Bes
2 FG	**Jebat**		94/99	Yarrow, Scotstoun	1845	106	12.8	3.6	145
○	**Lekiu**	1994-95	94/99	Yarrow, Scotstoun	2270				
2 FG	**Kasturi**		82/84	HDW, Kiel	1690	97.3	11.3	3.5	128
○	**Lekir**	1983	82/84	HDW, Kiel	1900				
1 FE	**Rahmat** (ex Hang Jebat)	1967	66/71	Yarrow, Scotstoun	1250	94.0	10.4	4.5	165
○			*83*		1600				
1 FE	**Hang Tuah** (ex Mermaid)	1966	66/68	Yarrow, Scotstoun	2300	106	12.2	4.8	220
○			*91-92*		2520				
4 FG	**Laksamana Hang Nadim** (ex Ibn Al Walid)		82/87	Fincantieri; Breda	.	62.3	9.3	2.5	.
○	**Laksamana Tung Abdul Gamil** (ex Saad Ibn Abi Waccade)		82/88		705				
	Laksamana Tan Pusmah (ex SalahAddeen Al Ayoori)		82/88						
	Laksamana Muhammad Amin (ex Abdulla Ben Abi Sark)	1983/84	82/87						
2 FS	**Marikh**		83/86	Malays. Shb., Johore	1000	75.0	10.8	3.7	76
○	**Musytari**	1984-86	83/85	Korea Shb., Pusan	1300				
6 FS	II-VI		.	Penang Shb. Corp.	1650	90.1	13.4	3.0	72
○	I	a.St./o.St.-bew./auth.	98/02		1900				
2 SS	I, II	gepl./plan.	.		.	.	.	.	.
4 PG	**Handalan, Perkasa, Pendekar,**		77/79	Karlskrona, Varvet	240	43.6	7.1	2.4	40
○	**Gempita**	1978			270				
4 PG	**Ganyang, Serang**		71/72	Franco Belge	240	47.0	7.0	2.0	40
○	**Ganas, Perdana**	1971-72	/73	C. Mécaniques, Cherb.	265				
6 PP	**Baung, Pari, Yu,**		76/77	Hong Leong Lürssen	210	44.8	7.1	1.9	40
○	**Jerong, Todak, Paus**	1975-77	75/76		255				
4 PP	**Sri Negri Sembilan, Sri SABAH,**		63/64	Vosper Th., Portsm.	96	31.4	5.9	1.7	22
	Sri Sarawak, Sri Melaka	1963-64	/65		110				

Bewaffnung/ Armament	Sensoren-Elektronik/ Sensors-Electronic	Geschwindigkeit/speed kn	Antrieb/Propulsion Maschine/Kessel Engines/Boilers Masch	Leistung/ Power kW 1 kW = 1.36 PS	Fahrstrecke/ Range sm	Sonstige Angaben/ Remarks

Malediven/Maldives

4 PP: **Kaani, Kuredhi, Midhili, Nirolhu**/133, 142, 151, 106, 30 ts, 24 kn, 2 Mg, GM-DM, 955 kW_2, Typ brit. Tracker;

2 PP: **Burevi**/115 (83) 24 ts, 22 kn, 1 Mg, DM, 625 kW_2; **Funa**/124 20 ts, 11.2 x 3.4 x 1.2 m; 35 kn

1 LC: I (a.St./o.St.) Bauwerft/builders: Colombo Dyd.

Malaysia

Bewaffnung/ Armament	Sensoren	kn	Maschine	Leistung	Fahrstrecke	Sonstige Angaben/ Remarks
8 MM 40 ⇨ $_4$, 1-5.7, 2-3, 1 VLS Seawolf $_{16}$, 6 **UTR** 32.4 **III**, 1		27.0	4 MTU-DM	24265 2	5000 18	Klasse 2000
4 MM 38 ⇨, 1-10, 1-5.7, 4-3 $_2$, 1 $_2$ Bofors, 6 **UTR** 32.4 **III**		28.0	4 MTU-DM	16000 2	5000 14	Typ deutsch/German FS 1500. **Masch:** CODAD. -Deck
1-11.4, 3-4, 1 $_3$ Limbo		27.0	Bristol-S. GTu + Crossley-P-DM	14340 + 2830 2	6000 16	**Masch:** CODOG. -Deck
1-5.7, 2-4 $_2$,		27.0	2 Stork-Wärtsilä DM	7360 2	4800 15	Für Ghana gebaut/built for Ghana. AX
6 Otomat ⇨, 1 Aspide$_4$, 1-7.6 OTO S.R. 2-4 $_2$		37.0	4 MTU-DM	14800 4	4000 18	1995/96: angekauft/acquired Kelvin Hughes Radar Ehem. irak. Wadi-Kl./ former iraki Wadi-class I, II: 1997 übernommen/ acquired, III, IV: 1999 übernommen/acquired
1 10, 2 3 $_2$		22.0	DM	7620 3	3000 15	Für 200 Meilen Wirtschaftszone/for 200 nm economic zone. -Deck
[⇨,], 1-5.7, 2-3 $_1$, 1		25.0	2 DM	.	4000 12	Typ MEKO 100 A Erhalten/to get: DASA TRS-3 D Radar + STN-Atlas CoSy 110 M 1 Total: 6 + 22
4 MM 38 ⇨, 1-5.7, 1-4		34.5	MTU-DM	7940 3	1850 14	Ähnlich/similar to Typ schwed./Swed. Spica II
2 MM 38 ⇨, 1-5.7, 1-4		36.5	MTU-DM	10300 4	800 25	Ähnlich/similar to Typ franz./French Combattante II
1-5.7, 1-4		32.0	MTU-DM	7280 3	1800 15	
2-4]		27.0	MTU-DM	2575 2	1660 14	

Anzahl-Art/ Number-Group	Schiffsnamen und Stapellauf/ Ship's Name and Launching	Baubeginn-Fertig- *Umbau*/On Keel- Completed-*Conv.*	Bauwerft/Builder	Wasser- verdrängung/ Displacement ts	Länge/Length m	Breite/Beam m	Tiefgang/Draft m	Besatzung/ Crew Bes
14 PP ○	**Badek, Beladau, Kelewang, Kerambit, KRIS, Lembing, Panah, Renchong, Rentaka, Serampang, Sri Johor, Sri Perlis, Sundang, Tombak** 1966-67	65/66 68/69	Vosper Th., Portsm.	96 110	31.4	5.9	1.7	22
6 PP	I-VI bew./auth.	./.	.	.	18.3	.	.	.
4 MB	**Ledang, Kinabala, Mahamiru, Jerai** 1983-84	84/85 82/85	Intermar., Sarzana Intermar., Sarzana	510 610	51.0	9.6	2.8	42
1 LS ○	**Sri Inderapura** (ex Spartanburg Co.) 1970	70/71	National St., S. Diego	4970 8450	159	21.2	5.3	190
2 LC:	**Lang Siput, Lang Tiram** (80) 630 BRT/grt, 9 kn, 48.4 x 10.5 m							
3 LC:	**Jernih, Terijah** (77-78) 290 ts, 8 kn; **Meleban** (77) 90 ts, 8 kn, DM							
1 AK	**Mahawangsa** 1983	82/83	Tacoma, Korea	1800 4300	100	15.6	4.8	150
1 AK ○	**Sri Indera Sakti** 1980	79/80	Bremer Vulkan	1800 4300	100	15.0	4.8	140
3 AT:	**Lang Kangok, Lang Hindek, Lang Siput,** (81-82) 300 BRT/grt, 12.5 kn, DM, 1325 kW_2, Bauwerft/builder: Penang Shy.							
6 AT:	**Tunda Satu 1-3** (78) 150 BRT/grt, DM; **Penyu** (ex Salvigilant) (76) 398 ts; **Badang I, II** 400 BRT/grt — und zahlreiche kleinere/and numerous smaller ones							
2 AT:	**Sotong, Kepah** (ex Asiatic Charm, A. Success) (76) 215 BRT/grt							
1 AX:	**Tunas Samudera** (89) 240 ts, 9 kn, Perkins-DM, 270 kW_2, Bes 10 — Segelschulschiff/Sail training ship							

Marine-Polizei/Marine Police

Anzahl-Art/ Number-Group	Schiffsnamen und Stapellauf/ Ship's Name and Launching	Baubeginn-Fertig- *Umbau*/On Keel- Completed-*Conv.*	Bauwerft/Builder	Wasser- verdrängung/ Displacement ts	Länge/Length m	Breite/Beam m	Tiefgang/Draft m	Besatzung/ Crew Bes
14 PF	**Lang Hitam, Lang Malam, Lang Lebah, Lang Kuik, Balong, Belian, Kurita, Serangan Batu, Harimau Bintang, Harimau Belang, Harimau Akar, Perangan, Mersuji, Alu-Alu**/PZ 1-9, 11-15 1981-83	80/81 82/83	Hong Leong/Lürssen, Butterworth	188 205	38.5	7.0	2.2	27
6 PF	**Sangitan, Sabahan, Dungun, Tioman, Tumpat, Segama/** PX 28-33 1980-82	./80 /83	Penang Shy.	114	29.0	6.0	1.7	18
3 PP	**Sri Gaya, Sri Kudat, Sri Tawau/** PX 25-27 1973-74	73/74	Hong Leong/Lürssen, Butterworth	92.5	28.0	5.4	1.6	19

Bewaffnung/ Armament	Sensoren-Elektronik/ Sensors-Electronic	Geschwindigkeit/speed kn	Maschine/Kessel Engines/Boilers Masch	Leistung/Power kW 1 kW = 1.36 PS	Fahrstrecke/Range sm	Sonstige Angaben/ Remarks
2-4 ⚔	⊤ ⌽	27.0	MTU-DM	2575 2	1400 14	
⚔	⊤	.	2 MAN-DM	1470 2	.	
1-4 ⚔, 2 PAP 104	⊤ Y	16.0	MTU-DM	3520 2	3000 14.5	Ähnlich/similar to Typ ital. Lerici. Auch/also PP
1-2 ⚔ Phalanx [400], 500 ts	⊤ ⌽ ⚲	20.0	6 Alco-DM	12130 2	2500 14	Typ US Newport + 2 gepl./plan.: 2000/01

5 LC: **LCM 1-5** 24/56 ts, 10 kn, Typ US LCM (6)

28 LC: **RCP 1-9, LCU 1-4** (74) 15/30 ts, 17 kn; **LCP 1-15** 19 ts, 16 kn

2-5.7 ⚔, 2-2 ⚔	⊤	16.5	Deutz-DM	4410 2	4000 15	Für Munition/for ammunition. Ähnlich/similar to Sri Indera Sakti. Kein Schornstein/no funnel, größeres/larger ✈-Deck
1-5.7 ⚔, 2-2 ⚔	⊤	16.5	Deutz-DM	4410 2	4000 15	Mehrzweckversorger/multi purpose AK. Ro-Ro, ✈-Deck, 1300 ts **Ö**/F, 200 ts Frischwasser/fresh water

1 Tender: **Duyong** (70) 120 ts, 10 kn, 1-2 ⚔, 370 kW, 2 DM, 33.5 x 6.4 x 1.7 m, Bes 23

1 AG: **Perantau** (97) 1996 ts, 67.8 x 13.3 x 4.0 m; Hong Leong/Lürssen, Butterworth

1 AG: ○ **Mutiara** (76) 1950 ts, 16 kn, 2-2 ⚔, Deutz-DM, 2900 kW_2, 70 x 13.1 x 4.1 m, Bes 141, Bauwerft/builder: Hong Leong Lürssen, Penang

1 AG: **Jurukur Dua** (85) MAN-DM, 655 kW_1, Bauwerft/builder: Hong Leong/Lürssen, Penang

1-4 ⚔, 1-2 ⚔, 2 Mg ⚔	⊤	34.0	MTU-DM	6620 2	1100 16	Typ deutsch/German FPB 38
2-2 ⚔	⊤	36.0	Paxman-V.-DM	4925 2	1200 24	Typ brit. Brooke Marine
1-2 ⚔, 2 Mg $⚔_1$	⊤	25.0	MTU-DM	1810 2	1050 15	

Anzahl-Art/ Number-Group	Schiffsnamen und Stapellauf/ Ship's Name and Launching	Baubeginn-Fertig- *Umbau*/On Keel- Completed-*Conv.*	Bauwerft/Builder	Wasser-verdrängung/ Displacement ts	Länge/Length m	Breite/Beam m	Tiefgang/Draft m	Besatzung/ Crew Bes
6 PP	**Alor Setar, Kota Bahru, Kuala Trengganu, Johore Bahru, Sri Menanti, Kuching**/PX 19-24 1972-73	72/73 73/74	Vosper Th., Singapur	92	27.8	5.8	1.7	17
10 PP	**Maharajalela, Pahlawan, Pertanda, Shabandar, Sangsetia, Laksamana, Kuala Kangsar, Arau, Gumantong, Labuan**/PX 5, 6, 9-12, 15-18 1963-70	63/63 69/70	Vosper Th., Singapur	85	26.7	5.8	1.5	15

23 PP: **I-XXIII** (92-93) Typ frz./French Simmoneau SM 465

Zolldienst/Customs Service

6 PP	**Juang, Pulai, Jerai, Perak, Bayu, Hijau**/K 33-38 1982-83	81/82 82/84	Malaysia Shb.	100 125	32.4	7.2	1.8	24

1 PP: **Kuala Bengkoka** (76) Lg 18.3 m, Bauwerft/builder: Mengsina, Singapore

20 PP: 13.7 m Klasse/class

Malta

Küstenwache/Coast Guard

3 PP: **La Valette**/29, **P 30, 31** (ex Boltenhagen, Ueckermünde, Pasewalk) (69) 340 ts, 20 kn, 3 Mg ⛵, DM, 3235 kW_2, Typ ex DDR/GDR Kondor I

2 PP: **P 32, 33** (ex G 733, 722) (71) 38.5 ts, 17.5 kn, 1 Mg ⛵, DM, 580 kW_2, Typ ex DDR/GDR Bremse

Marokko/Morocco

2 FG ○	II I a.St./o.St.	99/02 99/01	Ch. de l'Atlantique St.Nazaire	2600 2950	93.5	14.0	4.3	80
1 FF ○	**Lieutenant Colonel Arrahmani** 1982	79/83	Bazan, Cartagena	1270 1520	89.0	10.4	3.8	100
4 PG ○	**Commandant Al Khattabi, C. Boutouba, C. El Harty, C. Azouggarh** 1980-82	80/81 81/82	Bazan, San Fernando	355 420	57.4	7.6	2.7	41
5 PP	**Rais Bargach, Raïs Britel, Rais Charkaoui, Raïs Maaninou, Raïs Al Mounastiri** 1995-97	95/96 /98	Leroux et Lotz, Lorient	520 600	64.0	11.4	3.0	24
6 PP ○	**L.-V. Rabhi, Errachiq, El Akid, El Maher, El Majid, El Bachir** 1988-89	87/88 88/89	Bazan, Cadiz	397 425	58.1	7.6	2.9	36
2 PP ○	**Okba, Triki** 1975-76	75/76 ./77	SFCN, Villeneuve	375 445	58.7	7.6	2.5	43
4 PP ○	**El Hahiq, El Tawfiq, El Hamiss, El Karib** 1987-90	86/87 89/90	Danyard, Frederikshavn	420 500	55.0	10.5	2.8	15 + 20

Bewaffnung/ Armament	Sensoren-Elektronik/ Sensors-Electronic	Geschwindigkeit/speed kn	Antrieb/Propulsion Maschine/Kessel Engines/Boilers Masch	Leistung/ Power kW 1 kW = 1.36 PS	Fahrstrecke/ Range sm	Sonstige Angaben/ Remarks
2-2 ⊿	┬	25.0	MTU-DM	1810 2	700 15	Verbesserte/improved PX Klasse
2-2 ⊿	┬	25.0	MTU-DM	1990 2	700 15	PX Klasse/class.

~70 PP: Verschiedene Klassen von Flußpatrouillenbooten/various types of river patrol boats

Bewaffnung/ Armament	Sensoren-Elektronik/ Sensors-Electronic	kn	Masch	kW	sm	Remarks
1-2 ⊿, 2 Mg	┬	27.0	Paxman V.- + Cummins-DM	2940 + 422 3	1500	Typ brit. Vosper 32 m

4 PP: **I-IV** 58 ts, 20 kn, 2310 kW, 28.8 x 5.9 x 2.0 m; Pembanteras-Klasse/class

2 PP: **I, II** (99) 20 ts, 45 kn, 1103 kW, 15.9 x 3.8 x 0.9 m; Typ schwed. Combatboat 90 H

Malta

1 PP: **P 26** (ex NOAA 1257) 35 ts, 18 kn, 2 Mg ⊿, DM, 706 kW_2, Typ US NOAA

2 PP: **P 23, 24** (ex C 6823, 6824) (67) 16/23 ts, 25 kn, 3 Mg ⊿, 710 kW, Typ US PCF

1 LC: **L 1**, 14 ts, 10 kn

Marokko/Morocco

Bewaffnung/ Armament	Sensoren-Elektronik/ Sensors-Electronic	kn	Masch	kW	sm	Remarks
4⇨, [Sadral ⫯] 1-10 ⊿, 2-2 $⊿_1$, 1 ⚒	┬ ϕ ф Ɏ	20.0	4 DM	6470 2	9000 15	Typ franz. Floréal
1-7.6 ⊿ OTO, 2-4 ⊿, 1 Albatros $⫯_8$, 6 **UTR** 32.4 **III**, $1 ⚒_2$	┬ ϕ ⚲ ф Ɏ	26.0	4 MTU-DM	11770 2	4000 16	Typ span. Descubierta
4 MM 38⇨, 1-7.6 ⊿, 1-4 ⊿, 2-2 ⊿	┬ ф Ɏ	29.5	MTU-DM	9930 3	3000 15	Typ span. Lazaga
1-4 ⊿, 1-2 ⊿ 2-Mg $⊿_1$,	┬	25.0	2 Wärtsilä-DM + 2 EM	7360 + 240	5000 14	Typ OPV-64
1-4 ⊿, 2-2 ⊿	┬	22.0	MTU-DM	5580 2	3800 12	Fischereischutz/fishery
1-7.6 ⊿ OTO, 1-4 ⊿	┬ ϕ ⚲ ф	28.0	4 AGO-DM	9710 4	2500 16	Typ frz./French PR 72
1-4 ⊿, 2-2 ⊿	┬	20.0	B. W.-Alpha-DM	3440 2	4900 16	Typ dän./Dan. Osprey MK II

Anzahl-Art/ Number-Group	Schiffsnamen und Stapellauf/ Ship's Name and Launching	Baubeginn-Fertig-*Umbau*/On Keel-Completed-*Conv.*	Bauwerft/Builder	Wasserverdrängung/ Displacement ts	Länge/Length m	Breite/Beam m	Tiefgang/Draft m	Besatzung/ Crew Bes
6 PP	**El Jail, El Karis, El Khafir, El Mikdam,** **El Wacil, Es Sahir** 1975-76	75/77 76/77	C. Mécaniques, Cherb.	75 88	32.0	5.4	1.5	17
1 LS ○	**Sidi Mohammed Ben Abdallah** (ex Bristol Co.) 1971	71/72	National St., S. Diego	4970 8450	159	21.2	5.3	196
3 LS ○	**Daoud Ben Aïcha, Ahmed Es Sakalli,** **Abu Abdallah El Ayachi** 1977-78	75/77 76/78	Dubigeon, Normandie	750 1300	80.0	13.0	2.3	47
1 LS ○	**Lieutenant Malghagh** 1963	63/64	NC Franco Belge	290 640	59.0	12.0	1.3	16
1 LC	**I** (ex CTM...) 1967	./67	Cherbourg	55 150	.	23.8	6.4	1.3
1 AR	**Dakhla** 1997	96/98	Leroux & Lotz, Lorient + LNI, St. Malo	1109 2200	69.0	11.5	4.2	24

1 AK: **El Aigh** (73) ~1500 BRT/grt, 11 kn, 2 Mg ∠, 920 kW_1, DM, 76.1 x 12.3 x 4.7 m

1 AT: **Al Arq** (81) Bauwerft/builder: La Perrière, Lorient

Zolldienst/Customs Service

4 PP: **Erraid, Erraced, El Kaced, Essaid** (85-87) 89 ts, 27 kn, UNI-DM, 1870 kW_2, 32 x 5.4 x 1.4 m, Bes 12, Bauwerft/builder: C. Mécaniques, Cherbourg — Typ frz./French P 92;

15 PP: **I-XV** (91 - 93) 17 ts, 35 kn, 1 Mg ∠, DM, 920 kW_2, Bes 4, Bauwerft/builder: Arcor, La Teste

Mauretanien/Mauretania

1 PP: **Aboubekr Ben Amer** (93) 290/360 ts, 22 kn, DM, 54 x 6.3 x 2.3 m, Bes 19 + 22, Bauwerft/builder: Leroux et Lotz

1 PP: **El Nasr** (ex Dix Juillet, ex Rapière) (81) 115/148 ts. 26.3 kn, 1-4 ∠, 1-2 ∠, AGO-DM, 2940 kW_2, 40.3 x 5.9 x 1.6 m, Bauwerft/builder: Auroux, Arcachon

1 AT: **I** (ex Poseidón) (64) 950/1100 ts, 15 kn, 2 DM, 2530 kW, 55.9 x 10 x 4 m

Marshall Inseln/Marshall Islands

1 PP: **Lomor** (91) 165 ts, 20 kn, 1-2 ∠, Caterpillar-DM, Typ austral. ASI 315

2 PP: **HSPC 1,2** 220 ts, 8 kn, 4 GM-DM, 735 kW_2 — Typ US YFU

Bewaffnung/ Armament	Sensoren-Elektronik/ Sensors-Electronic	Geschwindigkeit/speed kn	Antrieb/Propulsion: Maschine/Kessel, Engines/Boilers, Masch	Leistung/ Power kW 1 kW = 1.36 PS	Fahrstrecke/ Range sm	Sonstige Angaben/ Remarks
2-2 ⊾	┬	29.0	MGO-DM	2020 2	1200 15	Typ frz./French P 92
1-2 ⊾ Phalanx [400], 500 ts	┬ ♀ ⚲	20.0	6 Alco-DM	12130 2	2500 14	Typ US Newport 1994: übergeben/transferred
2-4 ⊾, 2 Mg ⊾, 2-8.1 Mörser/mortars, [180], [380 ts]	┬ ♀ ⌽	16.0	AGO-DM	1320 3	3500 13	Typ frz./French BATRAL
2-2 ⊾, 1-12 Mörser/ mortar	┬	8.0	MGO-DM	735 2	.	Typ frz./French EDIC
2 Mg ⊾$_1$	┬	9.5	2 DM	331 2	380 8	
2 Mg ⊾, [800 t]	┬	12.0	Nohab-DM	1690 1	4300 12	

1 AG: ○ **Abu Al Barakat Al Barbari** (ex Bartlett) (66) 1200 ts, 13.5 kn, Typ US Robert D. Conrad

18 PP: **D 01-18** (87) 13.5 ts, 30 kn, UNI-DM, 825 kW$_2$, 14.5 x 4.0 x 1.2 m, Bes 6, Bauwerft/builder: CNA, La Teste — GRP Rumpf/hull

Mauretanien/Mauretania

4 PP: **I-IV** (90) 15 ts, 24 kn, 1 Mg ⊾, Deutz-DM, 550 kW$_2$, Bauwerft/builder: Garden Reach, Calcutta

1 PP: **N'Madi** (ex Criscilla, ex Jura) (75) 1285 ts, 15.5 kn, Brit. Polar-DM, 3090 kW$_1$, Bauwerft/builder: Hall Russell, Aberdeen — geliehen für Fischereischutz/on lease for fishery patrol duties

1 PP: **Dah Ould Bah** (96) 25 kn, 1-Mg ⊾, 13.3 x 3.7 x 0.9 m, Bauwerft/builders: Raideo Marine

Mauritius

1 FE: **Vigilant**/21 (95) 1650 ts, 22 kn, 4 Caterpillar-DM, 8000 kW, 75 x 14 x 3.9 m, Bes 64 + 20 Bauwerft/builders: ASMAR, Talcahuano

2 PP: **Rescuer, Retriever** (~80) 45/60 ts, 34 kn, 4 Mg ⊾$_2$, Typ USSR Zhuk

9 PP: **Marlin, Barracuda, Castor, Polaris, Sirius, Pollux, Capella, Canopus, Rigel** (89-90) 15 ts, 24 kn, 1 Mg ⊾, 15 x 3.6 x 0.8 m, Bauwerft/builder: Garden Reach, Calcutta

1 PP: **I** (84) 210 ts, 28 kn, 2-4 ⊾$_1$, 2 MTU-DM, 37.8 x 7.5 x 1.9 m, Bauwerft/builders: Garden Reach, Calcutta

Anzahl - Art/ Number - Group	Schiffsnamen und Stapellauf/ Ship's Name and Launching	Baubeginn - Fertig- *Umbau*/On Keel - Completed - *Conv.*	Bauwerft/Builder	Wasser- verdrängung/ Displacement ts	Länge/Length m	Breite/Beam m	Tiefgang/Draft m	Besatzung/ Crew Bes

Mexico

Zerstörer/Destroyers								
2 DD ○	**Ilhuicamina, Netzahualcoyotl** (ex Quetzalcoatl, ex Vogelsang; 1945 ex Steinaker)	44/45	Bethlehem, St. Island	2425 3500	119	12.4	5.8	280
1 DD	**Cuitlahuac** (ex John Rodgers) 1942	41/41	Consolidated, Orange	2050 2850	115	12.1	5.5	200
Fregatten/Frigates								
2 FG ○	**Ignacio Allende** (ex Stein) **Mariano Adabalos** (ex Marvin Shields)	70/72 68/71	Lockhead, Seattle Todd, Seattle	3011 3877	134	14.3	7.5	285
2 FF ○	**Hermenegildo Galeana, Nicolas** **Bravo** (ex Bronstein, McCloy) 1962	61/63	Avondale, N. Orleans	2360 2650	113.2	12.3	4.1	207
2 FE ○	**Vincente Guerrero** (ex Coahuila, ex Rednour) **Miguel Hidalgo** (ex Usumacinta, ex Joseph M. Auman) 1944	43/44 44/45	Bethlehem, Hingham Dravo, Pittsburgh	1400 2130	93.0	11.5	4.7	205
1 FE	**José Maria Morelos y Pavon** 1943 (ex Chihuahua, ex Borber)	43/43	N.Y., Norfolk	1400 2130	93.0	11.5	4.7	205
1 FE ○	**Comodoro Manuel Azueta Perillos** (ex Hurst) 1943	43/43	Brown, Houston	1200 1850	93.0	11.5	3.4	220
4 FS ○	**Capitán de Navio Blas Godinez Brito,** **General Felipe B. Berriozabal** (ex Mitla, Anahuac) **Capitán de Navio Sebastian José** **Holzinger, Brigadier José Maria** **de la Vega Gonzalez** (ex Uxmal, Peten) 1988-89	86/92 86/93	Veracruz Ast. Nav., Tampico	910 1290	74.4	10.5	3.5	59 + 16
6 FS ○	**Cadete Virgilio Uribe Robles,** **Teniente José Azueta Abad, Capitán** **de Fragata Pedro Sáinz de Baranda** **Borreyro, Comodoro Carlos Castillo** **Bretón Barrero, Vicealmirante** **Othón P. Blanco Nuñez de Caceres,** **Contra-Almirante Angel Ortiz** **Monasterio** 1981-82	81/82 82/83	Bazán, Cadiz	767 900	67.0	10.0	3.1	37
17 FS ○	**Valentin Gomez Farias, Juan Aldama,** **Leandro Valle, Hermenegildo** **Galeana, Ignacio Altamirano,** **Guillermo Prieto, Francisco Zarco,** **Ignacio L. Vallarta, Mariano** **Escobedo, Jesus Gonzales Ortega,** **Manual Doblado, Sebastian Lerdo** **de Tejada, Santos Degollado, Ignacio** **de la Llave, Juan N. Alvarez,** **Melchor Occampo, Manuel Gutierrez** **Zamora** (ex MSF 64, 104, 105, 111, 120, 123, 124, 128, 314, 315, 317-319,	41/42 43/46	USA	1090 1250	67.0	9.8	3.4	105

Bewaffnung/ Armament	Sensoren-Elektronik/ Sensors-Electronic	Geschwindigkeit/speed kn	Antrieb/Propulsion: Maschine / Kessel — Engines / Boilers — Masch	Leistung/ Power kW (1 kW = 1.36 PS)	Fahrstrecke/ Range sm	Sonstige Angaben/ Remarks

Mexico

4-12.7 $_2$, 1-5.7		30.0	Tu 4 Babcock	44130 2	5800 15	Typ US Gearing, FRAM 1
5-12.7 , 10-4 $_2$,		30.0	3 GE Tu 4 Babcock	44130 2	4400 15	Typ US Fletcher
8 Harpoon, 1-12.7 , [1 $_8$ Asroc], 4 **UTR** 32.4 **II** 1		27.0	Westing, Tu 2 Comb. Eng.	25740 1	4000 20	Typ US Knox 1998/99: Übernahme/ transfer
2-7.6 $_2$, 1-5.7 6 **UTR** 32.4 **III** [1 $_8$ Asroc]		24.0	Tu Foster-Wh.	14710 1	3000 20	Typ: US Bronstein
1-12.7, 6-4 $_2$, [162]		18.0	Tu 2 Wr	8825 2	5000 15	*Fragatas Transportes.* Typ US Rudderow/LPR. 1: 2-2 zusätzlich/additional
1-12.7, 6-4 $_2$, [162]		18.0	Tu 2 Wr	8825 2	5000 15	Typ US Buckley/LPR
2-7.6 $_1$, 8-4 $_2$, 2-2 $_1$		15.0	Fairb.-Morse-DM	4410 2	11500 11	Typ US Edsall. AX
[1-5.7], 1-4 , 1 BO 105		22.0	MTU-DM	8600 2	3280 18	Aguila Klasse. Verbesserter/ improved Typ span. Halcón
1-4 , 1 BO 105		20.5	MTU-DM	6620 2	5000 18	Typ span. Bazán Halcón B-120. Für Ölfeldüberwachung/ for oil-rig patrols
1-7.6 , 4-4 $_2$		18.0	DM	2350 2	4300 16	Typ US Auk/MSF. Minensuchgeräte und U-Abwehr ausgebaut/minesweeping gear and ASW removed. Neue/new Radar.

Anzahl - Art/ Number - Group	Schiffsnamen und Stapellauf/ Ship's Name and Launching	Baubeginn - Fertig- *Umbau*/On Keel - Completed - *Conv.*	Bauwerft/Builder	Wasser-verdrängung/ Displacement ts	Länge/Length m	Breite/Beam m	Tiefgang/Draft m	Besatzung/ Crew Bes
5 FS	II-V Rosas Coria 1998-a.St./o.St.	99/02 97/00	Ast. Nav., Salina Cruz Ast. Nav., Tampico	907	74.4	10.5	2.8	61 + 16
2 FS	I **Democratá** 1997-bew./auth.	99/. 97/99	Varadero Nac., Guaymas	400 450	52.5	8.9	2.6	34
11 FS ○	**General Miguel Negrete,** 1943-44 **General Manuel Gonzales, General Manuel E. Rincon, General Felipe Xicotencatl, Cadete Augustin Melgar, Teniente Juan de la Barrera, Cadete Juan Escutia,Cadete Fernando Montes de Oca, Cadete Francisco Marquez, General Ignacio Zaragoza Cadete Vincente Suarez** (ex D01, 03, 04, 05, 11-19)	42/43 44/44	USA	650 950	56.0	10.1	2.1	104
1 FS	**Durango**/B 01 1935	34/36 *83-85*	Union Lev., Valencia	1600 2000	78.2	11.2	3.1	150
1 FS	**Guanajuato** 1934	33/36	Soc. Esp., Ferrol	1300 1950	92.0	11.5	3.0	140

Kleine Kampfschiffe/Small Fighting Vessels

Anzahl - Art/ Number - Group	Schiffsnamen und Stapellauf/ Ship's Name and Launching	Baubeginn - Fertig- *Umbau*/On Keel - Completed - *Conv.*	Bauwerft/Builder	Wasser-verdrängung/ Displacement ts	Länge/Length m	Breite/Beam m	Tiefgang/Draft m	Besatzung/ Crew Bes
13 PP	**Alacran, Sisal, Tanhuijo, Cabezo, Santiaguillo, Palanear, La Galleguilla, La Blanquilla, Anegada de Adentio, Rizo, Pajaros, De Enmedio, De Hornos** (ex AM 11-23) 1978-83	78/79 83/83	Ast. Nav., Acapulco	18	16.7	4.4	2.4	15
31 PP ○	**Maya, Totonaca, Tlahuica** (ex Tabasco, Puebla, Ortiz de Dominguez) **Chontal, Mazateco, Tolteca Cochimie, Cora, Mixteco, Olmeca,** (ex Zaragoza, Tamaulipas, Yucatan, Veracruz, Tampico, de Juarez, L. Vicario) **Azteca, Nahuatl, Totoran, Tarahumara, Tepehuan, Mexica, Huasteca, Mazahua, Huichol, Tlapaneco, Tarasco** (ex Quintana Roo, Arizpe, Izazgu, Rayon, Rejon, de la Fuente) **Seri, Otomi, Mayo, Pimas, Chichimeca** (ex J. M. Maya, Velasco, Rojas, Macias, Calderon) **Guaycura, Papago, Zapoteca, Yaqui, Acolhua** (ex Cordova, Morales, Guzman, Romero, Rouaix) 1974-81	78/80 79/81 75/76 80/81 74/74 74/74 75/76 74/74 75/76	Ast. Nav., Salina Cruz Ast. Nav., Vera Cruz Ailsa Shb., Troon J. Lamont, Greenock Scott, Lithgow	115 165	36.5	8.6	2.0	24
3 PP	**Cabo Corrientes, Cabo Corzo, Cabo Catoche** (ex Cape Carter, C. Hedge, C. Hatteras) ~1953-59	./53 59	C. G. Curtis Bay	98 150	29.0	6.1	1.8	14
2 PP:	**Punta Morro, Punta, Mastun** (ex Point Verde, P. Herron) 1961	./61	C. G. Curtis Bay	68	23.7	5.5	1.8	8

Bewaffnung/ Armament	Sensoren-Elektronik/ Sensors-Electronic	Geschwindig-keit/speed kn	Antrieb/Propulsion Maschine/Kessel Engines/Boilers Masch	Leistung/ Power kW 1 kW = 1.36 PS	Fahrstrecke/ Range sm	Sonstige Angaben/ Remarks
1-5.7 ⊿, 1 🚁	┬ ⟠	18.0	2 MTU-DM	9750 2	3838 18	Typ Holzinger 2000 Total: 20 gepl./plan.
2-4 ⊿$_2$	┬	30.0	2 MTU-DM	4500 2	.	Total: 5 gepl./plan.
1-7.6 ⊿, 2-4 ⊿$_2$, 6-2 ⊿$_2$	┬ ⟠	15.0	Cooper-Bessemer-DM	1250 2	4300 10	Typ US MSF. Seit 92/93: 🚁-Plattform achtern/since 92/93: 🚁-plattform aft
2-10.2 ⊿, 2-5.7 ⊿, 4-2 ⊿	┬	14.0	Enterprise ⇝ DM	3680 2	3000 12	AX, AP
1-10.2, 2-2 ⊿	┬	14.0	DM	3675 2	.	
1 Mg ⊿	┬	20.0	GM-DM	840 2	400 15	Olmeca Klasse. GRP-Rumpf/hull
1-4 ⊿, 1-2 ⊿, 2 Mg ⊿	┬ ⏀	24.0	Paxman-DM	2650 2	2500 12	Azteca Klasse. Für Fischereischutz/for fishery protection.
Mg ⊿	┬	21.0	4 Cummins-DM	1690 2	2600 9	Typ US CG 95`
Mg ⊿	┬	23.5	DM	1180 2	1500 8	Typ US CG 82’

Anzahl-Art/ Number-Group	Schiffsnamen und Stapellauf/ Ship's Name and Launching	Baubeginn-Fertig-/*Umbau*/On Keel-Completed-*Conv.*	Bauwerft/Builder	Wasser-verdrängung/ Displacement ts	Länge/Length m	Breite/Beam m	Tiefgang/Draft m	Besatzung/ Crew Bes
4 PP	**Isla Coronado, Isla Lobos, Isla Guadalupe, Isla Cozumel** 1992-93	92/93 93/94	Trinity Marine, New Orleans	. 52	25.0	5.5	1.2	9

7PP: **Laguna de - Tamiahua, - Lagartos, - Kana, - Cuyutlan, - Mandinga, - Alvarado, - Catemaco** (ex Poluna, Poldos, Poltres, Polcinco, Asp. Razcon, Polsiete, Polocho) (62-86) 57 ts, 16 kn, 1 Mg, 330 kW_2, 20.5 x 4.5 x 1.3 m

36 PP: **G 1 - G 36** (93-94), 40 kn, 209 kW, 6.8 x 2.3 x 0.3 m, Piraña-Klasse

Landungsfahrzeuge/Landing Vessels

2 LS	**Rio Panuco, Rio Papaloapan** (ex Panuco, ex LST 1077; ex Manzanillo, ex LST 602) ~1944	44/44	USA	1650 4080	100	15.3	4.3	130

Hilfsfahrzeuge/Auxiliary Vessels

2 AR: **Rio Lerma** (ex Tarasco, ex Arneb) (62) 1970 ts, 14 kn, DM, 1545 kW_1; **Rio Nautla** (ex Maya) (62) 925 ts, 12 kn, MAN-DM, 48.8 x 11.8 x 4.9 m

1 AR: **Rio Grijalva** (ex Vicente Guerrero, ex Megara) (~44) 1650/4100 ts, 11 kn, 12-4 $_{4\cdot2}$, Typ US LST (2)/ARVA

1 AK **Rio Suchiate** (ex Monob 1) (43) 1390 ts, 9 kn, 1 DM, 634 kW, 58.5 x 10.1 x 4.8 m

1 AK: **I** (ex Seacon) (45) 2780 ts, 7 kn, 3 DM, 761 kW, 79.3 x 14.6 x 5.0 m

1 AP: **Rio Tehuantepec** (ex Zacatecas) (59) 780 ts, 8 kn, 2-4, DM

2 AK: **Rio Usumacinta, Rio Coatzacoalcos** (ex Huasteco, Zapoteco) (86) 2650 ts, 16 kn, 1 BO 105 C, DM, 2650 kW_1, 72.3 x 12.8 x 5.5 m, Bes 57 + 300, Bauwerft/builder: ASM, Guaymas — auch/also AP, AH

1 AK: **Rio Tonala** (ex Progreso) (85) 150 ts, 10 kn, DM

1 AX: **Cuauhtemoc** (81) 1760 ts, 10.5 kn, Caterpillar-DM, Bauwerft/builder: Ast. Celaya, Bilbao — Segelschulschiff/Sail Training Ship

1 AO	**Portrero del Llano** 1968	./68 ./69	IHI, Nagoya	15434 27432	171	22.6	9.4	30

2 AO: **Las Chopas, Amatlan** (ex Aguascalientes, Tlaxcala) (ex YOG, 6, 7) (43) 440/1480 ts, 8 kn, 2-2, 370 kW_1, Bes 26, Typ US YOG

Mikronesien/Micronesia

3 PP: **Palikir, Micronesia, Independence**/01-03 (89-97) 165 ts, 20 kn, 1-2, Caterpillar-DM, Typ austral. ASI 315

2 PP: **Paluwlap, Constitution** (ex C. Cross, C. Corwin) (57-58) 83/105 ts, 21 kn, 2 Mg, Cummins-DM, 1690 kW, Typ US CG 95'

Bewaffnung/ Armament	Sensoren-Elektronik/ Sensors-Electronic	Geschwindig-keit/speed kn	Antrieb/Propulsion Maschine/Kessel Engines/Boilers Masch	Leistung/ Power kW 1 kW = 1.36 PS	Fahrstrecke/ Range sm	Sonstige Angaben/ Remarks
2 AS-15 ⇨, 3-Mg ◣$_1$	┬ ⌖	50.0	3 DM	12900 3	1200 30	Coronado-Klasse

5 PR: **Lago de Patzcuaro, Lago de Chapala, Lago de Texcoco, Lago de Janitzio, Lago de Cuitzeo** (ex AM 04-08) (60-62) 35 ts, 6 kn

10 PP: **C-101-01 - C-101-10** (95) 9.0 m, 2 DM — Typ Mako Marine

3-4 ◣$_{2\cdot 1}$, 2500 ts]	┬	11.0	GM-DM	1325 2	6000 11	Typ US LST. Rettungsschiffe/ Rescue ships

1 AK: **Rio Hondo** (ex Deer Island) (61) 400 ts, 10 kn, 2 DM, 36.6 x 8.5 x 2.1 m

4 AT: **Kukulkan, Ehacatl, Tonatiuk, Chac** (ex Molala, Abnaki, Cocopa, Hitchiti) (43-44) 1235 ts, 16 kn, 1-7.6 ◣, 4 ⤳ DM, 2210 kW$_1$ — Typ US ATF

2 AT: **Quetzalcoatl, Huitlipochtli** (ex Mayo, Mixteco) (~43) 1800 ts, 14 kn, 1-7.6, 2-2 ◣, 1690 kW, Typ Mar. Comm.V 4-M-A 1

AG: **Onjuku** (77) 12 kn, DM, 515 kW$_1$, 36.9 x 8 x 3.5 m, Bes 14 — Vermessung/survey

AG: **Alejandro de Humboldt** (*70, 82*) 700 ts, 14 kn, DM, Bauwerft/builder: Hitzler, Lauenburg

AG: **Altair, Antares** (ex James M. Gilliss, S. P. Lee) (62-66, *83-85*) 1200 ts, 13.5 kn, Typ US Robert D. Conrad — Forschung/research

AG: **Aldebaran** (ex DM-20) (45) 804 ts, 15 kn, 4 DM, 56.3 x 10.1 x 4.4 m; Typ US-Admirable — Vermessung/survey

AG: **H-08** (ex General Pedro M. Anaya) (43) 920 ts, 15 kn, DM, 1250 kW, 56.0 x 10.1 x 2.1 m — Typ US MSF

–	┬	14.6	SLZ-DM	5290 1	.	

Monserrat

PP: **Shamrock** (89) 18 ts, 27 kn, 2 DM, 1470 kW, 16.0 x 4.7 x 1.4 m, 1-Mg ◣; Typ: Halmatic M-160

Anzahl - Art/ Number - Group	Schiffsnamen und Stapellauf/ Ship's Name and Launching		Baubeginn - Fertig- *Umbau*/On Keel - Completed - *Conv.*	Bauwerft/Builder	Wasser-verdrängung/ Displacement ts	Länge/Length m	Breite/Beam m	Tiefgang/Draft m	Besatzung/ Crew Bes

Myanmar (Burma)

1 FS	**Yan Taing Aung** (ex Farmington)	1943	42/43	Willamette J., Portland	640	56.0	10.0	2.8	100
1 FS	**Yan Gyi Aung** (ex Creddock)	1944	43/44	Willamette J., Portland	640	56.0	10.1	3.0	100
2 PP	**NAWARAT, Negakyay**	1959	58/60	St. W. Rangoon	400 450	50.0	8.1	1.7	43
6 PG:	**I-IV**/472, 474-476 **Maga, Saittra**/471, 473	1994-96	95/97 93/95	Qixin S.Y., Shanghai	478	62.0	7.2	2.2	65
2 PP	I, II	a.St./o.St.	91/.	Nav. Eng., Rangoon	215	45.0	7.0	2.5	32

10 PP: **Yan Sit Aung, Yan Myat Aung, Yan Nyein Aung, Yan Khwin Aung, Yan Min Aung, Yan Ye Aung, Yan Paing Aung, Yan Win Aung, Yan Aye Aung, Yan Zwe Aung** (~89-90)/441-450, 375 ts, 30.5 kn, 4-5.7, 4-2.5$_2$, 4$_5$ RBU 1200, Typ chin. Hainan

3 PP: **424-426** (~85-86) 80 ts, 32 kn, DM, Typ jugosl. PB 90

3 PP: **421-423** (79) 110 ts, 27 kn, 2-4, 2-2, 2 Mg, MTU-DM, 1800 kW$_2$, Typ US Swift

6 PP: **412-415, Thihayarzar I-II** (82-86) 128 ts, 16 kn, 2-4, Deutz-DM, 2000 kW$_2$, 33.5 x 6.7 x 2.0 m, Bes 17, Bauwerft/ builder: Burma N. Y., Rangoon

6 PP: **401-406** (ex PGM 43-46, 51, 52) (59-61) 102 ts, 16 kn, 2-4, 2-2$_2$, 2 Mg, 735 kW$_2$, 4 DM, Typ US PGM 43

12 PR: **Y 311, 312** (67) 250 ts, 14 kn, 2-4, 2-2, 735 kW$_2$, MB-DM, 37 x 7.3 x 1.1 m, Bauwerft/builder: Similák Dy., Burma; **Y 301-310** (57) 120 ts, 14 kn, 2-4, 2-2, 735 kW$_2$, MB-DM4, 31.7 x 7.3 x 0.8 m, Uljanik, Pula

9 PR: **RPC 11-19** (85-91) 37 ts, 10 kn, 1-2, DM, 185 kW$_2$

6 PR: **PBR 211-216** (~78) 8 ts, 25 kn, 3 Mg$_{2,\ 1}$, GM-DM, 9.8 x 3.4 x 0.8 m, Bes 5, Typ US PBR Mk II

4 PR: **Sagu, Seinda, Shwethida, Sinmin** (~55) 100 ts, 12 kn, 1-4, 1-2, DM, 855 kW$_2$

1 AK: **Pyi Daw Aye** 160/300 ts, 10 kn, DM

Ministerium für Perlen und Fischerei/Peoples' Pearl and Fisheries Ministry

3 PP	**Inya, Inma** **Indaw**	1979-82	81/82 79/80	Frederikshavn V.	385 505	50.0	10.5	2.8	3
6 PP	**112-117**	1979-80	79/80 80/81	de Havilland, Sydney	27	15.7	4.8	1.3	1

Namibia

1 PP: **Tobias Hainyeko** (ex Havørnen) (79) 505 ts, 20 kn, Alpha-DM, 3410 kW$_2$, 50 x 10.5 x 2.8 m, -Deck, Bauwerft/builder: Frederikshavn V.

1 PP: **Oryx** (ex S to S) (75) 406 ts, 14 kn, 2 DM, 1470 kW, 45.7 x 8.8 x 2.4 m, Bew: 1-Mg

Myanmar (Burma)

Bewaffnung/ Armament	Sensoren-Elektronik/ Sensors-Electronic	Geschwindigkeit/speed kn	Maschine/Kessel Engines/Boilers Masch	Leistung/Power kW 1 kW = 1.36 PS	Fahrstrecke/Range sm	Sonstige Angaben/ Remarks
1-7.6, 2-4, 8-2 $_2$, 1, 2		15.0	GM-DM	1320 2	9000 10	Typ US PCE; aufgelegt/ laid up
1-7.6, 4-4 $_2$, 4-2 $_2$		16.0	DM	1770 2	4300 10	Typ US Admirable/MSF; aufgelegt/laid up
1-9.4 Haub./how., 1-4		12.0	Paxman-DM	850 2	.	
[4 ⇒ C-801], 4-3.7 $_2$, 4-2 $_2$		32.0	4 DM	9000 2	750 18	Typ chin. Houxin
2-4 $_1$		30.0	2 DB-DM	.	.	

5 LC: **Sinde, Htonbo** (78) 220 ts, 10 kn, DM, 220 kW$_2$, 29.5 x 6.7 x 1.4 m; **Aiyar Maung, Aiyar Mai, Aiyar Min Thar, Aiyar Min Tha Mee** (69) 250 ts, 10 kn, DM, 370 kW$_2$, 38.3 x 9.1 x 1.4 m, Bauwerft/builder: Yokohama Yacht

11 LC: **Aiyar Lulin** (ex LCU 1626) (~63) 195/375 ts, 11 kn, Typ UC LCU; **LCM 701-710** 28 ts, 9 kn, Typ US LCM

1 AR: **Yan Lon Aung** (67) 540 ts, 12 kn, 1-4, 2 Mg, auch/also YD

1 AP: **Ayidawaya** (75) 690 tdw, 12 kn, 1 DM, 50.0 x 8.4 x 3.7 m

4 AP: **Saban, Sethya, Shwepazun, Setyahat** (~55) 100 ts, 11 kn

1 AO: **I** (ex Interbunker)/801, 4000 ts, 15 kn, DM

AG: **I**/801 (65) 1100/1270 ts, 15 kn, [1-4, 2-2 $_2$], MB-DM, 1260 kW$_2$, 62.2 x 11 x 3.6 m, Bes 100, Bauwerft/builder: Tito Shy., Belgrad — Vermessung/survey

2 AG: **I** (ex Changi) 390 BRT/grt, 13 kn, 2-2, DM; **Yai Bo**/807 60 ts, 1 Mg — Vermessung/survey

Bojenløger/Buoy Tender: **Hsad Dan** (86) 412 BRT/grt, Bauwerft/builder: Italthai, Bangkok

-4, 1-2		20.0	Alpha-DM	3460 2	4500 16	Typ brit. Osprey. -Deck
-2		30.0	DM	1030 2	950 18	Typ austral. Carpentaria

NATO/SACLANT

AG: **Alliance**/A 1456 (86) 2465/3200 ts, 16.3 kn, DM, 3780 kW$_2$ + EM: 975 kW$_2$, 8000/12 sm, 93 x 15.2 x 5.0 m, Bes 30 + 20, Bauwerft/builder: CNR, Riva Trigoso — operiert für SACLANT unter deutscher Flagge/operates for SACLANT and flies the German ensign — Klasse/class 753

Anzahl-Art/ Number-Group	Schiffsnamen und Stapellauf/ Ship's Name and Launching		Baubeginn-Fertig- *Umbau*/On Keel- Completed-*Conv.*	Bauwerft/Builder	Wasser- verdrängung/ Displacement ts	Länge/Length m	Breite/Beam m	Tiefgang/Draft m	Besatzung/ Crew Bes

Neuseeland/New Zealand

Fregatten/Frigates

2 FG ○	**Te Mana** **Te Kaha**	 1995-97	96/99 93/97	Transfield, Williamstown AMECON, Australia	3200 3495	117	14.8	6.0	163
2 FF	**Canterbury**	1970	69/71 *75-77* *88-90* *94-96*	Yarrow, Scotstoun *Dockyard, Devenport*	2470 2990	113	13.1	5.5	250
	Wellington (ex Bacchante)	1968	66/69 *84-85*	Vickers-A., Newcastle					

Kleine Kampfschiffe/Small Fighting Vessels

4 PP	**Moa, Kiwi, Wakakura, Hinau**	 1983-84	83/83 84/84	Whangarey, Auckland	92 105	26.8	6.1	2.2	14 +4

Hilfsfahrzeuge/Auxiliary Vessels

1 AO ○	**Endeavour**	1987	86/88	Hyundai, Ulsan	. 12390	1361	8.4	7.3	32
1 AK:	**Charles Upham** (ex Mercandian Queen II)	1984	83/84 *99/00*	Frederikshavn V. *Dockyard, Devenport*	7200 tdw	131.7	20.1	6.2	28
1 AG ○	**Resolution** (ex Tenacious)	 1989	88/89	Halter Mar., Moss Pt.	1600 2285	68.3	13.1	4.6	25

2 AT: **Arataki** (ex Aorangi) (69) 170 ts, 12 kn, DM, 810 kW_1, 25.3 x 7.6 x 3.0 m; **Waitangi** 400 ts, 12 kn, DM, 1265 kW

2 AG: **Takapu, Tarapunga** (79) 90/111 ts, 12 kn, Cummins-DM, 750 kW_2 — Vermessung/survey

Nicaragua

2 PP	**315, 317**	 ~1975	.	USSR	45 60	24.6	5.2	1.0	[illegible]
3 PP	**231, 235, I**	1977-78	.	Israel	35	19.8	5.8	0.8	1
2 MS	**501, 510**	~1970	.	Sredne Neva, Kolpino	70 80	26.1	5.8	1.2	1

Bewaffnung/ Armament	Sensoren-Elektronik/ Sensors-Electronic	Geschwindigkeit/speed kn	Antrieb/Propulsion Maschine/Kessel Engines/Boilers Masch	Leistung/ Power kW 1 kW = 1.36 PS	Fahrstrecke/ Range sm	Sonstige Angaben/ Remarks
[ ], 1-12.7, VLS NATO Sea Sparrow, UTR 32.4 III, SH-2G		27.0	GE-GTu + 2 MTU-DM	22300 + 5940 2	6000 18	Typ deutsch/German MEKO 200 ANZ. Gemeinsames Programm mit Australien /Joint program with Australia.
2-11.4, 2 Mg, 1-2 Phalanx, UTR 32.4 III, SH-2G		28.0	Tu 2 Babcock	22065 2	6500 12	Verbesserter/improved Typ brit. Leander. Radar: Signaal LW 08, Plessey Type 993 Wellington: 2000 a.D.
1 Mg]		12.0	Cummins-DM	540 2	1000 12	Auch/also AX für/for Reserve
2-2]		14.0	B. & W.-DM	3900 1	8000 14	-Deck. 7600 ts Öl/fuel, 120 ts AVCAT (Flugbenzin), 4-20′ Container
Mg 150], [ ]		14.0	1 Mak-DM	3590 1	7000 15	1994: angekauft/acquired 2001: Umbau/modernization
–		11.0	4 Caterpillar DM	3675 2	3000 11	1997: von USA angekauft/ acquired from USA

AX: **Kahu** (ex Manawanui) (79) 91/110 ts, 12.5 kn, DM, 570 kW_1, 26.8 x 6.1 x 2.2 m, Bauwerft/builder: Whangarey Eng., Auckland

YD: **Manawanui** (ex Star Perseus) (79) 915 ts, 10.5 kn, Caterpillar-DM, Bes 32, Bauwerft/builder: Cochrane Selby

Nicaragua

Bewaffnung/ Armament	Sensoren-Elektronik/ Sensors-Electronic	Geschwindigkeit/speed kn	Maschine	Leistung/ Power	Fahrstrecke/ Range	Sonstige Angaben/ Remarks
Mg 2		30.0	DM	1765 2	1100 15	Typ USSR Zhuk
-2, 2 Mg 2		21.5	GM-DM	710 2	1200 17	Typ israel. Dabur
Mg 2		16.0	DM	880 2	1000 9	Typ USSR Yevgenya

Anzahl-Art/ Number-Group	Schiffsnamen und Stapellauf/ Ship's Name and Launching		Baubeginn-Fertig- *Umbau*/On Keel- Completed-*Conv.*	Bauwerft/Builder	Wasser- verdrängung/ Displacement ts	Länge/Length m	Breite/Beam m	Tiefgang/Draft m	Besatzung/ Crew Bes

Niederlande/Netherlands

Anzahl-Art	Ship's Name	Launching	On Keel-Completed	Builder	Displacement ts	Length m	Beam m	Draft m	Crew
Zerstörer/Destroyers									
1 DG	**De Ruyter**	9. 3. 1974	71/76	de Schelde, Vlissingen	3660	138	14.8	4.6	306
○					4310				
Fregatten/Frigates									
4 FG	Evertsen		01/05	de Schelde, Vlissingen	.	144	18.8	5.1	202
○	Tromp		00/04		6048				
	De Ruyter		99/03						
	De Zeven Provincien		98/01						
		a.St./o.St. - bew./auth.							
8 FG	**Van Speijk**		91/95	de Schelde, Vlissingen	2800	122	14.4	4.3	137
○	**Van Galen**		90/94		3320				
	Van Nes		90/94						
	Abraham Van Der Hulst		89/93						
	Van Amstel		88/93						
	Tjerk Hiddes		86/92						
	Willem Van Der Zaan		85/91						
	KAREL DOORMAN	1988-94	85/91						
2 FG	**Witte de With, Jacob van Heemskerck**		81/86	de Schelde, Vlissingen	3000	130	14.6	4.3	176
○		1983-84	85		3750				+ 20
4 FG	**Pieter Florisz**		79/83	de Schelde, Vlissingen	3050	130	14.6	4.4	175
○	(ex Willem van der Zaan),				3630				200
	Jan van Brakel		79/80						
	Philips van Almonde,		77/81	Wilton, Fijenoord					
	Blois van Treslong	1979-82	78/82						
Uboote/Submarines									
4 SS	**Bruinvis**		88/94	Rotterdam D. D. Mij.	2450↑	67.7	8.4	7.0	5
○	**Dolfijn**		86/93		2800↓				
	Zeeleeuw		81/90						
	WALRUS	1985-92	79/92						
Minensucher/Minesweepers									
15 MB	**Willemstad, Vlaardingen**		85/89	de Noord, Alblasserdam	510	51.5	8.9	2.5	4
○	**Urk, Zierikzee**		84/86		548				
	Hellevoetsluis, Schiedam		83/86						
	Middelburg, Makkum		83/85						
	Scheveningen, Maassluis		82/84						
	Haarlem, Harlingen		81/84						
	Dordrecht		81/83						
	Delfzijl		80/83						
	ALKMAAR	1982-89	79/83						

Bewaffnung/ Armament	Sensoren-Elektronik/ Sensors-Electronic	Geschwindigkeit/speed kn	Antrieb/Propulsion Maschine/Kessel Engines/Boilers Masch	Leistung/ Power kW 1 kW = 1.36 PS	Fahrstrecke/ Range sm	Sonstige Angaben/ Remarks

Niederlande/Netherlands

8 Harpoon ⇨$_2$, 2-12 [gun]$_2$, 1-3 [gun] Goalkeeper, 1 Sea Sparrow [launcher]$_8$, 1 SM-1 (MR) [launcher], 6 **UTR** 32.4 **III**, 1 [helicopter] Lynx		30.0	R. R. Ol. GTu + R. R. Tyne GTu	39710 + 5880 2	5000 18	2002 a.D./to be decom.
8 Harpoon ⇨$_4$, VLS SM 2 [launcher]$_{40}$, 1-12.7 [gun] 2-3 [gun] Goalkeeper, 2-2 [gun]$_1$, 4 **UTR** 32.4 **II**, 1 [helicopter] NH 90		30.0	2 R. R. Ol.-GTu + 2 Storck-DM	25200 + 8400	5000 18	Projekt: LCF Air Defence and Command Frigate Nr. 03, 04: Projekt: NLF Erhalten/to get: DSQS-24 C Sonar
8 Harpoon ⇨$_4$, 1-7.6 [gun] OTO mod. 100, 1-3 [gun] Goalkeeper, 2-2 [gun], 1 VLS Sea Sparrow [launcher]$_{16}$, 4 UTR 32.4 **II**, 1 [helicopter] Lynx		28.0	R. R.-Spey SM 1 C-GTu + 2 Werkspoor-DM	25200 + 7200 2	4000 19	M-Klasse. Sea Sparrow [launcher] Vertikal-Starter/launcher. TACTASS. **Masch:** COGOG K. Doorman, R. R. Spey SM 1 A-GTu — 27600 kW
8 Harpoon ⇨$_4$, 1 SM-1 (MR) [launcher]$_1$, 1 NATO Sea Sparrow [launcher]$_8$, 1-3 [gun] Goalkeeper, 4 **UTR** 32.4 **II**		30.0	R. R. Ol.-GTu + R. R. Tyne-GTu	39710 + 6030 2	5000 18	Flaggschiffe/flagships Erhalten/to get: SMART-S 3 D-Radar.
8 Harpoon ⇨$_4$, 1-7.6 [gun] OTO, 1-3 [gun] Goalkeeper, Sea Sparrow [launcher]$_8$, 4 **UTR** 32.4 **II**, 2 [helicopter] Lynx		30.0	R. R. Ol.-GTu + R. R. Tyne-GTu	39710 + 6030 2	4000 18	FK-Vorrat/total number of MI: 16 Harpoon. 2000: 2 werden verkauft/ 2 to be sold
TR 53.3↓, **TR** auch für/also for Sub-Harpoon ⇨$_8$		12.0↑ 21.0↓	3 SEMT-P.-DM 1 Holec-EM	2905 3990 1	10000 9	*Onderzeebooten.* Walrus durch Kurzschluß und Brand 8-86 schwer beschädigt/ Walrus heavily damaged by short-circuit and fire 8-86.
1-2 [gun]] PAP-104		15.0	Werkspoor-DM + EM	1400 + 176 1	3000 12	Ab 1997 Umbauprogramm: 3 Minenjäger + Troika, 4 Minenjäger + IMS (Improved Minehunting system) PVDS + ROV. Ein Boot Umbau zu AGS/From 1997 modernisation program: 3 minehunters + Troika, 4 minehunters + IMS, one boat to be used as a survey vessel.

Anzahl - Art/ Number - Group	Schiffsnamen und Stapellauf/ Ship's Name and Launching		Baubeginn - Fertig- *Umbau*/On Keel - Completed - *Conv.*	Bauwerft/Builder	Wasser-verdrängung/ Displacement ts	Länge/Length m	Breite/Beam m	Tiefgang/Draft m	Besatzung/ Crew Bes

Landungsfahrzeuge/Landing Vessels

Anzahl - Art/ Number - Group	Schiffsnamen und Stapellauf/ Ship's Name and Launching		Baubeginn - Fertig- *Umbau*/On Keel - Completed - *Conv.*	Bauwerft/Builder	Wasser-verdrängung/ Displacement ts	Länge/Length m	Breite/Beam m	Tiefgang/Draft m	Besatzung/ Crew Bes
2 LD	**Rotterdam**	22.02.97	96/98	de Schelde, Vlissingen	.	166	25.0	5.9	128
	I	gepl./plan.	02/07		12750				
4 LC	**L 9526 - 9528**		./98	Rumänien +	200	27.3	6.7	1.5	5
	L 9525	1997/98	./97	Visser, Den Helder					

6 LC: **9536-9541** (89-92) ./30 ts, 14 kn, 1 Mg, DM, 550 kW$_2$, 16.9 x 4.8 x 1.1 m, Bes 3, Bauwerft/builder: V. d. Giessen de Noord

Hilfsfahrzeuge/Auxiliary Vessels

Anzahl - Art/ Number - Group	Schiffsnamen und Stapellauf/ Ship's Name and Launching		Baubeginn - Fertig- *Umbau*/On Keel - Completed - *Conv.*	Bauwerft/Builder	Wasser-verdrängung/ Displacement ts	Länge/Length m	Breite/Beam m	Tiefgang/Draft m	Besatzung/ Crew Bes
1 AK	I	gepl./plan.	02/.	.	~18000	.	.	.	.
1 AK	**Amsterdam**	1993	92/95	de Schelde, Vlissingen	.	166	22.0	8.0	160
○				+ Merwede, Giessendam	17040				+ 23
1 AK	**Zuiderkruis**	1974	73/75	Verolme, Alblasserdam	.	170	20.3	8.4	175
○					17360				

5 AT: **Linge, Regge, Hunze, Rotte, Gouwe** (86-96) 200 ts, 12.5 kn, 1100 kW$_2$, Lg 27.5 m, Bauwerft/builder: Delta, Sliedrecht

7 AT: **Breezand, Balgzand** (89) DM, 560 kW; **Schelde, Wierbalg, Malzwin, Zuidwal, Westwal** (86) 85 kW

Anzahl - Art/ Number - Group	Schiffsnamen und Stapellauf/ Ship's Name and Launching		Baubeginn - Fertig- *Umbau*/On Keel - Completed - *Conv.*	Bauwerft/Builder	Wasser-verdrängung/ Displacement ts	Länge/Length m	Breite/Beam m	Tiefgang/Draft m	Besatzung/ Crew Bes
1 AX	**Van Kinsbergen**	1999	98/00	Damen, Gorinchen	.	40.0	.	.	

2 AG: ○ **Blommendal, Buyskes** (72, *88-89*) 965/1030 ts, 13 kn, 1540 kW, 3 Paxman DM, 59 x 11.0 x 3.7 m, Bauwerft/builder: Boele, Bolnes — Vermessung/survey
1 AG: **Patria** (78) — für Treibstoffversuche/for fuel trials

1 Tender: **Mercuur** (86) 1200/1500 ts, 14 kn, 2-2, 3 **UTR**, 1 **TR** 53.3↓, DM, 64.8 x 12.0 x 4.3 m, Bes 39, Bauwerft/builder: de Schelde, Vlissingen — Torpedoversuchsschiff/torpedo trial ship

Küstenwache/Coast Guard — ***Kustwacht***

2 PP: **P 9, 82** (91-93) 96 ts, 13 kn, 2 MTU-DM, 735 kW, 21.7 x 5.6 x 1.65 m
8 PP: **P 20, 21, 25, 56, 76, 83, 94, 96** (84-87) 52 ts, 18 kn, 3 MAN-DM, 935 kW, 23.3 x 5.1 x 1.6 m
1 PP: **P10** (68) 70 ts, 14 kn, 1DM, 440 kW, 27.8 x 5.5 x .m
9 PP: **P 38, 42, 48, 51, 53, 54, 60-62** (70) 8.5 ts, 14.5 kn, 10.8 x 3.2 x 1.2 m
1 PP: **Stuvesant** (70) 11.5 kn, 415 kW, 26.9 x 6.4 x 2.55 m
1 PP: **Nieuwe Waterweg** /V24 (68) 9 kn, 295 kW, 18.4 x 4.4 x 1.55 m
2 PP: **Wortman**/V 62, **Othene**/V 86 (71) 9 kn, 125 kW, 17.0 x 4.25 x 1.5m
1 AG: **Breeveertien** (73) 1010 ts, 13 kn, 905 kW, 61.3 x 11.3 x 3.4 m
1 AG: **Zaandam** (53) 11.5 kn, 315 kW, 41.1 x 7.5 x 4.9 m
3 AT: **Rotterdam, Terschelling, Frans Naerebout** (87-89) 704 ts, 11.5 kn, 44.2 x 10.3 x 4.0 m Bauwerft/builders: Damen, Gorinchen
1 AT: **Waker** (ex Smit Houston) (77) 1568 tdw, 16 kn, 2 DM, 6765 kW, 63 x 14.2 x 6.9 m

Niederländische Antillen und Aruba

4 PP: **PB 1-4** (70) 50 ts, 18 kn, DM, 23.5 x 5.3 x 1.6 m
2 PP: I-II (bew./auth.) 50 kn; & PP: I-IV (bew./auth.) 40.0 kn

Bewaffnung/ Armament	Sensoren-Elektronik/ Sensors-Electronic	Geschwindigkeit/speed kn	Maschine/Kessel Engines/Boilers Masch	Leistung/Power kW 1 kW = 1.36 PS	Fahrstrecke/Range sm	Sonstige Angaben/ Remarks
6 NH-90, 2-3 Goalkeeper, 4-2 $_1$, [600] 4 LCM-8		19.0	4 Stork DM	14600 2	9500 12	Gemeinschaftsentwicklung mit Spanien/joint program with Spain.
2 Mg $_1$ [130]		.	2 Cat.-DM	550 2		Nr. 05: Option

6 LC: **9530-9535** (84-86) 17.5 ts, 10.5 kn, 1 Mg, [25], Bauwerft/builder: Rijkswerft, Willemsoord. GRP

,		20.0	DM	.	.	Typ Amsterdam-Mod.
1-3 Goalkeeper, 2-2, 4		20.0	2 MAN-DM	19360 1	13500 20	Gemeinschaftsentwicklung mit Spanien/joint program with Spain.
1-3 Goalkeeper, 5-2, [5]		21.0	Werkspoor-DM	15440 2	.	2002: a.D./decom

1 AG: ○ **Tydeman** (75, 92) 2980 ts, 15 kn, 7210 kW$_1$, DM, 90 x 11.4 x 4.8 m, Bes 64 + 15, -Deck, Bauwerft/builder: Merwede, Giessendam — Hydrographische Forschung/hydrographic research Wird gestrichen/to be deleted: in 2000

1 AX: **Urania** (27) Zweimastschoner mit DM/twomasted schooner with DM

		.	DM	.	.	

4 YD: **Cerberus, Argus, Nautilus, Hydra** (91-92) 225 ts, 12 kn, Volvo-Penta-DM, 560 kW$_2$, Bauwerft/builder: Visser, Den Helder

YD: **RV 50** (89) 9 kn, 2 DM, 350 kW, 37.0 x 9.0 x 1.5 m (Heer/Army)

Tender: **Pelikaan** (ex Kilindoni) (84) 510 ts, 10 kn, 2 Mg, Caterpillar-DM, 765 kW$_2$, Bauwerft/ builder: Vinholmen, Arendal

PP: **P 93** (79) 96 ts, 27 ts, 18.5 kn, 19.1 x 4.3 x 1.3 m
PP: **P 24, 40, 43, 45, 57, 59,** (82-83) 17 ts, 17 kn, 15.4 x 3.7 x 1.25 m
PP: **P 6, 17, 26, 28** (74) 29ts, 15.0 kn, 15.8 x 3.8 x 1.1 m
PP: **P 41, 49, 59, 63, 70, 71** (78-85) 18 ts, 17 kn, 15.4 x 3.8 x 1.25 m
PP: **V 23, 28, 29, 87-Avesant** (72-76) 11 kn, 310 kW, 24.1 x 5.5 x 1.85 m
PP: **V 64** (78) 10 kn, 185 kW, 17.1 x 4.25 x 1.65 m
PP: **V 63, V 21, 22, 25, V 89/Grutto, V 41/Zeckoet, V 40/Klunt**
AG: **Delfshaven, Vlissingen** (69) 11 kn, 300 kW, 40.5 x 7.9 x 3.0 m
AG: **Zirfaea** (93) 1261 ts, 12.0 kn, 1300 kW, 63.1 x 11.5 x 3.7 m
AT: **Vliestrom, Nieuwe Diep, Schuitengat** (88-90) 423 ts, 10 kn, 580 kW, 38.2 x 8.7 x 2.7 m, Bauwerft/builders: Damen, Gorinchen

Netherlands Antilles and Aruba

PP: **Jaguar, Panter, Poema**/P 810-812 (98) 205 ts, 26 kn, 2 DM, 4180 kW, 1-Mg, 41.8 x 6.8 x 2.5 m, Bes: 17 - Damen, Gorinchen

Anzahl - Art/ Number - Group	Schiffsnamen und Stapellauf/ Ship's Name and Launching		Baubeginn - Fertig- *Umbau*/On Keel - Completed - *Conv.*	Bauwerft/Builder	Wasser- verdrängung/ Displacement ts	Länge/Length m	Breite/Beam m	Tiefgang/Draft m	Besatzung/ Crew Bes

Nigeria

Wegen fehlender Haushaltsmittel und Wartung sind die meisten verbliebenen Einheiten nicht einsatzbereit

1 FG	**Aradu** (ex Republic)/F 89	1980	79/82	Blohm + Voss, Hamb.	2970 3630	126	15.0	4.3	230
1 FE ○	**Erin'mi**/F 83	1978	77/80	Vosper Th.Portsmouth	740 850	69.0	9.6	3.4	90
3 PG ○	**Siri, Ayam, Ekun**/181-183	1980-81	79/81 *86-89*	C. Mécaniques, Cherb.	376 430	56.2	8.2	2.5	42
2 MB ○	**Maraba**/M 372 **Ohue**/M 371	1985-86	85/88 84/88	Intermar. Sarzana	540 560	51.0	9.7	2.6	50
1 LS ○	**Ambe**/1312	1978	78/79	HDW, Hamburg	1570 1860	86.9	14.0	2.2	56
1 AT	**Commander Apai Joe**/A 499	1983	83/83	De Wiel, Asperen	310	23.2	7.2	2.9	.
1 AX	**Ruwan Yaro** (ex Ogina Bereton)/A 497	1975	./75	Van Lent, Kaag .	400	50.0	8.0	2.0	31 + 11

Tender: **P 239, 240, 242** (86) 22 ts, 20 kn, MTU-DM, 880 kW_2

Küstenwache/Coast Guard

6 PP: **P 233-238** (85-86) 22 ts, 33 kn, 2 Mg ⍼, DM, Lg 15.8 m, Bauwerft/builder: Simmoneau — Typ 5115

6 PP: **P 227-232** (85-86) 20 kn, 1 Mg ⍼, MTU-DM, 880 kW_2, Bauwerft/builder: Damen, Gorinchen

4 PP: **Iseyin, Eruwa, Afikto, Aba**/P 221-224 (85) 36 ts, 32 kn, MTU-DM, 1600 kW_2 — Typ US Commercial Cruiser

7 PP: **Abeokuta, Bauchi, Benin City, Ikeja, Ilorin, Jos, Kaduna**/P 200, 202, 203, 205-208 (81) 21 ts, 33 kn, 1-2 ⍼, 2 Mg ⍼, MTU-DM, 1470 kW, Bauwerft/builder: Intermar., Sarzana

Norwegen/Norway

Fregatten/Frigates

5 FG	II-V I	bew./auth:	./. 00/03	Norwegen/Norway	~4000	.	.	.	
4 FG ○	**Bergen, Narvik, Stavanger, Trondheim**	1964-66	63/66 64/67 *75-76* *87-90*	St. W. Horten	1450 1880	96.6	11.2	5.3	15

Bewaffnung/ Armament	Sensoren-Elektronik/ Sensors-Electronic	Geschwindigkeit/speed kn	Antrieb/Propulsion Maschine/Kessel Engines/Boilers Masch	Leistung/ Power kW 1 kW = 1.36 PS	Fahrstrecke/ Range sm	Sonstige Angaben/ Remarks

Nigeria

Due to the lack of funds and repair most of the remaining units are non-operational

Otomat, 1-12.7, -4, 1 Aspide, UTR 32.4 III, 1 Lynx		30.0	R. R. Olympus GTu + MTU-DM	40740 + 7690 2	4500 18	Typ deutsch/German MEKO 360 H. Masch: CODOG aufgelegt/laid up
-7.6 OTO, 1-4, -2, [1 Seacat]		27.0	4 MTU-DM	12940 2	2200 14	Typ Vosper Mk 9; 1995: aufgelegt/laid up
MM 38, 1-7.6, -4, 4-3		35.0	MTU-DM	17700 4	2000 15	Typ frz./French Combattante III B non op.
-3, 2-2		15.5	MTU-DM	2070 2	2500 12	Ähnlich/similar to Typ ital. Lerici. Minehunting-system Pluto. **Masch:** Waterjets
-4, 2-2, [1000 ts]		17.0	MTU-DM	4920 4	3000 14	Typ deutsch/German Ro Ro 1300
—		11.0	MAN-DM	1110 2	.	
—		17.0	2 Deutz-DM	2205 1	3000 15	Ex Yacht. GRP-Rumpf/hull

Marine-Polizei/Marine Police —
für Einsatz auf dem Niger und Tschad See/for operation on River Niger and Lake Chad

23 PP: **I-XIII** (82-83) 5.5 ts, 25 kn; **I-VI** (82) Lg 14 m; **I-IV** (82) Lg 8 m

12 PP: **I-XII** (81-82) 30 kn

8 PP: **I-VIII** (71-72) 15 ts, 19 kn, Bauwerft/builder: Vosper Thornycroft — und zahlreiche kleinere/ and numerous smaller

3 LC: **I-III** (~ 82) 17 ts, 35 kn, 2 Mg, Sabre-DM, 368 kW_2

Norwegen/Norway

TR,		28.0	DM + GTu	.	.	Typ:
Penguin Mk 2, -7.6, 1-4, 2-2, Sea Sparrow, **UTR** 32.4 **III**, Terne III		25.0	Laval Tu 2 B & W Wr	14710 1	4500 15	*Fregatter:* Oslo-Klasse **Oslo:** 25.01.94 gesunken/ sunk - **Stavanger:** 4/99 aufgelegt/laid up

Norwegen/Norway

Anzahl - Art/ Number - Group	Schiffsnamen und Stapellauf/ Ship's Name and Launching		Baubeginn - Fertig- *Umbau*/On Keel - Completed - *Conv.*	Bauwerft/Builder	Wasser-verdrängung/ Displacement ts	Länge/Length m	Breite/Beam m	Tiefgang/Draft m	Besatzung/ Bes
Uboote/Submarines									
6 SS	**Uredd**		88/90	Thy.-Nordseew., Emden	1040↑	60.0	5.3	4.6	2
○	**Uthaug**		89/91		1150↓				
	Utvaer		88/90						
	Utstein		89/91						
	Utsira		90/92						
	ULA	1988-91	87/89						
6 SC	**Kunna, Kobben, Svenner, Stord,**		63/64		370↑	47.2	4.6	4.3	1
○	**Skolpen, Sklinna**	1964-67	65/67		460↓				
			87-92	*URIVALE Shy., Bergen*					
Kleine Kampfschiffe/Small Fighting Vessels									
7 PG	II-VII	gepl./plan.	./04	.	260	46.8	13.5	2.25	1
	Skjold	1999	96/00	Kvaerner, Mandal					
14 PG	**Ravn, Gribb, Geir, Erle**		78/80	Westamarin, Alta	135	36.5	6.2	1.6	2
○	**HAUK, Ørn, Terne, Tjeld, Skarv, Teist,**		76/77	Bergens M. V.	150				
	Jo, Lom, Stegg, Falk	1977-80	79/81						
8 PG	**Blink, Brask, Gnist,**		65/65	Bergens M. V.	100	36.5	6.2	1.5	2
○	**Kjekk, Skudd,**		66/68		125				
	Djerv, Hvass, Steil			Westermoen, Mandal					
		1965-67							
1 PP	**Welding**	1974	74/74	Fjellstrand, Omastrand	28	16.3	5.3	1.2	
6 PP:	**Oscarsborg, Folden, Nordep I, Rogin, FKS I, Foracs II**								
Minenleger/Minelayers									
2 NB	**Vidar**		76/77	Mekan. Verk., Bergen	1500	64.8	12.0	4.0	5
○	**Vale**	1977	76/78	+ Skåluren, Rosendal	1720				
1 NB	**Tyr** (ex Standby Master)	1981	80/81	Voldnes Skpsb.	800	42.3	10.0	4.2	
			94/95						
Minensucher/Minesweepers									
4 MS	**OKSØY, Karmøy, Måløy,**		91/94	Kvaerner Bt. S., Mandal	275	55.2	13.6	2.5	3
○	**Hinnøy**	1993-95	93/95		375			0.9	
5 MS	**Alta, Otra, Rauma, Orkla,**		94/96	Kvaerner Bt. S., Mandal	275	55.2	13.6	2.3	3
	Glomma	1996-97	95/97		375			0.8	
Landungsfahrzeuge/Landing Vessels									
5 LS	**Tjeldsund, Maursund, REINØYSUND,**		71/71	Karlsen, Bergen	.	51.4	10.2	1.8	1
	Rotsund, Sørøysund	1972-73	73/73		596				
20 LC	**Trondarnes, Skrolsvik, Kråkenes,**		96/97	Dockstavarvet AB	15.3	14.9	3.8	0.8	
	Stangnes, Nidaros, Brettingen,		98/99			19.0			
	Agdenes, Sørviknes, Bjørgvin,								
	Osternes, Lerøy, Fjell, Kjøkøy,								
	Mørvika, Torgauten, Hysnes, Hellen,								
	Toras, Møvik, Malmøya	1996-99							
Hilfsfahrzeuge/Auxiliary Vessels									
1 AR	**Horten**	1977	77/78	Horten V.	.	87.4	13.0	.	8
○					2500				+ 14
1 AR	**Valkyrien** (ex Far Senior)	1981	./81	Ulstein Hatlø	3000	68.0	14.6	5.0	1

Bewaffnung/ Armament	Sensoren-Elektronik/ Sensors-Electronic	Geschwindig-keit/speed kn	Antrieb/Propulsion: Maschine / Kessel – Engines / Boilers – Masch	Leistung/ Power kW (1 kW = 1.36 PS)	Fahrstrecke/ Range sm	Sonstige Angaben/ Remarks
8 **TR** 53.3↓ (Seeaal 3)	┬ ⊕ ∀ ⌒ ⊖	11.0↑ 23.0↓	2 MTU-DM 1 Siemens-EM	4500 1	5000 8	Ula Klasse. Typ deutsch/German 210. ⊕: Norsk Forsvarsteknologi MSI-90 U, Krupp Sonar.
8 **TR** 53.3↓	┬ ⊕ ∀ ⌒ ⊖	10.0↑ 17.0↓	MB-DM EM	880 1325 1	.	*Undervannsbåter.* Typ deutsch/German 207 2: 1998 - aufgelegt/laid up
8⇨, 1-7.6 ⌖	┬	55.0	2 Allison GTU + 2 MTU-DM	12000 + 740	800 40	SES Waterjet propulsion I: Prototyp
6 Penguin Mk 2⇨, 1-4 ⌖, [1 ⇧ Simbad₂] 2 **TR** 53.3 **I**	┬ ♁ ⊕ ∀	34.0	MTU-DM	5295 2	440 34	*Torpedorakettbåter.* 2000-2002: Modernisierung/ modernization - SENIT-8-Mod
[6 Penguin Mk 1⇨], 1-7.6, 1-4 ⌖₂	┬ ♁ ⊕ ∀	32.0	Maybach-DM	5295 2	550	*Kanonbåter.* Storm Klasse/ class.
1 Mg ⌖	┬	15.0	GM-DM	295 2	.	*Patrulje*
2-4 ⌖, 6 **UTR** 32.4 **III**, 320□	┬ ∀	15.0	Wichmann-DM	3090 2	.	*Mineleggere.* I auch/also AP, AK, YP
[□]	┬	13.0	2 DTZ-DM	1000 1	.	
2-2 ⌖, 2 Mg ⌖ 2 PAP 104	┬ ∀	30.0	2 MTU-DM + 2 MTU-DM	2825 + 1410	1200 22	SES vessels. Waterjet propulsion Minenjäger/mine hunter
2-2 ⌖, 2 Mg ⌖	┬ ∀	30.0	2 MTU-DM + 2 MTU-DM	2825 + 1410	1200 22	Wasserstrahl-Antrieb/SES Minensucher/mine sweeper
3-2 ⌖, 7▭, [80], □	┬	11.7	Maybach-DM	990 2	.	*Landungsfartøg*
3-Mg ⌖₁, [2.8 t]	┬	35.0	Scania-DM	920 2	240 20	Typ Combat Boat 90 H Option: für/for 14
2-4 ⌖, 60 □	┬	16.0	Wichmann-DM	3090 2	.	✈-Deck. Für/for PG, PF, SS
—	┬ ♀	16.0	4 Normo-DM	7760 2	10000 10	

Anzahl - Art/ Number - Group	Schiffsnamen und Stapellauf/ Ship's Name and Launching		Baubeginn - Fertig- *Umbau*/On Keel - Completed - *Conv.*	Bauwerft/Builder	Wasser- verdrängung/ Displacement ts	Länge/Length m	Breite/Beam m	Tiefgang/Draft m	Besatzung/ Crew Bes
1 AG ○	**Marjata**	1992	92/93	Langsten S. & B.	5300	81.5	39.9	6.0	14 + 31
1 AG	**H. U. Sverdrup II**	1990	89/90	Kaldnes, Tønsberg	1387	55.0	13.0	5.38	22

1 Tender: **Garsøy** (88) 195 ts, 27 kn, MWM-DM, 1690 kW, 2 Waterjets — auch/also PP, AP

6 Tender: **Karlsøy, Krøttøy, Wisting, Rotvaer, Tautra, Torpen** (77-78) ./300 ts, 12 kn, 1 Mg, [100 ts], MWM-DM, 390 kW, 29.2 x 6.7 x 2.5 m, Bes 6, Bauwerften/builders: I Høivold, Kristiansand, II-IV Voldnes Skipsverft, V-VII Båtservice, Mandal — AK, AP

2 Tender: **Vigra, Hessa** (ex Kvarven, Hitra) (78) 40 ts, 22 kn, DM, Lg 23.2 m, Bauwerft/builder: Fjellstrand, Omastrand — für Ausbildung/for training

Küstenwache/Coast Guard — *Kystvakt*

Anzahl - Art/ Number - Group	Schiffsnamen und Stapellauf/ Ship's Name and Launching		Baubeginn - Fertig- *Umbau*/On Keel - Completed - *Conv.*	Bauwerft/Builder	Wasser- verdrängung/ Displacement ts	Länge/Length m	Breite/Beam m	Tiefgang/Draft m	Besatzung/ Crew Bes
1 FS	Svalbard/W303	bew./auth.	./02	Tangen Oft., Krager	6500	103	12.4	5.5	33
1 FS ○	**Tromsø**/W313	1997	96/97	Stocz. Mar., Gdynia + Myklebust M.V.	1350 tdw	70.0	12.6	5.7	30
1 FS	**Ålesund**/W312	1996	./96	Myklebust A/S	2400	63.0	11.5	4.7	33
3 FS ○	**Andenes**/W 322		80/82	Mek. Verk., Haugesund	2165	105	13.9	4.6	48 + 32
	Senja/W 321		78/81	Horten V.	2950				
	NORDKAPP/W 320	1980-81	79/81	Bergens M. V.					
1 FS	**Nornen**/W 300	1962	62/63	Mjellem & K., Bergen	1030	61.5	10.0	4.8	32
1 FS	**Ice Lady**/KV 4	1959	./59	Valmet, Helsinki	294 BRT	43.3	7.3	4.1	.
1 FE	**Nordsjøbas**/W 315	1977	77/78	Smedvik, Tjørvåg	1780	52.0	10.0	6.5	.
1 FE	**Stålbas**/W 314	1955	./55	Béliard, Ostende	1400	58.8	9.4	4.5	.
1 PP	**Thorsteinson**	1960	./60	Orens, Trondheim	400	38.9	7.6	3.3	.
1 PP	**Sture-Gøran**/KV-3	1969	./69	Eides, Hoylandsbygd	.	30.1	6.7	.	.
1 PP	**Norvakt**/KV-2	1959	./59	Akers, Oslo	197	32.4	6.9	2.5	.
1 AG	**Lance**/W 311	1978	./78	Kristiansand	1334 BRT/grt	60.8	12.6	5.5	.

9 PP: **Nysleppen** (67)/W 318: 343 BRT/grt, 11 kn, 1 DM, 625 kW, 39 x 7.8 x 2.9 m; **Titran** (92)/KV 1: 184 BRT/grt, 28 kn, 2 DTZ-DM, 1680 kW, 33.1 x 6.8 x 1.2 m; **Norvakt** (59)/KV 2: 199 BRT/grt, 11 kn, 1 CAT-DM, 417 kW, 32.4 x 6.9 x 2.5 m; **Agder** (74)/KV 5: 28 ts, 15 kn, 2 GM-DM, 933 kW, 24.4 x 5.0 x 1.8 m; **Garsøy** (88)/KV 6: 95 ts, 20 kn, 2 DTZ-DM, 1680 kW, 34.0 x 6.0 x 1.8 m; **Åhav** (81)/KV 7: 145 BRT/grt, 25 kn, 2 DM, 809 kW, 27 x 5.8 x 1.5 m; **Polarvakt** (65)/KV 21: 290 BRT/grt, 10.5 kn, 1 DM, 367 kW, 41.9 x 7.4 x 3.1 m; **Lofothav** (54)/KV 24: 268 BRT/grt, 1 CAT-DM, 38.8 x 7.2 m; **Sjøfareren** (68)/KV 27: 225 ts, 12 kn, 1 DM, 941 kW, 28.4 x 7.7 x 3.7 m

Bewaffnung/ Armament	Sensoren-Elektronik/ Sensors-Electronic	Geschwindigkeit/speed kn	Antrieb/Propulsion Maschine/Kessel Engines/Boilers Masch	Leistung/Power kW 1 kW = 1.36 PS	Fahrstrecke/Range sm	Sonstige Angaben/ Remarks
—		15.0	2 MTU-DM	8820 2	.	Forschungsschiff/ research ship; AGI
—		15.0	1 DM	1470 1	.	Vermessungsschiff/ survey vessel

1 YD: **Vernøy** (78) 100 ts, 10 kn, MWM-DM, 31.1x 6.8 x 2.0 m

1 AT: **Bogøy** (ex Skorpo) (77) 64 BRT/grt, 10.5 kn, 18.5 x 5.8 x 2.6 m

1 Königsyacht/Royal Yacht: ○ **Norge** (ex Philante) (37) *1686* ts, 17 kn, 2205 kW_2, DM, 80 x 11.6 x 4.5 m, Bauwerft/builder: Camper & Nicholson

,		22.0	DM	.	10000 13	
1-5.5 , 1		22.0	Mak-DM	2640 1	.	
1-4		18.0	1 DM	2640 1	.	
[6 Penguin II], 1-5.7 , 4-2 , [6 **UTR** 32.4 **III**], Lynx		23.0	4 Wichmann-DM	10590 2	7500 15	2000/01: Modernisierung/ modernization; erhalten/to get: AN/SPS 67 (V) 3.
1-4		17.0	4 DM	2780 2	.	
.		15.0	1 DM	1323 1	.	
1-4		13.5	1 Mak-DM	1765 1	8300 13	
1-4		12.0	1 Vasa-DM	1600 1	.	
—		11.5	1 DM	440 1	5000 10	
—		.	1 DM	.	.	
—		11.5	1 Caterpillar	415 1	.	
—		13.0	1 Mak	2350 1	.	

Fischereischutz/Fishery Protection – *Bruksvakt*

6: **Barentshav** (57) 318 BRT/grt, 12 kn, 44.6 x 7.0 x 4.7 m; **Havkyst** (65) 421 BRT/grt, 12 kn, 38.1 x 8.0 x 3.9 m; **Askelad I** (79) 236 BRT/grt, 14 kn, 33.5 x 8.5 x m; **Harijet Helen** (58) 120 BRT/grt, 10.5 kn, 29.5 x 6.2 m; **Tendringen** (56) 133 BRT/grt, 10 kn, 27.5 x 6.1 x 2.5 m; **Kongsøy** (58) 331 BRT/grt, 606 kW, 37.6 x 7.1 x 3.3 m

Anzahl-Art/ Number-Group	Schiffsnamen und Stapellauf/ Ship's Name and Launching	Baubeginn-Fertig- *Umbau*/On Keel- Completed-*Conv.*	Bauwerft/Builder	Wasser-verdrängung/ Displacement ts	Länge/Length m	Breite/Beam m	Tiefgang/Draft m	Besatzung/ Crew Bes

Oman

2 FG ○	**Al Mua`zzar** **Qahir Al Amwaj** 1994-95	94/96 93/96	Vosper Thornycroft	1135 1400	83.7	11.5	3.5	60 + 19
3 PG ○	**Al Mansoor, Al Najah** **Al Bushra** 1995-96	94/96 94/95	CMN, Cherbourg	410 475	54.5	8.0	2.7	43
4 PG ○	**DHOFAR, Al Sharqiyah, Al Batinah, Mussandam** 1981-88	81/82 86/89		310 390	56.7	8.2	2.4	40 + 20
4 PP	**Seeb, Shinas, Sadh, Khassab** 1980	79/81	Vosper, Singapore	60	25.0	5.8	1.5	13
1 LS ○	**Nasr Al Bahr** 1984	83/85	Brooke, Lowestoft	2130 2500	93.0	15.5	2.3	81
1 LS ○	**Al Munassir** 1978	77/79	Brooke, Lowestoft	2000	84.0	15.0	2.2	67

3 LC: **Saba Al Bahr, Al Doghas, Al Temsah** (81-82) 230 ts, 8 kn, Caterpillar-DM, 1350 kW_2

1 LC: **Al Neemran** (79) 85 ts, 8 kn, 2 DM, 25.5 x 7.4 x 1.8 m, Bes 8, Bauwerft/builder: Dewis Offshore

1 AK: **Fulk Al Salamah** (86) 10860 BRT/grt, 20 kn, Fiat-DM, 13356 kW_2, 134.3 x 21.0 x 5.0 m, Bauwerft/builder: Bremer Vulkan — Zivilbesatzung/civilian crew ?

1 AK: **Al Sultana** (75, *92*) 900/1300 ts, 11 kn, 845 kW_1, DM

2 AT: **T2, T3** (90) 15.0 x 4.7 x 1.9 m

Küstenwache/Coast Guard

2 PP	**Dheep Al Bahar II, III** ~1988	./88	Yokohama Y.	65	23.0	5.2	1.2	11
1 PP	**Dheeb Al Bahar I** 1984	83/84	Watercraft, Sussex	80	20.8	5.8	1.5	.
1 PP	**Haras 8** 1981	81/82	Le Comte, Vianen	30 33	19.3	5.0	1.3	10
3 PP	**Haras 7, 9, 10** 1981-82	80/81 82	Karlskrona Varvet	80	28.9	5.4	1.3	13

1 PP: **Haras 6** (80) 53 ts, 25 kn, 1-2, Bauwerft/builder: Karlskrona Varvet

5 PP: **Haras 1-5** (75-78) 45 ts, 24.5 kn, 1 Mg, 1350 kW_2, DM, Bauwerft/builder: Vosper Thornycroft

5 PP: **Zara 14, 15, 17, 18, 21** (81) 16 ts, 22 kn, 2 Mg

1 LC: **Zara 27** (82) 13 ts, 20 kn, 2 Mg

Bewaffnung/ Armament	Sensoren-Elektronik/ Sensors-Electronic	Geschwindigkeit/speed kn	Antrieb/Propulsion: Maschine/Kessel — Engines/Boilers Masch	Leistung/ Power kW 1 kW = 1.36 PS	Fahrstrecke/ Range sm	Sonstige Angaben/ Remarks

Oman

8 MM 40 $_2$, 1-7.6, 2-2, 1 Crotale $_8$		28.0	4 Pielstick-DM	20705 2	.	Projekt Muheet
1-7.6, 1-4, 2-2 $_1$, 2-Mg $_1$		24.0	2 MTU-DM	5880 2	2400 15	Typ frz../French P400 Radar: Celsius Tech. 9 LV 207
8 MM 40 $_2$, 1-7.6, 2-4 $_2$, 2 Mg $_2$		40.0	2 Paxman-Valenta-DM	13330 4	2000 15	IV: 6 MM 40 $_3$
1-2, 2 Mg $_2$		26.0	MTU-DM	1960 2	2000 8	GRP-Rumpf/hull
2-4 $_2$, 2-2 $_2$ 7, [240]		16.0	Paxman-DM	4130 2	5000 15	Typ alger. LS Kalaat
[1-7.6 OTO, 2-2, (190)]		12.0	Mirrlees-B.-DM	1795 2	2000 12	-Deck, Bugrampe/bow ramp. AX - i.R.

1 AK: **Al Mabrukah** (ex Al Said) (70) 785/930 ts, 17 kn, 1-4 $_2$, 2-2, 2465 kW$_2$, Paxman-V.-DM, AX

2 AG: **Al Rahmanniya** (81) 24 ts, 13.5 kn, 380 kW$_2$, Volvo-DM; I (bew./auth) 700 ts, DM

1 AX: **Shabab Oman** (ex Captain Scott) (78) 380 ts, 8 kn, DM, 52.0 x 8.6 x 4.7 m, Bes 12, Bauwerft/builder: Buckie — Segelschulschiff/Sail Training Ship

1 Royal Yacht: **Al Said** (81) 4440 BRT/grt, 18 kn, GMT-DM, 6175 kW$_2$, 104 x 16.2 m

1 YD: **R1** (90) 13 ts, 20 kn, 316 kW, 2 DM, 18.0 x 3.8 x 1.1 m

1 Mg		36.0	MTU-DM	2880 2	420 30	
1-2		38.8	MTU-DM	2880 2	660 22	GRP Rumpf/hull
2 Mg		30.0	MTU-DM	1300 2	1650 17	
2-2		27.0	MTU-DM	1370 2	600 15	Typ schwed./Swed. CG 29. GRP-Rumpf/hull

Österreich/Austria

3 PR: **Niederösterreich**/A 604 (69) 73 ts, 22 kn, 2 MWM-DM, 1180 kW, 1-2, 4 Mg $_1$, 1-8.4 Mörser/mortar, 29.6 x 5.4 x 1.1 m, Bes 12, Bauwerft/builder: Korneuburg; **Oberst Brecht**/A 601 (56) 10 ts, 10 kn, 2 MAN-DM, 155 kW, 1 Mg, 1-8.4 Mörser/mortar, 12.3 x 2.5 x 0.8 m, Bauwerft/builder: Korneuburg; **Greif**/A 704 (86) 9.5 m, Bauwerft/builder: Korneuburg

10 PR: **I-X** (84) 5 ts, 14 kn, 7.5 x 2.5 x 0.6 m, 1 DM, Bes. 5.

Anzahl - Art/ Number - Group	Schiffsnamen und Stapellauf/ Ship's Name and Launching	Baubeginn - Fertig- *Umbau*/On Keel - Completed - *Conv.*	Bauwerft/Builder	Wasser- verdrängung/ Displacement ts	Länge/Length m	Breite/Beam m	Tiefgang/Draft m	Besatzung/ Crew Bes

Pakistan

Fregatten/Frigates

6 FG	**Tariq**(ex Ambuscade)	71/75	Yarrow, Scotstoun	3100	117	12.7	6.2	175
○	**Babur** (ex Amazon)	69/74	Vosper Th., Woolston	3600				190
	Khaibar (ex Arrow)	72/76	Yarrow, Scotstoun					
	Badr (ex Alacrity)	73/77	Yarrow, Scotstoun					
	Tippu Sultan (ex Avenger)	74/78	Yarrow, Scotstoun					
	Shah Jahan (ex Active)	71/77	Vosper Th., Woolston					
2 FF	**Zulfiqar, Shamsher** (ex Apollo,	68/71	Yarrow, Scotstoun	2550	113	13.1	5.5	260
○	Diomede) 1969-70	69/72		3000				
2 FG	I, II	./.	Hudong, Shanghai	1430	103.2	10.8	3.1	195
				1705				

Uboote/Submarines

3 SS	III	./02	Arsenal, Karachi	1510↑	67.5	6.8	5.0	36
	II	98/01	Cherbourg + Karachi	1760↓				
	Khalid 1998-a.St./o.St.	95/99	DCN, Cherbourg					
2 SS	**Hashmat** (ex Astrant)	76/79	Dubigeon, Nantes	1490↑	68.0	6.8	5.4	54
○	**Hurmat** (ex Adventurous) 1977-78	77/80	Dubigeon, Nantes	1740↓				
4 SS	**Mangra, Shushuk**	68/70	Seine Marit., La Trait	850↑	59.0	6.8	4.6	50
○	**HANGOR** 1969-70	67/	St. W. Brest	1040↓				
	El Ghazi (ex Cachalote) 1968	66/69	Dubigeon, Normandie					
3SZ	**I-III** 1988-92	87/93	Arsenal, Karachi	.	27.8	5.6	.	6
				118↓				+8

Kleine Kampfschiffe/Small Fighting Vessels

2 PG	**Jalalat**	95/97	Karachi S + E Works	185	39.0	6.7	1.8	45
○	**Shujaat** 1996-99	97/99	N.Y., Karachi	200				
3 PG	**Dehshat, Himmat, Quwwat** ~1982	./84	Guangzhou	175	40.0	8.1	2.0	30
				210				
1 PP	**Larkana**	92/94	Karachi Shy	180	39.0	6.7	1.7	25
1 PP	**Rajshahi** 1965	64/65	Brooke, Lowestoft	115	32.6	6.1	1.5	19
				143				

Bewaffnung/ Armament	Sensoren-Elektronik/ Sensors-Electronic	Geschwindigkeit/speed kn	Antrieb/Propulsion Maschine/Kessel Engines/Boilers Masch	Leistung/ Power kW 1 kW = 1.36 PS	Fahrstrecke/ Range sm	Sonstige Angaben/ Remarks

Pakistan

4 MM 38, 1-11.4, 4-2.5 ₂, 4 Seacat ₄, 6 **UTR**, 32.4 **III**, 1 Lynx		30.0	R. R. Olympus TM 3 B + Tyne RM 1 A GTu	40000 + 6250 2	3500 18	Typ brit. 21. **Bew:** I, III, V: 4 Harpoon, 1-2 Phalanx II, III, VI: für/for: Seacat → LY 60 N (~ASPIDE) ab/from: 1998
2-11.4 ₂, 6-2.5 ₂, 1 ₃ Limbo, 1 Alouette III		28.0	Wh. E. Tu 2 Babcock	22060 2	4500 12	Typ brit. Leander, Batch 3 B. 1988 übernommen/transferred
4 C-201, 4-10 ₂, 8-3.7 ₂, 2 RBU 1200, 2		26.0	2 Piel.-DM	11760 2	4000 15	Typ chin. 053: Sollen angekauft werden/to be acquired; 2 weitere möglich/ 2 more possible
4 **TR** 53.3 b↓ [SM-39]		12.5↑ 20.5↓	Pielstick DM EM	1700↑ 2200↓ 1	1000	Typ frz./ French Agosta 90 B Nr. 03: AIP = air independent propulsion ?
4 **TR** 53.3 b↓ [Sub-Harpoon]		12.0↑ 17.5↓	Pielstick DM EM	1700 3500 1	8500 9	Typ franz./French Agosta. Ursprünglich für Südafrika gebaut/originally built for South Africa.
12 **TR** 53.3 (8 b↓, 4 h ↑) [Sub-Harpoon]		13.5↑ 16.0↓	Pielstick DM EM	960 1180 2	3700 7	Typ franz./French Daphné
2 **TR** 53.3 b↓ 8		9.0↑ 7.0↓	DM EM	150	60 7	Typ COSMOS SX 756
4 C-802, 2-3.7 ₂		25.0	2 MTU-DM	4400 2	2000 17	Typ pak. Proj. 1 Weitere im Bau/more under construction.
4 HY 2, 4-2.5 ₂		36.0	DM	8825 3	800 25	Typ chin. Huangfen/Osa I
2-3.7 ₂, 4-2.5 ₂ 2		23.0	2 DM	3680 2	.	
2-4, 2-Mg ₁		24.0	MTU-DM	2500 2	.	

Anzahl - Art/ Number - Group	Schiffsnamen und Stapellauf/ Ship's Name and Launching	Baubeginn - Fertig- *Umbau*/On Keel - Completed - *Conv.*	Bauwerft/Builder	Wasser- verdrängung/ Displacement ts	Länge/Length m	Breite/Beam m	Tiefgang/Draft m	Besatzung/ Crew Bes
Minensucher/Minesweepers								
3 MB	**Munsif** (ex Sagittaire) **Muhaifiz,**	84/88	ST. W., Lorient	535	51.5	8.9	2.5	45
○	**Mujahid** 1988-96	97	Lorient + Karachi	610				
Hilfsfahrzeuge/Auxiliary Vessels								
1 AO	**Moawin** (ex Poolster) 1963	62/64	Rotterdam D.D. Mij.	.	168	20.3	8.3	200
○				16840				
1 AO	**Nasr** (ex X 350) ~1986	./87	Dalian Shy.	7500	181	21.8	9.4	130
○				21500				
2 AO	**Gwadar, Kalmat** 1984-92	./84	Karachi Shy.	831	62.8	11.3	3.0	25
		92		BRT/grt				

1 AO: **Attock** (60) 600 ts, 8.5 kn; — für Wasser/for water

1 AG: **Behr Paima** (82) 1185 BRT/grt, 13.8 kn, DM, 1470 kW_2, Bauwerft/builder: Ishikawajima, Tokyo — Forschung/research

3 AT: **Gama, Bholu, Janbaz** (91) 260 ts, 12 kn, Cummins-DM, 1350 kW_2;

Marinesicherheitsdienst/Maritime Security Agency

1 DD: **Nazim** (45) 2425/3500 ts, 32 kn, 2-12.7 ⚔$_2$, 8-2.3 ⚔$_4$, 8 Mg ⚔$_4$ — Typ US Gearing/FRAM 1
○

4 PP: **Barkat, Rehmat, Nusrat, Vehdat,** (89-91) 435 ts, 27 kn, 2-3.7 ⚔$_2$, 4-2.5 ⚔$_2$, MTU-DM, 6400 kW_4, 58.7 x 7.6 x 2.3 m, geliefert von/delivered from China

4 PP: **Sabqat, Rafaqat, Pishin, Bahawalpur** (72-76) 131 ts, 30 kn, 2 DM, 1340 kW, 38.8 x 5.4 x 1.7 m — Typ chin. Shanghai II

Papua-Neu-Guinea/Papua New Guinea

4 PP: **Tarangau, Dreger, Seeadler, Basilisk**/01-04 (86-89) 165 ts, 20 kn, 2 CAT.-DM, 2075 kW, 1-2 ⚔, 2 Mg ⚔$_1$, 31.5 x 8.1 x 1.8, Bes: 17 + 2, Bauwerft/builders: ASI

2 LC: **Buna, Salamaua** (~72) 310/510 ts, 8 kn, 2 Mg ⚔, [160 ts], GM-DM, Typ austr. Balikpapan

4 LC: **Bursea, Burwave, Burtide, Burcrest** (81-82) 200/725 ts, 9 kn, Deutz-DM, 460 kW_2, Bes 18, Bauwerft/ builder: Sing Koon Seng, Singapore — nicht Marine/not Navy

1 AT: **SHT 503** (ex RAN 503) (72) 48 ts, 8.5 kn

1 Bojenleger/Buoy Tender: **Sepura** (82) 945 ts, 12 kn

Bewaffnung/ Armament	Sensoren-Elektronik/ Sensors-Electronic	Geschwindigkeit/speed kn	Antrieb/Propulsion Maschine / Kessel (Engines / Boilers) Masch	Leistung/ Power kW 1 kW = 1.36 PS	Fahrstrecke/ Range sm	Sonstige Angaben/ Remarks
1-2, 2 Mg		15.0	Werkspoor-DM + EM	1400 + 176	3000 12	Typ frz./French Eridan. Minenjäger/minehunters
1-2 Phalanx 1		21.0	2 Tu 2 Wr	16545 1	.	1994: von Niederlanden übernommen/acquired from the Netherlands.
1-2 Phalanx 1 Alouette III		18.0	Sulzer-DM	9560 1	15000 14	Typ chin. Fuqing
.		10.0	.	.	.	II: für Wasser/for water

2 LC: **I, II** (81) 21 kn, Volvo-Penta-DM, 18.1 x 3.8 x 0.9 m

2 Tender: **Orwell; I** (80) 250 ts — für Entmagnetisierung/for degaussing

Zolldienst/Customs Duties

1 PP: **Saif** (86) 30 ts, 27 kn, 2 Mg, DM, 1325 kW_2, Typ s.-kor. Swallow

4 PP: **I-IV** (83) 9 ts, 30 kn, 3 Mg$_{2\cdot12}$, DM, 184 kW, Bauwerft/builder: Uniflite, Bellingham, Typ US PBR Mk III

18 PP: **P 551-568** (79-80) 23 ts, 30 kn, 1 Mg, DM, 1175 kW_2, Bauwerft/builder: Crestitalia, Ameglia, Typ ital. MC-55

Palau

1 PP: **President H. I. Remelik** (95) 165 ts, 20 kn, 1-2, 1-Mg, 2 DM, 2075 kW, 31.5 x 8.1 x 1.8 m, Bauwerft/builders: Transfield, Cogee; Typ austral. ASI 315

Panama

1 PP: **General Esteban Huertas**/P 201 (82) 35 ts, 21 kn, 1 Mg, GM-DM, 750 kW_2, Bauwerft/builder: Swiftships, Morgan City

2 PP: **Panquiaco, Ligia Elena**/P 301, 302 (70) 96/123 ts, 24 kn, 2-2, 2060 kW_2, Davey-Paxman-DM, 31.4 x 5.9 x 1.6 m, Bes 23, Bauwerft/builder: Vosper Th., Portsmouth

3 PP: **Tres de Noviembre, 28 de Noviembre, Diez de Noviembre** (ex Pt. Barrow, Pt. Francis, Pt. Huron) (61-66) 68 ts, 23.5 kn, 2 Mg, DM, 1180 kW_2, Type US CG 82' — I + II: 99 von/from USA

1 PP: **Punta Mala** (ex MSB 29)/P 205 (54) 80 ts, 11 kn, 1 Mg, DM, 440 kW_2, Typ US MSB 29

2 PP: **Nombre de Dios, Bastimentos** (ex MSB 25, 41)/L16, 17 (52-55) 44 ts, 12 kn, 1 Mg, DM, 440 kW_2, Typ US MSB 5

1 PP: **Cacique Nome**/P203 60 ts, 13 kn, 2 DM, 24.4 x 4.6 x 1.8 m

1 PP: **Naos** (ex Erline)/P 303 (64) ts, 10 kn, 2 DM, 32.0 x 6.7 x 1.8 m

1 PP: **Flamenco**/P 304 220 ts, 9 kn, 2 DM, 32.0 x 7.6 x 2.1 m

3 PP: **Chiriqui, Veraguas, Bocas del Toro**(98)/841-843, 46 ts, 20 kn, 3 DM, 940 kW, 22.5 x 5.3 x 0.9 m

Anzahl-Art/ Number-Group	Schiffsnamen und Stapellauf/ Ship's Name and Launching		Baubeginn-Fertig-*Umbau*/On Keel-Completed-*Conv.*	Bauwerft/Builder	Wasser-verdrängung/ Displacement ts	Länge/Length m	Breite/Beam m	Tiefgang/Draft m	Besatzung/ Crew Bes

Paraguay

2 PR	**HUMAITA, Paraguay**	1930	29/31	Odero, Genua	636	70.0	10.7	1.7	86
			75			865			
1 PR	**Itaipú**	1984	83/85	Mar. Asenal, Rio	340	46.3	8.5	1.3	40
					365				
2 PR	**Teniente Farina, Nanava**		35/36	Astil. N., R. Santiago	450	60.0	7.3	2.6	60
	(ex Py, ex Bouchard)	1936-38	/38		600				
2 PR	**Capitan Ortiz, Teniente**		./78	CSBC, Kaohsiung	47	21.6	5.5	1.8	12
	Robles/P 06, 07	1978							

2 PR: **I, II** (98) 30 x 1.5 m, 30 kn, 2133 kW, Bes. 9; Bauwerft/builders: Rodman, Vigo; Typ Rodman 101

5 PR: **I-V** (97-98) 16.5 x 0.7 m, 25 kn, 625 kW, Bauwerft/builders: Rodman, Vigo; Typ Rodman 55

2 PR: **P 101, P 102** (68-70) 12 ts, 20 kn, 2 Mg, GM-DM, 370 kW_1, Typ US Sewart 40 ft.

13 PR: **P 08-P 20** (89-95) 18 ts, 12 kn, 2 Mg, DM, 150 kW_1, Bauwerft/builder: Arsenal de Asuncion

Peru

Kreuzer/Cruisers									
1 CL	**Almirante Grau** (ex De Ruyter)		39/56	Wilton, Schiedam	9529	187	17.3	6.7	925
○		24. 12. 44	*85-87*	*Amsterdam D. D.*	12160				
Fregatten/Frigates									
4 FG	**Mariategui**		78/88	SIMA, Callao	2208	113	12.0	3.6	185
○	**Montero**		76/84	SIMA, Callao	2500				
	Villavicencio		76/79	CNR, Muggiano					
	Carvajal	1976-84	74/79	CNR, Muggiano					
Uoote/Submarines									
4 SS	**Chipana**		78/83	HDW, Kiel	1180↑	56.1	6.2	5.5	33
○	**Pisagua**		78/82	HDW, Kiel	1290↓				
	Antofagasta		77/81	HDW, Kiel					
	Casma	1979-81	77/80	HDW, Kiel					
2 SS	**Arica**		71/75	HDW, Kiel	1105↑	54.4	6.2	5.5	32
○	**Islay**	1973-74	71/74	HDW, Kiel	1230↓				
Kleine Kampfschiffe/Small Fighting Vessels									
6 PG	**Herrera, Sanchez Carrion,**		78/80	SFCN, Villeneuve	470	64.0	8.4	2.6	36
○	**Santillana**		79/81		560				
	De los Heros, Larrea, Velarde		77/80	SFCN, Lorient					
		1978-79	78/81						

Bewaffnung/ Armament	Sensoren-Elektronik/ Sensors-Electronic	Geschwindigkeit/speed kn	Antrieb/Propulsion Maschine/Kessel Engines/Boilers Masch	Leistung/ Power kW 1 kW = 1.36 PS	Fahrstrecke/ Range sm	Sonstige Angaben/ Remarks

Paraguay

4-12$_2$, 3-7.6, 2-4, 6		18.5	Parsons Tu 2 Wr	2795 2	1700 16	**Pz/ARM**
1-4, 2-8.1 Mörser/ mortars, 6 Mg $_2$, 2 LC		14.0	MAN-DM	1350 2	6000 11	Typ bras. Roraima. -Deck
4-4 $_2$, 2 Mg,		15.0	MAN-DM$_2$	1470 2	7100 5	Ex argent. Minensucher/ minesweepers.
1-2, 2 Mg $_1$		36.0	2 MTU-DM	1920 2	1200 17	Typ nat. chin. Hai Ou

1 PR: **Capitan Cabral** (07, *84*) 180 ts, 9 kn, 1-4, 2-2, 2 Mg, DM, 270 kW$_1$, Schleppertyp/tug type

1 AP: **Teniente Herreros** (ex Presidente Stroessner) 150 ts, 10 kn

2 AT: **R 5, 11** (42-45) 84 ts, 9 kn, Typ US YTL 442

1 AX: **Guarani** (68) 1030 ts, 13 kn, MWM-DM, 955 kW$_1$ — auch/also AK

Peru

8 Otomat, 8-15$_2$, [6-4], 1 Albatros $_8$		32.3	Parson Tu 4 Werkspoor-Y.	62520 2	.	Verbesserte Sensoren und Feuerkontrolle. LW 08 Radar/
8 Otomat, 1-12.7, 4-4 $_2$, 1 Albatros $_8$, 6 **UTR** 32.4 **III**, 1 AB 212		35.0	Fiat-GTu GMT-DM	36770 + 5740 2	5500 16	Typ ital. Lupo. III, IV Teleskop-Hangar I, IV: Sea King
8 **TR** 53.3 b↓		10.0↑ 21.0↓	4 MTU-DG 1 Siemens-EM	1760 3680 1	.	Typ deutsch/German 209/1200 Erhalten neue/to get new: DM
8 **TR** 53.3 b↓		10.0↑ 21.0↓	4 MTU-DG 1 EM	1760 3680 2	.	Typ deutsch/German 209/1000 Erhalten neue/to get new: DM
4 MM 38, 1-7.6, 2-4 $_2$		34.0	AGO-DM	14170 4	2500 16	Typ franz./French PR 72 P Ab/from 1999: 4 MTU-DM- 12811 kW

Anzahl - Art/ Number - Group	Schiffsnamen und Stapellauf/ Ship's Name and Launching		Baubeginn - Fertig- *Umbau*/On Keel - Completed - *Conv.*	Bauwerft/Builder	Wasser- verdrängung/ Displacement ts	Länge/Length m	Breite/Beam m	Tiefgang/Draft m	Besatzung/ Crew Bes
2 PR ○	**MARAÑON, Ucayali**	1951	51/51	V. Thornycroft, South.	350 365	47.0	9.8	1.2	40
2 PR ○	**AMAZONAS, Loreto**	1934	34/34	Electric Bt., Groton	250	44.0	6.7	1.2	35
3 PP:	**Rio Ramis, Rio Ilave, Rio Azangaro** (82) 5 ts, 29 kn, 1 Mg ⚔, Perkins-DM, 350 kW; auf Titicacasee stationiert/ based on Lake Titicaca								
	Landungsfahrzeuge/Landing Vessels								
4 LS ○	**Paita, Callao** (ex LST 1164, 1165) **Eten** (ex LST 1160) **Pisco** (ex LST 1163)	 1953	52/53 52/53 53/53	Ingalls, Pascagoula Bath Iron Works Ingalls, Pascagoula	2600 6230	117	16.8	5.2	120
	Hilfsfahrzeuge/Auxiliary Vessels								
1 AK	**Ilo**	1971	70/71	SIMA, Callao	13400 18400	154	20.5	8.3	.
1 AO ○	**Lobitos** (ex Sealift Caribbean)	1974	73/74	Bath Iron Works	33000	179	25.6	10.5	28
1 AO	**Talara**	1976	75/78	SIMA, Callao	. 25000	171	25.0	9.5	.
1 AO	**Colayeras** (ex YW 128)	1945	44/45	USA	440 1235	52.3	9.8	4.0	23
4 AO:	**Noguera, Gauden** (ex YO 221, 171) (44-45) 1400 ts, 10 kn, DM; **ABA 332** (72) 330 ts; **Supe**/ACP 157 (65) 1400 ts								
1 AT	**Guardian Rios** (ex Pinto)	1943	42/43	USA	1235 1675	62.5	11.7	4.7	85
2 AT	**Olaya, Selendon**	1967	./67	Ruhrort, Duisburg	80 BRT/grt	18.7	6.2	2.3	8
1 AG	**Unanue** (ex Wateree)	1943	43/44	Levingston, Texas	534 850	43.6	9.0	4.0	.
1 AG:	**Carrasco** (ex Abcoude) (55) 450 ts, 16 kn, 2 MAN-DM, 1840 kW, 46.6 x 8.8 x 2.3 m;								
1 AG	**Humboldt**	1978	77/80	SIMA, Callao	1200 1980	76.2	12.7	4.4	53
2 AG:	**Melo, Carillo** (ex Van der Well, Van Hamel)/175, 176 (60) 150 ts, 13 kn, ex MS, Typ Netherl. Van Straelen								
2 AG:	**Macha**/AH 174 (81) 49 ts, 13 kn; **Stiglich**/AH 172 (ex Rio Chillon) (80) 45 ts, 25 kn — Vermessung/survey								
	Küstenwache/Coast Guard								
5 PP ○	**Rio Nepeña, Rio Tambo, Rio Ocoña,** **Rio Huarmey, Rio Zaña**	1978-81	./78 81	SIMA, Callao	. 300	50.9	7.4	1.7	40
1 PP	**Rio Piura**	1960	./60	Viareggio	. 37	20.0	5.2	1.0	
1 PP	**Rio Chira** (ex PGM 11)	1972	71/72	SIGMA, Callao	130 145	30.8	6.4	1.85	2[illegible]
5 PP:	**Rio Surco, Rio Santa, Rio Viru, Rio Lurin, Rio Majes** (81-82) 43 ts, 25 kn, 2-2 ⚔, Bauwerft/builder: Mac Laren, Niteroi — *Anchovis Klasse*								

Bewaffnung/ Armament	Sensoren-Elektronik/ Sensors-Electronic	Geschwindigkeit/speed kn	Antrieb/Propulsion Maschine / Kessel — Engines / Boilers — Masch	Leistung/ Power kW 1 kW = 1.36 PS	Fahrstrecke/ Range sm	Sonstige Angaben/ Remarks
2-7.6, 1-4 ∡, 4-2 ∡$_2$	┬	12.0	Polar-DM	590 2	6000 10	Alle PR auf Amazonas stationiert/all PR stationed on the Amazonas River.
2-7.6, 2-4 ∡$_2$, 2-2 ∡	┬	15.0	DM	550 2	4000 10	
5-4 ∡, [2000 ts], [300]	┬	13.0	4 GM-DM	4410 2	6000 9	Typ US LST/Terrebonne Parish.
—	┬	15.6	B & W-DM	8530 1	.	
—	┬	16.0	2 Piel. DM	10294 1	12000 16	2/98: angekauft/purchased
.	┬	18.0	2 B & W-DM	9190 1	.	Auch für zivile Transporte/ also for commercial transports
1 Mg ∡	.	7.0	GM-DM	470 1	.	Typ US YW

2 AO: **I, II** (ex YOG 88, 220) (45) 440/1390 ts, 11 kn, 1 DM, 470 kW, 53 x 10.1 x 4.0 m

—	┬	16.5	GM ⇝ DM	2210 1	.	Typ US ATF
—	┬	10.0	DM	440	.	
—	┬	13.0	⇝ DM	1100 1	.	Typ US ATA. Vermessungsschiff/survey vessel

7 AT: **Mejia, Huerta, Duenas, 180, 181, 185, 186**

—	┬	14.0	2 B & W-DM	2205 2	.	AGOR

2 AH: **Morona** (76) 200 ts, 12 kn, DM — **Puno**/306 (1879) 500 BRT/grt, 38.1 x 6.1 x 3.9 m
1 YP: **San Lorenzo** (81) 68 ts, 19 kn, MTU-DM, 1440 kW$_2$, 25.4 x 5.6 m, Bauwerft/builder: Lürssen, Vegesack

-4 ∡, 1-2 ∡	┬	22.0	4 MTU-DM	4150 2	3000 17	Alu-Aufbauten/ Al-superstructures
-4 ∡	┬	18.0	2 GM-DM	880 2	1000 14	
-4 ∡, 3-2 ∡$_1$ Mg ∡$_1$	┬	17.0	GM-DM	1617 2	1500 10	

5 PP: **Rio Supe, Rio Vitor** (92-93)/RP 210, 211; — **DCB 350-358** (92-93) — **Mancora, Huara, Quilca, Pucusana** (92-93)/PP 212-215

Anzahl - Art/ Number - Group	Schiffsnamen und Stapellauf/ Ship's Name and Launching	Baubeginn - Fertig- *Umbau*/On Keel - Completed - *Conv.*	Bauwerft/Builder	Wasser- verdrängung/ Displacement ts	Länge/Length m	Breite/Beam m	Tiefgang/Draft m	Besatzung/ Crew Bes

Philippinen/Philippines

Anzahl - Art/ Number - Group	Schiffsnamen und Stapellauf/ Ship's Name and Launching	Baubeginn - Fertig- *Umbau*/On Keel - Completed - *Conv.*	Bauwerft/Builder	Wasser- verdrängung/ Displacement ts	Länge/Length m	Breite/Beam m	Tiefgang/Draft m	Besatzung/ Crew Bes
Fregatten/Frigates								
1 FE ○	**Rajah Humabon** (ex Atherton)/PS 11 1943	43/43	Norfolk N. Y.	1240 1640	93.0	11.0	3.0	165
2 FS ○	**Quezon** (ex Vigilance)/PS 70 **Rizal** (ex Murrelet)/PS 74 1943-44	42/44 44/45	Associated, Seattle Savannah, Georgia	890 1250	67.0	9.8	3.4	105
1 FS	**Magat Salamat** (ex Chi Lang II)/ 1944 PS 20	43/44	Winslow, Seattle	650 950	56.0	10.1	2.8	100
7 FS ○	**CEBU, Iloilo, Pangasinan** (ex PCE 881, 897, 891)/PS 28, 32, 31 **Sultan Kudarat, Miguel Malvar,** **Datu Marikudo, Negros Occidental** (ex PCER 895, 852, 853, 884) PS 22, 19, 23, 29 1943-44	42/43 43/45	USA 840	640	56.0	10.1	2.8	100
3 FS ○	**Emilio Jacinto, Apolinario** **Mabini, Artemio Ricarte**/PS 35-37 (ex Peacock, Plover, Starling) 1982-83	82/84	Hall Russell, Aberdeen	. 690	63.0	10.0	2.7	31
3 FS	II-III I bew./auth.-gepl./plan.	./. 99/.	.	1200	87.0	10.0	.	80
Kleine Kampfschiffe, Small Fighting Vessels								
3 PP	**Emilio Aguinaldo, General**/PG 140 **Antonio Luna**/PG 141 I/PG 142 1984-99	82/90 93/97 94/.	Cavite, Sangley Pt.	. 280	44.0	7.4	1.6	58
5 PP	**Tomas Batilo, Bonny Serrano,** **Bienvenido Salting, Salvador** **Abcede, Ramon Aguirre**/ ~1985 PG 110-115	./85	.	. 170	37.0	6.9	1.7	31
3 PP	**Katapangan, Bagong Lakas,** **Kagitingan**/PS 103, 102, 101 1978-82	80/84 ./79	Cavite Schiffswerft Hameln	135 150	37.0	6.2	1.7	.
24 PP	**Jose Andrada, Enrique Jurado, Alfredo** **Peckson, Simeon Castro,** **Carlos Albert, Heracleo Alano,** **Liberato Piçar, Hilario Ruiz,** **Rafael Pargas, Nestor Reynoso,** I/PG 382, **Dioscoro Papa, Ismail Lomibao,** **Leovigildo, Gantioqui, Frederico** **Martir, Filipino Flojo, Anastacio** **Cacayorin, Manuel Gomez,** 1990-91 **Testimo Figuracion, José Loor SR**/ PG 370-372, 374-390 II-V/PG 392-395 1990-98	94/96 90/91 ./95 ./99	AG & P, Philippinen Trinity-E., N. Orleans	. 56	23.8	6.1	1.8	8
12 PP	**Conrado Yap, Teodorico Dominado,** **Cosme, Acosta, Jose Artiaga, 845,** **Nicanor Jimenez, Leopoldo, Regis,** **Leon Tandina, Loreto Danipog,** **Apollo Tiano, 852, Sulpicio Fernandez**/ **PG 840, 842-849, 851-853** 1975-78	./75 ./78	Korea Tacoma Hyundai	. 75	25.5	5.4	1.9	15

Bewaffnung/ Armament	Sensoren-Elektronik/ Sensors-Electronic	Geschwindigkeit/speed kn	Antrieb/Propulsion: Maschine/Kessel, Engines/Boilers, Masch	Leistung/ Power kW, 1 kW = 1.36 PS	Fahrstrecke/ Range sm	Sonstige Angaben/ Remarks

Philippinen/Philippines

3-7.6, 6-4 ▲$_2$, 8-2 ▲$_1$ 2 Mg ▲$_2$, 1 ▭, 6 ⚲	┬ ♁ ⊸ ⊕	20.0	⇢DM	4410 2	11500 11	Typ US Canon
2-7.6, 4-4 ▲$_2$, 4-2 ▲, 3 **UTR** 32.4 **III**, 1 ▭, 2 ⚲	┬ ♁	18.0	GM⇢DM	2350 2	.	Typ US Auk. ✈-Deck; Quezon: 96 neue Maschinen/new engines
1-7.6, 2-4 ▲, 8-2 ▲$_2$	┬ ♁	14.0	DM	1250 2	5000 9	Typ US Admirable
1-7.6, 6-4 ▲$_{2\cdot1}$, 4-2 ▲		16.0	GM-DM	1470 2	4300 10	Typ PCE. V-VII: 1-7.6, 2-4 ▲$_2$, 8-2 ▲
1-7.6 ▲, 4-Mg ▲$_1$	┬	25.0	2 Piel-DM	10600 2	2500 17	7/97: von Großbritannien angekauft/acquired from Great Britain
1-7.6 ▲, 4-3 ▲$_2$, 2 Mg ▲$_1$, 1 ✈	┬ ♁ ⊕	25.0	DM	.	3500 12	OPV
2-4 ▲, 2-2 ▲, 4 Mg ▲	┬	25.0	4 Detroit-GM-DM	3175 2	1100 18	
2-3 ▲$_2$, 2-2 ▲$_1$, 2-Mg ▲$_1$	┬	36.0	2 MTU-DM	4410 2	600 20	Typ korean. Sea Dolphin.
4-2 ▲$_2$, 2 Mg ▲$_2$	┬	16.0	MTU-DM	1510 2	.	
[1-2.5 ▲,] 6 Mg ▲$_2$	┬ ♁	28.0	Detroit-DM	2060 2	1200 12	Typ US PCF 70.
1-4 ▲, 2-2 ▲$_2$	┬	38.0	2 MTU-DM	5290 2	500 20	Typ korean. Sea Hawk

Anzahl - Art/ Number - Group	Schiffsnamen und Stapellauf/ Ship's Name and Launching		Baubeginn - Fertig- *Umbau*/On Keel - Completed - *Conv.*	Bauwerft/Builder	Wasser- verdrängung/ Displacement ts	Länge/Length m	Breite/Beam m	Tiefgang/Draft m	Besatzung/ Crew Bes
Landungsfahrzeuge/Landing Vessels									
2 LS	**Dagupan City** (ex Cagayan de Oro City)		91/93	Moss Pt Mar.	1625	83.1	18.3	3.7	30
○	**Bacolod City**/LC 550, 551	1992-93	92		4265				
5 LS	**Laguna, South Cotabato, Lanao del Norte, Benguet, Zamboanga del Sur,** (ex LST/T-LST 230, 529, 566, 692, 975)/LT 501, 87, LT 504, 507, 86	1943-45	./43 45	USA	1625 4080	100	15.3	2.9	90

28 LC: 5 Typ US LCM (8); 11 Typ US LCM (6); 8 LCU; 4 LCVP

Hilfsfahrzeuge/Auxiliary Vessels									
1 AR	**Yakal** (*ex Vinh Long,* ex Satyr)	1944	./44	USA	1650 4340	100	15.2	4.3	250
2 AR	**Sierra Madre, Kalinga Apayao** (ex AGP 821, 786)	1944	44/44	USA	1620 4080	100	15.2	4.3	160
1 AP	**Ang Pangulo** (ex The President, ex Rojas, ex Lapu Lapu)	1958	./59	IHI, Tokio	2239 2727	78.5	13.0	6.4	81
1 AK	**Mactan** (ex Kukui)	1945	44/45	Froemming, Milwaukee	4900 7450	103	15.2	6.4	85

1 AP: **I**/286
2 AO: **Lake Buhi, Lake Taal** (ex YOG 73, 78) (43-44) 520/1400 ts, 8 kn, 2-2, 410 kW_1, DM, Typ US YOG
2 AO: **Lake Buluan, Lake Paoay** 550/1235 ts, 8 kn, 2 Mg, 410 kW_1, DM, Typ US YW — für Wasser/for water

Küstenwache/Coast Guard									
2 PP	I, II	bew./auth.	./.	Transfield Def. Syst.	.	59.1	.	.	.
4 PP	**Agusan, Cantanduanes, Palawan, Romblon** (ex PGM 39-42)	~1960	./60	Tacoma Bt. Bld.	90 120	32.9	6.9	2.3	.

2 PP: **Tirad Pass, Bessang Pass**/AU-100, 75 (77) 279 ts, 27 kn, 2 MTU-DM
12 PP: **DF 411, 413, 417, 419, 422, 427, 429, 431-435** (75-76) 22 ts, 20 kn, 4 Mg $_2$, MTU-DM, 1325 kW_2, Bauwerft/builder: Marcelo, Manila;
1 PP: **I** (ex Pt. Evans/WPB 82354) (65) 68 ts, 23 kn, 1180 kW — Typ USCGd 82` — 11/99: von/from: USA
1 AK: **Kalinga** (ex Redbud) (43) 935 ts, 13 kn, 880 kW_1 — ex US Coast Guard Tender — -Deck, Coast Guard
2 AG: **Presbitero, Hydrographer Ventur**a (98-99) 53 x 12 m, Bes 48, Ast. Vulcano, Vigo

1 AK:	**Corregidor**/891	1997	./98	Niigata Eng.	835	56.9	11.0	3.5	.
○									

Polen/Poland

Zerstörer/Destroyer									
1 DG	**Warszawa** (ex Smelyj)		66/69	Werft 445, Nikolaev	3970	146,2	15.8	4.8	280
○		1968	*76-77*		4934				
Fregatten/Frigates									
2 FG	**I, II** (ex Clark, Sides)		78/80	Bath Iron Works	2770	136	13.7	7.5	205
○		1979		Todd, San Pedro	3660				

Bewaffnung/ Armament	Sensoren-Elektronik/ Sensors-Electronic	Geschwindigkeit/speed kn	Antrieb/Propulsion: Maschine / Kessel, Engines / Boilers, Masch	Leistung/ Power kW, 1 kW = 1.36 PS	Fahrstrecke/ Range sm	Sonstige Angaben/ Remarks
[2000 ts]	⊤	11.3	GM-DM	2870 2	5000 11	Typ US Army LSV. Nur Bugrampe/only bow ramp
6-4 $_2$, 4-2	⊤	10.0	GM-DM	1250 2	15000 9	Typ US LST (1), (2). **Bew** sehr unterschiedlich. Einige Dreibeinmast, -Deck. Meist AP/**AMT** very different. Some tripod mast, -Deck. Mostly AP
8-4 $_4$	⊤	11.5	GM-DM	1250 2	15000 9	Typ US LST (2) Achelous
8-4 $_2$, 4-2 $_2$	⊤	11.5	GM-DM	1250 2	15000 9	Typ US LST (2). -Deck mittschiffs/amidships
2-2 $_1$	⊤	18.0	2 Mitsui-DM	3680 2	6900 15	
2 Mg	⊤	12.0	Nordberg-DM	1290 1	.	Typ US C 1-M-AV 1

4 AT: **Igorot, Ilongot, Tagbanua, Tasaday** (44-45) 70 ts, 220 kW, Typ US 66' — Hafenschlepper/harbor tugs

3 AG: **Atyimba** (68) 610 ts, 11 kn, 1065 kW$_2$, DM, 44.3 x 10.0 x 2.7 m, Bauwerft/builder: Walkers, Maryborough; **ARINYA, Arlunya** (62-64) 245 ts, 10 kn, 245 kW$_2$, GM-DM, 29.2 x 6.7 x 2.4 m, Bauwerft/builder: Walkers, Maryborough — unterstehen dem Küsten- und Vermessungsdienst/belong to Coast and Geodetic Service

Mg	⊤	.	DM	.	.	I, II: Finanzierung durch Australien/funded by Australia
2-2 , 2 Mg	⊤	17.0	MTU-DM	1400 2	.	Typ US PGM

25 PP: **DF 325-332, 353, 354** (72-76) 28/37 ts, 30 kn, 4 Mg $_2$, GM-DM, 1435 kW$_3$, Bes 8, Bauwerft/builder: Sewart, Seacraft, Typ US Swift Mk III; **DF 300-303, 305, 307-316** (66-70) 18/22 ts, 24 kn, 2 Mg $_2$, GM-DM, 625 kW$_2$, Typ US Swift Mk I, II

3 AK: **Limasawa, Mangyan, Cape Bojeador** (43-44) 475/950 ts, 13 kn, 2-2 , GM-DM, 735 kW$_2$, Typ US FS 381

1 AG: **I** (ex Triumph/T-AGOS 4) (84) 2285 ts, 11 kn, 68.3 x 13.1 x 4.6 m

2 AG: I, II (gepl./plan.) Bauwerft/builder: DEU/GER.

—	⊤	13.5	DM	882 2	.	

Polen/Poland

4 SS-N-2 C $_1$, 4 SA-N-1 $_2$, 4-7.6 $_2$, 4-3 $_6$, 5 **UTR** 53.3 **IIIII**, 2 $_{12}$ RBU 6000,	⊤	35.0	4 GTu	52940 2	4000 15	*Niszcyiel* Typ USSR Kashin mod./ Projekt 61 MP. **Masch:**COGAG. 3. 1. 88 übernommen/ transferred
4 Harpoon/36 Standard SM-1 MR /, 1-7.6 OTO, 1-2 Phalanx, 6 **UTR** 32.4 **III**, 2 LAMPS III	⊤	28.0 +	2 Gen. El. GTu	29490 1	4500 20	Typ US: O.H.Perry - Übergabe/ transfer: 2000/03

Polen/Poland

Anzahl - Art/ Number - Group	Schiffsnamen und Stapellauf/ Ship's Name and Launching	Baubeginn - Fertig- *Umbau*/On Keel - Completed - *Conv.*	Bauwerft/Builder	Wasser- verdrängung/ Displacement ts	Länge/Length m	Breite/Beam m	Tiefgang/Draft m	Besatzung/ Crew Bes
Korvetten/Corvettes								
1 FF ○	**Kaszub** 1986	85/88	St. Polnocna, Gdansk	1050 1190	82.3	10.0	2.9	
6 FG ○	II-VI I gepl./plan.	./08 00/.	St. Mar. Woj. Gdynia u. B + V, Hamburg	1500 1900	90.6	13.4	3.4	94
4 FG ○	**Gornik, Hutnik, Metalowiec, Rolnik** 1982-87	./83 89	Werft 341, Rybinsk	385 455	56.9	11.3	3.9	38
Uboote/Submarines								
1 SS ○	**Orzel** (ex B-800) 1985	84/85	Sudomech, Leningrad	2490↑ 3180↓	72.6	9.9	6.5	45
2 SS ○	**Wilk, Dzik** (ex B-38, B-40) 1966	65/66	Sudomech, Leningrad	1950↑ 2400↓	91.3	7.5	5.1	73
Kleine Kampfschiffe/Small Fighting Vessels								
3 PG ○	**Orkan, Piorun, Grom** (ex Huragan) 1990	89/92 90/95	Peenewerft, Wolgast + Polnocna, Gdansk	323 369	48.9	8.7	2.2	36
7 PG ○	**Puck, Ustka, Oksywie,** **Darłowo, Swinoujscie, Dziwnow,** **Wladyslawowo** 1964-74	./65 76	Leningrad	210 220	38.5	7.6	2.5	30
8 PP ○	**Grozny, Wytrwaly, Zawziety, Zwrotny,** **Zwinny, Zreczny, Nieugiety,** **Czujny** 1968-72	./70 72	St. Mar. Woj., Gdynia	215 235	41.3	6.3	1.9	27
11 PP	**KP-166, 167, 168, 169, 170, 171,** **172, 173, 174, 175, 176** 1976-82	75/77 81/83	St. Mar. Woj., Gdynia	86 93	28.9	5.8	1.4	12
Minensucher/Minesweepers								
3 MB ○	**Czajka** **Mewa, Rybitwa** 1966	66/67 *98/00*	St. Mar. Woj., Gdynia	426	58.2 503	7.7	2.2	49
4 MS ○	**Mamry, Wigry,** **Śniardwy, Wdzydze** (ex Miedwie) 1991-94	89/92 92/94	St. Mar. Woj., Gdynia	203 217	38.5	7.3	1.8	
13 MS ○	**Goplo, Gardno, Bukowo, Dabie,** **Jamno, Mielno, Wicko, Resko,** **Sarbsko, Necko, Naklo, Druzno,** **Hancza** 1981-90 *Leniwka Klasse*	79/81 88/91	St. Mar. Woj., Gdynia	208 217	38.5	7.3	1.8	30
2 MS	**TR 25, 26** 1982	./83	Stocznia, Ustka	206 269	25.8	7.2	3.2	16
1 MS	I gepl./plan.	00/.	Gdansk	.	.	.	.	
Landungsfahrzeuge/Landing Vessels								
5 LS ○	**Lublin, Gniezno, Krakow, Poznan,** **Torun** 1988-90	88/89 90/91	St. Polnocna, Gdansk	1350 1750	95.8	10.8	2.4	37

Bewaffnung/ Armament	Sensoren-Elektronik/ Sensors-Electronic	Geschwindigkeit/speed kn	Antrieb/Propulsion Maschine/Kessel Engines/Boilers Masch	Leistung/Power kW 1 kW = 1.36 PS	Fahrstrecke/Range sm	Sonstige Angaben/ Remarks
1-7.6 $_2$, 6-2.3 $_2$, 2 SA-N-5 ↑$_4$, 4 **UTR** 53.3 II, 2 $_{12}$ RBU 6000		26.0	4 C. Sulzer-DM	12425 2	2000 18	*Korweta* Projekt 620. VDS. **Masch:** CODAD
8 ⇒, 16 ↑, 1-7.6, 4 **UTR** 32.4 **II**, 1		30.0	GTu + DM	.	4000	Projekt 621/MEKO 100
4 SS-N-2 C ⇒$_2$, 1 SA-N-5 ↑, 1-7.6, 2-3 $_6$		43.0	2 GTu + 2 GTu	17652 + 5880 2	2200 14	Typ USSR Tarantul I, Projekt 1241 RE.
6 **TR** 53.3 b↓		12.0↑ 17.0↓	2 DM EM	2685 + 4340 1	6000 7	*Okret Podwodny* Typ USSR Kilo -Projekt 877 E. Tauchtiefe/diving depth: 300 m
10 **TR** 53.3↓ (6 b, 4 h)		16.0↑ 15.5↓	3 DM-37 D EM	4410 3900 3	17000 8	Typ USSR Foxtrot/Projekt 641
[⇒], 1-7.6, 2-3 $_2$, 1 SA-N-5 ↑$_4$		36.0	DM-M 520	10790 3	1530 14	Ex Typ DDR/GDR Projekt 151/ poln. Projekt 660
4 SS-N-2 A ⇒, 4-3 $_2$, 1 SA-N-5 ↑$_4$,		36.0	DM-M 503	8825 3	800 25	*Kuter rakietowy.* Typ USSR Osa I/ Projekt 205
4-3 $_2$		24.0	DM-40 DM	3236 2	658 20	*Duzy scigacz.* Obluze Klasse/Projekt 912 M
2-2.3 $_2$, 2 **UTR** 53.3 **I**		27.0	3 DM-50 F 7	2650 3	340	Projekt 918 M/Pilica
2-2.5 $_2$, 2 SS-N-5 ↑$_4$		18.0	2 SLZ-DM	1620 2	2000 12	*Tralowiec bazowy.* - Projekt 206 F. Modernisierung: Projekt 206 MF
2-2.3 $_2$, ↑$_2$		14.6	2 DM-M 401-A 1	1470 2	790 14	Projekt 207 M/Notec II Minenjäger/minehunters
2-2.3 $_2$		14.6	2 DM-M 401-A 1	1470 2	1100 10	I: Projekt 207 D, II-XIII: Projekt 207 P, Notec I. GRP Rumpf/hull. Goplo, Gardno: Bew./AMT: 2-2.5 $_2$
—		11.0	Sulzer-DM	420 1	3100 8	Projekt B 410-IVS
[illegible]	.	.	DM	.	.	Minenjäger/Minehunter
4 ZU-23-2MR Wrobel II (↑-2.3 $_2$-↑), [200 ts], [135], 9		16.5	Sulzer-Cegielski-DM	3960 3	1400 16	*Okret Desantowy* Projekt 767

Polen/Poland

Anzahl - Art/ Number-Group	Schiffsnamen und Stapellauf/ Ship's Name and Launching		Baubeginn - Fertig- *Umbau*/On Keel - Completed - *Conv.*	Bauwerft/Builder	Wasser- verdrängung/ Displacement ts	Länge/Length m	Breite/Beam m	Tiefgang/Draft m	Besatzung/ Crew Bes
1 LS ○	**Grunwald**	1972	71/73	St. Polnocna, Gdansk	1060 1314	81.3	9.3	2.4	40
3 LC ○	**KD 11, 12, 13**	1987-91	84/88 88/91	St. Mar. Woj., Gdynia	164 176	37.2	7.3	1.7	12

Hilfsfahrzeuge/Auxiliary Vessels

1 AK ○	**Cedynia**	1971	70/71	St. Polnocna, Gdansk	836	75.2	8.6	2.0	42
1 AO ○	**Baltyk**	1988	87/91	Stocznia Marynarki Wojennej, Gdynia	. 2980	84.8	12.8	4.8	32
3 AO ○	**Z-3, 8** **Z-9**	 1969-70	67/70 71	Wroclawska Stocz. Rz. St. Wisla, Gdansk: Z 9	1225	57.9	9.3	3.3	12

3 YO: **B-11, B-12, B-13** (79-81) 890 ts, 45.0 x 9.3 x 3.8 m — Projekt BZ-800

2 AT ○	**Piast, Lech**	1973-74	72/74 73/74	Polnocna, Gdansk	1500 1697	72.6	11.6	5.3	52 + 15
2 AT	**Zbyszko, Macko**	 1991	90/91	Stocznia Mar. Woj. Ustka	380	35.0	8.0	3.0	15
3 AT	**Gniewko, Bolko, Semko**	 1981-86	80/81 87	St. Mar. Woj., Gdynia	365	32.0	8.9	3.1	18
2 AT	**H 12, 20**	1963-64	62/64	St. Polnocna, Gdansk	390 440	31.8	8.7	3.5	22

2 AT: **H 6, H 8** (91-92) 330 ts, 12 kn, 960 kW, 27.8 x 8.4 x 3.0 m; — Projekt H 960
2 AT: **H 9, H 10** (90) 150 ts, 9 kn, 125 kW, 22.0 x 6.0 x 2.1 — Projekt B-820

2 AG	**Heweliusz, Arctowski**	1981	81/82	St. Polnocna, Gdansk	1145 1218	61.6	10.8	3.3	49
2 AG ○	**Nawigator, Hydrograf**	1974-75	73/77 75/76	St. Polnocna, Gdansk	1467 1675	73.3	10.8	3.6	65
2 AG	**Zodiak, Planeta**	~1981	./81 82	St. Polnocna, Gdansk	. 1200	61.3	10.8	3.3	28
1 AG ○	**Kopernik**	1970	70/71	St. Polnocna, Gdansk	1250 1540	73.3	10.8	3.6	60

2 AG: **K 20, 21** (89) 12.5 ts, 8 kn, DM, 590 kW$_2$ — Projekt KHK 121

2 AX ○	**Wodnik** **Gryf**	 1975-76	74/76 75/76	St. Polnocna, Gdansk	1617 1745	72.2	11.9	4.1	56 +100
3 AX ○	**Podchorazy, Kadet** **Elew**	 1974-75	74/74 75/76	Stocznia Wisla, Gdansk	147	28.8	6.6	1.8	11 +26

1 AX: **Iskra II** (82) 498 ts, 9 kn, 49.0 x 49.0 x 8.0 x 3.0 m, Bes: 13 + 50; Segelschiff/sail trng. vessel

3 Entmagnetisierungsboote/Degaussing Vessels: ○ **SD 11-13** (1971-72) 595 ts, 9 kn, [2-2.5 $\measuredangle_2$], DM, 220 kW$_1$ — Mrowka Klasse — Projekt B 208

1 AP: **Bryza** (64) 140 ts, 11 kn, 2 DM, 220 kW, 28.8 x 6.2 x 1.8 m, Projekt 722

2 AP: **Zodiak, Pogwizd** (75-77)32 kn, 35.0 x 11.0 x 3.6 m; Projekt 342 MT

Bewaffnung/ Armament	Sensoren-Elektronik/ Sensors-Electronic	Geschwindig-keit/speed kn	Antrieb/Propulsion Maschine/Kessel Engines/Boilers Masch	Leistung/ Power kW 1 kW = 1.36 PS	Fahrstrecke/ Range sm	Sonstige Angaben/ Remarks
4-3 ∡$_2$, 2 ↣$_{18}$, 8 ⛟, [180 ts], [130]	┬	18.0	DM-40 DM	3235 2	2600 14	Typ USSR Polnocny C/Projekt 776. Amphibious Command Ship
2-2.3 ∡$_2$, [40 ts], [50]	┬	20.0	3 DM-M 401 A	2205 3	500 16	Projekt 716/*Deba-Klasse*
—	┬	18.0	2 DM-40 DM	3240 2	2300 14	Typ Polnocny-B/Projekt 771 A
4-2.3 ∡$_2$	┬	15.0	2 C. Sulzer-DM	2960 2	4250 12	*Zbiornikowiec* Projekt ZP 1200
[4-2.3 ∡$_2$]	┬	11.0	C. Sulzer-DM	625 2	1200 10	Moskit Klasse/Projekt B 199. Z 9 für Wasser/for water
[8-2.5 ∡$_2$]	┬	16.0	C. Sulzer-DM	2795 2	3000 12	*Okret Ratowniczy* Projekt 570. Bergungsschiffe/salvage vessels
—	┬	11.0	Sulzer-DM	551 1	3000 10	Projekt B 823
—	┬	11.5	Sulzer DM	1080 1	4000 7	Projekt R 30
—	┬	12.8	Z.-Sulzer-DM	1100 1	1500 12	*Holownik* Projekt B 65/Motyl-Klasse

6 AT: **H 3-5, 7** (79-81) 218 ts, 11 kn, Sulzer-DM, 560 kW$_1$, 25.5 x 6,8 x 3.3 m — Projekt H 900;
H 1,2 (69-70) 215 ts, 11 kn, DM, 590 kW$_1$ — Projekt H 800/IV

—	┬ Ψ	13.0	Z.-Sulzer-DM + EM	1410 + 300 2	6000 10	*Okret Hydrograficzny* Typ USSR Finik II/Projekt 874. AGS.
—	┬ ♁ ⚲ Ψ ↶	16.0	Z.-Sulzer-DM	2650 2	7200 11	Typ USSR Moma Mod./Projekt 863. AGI
—	┬	13.0	C. Sulzer-DM + EM	1410 + 300 2	3000 10	Typ USSR Finik I/Projekt 874. Zivilbesatzung/civilian crew
—	┬	17.0	Z.-Sulzer-DM	2650 2	8000 11	Typ USSR Moma/Projekt 861 K. Vermessung/survey
4-3 ∡$_2$, 4-2.3 ∡$_2$	┬ ⌽	16.8	2 Z.-Sulzer-DM	2650 2	7800 10	Schulschiffe/training vessels; Wodnik: 2-3 ∡$_2$ Hubschrauberplattform/helicopterplatform
—	┬	10.0	2 Wola-DM	220 2	1100 10	Projekt OS-1

2 YP: **K 8, 11** (70) 130 ts, 21 kn, 2-2.5 ∡$_2$, DM, 1470 kW$_2$, 34.9 x 6.6 x 1.6 m — Pajak Klasse

32 Tender: **K-17** (69), **M-2, M-27, M-28** (73) 41 ts, 18.0 x 4.5 x 1.6 m, 9.6 kn, **K-1, K-2, K-12, K-13, K-14,** (76-78), **K-5, K-7, K-9, K-10, K-4** (87-89) 45 ts, 18.9 x 4.4 x 1.5 m, 9.1 kn; **M-6, M-41, M-3, M-1, M-25, M-26, M-32** (66-86); **M-12, M-21, M-5, M-22, M-30** (83-85) 28.7 ts, 8.3 kn; **M-37, M-38, M-39, M-35, M-40** (83-84) 9.7 ts, 8.6 kn;

Anzahl-Art/ Number-Group	Schiffsnamen und Stapellauf/ Ship's Name and Launching	Baubeginn-Fertig- *Umbau*/On Keel- Completed-*Conv.*	Bauwerft/Builder	Wasser- verdrängung/ Displacement ts	Länge/Length m	Breite/Beam m	Tiefgang/Draft m	Besatzung/ Crew Bes
Seegrenzschutz/Maritime Frontier Guard — *Morskiego Oddzialu Straży Granicznej (MOSG)*								
2 PP	**Kaper I, Kaper II** 1990-91	90/91 92	Stocznia Wisla, Gdansk	470	42.6	8.4	2.8	11 + 7
2 PP ○	**Tecza, Zefir** 1965-67	64/65 67/68	Stocznia Marynarki Wojennej, Gdynia	215 240	41.4	6.1	1.8	26
2 PP ○	**SG 161, 164** 1973-75	72/73 /76	St. Mar. Woj., Gdynia	79 87	29.0	5.6	1.3	14
11 PP	**SG-142 -152** 1973-77	72/73 76/77	Stocznia Wisla, Gdansk	42	21.2	4.5	1.2	6
6 PP	**SG-103, 104, 107-109,** **SG-115** 1983-89	./83 ./89	Stocznia Wisla, Gdansk	27	11.7	4.6	1.8	5

Portugal

Anzahl-Art/ Number-Group	Schiffsnamen und Stapellauf/ Ship's Name and Launching	Baubeginn-Fertig- *Umbau*/On Keel- Completed-*Conv.*	Bauwerft/Builder	Wasser- verdrängung/ Displacement ts	Länge/Length m	Breite/Beam m	Tiefgang/Draft m	Besatzung/ Crew Bes
Fregatten/Frigates								
3 FG ○	**Corte Real** **Alvares Cabral** **Vasco de Gama** 1989-90	89/91 89/91 88/91	HDW, Kiel HDW, Kiel Blohm + Voss, Hamburg	2900 3200	116	14.8	4.1	184
3 FE ○	**COMANDANTE Sacadara Cabral,** **Comandante Hermenegildo Capelo,** **Comandante João Belo** 1966-68	65/67 67/69 93-96	Ch. Loire, Nantes	1760 2250	103	11.6	4.4	200
4 FS ○	**Jaõo Roby, Oliveira e Carmo** **Alfonso Cerqueira, BAPTISTA** **DE ANDRADE** 1973-74	72/74 73/76	Bazan, Cartagena Bazan, Cartagena	1250 1380	84.5	10.3	3.5	115
6 FS ○	**João COUTINHO, Jacinto Candido,** **Pereira d'Eca** **Antonio Enes, Augusto Castilho,** **Honorio Barreto** 1969-70	67/70 69/71	Blohm + Voss, Hamburg Bazan, Cartagena	1250 1400	84.5	10.3	3.6	75
Uboote/Submarines								
3 SS	I-III gepl./plan.	./04	.	.	.	.	.	.
3 SS ○	**ALBACORA, Barracuda, Delfim** 1966-68	65/67 /70	Dubigeon, Nantes	870↑ 1040↓	58.0	6.7	5.3	50
Kleine Kampfschiffe/Small Fighting Vessels								
9 PP	**Cuanza, Geba, Zaire, Zambeze** **CACINE, Cunene, Limpopo,** **Rovuma, Save** 1968-72	67/69 69/73	Figueira da Fou + St. W. Alfeite	293 310	44.0	7.6	2.1	33
5 PP	**Argos, Dragão, Escorpião,** **Cassiopeia, Hidra** 1991	90/91	St. W. Alfeite + Conafi	85 95	27.2	5.9	1.4	8
1 PP	**Rio Minho** 1991	90/91	Ars. do Alfeite	53 57	20.0	5.6	0.6	8

6 PP: **ALBATROZ, Açor, Andorinha, Aguia, Cisne, Condor** (73-75) 45 ts, 20 kn, 1-2 ⅄, 2 Mg ⅄, DM, 23.6 x 5.6 x 1.6 m;

2 PP: **Bolina, Maresia,** Lg 12 m — und zahlreiche kleinere/and numerous smaller

Bewaffnung/ Armament	Sensoren-Elektronik/ Sensors-Electronic	Geschwindigkeit/speed kn	Antrieb/Propulsion: Maschine/Kessel — Engines/Boilers Masch	Leistung/ Power kW 1 kW = 1.36 PS	Fahrstrecke/ Range sm	Sonstige Angaben/ Remarks
2-Mg $_1$		17.6	C.-Sulzer-DM	3470 2	2800 14	*Statek Kontroli Strety* Projekt SKS-40
4-3 $_2$		24.0	DM-40 DM	3235 2	1220 12	*Okrety patrolowe.* Obluze Klasse/Projekt 912
2-2.3 $_2$		28.6	3 DM-M 50 F 6	2650 3	1160 12	Pilica Klasse/Projekt 918
2-Mg $_1$		19.5	2 Wola-DM	740 2	500	Wisloka-Klasse/Projekt 90
1-Mg		41.0	2 DM	1470 2	272 41	Projekt S 12

Portugal

Bewaffnung/ Armament	Sensoren-Elektronik/ Sensors-Electronic	Geschwindigkeit/speed kn	Antrieb/Propulsion: Maschine/Kessel — Engines/Boilers Masch	Leistung/ Power kW 1 kW = 1.36 PS	Fahrstrecke/ Range sm	Sonstige Angaben/ Remarks
8 Harpoon $_2$, 1- 10, 1-2 Phalanx, 1 NATO Sea Sparrow $_8$, 2-2 $_1$, 6 **UTR** 32.4 **III**, 2 -Super Sea Lynx		31.8	2 GE-LM 2500- GTu + 2 MTU-DM	39400 + 6500 2	4000 18	Typ deutsch/German MEKO 200 PN. **Masch:** CODOG.
2-10, 2-4, 6 **UTR** 32.4 **III**,		26.0	SEMT Pielstick- DM	13750 2	4500 15	*Fragatas.* Typ frz./French Cdt. Rivière. Neues Radar, Sonar + ECM, LINK-11
1-10, 2-4, 6 **UTR** 32.4 **III**		24.0	SEMT Pielstick- DM	7720 2	5900 18	*Corvetas.* Verbesserte/Improved Coutinho Klasse. -Deck
2-7.6, 2-4, [30]		23.0	SEMT Pielstick- DM	7720 2	8000 12	U-Abwehr entfernt/ASW removed. Elektronik verbessert/ electronics updated
TR, Harpoon	.		. .	.	.	
12 **TR** 55 (8 b↓, 4 h↑)		13.5↑ 15.0↓	SEMT- -DM EM	1800 1910 2	2710 12.5	*Submersiveis.* Typ frz./French Daphné. Erhalten neue Elektronik/ to get new electronics.
1-4, 1-2		20.0	MTU-DM	3310 2	4400 13	
2 Mg		28.0	MTU-DM	1360 2	1350 15	
1-Mg		10.0	2 DTZ-DM	245 2	.	

4 PP: **Bonança, Mar Chão, Surriada, Mareta** (81) 9 ts, 20 kn, Volvo-Penta-DM, 315 kW$_2$, GRP-Rumpf/hull

2 PP: **Levante, Ventante** 12.0 x 3.8 m, 2 DM, 385 kW

Anzahl-Art/ Number-Group	Schiffsnamen und Stapellauf/ Ship's Name and Launching		Baubeginn-Fertig-/*Umbau*/On Keel-Completed-*Conv.*	Bauwerft/Builder	Wasserverdrängung/ Displacement ts	Länge/Length m	Breite/Beam m	Tiefgang/Draft m	Besatzung/ Crew Bes
Minensucher/Minesweepers									
4 MB	I-IV	gepl./plan..	.	.	.	.	.	.	.
Landungsfahrzeuge/Landing Vessels									
1 LS	I	gepl./plan.	./.	.	.	.	.	.	.
1 LS	**Bacamarte**	1985	84/85	Arsenal do Alfeite	652	56.2	11.8	1.9	21
Hilfsfahrzeuge/Auxiliary Vessels									
1 AO	**Berrio** (ex Rover)		69/70	Swan Hunter, Walls.	4700	141	19.2	7.3	54
○		1969			11520				
2 AG	**D. Carlos I** (ex Audacious)		88/89	Tacoma Boat.	1600	68.3	13.1	4.6	29
	I (ex Assurance)	1985-89	84/85		2285				

1 AG: ○ **Almeida Carvalho** (ex Kellar/T-AGS 25) (64) 1300 ts, 12 kn, 735 kW$_1$, ⇝ DM, 64 x 11.9 x 4.6 m — Vermessung/survey

8 AG: **Coral, Atlanta** (ex Hidra) (80) 36 ts; **Andromeda, Auriga** (85-86) 250 ts, 12 kn, DM, 760 kW$_2$, 31.5 x 7.7 x 2.5 m, Bauwerft/builder: Ars. do Alfeide; **Actinia** 90 ts; **Sicandra** 70 ts; **Savel** (92) 7 ts; **Fisalia** (80)

Qatar

Anzahl-Art/ Number-Group	Schiffsnamen und Stapellauf/ Ship's Name and Launching		Baubeginn-Fertig-/*Umbau*/On Keel-Completed-*Conv.*	Bauwerft/Builder	Wasserverdrängung/ Displacement ts	Länge/Length m	Breite/Beam m	Tiefgang/Draft m	Besatzung/ Crew Bes
2 PG	I,II	bew./auth.	98/.	Vosper-Thornycroft, Woolston	.	49.0	.	.	.
4 PG	**Al Deebel**/Q 07		95/98	Vosper Thornycroft,	400	56.5	9.0	2.5	50
○	**Al Hudeid**/Q 06		95/98	Woolston	530				
	Huwar/Q 05		94/96						
	Barzan/Q 04	1995-96	94/96						
3 PG	**Rbigah**/Q 03		81/83	C. Méc., Cherbourg	395	56.0	8.2	2.5	48
	Al Sariyah/Q 02		81/83	C. Méc., Cherbourg	430				
	Damsah/Q 01	1982	81/82	C. Méc., Cherbourg					

4 PP: **RG 91-RG 94**(89) 17 ts, 32 kn, 1-2 ⚔, 2 Mg ⚔, DM, 935 kW$_2$ — Typ ital. Crestitalia MV-45
6 PP: **Q 31-36** (84) 18 ts, 26 kn, 1-2 ⚔, GM-DM, 956 kW$_2$, Bauwerft/builder: Damen, Gorinchem
5 PP: **I-V** (80) 12.5 ts, 29 kn, 2 Mg ⚔, DM, 485 kW$_2$, Bauwerft/builder: Watercraft, Shoreham

Rumänien/Romania

Anzahl-Art/ Number-Group	Schiffsnamen und Stapellauf/ Ship's Name and Launching		Baubeginn-Fertig-/*Umbau*/On Keel-Completed-*Conv.*	Bauwerft/Builder	Wasserverdrängung/ Displacement ts	Länge/Length m	Breite/Beam m	Tiefgang/Draft m	Besatzung/ Crew Bes
Zerstörer/Destroyers									
1 DG	**Marasesti** (ex Muntenia)	1982	79/85	Mangalia Shy.	5790	145	14.8	5.0	270
○			*90-92*						
Fregatten und Korvetten/Frigates and Corvettes									
2 FF	**CAm Eustatiu Sebastian**		./89	Mangalia Shy.	1500	95	11.5	3.1	95
○	**CAm Horia Macellariu**	1988-92	./98						

Bewaffnung/ Armament	Sensoren-Elektronik/ Sensors-Electronic	Geschwindig-keit/speed kn	Antrieb/Propulsion: Maschine/Kessel – Engines/Boilers Masch	Leistung/ Power kW 1 kW = 1.36 PS	Fahrstrecke/ Range sm	Sonstige Angaben/ Remarks
.	.	.	.	.	.	*Draguaminas* Planung ab 2000/ planned from 2000 onwards.
.	.	.	.	.	.	
2-2 $_1$		9.5	2 MTU-DM	669 2	2600 9	
2-2 $_1$		19.0	2 Piel.-DM	11460 1	15000 15	Typ. brit. Rover
—		11.0	4 CAT-DM	2353 2	3000 11	Typ US-Stalwart 1996/99: übernommen/acquired

7 AX: **Sagres** (ex Guanabara, ex Albert Leo Schlageter) (37) 1869 ts, 10 kn, 550 kW$_1$, Bark/barque, Bauwerft/ builder: Blohm + Voss, Hamburg, **Creoula** (37) 820/1060 ts, DM, 350 kW$_1$, 67.4 x 9.9 x 4.2 m — Hochseesegelfischereischiff/Deep sea sail fishing ship; **Vega** 60 ts; **Polar** 85 ts — Yachts ; **Mindelo, Cacheu, Niassa** (94) 22 kn, 90 kW

2 Bojenleger/Buoy Layers: **Schultz Xavier** (72) 900 ts, 15 kn, 2500 kW$_2$, MAN-DM — auch/also AT; **Guia** (84) 70 ts, 8.5 kn, Deutz-DM, 257 kW$_1$

Qatar

		.	DM	.	.	
8 MM 40, 1-7.6, 1-3 Goalkeeper, 2 Mg, 1 SADRAL$_6$		38.0	MTU-DM	13450 4	2500 15	Typ brit. Vita
8 MM 40, 1-7.6, 2-4, 4-3$_2$,		38.5	MTU-DM	14180 4	2000 15	Typ frz./French Combattante III M

20 PP: **Q 71-95** (74-76) 4.3 ts, 26 kn, 3 Mg, 260 kW$_2$, DM, 9.1 x 2.8 x 0.8 m, Typ brit. Spear, einige gestrichen/ some deleted
3 PP: **I-III** (96) 20 ts, 27 kn, 2 MTU-DM, 388 kW, Typ Halmatic M-160
1 LC: **Rabha** (87) 10 kn, 48.8 m, 2 DM

Rumänien/Romania

3 SS-N-2 C$_2$, 4-7.6$_2$, 8-3$_2$, 6 **TR** 53.3 **III**, 2 $_{12}$ RBU 6000, 1 Alouette III		32.0	4 GTu	69120 2	.	**Masch:** COGOG
1-7.6, 2-3$_6$, 2, 4 **UTR** 53.3 **II**, 2 RBU 6000, 1		24.0	2 DM	10294 2	1500 14	*Tetal-II-Klasse*

Rumänien/Romania

Anzahl-Art/ Number-Group	Schiffsnamen und Stapellauf/ Ship's Name and Launching	Baubeginn-Fertig- *Umbau*/On Keel- Completed-*Conv.*	Bauwerft/Builder	Wasser-verdrängung/ Displacement ts	Länge/Length m	Breite/Beam m	Tiefgang/Draft m	Besatzung/ Crew Bes
4 FF ○	**Amiral Petre Barbuneanu, V-Am.** **Vasile Scodrea, V-Am.** **Vasile Urseanu, V-Am. Eugeniu Rosca** 1982-89	80/83 ./87	Mangalia Shy.	1480 1600	92.4	11.5	3.0	100
3 FG ○	**Zborul,** (ex R-602) **Pescarusul,** **Lastunul** ~1985	.	Werft 341, Rybinsk	420 455	56.1	11.3	3.9	38
3 FS	**CAm Nicolae Cristescu,** **CAm Nicolae Negru,** **CAm Irimescu** ~1967	./68 ./69 ./69	Werft 340, Zelenodolsk	545	58.6	8.2	2.8	72
4 FS ○	**V-Am. Mihai Gavrilescu, V-Am. Ioan** **Balanescu, V-Am. Emil** **Gregescu, V-Am. Ioan Georgescu** (ex Democratia, Descatusaria, Desrobirea, Dreptatea) 1953	./54 ./55 ./56 *76, 91*	Santierul Naval, Galati	543 775	62.0	8.5	2.3	80
Uboote/Submarines								
1 SS ○	**Delfinul** (ex B-494) 1984	83/84	Werft 112, Gorkij	2325↑ 3075↓	74.3	9.9	6.5	45
Kleine Kampfschiffe/Small Fighting Vessels								
3 PG ○	**Vulturul, Eretele,** **Albatrosul** 1964-1965	.	USSR	190 209	38.6	7.6	2.9	30
3 PC	**V1-V3** ~1955	./.	Werft 340, Zelenodolsk	210 320	52.2	6.2	2.2	49
12 PF	**Naluca, Smeul, Viforul, Vijelia,** **Viscolul, Vartejul, Fulgerul, Vantul,** **Vulcanul, Furtuna,** **Trasnetul, Tornada** 1979-82	78/79 81/82	Mangalia Shy.	215	39.0	7.7	1.8	28
20 PF ○	**51-68,** 1973-83 **320-325**	./73 83	Santierul Naval, Turnu Severin	39 45	21.5	6.3	0.9	20
3 PR ○	**Mihail Kogalniceanu** **I. C. Bratianu** **Lascar Catargiu** 1993-96	./94 ./95 ./97	Santierul, Naval, Turnu-Severin	550	62.0	7.6	1.6	52
1 PR	**Grivita** 1983	./84	Mangalia Shy.	400	43.0	8.0	1.5	.
5 PR ○	**Rahova, Opanez,** **Posada, Smardan,** **Rovine** 1988-91	./88 /92	Mangalia Shy.	410	43.0	8.0	1.6	.
18 PR ○	**Mr. Constanin Ene, 78, 79,** **Cpt Ion Grigore Nastase, Cpt Nicolae** **Lazar Bogdan, 81, 82, 83, 84, 85, 86, 87,** **88, 89, 90, 91, 92, 93,** 1973-81	72,73 81/82	Mangalia Shy.	85	32.0	4.8	0.9	25
Minenleger/Minelayers								
2 NB ○	**V-Am. Ion Murgescu, V-Am.** **Constantin Balescu** 1979-81	./80 82	Mangalia Shy.	1200 1500	72.6	10.6	3.5	75

Bewaffnung/ Armament	Sensoren-Elektronik/ Sensors-Electronic	Geschwindigkeit/speed kn	Antrieb/Propulsion Maschine/Kessel Engines/Boilers Masch	Leistung/ Power kW 1 kW = 1.36 PS	Fahrstrecke/ Range sm	Sonstige Angaben/ Remarks
4-7.6 $_2$, 4-3 $_2$, 4 Mg $_2$, 4 **UTR** 53.3 **II**, 2 $_{16}$ RBU 2500		25.0	4 DM	11760 2	.	Tetal-I Klasse
4 SS-N-2 C $_2$, 1 SA-N-5, 1-7.6, 2-3 $_6$		44.0	2 GTu + DM	15000 + 5880	2000 20	Typ USSR Tarantul I Projekt 1241
2-5.7 $_2$, 4 **UTR II**, 40.6, 2 RBU 6000		36.0	2 GTu + 2 DM	22000 + 3910 2	3000 18	Typ USSR Poti
4-3.7 $_{2,1}$, 2 Mg $_2$, 2 $_6$ RBU 1200		17.0	DM	1765 2	1200 15	Typ deutsch/German M-Boot 40. Modernisiert/ modernized
6 **TR** 53.3 b↓		12.0 17.0	2 DM EM	2685 + 4340 1	6000 7	Typ USSR Kilo/Projekt 877-E 12/86: übernommen/acquired
4 SS-N-2 A, 4-3 $_2$, 1 SA-N-5 $_4$		36.0	DM	8825 3 4	800 25 17	Typ USSR Osa I/Projekt 205
1-8.5, 2-3.7 $_2$		18.0	3 DM-9D	2426 3	3500 14	Typ USSR Kronstadt
4-3 $_2$, 4 **TR** 53.3		36.0	DM	8825 3	500 35	Epitrop Klasse. Rumpf wie/ hull like Osa. **Masch:** wie/like Shershen
4-1.5 $_2$, 2 **TR** 53.3		55.0	DM	2650 3	500 20	Typ chines. Huchuan
2-10.5, 4 Mg $_2$ 8-Mg $_4$, 2 BM-21 $_{40}$, 2 SA-N-5 $_4$		21.0	2 DM	2353 2	.	Donauflottille/Danube Flotilla: Projekt 1310/ *Brutar III Klasse*
1-10.0, 4-Mg $_2$, 2 MB-21 $_8$		18.0	2 DM	1765 2	.	Donauflottille/Danube Flotilla; *Brutar I Klasse*
1-10.0, 2-Mg $_2$, 8-Mg $_4$, 2 BM-21 $_{40}$		18.0	2 DM	1765 2	.	Donauflottille/Danube Flotilla; *Brutar II Klasse*
1-8.5, 4-Mg $_2$, 2-8.1 Mörser/mortars		17.0	2 DM	897 2	.	Donauflottille/Danube Flottilla. *VB-Klasse;* Alle Einheiten führen Namen/all units have names since 1992.
1-5.7, 4-3 $_2$, 8-Mg $_2$, 4 SA-N-5 $_4$, 2 $_5$ RBU 1200		18.0	2 DM	4705 2	.	*Cosar-Klasse* - **271:** *Cosar-Mod.-Klasse*, -Deck

Anzahl - Art/ Number - Group	Schiffsnamen und Stapellauf/ Ship's Name and Launching		Baubeginn - Fertig- *Umbau*/On Keel - Completed - *Conv.*	Bauwerft/Builder	Wasser- verdrängung/ Displacement ts	Länge/Length m	Breite/Beam m	Tiefgang/Draft m	Besatzung/ Crew Bes
Minensucher/Minesweepers									
4 MB	**Lt. Remus Lepri, Lt. Lupu**	1987-89	84/87	Mangalia Shy.	660	59.2	9.5	2.8	60
○	**Dinescu, Lt. Dimitri Nicolescu,**		86/89		790				
	S.-Lt.Alexandru Axente								
12 MS	**C. Constantin Dumitrescu, Lt.**		./56	USSR	145	38.0	5.1	1.6	30
	Constantin Vartosu, Lt. Gheorghe		./60		165				
	Niculescu, Lt. Moise Panta, Lt. Nicolae Stoicescu, Lt. Alexandru Pompilian, Cdr. Dumitru Lupescu, Cdr. Vasile Toescu, Cdr. Constantin Micoescu, Capt. Adrian Vasiliu, Capt. Constantin Istrate, Capt.								
	Alexandru Constantinescu	1955-60							
26 MS	**VD 141-145, 147-165, I, II**	1975-83	./76	Santierul Naval,	95	26.0	4.0	0.8	.
			./84	Turnu Severin					
Landungsfahrzeuge/Landing Vessels									
8 LC:	**203, 205, 207, 208,**		/67	Braila Shy.	.	38.3	8.6	1.0	.
	415, 416, 419, 420	1967-70	/70		240				
3 LC	I-III	.	./.	Turnu Severin	360	.	.	.	.
				+ Mangalia					
Hilfsfahrzeuge/Auxiliary Vessels									
2 AR	**Constanta, Midia**		./80	Braila Shy.	2850	108	13.5	3.8	121
○		1979-81	82		3500				
1 AK	**Albatros**	.	77/78	Santierul Naval,	8749 tdw	131	17.7	8.1	.
		1977		Braila					

1 AG: ○ **Emil Racovita** 1900 ts, 11 kn, 1 SKL-DM, 2400 kW, 70.2 x 10.0 x 3.9 m, Bauwerft/builder: Turnu-Severin ex Frachter/freighter

1 AO: **532** (92) 2170 ts, 16 kn, 2 DM, 3500 kW, [2-3 ⊿$_2$], 76.3 x 12.5 x 5.0 m, Bauwerft/builders: Tulcea Shy.

2 AO: **TM 530-531** (71-73) ./1300 ts, 10 kn, DM, 440 kW$_1$ — Hafentanker/harbor oilers

2 AT: **Grozavu, I** (93-94) 3600 ts, 12 kn, 2 DM, 3700 kW, 64.8 x 14.6 x 5.5 m, **Bew/AMT:** 2-3 ⊿$_2$, 8-Mg ⊿$_4$;

2 AG: ○ **Lt Cdor Eugen Stihi, S-Lt Ion Ghiculescu** (17, *78-80*) 330 ts, 12 kn, 1-3.7 ⊿, 4 Mg ⊿$_2$, DM, 1325 kW$_2$, 60.9 x 7.0 x 2.5 m, total modernisiert/totally modernized, Stabsschiff/headquarters ship

Rußland

Wegen Mangel an ausgebildetem Personal und fehlender Haushaltsmittel ist ein großer Prozentsatz der aufgelisteten Einheiten seit ca. 7 bis 9 Jahren nicht mehr fahrbereit. Wenn in der nächsten Zeit kein grundlegender Wandel bei der Wartung dieser Einheiten erfolgt, wird es nicht mehr möglich sein, diese Schiffe wieder einsatzbereit zu machen. Dieses gilt auch für größere Einheiten, die in den letzten 10 bis 15 Jahren in Dienst gestellt wurden. Die bisherigen Einheiten des KGB sind zusammengefaßt zu Küstenschutzverbänden und unterstehen dem Innenministerium.

Flugzeugträger/Aircraft Carriers									
1 RB	**Admiral Flota Soveckogo**	5.12.85	83/91	Nos. 444, Nikolaev	55000	304	38.0	10.5	1700
○	**Sojusa Kuznecov** (ex Tbilisi,				67500		70.4		
	ex Leonid Brešnev, ex Riga)								

Bewaffnung/ Armament	Sensoren-Elektronik/ Sensors-Electronic	Geschwindigkeit/speed kn	Antrieb/Propulsion Maschine/Kessel Engines/Boilers Masch	Leistung/ Power kW 1 kW = 1.36 PS	Fahrstrecke/ Range sm	Sonstige Angaben/ Remarks
4-3 $_2$, 8 Mg $_4$, 2 SA-N-5 $_4$, 2 $_5$, RBU 1200		14.0	DM	.	.	Musca Klasse
2-3.7 $_1$, 4-Mg $_2$		12.5	3 DM	1060 3	.	Typ USSR T-301. 6: Seegrenzschutz/Border Guard
2 Mg $_2$,		13.0	DM	880 2	.	Flußminensucher/ river minesweepers
.		5.0	2 DM	220 2	.	Donauflottille/Danube Flotilla; *Braila-Klasse*
.		.	DM	.	.	Typ 360 Klasse
2-5.7 $_2$, 4-3 $_2$, 8 Mg $_2$, 8 SA-N-5 $_4$, 2 $_5$ RBU 1200, 1 Alouette III		16.0	2 DM	4800 2	.	*Croitor Klasse* Für/for PG, PF. -Hangar
.		16.0	C.-Sulzer DM	4487 1	.	06.95 übernommen/acquired

1 AG: ○ **Grigore Antipa** (79) 1450 ts, 19 kn, 2 DM, 4700 kW, 79 x 10.6 x 3.6 m; Bauwerft/builders: Mangalia Shy.
4 AG: **Automatica, Electronica, Energetica** (72-73), **Magnetica** (89): 255 ts, 12.5 kn, DM, 660 kW, **Bew/AMT:** 2 Mg $_1$, Bauwerft/builders: Braila Shy (Nr. 01-03), Mangalia Shy. (Nr. 04)
1 Segelschulschiff/Sail Training Ships: **Mircea** (38) 1630 ts, 10 kn, 2-2, 735 kW_1, DM, Bauwerft/builder: Blohm + Voss, Hamburg, Typ deutsch/German Horst Wessel
6 AT: **SRS 570, 571, 572, 573, 577, 675**
3 YD: **Saturn, Venus** (73) 135 ts; Typ chin. Shanghai; **Jupiter** (~75) 155 ts, Typ chin. Huchuan

Russia

Due to a shortage of trained personnel and a lack of funds a high percentage of the units shown in the following pages are not operational since 7-9 years. If there is no fundamental change in the upkeep of those ships in the near future, it will not be possible to operate them again. This includes major units which have been commissioned in the last 10-15 years. Control of the former KGB Maritime Border Guard passed to Russian Ministry of the Interior.

32 Flanker, Fulcrum, 18 Helix, 12 SS-N-19, 4 SA-N-9 $_{24}$, 6-3 $_6$, 8: CADS-1: 3 $_6$, + 8 $_4$ 2 $_{10}$ RBU 12000		32.0	4 Tu 8 Wr	147060 4		Projekt 1143.5. Ski-jump 12°. Durchgehendes Flugdeck: 160 x 30 m. Winkeldeck 7°. 2 Aufzüge 1 Aufzug Mitte: 13 x 4 m/ Continuous flight deck: 160 x 30 m. Angled deck 7°. 2 exterior starboard side lifts.

Anzahl - Art/ Number - Group	Schiffsnamen und Stapellauf/ Ship's Name and Launching		Baubeginn - Fertig- *Umbau*/On Keel - Completed - *Conv.*	Bauwerft/Builder	Wasser-verdrängung/ Displacement ts	Länge/Length m	Breite/Beam m	Tiefgang/Draft m	Besatzung/ Crew Bes
1 RB	**Admiral Flota Soveckogo**	17.4.82	78/87	Nos. 444, Nikolaev	.	274	32.7	9.6	1200
○	**Sojusa Gorškov** (ex Baku)		*99-*	*SMP, Severodvinsk*	41500		51.4		
Kreuzer/Cruisers									
2 CG	**Petr Velikij**	25.4.89	86/96	Balt. Werft,	19500	252	28.5	9.1	900
○	(ex Jurij Andropov)			St. Petersburg	24800				
	Admiral Nachimov	29.4.86	83/88	Balt. Werft, Leningrad					
	(ex Kalinin)								
3 CG	**Varjag** (ex Červona Ukraina)	28.08.83	78/86	Kommuna, Nikolaev	9800	186	20.8	7.5	600
○	**Maršal Ustinov**	25.02.82	77/82	Kommuna, Nikolaev	12500				
	Moskva (ex Slava)	27.07.79		Kommuna, Nikolaev					
2 CG	**Kerč, Očakov**		70/73	Kommuna, Nikolaev	6700	1741	8.5	8.0	540
○			71/74		8600				
		1971-72							
1 CG	**Admiral Golovko**		60/63	Zdanov, Leningrad	4400	142	15.8	5.3	380
○		1961			5600				
Zerstörer/Destroyers									
1 DG	**Admiral Chabanenko**	14.12.1992	89/99	Yantar, Kaliningrad	7400	164	19.3	8.0	250
					8900				
9 DG	**Admiral Panteleev**		86/91	Yantar, Kaliningrad	6400	164	19.3	8.0	250
○	**Admiral Charlamov**		85/89	Yantar, Kaliningrad	8300				
	Admiral Vinogradov		85/88	Yantar, Kaliningrad					
	Admiral Levčenko		82/88	Yantar, Kaliningrad					
	Severomorsk		83/86	Yantar, Kaliningrad					
	(ex Simferopol, ex Maršal Budennij)								
	Maršal Šapošnikov		82/85	Yantar, Kaliningrad					
	Admiral Tribuc		81/85	Zdanov, Leningrad					
	Admiral Spiridonov		81/84	Zdanov, Leningrad					
	Maršal Vasilevskij	1981-90	79/83	Zdanov, Leningrad					

Bewaffnung/ Armament	Sensoren-Elektronik/ Sensors-Electronic	Geschwindigkeit/speed kn	Antrieb/Propulsion Maschine/Kessel Engines/Boilers Masch	Leistung/ Power kW 1 kW = 1.36 PS	Fahrstrecke/ Range sm	Sonstige Angaben/ Remarks
19 (Helix, Hormone), 12 SS-N-12 $_6$, 4 SA-N-9 $_{24}$, 2-10, 8-3 $_6$, $_{10}$ RBU 12000		32.0	4 Tu 8 Wr	125000 4	13500 18	Projekt 1143.4. 3-D Radar Sky Watch. FK/MI: 192 SA-N-9. 2000: an Indien/to India?
20 SS-N-19 12 SA-N-6 8 SA-N-9 (VLS), 2-13 $_2$, 6: CADS-1: 3 $_6$, + 8 $_4$ 10 **UTR** 53.3 IIIII, SS-N-15 1 $_{10}$ RBU 12000, 2 $_{12}$ RBU 1000, 3 Helix-A, Hormone-B		35.0	Tu 2 Reaktoren 2 Wr	110000 2	14000 33	Projekt 1144. *Kirov Klasse/class.* CONAS = COmbined Nuclear And Steam. **Adm. Nachimov: Bew./Amt:** zusätzlich/additionaly: 4 SA-N-4 $_2$, **Petr Velikij:** Radar: 1 x Tomb Stone + 1 Top Dome
16 SS-N-12 $_2$, 8 SA-N-6, 4 SA-N-4 $_2$, 2-13 $_2$, 6-3 $_6$, 10 **UTR** 53.3 IIIII, 2 $_{12}$ RBU 6000, 1 Hormone		33.0	4 GTu + 2 GTu	79410 2	10000 16	Projekt 1164/*Slava-Kl.* **Moskva:** Werftzeit/ yard period 3/91-7/99
8 SS-N-14 $_4$, 4 SA-N-3 $_2$, 4 SA-N-4 $_2$, 4-7.6 $_2$, 4-3 $_6$, 10 **UTR** 53.3 IIIII, 2 $_{12}$ RBU 6000, 2 $_6$ RBU 1000, 1 Hormone A		34.0	2 GTu + 2 GTu	8000 + 10000 2	8000 14	Projekt 1134 B/*Kara-Klasse* I: 3-D Radar Flat Screen anstelle/instead of Top Sail. **Očakov:** Werftzeit seit/ yard period since:12/90
8 SS-N-3 B $_4$, 2 SA-N-1 $_2$, 4-7.6 $_2$, 6 **UTR** 53.3 III, 2 $_{12}$ RBU 6000		35.0	2 Tu 4 Wr	73550 2	4200 18	Projekt 58/*Kynda-Klasse* Schwarzmeerflotte/Black Sea Fleet
4 SS-N-22 $_2$, 8 SA-N-9 $_8$ (VLS), 2-13 $_2$, 2-3 $_2$-$_6$ (CADS-1), 8 **UTR** 53.3 IIII, 2 $_{12}$ RBU 6000, 2 Helix		30.0	2 GTu + 2 GTu	35735 + 17795 2	.	Projekt 1155.1/*Udaloj-II-Klasse*
8 SS-N-14 $_4$, 8 SA-N-9 $_8$, 2-10, 4-3 $_6$, 8 **UTR** 53.3 IIII, 2 $_{12}$ RBU 6000, 2 Helix,		33.0	2 GTu + 2 GTu	35735 + 17795 2	5000 20	Projekt 1155/*Udaloj-I-Klasse*

Anzahl - Art/ Number - Group	Schiffsnamen und Stapellauf/ Ship's Name and Launching	Baubeginn - Fertig- *Umbau*/On Keel - Completed - *Conv.*	Bauwerft/Builder	Wasser- verdrängung/ Displacement ts	Länge/Length m	Breite/Beam m	Tiefgang/Draft m	Besatzung/ Crew Bes
11 DG	**Besstrašnyj**	88/94	Ždanov, Leningrad	6300	156	17.1	6.2	380
○	**Nastojčivyj**	88/91	Ždanov, Leningrad	7850				
	Bespokojnyj	87/91	Ždanov, Leningrad					
	Bezuderžnyj	87/90	Ždanov, Leningrad					
	Bezboyaznennyj	87/91	Ždanov, Leningrad					
	Rastoropnyj	86/89	Ždanov, Leningrad					
	Bystrij	85/89	Ždanov, Leningrad					
	Burnyj, Gremjaščij (ex Veduščij)	84/88	Ždanov, Leningrad					
	Boevoj	82/85	Ždanov, Leningrad					
	Bezuprešnyj 1983-91	81/85	Ždanov, Leningrad					
1 DG	**Sderžannyj**	70/73	Kommuna, Nikolaev	3700	146	15.8	4.6	320
○	1972			4700				
1 DG	**Smetlivyj**	66/69	Kommuna, Nikolaev	3600	143	15.8	4.6	280
○	1967	*87-96*	*Sevmorzavod, Sevastopol*	4600				
Fregatten/Frigates								
1 FG	**Neustrašimyj**	86/93	Yantar, Kaliningrad	3800	130	15.6	4.8	210
○	1988			4500				
7 FF	**Menšinskij, Dzeržynskij, Orel**	81/84	Werft 532, Kerč	3300	124	14.1	4.9	220
○	(ex 27 Sezda KPSS)			3900				
	Pskov (ex Imeni 70 Letia VchK-KGB)	90/91						
	Narva (ex Im. 70 Let. Pogranvojsk)							
	Kedrov, Vorovskij 1983-90							
3 FG	**Pytlivij,**	79/81	Yantar, Kaliningrad	3100	123	14.1	4.5	220
○	**Neukrotimyj,**	76/77		3800				
	Rezvyj 1975-80	73/75						
6 FG	**Družnyj**	73/75	Yantar, Kaliningrad	3100	123	14.1	4.5	220
○	**Žarkij,**	73/76	Ždanov, Leningrad	3800				
	Legkij (ex Leningradskij Komsomoljets)	75/77						
	Pylkyj,	77/78						
	Zadornyj,	78/79						
	Ladnyj 1974-81	79/81	Werft 532, Kerč					

Bewaffnung/ Armament	Sensoren- Elektronik/ Sensors- Electronic	Geschwindig- keit/speed kn	Antrieb/Propulsion Maschine / Kessel Engines / Boilers Masch	Leistung/ Power kW 1 kW = 1.36 PS	Fahrstrecke/ Range sm	Sonstige Angaben/ Remarks
8 SS-N-22, ⇨$_4$, 2 SA-N-7, 4-13 $_2$, 4-3 $_6$, 4 **UTR** 53.3 **II**, 2 $_6$ RBU 1000, 1 Hormone B,		32.0	2 Tu 4 Wr	73500 2	7000 14	Projekt 956/956 A. *Sovremennyi-Klasse/class* -Hangar teilweise einziehbar/partially telescoping. Radar unterschiedlich/varies **Bezuprešnyj:** 12/92: Werftzeit - 8/94 nach St. Petersburg - aufgelegt/yard period - 8/94 to St. Petersburg - laid up.
4 SS-N-2 C ⇨$_1$, 4 SA-N-1 $_2$, 4-7.6 $_2$, 4-3 $_6$, 5 **UTR** 53.3 **IIIII**, 2 $_{12}$ RBU 6000,		36.0	4 GTu	70610 2	3500 18	Projekt 61 MP/Kashin-Mod Kl. Schwarzmeerflotte/Black Sea Fleet
4 SA-N-1 $_2$, 8-SS-N-25 ⇨$_4$ 2-7.6 $_2$, 5 **UTR** 53.3 **IIIII**, 2 $_{12}$ RBU 6000, 2 $_6$ RBU 1000,		36.0	4 GTu	70610 2	3500 18	Projekt 61 A - *Kashin-Kl.* Schwarzmeerflotte/ Black Sea Fleet.
8 SS-N-25 ⇨$_4$, SA-N-9 $_8$, 1-10, 2 CADS-1, 6 **UTR** 53.3 **III**, 1 $_{10}$ RBU 6000, , 1 Helix		30.0	2 GTu + 2 GTu	35735 + 17795 2	4500 16	Projekt 1154.0. **TR** auch für/also/for SS-N-15 ⇨. Top Plate 3-D-radar.
2 SA-N-4 .2, 1-10, 2-3 $_6$, 8 **UTR** 53.3 **IIII**, 2 $_{12}$ RBU 6000, 1 Helix		33.0	2 GTu + 2 GTu	35735 + 17795 2	4500 15	Projekt 1135.5/*Krivak-III-Kl.* Grenzwache/ Border Guard Fernost/Far East. Ab/from III: Top Plate radar. Sollen aus Kostengründen ab 2000 a.D. gestellt werden/ to be deleted for budget reasons from 2000 onward.
4 SS-N-14 ⇨$_4$, 4 SA-N-4 $_2$, 2-10, 8 **UTR** 53.3 **IIII**, 2 $_{12}$ RBU 6000,		33.0	2 GTu + 2 GTu	35735 + 17795 2	4500 15	Projekt 1135 M /*Krivak-II-Kl.* **Masch:** COGOG.
4 SS-N-14 ⇨$_4$, 4 SA-N-4 $_2$, 4-7.6 $_2$, 8 **UTR** 53.3 **IIII**, 2 $_{12}$ RBU 6000		33.0	2 GTu + 2 GTu	35735 + 17795 2	4500 15	Projekt 1135/*Krivak-I-Kl.* Projekt 1135.2/*Krivak-I-Mod:* **Legkij, Pylkyj** - Umbau/Modernization: 8 SS-N-25 ⇨$_4$, neues/new: VDS, Radar: Half Plate

Anzahl - Art/ Number - Group	Schiffsnamen und Stapellauf/ Ship's Name and Launching	Baubeginn - Fertig- *Umbau*/On Keel - Completed - *Conv.*	Bauwerft/Builder	Wasser- verdrängung/ Displacement ts	Länge/Length m	Breite/Beam m	Tiefgang/Draft m	Besatzung/ Crew Bes
1 FG ○	Novik a.St./o.St.	97/.	Yantar, Kalingrad	3000	122	15.5	.	190
32 FF ○	**MPK-214, Suzdalets** (ex MPK-118) **113, 130, 134, 56, 10, 7, 9,** **82, 85, 107, 291, 203, 207,** **217, 222, 221, 14, 17, 28, 64,** **89, 117, I-VIII** 1985-91	./86 ./91	Werft 302, Kiev + Werft 876, Chabarovsk + Werft 340, Zelenodolsk	950 1200	71.6	9.8	3.6	70
13 FF ○	**Bezuprechnyj, Dozornyj,** **Zorkij, Smelyj, Bditelnyj,** **I-VIII** 1975-85	75/75 ./82	Werft 302, Kiev + Werft 876, Chabarovsk + Werft 340, Zelenodolsk	950 1200	71.6	9.8	3.6	70
2 FF	**I, II** 1970-74	69/70 73/74	Kiev + Chabarovsk	950 1200	71.6	9.8	3.6	70
5 FF ○	**Izumrud, Nadežnyj,** **Predannyj, Rubin, I** 1973-76	./74 ./77	Werft 340, Zelenodolsk	950 1200	71.6	9.8	3.6	70
Korvetten/Corvettes								
2 FG ○	**MRK 27/Bora, MRK 17/Samum** 1987-92	./89 92	Werft 340, Zelenodolsk	850 1050	64.5	17.2	2.4	60
1 FG	**Nakat** 1980	79/80 *86-87*	Almaz, Leningrad	640 730	59.3	11.8	3.0	60
17 FG ○	**Gejser, Meteor, Liven, Passat,** **Burun, Priliv, Zyb, Inej, Rassvet,** **Tucha, Uragan, Ajsberg, Miraš,** **Stil, Smerč, Moros, Razliv** 1977-91	./77 91	Petrovskij, Leningrad +Uliss, Vladivostok	640 730	59.3	11.8	3.0	65
5 FG ○	**Metel, Storm, Molnija,** **Zarnitsa, Tsiklon** 1968-78	67/69 78/79	Petrovskij, Leningrad + Chabarovsk	610 700	59.3	11.8	3.1	60
28 FG ○	**R-2, 5, 18-20, 42, 47, 60, 83, 24,** **R-101, 109, 129, 160, 187, 229, 239,** **R-240, 257, 261, 271, 283, 297,** **285, 291, 293, 298, 334** 1980-93	79/81 91/93	Petrovskij, Leningrad + Chabarovsk	436 493	56.1	10.2	2.5	38
7 FG ○	**R-8, 46, 71, 104, 125,** **R-179, 255** 1980-86	79/81 ./87	Petrovskij, Leningrad + Kolpino + Komsomolsk	430 450	56.5	10.2	2.5	50
3 FG ○	**R-5, 26, I** 1978	77/79	Petrovskij, Leningrad	430 450	56.5	10.2	2.5	50
11 FF ○	**MPK-67, 99, 105, 192,** **MPK-205/Kazanets, 213, 216, 219,** **224, 227, 229/Kalmykija** 1985-89	85/87 88/90	Peenewerft, Wolgast	800 950	75.2	9.8	4.5	60

Bewaffnung/ Armament	Sensoren-Elektronik/ Sensors-Electronic	Geschwindigkeit/speed kn	Antrieb/Propulsion Maschine/Kessel Engines/Boilers Masch	Leistung/ Power kW 1 kW = 1.36 PS	Fahrstrecke/ Range sm	Sonstige Angaben/ Remarks
8 SS-N-25 ⇨$_4$, 1-7.6, 2-3 $_6$		30.0	GTu + DM	.	.	Projekt 1244. Bau eingestellt/ Construction suspended.
2 SA-N-4 $_2$, 1-7.6, 1-3 $_6$, 4 **UTR** 53.3 **II**, 1 $_{12}$ RBU 6000		34.0	1 GTu + 2 DM	11030 + 11750 3	4500 10	Projekt 1124 MU/ME. - *Grisha-V-Klasse* 2 Einheiten bereits gestrichen/ 2 units already deleted
2 SA-N-4 $_2$, 2-5.7 $_2$, 1-3 $_6$, 4 **UTR** 53.3 **II**, 2 $_{12}$ RBU 6000		34.0	1 GTu + 2 DM	11030 + 11750 3	4000 12	Projekt 1124 M/P. *Grisha-III-Klasse* Einheiten mit Namen: Grenzwache/named units: Border Guard
2 SA-N-4 $_2$, 2-5.7 $_2$, 4 **UTR** 53.3 **II**, 2 $_{12}$ RBU 6000		34.0	1 GTu + 2 DM	11030 + 11750 3	4000 12	Projekt 1124. *Grisha-I-Klasse*
4-5.7 $_2$, 4 UTR 53.3 **II**, 2 $_{12}$ RBU 6000		34.0	1 GTu + 2 DM	11030 + 11750 3	4000 12	Projekt 1124 A. *Grisha-II-Klasse* Grenzwache/Border Guard
8 SS-N-22 ⇨$_4$, 2 SA-N-4 $_2$, 1-7.6, 2-3 $_6$, 1 SA-N-5 $_4$		53.0	2 GTu + 2 DM	29411 + 14705 4	2000 12	Projekt 1239/*Dergach-Klasse* SES (Surface Effect Ship), twin hulled. **Samum:** 12/95 Balt. Flotte/ Baltic Fleet - i.R.
12 SS-N-25 ⇨$_6$, 1 SA-N-4, 1-7.6, 1-3 $_6$		35.0		22060 3	4000 12	Projekt 1234.7 *Nanuchka-III-Mod.*
6 SS-N-9 ⇨$_3$, 2 SA-N-4 $_2$, 1-7.6, 1-3 $_6$		35.0	DM	22060 3	4000 12	Projekt 1234.1. *Nanuchka-III-Klasse*
6 SS-N-9 ⇨$_3$, 2 SA-N-4 $_2$, 2-5.7 $_2$		35.0	DM	22060 3	4000 12	Projekt 1234. *Nanuchka-I-Klasse*
4 SS-N-22 ⇨$_2$, 1 SA-N-5 $_4$, 1-7.6, 2-3 $_6$		41.0	2 GTu + 2 DM	17650 + 7350 3	1600 12	Projekt 1241. 1 MP. *Tarantul-III-Klasse*
4 SS-N-2 C ⇨$_2$, 1 SA-N-5 $_4$, 1-7.6, 2-3 $_6$		35.0	2 GTu + 2 GTu	17650 + 5880 3	2400 14	Projekt 1241 M *Tarantul-II-Klasse* **R-71:** *Tarantul-II-Mod/* Projekt 12417 - CADS-1
4 SS-N-2C ⇨$_2$, 1 SA-N-5, 1-7.6, 2-3 $_6$		35.0	2 GTu + 2 GTu	17650 + 5880 3	2400 14	Projekt 1241.1. *Tarantul-I-Klasse*
1-7.6, 1-3 $_6$, 2 SA-N-5 $_4$, 4 **UTR** 53.3 **II**, 2 $_{12}$ RBU 6000, 2		28.0	DM	10480 3	2500 12	Projekt 133.1-M. *Parchim-II-Klasse* Dipping + hull sonar

Anzahl - Art/ Number - Group	Schiffsnamen und Stapellauf/ Ship's Name and Launching	Baubeginn - Fertig- *Umbau*/On Keel - Completed - *Conv.*	Bauwerft/Builder	Wasser- verdrängung/ Displacement ts	Länge/Length m	Breite/Beam m	Tiefgang/Draft m	Besatzung/ Crew Bes
27 FS ○	**MPK-60, 64, 76, 144, 291,** **Berkut, Čeboksary, Jaroslavl, Jastreb,** **Kaliningrad, Kobchik, Kondor, Krechet,** **Nikolaj Kaplunov, Orlan, Grif, Sokol,** **Toljatti Sarych, Voron, PSKR-802,** **805, 806, 810, 818;** **Kuban, Novorossijsk** 1978-96	77/79 . /97.	Jaroslavl S.Z. + Uliss, Vladivostok + Novolitovsk	399 455	57.6	10.2	2.2	35

Uboote/Submarines

Etwa 85% aller nuklearangetriebener Uboote sind nicht einsatzbereit und befinden sich in einem schlechten Wartungszustand. Ein hoher Prozentsatz der konventionell angetriebenen Uboote ist nicht einsatzbereit.
Die modernen und alle Marschflugkörper führenden Uboote sind mit schallschluckendem Belag versehen, um die akustische Ortung zu erschweren. Die Verwendung einer Titanlegierung bei den Rümpfen (Sierra Klasse) vermindert die magnetische Zielerfassung.
TR 65 kombiniert für Torpedos und SS-N-16, 21 ⇨; **TR** 53.3 für SS-N-15 ⇨

Strategische Raketen-Uboote/Strategic Missile Submarines: SSBN

Anzahl - Art/ Number - Group	Schiffsnamen und Stapellauf/ Ship's Name and Launching	Baubeginn - Fertig- *Umbau*/On Keel - Completed - *Conv.*	Bauwerft/Builder	Wasser- verdrängung/ Displacement ts	Länge/Length m	Breite/Beam m	Tiefgang/Draft m	Besatzung/ Crew Bes
1 SB ○	Jurij Dolgorukij a.St./o.St.	96/.	S. M. P., Severodvinsk	17000↓	~170	13.0	10.2	.
3 SB ○	**TK-20** 13. 04. 88 **TK-17** . 08. 86 **TK-13** 30. 04. 85	87/90 83/88 83/87	Werft 402, Severodv. Werft 402, Severodv. Werft 402, Severodvinsk	18500↑ 26500↓	172	24.6	12.5	170
7 SB ○	**K-407/Novo Moskowsk** 14. 02. 1990 **K-18** 15. 01. 1989 **K-117** 12. 1987 **K-114** 03. 12. 1986 **K-64** 12. 1985 **K-84** 01. 1985 **K-51** 02. 84	./91 ./90 ./90 ./88 ./87 82/87 81/85	Werft 402, Severodv. Werft 402, Severodv. Werft 402, Severodvinsk Werft 402, Severodvinsk Werft 402, Severodvinsk Werft 402, Severodvinsk Werft 402, Severodvinsk	10800↑ 13550↓	165	12.0	8.6	120
7 SB ○	**II-VII** **Svjatoj Georgij Pobedonosets** (ex K-433) 1976-82	./76 82	Werft 402, Severodv.	10500↑ 13250↓	160	12.0	8.6	120
3 SB ○	**I-III** 1972-77	./73 77	Severodvinsk + Komsomolsk	8900↑ 10400↓	138	12.0	8.6	120

Bewaffnung/ Armament	Sensoren-Elektronik/ Sensors-Electronic	Geschwindig-keit/speed kn	Antrieb/Propulsion Maschine/Kessel Engines/Boilers Masch	Leistung/ Power kW 1 kW = 1.36 PS	Fahrstrecke/ Range sm	Sonstige Angaben/ Remarks
1-7.6, 1-3 6, 4 SA-N-5 4, 4 **UTR** 40, 3 6 RBU 1200		35.0	DM	10590 2	1600 14	Projekt 12412 - *Pauk-I-Klasse* Einheiten mit Namen/named units: Seegrenzschutz/Border Guard. Projekt 1241 PE - *Pauk-II-Klasse:* **Kuban, Novorossijsk**

About 85% of all nuclear powered submarines are not operational and in a poor state of repair and maintenance.
A high percentage of the conventional powered submarines is inoperative.
The latest submarines and the cruise missile submarines use acustic/anechoic tiles to reduce the acustic signature. The use of Titanium alloys in the hull (Sierra class) reduces the magnetic signature.

TR 65 combined for torpedoes and SS-N-16, 21 ⇨; **TR** 53.3 for SS-N-15 ⇨

Bewaffnung/ Armament	Sensoren-Elektronik/ Sensors-Electronic	Geschwindig-keit/speed kn	Maschine	Leistung/ Power kW	Fahrstrecke/ Range sm	Sonstige Angaben/ Remarks
12 SS-Nx-?, **TR** 65 b↓, SS-N-16 ⇨ **TR** 53.3 b↓, SS-N-15 ⇨		~26.0↓	Tu 2 Reaktoren	.	.	Projekt 935/*Dolgorukij-Klasse* Bau bis zur Entscheidung über ein neues FK-System vorläufig eingestellt/Construction suspended till a decision is made on a new missile system.
20 SS-N-20, 4 **TR** 65, 2 **TR** 53.3 b↓		12.0↑ 25.0↓	Tu 2 Druckw.-Reaktoren	60000 2	.	Projekt 941/*Typhoon-Klasse* 2 Druckkörper nebeneinander (8.5 m Ø), umschlossen von der Außenhaut mit zus. Druckhülle. 2 pressure hulls arranged side by side (8.5 m Ø), incased in the outer hull + an inner pressure hull. 2: aufgelegt/laid up
16 SS-N-23, 4 **TR** 53.3 b↓ 2 **TR** 65 b↓		19.0↑ 24.0↓	Tu 2 Druckw.-Reaktor	27500 2	.	Projekt 667 BDRM. *Delta-IV-Klasse* Gefechtskopf/war head: 10 MIRV à 100 KT 2: aufgelegt/laid up Namen: **Brjansk, Karelija, Rjazan**
16 SS-N-18, 4 **TR** 53.3 b↓ 2 **TR** 40 b↓		19.0↑ 24.0↓	Tu 2 Druckw.-Reaktor	27500 2	.	Projekt 667 BDR. - *Delta-III-Klasse.* Gefechtskopf/war head: 3-7 MIRV. Towed passive linear array sonar. **K-129:** Umbau für SSA Paltus:
2 SS-N-8, 4 **TR** 53.3 b↓ 2 **TR** 40 b↓		20.0↑ 26.0↓	Tu 2 Druckw.-Reaktoren	27500 2	.	Projekt 667 B. - *Delta-I-Klasse* 1: aufgelegt/laid up

Anzahl - Art/ Number - Group	Schiffsnamen und Stapellauf/ Ship's Name and Launching		Baubeginn - Fertig- *Umbau*/On Keel - Completed - *Conv.*	Bauwerft/Builder	Wasser-verdrängung/ Displacement ts	Länge/Length m	Breite/Beam m	Tiefgang/Draft m	Besatzung/ Crew Bes
Marschflugkörper-Uboote/Cruise Missile Submarines: SSGN									
2 SG	I		95/.	SMP, Severodvinsk	.	120	15.0	10.0	.
	Severodvinsk	a.St./o.St.	93/.		10500↓				
12 SG	K-530 (?)	09. 99	94/00	SMP, Severodvinsk	10800↑	154	18.2	9.0	135
○	**Tomsk**	25. 04. 96	91/97	SMP, Severodvinsk	13600↓				
	K-141/Kursk	23. 05. 94	90/94	SMP, Severodvinsk					
	K-186/Omsk	. 05. 93	90/93	SMP, Severodvinsk					
	K-266/Orel (ex Severodvinsk)	. 05. 92	88/93	Werft 402, Severodv.					
	K-456/Viljušinsk (ex Kasatka)	. 06. 91	87/91	Werft 402, Severodv.					
	K-442/Cheljabinsk	15. 06. 90	86/90	Werft 402, Severodv.					
	K-410/Smolensk	20. 01. 90	86/90	Werft 402, Severodv.					
	K-173/Krasnojarsk	27. 12. 88	86/89	Werft 402, Severodv.					
	K-119/Voronež	29. 12. 87	85/88	Werft 402, Severodv.					
	K-132/Irkutsk	. 03. 86	83/86	Werft 402, Severodv.					
	K-148/Krasnodar	. 02. 85	80/85	Werft 402, Severodv.					
1 SG	**K-395**		67/69	Werft 402, Severodv.	9400↑	142	11.6	9.1	120
○		1969	*85-87*	*Severodvinsk*	13650↓				
1 SG	**K-452/Novogorod Velikij**		72/73	Krasnoje S., Gorkij	4400↑	104	10.1	7.6	90
○	(ex Berkut)	1973			5500↓				
Flotten-Uboote/Fleet Submarines: SSN									
2 SS	**Gepard**		91/99	SMP, Severodvinsk	.	113.5	13.7	10.5	73
	Vepr	1994-99	90/96		9500↓				
11 SS	**Delfin, Kašalot, Bratsk,**		84/88	Komsomolsk n. A.	7500↑	110	13.7	10.4	73
○	**Narval, Morš,**		/92		9300↓				
	Samara (ex Drakon),		90/95						
	Ak Bars (ex Bars)		86/91	SMP, Severodvinsk					
	Pantera, Volk, Leopard,		/93						
	Tigr		91/97						
		1986-94							
2 SS	**B-543/Nišnyi-Novgorod,**		./90	Werft 112, Gorkij	7200↑	111	14.2	9.2	115
○	**B-336/Pskov**	1989-92	./93		8200↓				
2 SS	**Kostroma** (ex Krab)		./80	Werft 112, Gorkij	6800↑	107	12.4	9.2	115
○	**Tula** (ex Kondor)	1983-86	87		7600↓				
11 SS	**Daniil Moskowskij** (ex B-414),		./80	Adm. W., Leningrad	4900↑	107	10.6	7.4	100
○	**Tambov** (ex B-502), **Novosibirsk,**		./92	+ Komsomolsk	6350↓				
	Bratsk, Kuzbass,								
	B-138, 448, 292, 388, I, II	1980-91							
Patrouillen-Uboote/Patrol submarines:									
1 SS	St. Petersburg	a.St./o.St.	97/02	Admiralitätswerft	1850↑	68.0	7.2	.	37
				St. Petersburg	2600↓				

Bewaffnung/ Armament	Sensoren-Elektronik/ Sensors-Electronic	Geschwindigkeit/speed kn	Antrieb/Propulsion Maschine / Kessel — Engines / Boilers Masch	Leistung/ Power kW 1 kW = 1.36 PS	Fahrstrecke/ Range sm	Sonstige Angaben/ Remarks
VLS ⇧ 4 **TR** 53.3 b↓, SS-N-15 ⇨	⊤ ♁ ⊽ ⟲ ⊸ ♀	19.0↑ 30.0↓	✲ Tu 1 Druckw.-Reaktor	35000 1	.	Projekt 885 *Severodvinsk-Klasse*
24 SS-N-19 ⇨, 4 **TR** 65b↓, 4 **TR** 53.3b↓	⊤ ♁ ⊽ ⟲ ⊸ ♀	18.0↑ 29.0↓	✲ Tu 2 Druckw.-Reaktor	55147 2	.	Projekt 949 A. *Oscar-II-Klasse* Jeseits 12 ⇨ Rohre außerhalb des Druckkörpers/12 ⇨ tubes on either side and outside the pressure hull. Druckkörper/ pressure hull: 8.5 m Ø. Einige aufgelegt/some laid up. 06.99: Name: **Orenburg** gemeldet/reported
6 **TR** 53.3 b↓, 2 **TR** 40.6↓, 8 **TR** 53.3↓, SS-N-21	⊤ ♁ ⊽ ⟲ ⊸ ♀	16.0↑ 26.0↓	✲ Tu 2 Druckw.-Reaktoren	27500 2	.	Projekt 667-AT. Ex SSBN *Yankee Notch Klasse*
8 SS-N-9 ⇨, 6 **TR** 53.3 b↓	⊤ ♁ ⊽ ⟲	16.0↑ 23.0↓	✲ Tu 1 Druckw.-Reaktor	14705 1	.	Projekt 06704 - *Charlie-II-Kl.* Erprobungsträger für/trials ship for: SS-Nx-26 VLS⇧/ SS-NX-27
SS-N-21 ⇨, 4 **TR** 65, 8 **TR** 53.3 b↓, SS-N-15 ⇨, SS-N-16 ⇨	⊤ ♁ ⊽ ⟲ ⊸ ♀	18.0↑ 30.0↓	✲ Tu 2 Druckw.-Reaktor	35000 1	.	*Akula-II-Klasse* Projekt 971
SS-N-21 ⇨, 4 **TR** 65, 4 **TR** 53.3 b↓	⊤ ♁ ⊽ ⟲ ♀	16.0↑ 28.0↓	✲ Tu 2 Druckw.-Reaktor	35000 1	.	Projekt 971. *Akula-I/Akula-I-Mod* Akula-I-Mod: ab Bau Nr. 05/ from No. 05 onwards.
SS-N-21 ⇨, 5 **TR** 53.3, 2 **TR** 65, b↓	⊤ ♁ ⊽ ⟲ ♀	16.0↑ 33.0↓	✲ Tu Druckw.-Reaktor	33100 1	.	Projekt 945 B. *Sierra-II-Klasse* 1 aufgelegt/laid up
SS-N-21 ⇨, 2 **TR** 65, 6 **TR** 53.3, b↓	⊤ ♁ ⊽ ⟲ ♀	16.0↑ 33.0↓	✲ Tu Druckw.-Reaktoren	33100 1	.	Projekt 945 A *Sierra-I-Klasse*
2 **TR** 53.3, 4 **TR** 65, b↓, SS-N-15, 16, 21 ⇨, für/for **TR**	⊤ ♁ ⊽ ⟲ ♀	18.0↑ 30.0↓	2 ✲ Tu 1 Druckw.-Reaktor	22060 1	.	Projekt 671 RTM/RTMK *Victor-III-Klasse* RTMK=SS-N-21 ⇨
6 **TR** 53.3 b↓, SS-N-15 ⇨ [illegible]	⊤ ♁ ⊽ ⟲ ♀	. 22.0↓	DM ⇄ EM	~4000 1	6000	Projekt 677/*Lada-Klasse.* Verbessertes Sonar/improved sonar.

Anzahl-Art/ Number-Group	Schiffsnamen und Stapellauf/ Ship's Name and Launching	Baubeginn-Fertig- *Umbau*/On Keel- Completed-*Conv.*	Bauwerft/Builder	Wasser-verdrängung/ Displacement ts	Länge/Length m	Breite/Beam m	Tiefgang/Draft m	Besatzung/ Crew Bes
9 SS	**Vladikavkaz, B-187, 190, 401, B-402, 425, 437, 459,880** 1989-93	88/90 92/94	Adm. Werft, St. Petersburg Volga Zd., Nišnyi-Nov., S.Z., Komsomolsk n.A.	2350↑ 3120↓	73.8	9.9	6.6	38
16 SS ○	**Vologda, B-227, 229, 248, 260, B-345, 394, 404, 405, 439, 445, B-464, 470, 496, 806/Tur, B-871** 1980-90	78/80 89/91 83/84	Werft 199, Komsomolsk Adm. Werft, Leningrad Werft 112, Gorkij	2325↑ 3076↓	72.6	9.9	6.6	39
4 SS ○	**I-III** **IV** 1973-82	./73 ./83	Werft 112, Gorkij	3100↑ 3900↓	91.0	9.0	6.7	64
2 SS ○	**I-II** 1971	./71	Sudomech, Leningrad +Severodvinsk	1950↑ 2400↓	91.0	7.5	5.6	75

Forschungs- und Versuchs-Uboote/Research and Experimental Submarines

1 SS	**K-129** 03. 81	79/82 *93-98*	Werft 402, Severodv. *Rep. Werft, Yagriinsel*	~12000↑ 13600↓	~173.0	12.0	8.6	100
1 SS ○	**K-411** 1969	68/70 *87-90*	Werft 402, Severodv. *Severodvinsk*	.↑ 9408↓	162	11.7	8.3	106
1 SS ○	**KS-403** 1970	70/71 *82/83* *91/97*	Werft 402, Severodv. *Rep. Werft, Yagriinsel*	8675↑ 9190↓	152	11.7	7.9	120
3 SS	**AS-12**, **AS-...** **AS-...** 1991-a.St./o.St.	89/92 94/.	Sudomech, Leningrad Ver. Adm. Werft, St. Petersburg	800↑ 1200↓	45.0	6.0	5.1	25
3 SS	**AS-15, AS-16, AS-17** 1982-93	./84 ./90 ./94	Sudomech, Leningrad	.↑ 1400↓	69.0	7.0	6.5	
1 SS ○	**SS-533** 1986	85/87	Ver. Adm.W., Leningrad	1900↑ 2400↓	64.0	9.0	6.0	22
1 SS	**SS-310** 1968	/70	Werft 199, Komsomolsk	2400↑ 2900↓	73.3	9.8	7.3	60

Rettungs-Uboote/Rescue Submarines

1 SS	**BS-257** 1979	./80	Komsomolsk	3800↑ 4600↓	108	10.0	7.0	60

Bewaffnung/ Armament	Sensoren-Elektronik/ Sensors-Electronic	Geschwindigkeit/speed kn	Antrieb/Propulsion Maschine/Kessel Engines/Boilers Masch	Leistung/ Power kW 1 kW = 1.36 PS	Fahrstrecke/ Range sm	Sonstige Angaben/ Remarks
6 **TR** 53.3 b↓, 1 SA-N-10,	⊤ ♁ Y ⌒	12.0↑ 17.0↓	2 DM ⇝ 1 EM	2685↑ 4045↓	7500 7	Projekt 636 - *Kilo-II-Klasse*
6 **TR** 53.3 b↓,	⊤ ♁ Y ⌒	12.0↑ 17.0↑	2 DM ⇝ 1 DM	2685↑ 4045↓	6000 7	Projekt 877/877 KM - *Kilo-I-Klasse/class* **B-871:** Projekt 877 V: *Wasserstahlantrieb/ Pump Jet prop.*
10 **TR** 53.3↓ (6 b, 4 h), SS-N-15 ⇨	⊤ ♁ Y ⌒	16.0↑ 16.0↓	DM ⇝ EM	3800 3	.	Projekt 641 B/*Tango-Klasse* Rumpf mit Gummi beschichtet /hull sheathed in sonar-absorbent rubber. 1 Tango-Mod: towed array sonar.
10 **TR** 53.3↓ (6 b, 4 h)	⊤ ♁ Y ⌒	16.5↑ 15.6↓	DM ⇝ EM	4380 3970 3	20000 8	Projekt 641/*Foxtrot-Klasse* Tauchtiefe/diving depth: 300 m.
4 **TR** 53.3 b↓ 2 **TR** 40 b↓	⊤ ♁ Y ⌒ ⊟ ⌓	19.0↑ 24.0↓	⚙ Tu 2 Reaktoren	27500 2	.	*Delta-III-Stretch-Klasse* Basisschiff für/base ship for: SSAN: Paltus.
TR b↓ (?)	⊤ ♁ Y ⌒ ⊟ ⌓	15.0↑ 27.0↓	⚙ Tu 1 Druckw. Reaktor	27500 2.		Projekt 09774/*Yankee-Stretch-Klasse.* Basis Schiff für/base ship for: SSAN: Paltus.
5 **TR** b↓, ⇨	⊤ ♁ Y ⌒ ⊟ ⌓	18.0 27.0	⚙ Tu 1 Druckw. Reaktor	27500 2	.	Projekt 09780/ *Yankee-Big-Nose-Klasse.* Für Waffensystemerprobung/ for weapon systems trial.
.	⊤ Y ⊟ ⌓	. 25.0↓	⚙ Tu 1 Reaktor	11000 1	.	Projekt 10831/*Paltus-Klasse.* Tieftauchversuche mit SSAN Yankee-Stretch/deep sea trials with SSAN Yankee-Stretch. Titaniumrumpf/titanium hull.
	⊤ Y ⊟	10.0↑ 30.0↓	⚙ Tu Druckw.-Reaktor	7350 1	.	Projekt 1910/*Uniform-Klasse* 2: aufgelegt/laid up
	⊤ Y	10.0↑ 22.0↓	EM	4000 1	.	Projekt 1710/*Beluga-Klasse* **Masch:** Air-independent propulsion.
TR 53.3 b↓ **TR** 40.6↓	⊤ Y ⊟	14.0↑ 14.0↓	1 DM EM	4340 1	.	Projekt 690/*Bravo-Klasse* Schwarzmeerflotte Zielboot/target boat
—	⊤ ♁ Y ⌒	14.0↑ 10.0↓	DM EM	3600 3600 2	.	Projekt 940/*India-Klasse* Rettungsuboot/Rescue submarine - aufgelegt/laid up

Anzahl - Art/ Number - Group	Schiffsnamen und Stapellauf/ Ship's Name and Launching	Baubeginn - Fertig- *Umbau*/On Keel - Completed - *Conv.*	Bauwerft / Builder	Wasser- verdrängung/ Displacement ts	Länge/Length m	Breite/Beam m	Tiefgang/Draft m	Besatzung/ Crew Bes
Wachfahrzeuge/Patrol Ships								
7 PP ○	**Ajsberg, Ruslan, Anadyr** (ex Imeni XXV Sjezd KPSS), **Dunaj, Neva, Volga, Irtyš** (ex Imeni XXVI Sjezd KPSS) 1974-81	73/74 80/81	Admiralitätswerft, Leningrad	2700 3400	70.0	18.3	6.4	140
20 PP ○	**Sachalin, Kamšatka, Amur, Brest, Primorje, Ladoga, Zabaikalje, Bajkal** (ex Jan Berzin), **Chukotka, Zapolarje, Karelija, Bug, Ural, Jenisej, Viktor Kingisepp, Tajmir, Don,** Stavropol, I 1973-a.St./o.St.	./74 ./99	Jaroslavl	1210 1660	58.3	12.6	4.6	35

Im August 1998 wurde der Fischereischutz mit zahlreichen Schiffen dem Föderalen Seegrenzschutz unterstellt. — Morskaja Ochrana F.P.S. Rossii

Anzahl - Art/ Number - Group	Schiffsnamen und Stapellauf/ Ship's Name and Launching	Baubeginn - Fertig- *Umbau*/On Keel - Completed - *Conv.*	Bauwerft / Builder	Wasser- verdrängung/ Displacement ts	Länge/Length m	Breite/Beam m	Tiefgang/Draft m	Besatzung/ Crew Bes
4 PP ○	**Komandor, Škiper Gjek, Herluf Bidstrup, Mančur** 1988-90	87/89 89/90	Danyard, Frederikshavn	. 2440	88.3	13.6	4.7	42
2 PP	**Pluton, Strelets** 1978	77/78 ./78	St. Polnocna, Gdansk	. 2500	82.5	13.5	3.9	45 + 20
1 PP	**PRDK-179** 1984	./85	Kirov, Astrachan	380 472	39.1	8.1	2.9	15
Kleine Kampfschiffe/Small Fighting Vessels								
6 PG ○	**R-27, 262, I-III, R-44** 1977-82	./77 83	Išora, Kolpino	225 260	40.0	7.7 12.5	1.8	35
2 PC ○	**MPK-215** **MPK-220/Vladimirets** 1986-89	82/87 /91	Feodosia	320 400	50.0	10.0	2.8	45
1 PC ○	**Kunachovich** 1977	./78	Feodosia	. 440	50.0	8.5 13.0	2.0	45
9 PC ○	**P-101, 102, 104, 106, 107, P-109, 110, 117, 118** 1979-89	./79 89	Feodosia + ULISS, Vladivostok	180 230	40.3	8.0	1.9	30
2 PC	**TKA-94, I** 1972	./72 78	Leningrad	190 220	40.0	8.0 12.0	1.8 4.0	25
31PC ○	**Briz, Kanin, Kizljar, Koršun, Neptun, Almaz, Rubin, Vyborg, Sochi, PSKR-900-905, 907-912, PSKR-922, 930-932** ~1988-98	./89 /97	ULISS, Vladivostok + Jaroslavl, Petrovskij	. 400	49.5	9.2	2.5	28

Bewaffnung/ Armament	Sensoren-Elektronik/ Sensors-Electronic	Geschwindigkeit/speed kn	Antrieb/Propulsion Maschine/Kessel Engines/Boilers Masch	Leistung/ Power kW 1 kW = 1.36 PS	Fahrstrecke/ Range sm	Sonstige Angaben/ Remarks
2-7.6 $_2$, 2-3 $_6$ [1-SA-N-8 $_4$]		14.5	DM	3970 3	13000 9.5	Projekt 97-P, 97-AP/ *Susanin-Klasse/class* Seegrenzschutz/Border Guard - in derArktis/Arctic. -Deck achtern/aft.
4-3		14.0	2 DM	2130 1	6720 13	Projekt 1454 /*Sorum-Klasse* Seegrenzschutz/Border Guard

In August 1988 the Fishery Protection Agency was incorporated with numerous vessels into the Federal Border Guard — M.O.F.P.S.R.

Bewaffnung/ Armament	Sensoren-Elektronik/ Sensors-Electronic	Geschwindigkeit/speed kn	Maschine	Leistung/ Power	Range	Remarks
Helix		19.5	2 Pielstick-DM	5620 1	7000 19	Bugstrahlruder/bow thruster: 1100 kW. Fischereischutz/Fishery protection
6-2.5 $_2$		16.0	Skoda-Sulzer-DM + 2 EM	2650 + 220	8700 11	Projekt 862. Ex AGOR: *Yug-Klasse*
2-2.5 $_2$		10.4	DM	425 1	.	Projekt 2035 Kaspi-Fltl.
2 SS-N-2 C, 1-7.6 , 1-3 $_6$		40.0	DM	7940 3	650 20	Projekt 206 MR/*Matka-Kl.* - **R-44:** Projekt 206.6/*Matka-Mod.* **Bew.:** 8 SS-N-25 $_4$; mehrere aufgelegt/some laid up.
1-7.6 , 1-3 $_6$, 8 **UTR** 40 **IIII**		45.0	3 GTu + 2 DM	17650 + 5880 3	.	Projekt 1145/*Mukha-Klasse* Tragflügelboote/hydrofoil boats
2-3 $_6$, 8 Medvedka **IIII**		45.0	3 GTu + 2 DM	22060 + 2353 3	.	Projekt 11411/*Babochka-Kl.* Tragflügelboote/patrol hydrofoil.
1-7.6 , 1-3 $_6$, 2 **UTR** 40 **I**		40.0	GTu	17650 2	950 28	Projekt 133/*Muravey-Klasse* Tragflügelboot/hydrofoil boat.
2-5.7 $_2$, 2-2.5 $_2$, 4 **UTR** 53.3 **I**		42.0	DM	11030 3	650 20	Projekt 206-M/*Turya-Klasse* Kaspi-Fltl.
1-7.6 , 1-3 $_6$, 4 **TR** 40 **II**, 1 SA-N-5 $_4$		30.0	DM	14705 2	2200 7	Projekt 10410/*Svetlyak-Klasse* Seegrenzschutz/Border Guard Einige/some: **Bew:** 2-3 $_6$;

Anzahl-Art/ Number-Group	Schiffsnamen und Stapellauf/ Ship's Name and Launching	Baubeginn-Fertig-*Umbau*/On Keel-Completed-*Conv.*	Bauwerft/Builder	Wasser-verdrängung/ Displacement ts	Länge/Length m	Breite/Beam m	Tiefgang/Draft m	Besatzung/ Crew Bes
63 PP ○	**AK-314, 330, 332, 333, 342, 375,** **PSKR-653, 704, 712, 718, 724,** u.a./a.o. 1967-89	67/67 89/90	Petrovskij, Leningrad + Vladivostok	170 210	39.5	8.0	1.8	30
30 PP ○	**I-XXX** 1976-86	./86	USSR	45 60	24.6	5.2	1.0	8
27 PP ○	*Poluchat Klasse* 1956-60	.	Jaroslavl	70 90	29.6	5.8	1.5	15
~50 PP	*PO 2 Klasse* ~1950	.	USSR	55	21.0	3.5	1.0	8
3 PP	**P-201, 202, 203** ~1994	./95	Rybinsk	109 126	35.0	6.8	2.5	17
15 PP	**V-60, 64,** u.a./a.o. **TS-505** .	./94	Kamawerft, Perm	13	14.1	3.5	0.6	.
3 PP	**TS-100, I** **Petr Matvejev** 1996-a.St./o.St.	./97 ./98	Jaroslavl, Chabarovskij SSZ	98	35.4	8.3	2.0	15
1 PP	**I** 1997	./98	Zelenodolsk	8.3	11.7	3.1	0.5	.
4 PP	I-IV a.St./o.St.	98/.	Jaroslavl. SSZ	8.6	12.0	5.6	.	.

Für den Seegrenzschutz sind einige Boote der Projekte 12130 und 18623/Mustang 2 seit 1997 fertiggestellt oder im Bau.

Anzahl-Art/ Number-Group	Schiffsnamen und Stapellauf/ Ship's Name and Launching	Baubeginn-Fertig-*Umbau*/On Keel-Completed-*Conv.*	Bauwerft/Builder	Wasser-verdrängung/ Displacement ts	Länge/Length m	Breite/Beam m	Tiefgang/Draft m	Besatzung/ Crew Bes
8 PR	**PSKR 58, 59, 52, 53, 54,** **PSKR-55, 56, 57** 1979-84	./80 85	Chabarovsk	150 240	38.5	6.5	0.9	.
8 PR	**Vichr, Vjuga, Groza, Smerch, Tajfun,** **Uragan, Škval, Štorm** (ex 1975-84 MAK-2, 3, 4, 6, 7, 8, 10, 11)	./76 88	Chabarovsk	400	55.5	9.0	1.2	60
5 PR	**PSKR-482, 483, 484, 485,** **PSKR-486** 1978-83	./80 84	Chabarovsk	195	41.5	6.3	1.0	.
45 PR ○	**AK-208, 209, 223, 224, 225, 234,** **AK-245, 247, 248, 374, 407, 409,** **AK-489, 507, 508, 509, 582, 599,** **P-340, 351, 355, 368, 370, 372,** **P-374, 377,** u.a./a.o. 1965-70	./67 74	Werft 532, Kerč + Chabarovsk	40 60	28.0	4.4	1.0	15

Minensucher/Minesweepers

Anzahl-Art/ Number-Group	Schiffsnamen und Stapellauf/ Ship's Name and Launching	Baubeginn-Fertig-*Umbau*/On Keel-Completed-*Conv.*	Bauwerft/Builder	Wasser-verdrängung/ Displacement ts	Länge/Length m	Breite/Beam m	Tiefgang/Draft m	Besatzung/ Crew Bes
2 MB ○	**Železnjakov,** **Gumanenko** 1986-91	85/88 85/94	Sr. Neva, Kolpino	950 1150	66.5	11.0	3.5	38
1 MB ○	**Strelok** ~1979	75/80	Sr. Neva, Kolpino	650 750	61.0	9.6	3.3	40

Bewaffnung/ Armament	Sensoren-Elektronik/ Sensors-Electronic	Geschwindigkeit/speed kn	Antrieb/Propulsion Maschine/Kessel Engines/Boilers Masch	Leistung/ Power kW 1 kW = 1.36 PS	Fahrstrecke/ Range sm	Sonstige Angaben/ Remarks
4-3 $_{2}$, 4 **UTR** 40 I, 2	⊤ ⟡ ⊕ ∀ ⤺	36.0	DM	8825 3	450 34	Projekt 205 P/*Stenka-Klasse.* Mehrere aufgelegt/several laid up.
3 Mg $_{2,\ 1}$	⊤	34.0	DM	1765 2	1100 15	Projekt 1400. *Zhuk-Klasse.* Grenzwache/Border Guard
2-2.5 Mg $_{2}$, 2 Mg $_{2}$, 1 $_{16}$	⊤	20.0	DM	1765 2	460 17	Projekt 368 P. Mehrere Grenzwachen/several Border Guard
2 Mg $_{2}$	⊤	12.0	DM	220 1	.	Projekt 376 U. Mehrere Grenzwache/several Border Guard
1-3 $_{6}$, 2 Mg $_{1}$	⊤	45.0	2 DM	7940 2	1500 8	Projekt 14310/*Miraš-Klasse*
1-Mg	⊤	35.0	1 DM	735	200 35	Projekt 14081/14081 M *Sajgak-Klasse*
2-Mg $_{2}$	⊤	50.0	2 DM	5880 2	600 30	Projekt 14232/*Merkurij-Klasse* auch Zoll/also customs
1 Mg	⊤	30.0	2 DM	345 2	.	Projekt 14170 Seegrenzschutz/Border Guard
2 Mg $_{1}$	⊤	49.0	2 DTZ-DM	380	350	Projekt 20910; ACV

For the Border Guard some boats of projects 12130 and 18623/Mustang 2 have been completed or are under construction.

Bewaffnung/ Armament	Sensoren-Elektronik/ Sensors-Electronic	Geschwindigkeit/speed kn	Maschine	Leistung/ Power kW	Fahrstrecke/ Range sm	Sonstige Angaben/ Remarks
1-3 $_{6}$	⊤	17.0	DM	.	.	Grenzwache/Border Guard. Flußkampfboote/river patrol craft. Projekt 1249/*Piyavka-Kl.*
2-11.5, 2-3 $_{6}$, 2 Mg ,	⊤ ⊕ ⤺	14.0	DM	8385 3	1000 10	Projekt 1208/*Yaz-Klasse* Flußkampfboote/river patrol craft. Panzerkanone/tank gun
1-7.6 , 1-3 $_{6}$	⊤	18.0	DM	.	.	Projekt 1248/*Vosh-Klasse*
1-7.6, 2-2.5 $_{2}$, 5 Mg $_{5}$, 1 $_{18}$,	⊤ ⟡	22.0	DM	1765 2	600 10	Projekt 1204/*Shmel-Klasse* Flußkampfboote/ river patrol craft. Viele aufgelegt/many laid up
1-7.6 , 1-3 $_{6}$, 2 SA-N-8 $_{4}$	⊤ ⟡ ⊕ ∀ ⤺	17.0	DM	3675 2	.	Projekt 12660/*Gorya-Klasse* Minenjäger/minehunter
4-3 $_{2}$, 2 SA-N-8 $_{4}$	⊤ ⟡ ⊕ ∀ ⤺	17.0	DM	3535 2	2800 10	Projekt 2666/*Natya-II-Klasse* Alu-Rumpf/hull. Minenjäger/ minehunter.

Anzahl - Art/ Number - Group	Schiffsnamen und Stapellauf/ Ship's Name and Launching	Baubeginn - Fertig- *Umbau*/On Keel - Completed - *Conv.*	Bauwerft/Builder	Wasser- verdrängung/ Displacement ts	Länge/Length m	Breite/Beam m	Tiefgang/Draft m	Besatzung/ Crew Bes
22 MB ○	**V. Adm. Šukov, KAdm. Vlasov, Admiral Sokolov, KAdm. Choroškin, KAdm. Peršin, Artillerist, Navodchik, Radist, Zapal, Svjazist Pulemetchik, Raketchik, MT-264, 265, 417, 418, 461** Valentin Pikul, V.Adm. Zacharin 1970-90	./71 ./91 92/00	Srednij Neva, Kolpino + Werft 876, Chabarovsk	680 750	61.0	9.6	3.3	40
2 MB ○	**I, II** 1962-69	./62 69	Išora, Kolpino + Chabarovsk	400 460	52.0	8.8	2.0	45
57 MS ○	**Aleksej Lebedev, Sergej Kolbasev, Vladimir Poljuchin, BT-15, 21, 22, 31, 33, 48, 51, 96, 100, 109, 111, 114, 123, 132, 152, 206, 44, 94, 157, 212, 213, 215, 232, 241, 245, 150, 115, 246, 251, 252, 256,261, 263, 270, 285, 294, 295, 296, 298, 299, 300, 301, 302, 315, 317, 328, 329, 330, 340, 343, 350, 454, 732 PSKR-107** 1973-97	./74 ./92 ./97	Sr. Neva, Kolpino Werft 876, Chabarovsk	390 430	49.0	8.8	2.7	45
7 MS ○	*Vanya Klasse* 1961-70	./61 71	Išora, Kolpino + Vladivostok	220 250	40.0	7.3	1.8	30
14 MS ○	**RT-231, 233, 234, 249,252, 273, 57, 341, 756, 775, 248, I-III** 1987-a.St./o.St.	./87 .	Sr. Neva, Kolpino	100	31.0	6.2	1.6	10
27 MS ○	**RT-41, 52, 278, 402,403, 420, 439 471, 588, 823, 1202, I-XVI** 1970-85	./70 86	Išora, Kolpino	75 90	24.6	5.8	1.5	10
3 MS ○	**RT-139, 141, 254** 1974	./74	Išora, Kolpino	44 50	25.5	4.5	1.4	15
4 MS	**RT-171, 276, 344,700** 1978-79	./79 80	Sr. Neva, Kolpino	85 90	26.5	4.5	1.3	.
3 MS ○	**RT-46, 168, 293** 1966-69	./67 70	Išora, Kolpino	50 65	23.0	4.6	1.4	[6]
3 MS ○	**BT-44, 94, 115** 1976	./76	Sr. Neva, Kolpino	293 315	43.0	7.2	1.5	27
1 MS	**Barencevo More/MT-434** 1973	./85	Werft 136, Klaipeda	1800	59.0	13.0	5.1	39
1 MS	**BT-225** (ex ...) ?	./78	Werft 640, Sosnovka	. 210	25.3	6.8	2.5	10

Bewaffnung/ Armament	Sensoren-Elektronik/ Sensors-Electronic	Geschwindigkeit/speed kn	Maschine Kessel / Engines Boilers Masch	Leistung/ Power kW 1 kW = 1.36 PS	Fahrstrecke/ Range sm	Sonstige Angaben/ Remarks
4-3 ⛫$_2$, 4-2.5 ⛫$_2$, 2 SA-N-5 ⤒$_4$, 2 ✎$_5$ RBU 1200, ⌂	┬ ⌽ ⊕ ⩛ ↶	17.0	DM	3535 / 2	2800 / 10	Projekt 266 M/*Natya-I-Klasse* Aluminiumrumpf/Al-hull. 4 Einheiten/units **Bew:** Nur/only 1-3 ⛫$_6$ Mehrere Einheiten aufgelegt/ several units laid up.
4-3 ⛫$_2$, 2 SA-N-8 ⤒$_4$, ⌂	┬ ⌽ ⊕ ⩛ ↶	18.0	DM	2940 / 2	1100 / 18	Projekt 266/*Yurka-Klasse*
2-3 ⛫$_2$, 2-2.5 ⛫$_2$, ⌂	┬ ⌽ ⊕ ⩛ ↶	14.0	DM	1470 / 2	1500 / 10	Projekt 12650, 12655/ *Sonya-Klasse/class* Holzrumpf/wooden hull. Einige/several: 2 SA-N-5 ⤒$_4$, + 1-3 ⛫$_6$ Mehrere aufgelegt/ several laid up. **PSKR-107:** Seegrenzschutz/Border Guard: Kaspi. Fltl.
2-3 ⛫$_2$, ⌂	┬ ⌽ ⩛ ↶	16.0	DM	1620 / 2	1400 / 14	Projekt 257. D. Holzrumpf/ wooden hull. Mehrere aufgelegt/several laid up.
2-2.5 ⛫$_2$	┬ ⌽ ⩛	10.0	DM	660 / 2	.	Projekt 10750/*Lida-Klasse* Minenjäger/minehunters
2 Mg ⛫$_2$	┬ ⌽ ⩛	16.0	DM	880 / 2	1000 / 9	Projekt 1258/*Yevgenya-Klasse* Glasfiberrumpf/GRP hull. Mehrere aufgelegt/ several laid up
2-2.5 ⛫$_2$	┬ ⌽ ⩛	15.0	DM	440 / 2	500 / 10	Projekt 12592/*Olya-Klasse*
—	—	10.0	DM	200 / 1	.	Projekt 13000/*Tanya-Klasse* Ferngelenkt/radio-controlled; Drone
—	┬	12.0	DM	330 / 1	300 / 10	Projekt 14376/*Ilyusha-Klasse* Ferngelenkt/radio-controlled.
2-Mg ⛫$_2$	┬ ⩛	16.5	2 DM	1470	2	Projekt 696/696-DB. *Tolya-Klasse/class*
.	┬ ⩛	15.2	DM	1617 / 1	.	AX; 1999: In Reserve 2. Kat.
—	┬	9.5	DM	220 / 1	2200 / 9.5	Ex Trawler Baltika Klasse. Testship for conversion of trawlers to simple wire-sweep MS-AGE.

Anzahl - Art/ Number - Group	Schiffsnamen und Stapellauf/ Ship's Name and Launching		Baubeginn - Fertig- *Umbau*/On Keel - Completed - *Conv.*	Bauwerft/Builder	Wasser- verdrängung/ Displacement ts	Länge/Length m	Breite/Beam m	Tiefgang/Draft m	Besatzung/ Crew Bes
Landungsfahrzeuge/Landing Vessels									
1 LD ○	**Mitrofan Moskalenko**	 1989	85/90	Yantar, Kaliningrad	11000 13000	158	24.5	8.6	250
3 LS ○	**BDK-11, 122** **BDK 54/Azov**	 1990-91	90/91 88/90	St. Polnocna, Gdansk	3600 4100	113	15.0	3.6	70
18 LS ○	**Tsesar Kunikov, Aleksandr Šabalin, BDK-14 / Muchtar Avezov, BDK-32, BDK-46, 67, 105, 101, 43, 45, 55, 98, BDK-60, 91, 121, 181, 182 Kaliningrad** (ex BDK-58)	1973-86	/74 87	St. Polnocna, Gdansk	3600 4100	113	15.0	3.6	70
6 LS ○	**BDK-65** (ex Voronešskij Komsomoljets), **Donetzkij Šachter, Aleksandr Tortsev, Nikolaj Vilkov, Nikolaj Filčenkov, BDK-69**	1964-75	./66 75	Yantar, Kaliningrad	3400	114	15.5	4.5	75
5 LS ○	*Polnocny B Klasse*	1967-70	./68 71	St. Polnocna, Gdansk	890 1100	76.2	9.7	1.9	40
3 LS	*Polnocny A Klasse*	1963-66	.	St. Polnocna, Gdansk	780 1000	73.2	8.9	1.8	35
9 LC	**DKA-263, 286, 295, 304, DKA-325, 460,** u.a./a.o.	1977-79	./78 79	USSR	90 145	24.0	6.0	1.5	4
1 LC ○	**DK-747**	 1994	93/94	Volgawerft, Nišnij-Novgorod	53 105	25.6	5.87	1.5	4
4 LS ○	**MDK-97, 103, 106, 118**	1987-92	./88 /93	Dekabristov, St. Petersb. + Jušnaja Točka, Feodosia	350 550	57.6	21.5	2.0	31
7 LS ○	**MDK 88, 184, I-V**	 1972-83	68/71 84	Dekabristov, Leningrad	220 270	47.8	17.4	1.6	15
6 LC ○	**DK-458, 259, 285, 447, DK-323, 143**	 1982-90	./82 92	Jušnaja Točka, Feodosia + Werft 876, Chabarovsk	80 115	31.2	13.0	1.6	6
7 LC ○	**MDK-456, 379, 448, 457, 703, I, II**	1976	./76	Dekabristov, Leningrad + Feodosia	. 85	23.0	10.8	1.3	4

Bewaffnung/ Armament	Sensoren-Elektronik/ Sensors-Electronic	Geschwindigkeit/speed kn	Antrieb/Propulsion: Maschine/Kessel – Engines/Boilers – Masch	Leistung/Power kW 1 kW = 1.36 PS	Fahrstrecke/Range sm	Sonstige Angaben/ Remarks
2 SA-N-4 ⇑$_2$, 2 SA-N-5 ↥$_4$, 2-7.6 ⊿$_2$, 4-3 ⊿$_6$, 1 ↣ 20, 40 ⛟, [530], 3 ACV, 4 ⚳ Hormone C	┳ ⚲ ⌖ ⌖	24.0	GTu	14710 2	7500 16	Projekt 1174/*Rogov-Klasse*
1-7.6 ⊿, 2-3 ⊿$_6$, 20 ⛟, [230], [450 ts]	┳ ⚲ ⌖	18.0	4 DM	7355 2	6000 12	Projekt 775-III/*Ropucha-II-Kl.*
4-5.7 ⊿$_2$, 20 ⛟, [230], [450 ts]	┳ ⚲ ⌖	18.0	4 DM	7355 2	6000 12	Projekt 775/775-II/ *Ropucha-I-Kl.* Einige/some 4 SA-N-5 ↥$_4$ Einige aufgelegt/some laid up
2-5.7 ⊿$_2$, 2 ↣$_{12}$, 40 ⛟, [1700 ts]	┳ ⚲ ⌖	18.0	DM	5880 2	9000 16	Projekt 1171/*Alligator-Klasse* Bug- und Heckrampe, 4 Luken/ bow and stern ramp, 4 hatchways. **Bew: N. Vilkov, N. Filčenkov** 4-2.5 ⊿$_2$ zusätzlich. **AMT: N. Vilkov, N. Filčenkov** 4-2.5 ⊿$_2$ additional. Einige/ some 3 SA-N-5 ↥$_4$
4-3 ⊿$_2$, 2 SA-N-5 ↥$_4$, 2 ↣$_{18}$, 8 ⛟, [200 ts]	┳ ⌖	18.0	DM	3680 2	3300 14	Projekt 771/771A.
2-3 ⊿$_2$, 2 SA-N-5 ↥$_4$, 2 ↣$_{18}$, 8 ⛟, [200 t]	┳ ⌖	18.0	DM	3680 2	3300 14	Projekt 770 D/770 MD.
[2-3 ⊿$_6$], 1 ⛟	┳	10.0	DM	440 2	.	Projekt 1176/*Ondatra-Klasse* Laderaum/cargo well: 15 x 3.8 m
2 ⛟, [45 t]	┳	30.0	2 DM	4860 2	100	Projekt 11770/*Serna-Klasse*
2-3 ⊿$_6$, 2 SA-N-5 ↥$_4$, 2 ↣$_{12}$, 3 ⛟, [220]	┳ ⚲ ⌖	60.0	3 GTu	26110	300 55	Projekt 1232.2/*Pomornik-Kl.* Luftkissenboote/ACV. 2 GTu zusätzlich zum Herausheben/2 GTu additional for lifting: 17405 kW.
4-3 ⊿$_6$, 2 SA-N-5 ↥$_4$, 1 ⛟, [280]	┳ ⌖	65.0	2 GTu	17650 4	350 60	Projekt 1232.1/*Aist-Klasse* Luftkissenboote/air cushion vehicles. Bugrampe/bow ramp
2-3 ⊿$_6$, 8 Mg ⊿, 1 ⛟, [80]	┳	55.0	2 GTu	5880	200 55	Projekt 1206.1/*Tsaplya-Klasse*
2 Mg ⊿, [120]	┳	50.0	4 GTu	6100	250 50	Projekt 1206/*Lebed-Klasse* Luftkissenboote/ACV.

Anzahl - Art/ Number - Group	Schiffsnamen und Stapellauf/ Ship's Name and Launching	Baubeginn - Fertig- *Umbau*/On Keel - Completed - *Conv.*	Bauwerft/Builder	Wasser-verdrängung/ Displacement ts	Länge/Length m	Breite/Beam m	Tiefgang/Draft m	Besatzung/ Crew Bes

Hilfsfahrzeuge/Auxiliary Vessels

Viele der hier aufgeführten Einheiten sind nicht mehr einsatzbereit und aufgelegt, dies gilt besonders für Einheiten der Pazifikflotte. Andere Einheiten werden langfristig zivil verchartert.

3 AR ○	**Amga, Vetluga, Daugava** 1972-78	./73 81	K. Sormovo, Gorkij	4500 5500	104	18.0	4.4	200
1 AR ○	**PRTB-33** 1964	./64	Werft 444, Nikolaev	. 4500	113	14.9	4.4	150
3 AR ○	**PM 44, 131, VTR 93** 1962-78	./63 79	Werft 444, Nikolaev	. 4500	113	14.6	4.4	150
3 AR ○	**PM 12, 63, 74** 1983-90	82/84 88/91	Werft 444, Nikolaev	. 15000	137	22.0	7.0	260
22 AR ○	**PM 5, 9, 10, 15, 30, 37, 40, 49, 52, 56, 59, 64, 69, 73, 75, 86, 92, 97, 129, 138, 140, 156** 1968-88	./68 88	St. Warski, Szczecin	4000 5500	122	17.0	5.2	220
7 AR ○○	**PM 20, 26, 42, 51, 68, 146, 148** 1964-67	./64 69	St. Warski, Szczecin	2500 3000	91.0	12.2	4.0	100
1 AR ○	**Volga** 1966	65/68	Nosenko, Nikolaev	6700 9500	145	17.7	6.	300 + 400
1 AR ○	**PB-9** (ex Kamšatskij Komsomoljets) 1956	55/58	Nosenko, Nikolaev	5200 6950	140	17.6	6.8	300
1 AR ○	**ENS-348/Voron** 1975	./74 77	St. Warski, Szczecin	3900 5500	107	16.8	5.0	180
1 AR ○	**Alagez** 1982	./88 .	Werft 445, Nikolaev	19000 22500	172	24.5	8.5	370
1 AR ○	**SS-750** (ex KIL-140) 1989	./90	Neptun, Rostock	4600 6200	98.0	18.2	7.1	71
1 AR ○	**Karpatij** 1968	./69	61 Kommuna, Nikolaev	. 6250	130	19.0	6.5	270

Bewaffnung/ Armament	Sensoren-Elektronik/ Sensors-Electronic	Geschwindigkeit/speed kn	Antrieb/Propulsion Maschine/Kessel Engines/Boilers Masch	Leistung/ Power kW 1 kW = 1.36 PS	Fahrstrecke/ Range sm	Sonstige Angaben/ Remarks

Many of the below mentioned auxiliaries are not operational and laid up, this is particularly valid for the units of the Pacific Fleet. Other units are on long term charter to civilian users.

4-2.5 ⅄$_2$	┬ ⏀	16.0	DM	2940 2	4500 12	Projekt 1791/*Amga-Klasse* Flugkörpertransportschiffe/ missile support ships. II: ./6100 ts, Lg 110 m III: ./6400 ts, Lg 113m
2-5.7 ⅄$_2$, 4-2.5 ⅄$_2$	┬ ⏀	14.0	DM	3680 2	6000 10	Projekt 2001 M/*Lama-Mod-Kl.* 2 Kräne/ cranes à 5.7 ts
8-5.7 ⅄$_{4\cdot2}$, 2-4 SA-N-5 ↥$_4$	┬ ⏀ ⌽	14.0	DM	3680 2	6000 10	Projekt 323/*Lama-Klasse* **Bew** unterschiedlich/**AMT** differs. I: 2-5.7 ⅄$_2$, 4 ↥$_4$. 2 Kräne/ cranes à 10 ts
[4-3 ⅄$_6$]	┬	17.0	GTu	5880 2	10000 14	Projekt 2020/*Malina-Klasse* 2 Kräne/cranes à 25 ts
—	┬	18.0	2 DM	2940 1	13000 8	Projekt 304/304 M/*Amur-Kl.* Werkstattschiffe/repair ships. Mehrere aufgelegt/ several laid up
—	┬	12.0	DM	3535 1	9000 8	Projekt 301 M/*Oskol-Klasse* Einige aufgelegt/some laid up
8-5.7 ⅄$_2$, 2 SA-N-5 ↥$_4$	┬ ⏀ ⌽ ⤳	17.0	4 DM	5880 2	10000 12	Projekt 1886.2/*Ugra-Klasse* Uboottender/Submarine tender
4-10, 8-5.7 ⅄$_2$	┬ ⏀ ⌽- ⌽ ▽ ⤳	20.0	4 DM	10300 2	9500 16	Projekt 310/*Don-Klasse/class* Uboottender/Submarine tender
—	┬	14.0	DM	3310 1	7000 12	Projekt 802. Batterieladeschiffe/ generator station ships *Tomba-Klasse/class*
[4-3 ⅄$_6$ oder/or 8-3 ⅄$_2$], 1 Hormone	┬	17.0	4 DM	18000 1	10000 16	Projekt 537/*Elbruz-Klasse* Uboot-Bergungsschiff/ Submarine salvage vessel
2 Minisubs	┬	14.0	4 Wärtsilä- ⇢ DM	18000 2	.	Projekt 141/*Kashtan-Klasse* Tiefseerettungsschiff/ Deep sea rescue vessel
—	┬	16.0	DM	5880 2	8000 14	Projekt 530/*Nepa-Klasse* Allzweck-Bergungsschiff/ all-purpose salvage ship. Rettungsglocke. 2 Tauchboote/ Rescue bell. 2 submersibles

Anzahl - Art/ Number - Group	Schiffsnamen und Stapellauf/ Ship's Name and Launching	Baubeginn - Fertig- *Umbau*/On Keel - Completed - *Conv.*	Bauwerft / Builder	Wasser- verdrängung/ Displacement ts	Länge/Length m	Breite/Beam m	Tiefgang/Draft m	Besatzung/ Crew Bes
3 AR ○	**Vladimir Trefolev, SS-83** **Epron** 1960-68	./60 68	Nikolaev	2800 3300	90.2	14.3	5.5	120
2 AR	**Chibinyj, SS 51** ~1960	./61 62	Werft 363, Leningrad	815 930	71.7	9.6	2.7	60
1 AR	**Kommuna** (ex Volchov) 1913	12/15 *50/51* *80/84*	Putilov, St. Petersburg *De Schelde, Vlissingen* *Sevastopol*	2400	96.2	20.3	4.6	250
2 AR ○	**Alambay, Don** 1964-69	./65 ./70	Sr. Neva, Kolpino	1900	62.5	10.7	4.3	50
Führungsschiffe/Command Ships								
3 AG ○	**Apšeron, Dauria,** **Sevan** 1963-66	./64 68	Ždanov, Leningrad	6100 9650	122	16.8	7.3	150
Versuchsschiffe/Trials Vessels								
4 AG ○	**Michail Rudnickij, Georgij Kozmin,** **Georgij Titov, Sajanyj** 1978-82	./79 84	Vyborg	8500 12170	130	17.3	6.9	75
1 AG ○	**Kamchatka/SSV 679** 1985	83/87	Werft 444, Nikolajev	5500 6500	106	18.0	6.0	152
1 AG	**OS 572** 1986	./87	Werft 345, Jaroslavl	1210 1660	58.3	12.6	4.6	.
3 AG	**OS 124, 138, 145** 1971-74	./72 ./75	Zelenodolsk	750 850	72.1	9.4	2.5	30
Raketenortungs- und Flugkörperbeobachtungsschiffe/Missile Range Instrumentation Ships								
1 AG	**Maršal Krylov** 1987	82/89	Adm. W., Leningrad	. 25000	214	27.1	7.5	500
2 AG ○	**Sachalin, Spassk** (ex Sučan) ~1957	. *~60*	Warski, Szczecin	. 7800	108	14.5	7.0	200
Aufklärungsschiffe/Intelligence Collectors — AGI. ELINT-Electronic intelligence, SIGINT-Signal intelligence.								
3 AG ○	**SSV-493/Asia, SSV-80,** **SSV-571/Belomorje** 1980-85	78/81 82/88	Yantar, Kaliningrad	4500 5400	105	15.5	6.0	200
7 AG ○	**SSV-520/Meridian, SSV-535/Karelija,** **SSV-169/Tavrija, SSV-201/Priazovje,** **SSV-208/Kuril, SSV-175/Odograf,** **SSV-231/Pelengator** 1984-883	84/86 87/89	St. Polnocna, Gdansk	2690 3470	94.4	14.6	4.5	146
2 AG ○	**SSV 591/Kavkaz,** . **SSV 590/Krym** 1970	./70	Nosenko, Nikolaev	3400 4800	84.7	14.0	5.5	160

Bewaffnung/ Armament	Sensoren-Elektronik/ Sensors-Electronic	Geschwindigkeit/speed kn	Antrieb/Propulsion Maschine/Kessel Engines/Boilers Masch	Leistung/ Power kW 1 kW = 1.36 PS	Fahrstrecke/ Range sm	Sonstige Angaben/ Remarks
[4-5.7 $_2$]		20.0	4 DM	5880 2	10000 16	Projekt 527/*Prut-Klasse* Uboot-Bergungsschiffe/ submarine salvage vessels
[1-3.7]		17.0	DM	2940 2	2500 12	Projekt 532 A/*T 58-Klasse.* Rettungskammer mittschiffs/ rescue chamber amidship
—		10.5	2 DM	882 2	1700 6	Bergungsschiff/ Salvage lifting ship. Schwarzmeerflotte/Black Sea
—		12.0	2 DM	735 1	2000 11	Projekt 1852/*Luza-Klasse* Bergungsschiff/Salvage vessel + Minisub Poisk-6
1 Hormone		15.0	B & W-DM	3820 1	8000 15	Projekt 596 P. *Vytegrales-Mod-Klasse*
1 Minisub		16.0	DM	4930 1	9500 15	Projekt 05360/05361 *Rudnitsky-Klasse/class* Aufbauten unterschiedlich/ superstructures differ.
2-3 $_6$, 2 SA-N-5 $_4$, 2 Hormone C		18.0	4 DM	5880 1	.	Projekt 1288.4/*Kamchatka-Kl.*
.		14.0	2	2130 1	6720 13	Projekt 1454/*Sorum-Mod-Kl.* Testschiff. AGE
1 **TR** 53.5, 1 **UTR** 40.6		17.0	2 DM	2940 2	2500 12	Projekt 1236/*Potok-Klasse* Torpedoversuchsschiff/ Torpedo Experimental Ships
[6-3 $_6$], 2-4	.	21.0	GTu	39705 2	.	Projekt 1914/*Nedelin-Klasse*
1 Hormone		13.0	Tu	1840 1	11800 12	Projekt 1129/*Sibir-Klasse*
SSV = *Sudno Svjazyj* (Communication Vessel), GS = *Gidrograficeskoje Sudno* (Hydrographic Survey Ship)						
1-3 $_6$, 2 SA-N-5 $_4$		22.0	2 DM	13235 2	7000 16	Projekt 1826. *Balzam-Klasse/class*
2-3 $_6$, 2 SA-N-5 $_4$		16.0	DM + EM	+ 3240 210 2	7000 14	Projekt 864/864 B. *Vishnya-Klasse/class*
2 SA-N-8 $_4$		13.0	DM	2940 1	18000 12	Projekt 394 B/*Primorye-Kl.*

Anzahl - Art/ Number - Group	Schiffsnamen und Stapellauf/ Ship's Name and Launching	Baubeginn - Fertig- *Umbau*/On Keel - Completed - *Conv.*	Bauwerft/Builder	Wasser- verdrängung/ Displacement ts	Länge/Length m	Breite/Beam m	Tiefgang/Draft m	Besatzung/ Crew Bes
5 AG ○	**SSV 506/Nachodka, SSV 509/Pelorus, Ekvator, Kildin, Liman** 1968-70	./68 /70	St. Polnocna, Gdansk	1250 1550	73.3	10.8	4.0	80
3 AG ○	**GS 7, 19, 39** ~1980	./81	Kiev	. 1200	53.7	10.5	4.3	45
2 AG ○	**SSV 704** (ex SSV 328, ex Yug) **Temryuk** (ex SSV 703, ex Mangyšlak) 1977-83	./77 *./83* *89-96*	St. Polnocna, Gdansk	. 2700	82.5	13.5	3.9	45
Ozeanographische Forschungsschiffe — Marine/Oceanographic-Research Ships — Navy-AGOR								
3 AG ○	**Admiral Vladimirskij, Akademik Krylov, Leonid Demin** 1974-78	./74 80	Warski, Szczecin	6600 9100	147	18.6	6.3	90
3 AG ○	**I** (ex Abchazija), **Adšarija, Moldavija** 1970-72	./71 73	M. Thesen W., Wismar	5500 7500	125	17.0	6.0	105
4 AG ○	**Andrej Vilkickij, Boris Davidov, Fedor Litke, Semen Dežnev** 1963-68	.	Warski, Szczecin	2670 3020	90.0	13.0	4.6	50 + 70
13 AG ○	**Vize Admiral Voroncov** (ex Briz), **Donuzlav, Gals, Gidrolog, Gorizont, Maršal Gelovani, Nikolaj Matusevič, Pegas, Persej, Senež, Stvor, Tajga, Vizir** 1976-82	./77 84	St. Polnocna, Gdansk	. 2500	82.5	13.5	3.9	45 + 20
2 AG	**Bajkal, Poljus** 1961-64	./62 64	Neptun, Rostock	4550 6900	112	14.4	6.7	145 + 75
2 AG	**Ajanka, Alonka** 1968	./69	Petrozavod, Leningrad	950	47.6	10.4	4.1	36
1 AG ○	**Vladimir Kavrajskij** 1972	./73	Adm. Werft, Leningrad	. 3900	73.0	18.1	5.5	60
Hydrographische Vermessungsschiffe — Marine/Hydrographic Survey Ships -Navy — AGS. GS *= Gidrograficheskoye Sudno,*								
2 AG ○	**Sibirjakov, Romuald Muklevič** 1989-90	./90 90/91	St. Polnocna, Gdansk	. 3420	76.0	12.0	4.0	58 + 12
20 AG ○	**GS 44, 47, 84, 86, 87, 260, 270, 272, 278, 296, 297, 301, 388, 397-400, 403-405** 1977-82	./79 83	St. Polnocna, Gdansk	1200	61.3	11.8	3.3	30
12 AG ○	**Arktika, Antarktida, Moržovjets, Krilon, Cheleken, Elton, Antares, Andromeda, Mars, Askold, Kolguev, Rybachij** 1967-72	./67 ./73	St. Polnocna, Gdansk	1250 1580	73.0	10.5	4.0	56

Bewaffnung/ Armament	Sensoren-Elektronik/ Sensors-Electronic	Geschwindigkeit/speed kn	Antrieb/Propulsion Maschine/Kessel Engines/Boilers Masch	Leistung/ Power kW 1 kW = 1.36 PS	Fahrstrecke/ Range sm	Sonstige Angaben/ Remarks
2 SA-N-8 ↥ 4	⊤	15.0	Sulzer-DM	2650 2	8000 11	Projekt 861 M/*Moma-Klasse* **Kildin, Liman, Pelorus:** *Moma-Mod:* verbesserte Elektronik/improved electronics
—	⊤	13.0	DM	970 1	7600 13	Projekt 503/*Alpinist-Mod*
[4 Mg 2]	⊤ Y	16.0	Skoda-Sulzer-DM + 2 EM	2650 + 220	8700 11	Projekt 08622/*Yug-Mod-Kl.*
1 🚁 Hormone	⊤	20.5	4 DM	11770 2	23000 15	Projekt 852/*Krylov-Klasse* 🚁-Plattform achtern/aft.
1 🚁	⊤	18.0	MAN-DM	5880 2	20000 15	*Abkhaziya-Klasse* Projekt 976. 🚁-Plattform/ achtern/aft. Teleskop-Hangar
	⊤ ♁	17.0	Skoda-Sulzer-DM	3880 2	11000 14	Projekt 850/*Zubov-Klasse* 3: aufgelegt/ laid up
[6-2.5 2]	⊤	16.0	Skoda-Sulzer-DM + 2 EM	2650 + 220	8700 11	Projekt 862/*Yug-Klasse* EM für Langsamfahrt/for slow-speed. Bugstrahlruder/ bow thruster. Fast alle aufgelegt/nearly all laid up
—	⊤	13.5	4 ↠ DM	2940 2	25000 12	Projekt 1537/15371/*Polyus-Kl.* 🚁-Plattform achtern/aft
.	⊤ Y	12.5	2 DM	1100 1	6000 13	Projekt 733 P/ *Okhtensky-Mod-Klasse*
—	⊤	14.0	3 ↠ DM	3530 2	13900 9.5	Projekt 97 P. Verbesserte/ modified *Nikitich Klasse.* Für Arktis/for Arctic Sea

GPB = Gidrograficheskoye Pribezhnyy Bot

[1-3]	⊤	14.0	2 Sulzer-DM + 2 DM	4800 + 840 2	11000 14	Projekt 865/*Sibiryakov-Klasse*
—	⊤	13.0	C.-Sulzer-DM	1410 2	3000 13	Projekt 872/*Finik-I-Klasse* Verbesserte/improved Biya Klasse. Für Langsamfahrt/ for slow speed: 2 EM à 75 kW. Viele aufgelegt/many laid up
—	⊤	17.0	Skoda-Sulzer-DM	3000 2	8700 11	Projekt 861/*Moma-Klasse* **Ribachij, Kolguev:** *Moma Mod* Einige aufgelegt/some laid up

Anzahl - Art/ Number - Group	Schiffsnamen und Stapellauf/ Ship's Name and Launching	Baubeginn - Fertig- *Umbau*/On Keel - Completed - *Conv.*	Bauwerft/Builder	Wasser- verdrängung/ Displacement ts	Länge/Length m	Breite/Beam m	Tiefgang/Draft m	Besatzung/ Crew Bes
6 AG ○	**Deviator, Gigrometr,** **Glubomer, Gradus,** **Vajgaš, Vostok** 1962-64	./62 64	St. Polnocna, Gdansk	1050 1280	60.4	10.5	3.5	45
11 AG ○	**GS-182, 192, 198, 200, 202, 206,** **GS-210, 214, 269, 271, 204** 1970-74	69/70 /74	St. Polnocna, Gdansk	. 750	55.0	9.2	2.5	25
8 AG ○	**GS-66, 74, 107, 113, 118,** **GS-199, 207, 211** 1968-69	./69 70	St. Polnocna, Gdansk	700 950	53.5	9.1	2.6	25
2 AG	**GS 525, 526** 1985	85/85	Rauma-Repola	. 1000	50.0	10.5	2.3	30
2 AG	**Uglomer, GS 115** ~1970	. *88-89*	Nachodka *Kaliningrad*	750	50.0	9.0	3.8	.
1 AG ○	**GS-439** (ex BGK-1701) 1996	./96	Rybinsk	310 385	39.8	7.8	2.2	22
11 AG	**KRCH-1, 213, 321, 528, 536, 559,** **KRCH-579, 959, 1374, 1668, 1884** 1986-89	./87 /89	Werft 640, Sosnovka	. 270	46.0	6.0	2.0	20
~50 AG	**BGK-86, 176, 188, 214, 248, 312** **BGK-466, 477, 585, 586, 767, 775,** **BGK-1631,** u.a./a.o. 1955-60	.	Rybinsk	120	29.0	5.0	1.7	15

Geräuschmeßschiffe/Noise Measurement Ships — GKS = *Gidroakusticheskoye Kontrol'noye Sudno,*

12 AG ○	**SFP-95, 240, 283, 286,** **SFP-173, 177, 295, 511, 542, 562,** **Akademik Semenichin, Akademik** **Isanin** 1970-93	./73 93	Werft 340, Zelenodolsk	1925 2200	81.0	11.0	4.2	45
5 AG	**I-V** 1950-58	.	USSR	500 570	59.1	8.7	2.1	65

Versorger/Support ships

1 AK	**Jauza** ~1974	./75	Cherson	9500 15100	133	18.9	9.1	100
1 AK	**Jamal** (ex Tosnoles) 1963-66	./64 *93-95*	Ždanov, Leningrad *Kaliningrad*	6100 9650	122	16.8	7.3	150
9 AK ○	**Neon Antonov, Vasilij Sudsov,** **Ivan Evteev, Ivan Lednev,** **Michail Konovalov, Nikolaj Sipjagin,** **Nikolaj Staršinov, Sergej Sudeckij,** **Vjačeslav Denisov** 1977-83	./77 84	Nikolajevsk n.A.	4800 5600	95.0	16.5	6.5	60
3 AK	**Bira, Irgiz, VTR 12** 1958-61	./58 .	Angyalföld, Budapest	1400 2000	75.0	11.3	4.4	50

Bewaffnung/ Armament	Sensoren-Elektronik/ Sensors-Electronic	Geschwindigkeit/speed kn	Antrieb/Propulsion: Maschine/Kessel, Engines/Boilers, Masch	Leistung/ Power kW (1 kW = 1.36 PS)	Fahrstrecke/ Range sm	Sonstige Angaben/ Remarks
—	⊤	15.5	Skoda-Sulzer-DM	2210 2	6200 11	Projekt 860/860 B/*Samara-Kl.* Einige aufgelegt / some laid up I: M.O.F.P.S.R.
—	⊤	13.0	DM	880 2	4700 11	Projekt 871/*Biya-Klasse* Einige aufgelegt/some laid up
—	⊤	13.5	DM	1300 2	4000 10	Projekt 870/*Kamenka-Klasse* Einige aufgelegt/some laid up
—	⊤	11.5	DM	880 2	.	*Vinograd-Klasse/class*
—	⊤	11.0	DM	400 1	11000 7.5	Projekt 1824 B/*Muna-Klasse*
—	⊤	11.5	2 ⇝ DM	588 2	.	Projekt 16611/*Iva-II-Klasse*
—	⊤	30.0	2 DM	7350 2	.	Projekt 1388-R/*Shelon-Klasse*
—	⊤	12.0	DM	330 1	1600 10	Projekt 1896 U/*Nyriat-Klasse* Für Flachwasser/for inshore operations. Viele aufgelegt/many laid up
SFP = *Sudno Fizicheskiy Poley*						
—	⊤	20.0	2 GTu	5880	.	Projekt 18061/*Onega I, II-Kl.* Hydroakustische Überwachungsfahrzeuge/hydro-acustic (noise) monitoring ships: GKS. Mehrere aufgelegt/ several laid up.
—	⊤	14.0	DM	1620 2	1600 10	Projekt 513-M/*T 43-Klasse* **GKS - ...**
[6500 ts]	⊤	15.0	⇝ DM	6620 1	10000 15	Projekt 550/*Amguema-Klasse*
.	⊤	15.0	B & W-DM 1	3820 15	8000	Projekt 596/*Vytegrales-Klasse*
[2-3 ◣$_2$, 4 Mg ◣$_2$, 2 SA-N-5 ↥$_4$], [2500 ts]	⊤	17.0	DM	3700 2	8750 14	Projekt 1595/*Antonov-Klasse* Grenzwache/Border Guard mehrere aufgelegt/several laid up. **Irbit:** Marine/Navy 99: verkauft/sold.
[6-3.7 ◣$_2$], [1000 ts]	⊤	11.0	DM	735 1	6000 11	*MP-6 Klasse*/ Projekt 512.

Anzahl - Art/ Number - Group	Schiffsnamen und Stapellauf/ Ship's Name and Launching	Baubeginn - Fertig- *Umbau*/On Keel - Completed - *Conv.*	Bauwerft/Builder	Wasser- verdrängung/ Displacement ts	Länge/Length m	Breite/Beam m	Tiefgang/Draft m	Besatzung/ Crew Bes
4 AK	**Jeruslan, Onega,** **Teriberka, Tuloma** 1962-66	./62 66	Georgiu Dey, Budapest	1300 2100	78.5	10.5	4.6	26
2 AR	**Choper, Indigirika** ~1954	./54 55	Gdynia	. 1200	57.6	9.0	4.4	.
5 AK ○	**PSKR-491, Jurga, Kanin,** **Archangelsk,** **Chanty-Mansijsk** 1995-97	./98 ./95	NPO-Zvesdochka, Severodvinsk	748 920	45.5	8.8	2.5	22
1 AK	**Onda** 1958	./58	Neptun, Rostock	4300 6740	104	14.4	6.4	50
2 AK ○	**Turgaj, Ufa** (ex Pinega), 1975-76	./75 76	Turnu-Severin	. 2800	88.8	12.8	5.0	35
7 AK	**Išim, Lama, Mius, Neman,** **Rioni, Ulma, Vytegra** 1962-73	./62 73	Werft 302, Kiev	1050	54.3	9.3	3.6	32
11 AK ○	**VTR-28, 48, 76, 81, 82, 83,** **VTR-85, 86, 91, 92** 1962-73 **MRT-148**	.	Nachodka + Nikolajev	750	50.0	9.0	3.8	40
5 AO ○	**Boris Butoma, Sergej Osipov** (ex Dnjestr) **Genrich Gassanov, Ivan Bubnov,** **Vladimir Kolečickij** 1972-77	./71 78	Balt. Werft, Leningrad	8700 24500	162	21.4	11.0	100
1 AO ○	**Dubna** 1974	72/74	Rauma — Repola	4300 13000	130	20.0	7.0	80
5 AO ○	**Egorlyk, Ilim, Kola, Prut** **Jelnja** 1967-72	./69 73	Rauma — Repola	5500 7400	106	15.5	6.5	60
4 AO ○	**Dunaj, Lena, Šeksna,** **Terek, Višera** 1962-64	./62 65	Vyborg	5500 7100	122	15.8	7.0	85
2 AO	**Iman, Olekma,** 1966	. *78-79*	Rauma — Repola	. 6700	105	15.0	7.0	40
1 AO ○	**Zolotoi Rog** 1960	./60	Rauma — Repola	. 6700	105	14.8	6.0	40
1 AO	**Vjazma** 1982	82/83	Rauma — Repola	. 8700	115	17.0	7.0	32
3 AO	**Jachroma, Konda, Rossoš** 1955-65	.	Turku	1180 2000	69.0	10.0	4.4	25
5 AO ○	**Čeremšan, Orša, Seima,** **Sos'va, Sysola** 1957-61	.	Ždanov, Leningrad	850 1530	67.5	10.0	4.5	30

Bewaffnung/ Armament	Sensoren-Elektronik/ Sensors-Electronic	Geschwindigkeit/speed kn	Antrieb/Propulsion: Maschine/Kessel – Engines/Boilers	Leistung/Power kW (1 kW = 1.36 PS) / Masch	Fahrstrecke/Range sm	Sonstige Angaben/ Remarks
[1100 ts]	⊤	12.0	DM	735 1	4200 11	Projekt 1849/*Keyla-Klasse* Jeruslan, Onega: *Keyla-Mod*
[1-3.7 ∡]	⊤	11.0	DM	440 1	2500 10	Typ B 53/*Melitopol-Klasse*
—	⊤	10.5	2 DM	1176	4000	Projekt 16900 A Seegrenzschutz/Border Guard
—	⊤	14.0	DM	2390 1	6000 13	Projekt 1850/*Andizhan-Klasse*
—	⊤	13.0	Sulzer-DM	1530 1	4000 12	Projekt 740/2/*Partizan-Klasse* Kleine Containerschiffe/ small container ships
—	⊤	11.0	DM	590 1	9400 11	Projekt 502 R/*Mayak-Klasse* Kühlschiffe/refrigerated vessels. Ex trawler
—	⊤	11.0	DM	400 1	11000 7.5	Projekt 1823/*Muna-Klasse* Für Torpedotransport + SAM↑. Einige aufgelegt/some laid up.
[4-5.7 ∡$_2$]	⊤ ♁	17.0	DM	7060 1	10000 16	Projekt 1559 W/*Chilikin-Kl.* 13000 ts **Ö/F**, 400 ts Munition/ ammunition, 400 ts Lebens- mittel/provisions.
—	⊤	16.3	Russkij-DM	4410 1	8000 15	Beölung über Heck und Seite/ refuel on beam or stern. 7000 ts Öl/oil, 300 ts Trink- wasser/fresh water, 1500 ts Versorgungsgüter/stores.
—	⊤	13.3	B & W-DM	2130 1	8600 12	Projekt 160/*Altaj-Klasse* Für Querabversorgung/for alongside replenishment. 4400 ts Öl/oil
[8-5.7 ∡$_2$]	⊤	17.0	DM	5880 2	4000 17	Projekt 577/*Uda-Klasse* Beölung über Heck und Seite/ refuel on beam or stern.
—	⊤	13.5	B & W-DM	2130 1	8000 13	Projekt 92/*Olekma-Klasse* 4500 ts Öl/oil
—	⊤	13.5	B & W-DM	2130 1	8000 13	Projekt 92/*Pevek-Klasse* 4500 ts Öl/oil.
—	⊤	14.0	B & W-DM	2575 1	5000 14	*Kaliningradneft-Klasse* 3 Treibstoffstationen/ 3 liquid replenishment stations. 5400 ts Öl/oil
—	⊤	13.0	DM	1180 1	2520 11.5	*Konda-Klasse/class* Beölung über Heck/refueling over stern.
—	⊤	13.0	DM	1180 2	2500 12	Projekt 437 M/*Khobi-Klasse*

Rußland / Russia

Anzahl - Art/ Number - Group	Schiffsnamen und Stapellauf/ Ship's Name and Launching	Baubeginn - Fertig- *Umbau*/On Keel - Completed - *Conv.*	Bauwerft / Builder	Wasser- verdrängung/ Displacement ts	Länge/Length m	Breite/Beam m	Tiefgang/Draft m	Besatzung/ Crew Bes
1 AO ○	**Soveckij Pogranichnik** ~1963-64	./.	Zaliv, Kerč	. 2920	83.6	12.0	4.9	30
4 AO	**BNS-180150, 181150,** **BNS-182150, 183150** 1974-75	./75 ./76	USSR	600	57.8	9.5	1.2	7
2 AO ○	**Amur, Pinega** 1985	./86 87	Vyborg	6500	120	17.5	5.8	100
6 AO	**TNT 11, 12, 19, 25, 27, 29** ~1965-74	./67 75	Srednij Neva, Kolpino	. 2050	73.1	13.0	5.0	30
4 AO ○	**Arigvi, Barguzin,** **Kama, Selenga** ~1960-68	./63 70	Sr. Neva, Kolpino	. 1900	62.5	10.7	4.3	60
1 AO ○	**Tagil** 1976	./77	Vyborg	. 7800	116	16.0	6.5	90
7 AO	**MVT-9, 16, 20, 136,** **MVT-138, 148, Abakan** 1956-60	./56 .	Zaliv, Kerč	2100 3000	81.5	11.5	4.5	40

Bergungsschlepper/Salvage Tugs/*SB = Spastel'noye Buksir,* **Hochseeschlepper/Seagoing Tugs/**

Anzahl - Art/ Number - Group	Schiffsnamen und Stapellauf/ Ship's Name and Launching	Baubeginn - Fertig- *Umbau*/On Keel - Completed - *Conv.*	Bauwerft / Builder	Wasser- verdrängung/ Displacement ts	Länge/Length m	Breite/Beam m	Tiefgang/Draft m	Besatzung/ Crew Bes
1 AT ○	**Nikolaj Čiker/SB 131** 1988	86/89	Hollming, Rauma	7000	98.0	19.5	7.1	51 + 20
3 AT	**SB 406, 921, Šakter** (ex 922) 1983-85	82/84 84/85	Rauma-R. Uusikaupunki	. 3300	69.2	15.4	5.1	43 + 10
11 AT ○	**MB 15, 35, 36, 38, 105, 119,** **SB 365, 521-523, 931** 1977-83	76/77 81/82 82/83	Rauma — Repola, Uusikaupunki	. 2240	63.5	14.5	5.1	43
20 AT ○	**MB 4, 6, 13, 19, 25, 26, 28, 31, 37,** **56, 58, 61, 76, 99, 100, 106, 110,** **147, 148, 307** 1972-91	./73 92	Leningrad + Nikolaev + Rauma-Repola	1210 1660	58.0	12.6	4.6	35
4 AT ○	**Alatau, Mašuk, Pamir, Altaj** (ex Karabach) 1971-86	./72 88	Adm. Werft, Leningrad	3200 4000	92.8	15.5	5.9	53
4 AT	**PZHS-64, 92, 95, 219** 1978-80	./79 ./81	Sr. Neva, Kolpino	940 1200	65.5	10.2	3.7	38
9 AT	**PZHS-96, 98, 123, 128, 551,** **PDS-124, 209, 273** **KPZHS-279** 1970-78	./70 ./78	Sr. Neva, Kolpino	920 1100	62.6	10.2	3.1	30
1 AT ○	**Ilga** ~1983	./83	St. Warski, Szczecin	2800	81.0	16.3	5.0	25
27 AT ○	**MB-5, 12, 16, 21, 23,** 1959-65 **MB-52, 86, 157, 162, 164, 165,** **MB-166, 172, 173, 175, 176,** **MB-178, RB-187, 196, SB-5, 9, 4,** **SB-11, Neptun, Orion, Saturn, Loksa**	.	Ochtenskij, Leningrad	835 990	47.3	10.4	4.6	35
2 AT	**MB-330, 340** ~1990	./90 91	Jurong, Singapur	900	45.0	10.0	4.0	.

Bewaffnung/ Armament	Sensoren-Elektronik/ Sensors-Electronic	Geschwindigkeit/speed kn	Antrieb/Propulsion Maschine/Kessel Engines/Boilers Masch	Leistung/ Power kW 1 kW = 1.36 PS	Fahrstrecke/ Range sm	Sonstige Angaben/ Remarks
—	⊤	13.0	2 DM	1470 1	5000 13	Projekt 1545/*Baskunchak-Kl.* Grenzwache/Border Guard
.	⊤	10.0	2 DM	882 2	.	Projekt 1481. Amur-Fltl. Grenzwache/Border Guard
—	⊤	15.0	DM	5000 2	.	Projekt 10680 *Pinega-Klasse.* Für Atommüll/ for nuclear waste. Auch/also AR
2 Mg ⚓$_2$	⊤	14.0	DM	735 1	2000 11	Projekt 1783 A/*Vala-Klasse* Für Atommüll/for nuclear waste
—	⊤	13.0	DM	735 1	2000 11	Projekt 1541/*Luza-Klasse* Für radiologische Flüssigkeiten/for radiological liquids.
—	⊤ ♁	18.0	DM	5880 2	11500 12	Projekt 1549/*Manych-Klasse* Für Wasser/for water
—	⊤	12.0	DM	1180 2	3000 10	Projekt 561/*Voda-Klasse* Tanker fürWasser/for water
MB = Morskoy Buksir						
—	⊤	18.0	4 Wärtsilä-DM	17995 2	11000 10	Bergungsschlepper/salvage tug. *Baklazhan-Klasse*
—	⊤	16.0	Pielstick-DM	5735 2	.	*Sliva-Klasse/class* Eisverstärkt/ice strengthened.
—	⊤	16.0	Pielstick-DM	2575 1	.	Projekt 714/*Goryn-Klasse* Eisverstärkt/ice strengthened. Einige aufgelegt/some laid up.
—	⊤ ♀	14.0	⇝ DM	2130 1	6720 13	Projekt 745/*Sorum-Klasse*
[2-5.7 ⚓$_2$, 4-2.5 ⚓$_2$]	⊤	20.0	DM	6620 2	9000 18	Projekt 1453/*Ingul-Klasse*
—	⊤	17.0	2 DM	3676 2	2000 17	Projekt 1993/*Katun-II-Klasse*
—	⊤	17.0	2 DM	2941 2	2000 17	Projekt 1893/*Katun-I-Klasse*
—	⊤	15.0	Skoda-DM	5295 2	.	Typ Bohrinselversorger/oil rig supply ship. *Nefetegaz-Klasse*
—	⊤	12.5	2 DM	1100 1	7800 7	Projekt 733/733 G. *Okhtensky-Klasse/class* Mehrere aufgelegt/ several laid up.
—	⊤		2 DM	1250	.	

Anzahl - Art/ Number - Group	Schiffsnamen und Stapellauf/ Ship's Name and Launching		Baubeginn - Fertig- *Umbau*/On Keel- Completed - *Conv.*	Bauwerft/Builder	Wasser- verdrängung/ Displacement ts	Länge/Length m	Breite/Beam m	Tiefgang/Draft m	Besatzung/ Crew Bes
2 AT	**Baklan/MB 242, MB-241**	1986	86/86	Ishikawajima, Tokio	650 BRT/grt	34.0	10.6	3.6	28
3 AT	**RB-346, 347, 348**	1988	./88	Angyalföld, Budapest	725 923	51.5	12.0	2.3	15
10 AT	**RB 100, 108, 109, 136, 325, I-V** 250 ts — *Stividor Klasse*								
40 AT:	*Sidehole 1,2 Klasse* (60-70) 180-200 ts, 10 kn, DM, 400-660 kW_2								
Zahlreiche kleinere Schlepper für Küsten-, Hafen- und Flußdienst									
Kabelleger/Cable Layers									
5 AC	**Donec, Ingul, Inguri, Jana,** **Zeja**	1962-78	61/62 79/80	Wärtsilä, Helsinki + Åbo	. 6920	130	16.0	5.8	110
3 AC ○	**Emba, Neprjadva, Setun**	1980-81	80/81 82	Wärtsilä, Turku	. 2050	76.0	12.6	3.0	38
Hebeschiffe/Heavy lift vessels									
5 AN ○	**KIL-143, 158, 164, 927** **Aleksandr Puškin** (ex KIL-926)	1987-89	./88 90	Neptun, Rostock	4600 6200	98.0	18.2	7.1	50 + 20
9 AN	**KIL 1, 2, 21, 22, 25, 27, 29,** **31, 32,**	1965-75	./65 76	Neptun, Rostock	2370 3150	87.0	14.8	4.9	70
2 AN	**KIL 15, 18**	1953-59	./53 59	Neptun, Rostock	700 1230	57.3 52.0	11.5	3.5	41
Eisbrecher/Icebreaker									
5 AI ○	**Buran, Dobrinja Nikitič, Ilja Muromec,** **Peresvet, Sadko**	1959-74	./60 74	Adm. Werft, Leningrad	. 2940	70.0	18.0	5.5	100
Lazarettschiffe/Hospital Ships									
4 AH ○	**Ob, Jenisej, Svir, Irtyš**	1979-89	78/80 88/90	Warski, Szczecin	8000 11300	152	19.4	6.2	80 + 200
11 AH	**SN-109, 126, 1320, 1520** **PSK-2017,** u.a./a.o.	~1978-81	./78	Wisla, Gdansk	212 81	33.0 236	7.4	2.1	14
Schulschiffe/Training Ships									
2 AX ○	**Smolnyj, Perekop**	1975-77	75/76 77/78	Warski, Szczecin	6900 9200	138	17.5	6.3	210 + 270
11 AX	**Miernyk, MK-391, 405, 1277, 1303,** **1407, MK-1408, 1409, 1410, 1411,** **1556**	1978-84	./79 /85	Wisla, Gdansk	307 335	39.4	8.4	2.2	13 + 30

Bewaffnung/ Armament	Sensoren-Elektronik/ Sensors-Electronic	Geschwindigkeit/speed kn	Antrieb/Propulsion: Maschine / Kessel — Engines / Boilers — Masch	Leistung/ Power kW 1 kW = 1.36 PS	Fahrstrecke/ Range sm	Sonstige Angaben/ Remarks
—	┬	11.0	DM	990 2	.	
—	┬	13.0	2 DM	1765 2	.	Projekt N-3291 Schubschlepper für Inland-wasserweg/Pusher tugs for inland waterways.

4 AT: *Zenit Klasse* (~50) 800 ts, 11 kn, 588 kW$_1$, 47.9 x 10 x 4.3 m

Numerous smaller tugs for inshore, harbor and riverine duties

Bewaffnung/ Armament	Sensoren-Elektronik/ Sensors-Electronic	Geschwindigkeit/speed kn	Maschine / Kessel — Engines / Boilers — Masch	Leistung/ Power kW	Fahrstrecke/ Range sm	Sonstige Angaben/ Remarks
—	┬	14.0	5 Wärtsilä ⇄ DM	3680	12000 14	Projekt 1274/*Klasma-Klasse* Kabellege- u. Reparaturschiffe/ cable layers and repair ships.
—	┬	11.0	2 ⇄ DM 1	1000	.	Projekt 1172/*Emba-I-Klasse* Für Flachwasser/ for inshore operations.
—	┬	14.0	4 Wärtsilä- ⇄ DM	18000 2	.	Projekt 141/*Kashtan-Klasse* KIL = *Kilektor* (mooring tender)
—	┬	13.0	4 ⇄ DM	1650 2	4000 10	Projekt 145/*Sura-Klasse* Hebeschiffe/lifting vessels.
—	┬	12.0	Exp.	735	1000 11	Projekt 706/*Neptun-Klasse*
—	┬	14.0	⇄ DM	3970 3	5500 12	Projekt 97/*Nikitich-Klasse* Unterstehen der Marine/ belong to the Navy.
1 ✈ Hormone	┬	19.5	DM	11470 2	9700 18	Projekt 320/*Ob-Klasse*
—	┬	12.0	DM	335 2	1000	Projekt 620. Klinikkutter/ambulance craft. 18 Betten/berths
4-7.6 ⚓$_2$, 4-3 ⚓$_2$, 2 ✎$_{12}$ RBU 2500	┬ ♁ ⊕ ♆ ↶	20.0	DM	11030 2	12000 15	Projekt 887/*Smolnyy-Klasse*
—	┬	11.3	DM	335 2	1000	Typ pol. UK-3/*Petrushka-Klasse* Auch/also: AP

Anzahl - Art/ Number - Group	Schiffsnamen und Stapellauf/ Ship's Name and Launching	Baubeginn - Fertig- *Umbau*/On Keel - Completed - *Conv.*	Bauwerft / Builder	Wasser- verdrängung/ Displacement ts	Länge/Length m	Breite/Beam m	Tiefgang/Draft m	Besatzung/ Crew Bes
25 AX	**PSK-43, 44, 49, 55, 58, 228** 1967-78 **PSK-236, 537, MK-55, 199,** **MK-321, 326,** u.a./a.o.	./68 79	Wisla, Gdansk	147	28.8	6.8	1.8	11 + 26
Entmagnetisierungsschiffe Degaussing — Deperming Ships — SR = *Sudno Razmagnichivanya*								
18 AG ○	**SR 28, 59, 74, 120, 137, 23, 216,** **245, 253, 478, 479, 541, 548, 933,** **569, 570, 936, 939** 1983-91	./85 92	St. Polnocna, Gdansk	1850 2050	69.5	13.8	4.0	48
20 AG	**SR-77, 179, 180, 188, 203, 26,** **215, 218, 221, 222, 233, 220** **276, 280, 281, 334, 407, 409,** **455, 344** 1970-87	./71 ./89	Chabarovsk	. 1300	65.5	11.6	4.3	70
15 AG	*Sekstan Klasse* 1949-55	.	Finnland	280 350	40.8	12.0	4.2	25
Tender/Tenders — VM = *Vodolaznyy Morskoy*								
10 YD	**VM-143, 154, 250, 413, 415,** **VM-425, 909** u.a./a.o. 1970-82	./71 83	Werft 343, Gorochovjets	. 310	40.9	8.0	2.1	30
30 YD	*Nyryat I Klasse* 1955-70	./55 70	USSR	. 120	29.0	5.5	1.7	15
20 YD	*Nyryat II Klasse* ~1950	.	USSR	. 60	21.0	4.5	.	10
1 YD	I a.St./o.St.	98/.	Jaroslavl	335	37.4	7.7	2.1	.
20 YP ○	*Shelon Klasse* ~1975-?	./75 84	Werft 640, Sosnovka	. 270	46.0	6.2	2.2	20
38 YP	*Poluchat Klasse* ~1950	.	USSR	. 90	29.6	6.1	1.9	20
45 YP	**RVK-344, 791, 890, 919, 1214, 1251,** **1241, 1250, 1390, 1417, 1475,** **1480, 1579, 1627, 1631, 1743, 2054,** **BGK-1554, 1919** u.a./a.o. 1976-85	./76 ./86	Rybinsk + Jaroslavl	42 54	21.2	3.9	1.4	8
Löschfahrzeuge/Fire Fighting Vessels								
11	**Vichr 1, 3, 5-11, 13, 14** 1983-87	81/83 86/88	St. Polnocna, Gdansk	. 2299	72.3	14.3	4.6	25 + 8
15	**PZHK-415, 417, 900, 1296, 1378,** **PZHK-1514, 1515, 1544, 1545,** **1546, 1547, 1560, 1680, 1859, 2055** 1984-85	./84 85	Rybinsk	. 330	39.8	7.8	2.2	20
20	*Pozharny I Klasse* ~1955 **PZHK-41,** u.a./a.o.	.	USSR	. 180	35.0	6.2	2.2	.

Bewaffnung/ Armament	Sensoren-Elektronik/ Sensors-Electronic	Geschwindigkeit/speed kn	Antrieb/Propulsion: Maschine / Kessel – Engines / Boilers Masch	Leistung/ Power kW 1 kW = 1.36 PS	Fahrstrecke/ Range sm	Sonstige Angaben/ Remarks
—	⊤	10.0	DM	220 2	1100	Typ pol. Bryza. *Projekt 772 U.* Auch/also: AP
—	⊤	13.8	Sulzer-DM	2160 2	1000	Projekt 130/*Bereza-Klasse* Mehrere aufgelegt/ several laid up
—	⊤	16.0	Sulzer-DM	2940 2	.	Projekt 1799/*Pelym-Klasse* Viele aufgelegt/many laid up
—		10.0	DM	290 1	1200 10	Projekt 220. Holzrumpf/wooden hull Viele aufgelegt/many laid up
—	⊤	12.5	DM	440 2	.	Projekt 535 M/*Yelva-Klasse* Einige aufgelegt/some laid up
1 Mg ▲	⊤	12.0	DM	330 1	1600 10	Projekt 1896. Mehrere aufgelegt/ several laid up
—	⊤	9.0	DM	110 1	.	Projekt 522. Mehrere aufgelegt/ several laid up
—	⊤	11.0	2 DM	573 2	500	Projekt 11980
[2-2.3 ▲$_2$]	⊤ ⊽	26.0	DM	7350 2	.	Projekt 1388. Mehrere aufgelegt/ several laid up
2 Mg ▲$_2$	⊤	18.0	DM	1765 2	900 10	
[2 Mg ▲$_1$]	⊤	11.0	1 DM	220 1	200 11	Projekt RV 1415, 14151, 14156 *Flamingo-Klasse/class*
—	⊤	16.0	Sulzer-DM	4320 1	2500 12	*Vichr-Klasse/class*
—	⊤	12.5	DM	765 2	500 12	Projekt 14613/*Morkov-Klasse*
—	⊤	17.0	DM	1320 1	.	Projekt 364.

Anzahl - Art/ Number - Group	Schiffsnamen und Stapellauf/ Ship's Name and Launching	Baubeginn - Fertig- *Umbau*/On Keel - Completed - *Conv.*	Bauwerft/Builder	Wasser-verdrängung/ Displacement ts	Länge/Length m	Breite/Beam m	Tiefgang/Draft m	Besatzung/ Crew Bes

Eisbrecher/Icebreakers

Wegen der besonders starken Bauart der Eisbrecher ist mit einer langen Lebensdauer zu rechnen. Aufgeführt sind nur reine Eisbrecher. Die Eisbrecher unterstehen zumeist nicht der Kriegsmarine.

Einige Eisbrecher sind wegen des geringer gewordenen Seeverkehrs auf dem Nördlichen Seeweg aufgelegt oder für zivile Nutzung verchartert. Einige nuklear angetriebene Eisbrecher sind wegen fehlender Wartung nicht einsatzbereit.

Neubauten ab 1973 haben Wärtsilä Luftblasensystem zur Verringerung des Eisdrucks auf den Schiffskörper/ WABS.

1 AI	50 let Pobjedy (ex Ural) 1993	89/.	Balt. Werft, St. Petersburg	.	148	30.0	11.0	.
5 AI	**Yamal** (ex Oktabrskaja Revolucia)	86/93	Balt. Werft, Leningrad	19300	148	30.0	11.0	175
○	**Soveckij Sojus**	83/89	Balt. Werft, Leningrad	23460				
	Rossija	81/85	Balt. Werft, Leningrad					
	Sibir	73/77	Balt. Werft, Leningrad					
	ARKTIKA (ex Leonid Breznev) 1972-89	71/74	Balt. Werft, Leningrad					
2 AI	**Vajgač**	87/90	Wärtsilä, Helsinki	20500	150	29.2	8.1	138
○	**TAJMIR** 1987-88	86/89	Wärtsilä, Helsinki	23500				
2 AI	**Krasin**	74/76	Wärtsilä, Helsinki	13280	135	26.0	11.0	150
	Admiral Makarov 1973-75	73/75		20250				
2 AI	**Kapitan Chlebnikov**	80/81	Wärtsilä, Helsinki	10450	132	26.5	8.5	75
	Kapitan Dranitsin 1980-81	79/80	Wärtsilä, Helsinki	14650				
2 AI	**Kapitan Nikolaev**	76/78	Wärtsilä, Helsinki	10450	141	31.1	8.5	75
○○		*89-90*	*Wärtsilä, Helsinki*	17150				
	Kapitan Sorokin 1977	75/77	Wärtsilä, Helsinki					
		90-91	*Thyssen NSW, Emden*					
3 AI	**Mudjug, Dixon, Magadan** 1982	81/82	Wärtsilä, Helsinki	.	92.0	21.2	6.5	43
○○		83		6140				
8 AI	**Kapitan Evdokimov, Kapitan Babičev,**	81/83	Wärtsilä, Helsinki.		76.8	16.6	2.5	25
○	**Kapitan Čudinov, Kapitan Borodkin,**		85/86		2200			
	Avraamij Zavenjagin (ex Kapitan Krylov), **Kapitan Mecaik, Kapitan Demidov, Kapitan Moskin** 1982-85							
6 AI	**Kapitan Zarubin, Kapitan Bukaev,**	76/77	Wärtsilä, Helsinki	2240	77.6	16.3	3.3	28
○	**Kapitan Krutov, Kapitan Čadaev,**	78/78						
	Kapitan Plačin, KAPITAN ČEČKIN 1977-78							
2 AI	**Kapitan M. Izmailov, Kapitan Kosolapov,**	75/76	Wärtsilä, Helsinki	1700	56.5	16.0	4.2	24
○	1975-76			2045				

Bewaffnung/ Armament	Sensoren-Elektronik/ Sensors-Electronic	Geschwindigkeit/speed kn	Antrieb/Propulsion: Maschine/Kessel, Engines/Boilers, Masch	Leistung/Power kW (1 kW = 1.36 PS)	Fahrstrecke/Range sm	Sonstige Angaben/ Remarks

Ice breakers have a long life due to their strong construction. Only true icebreakers are listed. They are seldom assigned to Navy and most of these are civilian operated.

Some icebreakers are laid up due to the decrease in traffic on the Northern Sea Route or chartered for civilian use; some nuclear powered icebreakers are non operational due to missing repairs.

New AI from 1973 have Wärtsilä mixed-flow air-bubbling system to decrease friction between hull and ice/WABS.

2		21.0	3 Tu 2 Reaktoren	66175 3	.	Projekt 10521 Arktika-Mod-Klasse
[2-7.6, 4-3 $_6$], 2 Helix D		21.0	Tu 2 Reaktoren	55000 3	.	Mittelwelle/central shaft: 27500 kW, Seitenwellen je/each of the outboard shafts: 13750 kW.
1 Helix D		20.5	Tu 2 Reaktoren	38235 2	.	Reaktoreneinbau in Leningrad. Einsatz in flachen Gewässern/Reactors installed at Leningrad. For shallow water work.
—		19.5	9 Sulzer DM	26470 3	29000 14	
—		19.0	6 Sulzer DM	16180 3	10700 16	Verbesserte/improved Kapitan Sorokin Klasse. Für nordsibirische Küste/ for North Sibirian coasts.
—		19.0	6 Sulzer DM	18270 3	10700 16	I: Hat neuen Bug/has new flat form bow. Lg 134.8 m. II: Hat/has Thyssen-Waas Bug/bow.
—		17.5	4 Vasa-DM	6900 2	15000 16	I nach Umbau/after conversion in Emden: Thyssen-Waas Bug, 7775 ts, 9110 kW_2, Lg 111 m.
—		13.5	Vasa DM	3800 4	. .	Für Flüsse und Küsten/ for rivers and inshore
—		14.0	Sulzer DM	4655 3	.	Für Flüsse und Küsten/ for rivers and inshore
—		14.0	4 Sulzer DM	2500 2	.	Für Küsten/for inshore

Anzahl - Art/ Number - Group	Schiffsnamen und Stapellauf/ Ship's Name and Launching	Baubeginn - Fertig- *Umbau*/On Keel - Completed - *Conv.*	Bauwerft/Builder	Wasser- verdrängung/ Displacement ts	Länge/Length m	Breite/Beam m	Tiefgang/Draft m	Besatzung/ Crew Bes
8 AI	**Afanasij Nikitin, Chariton Laptev, Vassilij Poljarkov, Erofej Chabarov, Šemen, Celjuškin, Jurij Lisanskij, Petr Pachtusov, Feodor Litke** 1962-70	61/62 70/70	Adm. Werft, Leningrad	2000	68.0	18.0	5.5	40

Hilfsfahrzeuge — nicht Marine/Auxiliaries — not Navy

Forschungsschiffe/Research Ships

Ein großer Teil der aufgeführten Schiffe ist entweder zivil verchartert oder wegen fehlender Betriebsmittel aufgelegt.

3 AG	**Akademik Joffe Akademik Petr Lebedev Akad. Sergej Vavilov** 1987-88	87/89 87/89 86/88	Hollming, Rauma	. 6600	117	18.2	5.9.	.
1 AG	**Akademik Fedorov** 1986	86/87	Rauma-Repola	7600 16200	141	23.5	8.5	90 + 160
1 AG	**Bavenit** 1985	85/86	Hollming, Rauma	5300	85.8	16.8	5.6	65
3 AG	**Akademik Aleksandr Nesmejanov Akademik Aleksandr Vinogradov, Vitjas** 1980-82	80/81 81/83	A. Warski, Szczecin	. 5700	111	16.6	5.7	60 + 65
1 AG ○	**Akademik Mstislav Keldyš** 1980	79/81	Hollming, Rauma	. 55500	122	17.8	5.9	50 + 80
1 AG	**Michail Somov** 1974	./75	Cherson	9500 15100	133	18.9	8.5	100 + 160
2 AG ○	**Akademik Korolev, Akademik Kurčatov,** 1965-66	./66	M. Thesen W., Wismar	5500 6980	124	17.0	5.9	85 + 80
5 AG ○	**Akademik Chelomly, Akademik Gubkin, Akademik Nalivkin, Akademik Namjotkin, Akademik Krepps** 1985-90	84/85 88/90	A. Warski, Szczecin	. 3300	81.9	14.8	5.0	60
4 AG	**Okean, Priboj, Priliv, Volna** 1966-69	./68 70	A. Warski, Szczecin	. 4150	97.0	13.8	5.3	50 + 50
3 AG	**Aleksej Marjšev, Grigorj Micheev, Petr Kottsov** 1990	90/91	Hollming, Rauma	1570	64.9	12.3	3.6	40
5 AG	**Vadim Popov, Viktor Buinickij, Pavel Gordjenko, Igor Maksimov, Ivan Petrov** 1986-88	85/86 88/89	Laivateollisuus, Turku	. 930	49.9	10.0	3.5	26 + 14
4 AG	**Akademik M.A. Lavrentev, Akademik Oparin, Akademik Nikolaj Strachov, Akademik Boris Petrov** 1984-85	83/84 85	Hollming, Rauma	. 2550	75.5	14.7	4.5	68
2 AG	**Akademik Gamburčev, Professor Polškov** 1983-89	83/83 89/89	Laivateollisuus, Turku	. 2550	74.5	14.7	4.5	38 + 38

Bewaffnung/ Armament	Sensoren-Elektronik/ Sensors-Electronic	Geschwindigkeit/speed kn	Antrieb/Propulsion Maschine/Kessel Engines/Boilers Masch	Leistung/ Power kW 1 kW = 1.36 PS	Fahrstrecke/ Range sm	Sonstige Angaben/ Remarks
—	⊤	14.0	↣ DM	3970 3	5500 12	Projekt 97 A, 97 D *Nikitich-Klasse/class*

The major part of these ships is either chartered for civilian use or laid up due to the lack of funds.

—	⊤	15.0	SEMT-P.-DM	5750 2	20000 14	I: 2 rigid sails. Extensive acoustic trials equipment
1 Mi 8	⊤	16.0	Wärtsilä-Vasa ↣ DM	14000 1	20000 16	Auch/also AI, AP, AR. Bow thruster. For Arctic.
—	⊤	12.7	Russkij- ↣ DM	4400 2	8000 12	
—	⊤	17.0	Sulzer-DM	4710 2	16000 16	8 Tauchfahrzeuge **Argus** an Bord/8 submersibles **Argus** aboard.
—	⊤	16.0	4 Wärtsilä-DM	4280 2	20000 16	Hat 2 Kleinst-Uboote **Mir** an Bord/has 2 submersibles **Mir** aboard.
—	⊤	15.0	2 ↣ DM	6620 1	10000 15	Amguema Klasse. Für Arktis/Polar research ship. -Plattform achtern/aft
—	⊤	18.2	Halberstadt-DM	5880 2	20000 15	*Kurchatov-Klasse/class*
—	⊤ ⊽	14.5	Skoda-Sulzer-DM	3090 1	12000	*Akad. Fersman Klasse*
—	⊤	16.0	Sulzer-DM	3535	15000	Wetterschiffe/weather ships. *Passat-Klasse/class*
—	⊤	14.0	2 Wärtsilä-DM	2575 1	.	*Aleksej Maryšev-Klasse*
—	⊤	13.0	Vasa-DM	985 1	.	*Vadim Popov-Klasse* Hydro-meteorological vessels
—	⊤	14.5	SEMT-P.-DM	2575 1	12000	*Akademik Boris Petrov-Klasse*
—	⊤	14.0	S.-Pielstick-DM	2575 2	14000 12	*Akad. Šulejkin-Mod-Klasse* Eisverstärkt/ice-strengthened

Anzahl - Art/ Number - Group	Schiffsnamen und Stapellauf/ Ship's Name and Launching	Baubeginn - Fertig- *Umbau*/On Keel - Completed - *Conv.*	Bauwerft/Builder	Wasser-verdrängung/ Displacement ts	Länge/Length m	Breite/Beam m	Tiefgang/Draft m	Besatzung/ Crew Bes
5 AG ○	**Akademik Šulejkin, Akademik Šokalskij, Professor Chromov, Professor Multanovskij, Professor Molčanov** 1981-84	81/82 83/85	Laivat. Shy., Turku	. 2140	71.6	12.8	4.7	38 + 38
3 AG	**Gidrobiolog, Gidronavt, Rift** ?	/82 83	Jaroslavl Shy.	. 1265	53.7	10.5	4.4	26 + 11
12 AG	**Dmitrij Laptev, Dmitrij Ovtsin, Eduard Toll, Feodor Matisen, Georgij Maksimov, Jakov Smirnitskij, Nikolaj Jevgenov, Prof. Bogorov, Prof. Kurentsov, Prof. Stokman, Sergej Kravtsov, Vladimir Suchotsky** 1969-77	68/70 77/77	Laivateollisuus, Turku	1450 1700	68.7	11.9	4.1	40
11 AG	**Dalnije Zelentsy, Issledovatel, Morskoj Geofisik, Poisk, Professor Gagarinskij, Rudolf Samojlovich, Valerian Urivajev, Vsevolod Berezkin, Vulkanolog, Miraš** (ex V. Frolov), **Zond**	./74 82	Werft 368, Chabarovsk	. 1050	55.8	9.5	4.2	28 + 12
2 AG	**Professor Fedinskij, Professor Rjabinkin** 1987	86/88	Rauma-Repola	580	49.8	10.5	2.0	30

Saint Kitts/Nevis

1 PP: **Stalwart**/C 253 (85) 100 ts, 24 kn, 2 Mg, GM-DM, 1765 kW_2, 33.5 x 7.6 x 2.1 m, Bauwerft/builder: Swiftships, Morgan City — Typ US 110 ft.

1 PP: **Ardent**/C 421 (95) 11 ts, 27 kn, 1 Mg, 2 Cat.-DM, 650 kW, 12.2 x 4.3 x 1.2 m, Bauwerft/builder: Sea Ark Marine

1 PP: **Ranger I** (74) 4.5 ts, 20 kn, 2 Mg, Typ brit. Spear

2 PP: **Rover I, Rover II**/C 087, 088 (87) 3 ts, 35 kn, 166 kW, 6.7 x 2.3 x 0.6 m

Saint Lucia

1 PP: **Defender**/P 02 (84) 35 ts, 23 kn, 2 Mg, GM-DM, 990 kW_2, Typ US Commercial Cruiser 65 ft.

1 PP: **Protector**/P 04 (95) 11 ts, 27 kn, 2 DM, 650 kW, 12.2 x 4.3 x 1.3 m, Bauwerft/builders: Sea Ark Marine

Salomonen/Solomon Islands

2 PP: **Lata, Auki**/03, 04 (88-91) 165 ts, 20 kn, 2 Mg, Caterpillar-DM, 2075 kW_2, 31.5 x 8.1 x 1.8 m, Bauwerft/builder: Australian Shb. Ind., Jervoise Bay — Typ ASI 315

Bewaffnung/ Armament	Sensoren-Elektronik/ Sensors-Electronic	Geschwindigkeit/speed kn	Antrieb/Propulsion Maschine/Kessel Engines/Boilers Masch	Leistung/ Power kW 1 kW = 1.36 PS	Fahrstrecke/ Range sm	Sonstige Angaben/ Remarks
—	ᴛ	14.0	Gorkij-DM	2265 2	14000 12	*Akad. Šulejkin-Mod-Klasse* Eisverstärkt/ice-strengthened
—	ᴛ	12.0	DM	970 1	6900 12	*Alpinist-Klasse* Haben Tauchfahrzeuge an Bord/ have submersible aboard
—	ᴛ	13.5	Deutz-DM	1620 1	9700 13	*Dmitrij Ovtsin-Klasse* Bugstrahlruder/thrust propeller forward. 8 Laboratorien./ 8 laboratories. Unterschiedliches Radar/radars varies.
—	ᴛ	11.0	DM	736 1	10000 11	*Uryvajev-Klasse* Radar unterschiedlich/varies
—	ᴛ ∇	11.0	⇝ DM	8100 2	.	

Saint Vincent and the Grenadines

1 PP: **Captain Mulzac**/SVG 01 (87) 100 ts, 24 kn, 2 Mg ⍋, GM-DM, 1765 kW_2, 33.5 x 7.6 x 2.1 m, Bauwerft/ builders: Swiftships, Morgan City — Typ US Commercial cruiser 110 ft.

3 PP: **George Mc Intosh**/SVG 05 (81) 70 ts, 24.5 kn, 1-2 ⍋, DM, 1350 kW_2, 22.9 x 7.4 x 1.6 m, Bauwerft/ builders: Thornycroft, Portchester; **Larikai, Brighton**/SVG 06, 07, 6 ts, 23 kn

1 PP: **Hairoun**/SVG 04 (95) 11 ts, 27 kn, 1 Mg ⍋, 2 DM, 650 kW, 12.2 x 4.3 x 1.3 m, Bauwerft/ builders: Sea Ark Marine

1 PP: **Chatham Bay**/SVG 08 (94) 22 kn, 2 DM, 224 kW, 7.5 x 42.4 x 0.4 m

Saint Lucia

1 PP: **Alphonse Reynolds** (ex Point Turner) (68) 68 ts, 23 kn, 2 Mg ⍋$_1$, 2 DM, 1180 kW, 23.7 x 5.5 x 1.8 m — Typ USCG 82'

Salomonen/Solomon Islands

1 PP: **Tulagi**/01 (78) 27 ts, 28 kn, 1 Mg ⍋, DM, 880 kW_2, 15.7 x 4.8 x 1.4 m, Bauwerft/builder: De Havilland, Australien/Australia
2 LC: **Ligomo 3, Ulusage** (81-82) 195 BRT/grt, 9 kn, DM, Lg 27 m, Bauwerft/builder: Carpenter, Suva

Anzahl-Art/ Number-Group	Schiffsnamen und Stapellauf/ Ship's Name and Launching		Baubeginn-Fertig-/*Umbau*/On Keel-Completed-*Conv.*	Bauwerft/Builder	Wasser-verdrängung/ Displacement ts	Länge/Length m	Breite/Beam m	Tiefgang/Draft m	Besatzung/ Crew Bes

Saudi Arabien/Saudi Arabia

Fregatten und Korvetten/Frigates and Corvettes									
3 FG	II		99/05	DCN, Lorient	3500	129	16.2	4.1	160
	I		98/03		4650				
	Arriyad	a.St./o.St.-bew./auth.	97/02						
4 FG	**Taif**		83/86	NORMED, Toulon	2250	115	12.5	4.9	180
○	**Abha**		82/85	NORMED, Toulon	2870				
	Hofouf		82/85	NORMED, Toulon					
	MADINA	1983-84	81/85	DCN, Lorient					
4 FG	**Tabuk**		80/83	Tacoma Bt. Bld.	900	74.7	9.6	2.7	58
○	**Hitteen**		80/82	Tacoma Bt. Bld.	1035				
	Al Yarmook		79/82	Tacoma Bt. Bld.					
	BADR	1980-81	79/81	Tacoma Bt. Bld.					
Kleine Kampfschiffe/Small Fighting Vessels									
9 PG	**Abu Obaidah, Oqbah, Tariq, Amir,**		78/80	Peterson, Wisconsin	425	58.0	8.1	2.0	35
○	**Khalid, Faisal, Abdul-Aziz,**		81/82		500				
	Al Farouq, As Siddiq	1979-82							
17 PP	**I-XVII**	1991-92	91/92	Trinity-E., N. Orleans	.	23.7	6.1	1.8	8
					56				
39 PP	**XXI-XXXIX**		92/93	Simonneau Mar.	22	15.8	4.8	1.8	4
	I-XX	1989-92	89/90	Simonneau Mar.					
Minensucher/Minesweepers									
3 MS	**Shaqra, Al Kharj, AL JAWF**		88/91.	Vosper Th., Portchester	450	52.7	10.5	2.1	40
○		1989-93	91/97		480				
4 MS	**Safwa**		77/78	Peterson, Wisconsin	320	46.6	8.3	4.1	39
○	**Al Wadeeah**		76/78	Peterson, Wisconsin	405				
	Al Quysumah		76/78	Peterson, Wisconsin					
	Addriyah	1976-77	76/78	Peterson, Wisconsin					
Landungsfahrzeuge/Landing Vessels									
4 LS	**Al Qiaq, Al Sulayel, Al Ula, Afif**		75/75	Newport Shb., Newp.	170	41.7	9.0	2.0	14
					400				
4 LC:	**Dheba, Umlus, Al Leeth, Al Quonfetha** (80) 24/58 ts, 13 kn, Typ US LCM (6)								
Hilfsfahrzeuge/Auxiliary Vessels									
2 AO	**Yunbou, Boraida**		83/85	CN, La Ciotat	10745	135	18.7	7.0	140
○		1983-84	82/84						

Bewaffnung/ Armament	Sensoren-Elektronik/ Sensors-Electronic	Geschwindigkeit/speed kn	Antrieb/Propulsion: Maschine/Kessel, Engines/Boilers, Masch	Leistung/ Power kW 1 kW = 1.36 PS	Fahrstrecke/ Range sm	Sonstige Angaben/ Remarks

Saudi Arabien/Saudi Arabia

8 MM 40 ⇨$_4$, 1-10 ∡, 1 Crotale ⇧$_8$, 2-2 ∡$_1$, 2-Mg ∡$_1$, 1 🚁 Dauphin 2,	┬ ♀ ♁ ♀ ♁ ⊕ ▽ ⌐ ⊖ ♀	28.0	4 SEMT-P.-DM	23050 2	7000 15	Ähnlich/similar to Typ frz./French F 3000S III: VL-Aster ⇧$_{16}$
8 Otomat ⇨$_4$, 1-10 ∡, 4-4 ∡$_2$, 1 Crotale ⇧$_8$, 4 UTR h, 1 🚁 Dauphin 2,	┬ ♀ ♁ ♀ ♁ ⊕ ▽ ⌐ ⊖ ♀	30.0	4 SEMT-P.-DM	26000 2	6500 18	Typ franz./French F 2000 S. Modernisierung/modernization: 1997-2000
8 Harpoon ⇨$_4$, 1-7.6 ∡ OTO, 1-2 ∡ CIWS, 2-2 ∡, 6 **UTR** 32.4 **III**, 1-8.1 Mörser/mortar, 2-4 Mörser/mortars	┬ ♁ ♀ ⊕ ▽ ♀	30.0	1 Gen. El.-GTu + 2 DM	16910 + 2250 2	.	**Masch:** CODOG
4 Harpoon ⇨$_2$, 1-7.6 ∡ OTO, 2-2 ∡, 1-2 ∡ CIWS, 1-8.1 Mörser/mortar, 2-4 Mörser/mortars	┬ ♁ ✝	38.0	1 Gen. El.-GTu + 2 MTU-DM	16910 + 2250 2	2900 14	**Masch:** CODOG
2-2.5 ∡, 2 Mg ∡	┬	28.0	GM-DM	2060 2	600 24	Typ US 78'.
1-2 ∡, 2 Mg ∡		33.0	DM	1765	375 25	Typ Simonneau 51.
2-3 ∡$_2$, 2 PAP 104 MK 5	┬ ▽ ⌐ ⊖	15.0	MTU DM + EM	2200 2	3000 12	Typ brit. Sandown.
2-2 ∡$_2$	┬ ▽	14.0	Waukesha-DM	880 2	2500 10	Typ US Bluebird. Ex US MSC 322-325. Auch/also PP
2-2 ∡	┬	11.0	4 GM-DM	660 2	1200 10	Typ US LCU 1610.
4-4 ∡$_2$, 2 🚁 Dauphin	┬	20.0	Pielstick-DM	13600 2	7000 15	4350 ts Öl/fuel, 350 ts AVCAT, 140 ts Frischwasser/fresh water 100 ts Munition/ammunition auch/also: AK, AH, AX.

Anzahl-Art/ Number-Group	Schiffsnamen und Stapellauf/ Ship's Name and Launching		Baubeginn-Fertig-*Umbau*/On Keel-Completed-*Conv.*	Bauwerft/Builder	Wasser-verdrängung/ Displacement ts	Länge/Length m	Breite/Beam m	Tiefgang/Draft m	Besatzung/ Crew Bes

3 AT: **Radhwa 12, 16, 17** (82-83) 680 ts, 12 kn, Fuji-DM, 4120 kW_2

13 AT: **I-VI** (84-85) 100 ts, 9.5 kn, MTU-DM, 295 kW_1, Bazan, San Fernando; **Radhwa 14, 15** (83); **Radhwa 1-3** (80-81) 350 BRT/grt; **Tuwaiq, Dareen** (ex YTB 837, 838) (75) 356 ts, 12 kn, 2210 kW_2, DM, 33 x 9.1 x 4.1 m, Bes 12, Typ US Natick

1Yacht: **Al Yamamah (80)** 1660ts, 19kn, 2MTU-DM, 82 x 13 x 33 m, Bes 42 + 56, Bauwerft/builders: Elsinore S.V.; ex irak.

Küstenwache/Coast Guard

2 PP	**Al Riyadh, Zulurab**	1991-92	./92	Simonneau Mar.	53	22.5	5.6	1.7	10
4 PP ○	**Al Jouf, Turaif, Hail, Nazran**	1989	88/89	Blohm + Voss, Hamb.	. 210	38.6	8.0	1.9	20
2 PP	**Aljubatel, Salwa**	1987	86/87	Abeking & Rasmussen, Lemwerder	. 85	26.2	5.8	2.0	11
15 PP	**139-153**	1978-80	./79 ./81	Bay. Schiffb., Erlenb. (10) Werft Union, Bodenw. (5)	33	17.1	5.0	1.4	7
12 PP	**127-138**	1976-77	./76 77	Halter Mar., N. Orleans	26	15.2	4.6	1.4	9

53 PP: **I-XLIII** (75-77) 3 ts, 20 kn, DM, C-80 Klasse; **I-X** (75) 4 ts, 20 kn, 1 Mg ⚓, DM, Huntress Klasse — und zahlreiche kleinere/and numerous smaller

8 Hovercraft: **I-VIII** (81) 17 ts, 50 kn, 1 R. R. Gnome-GTu, 780 kW_1, 18.3 x 8.5 m, Bauwerft/builder: Brit. Hovercraft, SRN 6 mod. 8 Klasse

1AX. **Tebuk** (77) 350 ts,20 kn, 3530 kW_2, MTU-DM, 60 x 10 x 2.5 m, Bes 24 + 36, Bauwerft/builders: Bayer. Schiffsbauges., Erlenbach, Main

Schweden/Sweden

Korvetten/Corvettes

2 FS	I, II	bew./auth.	00/.	Kockums	670	72.0	10.4	2.5	43
4 FS ○	II-IV Visby	a.St./oSt.	98/03 96/01	Karlskronavarvet	660	72.0	10.4	2.4	43
2 FS ○	**Malmö** **STOCKHOLM**	1984-85	83/85 82/85	Karlskronavarvet Karlskronavarvet	310 340	50.5	7.5	1.9	40
4 FS ○	**Sundsvall** **Kalmar** **Gävle** **GÖTEBORG**	1989-91	89/93 88/91 88/91 86/91	Karlskronavarvet Karlskronavarvet Karlskronavarvet Karlskronavarvet	300 400	57.0	8.0	2.0	36

Bewaffnung/ Armament	Sensoren-Elektronik/ Sensors-Electronic	Geschwindigkeit/speed kn	Antrieb/Propulsion Maschine/Kessel Engines/Boilers Masch	Leistung/ Power kW 1 kW = 1.36 PS	Fahrstrecke/ Range sm	Sonstige Angaben/ Remarks

1 Yacht: **Abdul Aziz** (82) ~ 5200 ts, 22.2 kn, 1 [symbol], 11470 kW_2, L. Pielstick-DM, 147 x 18.3 x 4.9 m, Bes 65 + 64, Bauwerft/builder: Elsinore, Dänemark/Denmark

1 Königsyacht/Royal Yacht: **Al Riyadh** (77) 560/715 ts, 26 kn, 4630 kW_2, MTU-DM, 69.5 x 10.5 x 3.3 m, Bes 26 + 16, Bauwerft/builder: Van Lent, de Kaag

1 Tragflügelboot/Jetfoil: **Al Azizah** (85) 115 ts, 46 kn, 2-2 7, 2 Allison-GTu + 2 GM-DM, 6620 + 660 kW_2 — Tender für/for the Yachts

2 AS-15 TT, 2 Mg		35.0	MTU-DM	4295 2	.	Typ Sea Guard
2-2, 2 Mg		38.0	MTU-DM	5370 3	1900 15	Auch Feuerlöschboote/also fire fighting boats
1-2, 2 Mg		42.0	MTU-DM	4000 2	.	Typ deutsch/German SAR 26.
2 Mg		25.0	GM-DM	955 2	200 20	Scorpion-Klasse
2 Mg		28.0	GM-DM	955 2	.	Rapier-Klasse

3 AO: **Al Forat, Dajlah, Al Nil**, 233 ts, 12 kn, 2 DM, 28.7 x 6.5 x 2.1 m

7 Hovercraft: **I-VII** (70-81) 11 ts, 58 kn, 1 Mg, 1 R. R.-GTu, 660 kW, 14.8 x 7.7 m, Bauwerft/builder: Brit. Hovercraft, SRN 6 mod. 4 Klasse

16 Hovercraft: **I-XVI** (90-93) 40 kn, 1 Mg, [2.2 ts], Deutz-DM, 140 kW, SLINGSBY SAH 2200 Klasse

Schweden/Sweden

, 1-5.7, 4 **UTR**$_{40}$		34.0	4 AS-GTu + 2 MTU-DM	1600 + 2600	.	Visby II-Klasse/class
, 1-5.7, 4 **UTR**$_{40}$		35.0	4 AS-GTu + 2 MTU-DM	1600 + 2600	.	Visby I-Klasse/class
8 RBS 15$_2$, 1-5.7, 1-4, 4 **UTR**$_{40}$		32.0	1 Allion-GTu + 2 MTU-DM	4410 + 3080	.	*Kustcorvet.* Spica III-Klasse. Mehrzweckkorvette/Multi purpose corvette
8 RBS 15 , oder/or 2 **TR** 53.3 FFV 613, 1-5.7, 1-4, 4 **UTR**$_{40}$		30.0	MTU-DM	6390 3	1000 20	*KRV 90-Klasse.* **Masch:** KaMeWa Waterjets. Stahlrumpf, Alu-Aufbauten/ steel hull, Al-superstructure. Combined radar: Sea Giraffe

Schweden/Sweden

Anzahl-Art/ Number-Group	Schiffsnamen und Stapellauf/ Ship's Name and Launching		Baubeginn-Fertig- *Umbau*/On Keel- Completed-*Comp.*	Bauwerft/Builder	Wasser-verdrängung/ Displacement ts	Länge/Length m	Breite/Beam m	Tiefgang/Draft m	Besatzung/ Crew Bes
Uboote/Submarines									
3 SS	**Halland**		94/98	Kockums, Malmö	1240↑	60.4	6.2	5.5	27
○	**Uppland**		93/97	Kockums, Malmö	1494↓				
	GOTLAND	1995-96	91/96	Kockums, Malmö					
4 SS	**Östergötland**		86/90	Kockums, Malmö	1070↑	48.5	6.1	6.1	20
○	**Södermanland**		85/89	(Mittelschiff/mid-bodies)	1145↓				
	Hälsingland		84/88	+ Karlskronavarvet					
	VÄSTERGÖTLAND	1986-88	83/87	(Bug + Heck/bows + sterns)					
2 SS	**Naiad**		74/80	Kockums, Malmö +	1030↑	49.5	6.1	5.5	19
○				St. W., Karlskrona	1125↑				
	NÄCKEN	1978-79	72/80	Kockums, Malmö					
1 SZ	**Urf**	1978	./78	Kockums, Malmö	.↑ 49↓	13.5	4.3	2.9	4

1 SZ: **Spiggen II** (90) 14/17.3 ts, ./5 kn, 11 x 1.7 x 1.4 m, Zielschiff für U-Abwehrausbildung/target for ASW training

Kleine Kampfschiffe/Small Fighting Vessels									
12 PG	**Kaparen, Väktaren, Snapphanen,**		79/80	Bergens M. V.	125	36.4	6.3	1.7	22
	Spejaren, Starkodder, Styrbjörn,		81/82		170				
	Tordön, Tirfing								
	Hugin, Munin,		76/78	Bergens M. V.	125				
	Vidar, Mode	1977-81	78/79	Westamarin, Mandal	150				
6 PG	**Halmstad, Ystad,**		71/73	Karlskronavarvet	190	44.0	7.1	2.4	28
	Piteå, Luleå,		75/76		230				
	NORRKÖPING,		*82-84*						
	Nynäshamn	1972-75							
1 PP	**Jägaren**	1972	71/73	Bergens M. V.	115	36.5	6.3	1.7	15
			88		150				
			92-93	*Karlskronavarvet*					
12 PP	**TAPPER, Djärv, Dristig,**		92/93	Djupviks Varv	.	21.9	5.4	1.5	9
	Händig, Trygg, Modig,		94/95						
	Hurtig, Rapp, Stolt,								
	Ärlig, Munter, Orädd	1993-99	97/99						
3 PP	**Dalarö, Sandhamn, Osthammar**		83/84	Djupviks Varv	50	23.4	5.1	1.1	7
		1983-84	84/85						
Minensucher/Minesweepers									
1 NB	**Carlskrona**	1980	79/81	Karlskronavarvet	3300	106	15.2	4.0	120
○					3550				
1 NB	**Visborg**	1975	73/76	Karlskronavarvet	.	92.4	14.7	4.0	160
○					2650				

Bewaffnung/ Armament	Sensoren-Elektronik/ Sensors-Electronic	Geschwindig-keit/speed kn	Antrieb/Propulsion: Maschine/Kessel – Engines/Boilers Masch	Leistung/ Power kW 1 kW = 1.36 PS	Fahrstrecke/ Range sm	Sonstige Angaben/ Remarks
4 **TR** 53.3 b↓FFV 613, 2 **TR** 40.0 h↓FFV 432,		11.0↑ 20.0↓	DM EM	.	.	*Attackubåtar.* Typ A 19. CSU 90 Atlas-Sonar. Stirling-Maschine 150 kW
4 **TR** 53.3 b↓FFV 613, 3 **TR** 40.0 h↓ FFV 431,		11.0↑ 20.0↓	2 Hedemora DM 1 Schneider-EM	1590 1325 1	.	Typ A 17. Antrieb computer-gesteuert. CSU 83 Krupp-Sonar
6 TR 53.3 b↓ FFV 613, 2 **TR** 40.0 h ↓ FFV 431,		12.0↓ 20.0↓	MTU-DM ASEA-EM	1570 2130 1	. .	Typ A 14. **Näcken:** Lg 55.5 m, Stirling-Antrieb 150 kW. Minengürtel für Rumpf/ Stirling engine 150 kW. Mine girdle
—		3.0↑ 0.6↓	EM	.	.	Rettungs-Uboot bis 460 m/ rescue submarine till 460 m
6 RB 12 MK 2, 1-5.7, 4 $_9$ ELMA,			MTU-DM 32.0	5150 2	440 34	*Patrullbåtar.* Werden aus Haushaltsgründen ab 2000 gestr./to be deleted from 2000 onwards.
8 RBS 15 $_2$, 1-5.7, 4 TR 53.3, 4 $_9$ ELMA,		40.5	R. R. Mar. Proteus GTu	9490 3	500 40	Spica II-Klasse. Werden aus Haushaltsgründen ab 2000 gestr./to be deleted from 2000 onwards.
1-4		20.0	2 DM	1870 2	550 20	
2 Mg, 4 M9 ELMA		25.0	MWM-DM	1540	.	80 Klasse
1-2, 2 Mg,		30.0	MTU-DM	1545 2	.	A1-Rumpf/hull
2-5.7, 2-4, 105		20.0	4 Nohab-DM	7765 2	.	Verbesserte/improved Älvsborg Klasse. -Deck. Auch/also AX: Bes 50 + 135
3-4, 300		15.0	2 Nohab-DM	3090 1	.	*Minfartyg.* Führungsschiff/command ship.

Anzahl - Art/ Number - Group	Schiffsnamen und Stapellauf/ Ship's Name and Launching	Baubeginn - Fertig- *Umbau*/On Keel - Completed - *Conv.*	Bauwerft/Builder	Wasser- verdrängung/ Displacement ts	Länge/Length m	Breite/Beam m	Tiefgang/Draft m	Besatzung/ Crew Bes
6 NS	**Arkösund, Kalmarsund** **Grundsund, Skramsösund** **Fårösund** (ex Öresund), **Barösund** 1952-57	./53 ./57	St. W. Stockholm Oskarshamn Varv	200 245	31.2	7.4	3.1	18
1 NS	**Furusund** 1982	80/83	Åsig V., Åmal	160 220	32.6	8.4	1.8	24
1 NS	**Kalvsund** 1947	./47	Gävle Varv	200	30.1	7.2	3.6	15

15 NS: **502-516** (472-76) 15 ts, 14 kn, 370 kW_2, DM 16 x 4.3 x 0.8 m; *Minarbetsbåtar*

Minensucher/Minesweepers

4 MS	**Spårö, Skaftö, Sturkö, Styrsö** 1996-97	96/97	Karlskronavarvet	175	36.0	7.9	2.3	17
7 MS ○	**Ven, Vinga, Kullen, Koster, Arholma, Landsort, Ulvön** 1982-90	81/84 89/92	Karlskronavarvet	310 360	47.5	9.6	2.3	26 + 13
5 MS	**SAM 01, 02, 04, 06, 07** 1982-92	82/83 92/92	Karlskronavarvet	15	18.0	6.0	.	—
3 MS	**Gåssten, Norsten, Viksten** 1972-74	72/73 73/74	Karlskronavarvet	120 135	23.0	6.6	2.0	.
4 MS	**Blackan, Dämman, Galten, Hisingen** . 1960	.	Schweden/Sweden	130	23.9	5.3	1.8	.
5 MS	**M 20, 21, 22, 24, 25** 1941	41/41	Schwed. Privatwerften/ Swed. private yards	70	26.0	5.0	1.4	10
4 MS	**Ejdern, Krickan, Svärten, Viggen** ~1990-91	90/91	Djupiksvarvet	36	20.0	4.8	1.3	9

Landungsfahrzeuge/Landing Vessels

4 LS: **BORE, Heimdal** (66) 340 ts, 12 kn, 2-2 ▲, [325], DM, 36 x 8.5 x 2.6 m, Bauwerft/builder: Åsi-Verken, Amal; **Grim** (61) 327 ts, 12 kn, 2-2 ▲, 540 kW, DM;

90 LC: **847-890** (93-97) Bauwerft/builder: Gotlandvarvet, **801-846** (91-93) 19 ts, 35 kn, 3 Mg ▲, [2.8 ts], [20], ◘, Saab-Scania-DM, 920 kW, 15.9 x 3.8 x 0.8 m, Bes 3, Bauwerft/builder: Dokstavarvet — *Stridsbåt 90 H*, **805, 806** Control Landing Craft

16 LC: **603, 604, 606-612, 652-658** (82-88) 40/55 ts, 10 kn, [30 ts], DM, 250 kW_2, 21 x 7.2 x 0.7 m — *Trossbåtar*

Hilfsfahrzeuge/Auxiliary Vessels

1 AK	**Sleipner** (ex Årdal) 1980	./80	Bergens M. V.	. 1049	49.7	11.0	3.5	12

Bewaffnung/ Armament	Sensoren-Elektronik/ Sensors-Electronic	Geschwindigkeit/speed kn	Antrieb/Propulsion Maschine/Kessel Engines/Boilers Masch	Leistung/ Power kW 1 kW = 1.36 PS	Fahrstrecke/ Range sm	Sonstige Angaben/ Remarks
1-4 ,		10.5	Nohab DM	340 2	.	*Minutläggere.* Ex Mul 12-15, 17-19 Unterstehen alle der Küsten-artillerie/all assigned to Coast Artillery.
1-2 , 2 Mg ,		11.0	Saab DM + ASEA-EM	310 + 90 2	.	*Minutlägger.*
2-2 ,		9.5	Nohab-DM	220 2	.	Ex Mul 11
2-Mg		15.0	Saab-Scania-DM	1625 2	.	Sea Owl: *Minensuchsystem/ mine sweeping system*
1-4 , 2 Mg , 4 ELMA,		15.0	4 Saab-Scania-DM + 1 DM	1172 + 135 2	2000 12	*Minjaktfartyg.* Voith-Schneider Propeller. GRP Rumpf/hull. 2 Sutec Sea Eagle: Minensuchsystem/ mine sweeping system.
		9.0	Volvo-P.-DM	155 1	330 7	Minesweeping catamaran, unmanned. GRP-Rumpf/hull. SAM 03, 05 sold to US navy
1-2		11.0	2 Saab-Scania-DM	340 1	.	*Minsvepare mindre.* III GRP Rumpf/hull, 130 ts, Lg 25.3 m
1-2		9.0	DM	280 1		*Minsvepare mindre*
1-2		13.0	DM	290 2	.	M 21, 22 für Minentaucher/ for mindedivers
1-Mg		15.0	2 Volvo-P.-DM	269 2	.	Für Sonarbojen/ for sonarbuys

111 LC: **256-276, 280-288** (74-87) 31 ts, 17 kn; **242-255** (71-73) 18 kn; **210-241** (57-64) 31 ts, 17 kn, 440 kW_3, Scania-Vabis- oder Penta-DM, 21 x 4.2 x 1.3 m; — *Landstigningfarkoster*

57 LC: **891-925**, I-XXV (97-a.St./o.St.) Bauwerft/builders: Dockstavarvet + Gotlandvarvet —, *Stridsbåt 90H-2 C*

6 LC: **I-VI** (97-bew./auth.) 27 ts, 45 kn, 2 DTZ-DM, 783 kW, 18.9 x 8.8 m; Hovercraft Typ ABS M 10

—		12.0	1 Normo-DM	956 kW	.	1992: angekauft/ aequired

Schweden/Sweden

Anzahl - Art/ Number - Group	Schiffsnamen und Stapellauf/ Ship's Name and Launching	Baubeginn - Fertig- *Umbau*/On Keel - Completed - *Conv.*	Bauwerft/Builder	Wasser- verdrängung/ Displacement ts	Länge/Length m	Breite/Beam m	Tiefgang/Draft m	Besatzung/ Crew Bes
1 AK	**Loke** 1994	./94	Oskarsham S. Y.	455	35.9	9.0	2.7	8
1 AR	**Utö** (ex Smit Manila, ex Seaforth Challenger) 1973	./74	Cochrane S. Y., Selby	. 1800	55.5	12.3	4.3	32 +33
1 AR ○	**Trossö** (ex Livonia, ex Arnold Veimer) 1983	./83	Laivateollisuus	. 2550	74.5	14.7	4.5	24
1 AR	**Urd** (ex Capella) 1929	./70	Schweden	63 90	26.5	5.6	2.8	.
1 AR	**Belos** (III) (ex Energy Supporter 1985	./85	De Hoop, Lobith	5300 BRT	104.9	18.4	2.3	.
1 AR	**Gålö** (ex Herjolfur) 1975	./76	Sterkoder, Kristiansund	. 1200	60.4	12.0	4.4	.
1 AO	**Eldaren** (ex Brotank) 1959	./59	Åsiverken, Åmål	550	37.2	6.5	2.9	9
1 AG ○	**Orion** 1983	82/84	Karlskronavarvet	. 1400	61.3	10.0	3.0	35
1 AG	**Nils Stömcrona** 1984	./85	Schweden	168 210	30.0	10.0	1.6	14
1 AG	**Jacob Hägg** 1983	82/83	Djupviks Varvet	. 192	36.5	7.5	1.7	13
2 AG	**Baltica, Scandica** 1981-82	./82	Åsiverken, Åmål	1238	54.9	12.0	2.7	12
1 AI ○	**Oden** 1988	87/89	Götaverken, Ardendal	. 13000	108	25.0 31.3	8.0	32 + 17
3 AI ○	**Ymer** **Frej** **Atle** 1973-76	74/77 73/75 73/74	Wärtsilä, Helsinki Wärtsilä, Helsinki Wärtsilä, Helsinki	7900 9500	105	23.8	8.3	54
1 AI	**Ale** 1973	73/74	Wärtsilä, Helsinki	1488	49.0	13.0	5.0	21
1 AI	**Njord** 1968	69/69	Wärtsilä, Helsinki	5150 5700	86.5	21.2	6.2	.
1 AI	**Tor** 1963	62/64	Wärtsilä, Turku	4980 5300	84.0	21.2	6.2	.
3 AI	II-III I a.St./o.St.-bew./auth.	00/01 99/00	Kvaerner Kleven, Leirvik	3000 tdw	.	.	.	.

31 Tender: **662-664, 665**-692 (91- a.St/o.St) 45 ts, 15 kn, 1 Mg ⚓, Saab-Scania-DM, 590 kW — *Trossbåtar*

5 AT: **Hercules, Hera** (68-70) 127 ts, 15 kn, 450 kW, DM; **Achilles,** (62) 450 ts, 11.5 kn, 1210 kW, DM; **Hermes, Heros** (53-57) 185 ts, 11 kn, 470 kW — *Bogserbåtar*

1 AT: **Atlas** (57-75) 25-35 ts, 9 kn, DM — Hafenschlepper/harbour tug

1 YD: **Skredsvik** (ex Kbv 172) (80) 335 ts, 20 kn

Bewaffnung/ Armament	Sensoren-Elektronik/ Sensors-Electronic	Geschwindigkeit/speed kn	Antrieb/Propulsion: Maschine/Kessel, Engines/Boilers, Masch	Leistung/ Power kW 1 kW = 1.36 PS	Fahrstrecke/ Range sm	Sonstige Angaben/ Remarks
—		12.5	2 Scania-DM	.	.	
2-2 ,1		12.0	2 Hedemora-DM	2200 2	.	
—		14.0	2 Gorkij-DM	2575 2	14000 12	Typ USSR Ak. Šuleykin für/for: PG
—		8.0	1 DM	147	.	Versuchsschiff/ experimental vessel
—		14.0	5 MAN-DM	3760 2	.	*Ubåtsbergnings*
—		12.0	1 Wichman-DM	1765	.	1993: angekauft/ aquired
—		8.0	1 Volvo-P.-DM	310 1	.	1981: angekauft/ aquired
—		15.0	2 Hedemora-DM	1320 2	.	AGI
—		12.0	2 Saab-Scania-DM	1170 2	.	
—		16.0	4 Saab-Scania-DM	1170 2	.	
—		15.0	2 Hedemora-DM	2588 2	.	
[4-4]		17.0	Cegielski-Sulzer- DM	18000 2	30000 13	*Isbrytar* Auch/also NB
[4-4], 2		18.0	5 Pielstick DM	17100 4	.	*Isbrytare.* Typ finn. Urho
[1-4]		14.0	4 DM	3490 2	.	Auch Vermessung/also survey
[3-4], 1		18.0	Sulzer DM	8825 4	.	
[4-4], 1		16.0	Sulzer DM	8825 4	.	
—		.	.	13603	.	Winter: Board of Navigation. Sommer: Einsatz in norweg. Gewässern

10 Tender: **A 701-705, 751-756** (79-87) 42 ts, 9.5 kn, DM, 15.5 x 5.0 x 2.7 m — auch/also AT

2AX: **Falken, Gladan** (46-47) 220 ts, 36 kW, Zweimastgaffelschuner mit DM, Segelfläche, 512 m^2/two masted schooner with DM, sail area 5510 sq. ft.— *Övningsfartyg.*

2 YP: **Pingvinen** (73) 144 ts, 13 kn, 810 kW_2, DM; **Pelikanen** (63) 130 ts, 14 kn, 760 kW_2, DM — *Torped- och robotbärgningsfartyg;*

Anzahl - Art/ Number - Group	Schiffsnamen und Stapellauf/ Ship's Name and Launching	Baubeginn - Fertig- *Umbau*/On Keel - Completed - *Conv.*	Bauwerft / Builder	Wasser- verdrängung/ Displacement ts	Länge/Length m	Breite/Beam m	Tiefgang/Draft m	Besatzung/ Crew Bes

Küstenwache/Coast Guard — Kustbevakning/ Kbv

2 PP ○	Kbv 201, 202 a.St./o.St.-bew./auth.	./01 ./00	Karlskronavarvet	450	52.0	8.6	2.3	9

1 PP: **Kbv 181** (90) 800 ts, 16 kn, [1-2 ⛵], DM, 2775 kW_2, 56 x 10.2 x 4.6 m, Bauwerft/builder: Rauma — ähnlich/similar to Typ finn. Tursas

11 PP: **Kbv 301-311** (93-96) 42 ts, 38 kn, MTU-DM, 1470 kW_2, 20 x 4.7 x 1 m — Klasse B

1 PP: **Kbv 290** (90) 45 ts, 28 kn, MTU-DM, 1370 kW_2, 21.8 x 5.4 x 1 m — Prototyp für Kbv 301

13 PP: **Kbv 238, 240-243, 247, 248, 251-255, 258** (61-72), 17 ts, DM — Klasse D

4 PP: **Kbv 401- 408** (94-95)

Ölreinigungsschiffe/Pollution Control Vessels

1: **Kbv 010** (85) 450 ts, 15 kn, Cummins-DM, 1545 kW_2 — Klasse A

2: **Kbv 004** (78) 450 ts, 12 kn, 880 kW_2; **Kbv 003** (60) 300 ts — Klasse A

2: **Kbv 050, 051** (83) ./340 ts — Klasse B

5: **Kbv 045-049** (79-83) 140/230 ts, 11 kn, 400 kW_2, Scania-DM, 28.9 x 6.5 x 1.9 m — Klasse B

Senegal

1 PP	**Fouta** 1986	86/87	Frederikshavn V.	420 500	55.0	10.3	2.8	43
1 PP	**Njambuur** 1980	80/83	SFCN, Villeneuve	416 451	58.7	8.2	2.2	39
3 PP	**Saint-Louis, Podor, Poponguine** 1970-76	70/71 75/77	SFCN, Villeneuve	240	47.5	7.1	2.5	25
3 PP	**Casamance 2, Siné-Saloum 2, SENEGAL 2** 1978-79	78/79	Turbec, St. Cathérine	52 62	26.5	5.8	.	.
2 PP	**Matelot Oumar Ndoye, Matelot Al Toune Samb** 1994	./94	Peterson Shb.	24	15.6	4.5	1.3	6
1 LS	**Karabane** 1986	85/86	SFCN, Villeneuve	320	59.0	12.0	1.6	16
1 LS	**I** (ex Javelin/L9051) 1987	87/89	SFCN, Villeneuve	315 740	59.4	11.9	1.7	16

1 LC **I** (ex CTM-5) (66) 55/150 ts, 9.5 kn, 2 DM, 350 kW, 23.8 x 6.4 x 1.3 m

1 AG	**Louis Sager** 1985	./85	Narasaki/Zosen	.	36.6	8.0	2.9	.

Bewaffnung/ Armament	Sensoren-Elektronik/ Sensors-Electronic	Geschwindig-keit/speed kn	Antrieb/Propulsion Maschine/Kessel Engines/Boilers Masch	Leistung/ Power kW 1 kW = 1.36 PS	Fahrstrecke/ Range sm	Sonstige Angaben/ Remarks
—	⊤	20.0	2 DM	5200 2	2000 16	

4 PP: **Kbv 102-105** (72-73) 55 ts, 22 kn, MTU-DM, 1370 kW_2, 26.7 x 5.2 x 1.3 m, auch/also YD — Klasse A

7 PP: **Kbv 281-289** (77-89) 37 ts, 27 kn, Cummins-DM, 1544 kW_2, 21 x 5 m — Klasse B

8 PP: **Kbv 271-278** (74-77) 20 ts, 20 kn, DM, 515 kW_2 — Klasse B

3 Hovercraft: **Kbv 891- 893** (93) 6.8 ts, 35 kn, Deutz-DM, 235 kW, 11 x 4.6 x 0.5 m, Bauwerft/builder: Griffon, Southampton — Typ 2000 DTX

2: **Kbv 044** (76) 75 ts, 12 kn, 425 kW; **Kbv 059** (74) 22 ts; — Klasse B

3: **Kbv 011, 012, 014** (70-74) 50 ts; **Kbv 015** (71) 140 ts — Klasse C

4: **Kbv 020** (82) 60 ts, 27 kn; **Kbv 021-023** (73) 30 ts, 12 kn — Katamaran-Rumpf/catamaran hull — Klasse D

Und zahlreiche kleinere Fahrzeuge/and numerous smaller vessels

Senegal

1-3 ⚓	⊤	20.0	MAN-DM	3650 2	4500 16	Verbesserter/improved Typ dän./Dan. Havørnen
2-7.6 ⚓, 2-2 ⚓	⊤	30.0	SACM-DM	9410 4	2500 16	Typ frz./French PR 72 MS
2-4 ⚓ , 2 Mg ⚓	⊤	23.0	AGO-DM	3230 2	2000 15	Typ madagass./malag. Malaika
2-2 ⚓	⊤	32.5	DM		1985 2	.
2 Mg $⚓_2$, Mg $⚓_1$	⊤		2 GM-DM	1335 2	500 20	Typ US-Swift
2-2 ⚓	⊤		MGO-DM	1030 2	.	Ähnlich/similar to Typ franz./French EDIC
2-2 $⚓_1$, 2-Mg $⚓_2$	⊤	12.0	2 SACM-DM	1030 2	1800 12	Typ franz. EDIC 99: von Frankreich/from France

1 AT: **I** (ex Olivier/Y 719) (60) 105 ts, 11 kn, 1 DM, 514 kW, 21.0 x 6.9 x 3.2 m

—	⊤		1 DM	590	.	

Anzahl - Art/ Number - Group	Schiffsnamen und Stapellauf/ Ship's Name and Launching	Baubeginn - Fertig- *Umbau*/On Keel - Completed - *Conv.*	Bauwerft/Builder	Wasser-verdrängung/ Displacement ts	Länge/Length m	Breite/Beam m	Tiefgang/Draft m	Besatzung/ Crew Bes

Schweiz/Switzerland

11 PP: **Aquarius, Venus, Mars, Saturn, Uranus, Sirius, Orion, Perseus, Antares, Castor, Pollux** (81-83) 5.9 ts, 32.5 kn, 2 Mg ⚔, Volvo-Penta-PM, 400 kW$_2$, 10.7 x 3.3 x 0.9 m, Bes 8, Bauwerft/builder: Müller, Spiez

Seschellen/Seychelles

1 PP: **Andromache**/605 (82) 240/270 ts, 28 kn, 1-2 ⚔, 2 Mg ⚔, Paxman V.-DM, 6000 kW$_2$, 41.8 x 8.8 x 1.7 m, Bes 22, Bauwerft/builder: Pichiotti, Viareggio

1 PC: **Zoroaster** (~75) 190/220 ts, 42 kn, 2-5.7 ⚔$_2$, 2-2.5 ⚔$_2$ — Typ USSR Turya

Singapur/Singapore

Korvetten/Corvettes

4 FG	II-IV	./05	Singapore Tech. Mar.	~1000	110	11.0	3.0	58
○	I gepl./plan.	01/04						

Uboote/Submarines

4 SS	**Conquerer, Centurion, I**	67/69	Kockums, Malmö	1130↑	51.0	6.1	5.0	23
○	(ex Sjöhunden, Själejonet, Sjöormen)			1400↓				
	Challenger (ex Sjöbjörnen) 1967-68		St.W., Karlskrona					

Kleine Kampfschiffe/Small Fighting Vessels

6 PG	**Valour, Vigilance, Valiant,**	88/91	Singapore Tech. Mar.	550	62.4	8.5	3.1	44
○	**Vigour, Vengeance**	90/		600				
	Victory 1988-90	88/90	Lürssen, Vegesack					
12 PG	**Fearless, Brave, Courageous,**	94/96	SSE, Singapur	.	55.0	8.6	2.7	30
○	**Gallant, Daring, Resilience,**	95/98		500				
	Dauntless, Unity, Justice							
	Sovereignty, Freedom,							
	Independence 1995-98	97/99						
6 PG	**Sea Dragon, Sea Tiger, Sea Hawk,**	72/74	Singapore Shb. & Eng.	230	44.9	7.0	2.3	40
○	**Sea Scorpion**	75		255				
	SEA WOLF, Sea Lion 1972-75	71/72	Lürssen, Vegesack					
		87-91						
12 PP	**FB 31-42** 1990-91	./90	Singapore Shb.	20	14.5	4.2	1.1	4
		91						

Bewaffnung/ Armament	Sensoren-Elektronik/ Sensors-Electronic	Geschwindigkeit/speed kn	Antrieb/Propulsion Maschine/Kessel Engines/Boilers Masch	Leistung/ Power kW 1 kW = 1.36 PS	Fahrstrecke/ Range sm	Sonstige Angaben/ Remarks

Sierra Leone

1 PP: **Farandugu** (89) 100 ts, 24 kn, 4 Mg (gun), MTU-DM, 3910 kW_4 — Typ US Swift 105'

Seschellen/Seychelles

2 PP: **Fortune** (~75) 45 ts, 30 kn, 3 Mg (gun), Typ USSR Zhuk; **Junon** (80) 40 ts, 26 kn, Lg 18.3 m

Singapur/Singapore

Bewaffnung/ Armament	Sensoren	kn	Maschine	kW	sm	Sonstige Angaben/ Remarks
⇧, ⇨, (gun) **TR**	┬ ⊽ ◌ ⌂	32.0	2 ⇝ DM	.	.	
4 **TR** 53.3 b↓ FFV 613 2 **TR** 40.0 h↓ FFV 431	┬ ⊕ ⊽	15.0↑ 20.0↓	Pielstick-DM EM	1840 2575 1	.	Typ schwed. A12 I-III: bis/till 1999-01
8 Harpoon ⇨$_4$, 1-7.6 (gun), 2 Barak 1 VLS ⇧$_8$, 6 **UTR** 32.4 **III**	┬ ◊ ◌ ⊕ ⊽ ⌂	35.0	MTU-DM	13780 4	4000 18	Typ deutsch/German Lürssen 62.
[⇨], 1-7.6 (gun), 2 Simbad ⇧, 4-Mg (gun), 6 **UTR** 32.4 **III**	┬ ◌ ⊕ ⊽ ⌂	20.0	2 MTU-DM	6290 2	.	KaMeWa-Waterjets
4 Harpoon ⇨$_2$, 2 Gabriel ⇨$_1$, 1-5.7 (gun), 1 Simbad ⇧	┬ ◊ ◌ ⊕ ⌂	40.0	MTU-DM	10590 4	1800 15	Typ deutsch/German Lürssen TNC 45
1 Mg (gun)	┬ ◊	30.0	MTU-DM	880 2	.	

Anzahl - Art/ Number - Group	Schiffsnamen und Stapellauf/ Ship's Name and Launching		Baubeginn - Fertig- *Umbau*/On Keel - Completed - *Conv.*	Bauwerft/Builder	Wasser- verdrängung/ Displacement ts	Länge/Length m	Breite/Beam m	Tiefgang/Draft m	Besatzung/ Crew Bes
Minensucher/Minesweepers									
4 MS	**Bedok, Kalang, Punggol, Katong**	1993-94	92/94 94/96	Karlskronavarvet + Singapore Shb (II-IV)	8500 360	140	20.0	4.5	.
Landungsfahrzeuge/Landing Vessels									
4 LD	**Resolution, Persistence,** I **Endurance**	1998-99	98/01 97/00	Singapore Tech. Mar.	6000 8500	141	21.0	5.0	65
1 LS	**Perseverance** (ex Sir Lancelot)	1963	62/64	Fairfield, Glasgow	3270 5670	126	18.2	4.0	65
2 LS	**Excellence** (ex LST 629) **Intrepid** (ex LST 579)	1944	44/44	Chicago B. & J. Co. Missouri Valley	1650	100 4080	15.2	4.3	72

3 LC: **Tiger 40** (86) ./12.5 ts, 35 kn, Deutz-DM, 560 kW, auch/also AP — Hovercraft; **RPL 60-63** (85) 150 ts, 10 kn, DM, 630 kW_2, 36 x 8.5 x 2.5 m, Bauwerft/builder: Singapore Shipbuilding & Engineering Ltd.

Zahlreiche kleinere Landungsboote/mumerous smaller/ landing craft

Anzahl - Art/ Number - Group	Schiffsnamen und Stapellauf/ Ship's Name and Launching		Baubeginn - Fertig- *Umbau*/On Keel - Completed - *Conv.*	Bauwerft/Builder	Wasser- verdrängung/ Displacement ts	Länge/Length m	Breite/Beam m	Tiefgang/Draft m	Besatzung/ Crew Bes
Marine-Polizei/Marine Police									
12 PP	**Hammerhead Shark, Mako Shark, Blue Shark, White Shark, Tiger Shark, Basking Shark, Sandbar Shark, Thresher Shark** (ex P18, 14, 12, 16, 11, 15, 21, 23) **Whitetip Shark, Blacktip Shark, Goblin Shark, School Shark** (ex P 17, 19, 20, 22)	1980-81	80/81 81/82	Singapore Shb. & Eng.	45 48	22.7	6.2	1.6	13
19 PP	**PT 1-19**	1983-89	83/84 88/89	Singapore Shb. & Eng.	20	14.5	4.2	1.2	7

33 PP: **PX 1-33** (80-81) 11 ts, 32 kn, MTU-DM, 565 kW_2, Lg 11.2 m

Slowenien/Slovenia

Anzahl - Art/ Number - Group	Schiffsnamen und Stapellauf/ Ship's Name and Launching		Baubeginn - Fertig- *Umbau*/On Keel - Completed - *Conv.*	Bauwerft/Builder	Wasser- verdrängung/ Displacement ts	Länge/Length m	Breite/Beam m	Tiefgang/Draft m	Besatzung/ Crew Bes
2 PP	**Ankaran, I**	1994	/94	Israel Air. Ind.	48 54	24.5	5.5	1.8	8
1 PP	**Ladse**/P111	.	./.	Aviotech., Viareggio	44	19.9	5.0	0.9	9

1 AX **Sinji Galeb;** ehem. Fischdampfer/former fishing vessel

Bewaffnung/ Armament	Sensoren- Elektronik/ Sensors- Electronic	Geschwindigkeit/speed kn	Antrieb/Propulsion: Maschine/Kessel, Engines/Boilers, Masch	Leistung/ Power kW (1 kW = 1.36 PS)	Fahrstrecke/ Range sm	Sonstige Angaben/ Remarks
1-4, 2 Mg, 2 PAP		15.0	4 Saab-Scania-DM	1170 2	2000 12	Typ schwed./swed. Landsort. II-IV Ausrüstung in/fitted out: Singapore Shb.
2 Simbad, 2 Barak 1-VLS $_8$, 1-7.6, 2 Mg $_1$ [350], 18, 4 LCVP		15.0	DM	8500 2	5000 15	
2-4, 2 Mg, [150 ts], [400], 16		17.0	Ruston DM	7010 2	8000 15	Typ brit. Sir Lancelot
1-4, 2 Mg		11.5	2 MTU-DM	1325 2	19000 9	Typ US LST. Neue Aufbauten achtern/ new aft superstructures

30 LC: **I-XXX** (93-97) 20 kn, 2 MAN-DM, 3230 kW, 23 x 6.0 x 0.8 m

1 YD: **Jupiter** (90) 170 ts, 14 kn, 1-2, MWM-DM, 1000 kW$_2$, 35.7 x 7.1 x 23 m, Bes 33, Bauwerft/builder: SSE, Singapur

1-2, 1 Mg		34.0	Deutz-DM	2120 2	960 20	
1 Mg		30.0	MAN-DM	905 2	310 22	Alu-Rumpf und Aufbauten/ Al-hull and superstructure

5 PP: **Sailfish, Spearfish, Billfish, Swordfish, Spikefish**/PK-10, 20, 30, 40, 50 (95) 50 kn, 2 DM

Slowenien/Slovenia

[⇨], 2-2 $_1$, 2 Mg		38.0	MTU-DM	2880 2	1200 17	Typ israel. Super Dvora
.		40.0	2 MTU-DM	1765 2	270 35	

Spanien/Spain

Anzahl - Art/ Number - Group	Schiffsnamen und Stapellauf/ Ship's Name and Launching		Baubeginn - Fertig- *Umbau*/On Keel - Completed - *Conv.*	Bauwerft/Builder	Wasser- verdrängung/ Displacement ts	Länge/Length m	Breite/Beam m	Tiefgang/Draft m	Besatzung/ Crew Bes
Flugzeugträger/Aircraft Carrier									
1 RL	**Principe de Asturias**	22. 5. 1982	79/88	Bazan, Ferrol	15150	196	24.4	9.4	770
○					16920		30.0		
Fregatten/Frigates									
4 FG	Blas de Lezo		./06	Bazan, Ferrol	4500	147	18.6	4.8	250
○	Mendez Nuñez		./04		5760				
	Roger de Lauria		./03						
	Alvaro de Bazán	a.St./o.St.-bew./auth.	99/02						
6 FG	**Canarias**		92/94	Bazan, Ferrol	3050	139	14.3	8.6	223
○	**Navarra**		91/94	Bazan, Ferrol	4100				
	Reina Sofia		87/90	Bazan, Ferrol					
	Numancia		85/88	Bazan, Ferrol					
	Victoria		83/87	Bazan, Ferrol					
	SANTA MARIA	1984-93	82/86	Bazan, Ferrol					
5 FG	**BALEARES, Andalucia, Cataluña,**		68/73	Bazan, Ferrol	3350	134	14.3	7.0	240
○	**Asturias, Extremadura**		71/76		3390				
	(ex US DEG 7-11)	1970-72	87-91						
4 FG	I-IV	gepl./plan.	./08	Spanien/Spain	.	.	.	.	.
6 FG	**Vencedora**		78/82	Bazan, Ferrol	1420	88.9	10.4	3.7	116
○	**Cazadora**		77/81	Bazan, Ferrol	1575				
	Infanta Cristina		76/80	Bazan, Cartagena					
	Infanta Elena		76/80	Bazan, Cartagena					
	Diana		75/79	Bazan, Cartagena					
	DESCUBIERTA	1975-80	74/78	Bazan, Cartagena					
4 FS	**Atalaya**		90/92	Bazan, Ferrol	835	68.7	10.4	3.4	42
○	**Vigia**		90/92	Bazan, Ferrol	1110				+ 8
	Centinela		89/91	Bazan, Ferrol					
	SERVIOLA	1990-91	89/91	Bazan, Ferrol					
Uboote/Submarines									
4 SS	I-IV	bew./auth.-gepl./plan.	00/.	Bazan, Cartagena	1430↑	63.5	6.2	5.4	.
○					1570↓				
4 SS	**Mistral, Tramontana**		80/84	Bazan, Cartagena	1490↑	68.0	6.8	5.1	50
○			81/86		1750↓				
	GALERNA, Siroco		77/83	Bazan, Cartagena					
		1981-84	78/84						
4 SS	**Marsopa, Narval**		71/75	Bazán, Cartagena	850↑	59.0	6.8	4.6	45
○	**Delfin, Tonina**	1972-74	68/73	Bazán, Cartagena	1040↓				
			83-88						

Bewaffnung/ Armament	Sensoren- Elektronik/ Sensors- Electronic	Geschwindig- keit/speed kn	Antrieb/Propulsion Maschine / Kessel Engines / Boilers Masch	Leistung/ Power kW 1 kW = 1.36 PS	Fahrstrecke/ Range sm	Sonstige Angaben/ Remarks

Spanien/Spain

6 Matador, 8-14 Sea King, 2-6 LAMPS, 4-2 12 Meroka		26.0	2 Gen. El.-GTu + 2 EM	34120 + 1175 1	10000 12	Portaaeronaves. Ski-jump 12°, Flugdeck/flight deck 173.3 x 29 m. Meroka = MEhr ROhr KAnone
8 Harpoon, 1 VLS 32, 1-12.7, 2-2 12 Meroka II, 4 **UTR,** 1 LAMPS III		28.0	2GE - GTU + 2 Cat. DM	17400 + 4500 2	4500 18	*Klasse 100* Radar: Aegis SPY-1F
Harpoon/Standard MR /, 1-7.6 OTO, 1-2 12 Meroka, 6 **UTR** 32.4 **III**, 2		30.0	2 Gen. El.-GTu	29500 1	4500 20	Typ US Oliver Hazard Perry. 8 Harpoon, + 32 Standard. SQR-19 TASS.
1 Standard SM-1 MR 1, 8 Harpoon 4, 1-12.7, 2-2 12 Meroka, 2 Mg 1 [2 **TR** 48.4h], 4 **UTR** 32.4 **II,** 1 8 Asroc		28.5	E.N.Bazan TU Astill. E.-Wr	25740 1	4800 18	TAN 1 (combat data system), Ähnlich/similar to Typ US Knox. Modernisierung: TRI-Sonar AN-SQS 56 LF
, ,	. . .	.	. .	.	.	*Klasse 110* Ersatz: Descubierta
4 Harpoon 4, 1-7.6, 2-4, 1 Sea Sparrow 8, 6 UTR 32.4 **III**, 1 2		26.0	4 MTU-DM	12880 2	4000 18	*Corbetas.*
1-7 6, 2 Mg, 1 AB 212		19.0	MTU-DM	5515 2	8000 12	
6 **TR** 53.3 b ↓		12.0↑ 21.0↓	2 DM 1 EM	..	8500	*Klasse Scorpène*
4 **TR** 53.3 b ↓		12.0↑ 20.5↓	S. Pielstick-DM EM	2650 3380	9000 9	*Submarinos.* Typ frz./French Agosta. Modern.: 1993-2000: Neue Sehrohre, Batterien/ new periscopes, batteries
12 **TR** 55↓ (8 b↓, 4 h↓)		13.5↑ 16.0↓	DM EM	960 1180 2	3000 7	Typ frz./French Daphné. Elektronik und Feuerkontrolle wie Galerna/electronics and fire control like Galerna.

Anzahl-Art/ Number-Group	Schiffsnamen und Stapellauf/ Ship's Name and Launching		Baubeginn-Fertig-*Umbau*/On Keel-Completed-*Conv.*	Bauwerft/Builder	Wasser-verdrängung/ Displacement ts	Länge/Length m	Breite/Beam m	Tiefgang/Draft m	Besatzung/ Crew Bes
Kleine Kampfschiffe/Small Fighting Vessels									
6 PC ○	**Acevedo, Cándido Pérez, Javier** **Quiroga, Laya, Ordóñez** **BARCELÓ**	 1975-76	75/76 76/77 74/76	Bazán, Cadiz Lürssen, Vegesack	110 135	36.2	5.8	2.5	19
1 FS ○	**Chilreu** (ex Pescalonso 2)	 1988	./88	Gijon	. 1157	67.8	11.0	4.7	25
1 FS ○	**Alborán**	 1991	./96	Vigo	. 1157	65.9	10.5	4.4	35
10 PP	**Anaga, Tagomago, Marola, Mouro,** **Grosa, Medas, Izaro, Tabarca,** **Deva, Bergantin**	 1980-81	79/80 81/82	Bazán, Cadiz	290 345	44.4	6.6	2.6	25
4 PP	**Conejera, Dragonera, Espalmador,** **Alcanada** (ex LVE 1-4)	 1981-82	79/81 81/82	Bazán, Cadiz	85	32.2	5.3	1.4	12
2 PP	**Toralla, Formentor**	1987	86/87	Viudes, Barcelona	56 75	28.5	6.5	1.8	13

3 PP: **P 221** (ex PVI 121) (79) 4.2 ts, 18 kn, 1 Mg ⚔, DM, 170 kW, 120 sm, 8.9 x 3.1 x 0.7 m, Bauwerft/builder: Rodman, Vigo — **P 111, 114** (78) 21 ts, 23 kn, 2 DM, 564 kW, 13.7 x 4.4 x 1.3 m

Anzahl-Art/ Number-Group	Schiffsnamen und Stapellauf/ Ship's Name and Launching		Baubeginn-Fertig-*Umbau*/On Keel-Completed-*Conv.*	Bauwerft/Builder	Wasser-verdrängung/ Displacement ts	Länge/Length m	Breite/Beam m	Tiefgang/Draft m	Besatzung/ Crew Bes
Minensucher/Minesweepers									
2 MB ○	**Guadalmedina, Guadalquivir** (ex Pivot, Persistent)	 1952-55	51/53 54/56 *84-86*	USA	750 817	52.6	10.4	2.9	70
4 MB	**Tambre**, Turia **Sella** **Segura**	 1997-99	98/00 98/99 97/99	Bazán, Cartagena	. 530	54.5	10.7	2.2	40
6 MS ○	**Ebro, Genil, Odiel, Júcar, Tajo,** **Sil** (ex MSC 355, 269, 279, 288, 200/Redwing, 287, 220)	57/58 1958-59	USA 58/59	355	43.0 385	8.0	2.6	37	
Landungsfahrzeuge/Landing Vessels									
3 LP ○	I Castilla **Galicia**	 1997-gepl./plan.	./03 97/00 96/98	Bazán, Ferrol	. 12490	160	25.0	5.6	125
1 LP ○	**Aragón** (ex Francis Marion)	 1954	53/61 53/61	New York, Shb., Camden	10710 16840	172	23.2	7.3	452
2 LS ○	**Hernan Cortéz, Pizarro** (ex Barnstable Co., Harlan Co.)	 1971	70/72	Nat. St., San Diego	4975 8450	159	21.2	5.3	250
2 LS	**A 06, 08**	1965-66	65/66 67	Bazán, Cadiz	280 665	59.0	11.9	1.5	17
2 LS	**L 071, 072** (ex LCU 1471, 1491)	 ~1955	54/55	USA	180 347	36.0	10.7	1.8	12

Bewaffnung/ Armament	Sensoren-Elektronik/ Sensors-Electronic	Geschwindigkeit/speed kn	Antrieb/Propulsion Maschine/Kessel Engines/Boilers Masch	Leistung/Power kW 1 kW = 1.36 PS	Fahrstrecke/Range sm	Sonstige Angaben/ Remarks
1-4, 1-2 2 Mg, [2 **TR** 53.3 **I**]		36.0	MTU-DM	4410 2	1500 17	Typ deutsch/German Lürssen TNC 36
1- Mg		13.0	MaK-DM	1590 1	1500 12	Fischereischutz/Fishery Protection vessel
1- Mg		13.0	MaK-DM	1760 1	18000 14	Fischereischutz/Fishery Protection vessel
1-7.6, 2-2, 2 Mg		22.0	MTU-DM	3160 1	4000 13	
1-2, 1 Mg		25.0	DM	2060 2	1200 15	Alu-Rumpf/Al-hull.
1 Mg		20.0	MTU-DM	960 2	1000 12	

1 PR: **Cabo Fradera** (63) 28 ts, 12 kn, 1 Mg 7, 100 kW, DM — *Patrullero de vigilancia interior* —

Bewaffnung/ Armament	Sensoren-Elektronik/ Sensors-Electronic	Geschwindigkeit/speed kn	Antrieb/Propulsion Maschine/Kessel Engines/Boilers Masch	Leistung/Power kW 1 kW = 1.36 PS	Fahrstrecke/Range sm	Sonstige Angaben/ Remarks
2-2, 2 Mg		15.0	4 Packard-DM	1675 2	2400 12	*Dragaminas*. Typ US Agile. VDS
1-2		14.0	MTU-DM	1120 2	2000 12	Ähnlich/similar to Typ brit. Sandown. BMH Bazan Minenjäger/minehunter + 4: gepl./plan.
2-2$_2$		13.6	GM-DM	880 2	2500 10	Typ US Redwing und/and Adjutant (43.9 8.5 m, 4 GM-DM, 660 kW)
2-2 Meroka $_{12}$, 4-2$_1$ [600], 4-6, 4 LCM-8		20.0	2 MAN-DM	8000 2	6000 14	Span/NL: Gemeinschaftsprojekt/joint project Castilla: 13815 ts, 2 Cat.-DM, 9200 kW. TRS-3D/16ES Radar
4-7.6$_2$, [650]		22.0	Gen. El. Tu 2 Foster Wh.	16810 1	10000 20	Typ US Paul Revere. Wird gestr./to be deleted: 2000
1-2, Phalanx 2-2$_1$, [374] 500 t Ladung/lead		20.0	6 Alco-DM	12130	2500	Typ US Newport 1994/95: übernommen aquired
1-2, 2 Mg, 1-8.1 Mörser/mortar		9.5	DM	765 2	1500 9	Typ frz./French EDIC. Jetzt Hilfsschiffe/now auxiliaries
2-2, 2, 180 ts Ladung/load		8.0	DM	500 3	700 7	Typ US LCU 1466

Anzahl-Art/ Number-Group	Schiffsnamen und Stapellauf/ Ship's Name and Launching		Baubeginn-Fertig-*Umbau*/On Keel-Completed-*Conv.*	Bauwerft/Builder	Wasser-verdrängung/ Displacement ts	Länge/Length m	Breite/Beam m	Tiefgang/Draft m	Besatzung/ Crew Bes

8 LC: **L 87, 88** (88), **L 81-86** (75) ./120 ts, 10.5 kn, DM, 22.5 x 6.5 x 1.3 m, Bes 5, Typ US LCM (8) E

8 LC: **L 601-608** (84-85) 10 kn, DM, 375 kW_2;

Hilfsfahrzeuge/Auxiliary Vessels

1 AK ○	**Patiño** (ex Mar del Sur)	1994	93/95	Bazán, Ferrol	. 17000	166	22.0	8.0	180 + 70
1 AK ○	**Camino Español** (ex Cindya, Mercantil Mage, Araguary)	 1984	./85 *99*	Ast. Mana, Niteroi *Bazán, Cartagena*	4650 BRT/grt	93.5	18.2	4.6	.
1 AK ○	**Contramaestre Casado** (ex Thanasis-K)	 1953	./53	Eriksberg, Göteborg	5300	104	14.4	6.1	72
1 AO ○	**Marques de la Ensenada** (ex Mar del Norte)	1990	89/91	Bazán, Ferrol	. 13400	123	19.5	7.9	80
1 AG ○	**Alerta** (ex Jasmund)	 1983	./85	Neptunw., Rostock	. 2290	76.3	12.4	3.9	60
1 AG ○	**Hespérides** (ex Mar Antarctico)	1990	88/91	Bazán, Cartagena	1950 2730	82.5	14.3	4.5	39 + 30
2 AG	**MALASPINA, Tofiño**	1973	73/75	Bazán, Cadiz	820 1090	57.6	11.7	3.6	63
4 AG	**Antares, CASTOR, Pollux, Rigel**	 1966-73	./66 74	Bazán, Cadiz	350 380	38.4	7.5	2.6	36

2 AK **Y341, 343** (64-65) 82 ts, 55 kW, 20 x 6.2 x 1.4 m, Bauwerft/builders: Bazán, La Carraçia

5 AX: **Juan Sebastián de Elcano** (27) 3420/3750 ts, 8.5 kn, 4-5.7, 590 kW_1, Viermasttopsegelschuner, 290 Kadetten/ four masted top schooner, 290 cadets, 2467 m_2; **Arosa** — Ketsch/ketch; **Hispaña, La Graciosa** — Schuner/ schooner; **Sisargas** – Ketsch/ ketch

3AO: **Condestable Zaragoza** (81) 825 ts, 10.8 kn, DM, 515 kW, 48.8 x 8.4 x 3.4 m; **Marineiro Jarano** (80) 535 ts, 10.8 kn, DM, 440 kW, 34 x 7 x 3 m; **Torpedista Hernández** (62) 610 ts, 10 kn, DM, 44.8 x 7.6 x 2.8 m; Bes 16-Wassertanker

4 AO: **Y-231, 232, 236, 255** (80) 524 ts, 9 kn, 37.6 x 7 x 3 m, Bauwerft/builders: Bazán, La Carraca.

7 AO: **Y 251** (80) 830 ts, 11 kn, 46.7 x 8.4 x 3.1 m, Bauwerft/builders: Bazán, La Carraça, **Y 252, 253, 257,** (63-65), **Y 272** (58) 340 ts, 9.5 kn, 34.3 x 6.2 x 2.5 m, Bauwerft/builders: Bazán, La Carraça, **Y 254** (81) 214 ts 9.3 kn, 27.2 x 5.5 x 2.5 m, Bauwerft/builders: Bazán, La Carraça; Y 256 (59) 200 ts, 7.8 kn, 28.0 x 5.2 x 1.9 m Bauwerft/builders: Bazán, Ferrol; Hafentanker/harbour tanker

2 AO: **Y-221, 222,** (91), 351 ts, 168 kW; 25.4 x 7.5 x 2.4 m; Bauwerft/builders: Bazán, La Carraça — für Benzin

5 AO: **Y 421- 425** (89-90) 248 ts, 168 kW, 25.4 x 7.7 x 1.8 m; Bauwerft/builders: Bazán, La Carraça — für Wasser

1YD: **Y563/Proserpina** (64-80) 103 ts, 9 kn, 147 kW, SLZ-DM, 21.5 x 5.8 x 2.9 m, Bazán, Cartagena

1 AT: **Ferrol** (ex RA5) (64) 950/1080 ts, 15 kn, 4-2 ∠$_2$, SLZ-DM, 2350 kW_2, 56 x 10 x 4 m; Bauwerft/builders: Bazán, La Carraca

1 AT: **I** (98) 89 ts, 9 kn, 2 Cat.-DM, 551 kW, 16.3 x 6.5 x 2.5 m, Bazán

Bewaffnung/ Armament	Sensoren-Elektronik/ Sensors-Electronic	Geschwindigkeit/speed kn	Antrieb/Propulsion Maschine/Kessel Engines/Boilers Masch	Leistung/ Power kW 1 kW = 1.36 PS	Fahrstrecke/ Range sm	Sonstige Angaben/ Remarks

13 LC: **I-IV** (86-87) 12 ts — Typ US LCVP Mk 7; **I-IX** 10.5 ts,— Typ US LCP (L)

2-2 $_{12}$ Meroka, 2-2 , 3		20.0	2 DM	17650 1	13000 20	SPA/NDL: Gemeinschafts-projekt/joint project
—		15.0	2 SLZ-DM	2384 2	.	Ro Ro - Untersteht dem Heer/army control, gem. Besatzung: Marine-Heer/mixed crew: Navy/army
2-2 $_{1}$		14.0	B. & W.-DM	2650 1	8000 16	1982 gekauft/purchased. -Deck achtern/aft
[1-2 $_{12}$ Meroka], 2 Mg , 1 AB 212		16.0	MAN-DM	8280 1	10000 15	7450 ts Öl/fuel, 1715 ts Kerosin
[6-2.5 $_{2}$]		12.0	DM	1470 1	1000 12	Typ ex DDR/GDR Projekt 602
1		15.0	DM	5590 1	12000 13	*Buque polar*
2-2		15.0	MWM-DM	2380 2	4000 12	*Buques oceanográficos hidrógrafos*
—		11.7	Sulzer-DM	530 1	3620 8	*Buques hidrógrafos auxiliares.* I, IV: Alpha-DM, 590 kW

5 AX: **Guardiamarina Barrutia, G. Salas, G. Godínez, G. Rull, G. Chereguini** (83-84) 45 ts, 12.5 kn, MTU-DM, 590 kW, 21.9 x 5.1 x 1.5 m — Training craft

2 AT: **Mar Caribe, Neptuno** (ex Amatista, Mar Rojo, Amapola) (74) 1850 ts, 13.5 kn, B.zW.-DM, 3575 kW_2, 54 x 11.7 x 4.3 m; Bauwerft/builders: Duro Felguera, Gijon

2AT: **Mahón, Las Palmas** (ex Circos, Samiedo) 1437 ts, 15 kn, 2-Mg $_1$, SLZ-DM, 5695 kW, 41.5 x 11.6 x 5.5 m; Bauwerft/builders: Ast. Atlántico, Santander

1AT: **La Graña** (ex Punta Amer) (82) 280 ts, 14 kn, DM, 2380 kW_1, 31.2 x 8.4 x 3.2 m; Bauwerft/builders: Ast. Luzuriaga, San Sebastian

1 AT: **Y 122** (98) 423 ts, 12 kn, 2 DM, 2554 kW, 29.5 x 11.0 x 4.0 m, Bazán

2 AT: **Y 116, 117** (80) 458 ts, 13 kn, 1176 kW, 31 x 8.8 x 4.0 m; Bauwerft/builders: Bazán, Ferrol

1 AT: **I** (98) 242 ts, 11 kn, 2 Cat.-DM, 1302 kW, 23.9 x 7.5 x 3.6 m, Bazán

2 AT: **Y 118, 121** (88-90) 236 ts, 11 kn, 1147 kW, 2 MTU-DM, 24 x 7.5 x 3.7 m; Bazán, La Carraça

3 AT: **Y 111, 113, 115** (63-66) 220 ts, 10 kn, 26.2 x 87.1 x 2.5 m; Bauwerft /builders: Bazán, Cartagena

20 AT: **Y 120** (ex Pta. Roca) (73) 435 ts, 12.5 kn, 1287 kW, 28.3 x 8.5 x 4.0 m; **Y 131-135, 137-140** (64-65) 65 ts, 7 kn, 147 kW, 18.4 x 4.7 x 1.6 m; **Y 141, 142** (80-81) 224 ts, 11 kn, 742 kW, 28 x 7.5 x m; **Y 143** (54), 133 ts, 8 kn, 441 kW, 21.3 x 5.9 x 2.3 m; **Y 144, 145** (79) 327 ts, 12 kn, 2353 kW, 26.8 x 7.9 x 3.2 m; **Y 147** (87), 87 ts, 10 kn, 249 kW, 18.5 x 5.5 x 1.6 m; **Y 373:** 178 ts, 7 kn, 147 kW, 31 x 6.6 x 1.4 m; **Y 171-173** (82-85) 10 ts, 8.5 kn;

Anzahl - Art/ Number - Group	Schiffsnamen und Stapellauf/ Ship's Name and Launching	Baubeginn - Fertig- *Umbau*/On Keel - Completed - *Conv.*	Bauwerft / Builder	Wasser- verdrängung/ Displacement ts	Länge/Length m	Breite/Beam m	Tiefgang/Draft m	Besatzung/ Crew Bes

49 Tender: **Y 501** (81) 11 ts, 11 kn, 10.9 x 3.9 x 0.7 m; **Y 502** (85) 18 ts, 10 kn, 11 x 3.8 x 0.9 m; **Y 540** (62) 49 ts 19.5 x 4.7 x 1.7 m, **Y 503 - 511, 581 - 584** Bauwerft/builders: Rodman, Vigo + Ast. Astafersa; **Y 517, 571** (~44); **Y 572** (58) 13 ts; **Y 573-578** (63-73) 11.5 ts; **Y 512** (86) 3 ts; **Y 519** (69) 3 ts; **Y 521-530** (78-83), **Y 545-548** (78-79) Bauwerft/builders: Rodman, Vigo; **Y 531-535** (80) 5 ts; Bauwerft/builders: Rodman, Vigo; **Y 538, 539** (80) 5 ts; **Y 580** (83) 14 ts;

Zoll/Customs – *Aduanas*

34 PP **Aquila** (74) 80 ts, 29 kn, 1985 kW; **Albatros 2,3** (64-69) 85 ts, 29 kn, 1985 kW; **Alca 1-3** (87-88) 22 ts, 45 kn, 1470 kW; **Alcavaran 1-5** (84-87) 85 ts, 28 kn, 2882 kW; **Carabo** (77) 57 ts, 16 kn, 992 kW; **Gavilan 1-4** (75-87) 65 ts, 29 kn, 2206 kW; **Halcón 2, 3** (80-83) 68 ts, 28 kn, 2353 kW; **HJ 1, HJ 3-13** (86) 20 ts, 50 kn, 1470 kW; VA 2-5 (85) 23 ts, 27 kn, 1029 kW;

Sri Lanka

Folgende Einheiten durch tamilische Rebellen seit 1989 versenkt:
Ranasuru, Sagarawardense, Sooraya, P 143, P 150, P 203, P 456, P 464, Edithara/P 715, A 516, Kandula/A 537 und 11 PP der P 111-Klasse.

1 PP	**Parakramabahu**/P351 1995	94/96	Quingdao	478	62.8	7.2	2.4	71
1 PP	**Jayesagara** 1983	82/83 84	Colombo Dy.	330	39.8	7.0	2.1	37
3 PP	I-III gepl./plan.	./.	.	.	45.0	.	.	.
5 PP	**Ranarisi, Ranajaya, Ranadeera, Ranawickrama** ~1990-95	./91 96	Shanghai	. 150	41.0	5.4	1.6	28
6 PP	**Jagatha, Ranjakamee, Weeraya, P 316-318** 1970-98	./72 ./98	Shanghai	120 145	38.8	5.4	1.8	25
3 PP	**P 430-432** (ex 473-475) 1987	87/88	Korea Shb., Pusan	. 55	23.0	5.4	1.8	12
4 PP	**P 460-463** 1995-96	95/97	I.A.I., Ramta	64	25.0	5.6	1.8	10
4 PP	**P 440-443** 1987-88	87/88	I.A.I., Ramta	54	22.4	5.5	1.8	12
3 PP	**P 420-422** 1983-86	83/86	I.A.I., Ramta	47	21.6	5.5	1.8	10
2 PP	**P 340, 341** 1997	./98	Lushun S.Y.	212	45.5	6.4	1.7	30
3 PP	**P 241-243** 1983	82/83	Colombo D.Y.	40	20.0	5.5	2.1	10
10 PP	**P 450-455, P 494-497** 1996-98	95/97 98/99	Colombo D.Y.	56	24.8	6.0	1.2	15
2 PP	**P 470, 471** 1989	./96	Israel. S.Y., Haifa	56	24.8	6.0	1.2	15
6 PP	**P 480-485** 1996-97	96/97	Equitable S.Y., New Orleans	68	24.9	5.4	1.5	12

Bewaffnung/ Armament	Sensoren-Elektronik/ Sensors-Electronic	Geschwindigkeit/speed kn	Antrieb/Propulsion: Maschine/Kessel – Engines/Boilers – Masch	Leistung/Power kW (1 kW = 1.36 PS)	Fahrstrecke/Range sm	Sonstige Angaben/ Remarks

Seepolizei/Sea Police — *Guardia Civil del Mar*

14 PP **M01-14** (92-96) 16 ts, 40 kn, 2 MAN-DM, 1000 kW, 1-Mg Bauwerft/builders: Rodman, Vigo

15 PP **D 01-15** (93-94) 14 ts, 40 kn, 2 MAN DM, 1000 kW, 1-Mg, Bauwerft/builders: Bazán

4 PP **Cormorán** (90) 22 ts, 65 kn, 2184 kW; **Nebbi 1, 2** (91-93) 51 ts, 42 kn, 2560 kW; **Petrel** (94) 1600 ts, 12 kn, 882 kW

Seerettungs- und Sicherheitsdienst/SAR — *Sociedad de Salvamento y Seguridad Maritima*
11 AT; 18 AG; 2

Sri Lanka

The following units have been sunk by Tamil rebels since 1989:
Ranasuru, Sagarawardense, Sooraya, P 143, P 150, P 203, P 456. P 464, Edithara/P 715, A 516, Kandula/A 537 and 11 PP: P 111-class.

Bewaffnung	Sensoren	kn	Masch	kW	sm	Remarks
4-3.7 $_2$, 4-Mg $_1$, 2		28.0	4 DM	2940 4	1300 15	Typ chin. 037/1G *Haiqing-Klasse/class*
2-2.5 $_2$		15.0	MAN DM	1545 2	3000 11	
		.	DM	.	.	11/99: ausgeschrieben/ invitation to tender
2-3 $_2$, 4 Mg $_2$		28.0	DM	3535 4	750 15	Verbesserter/modified Typ chin. Shanghai II./Haizhui
2-3.7, 4-2.5 $_2$ 2 Mg		30.0	DM	3535 4	800 17	Typ chin. Shanghai II
2-2, 2 Mg		40.0	MTU-DM	2500 2	.	
2-3 $_2$, 2 Mg $_1$		50.0	MTU-DM	3360 2	700 30	Typ israel. Super Dvora II
2-2 $_1$, 2 Mg $_1$		46.0	MTU-DM	2400 2	1200 17	Typ israel. Super Dvora
2-2 $_1$, 2 Mg $_1$		34.0	MTU-DM	2000 2	700 32	Typ israel. Dvora
4-3.7 $_2$, 4 Mg $_2$		28.0	4 DM	3530 4	750 16	Typ chin. 062-1G
1-2, 2 Mg $_1$		22.0	GM-DM	955 2	1500 14	Typ Simonneau SM 500
2-2 $_1$, 2 Mg $_1$		36.0	2 MTU-DM	1910 2	1200 17	
2-2 $_1$, 2 Mg $_1$		45.0	2 DTZ-DM	3680 2	850 16	
2-2 $_1$, 2 Mg $_1$		47.0	2 MTU-DM	3360 2	600 17	

Anzahl - Art/ Number - Group	Schiffsnamen und Stapellauf/ Ship's Name and Launching	Baubeginn - Fertig- *Umbau*/On Keel- Completed - *Conv.*	Bauwerft / Builder	Wasser- verdrängung/ Displacement ts	Länge/Length m	Breite/Beam m	Tiefgang/Draft m	Besatzung/ Crew Bes
4 PP	**P 410-413** 1993-95	./94	Simonneau + Colombo Dy.	28	17.3	4.9	1.4	8
4 PP	**P 201, 211, 214, 215** 1977-93	./83 93	Colombo Dy.	22	14.2	3.9	1.0	6
4 PP	**P 221-224** (ex P 421-424) 1977 76	75/77	Cheverton, Cowes	17.5 22	17.0	4.5	1.2	7
4 PP	**P 101, 102, 107, 109** ~1984-86	.	Cougar Mar.	7.5	10.4	2.9	0.8	4

21 PP: **P 151, 152** (91), **P 161-175** (94-95) 9 ts, 33 kn, 1 Mg, DM, 430 kW, 2 Waterjets; Bauwerft/builders: Colombo, **P 111-113** (88-92) 5 ts, 26 kn, 1 Mg, DM, 540 kW_2

2 LC	**Shakti, I** 1995	94/95 97	China	. 600	56.6	10.4	2.3	25
2 LC	**Ranagaja** (ex Gajasingha) **Ranavijaja** 1991-94	./91 ./94	Colombo Dy.	. 270	33.0	8.0	1.5	12

2 LC: **L 820, 821** 130 ts, 12 kn, 2 Mg, DM, 440 kW_2, Bauwerft/builder: China — Typ chin. Yunnan

2 AP	**Hansaya, Lihiniya** (ex Offshore Pioneer, O. Pride) 1983	.	Sing Koon Seng, Singapore	155	30.0	11.2	2.3	12

Sudan

2 PP	**Kadir, Karari** (ex Shahpar, Shahram) 1970-71	69/70 70/71	Abeking & R., Lemw.	70	29.0	5.0	1.5	19

4 PP: **Kurmuk, Qaysan, Rumbek, Mayom** 19.5 ts, 16 kn, 1-2, 2 Mg — Typ jug. 15

4 PP: **Halote, Maroub, Fiyab, Salak** 10 ts, 30 kn, 2 Mg, Bauwerft/builder: Sewart, La.

12 PP: **I-XII** (92-94) 3 ts, 42 kn, 1-Mg, Vom Iran angekauft/acquired from Iran

Surinam

3 PP	**Spari, I, II**/P01-03 1990-00	./99 ./00	Rodman, Vigo	46	30.0	5.8	1.8	9
5 PP	**I-V** 1999-00	./99 ./00	Rodman, Vigo	16	16.5	3.8	0.7	7

Bewaffnung/ Armament	Sensoren-Elektronik/ Sensors-Electronic	Geschwindigkeit/speed kn	Antrieb/Propulsion: Maschine/Kessel, Engines/Boilers, Masch	Leistung/Power kW 1 kW = 1.36 PS	Fahrstrecke/Range sm	Sonstige Angaben/ Remarks
1-2 ⚔, 1 Mg ⚔	⊤	42.0	2 MTU-DM	1690 2	500 35	Typ Simonneau Sea Sentinel
2 Mg ⚔	⊤	20.0	GM-DM	625 2	450 14	
1 Mg ⚔	⊤	23.0	GM-DM	940 2	1000 12	
1 Mg ⚔	⊤	30.0	Sabre-DM	370 2	.	Einsatz von Kommandoschiffen/operate from Command ships

9 PR: **P 140-142, 144-149** (~88) 3.5 ts, 30 kn, DM, 210 kW

2-2.5 $⚔_2$, 4-Mg $⚔_2$ [150t]	⊤	15.0	2 DM	.	1000 12	Typ chin. Wuhu-Klasse
2-2 ⚔, 2 Mg ⚔	⊤	8.0	Caterpillar-DM	1120 2	1800 8	

1 LC: **A 530** (98) 20 ts, 40 kn, 2 DM, 770 kW, 18.8 x 8.8 m, Typ ABS-Hovercraft M 10

1-2 ⚔, 2 Mg ⚔, [120], [60 ts]	⊤	30.0	MTU-DM	.	.	1986 gekauft/acquired

Sudan

3 Mg ⚔	⊤	27.0	MB-DM	1620 2	1220 20	Ex Iran

2 LC: **Sobat, Dinder** (~55) 240/410 ts, 10 kn, 3-2 ⚔, [140 ts], DM, 460 kW_3, 49.8 x 8.6 x 2.1 m — Typ jugosl. DTM 221

5 LC: **I-IV** Typ MFP-D, angekauft/aquired from: Jugoslawien/Yugoslavia

Surinam

1 Mg ⚔	⊤	30.0	2 MTU-DM	2160 2	800 12	Rodman 100-Klasse
1 Mg ⚔	⊤	35.0	2 MAN-DM	1000 2	500 25	Rodman 55-Klasse

Anzahl - Art/ Number - Group	Schiffsnamen und Stapellauf/ Ship's Name and Launching	Baubeginn - Fertig- *Umbau*/On Keel - Completed - *Conv.*	Bauwerft / Builder	Wasser- verdrängung/ Displacement ts	Länge/Length m	Breite/Beam m	Tiefgang/Draft m	Besatzung/ Crew Bes

Südafrika/South Africa

Korvetten/Corvettes

4 FS	II-IV	./07	HDW, Kiel	.	121	16.3	.	100
○	I bew./auth.	00/02	Blohm + Voß, Hamburg	3590				

Uboote/Submarines

3 SS	II-III	./07	TNSW, Emden	1300↑	62.0	7.6	5.5	30
	I bew./auth.	./05	HDW, Kiel	1594↓				
3 SS ○	**Spear, Umkhonto, Assagai** (ex Maria van Riebeeck, Emily Hobhouse, Johanna van der Merwe) 1969-70	69/72 68/70 *87-99*	Dubigeon, Nantes *Simonstown*	850↑ 1040↓	59.0	5.9	4.6	47

Kleine Kampfschiffe/Small Fighting Vessels

7 PG ○	**Isaac Dyobha, René Sethren, Galeshewe, Job Masego, Makhanda** (ex Jim Fouché, Frans Erasmus, Oswald Pirow, Hendrik Mentz, Kobie Coetsee, Magnus Malan)	./78 86	Sandock, Durban	415 450	58.1	7.6	2.4	47
	Shaka, Adam Kok (ex P. W. Botha, Frederic Creswell) 1977-85	76/78	Israel Shy., Haifa					

28 PP: **Y1501-1505, 1507-1519, 1521-1530** (~80-81) 5 ts, 60 kn, 3 Mg ⯃$_{2}$, $_{1}$, DM, Lg 9 m, GRP-Rumpf/hull — Namacurra Klasse

Minensucher/Minesweepers

2 MB	**I, II** (ex Paderborn, Ulm) 1957-59	57/58 58/59	Burmester, Burg	392 430	47.1	8.3	2.8	44
4 MS ○	**East London, Kimberley, Walvisbaai, Windhoek** 1957-58	./58 59 *93-01*	Brit. Privatwerften/ Brit. private yards	360 425	46.3	8.7	2.3	27
4 MS ○	**Umkomaas, Umhloti, Umzimkulu, Umgeni** ~1985-87	./86 87	Sandock Austral. Durban	. 380	48.0	8.5	2.3	37

Hilfsfahrzeuge/Auxiliary Vessels

1 AO ○	**Drakensberg** 1986	./87	Sandock, Durban	6000 12500	147	20.0	7.5	96
1 AK ○	**Outeniqua** (ex Juvent, Aleksandr Sledzyuk) 1991	91/92	Cherson	21025	166	22.9	9.0	.
1 AI ○	**S.A. Agulhas** 1977	77/78	Mitsubishi, Shimonoseki	5353 BRT/grt	109	18.0	5.8	40 + 92
1 AG ○	**Protea** 1971	70/72	Yarrow, Scotstoun	2733	79.3	15.0	7.0	124
1 AG ○	**P 1551** 1961	61/63	Kröger, Rendsburg	82	29.0	5.6	1.6	12

1 AT: **Fleur** *(69, 81)* 220/260 ts, 10320 kW$_{2}$, Paxman-DM, 37 x 7.5 x 2.1 m — Bes 22, Bauwerft/builder: Dorman long, Durban – YD, YP

Bewaffnung/ Armament	Sensoren-Elektronik/ Sensors-Electronic	Geschwindigkeit/speed kn	Antrieb/Propulsion Maschine/Kessel Engines/Boilers Masch	Leistung/ Power kW 1 kW = 1.36 PS	Fahrstrecke/ Range sm	Sonstige Angaben/ Remarks

Südafrika/South Africa

8 MM 40 ⇨, VLS ⇧32, 1-7.6, 2-2 1, **UTR**, [1 Super Lynx]		29.0	MTU-DM + 1 GTu	.	7000	Typ MEKO A 200
⇨, 8 **TR** 53.3 b↓		11.0↑ 22.0↓	DM EM	.	10000 8	Typ 209-1400/Mod
12 **TR** 55 (8 b↓, 4 h↑)		13.5↑ 16.0↓	DM EM	1800 1910	3000 7	Typ frz./French Daphné. **Spear:** Ersatzteilreserve/ for spares
6 Skerpioen ⇨, 2-7.6 OTO, 2-2, 4 Mg 2		32.0	DM	8825 4	1500 30	Ähnlich/similar to Typ israel. Reshef. Skerpioen ⇨ = Gabriel II ⇨, 5: Modernisierung/modernization: 1996-2000

3 PP: **Tobie, Tern, Tekane** [P 1252-1254] (~93) 22.8 ts, 37 kn, 1-2, DM, 1470 kW, Bauwerft/builder: T-Craft, Kapstadt
8 PP: **I-VIII** (~85) 5.5 ts, 37 kn, DM, 260 kW

1-4		16.5	Maybach DM	2490 2	1500 16	Typ deutsch/German Klasse 351 Übernahme/transfer: 2000- +2?
1-4, 1-2		15.0	Paxman Deltic DM	2210 2	2300 13	Typ brit. Ton. Modernisierung/Modernization: 1993-2001
1-2, 2 Mg		15.0	DM	.	.	Holzrumpf/wooden hull.
4-2, 2 Puma		20.0	DM	12000 2	.	5500 ts Öl/fuel, 750 ts Munition/ammunition, 2 abeam positions, astern fueling
2		17.0	2 B & W-DM	12880 1	10000 16	Ex Ukrainian arctic supply ship. Ro-Ro.
2		14.5	2 DM	4410 2	8200 14	Für Antarktis, auch AG/ for Antarctic, also AG
1		14.0	3 MTU	2680 2	12000 11	Typ brit. Hecla
—		30.0	2 MTU-DM	3295 2	1000 30	Typ deutsch/German FL-9 SAR

2 AT: **De Mist** (76) 392 ts, 12 kn, 1295 kW, DM, 32.2 x 8.9 x 4.1 m; **De Neys** (69) 180 ts, 11 kn, 930 kW$_2$;
1 AT: **Umalusi** (ex Golden Energy) (96) 2 DM, 30 x 10.5 m, Rai Kong, Singapore

Anzahl-Art/ Number-Group	Schiffsnamen und Stapellauf/ Ship's Name and Launching		Baubeginn-Fertig- *Umbau*/On Keel- Completed-*Conv.*	Bauwerft/Builder	Wasser- verdrängung/ Displacement ts	Länge/Length m	Breite/Beam m	Tiefgang/Draft m	Besatzung/ Crew Bes

Syrien/Syria

2 FF	**1-1508, Al Hirasa**	~1963	.	USSR	950 1100	82.3	9.1	3.2	98
8 PG	**33-40**	~1975	.	USSR	195 240	40.0	8.1	2.0	30
2 PG	**25-26**	~1965	.	USSR	210 220	39.6	7.6	2.9	30
7 PP	**1-8, 2-8, 3-8, 4-8, 5-8, 6-8, 7-8**	~1970	.	USSR	45 60	24.6	5.2	1.0	17
1 MB	**Hittini/504**	~1955	.	USSR	500 580	58.0	8.6	2.2	65
1 MS	**532**	~1980	.	USSR	350 400	48.5	9.0	2.1	45
3 MS	**6-507, 7-507, 8-507**	1977-85	./78 86	USSR	89 92	26.1	5.9	1.4	12
3 LS	**1-114, 2-114, 3-114**	?	.	St. Polnocna, Gdansk	890 1100	76.2	8.9	1.9	40
7 LC	**I-VII**	1980	./80	Rotork Shb.	12	14.5	4.4	0.9	5
1 AG	**642**	~1975	.	USSR	680 750	61.0	9.6	2.4	50

1 YD: **I** (67) 100 ts, 20 kn, 2 DM, 1600 kW, 29.6 x 5.8 x 1.5 m, Typ USSR Poluchat

1AX	**Al Assad**	1987	./89	St. Polnocna, Gdansk	7500	115.9	18.0	6.0	56 +140

Taiwan (Republik China)

Zerstörer/Destroyers

4 DG	II-IV I	 gepl./plan.	./. ./.	USA	6600 8300	154	20.4	9.3	330
2 DG ○	**Kai Yang** (ex R. B. Anderson)/924 **Shuei Yang** (ex Hawkins)/926	 1945-46	44/45 44/46	Todd, Tacoma Consolidated, Orange	2425 3500	119	12.4	5.8	280

Bewaffnung/ Armament	Sensoren-Elektronik/ Sensors-Electronic	Geschwindigkeit/speed kn	Antrieb/Propulsion: Maschine / Kessel — Engines / Boilers Masch	Leistung/ Power kW 1 kW = 1.36 PS	Fahrstrecke/ Range sm	Sonstige Angaben/ Remarks

Syrien/Syria

4-7.6, 3 **TR** 53.3 **III**, 4 RBU 6000		30.0 + DM	GTu + 4410	22065 10 2	5000	Typ USSR Petya III
4 SS-N-2 B, 4-3		36.0	DM	11030 3	800 25	Typ USSR Osa II
4 SS-N-2 A, 4-3		36.0	DM	8825 3	800 25	Typ USSR Osa I
4 Mg		30.0	DM	1765 2	1100 15	Typ USSR Zhuk
4-3.7, 8-1.3		14.0	DM	1620 2	3500 10	Typ USSR T 43
2-3, 2-2.5		18.0	DM	1765 2	1500 14	Typ USSR Sonya
2-2.5, 2 Mg		12.0	2 DM	880 2	1000 9	Typ USSR Yevgenya
4-3, 2 - 18, 8, [200 ts]		18.0	DM	3680 2	3300 14	Typ USSR Polnocny B
1-Mg		20.0	2DM	440 2	.	Typ Sea Truck
4-3, 4-2.5, 4 SA-N-5,		20.0	DM	3535 2	2800 10	Typ USSR Natya

1 Tender: **I** 400 ts, 11 kn, DM, 295 k, W, — Typ USSR Sekstan

		16.0	2SLZ-DM	6395 2	12500 15	Auch für Handelsmarine/ also for merchant marine

Taiwan (Republic of China)

2 VLS, Harpoon 1-12.7, 2-2 Phalanx, **UTR**		30.0	4 GTu	75000 2	5000 20	Typ ~ US Arleigh Burke
5 Hsiung Feng, 2-12.7, 1-7.6 OTO, 2-4, 1 Sea Chaparral, 6 **UTR** 32.4 **III**, 1		35.0	GE Tu 4 Babcock	44130 2	5800 15	Typ US Gearing, FRAM 1. Wu Chin II Umbau/conversion: Elbit naval tactical command + control system. Surface search radar EL/M 2208

Anzahl - Art/ Number - Group	Schiffsnamen und Stapellauf/ Ship's Name and Launching	Baubeginn - Fertig - *Umbau*/On Keel - Completed - *Conv.*	Bauwerft/Builder	Wasser- verdrängung/ Displacement ts	Länge/Length m	Breite/Beam m	Tiefgang/Draft m	Besatzung/ Crew Bes
1 DG	**Fu Yang** (ex Ernest G. Small)/907	45/45	Bath Iron Works	2425	119	12.4	5.8	260
○	1945			3500				
7 DG	**Shao Yang, Chien Yang** (ex Hollister,	44/46	Todd, Tacoma	2425	119	12.4	5.8	280
○	James E. Kyes)/929, 912	45		3500				
	Liao Yang, Shen Yang, Te Yang (ex Hanson, Power, Sarsfield)/921, 923, 925	44/45 45	Bath Iron Works					
	Yun Yang (ex Hamner)/927	45/46	Federal Kearny					
	Chen Yang (ex Johnston)/928 1945	45/46	Consolidated, Orange					
1 DG	**Kwei Yang** 1943	42/43	Bethlehem, S. Franc.	2050	115	12.0	5.8	350
	(ex Twining)/908			2750				
2 DG	**Lo Yang, Nangyang** (ex Taussig,	43/44	Bethlehem Steel,					
○	Thomason)/914, 917 1943-44	44/45	San Francisco					
Fregatten/Frigates								
6 FG	**Chen De**/1208	95/98	DCN, Lorient	3000	125	15.4	4.1	164
○	**Wu Chang**/1207 1994	95/98		3500				
	Di Hua/1206	95/97						
	Kun Ming/1205	94/97						
	Hsi Ning/1203	94/96						
	Kang Ding/1202 1994-96	93/96						
8 FG	Tian Dan/1110	00/03	CSBC, Keelung	3100	139	13.7	5.7	206
○	**Chang Chien**/1109	95/98		4200				
	Pan Chao/1108	95/97						
	Tzu Yi/1107	94/97						
	Yueh Fei/1106	92/96						
	Chi Kuang/1105	91/95						
	Cheng Ho/1103	90/94						
	Cheng Kung/1101 1991 a.St./o.St.	90/93						
8 FG	**Fong Yang, Feng Yang, Lan Yang,**	69/71	Avondale, New Orleans	3070	134	14.3	7.5	285
○	**Hae Yang, Hwai Yang** (ex Brewton) Kirk, Joseph Hewes, Cook, Barbey)/	71/71	Lockheed, Seattle	4250				
	933-937, **Chin Yang** (ex Robert E. Peary)/932	70/72						
	Ning Yang, Yi Yang (ex Aylwin, Pharris)/938, 939 1970-73	72/74	Avondale, New Orleans					
Uboote/Submarines								
6 SS	II-VI	./.	Electric Bt., Groton	1450↑	61.2	6.3	5.5	36
	I gepl./plan.	./06	+ CSBC, Kaohsiung	1590↓				
2 SS	**Hai Hu**/794	81/88	Wilton, Fijenoord	2375↑	66.9	8.4	6.7	67
○	**Hai Lung**/793 1986	81/87	Wilton, Fijenoord	2660↓				
2 SS	**Hai Shih** (ex Cutlass)/791	44/45	N. Y., Portsmouth	1870↑	94.0	8.2	5.2	82
○	**Hai Pao** (ex Tusk)/792 1944-45	43/46	Cramp, Philadelphia	2420↓				

Bewaffnung/ Armament	Sensoren-Elektronik/ Sensors-Electronic	Geschwindigkeit/speed kn	Antrieb/Propulsion Maschine/Kessel Engines/Boilers Masch	Leistung/ Power kW 1 kW = 1.36 PS	Fahrstrecke/ Range sm	Sonstige Angaben/ Remarks
5 Hsiung Feng ⇒$_{3,1}$, 4-12.7 $_{2}$, 1-7.6 OTO, 2-4 $_{2}$, 4 Mg $_{2}$, 1 Sea Chaparral $_{4}$, 6 **UTR** 32.4 **III**, 2 $_{8}$		35.0	Tu 4 Babcock	44130 2	5800 15	Typ US Gearing, FRAM 2. Wu Chin I Umbau/conversion: Installation of SSM + Honeywell fire control.
10 Standard SM-1 MR ⇒/$_{3,2}$, 1-7.6 OTO, 2-4, 1-2 Phalanx, 6 **UTR** 32.4 **III**, 1 $_{8}$ Asroc, 1 (helicopter symbol), 4 Mg		35.0	GE Tu 4 Babcock	44130 2	5800 15	Typ US Gearing, FRAM 1 Wu Chin III Umbau/ conversion: Modular combat system (MCS) + Signaal DA-08 air search radar, Stir fire control. Te Yang: 2 (helicopter symbol)
5 Hsiung Feng ⇒$_{3,1}$, 2-12.7, 1-7.6 OTO, 1 Sea Chaparral $_{4}$, 6 **UTR** 32.4 **III**, 2		35.0	GE Tu 4 Babcock	44130 2	5900 12	Typ US Fletcher. Typ US Allen M. Sumner
8 Hsiung Feng 2 ⇒$_{2}$, 1 Sea Chaparral $_{4}$, 1-7.6, 2-2 Phalanx, 2-4 $_{1}$, 6 **UTR** 32.4 **III** 1 (helicopter symbol) S-70B		25.0	4 SEMT. Pielstick-DM	15400 2	7000 15	Typ frz./French La Fayette Prog. Kuang Hua II
8 Hsiung Feng II ⇒$_{4}$, 1 Standard SM-1 MR ⇒, 1-7.6 OTO, 2-4, 1-2 Phalanx, 4 Mg $_{1}$, 6 **UTR** 32.4 **III**, 2 (helicopter symbol)		29.0	2 Gen. El.-GTu	30150 1	4500 20	Kwang Hua I/PFG 2 Flight I Klasse. Ähnlich/similar to Typ US FFG 7:
8 Harpoon ⇒, 1-12.7, 1-2 Phalanx, 4 **UTR** 32.4 **II**, 1 $_{8}$ Asroc, 1 (helicopter symbol)		27.0	Westingh. Tu 2 Comb. Eng.	25740 1	4000 20	Typ US Knox. **Bew:** Harpoon ⇒ Abschluß aus Asroc – Starter/AMT: Harpoon ⇒ fired from Asroc launcher.
8 **TR** 53.3 b↓		10.0↑ 22.0↓	4 MTU-DM 4 EM	1760 3680 1	8200 8	Typ dt./German 209 Planung-Verwirklichung?/ Plans-Realization?
6 **TR** 53.3 b↓		11.0↑ 20.0↓	3 Brons-DG 1 Holec-EM	2980 3760 1	10000 9	Sea Dragon Klasse/class. Verbesserter/improved Typ niederl./Netherl. Walrus
10 **TR** 53.3↓ (6 b, 4 h)		18.0↑ 14.0↓	3 DM 2 EM	3535 3970 2	14000 10	Typ US Tench, GUPPY II. AX

Taiwan (Republik China)

Anzahl-Art/ Number-Group	Schiffsnamen und Stapellauf/ Ship's Name and Launching	Baubeginn-Fertig- *Umbau*/On Keel- Completed-*Conv.*	Bauwerft/Builder	Wasser- verdrängung/ Displacement ts	Länge/Length m	Breite/Beam m	Tiefgang/Draft m	Besatzung/ Crew Bes
Kleine Kampfschiffe/Small Fighting Vessels								
11 PG	**Jin Chiang, Tan Chiang**/603,605 **Hsin Chiang, Fong Chiang**/606, 607 **Tsen Chiang**/608, 609-612, 614, 615 1993-a.St./o.St.	93/94 ./99 ./00	Lien Ho Shb., Kaohsiung CSBC, Kaohsiung	580	61.0	9.5	2.9	50
1PG	I a.St./o.St.	96/98	CSBC, Kaohsiung	180	40.0	7.0	1.9	14
2 PG	**Sui Chiang**/602 **Lung Chiang**/601 1977-79	./82 ./78	CSBC, Kaohsiung Tacoma Bt. Bld.	220 275	50.1	7.3	2.9	34
48 PG	**FABG 5-12, 14-21, 23-30,** **FABG 32-39, 41-57** 1979-82	79/82	CSBC, Kaohsiung	45	21.6	5.5	1.8	10
8 PP	**PCL 1-3, 5-9** 1985-89	86/85 ./90	CSBC, Kaohsiung	100 145	32.0	9.0	1.8	16
7 PP	**PBC 5501-5507** 1989-91	./89 91	CSBC, Kaohsiung	100	27.4	8.7	1.8	.
26 PP	**PPBC 3501-3526** 1990-91	./91 92	CSBC, Kaohsiung	55	21.0	4.8	1.0	8
15 PP: **PB 60-74** (~70) 11 ts, 40 kn, 1-4 [gun symbol]								
Minensucher/Minesweepers								
4MB ○	**Yung Yang, Yung Tzu** **Yung Ku, Yung Te** (ex Implicit, Conquest, Gallant, Pledge)/1306-1309 1953-55	51/54 54/56	Wilmington Boat Martinac, Tacoma	720 780	52.6	10.7	4.3	86
4 MS ○	**Yung Chuan, Yung Lo, Yung** **Yen, Yung Sui** (ex MSC 278, 306, 101, 78)/158, 161, 167, 168 1953-59	./53 58	USA	335 380	42.4	8.2	2.6	40
4MS	**Yung Feng, Yung Chia,** Yung Ting, Yung Shun (ex Explorer I-IV)/ 1301-1303, 1305 1989-90	./90 91	Abeking & Ras- mussen, Lemwerder	. 530	50.0	10.0	2.5	30
Landungsfahrzeuge/Landing Vessels								
2 LD ○	**I** (ex Pensacola) II (ex Fort Fischer) 1970-72	67/70 70/72	Gen. Dyn., Quincy	8200 13650	168	25.9	5.5	370
1 LD ○	**Cheng Hai** (ex Fort Marion)/ 1945 192	44/46	Gulf, Chickasaw	4800 9375	139	21.9	5.5	310
2 LS ○	**Chungho, Chungping** (ex Manitowoc, Sumter)/232, 233 1969	67/70	Nat. St., San Diego	4970 8450	159	21.2	5.3	190

Bewaffnung/ Armament	Sensoren-Elektronik/ Sensors-Electronic	Geschwindigkeit/speed kn	Antrieb/Propulsion Maschine/Kessel Engines/Boilers Masch	Leistung/ Power kW 1 kW = 1.36 PS	Fahrstrecke/ Range sm	Sonstige Angaben/ Remarks
4 Hsiung Feng 1-4, 1-2, 2Mg 1		25.0	2 MTU-DM	1479 2	4150 20	Projekt/Kwang Hua III. *Jin Chiang Klasse/class*
4 Hsiung Feng II		30.0	2 DM	.	1150 20	*Kuanghua-6 Klasse/class* Bis zu 30 gepl./up to 30 plan.
4 Hsiung Feng, 1-7.6 OTO, 2 Mg		40.0	2 Avco-L- GTu + GM-DM	10150 + 2120	700 40	Ähnlich/similar to Typ S.-Korea Paek Ku 52.
2 Hsiung Feng, 1-2, 2 Mg 2		36.0	MTU-DM	2000 2	700 32	Ähnlich/similar to Typ israel. Dvora. *Hai Ou-Kl.*
1-4 , 2 Mg		40.0	MTU-DM	3595 3	.	
2 Mg		30.0	DM	.		
2 Mg		35.0	Detroit-DM	1015 2	.	
6 PP: **PP 901-906** (96/97), 91 ts, 40 kn, 2 Paxman-DM, 4886 kW, 28.0 x 6.2 x 2.4 m						
2-Mg 1		14.0	4DM	1700 2	3000 10	Übernommen von/aquired from: USA in 1995 Sonar: VDS SQQ-14, AN/SLQ-37
2-2		14.0	GM-DM	650 2	2500 12	Typ US MSC Adjutant,
1-4, 2-Mg 1		14.0	MTU-DM	2090 2	3500 14	
2-2.5 1, 2-2 Phalanx, [340], [4], 6-Mg 1 3 LCU oder/or 4 LCAC		20.0	de Laval Tu 2 Foster-Wh.	17650 2	.	Dockraum/docking well 131 x 15.2 m. 2-50 ts Kräne/cranes. 9/99: Von USA übernommen/taken over from USA Nr. 02 in 2000
12-4 4, 2, 1 Sea Chaparral 4, 14 LC		15.4	Tu 2 Wr	5150 2	8000 15	Typ US Casa Grande, FRAM 2. Wird 2000 gestr./to be deleted in 2000
1-2 Phalanx [390], 500 t, 4 LCAC,		20.0	6 Aleo-DM	12130 2	2500 14	Typ US-Newport 1997: übernommen/acquired;

Taiwan (Republik China)

Anzahl - Art/ Number - Group	Schiffsnamen und Stapellauf/ Ship's Name and Launching	Baubeginn - Fertig- *Umbau*/On Keel - Completed - *Conv.*	Bauwerft/Builder	Wasser- verdrängung/ Displacement ts	Länge/Length m	Breite/Beam m	Tiefgang/Draft m	Besatzung/ Crew Bes
1 LS	**Kao Hsiung** (ex Chung Hsi, ex Dukes Cty.)/LCC 1 1944	43/44	Dravo, Pittsburgh	1650 4080	100	15.2	4.3	.
10 LS	**Chung Hai, Chung Chien, Chung Shun, Chung Kuang, Chun Chao, Chung Chuan, Chung Chih, Chung Ming, Chung Pang, Chung Yeh** (ex LST 755, 716, 732, 503, 400, 1030, 1091, 1152, 578, 1144)/201, 205, 208, 216, 217, 221, 226, 227, 230, 231 1943-45	./43 45	USA	1650 4080	100	15.2	4.3	120
4 LS ○	**Mei Lo, Mei Chin, Mei Ping, Mei Sung**/356, 341, 353, 347 ~1944	./45	USA	743 1095	62.0	10.5	2.2	60
11 LS ○	**Ho Chi, Ho Huei, Ho Yao, Ho Chao, Ho Shun, Ho Tsung, Ho Chung, Ho Chun, Ho Yung, Ho Chie, Ho Ten** (ex LCU 1212, 1218, 1244, 1429, 892, 1213, 849, 1225, 1271, 700, 1367)/401-403, 406, 481, 482, 484, 494, 495, SB-1, 2 ~1944	./45	USA	134 285	35.0	9.9	1.2	12
6 LS	**Ho Shan, Ho Chuan, Ho Seng, Ho Meng, Ho Mou, Ho Shou** (ex LCU 1596-1601) 1955	./55	I.H.I., Tokio	180 360	36.3	10.4	1.8	15

~350 LC: **LCM** (3), **LCM** (6), **LCVP**

Hilfsfahrzeuge/Auxiliary Vessels

Anzahl - Art/ Number - Group	Schiffsnamen und Stapellauf/ Ship's Name and Launching	Baubeginn - Fertig- *Umbau*/On Keel - Completed - *Conv.*	Bauwerft/Builder	Wasser- verdrängung/ Displacement ts	Länge/Length m	Breite/Beam m	Tiefgang/Draft m	Besatzung/ Crew Bes
1 AK	**Wan An**/523 1982	./83	Taiwan SB, Keelung	4500	110	18.0	5.5	60
6 AK ○	**Yuen Feng**/524 **Wu Kang**/525 **Hsin Kang**/526 I,II, III/527-529 1982-a.St./o.St.	82/84 ./85 ./88 ./98	CSBC, Keelung	. 3400	101	17.0	5.0	.
1 AO ○	**Wu Yi**/530 1989	./90	CSBC, Keelung	7700 17000	161	22.0	8.6	.
2 AO	**Hsing Lung, Lung Chuan** (ex Elkhorn, Namakagon)/ 517, 515 1943-45	./44 45	Cargill, Minnesota	1850 4335	102	15.9	5.1	80
3 AT ○	**Ta Hu** (ex Grapple)/552 **Ta Peng,Ta De** (ex Hoist, Recovery)/549, 550 1943-46	42/43 46	Basalt Rock	1530 1900	65.1	12.	54.0	83
6 AT	**Ta Tung, Ta Wan, Ta Han, Ta Kang, Ta Fung, Ta Tai**/ 548, 551, 553-555, 563 1942-43	./42 43	USA	1235 1675	63.0	11.7	4.6	85
1 AG	**Ta Kuan** 1944	94/95	CNR, Muggiano	2460 3200	93.0	15.5	5.0	30 +20

Bewaffnung/ Armament	Sensoren-Elektronik/ Sensors-Electronic	Geschwindigkeit/speed kn	Maschine/Kessel, Engines/Boilers, Masch	Leistung/Power kW (1 kW = 1.36 PS)	Fahrstrecke/Range sm	Sonstige Angaben/Remarks
8-4 $_2$, 4-2 $_2$		11.0	GM-DM	1250 2	15000 9	Typ US LST (2). Landungsführungsschiff/ Amphibious flagship. LCC
1-7.6, 9-4, 2-2, 2 LC, 20, [400]		11.0	GM-DM	1250 2	15000 9	Typ US LST (2). **Bew:** unterschiedlich/ **AMT:** differs
2-4, 4-2, 10, [100]		12.0	DM	2060 2	2500 12	Typ US LSM.
2-2 $_2$, 2 Mg, [80]		10.0	DM	500 3	700 5	Typ US LCU 501, exLCT (6).
3 2 $_1$, 2-Mg $_1$ [300], 167 t		10.0	3 DM	504 3	800 11	Typ US LCU 1466.
1-4, 2-2, [500]		18.0	DM	.	5800 10	Auch/also AP
3-4 $_1$ 1 Sea Chaparral $_4$		20.0	2 DM	1837 2	6500 12	
2-4, 2-2, 1 Sea Chaparral $_4$,		21.0	MAN-DM	18380 2	9200 10	-Deck
2-7.6, 2-2		14.0	4 GM-DM	2760 2	6670 10	Typ US Patapsco
2-2		14.8	DM	1790 2	9000 14	Typ US ARS
1-7.6, 4-4		16.5	4 DM	2210 1	6500 16	Typ US ATF
—		16.5	DM + EM	3780 + 975	8000 12	Ähnlich/similar to NATO **Alliance**

Anzahl-Art/ Number-Group	Schiffsnamen und Stapellauf/ Ship's Name and Launching		Baubeginn-Fertig-*Umbau*/On Keel-Completed-*Conv.*	Bauwerft/Builder	Wasser-verdrängung/ Displacement ts	Länge/Length m	Breite/Beam m	Tiefgang/Draft m	Besatzung/ Crew Bes
4 AT	**II-IV** **I**	 1999	98/99	Ching Fu S. Co., Kaohsiung 	.	28.0	8.0	3.8	5
Zolldienst/Customs Service									
2 FS	**Ho Hsing, Wei Hsing**	1991	90/92	CSBC, Keelung	. 1800	82.3	11.6	4.0	80
2 FS	**Mou Hsing, Fu Hsing**	 1988	87/88	Wilton, Fijenoord	700 850	66.1	9.6	3.2	54
2 FS	**Pao Hsing, Chin Hsing**	 1979-85	./80 85	CSBC, Kaohsiung	. 550	60.0	7.8	2.1	40

2 PP: **Yun Hsing** 900 ts, DM; **Hsun Hsing** (86) 240 ts, DM

Seepolizei/Maritime Police — untersteht dem Innenministerium/belongs to the Ministry of the Interior

7 PP:	**P 1001, 1002, 1005-1009**	 1992-95	./92 /96	Nat.-China	. 140	27.4	8.7	1.8	.

27 PP: **PP 601-627** lg. 18.3, 1-Mg ;

Tansania/Tanzania

2 PC	**Mzizi, Mzia**/JW 9867, 9868	~1965	.	China	120 155	38.8	5.5	1.7	25
4 PF	**JW 9841-9844**	~1970	./75 *92*	China	40 45	22.0	4.5	0.9	20
3 PP:	**I-III**	 1973	./73 74	Vosper Th., Woolston	. 70	22.9	6.0	2.4	10
2 LC:	**Kibua**/L09, **I**	 ~1994	./95	China	135	28.6	5.4	1.5	12

Thailand

Hubschrauberträger/Helicopter Carrier									
1 RL ○	**Chakri Naruebet**/911	 20.01.96	94/97 .	Bazán, Ferrol	. 11370	183	30.5	6.2	460 + 150
Fregatten und Korvetten/Frigates and Corvettes									
2 FG ○	**Taksin**/422 **Naresuan**/421	 1993-94	91/95 91/95	Zhonghua, Shanghai Zhonghua, Shanghai	2600 3000	121	13.4	3.8	167

Bewaffnung/ Armament	Sensoren-Elektronik/ Sensors-Electronic	Geschwindigkeit/speed kn	Antrieb/Propulsion Maschine/Kessel Engines/Boilers Masch	Leistung/ Power kW 1 kW = 1.36 PS	Fahrstrecke/ Range sm	Sonstige Angaben/ Remarks
—	┬	10.5	2 Cum.-DM	1760 2	.	
2 Mg ⚓1	┬	22.0	MTU-DM	9650 2	7000 16	
2 Mg ⚓1	┬	28.0	MTU-DM	9925 2	.	
1-4 ⚓, 2-2 ⚓	┬	24.0	MAN-DM	5300 2	.	

5 PP: **Hai Ping, Hai Cheng, Hai An** (79) 65 ts, Lg 26 m; **Hai Wei, Hai Ning** (77) 70 ts, 19 kn, lg. 23.7 m

2 Mg ⚓1	┬	30.0	2 MTU-DM	44000 2	.	

20 PP: **PP 301-320** lg 9,1 m; 1-Mg ⚓

Tansania/Tanzania

4-3.7 ⚓2, 4-2.5 ⚓2	┬ ⏀ ⏀	30.0	4 DM	3535 4	800 17	Typ chines. Shanghai II.
2 Mg ⚓2, 2 **TR** 53.3	┬ ⏀	55.0	DM	2650 3	500 20	Typ chin. Huchuan.
2-2 ⚓2	┬	24.5	2 DM	1370 2	800 20	
4- Mg ⚓2, 1 TR 53.3	┬	12.0	2 DM	441 2	500 10	Typ chin. Yunnan

Thailand

6 ✈ AV-8BA Harrier, 3 Sadral ⇑, 15 ✈ Sea King, 2-3 ⚓, 4 ⚓ CIWS	┬ ⏀ ⏀ ⏀ ⏀ [ ] [ ]	27.0	2 LM-2500-GTu + MTU-DM	32535 + 8235 2	7150 17	Soll erhalten/toget: Sadral ⇑ System
8 Harpoon ⇒4, 1 VLS ⇑8, 1-12.7 ⚓, 4-3.7 ⚓2, 6 UTR 32.4 **III**, 1 ✈	┬ ⏀ ⏀ ⏀ ⏀	32.0	GE-LM - 2500-GTu + MTU-DM	40440 + 9980 2	4000 18	Typ chin. 25 T. Sollen erhalten/to get Sadral ⇑ System

Anzahl - Art/ Number - Group	Schiffsnamen und Stapellauf/ Ship's Name and Launching		Baubeginn - Fertig- *Umbau*/On Keel - Completed - *Conv.*	Bauwerft/Builder	Wasser-verdrängung/ Displacement ts	Länge/Length m	Breite/Beam m	Tiefgang/Draft m	Besatzung/ Crew Bes
2 FG	**Phutthaloetla Naphalai** (ex Quallet)		69/70	Avondale, N. Orleans	3070	134	14.3	7.5	285
	Phutthayotla Chulalok (ex Truett)/		72/74		4250				
	462, 461	1970-73							
2 FG	**Saiburi**/458		90/92	Zhonghua, Shanghai	1680	10.7	11.3	3.1	170
○	**Kraburi**/457	1990-91	90/92	Zhonghua, Shanghai	1930				
2 FG	**Bangpakong**/456		89/91	Zhonghua, Shanghai	1800	103	10.7	3.1	168
○	**Chao Praya**/455	1990	89/91	Zhonghua, Shanghai	1960				
2 FG	**Sukhuthai**/442		84/87	Tacoma Bt. Bld.	840	76.8	9.6	2.4	95
○	**Rattanakosin**/441	1985-86	84/86	Tacoma Bt. Bld.	890				
1 FF	**Makut Rajakumarn**/433	1971	70/73	Yarrow, Scotstoun	1650	97.6	11.0	5.5	140
○			*85-88*		1900				
2 FS	**Tapi**/431		70/71	Am. Shb., Toledo	860	84.0	10.1	4.3	150
○	**Khirirat**/432	1970-72	72/74	Norfolk Shb.	1175				
			83-86						
1 FE	**Pinklao** (ex Hemminger)/413	1943	43/44	Western Pipe, S. Pedro	1240	92.0	11.5	3.2	220
○					1900				
2 FE	**PRASAE** (ex Gallup), **Tachin**		43/43	Consolidated, L. Ang.	1430	93.0	11.2	4.2	180
○	(ex Glendale)/412, 411	1943	/44		2100				
3 FS	**Klaeng, Si Racha**/542, 543		97/98	Silkline, Pranburi	645	62.0	8.9	2.7	.
	Hua Hin/541	1999	97/99		550				
3 FS	**Longlom**/533		89/91	N. Dy., Bangkok	450	62.0	8.3	4.4	57
	Chamronsin, Thayanchon/		88/91	Ital Thai, Bangkok	550				
	531, 532	1989							
Uboote/Submarines									
2 SS	I, II	gepl./plan.	.	.	.	.	.	.	.
Kleine Kampfschiffe/Small Fighting Vessels									
3 PP	**Phuket**/333		81/84	Cantiere Nav., Breda	375	60.4	8.8	2.0	45
○	**Songkhla**/332		81/84		450				
	Chonburi/331	1982-83	81/83						
6 PP	**Thepa, Thai Muang**		84/86	Ital Thai, Bangkok	270	50.1	7.3	1.8	56
	Klongyai, Takbai, Kantang		83/85		300				
	Sattahip/521-526	1983-85	82/83						

Bewaffnung/ Armament	Sensoren-Elektronik/ Sensors-Electronic	Geschwindigkeit/speed kn	Antrieb/Propulsion Maschine/Kessel Engines/Boilers Masch	Leistung/ Power kW 1 kW = 1.36 PS	Fahrstrecke/ Range sm	Sonstige Angaben/ Remarks
8 Harpoon, 1-12.7, 1-2 Phalanx, 4 **UTR** 32.4 **II**, 1 8, Asroc, 1		27.0	Westingh. Tu 2 Comb. Eng.	25740 1	4000 20	Typ US Knox. 1994-98 übernommen/ aquired
8 Ying Ji, 4, 2-10 2, 8-3.7 2, 2 5, RBU 1200, 2, 1		28.0	4 MTU-DM	24155 2	3500 18	Typ chin. 053 HT (H) Sollen erhalten/to get Sadral System
8 C-801 4, 2-10 2, 8-3.7 2, 2 5, RBU 1200, 2		28.0	4 MTU-DM	19960 2	3500 18	Typ chin. F 18 Sollen erhalten/to get Sadral System
8 Harpoon 4, 1-7.6 OTO, 2-4 2, 2-2, Albatros 8, 6 **UTR** 32.4 **III**		30.0	MTU-DM	11765 2	5000 14	Krupp-Atlas Sonar
2-11.4, 1 Albatros 8, 6 **UTR** 32.4 **III**, 1		26.0	1 R. R. Ol.-GTu + 1 Crossley-DM	17010 + 4410 2	6000 16	**Masch:** CODOG. Neue/new GTu and electronics
1-7.6 OTO, 1-4, 2-2, 2 Mg, 6 **UTR** 32.4 **III**		20.0	Fairbanks M-DM	4160 2	2400 18	Verbesserte Elektronik und Bewaffnung/improved electronics and weapon systems.
3-7.6, 6-4 2, 2 Mg, 6 **UTR** 32.4 **III**, 1, 8		21.0	DM	4410	11500	Typ US Cannon. AX
3-7.6, 2- 4, 9-2, 6 **UTR** 32.4 **III**, 1, 8		20.0	Exp/2 Wr	4045 2	9500 11	Typ US Tacoma. AX und/and Coast Guard
1-7.6, 1-4, 2-2 a, 2 Mg 1		.	3 Paxman-DM	7572 2	.	
1-7.6 OTO, 2-3 2, 2-2, 6 **UTR** 32.4 **III**		25.0	MTU-DM	7340 2	2500 15	Ähnlich/similar to Typ brit. Province. Sonar: Krupp-Atlas Elektronik und DSQS 21 C
.	. . .	.	.	.	.	Bau unsicher/constuction uncertain
2-7.6, 2-4 2		30.0	MTU-DM	11030 3	2000 15	Typ ital. MV 400 TH.
1-7.6, 1-4, 2-2 2, 2 Mg		22.0	MTU-DM	5030 2	2500 15	

Anzahl - Art/ Number - Group	Schiffsnamen und Stapellauf/ Ship's Name and Launching	Baubeginn - Fertig- *Umbau*/On Keel - Completed - *Conv.*	Bauwerft/Builder	Wasser-verdrängung/ Displacement ts	Länge/Length m	Breite/Beam m	Tiefgang/Draft m	Besatzung/ Crew Bes
3 PG ○	**Ratcharit, Witthayakhom, Udomdet**/ 321-323 1978-79	77/79 78/80	Cantiere Nav., Breda	235 270	49.8	7.5	1.7	45
3 PG ○	**Hanhak Sattru, Suphairin**/312, 313 **Prabparapak**/311 1975-76	74/76 75/77	Singapore Shb. & Eng.	225 270	44.9	7.0	2.3	41
7 PP	**T 93-99** 1973-86	./73 87	N. Y., Bangkok	115 125	34.0	5.7	1.7	16
2 PP	**T 91, 92** 1965-73	./65 73	N. Y., Bangkok	88	31.8	5.4	1.5	21
7 PP	**T 14-19, 110** 1966-70	./66 70	Peterson Bld.	130 150	30.8	6.4	1.9	30
3PP	**T 81-83** 1998-99	./98 ./00	ASC + Silkline, Pranburi	110	30.0	6.3	1.7	28

1 PP: **T 231** (86) 40 ts, 36 kn, 1-2 ⍋, MWM-DM, 1205 kW_2, Typ Hysucat 18

18 PP: **T 213-230** (80-88) 34 ts, 22 kn, 1-2 ⍋, 1-8.1 Mörser/mortar, MTU-DM, 955 kW_2, 19.8 x 5.3 x 1.5 m, Bes 8, Bauwerft/builder: Ital Thai, Bangkok — für Fischereischutz/for fishery protection

Minensucher/Minesweepers

2 MH	**Lat Ya, Tha Din Daeng**/ 633, 634 1997-98	96/99 97/00	Intermarine, Sarzana	480	50.0 570	9.6	2.6	50
2 MB ○	**Nongsarai**/632 **Bangrachan**/631 1986-87	86/87 85/87	Lürssen, Vegesack	460	49.1	9.3	2.5	40
2 MS	**Bangkeo, Don Chedi** (ex MSC 303, 313)/612, 613 1965	63/65	USA	320 362	44.2	8.2	2.3	48

5 MS: **MLM 6-10** 21 ts, 8 kn, DM, 15.3 x 4.0 x 1.3 m

Landungsfahrzeuge/Landing Vessels

2 LS	**Surin**/722 **Sichang**/721 1987-88	87/89 84/87	N. Y., Bangkok Ital Thai, Bangkok	3540 4240	103	15.7	3.5	130
4 LS	**Chang, Lanta, Pangan, Prathong** (ex LST 898, 1141, 1134, 722)/ 712-715 1944-45	./44 45	USA	1625 4080	100	15.2	4.4	80
2 LS	**KRAM, Kut** (ex LSM 469, 338)/ 731, 732 1944-45	44/45 45	USA	743 1095	62.0	10.	2.4	55
1 LS	**Prab**/741 1944	44/44	Comm. I. W., Portland	230 387	47.0	7.0	1.7	54
1 LS	**Naka** (ex LSSL 102)/751 1945	45/45	USA	240 430	47.5	7.0	1.4	60

Bewaffnung/ Armament	Sensoren-Elektronik/ Sensors-Electronic	Geschwindigkeit/speed kn	Antrieb/Propulsion Maschine/Kessel Engines/Boilers Masch	Leistung/ Power kW 1 kW = 1.36 PS	Fahrstrecke/ Range sm	Sonstige Angaben/ Remarks
4 MM 38 ⇨, 1-7.6 OTO, 1-4		36.0	MTU-DM	9930 3	2000 15	Typ Breda BMB 230
5 Gabriel ⇨ $_{3,1}$, 1-5.7, 1-4		37.5	MTU-DM	10590 4	2000 16	Typ Lürssen TNC 45.
2-4, 2 Mg		25.0	MTU-DM	2430 2	1500 10	T 99: Fire control Sea Archer.
2-4, 2 Mg		25.0	MTU-DM	2430 2	770 20	T 91: 1-4, 2 Mg
1-4, 1-2 $_{2}$, 2 Mg		18.0	GM-DM	1325 2	1500 10	Typ US PGM 71
1-4, 1-2, 2 Mg $_{1}$		25.0	DM	2560 2	1300 15	OPV Option: + 15

12 PR: **T 21-29, 210-212** 20/22 ts, 25 kn, 2 Mg, 350 kW, DM, Typ US Swift;
Flußkampfboote/river patrol craft

29 PR: **14-19, 110-132,** (68-72) 8 ts, 20 kn, 4 Mg $_{2,1}$, 1-60 Mörser/mortar, Typ US PBR Mk II

Bewaffnung/ Armament	Sensoren-Elektronik/ Sensors-Electronic	Geschwindigkeit/speed kn	Antrieb/Propulsion Masch	Leistung/ Power kW	Fahrstrecke/ Range sm	Sonstige Angaben/ Remarks
1-2		15.0	DM	.	2500 12	Typ ital. Gaeta-Mod. Sonar: Atlas DSQS-11 M
3-2,		16.0	MTU-DM	2150 2	2000 12	Typ Lürssen M 48 MWS 80 R: Minenjagdsystem/ minehunting system - Sonar: Atlas Elek. DSQS 11 H
2-2 $_{2}$		13.0	4 GM-DM	880 2	2500 10	Typ US MSC 289 In Reserve
1-4, 2-2, 2 Mg, 1-8 Mörser/mortar, 14, [850 ts]		16.0	MTU-DM	7060 2	7000 12	Ähnlich/similar to Libyen: Typ Ibn Ouf. Bugrampe/bow ramp 17 m. -Deck achtern/aft
8-4 $_{2}$, 1-2, [2100 ts]		11.0	GM-DM	1250 2	9500 9	Typ US LST. Dreibeinmast/tripod mast
1-4, 4-2 $_{2}$, 10, [100]		12.5	GM-DM	2060 2	2500 10	Typ US LSM. I: 2-4 $_{2}$
1-4, 4-2, [400 ts]		14.0	8 GM-DM	960 2	.	Typ US LCI
1-7.6, 4-4, 4-2, 2 Mg, 6-8.1 Mörser/ mortars		15.0	8 GM-DM	970 2	4700 10	Typ US LSSL. Auch/also PC

Anzahl - Art/ Number - Group	Schiffsnamen und Stapellauf/ Ship's Name and Launching		Baubeginn - Fertig- *Umbau*/On Keel - Completed - *Conv.*	Bauwerft/Builder	Wasser-verdrängung/ Displacement ts	Länge/Length m	Breite/Beam m	Tiefgang/Draft m	Besatzung/ Crew Bes
4 LS	**Thonglang, Wang Nok, Wang Nai Thongkaeo**/771, 772-774	1982-86	81/82 85/86	N. Y., Bangkok	200 396	41.1	9.0	2.1	32
5 LS	**ADANG, Mataphon, Phetra, Ravi, Talibong**/766, 761-764	1944	./44	USA	135 280	37.0	9.7	1.2	37
3 LC	**Man Nok, Man Klang, Man Nai** /775-777	1999	97/00	Silkline, Pranburi	170 315	40.0	8.5	1.8	30

24 LC: **24-16, 61-68, 71-78, 81-82, 85-87,** (65-69) 56 ts Typ US **LCM** (6)

12 LC: **L51-59, 510-512** (53-63) 12 ts, Typ US **LCVP**

Hilfsfahrzeuge/Auxiliary Vessels

1 AK	**Thalang**/621	1979	./80	N. Y., Bangkok	1100	55.8	10.0	3.1	75
1 AO:	**Similan**/871	1995	./97	Hudon S.Y., Shanghai	. 22000	171	24.2	9.0	157

1 AO: **Chula**/831 (80) 2000 ts, 14 kn, MTU-DM, 1765 kW_2, 67 x 9.5 x 4.4 m, Bes 39, Bauwerft/builder: Singapore Shb. & Eng.

5 AO: **Proet, Samed, Chik** 834, 835, 842 (~67) 360/490 ts, 9 kn, 2-2 ⛴, DM; **Samui, Prong**/832, 833 (ex YO 05, 06) (44) 420 ts, 8 kn, 2-2 ⛴, DM, 440 kW_2, Typ US YOG

2AO: **Chuang** /841 (65) 305/480 ts, 11 kn, **Kret Kaew** (~62) ~500 ts — für Wasser/for water

2 AT: **Samaesan, Raet**/855, 856 (93) 300 ts, 10 kn, Caterpillar-DM

2 AT: **Rang, Rin**/854, 853 (80) 250 ts, 12 kn, MWM-DM, 1540 kW_1, 32.3 9.0 m, Bes 16, Bauwerft/builder: Singmarine, Singapore

Marine-Polizei/Marine Police

1 PP	**Srinakarin**/1804	1991	./92	Ital Thai, Bangkok	. 620	62.0	8.3	2.6	45
2 PP	**Damrong Rachanuphat**/1802 **Lopburi Ramas**/1803	. 1968-72	./69 ./72	Schiffswerft Hameln	. 430	57.1	8.3	2.4	45
2 PP	**Chasanyabadee, Phromyothee**/ 1101, 1103		./72 ./73	Japan	. 130	34.5	5.7	2.6	23
1 PP	**Chawengasak Songkram**/1102	1972	./73	Japan	. 190	35.8	7.3	2.9	18
1 PP	**Sriyanont**/901	1985	./86	Ital Thai, Bangkok	. 55	27.7	4.8	2.3	.

3PP: **Phrongkamrop, Picharmpholakit, Raminthra** 807-809 (68) 34 ts, 25 kn, 3 DM, 1-2 ⛴, 2-Mg ⛴[1], 19.8 x 5.2 x 2.5m

5 PP: **625-629** (87-90) 45 ts, 27 kn, 1 Mg ⛴, MAN-DM, 1520 kW_2

3 PP: **810-812** (84) 50 ts, 27 kn, 1-2 ⛴, 2 Mg ⛴, 3 DM

17 PP: **608-624** (83-87) 30 ts, 27 kn, 1 Mg ⛴, 2 DM

Bewaffnung/ Armament	Sensoren-Elektronik/ Sensors-Electronic	Geschwindigkeit/speed kn	Antrieb/Propulsion: Maschine/Kessel, Engines/Boilers, Masch	Leistung/ Power kW 1 kW = 1.36 PS	Fahrstrecke/ Range sm	Sonstige Angaben/ Remarks
2-2 ∠, 2 Mg	⊤	10.0	GM-DM	1030 2	1200 10	Auch/also PP
2-2 ∠, 3 ⊞, [80 ts]	⊤	10.0	GM-DM	500 3	1200 7	Typ US LCU 501
2-2 $∠_1$, 2 ⊞	⊤	12.0	2 MAN-DM	515 2	1500 10	

4 LC: **L 40-43** (84) 10 ts, 25 kn, 2 DM

3 Hovercraft: **I-III** (~ 90) 33 kn, Deutz-DM, 140 kW, Typ brit. Griffon 1000 DT

1-4 ∠, 2-2 ∠, 2 Mg ∠, ⌂	⊤	12.0	MTU-DM	965 2	.	Für/for MS. Design Ferrostaal, Essen
8-3.7 $∠_2$ 2 ⊛	⊤ ⌽ ○	19.5	2 SEMT-Piel DM	17640 2	10000 15	Proj. chin R-22T

1 AG: **Suk**/812 (81) 1400/1526 ts, 15 kn, 4-2 ∠, MTU-DM, 62.9 x 11 x 4.1 m, Bes 58, Bauwerft/builder: N. Y., Bangkok — für ozeanographische Forschung/for oceanographic research

1 AG: ○ **Chantara**/811 (60) 870 ts, 14 kn, 1-2 ∠, 735 kW_2, Deutz-DM, 71 x 10.5 x 3 m, Bes 72, Bauwerft/builder: Lürssen, Vegesack — Vermessungsschiff/surveying vessel

1 AG: **Suriya**/821 (78) 690/960 ts, 12 kn, 2-2 ∠, MTU-DM, 965 kW_1 — auch Bojenleger/also buoy layer

1 AX: **Phosamton** (ex Minstrel)/415 (44) 1040 ts, 16 kn, 1-10.2 ∠, 6-2 ∠, Typ brit. Algerine, ex MS

2 AT: **Klueng Baden, Marn Vichai**/851, 852 (~52) 63 ts, 8 kn, DM, 176 kW_1

1-3 ∠, 2-2 $∠_2$	⊤	25.0	Deutz MWM DM	7340 2	2500 15	Rumpf wie/hull like Kamronsin Klasse
1-7.6 ∠, 2-2 $∠_2$	⊤	23.0	MTU-DM	3235 2	.	
1-2 ∠	⊤	32.0	DM	2980 3	.	
2-2 ∠	⊤	32.0	4 DM	3970 2		
2-2 ∠, 2 Mg ∠	⊤	23.0	Deutz-DM	1970 2	.	

2 PP: **539, 540** 30 ts, 25 kn, 1 Mg ∠

26 PP: **513-538** (78-79) 18 ts, 23 kn, 1 Mg ∠

24 PR: **415-440** 13 ts, 25 kn, DM

Anzahl - Art/ Number - Group	Schiffsnamen und Stapellauf/ Ship's Name and Launching		Baubeginn - Fertig- *Umbau*/On Keel - Completed - *Conv.*	Bauwerft/Builder	Wasser- verdrängung/ Displacement ts	Länge/Length m	Breite/Beam m	Tiefgang/Draft m	Besatzung/ Crew Bes

Togo

2 PP: **Kara, Mono** (76) 80 ts, 30 kn, 1-4 ⊾, 1-2 ⊾, 1500/15 sm, 1990 kW_2, MTU-DM, 32 x 5.8 x 1.6 m, Bes 17, Bauwerft/builder: Esterel, Cannes

Trinidad und Tobago/Trinidad and Tobago

2 PP: **Barracuda, Cascadura**/CG 5, 6 (79) 200 ts, 31 kn, 1-4 ⊾, Paxman-DM, 5295 kW_2, 40.6 x 6.7 x 1.6 m, Bes 22 + 9, Bauwerft/builder: Karlskronavarvet

3 PP: **Soldado, Roxborough, Mayaro**/CG38-40 (95) 11 ts, 27 kn, 1-Mg ⊾, 2DM, 650 kW, Bauwerft/builders: Sea Ark Marine, Monticello

2PP: **I, II** (ex Pt. Heyer, Pt. Bennett) (66-67) 66 ts, 23 kn, 2 DM, 1190 kW, 25.3 x 5.2 x 1.8 m, **Bew:** 2 Mg $⊾_1$ — Typ USCG 83'

5 PP: **CG 001-002**(91) 40kn; **CG 003-005** (93) 45 kn

Tunesien/Tunisia

3 PG	**Carthage**/503		83/85	C. Mécaniques, Cherb.	395	56.8	8.2	2.5	35
○	**Tunis**/502		82/85	C. Mécaniques, Cherb.	425				
	La Galité/501	1983	82/85	C. Mécaniques, Cherb.					
3 PP	**Utique, Jerba, Kuriat**/	1989-90	88/93	Wuxi Shy.	180	41.0	5.4	1.8	39
	P 207-209								
3 PP	**Monastir**/P 304		73/75	SFCN, Villeneuve	250	47.5	7.1	2.5	34
○	**Horria, BIZERTE**/302, 301	1969-74	69/70						
2 PP	**Tazarka, Menzel Bourghiba**/	1976	76/77	Vosper Th., Portchester	110	31.3	6.0	2.0	24
	P 205, 206					120			
4 PP	**Al Jala, ISTIQLAL** (ex P 761),		./57	Esterel, Cannes	60	31.7	5.8	1.7	17
	Jumourhia, Remada/		69		80				
	P 203, 201, 202, 204	1957-67							
6 PP	**V 101-106**	1961-63	./61	Esterel, Cannes	40	30.0	4.8	1.3	10
			63						
1 AG	**Khaireddine** (ex Wilkes) /A700		68/71	Defoe S. B., Bay City	2550	87.0	14.6	4.6	37
		1969			2843				+28
1 AG	**Salambo**		65/69	N. W. Iron W., Portland	1200	64.0	11.9	4.6	26
	(ex De Steiguer)/A701	1968			1410				+ 15

Bewaffnung/ Armament	Sensoren-Elektronik/ Sensors-Electronic	Geschwindigkeit/speed kn	Antrieb/Propulsion: Maschine/Kessel, Engines/Boilers, Masch	Leistung/Power kW 1 kW = 1.36 PS	Fahrstrecke/Range sm	Sonstige Angaben/ Remarks

Tonga

4 PP: **Neiafu, Pangai, Savea** (89-91) 162 ts, 20 kn, Caterpillar-DM, 2075 kW_2 — Typ austral. ASI 315; **Titilupe** 8 kn, Lg 10.4 m — auch/also Royal Yacht

1 LC: **Late** (ex LCM 1057) 35/115 ts, 9 kn

1 AO: **Lomipeau** (ex Punaruu) (69) 4050 ts, 12 kn, 2 DM, 1510 kW, 83.0 x 13.9 x 5.8 m; 1995: von Frankreich übernommen/acquired from France

Trinidad und Tobago/Trinidad and Tobago

4 PP: **Plymouth, Caroni, Galeota, Moruga**/CG 27-30 (82) 19 ts, 32 kn, 1 Mg 7, GM-DM, 955 kW_2, Bauwerft/builder: Souter, Cowes

5 PP: **Kairi, Moriah**/CG 31, 32 (82) 32 ts, 36 kn, 2 Mg ⊿, GM-DM, 1765 kW_2, Bauwerft/builder: Souter, Cowes; **Cedros**/CG 35 (84) 19.5 ts, 25 kn, GM-DM, Typ brit. Wasp; **Carenage** (ex Sea Dragon)/CG 37 (80) 15 ts, 23.5 kn, 2 Mg ⊿, GM-DM, 515 kW_2; **Matelot** (ex Sea Skorpion)/CG 33 (79) 15 ts, 28 kn, 1 Mg ⊿, Typ brit. Sword

2 AR: **Naparima** A01 (76) 30 ts, 9 kn, 16.4 x 5.2 x 2.6 m; **Reform**/A04

Tunesien/Tunisia

8 MM 40 ⇰$_4$, 1-7.6 ⊿, 2-4 ⊿$_2$, 4-3 ⊿$_2$	⊤ ◊ ⊕	38.5	MTU-DM	14190 4	2800 10	Typ frz./French Combattante III M.
4 Mg ⊿$_2$	⊤	28.0	MWM-DM	3825 3	1000 14	Typ chines. Shanghai II Mod.
2-4 ⊿, 2-2 ⊿, 8 – SS 12	⊤	22.0	MGO-DM	2940 2	2000 15	Typ madag./Malag. Malaika.
2-2 ⊿	⊤	27.0	MTU-DM	2210 2	1500 14	
1-2 ⊿	⊤	28.0	MTU-DM	1990 2	1400 15	Typ frz./French P 751.
[1-2 ⊿]	⊤	23.0	GM-DM	690 2	900 16	Typ venez. Rio Apure.
—	⊤	15.0	⇝ DM	2690	8000 13 1	Typ US Wilkes. 1996: übernommen/ acquired
—	⊤	13.5	⇝ DM + GTu	11801 + 460 1	2000 12	Typ US Robert D. Conrad. AX

Anzahl-Art/ Number-Group	Schiffsnamen und Stapellauf/ Ship's Name and Launching	Baubeginn-Fertig-*Umbau*/On Keel-Completed-*Conv.*	Bauwerft/Builder	Wasser-verdrängung/ Displacement ts	Länge/Length m	Breite/Beam m	Tiefgang/Draft m	Besatzung/ Crew Bes
2 AX ○	**Tabarka, Turquennes** (ex White Heath, White Lupine) 1943	./43	Erie Steel & Conc.	435 600	40.5	9.4	2.7	24
Küstenwache/Coast Guard								
5 PP ○	**Ras El Blad, Ras Manoura, Ras Ajdir, Ras Ed Drek, Ras Engela** (ex Demmin, Templin, Malchin, Altentreptow, Ahrenshoop) 1969-70	68/69 70	VEB Peenewerft, Wolgast	340 361	52.0	7.1	2.3	24
5 PP	**Sbeitla, Bullarijia, Utique, Uerkouane, Seleuta** (ex G 732, 736-739)	71/71 72/72 1971-72	VEB Yachtwerft, Berlin	39	22.6	4.7	1.4	6

14 PP: **Assat Ibn Fourat**, I-IX (86-89) 32 ts, 28 kn, 3 Mg; **Gabes, Jerba, Kelibia, Tabark** (81-82) 12 ts, 38 kn, 2 Mg, DM

Türkei/Turkey

Anzahl-Art/ Number-Group	Schiffsnamen und Stapellauf/ Ship's Name and Launching	Baubeginn-Fertig	Bauwerft/Builder	ts	m	m	m	Bes
Zerstörer/Destroyers								
1 DD ○	**Piyale Paşa** (ex Fiske) 1945	45/49	Bath Iron Works	2425 3500	119	12.4	5.8	280
Fregatten/Frigates								
6 FG ○	**Gaziantep** (ex Antrim) **Giresun** (ex Flately) **Gemlik** (ex Clifton Sprague) **Gelibolu** (ex Reid) **Gökçeada** (ex Mahlon S. Tisdale) **I** (ex John A. Moore) 1979-81	78/81 79/81 79/81 80/83 80/82 78/81	Todd S. Y., Seattle Bath Iron Works Bath Iron Works Todd, San Pedro Todd, San Pedro Todd, San Pedro	2750 3680	135.6	13.7	4.5	206
8 FG ○	**Muavenet, Zafer, Akdeniz, Trakya, Karadeniz, Ege** (ex Capodanno, Thomas C. Hart, Bowen, McCandless, Donald B. Beary, Ainsworth) **Koçatepe** (ex Reasoner) **Adatepe** (ex Fanning) 1970-72	71/73 69/71 68/71	Avondale, New Orleans Lockheed, Seattle Todd, San Pedro	3070 4250	134	14.3	7.5	285
6 FG ○	II-VI I gepl./plan.	./. ./03	.	.	.	.	.	.
4 FG ○	**Kemal Reis** **Salih Reis** **Oruc Reis** **BARBAROS** 1993-98	96/99 95/98 93/96 93/95	St. W., Gölçük Blohm + Voss, Hamburg St. W., Gölçük Blohm + Voss, Hamburg	3100 3500	118 116	14.8 14.8	4.3 4.1	200

Bewaffnung/ Armament	Sensoren-Elektronik/ Sensors-Electronic	Geschwindigkeit/speed kn	Antrieb/Propulsion Maschine/Kessel Engines/Boilers Masch	Leistung/ Power kW 1 kW = 1.36 PS	Fahrstrecke/ Range sm	Sonstige Angaben/ Remarks
—		9.0	2 Cat-DM	448 2	2100 9	
.		20.0	DM	3235 2	1900 15	Typ ex DDR/GDR Kondor I.
.		12.0	DM	588 2	300 12	Typ ex DDR/GDR Bremse.

Türkei/Turkey

Bewaffnung/ Armament	Sensoren-Elektronik/ Sensors-Electronic	Geschwindigkeit/speed kn	Antrieb/Propulsion	Leistung/ Power kW	Fahrstrecke/ Range sm	Sonstige Angaben/ Remarks
4 Harpoon $_2$, 2-12.7, 2-7.6 $_2$, 2-3.5 $_2$, 6 **UTR** 32.4 **III**, 1 $_8$ Asroc		32.0	2 TU 4 Babcock	44130 2	5800 15	Typ US Gearing, FRAM I. (1999: gestr./deleted)
4 Harpoon/36 Standard SM-1MR, 1-7.6, 1 Phalanx, 4-Mg $_1$, 6 **UTR** 32.4 **III**, 2 Lamps I		29.0	2 Gen. Elec. GTu	29490 1	4500	Typ US O. H. Perry. I (ex John A. Moore) in 2000
8 Harpoon, 1-12.7, 1-2 Phalanx, 4 **UTR** 32.4 **II**, 1 $_8$ Asroc, 1		27.0	Westingh. Tu 2 Comb. Eng.	25740 1	4000 20	Typ US Knox, **Bew**: Abschuß aus / fired from.
Standard SM 2,		.	.	.	.	Projekt TF 2000 LV-Fregatte/ADF frigate
8 Harpoon $_4$, 1 Sea Sparrow $_8$, 1-12,7, 3-2,5 $_4$, Sea Zenith, 6 **UTR** 32.4 **III**, 1 AB 212		32.0	2 LM 2500 GTu + MTU-DM	44740 + 8660 2	4000 18	Typ deutsch/German MEKO 200 TN II A. III, IV: TN II B: VLS Mk 41 $_{24}$

Anzahl-Art/ Number-Group	Schiffsnamen und Stapellauf/ Ship's Name and Launching	Baubeginn-Fertig-*Umbau*/On Keel-Completed-*Conv.*	Bauwerft/Builder	Wasser-verdrängung/ Displacement ts	Länge/Length m	Breite/Beam m	Tiefgang/Draft m	Besatzung/ Crew Bes
4 FG	**Yildirim**	87/89	St. W., Gölçük	2200	111	14.2	4.1	180
○	**Fatih**	85/88	St. W., Gölçük	2784				
	Turgut Reis (ex Turgut)	85/88	HDW, Kiel					
	YAVUZ 1985-88	84/87	Blohm + Voss, Hamburg					
Uboote/Submarines								
8 SS	I, II	./06	St. W., Gölçük	1450↑	62.0	6.3	5.5	30
○	Çanakkale	99/04		1590↓				
	Gür	98/03						
	Anafartalar	94/99						
	18 Mart	94/98						
	Sakarya	90/96						
	Preveze 1993-bew./auth.	89/94						
6 SS	**Dolunay**	81/89	St. W., Gölçük	1185↑	56.1	6.2	5.5	33
○	**Doganay**	81/85		1290↓				
	Yildiray	76/81						
	Batiray	75/78	HDW, Kiel					
	Saldiray	73/76						
	Atilay 1974-88	72/75						
2 SS	**Piri Reis, Hizir Reis** (ex Tang,	49/52	N. Y., Portsmouth	1970↑	87.5	8.3	5.7	82
○	Gudgeon) 1951-52	50		2600↓				
3 SS	**Cerbe, Murat Reis, Uluç Ali Reis**	44/44	N. Y., Portsmouth	1840↑	93.0	8.2	5.2	84
○	1944	*52-54*		2445↓				
Kleine Kampfschiffe/Small Fighting Vessels								
3 PG	Mizrak	99/01	Taskizak, Istanbul	.	62.4	8.6	2.8	44
○	**Kalkan**	97/99		540				
	Kiliç 1997-99	96/98	Lürssen, Vegesack					
2 PG	**Karayel**	94/96	Taskizak	360	57.8	7.6	2.7	45
	Yildiz 1996	93/97		430				
8 PG	**Gurbet, Firtina**	85/88	Taskizak	360	58.1	7.6	2.7	40
○	**Rüzgar, Poyraz**	83/86	Taskizak	410				
	Marti, Tayfun, Volkan	75/78	Taskizak					
		76/80						
	DOĞAN 1976-88	75/77	Lürssen, Vegesack					
8 PG	**Albatros, Atmaca, Denizkusu, KARTAL,**	65/67	Lürssen, Vegesack	185	42.8	7.1	2.2	39
○	**Kasirga, Pelikan, Sahin, Simsek**	67/68		210				
	1966-68							

Bewaffnung/ Armament	Sensoren-Elektronik/ Sensors-Electronic	Geschwindigkeit/speed kn	Antrieb/Propulsion Maschine/Kessel Engines/Boilers Masch	Leistung/ Power kW 1 kW = 1.36 PS	Fahrstrecke/ Range sm	Sonstige Angaben/ Remarks
8 Harpoon ⇨4, 1-12.7 ⊿, 3-2.5 ⊿ Sea Zenith, 1 NATO Sea Sparrow ⇧8, 6 **UTR** 32.4 **III**, 1 ✈ AB 212	┬ ⌽ ⚲ ⊕ ⚳ ⊸ ⚬	27.0	4 MTU-DM	29440 2	4100 18	Typ deutsch/German MEKO 200 TN Prime contractor: Blohm + Voss, HDW, Thyssen Rheinstahl, Ferrostaal. Data System SEWACO
8 **TR** 53.3 b↓ Sub Harpoon ⇨	┬ ⌽ ⚲ ⚳ ⊸	11.0↑ 21.5↓	4 MTU ⇝ DM 1 Siemens-EM	1760 3680 1	8200 8	Typ deutsch/German 209/1400. Ab/from: Gür-Typ 209/1400-Mod.
8 **TR** 53.3 b↓	┬ ⌽ ⚲ ⚳ ⊸	11.0↑ 22.0↓	4 MTU-DG 1 EM	1760 3680 1	7800 8	Typ deutsch/German 209/1200. 1 Boot/boat: AX
8 **TR** 53.3↓ (6 b, 2 h)	┬ ⊶ ⚳	15.5↑ 16.0↓	3 Fairb.-M.-DM 2 EM	3310 4120 2	7600 15	Typ US Tang.
10 **TR** 53.3↓ (6 b, 4 h)	┬ ⚳	17.0↑ 14.5↓	4 GM-DM ⇝ EM	4780 3820 2	10000 10	Typ US GUPPY III. Einsatzfähig/operational?
8 Harpoon ⇨4, 1-7.6 ⊿, 2-4 ⊿2	┬ ⌽ ⚲ ⊕ ⊸	38.0	MTU-DM	17000 4	.	Typ deutsch/German FPB 57-052 B
8 Harpoon ⇨4, 1-7.6 ⊿ OTO, 2-3.5 ⊿2, 2 Mg ⊿	┬ ⌽ ⚲ ⊕ ⊸	36.5	MTU-DM	13240 4	2250 27	Typ deutsch/German FPB 57.
8 Harpoon ⇨4, 1-7.6 ⊿ OTO, 2-3.5 ⊿2, 2 Mg ⊿	┬ ⌽ ⚲ ⊕ ⊸	36.5	MTU-DM	13240 4	2250 27	Typ deutsch/German FPB 57.
4 Penguin ⇨, 2-4 ⊿, 4 **TR** 53.3	┬ ⊕	42.0	Maybach-DM	8825 4	1000 32	Typ deutsch/German Jaguar.

Anzahl-Art/ Number-Group	Schiffsnamen und Stapellauf/ Ship's Name and Launching	Baubeginn-Fertig- *Umbau*/On Keel- Completed-*Conv.*	Bauwerft/Builder	Wasser-verdrängung/ Displacement ts	Länge/Length m	Breite/Beam m	Tiefgang/Draft m	Besatzung/ Crew Bes
1 PF ○	**Bora** (ex Surprise/PG 97) 1968	67/69	Peterson, Sturg. Bay	225 240	50.3	7.3	2.9	32
1 PP	**Girne** 1976	75/76	Taskizak	340 395	58.1	7.6	2.8	30
6 PC	**AKHISAR, Demirhisar** **Koçhisar** **Sivrihisar, Sultanhisar, Yarhisar** 1964-65	63/64 64/65	Peterson, Sturg. Bay St. W., Gölçük Gundersen, Portl.	225 480	50.3	7.3	2.9	32
2 PP ○	**Terme, Trabzon** 1951-53	51/53 52/54	Davie, Lauzon	390 412	50.0	9.2	2.8	40
11 PP	**AB 25-29, 31-36** 1967-70	66/67 70/70	Taskizak	150 170	40.2	6.4	1.6	31
4 PP ○	**AB 21-24** (ex PGM 104-106, 108) 1966-68	./67 ./68	Peterson, Sturgeon Bay	130 145	30.5	6.4	1.9	15

4 PP: **LS 1-4** (51-52) 63 ts, 18 kn, 1-2 [symbol], 2 [symbol], 4 GM-DM, 810 kW_2, Cummins-DM, Typ US USCG 83′

Minenleger/Minelayers

Anzahl-Art/ Number-Group	Schiffsnamen und Stapellauf/ Ship's Name and Launching	Baubeginn-Fertig- *Umbau*/On Keel- Completed-*Conv.*	Bauwerft/Builder	Wasser-verdrängung/ Displacement ts	Länge/Length m	Breite/Beam m	Tiefgang/Draft m	Besatzung/ Crew Bes
1 NB ○	**Osman Gazi** 1990	89/94	Taskizak	. 3775	105	16.1	4.8	.
1 NB ○	**Nusret** (ex MMC 16) 1964	62/64	Frederikshavn Shv.	1800	77.0	12.5	3.4	130
2 NB ○	**Saruçabey, Karamürselbey** 1981-84	80/84 84/85	Taskizak	2600	92.0	14.0	2.3	.
1 NB	**Çabakey** 1977	76/80	Taskizak	1600	77.3	12.0	2.3	.
2 NB ○	**Sancactar** (ex Bochum) **Bayraktar** (ex Bottrop) 1945	./45 ./45	American Bridge Missouri Valley	3640 4140	101	15.3	4.0	125

Minensucher/Minesweepers

Anzahl-Art/ Number-Group	Schiffsnamen und Stapellauf/ Ship's Name and Launching	Baubeginn-Fertig- *Umbau*/On Keel- Completed-*Conv.*	Bauwerft/Builder	Wasser-verdrängung/ Displacement ts	Länge/Length m	Breite/Beam m	Tiefgang/Draft m	Besatzung/ Crew Bes
6 MB	II-VI I bew./auth.	./06 ./02	Pendik S.Y., Istanbul Abeking & R., Lemwerder	. 600	54.5	.	.	.
5 MB ○	**Edincik, Edremit,** **Enez, Erdek, Erdemli** (ex Calliope, Circé, Cérès, Cybèle, Clio) 1970-72	69/72 71/73	C. Mécaniques, Norm.	460 495	50.9	8.9	2.5	48
3 MS ○	**Karamürsel, Kerempe,** **Kilimli** (ex Worms, Detmold, Siegen) 1959-60	58/60	Amiot, Cherbourg	366 383	44.6	8.3	2.6	40

Bewaffnung/ Armament	Sensoren-Elektronik/ Sensors-Electronic	Geschwindigkeit/speed kn	Antrieb/Propulsion Maschine / Kessel Engines / Boilers Masch	Leistung/ Power kW 1 kW = 1.36 PS	Fahrstrecke/ Range sm	Sonstige Angaben/ Remarks
1-7.6, 1-4, 4-Mg $_2$		40.0	1 Gen. El.-GTu + 2 Cummins- DM	9190 + 1290 2	1700 16	Typ US Asheville. **Masch:** CODAG
2-4, 2 Mg, 4, 2		29.5	MTU-DM	6620 2	4200 16	
1-4, 2 Mg		16.0	2 F.-M.-DM	1840	2500 10	
1-4, 4-2, 1, 2		38.0	MTU-DM	1640 2	4500 11	Typ canad. Bay.
1-4, 1-2, 2 Mg, 2		22.0	AGO-DM	3535 2	.	**Masch:** 2 DM 220 kW für Marschfahrt/for cruising.
1-4, 4-2, 2,2,		15.0	GM-DM	1360 2	1500 10	Typ US PGM
3-4, 2-3.5 $_2$, 15, 4 LCVP, [900],		17.0	MTU-DM	7350 2	4000 15	Auch/also LS
4-7.6 $_2$, 400		18.0	GM-DM	3535 2	.	Typ dän./Dan. Falster.
4-4 $_2$, 4-2 $_2$, 11, 2 LCVP, [600], 150		14.0	DM	3180 3	.	Auch/also LS. -Deck achtern/aft
4-4 $_2$, 8-2 $_2$, 10, [400],		14.0	DM	3180 3	.	-Deck mittschiffs/ amidships. Auch/also LS
6-4 $_{2, 1}$,		9.0	DM	1340 2	5000 9	Typ US LST (2).
,		18.0	DM + EM	. 2	. 9	Typ dt./German MJ 332-MOD Erhalten/to get: Thom.-Marconi Typ 2093 VDS
1-2		15.0	MTU-DM	1320 1	3000 12	4 Minentaucher/mine divers. 2 PAP 104, Sonar: DUBM 20 A/B; 9/97 von Frankreich
2-2 $_2$		15.0	DB-DM $_4$	880 2	1800	Typ frz./French Mercure.

Anzahl - Art/ Number - Group	Schiffsnamen und Stapellauf/ Ship's Name and Launching	Baubeginn - Fertig- *Umbau*/On Keel - Completed - *Conv.*	Bauwerft/Builder	Wasser-verdrängung/ Displacement	Länge/Length	Breite/Beam	Tiefgang/Draft	Besatzung/ Crew
9 MS ○	**SAMSUN, Sapanca, Saroc, Seddulbahir, Sigacik, Silifke, Sinop, Sürmene, Sariyer** 1952-59	57/58 66/70	USA	330 405	43.9	8.5	2.6	35
4 MS ○	**FOCA, Fethiye, Fatsa, Finike** (ex MSI 15-18) 1966-67	66/68 65/67	Peterson, Sturgeon Bay	205 249	34.0	7.1	3.0	21

8 MS: **Delgiç 2, MTB 3-9**/ P312-319 (42) 70 ts, 20 kn — Stützpunktboote/Minehunting base ships

Landungsfahrzeuge/Landing Vessels

2 LS	**Ertuğrul, Serdar** (ex Windham Co., Westchester Co.) 1953-54	52/54 53	Christy, Sturgeon Bay	2700 5800	117	16.8	5.2	116
28 LS	**Ç 139-153**	./84 ./92	Taskizak Taskizak	. 600	60.1	11.6	1.1	15
	Ç 119, 121-129, 132-135, 137, 138 1973-92	./78 81	Taskizak St. W., Gölçük		56.5	11.6	1.1	
6 LS	**Ç 108, 113, 114 117, 118, 120** 1966-73	./66 73	St. W., Gölçük	400 580	56.5	12.0	1.4	16

20 LC: **Ç 302, 303, 308, 309, 312-314, 316, 319, 321-331** Typ US LCM (8) (65-89) 58/113 ts, 9.5 kn;

Hilfsfahrzeuge/Auxiliary Vessels

2 AR ○	**Çezayirli Gazi Hasan Paşa, Sokullu Mehmet Paşa** (ex Elbe, Donau) 1960	55/64 61/64	Schliekerwerft, Hamburg	2370 2740	98.2	11.8	3.9	180
1 AR	**Kurtaran** (ex Yurok) 1946	45/46	Charleston Shb.	1290 1760	63.0	11.7	4.6	85
1 AR	**Işin** (ex Safeguard) 1943	43/44	Basalt Rock, Calif.	1480 1970	65.0	12.5	4.0	97
1 AR	**Akin** (ex Greenlet) 1942	41/42	Moore Shb., Oakland	1655 2140	76.0	12.8	4.5	85

1 AK: **Cephane 2** — für Munition/for ammunition

1 AO ○	**Yarbay Kudret Güngör** 1994	93/96	SEDEF, Istanbul	. 14000	145	22.8	7.6	202
1 AO	**Akar** 1983	81/87	St. W., Gölçük	. 19350	145	22.8	8.4	330
1 AO	**Binbaşi Saadettin Gürçan** 1969	./70	Taskizak	1505 4460	90.0	12.0	5.5	.
1 AO	**Inebolu** (ex Bodensee, Unkas) 1955	55/56	Lindenau, Kiel	1240 1840	67.1	9.8	4.3	26

Bewaffnung/ Armament	Sensoren-Elektronik/ Sensors-Electronic	Geschwindigkeit/speed kn	Antrieb/Propulsion Maschine / Kessel / Engines / Boilers / Masch	Leistung/ Power kW 1 kW = 1.36 PS	Fahrstrecke/ Range sm	Sonstige Angaben/ Remarks
2-2 ⍊₂	┬	15.0	GM-DM	880 2	2500 10	Typ US Adjutant, MSC 268/289.
1 Mg ⍊	┬	13.0	DM	735 2	1000 9	Typ US MSI.

3 MS: **Şamandira 1, 11, 12** (59) 72 ts, 10 kn, 1 DM, 168 kW, 19.6 x 5.7 x 1.8 m,

Bewaffnung/ Armament	Sensoren-Elektronik/ Sensors-Electronic	Geschwindigkeit/speed kn	Maschine	Leistung/ Power	Fahrstrecke/ Range	Sonstige Angaben/ Remarks
6-7.6 ⍊, 4 LC, [400]	┬ ⌖	15.0	4 GM-DM	4410 2	.	Typ US Terrebonne Parish.
2-2 ⍊, 2 Mg ⍊, 5 [tank], [100]	┬	8.5	GM-DM	660 3	600 8	
2-2 ⍊, 2 Mg ⍊, 5 [tank], [100]	┬	10.5	GM-DM	440 2	600 10	Typ frz./French EDIC.
2-10 ⍊, 4-4 ⍊, [200], 70 ⊓	┬ ⌽ ⌖	20.5	6 Maybach-DM	8380 2	1625 15	Typ deutsch/German Rhein. AX
1-7.6, 2-2 ⍊	┬	16.0	4 ↝ DM	2210 1	.	Typ US ASR/ATF
2-2 ⍊	┬	14.8	4 ↝ DM	2210 2	.	Typ US ARS
1-4 ⍊, 4-2 ⍊₂	┬	16.0	4 ↝ DM	2210 1	.	Typ US ASR

3 AK: **Sarköy, Karadeniz Eregli, Eçeabat** (72-74) 820 ts, 10 kn, 1-2 ⍊, DM, 1060 kW_1

Bewaffnung/ Armament	Sensoren-Elektronik/ Sensors-Electronic	Geschwindigkeit/speed kn	Maschine	Leistung/ Power	Fahrstrecke/ Range	Sonstige Angaben/ Remarks
2-7.6 ⍊, 1-2 Phalanx	┬	14.0	2 DM	.	6000 14	Ähnlich/similar to Akar
2-7.6 ⍊₂, 2-4 ⍊	┬	15.0	MWM-DM	4400 1	.	8000 ts Öl/fuel
1-7.6 ⍊, 2-2 ⍊	┬	16.0	4 ↝ DM	3240 2	.	
2-2 ⍊	┬	12.0	MaK-DM	770 1	6240 12	

Anzahl - Art/ Number - Group	Schiffsnamen und Stapellauf/ Ship's Name and Launching	Baubeginn - Fertig- *Umbau*/On Keel - Completed - *Conv.*	Bauwerft/Builder	Wasser- verdrängung/ Displacement ts	Länge/Length m	Breite/Beam m	Tiefgang/Draft m	Besatzung/ Crew Bes

1 AO: **Taskizak** (83) 1440 ts, 13 kn, 1-4, 2-2, DM, 1030 kW_1, 64.6 x 9.4 x 3.5 m, Bes 57, Bauwerft/builder: Taskizak

3 AO: **H 500-502** (~70) 300 ts, 11 kn, DM, 165 kW_1

1 AN ○	**AG 5** 1960	60/61	Kröger, Rendsburg	680 970	52.5	10.5	4.1	48
1 AN	**AG 6** (ex Cerberus) 1952	./52	Bethlehem St., St. Isl.	780 900	50.8	10.4	3.1	48

1 AG: **I** (ex Silas Bent) (64) 1935 ts, 15 kn, 2 DM, 2650 kW, 87 x 14.6 x 4.5 m
1 AG: ○ **Yunus** (ex Alster) (60) 1500 ts, 15 kn, DM, 1320 kW, 84 x 10.5 x 5.6 m — ex deutsch/German: AGI

1 AG: **Tekirdağ** (ex Ungava) (53) 470 ts, 15 kn, 2 DM, 1640 kW, 50 x 9.2 x 2.8 m: AGI

1 AT	**Akbas** (ex Mošnij) 1976	./76	Werft 102, Cherson	1210 1656	58.6	12.7	4.7	35
1 AT	**Degirmendere** (ex Centaure) 1974	73/74	Chan. de la Rochelle	925 1440	51.0	11.5	5.7	56

1 AT: **Gazal** (ex Sioux) (46) 1295 ts, 16 kn 1-7.6, Typ US ATF — auch Bergungsfahrzeug/ also salvage vessel

1 AT: **Aksaz** (ex Koos) (89) 286 ts, 11 kn, 30.9 x 8.8 x 2.7 m

3 AT: **Dǒganarslan** (~85) ; **Güven, Atil** (76) 300 ts — Hafenschlepper/harbor tugs

4 YP: **I** (ex TF 107) (~66) 56 ts, 17 kn; **Torpito Tenderi, Takip, Ahmet Ersoy**

Küstenwache/Coast Guard – *Sahil Güvenlik*

10 PF	**SG 80-87** I-III 1994-a.St./o.St.	./94 ./00	Taskizak	. 195	40.7	7.1	2.2	25
4 PF	**SG 71-74** 1985-87	./85 87	Taskizak	. 210	36.6	8.6	1.9	24
10 PF ○	**SG 62-70** **SG 61** 1977-85	83/86 76/78	Taskizak A & R, Lemwerder	155 170	33.5	8.6	1.9	24
13 PP	**SG 21-29, 31-34** 1968-77	./68 78	Taskizak	170	40.2	6.4	1.3	31
10 PP	II-X I 1999-bew./auth.	./02 ./00	Yonea, Istanbul	75 100	29.6	6.3	1.5	13
6 PP	**SG 4-9** 1998	./98	Yonea, Istanbul	.	15.4	4.4	1.0	6
8 PP	**SG 12-16, 18-20** 1961-62	./62 63	Schweers, Bardenfleth	60 70	28.9	4.7	1.4	15
10 PP	**SG 50-59** 1989-93	89/90 93/94	Taskizak	25	14.6	3.6	1.3	6
3 PP	**SG 40, 43, 49** ~1944	.	USA	15	13.9	4.2	1.1	5

Bewaffnung/ Armament	Sensoren-Elektronik/ Sensors-Electronic	Geschwindigkeit/speed kn	Antrieb/Propulsion Maschine/Kessel Engines/Boilers Masch	Leistung/ Power kW 1 kW = 1.36 PS	Fahrstrecke/ Range sm	Sonstige Angaben/ Remarks

5 AO: **Çinar, Sögüt, Kavak** (ex FW 1, 2, 4) (63) 600/626 ts, 9 kn; **Ulubat, Van** (68-69) 900 ts, 14.5 kn – für Wasser/for water

6 AO: **Pinar 3-6** 300 ts, 11 kn, DM; **Pinar 2** (58) 1300 ts, 10 kn, DM; **Pinar I** (ex Istanbul) (38) 490 ts, DM – für Wasser/for water

1-4 ◣, 3-2 ◣1	┳	12.4	MAN-DM	1065 2	8000 12	
1-7.6, 4-2 ◣	┳	12.8	GM → DM	1100 1	5200 12	1970 übernommen/acquired

3 AG: **Çubuklu** (83) 510/600 ts, 12 kn, DM, 740 kW_1, 40.5 x 9.6 x 3.2 m, Bauwerft/builder: St. W., Gölçük; **Mesaha 1, 2** (66) 45 ts — Vermessung/survey
5 **Söndüren 1-5** (98 - a.St./o.St.) 330 ts, 12.5 kn, 39.8 x 7.8 x 2.2 m — Typ RUS Morkov/Projekt 14613

.	┳	13.3	2 → DM	1839 1	6720 13	Typ USSR: Purga
—	┳	13.5	2 DM	3380 2	9500 13	

1 AT: **Darica** (90) 750 ts, 14 kn, DM, 4000 kW_2, 40.9 x 9.8 x 3.9 m

4 AT: **Kuvvet** 390 ts, 10 kn; **Kudret, Sonduren, Yedekci** 130 ts, 8 kn

5 AX: **Y 1108, 1109, 1223, 1224** (~45) Typ brit. HDML; **Toros**

4 Yachten: **Halas, Acar, Gül, Kaplan**

1-4 ◣, 2 Mg ◣	┳	27.0	2 DM	4/95 2	.	
1-4 ◣, 2 Mg ◣	┳	40.0	SACM-DM	8825 3	1000 20	Typ deutsch/German Abeking & Rasmussen SAR 35
1-4 ◣, 2 Mg ◣	┳	33.0	SACM-DM MTU-DM	9930 3	1000	Typ SAR 33. **Bew:** auswechselbar/**AMT:** changeable
2-4 ◣, 1-2 ◣, 2-Mg ◣1	┳	22.0	MTU-DM	2350	.	21,22: Bauwerft/builder: St. W., Gölçük
1-4 ◣, 1-2 ◣	┳	45.0	2 MTU-DM	5440 2	750 20	Typ Sea Guard
1 Mg ◣	┳	28.0	2 Volvo-DM	590 2	250 25	Führungsfahrzeuge/ Command craft
1-4 ◣, 2-2 ◣	┳	25.0	MTU-DM	1470 2	1500 19	Typ deutsch/German KW 15
1 Mg ◣	┳	18.0	DM	115 2	.	
2 Mg ◣2	┳	18.0	DM	330 2	200 18	Typ US 45 ft. Picket boat

Anzahl-Art/ Number-Group	Schiffsnamen und Stapellauf/ Ship's Name and Launching		Baubeginn-Fertig-*Umbau*/On Keel-Completed-*Conv.*	Bauwerft/Builder	Wasser-verdrängung/ Displacement ts	Länge/Length m	Breite/Beam m	Tiefgang/Draft m	Besatzung/ Crew Bes

Turks + Caicos

1 PP: **Sea Hawk** (86) 12 ts, 24 kn, 2 DM, 246 kW, 1-Mg, 12.1 x 3.4 x 1.1 m

1 PP. **Sea Quest** (89) 18,5 ts, 27 kn, 2 DM, 388 kW, 1-Mg, 16.0 x 4.7 x 1.4 m

Ukraine

Bis Ende 1998 wurde die Aufteilung der Schwarzmeerflotte weitgehend durchgeführt. Die Einsatzbereitschaft vieler der aufgeführten Einheiten ist wegen der desolaten Haushaltslage der Ukraine fraglich. Die Reparatur der von den Russen übergebenen Einheiten geht nur sehr langsam voran.

Kreuzer/Cruiser

1 CG ○	Ukraina (ex Admiral Flota Lobov, ex Komsomoljets)	11.08.90	84/.	Kommuna, Nikolaev	9800 12500	186	20.8	7.5	600

Fregatten/Frigates

1 FG ○	**Hetman Sagajdachnij** (ex Kirov)	 1992	90/93	Werft 532, Kerch	3300 3900	123	14.2	4.2	190
1 FG ○	**Sevastopol** (ex Razitelnyj)	 1976	75/76	Yantar, Kaliningrad	2950 3350	123	14.2	4.5	220
2 FG ○	**Mikolaïv** (ex Bezukoriznennyj) **Dnipopetrovsk** (ex Bezzavetnyj)	 1979	78/79 76/77	Werft 532, Kerch	2810 3200	123	14.2	4.5	220
1 FG ○	**Luc'k**	 1992	92/93	Leninskaja K., Kiev	954 1200	72.1	10.3	3.7	90
1 FG	**Herson** (ex MPK-52)	 1987	85/87	Leninskaja K., Kiev	950 1200	71.6	9.8	3.6	70
1 FG	**Sumi** (ex MPK-43)	 1971	70/71	Werft 340, Zelenodolsk	950 1200	71.6	9.8	3.6	70

Bewaffnung/ Armament	Sensoren-Elektronik/ Sensors-Electronic	Geschwindigkeit/speed kn	Maschine / Kessel — Engines / Boilers — Masch	Leistung/ Power kW 1 kW = 1.36 PS	Fahrstrecke/ Range sm	Sonstige Angaben/ Remarks

Tuvalu

1PP: **Te Mataili** (94) 165 ts, 18 kn, 2 Cat.-DM, 3280 kn, 1-Mg, 31.5 x 8.1 x 2.1 m

Ukraine

By the end of 1998 the partition of the Black Sea Fleet had been nearly completed. The operational readiness of many of the listed units is doubtful due to the financial situation of the Ukraine. The repair of the units handed over by the Russians proceeds very slowly.

Bewaffnung/ Armament	Sensoren-Elektronik/ Sensors-Electronic	kn	Masch	kW	sm	Sonstige Angaben/ Remarks
16 SS-N-12 $_{2}$, 8 SA-N-6, 4 SA-N-4 $_{2}$, 2-13 $_{2}$, 6-3 $_{6}$, 10 **UTR** 53.3 **IIIII**, 2 $_{12}$ RBU 6000, 1 Hormone		33.0	4 GTu + 2 GTu	79410 2	10000 16	Typ USSR Slava/ Projekt 1164/21.02.98: erneut von Rußland übernommen/ reacquired from Russia
2 SA-N-4 $_{2}$, 1-10, 2-3 $_{6}$, 8 **UTR** 53.3 **IIIII**, 2 $_{12}$ RBU 6000		33.0	2 GTu + 2 GTU	35735 + 17795 2	3900 14	Typ USSR Krivak III/ Projekt 1135.1.
4 SS-N-14 $_{4}$, 4 SA-N-4 $_{2}$, 2-10 $_{1}$ 8 **UTR** 53.3 **IIII** 2 $_{12}$ RBU 6000		32.0	2 GTU + 2 GTU	35735 + 17795 2	4500 15	Typ USSR Krivak II/ Projekt 1135 M.
4 SS-N-14 $_{4}$ 4 SA-N-4 $_{2}$ 4-7.6 $_{2}$ 8 **UTR** 53.3 **IIII** 2 $_{12}$ RBU 6000		32.0	2 GTu + 2 GTu	35735 + 17795 2	4500 15	Typ USSR Krivak I/ Projekt 1135:
2 SA-N-4, 1-7.6, 1 SA-N-5, 1-3 $_{6}$, 2 Mg $_{1}$, 4 **UTR** 53.3 **II**, 1 $_{12}$ RBU 6000		33.0	1 GTu + 2 DM	13235 + 14706	3200 14	Typ USSR Grisha V/ Projekt 1124 MU
2 SA-N-4 $_{2}$, 2-5.7 $_{2}$, 1-3 $_{6}$, 4 **UTR** 53.3 **II**, 2 $_{12}$ RBU 6000		34.0	1 GTu + 2 DM	11030 + 11750 3	4000 12	Typ USSR Grisha III/ Projekt 1124 P. Nr. 02: **Odesa**?
2 SA-N-4 $_{2}$, 2-5.7 $_{2}$, 4 **UTR** 53.3 **II**, 2 $_{12}$ RBU 6000		34.0	1 GTu + 2 DM	11030 + 11750 3	4000 12	Typ USSR Grisha I/ Projekt 1124

Ukraine

Anzahl - Art/ Number - Group	Schiffsnamen und Stapellauf/ Ship's Name and Launching	Baubeginn - Fertig- *Umbau*/On Keel - Completed - *Conv.*	Bauwerft/Builder	Wasser- verdrängung/ Displacement ts	Länge/Length m	Breite/Beam m	Tiefgang/Draft m	Besatzung/ Crew Bes
2 FF ○	**Černigiv** (ex Izmail) **Vinnicja** (ex Dnepr) 1976-77	74/76 76/77	Nr. 340, Zelenodolsk	880 960	71.2	10.1	3.8	60
Korvetten/Corvettes								
1 FG ○	**Kremenčuk** (ex R-63) 1983	81/85	Sr. Neva, Kolpino	436 493	56.1	10.2	2.7	44
1 FG ○	**Nikopol'** (ex R-54) 1982	81/83	Sr. Neva, Kolpino	430 450	56.5	10.2	2.5	50
2 FS ○	**Užgorod** (ex MPK-93) **Hmel'nic'kij** (ex MPK-116) 1985	./85 ./86	Werft 345, Jaroslavl	415 475	57.7	10.4	3.6	28
Uboote/Submarines								
1 SS ○	**Zaporižžja** (ex B-435) 1970	./70	Sudomech, Leningrad	1950 ↑ 2400 ↓	91.3	7.5	5.6	75
Kleine Kampfschiffe/Small fighting vessels								
4 PG ○	**Cjurupinsk, Uman', Priluki, Kahovka** (ex R-251, 260, 262, 265) ~ 1983	./83	Sr. Neva, Kolpino	225 260	40.0	7.7 12.5	1.8	30
1 PP ○	**Skadovsk** (ex AK-327) 1980	./80	Werft 831, Feodosija	45 60	24.6	5.2	1.0	8
Minensucher/Minesweepers								
2 MB ○	**Žovti Vodi** (ex Zenitchik) **Čerkasi** (ex Razvedchik) 1973-76	./74 ./77	Sr. Neva, Kolpino	680 750	61.0	9.6	3.3	40
2 MS ○	**Mariupol'** (ex BT-126), **Melitopol'** (ex BT-79) 1978-79	./78 ./79	Werft 789, Petrozavodsk	390 430	48.5	9.0	2.1	45
1 MS ○	**Genichesk** (ex RT-214), 1985	./86	Sr. Neva, Kolpino	88 92	26.0	5.9	1.4	10
Landungsfahrzeuge/Landing vessels								
1 LS ○	**Rivne** (ex Ilja Azarov) 1970	69/71	Yantar, Kaliningrad	3400 4600	114	15.5	4.5	75
1 LS ○	**Konstantin Olšanskij** (ex BDK-56) ~ 1984	./85	St. Polnocna, Gdansk	3600 4100	113	15.5	3.6	70

Bewaffnung/ Armament	Sensoren-Elektronik/ Sensors-Electronic	Geschwindigkeit/speed kn	Antrieb/Propulsion Maschine/Kessel Engines/Boilers Masch	Leistung/ Power kW 1 kW = 1.36 PS	Fahrstrecke/ Range sm	Sonstige Angaben/ Remarks
4-5.7 $_{2}$, 4 UTR **II**, 2 $_{12}$ RBU 6000,		34.0	1 GTu + 2 DM	13235 + 14706	2750 14	Typ USSR Grisha II/Projekt 1124 A.
4 SS-N-22 $_{2}$ 1 SA-N-5 $_{4}$ 1-7.6, 2-3 $_{6}$		41.0	2 GTu + 2 DM	17650 + 7350 2	1600 14	Typ USSR Tarantul III/ Projekt 1241.1
4 SS-N-2C $_{2}$, 1 SA-N-5 $_{4}$, 1-7.6, 2-3 $_{6}$		35.0	2 GTu + 2 GTu	17650 + 5880	2400 12	Typ USSR Tarantul II Projekt 1241 M
1-7.6, 1-3 $_{6}$, 4 SA-N-5 $_{4}$, 4 **UTR** 40 **I** 2 $_{5}$ RBU-1200		32.0	2 DM	10590 2	2200 15	Typ USSR Pauk I/Projekt 1241.2.
10 **TR** 533↓ (6 b, 4 h)		16.5↑ 15.6↓	DM EM	4380 3970 3	20000 8	Typ USSR Foxtrott/Projekt 641
2 SS-N-2 c 1-7.6, 1-3 $_{6}$		40.0	3 DM	7940 3	1200 24	Typ USSR Matka/ Projekt 206 MR
3 Mg $_{2,1}$		34.0	DM	1765 2	1100 15	Typ USSR Zhuk Projekt 1400.
4-3 $_{2}$, 4-2.5 $_{2}$, SA-N-5 $_{4}$, 2 $_{5}$ RBU 1200,		17.0	DM	3535 10	2800 16	Typ USSR Natya-I/Projekt 266 M, Aluminiumrumpf/ Al-hull.
1-3 $_{6}$, 2-2.5 $_{2}$,		18.0	DM	1765 2	3000 10	Typ USSR Sonya/Projekt 12650.
2 Mg $_{2}$		10.0	2 DM	660 2	300 10	Typ USSR Yevgenya/ Projekt 1258
[2-5.7 $_{2}$, 2 $_{12}$] 40 [1700 t]		18.0	2 DM	5880 2	9000 16	Typ USSR Alligator III/ Projekt 1171;
4-5.7 $_{2}$, 20, [230], [450t]		18.0	4 DM	7355 2	6000 12	Typ USSR Ropucha-I/ Projekt 775

Anzahl - Art/ Number - Group	Schiffsnamen und Stapellauf/ Ship's Name and Launching	Baubeginn - Fertig- *Umbau*/On Keel - Completed - *Conv.*	Bauwerft/Builder	Wasser- verdrängung/ Displacement ts	Länge/Length m	Breite/Beam m	Tiefgang/Draft m	Besatzung/ Crew Bes
4 LS ○	**Donec'k** **Kramatorsk, Gorlivka** **Artemivs'k** (ex MDK-57, 93, 123) 1987-92	./93 ./88 ./90	More Zavod, Feodosija Werft 831, Feodosija	350 550	57.6	21.5	0.8	40

1 LC **Vil** (ex DK-305) (75) 115 ts, 10 kn, 24.5 x 5.2 x 1.6 m — Typ USSR Ondatra/Projekt 1176

Hilfsfahrzeuge/Auxilliary vessels

Anzahl - Art/ Number - Group	Schiffsnamen und Stapellauf/ Ship's Name and Launching	Baubeginn - Fertig- *Umbau*/On Keel - Completed - *Conv.*	Bauwerft/Builder	Wasser- verdrängung/ Displacement ts	Länge/Length m	Breite/Beam m	Tiefgang/Draft m	Besatzung/ Crew Bes
1 AR ○	**Slavutich** (ex SSV-189, ex Pridneprovye) 1990	88/92	Werft 444, Nikolajev	5000 7500	107	18.0	6.0	130
1 AK ○	**Ivano Frankivsk** (ex Baskunchak) **Černivici** (ex Taman) ~1964	./66	Werft 190, Leningrad	6100 9650	122	16.8	7.3	125
1 AR ○	**Krasnodon** (ex PM-9) 1969	./70	St. Warski, Szczecin	4000 5500	122	17.0	5.2	220
1 AR ○	**Kolomija** (ex PRTB-13) 1970	./71	Werft 444, Nikolaev	. 4500	113	14.9	4.4	150
1 AK	**Berdjansk** (ex Mezen) ~1963	./63	Angyalföld, Budapest	1300 2100	78.5	10.5	4.6	26
2 AK	**Krivij Rig, Džankoj** (ex VTR-94, 93) 1964	./65	Nikolajevsk n.A.	750 9650	50.0	9.0	3.8	40
1 AR	**Jalta** (ex Buzuluk) 1969	./70	Werft 345, Jaroslavl	1050 9650	54.3	9.3	3.6	32
1 AO ○	**Makiivka** (ex Boris Chilikin) 1970	./71	Balt. Werft, Leningrad	8700 24500	162	21.4	11.0	100
1 AO ○	**Kerč** (ex Sventa) 1980	./80	Rauma-Repola	4300 13000	130	20.0	7.0	80
1 AO	**Sudak** (ex Sura) ~1959	./60	Werft 532, Kerch	2100 3000	815	11.5	4.5	40
2 AO	**Fastiv, Bahmač** (ex VTN-38, 81) 1975	./75	Cherson	466 1180	54.3	9.4	3.4	24
1 AC	**Novi Bug** (ex Tsna) 1968	68/69	Wärtsila, Åbo	. 6920	130	16.0	5.8	110
1 AN	**Šostka** (ex KIL-33) 1975	./76	VEB Neptun, Rostock	2370 3150	87.0	14.8	4.9	70
1 AT ○	**Kremenez'** (ex SB-524) 1982	./83	Rauma-Repola	. 2240	63.5	14.5	5.1	43
1 AT ○	**Korec'** (ex MB-30) 1973	./74	Werft 345, Jaroslavl	1210 1660	58.0	12.6	4.6	35

Bewaffnung/ Armament	Sensoren-Elektronik/ Sensors-Electronic	Geschwindigkeit/speed kn	Antrieb/Propulsion Maschine/Kessel Engines/Boilers Masch	Leistung/ Power kW 1 kW = 1.36 PS	Fahrstrecke/ Range sm	Sonstige Angaben/ Remarks
2-3 $_{6}$, 2 SA-N-5 $_{4}$, 2 $_{12}$, 3 , [200 t]	┳ ⌽ ⌖	60.0	3 GTu	26110	300 55	Typ USSR Pomornik/ Projekt 1232.2
1 LC: **Tarpan** (ex DK-455) (70) 40/80 ts, 8 kn, 20.4 x 5.4 x 1.2 m — Typ USSR T-4/Projekt 1785						
2-3 $_{6}$, 2 SA-N-8 $_{4}$,	┳	18.0	2 DM	5880 2	.	Typ USSR Kamchatka-Mod/ Projekt 994
1 Hormone	┳	15.0	1 B & W DM	3820 1	8000 15	Typ USSR Vytegrales-Mod/ Projekt 596 P
—	┳	18.0	2 DM	2940 1	13000 8	Typ USSR Amur/ Projekt 304/304 M.
2-5.7 , 4-2.5 $_{2}$, 2-4 SA-N-5 $_{4}$	┳ ⌽ ⌖	14.0	DM	3680 2	6000 10	Typ USSR Lama Mod/Projekt 323
[1100 t]	┳	12.0	DM	735 1	4200 11	Typ USSR Keyla-Mod/Projekt 1849
—	┳	11.0	DM	400 1	11000 8	Typ USSR Muna/Projekt 1823
—	┳	11.0	DM	590 1	9400 10	Typ USSR Mayak/Projekt 502 R. Kühlschiffe/refrigerated vessels. Ex trawler
[4-5, 7 $_{2}$]	┳ ⌽	17.0	1 DM	7060 1	10000 16	Typ USSR Chilikin/ Projekt 1559 U
—	┳	16.0	1 DM	4410 1	8000 15	Typ USSR Dubna
—	┳	12.0	1 DM	1180 1	3000 10	Typ USSR Voda/Projekt 561; Wassertanker/for water
—	┳	12.0	1 DM	441 1	1500 10	Typ USSR Toplivo 3/ Projekt 1844
—	┳	14.0	1 Wärtsilä DM	3680 2	12000 14	Typ USSR Klasma/ Projekt 1274
—	┳	13.0	4 DM	1650 2	4000 10	Typ USSR Sura/ Projekt 145
—	┳	16.0	Pielstick DM	2575 1	.	Typ USSR Goryn/ Projekt 714
[1-3 $_{6}$]	┳	14.0	DM	2130 1	6720 13	Typ USSR Sorum/Projekt 745

Anzahl - Art/ Number - Group	Schiffsnamen und Stapellauf/ Ship's Name and Launching	Baubeginn - Fertig- *Umbau*/On Keel - Completed - *Conv.*	Bauwerft/Builder	Wasser- verdrängung/ Displacement ts	Länge/Length m	Breite/Beam m	Tiefgang/Draft m	Besatzung/ Crew Bes
2 AT	**Izjaslav, Kovel'** (ex SB-15, MB-51) .	.	Ochtenskij, Leningrad	835 990	47.3	10.4	4.6	32
1 AG	**Arciz** (ex OS-100) 1972	./74	Werft 340, Zelenodolsk	750 850	72.1	9.4	2.5	30
2 AG ○	**Simferopol** (ex Jupiter) **Alčevsk** (ex Berezan) 1968-72	./73 69	St. Polnocna, Gdansk	1250 1550	73.3	10.8	4.0	80
1 AG	**Severodonec'k** (ex SFP-322) 1982	./82	Werft 340, Zelenodolsk	1925 2200	81.0	11.0	4.2	45
2 AG ○	**I, II** (ex GS-401/....) 1979-80	78/79 79/80	St. Polnocna, Gdansk	1200	61.3	11.8	3.3	30
2 AG ○	**U 601, 603** (ex GS-212, 273) 1974	./74	St. Polnocna, Gdansk	. 750	55.0	9.2	2.5	25
1 AG ○	**U 600** (ex GS-82) 1968	68/69	St. Polnocna, Gdansk	700 950	53.5	9.1	2.6	25
1 AG	**Perejaslav** .	./.	Nikolajevsk n. A.	750	50.0	9.0	3.8	40

1 AG: **Svitlovods'k** (ex OS-35) Typ USSR T-43/Projekt 513 M

3 AG: **Kasatka** (ex OS-..); Typ USSR Vanya/Projekt 257 DM; **Korosten'** (ex OS-237) (66) Typ USSR Vydra/Projekt 106 K; **Kamjancha** (ex OS-94) (58) Typ USSR Shalanda

Anzahl - Art/ Number - Group	Schiffsnamen und Stapellauf/ Ship's Name and Launching	Baubeginn - Fertig- *Umbau*/On Keel - Completed - *Conv.*	Bauwerft/Builder	Wasser- verdrängung/ Displacement ts	Länge/Length m	Breite/Beam m	Tiefgang/Draft m	Besatzung/ Crew Bes
5 AX	**Akar, Suva, Sokal** (ex PSK-1410) **Čigirin, U 541, 542** .	./84	Wislawerft, Gdansk	345	33.3	8.6	2.5	28
2 AX	**U 543, Voznesens'k** .	./78	Wislawerft, Gdansk	147	28.8	6.8	1.8	32
1 YD	**Balta** (ex SR-568) 1987	./88	St. Polnocna; Gdansk	1850 2050	69.5	13.8	4.0	48
1 YD	**Netišin** (ex VM-152) ~ 1980	./81	USSR	310	40.9	8.0	2.1	30
4 YD	**U 631, 632, 633, Brodi** (ex BGK-697, 334, 37, VM-5) ~ 1969	./69	USSR	120	29.0	5.5	1.7	15
3 YP	**Malin, Monastirišze, I** (ex TL-1005, 1616, 1133) ~ 1987	./88 ./89	Werft 640, Sosnovka	. 270	46.0	6.0	2.0	20
4 YP	**Skvira, Feodosija, I, II** (ex BGK-1569, RVK-99, 1075, 1403)	./82 ./83	Rybinsk + Jaroslavl	42 54	21.2	3.9	1.4	8
2	**Boršživ, Evpatorija** (ex PZHK - 38, 20) ~ 1953-54	./54	USSR	150 180	35.0	6.2	2.2	26

Bewaffnung/ Armament	Sensoren-Elektronik/ Sensors-Electronic	Geschwindigkeit/speed kn	Antrieb/Propulsion Maschine/Kessel Engines/Boilers Masch	Leistung/ Power kW 1 kW = 1.36 PS	Fahrstrecke/ Range sm	Sonstige Angaben/ Remarks
—	T	12.5	2 DM	1100 1	7800 7	Typ USSR Ochtensky/Projekt 733 S
4 **TR** 53.3, 4 **UTR** 40 ‖	T Y	17.0	2 DM	2940 2	2500 12	Typ USSR Potok/Projekt 1236
2 SA-N-8 ↥ 4	T	15.0	SLZ-DM	2650 2	8000 11	Typ USSR Moma-Mod/ Projekt 861; AGI, I: AGS: Typ USSR Moma
—	T Y	20.0	2 GTu	5880 1	1000 14	Typ USSR Onega-II/Projekt 1806
—	T	13.0	2 C.-SLZ-DM	1410 2	3000 13	Typ USSR Finik-I/Projekt 872
—	T	13.0	DM	880 2	4700 11	Typ USSR Biya/Projekt 871
—	T	13.5	DM	1300 2	4000 10	Typ USSR Kamenka/Projekt 870
—	T	11.0	DM	400 1	11000 8	Typ USSR Muna/Projekt 1824-B

7 AG: **Mirogorod, Tokmak, Romni, U 634, I-III** (ex RVK-493, 1475, 155, 650, V-504, V-509) — Typ USSR PO-2/ Projekt 376 K

4 AG: **I-IV** (ex MGK-112, 1694, 1877, 1889) Projekt 16830

Bewaffnung/ Armament	Sensoren-Elektronik/ Sensors-Electronic	Geschwindigkeit/speed kn	Antrieb/Propulsion Maschine/Kessel Engines/Boilers Masch	Leistung/ Power kW 1 kW = 1.36 PS	Fahrstrecke/ Range sm	Sonstige Angaben/ Remarks
—	T	12.0	2 DM	456 2	1000 10	Typ USSR Petrushka/Projekt SK-620
—	T	10.0	DM	220 2	1100 10	Typ USSR Bryza/Projekt 772
—	T	13.5	1 SLZ-DM	2160 2	1000	Typ USSR Bereza/Projekt 130
—	T	12.5	2 DM	440 2	.	Typ USSR Yelva/Projekt 535-M
—	T	12.0	1 DM	330 1	1600 10	Typ USSR Nyriat-I/Projekt 522
—	T	30.0	2 DM	7350 2	.	Typ USSR Shelon/Projekt 1388-R
2 - Mg ⦣ 1	T	11.0	1 DM	220 1	200 11	Typ USSR Flamingo/Projekt RV 1415
—	T	17.0	1 DM	1320 1	1050 10	Typ USSR Pozharny/Projekt 364

Anzahl - Art/ Number - Group	Schiffsnamen und Stapellauf/ Ship's Name and Launching	Baubeginn - Fertig- *Umbau*/On Keel - Completed - *Conv.*	Bauwerft/Builder	Wasser- verdrängung/ Displacement ts	Länge/Length m	Breite/Beam m	Tiefgang/Draft m	Besatzung/ Crew Bes
Grenzpolizei-See/Border Police Sea — ***MORSKA OCHORONA***								
3 FS ○	**Grigorij Kuropjatnikov, Poltava, Grigorij Gnatenko** (ex PSKR-817, 813, PSKR-815) 1986-91	./87 /92	Werft 345, Jaroslavl	415 475	57.7	10.4	3.6	28
3 PC ○	**Galičina, 025, 026** (ex PSKR-115, 105, 108) ~ 1985	./89	Werft 831, Feodosia	180 220	40.3	8.0	1.9	25
11 PC ○	**Volin, Mikolaïv, Zarkarpattja, Zaporižžskaja Seč, Odesa, Bukovina, Donbas, Podilla, Pavel Deršavin, 019, 021** (ex PSKR-637, 722, 648, 650, 652, 702, 705, 709, 720, 636, 642) ~1972-88	./72 ./89	Werft 831, Feodosia	170 210	39.5	8.0	1.8	30
21 PP	**P-508, 512, 510, 517, 509, 507, 521, 518, P-511, 515, 500, 525, 505, 523 P-524, 504, 520, 506, 514, BG-105, 101** 1979-99	./79 ./89 ./97 ./99	Petrovskij, Leningrad + Wladiwostok More Zavod, Feodosia	45 60	24.6	5.2	1.0	8
10 PR	**Lubni, Nižin, Kaniv, Izmail, 175-180** (ex AK-211, AK-563, 246, 397, ...) 1968-72	./68 ./72	Werft 532, Kerch	40 60	28.0	4.4	1.0	15
1 PR	**Dunai** (ex SSV-10, ex PS-10) 1942	40/42	Schiffswerft, Linz	340 420	46.6	7.2	1.5	20

7 PP: **316, 318, 603, 618** ~15 ts, 25 kn; **P 320, P 333, P 349**

1 PP: **602** Typ USSR PO-2/Projekt 376 K

Uganda

6 PR: **801-806** (87-88) 6,3 ts, 25 kn, 1-Mg ⊿, 11.2 x 3.7 x 0.5 m; ex jugosl. AL8-K

Ungarn/Hungary

Anzahl - Art/ Number - Group	Schiffsnamen und Stapellauf/ Ship's Name and Launching	Baubeginn - Fertig- *Umbau*/On Keel - Completed - *Conv.*	Bauwerft/Builder	Wasser- verdrängung/ Displacement ts	Länge/Length m	Breite/Beam m	Tiefgang/Draft m	Besatzung/ Crew Bes
6 MS	**Újpest, Baja, Szaszhalombatta, Óbuda, Dunaújváros, Dunafoldvar** ?	./79 80	Brodotehnika, Belgrad	65 75	27.0	6.3	1.6	17

45 MS: **542-001–542-053** 11.5 ts, 9 kn, 2 Mg $⊿_2$, ⌂, DM, 160 kW_2, 13.4 x 3.8 x 0.6 m, Bes 7

Bewaffnung/ Armament	Sensoren-Elektronik/ Sensors-Electronic	Geschwindigkeit/speed kn	Antrieb/Propulsion Maschine/Kessel Engines/Boilers Masch	Leistung/ Power kW 1 kW = 1.36 PS	Fahrstrecke/ Range sm	Sonstige Angaben/ Remarks
1-7.6, 1-3, 4 **UTR** 40 **I**, 2 $_{5}$ RBU-1200		32.0	2 DM	10590 / 2	2200 / 15	Typ USSR Pauk-I/Projekt 1241.2
1-7.6, 1-3 $_{6}$, 2 **UTR** 40 **I**,		60.0	2 GTu	14704 / 2	950 / 28	Typ USSR Muravey/Projekt 133
4-3 $_{2}$, 4 **UTR** 40 **I**, 2		35.0	3 DM	8825 / 3	450 / 34	Typ USSR Stenka/Projekt 205 P
3 Mg $_{2, 1}$		32.0	2 DM	1765 / 2	1100 / 15	Typ USSR Zhuk/Projekt 1400; mehrere aufgelegt/ several laid up
1-7.6, 2-2.5 $_{2}$, 3 Mg $_{2, 1}$, 1 $_{18}$,		22.0	2 DM	1765 / 2	600 / 10	Typ USSR Shmel/Projekt 1204; Donauflottille/ Danube Flotilla
2-4 $_{1}$, 6 Mg $_{2}$		11.0	DM	.	.	Typ USSR SSV-10 Führungsboot Donauflottille/ HQ ship Danube Flotilla

2 PP: **I, II** (ex AK-397, 563) Typ u/i: Beide aufgelegt/both laid up.

Uganda

12 PR: **I-XII:** Bew/Arm.: 1-Mg; verschiedene Klassen/different types

Ungarn/Hungary

6-2 $_{4, 1}$,		12.0	DM	380 / 2	860 / 10	Typ jugosl. Neštin

2 LS: **CSSZ-001, 002**, 170 ts, 50.6 x 6.0 x 0.5 m
5 LC: **I-V**

Anzahl - Art/ Number - Group	Schiffsnamen und Stapellauf/ Ship's Name and Launching		Baubeginn - Fertig- *Umbau*/On Keel - Completed - *Conv.*	Bauwerft/Builder	Wasser- verdrängung/ Displacement ts	Länge/Length m	Breite/Beam m	Tiefgang/Draft m	Besatzung/ Crew Bes

Flugzeugträger/Aircraft Carriers

RCOH: Totalüberholung mit Auswechslung der Uran-Brennstäbe

COH: Totalüberholung

SLEP: Programm zur Verlängerung der Lebensdauer konventionell angetriebener Flugzeugträger um 10 bis 15 Jahre. Erhalten bei Totalüberholung TFCC (Tactical Flag Command Center). Kevlar-Panzerung und mehr Wohnlichkeit. Programm 1993 beendet.

2 RB	II/CVN 78	gepl./plan.	06/13	.	74000	335	41.0	12.0	5500
○	I/CVN 77	bew./auth.	02/08	Newport News Shb.	102000		78.5		
6 RB	Ronald Reagan/CVN 76	a.St./o.St.	98/02	Newport News Shb.	73970	333	40.8	11.7	3060
○	**Harry S. Truman**/CVN 75	07.09.96	93/98	Newport News Shb.	102000		78.3		+ 2000
	John C. Stennis/CVN 74	23.11.93	91/95	Newport News Shb.					
	George Washington/ CVN 73	21.7.90	86/92	Newport News Shb.					
	Abraham Lincoln/CVN 72	13.2.88	84/89	Newport News Shb.					
	Theodore Roosevelt/CVN 71	27.8.84	81/86	Newport News Shb.					
3 RB	**Carl Vinson**/CVN 70	15. 3.80	75/82	Newport News Shb.	72920	333	40.8	11.3	3062
○	**Dwight D. Eisenhower** / CVN 69	11.10.75	70/77	Newport News Shb.	91490		77.1		+ 2000
	Nimitz/CVN 68	13.5.72	68/75	Newport News Shb.					
1 RB	**Enterprise**/CVN 65	24.9.60	58/61	Newport News Shb.	75700	342	40.5	11.9	3276
○			*79-81*	Puget Sound N. Y.	93400		78.4		+ 2000
			91-95	*Newport News Shb.*					
1 RB	**John F. Kennedy**/CV 67	27.5.67	64/68	Newport News Shb.	60650	320	39.2	11.2	2587
○					80950		81.4		+ 2000
1 RB	America/CV 66	1.2.64	61/65	Newport News Shb.	61100	319	39.6	11.3	2890
					79400		76.8		+ 2000
2 RB	**Constellation**/CV 64	8.10.60	57/61	N. Y., New York	60100	319	39.5	10.9	2900
○	**Kitty Hawk**/CV 63	21.5.60	56/61	N. York Shb., Camden	82200		76.8		+ 2000
2 RB	Independence/CV 62	6.6.58	55/59	N. Y., New York	60000	326	39.3	11.3	3126
○	Ranger/CV 61	29.9.56	54/57	Newport News Shb.	80600		82.3		+ 2000

Bewaffnung/ Armament	Sensoren-Elektronik/ Sensors-Electronic	Geschwindigkeit/speed kn	Antrieb/Propulsion: Maschine / Kessel (Engines / Boilers) Masch	Leistung/ Power kW (1 kW = 1.36 PS)	Fahrstrecke/ Range sm	Sonstige Angaben/ Remarks

RCOH: Nuclear Refueling/Complex Overhaul
COH: Complex Overhaul
SLEP: Service Life Extension Program for non-nuclear powered aircraft carriers, adds 10-15 years. To get during extensive refit TFCC (Tactical Flag Command Center). Kevlar armor and improved habitability. Program terminated in 1993.

, , ,		31.5	Tu 2 Reaktoren + DM	.	.	*Advanced aircraft carrier concept*
86 , (F-14, F/A-18, EA-6 B, E-2 C, S-3 B, SH-3 H, SH-60 F), 3 NATO Sea Sparrow $_8$, 4-2 Phalanx, 4		31.5	Gen. El. Tu 2 Reaktoren A 4 W + 4 DM	191200 + 8000 4	.	*Multi-mission aircraft carriers, nuclear powered/* CVN. Kevlar-Panzerung/armour. Ab 72 verbesserte . Winkeldeck 238 m/72 and later improved . Angled deck 238 m
86 , (F-14, F/A-18, EA-6 B, E-2 C, S-3 A, SH-60 F, HH-60 H), 4-2 Phalanx, 3 NATO Sea Sparrow $_8$, 4		31.5	Gen. El. Tu 2 Reaktoren A 4 W + 4 DM	191200 + 8000 4	.	Cruising range 800000 - 1000000 sm. CVN 70: COH: 1990-91. CVN 68: COH 1998-00 CVN 69: COH 1995-96
86 , (F-14, F/A-18, EA-6 B, E-2 C, S-3 B, SH-60 F), 3-2 Phalanx, 3-2 , 3 NATO Sea Sparrow $_8$, 4		33.6	Westingh. Tu 8 Reaktoren A 2 W	205900 4	400000 30	RCOH: 1991-94
78 , (F-14, KA-6 D, EA-6 B, E-2 C, S-3 B, SH-3 H), 3-2 Phalanx, 3 NATO Sea Sparrow $_8$, 4		32.0	Westingh. Tu 8 Foster Wh.	205900 4	.	*Multi purpose aircraft carriers/* CV. Winkeldeck/angled deck 227 m. COH: 1992-95. Ab/from 1995 *Operational Training Ship*
86 , , 3 Sea Sparrow $_8$, 3-2 Phalanx, 4		35.0	Westingh. Tu 8 Foster Wh.	205900 4	8000 20	Hangar 225 x 30 x 7.6 m In Reserve
86 , (F-14, 3 Sea Sparrow $_8$, EA-6 B, S-3 B, SH-3 3-2 Phalanx, 4		35.0	Westingh. Tu 8 Foster Wh.	205900 4	8000 20	SLEP: I 1991-93. **Pz/ARM:** ./150/— mm
86 , , 2 Sea Sparrow $_8$, 3-2 Phalanx, 4		33.0	Westingh. Tu 12 Babcock	155925 4	15000 15	CV 62: Reserve CV 61: in Bremerton in Reserve

Anzahl - Art/ Number - Group	Schiffsnamen und Stapellauf/ Ship's Name and Launching		Baubeginn - Fertig- *Umbau*/On Keel - Completed - *Conv.*	Bauwerft / Builder	Wasser- verdrängung/ Displacement ts	Länge/Length m	Breite/Beam m	Tiefgang/Draft m	Besatzung/ Crew Bes
Schlachtschiffe/Battleships									
2 BB	Wisconsin/BB 64	7.12.43	41/44 *86-88*	N. Y., Philadelphia *Ingalls, Pascagoula*	46175 53750	271	32.9	10.9	1550
	Iowa/BB 61	27.08.42	40/43 *83/84*	N. Y., New York *Ingalls, Pascagoula*					
Kreuzer/Cruisers									
	.../CG ...								
22 CG	**Port Royal**/73	20.11.92	91/94	Ingalls, Pascagoula	8910	173	16.8	9.6	387
○	**Vella Gulf**/72	13. 6.92	91/93	Ingalls, Pascagoula	9410				
	Cape St. George/71	11. 1.92	90/93	Ingalls, Pascagoula					
	Lake Erie/70	13. 7.91	90/92	Bath Iron Works					
	Vicksburg/69	7. 9.91	90/93	Ingalls, Pascagoula					
	Anzio/68	2.11.90	89/92	Ingalls, Pascagoula					
	Shiloh/67	8. 9.90	89/92	Bath Iron Works					
	Hue City/66	21.10.90	89/91	Ingalls, Pascagoula					
	Chosin/65	1. 9.89	88/91	Ingalls, Pascagoula					
	Gettysburg/64	22. 7.89	88/91	Bath Iron Works					
	Cowpens/63	11. 3.89	87/91	Bath Iron Works					
	Chancellorsville/62	15. 7.88	87/89	Ingalls, Pascagoula					
	Monterey/61	22.10.88	87/90	Bath Iron Works					
	Normandy/60	19. 3.88	87/89	Bath Iron Works					
	Princeton/59	25. 9.87	86/89	Ingalls, Pascagoula					
	Philippine Sea/58	25. 4.87	86/89	Bath Iron Works					
	Lake Champlain/57	3. 4.87	86/88	Ingalls, Pascagoula					
	San Jacinto/56	14.11.86	85/88	Ingalls, Pascagoula					
	Leyte Gulf/55	20. 6.86	85/87	Ingalls, Pascagoula					
	Antietam/54	14. 2.86	84/87	Ingalls, Pascagoula					
	Mobile Bay/53	22. 8.85	84/87	Ingalls, Pascagoula					
	Bunker Hill/52	11. 3.85	84/85	Ingalls, Pascagoula					
5 CG	**Thomas S. Gates**/51	14.12.85	84/87	Bath Iron Works	7019	173	16.8	9.6	380
○	**Valley Forge**/50	26. 6.84	83/86	Ingalls, Pascagoula	9450				
	Vincennes/49	14. 1.84	82/85	Ingalls, Pascagoula					
	Yorktown/48	17. 1.83	81/84	Ingalls, Pascagoula					
	TICONDEROGA/47	25. 4.81	80/83	Ingalls, Pascagoula					
Zerstörer/Destroyers									
	.../DDG ...								
1 DG	I	gepl./plan.	./10	.	12000	.	.	.	95
29 DG	Chafee/90, 92, 94, 96, 99, 101, 103		./.	Bath Iron Works	.	155	20.4	9.3	380
○	Mustin/89, 91, 93, 95, 97, 98, 100,		./.	Ingalls, Pascagoula	9217				
	../102, 104-107		./.	.					
	Preble/88		00/02	.					
	Mason/87		00/02	Bath Iron Works					
	Shoup/86	a.St/o.St.-bew./auth.	99/01	Ingalls, Pascagoula					

Bewaffnung/ Armament	Sensoren-Elektronik/ Sensors-Electronic	Geschwindigkeit/speed kn	Antrieb/Propulsion Maschine/Kessel Engines/Boilers Masch	Leistung/Power kW 1 kW = 1.36 PS	Fahrstrecke/Range sm	Sonstige Angaben/ Remarks
32 Tomahawk ⇒$_{4}$, 16 Harpoon ⇒$_{4}$, 9-40.6$_{3}$, 12-12.7 $_{2}$, 4-2 Phalanx, 2		31.0	GE Tu 8 Babcock	147100 4	15000 12	*Battleships*/ BB. **Pz/AMT:** 285/482/457 mm.
8 Harpoon ⇒$_{4}$, 2-12.7, 2 VLS ⇒$_{61}$ (120 Standard-MR SM-2/ Tomahawk) 2-2 Phalanx, 2-Mg $_{1}$, 6 **UTR** 32.4 **III**, 2 LAMPS **III**		30.0	4 Gen. El. GTu	58840 2	6000 20	*Guided Missile Cruisers.* AEGIS-System (SPY-1 A phased-array radar). Ab 56: SQQ 89 ASW-System. Ab 59: SPY-IB Radar/ Ab 65: SPY-1 B(V) Radar, SQS 53C Sonar, verbesserte Rechner UYK-43/44./ From 56: SQQ 89 ASW-system. From 59: SPY-IB Radar From 65: SPY-1B (V) radar, SQS 53 C Sonar, improved computers UYK-43/44 CG 70, 73 ab/from 1998: *Theater Ballistic Missile Defence* (TBMD) Aegis-Mod + Standard SM 2, Block IV A. Geplant ab/planed from 2002: Cruiser Conversion Program.
8 Harpoon ⇒$_{4}$, 2-12.7 $_{1}$ 4 Standard SM-2 MR $_{2}$, 2-2 Phalanx, 2-Mg $_{1}$, 6 **UTR** 32.4 **III**, 2 LAMPS **III**		30.0	4 GE-GTu	58840	6000	*Guided Missile Cruisers.* CG 47-48: Kein/no: LAMPS **III**, CG 48: Versuchsschiff/trials vessel: *Smart Ship.* Bes./Crew: 336
⇒, 2-15.5 $_{1}$ **UTR,**		.	GTu	.	.	*DD 21-Klasse/class* Land Attack Destroyer 32: gepl./plan.
2 VLS ⇒/, 1-12.7, 2-2 Phalanx, 6 **UTR** 32.4 **III**, 2 LAMPS **III**		32.0	4 Gen.El.-GTu	78330 2	4400 20	Burke Flight II A Klasse/class. -Hangar DDG 93-107: bew./auth.– Advanced funding — **Bew:** 1-12.7 MK 45 Mod 4

Anzahl - Art/ Number - Group	Schiffsnamen und Stapellauf/ Ship's Name and Launching	Baubeginn - Fertig- *Umbau*/On Keel - Completed - *Conv.*	Bauwerft/Builder	Wasser-verdrängung/ Displacement ts	Länge/Length m	Breite/Beam m	Tiefgang/Draft m	Besatzung/ Crew Bes
	McCampbell/85	99/02	Bath Iron Works	.	155	20.4	9.3	380
	Bulkeley/84	99/01	Ingalls, Pascagoula	9217				
	Howard/83	99/02	Bath Iron Works					
	Lassen/82	98/01	Ingalls, Pascagoula					
	Winston Churchill/81	98/00	Bath Iron Works					
	The Roosevelts/80	97/00	Ingalls, Pascagoula					
	Oscar Austin/79	97/00	Bath Iron Works					
	1998-a.St./o.St.							
28 DG	**Porter**/78	97/99	Ingalls, Pascagoula	6630	154	20.4	9.3	337
○	**O'Kane**/77	97/99	Bath Iron Works	8320				
	Hopper/70, **Mahan**/72,.	95/97	Bath Iron Works					
	McFaul/74, **Higgins**/76	96/99						
	The Sullivans/68, **Milius**/69, **Ross**/71,	95/97	Ingalls, Pascagoula					
	Decatur/73, **Donald Cook**/75,	96/98						
	Paul Hamilton/60, **Fitzgerald**/62,	92/94	Bath Iron Works					
	Carney/64, **Gonzalez**/66	94/96						
	Russell/59, **Ramage**/61,	92/94	Ingalls, Pascagoula					
	Stethem/63, **Benfold**/65, **Cole**/67	94/.						
	Stout/55, **Mitscher**/57	91/94	Ingalls, Pascagoula					
	Curtis Wilbur/54, **John S.**	91/94	Bath Iron Works					
	McCain/56, **Laboon**/58	92/94						
	John Paul Jones/53	90/93	Bath Iron Works					
	Barry/52	90/92	Ingalls, Pascagoula					
	Arleigh Burke/51 1989-98	88/91	Bath Iron Works					
	... / DD ...							
24 DG	Hayler/997	80/83	Ingalls, Pascagoula	6165	172	16.8	8.8	340
○	**O'Bannon**/987, **Thorn**/988,	78/80		8280				
	Deyo/989,							
	Fife/991, **Fletcher**/992							
	John Hancock/981, **Nicholson**/982,	76/79	Ingalls, Pascagoula					
	Cushing/985							
	John Young/973,	75/77	Ingalls, Pascagoula					
	O'Brien/975,	78						
	Briscoe/977, **Stump**/978,							
	Moosbrugger/980							
	Arthur W. Radford/968, **Peterson**/969,	74/77	Ingalls, Pascagoula	6165	172	16.8	8.8	340
	Caron/970, **David R. Ray**/971,	78		8280				
	Oldendorf/972							
	Paul F. Foster/964, **Kinkaid**/965,	73/76	Ingalls, Pascagoula					
	Hewitt/966, **Elliot**/967	77						
	SPRUANCE/963 1973-82	72/75	Ingalls, Pascagoula					

Fregatten/Frigates

	.../FFG ...							
36 FG	**Ingraham**/61	87/89	Todd, San Pedro	2770	136	13.7	7.5	205
○	**Rodney M. Davis**/60	85/87	Todd, San Pedro	3660				
	Kauffman/59	85/87	Todd, San Pedro					
	Reuben James/57	83/86	Todd, San Pedro					
	Simpson/56,	84/85	Bath Iron Works					
	Samuel B. Roberts/58	84/86						
	Carr/52	82/85	Todd, Seattle					
	Garry/51, **Ford**/54	83/85	Todd, San Pedro					

Bewaffnung/ Armament	Sensoren-Elektronik/ Sensors-Electronic	Geschwindigkeit/speed kn	Antrieb/Propulsion Maschine/Kessel Engines/Boilers Masch	Leistung/Power kW 1 kW = 1.36 PS	Fahrstrecke/Range sm	Sonstige Angaben/ Remarks
2 VLS, 1-12.7, 2-2 Phalanx, 6 **UTR** 32.4 **III**, 2 LAMPS **III**		32.0	4 Gen.El.-GTu	78330 2	4400 20	Burke Flight II A Klasse/class. -Hangar
2 VLS, (56 Tomahawk, Standard SM-2 MR/ VLA), 8 Harpoon, 1-12.7, 2-2 Phalanx, 6 **UTR** 32.4 **III**		30.0 +	4 Gen. El.- GTu	73530 2	5000 20	*Multipurpose destroyers.* Burke Flight I/II Klasse/class. AEGIS-System (SPY-1 D). 130 ts Kevlar-Panzerung/armour. **Bew:** VLS = Vertical Launch System Tomahawk: Land attack Systems. FK/MI: 61 + 29. (TAINS) + anti-ship. TACTAS. -Deck für/for LAMPS III. Kein/no Hangar. VLA = Vertical Launch ASROC
8 Harpoon $_4$, 2-12.7, 2-2 Phalanx, 4 Mg, 1 NATO Sea Sparrow $_8$, 6 **UTR** 32.4 **III**, 1 $_8$, Asroc, 2 LAMPS **III**		32.5	4 Gen. El.-GTu	58840 2	6000 20	*Destroyers. Kevlar Panzerung/* armour. **Bew:** Haben/have Anti Missile Mk 23 Target Acquisition System+RAST (LAMPS III). haben/have VLS (Tomahawk + ASW) DD 971 RAM $_{21}$, alle erhalten/all to get RAM $_{21}$. DD 968: Advanced Enclosed Mast Sensor System
4 Harpoon/36 Standard SM-1 MR, 1-7.6 OTO, 1-2 Phalanx, 6 **UTR** 32.4 **III**, 2 LAMPS III (NRF: LAMPS I)		28.0 +	2 Gen. El. GTu	29490 1	4500 20	*Guided Missile Frigates.* Kombinierte Starter für/combined launcher for Harpoon + Standard MR: 4, 36. Kevlar- und Alu-Panzerung über Elektronik- und Führungszentralen, Maschinenkontrollraum und Magazinen

Anzahl - Art/ Number - Group	Schiffsnamen und Stapellauf/ Ship's Name and Launching	Baubeginn - Fertig- *Umbau*/On Keel - Completed - *Conv.*	Bauwerft / Builder	Wasser- verdrängung/ Displacement ts	Länge/Length m	Breite/Beam m	Tiefgang/Draft m	Besatzung/ Crew Bes
	Taylor/50, **Hawes**/53,	83/84	Bath Iron Works	2770	136	13.7	7.5	205
	Elrod/55	84/85		3660				
	Vandegrift/48	81/84	Todd, Seattle					
	Rentz/46	82/84	Todd, San Pedro					
	De Wert/45, **Nicholas**/47,	82/83	Bath Iron Works					
	Robert G. Bradley/49	83/84						
	Curts/38, **McClusky**/41,	81/83	Todd, San Pedro					
	Thach/43	82/84						
	Crommelin/37, **Halyburton**/40	80/84	Todd, Seattle					
	Underwood/36, **Doyle**/39,	81/83	Bath Iron Works					
	Klakring/42	./82						
	Stephen W. Groves/29, **John L. Hall**/32.	80/82	Bath Iron Works					
	Boone/28,	79/82	Todd, Seattle					
	Jarrett/33	81/83						
	Estocin/15,	79/81	Bath Iron Works					
	Sides/14	78/80	Todd, San Pedro					
	Samuel Eliot Morison/13	78/80	Bath Iron Works					
	George Philip/12	77/80	Todd, San Pedro					
	Wadsworth/9	77/80	Todd, San Pedro					
	McInerney/8	77/79	Bath Iron Works					
	1978-88							

Uboote/Submarines

Die Reaktoren der SSBN, SSN benutzen Wasser als Moderator und Kühlmittel, alle haben → DM

Anzahl - Art/ Number - Group	Schiffsnamen und Stapellauf/ Ship's Name and Launching	Baubeginn - Fertig- *Umbau*/On Keel - Completed - *Conv.*	Bauwerft / Builder	Wasser- verdrängung/ Displacement ts	Länge/Length m	Breite/Beam m	Tiefgang/Draft m	Besatzung/ Crew Bes
	.../SSBN ...							
18 SB	**Louisiana/743**	92/97	Gen. Dyn., Groton	16775↑	171	12.8	11.1	173
○	**Wyoming/742**	91/96	Gen. Dyn., Groton	18770↓				
	Maine/741	89/95	Gen. Dyn., Groton					
	Rhode Island/740	89/94	Gen. Dyn., Groton					
	Nebraska/739	87/93	Gen. Dyn., Groton					
	Maryland/738	87/92	Gen. Dyn., Groton					
	Kentucky/737	87/91	Gen. Dyn., Groton					
	West Virginia/736	87/90	Gen. Dyn., Groton					
	Pennsylvania/735	87/89	Gen. Dyn., Groton					
	Tennessee/734	86/88	Gen. Dyn., Groton					
	Nevada/733	83/86	Gen. Dyn., Groton					
	Alaska/732	83/86	Gen. Dyn., Groton					
	Alabama/731	81/85	Gen. Dyn., Groton					
	Henry M. Jackson/730	81/84	Gen. Dyn., Groton					
	Georgia/729	79/84	Gen. Dyn., Groton					
	Florida/728	77/83	Gen. Dyn., Groton					
	Michigan/727	77/82	Gen. Dyn., Groton					
	OHIO/726 1979-96	76/81	Gen. Dyn., Groton					
	.../SSN ...							
5 SS	.../778	04/.		.	115	10.4	9.3	134
○	.../777	01/07	Newport News Shb.	7700				
	.../776	00/06	Electric Boat, Groton					
	Texas/775	00/05	Newport News Shb.					
	Virginia/774 a.St./o.St.-gepl./plan.	99/04	Electric Boat, Groton					

Bewaffnung/ Armament	Sensoren-Elektronik/ Sensors-Electronic	Geschwindigkeit/speed kn	Maschine / Kessel — Engines / Boilers Masch	Leistung/ Power kW 1 kW = 1.36 PS	Fahrstrecke/ Range sm	Sonstige Angaben/ Remarks
4 Harpoon/36 Standard SM-1 MR /, 1-7.6 OTO, 1-2 Phalanx, 6 **UTR** 32.4 **III**, 2 LAMPS **III** (NRF: LAMPS I)		28.0 +	2 Gen. El. GTu	29490 1	4500 20	Kevlar and Al-armor over vital electronic and command spaces, main engine-control room and magazines. FFG 8, 36-43, 46-61: 2710/3710 ts, Lg 138.8 m. Haben/have TACTAS, RAST (Recovery Assist, Securing and Traversing.) FFG 17, 18, 35, 44: Australien/Australia. 4 NRF: FFG 9,14,29 Ab/from: 1998 → NRF: FFG 28,38; 1999 → NRF: FFG 8,41,42.

Reactors of SSBN, SSN use water as moderator and cooling medium, all have → DM

Bewaffnung/ Armament	Sensoren-Elektronik/ Sensors-Electronic	Geschwindigkeit/speed kn	Maschine / Kessel — Engines / Boilers Masch	Leistung/ Power kW 1 kW = 1.36 PS	Fahrstrecke/ Range sm	Sonstige Angaben/ Remarks
24 Trident 1 (C 4), 4 **TR** 53.3 b↓		28.0↑ 30.0↓	Tu/2 Wr Gen. El. S 8 G Reaktor	44130 1	.	*Fleet Ballistic Missile Submarines (nuclear propulsion).* Atom-Antrieb. Ab/from 734: Trident 2 D 5. Tauchtiefe/diving depth: 300 m. 2 Besatzungen/2 crews SSBN 732/733: Umrüstung/ Conversion – Trident 2 D5: in FY 00 SSBN 730/731: in FY 01 SSBN 726-729: Umrüstung ab/ Conversion from 2002: SSGN?
12VLS, 4 **TR** 53.3 Harpoon + Tomahawk Mk 48 ADCAP		.↑ 32.0↓	2 Tu 1 GE S 9 G Reaktor	18382 1	.	Versuchsträger für NSSN, jedes Boot für gesonderte Technologie./Trial ships for NSSN, each boat for different technology. Sonar: AN-BQQ 10

Anzahl - Art/ Number - Group	Schiffsnamen und Stapellauf/ Ship's Name and Launching	Baubeginn - Fertig- *Umbau*/On Keel - Completed - *Com.*	Bauwerft/Builder	Wasser- verdrängung/ Displacement ts	Länge/Length m	Breite/Beam m	Tiefgang/Draft m	Besatzung/ Crew Bes
1 SS	Jimmy Carter/23	98/04	Electric Boat, Groton	.↑	138	12.2	10.9	130
○	a.St./o.St.			.↓				
2 SS	**Connecticut**/22	92/98	Gen. Dyn., Groton	7460↑	108	12.2	10.9	130
○	**Seawolf**/21	89/97	Gen. Dyn., Groton	9150↓				
	1995-97							
23 SS	**Cheyenne**/773	93/96	Newport News Shb.	6330↑	110	10.1	9.8	141
○	**Greeneville**/772	92/96	Newport News Shb.	7177↓				
	Columbia/771	92/95	Gen. Dyn., Groton					
	Tucson/770	92/95	Newport News Shb.	6300↑				
	Toledo/769	91/95	Newport News Shb.	7147↓				
	Hartford/768	92/94	Gen. Dyn., Groton					
	Hampton/767	90/93	Newport News Shb.					
	Charlotte/766	90/94	Newport News Shb.					
	Montpelier/765	89/93	Newport News Shb.					
	Boise/764	88/92	Newport News Shb.					
	Santa Fé/763	91/94	Gen. Dyn., Groton					
	Columbus/762	90/93	Gen. Dyn., Groton					
	Springfield/761	89/93	Gen. Dyn., Groton					
	Annapolis/760	88/92	Gen. Dyn., Groton					
	Jefferson City/759	87/92	Newport News Shb.					
	Asheville/758	87/91	Newport News Shb.					
	Alexandria/757	87/91	Gen. Dyn., Groton					
	Scranton/756	86/90	Newport News Shb.					
	Topeka/754, **Miami**/755	86/90	Gen. Dyn., Groton					
	Albany/753	85/90	Newport News Shb.					
	Pasadena/752	86/89	Gen. Dyn., Groton					
	San Juan/751,	85/88	Gen. Dyn., Groton					
	1986-95							
29 SS	**Newport News**/750	84/89	Newport News Shb.	6255↑	110	10.0	9.8	141
○	**Helena**/725	85/87	Gen. Dyn., Groton	7102↓				
	Louisville/724	84/87	Gen. Dyn., Groton					
	Key West/722,	83/87	Newport News Shb.					
	Oklahoma City/723	84/87						
	Chicago/721	83/86	Newport News Shb.					
	Providence/719,	82/85	Gen. Dyn., Groton					
	Pittsburgh/720	83/85						
	Olympia/717, **Honolulu**/718	81/84	Newport News Shb.	6165↑				
	Salt Lake City/716	80/84		7012↓				
	Buffalo/715,	80/83	Newport News Shb.	6130↑				
	Norfolk/714	79/83	Nort News Shb.	6977↓				
	San Francisco/711,	77/81	Newport News Shb.					
	Houston/713	79/82						
	Albuquerque/706,	79/83	Gen. Dyn., Groton					

Bewaffnung/ Armament	Sensoren- Elektronik/ Sensors- Electronic	Geschwindig- keit/speed kn	Antrieb/Propulsion Maschine / Kessel Engines / Boilers Masch	Leistung/ Power kW 1 kW = 1.36 PS	Fahrstrecke/ Range sm	Sonstige Angaben/ Remarks
8 **TR** 76.2↓		.↑ 38.0↓	2 ⚙ Tu Westingh. S 6 W Reaktor	33570 1	.	*Submarine (nuclear propulsion).* Verbesserter Typ/improved typ SSN 21 - Special operations
8 **TR** 76.2↓, auch für/ also for Tomahawk ⇨, Harpoon ⇨, ⊙ Mk 48 TR		. 35.0↓	2 ⚙ Tu Westingh. S 6 W Reaktor	29412 1	.	SSN 21 Klasse/class. Neuer/ new Reactor. Entwicklung durch/development by Newport News Shb. + General Dynamics, Groton, ⇨ nachladbar / ⇨ reloading possible. Bauverzögerung durch fehlerhaftes Schweißen/ delayed by faulty welds. V_{max}: 44.7 kn↓
4 **TR** 53.3 s↓, **TR** auch für/also for Harpoon ⇨, VLS_{12} Tomahawk ⇨, ⊙		22.0↑ 35.0↓	2 ⚙ Tu Westingh. S 6 G Reaktor	25740 1	.	*Submarines (nuclear propulsion).* **Improved Los Angeles** Klasse/class. Tauchtiefe/diving depth: 450 m. Einziehbares Tiefenruder am Bug statt am Turm. Haben BSY-1 „combat system", UYK 7 Hauptcomputer, Torpedofeuerleitanlage Mk 117, Bugsonar BQQ 5C/D/E/ Have retractable bow mounted diving planes instead of sail mounted diving planes. BSY-1 combat system, UYK-7 main computer, Mk 117 torpedo fire control system, BQQ 5C/D/E bow mounted sonar. Erhalten /to get: AN-BQQ 10 Sonar.
4 **TR** 53.3 s↓ auch für/also for: Harpoon + Tomahawk ⇨ + MK 48 TR SSN 719-725, 750: VLS_{12} Tomahawk ⇨		21.0↑ 32.0↓	2 ⚙ Tu 1 GE-S 6 E Reaktor	26000 1	.	*Submarines (nuclear propulsion)* Los Angeles - Klasse/class Haben BQQ 5D/E Bugsonar. Torpedofeuerleitanlage Mk 117/ Have BQQ 5D/E bow mounted sonar, Mk 117 torpedo fire control system. SSN 691: 1995 Versuchsträger für neue Waffensysteme: 1**TR** 76.2↓ und ATSA/trial ships for new **TR** 76.2↓ and Advanced Towed Sonar Arrays.

Anzahl-Art/ Number-Group	Schiffsnamen und Stapellauf/ Ship's Name and Launching		Baubeginn-Fertig-/ *Umbau*/On Keel-Completed-*Conv.*	Bauwerft/Builder	Wasser-verdrängung/ Displacement ts	Länge/Length m	Breite/Beam m	Tiefgang/Draft m	Besatzung/Crew Bes
	Portsmouth/707, **Minneapolis — Saint Paul**/708, **Hyman G. Rickover**/709, **Augusta**/710		82/85	Gen. Dyn., Groton	6080↑ 6927↓	110	10.0	9.8	141
	Dallas/700, **La Jolla**/701, **Phoenix**/702,		76/81	Gen. Dyn., Groton					
	City of Corpus Christi/705		79/83						
	Bremerton/698, **Jacksonville**/699		76/81						
	Memphis/691		73/77	Newport News Shb.					
	Philadelphia/690		72/77	Gen. Dyn., Groton					
	LOS ANGELES/688	1974-86	72/76	Newport News Shb.					
Sturgeon Klasse									
1 SS ○	**L. Mendel Rivers**/686	1973	71/75	Newport News Shb.	4460↑ 4960↓	92.1	9.6	8.8	108
1 SS ○	**Parche**/683	1973	70/74 *87-91*	Ingalls, Pascagoula *N. Y. Mare Island*	. 7800	120	9.7	8.8	179
1 SS ○	**Kamehameha**/642	1965	63/65	N.Y. Mare Island	7250↑ 8250↓	130	10.1	9.6	130
1 AG ○	**Dolphin**/AGSS 555	1968	62/69	N.Y. Portsmouth	860↑ 950↓	50.3	5.9	4.9	29 + 5

Kleine Kampfschiffe/Small Fighting Vessels

14 PP ○	**CYCLONE**/1, **Tempest**/2, **Hurricane**/3, **Monsoon**/4, **Typhoon**/5, **Sirocco**/6, **Squall**/7, **Zephyr**/8, **Chinook**/9, **Firebolt**/10, **Whirlwind**/11, **Thunderbolt**/12, **Shamal**/13 **Tornado**/14	1992-99	92/93 94/94 98/00	Bollinger, Lockport	300 320	52.0	7.6	2.3	25

Flußkampfschiffe/Riverine Warfare Craft — NRF

30 PR	XXI-XXX **I-XX**	1998-a.St./o.St.	99/01 97/99	Halter, New Orleans	57 68	24.7	5.5	1.3	5 + 4
3 PR	**PB 841-843**	1985	./85	Atlantic Marine	43	20.9	5.5	1.1	5
10 PR	**65 PB 731, 734, 735, 751, 755, 775, 776-778**		./75 ./79	Peterson, Sturgeon Bay	28 37	19.8	5.5	1.8	5

73 PP: **HS 8701, 8703-8709, 8711-8728, 8733-8735, 8738-8745, 8748-8750, 8801-8810, 8813-8825, 8901-8910**
(88-89) 3.5 ts, 27 kn, 2 Mg ⯁, Volvo Penta-DM, 120 kW_1, 7.5 x 2.3 x 0.7 m,
Bes 3, Bauwerft/builder: Peterson — *Harbor security boats*

Bewaffnung/ Armament	Sensoren-Elektronik/ Sensors-Electronic	Geschwindigkeit/speed kn	Maschine / Kessel — Engines / Boilers — Masch	Leistung/ Power kW 1 kW = 1.36 PS	Fahrstrecke/ Range sm	Sonstige Angaben/ Remarks
4 **TR** 53.3 s↓ auch für/also for: Harpoon + Tomahawk + MK 48 TR SSN 719-725, 750: VLS_{12} Tomahawk		21.0↑ 32.0↓	2 Tu 1 GE-S 6 E Reaktor	26000 1	.	
4 **TR** 53.3 s↓, **TR** auch für / also for Harpoon, 8 Tomahawk		20.0↑ 30.0↓	Gen.El./2 Co.E. Westingh. S 5 W Reaktor	11030 1	.	Tauchtiefe 400 m./Diving delph: 400m
4 **TR** 53.3 s↓ auch für / also for Harpoon + Tomahawk + Mk 48 TR		15.0↑ 28.0↓	Gen.El./2 Co.E. Westingh. S 5 W Reaktor	11030 1	.	*Special mission submarine* Nach Umbau Einsatz für „Sonderaufgaben", Tiefsee-such- und bergung/After extensive modification used for „special missions", deep-ocean search and recovery.
4 **TR** 53.3 b ↓ [65]		15.0↑ 25.0↓	Gen. El./ 2 Babcock Westingh. S 5 W	11030 1	.	Ex SSBN. Umgebaut zu/ converted to Transport Submarine/for SEALs
—		7.5 15.0	2 Detroit DM 1 EM	. 1210 1	.	*Research submarine* Versuchsboot/experimental boat
2-2.5, 4 Mg, 2-40 Mörser/mortars, Stinger		35.0	Paxman-DM	10000 4	2000 12	*Patrol boats, coastal.* Sollen erhalten/to get: SWPS = Stabalized Weapon Platform System: Eine Einheit wird in 2000 aus finanziellen Gründen aufgelegt/ One unit to be laid up for budgetary reasons. — PC 1-**Cyclone**
5 Mg $_{2,1}$, 1 Mörser/mortar		50.0	2 MTU-DM	3360 2	550 36	*Special warfare craft* Typ Pegasus MK-V
1-2.5, 2 Mg/ Mörser/mortar		30.0	3 GM-DM	1435 3	.	Typ Sea Spectre MK IV
1-4, 2-Mg_1 1 Mörser/mortar		30.0	3 GM-DM	1435 3	450 26	Typ Sea Spectre MK III

24 PP: **I-XXIV** (88-89) 40 kn, 2 Mg, 2 Benzin-Außenbordmotoren/2 gasoline outboards, 205 kW, Bauwerft/ builder: NAPCO — *Port security boats*

4 PR: **PBR Mk II** (81-83) 8 ts, 25 kn, 3 Mg $_{2,1}$, 1, 2 DM, 9.8 x 3.4 x 0.8 m — *River patrol boats*

Anzahl - Art/ Number - Group	Schiffsnamen und Stapellauf/ Ship's Name and Launching		Baubeginn - Fertig - *Umbau*/On Keel - Completed - *Conv.*	Bauwerft/Builder	Wasser-verdrängung/ Displacement ts	Länge/Length m	Breite/Beam m	Tiefgang/Draft m	Besatzung/ Crew Bes
Minensucher/Minesweepers									
	.../MCS ...								
1 MC	**Inchon**/12	24.5.69	68/70	Ingalls, Pascagoula	11000	184	25.6	8.1	1420
○			*95-96*		19600		31.7	7.9	
	.../MCM ...								
14 MB	**Ardent**/12, **Dexterous**/13,		91/93	Peterson, Sturgeon Bay	1195	68.4	11.9	3.5	81
○	**Chief**/14		94		1312				
	Gladiator/11		90/93	Peterson, Sturgeon Bay					
	Warrior/10		89/92	Peterson, Sturgeon Bay					
	Scout/8, **Pioneer**/9		87/91	Peterson, Sturgeon Bay					
			92						
	Patriot/7		87/90	Marinette, Wisconsin					
	Devastator/6		87/90	Peterson, Sturgeon Bay					
	Guardian/5		85/89	Peterson, Sturgeon Bay					
	Champion/4		84/89	Marinette, Wisconsin					
	Sentry/3		84/89	Peterson, Sturgeon Bay					
	Defender/2		83/89	Marinette, Wisconsin					
	AVENGER/1	1985-93	83/87	Peterson, Sturgeon Bay					
	.../MHC ...								
12 MB	**Raven**/61, **Shrike**/62		95/99	Avondale, N. Orleans	803	57.3	10.9	2.9	51
○	**Black Hawk**/58, **Falcon**/59,		92/97	Intermar., Savannah	918				
	Cardinal/60		/97						
	Kingfisher/56,		92/95	Avondale, N. Orleans					
	Cormorant/57		93/97						
	Oriole/55		91/94	Intermar., Savannah					
	Pelican/53, **Robin**/54		92/94	Avondale, N. Orleans					
	OSPREY/51, **Heron**/52		88/92	Intermar., Savannah					
		1991-97							

2 MS: **Gerry, Peggy** (ex SAM 03, 05) (82-83) 15 ts, 9 kn — ex Swedish minesweeping catamarans

Anzahl - Art/ Number - Group	Schiffsnamen und Stapellauf/ Ship's Name and Launching		Baubeginn - Fertig - *Umbau*/On Keel - Completed - *Conv.*	Bauwerft/Builder	Wasser-verdrängung/ Displacement ts	Länge/Length m	Breite/Beam m	Tiefgang/Draft m	Besatzung/ Crew Bes
Landungsfahrzeuge/Amphibious Ships and Landing Vessels									
	.../LCC ...								
2 LF	**Mount Whitney**/20		69/71	Newport News Shb.	16790	194	25.3	8.8	800
○	**BLUE RIDGE**/19	1969-70	67/70	N. Y., Philadelphia	18400		32.9		+ 170
2 LF	I/II	gepl./plan.	./.	.	.	.	.	.	.
1 LF	**Coronado**/11	1966	65/70	Lockheed, Seattle	11050	173	25.6	7.2	470
○					16912				+ 165

Bewaffnung/ Armament	Sensoren-Elektronik/ Sensors-Electronic	Geschwindigkeit/speed kn	Antrieb/Propulsion: Maschine/Kessel, Engines/Boilers, Masch	Leistung/Power kW (1 kW = 1.36 PS)	Fahrstrecke/Range sm	Sonstige Angaben/ Remarks
11 2-2 Phalanx, 2-2.5 $_{2}$, 8-Mg $_{1}$		23.0	Westingh. Tu 2 Babcock	16910 1	. .	*Mine countermeasures support ship.* NRF Ex LPH Ausgestattet mit/equipped with: NTCS, JMCIS, Link 11, NTCCS, TDIMS SPS 40 Radar, SLQ 32 A AQ 14. 6 Mk 105: Minenräumschlitten/mine sweeping sleds.
2 Mg $_{2}$, 2 MNS (Mine Neutralization System)		14.0	4 GMT-DM	1675 2	.	*Mine countermeasures ships.* Rumpf Holz, Aufbauten GRP/ wooden hull, GRP superstructure. MNS: 1.3 ts, 6 kn, 3.8 x 0.9 x 0.9 m. **Masch:** 2 DM für Suchfahrt, 295 kW, Bug- strahlruder 260 kW/ 2DM for sweeping, 295 kW. Bow thruster 260 kW. MCM 1, 2: 4 Waukesha-DM MCM 1, 2, 3, 4, 9, 10: NRF
2-Mg $_{1}$, 1 MNS		12.0	Isotta Fraschini-DM	2350 2	2500 12	MHC 51 Klasse/class. Verbesserter/improved Typ ital. Lerici. Voith-Schneider-Propeller. SQQ 32 Sonar MHC 52- 60: NRF
2-2 Phalanx, 2-2.5 $_{2}$, 4 Mg $_{1}$ 3 LCPL, 2 LCVP		20.0	Gen. El. Tu 2 Foster-Wh.	16180 1	13000 16	*Fleet Flagships.* I: 2. Flotte (Norfolk) II: 7. Flotte (Yokosuka)
,		.	.	.	.	*Fleet Flagships.* Jt. Command & Control Ship – FY 04, 05
2-2 Phalanx, 2 Mg 1 SH-3 Sea King		21.0	de Laval Tu 2 Foster-Wh.	17650 2	7700 20	*Command Ship.* — AGF... Flaggschiff 3. Flotte/flagship 3. Fleet

Anzahl - Art/ Number - Group	Schiffsnamen und Stapellauf/ Ship's Name and Launching	Baubeginn - Fertig- *Umbau*/On Keel - Completed - *Conv.*	Bauwerft / Builder	Wasser- verdrängung/ Displacement ts	Länge/Length m	Breite/Beam m	Tiefgang/Draft m	Besatzung/ Crew Bes
1 LF	**La Salle**/3 1963	62/64	N. Y., New York	8040	159	25.6	6.4	455
○				13900				+ 138
8 LH	.../8 bew./auth.	./.	Ingalls, Pascagoula	28230	257	32.3	8.1	1080
○	Iwo Jima/7 23.10.99	97/01	Ingalls, Pascagoula	40530		42.6		
	Bonhomme Richard/6 14.03.97	95/98	Ingalls, Pascagoula					
	Bataan/5 15.03.96	94/97	Ingalls, Pascagoula					
	Boxer/4 13.08.93	91/95	Ingalls, Pascagoula					
	Kearsarge/3 26.03.92	90/93	Ingalls, Pascagoula					
	Essex/2 07.01.91	89/92	Ingalls, Pascagoula					
	Wasp/1 04.08.87	85/89	Ingalls, Pascagoula					
5 LH	**Peleliu**/5 25.11.78	76/80	Ingalls, Pascagoula	33536	254	32.5	7.9	1060
○	**Nassau**/4 21.08.78	73/79	Ingalls, Pascagoula	39967		40.3		
	Belleau Wood/3 11.04.77	73/78	Ingalls, Pascagoula					
	Saipan/2 18.07.74	72/77	Ingalls, Pascagoula					
	TARAWA/1 01.12.73	71/76	Ingalls, Pascagoula					
4 LD	I/20	./.	Avondale N. Orleans	.	208	30.8	7.0	460
	Clifton B. Gates/19	./.	Avondale N. Orleans					
	New Orleans/18	00/03	Avondale N. Orleans	25300				
	San Antonio/17 a.St./o.St.-bew./auth.	99/02	Avondale N. Orleans					
11 LD	**Denver**/9, **Juneau**/10,	64/68	Lockheed, Seattle	9128	173	25.6	6.8	402
○	**Shreveport**/12, **Nashville**/13,	66/71		17500		32.0		
	Trenton/14, **Ponce**/15							
	Cleveland/7, **Dubuque**/8	64/67	Ingalls, Pascagoula					
		65						
	AUSTIN/4, **Ogden**/5, **Duluth**/6	63/65	N. Y., New York					
	1964-70							
4 LD	**Pearl Harbor**/52	95/98	Avondale N. Orleans	11894	186	25.6	6.0	335
	Oak Hill/51	92/96	Avondale N. Orleans	16695				
	Carter Hall/50	91/93	Avondale N. Orleans					
	Harpers Ferry/49 1992-96	91/93	Avondale N. Orleans					
8 LD	**Ashland**/48	88/92	Avondale Shy.	11850	186	25.6	6.0	320
○	**Rushmore**/47	87/91	Avondale Shy.	15165				
	Tortuga/46	87/89	Avondale Shy.					
	Guston Hall/44, **Comstock**/45	86/88	Avondale Shy.					
	Fort McHenry/43	83/87	Lockheed, Seattle					
	Germantown/42	82/85	Lockheed, Seattle					
	WHIDBEY ISLAND/41 1983-89	81/84	Lockheed, Seattle					
3 LD	**Portland**/37,	67/70	Gen. Dyn., Quincy	8200	168	25.9	5.5	370
○	**Mount Vernon**/39,	70/72		13650				
	ANCHORAGE/36 1968-71	67/69	Ingalls, Pascagoula					

Bewaffnung/ Armament	Sensoren-Elektronik/ Sensors-Electronic	Geschwindigkeit/speed kn	Antrieb/Propulsion: Maschine/Kessel, Engines/Boilers, Masch	Leistung/Power kW 1 kW = 1.36 PS	Fahrstrecke/Range sm	Sonstige Angaben/ Remarks
2-2.5$_1$, 2-2 Phalanx 2 Mg$_1$,		21.0	de Laval Tu 2 Babcock	17650 2	.	Flaggschiff 6. Flotte/ 6th Fleet -Deck
6-8 AV-8B, 30 , 3-2 Phalanx, 8 Mg, 2 NATO Sea Sparrow $_8$, [1870], 3 LCAC oder/or 12 LCM (6)		23.0	Westingh. Tu 2 Comb. Eng. LHD-8: GTu	56620 2	9500 20	*Amphibious assault ships (multi-purpose).* — LHD ... Verwendung als/can be used as Sea Control Ship (6 AV-8 B Harrier + 38 CH-46) — RL: (20 AV-8 B Harrier + 4-6 SH-60 B ASW) FY 05: LHD 9 ?
[2-12.7] 6-2.5, 2-2 Phalanx, 8 Mg, 2 RAM $_{21}$, [2000], 4 LCU, 1 LCAC, 30 Sea Knight, Sea Stallion		24.0	Westingh. Tu 2 Comb. Eng.	51485 2	10000 20	*Amphibious assault ships (general purpose).* — LHA ... Kevlar Panzerung und Wulstbug/Kevlar armor and bulbous bow. Dockraum/docking well: 81.7 x 23.8 m. LHA 2 nur/only 1 $_8$
2 RAM $_{21}$, 2VLS-ESSM 2-2 Phalanx, 2 Mg$_1$ [720], 2LCAC,		22.5	4 GTU	29400 2	.	LX-Programm — LPD ... LPD 21-28: gepl./plan.
2-2.5$_1$, 2-2 Phalanx, [930], [6], 8 Mg$_1$ 2 LAC		21.0	de Laval Tu 2 Babcock	17650 2	7700 20	*Amphibious transports, dock.* Dock: 120 x 15.3 m. Flaggschiffe/flag ships: LPD 7-9, 12, 13: [840], Falthangar/telescopic hangar 18.9 x 7.6 m.
2-2.5, 2-2 Phalanx 8 Mg$_1$, 2 LCAC, [500]		22.0	4 Pielstick-DM	30590 2	8000 20	*Landing ships, dock.* — LSD ... LSD 41 CV (Cargo Variant) Klasse/class. Mehr Frachtraum/additional cargo space
2 RAM $_{21}$ 2-2 Phalanx, 2-2.5$_1$, 8 Mg, [500], 4 LCAC, 21 LCM (6)		22.0	4 Pielstick-DM	30590 2	8000 20	*Landing ships, dock.* Dockraum/docking well: 134 x 15.2 m. LCAC/Landing Craft Air Cushion. An Deck/on deck: 1 LCM (6), 2 LCPL, 1 LCVP.
2-2.5$_1$, 2-2 Phalanx, [340], [4], 6-Mg$_1$ 3 LCU oder/or 4 LCAC		20.0	de Laval Tu 2 Foster-Wh.	17650 2	.	Dockraum/docking well: 131 x 15.2 m. 2-50 ts Kräne/cranes. **Masch:** V 2 Comb. Eng. Tu

Anzahl - Art/ Number - Group	Schiffsnamen und Stapellauf/ Ship's Name and Launching		Baubeginn - Fertig- *Umbau*/On Keel - Completed - *Conv.*	Bauwerft/Builder	Wasser-verdrängung/ Displacement ts	Länge/Length m	Breite/Beam m	Tiefgang/Draft m	Besatzung/ Crew Bes
2 LS	**La Moure County**/1194		70/71	National St., S. Diego	4970	159	21.2	5.3	190
○	**Frederick**/1184	1969-71	68/70		8450				
42 LS	**LCU 1614, 1616, 1617, 1619, 1624,**		60/61	USA	190	41.0	9.1	2.1	6
	1627, 1629-1635, 1641, 1643-1666,		85/87		390				
	ASDV 2-3 (ex LCU 1623, 1628)								
	CU 8501, 8502 (ex LCU 1680, 1681)								
		1959-85							
91 LC	**LCAC 73-91**		92/93	Textron, N. Orleans	102	24.7	13.1	0.9	5
			93/97		169	26.8	14.3		
	LCAC 13, 14, 18, 21, 27, 31-33, 34-36, 58-60		88/88	Avondale, Gulfport					
	LCAC 1-12, 15-17, 19, 20, 22-26, 28-30, 37-57, 61-72		83/84	Textron, N. Orleans					
		1984-94							
67 LC	**LCM (8) Mk 3, 5** (53-86) 34/120 ts, 12 kn, 58 ts, Ladung/load, DM, 435 kW_2, 22 x 6.4 x 1.4 m								
17 LC	**LCM (8) Mk 2, MK 4** 36/107 ts, 12 kn, 22.6 x 6.4 x 1.4 m , 65 t Ladung/load								
10 LC	**LCM (6)** (52-80) 24/56 ts, 10 kn, 34 ts Ladung/load, DM, 330 kW_2, 17 x 4.4 x 1.2 m								
10 LC	**LCVP Mk 7** (66-69) 13.5 ts, 9 kn, 4 ts Ladung/load, DM, 165 kW_1, 10.9 x 3.2 x 1.1 m								
US Army									
6 LS	**SP 4 James A. Loux**/06,		./95	Moss Pt., Escatawpa	1615	83.1	18.3	3.7	29
○	**Maj Gen Charles P. Gross**/05,		./90		4265				
	LtGen William B. Bunker/04,		./88						
	Gen. Brehon B. Sommervell/03		./88						
	CWO 3 Harold C. Clinger/02,		./88						
	Gen Frank S. Besson Jr./01		./88						
		1987-94							
35 LS	**LCU 2004-2035**		89/90	Halter, Moss Point	590	53.0	12.1	2.6	13
			92/93		1015				
	LCU 2001-2003		86/90	Lockheed, Savannah					
		1987-92	87						
13 LC	**LCU 1667-1979**		./78	Gen.Shp.Eng.Wks,	190	41.1	9.1	2.1	6
		1976-78	./70	East Boston	390				
Zahlreiche LCM, LCP/numerous LCM, LCP + air cushion landing craft									
Hilfsfahrzeuge/Auxiliary Vessels									
3 AR	**McKee**/41		78/81	Lockheed, Seattle	13842	197	25.9	7.9	620
○	**Frank Cable**/40		76/80	Lockheed, Seattle	22560				+ 70
	Emory S. Land/39	1977-78	76/79	Lockheed, Seattle					
1 AR	L. Y. Spear/36	1967	65/70	Gen. Dyn., Quincy	12770	197	25.9	7.9	530
					23500				+ 915

Bewaffnung/ Armament	Sensoren-Elektronik/ Sensors-Electronic	Geschwindigkeit/speed kn	Antrieb/Propulsion Maschine/Kessel Engines/Boilers Masch	Leistung/ Power kW 1 kW = 1.36 PS	Fahrstrecke/ Range sm	Sonstige Angaben/ Remarks
1-2 Phalanx, [400], 4-Mg $_{1}$ [500 t]		20.0	6 Alco-DM	12130 2	2500 14	*Tank landing ships.* — LST ... -Plattform/platform. Bug- und Hecktor/bow and stern gate. Bugstrahlruder/bow thruster. Länge über Bugrampe 171 m/length over derrick arms 171 m — NRF
[2 Mg $_{2}$], 3, 150 ts Ladung/load		11.0	4 GM-DM	880 2	1200 8	*Landing craft utility.* LCU 1680, 1681: NRF. ASDV = Auxiliary Swimmer Delivery Vehicle: 1250 kW_2
2 Mg, [25], 75 ts Ladung/load		40.0	4 Avco-GTu	9150 2	200 40	*Landing craft air cushion.* Parking area 168 m^2

122 LC **LCP (L) Mk 11-13** (83) 13 ts, 19 kn, GM-DM, 295 kW_1, 11 x 4 x 1.1 m — GRP Rumpf/hull

21: **Mini-ATC** (72-73) 15 ts, 28.5 kn, 4 Mg $_{4}$, GM-DM, 415 kW, 11 x 3.9 x 0.3 m, Bes 2 + 15 — NRF

1 LC: **LWT 1** 60 ts, 9 kn, DM, 310 kW_1 — Side load warping tugs

4 LC: **I-IV** (99) 37 ts, 25 kn

2000 ts Ladung/load		11.3	GM-DM	2870 3	5000 11	Logistic support vessels, LSV. Bug- und Heckrampe, Bugstrahlruder/bow and stern ramps, bow thruster
350 ts Ladung/load		11.5	Cummins-DM	1840 2	4500 10	Bugstrahlruder/bow thruster: 810 kW
—		11.0	4 CM-DM	882 2	1200 8	

Zahlreiche Hafenschlepper/numerous harbor tugs

4-2		18.0	de Laval Tu 2 Comb. Eng.	14710 1	10000 12	*Submarine tenders.* — AS ... Verbesserte/improved Spear Klasse. Für/for SSN Los Angeles Klasse.
4-2		20.0	Gen. El. Tu 2 Foster Wh.	14710 1	10000 12	Für/for SSN; i. R.

Anzahl-Art/ Number-Group	Schiffsnamen und Stapellauf/ Ship's Name and Launching	Baubeginn-Fertig-*Umbau*/On Keel-Completed-*Conv.*	Bauwerft/Builder	Wasser-verdrängung/ Displacement ts	Länge/Length m	Breite/Beam m	Tiefgang/Draft m	Besatzung/ Crew Bes
1 AR	Simon Lake/33 1964	62/64	N. Y. Puget Sound	12000	196	26.0	8.7	1270
		84-85		21500				
4 AR	Shenandoah/44	80/83	N. St., San Diego	13320	196	25.9	6.9	1595
	Cape Cod/43	79/82	N. St., San Diego	20200				
	Acadia/42	77/81	N. St., San Diego					
	YELLOWSTONE/41 1979-82	77/80	N. St., San Diego					
2 AR	Puget Sound/38	65/68	N. Y. Puget Sound	13600	196	25.9	7.0	1280
	SAMUEL GOMPERS/37 1966	63/67	N. Y. Puget Sound	20500				
2 AP	**Mercer**/IX 502, **Nueces**/IX 503, 1944-45	./45	N. Y., Boston	2190	100	15.2	3.4.	198
				4100				
2 AP	I, II a.St./o.St.	98/.	Marinette Marine	.	96.0	.	.	[230]
... /AOE ...								
4 AO	**Bridge**/10	93/98	Nat. Steel, San Diego	19700	230	32.6	11.9	531
○	**Arctic**/8	91/95	Nat. Steel, San Diego	48800				
	Rainier/7	90/94	Nat. Steel, San Diego					
	SUPPLY/6	89/94	Nat. Steel, San Diego					
	1990-97							
4 AO	**Detroit**/4	66/70	N. Y. Puget Sound	18700	242	32.6	11.6	531
○	**Seattle**/3	65/69	N. Y. Puget Sound	53600				
	Camden/2	64/67	N. Y. Shg., Camden					
	SACRAMENTO/1 1963-69	61/64	N. Y. Puget Sound					
4 AT	**Grapple**/53	84/86	Peterson, Sturgeon Bay	2750	77.7	15.5	4.7	90
○	**Salvor**/52	83/86	Peterson, Sturgeon Bay	3200				
	Grasp/51	83/85	Peterson, Sturgeon Bay					
	SAFEGUARD/50 1983-84	82/85	Peterson, Sturgeon Bay					

Tieftauchgeräte/Deep submergence vehicles

1: **NR 1** (69) 375/700 ts, 4.5/3.5 kn, Atomreaktor/Nu-plant + ⇝ EM, 41.8 x 3.8 x 4.6 m, Bes 5 + 2, Bauwerft/builder: Electric Bt., Groton, für ozeanographische Forschung im Tiefseebereich — *Nuclear propelled research submersible*

Versuchsschiffe/Experimental Ships

1. **Corey Chouest** (74) 3900 ts, 13.5 kn, 81.1 x 18.1 x 4.3 m — *Versuchsschiff für Niederfrequenzsonar/trials vessel for low frequency sonar systems* (LFA)

1: **Laney Chouest** (85) 2600 ts, 16 kn, 71.3 x 15.2 x 4.3 m — *submersible tender*

1: **Seacon** (ex YFNB 330) (45) 2780 ts, 7 kn, 79.3 x 14.6 x 2.9 m

1: **Sea Turtle**/YFNX 30 (52) 220 ts, 34 x 10 x 1.7 m — *submersible support craft*

1: LSV-2/Curtthroat (00) 196 ts, 34 x 3.3 m — *Submarine test vehicle*

Bewaffnung/ Armament	Sensoren-Elektronik/ Sensors-Electronic	Geschwindigkeit/speed kn	Antrieb/Propulsion: Maschine/Kessel – Engines/Boilers – Masch	Leistung/Power kW 1 kW = 1.36 PS	Fahrstrecke/Range sm	Sonstige Angaben/ Remarks
4-7.6 $_2$		18.0	de Laval Tu 2 Comb. Eng.	14710 1	7600 18	Für/for Trident + Poseidon SSBN: in Reserve
2-2		18.0	de Laval Tu 2 Comb. Eng.	14710 1	.	*Destroyer Tenders.* — AD ... Können LM-GTu überholen/ have facilities to overhaul LM-GTu; i. R.
4-2		18.0	de Laval Tu 2 Comb. Eng.	14710 1	.	Für/for DDG, DD, FFG, FF. AD 38: Hangar; i. R.
—		12.0	GM-DM	1320 2	.	*Barracks Ships (self-propelled).*
—		.	.	.	.	.
2-2.5, 2-2 Phalanx, 4 Mg, 1 Sea Sparrow $_8$, 3		26.0	4 GE LM 2500 GTu	63250 2	10000 17	Fast Combat Support Ships. 150000 barrels Öl/fuel, 1800 ts Munition/ammunition, 400 ts Gefriergut/refrigerated cargo, 250 ts Trockenladung/ dry cargo.
2-2 Phalanx, 4 Mg, 1 NATO Sea Sparrow $_8$, 2 Sea Knight		26.0	2 Gen. El. Tu 4 Comb. Eng.	73550 2	10000 17	Ladung: 2100 ts Munition und FK, 500 ts Lebensmittel/ Cargo: 2100 ts of ammunition and MI, 500 ts provisions. 156000 barrels Öl/fuel
2 Mg		13.5	4 Caterpillar DM	3090 2	8000 12	Salvage Ships. — ARS ...

2: **Mystic, Avalon**/DSRV 1, 2 (70-71) 30/38 ts, 4.5 kn, EM, 11 kW$_1$, 15 x 2.4 m, Bes 3, Bauwerft/builder: Lockheed and Space Co., Sunnyvale — Rettungsgerät für 24 Mann aus Tiefen bis zu 1550 m, lufttransportfähig/for 24 rescues, diving depth 5000 ft, transportable by aircraft — *Deep submergence rescue vehicles*

1: **Carolyn Chouest** (77) 1700 ts, 12 kn, 50.5 x 11.6 x 3.7 m — *submersible support tender*

1: **Kellie Chouest** — *Deep submergence supp. vessel*

1: **Delores Chouest** (78) 1600 ts, 13 kn, 54.9 x 12.2 x 3.6 m — *rescue submersible tender*

1: **Elk River**/IX 501 (45) 1280 ts, 11 kn, 70.1 x 15.3 x 3.0 m — *Barracks ship*

1: **IX 520** (ex APL 19) (45) 2600 ts, 79.6 x 15 x 2.6 m — *floating barracks barge*

Anzahl - Art/ Number - Group	Schiffsnamen und Stapellauf/ Ship's Name and Launching		Baubeginn - Fertig- *Umbau*/On Keel - Completed - *Conv.*	Bauwerft/Builder	Wasser- verdrängung/ Displacement ts	Länge/Length m	Breite/Beam m	Tiefgang/Draft m	Besatzung/ Crew Bes

1: **IX 508/Orca** (ex LCU 1618) 190 ts, 11 kn — *Satellite navigation systems trials craft*

1: **IX 515** (ex SES 200/WSES-1)/IX 515 (78) 128/198 ts, 45 kn, MTU-DM: 4205 kW (propulsion) + MTU-DM: 1455 kW (lift) — *Surface effect trials craft*

1: **IX 516** — *Trident missile firing simulator barge*

1: **IX 517/Gosport** (ex Thomas G. Thompson) (64) 990/1400 ts, 13.5 kn, 63.7 x 11.4 x 4.9 m — *Hydroacoustic research ships*

1: **IX 523** (ex YOG 93) (46) 440/1390 ts, 53 x 9.8 x 4.0 m — *training craft*

1: **IX 514** — *Sea helicopter landing trainer*

Dienstfahrzeuge/Service Craft

52 AT: **760, 761, 763-767, 769-771, 775-779, 781-784, 787, 789, 790-798, 803, 806-808, 810-816, 818, 820-824, 828, 829, 831-834, 836** (59-70), 356 ts, 125 kn, 33.2 x 9.3 x 4.1 m

27 AX: **YP 676-682** (84-85) **683-702** (84-88) 172 ts, 12 kn, GM-DM, 645 kW_2, 33 x 7.3 x 1.8 m, Bes 6 + 24, Bauwerften/builders: 676-682, Peterson, Sturgeon Bay, 683-702 Marinette, Wisconsin — *Patrol craft, training*

4 YP: **YTT 9-12** (89-90) 1000/1170 ts, 11 kn, 2 **UTR** 53.3, 3 **UTR** 32.4 **III**, Cummins-DM + EM, 940 + 440 kW, Bes 24 + 12, Bauwerft/Builder: McDermott, Morgan City — *Torpedo trials craft*

2 YD: **Neptun, Poseidon**/YDT 17/18 (98-99) 275 ts, 2 Cat.-DM, 1910 kW, 41.5 m

Ozeanographische Forschungsschiffe/Oceanographic Research Ships

.../AGOR ...

4 AG	**Ronald H. Brown**/26		96/97	Halter Mar., Moss Pt.	2100	83.5	16.0	5.6	20
	Atlantis/25		95/97		3200				+ 35
	Roger Revell/24		94/96						
	Thomas G. Thompson/23	1990-96	89/91						
1 AG	**Moana Wave**/22	1973	72/74	Halter, N. Orleans	.	64.9	11.1	4.6	13
			84-85		1855				+ 19
1 AG	**Gyre**/21	1973	72/73	Halter, N. Orleans	950	53.1	10.9	3.1	10
					1430				+ 19
2 AG	**Melville**/14, **Knorr**/15	1968	67/69	Defoe Shb.	2100	85.0	14.1	4.5	60
			/70		2700				+ 35
			~ 90						

Bewaffnung/ Armament	Sensoren-Elektronik/ Sensors-Electronic	Geschwindigkeit/speed kn	Antrieb/Propulsion: Maschine/Kessel, Engines/Boilers, Masch	Leistung/Power kW (1 kW = 1.36 PS)	Fahrstrecke/ Range sm	Sonstige Angaben/ Remarks

1: **Sea Shadow** (85) 560 ts, 13 kn, ↣DM$_2$, 50 x 21.4 x 4.3 m, Bauwerft/builder: Lockheed, Redwood-City — Erprobungsträger für Stealth-Technik/trials ship for stealth technique

3: **Athena I, Athena, II, Lauren** (ex PG 94, 98, 100) (68-71) 245 ts, 40 kn, ex PG Asheville Klasse/class — *Engineering trials ships*

1: **Constitution** (ex IX 21) (1797) 2200 ts, 13 kn, 62.2 x 13.3 x 6.9 m — *Segel Fregatte/sail frigate*

1: **Kaimalino**/SSP 1 (73) 228 ts, 22 kn — Small waterplane area twin-hull/ SWATH: NOAA

1: **Slice** (96) 183 ts, 30 kn, 2 MTU-DM, 7020 kW, 31.7 x 16.8 x 4.3 m — SWATH Rumpf/hull.

8 YP: **TWR 821-823, 825, 832, 833, 841, 842** (84-86) 175 ts, 16 kn, Caterpillar-DM, 1730 kW$_2$, 36.6 x 7.6 x 2.6 m, Bes 15, Bauwerft/builder: Marinette, Wisconsin — Torpedo retriever

4 YP: **TWR 3, 6, 681, 771** (63-78) 165 ts, 17 kn, 31.1 x 6.4 x 2.4 m — *Torpedo weapon retriever*

2 YP: **TR 651, 654** (65-77) 61 ts, 21 kn, 25.9 x 5.7 x 1.7 m — *Torpedo retriever*

3 YP: **TR 671, 5, 6** (67-68) 35 ts, 18 kn, 19.8 x 5.3 x 1.2 m — *Torpedo retriever*

2 YP: **TR 761, 762** (ex TWR 8, 7) (75) 18 kn, 25.9 x 5.7 x 1.7 m — *Torpedo retriever*

—	⊤ Y ♀	15.0	↣DM	4410 2	8000 15	Bugstrahlruder/bow thruster: 840 kW. Sonar: Krupp Atlas AGOR 26: NOAA
—	⊤ Y ♀	11.5	Caterpillar-DM	1250 2	12000 10	1999: Leased to University of Hawaii
—	⊤ Y ♀	13.0	Caterpillar-DM	1250 2	8000 9.5	Leased to Texas A & M University
—	⊤ Y ♀	14.0	↣DM	2205 3	10000 12	Naval research. Voith-Schneider-Propeller. Can handle 1 SSX

Anzahl - Art/ Number - Group	Schiffsnamen und Stapellauf/ Ship's Name and Launching	Baubeginn - Fertig- *Umbau*/On Keel - Completed - *Conv.*	Bauwerft/Builder	Wasser- verdrängung/ Displacement ts	Länge/Length m	Breite/Beam m	Tiefgang/Draft m	Besatzung/ Crew Bes

Military Sealift Command/MSC

Das **MSC** ist eine militärische Organisation. Die Schiffe sind im Frieden unbewaffnet und haben Zivilbesatzungen.

Der Buchstabe „T-" ist den Kennungen dieser Schiffe vorangestellt, deren Aufgaben sind: Versorgung der Flotte, Transport militärischer Güter sowie wissenschaftliche Forschung und Vermessung.

Die Ready Deployment Force **(RDF)** besteht aus: Strategic Sealift-active, Ready Reserve Force **(RRF)**, Maritime Prepositioning Ship **(MPS)**. Kurzfristig gecharterte Schiffe sind nicht aufgeführt.

Naval Fleet Auxiliary Force

	… /T-ADC (x)							
1 AK	I bew./auth.	./.	.	210	31.0	9.5	.	.
	… /T-LKA …							
5 AK	El Paso/117	68/70	Newport News Shb.	10000	176	18.9	8.5	390
○	CHARLESTON/113, Durham/114	65/68	Newport News Shb.	20700				
	Mobile/115, St. Louis/116	68/69						
	1967-69							
	…/T-AE …							
7 AK	**Mount Baker**/34, **Kiska**/35	70/72	Ingalts Shb.,	9238	172	24.7	8.5	163
○	**Flint**/32, **Shasta**/33	69/71	Pascagoula	19940				
	Santa Barbara/28,	66/70	Bethlehem, Sparrow Pt.					
	Kilauea/26, **Butte**/27	66/68	Gen. Dyn., Quincy					
	1967-72							
	…/T-AFS …							
3 AK	**Sirius**/8, **Spica**/9, **Saturn**/10	65/66	Swan Hunter, Wallsend	9011	160	21.9	6.7	130
○	(ex Lyness, Tarbatness, Stromness)	66/67		16800				+ 50
	1966-67	*83-86*						
3 AK	**San Jose**/7	69/70	National St., S. Diego	9200	177	24.1	7.6	490
○	**Concord**/5	65/68	National St., S. Diego					
	Niagara Falls/3 1966-70	65/67	National St., S. Diego					
2 AH	**Mercy**/19, **Comfort**/20 (ex Worth,	./76	Nat. St., San Diego	24710	272	32.3	10.0	170
○	Rose City) 1976	*83/86*	Nat. St., San Diego	69320				+ 1200
		84/87						

Military Sealift Command/MSC

The **MSC** is a military organization. The ships are not armed in peacetime and manned by civilian crew.

The prefix "T-" is appended to the hull numbers of its ships, whose missions are fleet support, transportation of bulk military cargo and scientific research and survey.

The Ready Deployment Force **(RDF)** consists of: Strategic Sealift-active, Ready Reserve Force **(RRF)**, Maritime Prepositioning Ship **(MPS)**. Ships chartered on short term basis are not listed.

Bewaffnung/ Armament	Sensoren-Elektronik/ Sensors-Electronic	Geschwindigkeit/speed kn	Antrieb/Propulsion: Maschine/Kessel – Engines/Boilers	Leistung/Power kW (1 kW = 1.36 PS) / Masch	Fahrstrecke/ Range sm	Sonstige Angaben/ Remarks
.	.	20.0	DM	.	14000	*Combat logistics ship* Weitere geplant/more are planned
4-7.6 $_{2}$, 2-2 Phalanx 4 LCM (8), 5 LCM (6), 2 LCVP, 2 LCP, [230]		20.0	Westingh. Tu 2 Comb. Eng.	16180 1	9600 16	Amphibious cargo ships. 2-70 ts Schwergut-Ladebäume/ heavy-lift cranes. Alle/all: RRF In Reserve: aufgelegt/laid up
[2-2 Phalanx, 4-Mg $_{1}$] 2 Sea Knight			Gen. El. Tu 3 Foster-Wh.	16180 1	10000 20	*Ammunition Ships* Kilauea-Klasse 6500t Munition/ammunition
2 Sea Knight		19.0	Sulzer-DM	8470 1	12000 16	*Combat Store Ships.* -Deck. Von Großbritannien gekauft/purchased from Great Britain.
[4-7.6 $_{2}$, 2-2 Phalanx] 2 Sea Knight, 7300 ts Ladung/load		20.0	de Laval Tu 3 Babcock	16180 1	10000 18.5	Ab/from 1992-94: MSC
—		17.5	GE Tu 2 Wr	18015 2	13420 17.5	*Hospital Ships.* Ex AO San Clemente Klasse. 12 Operationsräume, 4 Röntgenräume, Intensivstation mit 80 Betten, 1000 Patienten/12 operating rooms, 4 X-ray rooms, an 80-bed intensive-care unit, 1000 patients

Anzahl - Art/ Number - Group	Schiffsnamen und Stapellauf/ Ship's Name and Launching	Baubeginn - Fertig- *Umbau*/On Keel - Completed - *Conv.*	Bauwerft/Builder	Wasser- verdrängung/ Displacement ts	Länge/Length m	Breite/Beam m	Tiefgang/Draft m	Besatzung/ Crew Bes
	…/T-ATF …							
7 AT	**Mohawk**/170, **Sioux**/171,	79/80	Marinette, Wisconsin	2000	73.2	12.8	4.6	20
○	**Apache**/172	/81		2260				+ 20
	Narragansett/167, **Catawba**/168,	77/79	Marinette, Wisconsin					
	Navajo/169	/80						
	POWHATAN/166 1978-80	76/79	Marinette, Wisconsin					
	…/T-AO …							
15 AO	**Rappahannock**/204	92/95	Avondale, N. Orleans	.	207	29.7	11.5	127
○	**Laramie**/203	92/96	Avondale, N. Orleans	40800				+ 10
	Yukon/202	91/94	Avondale, N. Orleans					
	Patuxent/201	91/95	Avondale, N. Orleans					
	Guadalupe/200	90/92	Avondale, N. Orleans					
	Tippecanoe/199	90/93	Avondale, N. Orleans					
	Big Horn/198	89/92	Avondale, N. Orleans					
	Pecos/197	88/90	Avondale, N. Orleans					
	Kanawha/196	89/91	Avondale, N. Orleans					
	Leroy Grumman/195	87/89	Avondale, N. Orleans					
	John Ericsson/194	89/90	Avondale, N. Orleans					
	Walter S. Diehl/193	86/88	Avondale, N. Orleans					
	John Lenthall/189	85/87	Avondale, N. Orleans					
	Joshua Humphreys/188	84/87	Avondale, N. Orleans					
	Henry J. Kaiser/187	84/86	Avondale, N. Orleans					
	1985-95							
	…/T-AOT …							
5 AO	**Paul Buck**/1122, **G. W. Darnell**/1121,	83/85	American Shb., Tampa	.	188	27.4	10.4	23
	S. L. Cobb/1123,	84/86		39620				
	R. G. Matthieson/1124,							
	L. H. Gianella/1125 1984-85							
Special Mission Support								
Kabelleger/Cable Ships								
	…/T-ARC …							
1 AC	**Zeus**/7 1982	81/84	N. St., San Diego	8297	153	22.3	7.3	88
○				14250				+ 46
Radar-, Meß- und Funkschiffe/Missile range instrumentation ships								
	… /T-AGM …							
1 AG	**Observation Island**/23	./54	N. York Shb., Camden	13060	172	23.2	9.1	80
	(ex Empire State Mariner) 1953	*79-81*		16100				
		84						
1 AG	**Waters**/45	91/93	Avondale, N. Orleans	7310	139	21.0	6.4	89
○	1992			12200				
	…/T-AG …							
1 AG	**Hayes**/195 1970	69/71	Todd, Seattle	3543	75.1	22.9	6.9	19
○		*88-92*	Tacoma Bt.	4037				+ 30

Bewaffnung/ Armament	Sensoren-Elektronik/ Sensors-Electronic	Geschwindigkeit/speed kn	Antrieb/Propulsion Maschine/Kessel Engines/Boilers Masch	Leistung/Power kW 1 kW = 1.36 PS	Fahrstrecke/Range sm	Sonstige Angaben/ Remarks
[2-2 ⟂, 2 Mg ⟂]	⊤ ⊙ ⚲ ⚲	15.0	GM-DM	3310 2	10000 13	*Fleet Ocean Tugs* Bugstrahlruder/bow thruster: 220 kW T-ATF 166 + 167: 1999: verkauft u. zurückgechartert/ sold and rechartered.
[2-2 ⟂ Phalanx]	⊤ ⚲	20.0	C.-Pielstick-DM	23930 1	6000 20	*Replenishment oilers.* ✈-Deck. UNREP (Underway Replenishment System). 5 Refueling stations. 12 Tanks Dieselöl/Diesel oil, 3 Tanks Gasturbinenöl/GTu oil. 8 20-Fuß Gefriercontainer/ 8 20 feet containers refrigerated. 180000 barrels Öl/fuel. T-AO 187, 188 i.R.
—	⊤ ⚲	16.0	Sulzer-DM	11250 1	12000 16	*Tankers* Typ T5-Mod
—	⊤ ⚲	15.0	5 ⇝ DM	9190 2	10000 15	Bugstrahlruder/bow thruster: 2 x 880 kW
—	⊤ ⚲ ⚲	20.0	GE ⚙ Tu 2 Wr	16180 1	17000 13	Mar. Comm. C 4 Klasse. Untersteht/assigned to BMDO = Ballistic Missile Defense Organisation
—	⊤ ⚲ ⚲	16.0	⇝ DM	5000 2	6500 12	1998: Umrüstung zu/ conversion to: T-AGM
—	⊤ ⚲	12.0	⇝ DM	1765 2	6000 12	Doppelrumpf, Rumpfbreite 7.8 m/catamaran, each hull 7.8 m. Umbau zu/conversion to acoustic research ship. Ex T-AGOR 16

Anzahl - Art/ Number - Group	Schiffsnamen und Stapellauf/ Ship's Name and Launching	Baubeginn - Fertig- *Umbau*/On Keel - Completed - *Conv.*	Bauwerft / Builder	Wasser- verdrängung/ Displacement ts	Länge/Length m	Breite/Beam m	Tiefgang/Draft m	Besatzung/ Crew Bes
Vermessungsschiffe/Surveying Ships								
	.../T-AGS ...							
6 AG	Mary Sears/65	99/01	Halter Mar., Moss Pt.	3019	100	17.6	5.8	25
○	**Bruce C. Heezen**/64	97/99		4700				+ 27
	Henson/63	95/98						
	Bowditch/62,	93/96						
	Pathfinder/60, **Sumner**/61, 1993-a.St./o.St.	92/95						
2 AG	**John McDonnell**/51,	89/91	Halter Mar., Moss Pt.	2000	63.5	13.7	4.3	22
	Littlehales/52 1990-91	92						+ 10
1 AG	**Kane**/27 1965	64/67	Christy, Sturgeon Bay	1935	87.0	14.6	4.6	45
○				2558				+ 30
	.../T-AGOS ...							
1 AG	**Impeccable**/23 1998	96/00	American Shb., Tampa	.	85.8	29.8	7.9	26
			+ Halter Marine	5360				+ 19
4 AG	**Able**/20, **Effective**/21, **Loyal**/22	89/91	McDermott, Morgan C.	2675	71.5	28.5	7.6	22
○		91/93		3380				+ 12
	Victorious/19 1990-92	88/91	McDermott, Morgan C.					
7 AG	**Capable**/16	87/89	Halter Mar., Moss Pt.	1600	68.3	13.1	4.6	18
○	**Bold**/12	88/89	Tacoma Bt. Bld.	2285				+ 7
	Invincible/10	/86						
	Prevail/8	85/86						
	Indomitable/7	84/85						
	Vindicator/3	83/84						
	Stalwart/1 1983-89	82/84						

Auxiliary Sealift Ships

Anzahl - Art/ Number - Group	Schiffsnamen und Stapellauf/ Ship's Name and Launching	Baubeginn - Fertig- *Umbau*/On Keel - Completed - *Conv.*	Bauwerft / Builder	Wasser- verdrängung/ Displacement ts	Länge/Length m	Breite/Beam m	Tiefgang/Draft m	Besatzung/ Crew Bes
1 AK	**Seacor Clipper** (ex Nicor Clipper) 1982	./82	Moss Point Marine	1200	77.4	13.4	4.0	.
Maritime Prepositioning Ships								
	.../T-AKR ...							
5 AK	**2nd Lt. John P. Bobo, Pfc. Dewayne**	83/85	Gen. Dyn., Quincy	22700	205	32.3	9.0	30
○	**T. Williams, 1st Lt. Baldomero Lopez,**	84/86		44330				+ 25
	1st Lt. Jack Lummus, Sgt. William R.							
	Button/T-AK 3008-3012 1985-86							
3 AK	**Sgt. Matej Kocak, Pfc. Eugene**	80/81	Pennsylv. Shb., Chester	.	250	32.2	10.1	110
○	**Obregon, Maj. Stephen W. Pless**/	81/82	*Nat. Steel, S. Diego*	51615				+ 125
	T-AK 3005-3007	82/83	Gen. Dyn., Quincy					
	1980-83		Nat. Steel, S. Diego					

Bewaffnung/ Armament	Sensoren-Elektronik/ Sensors-Electronic	Geschwindigkeit/speed kn	Antrieb/Propulsion Maschine/Kessel Engines/Boilers Masch	Leistung/ Power kW 1 kW = 1.36 PS	Fahrstrecke/ Range sm	Sonstige Angaben/ Remarks
—	⊤ Y Q	12.0	↣ DM	5880 2	12000 12	*Ocean surveying ships*
—	⊤ Y Q	16.0	Caterpillar-DM	1875 1	13800 12	*Coastal surveying ships*
—	⊤ Y Q	15.0	2 Alco ↣ DM	2650 1	14000 15	wird gestrichen/to be deleted: 03/2001
—	⊤ Y Q	12.3	↣ DM	3675 2	3000 12	SWATH. Active towed array sonar system (ATASS)
—	⊤ Y Q	16.3	↣ DM	2355 2	.	SWATH (Small Waterplane Area Twin-Hull-Design. 2 Bugstrahlruder/2 bow thruster: 1765 kW
—	⊤ Y Q	11.0	4 Caterpillar ↣ DM	1620 2	3000 11 + 6480 3	*Auxiliary Geodetic Ocean Survey.* Für/for SURTASS (Surface Towed Array Surveillance System) **Gordon Gunter**, (ex Relentless)/R-335, **Ka' Imimoana** (ex Titan)/R-333 - NOAA
—	⊤	10.0	2 GM-DM	1985 1	.	*Range Support Ship*
—	⊤ Q	18.0	Stork- Werkspoor-DM	19410 1	11100 18	6 Fahrzeugdecks, Heckklappe 11 x 4.5 m, 2 LCM (8)/ 6 vehicle deck, stern door 11 x 4.5 m, 2 LCM (8)
—	⊤ Q	21.0	2 GE ⚙ Tu 2 Comb.-Eng.	23530 1	13000 21	🚁-Deck, Rampe/ramp. Container für/for: Munition/ ammunition (213), Lo/Lo (150), General cargo (110), Treibstoff/ fuel (32), Tiefkühl/refrigerate

Anzahl - Art/ Number - Group	Schiffsnamen und Stapellauf/ Ship's Name and Launching	Baubeginn - Fertig- *Umbau*/On Keel - Completed - *Conv.*	Bauwerft/Builder	Wasser-verdrängung/ Displacement ts	Länge/Length m	Breite/Beam m	Tiefgang/Draft m	Besatzung/ Crew Bes
5 AK	**Cpl. Louis J. Hauge Jr., Pfc. William B. Baugh Jr., Pfc. James Anderson Jr., 1st Lt. Alex Bonnyman Jr., PVT. Harry Fisher**/T-AK 3000-3004 (ex Estelle Maersk, Eleo Maersk, Emma Maersk, Emilie Maersk, Evelyn Maersk) 1979 …/T-AKR …	78/79 79/80 *82/84* *84/86*	Odense Shy. *I, III, V:* *Bethlehem, Sp. Pt.* *II, IV:* *Bethlehem S.Y., Beaumont*	28250 46550	230	27.5	10.0	30 + 37
7 AK ○	I--/306 Brittin/302 Pililaau/304 Mendonca/300 **Seay**/302 **Fisher**/301 **Bob Hope**/300 1997-a.St./o.St.	99/02 99/02 99/01 97/00 96/99 96/99 95/97	Avondale, N. Orleans	. 62070	290	32.3	10.6	95
7 AK ○	Pomeroy/316 Watkins/315 Charlton/314 Red Cloud/313 **Sisler**/311, **Dahl**/312 **Watson**/310 1997-a.St./o.St.	00/02 99/01 99/00 98/00 96/99 95/98	NASSCO, San Diego	. 62970	290	32.2	10.4	95
3 AK ○	**Sgt 1st Class Randall D. Shughart, Sgt 1st Class Rodney J. T. Yano, Pfc William A. Soderman**/T-AKR 295, 297, 299 (ex Laura Maersk, Leise Maersk, Lica Maersk) 1981	./81 ./84 *94-97*	Lindøvaerftet, Odense *NASSCO, San Diego*	. 54300	277	32.2	10.6	95
2 AK	**MSgt. Gary I. Gordon, Cpl. Charles L. Gilliland**/T-AKR 296, 298 (ex Jutlandia, Selandia) 1973-74	./73 ./74 *93-95*	Burmeister & Wain, Kopenhagen *Newport News*	. 57487	291	32.3	10.9	95
8 AK ○	**Algol**/287, **Capella**/293 (ex Sealand Exchange, S. McLean) **Bellatrix**/288 (ex S. Trade) **Antares**/294 (ex S. Galloway) **Denebola**/289 (ex S. Rescource) **Pollux**/290, Regulus/292 (ex S. Market, S. Commerce) **Altair**/291 (ex S. Finance) 1972-73	./72 73 *82-84* ./73 *82-84* ./72 *82-84* ./73 *-86* ./73 *-86* ./73 *-86*	Rotterdam DD. *Nassco, S. Diego* *Pennship, Chester* Nordseewerke, Emden *Nassco, S. Diego* AG Weser, Bremen *Avondale, New Orleans* Rotterdam, DD. *Pennship, Chester* AG Weser, Bremen *Avondale, New Orleans* *Nassco, S. Diego* Nordseewerke, Emden *Avondale, New Orleans*	31020 55350	288	32.2	11.2	49 + 57
1 AK	**1st Lt Harry L. Martin** (ex Tarago)/ T-AKR 3015	./80 97-*00*	Bremer Vulkan *Atlantic DD, Jacksonville*	39441 BRT/grt	230	23.3 .	13.0	.

Bewaffnung/ Armament	Sensoren-Elektronik/ Sensors-Electronic	Geschwindigkeit/speed kn	Antrieb/Propulsion: Maschine/Kessel – Engines/Boilers – Masch	Leistung/ Power kW 1 kW = 1.36 PS	Fahrstrecke/ Range sm	Sonstige Angaben/ Remarks
—	┳ ♀	18.5	Sulzer-DM	11735 1	10800 17	🚁-Deck, Rampe achtern/ ramp aft. Container für/for: Munition/ammunition (280), general cargo (86), Treibstoff/ fuel (23), Tiefkühl/refrigerate (24)
—	┳ ♀	24.0	4 Piel-DM	47800 1	12000 24	*RoRo Vehicle Cargo Ships*
—	┳ ♀	24.0	2 LM 2500 GTu	47060 1	12700 24	*RoRo Sealift Ships*
—	┳ ♀	24.0	1 B & W-DM	34780 1	12000 24	*Vehicle Cargo Ships*
—	┳ ♀	24.0	3 B & W-DM	59770 3	12000 24	
—	┳ ♀	33.0	2 GE ⚙ Tu 2 Foster-Wh.	88250 2	12200 23	SL-7 Klasse/class. Unterstehen/belong to Strategic Sealift, reserve. Flugdeck/flight deck 3252 m². 2 Kräne/cranes à 50 ts, 2 Kräne/cranes à 35 ts Fahrzeugrampen mittschiffs back- und steuerbord/vehicle ramps amidships, port and starboard.
—	┳ ♀	21.0	1 MAN-DM	18890 1	.	*Maritime Prepositioning Force*, Marine Corps

Anzahl - Art/ Number - Group	Schiffsnamen und Stapellauf/ Ship's Name and Launching	Baubeginn - Fertig- *Umbau*/On Keel - Completed - *Conv.*	Bauwerft/Builder	Wasser-verdrängung/ Displacement ts	Länge/Length m	Breite/Beam m	Tiefgang/Draft m	Besatzung/ Crew Bes
1 AK ○	**LCpl Roy M. Wheat**/T-AKR 3016 (ex Vladimir Vasljajev) 1984	83/84 *97-01*	Chernomorskij, Nikolajev *Bender Shb & Repair, Mobile*	50101	263	30.0	9.9	42 + 100
1 AK	**Captain Steven L. Bennet** (ex Sea Pride, ex Martha II)/ T-AK 4206 1984	./84	Samsung, Koje	59727	209	30.4	11.6	21
	… /T-AVB …							
2 AK	**Wright**/3 (ex Young America), **Curtiss**/4 (ex Great Republic) 1969-70	68/69 69/70 *84-87*	Ingalls, Pascagoula *Todd, Galveston*	12410 23870	183	27.4	10.4	33 + 325
	… /T-ACS …							
3 AK	**Keystone State**/1, **Gem State**/2, **Grand Canyon State**/3 (ex President Harrison, President Moore, President Polk) 1966	./66 *83-?*	Defoe Shb., Bay City *Bay Shb., Sturgeon Bay*	. 28660	204	23.2	10.2	90
3 AK	**Gopher State**/4, **Flickertail State**/5, **Cornhusker State**/6 (ex Export Leader, Lightning, Staghound) 1973	./73 74 *86-88*	Bath Iron Works *Norfolk Shb.*	15060	186	27.8	9.1	52
2 AK	**Diamond State**/7, **Equality State**/8 (ex President Truman, American Banker) 1962	.	Todd, San Pedro *Tampa Shb.*	15138	204	23.2	10.2	55
2 AK	**Green Mountain State**/9 (ex American Altair), **Beaver State**/10 (ex American Draco) 1964-65	./65	Ingalls, Pascagoula *Norfolk Shy.*	14001 BRT/grt	203	22.9	9.6	64

Ready Reserve Force (RRF)

Die RRF ist eine Zusammenfassung von Einheiten der National Defense Reserve Fleet (NDRF), die durch die Maritime Administration (MARAD) in 5-, 10- oder 20-Tage-Bereitschaft gehalten wird.

Anzahl - Art/ Number - Group	Schiffsnamen und Stapellauf/ Ship's Name and Launching	Baubeginn - Fertig- *Umbau*/On Keel - Completed - *Conv.*	Bauwerft/Builder	Wasser-verdrängung/ Displacement ts	Länge/Length m	Breite/Beam m	Tiefgang/Draft m	Besatzung/ Crew Bes
1 AK	**Strong Virginian** (ex St. Magnus)/ T-AKR 9025 1984	./85	Bremer Vulkan	. 29000	156	32.0	9.0	.
1 AK	**American Cormorant**/T-AK 2062 (ex Ferncarrier) 1975	./76	Eriksberg, Göteborg	51270 tdw/dwt	225	41.2	10.0 20.1	19
1 AK	**Maersk Constellation** (ex Elisabeth Maersk) 1980	./80	Lindøvaerftet, Odense	. 34100	182	27.4	9.8	.
2 AK	**Green Ridge, Green Wave**/T-AK …, 2050 (ex Sloman Mercur, Sloman Mira) 1979-80	./79 80	HDW, Kiel	. 18180	155	21.3	7.45	21

Bewaffnung/ Armament	Sensoren-Elektronik/ Sensors-Electronic	Geschwindigkeit/speed kn	Antrieb/Propulsion Maschine/Kessel Engines/Boilers Masch	Leistung/ Power kW 1 kW = 1.36 PS	Fahrstrecke/ Range sm	Sonstige Angaben/ Remarks
—	⊤ Ω	27.5	2 GTu	35000 2	40000 27	
—	⊤ Ω	18.2	1 SLZ-DM	11934 1	.	1997: Für 5 Jahre gechartert/ chartered for 5 years
—	⊤ Ω	23.5	Gen. El. ✲ Tu 2 Wr	22060 1	9000 23.5	Maintenance aviation/support ships. Luftwaffenstützpunkt-schiffe für/for US MC.
—	⊤	20.0	2 GE ✲ Tu 2 Wr	14155 1	13000 20	*Auxiliary Crane Ships.* RRF 3 x 2: 30 ts Kräne/cranes
—	⊤	21.0	2 GE ✲ Tu 2 Wr	13055 1	9340 20	2 x 2: 30 ts Kräne/cranes
—	⊤	20.0	2 GE ✲ Tu 1 Wr	16412 1	14000 20	3 x 2: 30 ts Kräne/cranes
—	⊤	21.0	2 GE ✲ Tu Wr	13976 1	17000 20	2 x 2: 30 ts Kräne/cranes

The RRF is a group of ships maintained within the National Defense Reserve Fleet (NDRF) by the Maritime Administration (MARAD) in 5-, 10- or 20-day readyiness status.

—	⊤	16.5	2 Mak-DM	12000 1	.	*Heavy Lift Ship* 1-800 t Kran/crane 2-50 t Kräne/crane [9/99 Charter ausgelaufen]
—	⊤ Ω	16.0	1 B & W-DM	18380 1	23700 13	Flo/Flo: *Float-on/ float-off ship*
—	⊤ Ω	18.5	2 SLZ-DM	11740 1	.	566 Container, 4-30 t Kräne/cranes
—	⊤ Ω	18.0	2 Mak-DM	7350 1	14400 17	543 Container, 6-25 t Kräne/cranes

Anzahl-Art/ Number-Group	Schiffsnamen und Stapellauf/ Ship's Name and Launching	Baubeginn-Fertig-*Umbau*/On Keel-Completed-*Conv.*	Bauwerft/Builder	Wasser-verdrängung/ Displacement ts	Länge/Length m	Breite/Beam m	Tiefgang/Draft m	Besatzung/ Crew Bes
1 AK	**Noble Star** (ex Condordia Star) 1977	./78	Waldnes MV, Tønsberg	. 24000	171	25.4	10.6	21
1 AK	**Cape Nome**/T-AK 1014 (ex Mormacstar) 1969	./70	Ingalls, Pas-cagoula	. 27980	183	27.4	10.4	34
3 AK	**Cape Girardeau, Cape Gibson, Cleveland**/T-AK 2039, 5051, … (ex President Adams, President Jackson, President Cleveland) 1968-69	./69 70	Newport News	. 31995	184	20.1	10.7	47
5 AK	**Cape Breton, Cape Bover, Cape Borda, Cape Bon, Cape Blanco**/T-AK 5056-5060 1965-66	./66 67	Avondale, New Orleans	. 21840	165	23.2	10.0	38
2 AK	**Gulf Trader, Gulf Banker,** /T-AK 2036, 5044 1963-64	./64	Avondale, New Orleans	. 17210	151	21.1	9.2	45
2 AK	**Pioneer Commander, Pioneer Contractor** (ex American Commander, American Contractor)/ T-AK 2016, 2018 1962-63	./63	Bethlehem St., Quincy	. 21050	171	22.9	9.8	43
4 AK	**Cape Chalmers, Cape Clear, Cape Cod, Cape Carthage**/T-AK 5036, 5039, 5041, 5042 1962-63	./63	Bethlehem St., Baltimore Avondale, New Orleans	. 18560	151	21.1	9.8	40
5 AK	**Cape Ann, Cape Alexander, Cape Archway, Cape Alava, Cape Avinof**/ T-AK 5009-5013 1962	./62 63	Ingalls, Pascagoula	. 18560	174	22.9	9.4	39
4 AK	**Cape John, Cape Jacob, Cape Johnson, Cape Juby**/T-AK 5022, 5029, 5075, 5077 (ex Santa Ana, California, Mormacsaga, Mormacsea) 1961-62	./61 62	Nat. St., San Diego Newport News	. 22629	172	23.2	9.7	43
2 AK	**Banner, Courier**/T-AK 5008, 5019 1961-62	./62	Nat. St., San Diego Sun Shb DD, Chester	. 19400	150	22.3	9.3	39
4 AK	**Northern Light, Lake, Scan, Cape Catawba**/T-AK 284, 5016, 5018, 5074 1960-61	./61	Sun. Shb. DD, Chester Todd S. Y., San Pedro	. 18365	148	20.7	8.7	41
1 AK	**Green Valley**/T-AK 2049 (ex Button Gwinett) 1974	./74	Avondale, New Orleans	. 62314	272	30.5	12.4	27
1 AK	**Green Harbour**/ T-AK 1005 (ex William Hooper) 1972	./73	Avondale, New Orleans	. 44606	250	30.5	12.4	33
1 AK	**Jeb Stuart**/T-AK 9204 (ex Atlantic Forest) 1970	./71	Sumitomo, Uraga	. 64500	261	32.6	12.1	.

Bewaffnung/ Armament	Sensoren-Elektronik/ Sensors-Electronic	Geschwindigkeit/speed kn	Maschine/Kessel Engines/Boilers Masch	Leistung/Power kW 1 kW = 1.36 PS	Fahrstrecke/ Range sm	Sonstige Angaben/ Remarks
—	⊤ ○	17.0	1 B & W-DM	9660 1	.	570 Container, 1-150 t Kran/crane
—	⊤ ○	23.0	2 GE ⚙ Tu 2 Comb. Eng.	22060 1	12000 23	Typ C5 RRF
—	⊤	21.0	2 GE ⚙ Tu 2 Babcock & Wilcox	17640 1	14000 20	Typ C5-S-75A I, II: RRF
—	⊤ ○	21.0	2 ⚙ Tu 2 Foster Wheeler	11400 1	13600 20	Typ C4-S-66A RRF
—	⊤ ○	18.5	2 ⚙ Tu 2 Comb. Eng.	7350 1	12000 17	Typ C3-S-37D RRF
—	⊤ ○	21.0	2 Tu 2 Foster Wheeler	12130 1	12000 21	Typ C4-S-57A RRF
—	⊤ ○	18.5	2 GE ⚙ Tu 2 Comb. Eng.	8090 1	18000 17	Typ C3-S-37C RRF
—	⊤ ○	21.5	2 ⚙ Tu	12135 1	13300 20	Typ C4-S-58A RRF
—	⊤ ○	20.0	2 GE ⚙ Tu 2 Foster Wheeler	8090 1	14000 18	Typ C3-S-33A RRF
—	⊤	20.0	2 GE ⚙ Tu 2 Bacock & Wilcox	10100 1	18000 18	Typ C3-S-46A RRF
—	⊤ ○	19.0	1 GE ⚙ Tu 2 Comb. Eng.	8090 1	14000 18	Typ C3-S-33A RRF
—	⊤ ○	22.0	2 De Laval ⚙ Tu 2 Comb. Eng.	23530 1	15000 22	Typ C9-S-81D LASH
—	⊤ ○	22.5	2 De Laval ⚙ Tu 2 Comb. Eng.	23530 1	13000 22	Typ C8-S-81B LASH
—	⊤ ○	18.0	1 SLZ-DM	19118 1	30000 18	80 LASH-barges

Anzahl - Art/ Number - Group	Schiffsnamen und Stapellauf/ Ship's Name and Launching	Baubeginn - Fertig- *Umbau*/On Keel - Completed - *Conv.*	Bauwerft/Builder	Wasser- verdrängung/ Displacement ts	Länge/Length m	Breite/Beam m	Tiefgang/Draft m	Besatzung/ Crew Bes
3 AK	**Cape May, Cape Mendocino, Cape Mohican**/T-AKR 5063-5065 (ex Almeria Lykes, Doctor Lykes, Tillie Lykes) 1972-73	./72 73	Gen. Dyn., Quincy	18800 57290	266	32.3	11.9	39
2 AK	**Cape Vincent, Cape Victory**/ T-AKR 9666, 9701 (ex Merzario Italia, Merzario Britannia) 1984	./84	Fincantieri, Genua	. 27000	193	26.5	8.5	.
2 AK	**Cape Washington, Cape Wrath**/ T-AKR 9961, 9962 (ex Haul Transporter, Haul Trader) 1981-82	./81 82	Stocz. Par. Kom., Gdansk	. 32700 tdw/dwt	213	32.8	11.6	.
1 AK	**Cape Orlando**/T-AKR 2044 (ex American Eagle) 1981	./81	Kockums, Malmö	. 30000	199	28.0	9.0	20
3 AK	**LTC Calvin P.Titus, SP 5 Eric G. Gibson, Maj. Bernhard Fisher** (ex American Michigan, Sea Wolf, Sea Fox)/T-AK 4397, 4398, T-AKR 4396 . 1984	./84 ./85	Odense S.V.	44000	199	32.2	11.0	.
3 AK	**Cape Hudson, Cape Henry, Cape Horn**/ T-AKR 5066-5068 (ex Barber Tiaf, Barber Priam, Barber Tønsberg) 1979	./79 80	Mitsubishi, Nagasaki Kaldnes M. V., Tønsberg Tangen Vft., Kragerø	. 47150	229	32.3	10.8	27
3 AK	**Cape Rise, Cape Ray, Cape Race**/ T-AKR 9678, 9679, 9660 (ex Seaspeed Arabia, Seaspeed Asia, Seaspeed America) 1977	./77 78	Kawasaki H. I., Sakaide	14825 BRT/grt	198	32.3	10.0	.
3 AK	**Cape Texas, Cape Taylor, Cape Trinity**/ T-AKR 112, 113, 9711 (ex Reichenfels, Rabenfels, Rheinfels) 1977	./77 78	HDW, Kiel Sasebo H. I.	9870 26400	192	27.2	8.8	49
4 AK ○	**Cape Island, Cape Intrepid, Cape Isabel, Cape Inscription**/T-AKR 10, 11, 5062, 5076 (ex Mercury, Jupiter, Charles Lykes, Tyson Lykes, 1975-76	./75 76	B. I. W.	14222 33765	209	31.1	9.8	36
1 AK	**Strong Team**/T-AKR ...... (ex Dock Express Texas) 1976	./76	Arnhemsche S. W.	. 4200	82.0	15.7	5.6	.
2 AK	**American Merlin, Buffalo Soldier**/T-AK 9301, 9302 (ex Utrillo, Monet) 1975	./75	C. N. de la Ciotat	. 35900	204	26.6	10.7	.
2 AK	**Cape Lambert, Cape Lobos**/ T-AKR..., 5078 (ex Federal Lakes, Federal Seaway) 1972-73	./72 73	Pt. Weller D. D.	. 30375	208	22.9	9.3	27

Bewaffnung/ Armament	Sensoren-Elektronik/ Sensors-Electronic	Geschwindig-keit/speed kn	Antrieb/Propulsion Maschine/Kessel Engines/Boilers Masch	Leistung/ Power kW 1 kW = 1.36 PS	Fahrstrecke/ Range sm	Sonstige Angaben/ Remarks
—	⊤ ♀	20.5	2 GE ⚙ Tu 2 Babcock & Wilcox	26470 1	14300 19	Typ C8-S-82A *Sea Bee Ships*; RRF
—	⊤ ♀	16.0	1 SLZ-DM	8715 1	21600 16	RoRo Schiffe/ ships; RRF
—	⊤ ♀	17.0	1 SLZ-DM	12800 1	.	RoRo
—	⊤ ♀	22.0	2 SLZ-DM	15810 1	16800 19	RoRo
—	⊤ ♀	17.7	1 SLZ-DM	16933 1	.	1914 Container 1999: für 5 Jahre gechartert/ chartered for 5 years
—	⊤ ♀	21.0	1 DM	22425 1	24300 17	RoRo
—	⊤ ♀	19.5	1 MAN-DM	20590 1	.	RoRo 1315 Container; RRF
—	⊤ ♀	20.5	2 MAN-DM	13955 1	22600 16	RoRo RRF
—	⊤ ♀	24.0	2 GE ⚙ Tu 2 Babcock & Wilcox	27206 2	12600 23	RoRo T-AKR 11, 5062, 5076: RRF
—	⊤ ♀	12.0	2 Stork-DM	1840 2	.	Flo Flo; 1-160 t Kran/crane
—	⊤ ♀	19.0	2 Piel.-DM	.	.	RoRo 637 Container
—	⊤ ♀	19.0	2 Piel.-DM	13235 2	6000 17	RoRo RRF

Anzahl - Art/ Number - Group	Schiffsnamen und Stapellauf/ Ship's Name and Launching		Baubeginn - Fertig- *Umbau*/On Keel - Completed - *Conv.*	Bauwerft/Builder	Wasser- verdrängung/ Displacement ts	Länge/Length m	Breite/Beam m	Tiefgang/Draft m	Besatzung/ Crew Bes
5 AK	**Cape Ducato, Cape Douglas, Cape Catoche, Cape Decision, Cape Diamond**/T-AKR 5051-5055 (ex Barranduna, Lalandia, Tarago, Tombarra, Tricolor)	1972-73	./72 73	Eriksberg Vft., Lindholmen C. N., Dunkerque	. 35173	207	29.6	9.6	27
1 AK	**Cape Edmont**/T-AKR 5069 (ex Parralla)	1971	./71	Eriksberg, Vft., Lindholmen	. 31950	199	28.7	9.6	32
1 AK ○	**Adm. Wm. M. Callaghan**/ T-AKR 1001	1967	66/67	Sun Shb & DD, Chester	. 26573	212	28.1	8.8	28
1 AK ○	**Meteor**/T-AKR 9 (ex Sea Lift)	1965	64/67	Lockheed, Seattle	9154 21480	165	25.5	8.8	56
1 AK ○	**Comet**/T-AKR 7	1957	56/58	Sun Shb & DD, Chester	8175 18286	152	23.8	8.9	44
2 AK	**Cape Kennedy, Cape Knox**/ T-AKR 5082, 5083 (ex Nedlloyd Rosario, Nedlloyd Rouen)	1978	./78	N. K. K., Shimizu	24998 tdw/dwt	212	32.3	10.7	
1 AO	**Potomac**/T-AOT 181	1956/75	./76	Sun Shb D. D., Chester	7333 34800	189	25.5	10.2	30
1 AO	**Mission Buenaventura**/ T-AOT 1012 (ex Spirit of Liberty)	1968	./68	Bethlehem Steel, Baltimore	. 46243	201	27.5	11.7	26
5 AO	**Guss W. Darnell, Paul Buck, Samuel L. Cobb, Richard G. Matthiesen, Lawrence H. Gianella**/ T-AOT 1121-1125 (ex Ocean Freedom, Ocean Champion, Ocean Triumph, Ocean Spirit, Ocean Star)	1985-86	./85 86	Am. Shb, Tampa	9000 39624	187	27.4	10.4	24
1 AO	**Mission Capistrano**/T-AOT 5005 (ex Falcon Lady)	1970	70/72	Ingalls, Pascagoula	. 45877	205	27.2	11.0	23
1 AO	**American Osprey**/T-AOT 5075 (ex Gulf Prince)	1958	./59	Bethlehem Steel, Baltimore	. 44800	202	27.4	11.0	37
1 AO	**Mount Washington**/T-AOT 5076	1963	./63	Bethlehem Steel, Baltimore	. 65750	224	31.2	12.3	.
2 AO	**Chesapeake, Petersburg**/T-AOT 5084, 9101 (ex Hess Voyager, Sinclair Texas)	1963-64	./63 64	Bethlehem Steel, Baltimore	. 64980	224	31.2	12.1	.
1 AO	**Duchess**/T-AOT…	1971	./71	.	37276 tdw/dwt	209	27.1	11.0	.
1 AO	**Valiant**/T-AOT… (ex Seta)	1973	./73	Kleven MV, Ulsteinvik	. 10550	121	16.0	6.9	.

Bewaffnung/ Armament	Sensoren-Elektronik/ Sensors-Electronic	Geschwindigkeit/speed kn	Antrieb/Propulsion: Maschine / Kessel — Engines / Boilers — Masch	Leistung/ Power kW 1 kW = 1.36 PS	Fahrstrecke/ Range sm	Sonstige Angaben/ Remarks
—	┳ 💡	22.0	3 Piel.-DM	20590 1	26000 20	RoRo T-AKR 5051, 5053, 5055: RRF
—	┳ 💡	19.0	3 Piel.-DM	19060 1	17000 19	RoRo 1212 Container RRF
—	┳ 💡	26.0	2 LM-2500 GTu	29410 2	12000 20	RoRo RRF
—	┳ 💡	22.0	2 De Laval-Tu	14265 2	10000 20	Typ C4-ST-67A RRF
—	┳ 💡	18.0	2 GE ⚙ Tu 2 Babcock & Wilcox	9706 2	12000 18	Typ C3-ST-14A RRF
—	┳ 💡	19.0	2 SLZ-DM	19706 2	.	
—	┳ 💡	18.0	1 Westinghouse ⚙ Tu 2 Comb. Eng	15044 1	18000 18	
—	┳	16.5	2 Tu 2 Foster Wheeler	9066 1	12000 16	RRF
—	┳ 💡	16.0	1 SLZ-DM	11250 1	12000 16	
—	┳	16.0	2 Piel.-DM	11765 1	16000 16	RRF
—	┳	17.0	2 Tu 2 Foster Wheeler	11030 1	14000 17	
—	┳	17.5	2 Tu	15810 1	.	RRF
—	┳	15.0	2 Tu	11030 1	.	RRF
—	┳ 💡	.	.	.	.	
—	┳ 💡	13.5	2 Mak-DM	3090 1	10000 13	

Anzahl-Art/ Number-Group	Schiffsnamen und Stapellauf/ Ship's Name and Launching	Baubeginn-Fertig-*Umbau*/On Keel-Completed-*Conv.*	Bauwerft/Builder	Wasser-verdrängung/ Displacement ts	Länge/Length m	Breite/Beam m	Tiefgang/Draft m	Besatzung/ Crew Bes

US Coast Guard

Die Coast Guard (Küstenwache) untersteht im Frieden dem Transportministerium, im Kriege der Marine.
Die Kennummern beginnen mit W.

Fregatten/Frigates

	… /WHEC …							
30 FG	II-XXX	./.	USA	.	.	.	.	.
	I gepl./plan.	02/.						
12 FG	**Midgett**/726	71/72	Avondale, N. Orleans	2716	115	13.0	6.1	175
○	**Munro**/724, **Jarvis**/725	70/71	Avondale, N. Orleans	3050				
	Morgenthau/722, **Rush**/723	67/69	Avondale, N. Orleans					
	Sherman/720, **Gallatin**/721	67/68	Avondale, N. Orleans					
	Chase/718, **Boutwell**/719	66/68	Avondale, N. Orleans					
	Dallas/716, **Mellon**/717	66/67	Avondale, N. Orleans					
	HAMILTON/715 1965-71	65/67	Avondale, N. Orleans					
		85-91	*Bath Iron Works* (715, 716, 718, 721)					
		85-92	*Todd, Seattle* (717, 719, 720, 722-726)					
	… /WMEC …							
13 FE	**Forward**/911, **Legare**/912,	86/89	Derecktor, Middletown	1200	82.3	11.7	4.1	116
○	**Mohawk**/913	87/90		1780				
	Tahoma/908, **Campbell**/909,	83/87	Derecktor, Middletown					
	Thetis/910	84						
	Spencer/905, **Seneca**/906,	82/85	Derecktor, Middletown					
	Escanaba/907	83/86						
	Tampa/902, **Harriet Lane**/903,	80/84	Tacoma Bt. Bld.					
	Northland/904	81						
	BEAR/901 1980-89	79/83	Tacoma Bt. Bld.					
16 FE	**RELIANCE**/615, **Diligence**/616,	63/64	Todd, Houston	950	64.0	10.3	3.2	62
○	**Vigilant**/617	67/69		1007				
	Active/618	*89-96*	Christy, Sturgeon Bay					
	Confidence/619, **Resolute**/620,		C. G. Y., Curtis Bay					
	Durable/628, **Decisive**/629,							
	Alert/630							
	Courageous/622, **Dauntless**/624,		American Shb., Lorain					
	Steadfast/623, **Valiant**/621,							
	Venturous/625, **Dependable**/626,							
	Vigorous/627 1963-68							
1 FS	**Storis**/38	41/42	Toledo Shb., Ohio	1300	70.1	13.1	4.6	106
	1942	*86*		1925				
1 FS	**Acushnet**/16	42/43	Basalt Rock, Napa	1250	65.1	12.5	4.6	70
	1943			1745				
1 FS	**Alex Haley** (ex Edenton)/	67/71	Brooke Marine,	2929	86.1	15.2	4.6	99
	39 1968	*97-99*	Lowestoft					

Bewaffnung/ Armament	Sensoren-Elektronik/ Sensors-Electronic	Geschwindigkeit/speed kn	Antrieb/Propulsion Maschine/Kessel – Engines/Boilers Masch	Leistung/ Power kW 1 kW = 1.36 PS	Fahrstrecke/ Range sm	Sonstige Angaben/ Remarks

The Coast Guard operates under the Department of Transportation in peacetime and as a part of the Navy in time of war. Identification numbers begin with letter W.

Bewaffnung/ Armament	Sensoren-Elektronik/ Sensors-Electronic	Geschwindigkeit/speed kn	Maschine/Kessel – Engines/Boilers Masch	Leistung/ Power kW	Fahrstrecke/ Range sm	Sonstige Angaben/ Remarks
, ,		.	CODAG	.	.	Ersatz für/Replacement for: High/Medium Endurance cutters
[8 Harpoon 4,] 1-7.6 OTO, 2-2,5 1, 1-2 Phalanx, 4 Mg , [6 UTR 32.4 III mod. 7], 1 LAMPS I		29.0	Fairbanks-M.- DM + P & W GTu	5150 + 26470 2	9600 19	*High endurance cutters.* **Masch:** CODOG. Umbau: Generalüberholung der Maschinenanlage, Modernisierung von Elektronik und Sensoren/complete overhaul of the main propulsion systems, updating the FCS and other electronic capabilities. Improved ASW capability.
1-7.6 OTO, [1-2 Phalanx,] 2 Mg , 1 LAMPS III		19.5	Fairbanks-M.-DM	5165 2	9500 13	*Medium endurance cutters.* Vorrichtung für/provision for SQR-19 towed sonar.
1-2.5 , 2 Mg 1, 1 HH-65 A		18.0	2 ALCO-DM	3680 2	6100 14	*Medium Endurance Cutters* 1987-94: Major Maintenance Availability (MMA)
1-2.5 , 4 Mg		14.0	3 DM	2205 1	22000 8	Eisverstärkt/ice strengthened. MMA 1986
—		13.0	4 DM	1790 2	20000 7	ARS Klasse
2-2.5 1, 2 Mg 1		16.0	4 ALCO-DM	4410 2	10000 13	Ex ATS - Fischereischutz/ Fishery protection

Anzahl - Art/ Number - Group	Schiffsnamen und Stapellauf/ Ship's Name and Launching	Baubeginn - Fertig- *Umbau*/On Keel - Completed - *Conv.*	Bauwerft/Builder	Wasser- verdrängung/ Displacement ts	Länge/Length m	Breite/Beam m	Tiefgang/Draft m	Besatzung/ Crew Bes

Kleine Kampfschiffe/Small Fighting Vessels

… /WPB …

50 PP	I-XVIII/87333-87350	./.	Bollinger, Lockport	91	26.5	5.3	1.8	10
	Kittiwake, Blackfin, Bluefin, Yellowfin, Manta, Coho, Kingfisher, Seahawk, Steelhead, Beluga, Blacktip, Pelican, Ridley, Cochito, Mano' War, Moray, Razorbill/87316-87332	99/00 00/01						
	Cormorant, Finback, Amberjack/87313-87315	99/99						
	Dorado, Osprey, Chinook, Albacore, Tarpon, Cobia, Hawksbill/87306-87312	98/99						
	Marlin, Stingray/87304-305	98/99						
	Hammerhead, Mako/87302-303	97/98						
	Barracuda/87301 1997-gepl./plan.	96/97						
49 PP ○	*Island Klasse* 1985-91	85/85 92/92	Bollinger, Lockport	120 165	33.5	6.4	2.2	16

1301-**Farallon**
1302-**Manitou**
1303-**Matagorda**
1304-**Maui**
1305-**Monhegan**
1306-**Nunivak**
1307-**Ockracoke**
1308-**Vashon**
1309-**Aquidneck**
1310-**Mustang**
1311-**Naushon**
1312-**Sanibel**
1313-**Edisto**
1314-**Sapelo**
1315-**Matinicus**
1316-**Nantucket**
1317-**Attu**
1318-**Baranof**
1319-**Chandeleur**
1320-**Chincoteague**
1321-**Cushing**
1322-**Cuttyhunk**
1323-**Drummond**
1324-**Largo**
1325-**Metompkin**
1326-**Monomoy**
1327-**Orcas**
1328-**Padre**

15 PP ○	WPB *83'-Klasse* 1960-70	./60 70	C. G. Y., Curtis Bay	68	23.7	5.5	1.8	8

823 .../**Point** ...
33 **Highland**
35 **Countess**
36 **Glass**
38 **Bridge**
39 **Chico**
42 **Baker**
43 **Wells**
47 **Bonita**
49 **Spencer**
52 **Sal**

5 PP: **43 501-05** (86-88) 7 ts, 40 kn, DM, 550 kW_2, 13.4 x 2.9 x 1 m, Bauwerft/builder: Tempest Mar., Fort Lauderdale

40 PP: **47215, 47216** (98); **47222-47225** (99), I-XXXIV (98-99) 20 ts, 25 kn, 2 Detroit-DM, 620 kW, Textron Marine & Land Services — Typ MLB 47'

Eisbrecher/Icebreakers

… /WAGB …

1 AI ○	**Healy**/20 15.11.1997	94/99	Avondale, N. Orleans	15352 17710	140	28.8	9.6	133 + 30
2 AI ○	**Polar Sea**/11 **POLAR Star**/10 1973-75	73/78 72/76	Lockheed, Seattle Lockheed, Seattle	10860 13190	122	25.5	10.2	155 + 10

Bewaffnung/ Armament	Sensoren-Elektronik/ Sensors-Electronic	Geschwindigkeit/speed kn	Antrieb/Propulsion: Maschine/Kessel Engines/Boilers Masch	Leistung/Power kW 1 kW = 1.36 PS	Fahrstrecke/Range sm	Sonstige Angaben/ Remarks
2-Mg,		25.0	2 MTU-DM	2160 2	1220 22	*WPB 87'-Klasse*
1-2, 2 Mg, 2-4 Mörser/mortars		29.5	Paxman-V.-DM oder/or Caterpillar-DM	4235	1880 2	Britischer Entwurf/British design: Vosper Thornycroft. Stahlrumpf, Alu-Aufbauten/ Steel hull, Al-superstructure. Erhalten/to get 1 2.5 anstelle von/instead of 1-2.

1329-**Sitkinak**
1330-**Tybee**
1331-**Washington**
1332-**Wrangell**
1333-**Adak**
1334-**Liberty**
1335-**Anacapa**
1336-**Kiska**
1337-**Assateague**
1338-**Grand Isle**
1339-**Key Biscayne**
1340-**Jefferson Island**
1341-**Kodiak Island**
1342-**Long Island**
1343-**Bainbridge Island**
1344-**Block Island**
1345-**Staten Island**
1346-**Roanoke Island**
1347-**Knight Island**
1348-**Pea Island**
1349-**Galveston Island**

Bewaffnung/ Armament	Sensoren	kn	Maschine	kW	sm	Remarks
2 Mg, 2-4 Mörser/mortars		23.5	DM	1180 2	1500 8	*Patrol craft, large.* 82346-49, Bauwerft/builder: Martinac, Tacoma. 82371-79 1200/8 sm

58 **Stuart**
60 **Winslow**
66 **Lobos**
72 **Brower**
78 **Jackson**

Zahlreiche kleinere Fahrzeuge/numerous smaller craft: **Utility 24', 26', 31', 32', 38', 41'** Klasse/class; **Aid of Navigation Boats 21', 45', 55'**-Klasse/class; **Lifeboats/SAR 21', 30', 44', 50', 52'**-Klasse/class
Buoy Servicing Boats: 46', 49'-Klasse/class

Bewaffnung/ Armament	Sensoren	kn	Maschine	kW	sm	Remarks
2 Mg, 2		12.5	4 DM	29412 2	16000 12.5	Bugstrahlruder/bow thruster: 1470 kW. Auch für Forschung/ also for research.
2 Mg, 2		18.0	3 Pratt-W.-GTu + 6 Alco DM	44130 + 13240 3	28000 13	*Icebreakers.* 3 Besatzungen/crews. **Masch:** CODOG

Anzahl-Art/ Number-Group	Schiffsnamen und Stapellauf/ Ship's Name and Launching		Baubeginn-Fertig- *Umbau*/On Keel- Completed-*Conv.*	Bauwerft/Builder	Wasser-verdrängung/ Displacement ts	Länge/Length m	Breite/Beam m	Tiefgang/Draft m	Besatzung/ Crew Bes
1 AI	**Mackinaw**/83	1944	43/44 *82*	Toledo Shb., Ohio	3050 5252	88.4	22.7	5.8	105
1 AI	I	gepl./plan.	./06	.	.	.	.	.	.
Hilfsfahrzeuge/Auxiliary Vessels									
	… /WTGB …								
9 AT	**Sturgeon Bay**/109		86/88	Bay City, San Diego	.	42.7	11.4	3.8	17
	Thunder Bay/108		84/86	Tacoma Bt. Bld.	662				
	Penobscot Bay/107		83/85	Bay City, San Diego					
	Neah Bay/105, **Morro Bay**/106		79/80	Tacoma Bt. Bld.					
	Bristol Bay/102, **Mobile Bay**/103, **Biscayne Bay**/104		78/79	Tacoma Bt. Bld.					
	KATMAI BAY/101	1978-87	77/79	Tacoma Bt. Bld.					
11 AT:	**Capstan, Chock, Tackle, Bridle, Pendant, Shackle, Hawser, Line, Wire, Bollard, Cleat**/WYTL 65601, 65602,								
1 AX ○	**Eagle**/WIX 327 (ex Horst Wessel)	1936	36/36	Blohm + Voss, Hamb.	1520 1815	80.0 90.0	12.0	5.2	65 + 180
	… /WLB …								
16	Sequoia/216		./02	Marinette Mar.	2032	68.6	14.0	4.0	40
	Oak, Maple, Alder, Holyhock,		./01						
	Fir, Sycamore, Aspen, Cypress/208-215		./00						
	Walnut, Dogwood, Hickory/205-207		./99						
	Elm/WLB 204		96/98						
	Willow, Kukui/WLB 202, 203		95/97						
	Juniper/WLB 201	1995-bew./auth.	94/96						
21	*Balsam Klasse*	1942-44	.	USA	935 1025	54.9	11.3	4.0	53

Class A:
735 kW$_1$,14000/7.4 sm
277 **Cowslip**
290 **Gentian**
301 **Conifer**
302 **Madrona**
306 **Buttonwood**

Class B:
880 kW$_1$, 23500/7.5 sm
297 **Ironwood**
309 **Sweetgum**

Anzahl-Art/ Number-Group	Schiffsnamen und Stapellauf/ Ship's Name and Launching		Baubeginn-Fertig- *Umbau*/On Keel- Completed-*Conv.*	Bauwerft/Builder	Wasser-verdrängung/ Displacement ts	Länge/Length m	Breite/Beam m	Tiefgang/Draft m	Besatzung/ Crew Bes
	… /WLM …								
14 ○	**Harry Claiborne**, Maria Bray, Henry Blake, George Cobb/561-564		98/00	Marinette Mar.	916	53.3	11.0	2.4	18
	Joshua Appleby, Frank Drew, Anthony Petit, Barbara Mabrity, William Tate/556-560		98/99						
	Abbie Burgess, James Rankin/ 553, 555,		96/98						
	Katherine Walker, Marcus Hanna/552, 554		95/97						
	Ida Lewis/551	1995-99	94/96						
1	**White Sage**/544,	1942	./43	Peterson & Haecker, Blair	435 600	40.5	10.1	2.7	21

Tender: 4 WLI — *Inland tenders*; 18 WLR — *River tenders*; **Pamlico, Hudson, Kennebec, Saginaw**/WLIC 800-803

Bewaffnung/ Armament	Sensoren- Elektronik/ Sensors- Electronic	Geschwindigkeit/speed kn	Antrieb/Propulsion Maschine / Kessel Engines / Boilers Masch	Leistung/ Power kW 1 kW = 1.36 PS	Fahrstrecke/ Range sm	Sonstige Angaben/ Remarks
1		18.7	4 DM	7350 3	10000 18.7	Für Große Seen/for Great Lakes. -Deck
1		.	.	.	.	Ersatz für/Replacement For: **Mackinaw**
—		14.7	Fairbanks-M.- DM	1840 1	4000 12	*Icebreaking tugs.* Für Einsatz in Häfen, Flüssen und Seen/for operations on the Great Lakes, coastal waters rivers and harbors.

65604, 65607-65612, 65614, 65615 (61-67) 72 ts, 9.8 kn, DM, 295 kW_1, Bes 10 — *Harbor tugs, small*

—		10.0	Caterpillar-DM	735 1	5450 7.5	Segelschulschiff, Bark 1975 m^2 Segelfläche/sail training ship, barque, sail area 21351 sq. ft.
[1-2.5]		17.0	DM	4410 2	6000 12	*Juniper A+B-Klasse.* Bugstrahlruder/bow thruster 1870 kW. Juniper A: I-V
2-Mg $_1$,		12.8	DM	895 1	.	*Buoy tenders, seagoing.* Leuchtturmtender. Modernisiert/modernized. 9 haben SLEP/9: SLEP

Class C:

392 **Bramble**
393 **Firebush**
397 **Mariposa**
401 **Sassafras**
402 **Sedge**
404 **Sundew**
405 **Sweetbrier**
406 **Acacia**
407 **Woodrush**

—		12.0	2 Cat.-DM	1257 2	2000 10	*Ida Lewis* Klasse/class
—		10.0	DM	440 2	4500 5	

(75-78) 415 ts, 11 kn, 735 kW, DM; 12 WLIC — *Construction tenders*

Vanuatu

Anzahl - Art/ Number - Group	Schiffsnamen und Stapellauf/ Ship's Name and Launching		Baubeginn - Fertig- *Umbau*/On Keel - Completed - *Conv.*	Bauwerft/Builder	Wasser- verdrängung/ Displacement ts	Länge/Length m	Breite/Beam m	Tiefgang/Draft m	Besatzung/ Crew Bes
1 PP	**Tukoro**	1987	86/87	Australian Shb. Ind.,	.	31.5	8.1	1.8	17
				Jervoise Bay	165				

Venezuela

Fregatten/Frigates

Anzahl - Art/ Number - Group	Schiffsnamen und Stapellauf/ Ship's Name and Launching		Baubeginn - Fertig- *Umbau*/On Keel - Completed - *Conv.*	Bauwerft/Builder	Wasser- verdrängung/ Displacement ts	Länge/Length m	Breite/Beam m	Tiefgang/Draft m	Besatzung/ Crew Bes
4 FG	**Almirante Garcia**		79/82	CNR, R. Trigoso	2210	113	12.0	3.9	185
○	**General Salom**		79/82	CNR, Livorno	2520				
	General Soublette		78/81	CNR, Livorno					
	General Urdaneta	1979-80	78/81	CNR, Livorno					
2 FG	**Almirante Brión**		77/81	CNR, R. Trigoso	2208	113	12.0	3.9	175
	Mariscal Sucre	1978-79	76/79	CNR, R. Trigoso	2600				
			98/00	*Ingalls, Pascagoula*					

Uboote/Submarines

Anzahl - Art/ Number - Group	Schiffsnamen und Stapellauf/ Ship's Name and Launching		Baubeginn - Fertig- *Umbau*/On Keel - Completed - *Conv.*	Bauwerft/Builder	Wasser- verdrängung/ Displacement ts	Länge/Length m	Breite/Beam m	Tiefgang/Draft m	Besatzung/ Crew Bes
3 SS	I, II, III	gepl./plan.	.	.	.	.	.	.	.
2 SS	**Sabalo, Caribe**	1975	73/76	Howaldt, Kiel	1285↑	59.5	6.3	5.0	33
○			77		1450↓				
			90-94	*HDW, Kiel*					

Kleine Kampfschiffe/Small Fighting Vessels

Anzahl - Art/ Number - Group	Schiffsnamen und Stapellauf/ Ship's Name and Launching		Baubeginn - Fertig- *Umbau*/On Keel - Completed - *Conv.*	Bauwerft/Builder	Wasser- verdrängung/ Displacement ts	Länge/Length m	Breite/Beam m	Tiefgang/Draft m	Besatzung/ Crew Bes
3 PG	**Federacion, Libertad, Victoria**		73/74	Vosper Th., Portsmouth	125	37.0	7.2	1.7	17
○		1973-74	74/75		150				
3 PP	**Constitucion, Independencia, Patria**		73/74	Vosper Th., Portsmouth	125	37.0	7.2	1.7	17
○		1973-74	74/75		150				

9 PR: **Manaure, Mara** 18 ts, 15 kn; **Guaicapuro, Tamanaco** 14 ts, 15 kn; **Terepaima, Tiuna, Yaracuy, Sorocaima, El Amparo** (83) 3 ts, 45 kn — alle/all 1 Mg

Landungsfahrzeuge/Landing Vessels

Anzahl - Art/ Number - Group	Schiffsnamen und Stapellauf/ Ship's Name and Launching		Baubeginn - Fertig- *Umbau*/On Keel - Completed - *Conv.*	Bauwerft/Builder	Wasser- verdrängung/ Displacement ts	Länge/Length m	Breite/Beam m	Tiefgang/Draft m	Besatzung/ Crew Bes
4 LS	**Capana, Esequibo, La Guajira,**		82/84	Hyundai Shy., S. Korea	1800	105	15.4	3.0	115
○	**Los Llanos**	1983-84	84/85		4100				
2 LC	**Margarita, La Orchila**	1983	83/84	Swift Sh., Morgan City	200	39.6	11.0	1.3	21
					430				

12 LC: Typ US **LCVP** (76-77) 12 ts, 9 kn

Bewaffnung/ Armament	Sensoren-Elektronik/ Sensors-Electronic	Geschwindig-keit/speed kn	Maschine / Kessel — Engines / Boilers — Masch	Leistung/ Power kW (1 kW = 1.36 PS)	Fahrstrecke/ Range sm	Sonstige Angaben/ Remarks

Vanuatu

1-2		20.0	Caterpillar-DM	2075 2	2500 12	Typ austral. ASI 315

Venezuela

8 Otomat ⇨, 1-12.7, 4-4 ₂, 1 Albatros ₈, 6 **UTR** 32.4 **III**, 2 AB 212		34.0	GE-Fiat GTu + 2 Fiat-DM	36775 + 5740 2	5500 16	Ähnlich/similar to Typ ital. Lupo. Werden modernisiert wie:/to be modernized like: Mariscal Sucre
8 Otomat ⇨, 1-12.7, 4-4 ₂, 1 Albatros ₈, 6 **UTR** 32.4 **III**, 2 AB 212		33.0	2 GTu + 2 MTU-DM	37300 + 5970 2	5800 16	Neues Sonar/new sonar Northrop-Grumman 21 HS-7
8 **TR** 53.3 b		10.0↑ 21.0↓	4 MTU-DG EM	1760 3680	7800 8	Typ deutsch/German 209/1200.
2 Otomat ⇨, 1-3		29.0	MTU DM	5210 2	1350 16	
1-7.6			MTU-DM	5210 2	1350 16	

12 PP: **I**-XII (99-00) 48 ts, 21 kn, 1610 kW, 2 DM, 4 Mg ₁, 1-40-mm-Granatwerfer – Halter Marine

2-4 ₂, 2-2 [1800 ts], [202]		15.0	DM	4120 2	7500 13	-Deck achtern/aft
—		13.0	GM-DM	1325 2	1500 10	Bugrampe, 15 ts Kran/bow ramp, 15 ts crane

Anzahl-Art/ Number-Group	Schiffsnamen und Stapellauf/ Ship's Name and Launching	Baubeginn-Fertig-/*Umbau*/On Keel-Completed-*Conv.*	Bauwerft/Builder	Wasser-verdrängung/ Displacement ts	Länge/Length m	Breite/Beam m	Tiefgang/Draft m	Besatzung/ Crew Bes
Hilfsfahrzeuge/Auxiliary Vessels								
1 AP	**Puerto Cabello** (ex Sierra Nevada, ex Kongsfjell) 1972	./72	Drammen S. & V.	. 7720	140	18.0	9.1	.
1 AK	I a.St./o.St.	99/01	Hyundai H.I., Ulsan	10000	138	.	.	.
1 AG	**Punta Brava** 1990	89/91	Bazan, Cartagena	 1150	61.5	11.9	3.7	42 + 8
2 AG	**Gabriela, Lely** (ex Peninsula de Araya, Peninsula de Paraguna) 1973	73/74	A. & R., Lemwerder	90	27.0	5.6	1.5	16
1 AX	**Simón Bolivar** 1979	79/80	Astill. Celaya, Bilbao.	 1200	84.2 76.0	10.6	4.5	93 + 102
1 YD	**Macuro** [BB 11] (98) — *Bojentender/buoytender*							
1 AG ○	**Miguel Rodriguez** ~1945	./45	Charleston Shb.	1235 1675	61.7	11.6	4.7	85
Küstenwache/Coast Guard — *Guardacostas*								
2 FF	**ALMIRANTE CLEMENTE, General José Trinidad Moran** 1954	54/56 *68-76* *84-85*	Ansaldo, Livorno *Cammell Laird* *CNR, Genua*	1300 1500	98.0	10.8	2.6	162
4 PP	**Petrol, Alcatraz, Albatros, Pelicano** (ex Pt. Knoll, Pt. Judith, Pt. Ledge, Pt. Franklin) 1962-67	./62 ./67	CG Yard, Curtis Bay	64	25.3	5.2	1.9	8
7 PP	**Polaris, Spica, Rigel, Aldebaran, Antares, Canopus, Altair** 1987	./87	Cougar Mar., Hamble	5	10.0	2.6	0.8	4
2 PP	**Los Taques, Los Cayos** 300 ts, ex Trawler							
10 PR	**Punta Macoya, Farallon Centinela, Charegato, Bajo Araya, Bajo Brito, Carecare,** I-IV/ LS M 001-006, ... (96-a.St./o.St.) 4o kn, 470 kW, 12 x 2.7 x 1.7 m, 2 Mg $\measuredangle_{1}$ — Intermarine, Guatire							
1 AK	**Fernando Gomez** (ex José Felix Ribas, Oswegatchie) 1945	./45	Com.I.W., Portland	345	30.5	7.9	2.9	14
Nationalgarde/National Guard								
15 PP	**Rio Yuruan, Rio Guaicaipuro, Rio Tamanaco, Rio Manaure, Rio Ara Rio Caparo, Rio Escalante, Rio Limon, Rio Orinoco, Rio San Juan, Rio Torres, Rio Tucuyo, Rio Turbio, Rio Venamo, Rio Ventuari** 1973-78	75/77 78/79 73/74 74/75	Dianca, P. Cabello INMA, La Spezia	. 65	28.3	4.8	1.5	8

Bewaffnung/ Armament	Sensoren-Elektronik/ Sensors-Electronic	Geschwindigkeit/speed kn	Antrieb/Propulsion Maschine/Kessel Engines/Boilers Masch	Leistung/ Power kW 1 kW = 1.36 PS	Fahrstrecke/ Range sm	Sonstige Angaben/ Remarks
—	┬	22.5	Sulzer-DM	9700 1	.	
2-4 ⚔₁, 2 Mg ⚔₁	┬	18.7	DM	.	.	
—	┬	14.6	MAN-DM	1840 2	8000 13	
—	┬	20.0	GM-DM	1710 2	.	Vermessungsboote/survey launches
—	┬	10.5	GM-DM	515 1	.	Segelschulschiff/sail training ship. Segelfläche/sail area: 1650 m^2
2 Mg ⚔₁	┬	15.0	⇝ DM	2210 1	7000 15	Typ US ATF
2-7.6 ⚔, 2-4 ⚔₂, 6 **UTR** 32.4 **III**	┬ ♁ ⊕ Ÿ	22.0	GMT-DM	4410 2	3500 15	
2 Mg ⚔	┬	23.5	Cummins-DM	1180 2	1500 8	Typ US CG 82’
[1 Mg ⚔]	┬	45.0	DM	294 2	140 45	

22 PP: **Constancia, Perserverancia**/LRG 001,002 (92); **Honestidad, Tenacidad**/LRG 003, 004 (92), **LRG 005-020** (94-96); **Chichirivíche, Caruanta**/LG 31, 32 (94) 11 ts, Bauwerft/builders: Sea Ark, Monticello

2 Mg ⚔₁	┬	12.0	2 DM	947 1	.	
1 Mg ⚔	┬	31.0	GM-DM	1620 2	1000	INMA-Boote/boats MTU-DM

Anzahl - Art/ Number - Group	Schiffsnamen und Stapellauf/ Ship's Name and Launching	Baubeginn - Fertig- *Umbau*/On Keel - Completed - *Conv.*	Bauwerft/Builder	Wasser- verdrängung/ Displacement ts	Länge/Length m	Breite/Beam m	Tiefgang/Draft m	Besatzung/ Crew Bes
12 PP	**PUNTA Barima, P. Mosquito, P. Mulaltos, P. Perret, P. Cardon, P. Playa, P. Macoya, P. Moron, P. Unare, P. Ballena, P. Macuro, P. Mariusa** 1982-84	81/82 83/84	Derecktor Shy., Mamaroneck	50	23.4	4.9	1.2	10
12 PP	**Rio Arauca II, Rio Catatumbo II, Rio Apure II, Rio Negro II,15 Rio Meta II, Rio Portuguesa II, Rio Sarare, Rio Uribante, Rio Sinaruco, Rio Icabara, Rio Guarico II, Rio Yaracuy** 1984	84/84	Sea Ark, Monticello	15	13.0	4.5	1.2	4

10 PP: **Lago 1-4, Rio Cabriales, Rio Chama, Rio Caribe, Rio Tuy, Manati, Goaigoaza** (~ 83) 1.3 ts, 12 kn, 1 Mg, GM-DM, 6.0 x 2.4 x 0.3 m, Bes 4, Bauwerft/builder: Sea Ark, Monticello

Vereinigte Arabische Emirate/United Arab Emirates

2 FG ○	**Abu Dhabi, Al Emirat** (ex Abraham Crijnsen, Piet Hein) 1978-81	77/81 78/83	de Schelde, Vlissingen	3050 3630	130	14.6	4.4	175
6 FG	I-VI gepl./plan.	./.	.	.	100	.	.	.
2 SS	I-II gepl./plan.	./.	.	~1500↓	.	.	.	.
6 PG	1-VI gepl./plan.	./.	.	.	65.0	.	.	.
2 PG	**Murayjib, Das** 1989-90	./91	Lürssen, Vegesack	560 630	65.3	9.3	2.9	.
2 PG	**Mubarraz, Makasib** 1989-90	./90	Lürssen, Vegesack	. 260	43.0	7.2	2.4	40
6 PG	**Banyas, Marban, Rodqm, Shaheen, Saqar, Tarif** 1980-81	79/80 80/81	Lürssen, Vegesack	228 268	44.9	7.4	2.3	40
6 PP	**Al Ghulian, Ardhana, Ghanadhah, Murban, Radoom, Zurara** 1975-76	74/76	Vosper Th., Portsmouth	110 175	33.5	6.4	1.6	27
1 LS	**Al Feyi** 1987	./87	Singapur	650	50.0	11.0	2.7	10

2 LC: **Jananah, Dayyinah** (87) 350 ts, Lg 54 m, Bauwerft/builder: Argos Shy., Singapore

1 AR: **Baracuda** (83) 1400 ts, 12 kn, 2 Ruston-DM, 4410 kW_2, Bauwerft/builder: Singapore Slipway

2 AR: **A 271, 272** (75) 3.5 ts, 8 kn — GRP-Rumpf/hull

Bewaffnung/ Armament	Sensoren-Elektronik/ Sensors-Electronic	Geschwindigkeit/speed kn	Antrieb/Propulsion Maschine/Kessel Engines/Boilers Masch	Leistung/ Power kW 1 kW = 1.36 PS	Fahrstrecke/ Range sm	Sonstige Angaben/ Remarks
2 Mg $_1$		28.5	GM-DM	1435 2	1100 22	
3 Mg		28.0	GM-DM	810 2	600	

10 PP: I-X (a.St./o.St.-bew./auth.) 30 ts, 36 kn, 1670 kW, 2 MTU-DM, 16.5 x 4.3 x 1.4 m — Halter Marine

Vereinigte Arabische Emirate/United Arab Emirates

Bewaffnung/ Armament	Sensoren-Elektronik/ Sensors-Electronic	Geschwindigkeit/speed kn	Maschine	Leistung/ Power	Range	Remarks
8 Harpoon $_2$, 1-7.6, 1-3 Goalkeeper 1-Sea Sparrow $_8$ 4 **UTR** 32.4 **II**, 2		30.0	R.R. Ol.-GTu + R.R. Tyne-GTu	39710 + 6030	4000 18	Typ NL-Kortenaer 1997/98: übernommen/ transfered
,		.	.	.	.	Projekt LEWA-2
.	. . .	.	.	.	.	.
1-7.6, 8 1		.	.	.	.	Projekt LEWA-1
4 MM 40 $_2$, 1-7.6 OTO, 1-3 $_6$, Goalkeeper, 1 Crotale $_8$		32.0	MTU-DM	13780 4	4000 16	Typ deutsch/German Lürssen 62
4 MM 40 ,2, 1-7.6 OTO, 1 SADRAL $_6$		40.0	4 MTU-DM	10590 2	500 38	
4 MM 40, 1-7.6 OTO, 2-4 $_2$, 2 Mg		40.5	MTU-DM	10590 4	1600 16	Typ deutsch/German Lürssen TNC 45
2-3 $_2$, 1-2		29.0	Paxman-DM	3970 2	1800 14	
—		11.0	DM	920 2	1800 11	

2 LC: **L 6401, 6402** (96) ~65 m — Abu Dhabi Naval Yard

1 AT: **Annad** (88) 795 ts, 14 kn, DM, 3090 kW_2

1 YD: **Al Gaffa** (87) 100 ts, 26 kn, MTU-DM, 2900 kW_2, 31.4 x 6.9 x 1.1 m, Bes 6, Bauwerft/builder: Crestitalia

Anzahl - Art/ Number - Group	Schiffsnamen und Stapellauf/ Ship's Name and Launching		Baubeginn - Fertig- *Umbau*/On Keel- Completed - *Conv.*	Bauwerft/Builder	Wasser- verdrängung/ Displacement ts	Länge/Length m	Breite/Beam m	Tiefgang/Draft m	Besatzung/ Crew Bes
Küstenwache/Coast Guard									
2 PP	**I, II**	1999	98/99	FBM Marine, Cowes	180	33.0	6.7	2.1	14
6 PP	**758-763**	1986-87	./86 ./87	Baglietto, Varazze	45 48	23.0	5.5	1.7	9
3PP	**501-503**	1993	./93	Baglietto, Varazze	22	18.1	4.3	0.7	6
1 PP	**I**	1983	./84	Posilipo, Sabaudia	36	19.9	6.0	1.2	.
6 PP	**I-VI**	1982-83	82/83	Watercraft-GB.	25	13.7	4.3	1.4	5
16 PP	**650-665**	1979-83	./79 ./83	Camcraft, N. Orleans	. 50	19.8	5.5	1.5	5
5 PP	**753-757**	1975	./75	Camcraft, N. Orleans	70	23.4	5.5	1.5	.

Vietnam

Mehrere Einheiten sind in einem schlechten Wartungszustand, einige davon aufgelegt.

Fregatten/Frigates									
1 FG	I	gepl./plan.	01/.	Saigon	2000	.	.	.	.
1 FF	**Pham Ngu Lao** (ex Absecon)/HQ 01	1942	41/43	L. Washington Shy.	1766 2800	95.0	12.5	4.1	200
5 FF	**HQ 15, 17** **HQ 09, 11, 13**	~1966	.	USSR	950 1150	82.3	9.1	3.2	90
2 FG ○	II **I**	1997-98	94/99	Saigon	517 600	62.0	11.0	2.2	28
2 FG ○	**HQ 371, HQ 372**	~ 1973	./74	Katerostrojenije, Rybinsk	430 550	56.5	10.2	3.8	16
2 FG ○	**I, II**	1997	./99 ./98	Rybinsk	430 550	56.5	10.2	2.5	50
2 PC ○	I, II	a.St./o.St.	99/.	Almaz, St. Petersburg	. 400	49.5	9.2	2.5	28

Bewaffnung/ Armament	Sensoren- Elektronik/ Sensors- Electronic	Geschwindigkeit/speed kn	Antrieb/Propulsion Maschine / Kessel Engines / Boilers Masch	Leistung/ Power kW 1 kW = 1.36 PS	Fahrstrecke/ Range sm	Sonstige Angaben/ Remarks
1-2, 2 Mg $_{1}$		35.0	2 MTU-DM	4350 2	.	Typ Protector
1-2, 2 Mg		38.0	MTU-DM	2620 2	700 20	Typ ital. Baglietto GC 23
2-Mg $_{1}$		40.0	2 MTU-DM	.	.	
1-2		24.0	MTU-DM	2350 2	.	GRP-Rumpf/hull
1 Mg		26.0	MAN-DM	955 2	.	45 ft Mk II Klasse
1-2		25.0	MTU-DM (12) GM-DM (4)	1250 2	.	Typ US Camcraft 65h
2-2		25.0	GM-DM	1030 2	700 25	Typ US Camcraft 77h Zoll/customs patrol craft

Vietnam

Several units are in a poor state of maintenance, some are laid up.

SA-N-9, SS-N-25, 1-10, 2-3 $_{6}$, **UTR**,		.	.	.	.	Rus. Entwurf/design Realisierung?
2 SS-N-2 A 1-12.7, 73-3.7, 4-2.5 $_{2}$ 2 SA-N-5		18.0	4 Fairb.-M.-DM	44703. 2	20000 10	Typ US Barnegat.
4-7.6 $_{2}$, 10 **UTR** 40.6 **IIIII**, 4 $_{12}$ RBU 6000,		32.0	2 GTu + 1 DM	22060 + 4410 3	5000 10	Typ USSR Petya II (HQ 15, 17). Petya III (HQ 09, 11): 3 **UTR** 53.3 **III**, 4 RBU 2500
8 SS-N-25, 1 SA-N-8, 1-7.6, 1-3		32.0	2 DM	10590 2	2000 14	Typ BPS-500; total: 6? Rümpfe in Rus. gebaut/ hulls built in Russia
4 SS-N-2 C 1 SA-N-5 $_{4}$ 1-7.6, 2-3 $_{6}$		35.0	2 GTu + 2 GTu	17650 + 5880	2200 14	Projekt 1241.1/Tarantul-I 1994: übernommen/ acquired
4 SS-N-2 C $_{2}$, 1 SA-N-8 $_{4}$, 1-7.6, 2-3 $_{6}$		35.0	2 GTu + 2 DM	17650 + 5880 3	2400 14	Projekt 1241 RE/Tarantul II Feb. 99: übernommen/aquired
1-7.6, 1-3 $_{6}$, 4 **TR** 40 **II** 1 SA-N-5		30.0	DM	14705 2	2200 7	Projekt 10412/Svetlyak-Klasse

Anzahl-Art/ Number-Group	Schiffsnamen und Stapellauf/ Ship's Name and Launching		Baubeginn-Fertig-*Umbau*/On Keel-Completed-*Conv.*	Bauwerft/Builder	Wasser-verdrängung/ Displacement ts	Länge/Length m	Breite/Beam m	Tiefgang/Draft m	Besatzung/ Crew Bes
Uboote/Submarines									
2 SC:	**I, II** Typ nordkorean. Sang-O oder Yugo — 1997 angekauft/aquired?								
Kleine Kampfschiffe/Small Fighting Vessels									
8 PG	**HQ 384, 385, 386, I-III** **HQ 359, 360**	~1975	.	USSR	195 240	40.0	8.1	2.0	30
5 PC	**HQ 334, 354, I-III**	?	.	USSR	190 220	40.0	8.0 12.0	1.8 4.0	25
4 PC	**I-IV**	~1960	.	USSR	170 215	42.0	6.0	2.0	30
16 PF	**HQ 301-316**	~1965	.	USSR	145 160	36.0	7.5	1.5	16
9 PP	**T 864, I-VI**	~ 1975	.	USSR	45 60	24.6	5.2	1.0	8
2 PP	**I, II**	1960	.	Werft 345, Jaroslavl	170 90	29.6	5.8	1.5	15
4 PP	**I-IV**(96-97) 24.4 m, Bauwerft/builders: Oceanfast Ferries								
Minensucher/Minesweepers									
2 MB	**HQ 851, 885**	~1970	.	Sr. Neva, Kolpino	400 460	52.0	9.3	2.0	50
4 MS	**HQ 864, I-III**	1986-89	./87 90	USSR	350 400	48.5	9.0	2.1	45
2 MS	**I, II**	~1975	. 80	Sr. Neva, Kolpino	70	26.1	5.8	1.2	10
5 MS	**I-V**	~1955	.	Polen/Poland	20 26	16.9	3.2	1.2	6
2 MS:	**I, II** Typ chin. Lienyun								
Landungsfahrzeuge/Landing Vessels									
3 LS	**Vung Tan, Da Nang**/HQ 503, 505 (ex Coekino Co., Maricova Co.)1943-44 **Qui Nonh**/HQ 501 (ex Bullech Co.)		.	USA	1623 4080	100	15.2	4.9	100
3 LS	**HQ 511-513**	1978-79	./79 80	Polnocna, Gdansk	890 1100	76.2	8.9	1.9	40
12 LC:	**I-XII** 35/90 ts, 13.5 kn — Typ USSR T 4								

Bewaffnung/ Armament	Sensoren- Elektronik/ Sensors- Electronic	Geschwindig- keit/speed kn	Antrieb/Propulsion Maschine / Kessel Engines / Boilers Masch	Leistung/ Power kW 1 kW = 1.36 PS	Fahrstrecke/ Range sm	Sonstige Angaben/ Remarks
4 SS-N-2 B ⇨,	⊤ ♁ ⌖	36.0	DM	11030 3	800 25	Typ USSR Osa II
2-5.7 ⏊$_2$, 2-2.5 ⏊$_2$	⊤ ♁ ⌖	42.0	DM	11030 3	650 20	Typ USSR Turya. Kein/no UTR, Sonar
4-2.5 ⏊$_2$, 4 ✎ RBU 1200	⊤ ♁	27.0	DM	5515 3	1100 15	Typ USSR SO 1
4-3 ⏊$_2$, 4 **TR** 53.3 **I**	⊤ ♁ ⌖ ⩡	40.0	DM	8825 3	450 35	Typ USSR Shershen Einige aufgelegt/some laid up
3 Mg ⏊$_{2, 1}$	⊤	34.0	DM	1765 2	.	Typ USSR Zhuk
2 Mg ⏊$_2$	⊤	20.0	DM	1765 2	460	Typ USSR Poluchat
4-3 ⏊$_2$	⊤ ⌖ ⩡	18.0	DM	2940 ?	1100 18	Typ USSR Yurka
2-3 ⏊$_2$, 2-2.5 ⏊$_2$	⊤ ⩡	18.0	DM	1765 2	1600 10	Typ USSR Sonya
2 Mg ⏊	⊤	16.0	DM	880 2	1000 9	Typ USSR Yevgenya
2 Mg ⏊	⊤	18.0	DM	515 2	.	Typ pol. K 8
4-3.7 ⏊	⊤	11.6	GM-DM	1250 2	6000 9	Typ US LST 1-542
4-3 ⏊$_2$, 2 ↣$_{18}$, 8 ⛟, [350 ts]	⊤ ⌖	18.0	DM	3680 2	3300 14	Typ USSR Polnocny B

15 LC: **I-XV** 34/120 ts, 12 kn, Typ US LCM8

5 LC: **I-V** 24/56 ts, 10 kn; Typ US LCM 6

Anzahl - Art/ Number - Group	Schiffsnamen und Stapellauf/ Ship's Name and Launching	Baubeginn - Fertig- *Umbau*/On Keel - Completed - *Conv.*	Bauwerft/Builder	Wasser- verdrängung/ Displacement ts	Länge/Length m	Breite/Beam m	Tiefgang/Draft m	Besatzung/ Crew Bes
	Hilfsfahrzeuge/Auxiliary Vessels							
1 AG	**I** 1970	.	Polnocna, Gdansk	700 950	53.5	9.1	2.6	25
1 AO	**BO-82** (ex MVT-19) ~ 1957	. /58	Werft 532, Kerch	2100 3100	81.5	11.5	4.5	40
1 AT	**I…** ~1963	./64	Adm. Werft, Leningrad	2000 2675	58.0	18.0	5.9	45

2 YD: **I, II** 50 ts, 30 kn, 2-2.5 ∡, DM — Typ USSR PO 2, auch/also PP

1 YD **I…** 120 ts, 10 kn, 1-Mg ∡, 28.4 x 5.5 x 1.7 m; Typ USSR Nyriat II

Ferner zahlreiche Landungsfahrzeuge, kleinere Fahrzeuge und Dschunken

1 Löschboot/Fire Fighting Vessel: **I** (ex Vichr 2) (84) 2299 ts, 16 kn, DM

West-Samoa/Western Samoa

1 PP: **Nafanua** (86) ./165 ts, 20 kn, 1-2 ∡, Caterpillar-DM, 2075 kW_2, 31.5 x 8.1 x 1.7 m, Bes 17, Bauwerft/ builder: Australian Shb. Ind., Jervoise Bay, Typ austral. ASI 315

1 LC: **Lady Samoa I** (88) 867 ts

Zypern/Cyprus, Republic

1 PP: **Salamis/P 01** (83) 96 ts, 30 kn, 1-4 ∡, 1-2 ∡, DM, 2795 kW_2, 1500/15 sm, 32.1 x 6.5 x 0.9 m, Bauwerft/builder: D'Esterel, Cannes

2 PP: **Aphrodite, Kimon**/Pl 1, 2 (79) 45 ts, 17 kn, 17.7 x 5.2 x 1.5 m

5 PP: **Karpasia, Dyonisios, Ilarion, Kourion, Akamas/** — ex DDR/GDR, 1 PB 11,14, 12, 13, 15 (ex GS 10, 12, 25, 27, 28) 14 ts, 16 kn

2 PP: **Poseidon, Evagoras**/PV 20, 21 (91) 60 ts, 42 kn, 1-2.5 ∡, 2 Mg ∡$_1$, 2 MTU-DM, 2620 kW_2, Bauwerft/builders: Brodotechnika

1 PP: **PV-22** (97) 56 ts, 45 kn, 2620 kW, 2 MTU-DM, 24.8 x 6.0 x 1.2 m, 2-2 ∡$_1$, 2 Mg ∡$_1$, Israel. S.Y., Haifa — Typ israel. Shaldag

Bewaffnung/ Armament	Sensoren-Elektronik/ Sensors-Electronic	Geschwindigkeit/speed kn	Antrieb/Propulsion: Maschine/Kessel – Engines/Boilers	Leistung/Power kW (1 kW = 1.36 PS) / Masch	Fahrstrecke/ Range sm	Sonstige Angaben/ Remarks
—	┬	13.5	DM	1300 2	4000 10	Typ USSR Kamenka
.	┬	12.0	2 DM	1180 2	3000 10	Typ USSR Voda/Projekt 561, 1992 übernommen/ acquired
—	┬	14.0	↝ DM	3970 3	5500 12	Typ USSR Nikitich 1992: übernommen/ acquired

1 AG: **I** (~ 75) ./270 ts, 25 kn, [2-3 ⛵$_2$], DM — Typ USSR Shelon-II

1 AK: **HQ 996** (96) 1200 ts, Bauwerft/builders: Haiphong

In addition, numerous landing vessels, smaller vessels and junks

Zypern/Cyprus — (Turkish Republic)

1 PP: **I** (90) 25 ts, 18 kn, 1 Mg ⛵, DM, 560 kW$_2$, 14.6 x 3.5 x 1.1 m, Bes 6

1 PP: **Rauf Denktas**/74 10 ts, 28 kn, 1 Mg ⛵, Volvo-DM, 294 kW$_2$, 11.6 x 3.5 m, Bes 6 — Typ türk. CG 23.

Skizzen und Schiffsphotos

Maßstab der Skizzen und Deckspläne 1:2000
Maßstab der Boote von weniger als 60 m Länge 1:1000

Erklärungen

Die Darstellung der noch nicht fertiggestellten Schiffe fußt auf den bisher bekannten Angaben. Diese Skizzen sind als „vorläufige Skizzen" gekennzeichnet.

Unter den Skizzen sind links Bewaffnung, rechts Wasserverdrängung, Geschwindigkeit und Länge über alles angegeben. Bei den Unterseebooten sind Wasserverdrängung und Geschwindigkeit über und unter Wasser durch einen senkrechten Strich getrennt.

Innerhalb der einzelnen Klassen finden sich zahlreiche kleinere Unterschiede im Aussehen, die nur in Ausnahmefällen vermerkt werden können. Mit Änderungen, besonders der leichten Artillerie, der U-Abwehr, der Bemastung und der Radarantennen, ist stets zu rechnen.

Bei zahlenmäßig stärkeren Klassen sind nur die Typschiffe namentlich aufgeführt.

Die Anzahl der Geschütze bei Mehrfachlafetten sowie andere, aus den Skizzen nicht ohne weiteres ersichtliche Konstruktionseigenheiten sind nach Möglichkeit durch besondere Kennzeichen erklärt.

Buchstaben bzw. Zahlen in eckigen Klammern [ ] hinter den Schiffsnamen bedeuten die Kennung des betreffenden Schiffes – meist am Bug, bei Flugzeugträgern an der Insel und an Deck, bei Unterseebooten am Turm angebracht. Bei vielen Marinen werden nur die Kennzahlen und nicht die Kennbuchstaben auf allen oder einigen Schiffsgruppen angebracht.

Rechts unter den Photos ist der Monat und das Jahr vermerkt, in dem das betreffende Bild aufgenommen wurde.

Abkürzungen s. Seite XII.

Drawings and Photographs of the Ships

Scale of drawings and deck plans 1:2000
Scale of boats with a length of less than 60 m 1:1000

Notes

Drawings of ships not yet completed are based on available data.

Armament data is placed below the drawings at the left, while ship's displacement, speed, and overall length are quoted at the right. Displacement and speed of submarines above water and submerged are separated by an oblique stroke.

There are many small obvious differences between ships in one class, but these are mentioned only when necessary. Changes in small caliber guns, ASW equipment, masts, and radar antennas occur continually.

Only the lead ships of classes with numerous ships are quoted by name.

The number of guns in multiple mounts and other design features not shown in the drawings are identified by special symbols.

Letters or figures in square brackets [ ] behind the ship's name indicate the ship's identification (mostly at the bow, on the island of aircraft carriers, or on the conningtower of submarines). Many navies (such as U.S.) use the identification numbers only, rather than letter and number, on all or some ship types.

At the right below the photograph the month and year is shown in which the photo was taken.

Abbreviation: See page XIV.

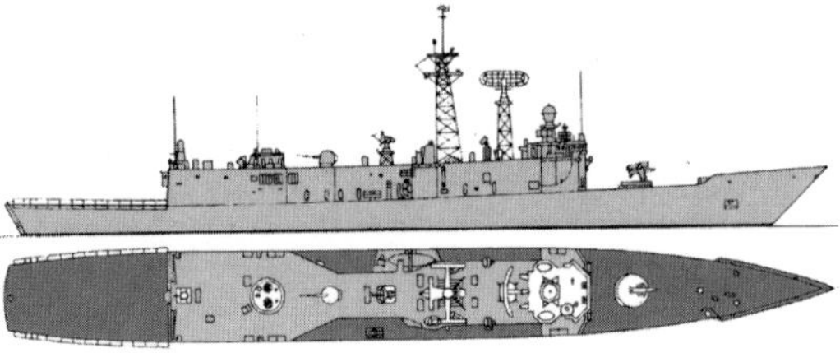

2270 ts, 28 kn, 136 m
4 Harpoon / 36 Standard MR ⇨/,
1-7.6, 1-2 Phalanx,
6 **UTR** 32.4 **III**, 2
4 FG: **Sharm el Sheikh, Toshka, Mubarak, Tabha** [901, 906, 911, 916]
(79-80) – *Typ US O.H. Perry*

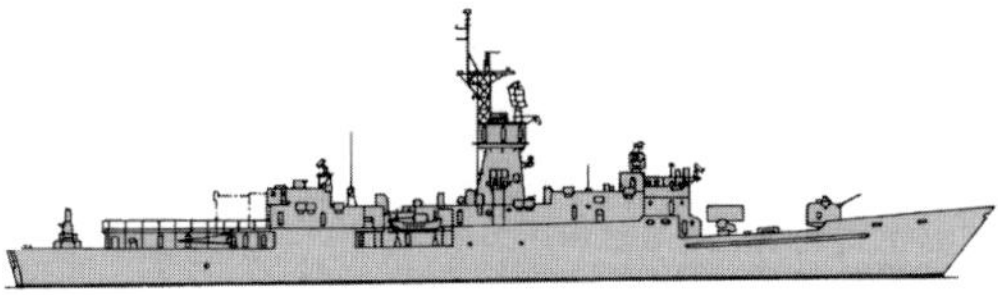

3010 ts, 27 kn, 134 m
8 Harpoon ⇨$_4$, 1-12.7,
1-2 Phalanx,
4 **UTR** 32.4 **II**, 1 $_8$, 1
2 FG: **Damyath, Rasheed** [961, 966]
(72-73) – *Typ US Knox*

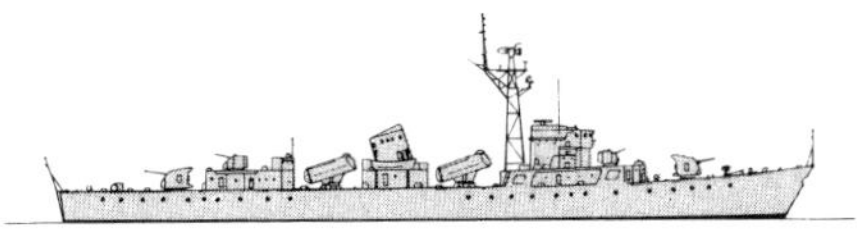

1570 ts, 25.5 kn, 103 m
4 HY 2 ⇨, 4-5.7, 12-3.7,
2, 2,
2 FG: **Najim Al Zafir** [951, 956] (83)
Typ chin. Jianghu I

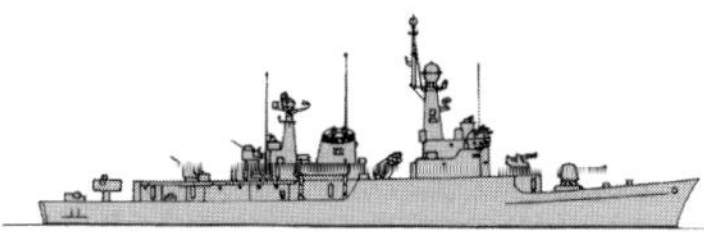

1360 ts, 26 kn, 88.9 m
8 Harpoon ⇨, 1-7.6, 2-4, 1 Albatros,
6 **UTR** 32.4 **III**, 1
2 FG: **El Sues** [941, 946] (79)
Typ span. Descubierta

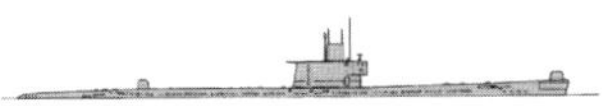

8 **TR** (6 b, 2 h) 1320/1712 ts, 17/14 kn, 77 m
4 SS: **849, 852, 855, 858** (75-82) – *Typ USSR Romeo*

Maßstab / Scale 1:1000

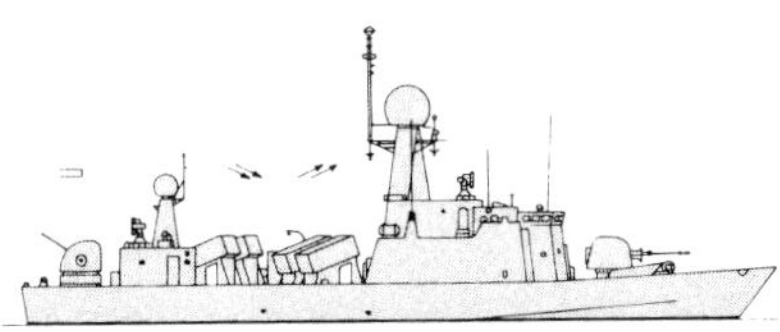

4 Otomat ⇨, 1-7.6, 2-4 260 ts, 38 kn, 52 m
6 PG: *Ramadan Klasse*
[670, 672, 674, 676, 678, 680] (79-81)

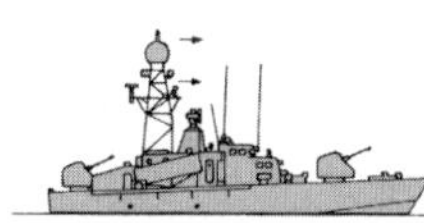

2 Otomat ⇨, 4-3 70 ts, 40 kn, 25.6 m
4 PG: *Oktober Klasse* (~ 75)

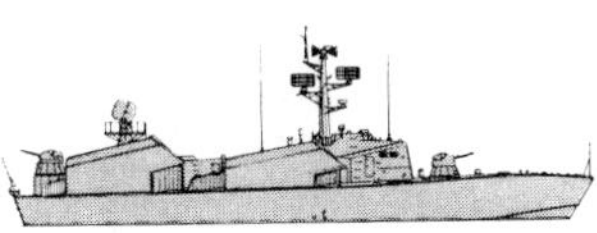

4 ⇨, 4-3, 2 Mg, 1 → 210 ts, 36 kn, 39.6 m
3 PG: **633** (~ 65) – *Typ USSR Osa I*

2 HY 2 ⇨, 2-2.5 68 ts, 40 kn, 26.8 m
5 PG: **609** – *Typ chin. Hegu*

Ägypten/Egypt

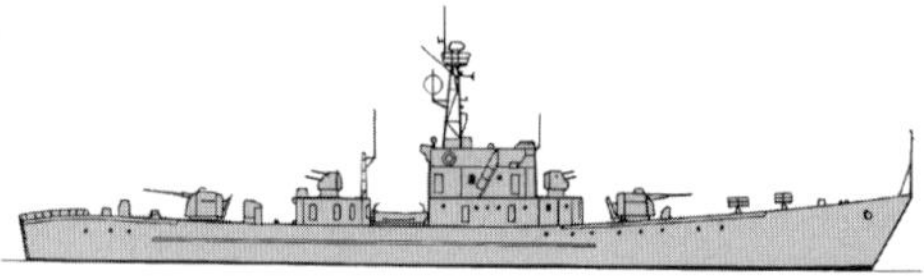

375 ts, 30,5 kn, 59 m
4-5.7, 4-2.3, 4 5, ,
8 PC: **El Nour** [430, 433, 436, 439, 442, 445, 448, 451] (82-83) – *Typ chin. Hainan*

4-3.7, 4-2.5 120 ts, 30 kn, 38.8 m
4 PC: **793** (~ 75) – *Typ chin. Shanghai*

4-3, 1 ↑, 2 ↣ 145 ts, 40 kn, 34 m
6 PP: **751** (~ 63) – *Typ USSR Shershen*

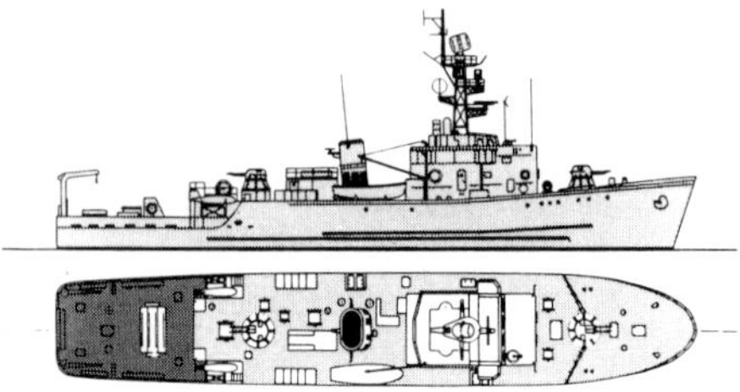

400 ts, 16 kn, 52 m
4-3, 10
4 MB: **Azwan** [533, 530, 536, 539] (~ 65)
Typ USSR Yurka

FG **Najim Al Zafir** (83) Typ chin. Jianghu I 8-1997, Flottenkommando

MB **Azwan** (~ 65) Typ USSR Yurka 10-1998, Sadek

SS **855** (~ 82) 10-1996, Van Ginderen Coll.

PG **609** Typ chin. Hegu 10-1991, Mießner

PC **El Wakil** (82) Typ chin. Hainan 10-1998, Sadek

LS **305** (~ 65) Typ USSR Polnocny 11-1997, Flottenkommando

PP **336** (85) Typ 93 ft — 6-1997, Lüdtke

AX **El Horria** (1865) — 1996, Mießner

Algerien/Algeria

4-7.6, 4-3, 2, 2, — 1500 ts, 29 kn, 96.4 m
3 FF: **Murat Reis** [901-903] (~ 78-83)
Typ USSR Koni II

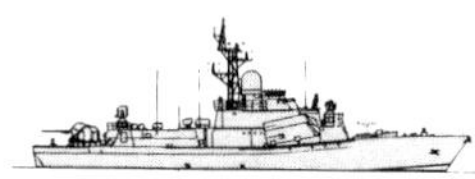

4, 2, 2-5.7 — ./770 ts, 30 kn, 60.3 m
3 FG: **Ras Hamidou** [801-803] (~ 79-83)
Typ USSR Nanuchka II

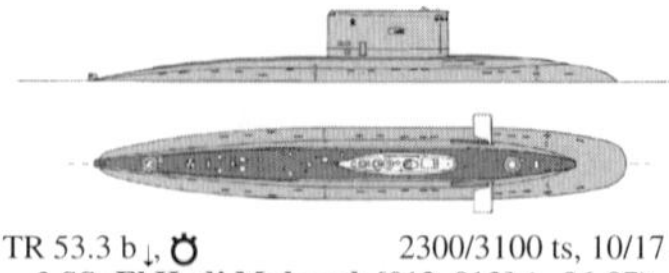

6 TR 53.3 b↓, — 2300/3100 ts, 10/17 kn
2 SS: **El Hadj Mubarak** [012, 013] (~ 86-87)
Typ USSR Kilo

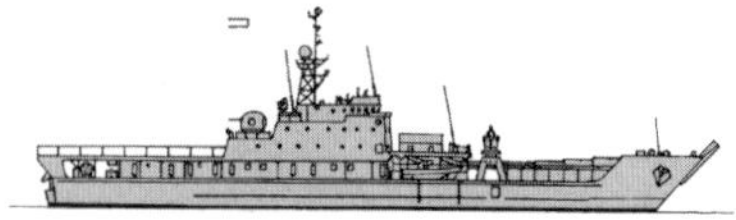

2-4, 2-3, [240] — 2130 ts, 12 kn, 93 m
2 LS: **Kalaat Beni Hammad** [472, 473] (83-84)

Maßstab / Scale 1:1000

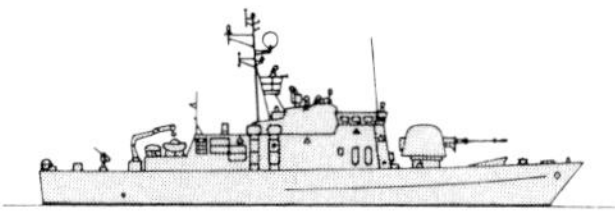

1-7.6 , 1-2 166 ts, 29 kn, 37.5 m
9 PP: **El Yadekh** [341-349] (82-88)

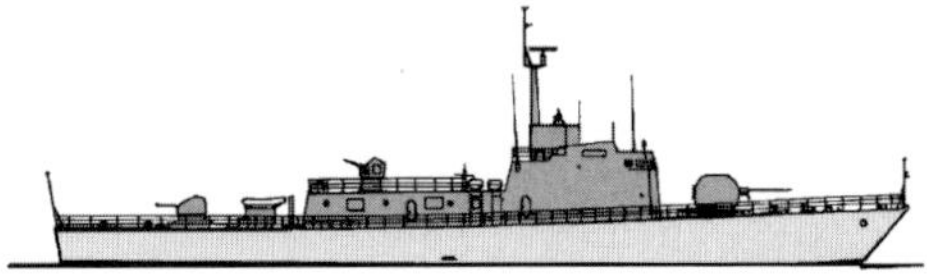

1-7.6 , 2-4 , 4-2.3 495/540 ts, 31 kn, 58.4 m
3 PP: **Djebel Chenoua** [351, 352,] (85-00)

FF **Reis Korfo** (83) Typ USSR Koni II 5-1997, Flottenkommando

FG **Salah Reis** (79) Typ USSR Nanuchka II 5-1997, Flottenkommando

SS **El Hadj Slimane** (87) Typ USSR Kilo 2-1996, ANBw/FAFIO

Argentinien / Argentina

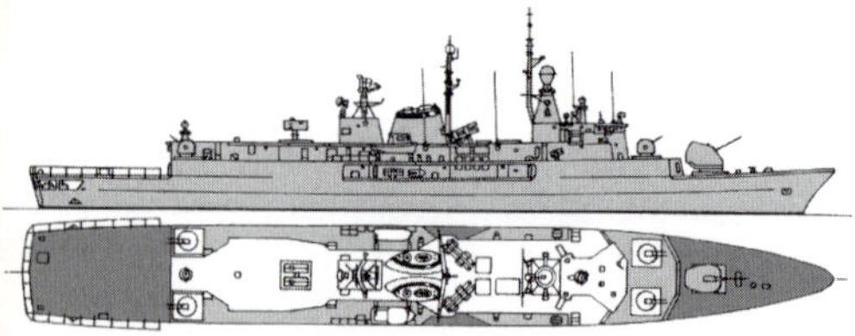

2900 ts, 30.5 kn, 126 m
8 MM 40, 1-12.7, 8-4, 8 Albatros
6 **UTR** 32.4 **III**, 2
4 DG: **Almirante Brown** [D 10-13] (81-82)
Typ deutsch / German MEKO 360 H 2

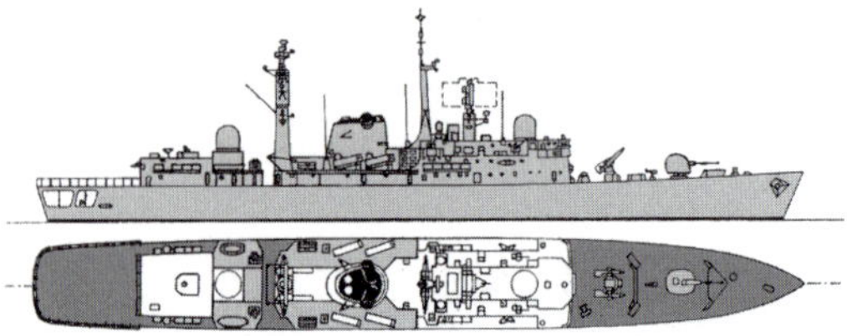

4 MM 38, 1-11.4, 2-4, 2-2, 6 **UTR** 32.4 **III**, 2 Seadart, 1 — 3150 ts, 30 kn, 125 m
2 DG: **Hercules** [D 1,2] (72-74) – *Typ brit. Sheffield*

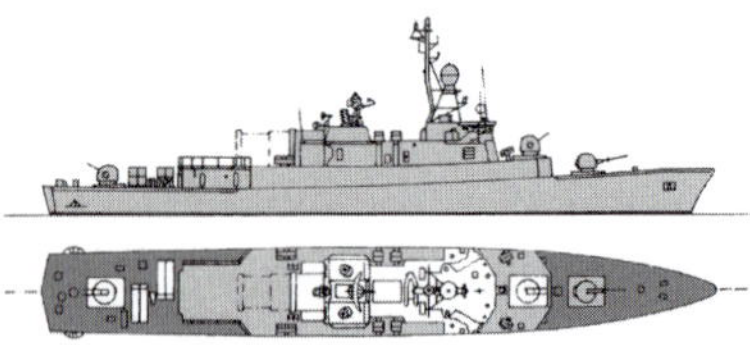

4 MM 38, 1-7.6, — 1560 ts, 27 kn, 91.2 m
4-4, 6 **UTR** 32.4 **III**, 1
6 FG: **Espora** [F 41-46] (82-86)
Typ MEKO 140 A 16

Kennungen / Identification

Zerstörer / Destroyers
D …
1-Hercules
2-S. Trinidad
10-Alm. Brown
11-La Argentina
12-Heroina
13-Sarandi

Fregatten / Frigates
F …
31-Drummond
32-Guerrico
33-Granville
41-Espora
42-Rosales
43-Spiro
44-Parker
45-Robinson
46-Gomez Roca

P …
20-Murature
21-King

A …
1-C. G. Irigoyen
2-Ten. Olivieri
3-F. de Gurruchaga
6-Sub Of. Castillo
9-Alf. Sobral

Uboote / Submarines
S …
31-Salta
41-Santa Cruz
42-San Juan

Schnellboote / Fast Patrol Boats
P …
55-Zurubi
61-Baradero
62-Barranqueras
63-Clorinda
64-C. del Uruguay
85-Intrépida
86-Indomita

Minensucher / Minesweepers
M …
5-Chaco
6-Formosa

Landungs- und Hilfsfahrzeuge / Landing and Auxiliary Vessels
Q …
2-Libertad
5-Alm. Irizar
11-Com. Rivadavia
15-Comorán
16-Petrel
20-Puerto Deseado
73-Itati II
74-Fortuna I
75-Fortuna II

B …
3-Canal de Beagle
4-B. San Blas
5-Cabo de Hornos
13-Ing. Krausse
-Patagonia

R …
1-Huarpe
2-Querandi
3-Tehuelche
4-Mataco
5-Mocovi
6-Calchaquí
7-Ona
8-Toba
10-Chulupi
16-Capayan
18-Chiquillan
19-Morcoyan

Küstenwache / Coast Guard
GC …
13-Delfin
21-Lynch
22-Toll
24-Mantilla
25-Azopardo
26-Thompson
27-Prefecto Fique
28-Prefecto Derbes
43-Mandubi
47-Tonina
64-Mar del Plata
65-Martin Garcia
66-Rio Luján
67-Rio Uruguay
68-Rio Paraguay
69-Rio Paraná
70-Rio de la Plata
71-La Plata
72-Buenos Aires
73-Cabo Corrientes
74-Rio Quequén
75-Bahia Blanca
76-Ing. White
77-Golfo San Matías
78-Madryn
79-Rio Deseado
80-Ushuaia
81-Canal Beagle
101-Dorado

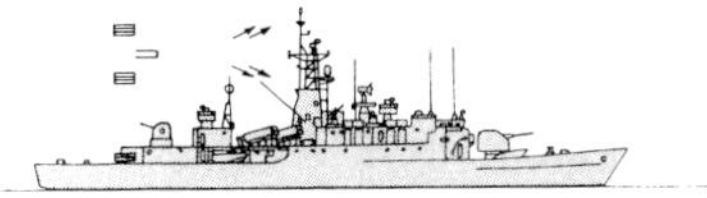

4 MM 38 ⇨, 1-10, 1090 ts, 24 kn, 80.5 m
2-4, 2-2, 6 **UTR** 32.4 **III**
3 FG: **Drummond** [F 31-33] (77-80)
Typ franz. / French A 69

6 **TR** 53.3 b↓ 2150 /2365 ts, 13/25 kn, 65.9 m
2 SS: **Santa Cruz** [S 41, 42]
(82-84)

8 **TR** 53.3 b↓ 1185/1356 ts, 10/21 kn, 56 m
1 SS: **Salta** [S 31] (72)
Typ deutsch / German 209/1200

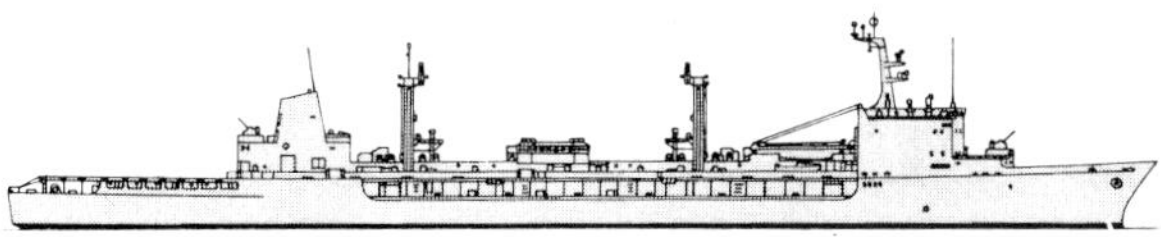

7600 ts, 19 kn, 157 m
2-4, 4 Mg, 2
1 AO: **Patagonia** (75)
Typ frz. Durance

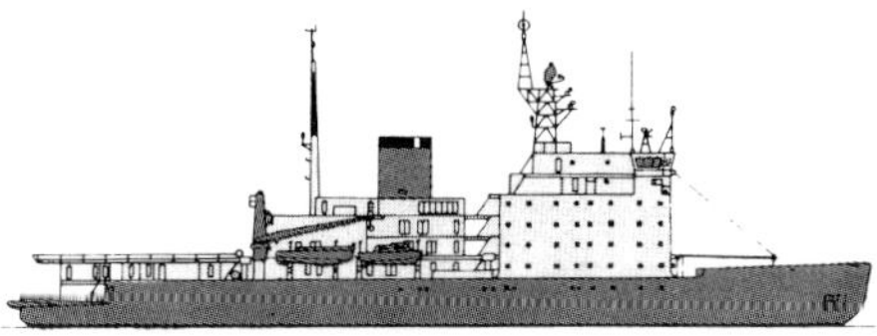

11810 ts, 16.5 kn, 119 m
2-4, 2
1 AI: **Almirante Irizar** [Q 5] (78)

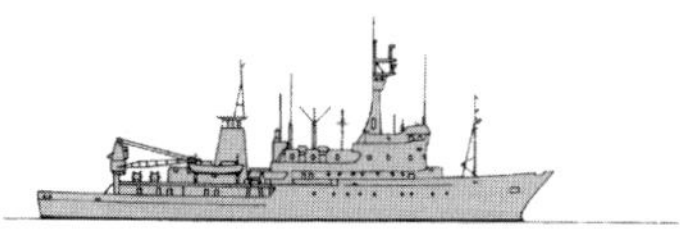

– 2135 ts, 15 kn, 78.2 m
1 AG: **Puerto Deseado** [Q 20] (77)

Küstenwache / Coast Guard

1-4, 1 767 ts, 21 kn, 67 m
5 FS: **Mantilla** [GC 24-28] (81-82)

Maßstab / Scale 1:1000

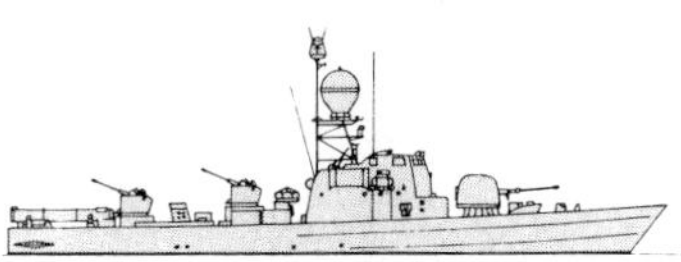

1-7.6, 2-4, 2 **TR** 240 ts, 38 kn, 44.9 m
2 PF: **Intrépida** [P 85, 86] (73-74)

2-2, 2 MG 27 ts, 22 kn, 19.8 m
4 PP: **Baradero** [P 61-64] (77) – *Typ israel. Dabur*

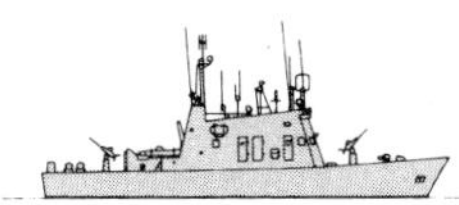

81 ts, 24.5 kn, 28 m
1-2, 2 MG,
18 PP: **Mar del Plata** [GC 64-81] (79)
Küstenwache / Coast Guard

DG **Hercules** (72) Typ brit. Sheffield 5-1997, G. Berger

DG **La Argentina** (81) Typ dt. MEKO 360 H 2 7-1998, Fiebiger

FS **Suboficial Castillo** (44) Typ US Cherokee 7-1998, Fiebiger

FS **King** (43) [21] 2-1995, Lüdtke

SS **San Juan** (83) Typ deutsch / German TR 1700 10-1984, Voß

MS **Formosa** (54) Typ brit. Ton 7-1998, Fiebiger

AI **Almirante Irizar** (78) 5-1997, Van Ginderen coll.

FS **Delfin** (57) 1-1998, Ehlers

PP **Ushuaia** (79) 3-1997, Van Ginderen coll.

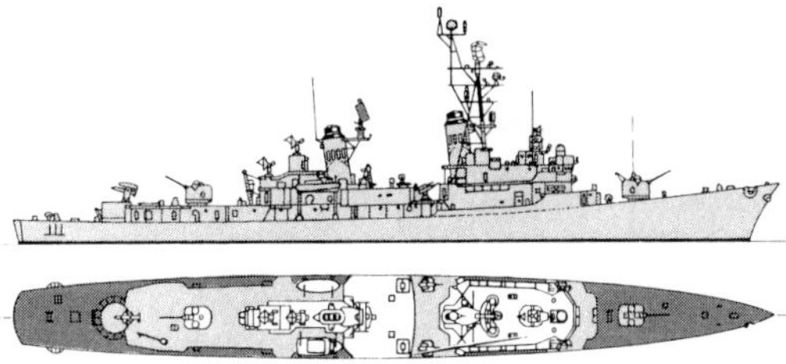

3370 ts, 35 kn, 134 m
2-12.7, 2-2 Phalanx,
1 Standard A, 6 **UTR** 32.4 **III**
2 DG: **Hobart, Brisbane**
[39, 41] (64-66)
Typ US Ch. F. Adams

3200 ts, 27.7 kn, 116 m
[⇨], 1 VLS, NATO Sea Sparrow,
1-12.7, 1-2 Phalanx, 6 **UTR** 32.4 **III**
1
8 FG: **Anzac** [150-157] (95 – bew./auth.)
Typ deutsch / German MEKO 200 ANZ

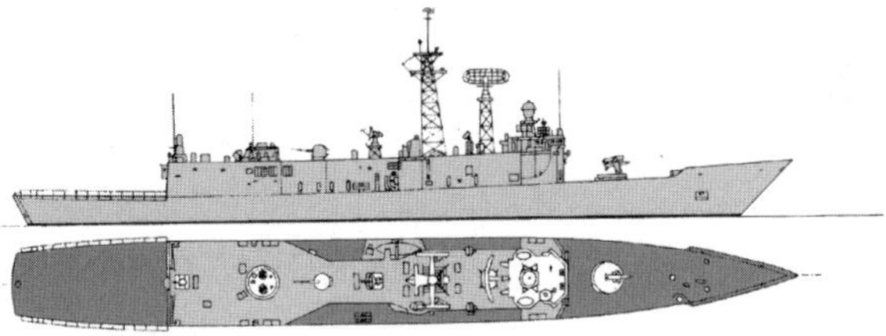

2850 ts, 29 kn, 139 m
1 Standard / Harpoon ⇨,
1-7.6, 1-2 Phalanx,
6 **UTR** 32.4 **III**, 2
6 FG: **Adelaide** [01-06]
(78-92) – *Typ US FFG 7*

Kennungen / Identification

Zerstörer / Destroyers
39-Hobart
41-Brisbane

Fregatten / Frigates
01-Adelaide
02-Canberra
03-Sydney
04-Darwin
05-Melbourne
06-Newcastle
150-Anzac
151-Arunta
152-Warramunga
153-Stuart
154-Parramatta
155-Ballarat
156-Toowoomba
157-Perth

Uboote / Submarines
62-Otama
71-Collins
72-Farncomb
73-Walter
74-Dechaineux
75-Sheean
76-Rankin

Kleine Kampfschiffe / Small Fighting Vessels
203-Fremantle
204-Warrnambool
205-Townsville
206-Wollongong
207-Launceston
208-Whyalla
209-Ipswich
210-Cessnock
211-Bendigo

213-Geraldton
214-Dubbo
215-Geelong
216-Gladstone
217-Bunbury

Minensucher / Minesweepers
M …
80-Rushcutter
81-Shoalwater
82-Huon
83-Hawksbury
84-Norman
85-Gascoyne
86-Diamantina
87-Yarra
1102-Brolga
1121-Bermagui
1185-Koraaga
Y…
298-Bandicoot
299-Wallaroo

Landungsfahrzeuge / Landing Vessels
L …
45-Jervis Bay
50-Toburuk
51-Kanimbla
52-Manoora

126-Balikpapan
127-Brunei
128-Labuan
129-Tarakan
130-Wewak
133-Betano

Hilfsfahrzeuge / Auxiliary Vessels
A …
01-Paluma
02-Mermaid
03-Shepparton
04-Benalla

ASR …
214-Protector

HS …
01-Leeuwin
02-Melville

DT …
1801-Quokka
2601-Tammar

HTS …
501-Bronzewing
502-Currawong
504-Mollyhawk

O …
195-Westralia

OR …
304-Success

TRV …
801-Tuna
802-Trevally
803-Tailor

WFL …
8001-Warrigal
8002-Wallaby
8003-Wombat
8004-Wyulda

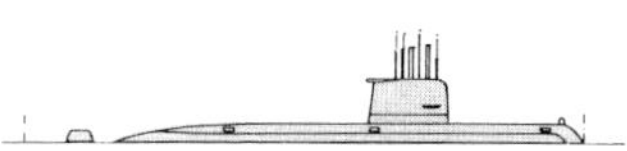

6 **TR** 53.3 b↓, ⇨ 3051/3353 ts, 10/20 kn, 77,5 m
6 SS: **Collins** [71-76] (93 – a.St./o.St.)

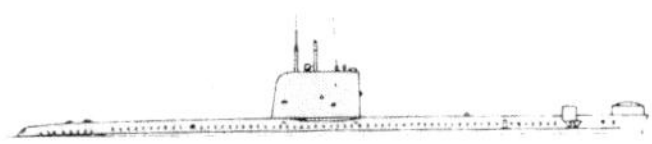

8 **TR** 53.3↓ (6 b, 2 h) 2030/2410 ts, 12/17 kn, 90 m
1 SS: **Otama** [62] (75)
Typ brit. Oberon T

Australien / Australia

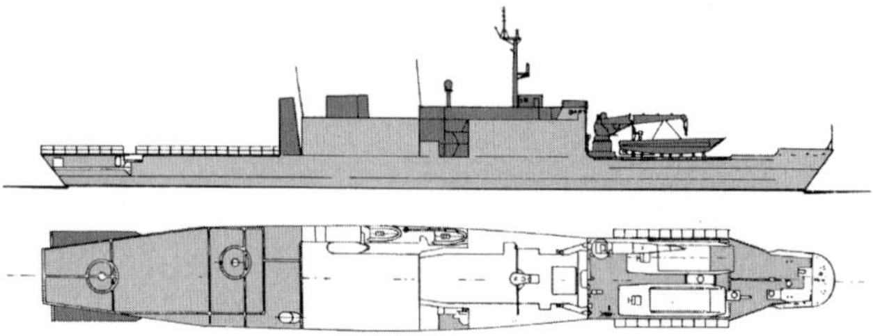

4 , 2 Mg 4970/8450 ts, 20 kn, 159 m

2 LS: **Kanimbla** [L 51, 52] (70, *99*) *Typ US Newport*

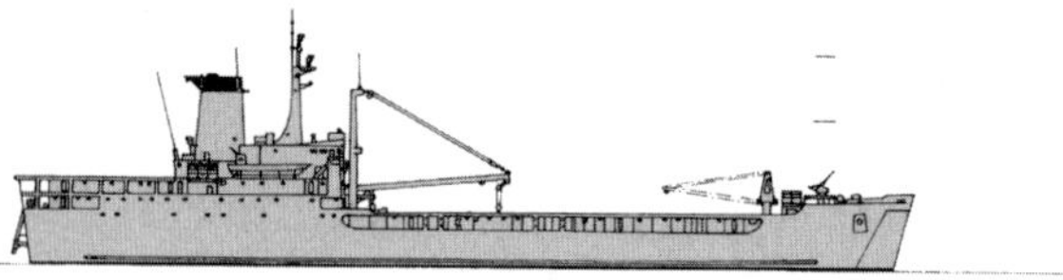

2-4 , 2 MG , 1 LS: **Tobruk** [L 50] (80) 3400 ts, 17 kn, 130 m

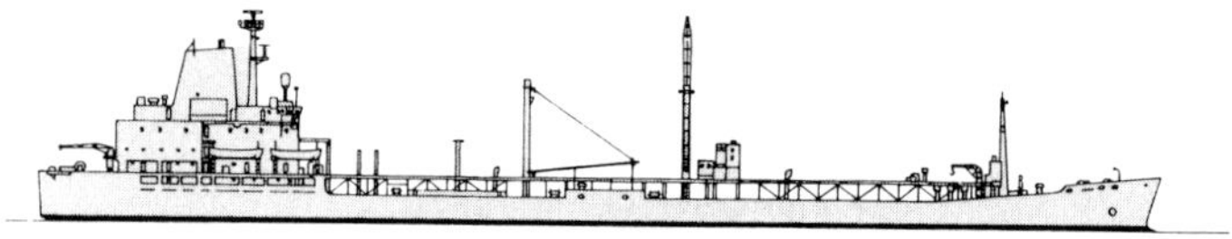

2-2 1 AO: **Westralia** [O 195] (75) ./40870 ts, 16 kn, 171 m

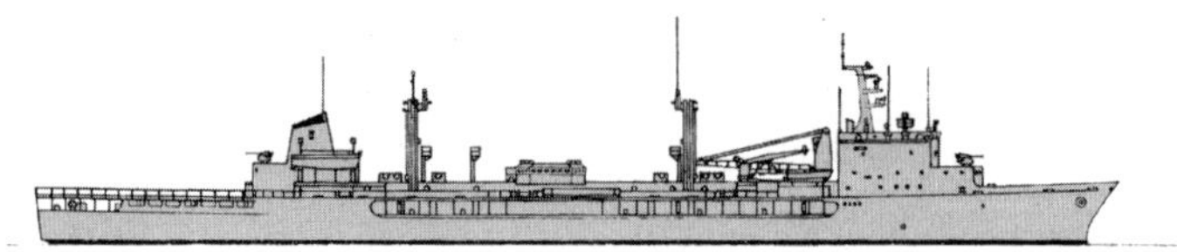

2-4 , 2-2 Phalanx, 1 7600 ts, 19 kn, 157 m

1 AO: **Success** [OR 304] (83) *Typ frz. / French La Durance*

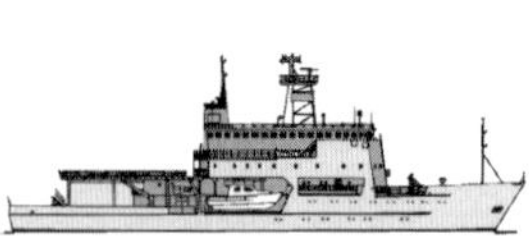

2550 ts, 15 kn, 71.2 m
1
2 AG: **Leeuwin** (97-98)

Maßstab / Scale 1:1000

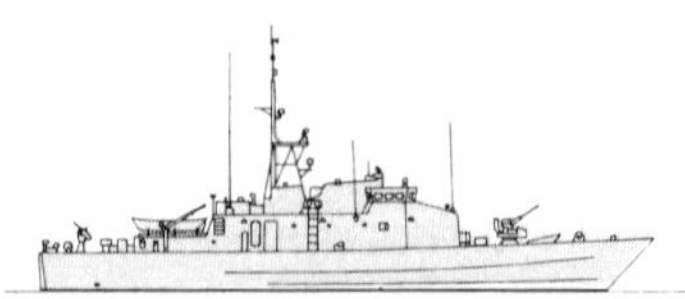

200 ts, 30 kn, 42.7 m
1-4 , 2 Mg ,
1-8.1 Mörser / mortar
15 PP: **Fremantle** [203-217] (79-84)

1-3 ⛵ 720 ts, 14 kn, 52.5 m
6 MS: **Huon** [M 82-87]
(97 – a.St./o.St.)

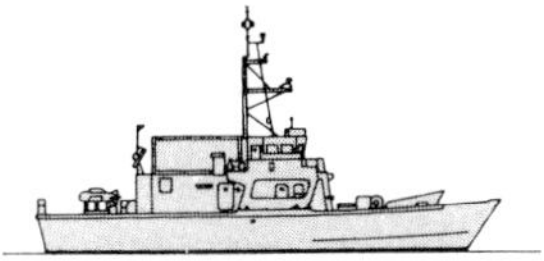

– 100 ts, 10 kn, 31.9 m
2 MS: **Rushcutter** [M 80, 81]
(86-87)

DG **Brisbane** (66) Typ US Charles F. Adams 2-1999, Van Ginderen coll.

FG **Canberra** (78) Typ US O.H. Perry 2-1999, Van Ginderen coll.

FG **Anzac** (94) Typ MEKO 200 ANZ 2-1999, Van Ginderen coll.

FG **Arunta** (96) Typ MEKO 200 ANZ 5-1999, Van Ginderen coll.

SS **Farncomb** (95) 3-1999, Van Ginderen coll.

PP **Dubbo** (83) 8-1998, Van Ginderen coll.

MS **Huon** (97) Typ ital. Gaeta 6-1999, Van Ginderen coll.

MS **Rushcutter** (86) 3-1999, Van Ginderen coll.

MS **Brolga** (75) 10-1997, Van Ginderen coll.

LS **Manoora** (70) Typ US Newport 11-1998, Sifferlinger

LP **Jervis Bay** (98) Typ In Cat 6-1999, RAN

AO **Succes** (83) Typ franz. La Durance 6-1998, Van Ginderen coll.

Bahamas

Maßstab / Scale 1:1000

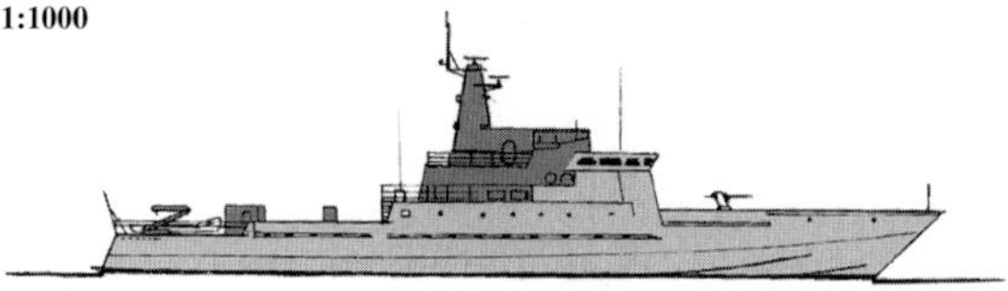

1-2.5, 3 Mg

375 ts, 24 kn, 60.6 m

2 PP: **I, II** (98) *Typ Europatrol*

Bahrein/Bahrain

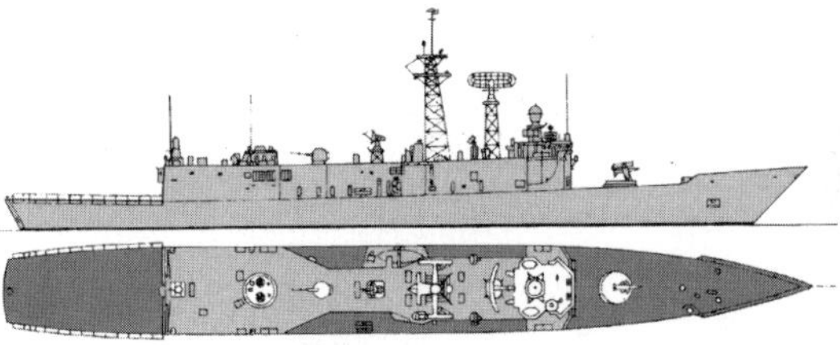

2770 ts, 28 kn, 136 m
4 Harpoon / 36 Standard MR,
1-7.6, 1-2 Phalanx,
6 **UTR** 32.4 **III**, 2
1 FG: **Sabha** (80) [90]
Typ US O. H. Perry

Kennungen / Identification

90-Sabha	21-Al Jaberi	10-Al Riffa	41-Ajeera
50-Al Manama	22-Abdul Rah. al-Fadel	11-Hawar	42-Mashtan
51-Al Muharraq	23-Al Taweelah	30-Al Jarim	43-Rubodh
20-Amal al Fateh		31-Al Jasrah	44-Suwad

Maßstab / Scale 1:1000

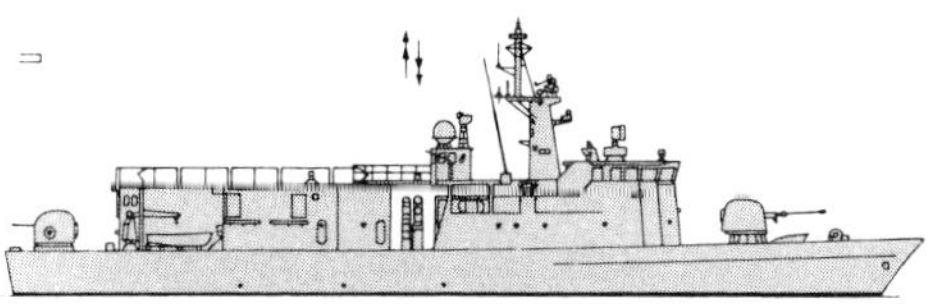

536 ts, 34.5 kn, 63 m
4 MM 40, 1-7.6, 2-4, 2-2, 1
2 PG: **Al Manama** [50, 51] (86-87)

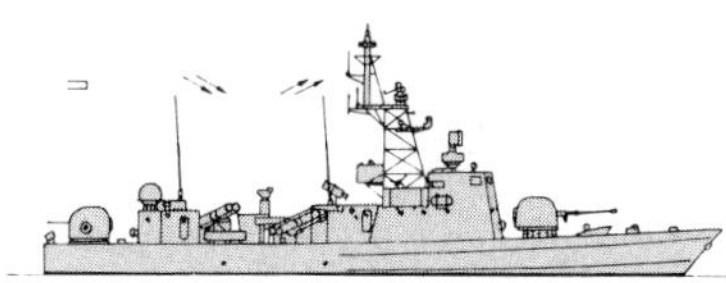

4 MM 40, 1-7.6, 2-4, ./270 ts, 41 kn, 46.9 m
2 Mg,
2 PG: **Abdul Rahman Al-Fadel** [22, 23] (86-88)

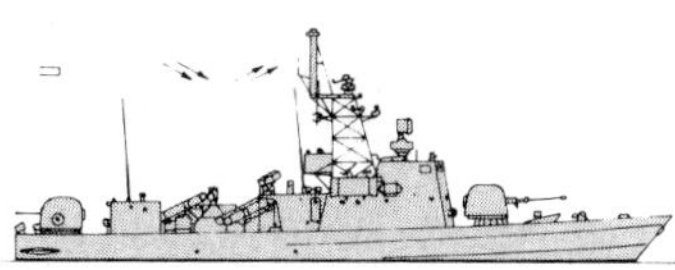

4 MM 40, 1-7.6, 2-4, 231 ts, 41 kn, 44.9 m
2 Mg,
2 PG: **Ahmad Al Fatheh** [20, 21] (83-84)

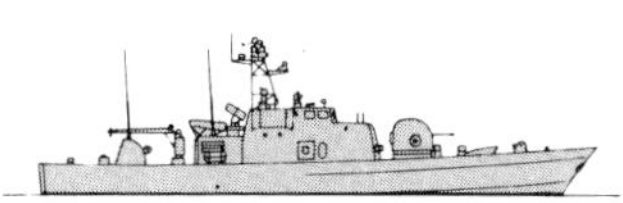

170 ts, 33 kn, 38.5 m
2-4, 2 Mg,
2 PF: **Al Riffa** [10, 11] (81)

FG **Sabha** (80) Typ US O.H. Perry 5-1997, Van Ginderen coll.

PG **Al Manama** (86) Typ deutsch / German Lürssen 62001 7-1991, Streich

PG **Ahmad Al Fateh** (83) Typ Lürssen TNC 45 6-1991, Streich

Bangladesch/Bangladesh

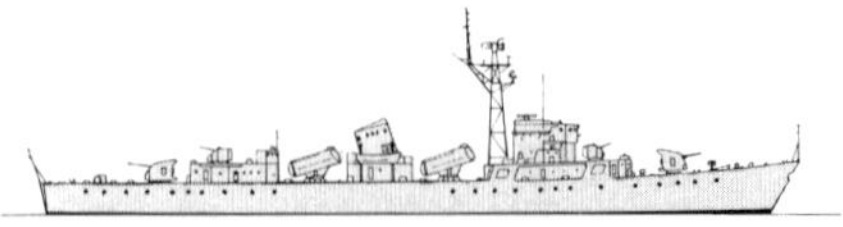

1675 ts, 26 kn, 103 m
4 HY 26, 4-10, 8-3.7,
2, 2,
1 FG: **Osman** [F 18] (88)
Typ chin. Jianghu I

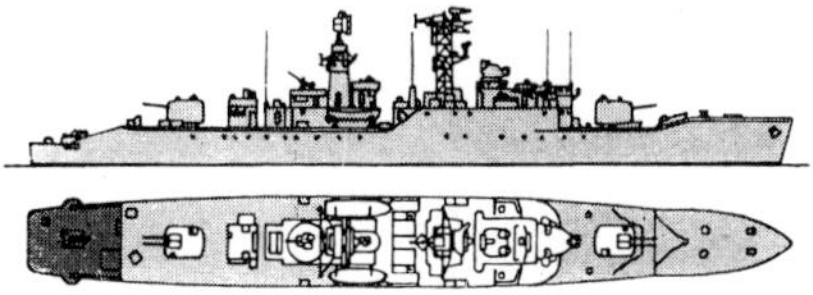

2300 ts, 25 kn, 104 m
2-11.4, 1-4, 1
2 FE: **Ali Hyder** [F 15, 17] (55-57)
Typ brit. Leopard

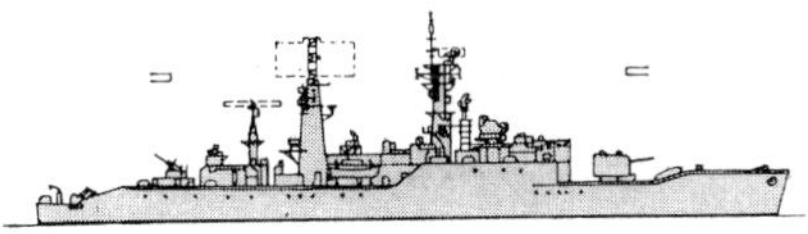

2170 ts, 24 kn, 104 m
2-11.4, 2-4, 2-2, 1
1 FE: **Umar Farooq** [F 16] (55)
Typ brit. Salisbury

Kennungen / Identification

Fregatten / Frigates
F …
15-Abu Bakr
16-Umar Farooq
17-Ali Hyder
18-Osman

Wachfahrzeuge / Patrol Vessels
P…
111-Pabna
112-Noakhali
113-Patuakhali
114-Rangamati
115-Bogra
211-Meghna
212-Jamuna
311-Bishkali
312-Padma
313-Surma
314-Karnaphuli
315-Tista
411-Shadeed Daulat
412-Sh. Farid
413-Sh. Mohibullah
414-Sh. Akhtaruddin
611-Tawheed
612-Tawfiq
613-Tawjeed
614-Tanveer
711-Barkat
812-Nirbhoy
8111-Durbar
8112-Duranta
8113-Durvedya
8114-Durdam
8125-Durdharsha
8126-Durdanta
8127-Durnibar
8128-Dordanda
8131-Amirban
8141-Uttal

M …
91-Sagar
95-Shapla
96-Shaikat
97-Suravi
98-Shaibal

L …
900-Shah Amanat
901-Shah Poran
902-Shah Makhdum

Hilfsfahrzeuge / Auxiliary Vessels
A …
511-Sh. Ruhul Amin
512-Shahayak
513-Shah Jalal
515-Khan Jahan Ali
581-Darshak
582-Tallashi
721-Khadem
722-Sebak

Maßstab / Scale 1:1000

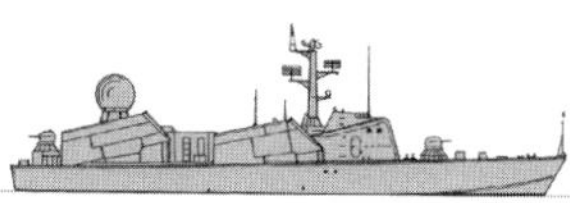

4 HY 1 ⇨, 4-3 210 ts, 36 kn, 38.8 m
5 PG: **Durdharsha** [P 8125-8128, 8131] (~ 85)
Typ chin. Huangfen

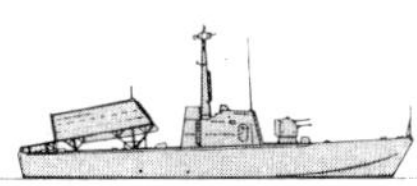

2 HY 1 ⇨, 2-2.5 68 ts, 40 kn, 26.8 m
5 PG: **Durbar** [P 8111-8114, 8141] (~ 80)
Typ chin. Hegu

635 ts, 23.5 kn, 60.8 m
1-5.7, 1-4, 2-2
1 FS: **Madhumati** [P 911] (97)

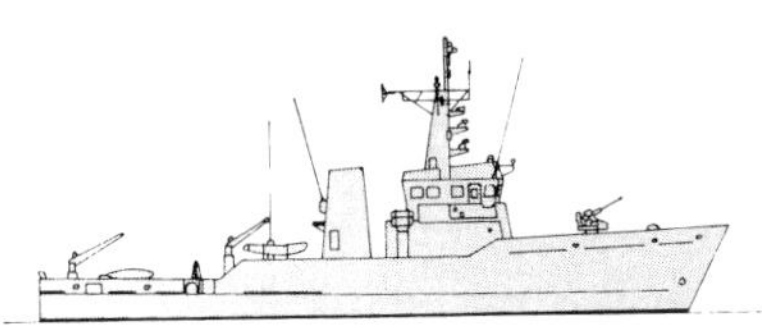

1-4 770 ts, 14 kn, 47.6 m
4 MB: **Shapla** (83-84) – *Typ brit. River*

4-3.7, 4-2.5, 2 120 ts, 28.5 kn, 38.8 m
4 PC: **Tawheed** [P 611-614] (~ 80)
Typ chin. Shanghai II

Bangladesch / Bangladesh

Maßstab / Scale 1:1000

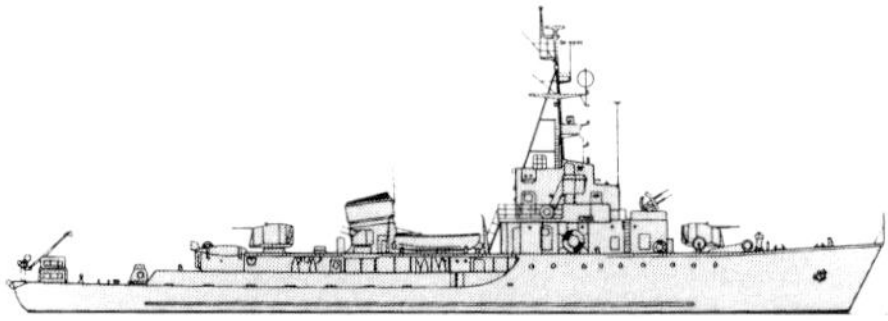

4-3.7, 4-2.5, 4-Mg — 520 ts, 14 kn, 60 m

1 MB: **Sagar** (94) *Typ USSR T43*

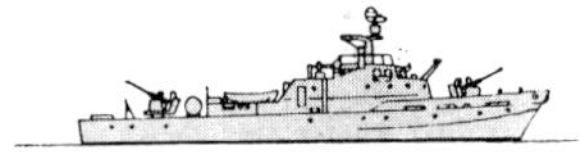

2-4 — 115 ts, 24 kn, 32.6 m

1 PP: **Bishkali** [P 311] (65)

FE **Abu Bakr** (57) Typ brit. Leopard — 8-1995, Van Ginderen coll.

FS **Madhumati** (97) Typ korean. Sea Dragon — 11-1997, M. Berger

MB **Shapla** (83) Typ brit. River — 9-1994, Van Ginderen coll.

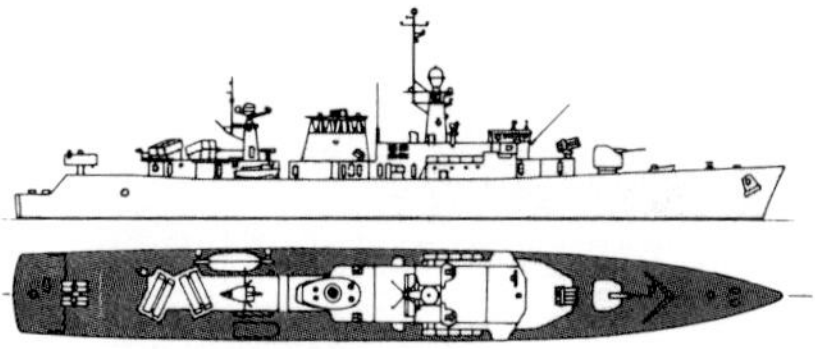

1940 ts, 25 kn, 106 m
4 MM 38, 1-10, 1 Sea Sparrow 8,
2 **UTR,** 1
3 FG: **Wielingen** [F 910-912] (75-77)

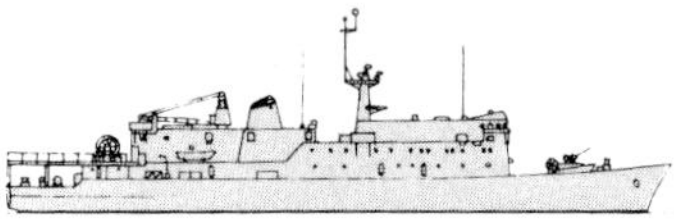

2-4, 1 — 1700 ts, 18 kn, 92 m
1 AR: **Godetia** [A 960] (65)

– 835 ts, 13.5 kn, 51 m
1 AG: **Belgica** [A 962] (84)

Kennungen / Identification

Fregatten / Frigates	Minensucher / Minesweepers		Hiflfsfahrzeuge / Auxiliary Vessels	
F …	M …	917-Crocus	A …	958-Z. Gramme
910-Wielingen	903-Dufour	921-Lobelia	950-Valcke	960-Godetia
911-Westdiep	908-Truffaut	922-Myosotis	952-Wesp	961-Zinnia
913-Wandelaar		923-Narcis	954-Zeemeeuw	962-Belgica
	915-Aster	924-Primula	955-Mier	963-Stern
	916-Bellis	P …	956-Krekel	982-Alpa
		902-Liberation		996-Albatros
				997-Spin

Maßstab / Scale 1:1000

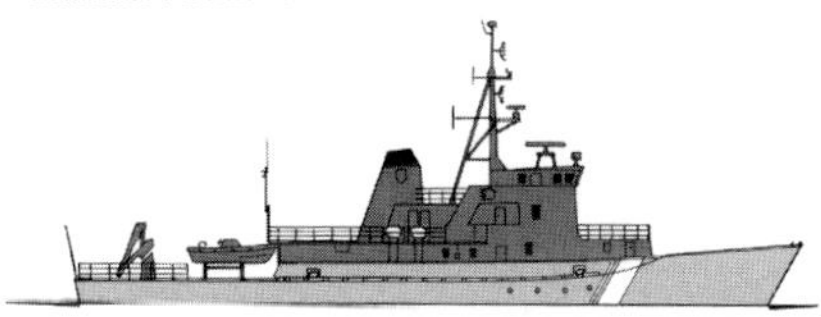

[1-2] — 335 ts, 18.0 kn, 50.0 m
1 PP: **Stern** (79)

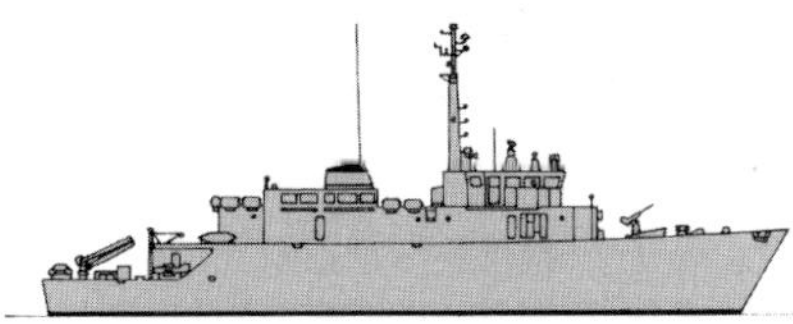

1-2 — 510 ts, 15 kn, 51.5 m
7 MB: **Aster** [915, 916, 920-924] (84-90)
Typ franz. / French Eridan

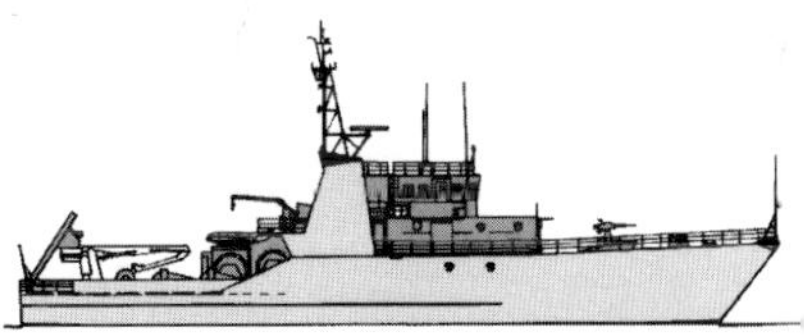

1-2.5 — 650 ts, 15 kn, 52.4 m
4 MB: I-IV (a.St./o.St. – bew./auth.)
vorläufige Skizze / preliminary drawing

FG **Westdiep** (75) — 1-1998, Prézelin

PP **Liberation** (54) 7-1999, Van Ginderen coll.

MB **Truffaut** (56) *Typ US Agressive* 6-1998, U. Streich

MB **Myosotis** (88) 7-1998, Prézelin

AR **Godetia** (65) 5-1996, Voß

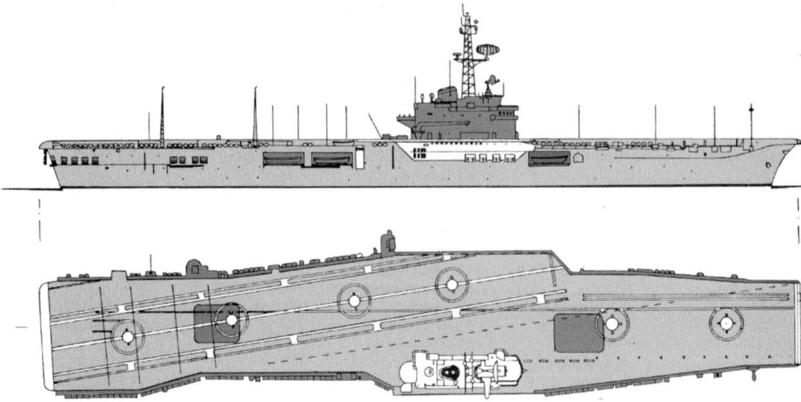

6 , 10 , 2 SADRAL $_{4}$

15980 ts, 24.5 kn, 212 m

1 RL: **Minas Gerais** [A 11] (44) – *Typ brit. Colossus*

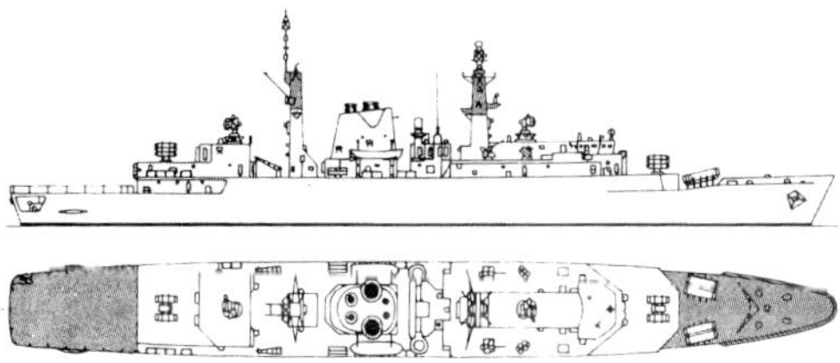

3500 ts, 30 kn, 131 m
4 MM 40 , 12 Sea Wolf $_{6}$,
2-4 $_{2}$, 2-2 ,
6 **UTR** 32.4 **III**, 2
4 FG: **Greenhalgh** (76-80)
brit. Type 22, Batch 1

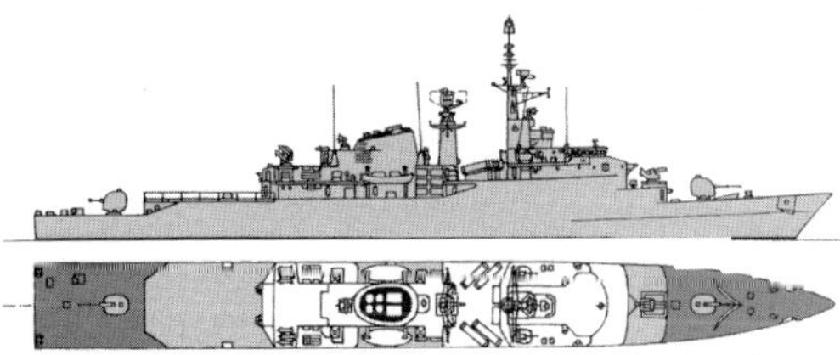

3300 ts, 28 kn, 129 m
4 MM 40 , 2-11.4, 2-4 ,
6 Seacat $_{8}$, 6 **UTR** 32.4 **III**, 1 ,
1
1 FG: **Constituição** [F 42] (76)

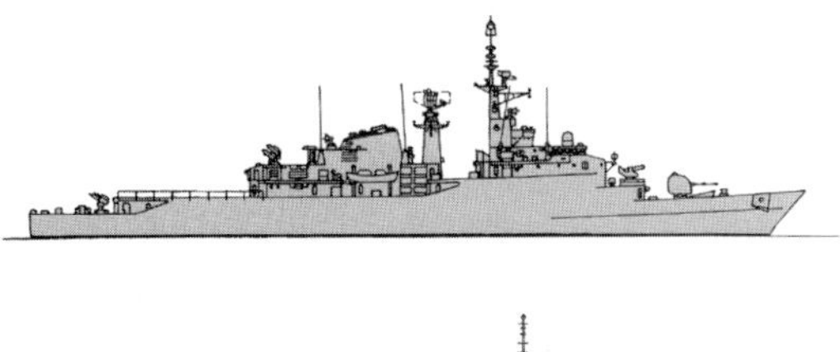

3300 ts, 28 kn, 129 m
4 MM 40 , 1-11.4, 2-4 ,
6 Seacat $_{8}$, 6 **UTR** 32.4 **III**, 1 ,
1 , 1
3 FG: **Niteroi** [F 40, 41, 45]
(74-75)

3400 ts, 28 kn, 129 m
4 MM 40 , 1-11.4 , 2-4 ,
1 Albatros $_{8}$, 6 **UTR** 32.4 **III**,
1 , 1
2 FG: **Independência** [F 44, 43]
(74-77, *97-00*)

Kennungen / Identification

Flugzeugträger / Aircraft Carrier
A …
11-Minas Gerais

Zerstörer / Destroyers
D …
27-Pará
28-Paraiba
29-Paraná
30-Permambuco

Fregatten / Frigates
F …
40-Niteroi
41-Defensora
42-Constituiçao
43-Liberal
44-Independência
45-União
46-Greenhalgh
47-Dodsworth
48-Bosisio
49-Rademaker

V …
15-I. Marinheiro
19-Caboclo
20-Angostura
21-Bahiana
23-Purus
24-Solimões
30-Inháuma
31-Jaceguai
32-J. de Noronha
33-Frontin
34-Barroso

Uboote / Submarines
S …
21-Tonelero
30-Tupi
31-Tamoio
32-Timbira
33-Tapoio
34-Tikuna
35-

Wachboote / Patrol Vessels
P …
10-Piratini
11-Pirajá
12-Pampeiro
13-Parati
14-Penedo
15-Poti
20-P. Teixera
21-R. Tavares
30-Roraima
31-Rondónia
32-Anapá
40-Grajaú
41-Guaiba
42-Graúna
43-Goiana
44-Guajará
45-Guaporé
46-Gurupá
47-Gurupi
48-Guanabara
49-Guarujá
50-Guaratuba
51-Gravatai

60-Bracui
61-Benevente
62-Bocaina
63-Babitonga

Minensucher / Minesweepers
M …
15-Aratú
16-Anhatomirim
17-Atalaia
18-Aracatuba
19-Abrolhos
20-Albardão

Troßschiffe / Support Ships
G …
15-Paraguassu
17-Potengi
20-C. de Mello
21-A. Parreiras
22-Soares Dutra
23-Gastão Motta
24-Belmonte
26-D. de Caxias
27-Marajo
28-Mattoso Maia
30-Ceará
31-Rio de Janeiro

GED …
10-Guarapari
11-Tambaú
12-Camboriú

Vermessungsschiffe / Survey Ships
H …
13-Mes. J. dos Santos
18-Cdte. Varella
19-Ten. Castelo
20-Cdte. Manhães
21-Sirius
24-Castelhanos
25-Ten. Boanerges
26-Far. M. Seixax
27-Far. Areas
30-Faro. Nascimento
31-Argus
32-Orion
34-Alte. G. Aranha
35-Ama. do Valle
36-Taurus
37-G. Sampaio
40-Antares
41-Alte. Câmara
42-Barao de Teffé
44-Ary Rongel
45-Jorge Leite
46-Melo Baptista

SSN …
411-Paraibano
412-Rio Branco
414-Nog. da Gama
415-Itacurussá
416-Camocim
417-Caravelas

Verschiedene / Miscellaneous
R …
21-Tritão
22-Tridente
23-Triunfo
24-Alte. Guilhem
25-Alte. Guillobel

U …
10-Asp. Nascimento
11-G.-M. Jansen
12-G.-M. Brito
15-S. Of. Oliveira
16-Trindade
17-Parnaiba
18-Oswaldo Cruz
19-Carlos Chagas
27-Brazil
29-Piraim
30-Alte. Hess
31-Rosca Fina
32-Voga Picada
33-Leva Arriba

K …
11-Fel. Perry

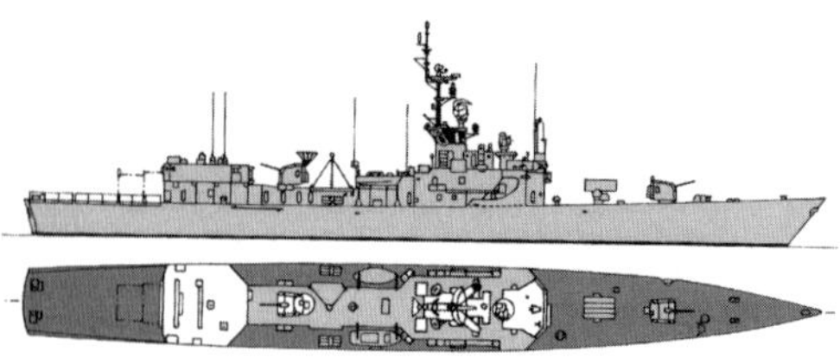

2624 ts, 27 kn, 126 m
2-12.7, 6 **UTR** 32.4 **III**, 1 Asroc
4 FF: **Parà** [D 27-30] (64)
Typ US Garcia

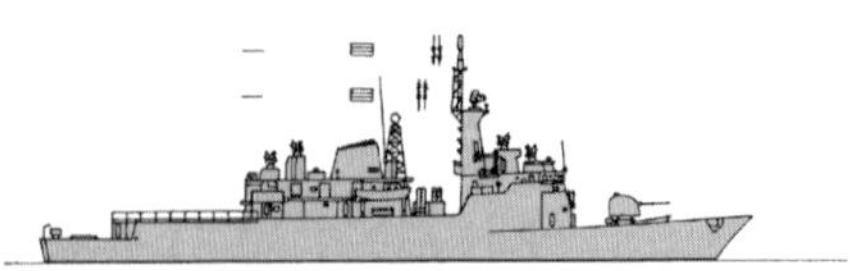

1600 ts, 27 kn, 95.8 m
4 MM 40, 1-11.4, 2-4, [1-2 Phalanx],
6 **UTR** 32.4 **III**, 1
4 FG: **Inháuma** [V 30-33] (86-92)

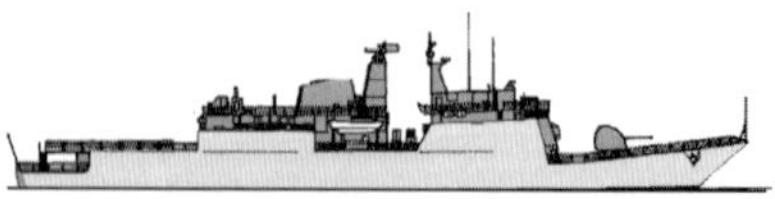

1780 ts, 27 kn, 101 m
4 MM 40, 1-11.4, 2-4, 1-2 Phalanx,
6 **UTR** 32.4 **III**, 1
1 FG: Barroso (99)

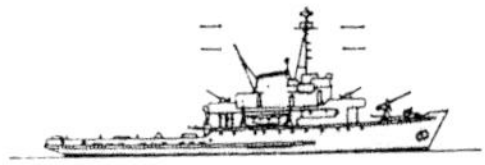

911 ts, 15 kn, 56 m
1-7.6, 4-2
6 FS: **Angostura** [V15, 19-21, 23, 24] (54-55)

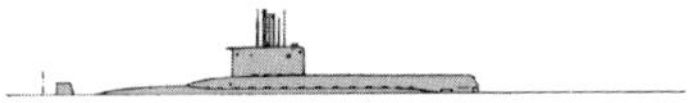

8 **TR** 53.3↓ 1400/1900 ts, 10/22 kn, 61.2 m
4 SS: **Tupi** [S 30-33] (87-98)
Typ deutsch / German 209/1400

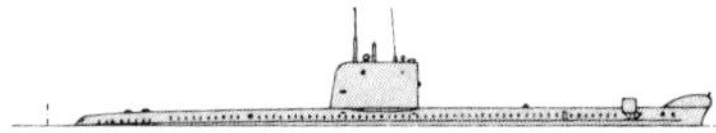

8 **TR** 53.3↓ 2030/2410 ts, 12/17 kn, 90 m
(6 b, 2 h)
1 SS: **Tonelero** [S 21] (72)
Typ brit. Oberon

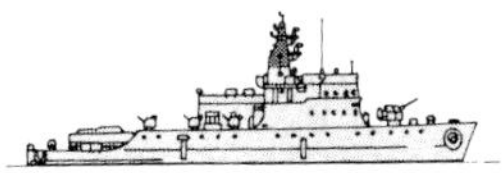

690 ts, 17 kn, 63.5 m
1-4, 2-8.1 Mörser / mortars, []
2 PR: **Pedro Teixeira** [P 20, 21] (72)

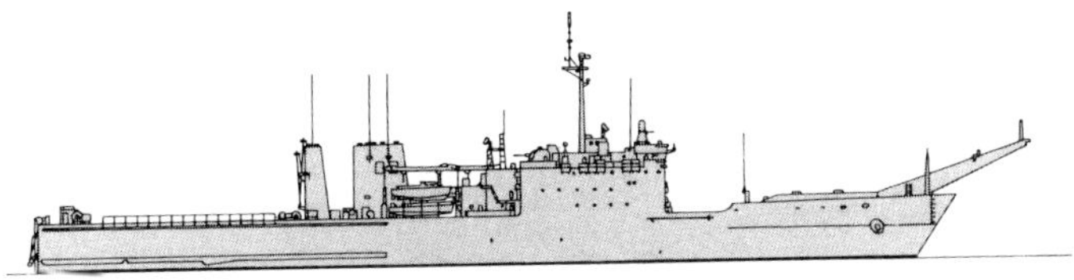

1-2 Phalanx, [400], 4970 ts, 20 kn, 159 m
1 LS: **Mattoso Maia** [G 28] (69) – *Typ US Newport*

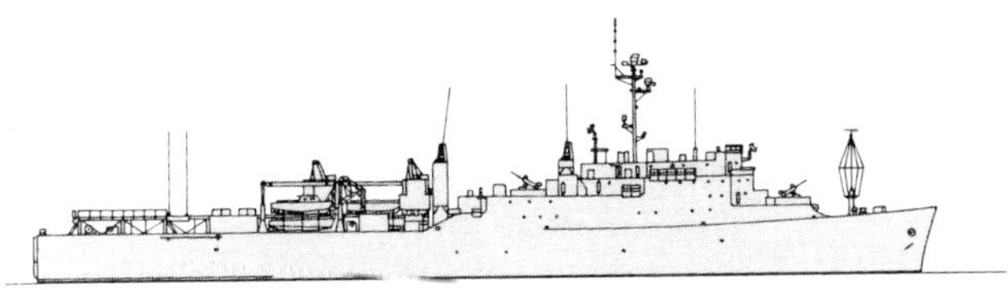

6-7.6, 1-2 Phalanx, [350], 18 LCM (6) 6880 ts, 22.5 kn, 155 m
2 LD: **Ceará** [G 30, 31] (56) – *Typ US Thomaston*

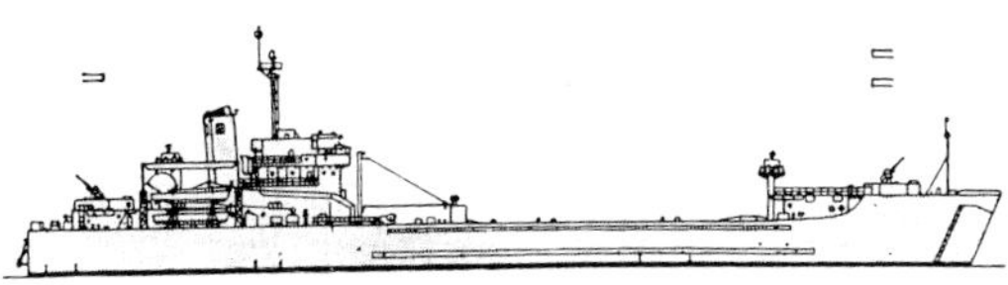

4300 ts, 18 kn, 135 m
2-7.6, 2 LCVP, [600],
1 LS: **Duque de Caxias** [G 26] (56)
Typ US Suffolk County

1380 ts, 14.8 kn, 78.2 m
1 AR: **Felinto Perry** [K 11] (79)

Brasilien/Brazil

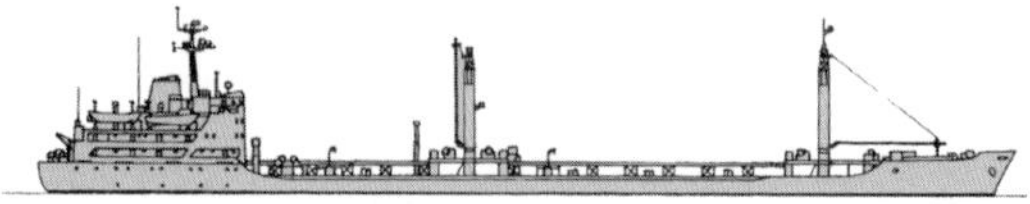

10 500 ts, 13.5 kn, 134 m
1 AO: **Marajó** [G 27] (68)

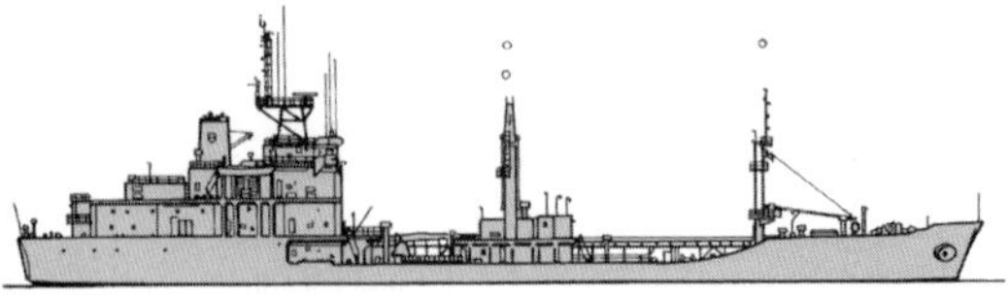

10300 ts, 20.5 kn, 135 m
1 AO: **Almirante Gastão Motta** [G 23] (90)

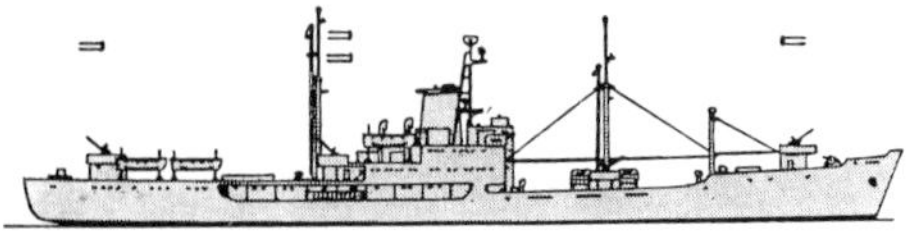

4800 ts, 15 kn, 119 m
2-7.6, 8-2
3 AP: **Custodio di Mello** [G 20-22] (54-56)

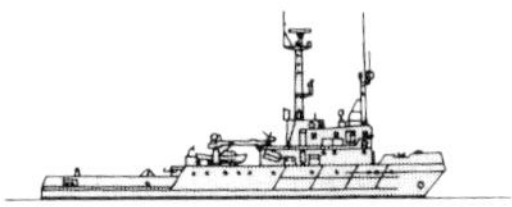

2 Mg 820 ts, 12 kn, 55.4 m
3 AT: **Tritão** [R 21-23] (85-86)

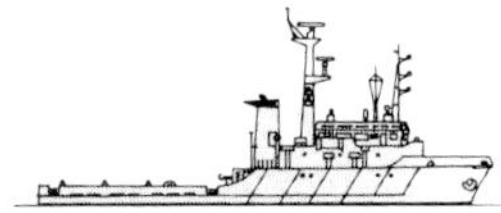

– 1200 ts, 14 kn, 63.2 m
2 AT: **Almirante Guilhem** [R 24, 25] (76)

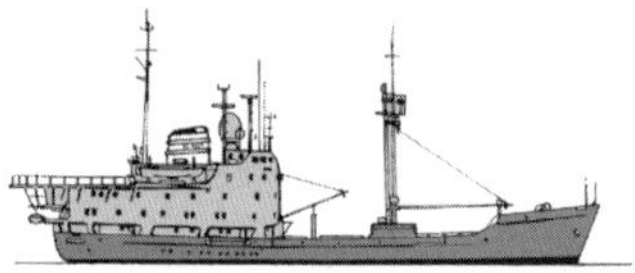

2813 ts, 12.5 kn, 82.0 m
1 AG: **Barão de Teffé** [H 42] (57)

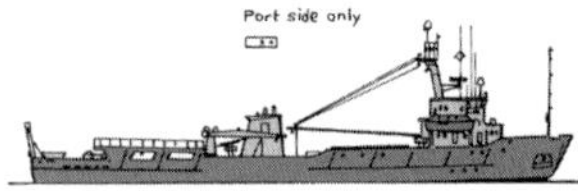

3670 ts, 14.0 kn, 75.5 m
1 AG: **Ary Rongel** [H 44] (80)

2390 ts, 14.0 kn, 75.5 m
1: **Almirante Graça Aranha** [H 34] (74)

– 1200 ts, 13.5 kn, 63.7 m
1 AG: **Almirante Câmara** [H 41] (63)
Typ US Conrad

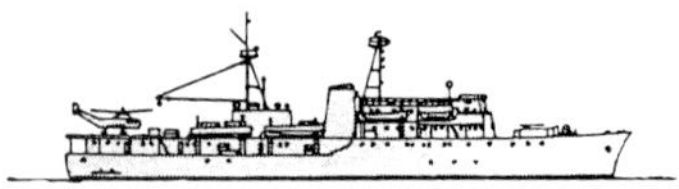

[4-2], 1 1460 ts, 15 kn, 78 m
2 AG: **Canopus** [H 21, 22] (57)

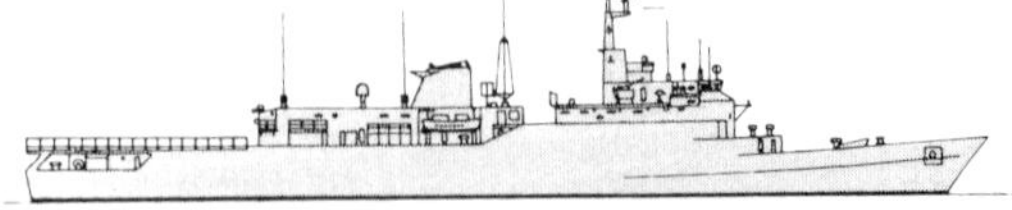

2380 ts, 18 kn, 131 m
2-4, 2
1 AX: **Brasil** [U 27] (83)

Maßstab / Scale 1:1000

1-4 , 2-2 ./410 ts, 22 kn, 46.5 m
12 PP: **Grajaú** [P 40-51]
(89-99)

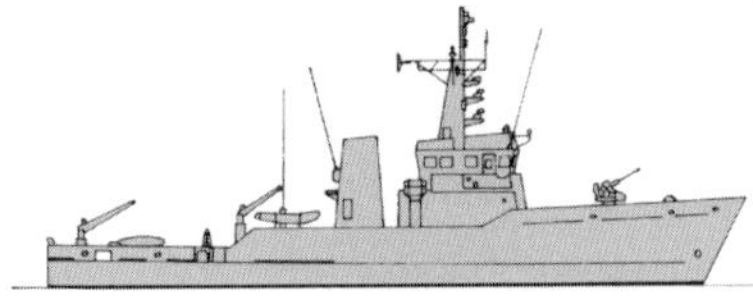

1-4 , 2-2 770/890 ts, 14.0 kn, 67.6 m
4 PP: **Bracui** [P 60-63] (84-85) *Typ brit. River*
~ 3 AG: **Amorim do Valle** [H 35-37] (84-85)

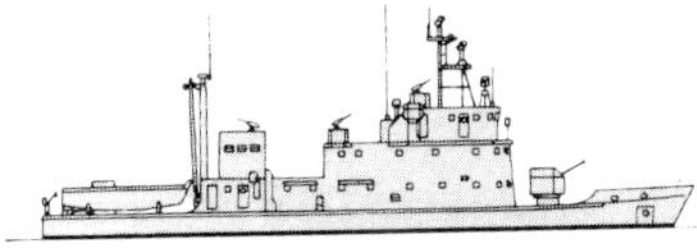

1-4 , 340 ts, 14 kn, 46.3 m
2-8.1 Mörser / mortars, 6 Mg
3 PR: **Amapá** [P 30-32] (72-73)

5 Mg , 100 ts, 20 kn, 29 m
1-8.1 Mörser / mortars, 1
6 PP: **Piratini** [P 10-15] (68-71)
Typ US CG Cape

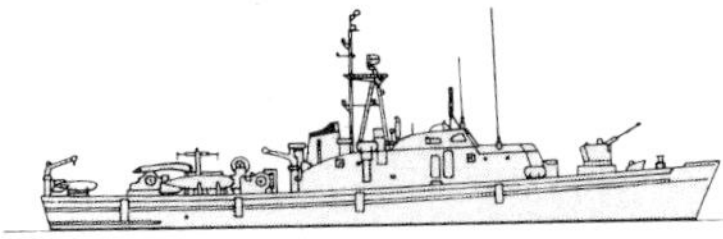

1-4 230 ts, 24 kn, 47.2 m
6 MS: **Aratú** [M 15-20] (70-74)
Typ deutsch / German Schütze

RL **Minas Gerais** (44) *Typ brit. Colossus* 2-1999, Bentin

FF **Pará** (68) *Typ US Garcia* 12-1997, Ehlers

FG **Greenhalgh** (76) Typ brit. 22 — 1998, Bras. Marine

FG **Rademaker** (77) Typ brit. 22 — 2-1999, Bentin

FG **Frontin** (92) Inháuma-Klasse — 1998, Bras. Marine

FS **Bahiana** (55) — 3-1999, Bentin

PP **Guaratuba** (99) Grajaú-Klasse 8-1999, Behling

PP **Bracui** (85) Typ brit River 5-1998, Prezelin

SS **Tupi** (87) Typ deutsch / German 209/1400 8-1997, Van Ginderen coll.

LS **Duque de Caxias** (56) Typ US Suffolk Co. 12-1997, Ehlers

LD **Rio de Janeiro** (56) Typ US Thomaston 12-1997, Ehlers

AO **Marajo** (68) 12-1997, Ehlers

AG **Commandante Varella** (81) 4-1998, Plokker

AT **Triunfo** (86) 11-1998, Bentin

Brunei – Darussalam

Maßstab / Scale 1:1000

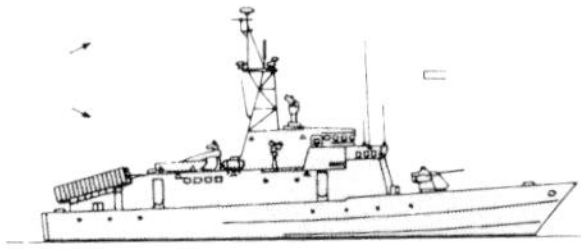

150 ts, 30 kn, 36.8 m
2 MM 38, 2-3, [2 MG]
3 PG: **Waspada** [P 02-04] (77-78)

PG **Seteria** (78) 9-1997, ANBw/FAFIO

LC **Teraban** (96) 9-1997, ANBw/FAFIO

Bulgarien/Bulgaria

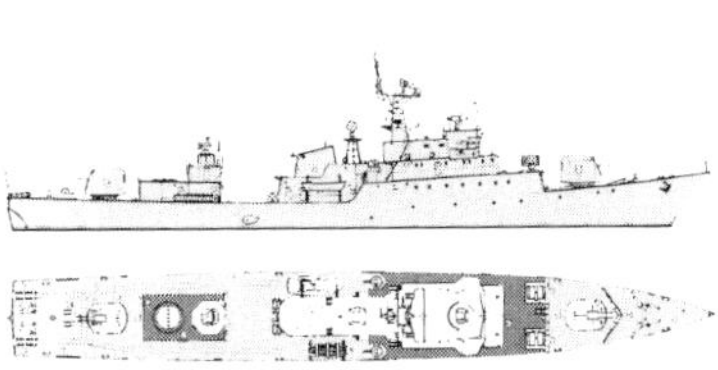

2, 4-7.6, 4-3, 1500 ts, 30 kn, 96.4 m
2,
1 FF: **Smelij** [11] (76) – *Typ USSR Koni I*

4, 1, 1-7.6, 430 ts, 35 kn, 56.5 m
2-3
1 FG: **Mulnija** [101] (82) – *Typ USSR Tarantul II*

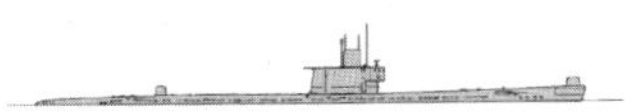

8 **TR** (6 h, 2 h) 1330/1700 ts, 15/13 kn, 77 m
2 SS: **Slava** [84, …] (~ 60)
Typ USSR Romeo

4-3 — 3500 ts, 20 kn, 85 m
2 AO: **Dimitri AT Dimitrov** (79-87)

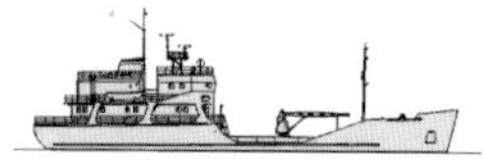

2-2.3 — 1250 ts, 12 kn, 55.4 m
1 AO: **203** (93)

Maßstab / Scale 1:1000

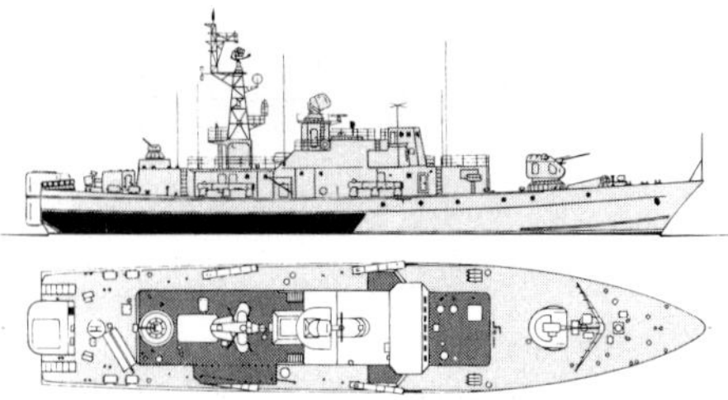

1-7.6, 1-3, 1 — 395 ts, 32 kn, 58.5 m
4 **UTR** 40 I, 2 $_5$
2 FS: **Rešitelni, Bodri** [13, 14] (83) – *Typ USSR Pauk I*

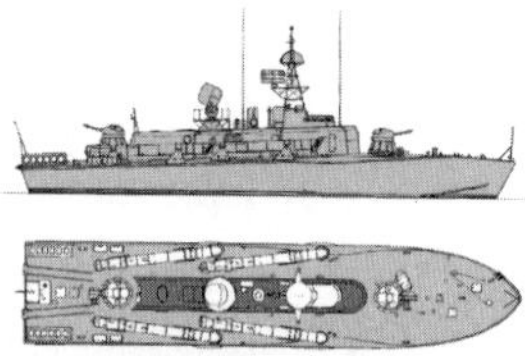

4-3, 4 **TR** 53.3 — 145 ts, 40 kn, 34 m
2 PF: **I, II** (~ 65)
Typ USSR Shershen

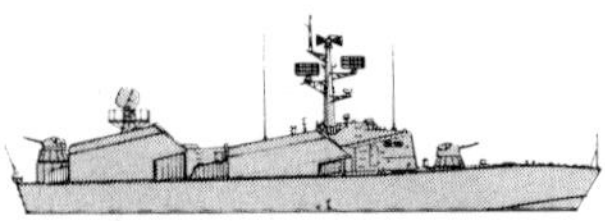

4, 4-3 — 210 ts, 36 kn, 39.6 m
2 PG: **103, 113** (~ 62) – *Typ USSR Osa I*

2 Mg — 70 ts, 18 kn, 26.1 m
4 MS: **65-68** (~ 73) – *Typ USSR Yevgenya*

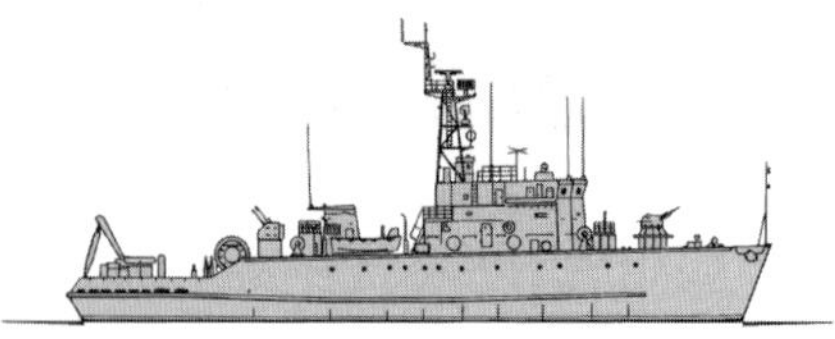

2-3, 2-2.5 — 350 ts, 18 kn, 48.5 m
4 MB: **Briz** [61-64] (~ 80) – *Typ USSR Sonya*

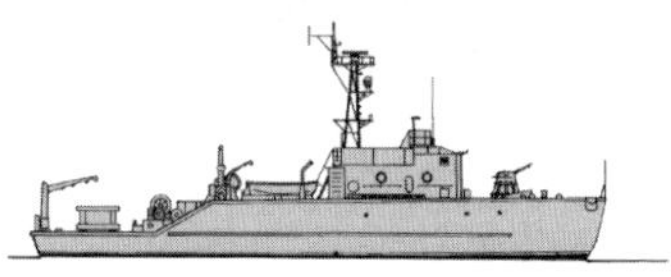

2-3 — 200 ts, 18 kn, 40 m
4 MS: **Iskar** [31-33, 35] (~ 62) – *Typ USSR Vanya*

FG **Mulniya** (82) Typ USSR Tarantul II — 8-1998, Van Ginderen coll.

FF **Smelij** (76) Typ USSR Koni I 7-1993, Behling

PG **Uragon** (~ 65) Typ USSR Osa II 8-1998, Van Ginderen coll.

MS **Iskar** (~ 62) Typ USSR Vanya 6-1998, Flottenkommando

AO **Atiya** (87) Mesar Klasse 11-1998, Slg. Lemachko

Chile

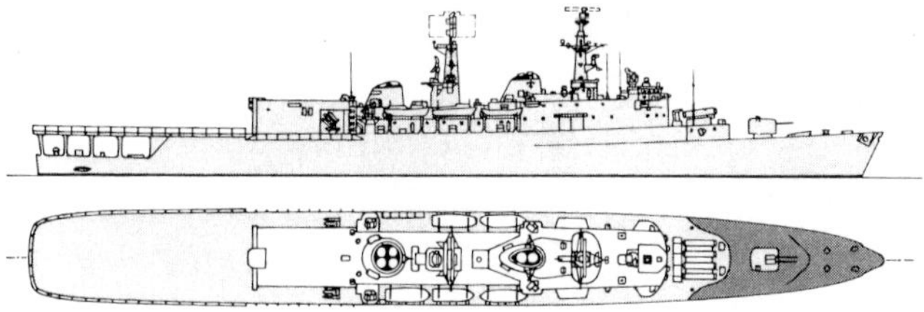

4 MM 38 ⇨, 2-11.4 , 2-2 , 2 Mg , 8 Seacat ⇑, 2 — 5440 ts, 32.5 kn, 159 m

2 DG: **Almirante Cochrane** [DLH 12, 15] (64-67) – *Typ brit. County*

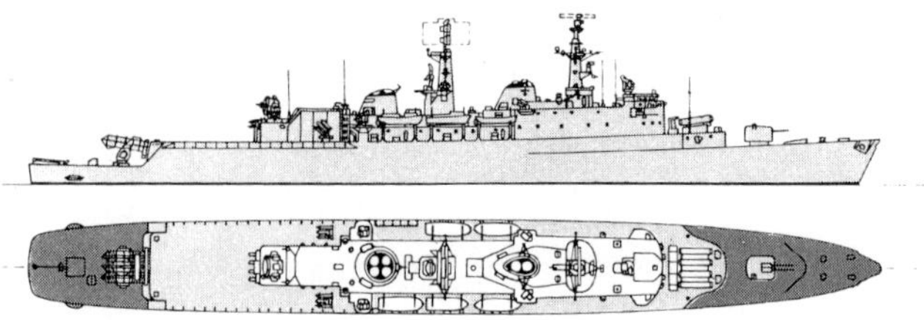

4 MM 38 ⇨, 2 Seaslug II ⇑, 2-11.4 , 2-2 , 2 Mg , 2 Barak ⇑, 1 — 5440 ts, 32.5 kn, 159 m

1 DG: **Capitán Prat** [DLG 11] (64) – *Typ brit. County*

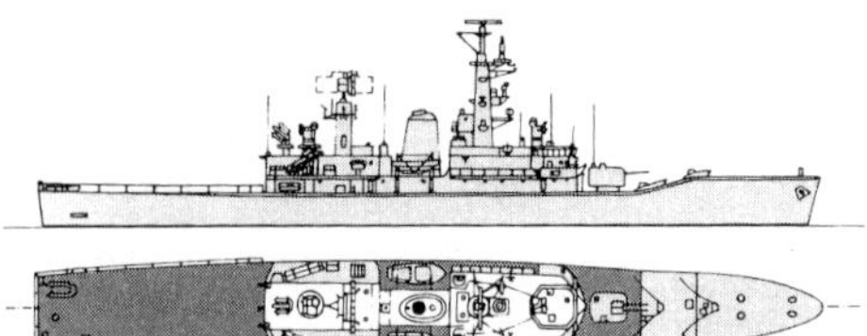

2500 ts, 30 kn, 113 m
8 MM 38 ⇨, 2-11.4 , 2-2 , 4 ⇑,
6 **UTR** 32.4 **III**, 1
1 FG: **Ministro Zenteno** [FG 08] (68)

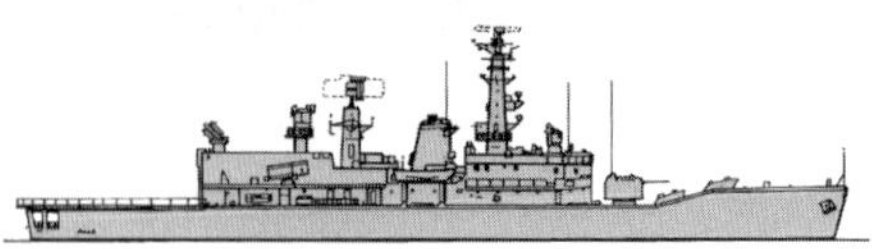

2450 ts, 30 kn, 113 m
8 MM 40 ⇨, 2-11.4 , 2-2 ,
4 Seacat ⇑$_4$, 6 **UTR** 32.4 **III**, 1
2 FG: **Condell** [FG 06, 07] (72)
Typ brit. Leander

8 **TR** 53.3 b↓ — 1260/1390 ts, 10/22 kn, 59.5 m

2 SS: **Thomson** [20, 21] (82-83)
Typ deutsch / German 209 / TR 1300

8 **TR** 53.3↓ (6b, 2h) — 2030/2410 ts, 12/17 kn, 90 m

1 SS: **O'Brien** [22] (73)
Typ brit. Oberon

6 **TR** 53.3 b↓ — 1400/1600 ts, 12/20 kn, 67 m

2 SS: Hyatt, I (a.St./o.St. – bew./auth.) *Typ Scorpène*

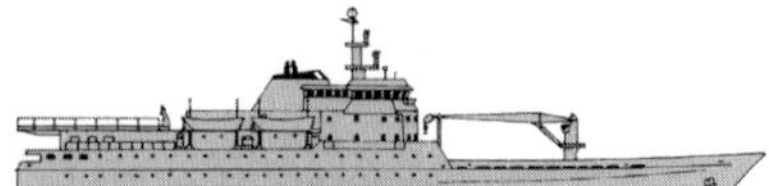

[250] — 2760 ts, 18 kn, 103 m

1 AP: **Aquiles** [41] (87)

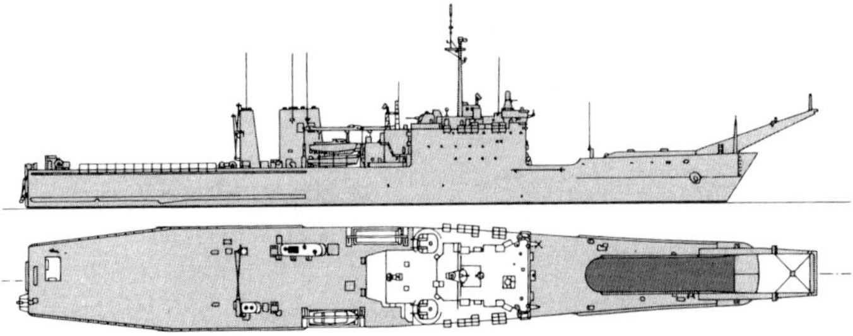

1-2 Phalanx, [400], [500 ts]

4970 ts, 20 kn, 159 m

1 LS: **Valdivia** [93] (70) – *Typ US Newport*

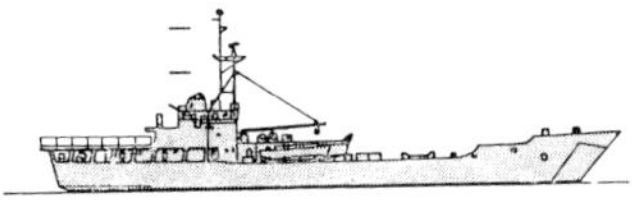

750/1330 ts, 16 kn, 80 m
2-4, 2-8 Mörser/mortars, [400 ts]
2 LS: **Rancagua** (82-85)
Typ frz. Batral

Kennungen / Identification

Zerstörer / Destroyers
DLH …
12-Alm. Cochrane
15-Alm. B. Encalada

DLG …
11-Capitan Prat

Fregatten / Frigates
FG …
06-Condell
07-Lynch
08-Min. Zenteno

PSG …
71-C.M. Micalvi
72-C.M. Ortiz
73-Asp. Isaza
74-Asp. Morel
77-Cor. Cabrales
78-Pil. Sibbald

Uboote / Submarines
SS …
20-Thomson
21-Simpson
22-O'Brien

Kleine Kampfschiffe / Small Fighting Vessels
LM …
30-Casma
31-Chipana
32-Iquique
33-Covadonga
34-Angamos
35-
36-G. M. Riquelme
37-Ten. Orella
38-Uribe
39-Serrano

PC …
80-Guacolda
81-Fresia
82-Quidora
83-Tegualda

LPC …
1814-Grum. Diaz
1815-Gr. Bolados
1816-Gr. Salinas
1817-Gr. Telles
1818-Gr. Bravo
1819-Gr. Campos
1820-Gr. Machado
1821-Gr. Johnson
1822-Gr. Troncoso
1823-Gr. Hudson

Landungsfahrzeuge / Landing Vessels
90-Elicura
92-Rancagua
93-Valdivia
94-Orompello
95-Chacabuco

Hilfsfahrzeuge / Auxiliaries
42-Alm. Merino C.
43-Esmeralda
46-CA. O. Viel Toro
47-Aquiles
53-Araucano
60-V. Gormaz
63-Slight
64-Yelcho
65-Janequeo
66-Galvarino
67-Lautaro
68-Leucoton
69-Colo-Colo
110-Meteoro
114-Gru.Perez
116-Pisagua

Küstenwache / Coast Guard
LEP …
1601-Ona
1602-Yagan
1603-Alacalufe
1604-Hallef

LPC …
1701-Kimitahi
1801-Pillan
1802-Tronador
1803-Rano Kau
1804-Villarica

1805-Corcovado
1806-Llaima
1807-Antuco
1808-Osorno
1809-Choshuenco
1810-Copahue

LPM …
1901-Maule
1902-Lauca
1903-Aconcagua
1904-Rapel
1905-Isluga
1906-Loa
1907-Maullin
1908-Copiapo
1909-Cau-Cau
1910-Pudeto
1911-Riñihue
1912-Chadmo
1916-Petrohue
1917-Rio Bueno

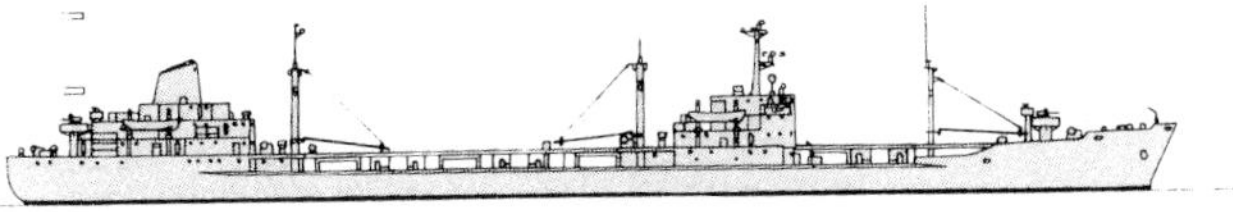

4-4

./17 300 ts, 17 kn, 162 m

1 AO: **Araucano** [53] (65)

3-4 ⯈ 2650 ts, 15 kn, 92.4 m
1 AR: **Almirante Merino** [42] (69)

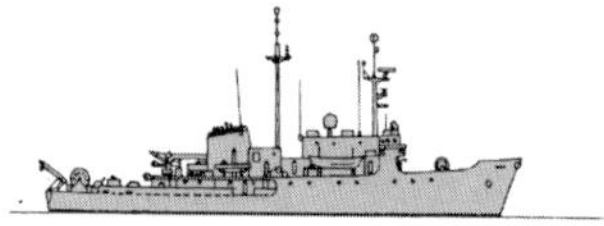

– 1200 ts, 13.5 kn, 64 m
1 AG: **Vidal Gormaz** [AGOR 60] (64)
Typ US Robert D. Conrad

Maßstab / Scale 1:1000

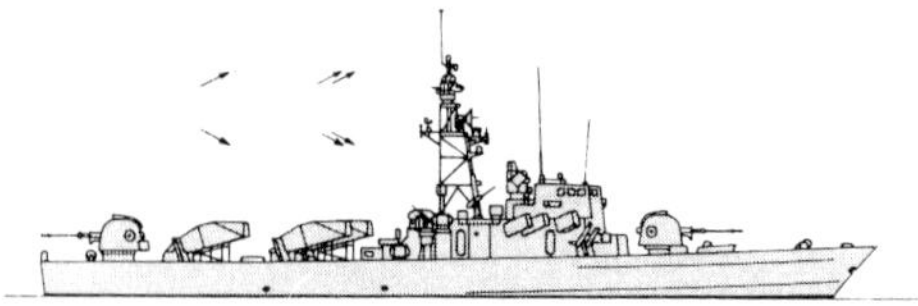

6 Gabriel ⇨, 2-7.6 ⯈, 2-2 ⯈, 6 Mg ⯈ 415 ts, 32 kn, 58.1 m
3 PG: **Casma** [30, 31, 34] (73-74) *Typ israel. Sa'ar 4*

2-4 ⯈, 4 **TR** 53.3 134 ts, 32 kn, 36 m
4 PF: **Fresia** [80-83] (64-65)

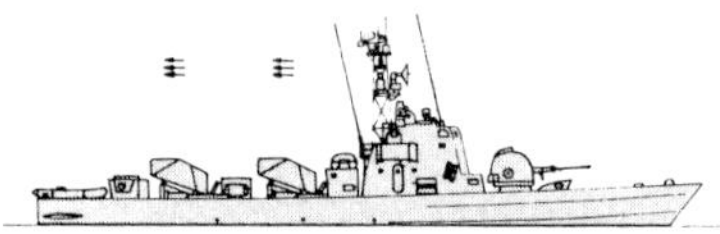

6 Gabriel ⇨, 1-7.6 ⯈, 2 Mg ⯈ 235 ts, 40 kn, 45 m
2 PG: **Covadonga** [32, 33] (69)
Typ israel. Sa'ar 3

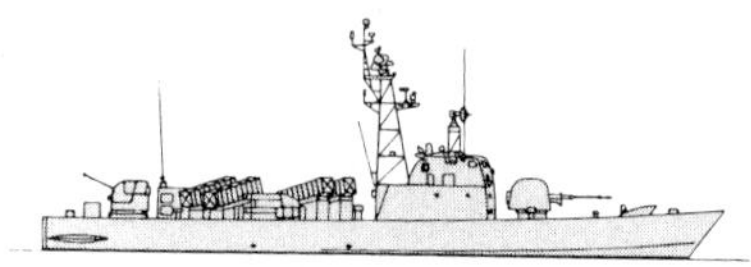

4 MM 40 ⇨, 1-7.6 ⯈, 1-4 ⯈ 234 ts, 38 kn, 47 m
4 PG: **G.M. Riquelme** [36-39] (72-75)
Typ dt. Klasse 148

DG **Almirante Blanco Encalada** [15] (67) 1-1999, Van Ginderen coll.

FG **Lynch** [07] (72) *Typ brit. Leander* 5-1996, Van Ginderen coll.

FG **Condell** (72) *Typ brit. Leander* 1994, Armada de Chile

SS **Simpson** [21] (83) *Typ dt. 209/1300* 1997, Armada de Chile

PG **Casma** [30] (73) *Typ israel. Sa'ar 4* 1997, Armada de Chile

PG **Iquique** [32] (69) *Typ israel. Sa'ar 2* 1997, Armada de Chile

PG **Teniente Orella** [37] (74) *Typ dt. Klasse 148* 1997, Armada de Chile

LS **Valdivia** [93] (70) *Typ US Newport* 12-1998, Parczyk

LS **Rancagua** [92] (82) *Typ frz. Batral* 12-1998, Van Ginderen coll.

AI **Contraalmirante Viel** [46] (68) 1998, Armada de Chile

Zerstörer / Destroyers

8 ⇨$_4$, 2 ⇧, 4-13 ⛽, 4-3 ⛽$_6$, **4 UTR** 53.3 **II**, 2 ⧹$_6$, 1 🚁, ○ — 6300 ts, 35 kn, 156 m

2 DG: **Hang Zhou,** I [136, 137] (94-99) *Typ USSR Sovremennyj*

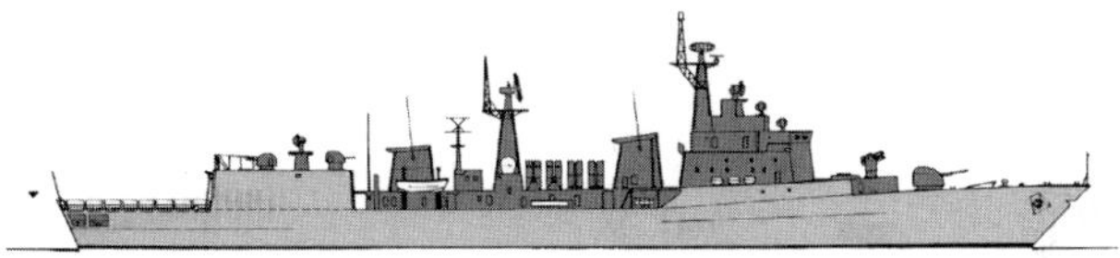

6600 ts, 29 kn, 153 m
16 ⇨, 8 VLS ⇧, 1 ⇧,
2-10 ⛽, 8-3.7 ⛽,
6 **UTR** 53.3 **III**, 2 🚁
2 DG: **Shenzen,** I [167, …]
(97 – a.St./o.St.)
Luhai-Klasse/class

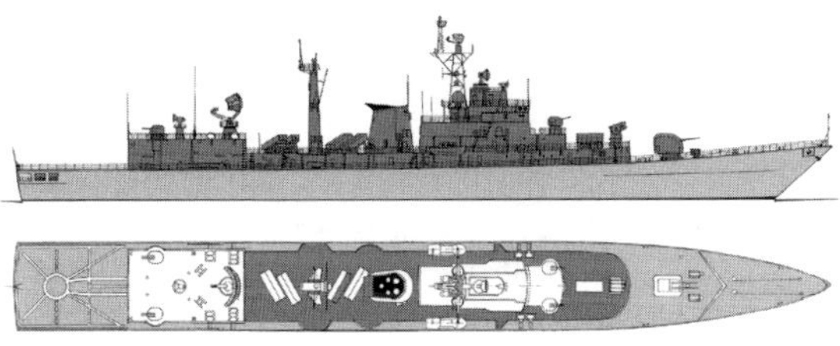

5300 ts, 32 kn, 145 m
8 C801 ⇨, 2-10 ⛽$_2$, 8-3.7 ⛽$_2$,
1 Crotale ⇧$_8$, 2 ⧹$_{12}$,
6 **UTR** 32.4 **III**, 2 🚁
2 DG: **Harbin, Qingdao,**
[112, 113] (91-97)
Luhu Klasse

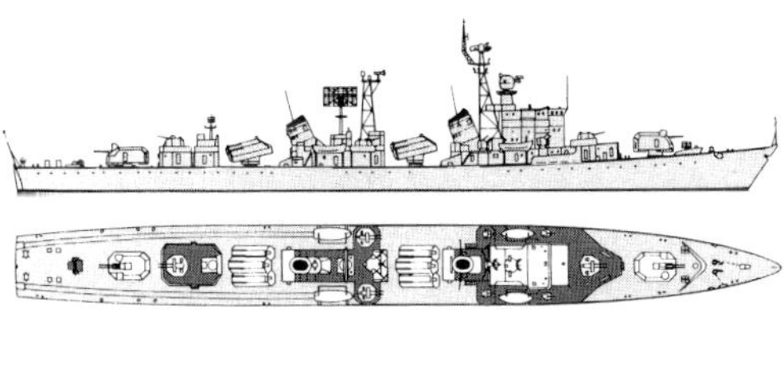

3450 ts, 32 kn, 132 m
6 FL 2 ⇨, 4-13 ⛽, 8-3.7 ⛽, 4-2.5 ⛽,
2 ⧹, 2 ⊙
15 DG: **Xian**
[106-109, 111, 131-134, 161-165]
(71-91) *Luda I Klasse*

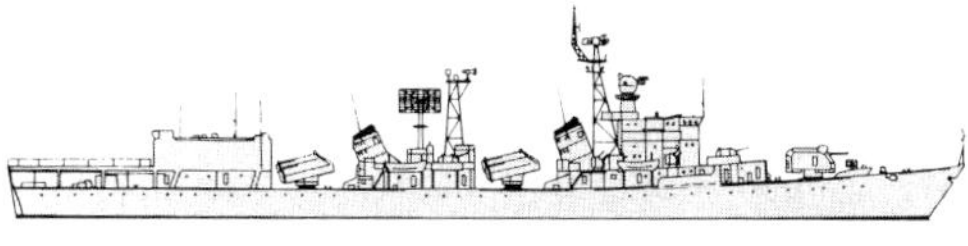

3450 ts, 32 kn, 132 m
6 ⇨, 2-13 ⛽$_2$, 6-5.7 ⛽, 4-2.5 ⛽, 2 ⧹
2 DG: **Jinan** [105, 110] (70-78)
Luda II Klasse

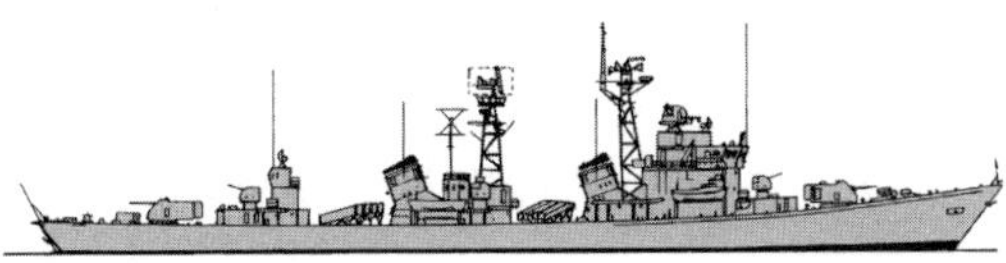

3450 ts, 32 kn, 132 m
8 C801 ⇨, 4-13 ⛽$_2$, 8-3.7 ⛽$_2$,
6 **UTR** 32.4 **III,** 2 ⧹$_{12}$
1 DG: **Zhuhai** (91)
Luda III Klasse [166]

Fregatten / Frigates

2650 ts, 28 kn, 112 m
6 C-802 ⇨, 6 HQ-61, 2-10, 8-3.7, 2, 1
5 FG: **I-V** [521-525] (97 – a.St./o.St.)
Jiangwei II Klasse/class

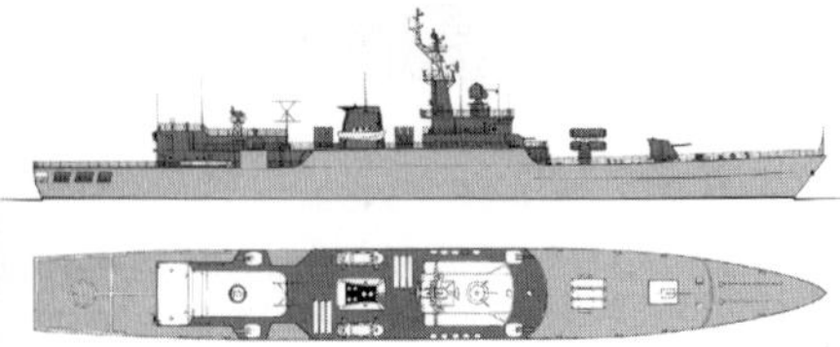

2500 ts, 28 kn, 112 m
6 C-801 ⇨, 6 HQ-61 $_3$, 2-10 $_2$, 8-3.7 $_2$, 2, 1
4 FG: **Anqing** (91-95) – *Jiangwei I Klasse* [539-542]

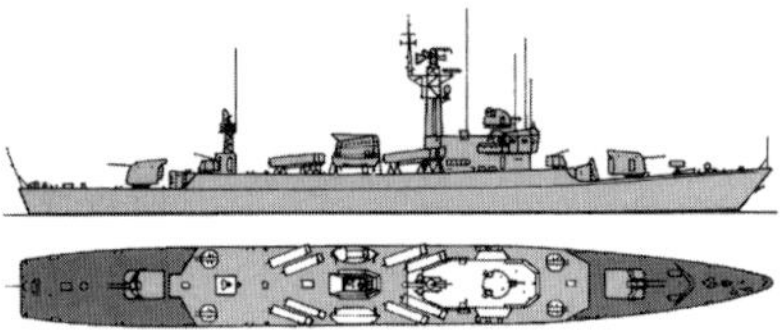

1700 ts, 26 kn, 103 m
8 C-801 ⇨, 4-10 $_2$, 8-3.7 $_2$ 2, 2
2 FG: **Huangshi** (85-86) – *Jianghu III Klasse* [535, 536]

1550 ts, 28 kn, 103 m
2 C-201 ⇨, 2-10, 8-3.7 $_2$, 2, 1
1 FG: **Siping** [544] (85) – *Jianghu IV Klasse*

1480 ts, 28 kn, 103 m
4 C-201 ⇨, 4-10 $_2$, 8-3.7, 2
6 FG: *Jianghu V* [558-563] (92-96)

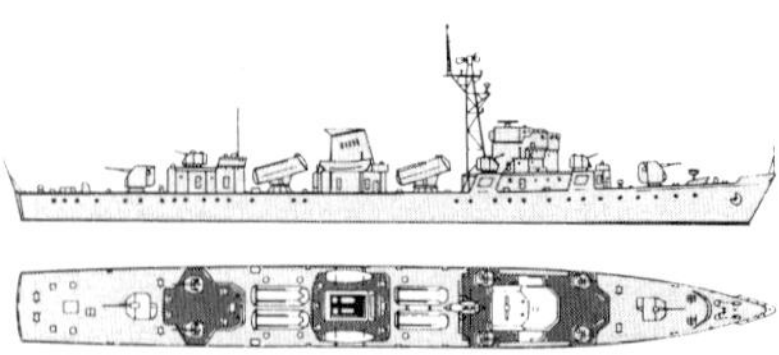

1430 ts, 28 kn, 103 m
4 C-201 ⇨, 4-10, 6-3.7, 2, 2
6 FG: *Jianghu II Klasse* [533, 534, 543, 545, 553, 557] (83-86)

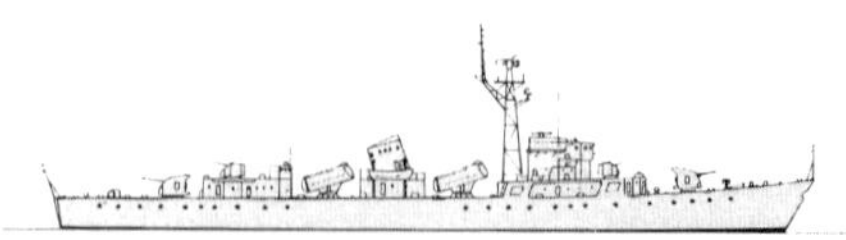

1430 ts, 28 kn, 103 m
4 FL 2 ⇨, 2-10, 12-3.7, 2, 2
15 FG: *Jianghu-I* [509-519, 551, 552, 554, 555] (75-86)

Uboote / Submarines

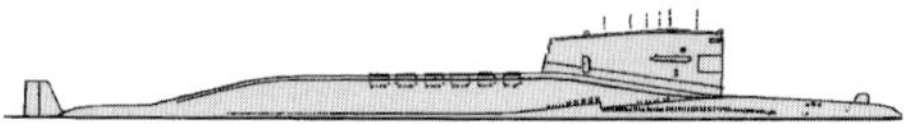

6000/6900 ts, ./22 kn↓, 120 m
12 ⇧, 6 **TR** b↓
1 SB: **406** (81) *Xia-Klasse*

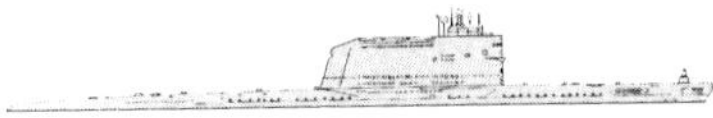

2350/2850 ts, 17/14 kn, 98 m
2 ⇧, 10 **TR**↓ (6 b, 4 h)
1 SB: **200** (~ 64)
Ähnlich / similar to *Typ USSR Golf*

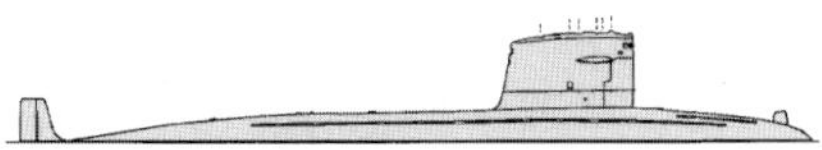

4100/5000 ts, ./26 kn, 108 m
6 **TR** 53.3 b↓, C-801 ⇒, Ծ
5 SS: **401-405** (72-90) *Han-Klasse*

1400/1800 ts, 15/17 kn, 76.6 m
6 C-801 ⇒, 8 **TR** 53.3↓
1 SG: *E 5-SG Klasse* [351] (~ 85)

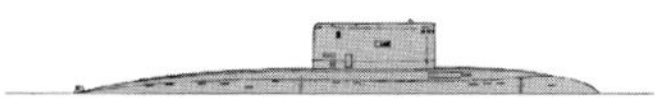

6 **TR** 53.3 b↓, Ծ 2325/3076 ts, 10/17 kn, 72.6 m
2 SS: **364, 365** (~ 94) *Typ USSR Kilo-I*

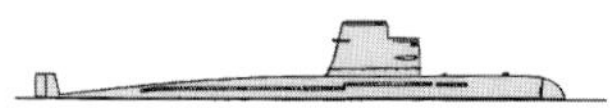

6 **TR** 53.3 b↓, Ծ 1700/2250 ts, 15/22 kn, 75 m
3 SS: **320, 321,** I (94 – a.St./o.St.) *Song-Klasse*

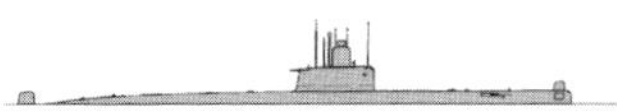

8 **TR** 53.3↓ 1584/2113 ts, 15/18 kn, 76 m
20 SS: *Ming Klasse* (70 – a.St./o.St.)

8 **TR** (6 b, 2 h)↓, Ծ 1320/1712 ts, 15/13 kn, 76.6 m
33 SS: *Romeo-Klasse/class* (60-80)

Kennungen / Identification

Zerstörer / Destroyers
112-Haribing
113-Qingdao

136-Hang Zhou
137-

167-Shenzen
168-
…-
…-

105-Jinan
106-Xian
107-Yin Chuan
108-Xining
109-Kaifeng
110-Dalian
131-Nanjing
132-Hefei
133-Chong Qing
134-Zunyi
161-Changsha
162-Nanning
163-Nanchang
164-Guilin
165-Zhangjang
166-Zhuhai

Fregatten / Frigates
539-Anqing
540-Huainan
541-Huaibei
542-Tongling

521-
522-
523-
524-
525-

535-Huangshi
536-Wu Hu
537-Zhoushuan
509-Chang De
510-Shaoxing
511-Nantong
512-Wuxi
513-Huayin
514-Zhen Jiang
515-Xiamen
516-Jiu Jiang
517-Nan Ping
518-Jian
519-Chang Zhi
533-Ningpo
534-Jin Hua
543-Dandong
544-Siping
545-Lin Fen
551-Maoming
552-Yibin
553-Shaoguan
554-Anshuan
555-Zhaotong
557-Jishou
558-Zigong
559-Kangding
560-Dongguan
561-Shantou
562-…
563-…
564-…

Uboote / Submarines
200-
406-
401-
402-
403-
404-
405-
364-
365-
366-Lin San Liu
367-

Hilfsschiffe / Auxiliaries
81-Zhenghe
82-Shi Chang
121-Changxingdao
233-…
302-Chongmingdao
323-…
506-Yongxingdao
512-Haijui
575-Taicang
615-Dongyun
841-Beidiao
856-Xing Fengshan
909-…
920-Dazhi
951-
952-Nan Yun
953-Nanchang
970-

China (Volksrepublik/Peoples Republic)

Landungsfahrzeuge / Landing Ships

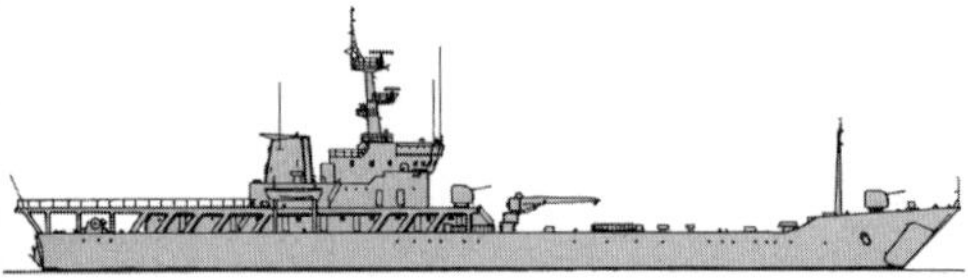

3700/4800 ts, 17 kn, 130 m
6-3.7 $_2$, 8 Mg , [200]
6 LS: **991, 934-938** (92-96)
Yuting Klasse

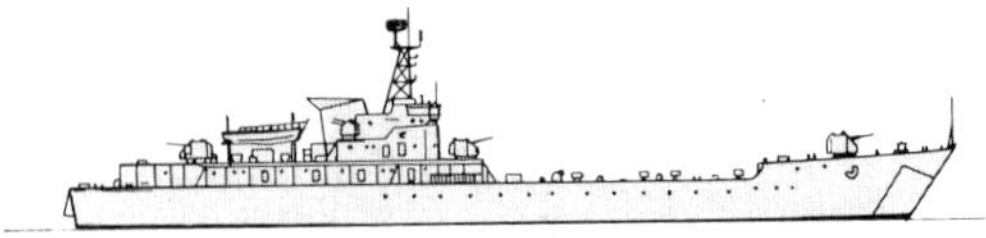

1200/3400 ts, 13 kn, 119 m
8-5.7 , 8-2.5 ,
7 LS: *Yukan Klasse* [927-933]

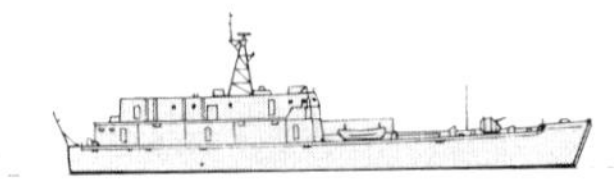

./1100 ts, 14 kn, 72 m
8 Mg , 2
31 LS: *Yuliang Klasse* (71-?)

Hilfsfahrzeuge / Auxiliary Vessels

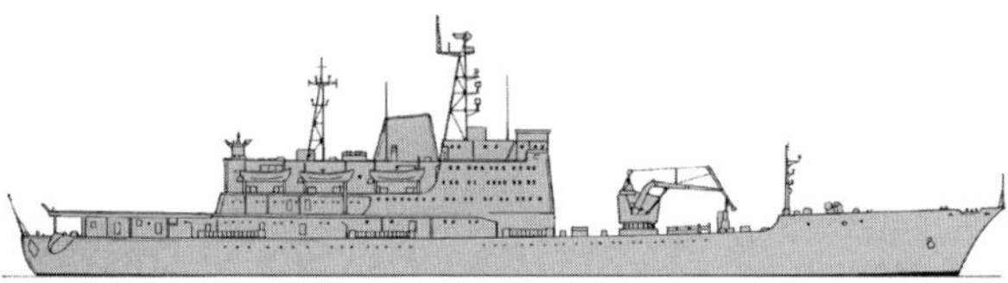

./10 980 ts, 20 kn, 156 m
[Mg], 1
3 AR: **Changxingdao**
[121, 302, 506] (73-77)
Dajiang Klasse

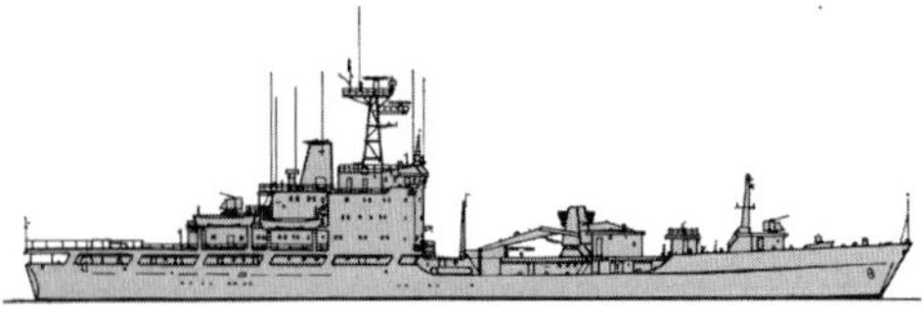

8500 ts, 22 kn, 125 m
4-3.7 $_2$, 4-2.5 $_2$, 2
2 AK: **951, 952,** (91-95)
Dayun Klasse

./5000 ts, 16 kn, 95 m
4-3.7 , 4 Mg
1 AR: **Haijui** [512] (67)
Hudong Klasse

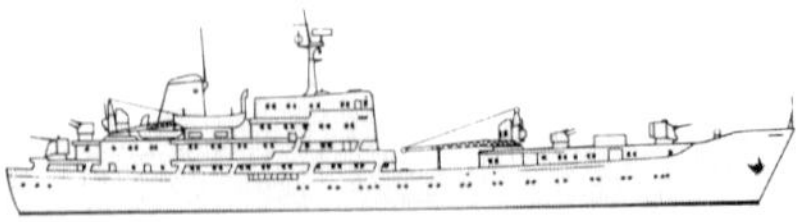

4-3.7 , 8-2.5 5600 ts, 14 kn, 107 m
1 AR: **Dazhi** [920] (63)

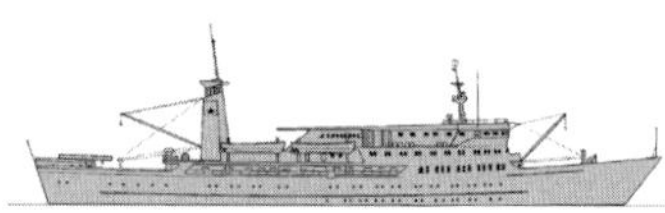

8 Mg ./2150 ts, 16 kn, 86 m
9 AP: *Qiongsha Klasse* (80-?)

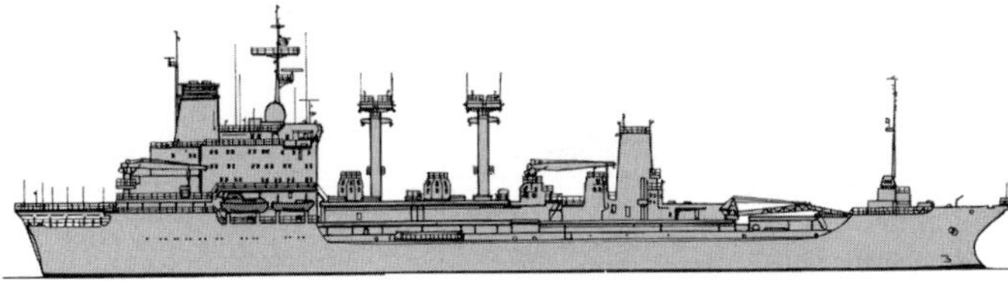

– 1 AO: **Nanchang** [953] (~ 90) 39 500 ts, 16 kn, 182 m

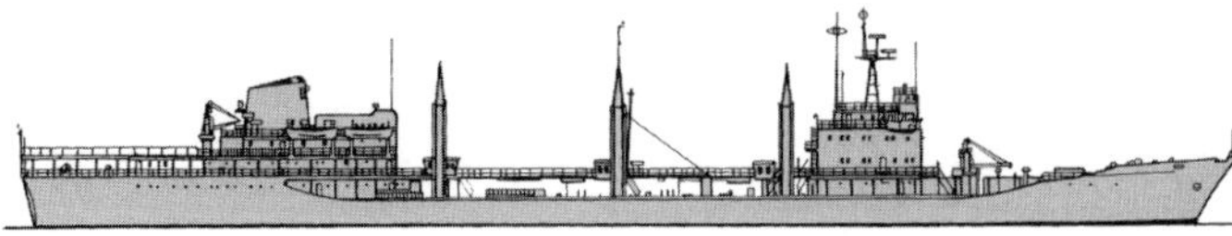

[8.3.7 $_2$] 7500 ts, 18.5 kn, 181 m
2 AO: **Taicang** [X 575, 615] (~ 77-79) – *Fuqing Klasse*

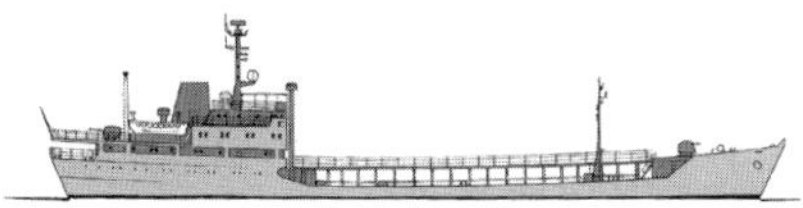

3000/4900 ts, 14 kn, 101 m
[2-5.7, 2-2.5]
2 AO: **620, 621** (~ 80)
Shengli Klasse

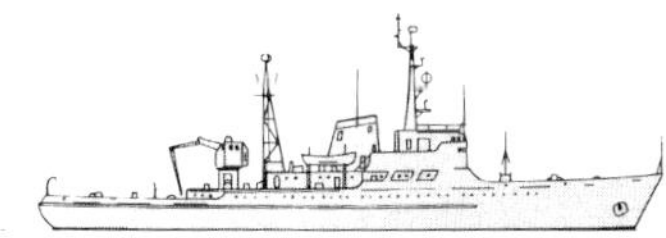

./3600 ts, 18.5 kn, 84.9 m
[4-3.7]
4 AT: *Tuzhong Klasse*
[164, 710, 830, 890] (75-?)

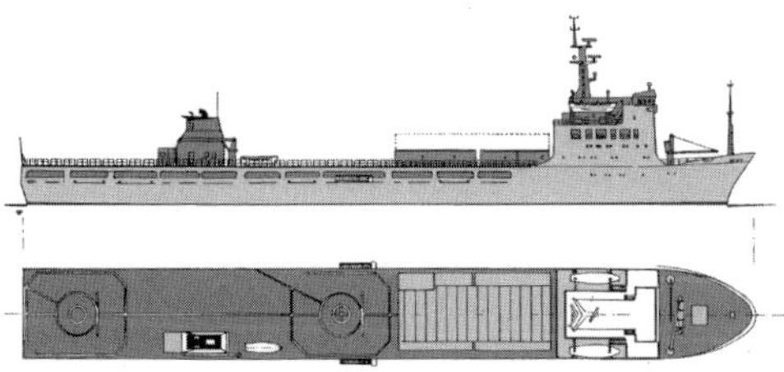

10000 ts, 17.5 kn, 120 m
2
1 AX: **Shi Chang** [82] (94)

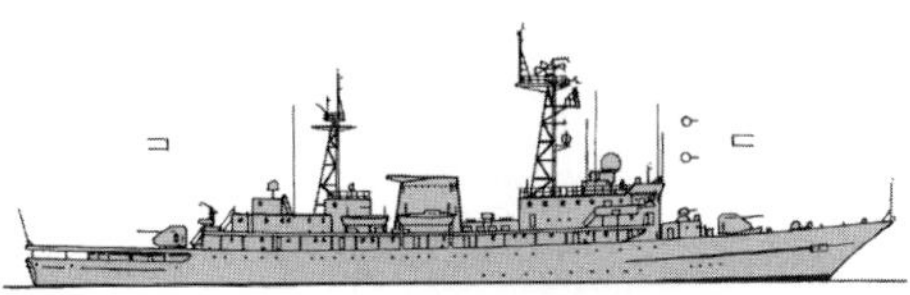

4700 ts, 15 kn, 119 m
4-5.7 $_2$, 4-3 $_2$, 4 Mg, 2
1 AX: **Zhenghe** [81] (86)

4630 ts, 20 kn, 130 m
1
2 AG: **I, II** [909, 970] (97)
Wuhu-B Klasse

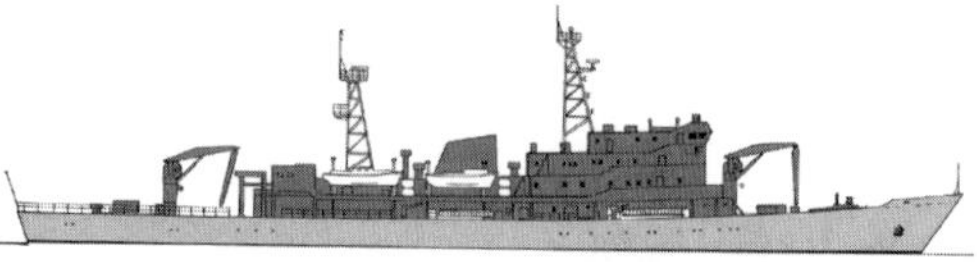

~ 5100 ts, 20 kn, 130 m
1 AG: **I** [323] (~ 96)

4500 ts, 22 kn, 125 m
2 AG: **Hai Ying Hao 11, 12** (87-89)

– 2550 ts, 17 kn, 94 m
1 AG: **Beidiao** [841] (~ 84)

1750 ts, 12 kn, 72 m
8 AG: *Yannan-Klasse* (78-79)

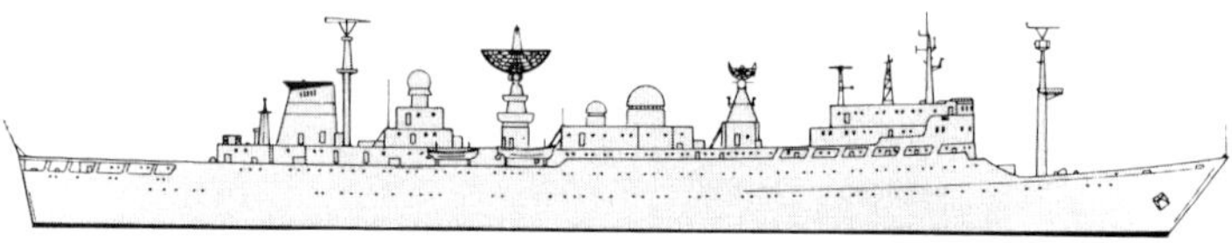

– 2 AG: **Yuan Wang 1, 2** (~ 77) 17 100 ts, 20 kn, 190 m

– 1 AG: **Yuan Wang 3** (93) 17 500 ts, 20 kn, 186 m

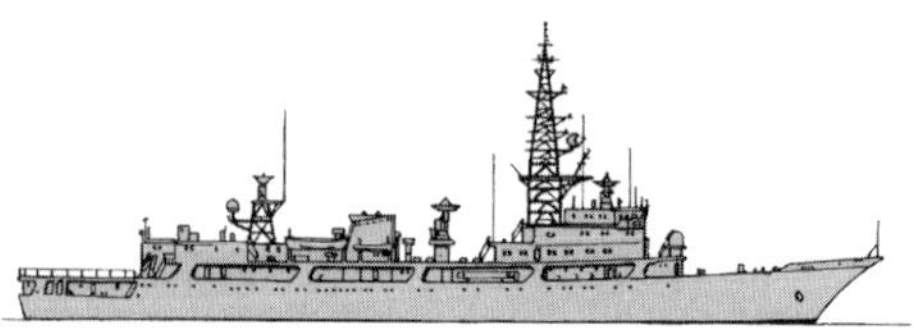

. ts, 20 kn, 115 m
1 AG: **Yuan Wang 4** (98)

21 000 ts, 17 kn, 166 m
2
1 AG: **Xue Long** [~ 93]

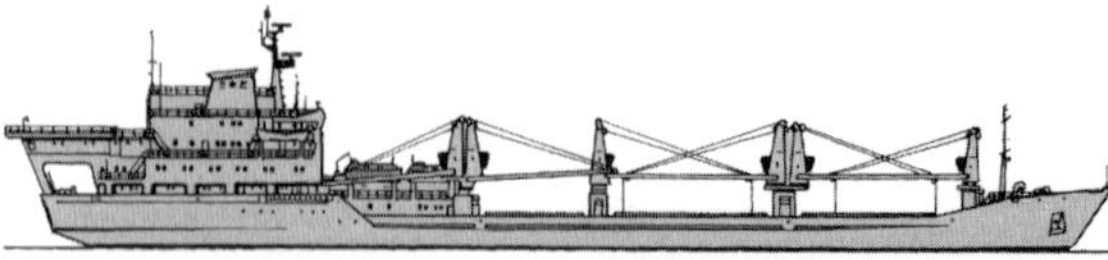

10 160 ts, 17 kn, 153 m
1
1 AG: **Jidi** [71]

Maßstab / Scale 1:1000

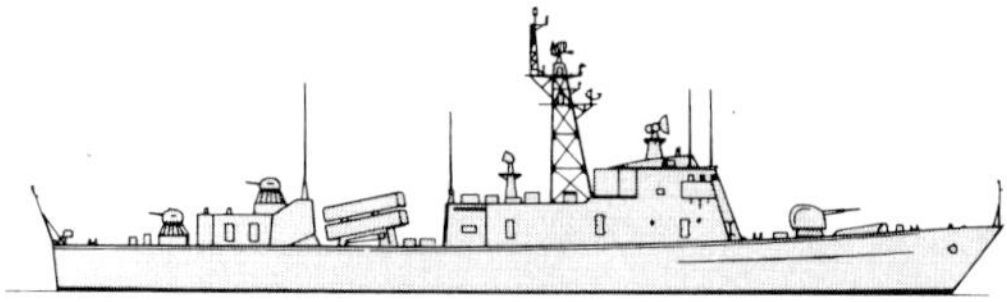

600 ts, 32 kn, 65 m
6 ⇨, 2-3.7, 4-3
6 PG: *Houjian Klasse* (89-97)

490 ts, 30 kn, 64 m
2-5.7, 4-3, 4,
2 PP: **693, 697** (~ 82) *Haijiu Klasse*

430 ts, 30 kn, 62.8 m
4 C-801 ⇨, 4-3.7, 4 Mg
20 PP: *Houxin Klasse* (90-98)

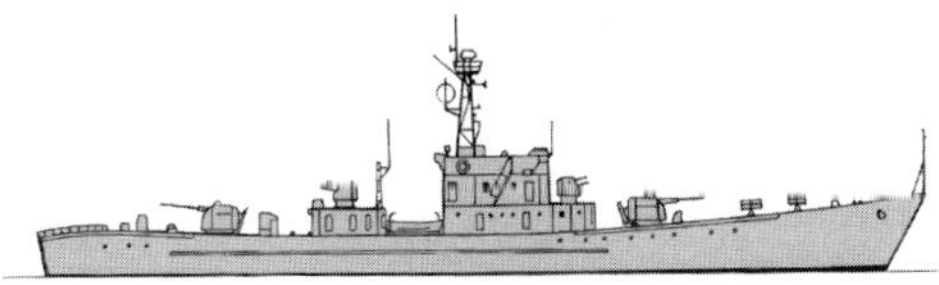

375 ts, 30.5 kn, 59 m
4-5.7, 4-2.5, 4,
98 PC: *Hainan Klasse* (65-95)

4 FL 1 ⇨, 4-2.5 oder / or 4-3 — 90 PG: *Huangfen Klasse* (64-?) — 210 ts, 36 kn, 38.8 m

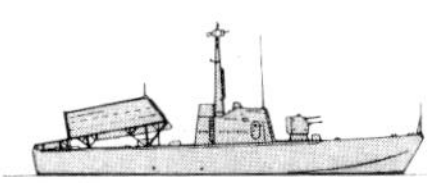

4 C801 ⇨, 2-2.5 — 68 ts, 40 kn, 26.8 m
65 PG: *Hegu Klasse* (62-?) – *Typ USSR Komar*

4-3.7, 4-2.5 — 120 ts, 30 kn, 38.8 m
280 PC: *Shanghai II Klasse* (62-92)

4-1.5, 2 **TR** 53.3 — 39 ts, 55 kn, 21.5 m
80 PF: *Huchuan Klasse* (66-80)

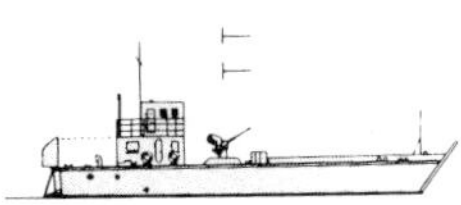

2 Mg — ./135 ts, 10.5 kn, 29 m
300 LS: *Yunnan Klasse* (68-72)

China (Volksrepublik/Peoples Republic)

Maßstab / Scale 1:1000

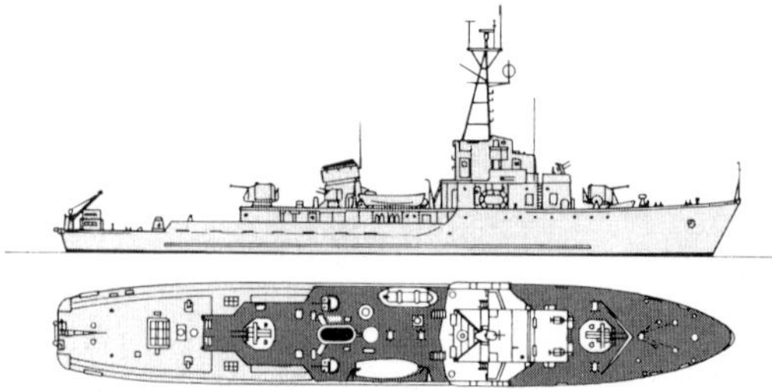

520 ts, 14 kn, 60 m
4-3.7, 4-2.5, 4-1.5, 2
27 MB: **I-XXVII** (55-89)
Typ USSR T 43

DG: **Hang Zhou** (94) *Typ USSR Sovremennyj* 8-1999, Engel

DG: **Hang Zhou** (94) *Typ USSR Sovremennyj* 8-1999, Engel

DG **Shenzen** (97) *Luhai Klasse* 4-1999, S.o.W.

DG **Qingdao** (91) *Luhu Klasse* 5-1998, Van Ginderen coll.

DG **Nanjing** (~ 77) *Luda-I Klasse* 9-1997, ANBw/FAFIO

DG **Hefei** (~ 78) *Luda-I Klasse* 6-1999, S.o.W.

FG **Anqing** (91) *Jiangwei-I Klasse* 9-1997, Flottenkommando

FG **521** (97) *Jiangwei-II Klasse* 1-1999, S.o.W.

FG **563** (95) Jianghu-I.-Mod. 9-1995, Schupita

FG **Wuxi** (~ 79) *Jianghu-I Klasse* 10-1997, Flottenkommando

FG **Zhen Jiang** (~ 80) *Jianghu-I Klasse* 10-1997, Van Ginderen coll.

SS **Han** Klasse (~ 80) 10-1996, Slg. W. Kramer

SS **Lin San Liu** [366] (97) *Typ USSR Kilo II* 10-1997, Slg. Lemachko

SS **320** (94) Song-Klasse 1996, Slg. W. Kramer

SS **272** (~ 75) Romeo-Klasse 3-1995, Van Ginderen coll.

PG 6119 (~ 80) *Typ USSR Osa-I* 5-1999, S.o.W.

PC **743** (~ 93) *Haiqing Klasse* 9-1994, Sieche

PG **759** (~ 92) *Houxin Klasse* 5-1999, S.o.W.

PC **4343** (~ 91) *Haizhui Klasse* 9-1997, Flottenkommando

PG **643** (~ 85) *Hainan Klasse* 9-1997, Flottenkommando

LS **933** (~ 95) *Yukan Klasse* 9-1997, Flottenkommando

AR **Chongmingdao** (~ 75) *Dajiang-Klasse* 7-1999, S.o.W.

AO **Nanchang** (~ 90) *Typ Rus. Komandarm Fedko* 5-1998, Van Ginderen coll.

AO **Dongyun** (79) *Fuqing Klasse* 9-1997, ANBw/FAFIO

AG **332** (~ 96) 9-1997, ANBw/FAFIO

AX **Shi Chang** (94) *Zhong-B Klasse* 5-1998, Van Ginderen coll.

AG **Yuan Wang 3** (93) ~ 1997, Archiv W. Kramer

AG **Xue Long** (~ 93) 1997, W. Kramer

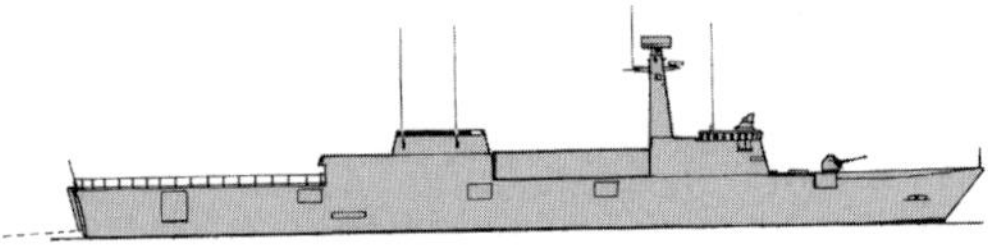

4600 ts, 26 kn, 125 m
Harpoon, ESSM, 1-7.6
2 FG: I, II (gepl./plan.)

1190 ts, 30 kn, 84 m
8 Harpoon, Sea Sparrow 8, 2 Stinger, 1-7.6, 2-2, 4 **UTR** 32.4
3 FG: **Nils Juel** [F 354-356] (78-81)

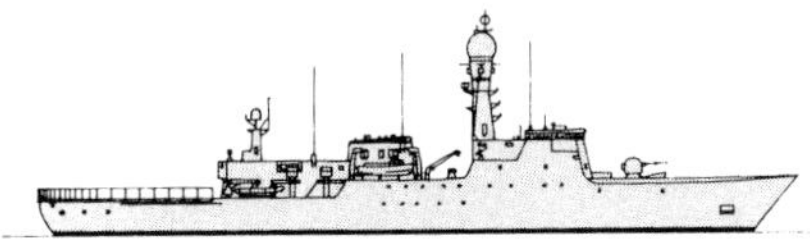

2600 ts, 20 kn, 113 m
1-7.6 2-2, 1
4 FS: **Thetis** [F 357-360] (89-91)

1640 ts, 18 kn, 74.4 m
1-7.6, 1
1 FS: **Beskytteren** [F 340] (75)

8 **TR** 53.3 b↓ 460/550 ts, 12/18 kn, 47.4 m
3 SC: **Tumleren** [S 322-324] (64-65)
Typ deutsch / German 207

8 **TR** 53.3 b↓ 420/450 ts, 12/17 kn, 44 m
2 SC: **Narhvalen** [S 320, 321] (68-69)
Typ deutsch / German 205

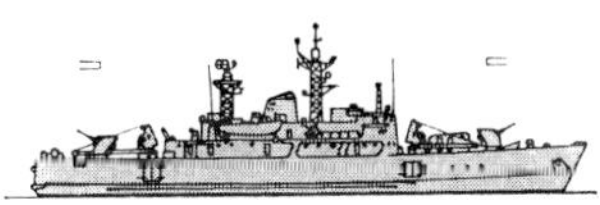

4-7.6, 400 1900 ts, 16 kn, 77 m
3 NB: **Falster** [N 80, 82, 83] (62-63)
~ 1 NB: **Fyen** [N 81] (62)

3-2 575 ts, 14 kn, 44.5 m
2 NS: **Lindormen** [N 43, 44] (77)

– 2344 ts, 16 kn, 65.1 m
1 AI: **Thorbjørn** [A 552] (80)

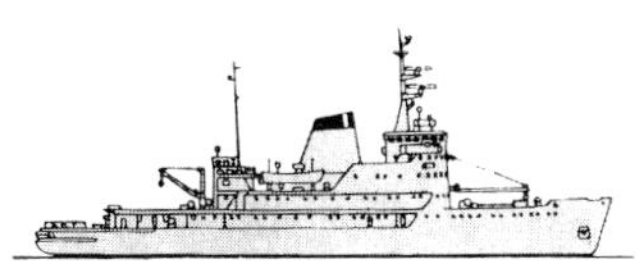

– 3685 ts, 14 kn, 77 m
2 AI: **Danbjørn** [A 550, 551] (65)

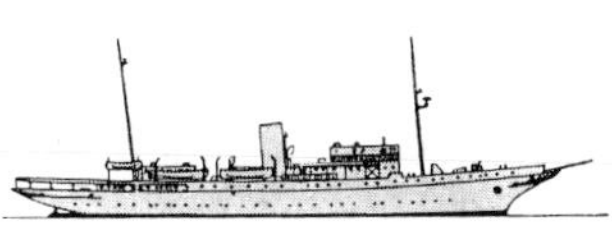

– 1130 ts, 13 kn, 80 m
Yacht: **Dannebrog** [A 540] (31)

Dänemark / Denmark

Maßstab / Scale 1:1000

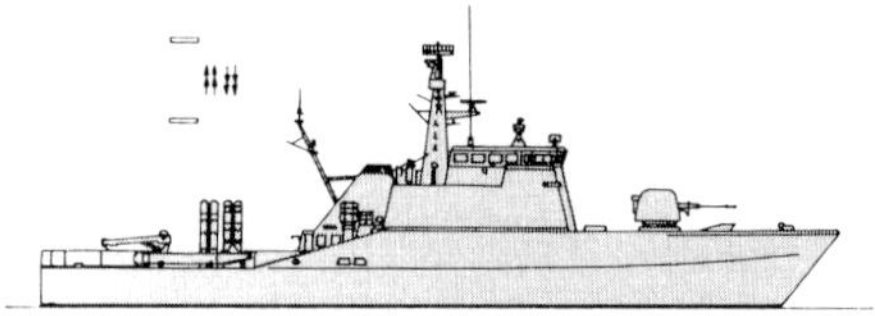

450 ts, 30 kn, 54 m
4 Harpoon ⇨, 1-7.6, 2 **TR** 53.3
Flyvefisken Klasse (86-96)
PG-Version

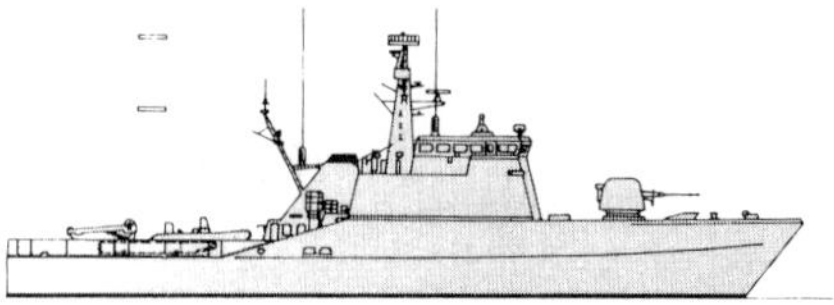

450 ts, 30 kn, 54 m
1-7.6, 2 Mg
Flyvefisken Klasse (86-96)
PP-Version

240 ts, 38 kn, 46 m
4 Harpoon ⇨, 2 Stinger ↑, 1-7.6, 2 **TR**
10 PG: **Willemoes** [P 540-549] (74-78)

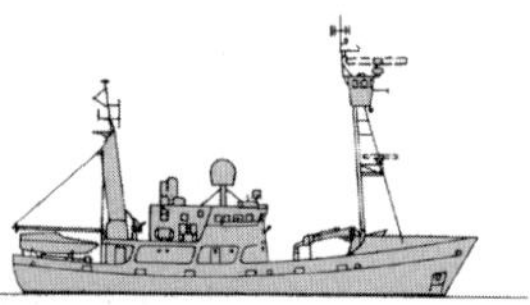

2-2 330 ts, 12 kn, 31.6 m
3 PP: **Tulugaq** [Y 386-388] (74-79)

2-2 155 ts, 11 kn, 25.5 m
9 PP: **Barsø** [Y 300-308] (69-73)

Kennungen / Identification

Fregatten / Frigates
F …
340-Beskytteren
354-Niels Juel
355-O. Fischer
356-P. Tordenskiold
357-Thetis
358-Triton
359-Vædderen
360-Hvidbjørnen

Uboote / Submarines
S …
320-Narhvalen
321-Nordkaperen
322-Tumleren
323-Sælen
324-Springeren

Kleine Kampfschiffe / Small Fighting Vessels
P …
540-Bille
541-Bredal
542-Hammer
543-Huitfeldt
544-Krieger
545-Norby
546-Rodsteen
547-Sehested
548-Suenson
549-Willemoes
550-Flyvefisken
551-Hajen
552-Havkatten
553-Laxen
554-Makrelen
555-Støren
556-Sværdfisken
557-Glenten
558-Gribben
559-Lommen
560-Ravnen
561-Skaden
562-Viben
563-Soløven

Y …
101-Svanen
102-Thyra
300-Barsø
301-Drejø
302-Romsø
303-Samsø
304-Thurø
305-Vejrø
306-Farø
307-Laesø
308-Rømø
340-Miljø 101
341-Miljø 102
343-Lunden
376-Stor Botved
379-Lille Botved
386-Agdlek
387-Agpa
388-Tulugaq

Minenleger / Mineslayers
N …
43-Lindormen
44-Lossen
80-Falster
81-Fyen
82-Møen
83-Sælland

Hilfsfahrzeuge / Auxiliary Vessels
A …
540-Dannebrog
550-Danbjørn
551-Isbjørn
553-Elbjørn
559-Sleipner
560-G. Thorson
561-G. Seidenfaden
562-Mette Miljø
563-Marie Miljø
568-Rimfaxe
569-Skinfaxe

TO …
8-Hugin
9-Munin
10-Mimer

Marineheimwehr / Naval Homeguard
MHV …
70-Saturn
71-Scorpius
72-Sirius
80-Fænø
81-Askø
82-Enø
83-Manø
84-Baagø
85-Hjortø
86-Lyø
90-Bopa
91-Brigaden
92-Holger Danske
93-Hvidsten
94-Ringen
95-Speditøren
801-Aldebaran
802-Carina
803-Aries
804-Andromeda
805-Gemini
806-Dubhe
807-Jupiter
808-Lyra
809-Antares
810-Luna
811-Apollo
812-Herkules
813-Baunen
814-Budstikken
815-Kureren

FS **Hvidbjørnen** (91) *Thetis Klasse* 6-1998, W. Kramer

FG **Peter Tordenskiold** (80) *Nils Juel Klasse* 6-1998, Flottenkommando

SS **Tumleren** (64) *Typ deutsch/German 207* 1998, Kgl. Dän. Marine

PG **Suenson** (78) *Willemoes Klasse* 9-1998, Ciślak

PG **Glenten** (92) *Flyvefisken Klasse* 9-1999, Findler & Winter

PP **Hajen** (90) *Flyvefisken Klasse* als/as: AGI 3-1998, Engel

MS **Skaden** (94) *Flyvefisken Klasse* 7-1998, Flottenkommando

MSF 1 (98) – MS-Drone 7-1999, Behling

MRD 1 (90) – MS-Drone 4-1998, Winter & Findler

NB **Møen** (63) *Falster Klasse* 7-1998, Flottenkommando

AK **Sleipner** (86) 9-1996, Streich

AO **Skinfaxe** (45) 9-1998, Ciślak

Tauchertender / Diving tender: **Læsø** (73) 8-1999, W. Kramer

PP **Hercules** (97) Aldebaran Klasse 7-1999, Voß

AI **Gunnar Thorson** (80) 8-1999, Voß

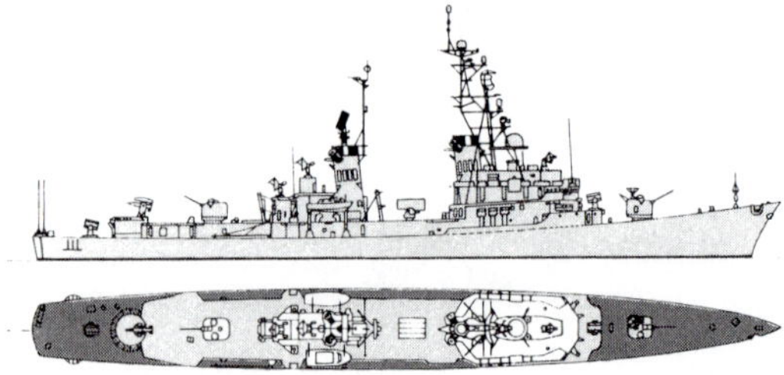

3370/4720 ts, 34 kn, 134 m
1 Standard I, 2 RAM, 2-12.7, 2-2, 1 ASROC/Harpoon, 6 **UTR**
2 DG: **Lütjens** [D 185, 186] (67-68)
Typ US Charles F. Adams

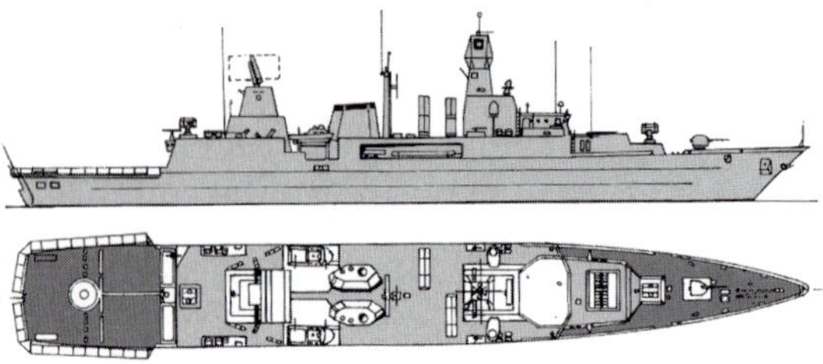

5100/5600 ts, 29 kn, 143 m
8 Harpoon,
VLS: SM-2 + ESSM, 2 RAM, 1-7.6, 2-2, 6 **UTR**, 2
3 FG: Sachsen (00 – bew./auth.) [F 219-221]

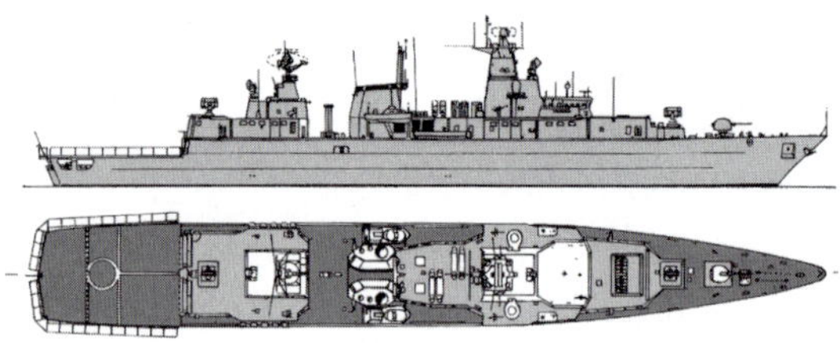

3600 ts, 29 kn, 139 m
4 MM 38, Sea Sparrow VLS, 2 RAM, 1-7.6, 2-2, 4 **UTR** 2
4 FG: **Brandenburg** [F 215-218] (92-95) – *Klasse 123*

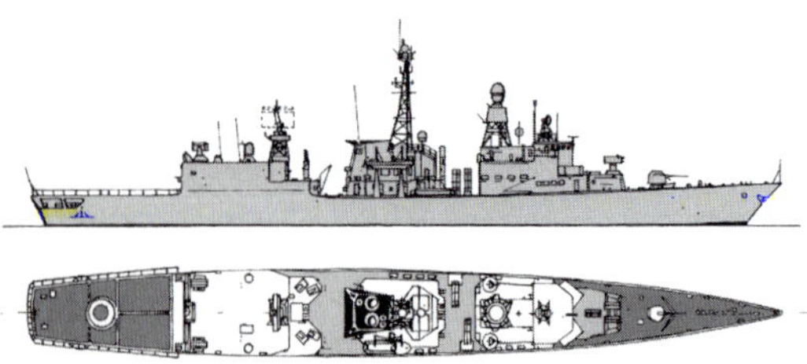

3000/3815 ts, 30 kn, 130 m
8 Harpoon, 1 Sea Sparrow $_8$, 2 RAM, 1-7.6, 2-2, 4 **UTR,** 2
4 FG: **Niedersachsen** (79-82) [F 208-210, 212]
Klasse 122
Führungsschiffe / Command ships

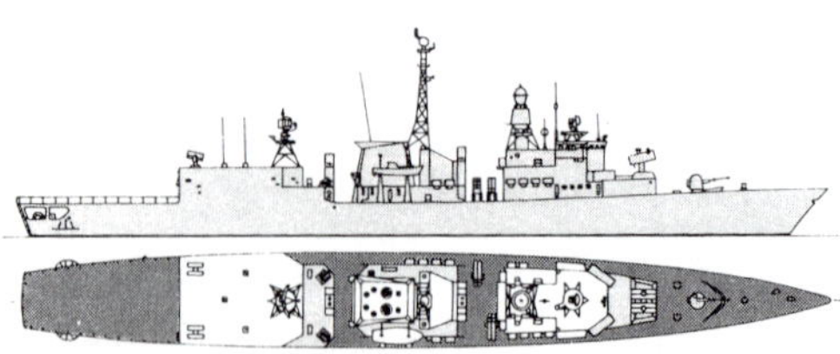

3000/3800 ts, 30 kn, 130 m
8 Harpoon, 1 Sea Sparrow $_8$, 2 RAM $_{21}$, 1-7.6, 2-2, 4 **UTR,** 2
4 FG: **Bremen** [F 207, 211, 213, 214] (79-87) *Klasse 122*

Kennungen / Identification

Zerstörer / Destroyers
D …
185-Lütjens
186-Mölders

Fregatten / Frigates
F …
207-Bremen
208-Niedersachsen
209-Rheinland-Pfalz
210-Emden
211-Köln
212-Karlsruhe
213-Augsburg
214-Lübeck
215-Brandenburg
216-Schleswig-Holstein
217-Bayern
218-Mecklenburg-Vorpommern
219-Sachsen
220-Hamburg
221-Hessen

Uboote / Submarines
S …
171-U 22
172-U 23
173-U 24
174-U 25
175-U 26
177-U 28
178-U 29
179-U 30
181-U 31
182-U 32
183-U 33
184-U 34
190-U 11
191-U 12
194-U 15
195-U 16
196-U 17
197-U 18

Flugkörperschnellboote / Fast Attack Craft, Missile
P …
6111-S 61/Albatros
6112-S 62/Falke
6113-S 63/Geier
6114-S 64/Bussard
6115-S 65/Sperber
6116-S 66/Greif
6117-S 67/Kondor
6118-S 68/Seeadler
6119-S 69/Habicht
6120-S 70/Komoran
6121-S 71/Gepard
6122-S 72/Puma
6123-S 73/Hermelin
6124-S 74/Nerz
6125-S 75/Zobel
6126-S 76/Frettchen
6127-S 77/Dachs
6128-S 78/Ozelot
6129-S 79/Wiesel
6130-S 80/Hyäne

6146-S 46/Fuchs
6148-S 48/Löwe

6150-S 50/Panther
6155-S 55/Alk
6156-S 56/Dommel
6157-S 57/Weihe
6158-S 58/Pinguin
6159-S 59/Reiher

Minensucher / Minesweepers
M …
1058-Fulda
1059-Weilheim
1060-Weiden
1061-Rottweil
1062-Sulzbach-Rosenberg
1063-Bad Bevensen
1064-Grömitz
1065-Dillingen
1066-Frankenthal
1067-Bad Rappenau
1068-Datteln
1069-Homburg
1072-Lindau
1073-Schleswig
1076-Paderborn
1078-Cuxhaven
1079-Düren
1080-Marburg
1081-Konstanz
1082-Wolfsburg

1090-Pegnitz
1091-Kulmbach
1092-Hameln
1093-Auerbach/OPF
1094-Ensdorf
1095-Überherrn
1096-Passau
1097-Laboe
1098-Siegburg
1099-Herten

2658-Frauenlob
2660-Gefion
2661-Medusa
2662-Undine
2665-Loreley
–
1052-Mühlhausen

Landungsfahzeuge / Landing Vessels
L …
760-Flunder
762-Lachs
763-Plötze
765-Schleie
769-Zander

LCM …
14-Sardelle
21-Hummer
23-Krabbe
24-Auster
25-Muschel
26-Koralle
27-Garnele
28-Languste

Hilfsfahrzeuge / Auxiliaries
A …
50-Alster
52-Oste
53-Oker
60-Gorch Fock
511-Elbe
512-Mosel
513-Rhein
514-Werra
515-Main
516-Donau
1401-Eisvogel
1405-FW 5
1409-Wilhelm Pullwer
1411-Berlin
1412-Frankfurt/M.
1413-Freiburg
1414-Glücksburg
1418-Meersburg
1424-Walchensee
1425-Ammersee
1426-Tegernsee
1427-Westensee
1435-Westerwald
1436-Odenwald
1439-Baltrum
1440-Juist
1441-Langeoog
1442-Spessart
1443-Rhön
1450-Planet
1451-Wangerooge
1452-Spiekeroog
1455-Norderney
1458-Fehmarn

Verschiedene / Miscellaneous
Y …
811-Knurrhahn
812-Lütje Hörn
814-Knechtsand
815-Scharhörn
816-Vogelsand
817-Nordstrand
819-Langeness
834-Nordwind
835-Todendorf
836-Putlos
837-Baumholder
838-Bergen
839-Munster
855-TF 5
856-TF 6
860-Schwedeneck
861-Kronsort
862-Helmsand
863-Stollergrund
864-Mittelgrund
865-Kalkgrund
866-Breitgrund
867-Bant
890-Vogtland
891-Altmark
893-Uckermark
895-Wische
1643-Bottsand
1644-Eversand
1656-Wustrow
1658-Dranske
1671-AK 1
1672-AK 3
1674-AM 6
1675-AM 8
1676-MA 2
1677-MA 3
1678-MA 1
1679-AM 7
1680-Neuende
1683-AK 6
1685-Aschau
1686-AK 2
1687-Borby
1689-Bums

Bundesgrenzschutz / Border Guard
BG …
5-Rettin
11-Neustadt
12-Bad Bramstedt
14-Duderstadt
15-Eschwege
16-Alsfeld
17-Bayreuth
18-Rosenheim
21-Bredstedt
22-Neustrelitz
23-Bad Düben
51-Vogtland
52-Rhön
53-Spreewald
54-Oderbruch
61-Prignitz
62-Uckermark
63-Altmark
64-Börde

1480 ts, 26 kn, 92.5 m
4 Harpoon, 2 RAM,
8 Polyphem, 1-7.6, 2-2.7, 1
5 FS: I-V (gepl./plan.) *Klasse 130*

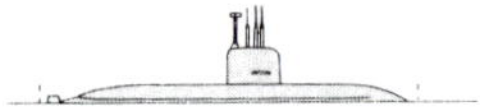

6 **TR** 53.3 b↓, Ծ ./1360 ts, 17 kn, 53.5 m
4 SS: U 31-34 (a.St./o.St. – bew./auth.)
Klasse 212 A – vorläufige Skizze / preliminary drawing

8 **TR** b↓ 465/500 ts, 10/17 kn, 48.6 m
12 SS: **U 15-18, 22-26, 28-30** (72-74)
[S 194-197, 171-175, 177-179]
Klasse 206 A

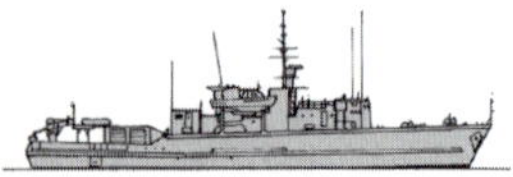

770 ts, 19 kn, 63 m
1 MB: **Mühlhausen** [M 1052] (66)
Klasse 742 A

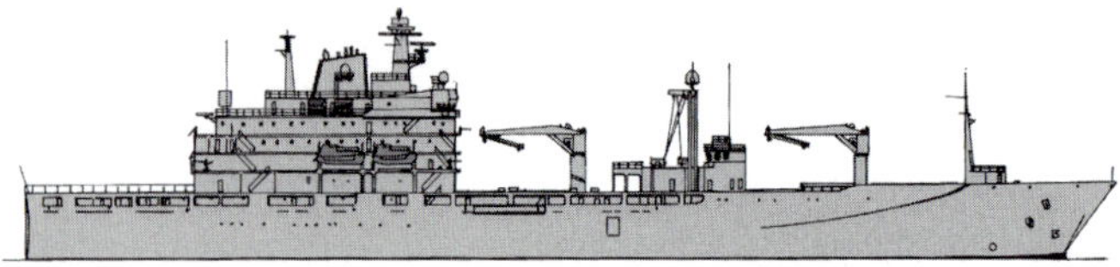

[2-2 ⟋, 2 ✈] 9905/20 240 ts, 19.5 kn, 174 m
2 AK: Berlin, Frankfurt [A 1411, 1412] (99 – a.St./o.St.) *Klasse 702*

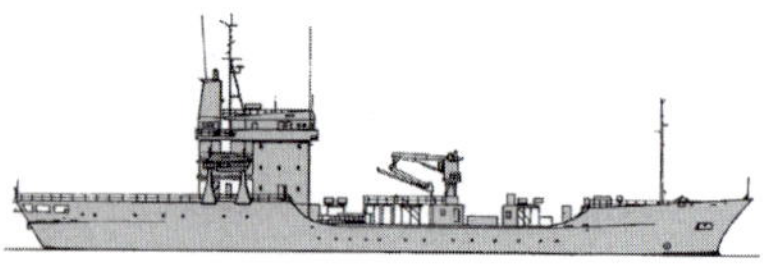

./3450 ts, 15 kn, 101 m
2 Mg ⟋, 2 ↥ Stinger
6 AR: **Elbe** [A 511-516] (92-94)
Klasse 404

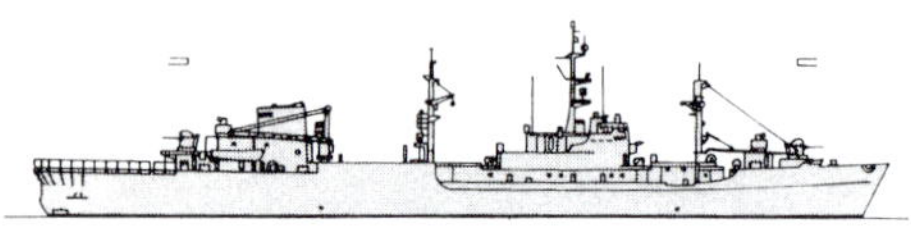

./3900 ts, 17 kn, 118 m
4-4 ⟋
1 AK: **Freiburg** [A 1413] (66)

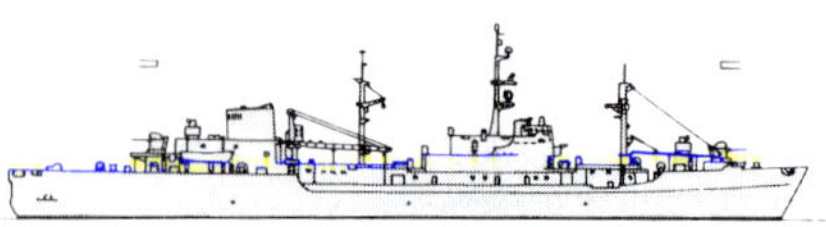

3450 ts, 17 kn, 114 m
4-4 ⟋, [1600 ts], Ծ
2 AK: **Glücksburg, Meersburg**
[A 1414, 1418] (66)

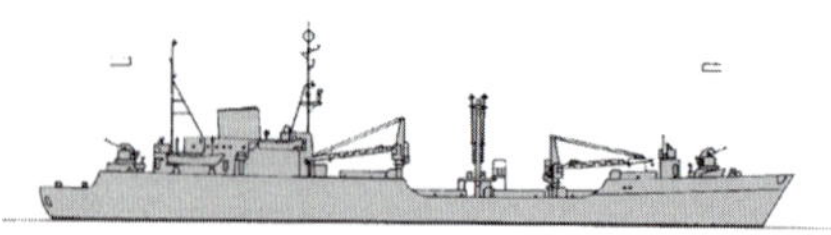

3460 ts, 17 kn, 105 m
2-4 ⟋, [1080 ts],
2 AK: **WESTERWALD, Odenwald**
[A 1435, 1436] (66)

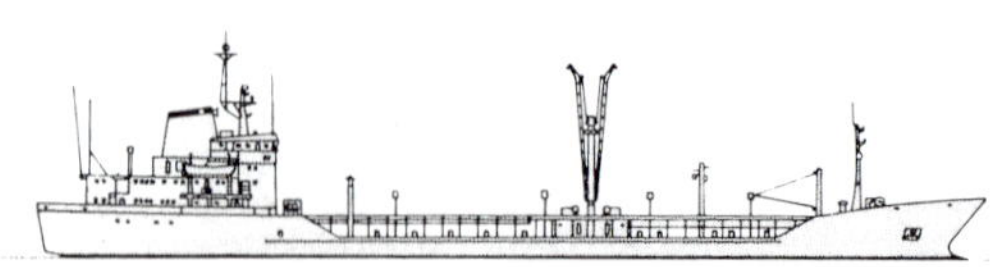

11 208 ts, 16 kn, 130 m
2 AO: **Spessart, Rhön**
[A 1442, 1443] (74-75)

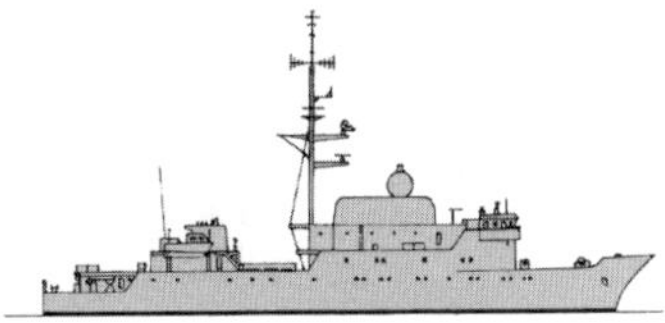

2375 ts, 19 kn, 83,5 m
3 AG: **Oste** [A 50, 52, 53] (87-88)

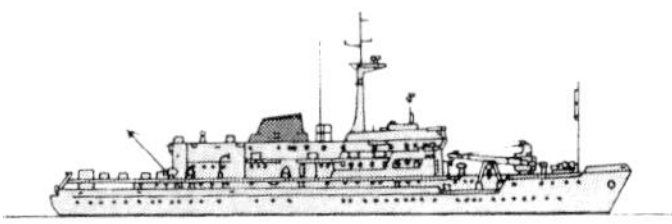

– 1513 ts, 14 kn, 80 m
1 AG: **Planet** [A 1450] (65)

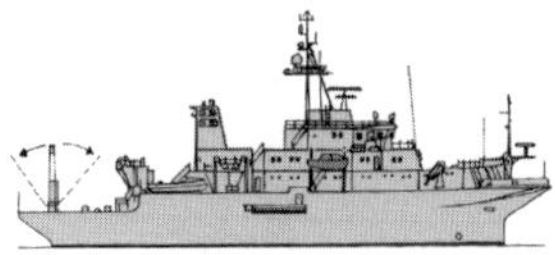

– 3500 ts, 15 kn, 73 m
1 AG: Ersatz Planet (gepl./plan.) *Klasse 751*

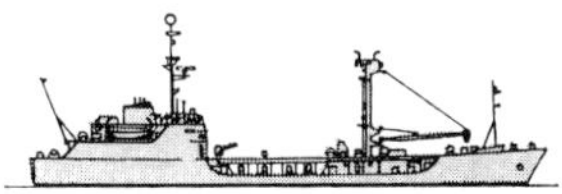

2044 ts, 12.5 kn, 74 m
4 AO: **Walchensee** [A 1424-1427] (65-67)

[2-4] 1310 ts, 16.6 kn, 68 m
1 AT: **Fehmarn** [A 1458] (65)

[1-4] 854 ts, 13.6 kn, 52 m
6 AT: **Wangerooge** [A 1439-1441, 1451, 1452, 1455] (66-88)

– 1760 ts, 10 kn, 89.4 m
1 AX: **Gorch Fock** [A 60] (58)

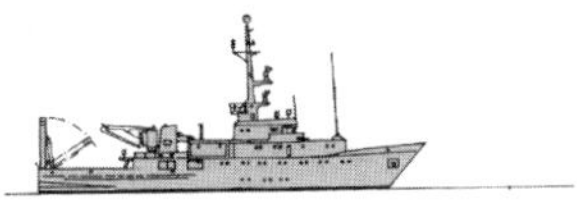

– 1000 ts, 12.6 kn, 54.4 m
3: **Schwedeneck** [Y 860-862] (87)

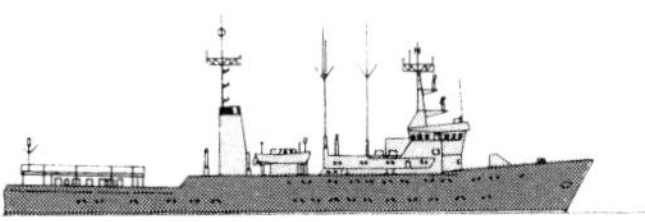

– 1790 BRT/grt, 20 kn, 83 m
1 Fischereischutzschiff / Fishery Protection Ship
Seefalke (66)

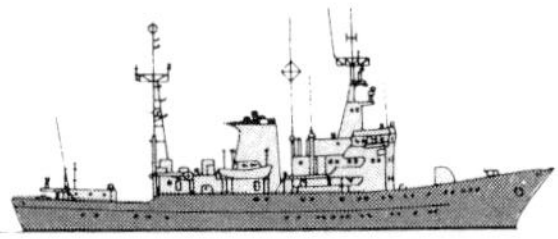

– 2386 ts, 15.5 kn, 76.5 m
1 Fischereischutzschiff / Fishery Protection Ship
Meerkatze (77)

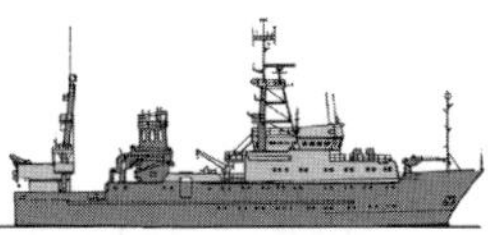

– 2390 ts, 13.5 kn, 64.5 m
1 AG: **Walther Herwig III** (92)

– 1790 BRT/GRT, 20 kn, 83 m
1 AG: **Seeadler** (99)

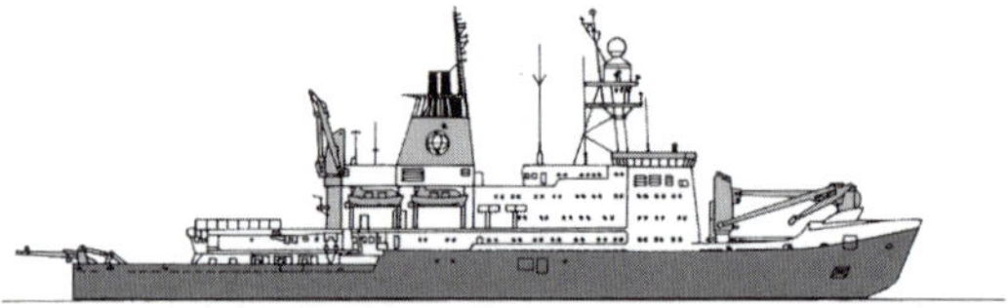

– 15 000 ts, 15.5 kn, 118 m
1 AG: **Polarstern** (82)

– 2500 ts, 13 kn, 68 m
1 AI: **Stephan Jantzen** (~ 65)

– 2050 ts, 15 kn, 75 m
1 AG: **Neuwerk** (97)

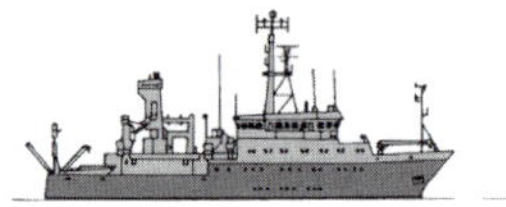

– 999 BRT/grt, 11.5 kn, 56.2 m
1 AG: **Alkor** (89)

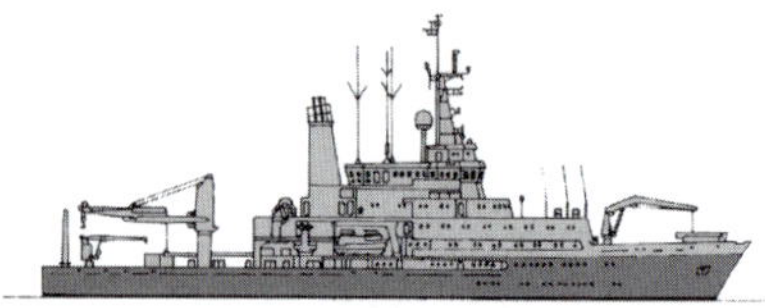

3500 ts, 15 kn, 97.5 m
1 AG: **Meteor** (85)

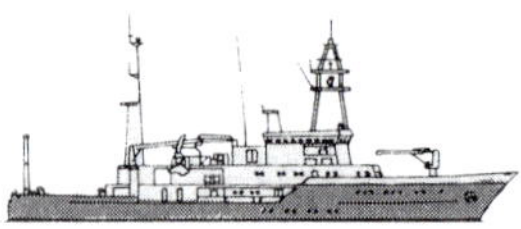

– 1370 ts, 13.5 kn, 69 m
1 AG: **Gauss** (79)

– 1590 ts, 13 kn, 64.2 m
1 AG: **Komet** (98)

Maßstab / Scale 1:1000

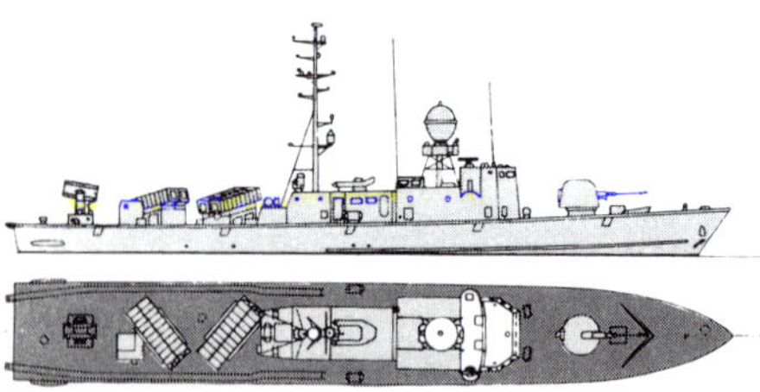

375 ts, 40 kn, 57.6 m
4 MM 38 ⇨, 1-7.6, [1 RAM $_{21}$],
10 PG: **Wiesel** [P 6121-6130] (81-83)
Klasse 143 A

380 ts, 38 kn, 57.6 m
4 MM 38 ⇨, 2-7.6, 2 **TR** 53.3
10 PG: **Albatros** [P 6111-6120] (73-76)
Klasse 143

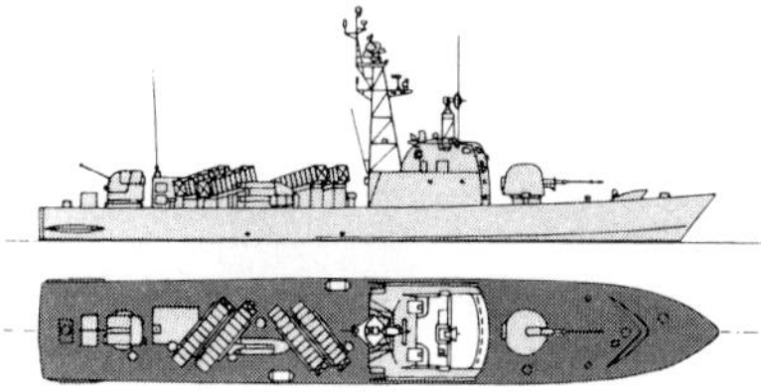

234 ts, 38 kn, 47 m
4 MM 38 ⇨, 1-7.6, 1-4,
8 PG: **Fuchs** [6146, 6148, 6150, 6155-6159]
(72-75) – *Klasse 148*

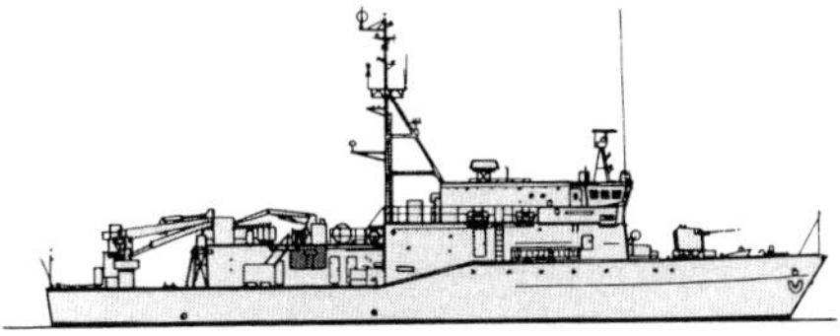

600 ts, 18 kn, 54.4 m
1-4, 2 Stinger
12 MB: **Frankenthal**
[M 1058-1069] (92-98)
Klasse 332

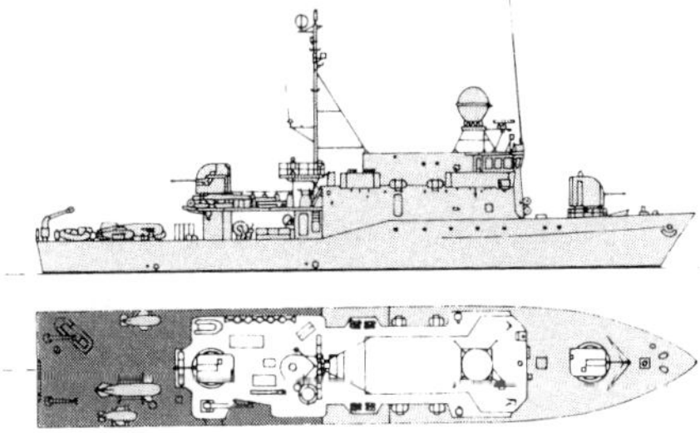

590 ts, 18 kn, 54.4 m
2-4, 2 Stinger,
5 MD: **Hameln** [M 1090, 1092-1094, 1098]
(88-90) – *Kl.-352*
5 MH: **Laboe** [M 1091, 1095-1097, 1099]
(88-90) – *Kl.-333*

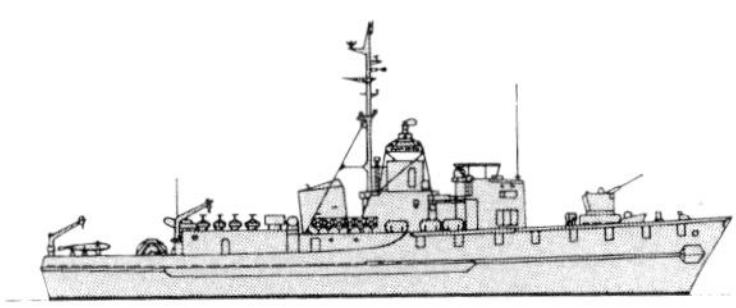

1-4 392 ts, 16.5 kn, 47.1 m
6 MD: **Düren** [M 1073, 1076, 1079, 1081-1083]
(57-59) – Hohlstab-Lenkboote

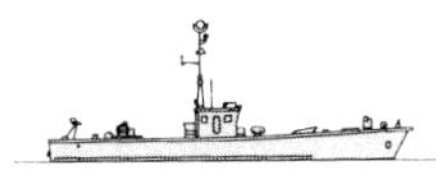

– 99.5 ts, 9.5 kn, 27 m
18 Hohlstabgeräte/Controlled MCM vehicles
(Troika System): **Seehund 1-18** (80-81)

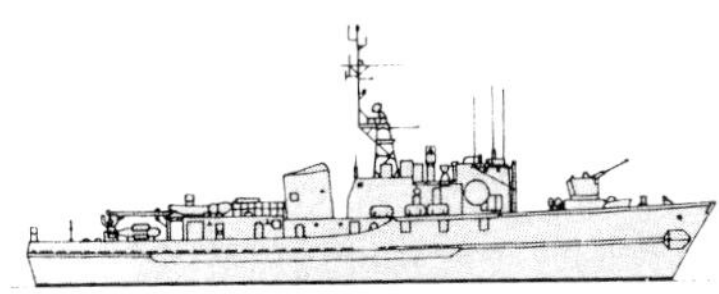

1-4 390 ts, 16.5 kn, 47.5 m
3 MH: **Lindau** [M 1072, 1078, 1080]
(57-59) – *Klasse 331 B*

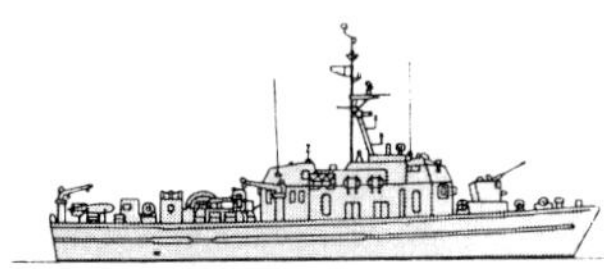

1-4, 238 ts, 14.3 kn, 38 m
5 MS: **Frauenlob** [M 2658, 2660-2662, 2665]
(65-67)

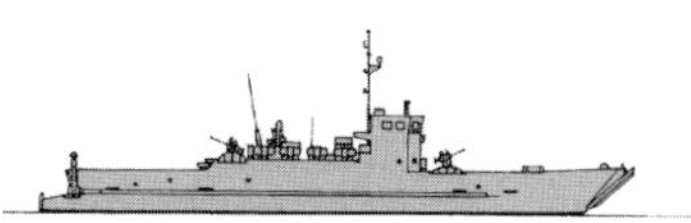

116 ts, 12 kn, 42 m
2-2
5 LS: **Flunder** [L 760, 762, 763, 765, 769]
(65-66)

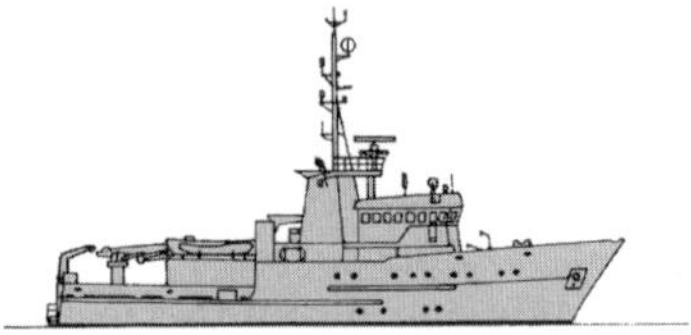

– ./450 ts, 12.5 kn, 38.7 m
5: **Mittelgrund** [Y 863-867] (88-89) –
Mehrzweckboote klein

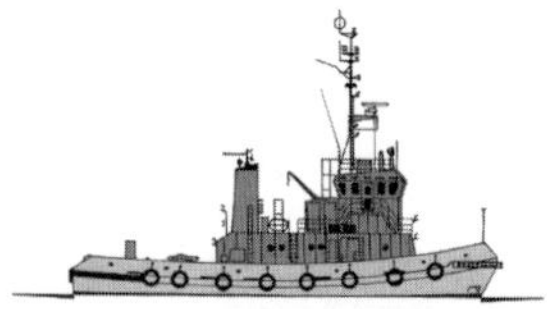

– 445 ts, 12 kn, 30 m
6 AT: **Lütje Hörn** [Y 812, 814-817, 819] (86-90) –
Klasse 725

Bundesgrenzschutz

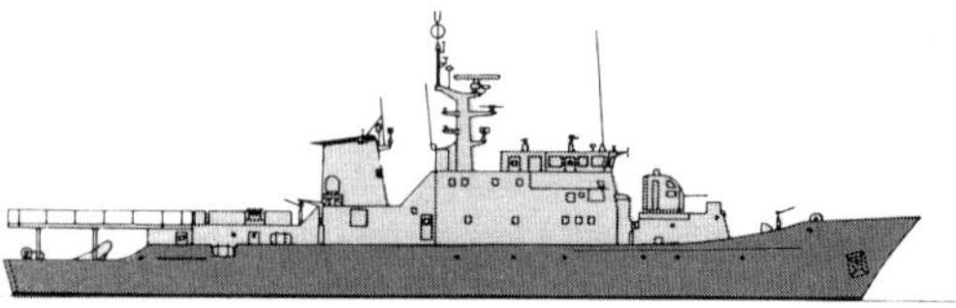

./675 ts, 25 kn, 65.4 m
1-4
1 PP: **Bredstedt** [BG 21] (88)

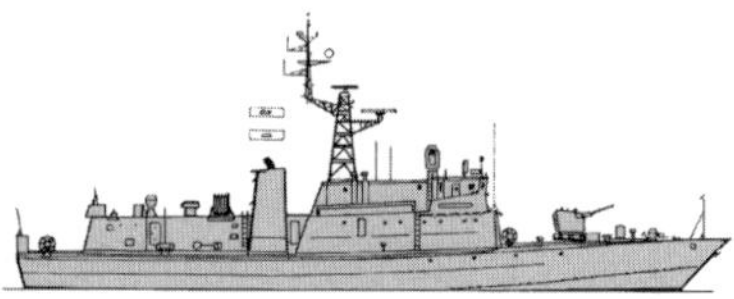

340 ts, 25 kn, 48.9 m
1-4
2 PP: **Neustrelitz** [BG 22, 23] (87-89)

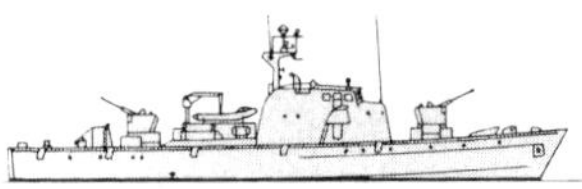

2-4 190 ts, 30 kn, 38.5 m
7 PP: **Neustadt** [BG 11, 12, 14-18] (69-70)

DG **Lütjens** (67) *Klasse 103 B* 7-1999, Voß

DG **Mölders** (68) *Klasse 103 B* 9-1998, Streich

FG **Brandenburg** (92) *Klasse 123* 8-1999, Voß

FG **Schleswig-Holstein** (94) *Klasse 123* 9-1998, Groll

FG **Mecklenburg-Vorpommern** (95) *Klasse 123* 8-1999, Streich

FG **Emden** (80) *Klasse 122* 5-1999, Findler & Winter

FG **Köln** (81) *Klasse 122* 7-1999, Findler & Winter

SS **U 24** (73) *Klasse 206 A* 4-1999, Schneider
mit Minengürtel / with mine belt

SS **U 26** (73) *Klasse 206 A* 4-1997, Engel

SS **U 17** (72) *Klasse 206 A* 9-1999, Findler & Winter

PG **S 70 / Kormoran** (82) *Klasse 143* 6-1999, Voß

PG **S 73 / Hermelin** (81) *Klasse 143 A* 7-1999, Behling
mit ECM/ESM-System: FL-1800 II

PG **S 77 / Dachs** (82) *Klasse 143 A* 6-1998, Mießner

PG **S 79 / Wiesel** (83) *Klasse 143 A* 9-1999, Groll

PG **S 58 / Pinguin** (75) *Klasse 148* 8-1998,Engel

MB **Mühlhausen** (66) *Klasse 742 A* 9-1999, Groll

MB **Fulda** (97) *Klasse 332* 10-1998, Groll

MH **Kulmbach** (98, *99*) *Klasse MJ-333* 7-1999, Schneider

MB **Hameln** (88) *Klasse 343* 9-1998, Behling

Seehund 3 (80) *Hohlstabfernräumgerät* 6-1999, Groll

MD **Ulm** (59) *Klasse 351* 4-1999, Voß

MH **Marburg** (58) *Klasse 331 B* 5-1999, Groll

MS **Medusa** (66) *Klasse 394 A* 3-1999, Schneider

LS **Flunder** (66) *Klasse 520* 3-1999, Schneider

AG **Oste** (87) *Klasse 423* 6-1999, Prézelin

AG **Planet** (65) *Klasse 750* 3-1998, Voß

AK **Berlin** (99) *Klasse 702* 6-1999, Van Ginderen coll.

AR **Main** (93) *Klasse 404* 5-1999, Ehlers

AK **Freiburg** (66) *Klasse 701 E* 7-1999, Findler & Winter

AK **Meersburg** (66) *Klasse 701 C* 4-1997, Engel

AK **Westerwald** (66) *Klasse 760* 5-1999, Voß

AO **Spessart** (75) *Klasse 704* 4-1999, Van Ginderen coll.

AO **Ammersee** (66) *Klasse 703* 4-1999, Groll

AG **Wilhelm Pullwer** (66) *Klasse 741* 3-1999, Findler & Winter

AT **Spiekeroog** (66) *Klasse 722* 6-1999, W. Kramer

AT **Wustrow** (~ 88) *Klasse 660* 6-1999, Ehlers

AT **Nordstrand** (86) *Klasse 725* 4-1999, Findler & Winter

Torpedofangboot: **TF 6** (66) *Klasse 430* 6-1999, W. Kramer

AG **Schwedeneck** (86) *Klasse 748* 6-1999, Voß

Wohnschiff / Accomodation ship: **Vogtland** (83) *Klasse 650* 8-1998, Mießner

Wohnschiff / Accomodation ship: **Knurrhahn** (89) *Klasse 730 D* 6-1999, Voß

PP **Bredstedt** (88) *Typ PB 60* 10-1998, Bundesgrenzschutz

PP **Bad Düben** (89) *Typ PB 50* 8-1999, Voß

PP **Rosenheim** (70) *Typ BG 157* 10-1998, Bundesgrenzschutz

AG **Komet** (98) 6-1999, D. Streich

Neuwerk (97) 5-1999, Voß

Scharhörn (82) 6-1999, Groll

AG **Buk** (69) Typ USSR Kamenka 6-1998, W. Kramer

AG **Otto Treplin** (67) 4-1998, Groll

PP **Schleswig-Holstein** (88) 5-1999, Groll

PP **Glückstadt** (91) 4-1998, Voß

Ecuador

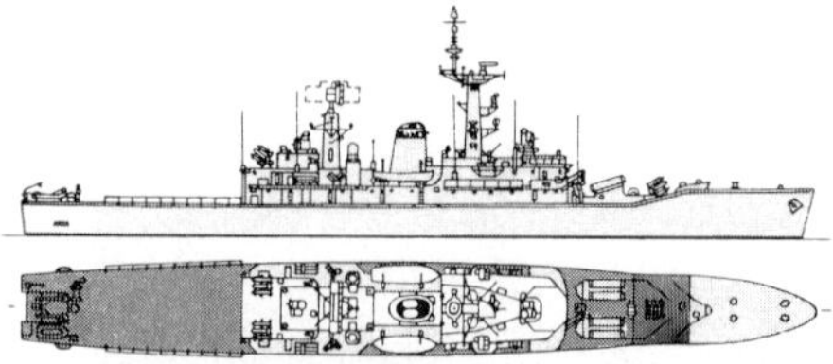

2650 ts, 28 kn, 113 m
[4 MM 38 ⇨], 2-4 ∡, 12 Seacat ⇧4, 1 🚁
2 FG: **Presidente Eloy Alfaro** [FM-01, 02] (62-65)
Typ Brit. Leander, Batch 2

8 **TR** b↓ 1285/1450 ts, 10/21 kn, 59.5 m
2 SS: **Shyri** [S 11, 12] (76-77)
Typ deutsch / German 209/1300

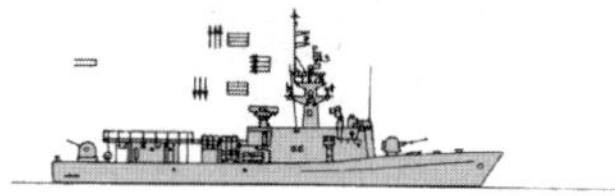

6 MM 40 ⇨, 1-7.6 ∡ 605 ts, 34 kn, 62.3 m
2-4 ∡, 1 ⇧, 6 **UTR** 32.4 **III**
6 PG: **Esmeraldas** [CM 11-16] (80-82)

Kennungen / Identification

FM …
01-Pres. E. Alfaro
02-M. Valverde

CM …
11-Esmeraldas
12-Manabi
13-Los Rios
14-El Oro
15-Los Galapagos
16-Loja

S …
101-Shyri
102-Huancavilca

LM …
21-Quito
23-Guayaquil
24-Cuenca
25-Manta
27-N. Rocafuerte

TR …
61-Hualcopo
62-Calicuchima
63-Atahualpa
64-Quisquis
65-Taurus

UT …
111-Isla de la Plata
112-Isla Puna

RA …
70-Chimborazo
71-Cayambe
72-Sangay
73-Cotopaxi
74-Antizana
75-Iliniza
76-Altair
77-Tungurahua
78-Quilotoa

BE …
51-Guayas

BI …
91-Orion

DF …
81-Amazonas
82-Napo

LG …
31-25 de Julio
32-24 de Mayo
33-10 de Agosto
34- 3 de Noviembre
35-5 de Agosto
36-21 de Febrero
37- 9 de Octubre
38-27 de Octubre
41-Rio Puyango
42-Rio Matage
43-Rio Zarumilla
44-Rio Chone
45-Rio Daule
46-Rio Babahoyo

LH …
94-Rigel

Maßstab / Scale 1:1000

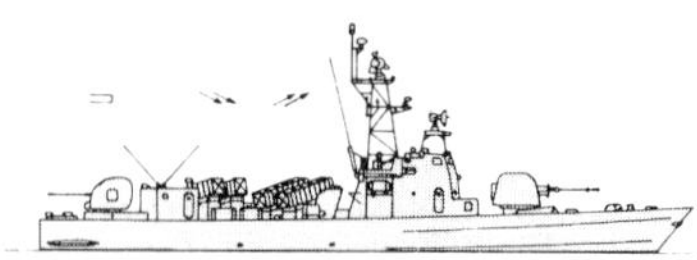

4 MM 38 ⇨, 1-7.6 ∡ 255 ts, 40 kn, 44.3 m
2-3.5 ∡
3 PG: **Quito** [LM 24-26] (75-76)

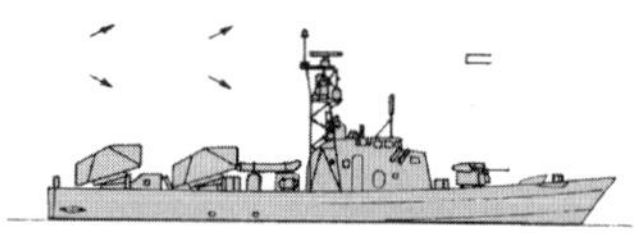

4 Gabriel ⇨, 2-3 ∡ 116 ts, 35 kn, 36 m
2 PG: **Manta** [LM 27, 29] (70-71)

FG **Moran Valverde** (65) Typ brit. Leander 1998, Armada de Ecuador

PG **Guayaquil** (76) *Typ Lürssen FPB 45* 1998, Armada de Ecuador

PG **Nueva Rocafuerte** (71) 1994, Armada de Ecuador

Estland/Estonia

– 700 ts, 13.5 kn, 53.5 m
1 AG: **EVA-307** (68) – *Typ USSR Kamenka*

– 1050 ts, 15.5 kn, 60.4 m
1 AG: **EVA-308** (62) – *Typ USSR Samara*

Maßstab / Scale 1:1000

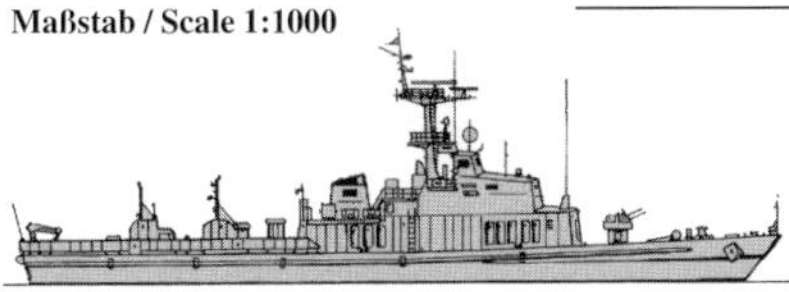

2-2.5 436 ts, 20 kn, 56.7 m
1 PP: **Sulev** [M 412] (71)

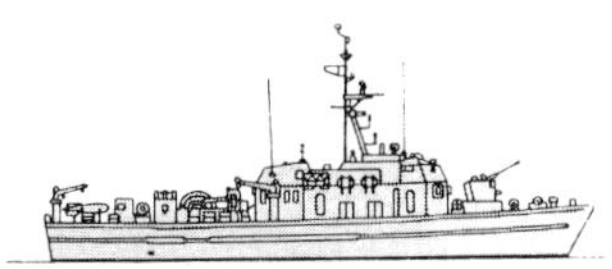

1-4 , 238 ts, 14.3 kn, 38 m
2 MS: **Kalev, Olev** [M 414, 415] (66)

[4-2.5] 100 ts, 32 kn, 36.5 m
1 PP: **Torm** [105] (66)

3-Mg 135 ts, 23 kn, 35.7 m
1 PP: **Maru** [106] (64)

Estland/Estonia – Fidschi/Fiji

Maßstab / Scale 1:1000

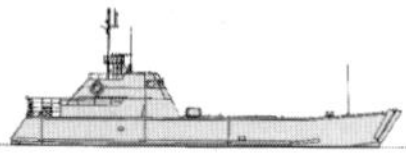

1 53/100 ts, 30 kn, 25.6 m
1 LC: **Tiir** [104] (94)

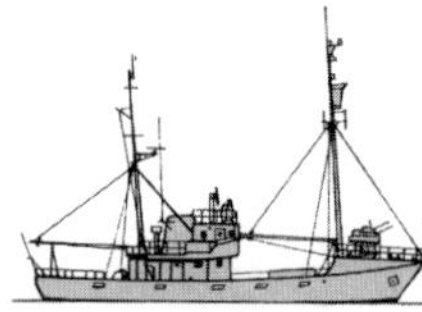

2-2.5 175 ts, 10 kn, 27 m
1 AK: **Ahti** [A 431] (60)

MS **Olev** (66) *Typ deutsch / German Kl. 394* 9-1998, Behling

Fidschi/Fiji

PP **Kiro** (95) Typ austr. ASI 315 9-1998, Van Ginderen coll.

Finnland / Finland

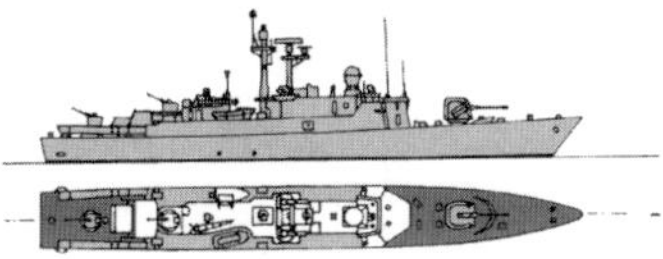

1-12, 2-4 660 ts, 35 kn, 74 m
4-2.3, 2
2 FS: **Turunmaa** [03, 04] (67)

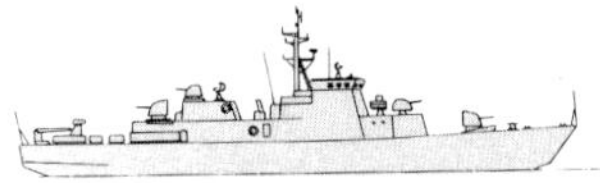

2-4, 4-2.3, 1 1000 ts, 20 kn, 75 m
2 NB: **Hämeenmaa** [02, 05] (91-92)

Kennungen / Identification

Korvetten / Corvettes
03-Turunmaa
04-Karjala

Minenleger, -sucher / Minelayers, -sweepers
01-Pohjanmaa
02-Hämeenmaa
05-Uusimaa
21-26 = Kuha 21-26
521-527 = Kiiski 1-7

Kleine Kampfschiffe / Small Fighting Vessels
11-Tuima
12-Tuisku
14-Tuuli
15-Tyrsky
30-Hurya
51-Rihtniemi
52-Rymättyla
54-Raisio
55-Röyttä
60-Helsinki
61-Turku
62-Oulu
63-Kotka
70-Rauma
71-Raake
72-Porvoo
73-Naantali
74-Hamina

Verschiedene / Miscellaneous
S …
91-Viiri
92-Putsaari
96-Pikkala
97-Valas
98-Mursu
99-Kustaamiekka
121-Vahakari
133-Havouri
171-Kala 1
222-Vaarlehti
232-Hauki
235-Hirsala
237-Hila
238-Harun
241-Askeri
251-Lohi
272-Kampela 2
323-Vänö
334-Hankoniemi
339-Hästö
371-Kampela 1
420-Parainen
430-Högsåra
431-Hakuni
436-Houtsbär
452-Lohm
475-Pyhäranta
511-Jymy
512-Raju
531-Syöksy
541-Vinha
731-Haukipää
776-Kala 6
777-Porkkala
799-Hylje
826-Isku
831-Kallanpää
874-Kala 4
876-Pansio
877-Kampela 3
899-Halli
992-Träskö
993-Torsö

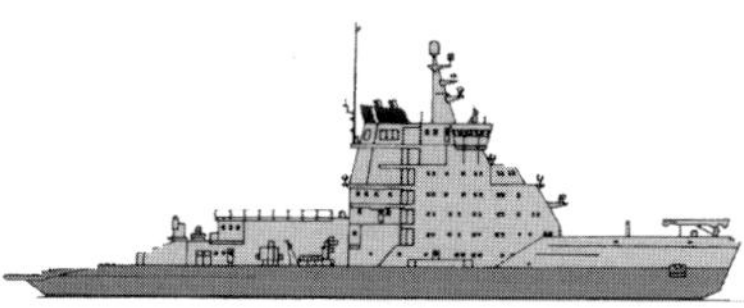

1 9000 BRT/grt, 18.5 kn, 99 m
2 AI: **Otso** (85-86)

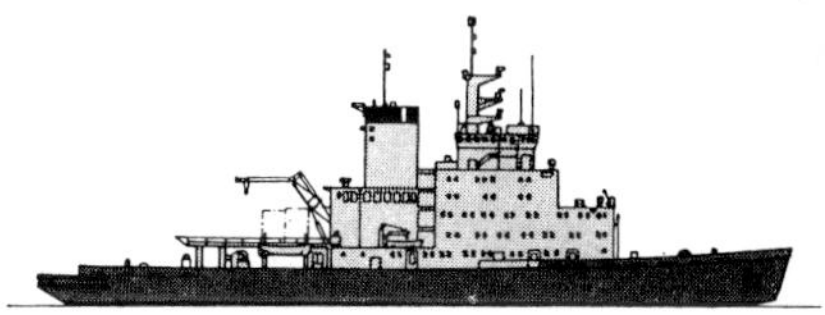

1 7875 ts, 17 kn, 105 m
2 AI: **Urho** (74-75)

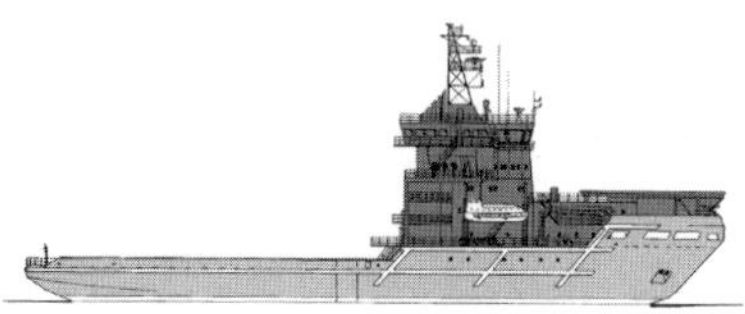

– 2850 ts, 15 kn, 97 m
1 AI: **Botnica** (97)

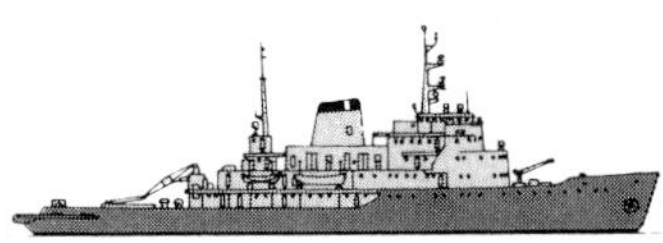

1 4890 ts, 16.5 kn, 86.5 m
1 AI: **Apu** (70)

Maßstab / Scale 1:1000

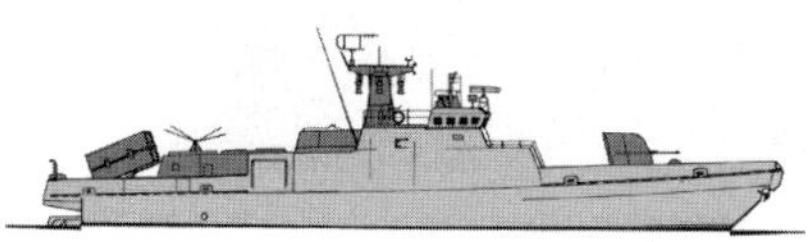

235 ts, 30 kn, 50.8 m
6, 1, 1-4, 2-3, 1 Mg,
4 PG: **Hamina** (98 – gepl./plan)

Finnland/Finland

Maßstab / Scale 1:1000

6 ⇨, 1-4, 2 Mg, 1, 4 215 ts, 30 kn, 48 m
4 PG: **Rauma** [70-73] (89-92)

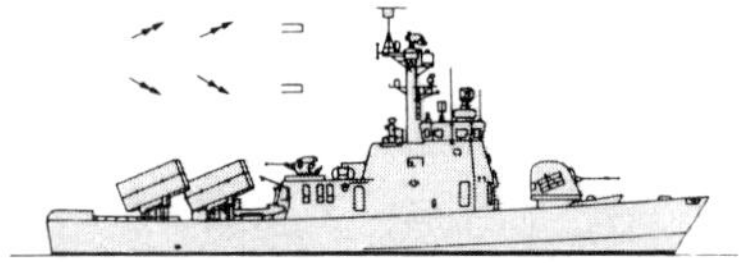

4 ⇨, 1-5.7, 4-2.3, 280 ts, 30 kn, 45 m
4 PG: **Helsinki** [60-63] (80-85)

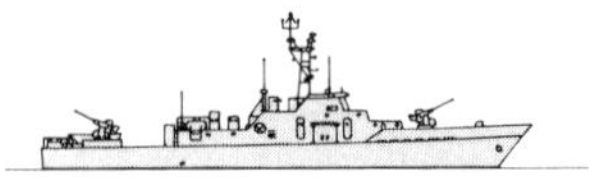

4-2.3, 2 115 ts, 18 kn, 34 m
2 PP: **Raisio** [54-55] (59)

4-2.3, 2 115 ts, 15 kn, 34 m
2 PP: **Rihtniemi** [51, 52] (56)

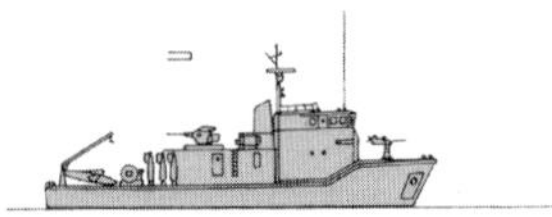

2-2.3, 1-2 90 ts, 12 kn, 26.6 m
6 MS: **Kuha 21-26** (74)

1-2 17 ts, 10 kn, 15.8 m
7 MS: **Kiiski 521-527** (83-84)

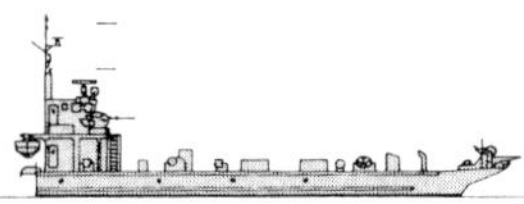

2-2, 50 90 ts, 9 kn, 32.5 m
3 LC: **Kampela 1-3** [371, 272, 877] (76-79)

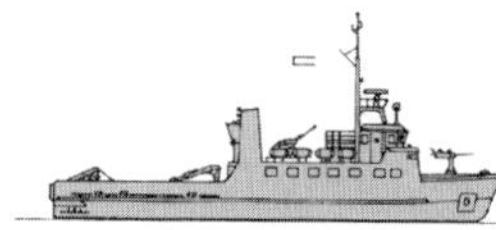

2-2.3, 1-2 275 ts, 12 kn, 30.6 m
4 AK: **Valas** [97, 121, 222, 323] (79-80)

Küstenwache / Coast Guard

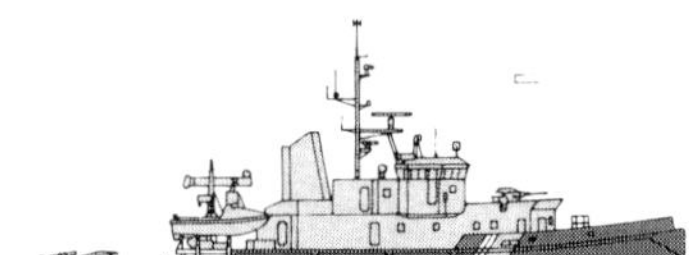

1-2 700 ts, 15.5 kn, 45.4 m
2 PP: **Tursas** (86)

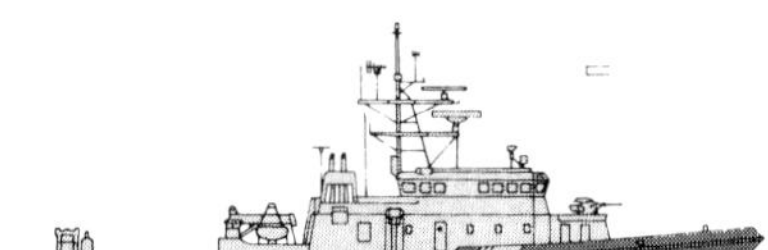

[1-2] 250 ts, 25 kn, 48.3 m
2 PP: **Kiisla** (86-90)

PG **Oulu** (85) *Helsinki Klasse* 6-1998, R. Kramer

PG **Rauma** (90) 5-1997, Sifferlinger

PG **Porvoo** (91) 6-1997, Van Ginderen coll.

NB **Pohjanmaa** (78, *98*) nach / after Mod. 5-1998, U. Streich

NB **Uusimaa** (92) 1997, Voß

NS **Tuuli** (~ 74) *Typ USSR Osa II* 10-1998, Flottenkommando

NS **Pansio** (91) 5-1999, Van Ginderen coll.

PP **Merikarhu** (94) 6-1999, Van Ginderen coll.

Flugzeugträger / Aircraft Carriers

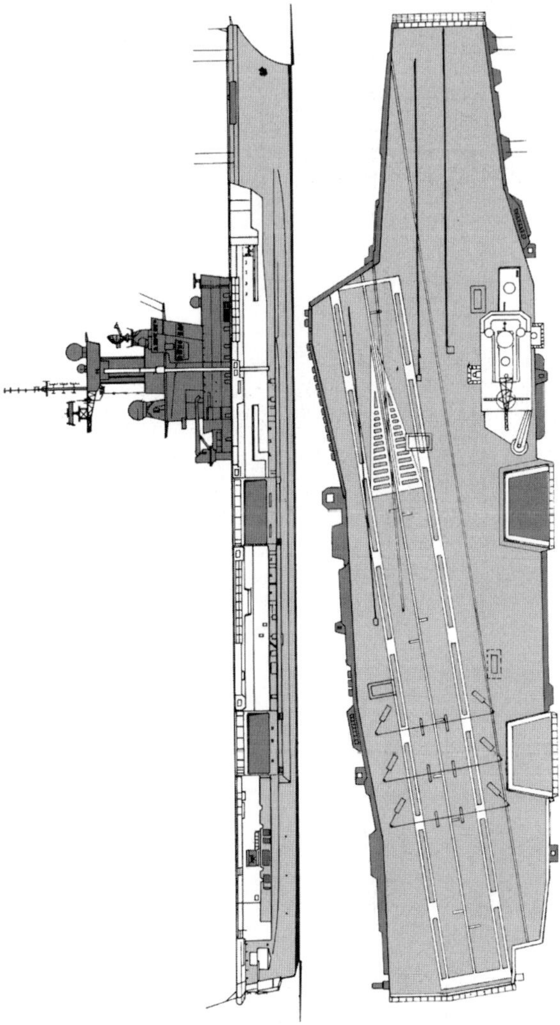

35 500/40 600 ts, 28 kn, 262 m

35-40, , 2 SAAM, 2 SADRAL, 8-2, 2

1 RB: **Charles de Gaulle** [R 91] (94)

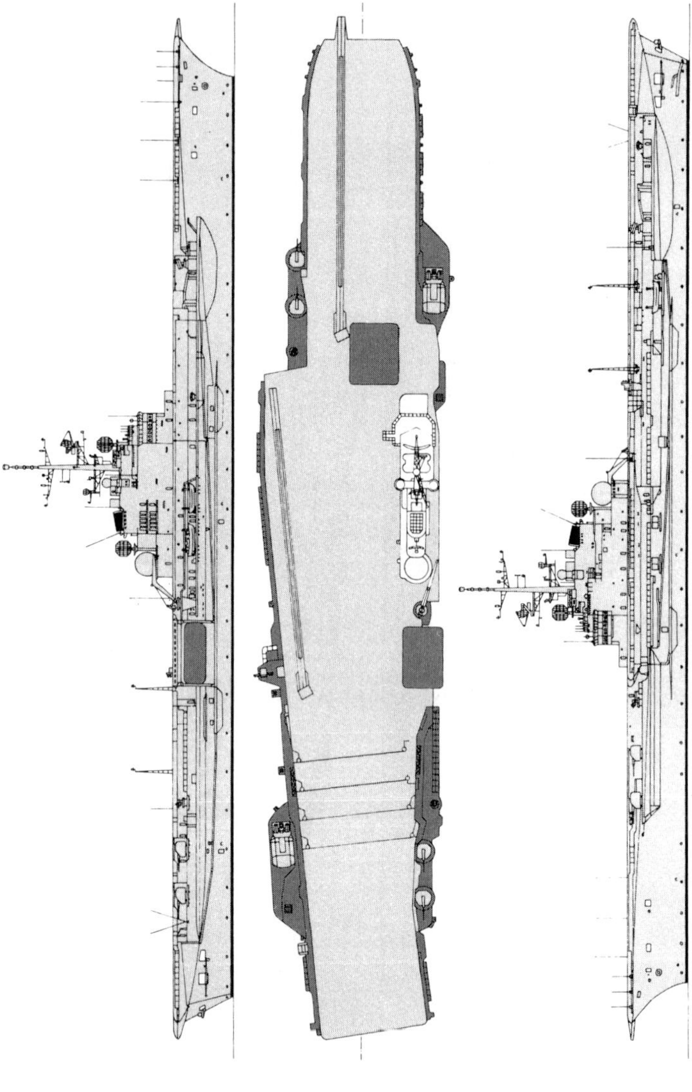

1 RL: **Foch** [R 99] (60)

27 300 ts, 32 kn, 265 m

35 ✈, 5 🚁, 2 Crotale ⇧$_8$, 2 SADRAL ⇧, 5 Mg ⇗$_1$

Kreuzer / Cruiser

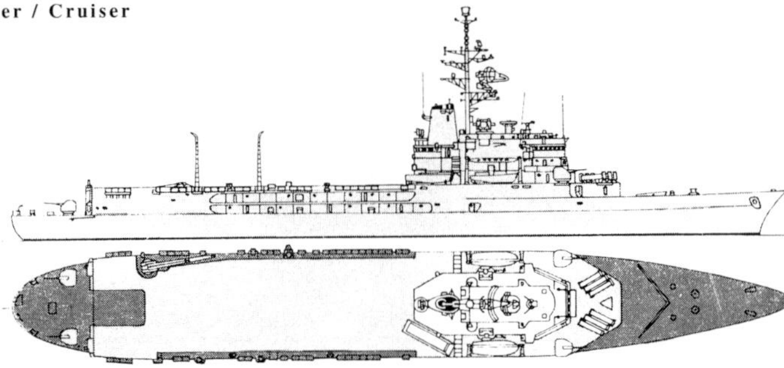

6 MM 38 ⇨, 4-10, 8 [700] — 10 570 ts, 26.5 kn, 182 m

1 CG: **Jeanne d'Arc** [R 97] (61)

Zerstörer / Destroyers

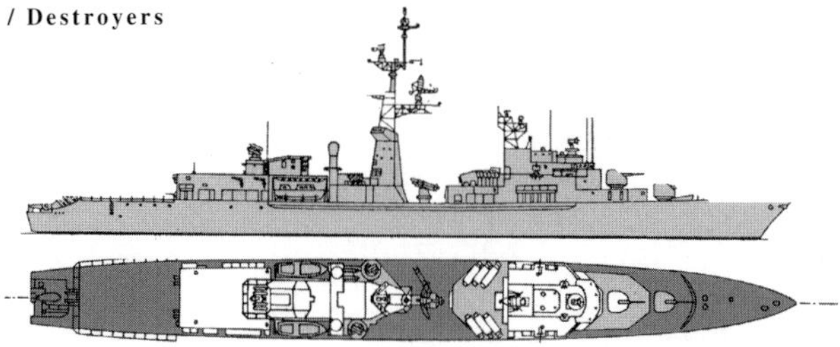

6 MM 38 ⇨, 1 Crotale $_8$, 2-10, 2-2, 2 **UTR,** 1 Malafon, 2 — 4580 ts, 31 kn, 153 m

2 DG: **Tourville** [D 610, 612] (72-74)

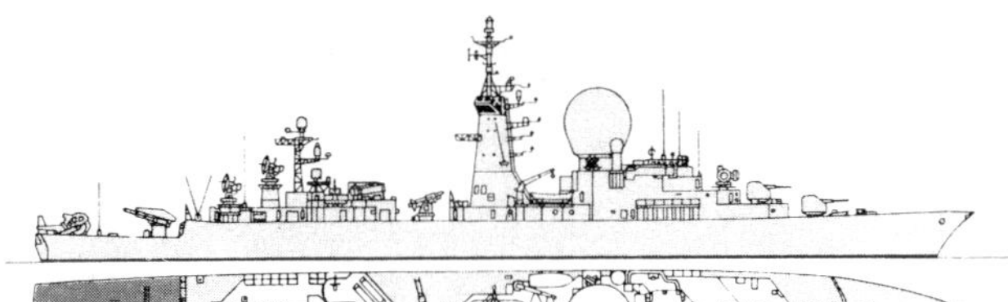

4 MM 38 ⇨, 2-10, 4-2, 4 **UTR II,** 2 $_2$ Masurca, 1 Malafon — 5340 ts, 34 kn, 158 m

2 DG: **Suffren** [D 602, 603] (65-66)

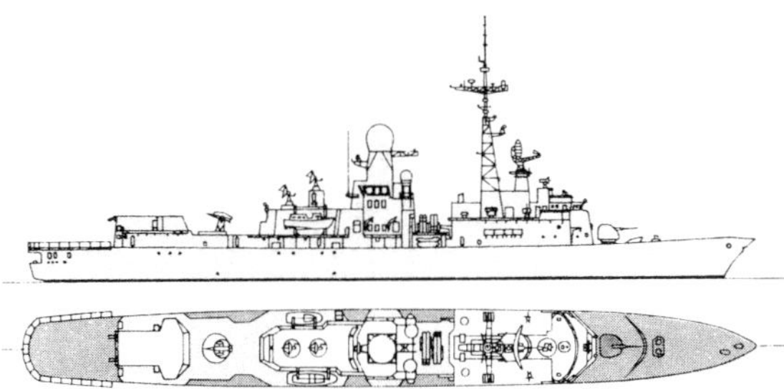

8 MM 40 ⇨, 2 SADRAL $_6$, 1 SM-1, 1-10, 2-2, 2 **UTR,** 1 — 3900 ts, 29.5 kn, 139 m

2 DG: **Cassard** [D 614, 615] (85-88)

⇨, VLS ⇑, 1-10 ◢, **UTR,** 1 🚁 — 5500 ts, 30 kn, 149 m

4 DG: I-IV (bew./auth. – gepl./plan.)

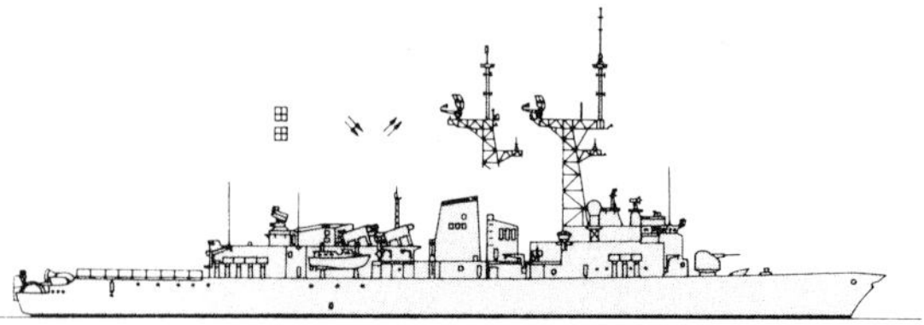

4 MM 40 ⇨, 1 Crotale ⇑$_8$, 1-10 ◢, 2-2 ◢, 4 Mg ◢, 2 **UTR,** 2 🚁 — 3680 ts, 30 kn, 139 m

3 DG: **Latouche-Treville** [D 644-646] (84-86)

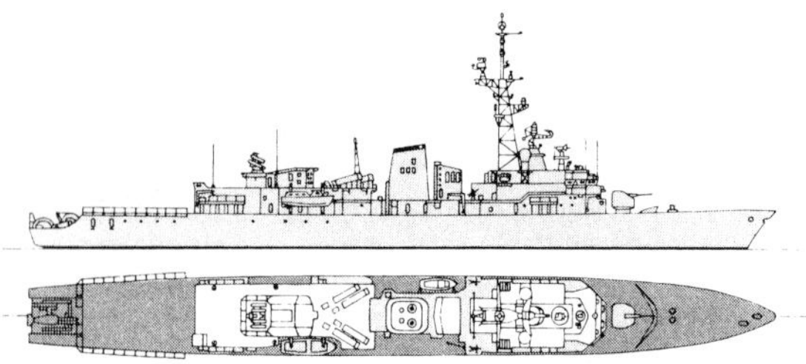

4 MM 38 ⇨, 1 Crotale ⇑$_8$, 1-10 ◢, 2-2 ◢, 4 Mg ◢, 2 **UTR,** 2 🚁 — 3550 ts, 30 kn, 139 m

4 DG: **Georges Leygues** [D 640-643] (76-81)

Fregatten/Frigates

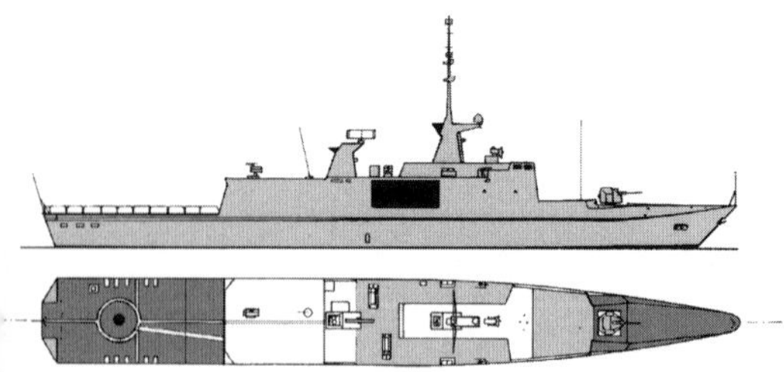

3000 ts, 26 kn, 125 m
8 MM 40 ⇨, 1 Crotale ⇑$_8$,
1-10 ◢, 2-2 ◢, 1 🚁
5 FG: **La Fayette** [F 710-714]
(92-99)

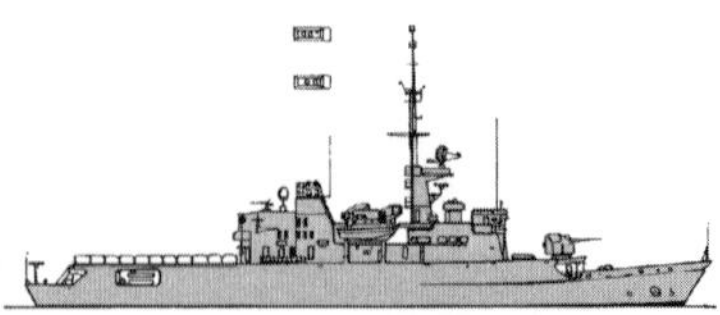

2600 ts, 20 kn, 93.5 m
[4 MM 40 ⇨], 1-10 ◢, 2-2 ◢,
2 SADRAL ⇑$_6$, 1 🚁
6 FG: **Floréal** [F 730-735] (90-93)

Kennungen / Identification

Flugzeugträger / Aircraft Carrier
R …
91-Ch. de Gaulle
97-Jeanne d'Arc
99-Foch

Zerstörer / Destroyers
D …
602-Suffren
603-Duquesne
610-Tourville
612-De Grasse
614-Cassard
615-Jean Bart
640-G. Leygues
641-Dupleix
642-Montcalm
643-J. de Vienne
644-Primauguet
645-La Motte-Picquet
646-Latouche-Tréville

Fregatten / Frigates
F …
710-La Fayette
711-Surcouf
712-Courbet
713-Aconit
714-Guépratte
730-Floréal
731-Prairial
732-Nivôse
733-Ventôse
734-Germinal
735-Vendemiaire
783-Drogou
786-QM Anquetil
787-Cdt. Pimodan
788-SM Le Bihan
789-LV Le Hénaff
790-LV Lavallée
791-Cdt. L'Herminier
792-PM L'Her
793-Cdt. Blaison
794-EV Jacoubet
795-Cdt. Ducuing
796-Cdt. Birot
797-Cdt. Bouan

Uboote / Submarines
S …
601-Rubis
602-Saphir
603-Casabianca
604-Emeraude
605-Amethyste
606-Perle
615-L'Inflexible
616-Le Triomphant
617-Le Téméraire
618-Le Vigilant
622-La Praya
623-Ouessant

Wachfahrzeuge / Patrol Craft
P …
671-Glaive
672-Epée
676-Flamant
677-Cormoran
678-Pluvier
679-Grèbe
680-Sterne
681-Albatros
–
682-L'Audacieuse
683-La Boudeuse
684-La Capricieuse
685-La Fougueuse
686-La Glorieuse
687-La Gracieuse
688-La Moqueuse
689-La Railleuse
690-La Rieuse
691-La Tapageuse
–
703-Lilas
704-Bégonia
705-Pivoine
706-Nymphéa
707-MDLC Robet
708-Gendarme Perez
709-MDLC Richard
710-General Delfosse
711-Gentiane
712-Fuchsia
713-Capt. Moulie
714-Lt. Jamet
715-Bellis
716-MDLS Jacques
717-Lavande
720-Geranium
721-Jonquille
722-Violette
723-Jasmin
740-Fulmar
760-Pétulante
761-Mimosa
764-
775-Stellis
776-Stenia
778-Réséda
789-Mélia
790-Vétivier
791-Hortensia

Minensucher / Minesweepers
M …
641-Eridan
642-Cassiopée
643-Andromède
644-Pégase
645-Orion
646-Croix du Sud
647-Aigle
648-Lyre
649-Persée
650-Sagittaire
651-Verseau
652-Céphée
653-Capricorne

–
611-Vulcain
614-Styx
622-Vulcain
–
770-Antares
771-Altair
772-Aldébaran

Landungsschiffe / Landing Ships
L …
9011-Foudre
9012-Siroco
9021-Ouragan
9022-Orage
9030-Champlain
9031-F. Garnier
9032-D. d'Urville
9033-J. Cartier
9034-La Grandière
9052-EDIC-9052
9061-Rapière
9062-Hallebarde
9077-Bougainville
9090-Gapeau

Hilfsfahrzeuge / Auxiliares
A …
601-Monge
607-Meuse
608-Var
610-Ile d'Oléron
613-Achéron
615-Loire
617-Garonne
620-J. Verne
630-Marne
631-Somme
633-Taape
634-Rari
635-Revi
636-Maito
637-Maroa
638-Manini
649-L'Etoile
650-La Belle Poule
652-Mutin
653-La Gr. Hermine
664-Malabar
669-Tenace
671-Le Fort
675-Frehel
676-Saire
677-Armen
678-La Houssaye
679-Kereon
680-Sicié
681-Taunoa
693-Acharné
694-Efficace
695-Bélier
696-Buffle
697-Bison
712-Athos
713-Aramis
714-Tourmaline
722-Poseidon
731-Tianée
743-Denti
748-Léopard
749-Panthère
750-Jaguar
751-Lynx
752-Guépard
753-Chacal
754-Tigre
755-Lion
756-L'Espérance
757-D'Entrecasteaux
768-Élan
770-Glycine
771-Eglantine
774-Chevreuil
776-Isard
785-Thétis
786-Agnes
790-Coralline
791-Lapérouse
792-Borda
793-Laplace
795-Arago
Y …
604-Ariel
613-Faune
638-Lardier
639-Giens
640-Mengam
641-Balaguier
642-Faillat
643-Nividic
646-Eckmühl
649-Port-Cros
657-Machaon
661-Korrigan
662-Dryade
666-Manguier
667-Tupa
671-Morgane
692-Telenn Môr
696-Alphée
698-Calmar
700-Néreide
701-Ondine
702-Naiade
706-Chimère
710-Sylphe
711-Farfadet
735-Merlin
736-Mélusine
741-Elfe
745-Aiguière
746-Embrun
777-Palangrin
796-Genet

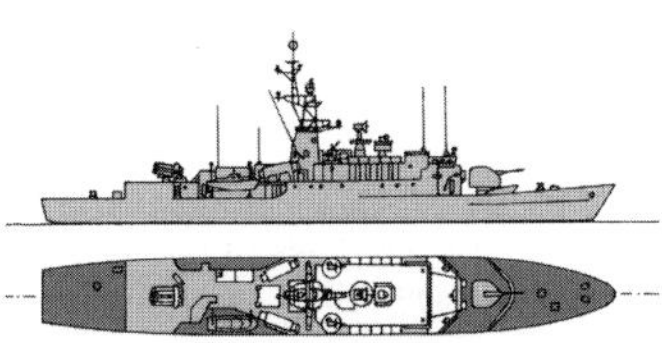

1090 ts, 23.5 kn, 80 m
2 MM 38 ⇨, 1-10, 2-2, 2 Mg, 4 **UTR**, 1 $_6$
13 FG: **Drogou** (74-83)
[F 783, 786-797]

U-Boote/Submarines

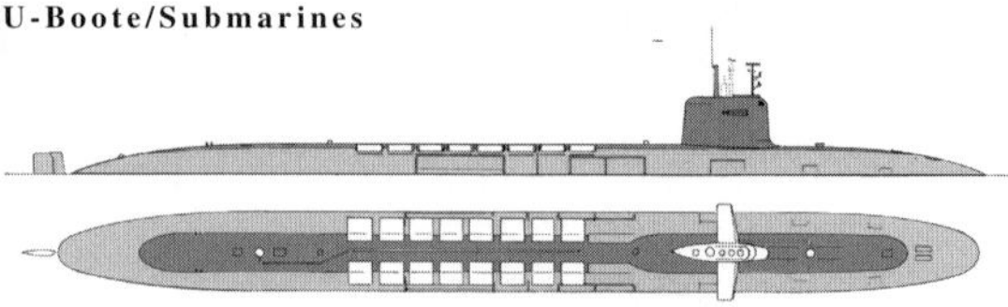

12 700/14 200 ts, ./25 kn, 138 m
16 ↑, 4 **TR** 53.3 $b_{\downarrow}$, ⇨
4 SB: **Le Triomphant**
[S 616-618, …]
(93 – bew./auth.)

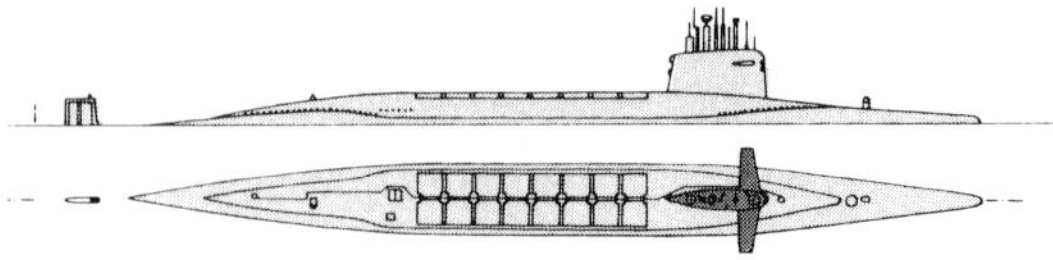

8080/8920 ts, 20/25 kn, 129 m
16 ↑, 4 **TR** 53.3 $b_{\downarrow}$, [⇨]
1 SB: **L'Inflexible** [S 615] (82)

2385/2670 ts, 15/25 kn, 72.7 m
4 **TR** 53.3 $b_{\downarrow}$,
4 SS: **Rubis** [S 601-604] (79-86)

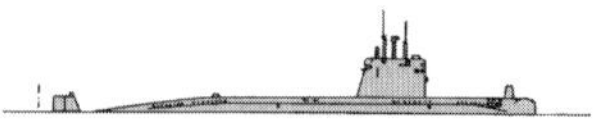

1490/1740 ts, 12/17 kn, 68 m
4 **TR** 53.3 $b_{\downarrow}$
2 SS: **La Praya** [S 622, 623] (76)

Wachboot/Patrol Vessel

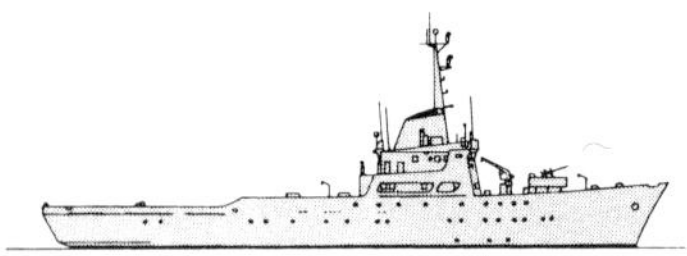

1940 ts, 15 kn, 84.4 m
1-4 ⊥, 2 Mg ⊥
1 PP: **Albatros** [P 681] (67)

Landungsfahrzeuge/Landing Ships

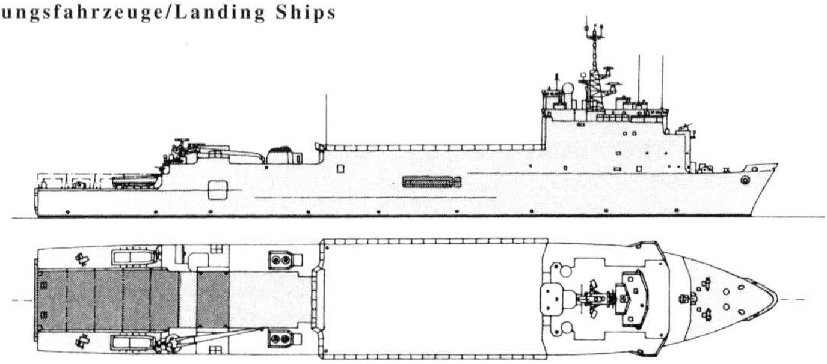

1-4 ⊥, 2-2 ⊥, 2 SADRAL $\uparrow_6$, 2 CDIC, [470], 4 ✈ 9300 ts, 20 kn, 168 m
2 LD: **Foudre** [L 9011, 9012] (88-96)

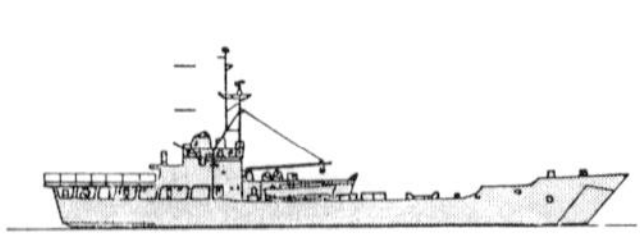

750 ts, 16 kn, 80 m
2-4 ⊥, 2-8 Mörser / mortars,
[400 ts], [1 ✈]
5 LS: **Champlain** [L 9030-9034] (73-86)
BATRAL

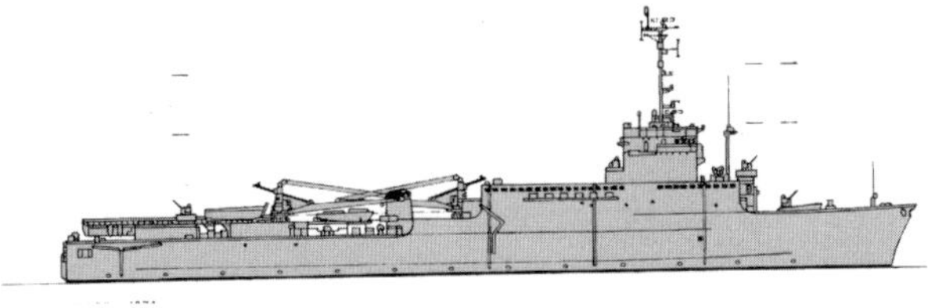

5950 ts, 17.3 kn, 149 m
2-4, 2-12 Mörser / mortars
2, 3, 18 LCM, [464]
2 LD: **OURAGAN, Orage**
[L 9021, 9022] (63-67)

Hilfsfahrzeuge/Auxiliary Vessels

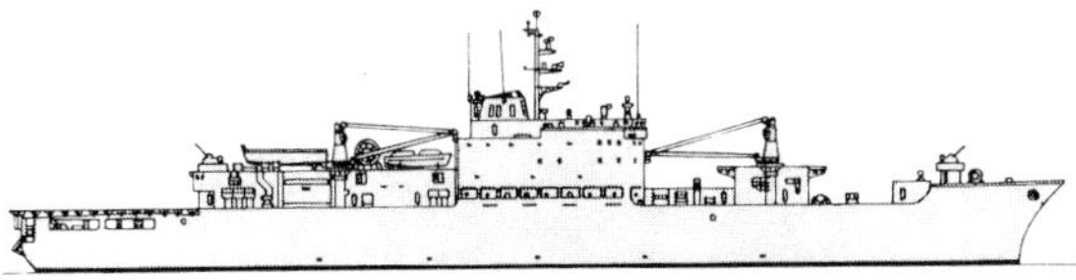

6485 ts, 18 kn, 147 m
2-4, 2
1 AR: **Jules Verne** [A 620] (74)

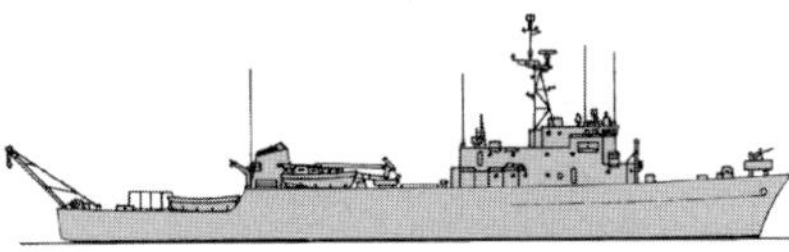

2320 ts, 15 kn, 101 m
1-4, 2-2, 1
1 AR: **Garonne** [A 617] (64)

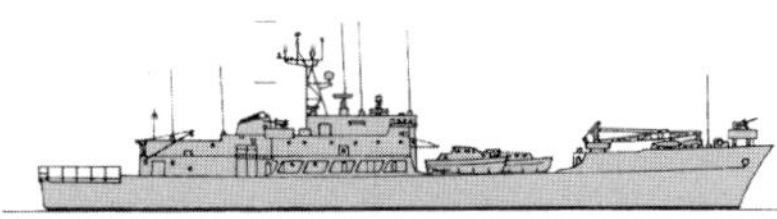

2075 ts, 16.5 kn, 101 m
3-4, 2
1 AR: **Loire** [A 615] (66)

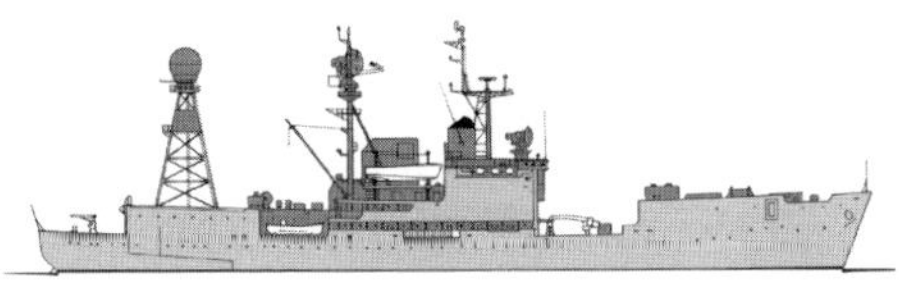

5100 ts, 14.5 kn, 115 m
1 AG: **Ile d'Oléron** [A 610] (39, 59)

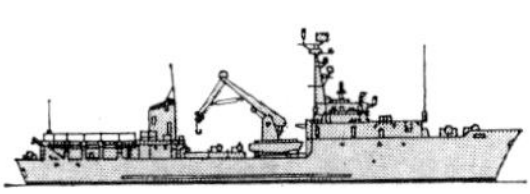

– 1410 ts, 13 kn, 74 m
1 AG: **Triton** [A 646] (70)

1 2050 ts, 15 kn, 89 m
1 AG: **D'Entrecasteaux** [A 757] (70)

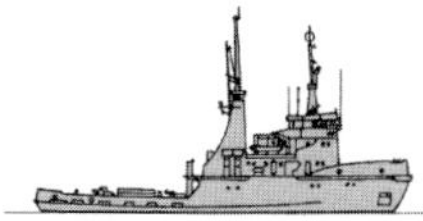

– 970 ts, 13.5 kn, 51 m
2 AT: **Malabar** [A 664, 669] (71-75)

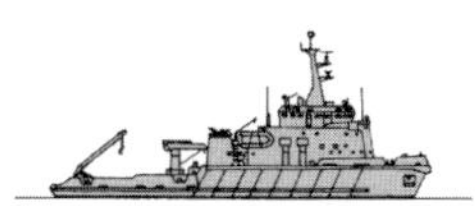

– 900 ts, 14.5 kn, 51 m
2 AT: **Rari** [A 634, 635] (84) – DIRCEN

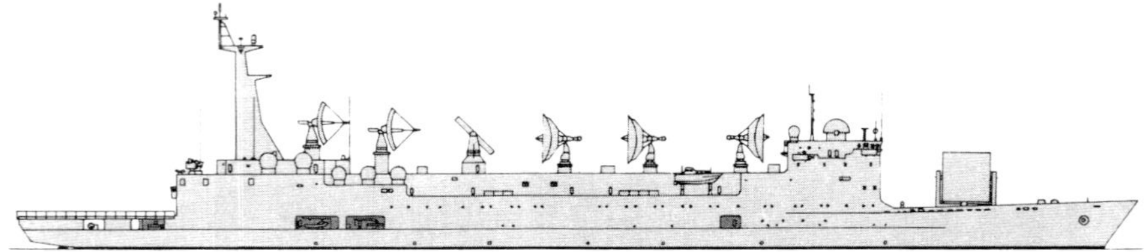

2-2 , 2 — 17 760 ts, 16 kn, 226 m

1 Versuchsschiff / Trial Ship: **Monge** [A 601] (90)

7800 ts, 19 kn, 157 m
1-4 , 2-2 , 4 Mg , 2
3 AO: **Var** [608, 630, 631]
(81-87)

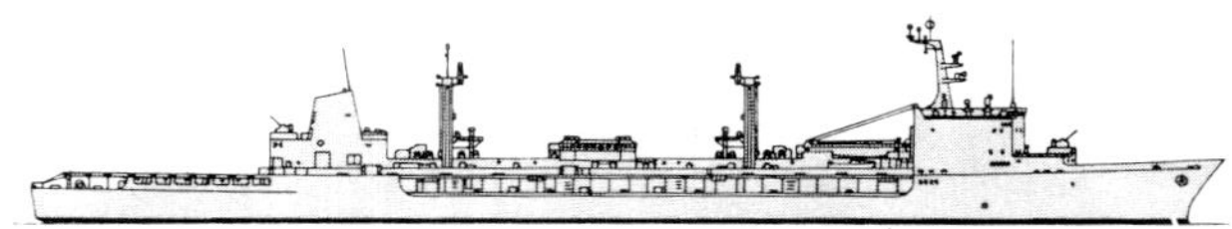

7600 ts, 19 kn, 157 m
2-4 , 4 Mg , 2
1 AO: **Meuse**
[A 607] (78)

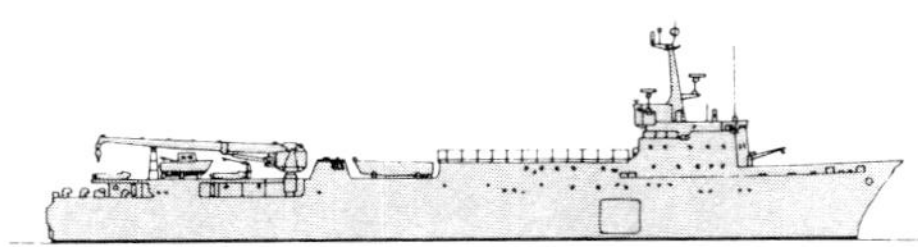

4870 ts, 14.5 kn, 113 m
2 Mg , 1 EDIC, 2
1 AG: **Bougainville** [L 9077] (86) – AGI

Maßstab / Scale 1:1000

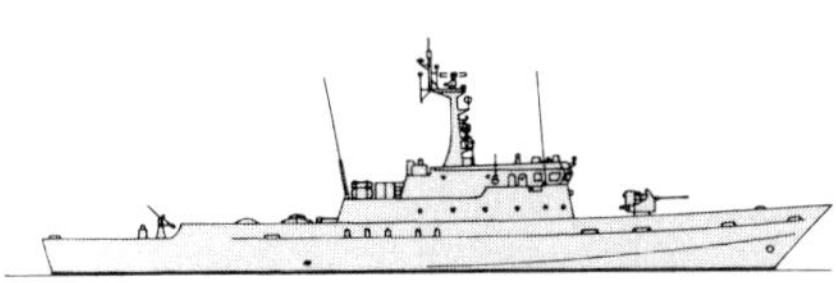

1-4, 1-2, 1 Mg 375 ts, 24.5 kn, 54.5 m
10 PP: **L'Audacieuse** [P 682-691] (84-87)

2-2 463 ts, 15 kn, 43 m
8 AX: **Léopard** [A 748-755] (81-82)

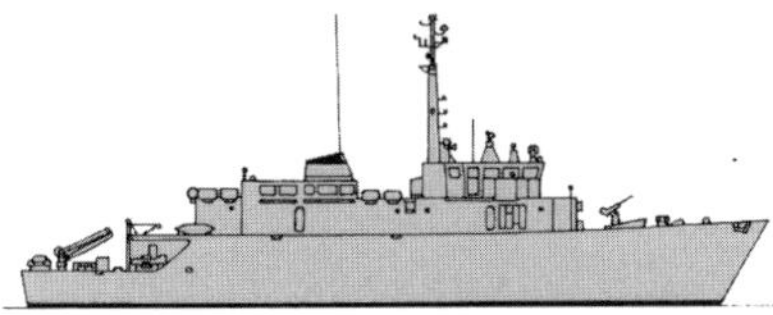

1-2, 2 Mg 535 ts, 15 kn, 51.5 m
13 MB: **Eridan** [M 641-653] (79-95)

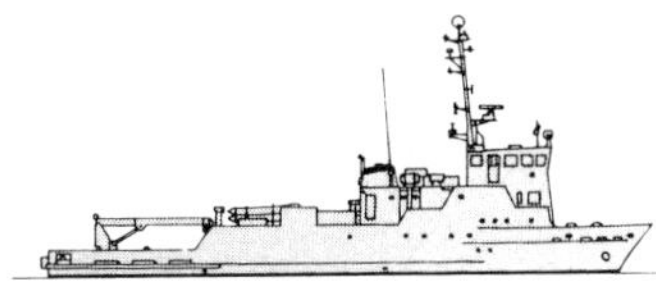

1 Mg 375 ts, 13.7 kn, 41.6 m
4 MB: **Vulcain** [M 611, 613, 614, 622] (86-87)

RB **Charles de Gaulle** [R 91] (94) 8-1999, Prézelin

RB **Charles de Gaulle** [R 91] (94) 8-1999, Prézelin

RL **Foch** [R 99] (60) 3-1998, Prézelin

CG **Jeanne d'Arc** [R 97] (61) 10-1998, Prézelin

DG **Duquesne** [D 603] (66) 8-1999, Prézelin

DG **Tourville** [D 610] (72) 9-1998, Prézelin

DG **Jean Bart** [D 615] (88) 2-1998, Prézelin

DG **Latouche-Treville** [D 646] (88) 7-1998, Prézelin

FG **Surcouf** [F 711] (93) 1-1999, Engel

FG **Aconit** [F 713] (97) 1-1999, Prézelin

FG **Cdt. L'Herminier** [F 791] (81) 8-1999, Findler & Winter

SB **Le Téméraire** [S 617] (97) 8-1998, Prézelin

SS **Casabianca** [S 603] (84) 8-1998, Prézelin

SS **Quessant** [S 623] (76) 12-1997, U. Streich

PP **Grèbe** [P 679] (89) 3-1998, Coll. P. Marsan

PP **L'Audacieuse** [P 682] (84) 8-1999, Voß

MB **Orion** [M 645] (85) 6-1998, Flottenkommando

LD **Sirocco** [L 9012] (96) 1-1998, Prézelin

LD **Orage** [L 9022] (67) 9-1998, Wamser

AR **Jules Verne** [A 620] (74) 1-1999, Prézelin

AO **Meuse** [A 607] (78) 2-1999, Engel

AG **Ile d'Oléron** [610] (39) 1-1999, Prézelin

AG **Monge** [A 601] (92) 10-1998, Prézelin

AG **Bougainville** [L 9077] (86) 7-1999, Prézelin

AX **Lion** [A 755] (82) 1999, Reinecke

AN **Telenn Môr** [Y 692] (85) 7-1998, Prézelin

AT **Buffle** [A 696] (80) 4-1998, Prézelin

PP **Lissero** [DF 47] (93) – Zoll / Customs – 4-1998, Prézelin

Georgien/Georgia

PP **622** (~ 78) *Typ USSR Zhuk* 10-1997, Alm. Tajfun

Griechenland/Greece

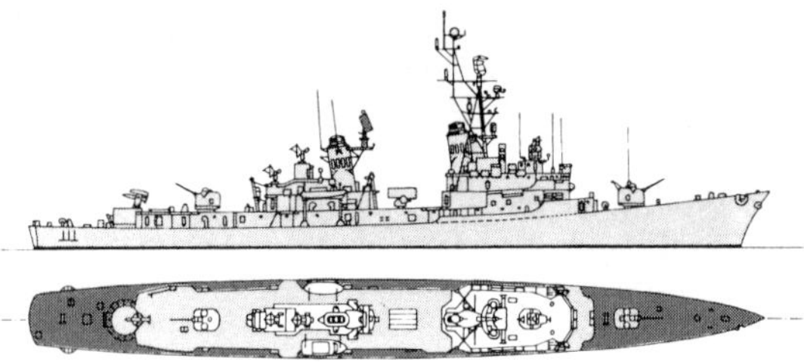

3570 ts, 30 kn, 133 m
4-6 Harpoon ⇨, 2-12.7,
4 Mg, 2 Standard MR $_{2}$,
6 **UTR** 32.4 **III**, 1 $_{8}$
4 DG: **Kimon** [218-221] (61-63)
Typ US Charles F. Adams

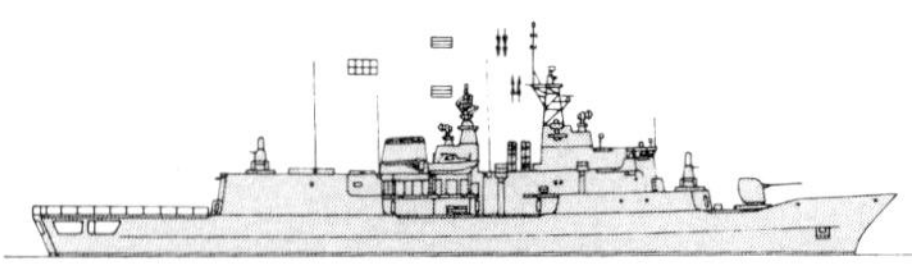

2710 ts, 31 kn, 116 m
8 Harpoon ⇨, 1-12.7, 2-2 Phalanx,
1 VLS $_{6}$, 6 **UTR** 32.4 **III**, 1
4 FG: **Hydra** [452-455] (91-97)
Typ deutsch / German MEKO 200 HN

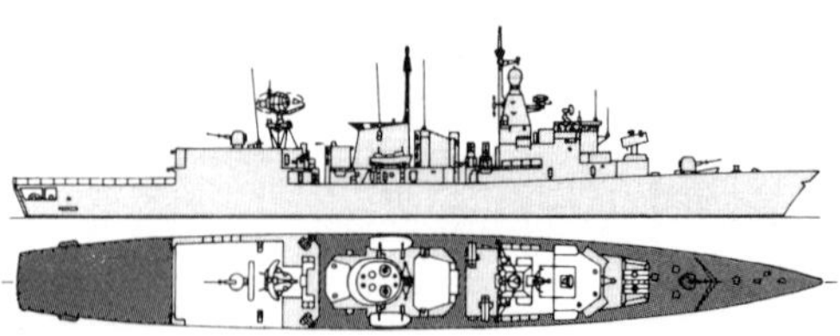

3000 ts, 30 kn, 133 m
8 Harpoon ⇨, 2-7.6, 2-2 Phalanx,
8 Sea Sparrow/Aspide $_{8}$,
4 **UTR** 32.4, 1
2 FG: **Elli** [F 450, 451] (79)
Typ niederl. / Netherl. Kortenaer

Griechenland / Greece

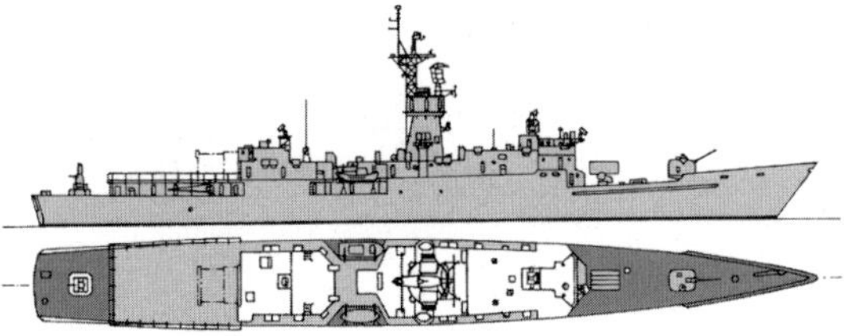

3010 ts, 27 kn, 134 m
8 Harpoon ⇨$_{4}$, 1-12.7 (gun), 1-2 (gun) Phalanx, 2-2 (gun),
4 **UTR** 32.4 **II**, 1 (launcher)$_{8}$, 1 (helicopter)
2 FG: **Epiros** [F 456, 457] (68-69)
Typ US Knox

8 **TR** 53.3 b$_{\downarrow}$ 1185/1290 ts, 10/21 kn, 56.1 m
4 SS: **Poseidon** [S 116-119] (78-79)
Typ deutsch / German 209/1200

1700/1950 ts, 16/22 kn, 65 m
8 **TR** 53.3 b$_{\downarrow}$, [Sub Harpoon ⇨]
3 SS: I-III (bew./auth.)
Typ deutsch / German 214

Kennungen / Identification

Zerstörer / Destroyers
D …
218-Kimon
219-Niarchos
220-Formion
221-Themistokles

Fregatten / Frigates
F …
450-Elli
451-Limnos
452-Hydra
453-Spetsai
454-Psara
455-Salamis
456-Epiros
457-Thraki
459-Adrias
460-Aegeon
461-Navarinon
462-Kountouriotis

Uboote / Submarines
S …
110-Glavkos
111-Nerevs
112-Triton
113-Protevs
116-Poseidon
117-Amphitriti
118-Okeanos
119-Pontos

Kleine Kampfschiffe / Small Fighting Vessels
P …
14-Anninos
15-Arliotis
16-Konidis
17-Batsis
–
18-Armatolos
19-Navmachos
–
20-Laskos
21-Blessas
22-Mykonios
23-Troupakis
24-Kavaloudis
26-Dejannis
27-Xenos
28-Simitzopoulos
29-Starakis
–
50-Esperos
53-Kyklon
54-Lelaps
56-Tyfon
–
57-Pirpolitis
61-Polemistis
–
62-Niki
63-Doxa
64-Eleftheria
65-Karteria
66-Agon
–
72-Votsis
73-Pezopoulos
74-Vlachavas
75-Maridakis
–
196-Andromeda
198-Kyknos
199-Pigasos
228-Toxotis
229-Tolmi
230-Ormi
267-Delos
268-Knossos
286-D. Antoniou
287-K. Stamou

Minenleger / Minelayers
N …
04-Aktion
05-Amvrakia

Minensucher / Minesweepers
M …
Typ US Bluebird
60-Erato
61-Evniki
202-Atalanti
206-Phaidra
210-Thalia
211-Alkyon
213-Klio
214-Avra
240-Aedon
241-Kichli
242-Kissa
247-Dafni
248-Pleias
254-Niovi

Landungsfahrzeuge / Landing Vessels
L …
104-Oinoussa
116-Kos
144-Syros
153-Nafkratussa
164-Roussin
165-Krystallidis
167-Ios
168-Sikinos
169-Irakleia
170-Folegandros
171-Kriti
173-Chios
174-Samos
175-Ikaria
176-Lesbos
177-Rhodos
178-Naxos
179-Paros
185-Kithera
189-Milos
195-Serafos

Hilfsfahrzeuge / Auxiliary Vessels
A …
74-Aris
233-Maistros
234-Sorokos
307-Thetis
359-Ostria
373-Hermis
375-Zeus
376-Orion
377-Arethousa
407-Antaios
408-Atlas
409-Achileos
410-Atromitos-N
411-Adamastos
412-Ajas
413-Pilefs
414-Ariadni
415-Evros
416-Ouranos
417-Hyperion
419-Pandora
420-Pandrosos
422-Kadmos
423-Iraklis
424-Jason
425-Odissefs
426-Cyclops
427-Danaos
428-Nestor
430-Perseus
431-Titan
432-Gigas
433-Kerkini
434-Prespa
435-Kekrops
436-Minos
437-Pelias
438-Aegeos
439-Atreus
440-Dromidis
460-Evrotas
461-Arachtos
462-Styrmon
463-Nestos
464-Axios
465-Yliki
466-Trichonsis
467-Doirani
468-Kalliroi
469-Stymfalia
470-Aliakmon
474-Pitheas
476-Strabon
478-Naftilos
479-Karavoyiannos
481-Lycoudis

Griechenland/Greece

Doxa

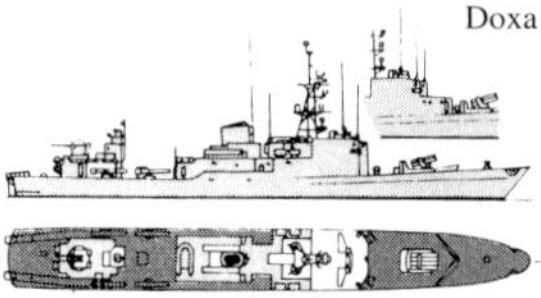

575 ts, 23.5 kn, 70 m
2-4, 6 **UTR** 32.4 **III**,
5 PC: **Niki** [P 62-66] (60-62)
Typ deutsch / German 420

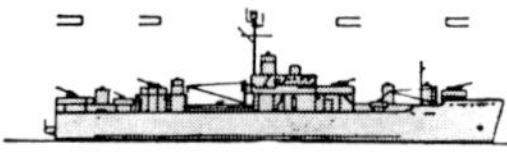

720 ts, 12 kn, 62 m
8-4, 6-2, 120
2 NB: **Aktion** [N 04, 05] (44-45) *Typ US LSM*

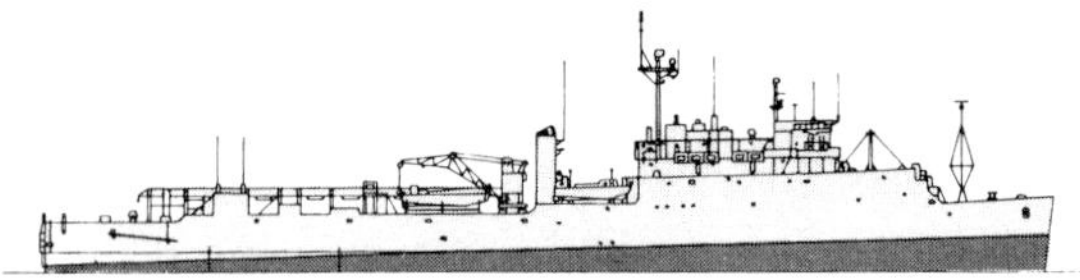

4790 ts, 15.4 kn, 139 m
8-4, 4-2, 14 LC,
1 LD: **Nafkratoussa** [153] (45)
Typ US Cabildo / LSD

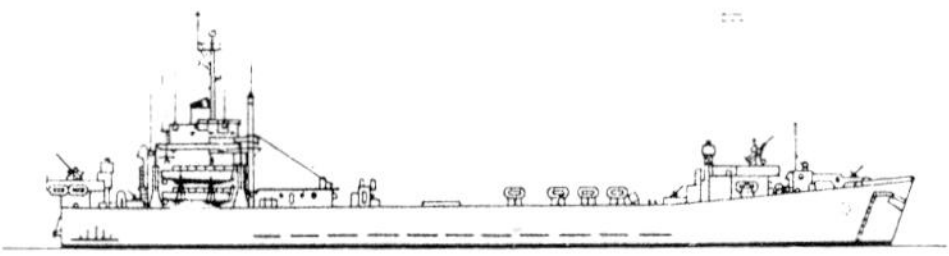

2700 ts, 15.5 kn, 117 m
6-7.6, 3-2, 4 LC, [400]
2 LS: **Oinoussai** [L 104, 116] (52-53)
Typ US Terrebonne Parish

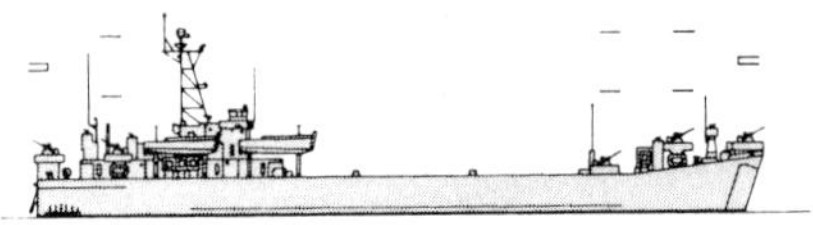

8-4, 4-2, 2 LC 1625 ts, 10 kn, 100 m
2 LS: **Siros** [L 144, 171] (43-45)
Typ US LST

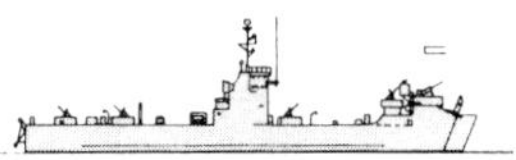

2-4, 4-2 743 ts, 12 kn, 62 m
2 LS: **Krystallidis** [L 164, 165] (45)
Typ US LSM

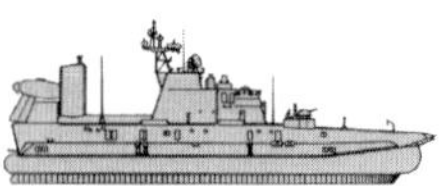

350 ts, 160 kn, 57.6 m
2 SA-N-5, 2-3 $_{6}$, 2 $_{12}$, 3, [220]
4 LC: I-IV (96 – a.St./o.St.)
Typ rus. Pomornik

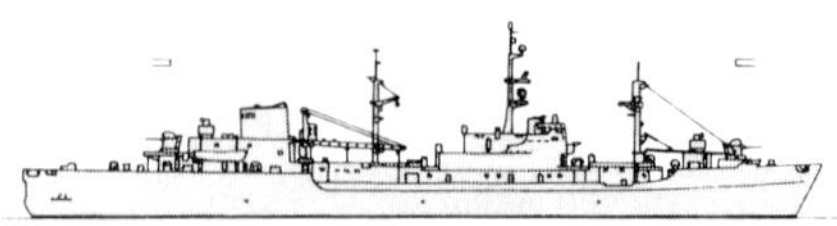

3450 ts, 17 kn, 114 m
4-4,
2 AK: **Axios** [A 464, 470] (65)
Typ deutsch / German 701 C

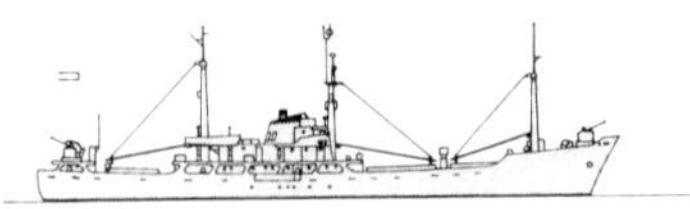

4-4 2395 ts, 17.5 kn, 80 m
1 AK: **Evros** [A 415] (56)

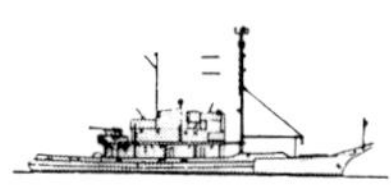

4-2 680 ts, 12 kn, 46 m
1 AN: **Thetis** [A 307] (59)

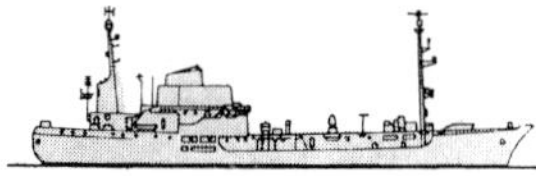

– 1500 ts, 17 kn, 84 m
1 AG: **Hermis** [A 373] (60)

– 1400 ts, 15 kn, 63.2 m
1 AG: **Naftilos** [A 478] (75)

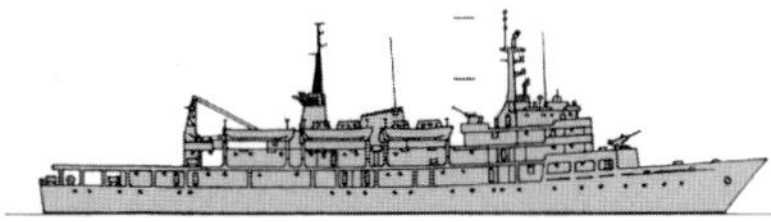

1-7.6 ◣, 2-4 ◣, 4-2 ◣, 1 🚁 2400 ts, 20 kn, 100 m
1 AX: **Aris** [A 74] (78)

Maßstab / Scale 1:1000

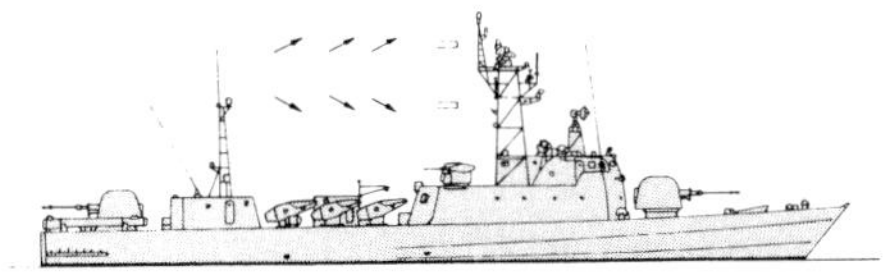

330 ts, 32.5 kn, 56.7 m
6 ⇨, 2-7.6 ◣, 4-3 ◣, 2 **TR** 53.3
5 PG: **Simaioforos Kavaloudis** [P 24, 26-29] (79-81)
Typ frz. / French Combattante III

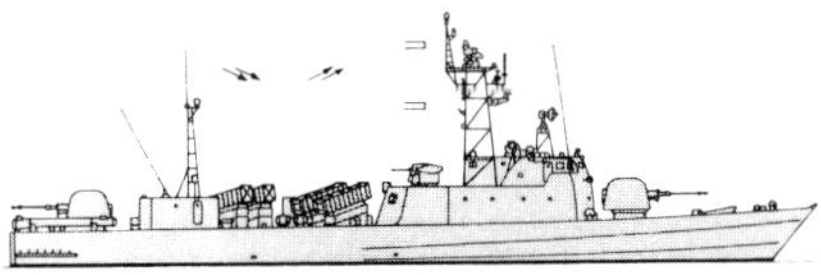

360 ts, 35 kn, 56.2 m
4 MM 38 ⇨, 2-7.6 ◣, 4-3 ◣, 2 **TR**
4 PG: **Antipliarchos Laskos** [P 20-23] (76-77)
Typ frz. / French Combattante II

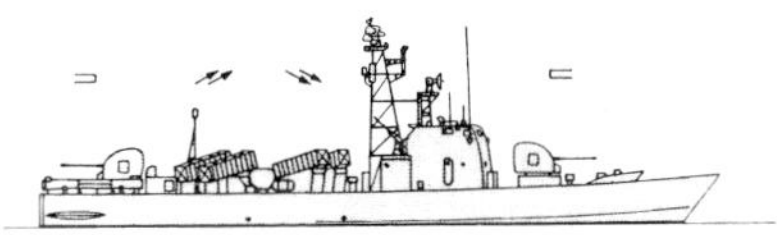

234 ts, 36 kn, 47 m
4 MM 38 ⇨, 4-3.5 ◣, 2 **TR**
4 PG: **Ipopliarchos Konidis** [P 14-17] (71)
Typ frz. / French Combattante III

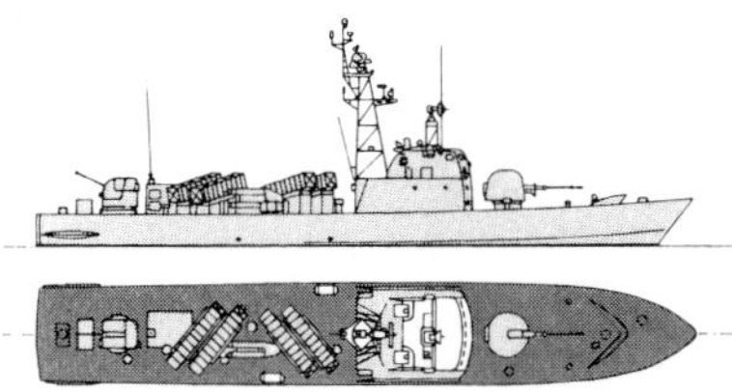

234 ts, 38 kn, 47 m
4 MM 38 ⇨, 1-7.6 ◣, 1-4 ◣, Ö
4 PG: **Antipliarchos Pezopoulos** [P 72-72] (72-74) *Typ deutsch / German 148*

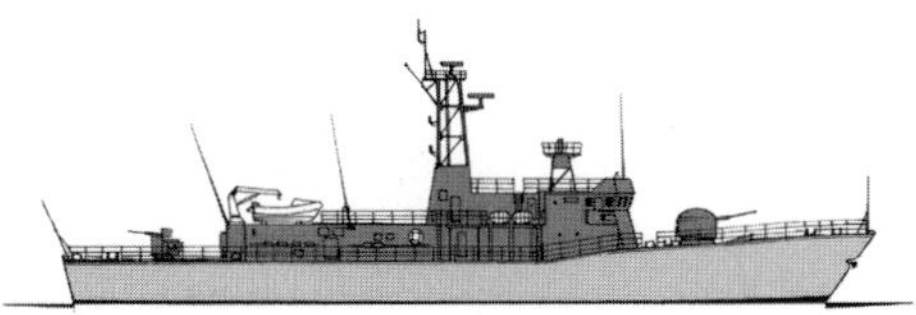

550 ts, 25 kn, 56 m
[4 Harpoon ⇨], 1-7.6 ◣, 1-4 ◣, 2-2 ◣
2 PG: **Pirpolitis** [P 57, 61] (92-93)

Maßstab / Scale 1:1000

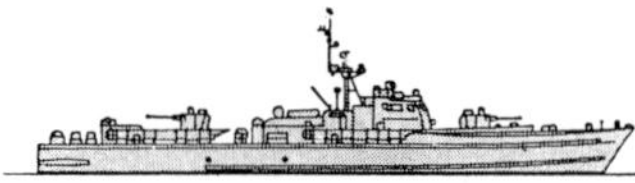

2-4 ⅄, 4 **TR** 160 ts, 42 kn, 42.5 m
4 PF: **Esperos** [P 50, 53, 54, 56] (58-59)
Typ deutsch / German Jaguar

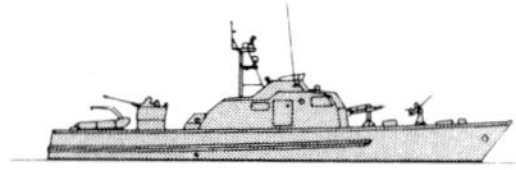

1-4 ⅄, 1-2 ⅄, 4 ↣ 80 ts, 30 kn, 32 m
2 PP: **Kelefstis Stamou** [P 286, 287] (75)

2-2 ⅄ *Typ US Bluebird*
8 MS: **Aidon** [M 211, 213, 214, 240-242, 247-248] (63-68)

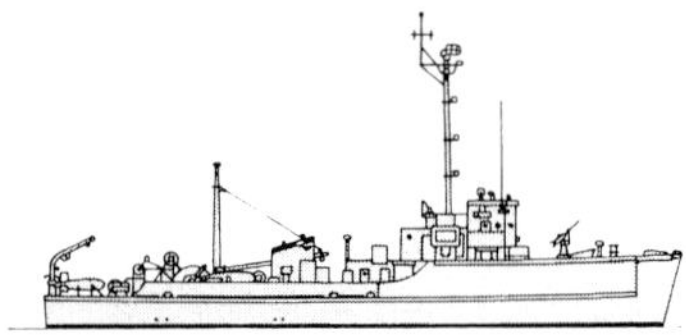

340 ts, 13 kn, 43 m
6 MS: **Atalanti** [M 60, 61, 202, 206, 210, 254] (54)

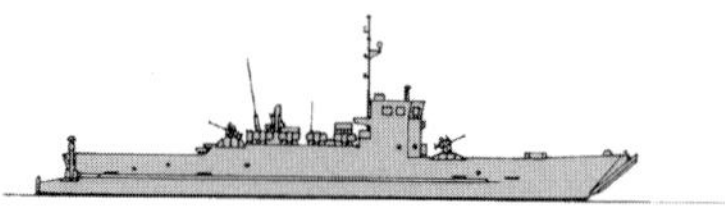

166 ts, 12 kn, 42 m
2-2 ⅄, [160 ts]
6 LS: **Naxos** [L 167-170, 178, 179] (66)
Typ deutsch / German Barbe

DG **Kimon** (62) *Typ US Charles F. Adams* 3-1999, Engel

DG **Themistocles** (62) *Typ US Charles F. Adams* 6-1999, Van Ginderen coll.

FG **Aegeon** (78) *Typ NDL Kortenaer* 7-1998, Behling

FG **Hydra** (91) Typ dt. / German MEKO 200 HN 1997, Flottenkommando

FG **Thraki** (69) *Typ US Knox* 4-1998, Flottenkommando

PC **Niki** (60) *Typ deutsch / German Kl. 420* 6-1998, ANBW/FAFIO

SS **Okeanos** (78) *Typ deutsch / German 209/1200* 1998, Griech. Marine

SS **Glavkos** (70) *Typ dt./ German 209/1100* 6-1998, Van Ginderen coll.

PG **Armatolos** (89) 10-1997, Wolf

PG **Simaiforos Kavaloudis** (80) 9-1998, Van Ginderen coll.

PF **Andromeda** (66) *Typ norw. Nasty* 6-1999, Sifferlinger

MS **Erato** (54) *Typ US Adjutant* 7-1999, Grazioli

LS **Chios** (88) 10-1998, Cioglia

LS **Kos** (53) *Typ US Terrebonne Parish* 9-1997, Van Ginderen coll.

LS **Ios** (65) *Typ deutsch / German Kl. 520 A* 9-1997, Van Ginderen coll.

AG **I. Theophilopoulos Karavoyiannos** (76) 5-1999, Behling

AO **Zeus** (88) *Typ Ouranos* 9-1997, Pawlik

Küstenwache / Coast Guard

PP **LS 413** (93) 10-1996, Van Ginderen coll.

PP **LS 135** (98) *Typ schwed. / swed. CB-90 HCG* 9-1998, Van Ginderen coll.

PP **LS 333** (98) 6-1999, Sifferlinger

50 , , ,   40 000 ts, ~ 30 kn, ~ 300 m
2 RB: I, II (gepl./plan.) – vorläufige Skizze/preliminary drawing

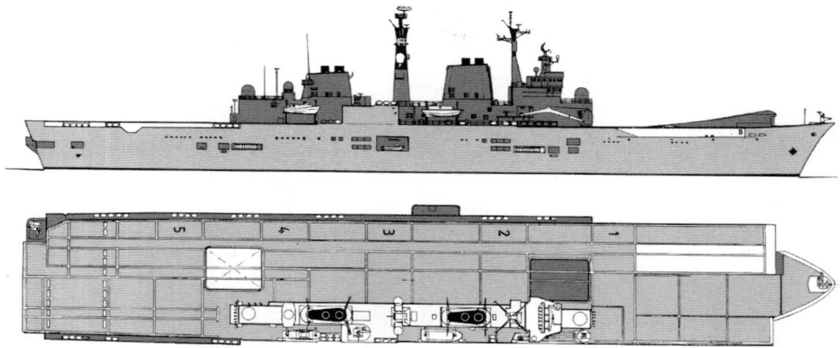

7 , 12 , 3-3 Goalkeeper, 2-2   16 860 ts, 28 kn, 210 m
2 RL: **Illustrious** [R 06, 05] (77-78) – *Invincible Klasse*
~ 1 RL: **Ark Royal** [R 07] (81)

Zerstörer / Destroyers

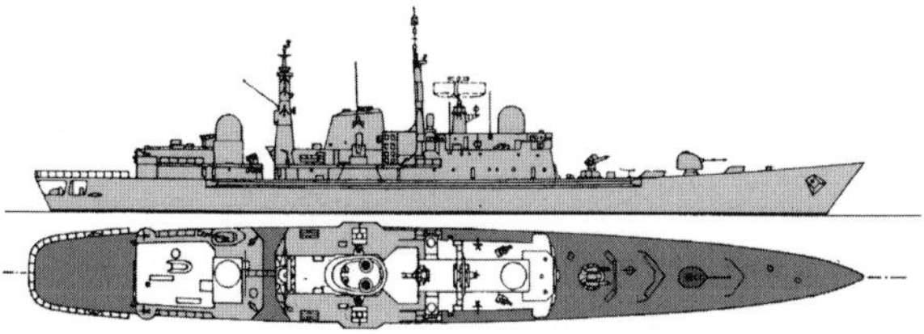

1-11.4, 2-2 Phalanx, 2-2, 2 Seadart, 6 **UTR** 32.4 **III**, 1 — 4100 ts, 30 kn, 141 m
4 DG: **Manchester** [D 95-98] (80-83) – *Type 42 C, Batch 3*

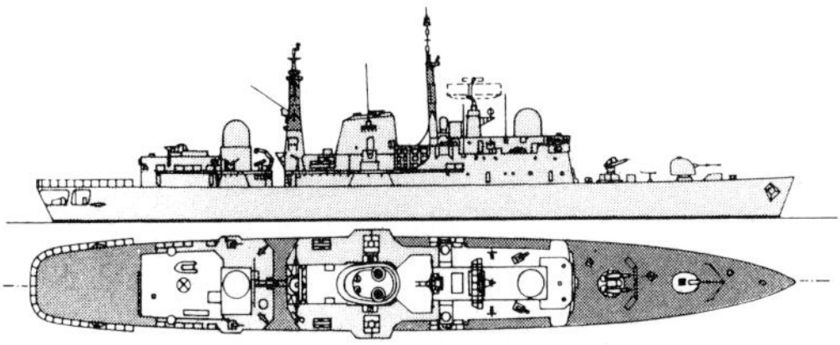

1-11.4, 2-2 Phalanx, 4-2, 2 Seadart, 6 **UTR** 32.4 **III**, 1 — 3500 ts, 28 kn, 125 m
7 DG: 3 **Newcastle** [D 87, 88 108] (74-76) – *Type 42, Batch 1*
4 **Exeter** [D 89-92] (78-80) – *Type 42, Batch 2*

Fregatten / Frigates

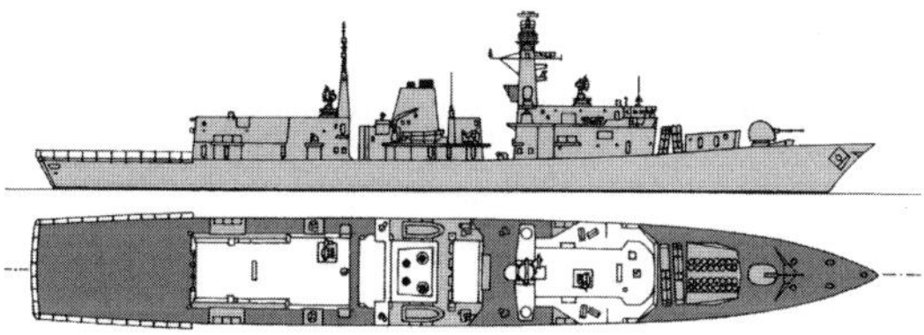

3500 ts, 28 kn, 133 m
8 Harpoon, 1-11.4,
2-3 Goalkeeper,
2-3, 32 Sea Wolf,
4 **UTR** 32.4 **II**, 2
16 FG: **Norfolk**
[F 229-231, 233-239, 80-82]
(87 – a.St./o.St.)
Duke Klasse

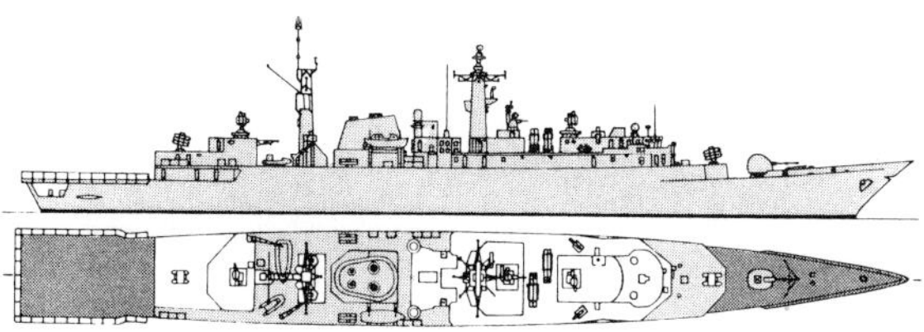

4200 ts, 31 kn, 148 m
8, 12 Sea Wolf, 1-11.4,
1-3 Goalkeeper, 2-3,
6 **UTR,** 2
4 FG: **Cornwall**
[F 99, 85-87] (85-88)
Type 22, Batch 3

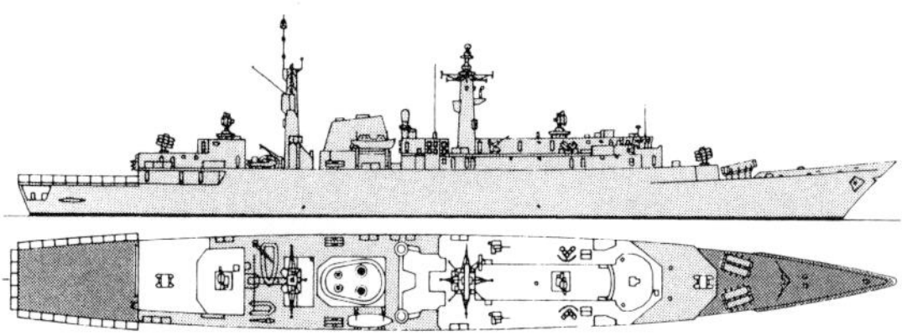

4250 ts, 30 kn, 148 m
4 MM 38, 12 Sea Wolf,
4-3, 2-2, 6 **UTR,** 2
3 FG: **Brave** [F 94, 96, 98]
(82-86) – *Type 22, Batch 2*

U-Boote / Submarines

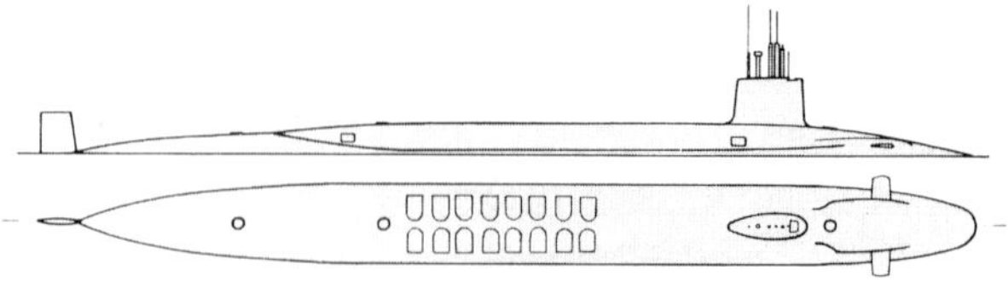

16 Trident 2 D 5, 4 **TR** 53.3 b↓, Sub-Harpoon ⇨ ./15 850 ts, ./25 kn, 149 m
4 SB: **Vanguard** [S 28-31] (92-98)

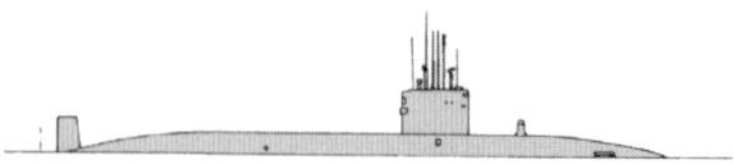

4780/5210 ts,. /30 kn, 85.4 m
5 **TR** 53.3 b↓, Sub-Harpoon ⇨,
Tomahawk-SLCM ⇨
7 SS: **Trafalgar** [S 107, 87, 88, 90-93] (81-91)

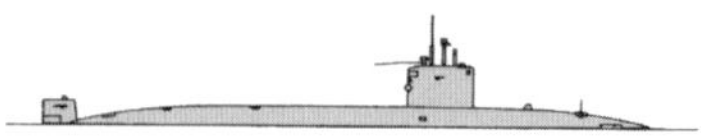

4400/4900 ts, 20/30 kn, 82.9 m
5 **TR** 53.3 b↓, Sub-Harpoon ⇨
Tomahawk-SLCM ⇨
5 SS: **Superb** [S 109, 104-106, 108] (73-79)

Kleine Kampfschiffe / Small Fighting Vessels

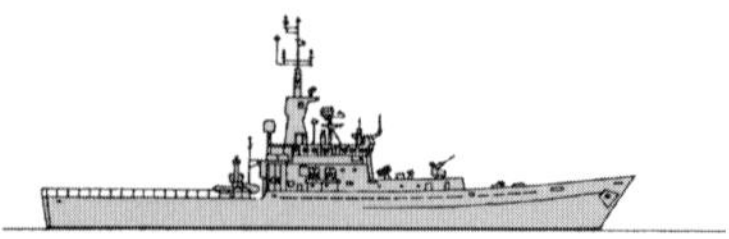

1-3, 2 Mg, 1250 ts, 20 kn, 81 m
2 PP: **Leeds Castle** [P 258, 265] (80-81)

1-4, 2 Mg 1000 ts, 16 kn, 59.5 m
5 PP: **Anglesey** [P 277, 278, 297, 298, 300] (76-79)

Landungsfahrzeuge / Landing Ships

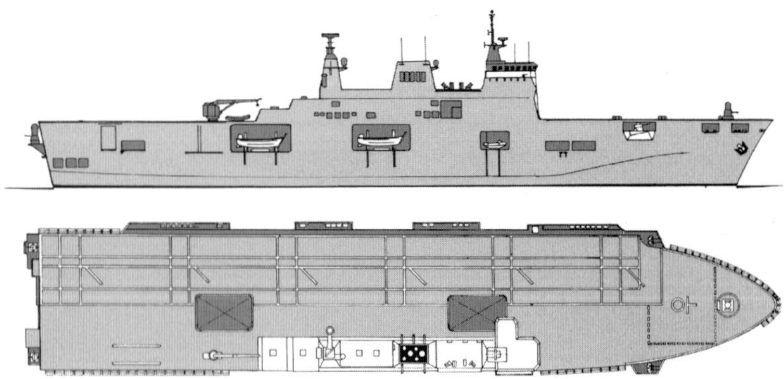

18, 3-2 Phalanx, 8-2 $_{2}$, 4 LCVP, [803] 21 758 ts, 18 kn, 203 m
1 LH: **Ocean** [L 12] (95)

Kennungen / Identification

Flugzeugträger / Aircraft Carriers
R …
05-Invincible
06-Illustrious
07-Ark Royal

Zerstörer / Destroyers
D …
87-Newcastle
88-Glasgow
89-Exeter
90-Southampton
91-Nottingham
92-Liverpool
95-Manchester
96-Gloucester
97-Edinburgh
98-York
108-Cardiff

Fregatten / Frigates
F …
78-Kent
79-Portland
80-Grafton
81-Sutherland
82-Somerset
83-St. Albans
85-Cumberland
86-Campbeltown
87-Chatham
94-Brave
95-London
96-Sheffield
98-Coventry
99-Cornwall
229-Lancaster
230-Norfolk
231-Argyll
233-Marlborough
234-Iron Duke
235-Monmouth
236-Montrose
237-Westminster
238-Northumberland
239-Richmond

Uboote / Submarines
ohne Rumpfnummer / without hull number
S …
20-Astute
21-Ambush
22-Artful
28-Vanguard
29-Victorious
30-Vigilant
31-Venegeance
91-Trenchant
92-Talent
93-Triumph
104-Sceptre
105-Spartan
106-Splendid
107-Trafalgar
108-Sovereign
109-Superb
110-Turbulent
117-Tireless
118-Torbay

Kleine Kampfschiffe / Small Fighting Vessels
P …
163-Express
164-Explorer
165-Example
167-Exploit
258-Leeds Castle
264-Archer
265-Dumbarton C.
270-Biter
272-Smiter
273-Pursuer
274-Tracker
275-Raider
277-Anglesey
278-Alderney
279-Blazer
280-Dasher
291-Puncher
292-Charger
293-Ranger
294-Trumpeter
297-Guernsey
298-Shetland
300-Lindisfarne

Minensucher / Minesweepers
M …
29-Brecon
30-Ledbury
31-Cattistock
32-Cottesmore
33-Brocklesby
34-Middleton
35-Dulverton
36-Bicester
37-Chiddingfold
38-Atherstone
39-Hurworth
40-Berkeley
41-Quorn
101-Sandown
102-Inverness
103-Cromer
104-Walney
105-Bridport
106-Penzance
107-Pembroke
108-Grimsby
109-Bangor
110-Ramsey
111-Blythe
112-Shoreham
–
2011-Orwell

Landungsfahrzeuge / Landing Vessels
L …
10-Fearless
11-Intrepid
12-Ocean
14-Albion
15-Bulwark
105-Arromanches
107-Andalsnes
109-Akjab
110-Aachen
111-Arezzo
113-Audemer
3004-Sir Bedivere
3005-Sir Galahad
3027-Sir Geraint
3036-Sir Percivale
3505-Sir Tristram

Vermessungsschiffe / Survey Ships
H …
86-Gleaner
130-Roebuck
131-Scott
138-Herald
317-Bulldog
319-Beagle

Hilfs- und Spezialfahrzeuge / Auxiliary and Special Vessels
A …
72-Cameron
81-Brambleleaf
83-Melton
84-Menai
86-Gleaner
87-Meon
91-Milford
96-Sea Crusader
98-Sea Centurion
100-Beddgelert
109-Bayleaf
110-Orangeleaf
111-Oakleaf
122-Olwen
123-Olna
127-Torrent
129-Dalmatian
132-Diligence
135-Argus
140-Tornado
141-Torch
142-Tormentor
146-Waterman
147-Frances
148-Fiona
149-Florence
150-Genevieve
170-Kitty
171-Endurance
172-Lesley
178-Husky
180-Mastiff
182-Saluki
185-Salmore
186-Salmaster
187-Salmaid
189-Setter
190-Joan
191-Bovisand
192-Cawsand
198-Helen
199-Myrtle
201-Spaniel
205-Norah
208-Lamlash
211-Lechlade
216-Bee
221-Forceful
222-Nimble
223-Powerful
224-Adept
225-Bustler
226-Capable
227-Careful
228-Faithful
230-Cockchafer
231-Dextrous
232-Adamant
250-Sheepdog
253-Ladybird
269-Grey Rover
271-Gold Rover
273-Black Rover
274-Ettrick
280-Newhaven
281-Nutbourne
282-Netley
283-Oban
284-Oronsay
285-Omagh
286-Padstow
308-Ilchester
309-Instow
311-Ironbridge
318-Ixworth
328-Collie
344-Impulse
345-Impetus
367-Newton
368-Warden
378-Kinterbury
385-Fort Rosalie
386-Fort Austin
387-Fort Victoria
388-Fort George
389-Wave Knight
390-Wave Ruler
1766-Headcorn
1767-Hever
1768-Harlech
1769-Hambledon
1773-Horning

Y …
01-Falconet
02-Petard
21-Oilpress
32-Moorhen
33-Moorfowl

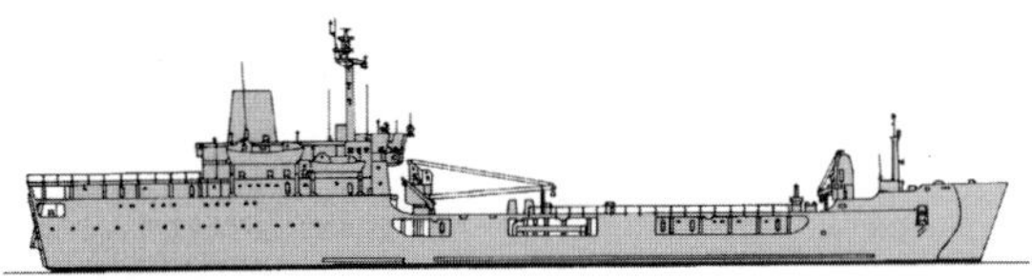

7400 ts, 17.5 kn, 140 m
[2-2 Phalanx], 2-2, [340]
1 LS: **Sir Galahad** [L 3005] (86)

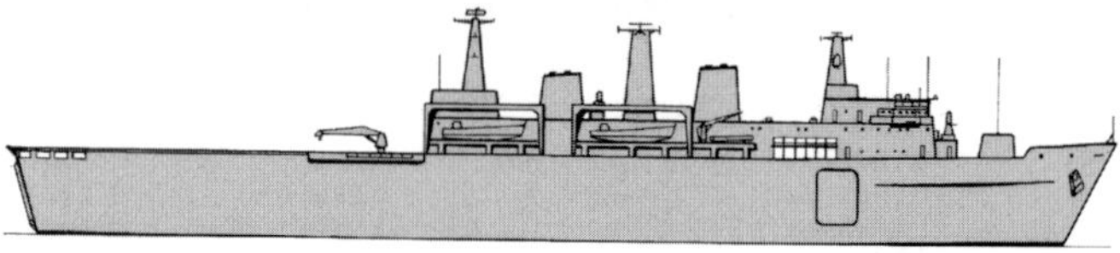

2-3 Goalkeeper, 8-3 ₂, 4 LCU, 4 LCVP, , [650] ./13 500 ts, 18 kn, 176 m
2 LD: Albion, Bulwark (a.St./o.St.) – vorläufige Skizze / preliminary drawing

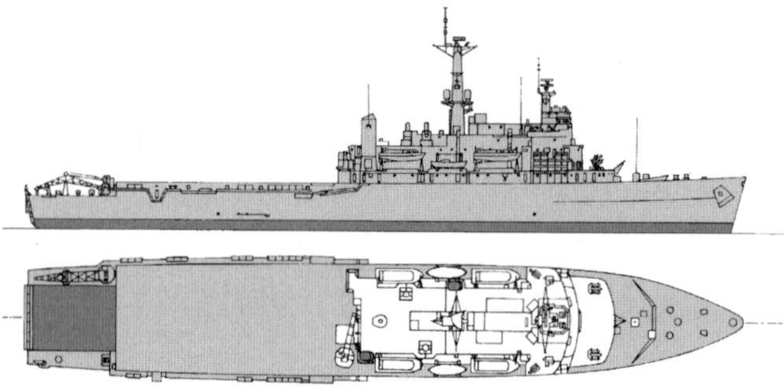

2-2 Phalanx, 2-2 , 8 Seacat ₄, 4 , 4 LCM, 4 LCVP, [700] 12 650 ts, 21 kn, 159 m
2 LD: **FEARLESS, Intrepid** [L 10, 11] (63-64)

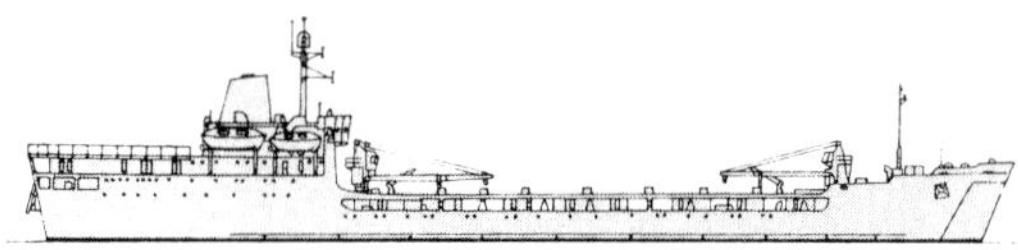

3390 ts, 17 kn, 135 m
[2-2 Phalanx], 2-2
1 LS: **Sir Tristram** [L 3505] (66)

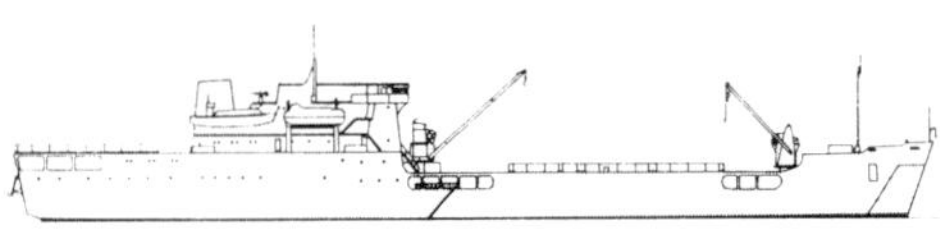

3400 ts, 17 kn, 126 m
[2-2 Phalanx], 2-2
1 LS: **Sir Bedivere** [L 3004] (66)
vorläufige Skizze nach Umbau / preliminary drawing after conversion

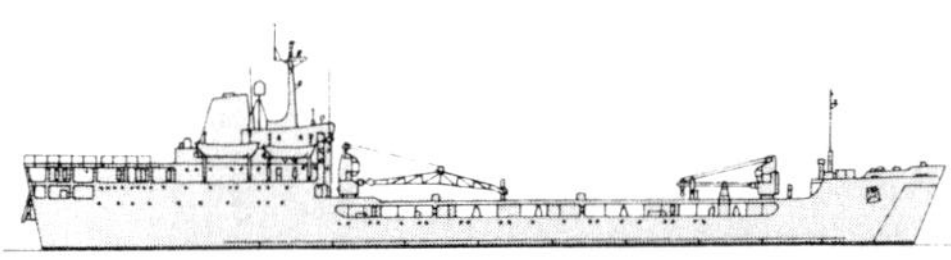

3270 ts, 17 kn, 126 m
[2-2 Phalanx], 2-2
2 LS: **Sir Percivale** [L 3027, 3036] (66-67)

Vermessungsschiffe / Survey Ships

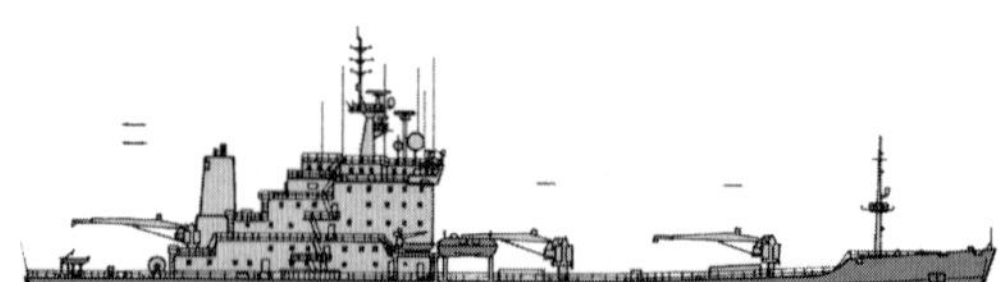

13 300 ts, 17 kn, 131 m
1 AG: **Scott** [H 131] (96)

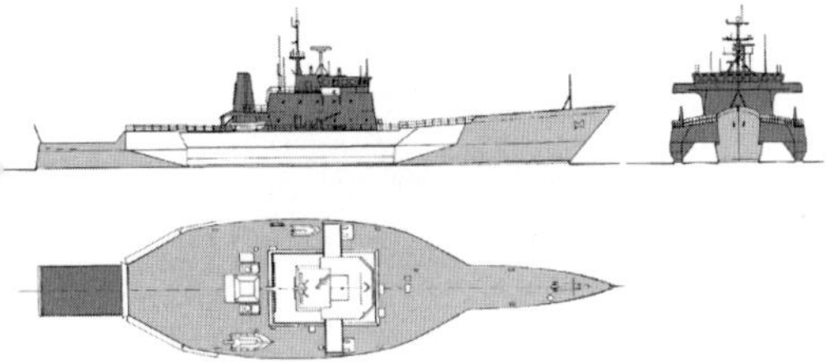

1100 ts, 20 kn, 97 m
1 AG: Triton (a.St./o.St.)

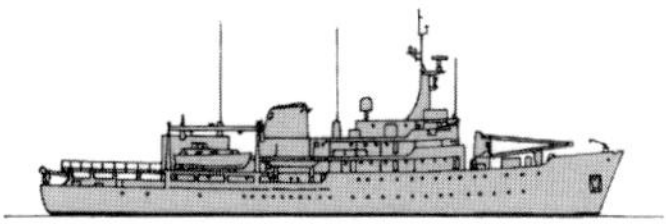

1 — 2125 ts, 14 kn, 79.3 m
1 AG: **Herald** [H 138] (73)

– 1060 ts, 15 kn, 63.9 m
1 AG: **Roebuck** [H 130] (85)

Hilfsfahrzeuge / Auxiliary Vessels

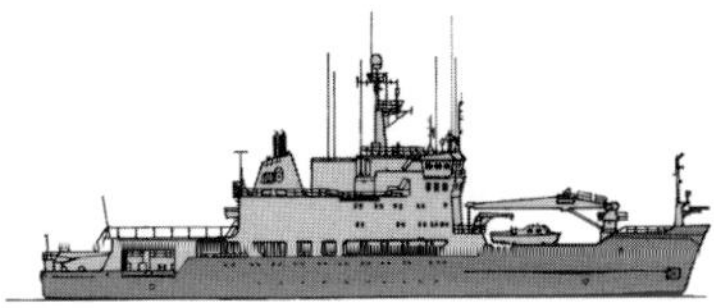

6500 ts, 12 kn, 91 m
1 AI: **Endurance** [A 176] (90)

Royal Fleet Auxiliary Service / RFA

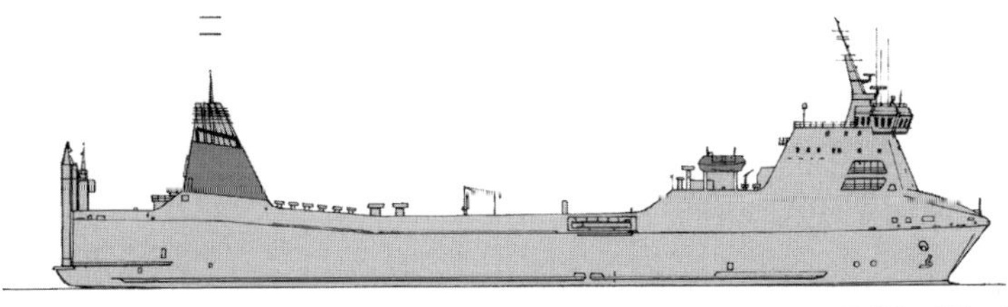

– 32 550 ts, 22 kn, 183 m
1 AK: **Sea Centurion** [A 98] (98)

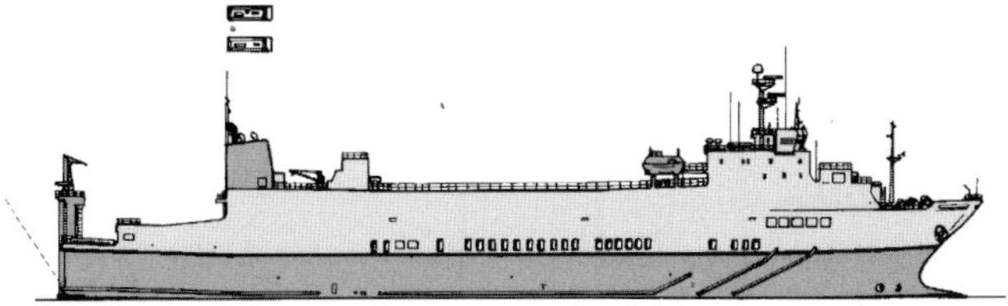

[60] 23 986 BRT/GRT, 18 kn, 161 m
1 AK: **Sea Crusader** [A 96] (96)

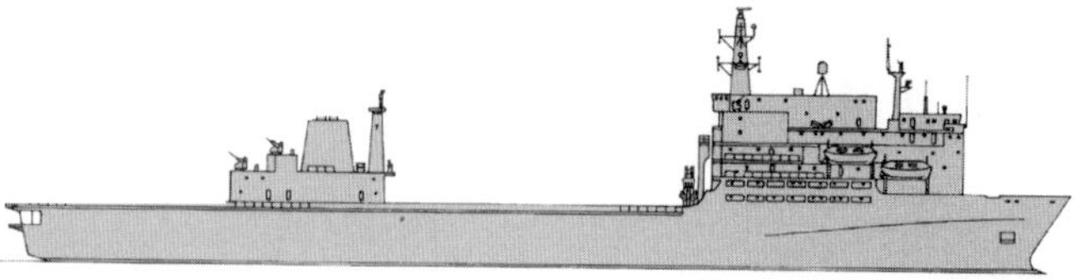

12 oder / or 8 + 6, 2-3, 2-2 — 22 260 ts, 20 kn, 173 m

1 AR: **Argus** [A 135] (81)

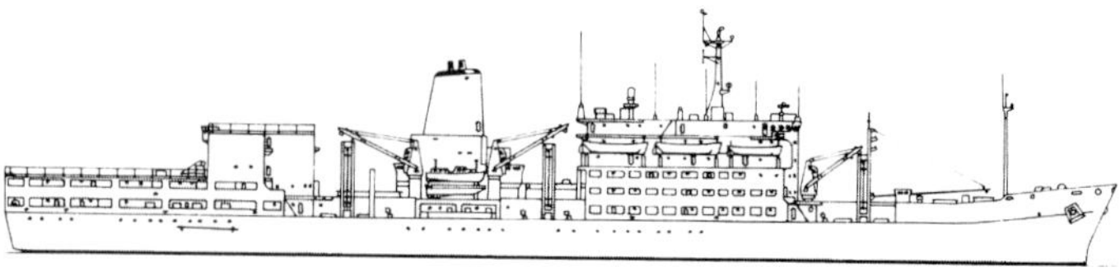

2-2, 1 — ./23 400 ts, 20 kn, 184 m

2 AK: **Fort Rosalie** [A 385, 386] (76-78)

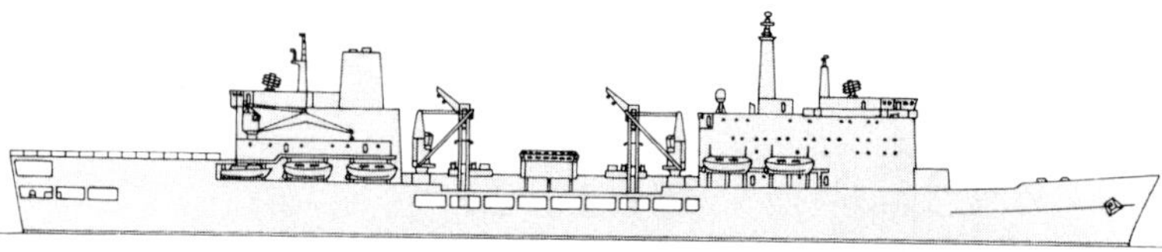

2-3, 2-2 Phalanx, 3 — 32 550 ts, 20 kn, 204 m

2 AK: **Fort Victoria** [A 387, 388] (90-91)

2-3, 2-2 Phalanx, 4 Mg — 12 000/30 000 ts, 16 kn, 196 m

2 AO: Wave Knight (99 – a.St./o.St.) [A 389, 390]

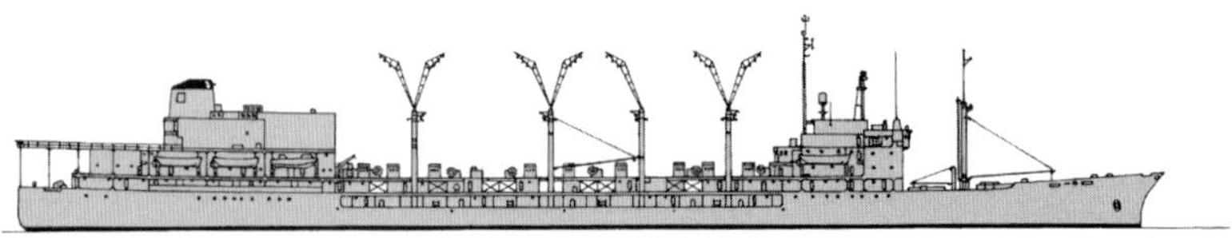

3-2, 2 Mg, 2 — 10 980 ts, 21 kn, 197 m

2 AO: **Olwen** [A 122, 123] (64-65)

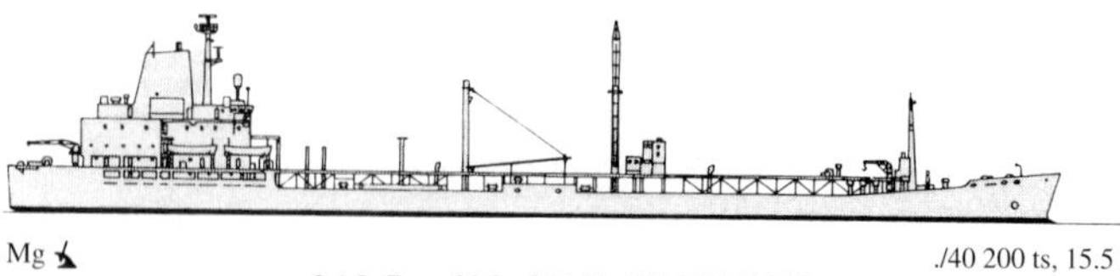

2-2, 4 Mg — ./40 200 ts, 15.5 kn, 171 m

3 AO: **Brambleleaf** [A 81, 109, 110] (76-81)

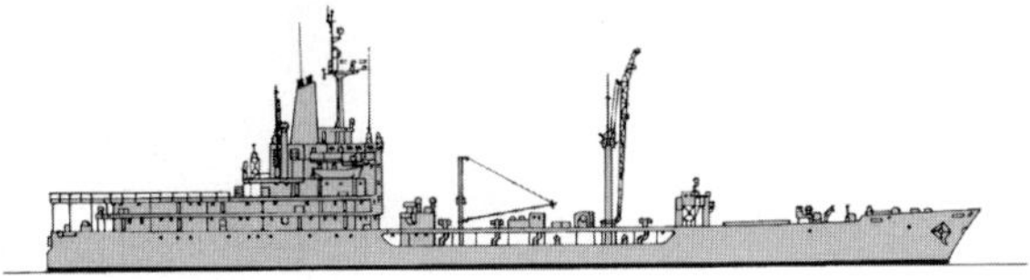

2-2 — 4700 ts, 19 kn, 141 m

3 AO: **Gold ROVER** [A 269, 271, 273] (73)

Royal Maritime Auxiliary Service / RMAS

– 3150 ts, 15 kn, 98.6 m

1 AG: **Newton** [A 367] (75)

Maßstab / Scale 1:1000

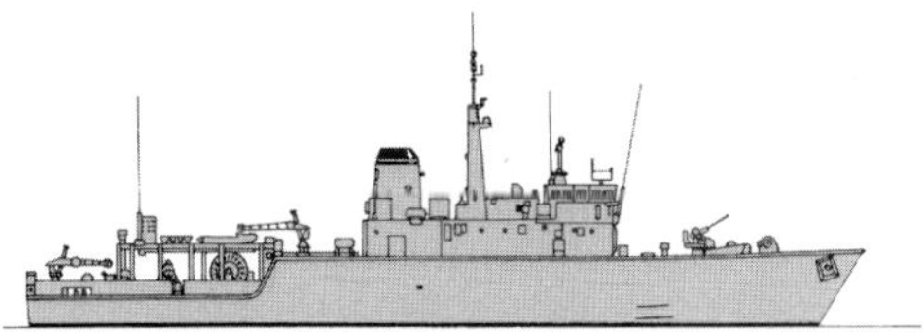

0625 ts, 17 kn, 60 m
1-3, 2-2, 2 Mg
13 MB: **Brecon** [M 29-41] (78-88)

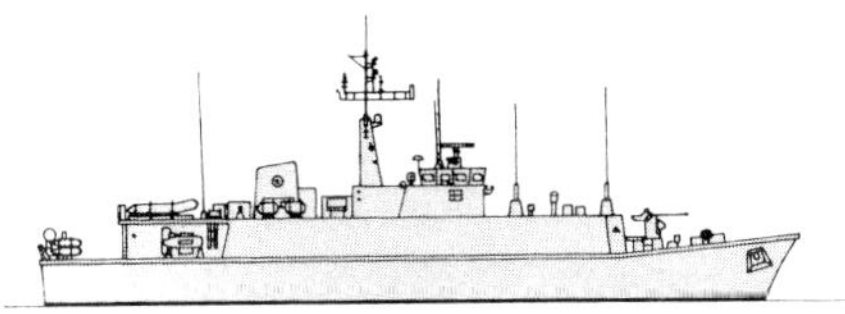

380 ts, 14.5 kn, 52.7 m
1-3
12 MS: **Sandown** [M 101-112]
(88 a.St./o.St.)

RL **Illustrious** [R 06] (78) — 8-1999, Sifferlinger

RL **Invincible** [R 05] (77) 1998, Flottenkommando

DG **Edinburgh** [D 97] (80) *Type 42, Batch 3* 7-1998, Van Ginderen coll.

DG **Nottingham** [D 91] (80) *Type 42, Batch 2* 7-1998, Prézelin

FG **Coventry** [F 98] (86) *Type 22, Batch 2* 7-1999, U. Streich

FG **Cornwall** [F 99] (85) *Type 22, Batch 3* 2-1999, Voß

FG **Iron Duke** [F 234] (91) *Type 23* 3-1999, Engel

FG **Lancaster** [F 229] (90) *Type 23* 9-1998, Behling

SS **Trafalgar** [S 107] (81) 7-1998, Van Ginderen coll.

SS **Triumph** [S 93] (91) 3-1998, Van Ginderen coll.

SS **Sovereign** (73) Swiftsure Klasse 5-1997, Flottenkommando

PP **Leeds Castle** [P 258] (80) 9-1998, Van Ginderen coll.

PP **Tracker** [P 274] (97) *Archer Klasse* 1-1998, Van Ginderen coll.

MB **Middleton** [M 34] (83) *Hunt Klasse* 8-1999, Voß

MS **Pembroke** [M 107] (97) *Sandown Klasse* 8-1999, Voß

PP **Orwell** [M 2011] (85) *River Klasse* 6-1998, Van Ginderen coll.

LD **Ocean** [L 12] (95) 7-1998, Van Ginderen coll.

LD **Fearless** [L 10] (63) 8-1999, Sifferlinger

LS **Sir Galahad** [L 3005] (86) 1998, Prokasi

AK **Sea Centurion** [A 98] (98) 1-1999, Van Ginderen coll.

AK **Sea Crusader** [A 96] (96) 2-1997, Van Ginderen coll.

AK **Fort Austin** [A 386] (78) 11-1998, Van Ginderen coll.

AR **Argus** [A 135] (81) 6-1999, Van Ginderen coll.

AR **Diligence** [A 132] (81) 10-1997, Prézelin

AO **Olna** [A 123] (65) *Olwen Klasse* 2-1998, Prézelin

AO **Bayleaf** [A 109] (81) 1-1999, Engel

AG **Roebuck** [H 130] (85) 7-1999, Van Ginderen coll.

AK **Arrochar** [A 382] (81) 4-1999, Van Ginderen coll.

AT **Bustler** [A 225] (81) *Adept Klasse* 8-1998, Van Ginderen coll.

Indien/India

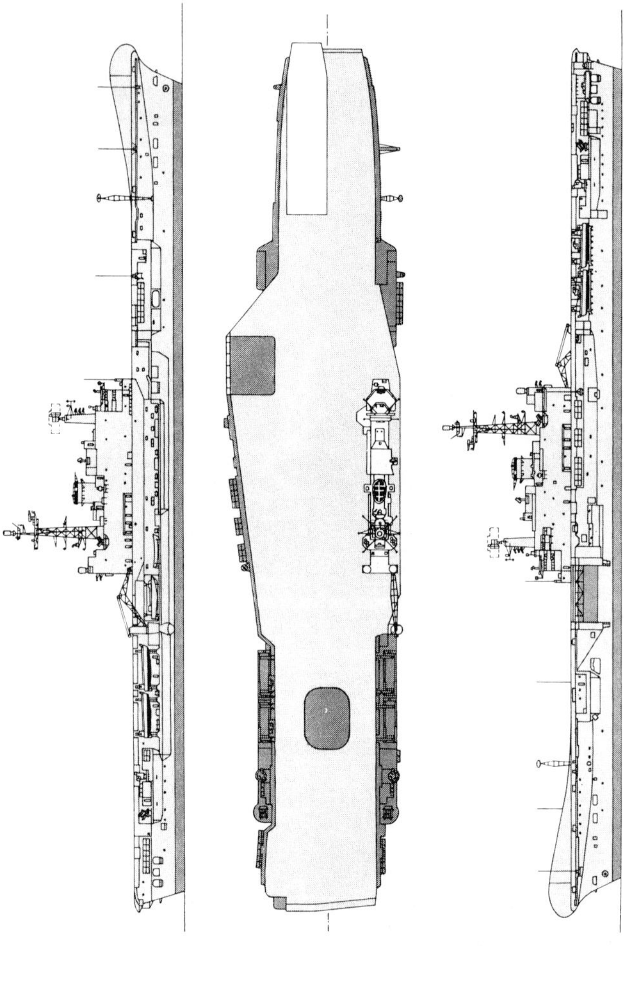

1 RL: **Viraat** [R 22] (53)

23900 ts, 28 kn, 227 m

5 ✈, 9 🚁

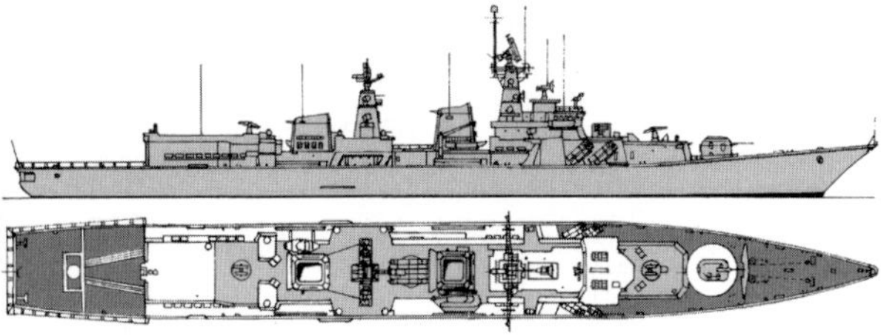

2 SA-N-7, 16 SS-N-25 ⇨, 1-10, 4-3, 5 **UTR** 53.3 IIIII, 2, 2 — 6700 ts, 28 kn, 163 m
3 DG: **Dehli** (91-95)

4 ⇨, 4, 2-7.6, 16-3, 5 **UTR** 53.3 IIIII, 2, 1 — 3950 ts, 35 kn, 147 m
3 DG: **Rajput** [D 51-53] (77-79) *Ähnlich / similar to Typ USSR Kashin mod.*

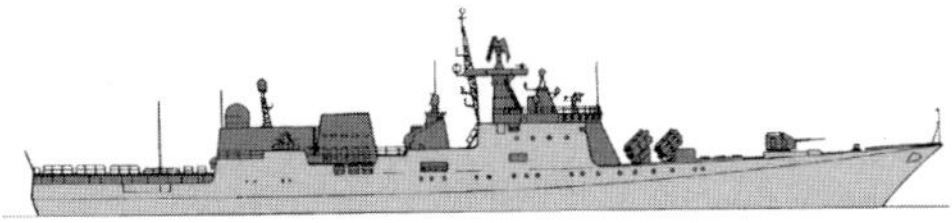

8, 1 SA-N-4, 16 SS-N-25 ⇨, 1 CADS-1, 1-10, 4-3, 5 **UTR** IIIII, 2, 1 — 3100 ts, 33 kn, 126 m
3 FG: Talwar, Trishul, Toofan (a.St./o.St. – bew./auth.) *Typ RUS Krivak-III-Mod*

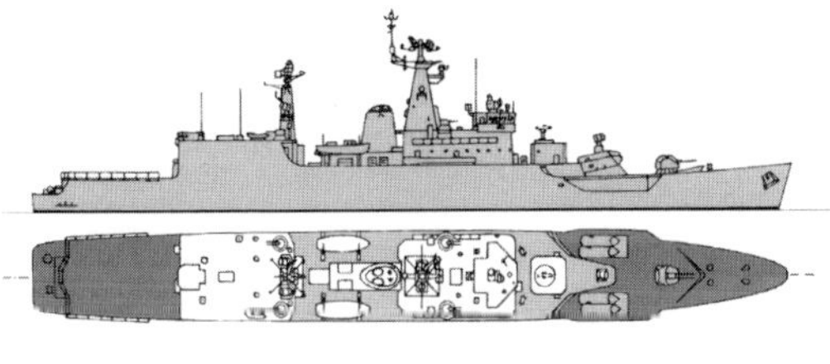

3700 ts, 27 kn, 126 m
4 ⇨, 2, 2-5.7, 8-3,
6 **UTR** 32.4 III, 2
3 FG: **Godavari** [F 20-22] (81-84)

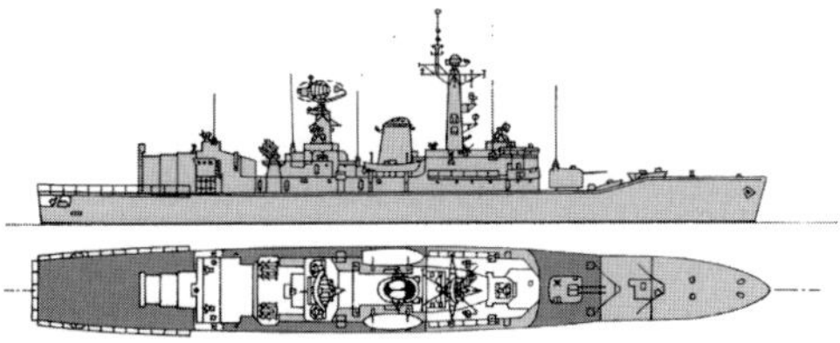

2680 ts, 30 kn, 113 m
4 ⇨, 2-11.4, 2-2, 8 Seacat $_4$,
6 **UTR** 32.4 III, 1, 1
2 FF: **Taragiri** [F 41, 42] (76-77)
verbesserte / improved Nilgiri Klasse

2680 ts, 30 kn, 113 m
2-11.4, 2-2, 8 Seacat $_4$, 1, 1
2 FF: **Himgiri** [F 34, 36] (70-72)
Typ brit. Leander

Kennungen / Identification

Flugzeugträger / Aircraft Carrier
R …
22-Viraat

Zerstörer / Destroyers
D …
51-Rajput
52-Rana
53-Ranjit
54-Ranvir
55-Ranvijaj
60-Mysore
61-Dehli
62-Bombay
…-Talwar
…-Trishul
…-Toofan

Fregatten / Frigates
F …
20-Godavari
21-Gomati
22-Ganga
23-Brahmaputra
24-Beas
25-Betwa
34-Himgiri
36-Dunagiri
41-Taragiri
42-Vindhyagiri
46-Krishna

Korvetten / Corvettes
K …
40-Veer
41-Nirbhik
42-Nipat
43-Nishank
44-Nirghat
45-Vibhuti
46-Vipul
47-Vinash
48-Vidyut
71-Vijaydurg
72-Sindhudurg
83-Nashak
98-Prahar

P …
33-Abhay
34-Ajay
35-Akshay
36-Agray
44-Kirpan
46-Kuthar
47-Khanjar
49-Khukri
50-Sukanya
51-Subhadra
52-Suvarna
53-Savitri
54-Saryu
55-Sharada
56-Sujata
61-Kora
-Kirch
-Kulisk
-Karmuk
68-Arnala
69-Androth
73-Anjadip
75-Amini

Uboote / Submarines
S …
21-Karanj
40-Vela
41-Vagir
42-Vagli
44-Shishumar
45-Shankush
46-Shalki
47-Shankul
55-Sindhugosh
56-Sindhudhvaj
57-Sindhuraj
58-Sindhuvir
59-Sindhuratna
60-Sindhukesari
61-Sindhukirti
62-Sindhuvijay
63-Sindurakshak
64-Sindhushastrah

Kleine Kampfschiffe / Small Fighting Vessels
K …
90-Prachand
91-Prayala
93-Prabal
94-Chapal
96-Chatak

Minensucher / Minesweepers
M …
61-Pondicherry
62-Porbandar
63-Bedi
64-Bhavnagar
65-Alleppey
66-Ratnagiri
67-Karwar
68-Kananore
69-Kuddalore
70-Kakinada
71-Kozikode
72-Konkan
83-Mahe
84-Malwan
85-Mangalore
86-Malpe
87-Mulki
88-Magdala

Landungsfahrzeuge / Landing Vessels
L …
14-Ghorpad
15-Kesari
16-Shardul
17-Sharabh
18-Cheetah
19-Mahish
20-Magar
21-Guldar
22-Khumbir
23-Gharial
34-V. da Gama
38-Midhur
39-Mangala

Hilfsfahrzeuge / Auxiliary Vessels
A …
15-Nireekshak
52-Matanga
53-Ambika
54-Amba
57-Shakti
58-Jyoti
59-Aditya
71-…
72-…
…-Astravahini
86-Tir

J …
14-Nirupak
15-Investigator
16-Jamuna
17-Sutlej
18-Sandhayak
19-Nirdeshak
21-Darshak
22-Sarveshak
33-Makar
34-Mithun
35-Meen
36-Mesh

Küstenwache / Coast Guard
33-Vikram
34-Vijaya
35-Veera
36-Varuna
37-Varja
38-Vivek
39-Vigraha
40-Varada
41-Varaha
42-Samar
43-Sangram
44-Sarang
59-Rajkiran
60-Rajshee
61-Rajkamal
64-Jija Bay
65-Chand Bibi
66-Kittur Chinnama
67-Rani Jindan
68-Habbakhatun
69-Ramadevi
70-Avvaiyar
71-Tara Bai
72-Ahalya Bai
73-Lakshmi Bai
74-Akka Devi
75-Naiki Devi
76-Ganga Devi
221-Priyadarshini
222-Razya Sultana
223-Annie Besant
224-Kamla Devi
225-Amrit Kaur
226-Kanak Lata Barua
227-Bhikaji Cama
228-Sucheta Kripalani

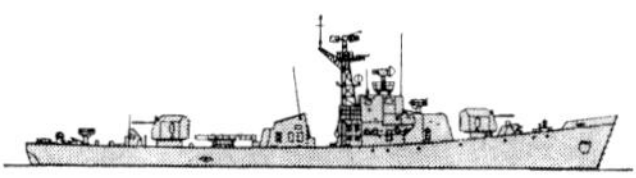

950 ts, 35 kn, 82.3 m
4-7.6 ∡, 3 **UTR**, ✎
4 FF: **Arnala** [P 68, 69, 73, 75]
(68-74) – *Typ USSR Petya II*

1350 ts, 28 kn, 91 m
4 ⇨, 1-7.6 ∡, 4-3 ∡, 1 ↥, 6 **UTR** 32.4 **III**
4 FG: **Kirpan** [P 44, 46, 47, 49]
(86-88)

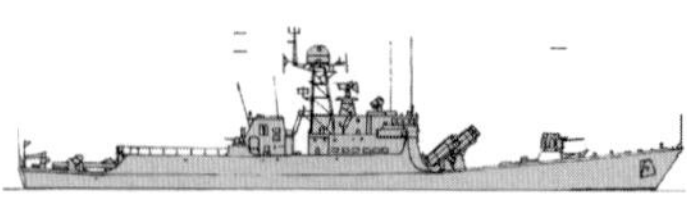

1400 ts, 25 kn, 91.2 m
16 SS-N-25 ⇨, 1 SA-N-5 **I**, 1-7.6 ∡, 2-3 ∡,
[6 **UTR** 32.4 **III**]
4 FG: **Kora** [P 61, …]
(92 – a.St./o.St.)

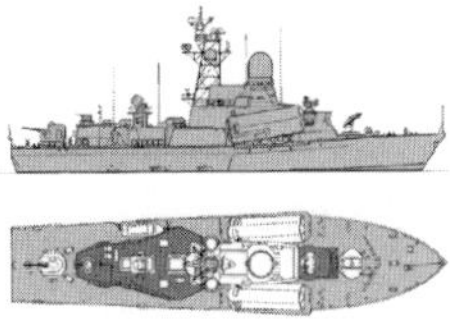

4 ⇨, 2, 2-5.7 675 ts, 34 kn, 60.3 m
2 FG: **Vijaydurg** [K 71-72] (~ 73)
Typ USSR Nanuchka II

4 ⇨, 1, 1-7.6, 2-3 480 ts, 35 kn, 56.1 m
12 FG: **Nirbhik** [K 40-48, 83, 98, …] (86 – a.St./o.St.)
Typ USSR Tarantul I

1650 ts, 20 kn, 103 m
2-4, 1
7 FS: **Sukanya** [P 50-56] (89-91)

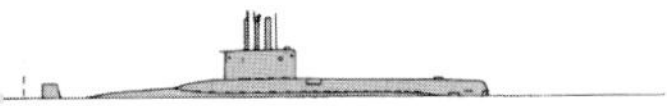

1655/1810 ts, 11/22.5 kn, 64.4 m
8 **TR** 53.3 b↓
4 SS: **Shishumar** [S 44-47] (84-92)
Typ deutsch / German T 1500

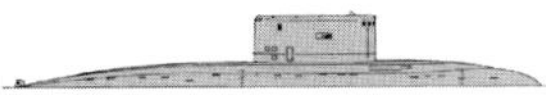

6 **TR** 53.3 b↓ 2300/3200 ts, 10/17 kn, 72.6 m
10 SS: **Sindhugosh** [S 55-64] (~ 85-99)
Typ USSR Kilo

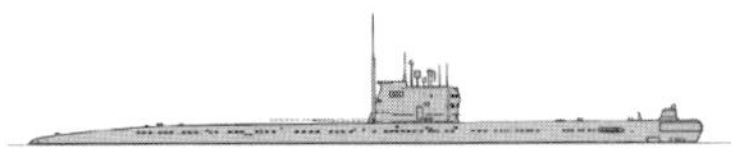

10 **TR**↓ (6 b, 4 h) 1950/2400 ts, 18/18 kn, 91.5 m
4 SS: **Kursura** [S 21, 40-42] (69-73)
Typ USSR Foxtrot

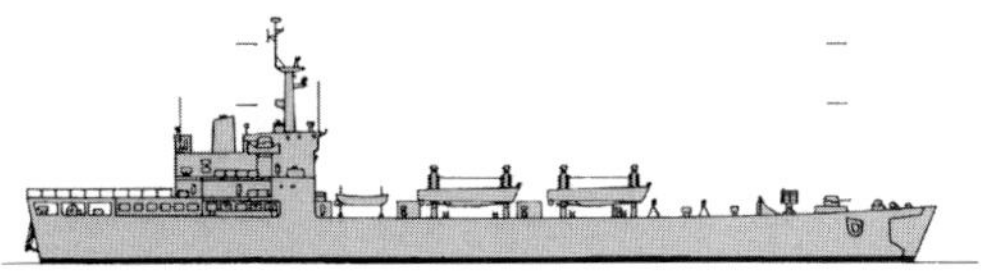

3200 ts, 15 kn, 125 m
4-4
3 LS: **Magar** [L 20, 23, …] (84 – a.St./o.st.)

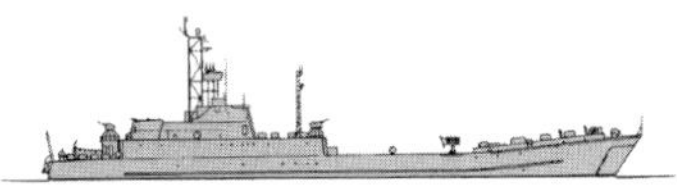

4-3, 2 18, 8 1000 ts, 18 kn, 82 m
4 LS: **Cheetah** [L 18, 19, 21, 22] (84-86)
Typ USSR Polnocny C

2-4, 500 ts, 9 kn, 56 m
10 LS: **Vasco da Gama** [L 31-40] (78-86)

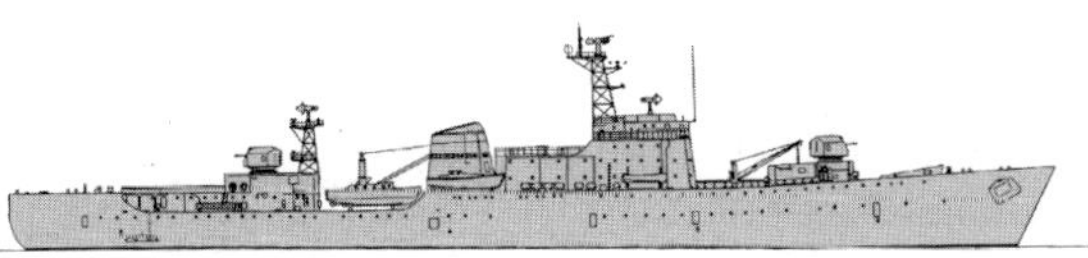

6750 ts, 17 kn, 141 m
4-7.6
1 AR: **Amba** [A 54] (68)
Typ USSR Ugra

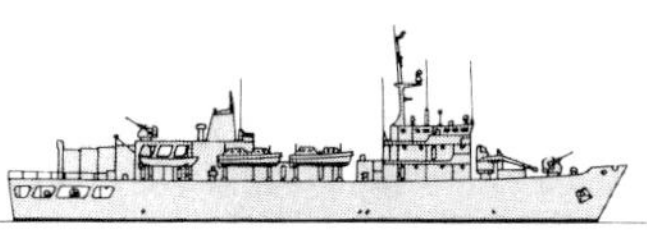

1200 ts, 16.8 kn, 85.5 m
1-4, 1
6 AG: **Sandhayak** (77-92)

Indien/India

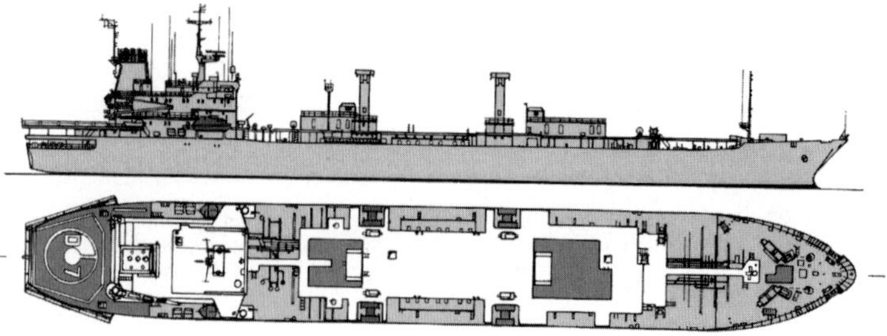

1

28880/35900 ts, 14 kn, 179 m

1 AO: **Jyoti** [A 58] (95) *Typ rus. Komandarm Fedko*

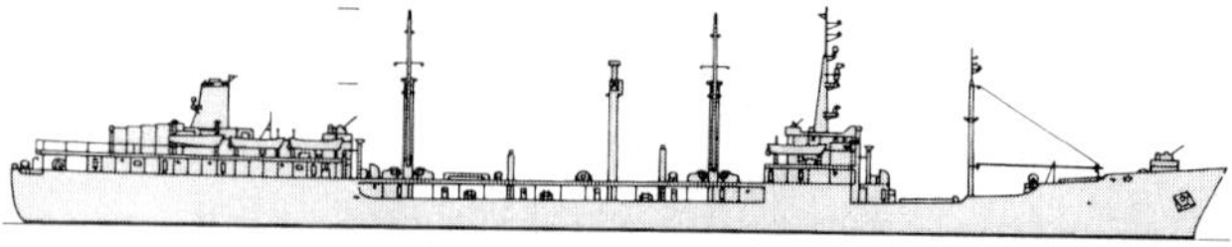

6785 ts, 20 kn, 168 m
3-4 , 2-2
1 AO: **Shakti**
[A 57] (75)

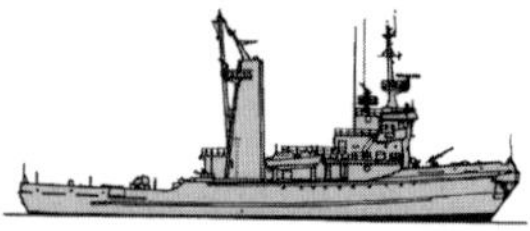

1460 ts, 15 kn, 68 m
2 AT: **Matanga** [A 52, 53] (77-93)

Küstenwache / Coast Guard

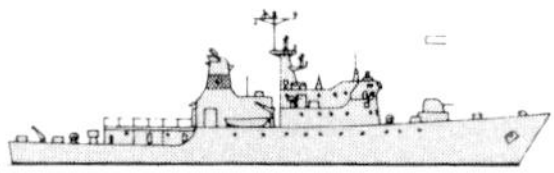

2-4 , 1

940 ts, 22 kn, 74 m
9 FE: **Vikram** [33-41] (81-90)

Maßstab / Scale 1:1000

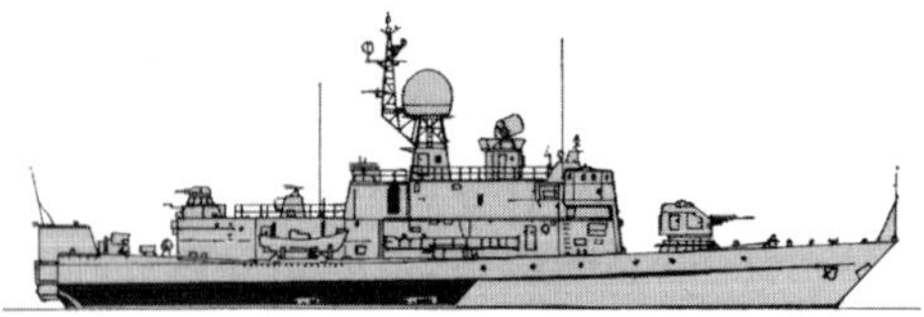

440 ts, 32 kn, 58.5 m
1-7.6 , 1-3 , 1 , 4 **UTR**, 53.3 , 2
4 FS: **Abhay** [P 33-36]
(88-90) – *Typ USSR Pauk II*

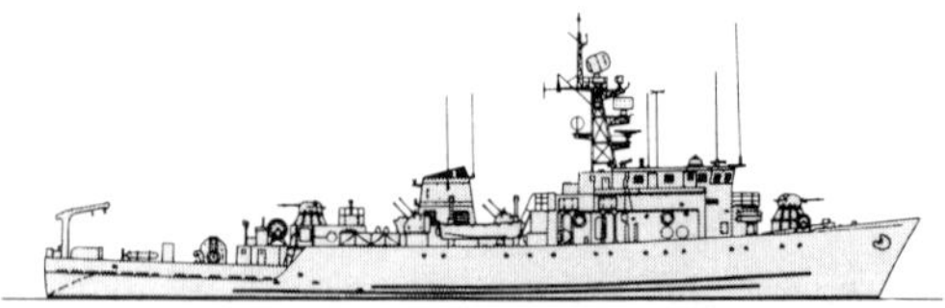

750 ts, 17 kn, 61 m
4-3 , 4-2.5 , 8 , 2 ,
12 MB: **Pondicherry** [M 61-72]
(75-87) – *Typ USSR Natya*

2 Mg

80 ts, 16 kn, 26.1 m
6 MS: **Mahe** [M 83-88] (~ 82)
Typ USSR Yevgenya

RL **Viraat** [R 22] (53) 1-1998, Bentin

DG **Dehli** [D 61] (91) 3-1998, Bentin

FF **Dunagiri** [F 36] (72) 11-1997, Flottenkommando

SS **Shalki** (89) Typ deutsch / German T 1500 8-1994, Van Ginderen coll.

SS **Sindhurakshak** [S 63] (97) *Typ Rus. Kilo* 1-1998, Behling

FG **Vijaydurg** (~ 73) *Typ USSR Nanuchka II* 6-1996, Van Ginderen coll.

FG **Kirpan** [P 44] (88) *Khukri Klasse* 5-1999, Van Ginderen coll.

AO **Jyoti** [A 58] (95) 4-1998, Bentin

FF **Veera** [35] (84) *Vikram Klasse* 12-1998, Gierke

Indonesien/Indonesia

Nala

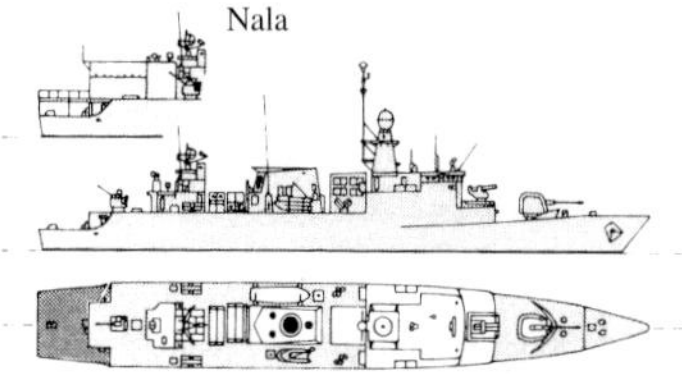

1150 ts, 30 kn, 84 m
4 MM 38 ⇨, 1-12, 1-4, 2-2,
6 **UTR** 32.4 **III**, 1
3 FG: **Fatahillah** [361-363] (77-79)
363: 2-4, 1

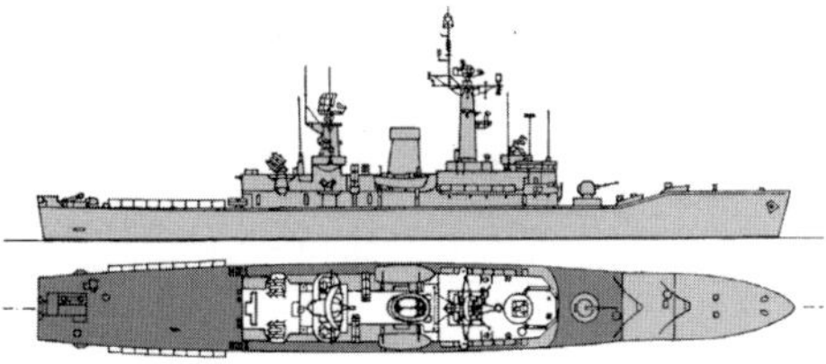

2200 ts, 28.5 kn, 114 m
8 Harpoon ⇨, 1-7.6, 8 Seacat,
6 **UTR** 32.4 **III**, 1
6 FG: **Ahmed Yanni** [351-356]
(65-79)
Typ brit. Leander

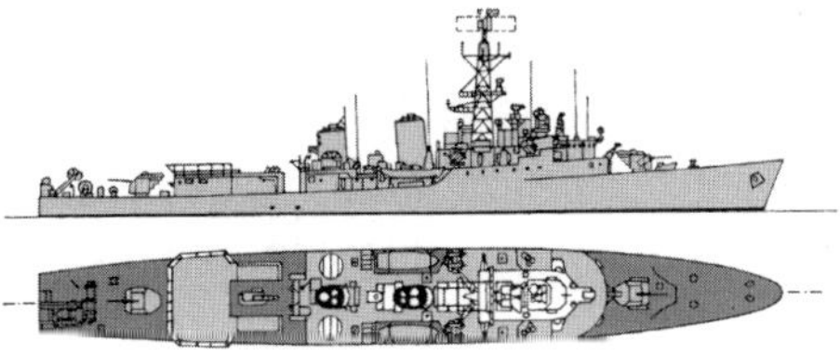

2300 ts, 25 kn, 110 m
2-11.4, 2-2, 8 Seacat, 1,
1
3 FF: **Martha Khrystina Tiyahadu**
[331-333] (60-62) *Typ brit. Tribal*

Kennungen / Identification

Fregatten / Frigates
331-M. K. Tiyahadu
332-W. Z. Yohannes
333-Hasanuddin
341-Samadikun
342-Martadinata
343-Monginsidi
344-Ngurah Rai
351-Ahmed Yanni
352-Slamet Riyadi
353-Jos Sudarso
354-O. Sianaan
355-A. H. Perdana-kusuma
356-K. Satsuitubun
361-Fatahillah
362-Malahayati
363-Nala
364-H. Dewantara
371-Kpt. Patimura
372-U. Suropati
373-Nuku
374-L. Mangkurat
375-C. Nyak Dien
376-S. T. Syaifuddin
377-Sutanto
378-S. Senoputra
379-Wiratno
380-M. Sastrawiria
381-Tjiptadi
382-H. Basri
383-J. Bonjol
384-P. Unus
385-T. Umar
386-S. Papare

Uboote / Submarines
401-Cakra
402-Nanggala

Kleine Kampfschiffe / Small Fighting Vessels
621-Mandau
622-Rencong
623-Badik
624-Keris
651-Singa
653-Ajak
801-Pandrong
802-Sura
811-Kakap
812-Kerapu
813-Tongkol
814-Barakuda
847-Sibarau
848-Siliman
857-Sigalu
858-Silea
859-Siribau
862-Siada
863-Sikuda
864-Sigurot

Minensucher / Minesweepers
701-Pulau Rani
702-P. Ratawo
711-Pulau Rengat
712-P. Rupat
721-P. Rote
722-P. Raas
723-P. Romang
724-P. Rimau
725-P. Rondo
726-P. Rusa
727-P. Rangsang
728-P. Raibu
729-P. Rempang

Landungsfahrzeuge / Landing Vessels
501-Teluk Langsa
502-Teluk Bajur
503-T. Amboina
504-T. Kau
508-T. Sindoro
509-T. Rataj
510-T. Saleh
511-T. Bone
512-T. Semangka
513-T. Penju
514-T. Mandar
515-T. Sampit
516-T. Banten
517-T. Ende
531-T. Gilimanuk
532-T. C. Bawang
533-T. Cendrawasi
534-T. Berau
535-T. Peleng
536-T. Sibolga
537-T. Manado
538-T. Hading
539-T. Parigi
540- T. Lampung
541-T. Jakarta
542-T. Sangkulirang
543-T. Cirebon
544-T. Sabang
580-Dore
582-Kupang
583-Dili
584-Nusantara

Hilfsfahrzeuge / Auxiliary Vessels
561-Multatuli
901-Balikpapan
902-Sambu
903-Arun
911-Sorong
921-Jaja Wijaja
922-Rakata
923-Soputan
931-Burujalasad
932-Dewa Kembar
933-Jalanidhi
934-Lampo Batang
935-Tambora
936-Bromo
952-Nusa Telu
956-Teluk Mentawi
960-Karimata
972-Tanjung Oisina

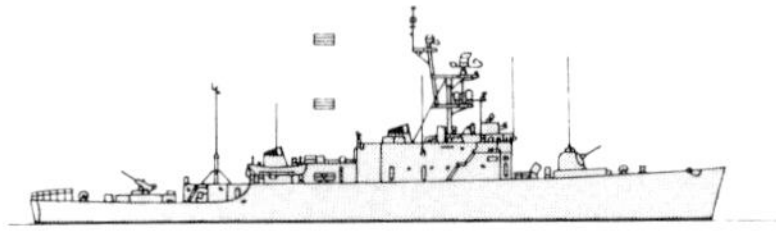

1-7.6, 4-2.5, 6 **UTR** 32.4 **III** 1450 ts, 21 kn, 95 m
4 FF: **Samadikun** [341-344] (58-59)
Typ US Claud Jones

2-5.7, 1-3, 2 793 ts, 24.5 kn, 75.2 m
4 **TR**, 2
16 FF: **Kapitan Patimura** [371-386] (79-85)
Typ DDR / GDR Parchim I

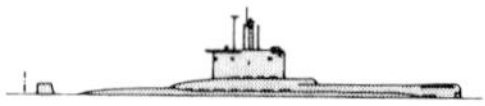

8 **TR** 53.3 b 1285/1390 ts, 10/25 kn, 59.5 m
2 SS: **Nangala** [401, 402] (80)
Typ deutsch / German 209/1300

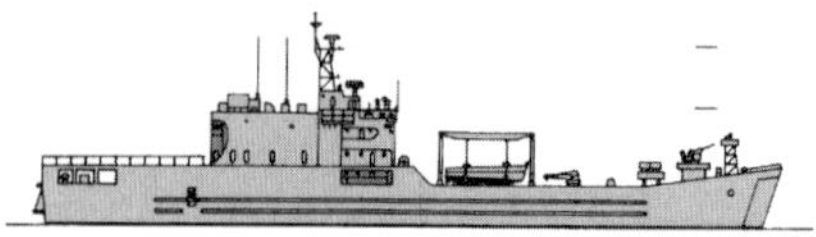

1800 ts, 15 kn, 100 m
3-4, 2-2
2 LS: **Teluk Banten** [516, 517] (82)

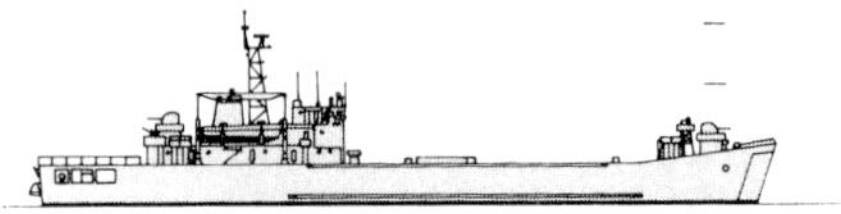

1800 ts, 15 kn, 100 m
3-4, 2-2
4 LS: **Teluk Semangka** [512-515] (80-81)

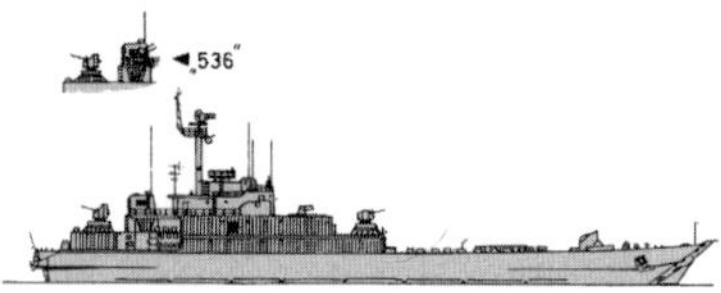

1710 ts, 18 kn, 90.7 m
3-3.7
12 LS: **Teluk Gilimanuk** [531-542] (75-78)
Typ DDR / GDR Frosch I

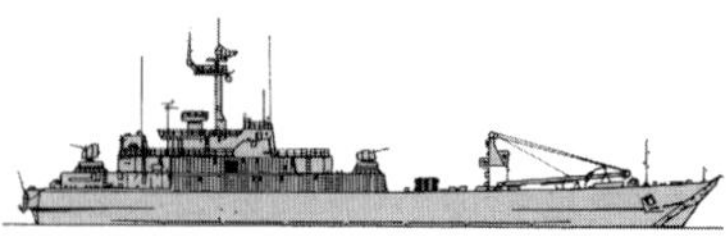

1900 ts, 18 kn, 96.4 m
2-3.7, 2
2 AK: **Teluk Cirebon** [543, 544] (78)
Typ DDR / GDR Frosch II

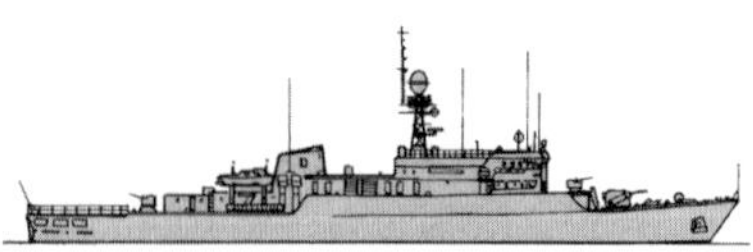

1850 ts, 27 kn, 96.7 m
[4 MM 38], 1-5.7, 2-2, 2 UTR, 1
1 AX: **Hadjar Dewantara** [364] (80)

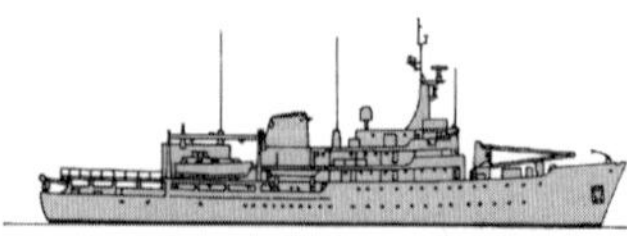

1 1915 ts, 14 kn, 79.3 m
1 AG: **Dewa Kembar** [932] (64)
Typ brit. Hecla

– 2150 ts, 19.5 kn, 82 m
1 AG: **Burujalasad** [931] (66)

Maßstab / Scale 1:1000

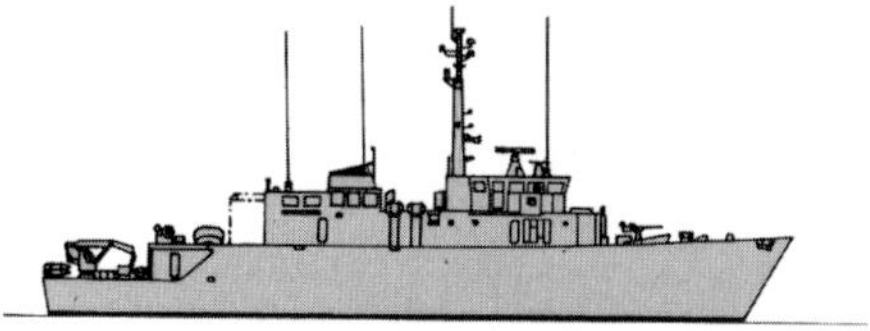

510 ts, 15 kn, 51.5 m
1-2 , 2 PAP
2 MB: **Pulau Rengat** [711, 712]
(87) – *Ähnlich / similar*
Typ niederl. / Netherl. Alkmaar

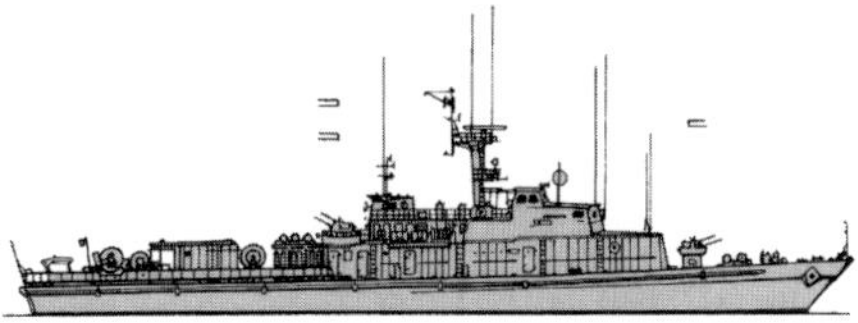

473 ts, 18.5 kn, 56.8 m
6-2.5
9 MS: **Pulau Rote** [721-729] (70-73)
Typ DDR / GDR Kondor II

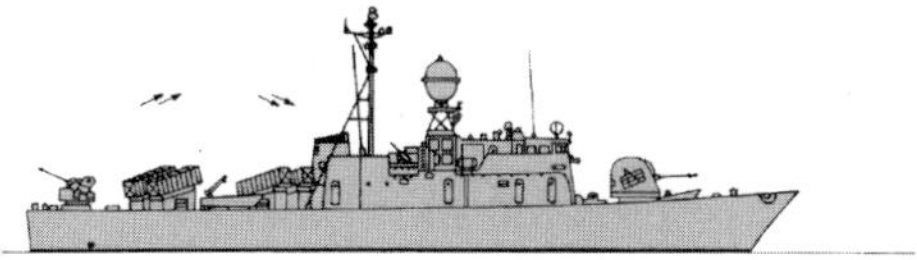

280 ts, 41 kn, 53.6 m
4 MM 38 ⇨, 1-4 , 2-2
4 PG: **Rencong** [621-624] (79-80)
Typ US PSMM

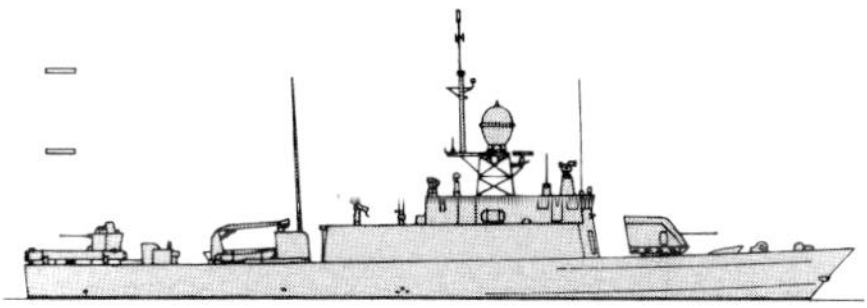

342 ts, 27.5 kn, 58.1 m
1-5.7 , 1-4 , 2-2 , **UTR** 53.3
4 PC: **Singa** [650-653] (86-88)
Typ deutsch / German PB 57

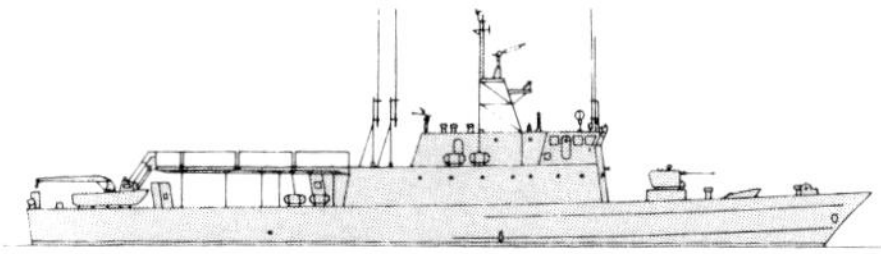

1-4 , 2 Mg 350 ts, 29 kn, 58.1 m
4 PF: **Kakap** [811-814] (84-93)
Typ deutsch / German PB 57

1-4 , 1 Mg 100 ts, 27 kn, 32.6 m
8 PP: **Sibarau** [847, 848, 857-859, 862-864]
(67-68) *Typ austral. Attack*

FG **Nala** [363] (79) 5-1998, Van Ginderen coll.

FG **Abdul Halim Perdanakasuma** (66) 9-1997, ANBw/FAFIO

PG **Keris** [624] (79) 3-1998, Fiebiger

LS **Teluk Mandar** [514] (81) 11-1997, ANBw/FAFIO

PP **BC 10001** (99) 5-1999, Voß

Irak/Iraq

FG **Mussa Ben Nussair** [F 210] (83) 9-1998, Wamser

AO **Agnadeen** [A 102] (82) 1-1995, Van Ginderen coll.

Iran

1250 ts, 40 kn, 95 m
1-11.4, 2-3.5, 4-2, 2 Mg, 1
3 FF: **Alvand** [71-73] (68-69)

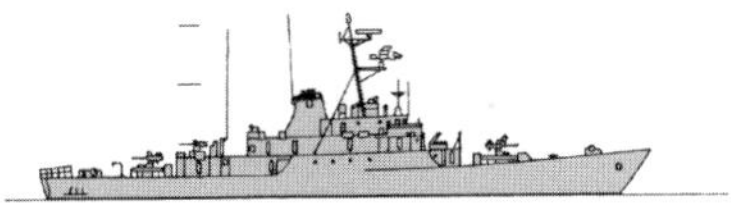

900 ts, 20 kn, 84 m
2-7.6, 2-4, 2-2, 2 Mg, 4
2 FS: **Bayandor** [81, 82] (63)

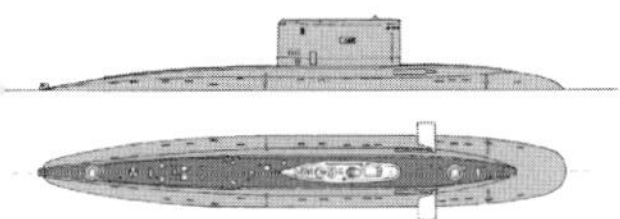

2300/3200 ts, 10/17 kn, 72.6 m
6 **TR** 53.3 b oder/or 24
3 SS: **Taregh** [901, 902, 903] (90-92)
Typ USSR Kilo

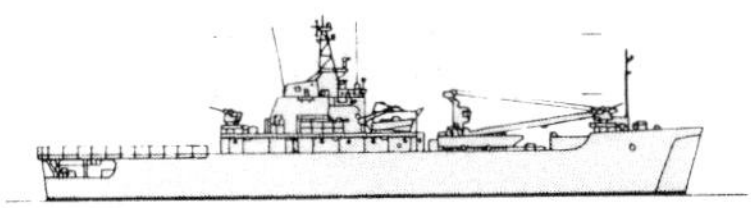

3000 ts, 16 kn, 91.5 m
4-4, 8-2.3, 2 Mg, 1 $\rightarrowtail_{18}$
4 LS: **Hengam** [511-514] (73-80)

Iran

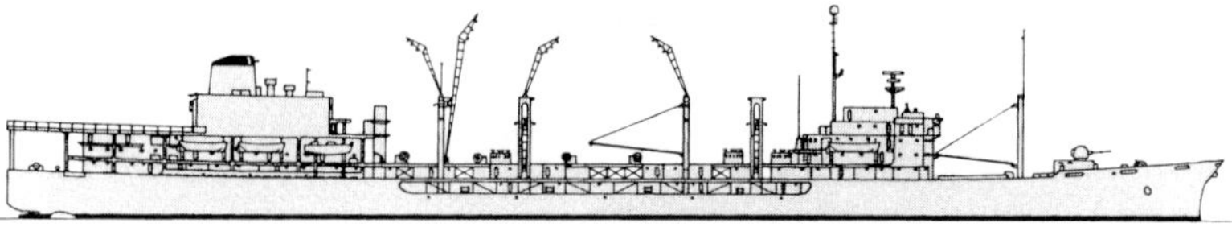

1-7.6, 12-2.3, 3 — 10890 ts, 21.5 kn, 207 m

1 AK: **Kharg** [431] (77)

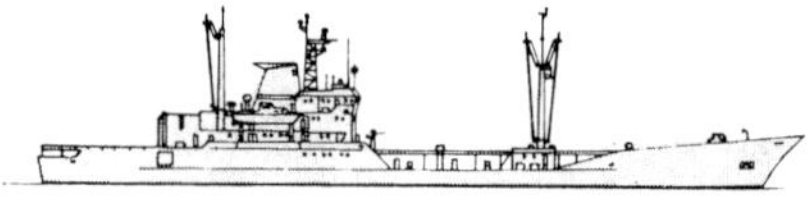

3250 ts, 16 kn, 108 m
2-2.3, 2-2, 1
2 AO: **Bandar Abbas** [421, 422] (73-74)

Maßstab / Scale 1:1000

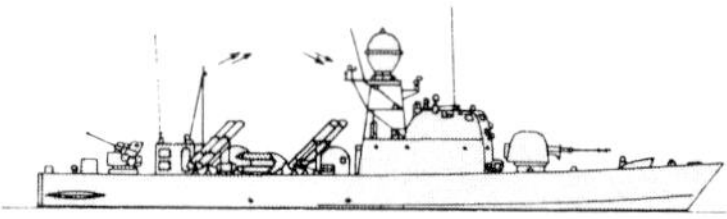

4 ⇨, 1-7.6, 1-4 — 250 ts, 34.5 kn, 47 m

10 PG: **Kaman** [221-223, 226-232] (76-78)

Typ franz. / French Combattante II

4 ⇨, 2-3 — 205 ts, 35 kn, 39 m

10 PG: **P 3131-3140** (93-95)

Typ chin. Hudong

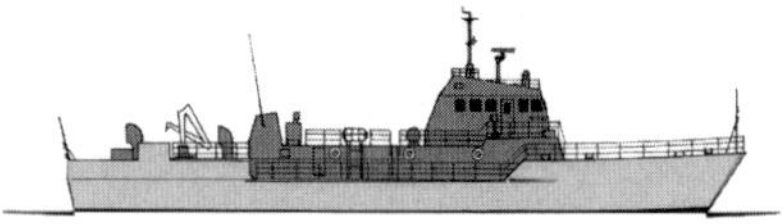

2 Mg — 650 ts, 21 kn, 51 m

13 AK: **Hendjian** (84-95)

1-4, 2-2, 2-Mg — 105 ts, 18.5 kn, 30.5 m

3 PP: **Parvin** [211-213] (67-70)

Typ US PGM

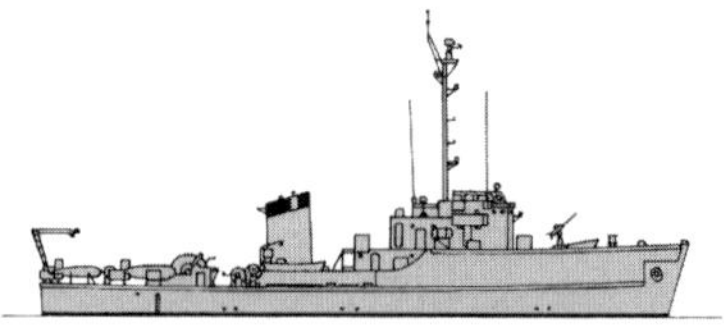

320 ts, 13 kn, 44.5 m
2-2
2 MS: **Schahrokh** [301, 303] (58)
Typ US Bluebird

SS **Yunes** (92) Typ USSR Kilo-I — 12-1996, Flottenkommando

Irland/Ireland

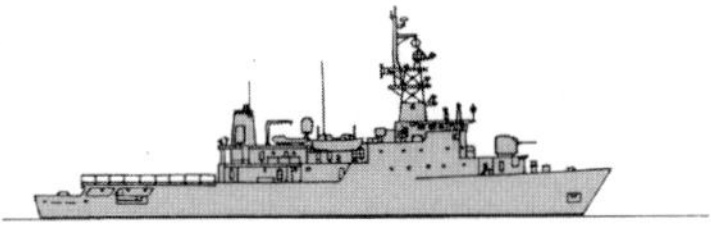

1-5.7, 2-2, 1 — 1760 ts, 19 kn, 80.8 m
1 FS: **Eithne** [P 31] (84)

1-4, 2-2 — 980 ts, 18 kn, 65.2 m
3 FS: **Emer** [P 21-23] (77-79)

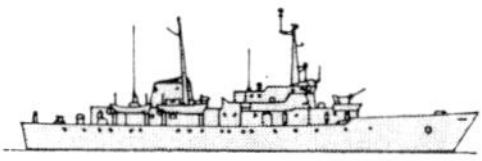

1-4, 2-2 — 950 ts, 18 kn, 62.6 m
1 FS: **Deirdre** [P 20] (71)

1-7.6, 6 Mg — 660 ts, 25 kn, 62.6 m
2 PP: **Orla** [P 41, 42] (84) – *Typ brit. Peacock*

FS **Eithne** [P 31] (84) — 1999, Reinecke

Island/Iceland

1-5.7 — 1150 ts, 19 kn, 69.8 m
1 FS: **Ægir** (68)

1-5.7 — 1000 ts, 18 kn, 64 m
1 FS: **Odinn** (59)

FS **Odinn** (59) — 7-1999, W. Globke

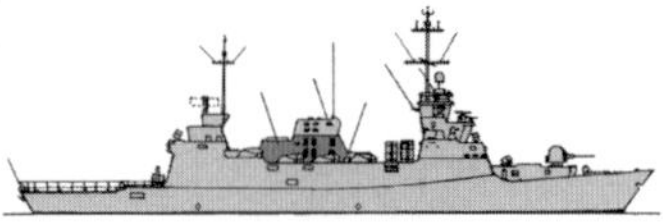

1060 ts, 33 kn, 85.6 m
8 ⇨, 2 ⇧ VLS, 8 ⇨, 1-7.6 ⊿, 2-2.5 ⊿,
1-2 ⊿ Phalanx, 6 **UTR** 32.4 **III**, 1 🚁
3 FG: **Eilat** [501-503] (93-94)

10 **TR** 53.3 b↓, ⇨ 1640/1800 ts, 12/20 kn, 57.3 m
3 SS: **Dolphin** (96-98)

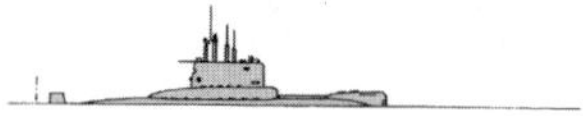

8 **TR** 53.3 b↓, 450/600 ts, 11/17 kn, 45 m
3 SC: **Gal** (75-77)

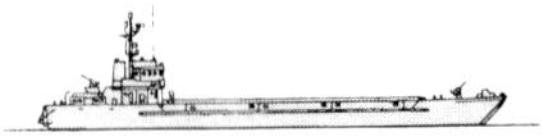

2-2 ⊿ 400 ts, 10.5 kn, 62.7 m
3 LS: **Ashdod** [61, 63, 65] (66-67)

Maßstab / Scale 1:1000

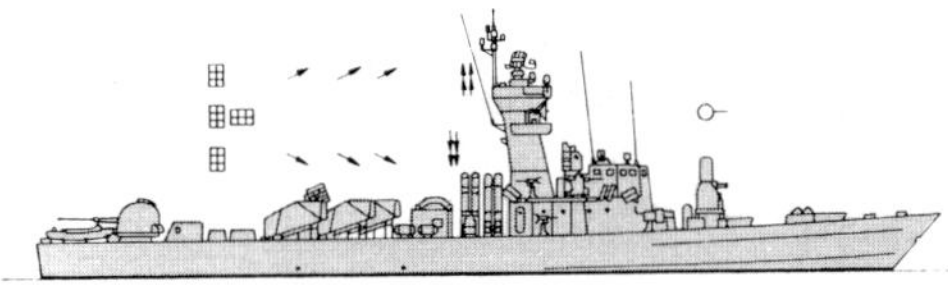

./490 ts, 31 kn, 61.7 m
4 ⇨, 6 ⇨, 1 ⇧ VLS, 1-7.6 ⊿,
1-2 ⊿ Phalanx, 2-2 ⊿, 4 Mg ⊿
1 PG: **Chetz** (90)
Nirit Klasse

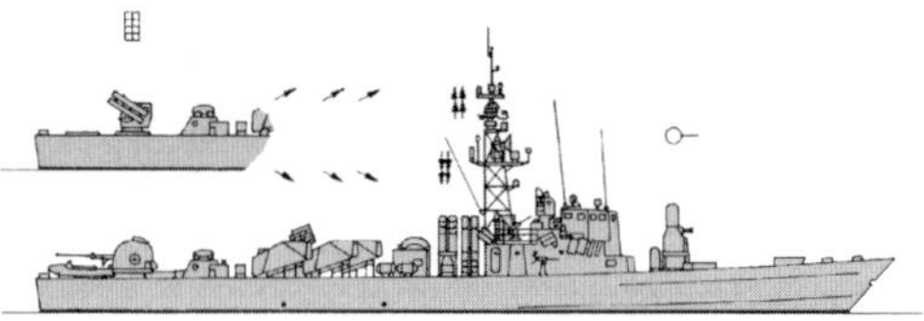

375 ts, 31 kn, 61.7 m
8 ⇨, 6 ⇨, 1-7.6 ⊿, 1-2 ⊿ Phalanx,
2-2 ⊿, 2 Mg ⊿
3 PG: **Romach** (74-82) – *Sa'ar 4.5 Klasse*

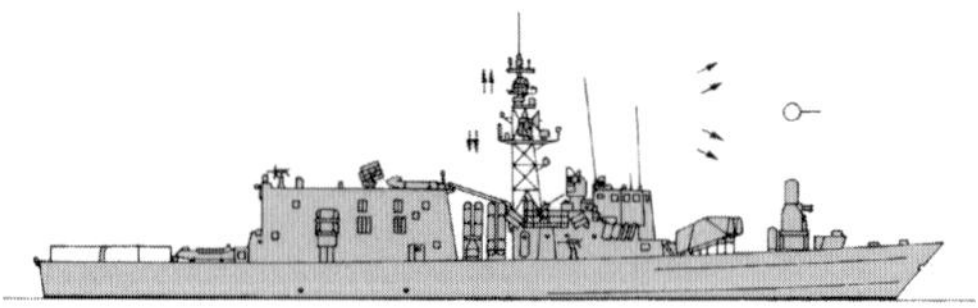

500 ts, 31 kn, 61.7 m
4 ⇨, 4 ⇨, 1-2 ⊿ Phalanx,
2-2 ⊿, 2 Mg ⊿, 1 🚁
2 PG: **Aliya** (80) – *Sa'ar 4.5 Klasse*

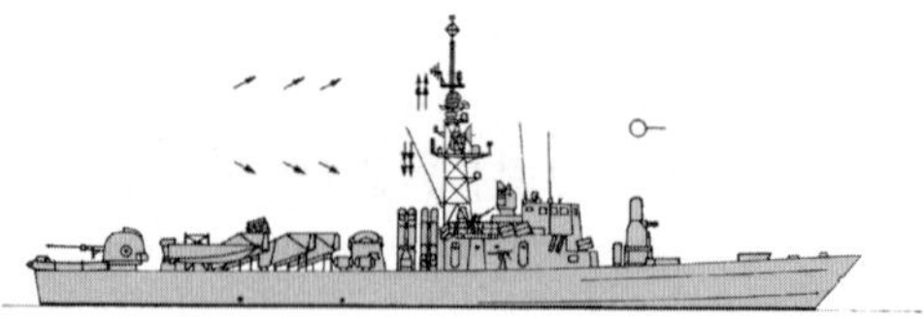

415 ts, 32 kn, 58.1 m
4 ⇨, 6-8 ⇨, 1-7.6 ⊿, 1-2 ⊿ Phalanx,
2-2 ⊿, 2 Mg ⊿
5 PG: **Moledet** (78-79) – *Sa'ar 4 Klasse*

FG **Eilat** (93) 10-1996, Flottenkommando

SS **Tekuma** (98) *Typ HDW 800* 7-1999, U. Streich

PG **Chetz** (90) 10-1996, Flottenkommando

PP **854** (77) *Dabur Klasse* 8-1997, Flottenkommando

Flugzeugträger / Aircraft Carrier

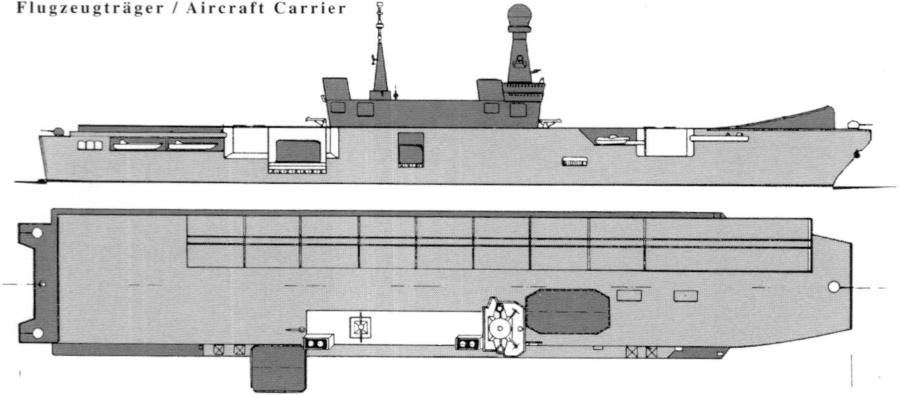

18 500/20 100 ts, 28 kn, 218 m
8, 12, 4 VLS, 3-7.6, 2 LCAC, [620]
1 RL: Luigi Einaudi [C 552] (bew./auth.)

Kreuzer / Cruiser

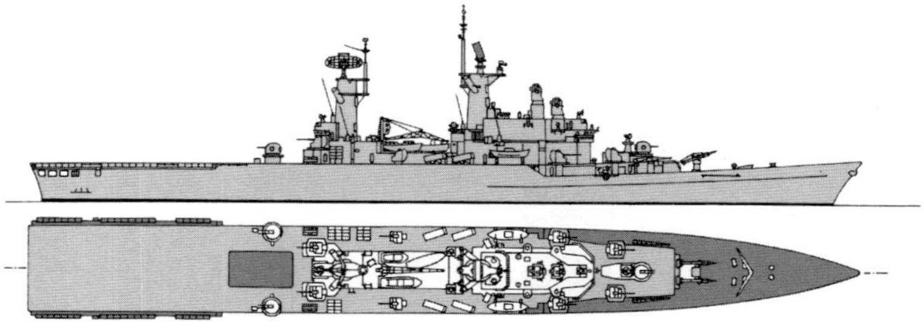

4 Otomat-Teseo, 8-7.6, 6-4, 2 Standard ER / Asroc,
6 **UTR** 32.4 **III**, 6

8150 ts, 31 kn, 180 m

1 CH: **Vittorio Veneto** [C 550] (67)

Flugzeugträger / Aircraft Carrier

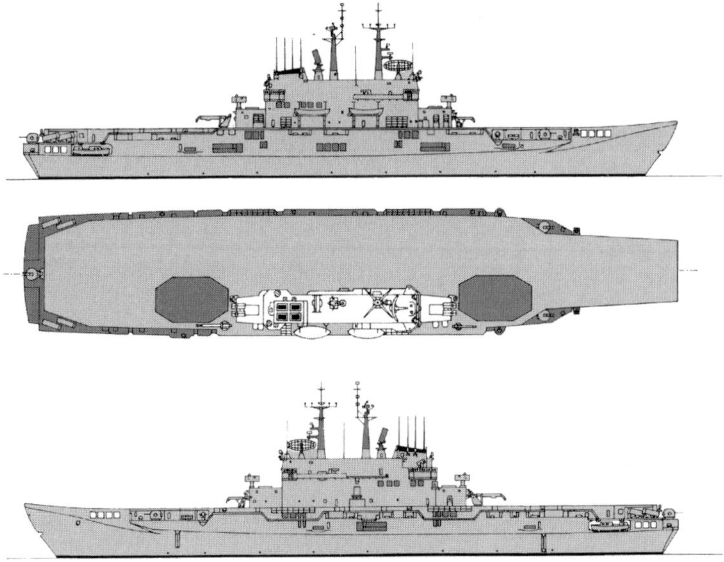

6 , 12 , 8 Otomat ⇨, 6-4 , 2 Albatros , 6 **UTR** 32.4 **III** 10100 ts, 29.5 kn, 180 m
1 RL: **Guiseppe Garibaldi** [C 551] (83)

Zerstörer / Destroyers

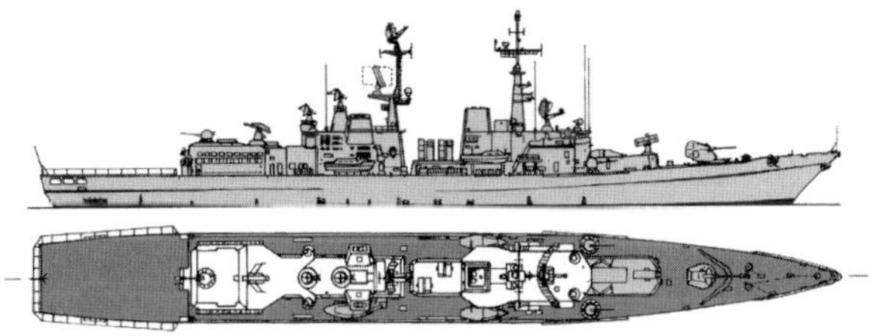

8 Otomat ⇨, 1-12.7 , 3-7.6 , 1 Standard , 1 Albatros , 6 **UTR** 32.4 **III**, 2 , 4500 ts, 31.5 kn, 148 m
2 DG: **Luigi Durand de la Penne** [D 560, 561] (89-91)

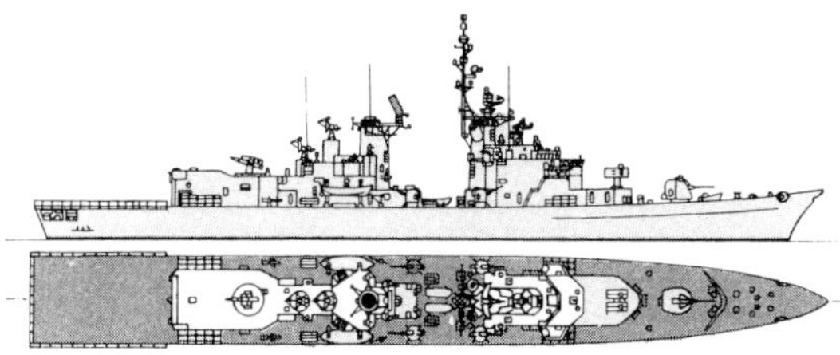

3600 ts, 33 kn, 141 m
8 Otomat ⇨, 1-12.7 , 4-7.6 ,
1 Standard $_1$, 1 Albatros ,
6 **UTR** 32.4 **III**, 2
2 DG: **ARDITO, Audace**
[D 550, 551] (71)

Zerstörer / Destroyers

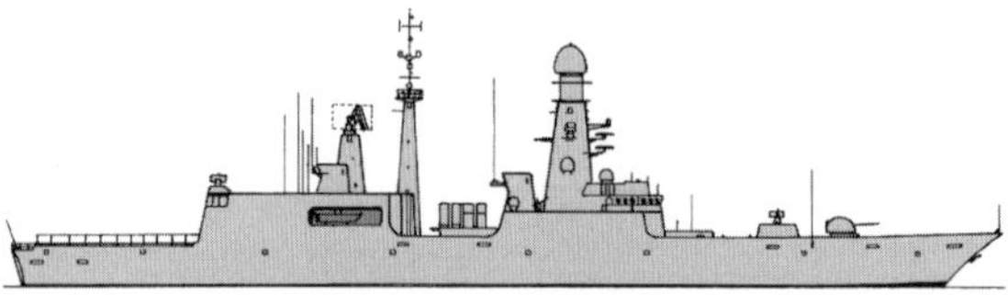

6400 ts, 29 kn, 148 m
⇨, VLS ⇧, 1-12.7 🔫,
🔫, 🚁
2 DG: I-II [D 570, 571]
(gepl./plan.) *Typ NGF*

Fregatten / Frigates

3040 ts, 32 kn, 123 m
4 ⇨, 1-12.7 🔫, 4-4 🔫, 1 ⇧,
2 **TR** 53.3 **I**, 6 **UTR** 32.4 **III**, 2 🚁
8 FG: **Maestrale** [570-577] (81-84)

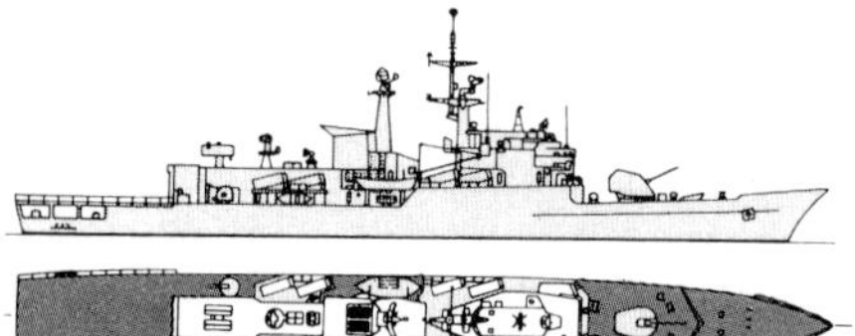

2210 ts, 34 kn, 113 m
8 ⇨, 1-12.7 🔫, 4-4 🔫, 1 Sea Sparrow ⇧,
6 **UTR** 32.4 **III**, 1 🚁
8 FG: 4 **Lupo** [564-567] (76-79),
4 **Artigliere** [F 582-585] (83-85)
ohne/no **UTR**

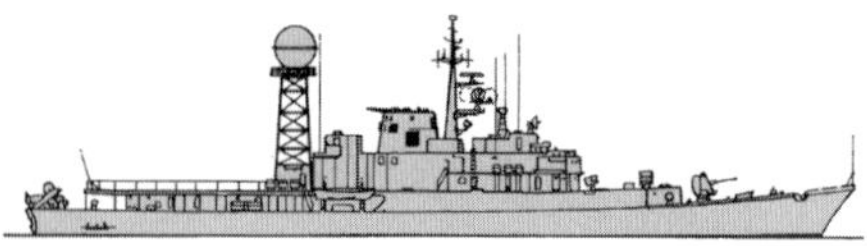

2700 ts, 29 kn, 113 m
VLS ⇧ Aster, 1 ⇨ MILAS-TESEO 3
6 **UTR** 32.4 **III**
1 FG: **Carabiniere** [F 581] (67)

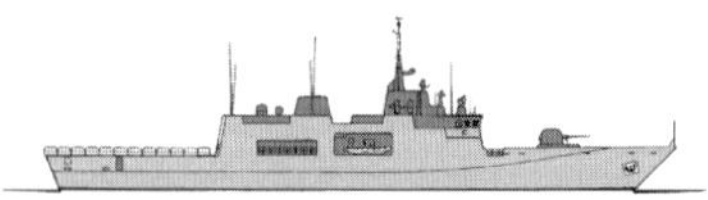

1715 ts, 25 kn, 88.7 m
1-7.6 🔫, 2-2.5 🔫, 1 🚁
4 FS: I-IV (bew./auth.)
Typ NUMC

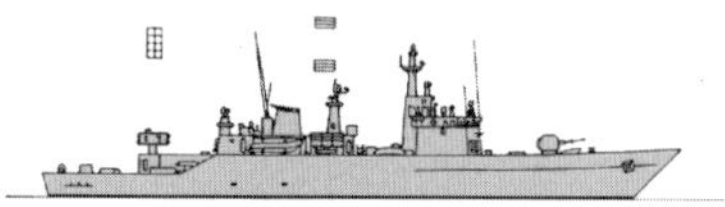

1030 ts, 24 kn, 86.6 m
[4 ⇨,] 1-7.6 🔫, 1 Albatros ⇧, 6 **UTR** 32.4 **III**
8 FS: **Minerva** [F 551-558] (86-90)

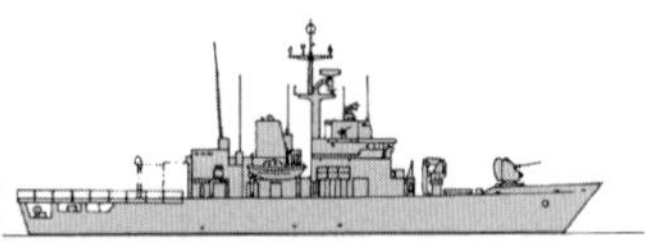

1010 ts, 19.5 kn, 79.8 m
1-7.6 🔫, 2 Mg 🔫, 1 🚁
4 FS: **Cassiopea** [P 401-404] (88-90)
Costellazioni Klasse

Kennungen / Identification

Flugzeugträger / Aircraft Carrier
C …
551-G. Garibaldi
552-L. Einaudi

Kreuzer / Cruiser
C …
550-V. Veneto

Zerstörer / Destroyers
D …
550-Ardito
551-Audace
560-L. D. Penne
561-F. Mimbelli
570-
571-

Fregatten / Frigates
F …
551-Minerva
552-Urania
553-Danaide
554-Sfinge
555-Driade
556-Chimera
557-Fenice
558-Sibilla
564 Lupo
565-Sagittario
566-Perseo
567-Orsa
570-Maestrale
571-Grecale
572-Libeccio
573-Scirocco
574-Aliseo
575-Euro
576-Espero
577-Zeffiro
581-Carabiniere
582-Artigliere
583-Aviere
584-Bersagliere
585-Granatiere

Uboote / Submarines
S …
518-N. Sauro
519-C. Cossato
520-L. da Vinci
521-G. Marconi
522-S. Pelosi
523-G. Prini
524-P. Longobardo
525-G. Priaroggia
526-
527-

Kleine Kampfschiffe / Small Fighting Vessels
P …
401-Cassiopea
402-Libra
403-Spica
404-Vega
405-Esploratore
406-Sentinella
407-Vedetta
408-Staffeta
- ……
-……
-……
-……

422-Falcone
424-Grifone
425-Gheppio
426-Condor
5431-Storione
5433-Squalo

Minensucher / Minesweepers
M …
5550-Lerici
5551-Sapri
5552-Milazzo
5553 Vieste
5554-Gaeta
5555-Termoli
5556-Alghero
5557-Numana
5558-Crotone
5559-Viareggio
5560-Chioggia
5561-Rimini

Landungsfahrzeuge / Landing Vessels
L …
9892-San Giorgio
9893-San Marco
9894-San Giusto

Hilfsfahrzeuge / Auxiliary Vessels
A …
5302-Caroly
5303-A. Magnaghi
5305-Murena
5309-Anteo
5310-Proteo
5311-Palinuro
5312-Vespucci
5313-St. Polare
5315-R. Rossetti
5316- Corsaro II
5317-Atlante
5318-Prometeo
5319-Ciclope
5320-V. Martellotta
5322-Capricia
5324-Titano
5325-Polifemo
5326-Etna
5327-Stromboli
5328-Gigante
5329-Vesuvio
5330-Saturno
5331-MOC 1201
5334-MOC 1204
5347-Gorgona
5348-Tremiti
5349-Caprera
5351-Pantelleria
5352-Lipari
5353-
5354-
5356-Basento
5357-Bradano
5358-Brenta
5359-Bormida
5364-Ponza
5365-Tenace
5366-Levanzo
5367-Tavolara
5368-Palmaria
5370-MCC 1101
5371-MCC 1102
5372-MCC 1103
5373-MCC 1104
5375-Simeto
5376-Ticino
5377-Tirso
5378-Aragosta
5379-Astice
5380-Mitilo
5381-Polipo
5382-Porpora
5383-Procida
5384-Alpino

Y …
413-P. Fossone
416-P. Torres
417-P. Corsini
421-P. Empedocle
422-P. Pisano
423-P. Conte
424-Portoferraio
426-Portovenere
428- P. Salvo
436-P. d'Ischia
443-R. Trigoso
498-M. Marino
499-A. Pedretti

Küstenwache / Coast Guard

Guardia di Finanza
P …
01-Ant. Zara
02-G. Vizzari
03-Denaro

G …
79-Barletta
80-Bigliani
81-Cavaglia
82-Galiano
83-Maechi
84-Smalto
85-Foruna
86-Buonocore
87-Squitieri
88-La Malfa
89-Rosati
90-Corrubia
91-Giudice
92-Alberti
93-Angelini
94-Cappelletti
95-Ciorlieri
96-D'Amato
97-Fais
98-Feliciani
99-Garzoni
100-Lippi
101-Lombardi
102-Miccoli
103-Trezza
104-Apruzzi
105-Ballali
106-Bovienzo
107-Carreca
108-Conversano
109-Inzerilli
110-Letizia
111-Mazzarella
112-Nioi
113-Partipilo
114-Puleo
115-Zannotti

CP …
452-Barbara
901-Saettia

Uboote / Submarines

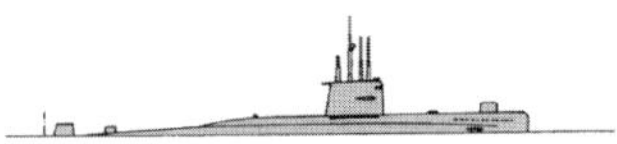

1476/1662 ts, 11/19 kn, 64.4 m
6 **TR** 53.3 b↓
4 SS: **Salvatore Pelosi** [S 522-525]

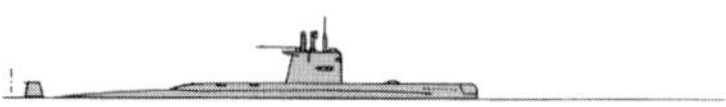

6 **TR** 53.3 b↓ 1450/1630 ts, 14/19 kn, 63.9 m
4 SS: **Nazario Sauro** [S 518-521] (76-80)

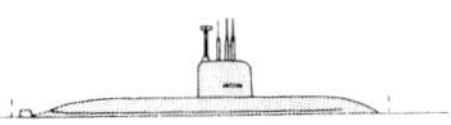

6 **TR** 53.3 b↓, ⚙ ./1360 ts, 12/17 kn, 53 m
2 SS: I-II [S 526, 527] (a.St./o.St. – bew./auth.)
Typ deutsch / German 212 A
vorläufige Skizze / preliminary drawing

Landungsfahrzeuge / Landing Ships

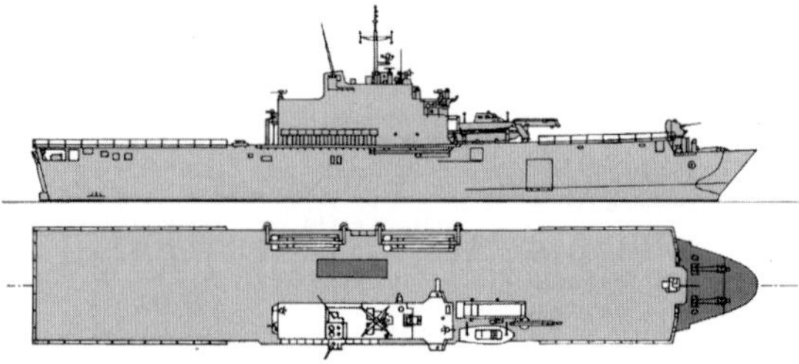

5000 ts, 20 kn, 133 m
1-7.6 , 2-2 , [500], 4
2 LS: **San Giorgio** [L 9892, 9893]
(87)

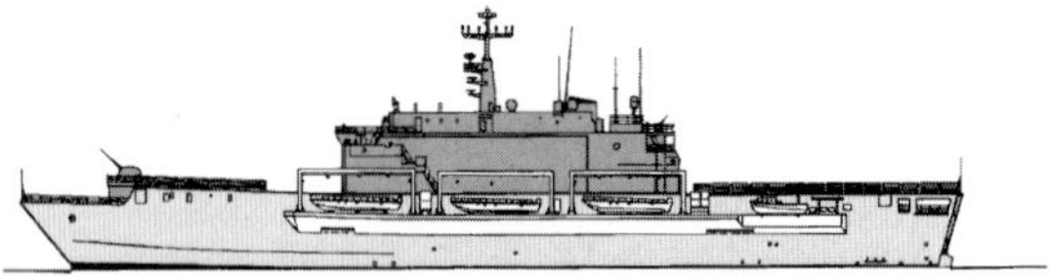

7950 ts, 20 kn, 137 m
1-7.6 , 2-2 , [500], 4
1 LS: **San Giusto** [L 9894] (93)

Hilfsfahrzeuge / Auxiliary Vessels

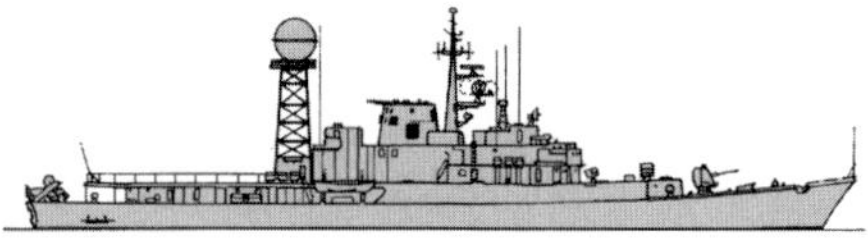

1900 ts, 29 kn, 114 m
3-7.6 , 1
1 MC: **Alpino** [A 5384] (67)

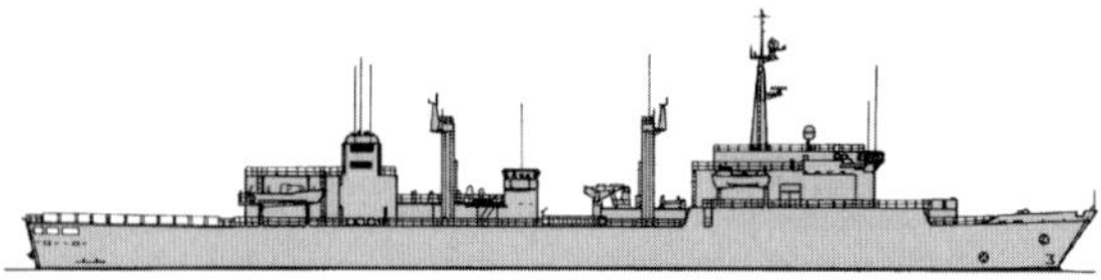

1-7.6 , 2-2 , 1
6700/13 400 ts, 21 kn, 146 m
1 AK: **Etna** [A 5326] (96)

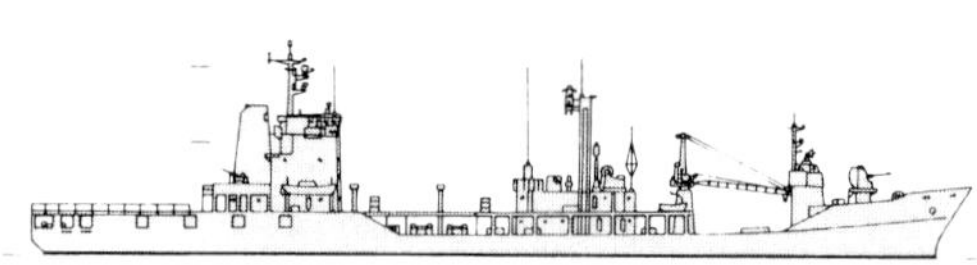

3560 ts, 19 kn, 129 m
1-7.6 , [2-4], 1
2 AK: **Stromboli** [A 5327, 5329]
(75-77)

[2-2 , 2 Mg]
1200 ts, 12.5 kn, 68.7 m
3 AO: **Brenta** [A 5356-5358] (70-72)

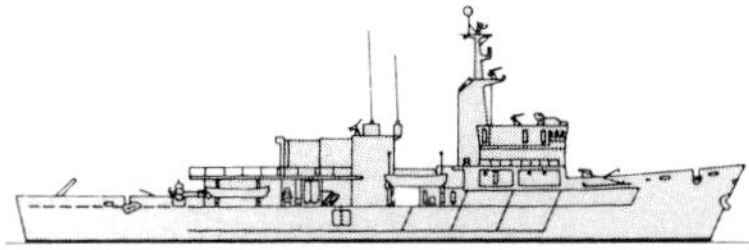

2500 ts, 18.3 kn, 98.4 m
2-2 , 1
1 AR: **Anteo** [A 5309] (78)

750 ts, 16 kn, 39 m
2 AT: **Atlante** [A 5317, 5318] (74)

1-4 , 1 1700 ts, 16 kn, 82.7 m
1 AG: **Ammiraglio Magnaghi** [A 5303] (74)

2-4 , 1-2 , 3550 ts, 10.5 kn, 82 m
1 AX: **Amerigo Vespucci** [A 5312] (31)

Maßstab / Scale 1:1000

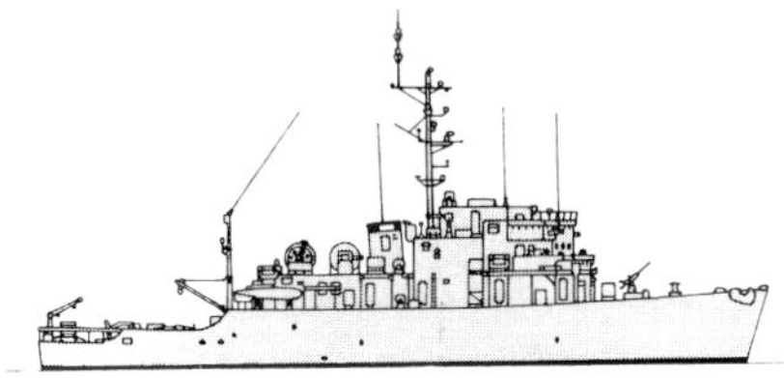

1-4 665 ts, 14 kn, 52.7 m
2 PP: **Storione** [5431, 5433] (55-56)
Typ US Agile

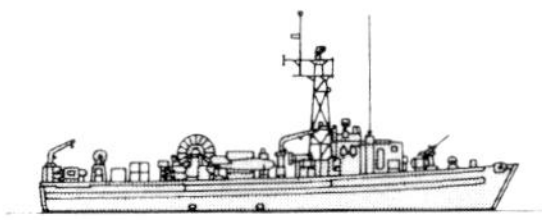

1-2 120 ts, 14 kn, 32.5 m
4 AX: **Astice** (57) – *Typ brit. Ham*

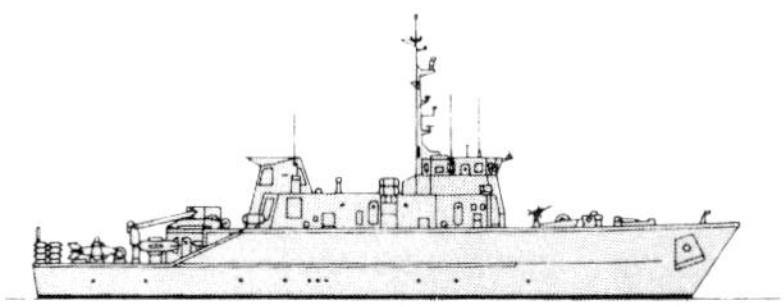

485 ts, 15.8 kn, 50 m
1-2
4 MB: **Lerici** [M 5550-5553]
(82-85)

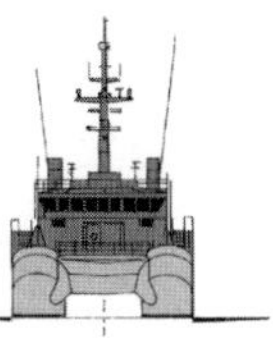

390 ts, 13 kn, 39.2 m
2 AG: I, II [A 5353, 5354]
(99 – a.St./o.St.)

RH **Giuseppe Garibaldi** [C 551] (83) 6-1998, Van Ginderen coll.

CH **Vittorio Veneto** [C 550] (67) 1-1999, Cioglia

DG **Luigi Durand de la Penne** [D 560] (89) 9-1998, Proksa

DG **Ardito** (71) 5-1997, Flottenkommando

FG **Aliseo** [F 574] (82) *Maestrale Klasse* 4-1998, Flottenkommando

FG **Artigliere** [F 582] (83) *Maestrale Klasse* 6-1998, Cioglia

FS **Urania** [F 552] (86) *Minerva Klasse* 6-1998, Grazioli

FS **Cassiopeia** [P 408] (88) 5-1997, Van Ginderen coll.

FG **Carabiniere** [F 581] (67) 9-1998, Wamser

SS **Salvatore Pelosi** [S 522] (86) Typ Sauro-Mod. 6-1998, Terzibaschitsch

MB **Milazzo** [M 5552] (85) Lerici Klasse 9-1994, Van Ginderen coll.

MB **Rimini** [M 5561] (94) *Gaeta Klasse* 4-1998, Prézelin

MC **Alpino** [A 5384] (67) 10-1998, Grazioli

LD **San Giusto** [L 9894] (93) 11-1998, Van Ginderen coll.

AK **Tremiti** (86) 6-1994, A. Fraccaroli

AO **Etna** [A 5326] (96) 11-1998, Grazioli

AO **Stromboli** [A 5327] (75) 6-1998, G. Schaeffer

AO **Brenta** [A 5358] (72) 3-1999, Sannicolo

1 PP **Saettia** [CP 901] (85, *99*) 10-1999, Grazioli

PP **Fais** [G 97] (96) *Typ Corrubia* 1-1999, Engel

AX **Amerigo Vespucci** (31) 8-1994, Voß

Zerstörer / Destroyers

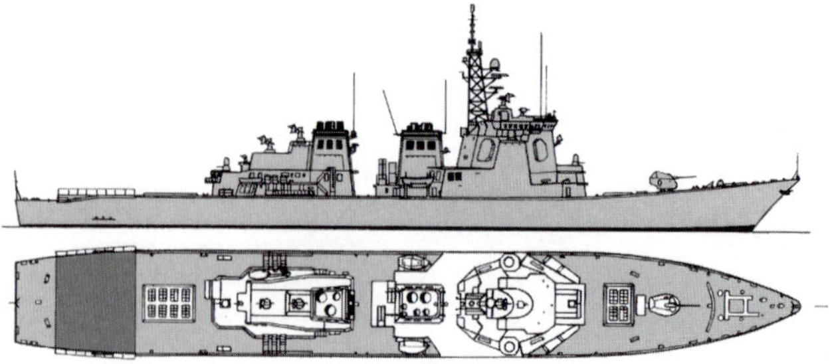

8 ⇨, 2 ⇧ VLS, 1-12.7 ⦟, 2-2 ⦟ Phalanx, 6 **UTR** 32.4 **III**
4 DG: **Kongo** [173-176] (91-96)
7250 ts, 30 kn, 161 m

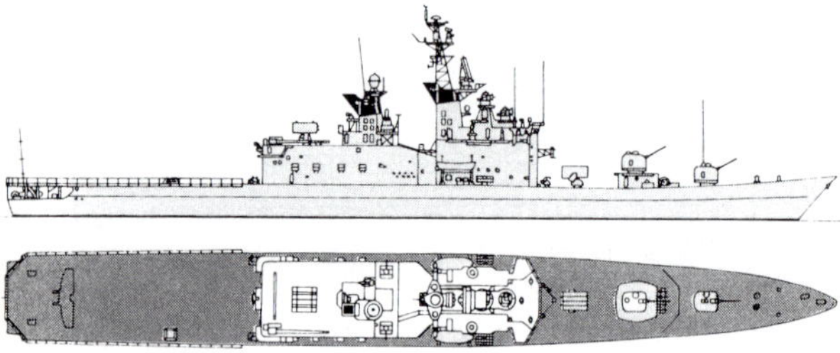

5200 ts, 32 kn, 159 m
2-12.7 ⦟, 2-2 ⦟ Phalanx,
1 Sea Sparrow ⇧,
6 **UTR** 32.4 **III**, 1 ⦠, 3 ✈
2 DD: **Shirane** [143, 144]
(78-79)

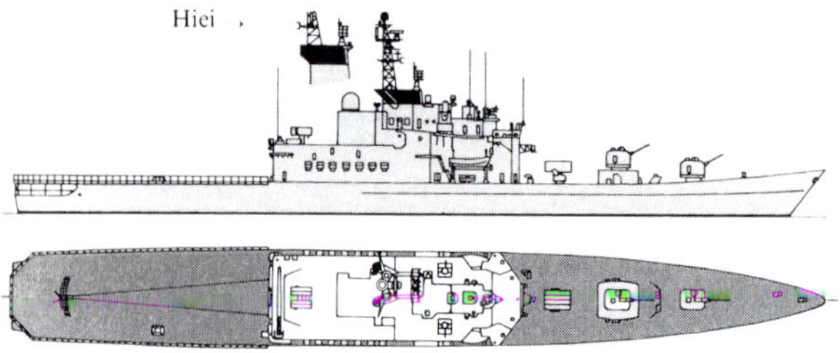

4950 ts, 31 kn, 153 m
2-12.7 ⦟, 2-2 ⦟ Phalanx,
1 Sea Sparrow ⇧,
6 **UTR** 32.4 **III**, 1 $⦠_8$, 3 ✈
2 DD: **Haruna** [141, 142]
(72-73)

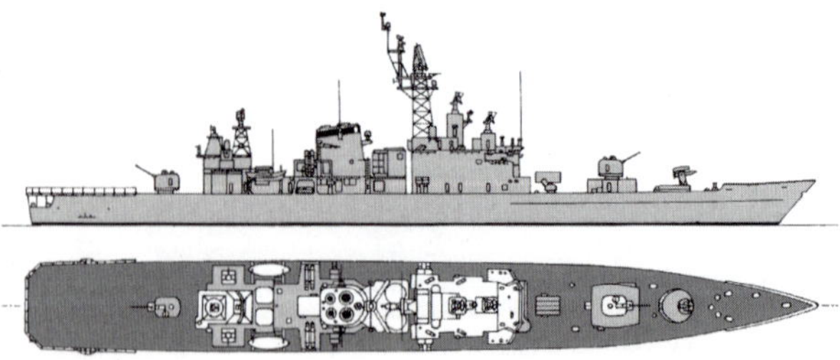

4600 ts, 30 kn, 150 m
8 Harpoon ⇨, 2-12.7 ⦟,
2-2 ⦟ Phalanx, 1 Standard ⇧,
6 **UTR** 32.4 **III**, 1 ⦠
2 DG: **Hatakaze** [171, 172]
(84-87)

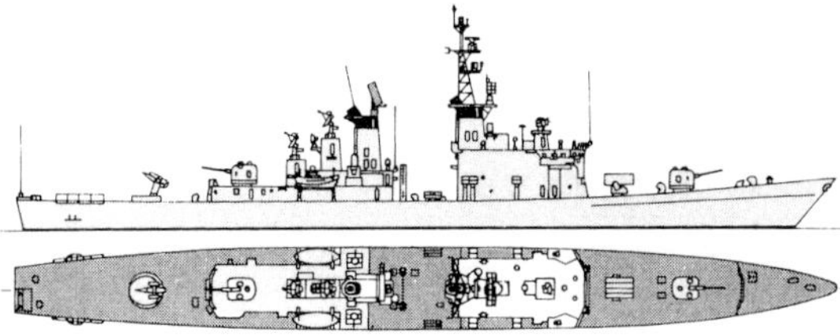

3850 ts, 33 kn, 143 m
8 ⇨, 2-12.7, 2-2 Phalanx,
1 Standard ⇧,
6 **UTR** 32.4 **III**, 1
3 DG: **Tachikaze**
[168-170] (74-81)

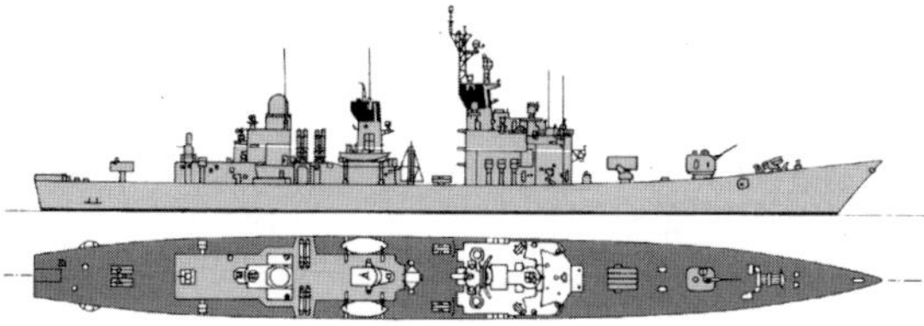

3250 ts, 32 kn, 136 m
8 Harpoon ⇨$_4$, 1-12.7,
1-2 Phalanx, 1 Sea Sparrow ⇧$_8$,
6 **UTR** 32.4 **III**, 1 $_4$, 1 $_8$
2 DG: **Takatsuki**
[164, 165] (66-67, *81-86*)

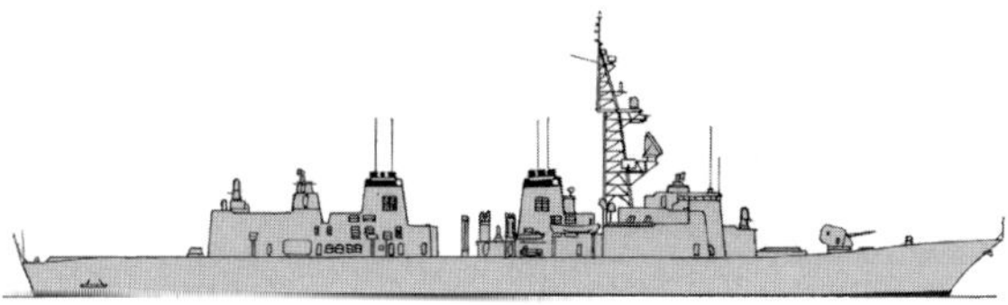

8 Harpoon ⇨, 1 VLS ⇧, 1-12.7, 2-2 Phalanx,
6 **UTR III,** 1

4600 ts, 30 kn, 151 m

4 DG: I–IV [110-113] (bew./auth.)

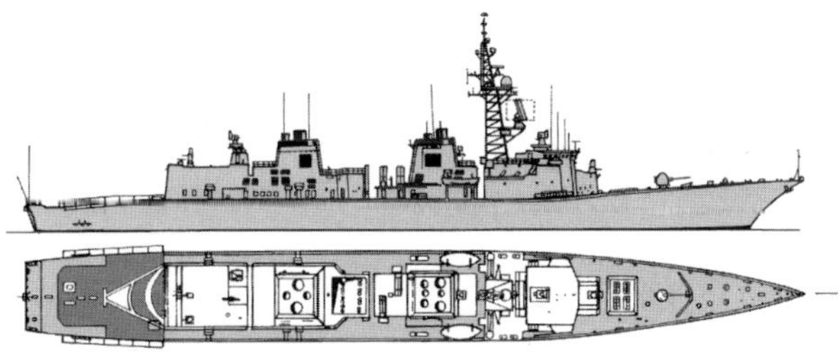

8 Harpoon ⇨, 1-7.6, 1 VLS (Sea Sparrow/Asroc) ⇧⇨, 2-2 Phalanx,
6 **UTR** 32.4 **III**, 1

4400 ts, 30 kn, 151 m

9 DG: **Murasame** [101-109] (94 – a.St./o.St.)

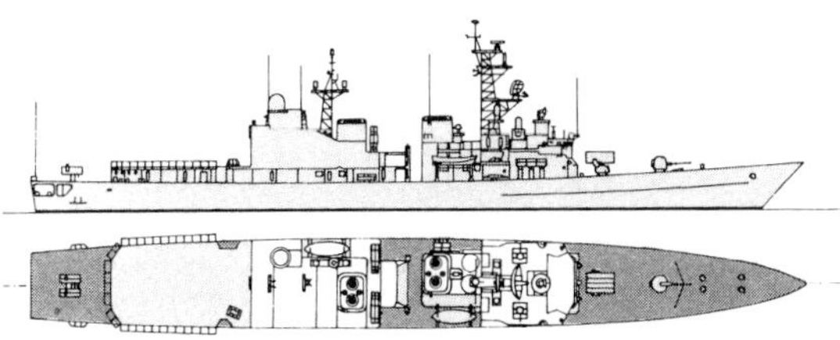

3500 ts, 30 kn, 137 m
8 Harpoon ⇨, 1-7.6,
2-2 Phalanx, 1 Sea Sparrow ⇧,
6 **UTR** 32.4 **III**, 1, 1
8 DG: **Asagiri** [151-158]
(86-89)

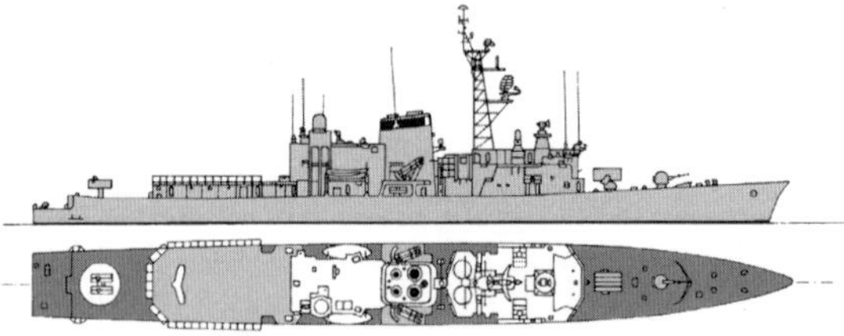

2950 ts, 30 kn, 132 m
8 Harpoon, 1-7.6,
2-2 Phalanx, 1 Sea Sparrow,
6 **UTR** 32.4 **III**, 1, 1
11 DG: **Hatsuyuki** [122-132]
(80-86)

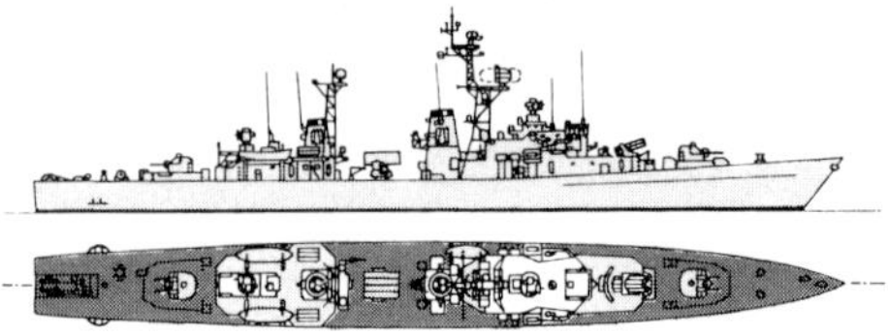

2150 ts, 27 kn, 115 m
4-7.6, 6 **UTR** 32.4 **III**, 1 $_8$, 1 $_4$
2 DD: **Akigumo** [120, 121] (73-77)

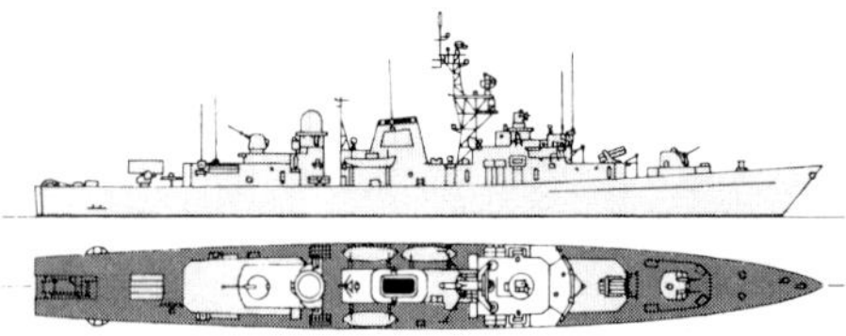

2100 ts, 27 kn, 115 m
3-7.6, 6 **UTR** 32.4 **III**, 1 $_4$, 1 $_8$
2 AX: **Murakumo** [TV 3511, 3512]
(68-72)

Fregatten / Frigates

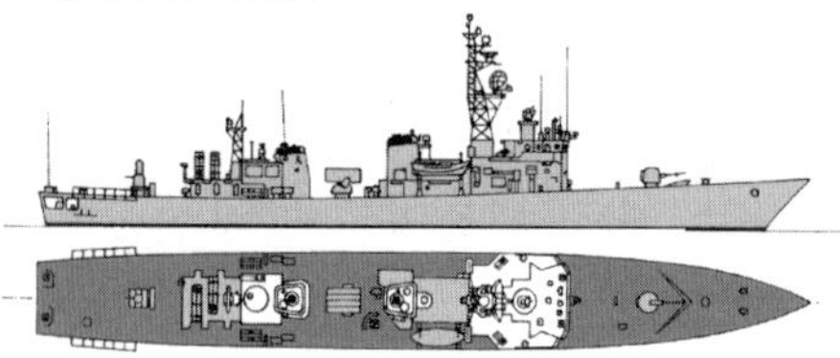

2000 ts, 27 kn, 109 m
8 Harpoon, 1-7.6, 1-2 Phalanx,
6 **UTR** 32.4 **III**, 1
6 FG: **Abukuma** [229-234] (88-92)

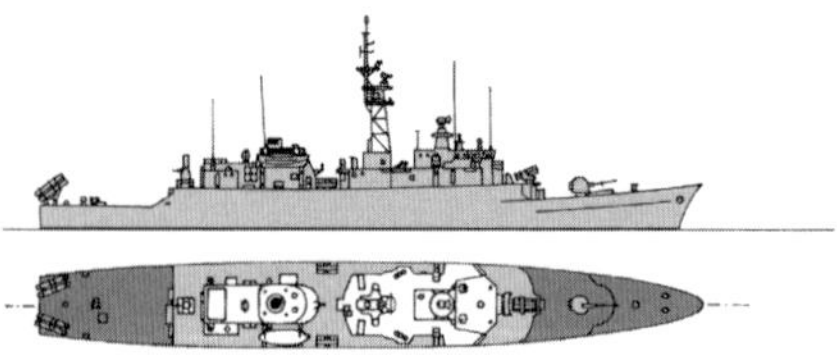

1470 ts, 25 kn, 91 m
8 Harpoon, 1-7.6, 6 **UTR** 32.4 **III**, 1 $_4$
2 FG: **Yubari** [227, 228] (82-83)

4 Harpoon, 1-7.6, 1280 ts, 25 kn, 85 m
6 **UTR** 32.4 **III**, 1 $_4$
1 FG: **Ishikari** [226] (80)

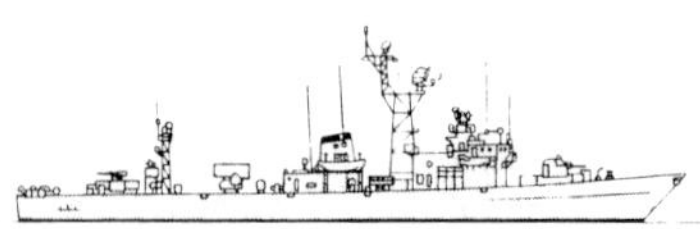

2-7.6, 2-4, 1 $_8$, 1470 ts, 25 kn, 93 m
6 **UTR** 32.4 **III**
4 FE: **Teshio** [222-225] (74-76)

U-Boote / Submarines

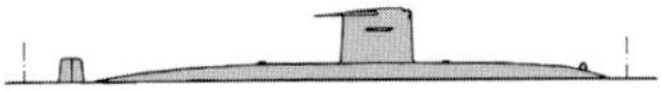

2700/2900 ts, 12/20 kn, 82 m
6 **TR** 53.3↓, ⇨
8 SS: **Oyashio** [590-597] (96 – bew./auth.)

6 **TR** 53.3↓, ⇨ 2450/2750 ts, 12/20 kn, 80 m
7 SS: **Harushio** [583-589] (89-95)

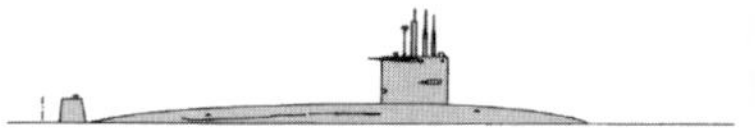

6 **TR** 53.3 s↓ 2200/2450 ts, 12/20 kn, 76 m
9 SS: **Okishio** [576-582], ATS 8007, 8008] (80-88)

Minensucher / Minesweepers

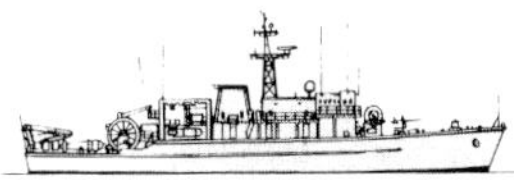

1000 ts, 14 kn, 67 m
1-2
3 MB: **Yaeyama** [301-303] (91-92)

Landungsschiffe / Landing Ships

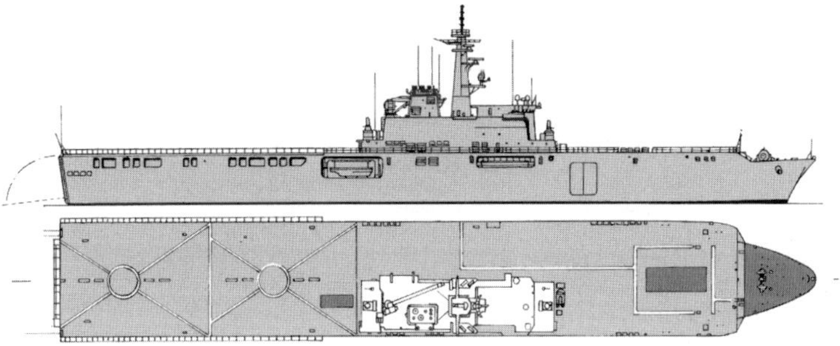

2-2 Phalanx, 10, 2 LCAC, 8900/11000 ts, 22 kn, 178 m
3 LD: **Oosumi** [4001-4003] (96 – bew./auth.)

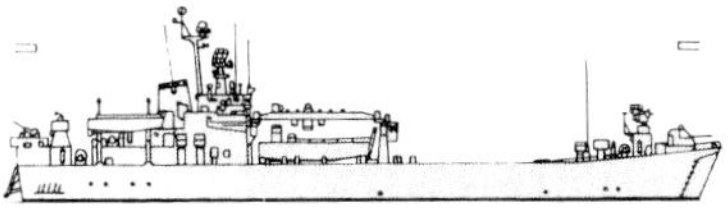

2000 ts, 14 kn, 98 m
2-7.6, 2-4,
3 LS: **Miura** [4151-4153] (74-76)

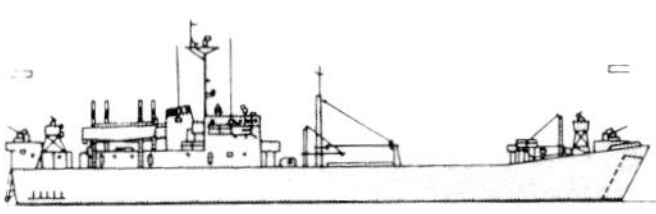

4-4 1550 ts, 13 kn, 89 m
1 LS: **Nemuro** [4103] (77)

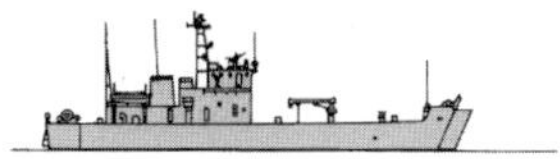

1-2 Gatling 500 ts, 12 kn, 58 m
2 LS: **Yura** [4171, 4172] (80)

Japan

Kennungen / Identification

Marine / Navy Maritime Self Defence Force / MSDF

Zerstörer / Destroyers
DD …
101-Murasame
102-Harusame
103-Yudachi
104-Kirisame
105-Inazuma
106-Samidare
107-Ikazuchi
108-
109-
110-
111-
112-
113-
120-Akigumo
121-Yugumo
122-Hatsuyuki
123-Shirayuki
124-Mineyuki
125-Sawayuki
126-Hamayuki
127-Isoyuki
128-Haruyuki
129-Yamayuki
130-Matsuyuki
131-Setoyuki
132-Asayuki
141-Haruna
142-Hiei
143-Shirane
144-Kurama
151-Asagiri
152-Yamagiri
153-Yugiri
154-Amagiri
155-Hamagiri
156-Setogiri
157-Sawagiri
158-Umigiri
164-Takatsuki
165-Kikuzuki
168-Tachikaze
169-Asakaze
170-Sawakaze
171-Hatakaze
172-Shimakaze
173-Kongo
174-Kirishima
175-Myoko
176-Chokai

Fregatten / Frigates
DE …
222-Teshio
223-Yoshino
224-Kumano
225-Noshiro
226-Ishikari
227-Yubari
228-Yubetsu
229-Abukuma
230-Jintsu
231-Oyodo
232-Sendai
233-Chikuma
234-Tone

Uboote / Submarines
SS …
576-Okishio
577-Nadashio
578-Hamashio
579-Akishio
580-Takeshio
581-Yukishio
582-Sachishio
583-Harushio
584-Natsushio
585-Hayashio
586-Arashio
587-Wakashio
588-Fuyushio
589-Asashio
590-Oyashio
591-Michishio
592-Uzushio
593-Makishio
594-
595-
596-
597-

Schnellboote / Fast Patrol Boats
PG …
821-823= 01-03

Minensucher / Minesweepers
MSO …
301-Yaeyama
302-Tsushima
303-Hachijo

MSC …
658-Chichijima
659-Torishima
660-Hahajima
661-Takashima
662-Nuwajima
663-Etajima
664-Kamishima
665-Himeshima
666-Ogishima
667-Moroshima
668-Yurishima
669-Hikoshima
670-Awashima
671-Sakushima
672-Uwajima
673-Ieshima
674-Tsukishima
675-Maejima
676-Kumejima
677-Makishima
678-Tobishima
679-Yugeshima
680-Nagashima
681-Sugashima
682-Notojima
683-Tsunoshima
684-Naoshima
685-
686-
687-
688-

MCL …
721-Fukue
722-Nijima
723-Yakushima

MST …
463-Uraga
464-Bungo

Landungsfahrzeuge / Landing Vessels
LST …
4001-Oosumi
4002-
4003-
4103-Nemuro
4151-Miura
4152-Ojika
4153-Satsuma
4171-Yura
4172-Noto

Hilfsfahrzeuge / Auxiliary Vessels
TV …
3508-Kashima
3511-Murakumo
3512-Aokumo
3513-Shimayuki

ATS …
4201-Azuma
4202-Kurobe
4203-Tenryu

AGS …
5102-Futami
5103-Suma
5104-Wakasa
5105-Nichinan

AGB …
5002-Shirase

ASE …
6101-Kurihama
6102-Asuka

ASR …
403-Chihaya
405-Chiyoda

ARC …
482-Muroto

AOE …
421-Sagami
422-Towada
423-Tokiwa
424-Hamana

AOS …
5201-Hibiki
5202-Harima

ASU …
83, 84, 85
–
7020-Hayase

ASY …
91-Hashidate

ATSS …
8007-Mochishio
8008-Setoshio

YAS …
95-Oumi
96-Okitsu
98-Hatsushima
01-Ninoshima
02-Miyajima

Küstenwache / Coast Guard Maritime Safety Agency / MSA

Wachfahrzeuge / Patrol Vessels
PLH …
01-Soya
02-Tsugaru
03-Oosumi
04-Hayato
05-Zaoh
06-Chikuzen
07-Settsu
08-Echigo
09-Ryukyu
21-Mizuho
22-Yashima
31-Shikishima

PL …
01-Oki
02-Ojika
03-Kudaka
04-Satsuma
05-Hakata
06-Dejima
07-Satsuma
08-
15-Daio
16-Muroto
21-Kojima
22-Miura
31-Izu
101-Shiretoko
102-Esan
103-Wakasa
104-Yahiko
105-Motobu
106-Rishiri
107-Matsushima
108-Iwaki
109-Shikine
110-Suruga
111-Rebun
112-Chokai
113-Nojima
114-Tosa
115-Noto
116-Tonakumi
117-Kurikoma
118-Shimokita
119-Suzuka
120-Kunisaki
121-Genkai
122-Goto
123-Koshiki
124-Hateruma
125-Katori
126-Kumigami
127-Etomo
128-Amagi

PM …
01-Natsui
02-Oitase
03-Echizen
04-Tokachi
05-Hitachi
06-Okitsu
07-Isazu
08-Chitose
09-Kuwano
10-Sorachi
11-Yubari
12-Motoua

13-Kano
14-Sendai
15-Teshio
67-Sarobetsu
68-Kamishima
69-Misasa
70-Miyake
71-Awaji
72-Yaeyama
73-Bihoro
74-Kuma
75-Fuji
76-Kabashima
77-Sado
78-Ishikari
79-Abukuma
80-Isuzu
81-Kikuchi
82-Kuzuryu
83-Horobetsu
84-Shirakami
85-Sagami
86-Tone
87-Yoshino
88-Kurobe
89-Takatori
90-Chikugo
91-Yamakuni
92-Katsaru
93-Shinano
94-Kumano
95-Amami
96-Matsuura
97-Kunashiri
98-Minabe

PS …
01-Akiyoshi
02-Saroma
03-Inasa
04-Kirishima
05-Kamui
06-Bizan
07-Ashitaki
08-Kurama
09-Arase
10-Sanbe
11-
101-Akagi
102-Tsukuba
103-Tenko
104-Katsuragi
105-Hiromine
106-Shizuki
107-Takachio
108-Takatsuchi
109-Nobaru

PC …
01-Matsunami
11-Hayanami
12-Shikinami
13-Mizunami
14-Iyonami
15-Kurinami
16-Hamanami
17-Shinonome
18-Harunami
19-Kiyozuki
20-Ayanami
21-Tokinami
22-Hamagumo
23-Awanami
24-Uranami
67-Tamanami
68-Minegumo
69-Kiyonami
70-Okinami
71-Wakagumo
72-Urayuki
73-Iseyuki
74-Asoyuki
75-Hatagumo
76-Makigumo
77-Hamazuki
78-Isozuki
79-Shinanami
80-Yuzuki
81-Hanayuki
83-Shimagiri
84-Setogiri
85-Hayagiri
86-Natsugiri
87-Suganami
101-Asogiri
102-Murozuki
103-Wakagumo
104-Naozuki
105-Kagayuki
201-Murakumo
202-Kitagumo
203-Yukigumo
204-Asagumo
205-Hayagumo
206-Akigumo
207-Yaegumo
208-Natsugumo
209-Yamagiri
210-Kawagiri
211-Terazuki
212-Natsuzuki
213-Miyazuki
214-Nijigumo
215-Tatsugumo
216-Hamayuki
217-Isonami
218-Nagozuki
219-Yaezuki
220-Yamayuki
221-Komayuki
222-Umigiri
223-Asagiri

FL …
01-Hiryu
02-Shoryu
03-Nanryu
04-Kairyu
05-Suiryu

FM …
01-Nunobiki
02-Yodo
03-Otowa
04-Shiraito
05-Kotobiki
06-Nachi
07-Kegon
08-Mino
09-Ryusei
10-Kiyotaki

GS …
01-Hayate
02-Inazuma

Hilfsfahrzeuge / Auxiliary Vessels

LL …
01-Tsushima
11-Hokuto
12-Kaio
13-Ginga

LM …
11-Myohjo
101-Zuiun

HL …
01-Shoyo
02-Takuyo
03-Meiyo
04-Tenyo
05-Kaiyo

Hilfsschiffe / Auxiliary Vessels

5600 ts, 22 kn, 141 m
2 AR: **Uraga** [463, 464] (96-97)

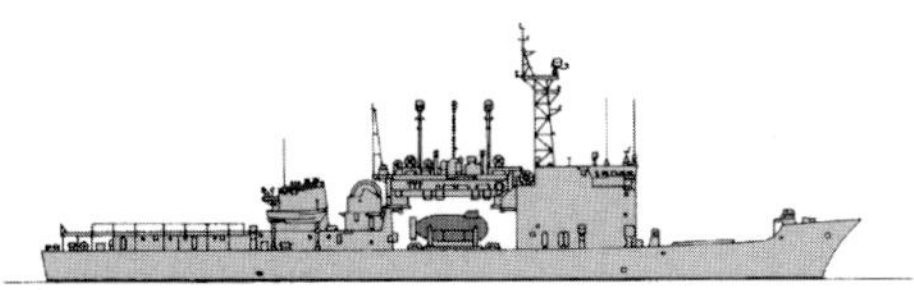

3650 ts, 17 kn, 112 m
1 AR: **Chiyoda** [405] (83)

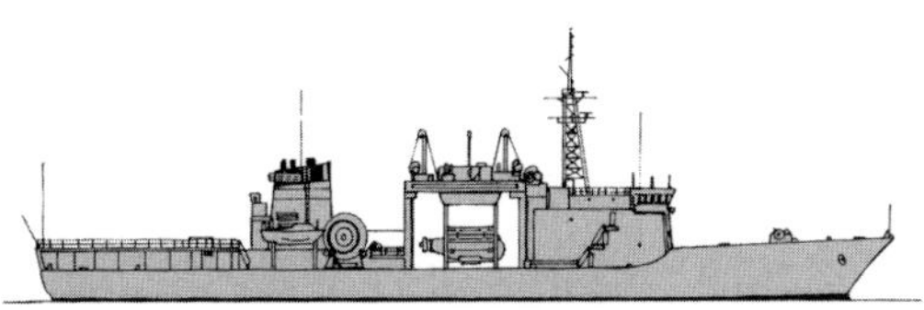

5400 ts, 21 kn, 127 m
1 DSRV, []
1 AR: **Chihaya** [403] (98)

Japan

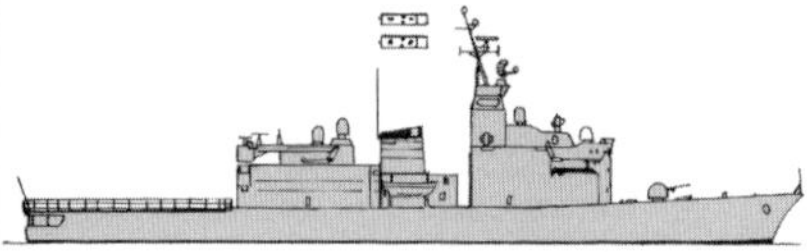

2400 ts, 22 kn, 106 m
1-7.6
1 AR: **Tenryu** [4203] (99)

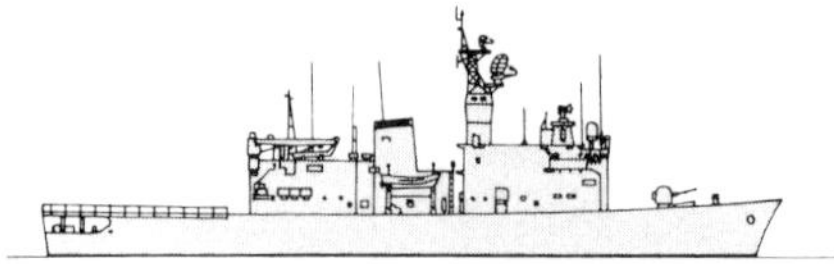

2270 ts, 20 kn, 101 m
1-7.6
1 AR: **Kurobe** [4202] (88)

1950 ts, 18 kn, 98 m
1-7.6, 2 **UTA**
1 AR: **Azuma** [4201] (69)

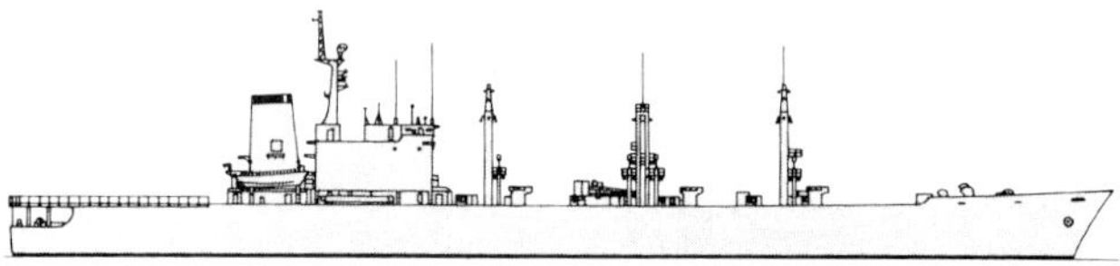

8150 ts, 22 kn, 167 m
1 AO: **Towada** [422-424]
(86-89)

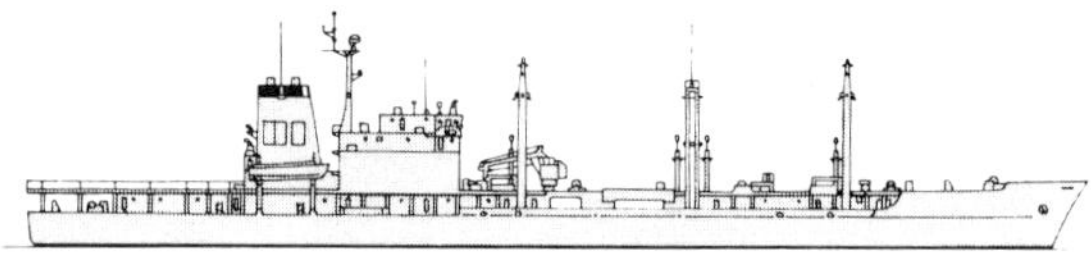

5000 ts, 22 kn, 146 m
1 AO: **Sagami** [421] (78)

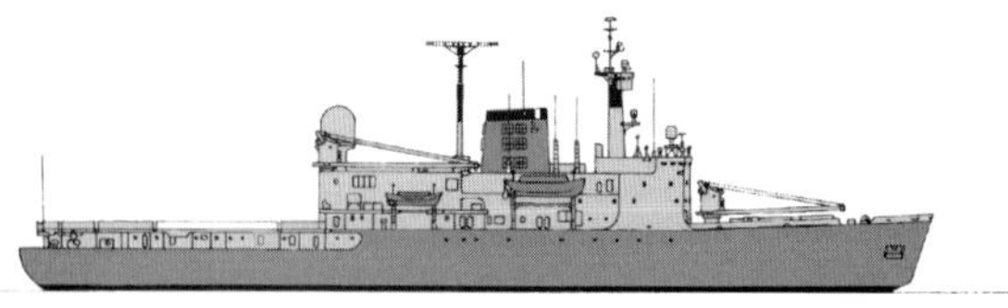

11 600 ts, 19 kn, 134 m
3
1 AI: **Shirase** [5002] (81)

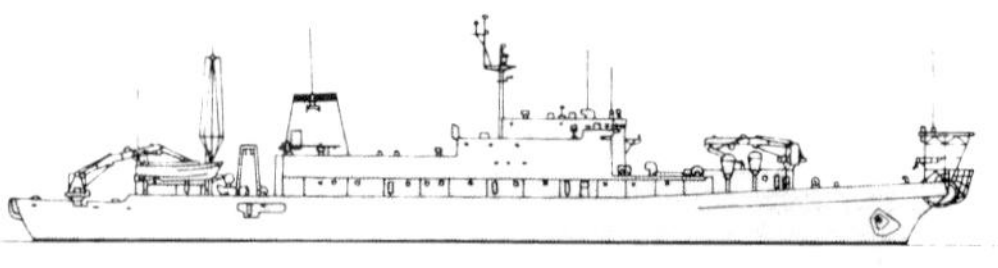

4500 ts, 17 kn, 131 m
1 AG: **Muroto** [482] (79)

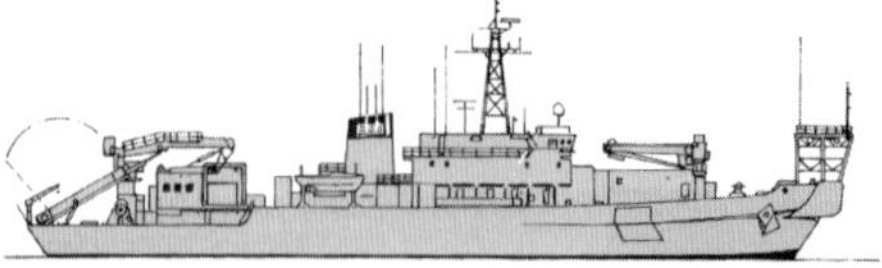

3300 ts, 18 kn, 111 m
1 AG: **Nichinan** [5105] (98)

4200 ts, 27 kn, 134 m
1 AG: **Asuka** [6102] (94)

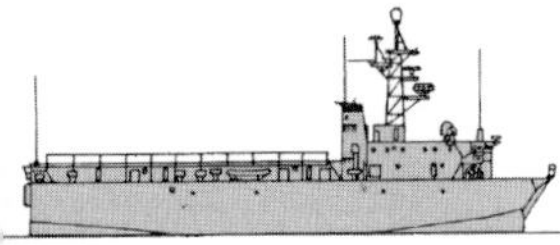

– 2800 ts, 11 kn, 71.5 m
1 AG: **Hibiki** [5201, 5202] (90-91)

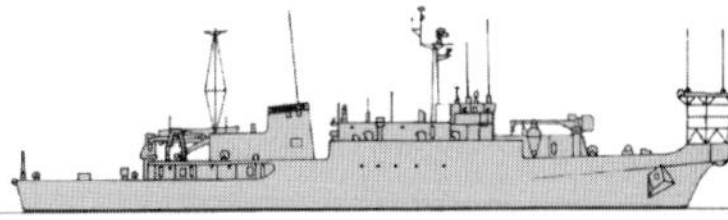

– 2050 ts, 16 kn, 97 m
1 AG: **Wakasa** [5104] (85)

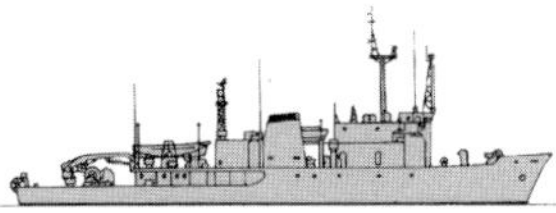

– 1180 ts, 15 kn, 72 m
1 AG: **Suma** [5103] (81)

– 960 ts, 15 kn, 68 m
1 AG: **Kurihama** [6101] (79)

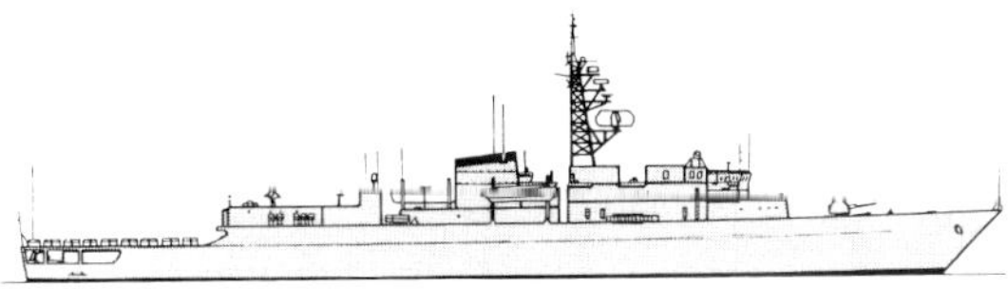

4060 ts, 25 kn, 143 m
1-7.6, 2-4,
6 **UTR** 32.4 III
1 AX: **Kashima** [3508] (94)

Maßstab / Scale 1:1000

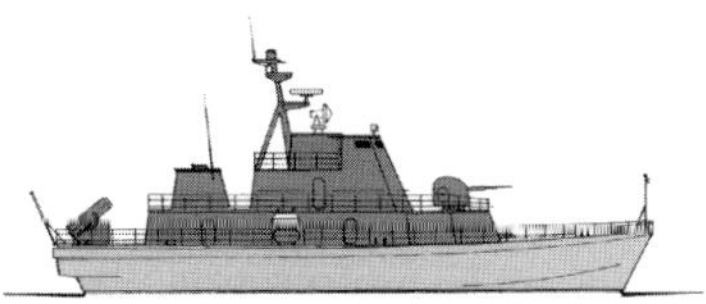

200 ts, ~ 44 kn, ~ 40 m
4 Harpoon, 1-7.6
4 PG: I–IV (97 – bew./auth.)
vorläufige Skizze / preliminary drawing

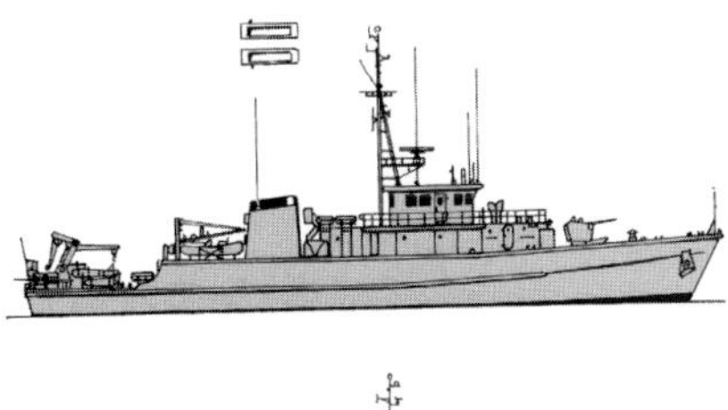

510 ts, 14 kn, 54 m
1-2 Sea Vulkan
8 MB: **Sugashima** [681-688]
(97 – bew./auth.)

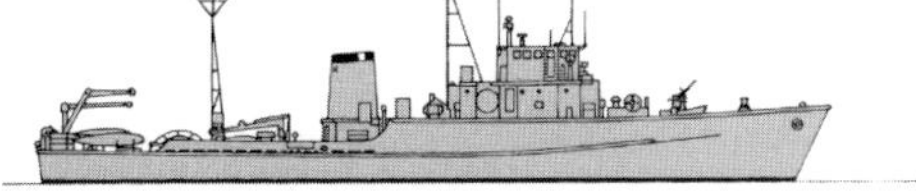

440 ts, 14 kn, 55 m
1-2 Gatling
14 MB: **Chichijima** [658-671]
(83-89)

Küstenwache / Maritime Safety Agency / MSA

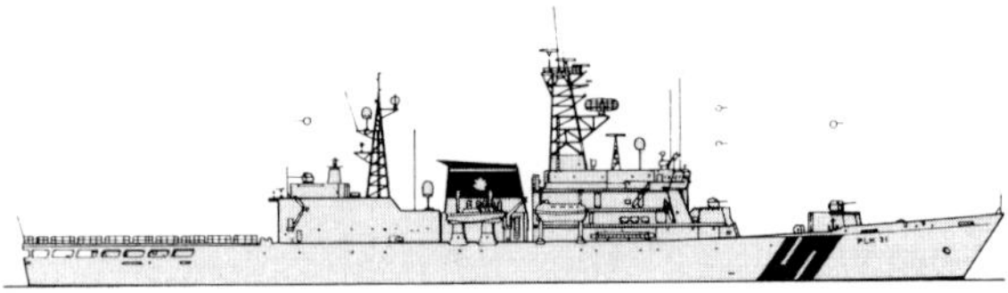

4-3.5$_2$, 2-2, 2 AS 332

6500 ts, 25 kn, 150 m

1 FS: **Shikishima** [PLH 31] (91)

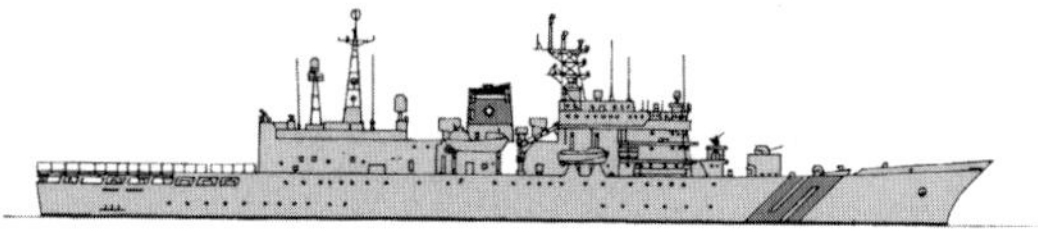

4950 ts, 23 kn, 130 m
1-3.5, 1-2, 2
2 FS: **Mizuho** [PLH 21, 22] (85-88)

3200 ts, 22 kn, 105 m
1-4, 1-2, 1
7 FS: **Tsugaru** [PLH 02-08] (78-89)

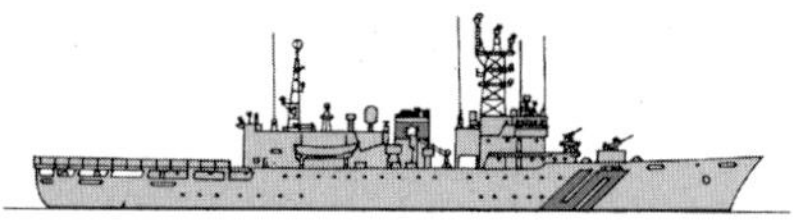

3560 ts, 20.8 kn, 98.6 m
1-2, 1
1 FS: **Soya** [PLH 01] (78)

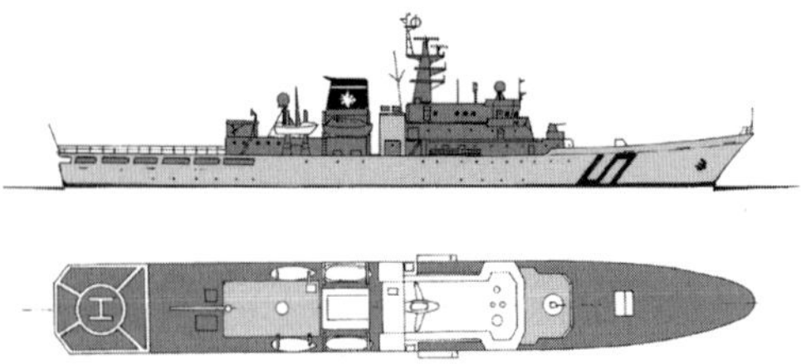

2950 ts, 18 kn, 115 m
1-3.5, 1-2, 1 Mg
2 FS: **Kojima** [PL 21, 22] (92-98)

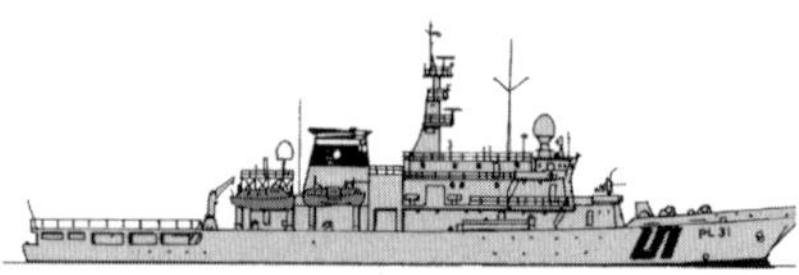

3500 ts, 20 kn, 110 m
1-3.5, 1-2
1 FS: **Izu** [PL 31] (97)

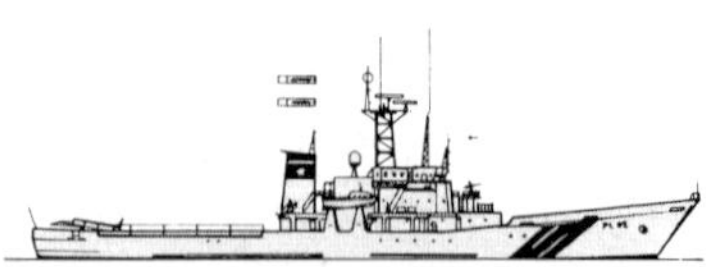

1885 ts, 18 kn, 91.4 m
1-2
3 FS: **Ojika** [PL 02-04] (91-95)

./1500 ts, 20 kn, 85 m
1-2
1 FS: **Oki** [PL 01] (89)

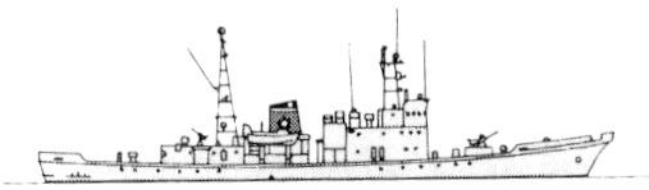

1-4, 1-2 960 ts, 20 kn, 77.8 m
28 FS: **Shiretoko** [PL 101-128] (78-81)

1-4, 1-2 950 ts, 20.4 kn, 76.6 m
2 FS: **Daio** [PL 15, 16] (73-74)

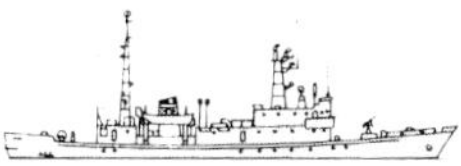

1-2 495 ts, 18.1 kn, 63.4 m
5 FS: **Bihoro** [PM 73-77] (73-75)

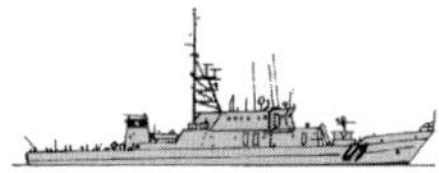

1-2 350 ts, 24 kn, 56 m
2 FS: **Kunashiri** [PM 97, 98] (98)

1-2 Gatling 540 ts, 18 kn, 67.8 m
14 FS: **Natsui** [PM 01-14] (80-88)

1-2 Gatling 550 ts, 14 kn, 55 m
1 FS: **Teshio** [PM 15] (95)

3000 ts, 17 kn, 115 m
1 AG: **Shoyo** [HL 01] (97)

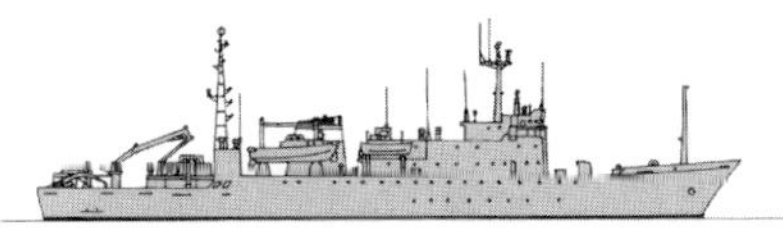

2600 ts, 17 kn, 96 m
1 AG: **Takuyo** [HL 02] (83)

DG **Kirishima** [174] (93) *Kongo Klasse* 8-1998, Van Ginderen coll.

DG **Kongo** [173] (91) 4-1998, S.o.W.

DD **Shirane** [143] (78) 4-1997, S.o.W.

DD **Haruna** [141] (72) 4-1999, S.o.W.

DG **Shimakaze** [172] (87) 10-1997, S.o.W.

DG **Tachikaze** [168] (74) 4-1999, S.o.W.

DG **Sawagiri** [157] (88) 4-1999, S.o.W.

DG **Kirisame** [104] (97) 5-1999, S.o.W.

DD **Yugumo** [121] (77) 1-1995, S.o.W.

DG **Shirayuki** [123] (81) 1999, S.o.W.

FG **Chikuma** [233] (92) 7-1999, S.o.W.

FG **Yubari** [227] (82) 8-1990, S.o.W.

SS **Harushio** [583] (89) 7-1996, S.o.W.

SS **Oyashio** [590] (96) 1-1998, S.o.W.

SS **Takeshio** [580] (86) 7-1996, S.o.W.

PG **PG 03** [823] (94) 1998, S.o.W.

MB **Hachijo** [303] (92) 8-1997, S.o.W.

MS **Sugashima** [681] (97) 1999, S.o.W.

LD **Oosumi** [4001] (96) 1998, S.o.W.

LS **Miura** [4151] (74) 6-1999, S.o.W.

AO **Hamana** [424] (89) 4-1997, S.o.W.

AR **Bungo** [464] (97) 1999, S.o.W.

AG **Nichinan** [5105] (98) 1999, S.o.W.

AG **Asuka** [6102] (94) 2-1995, S.o.W.

AI **Shirase** [5002] (81) 10-1997, S.o.W.

Tender **ASU 83** [83] (71) 2-1997, S.o.W.

FS **Shikishima** [PLH 31] (91) 1998, S.o.W.

FS **Miura** [PL 22] (98) 1998, S.o.W.

FS **Ojika** [PL 02] (91) 1998, S.o.W.

FS **Teshio** [PM 15] (95) 1998, S.o.W.

FS **Kunashiri** [PM 97] (98) 1998, S.o.W.

Jemen/Yemen – Jordanien/Jordan

Jemen/Yemen

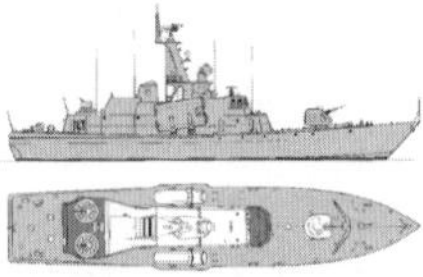

4 ⇨, 1 ↥, 1-7.6 ⊿, 2-3 ⊿$_6$ 420 ts, 44 kn, 56.1 m
2 FG: **971, 976** (?) – *Typ USSR Tarantul I*

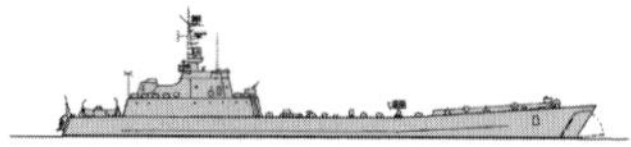

4-3 ⊿, 2 ↣ 18, 8 ⊟ [350 ts] 890 ts, 18 kn, 76 m
1 LS: **Sira** [137] (~ 75) – *Typ USSR Polnocny B*

Maßstab / Scale 1:1000

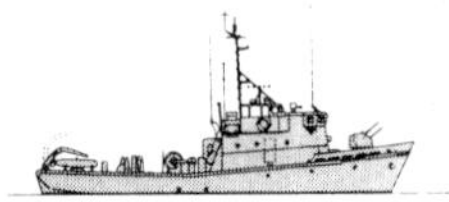

4 Mg ⊿ 70 ts, 11 kn, 26.1 m
5 MS: **11, 12, 15, 20, I** (~ 75)
Typ USSR Yevgenya

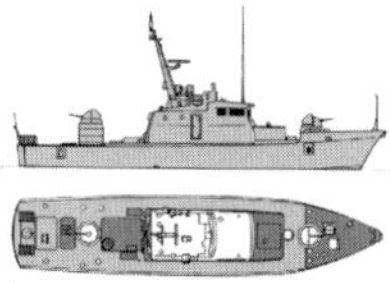

2 Mg ⊿ 44 ts, 34 kn, 24 m
2 PP: **202, 203** (~ 74)
Typ USSR Zhuk

MB Typ USSR **Natya** (?) 2-1991, Kon. Marine

Jordanien/Jordan

PP **Al Hussein** [P 101] (88) 1-1996, Van Ginderen coll.

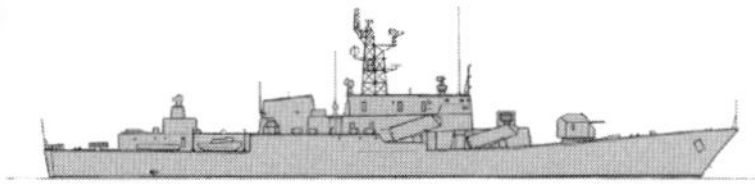

1850 ts, 27 kn, 96.7 m
4 ⇨, 2-7.6, 4-3, 2, 2,
6 **UTR** 32.4 III
2 FG: **Kotor** [33, 34] (84-86)

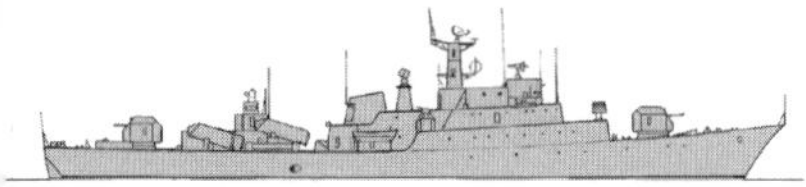

1500 ts, 30 kn, 96.4 m
4 ⇨, 4-7.6, 4-3, 2, 2,
1 FG: **Podgorica** [32] (81)
Typ USSR Koni

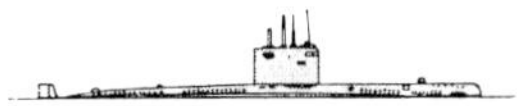

1170/1350 ts, 16/10 kn, 64 m
6 **TR** 53.5↓
1 SS: **Heroj** [821] (67)

Kennungen / Identification

Fregatten / Frigates
32-Podgorica
33-Kotor
34-Novi Sad

Uboote / Submarines
821-Heroj
831-Sava
832-Drava

Kleine Kampfschiffe / Small Fighting Vessels
132-Kalnik
133-Velebit
134-Granica
135-Rudnik
136-Romanija
172-Pohorje
174-Ucka
175-Grmeč
177-Fruška Gora
178-Kosmaj
179-Zelengora
304-S. Filipović
305-Z. J. Spanac
306-N. Martinović
307-J. Mažar Sosa
308-K. Rojc
401-Končar
403-R. Sadiku
404-H. Z. Laca
405-J. N. Orca
406-A. Banina

Minensucher / Minesweepers
142-Brsec
152-Podgora
153-Blitvenica
331-Neštin
332-Motajica
333-Belegiš
334-Bosut
335-Vučedol
336-Djerdap
337-Novi Sad

DBM-
241- Silba

Hilfsfahrzeuge / Auxiliary Vessels
PB 34-Kozara
PO 93-Kit
PT 72-Jastog

Maßstab / Scale 1:1000

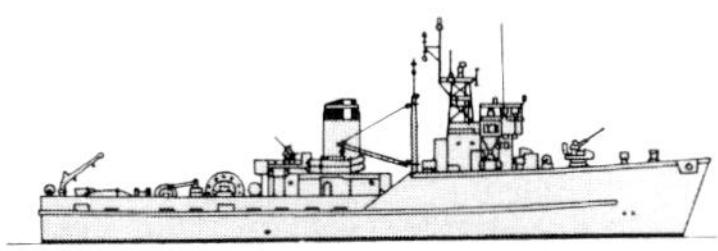

2-2 365 ts, 15 kn, 46.3 m
2 MS: **Podgora** [M 152, 153] (57)
Typ frz. / French Ton

1-4, 1-2, 120 ts, 28 kn, 32 m
6 PG: **Grmeč** [172, 174, 175, 177-179] (81-83)
Mirna Klasse

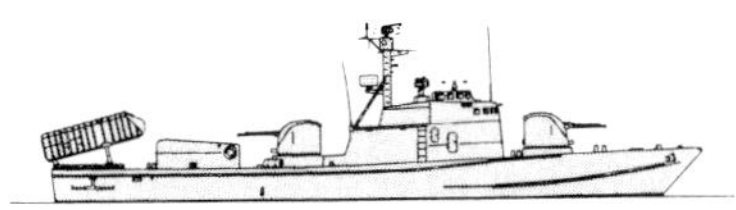

2 ⇨, 2-5.7 240 ts, 40 kn, 45 m
5 PG: **R. Končar** [401, 403-406] (76-79)

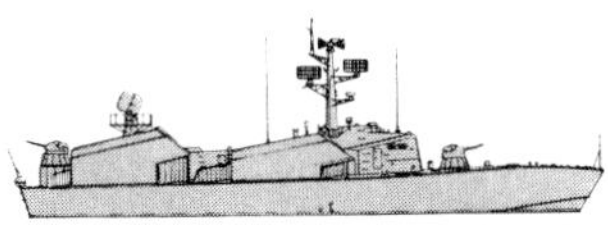

4 ⇨, 4-3 210 ts, 36 kn, 39.6 m
5 PG: **Stefan Filipovič** [304-308] 63-68)
Typ USSR Osa I

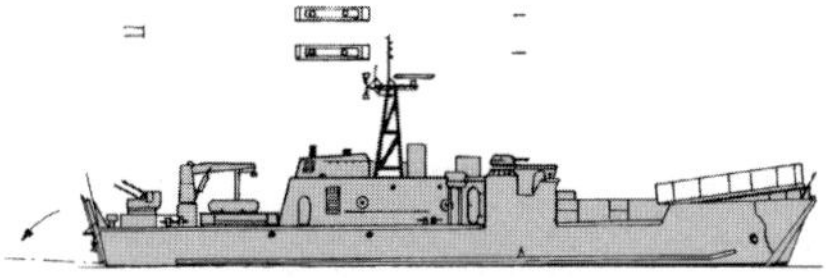

4-3, 4-2, 1, 94 700 ts, 12.5 kn, 49.7 m
1 LS: **Silba** [241] (87)

FG **Novi Sad** [34] (86) 3-1999, Flottenkommando

PG **Jordan Nikolov-Orce** (78) 1992, L. Cernjul

LS **Silba** [DBM 241] (87) 9-1997, Flottenkommando

Kamerun/Cameroon

PP **Bakassi** [P 104] (82) 8-1999, Prézelin

Kanada/Canada

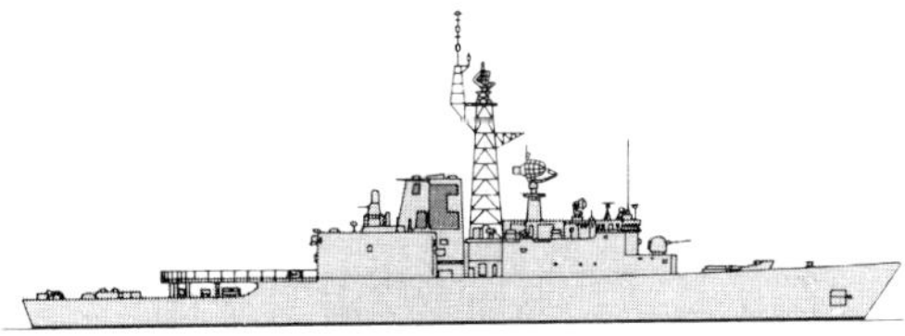

3550 ts, 27 kn, 130 m
1 VLS, 1-7.6, 1-2 Phalanx,
6 **UTR** 32.4 **III**, 2
4 DG: **Iroquois** [280-283] (70-71, *87-95*)

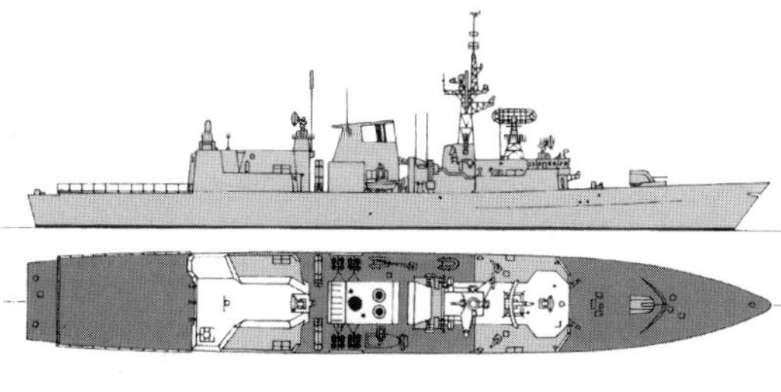

4360 ts, 29 kn, 136 m
8 Harpoon, 1-5.7,
1-2 Phalanx,
2 VLS: Sea Sparrow 8,
4 **UTR** 32.4 **II**, 1
12 FG: **Halifax** [330-341]
(88-95)

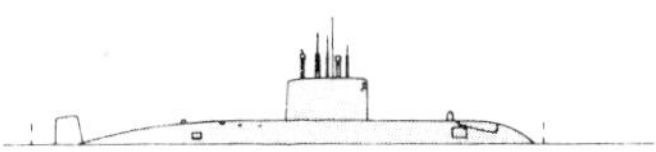

2168/2455 ts, 12/20 kn, 70.3 m
6 **TR** 53.3 b↓
4 SS: **Victoria** [876-879] (86-91)
Typ brit. Upholder

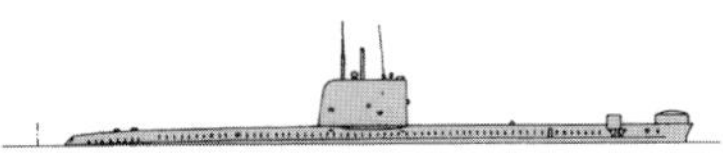

2030/2410 ts, 12/17 kn, 90 m
8 **TR** 53.3↓ (6 b, 2 h)
1 SS: **Onondaga** [S 73] (65)
Typ brit. Oberon

Kanada/Canada

Kennungen / Identification

Zerstörer / Destroyers
DDG …
280-Iroquis
281-Huron
282-Athabaskan
283-Algonquin

Fregatten / Frigates
FFH …
330-Halifax
331-Vancouver
332-Ville de Québec
333-Toronto
334-Regina
335-Calgary
336-Montreal
337-Fredericton
338-Winnipeg
339-Charlottetown
340-Saint John's
341-Ottawa

U-Boote / Submarines
SS …
73-Onondaga
-Victoria
-Windsor
-Cornerbrook
-Chicoutimi

Minensucher / Minesweepers
MSA …
110-Anticosti
112-Moresby

MCDV …
700-Kingston
701-Glace Bay
702-Nanaimo
703-Edmonton
704-Shawinigan
705-Whitehorse
706-Yellowknife
707-Goose Bay
708-Moncton
709-Saskatoon
710-Brandon
711-Summerside

Hilfsfahrzeuge / Auxiliary Vessels
AGOR …
172-Quest

AOR …
509-Protecteur
510-Preserver

YPT …
610-Sechelt
611-Sikanni
612-Sooke
613-Stikine

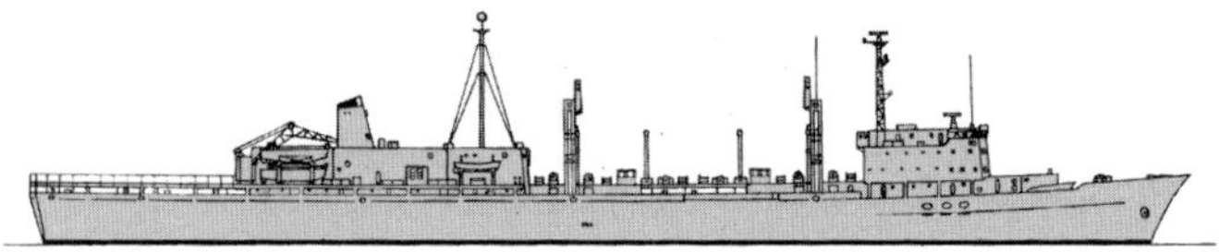

3 8380 ts, 20 kn, 172 m
2 AO: **Protecteur** [AOR 509, 510] (68-69)

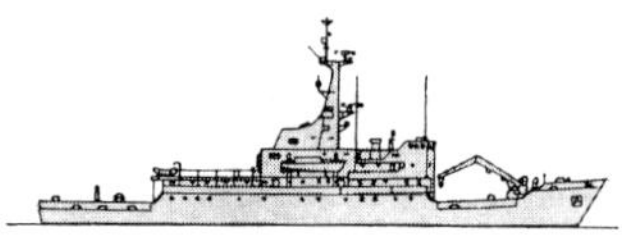

1 2130 ts, 16 kn, 77 m
1 AG: **Quest** [AGOR 172] (68)

Maßstab / Scale 1:1000

970 ts, 15 kn, 55 m
1-4, 1-2
12 MB: **Kingston** [700-711] (95 – a.St./o.St.)

Küstenwache / Coast Guard

6400 ts, 16 kn, 98 m
1
3 AI: **Pierre Radisson** (77-81)

6000 ts, 17.8 kn, 120 m
2
1 AI: **Louis S. St. Laurent** (66)

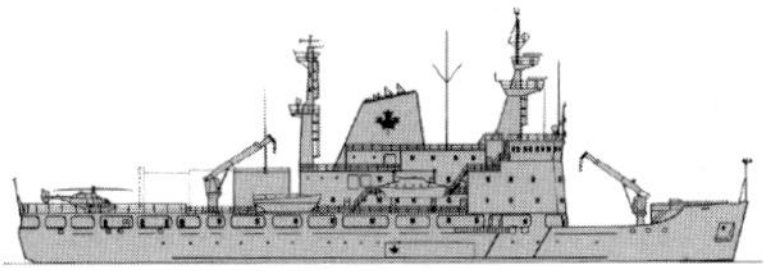

1 5800 ts, 16 kn, 99.8 m
1 AI: **Henry Larssen** (87)

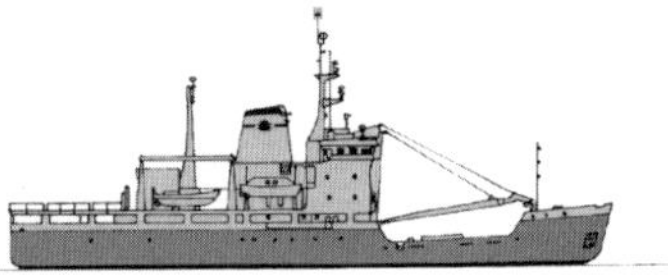

1 4662 ts, 15.3 kn, 83 m
6 AI: **Martha L. Black** (86-87)

DD **Athabaskan** [282] (70) *Iroquois Klasse* 4-1999, Van Ginderen coll.

DD **Athabaskan** [282] (70) *Iroquois Klasse* 8-1999, Van Ginderen coll.

FG **Charlottetown** [339] (94) *Halifax Klasse* 6-1998, Flottenkommando

FG **Montreal** [336] (92) *Halifax Klasse* 10-1998, Behling

MB **Whitehorse** [705] (97) *Kingston Klasse* 5-1999, Ehlers

MB **Kingston** [700] (95) 3-1999, Van Ginderen coll.

MB **Anticosti** [110] (73) 3-1999, Van Ginderen coll.

AO **Protecteur** [509] (68) 5-1999, Ehlers

AI **Lous S. St. Laurent** (66) 6-1998, Van Ginderen coll.

AI **Griffon** (70) 7-1998, Van Ginderen coll.

Kasachstan / Kazakhstan

PP **Aktau** (52) Typ deutsch / German 369 — 8-1996, Voß

Kapverden / Cape Verde

PP **Vigilante** [P 521] (70) — 9-1998, Meissner

Kenia / Kenya

Maßstab / Scale 1:1000

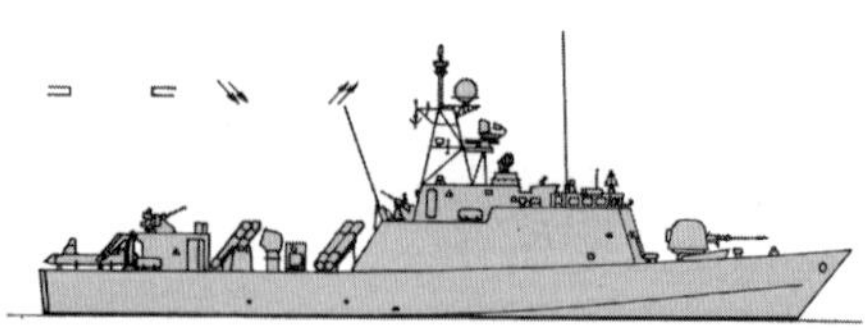

310 ts, 40 kn, 56.7 m
4 ⇨, 1-7.6 ⊿, 2-3 ⊿, 2-2 ⊿
2 PG: **Nyayo** [P 3126, 3127] (86-87)
Typ brit. Province

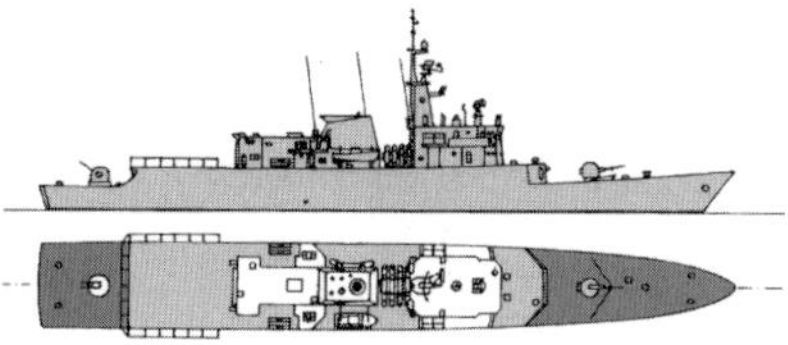

1500 ts, 28 kn, 95.3 m
8 MM 40 ⇨, 1-7.6, 2-4, 1 Albatros, 6 **UTR** 32.4 **III**, 1
4 FG: **Almirante Padilla** [51-54] (82-83)
Typ deutsch / German HDW FS 1500

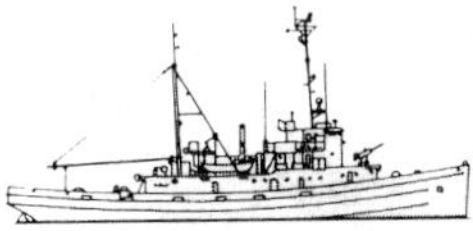

1-7.6 1235 ts, 15 kn, 62.5 m
3 FS: **Pedro de Heredia** [RM 72-74] (43-44)
Typ US ATF

8 **TR** 53.3 b 1185/1356 ts, 10/21 kn, 56 m
2 SS: **Pijao** [28, 29] (74)
Typ deutsch / German 209/1200

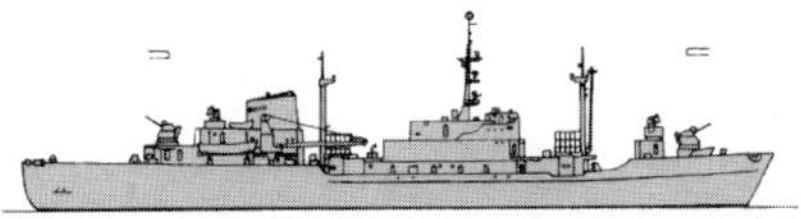

4-4, [1100 ts], 3254 ts, 17 kn, 104 m
2 AK: **Cartagena de Indias** (65)
Typ deutsch / German 701 A

1300 ts, 10.5 kn, 76 m
1 AX: **Gloria** (68)

Maßstab / Scale 1:1000

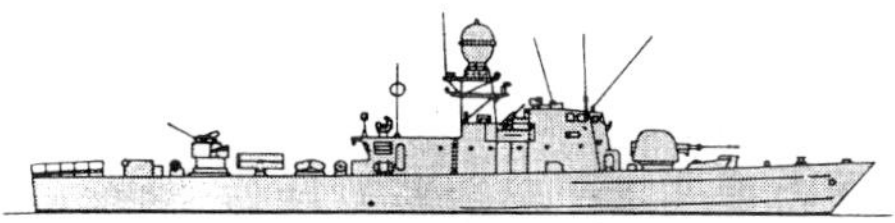

275 ts, 29.5 kn, 57.4 m
1-4, 2-2, 2 Mg
2 PP: **Capt. Pablo J. de Porto** (75)
[PM 116, 117] – *Typ span. Lazaga*

Kennungen / Identification

Fregatten / Frigates
CM …
51-Alm. Padilla
52-Caldas
53-Antioquia
54-Independiente

RM …
72-P. de Heredia
73-S. de Bela Calzar
74-R. de Bastidas

Uboote / Submarines
SS …
20-Intrepido
21-Indomable
28-Pijao
29-Tayrona

Kleine Kampfschiffe / Small Fighting Vessels
CF …
135-Rio Hacha
136-Leticia
137-Arauca

PM …
41-Espartana
102-R. de Castillo
103-J. M. Palas
104-M. Monzon
105-J. Gomez
106-N. Peña
107-J. Rook
108-M. Saenz
112-Quita Sueño
113-J. M. Garcia
114-J. N. Eslava
115-J. Cardenas
116-C. P. J. de Porto
117-J. E. M. Duran

TM …
101-P. D. Salas
240-B. Zapzurro
246-Morrosquillo
247-Uruba
248-B. Honda
249-B. Potrete
251-B. Solano
252-B. Cupica
253-B. Utria
254-B. Malaga

LR…
I-R. Magdalena
II-R. Cauca
III-R. Sinu
IV-R. Atrato
V-R. San Jorge
181-Tenerife
182-Tarapaca
183-Mompox
184-Orocue
185-Calamar
186-Magangue
187-Monclart
188-Caucaya
189-Mitu

Hilfsfahrzeuge / Auxiliaries
BM …
161-Cartagena de Indias
162-Buenaventura

BD …
33-Socorro
35-H. Gutierrez

BO …
153-Quindio
154-Gorgona
155-Providencia
156-Malpelo

RR …
81-C. Castro
84-C. A. Ruis
86-C. R. Giraldo
87-C. V. Valek
88-T. L. Bernal
92-Igaraparana
95-Manacasias

FG **Independiente** [54] (83) 7-1997, Flottenkommando

AK **Buenaventura** [162] (66) 5-1998, Voß

PP **Jorge Enrique Marquez Duran** [117] (75) 7-1998, Flottenkommando

PP **Espartana** [41] (85) 7-1998, Flottenkommando

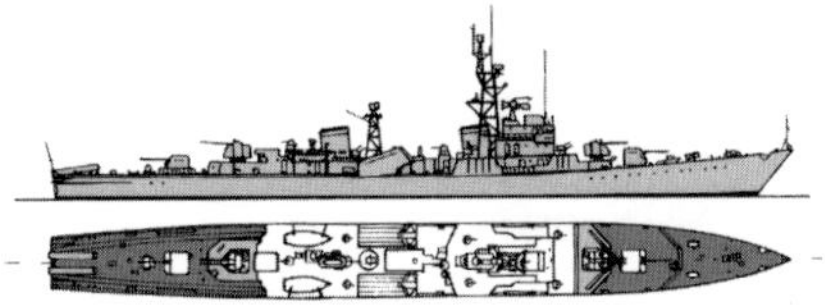

1200 ts, 24 kn, 102 m
2 ⇨, 2-10, 4-5.7, 8-2.5, 8 Mg,
2, 2,
2 FG: **Najin** Klasse (72-73)

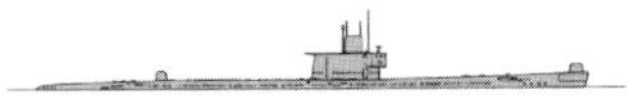

8 **TR**↓(6b, 2h) 1400/1800 ts, 17/16 kn, 77 m
22 SS: *Typ USSR Romeo* (~ 60-92)

6 **TR**↓(4b, 2h) 1100/1350 ts, 18/15 kn, 76 m
4 SS: *Typ USSR Whiskey* (~ 60)

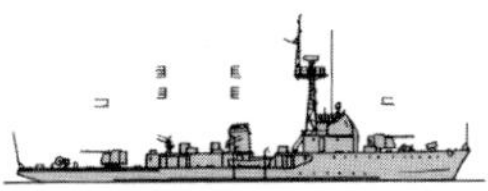

1-10, 2-3.7, Mg, 600 ts, 21 kn, 62 m
3 PC: **725-727** (~ 65)
Typ Sariwon Klasse

2 **TR**↓(b) 275/350 ts, 7/6 kn, 34 m
21 SC: *Typ Sang-O*

Maßstab / Scale 1:1000

4 ⇨, 4-3 190 ts, 39 kn, 38.6 m
12 PG: *Typ USSR Osa I* (~ 68)

2 ⇨, 2-2.5 68 ts, 40 kn, 26.8 m
9 PG: *Typ USSR Komar* (~ 65-68)

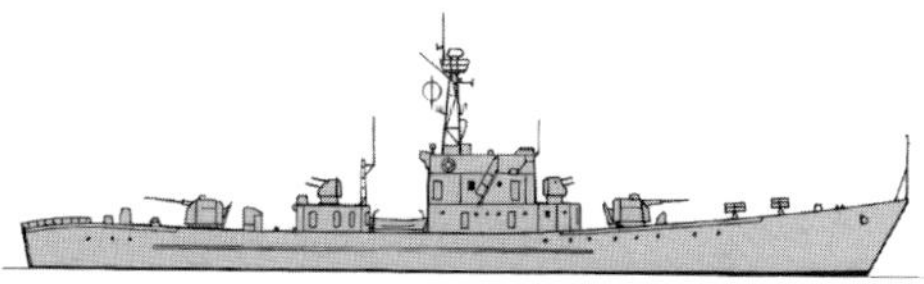

360 ts, 28 kn, 60 m
2-7.6, 4-2.5, 4, 2
6 PC: *Typ chin. Hainan* (~ 75)

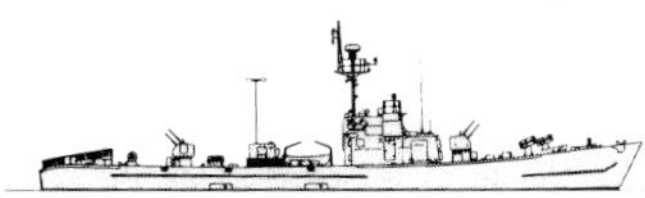

1-8.5, 2-3.7, 4 Mg 170 ts, 27 kn, 42 m
18 PC: *Typ USSR SO I* (~ 55-?)

4-2.5, 2 **TR** 65 ts, 45 kn, 25.5 m
16 PF: *Typ USSR P 6* (~ 58)

4-3.7, 4-2.5 120 ts, 30 kn, 40 m
12 PP: *Typ chin. Shanghai II* (~ 64)

Korea (Republik/Republic)

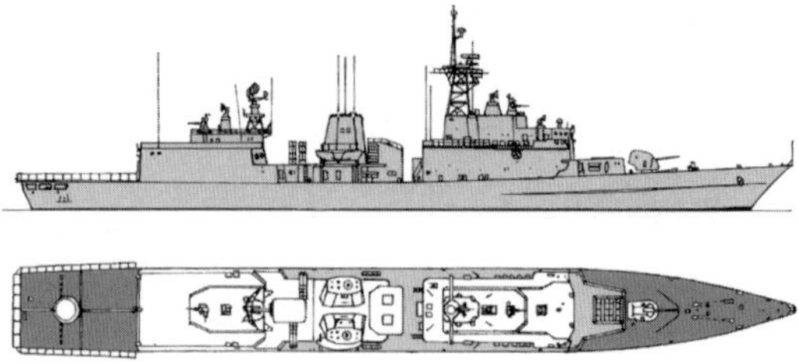

3900 ts, 30 kn, 135 m
8 Harpoon ⇨, 1 VLS, 1-12.7, 2-3 Goalkeeper, 6 **UTR** 32.4 **III**, 1
3 DG: **Kwangaetodewan**
[971-973] (96-99) *KDX-Klasse*

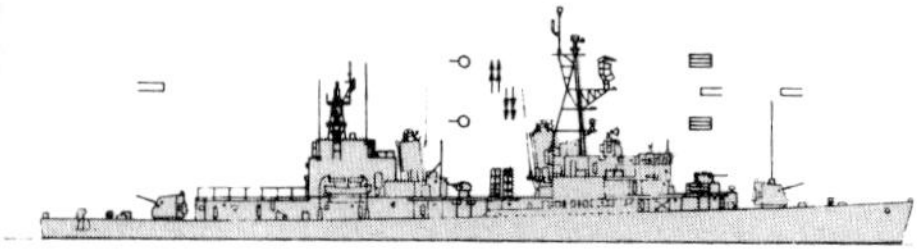

2425 ts, 35 kn, 119 m
8 Harpoon ⇨, 4-12.7, 2-4, 2-2 Gatling, 6 **UTR** 32.4 **III**, 1
2 DG: **Kwang Ju** [921, 922] (45-46)
Typ US Gearing / FRAM 1

1600 ts, 35 kn, 102 m
8 Harpoon ⇨, 2-7.6, 6-4, 6 **UTR** 32.4 **III**, ⊙
4 FG: **Chon Nam** [957-959, 961] (88-92)

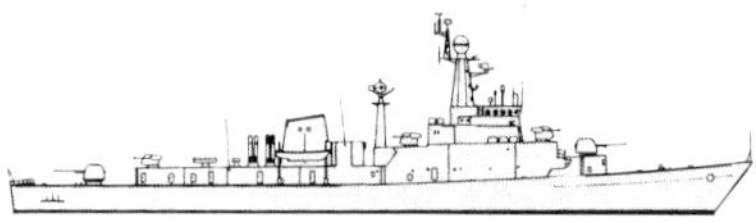

1600 ts, 35 kn, 102 m
8 Harpoon ⇨, 2-7.6, 8-3, 6 **UTR** 32.4 **III**, ⊙
5 FG: **Ulsan** [951-953, 955, 956] (80-86)

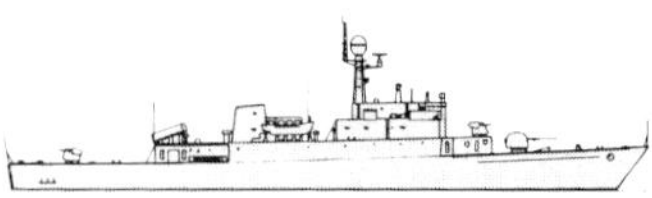

2 ⇨, 1-7.6, 4-3, 6 **UTR** 32.4 **III** ./1180 ts, 32 kn, 88.3 m
8 FG: **Po Hang** (83-87)

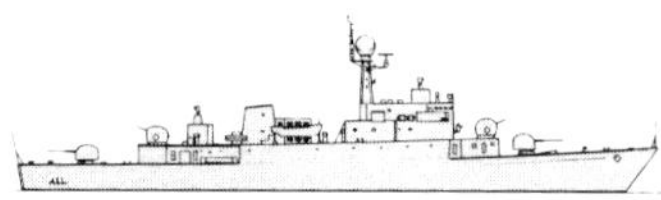

2-7.6, 2-4, 6 **UTR** 32.4 **III**, ⊙ ./1180 ts, 32 kn, 88.3 m
16 FF: **An Dong** (88-90)

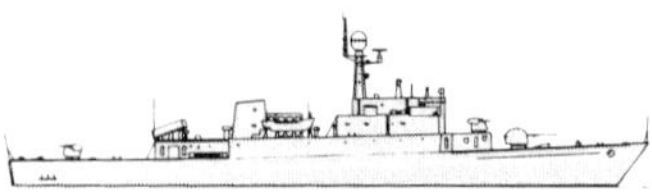

1-7.6, 4-3 950 ts, 31 kn, 78.1 m
4 FS: **Dong Hae** [751-753, 755] (81-82)

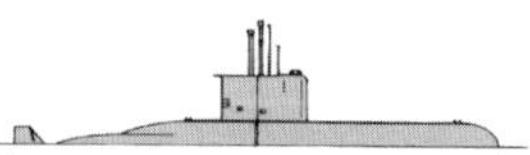

8 **TR** 53.3 b, 28 1185/1290 ts, 11/21.5 kn, 56.1 m
9 SS: **Chang Bogo** (92 – a.St./o.St.)

3300 ts, 22 kn, 104 m
1-7.6, 2-4, 6 **UTR**, 300
1 NB: **Wonsan** [560] (97)

Kennungen / Identification

Zerstörer / Destroyers
921-Kwang Ju
922-Kwang Won
925-Jeong Ju
971-Kwanggaeto-dewan
972-Ulchimundok
973-Xangmanchun

Fregatten / Frigates
951-Ulsan
952-Seoul
953-Chung Nam
955-Masan
956-Kyong Buk
957-Chon Nam
958-Che Ju
959-Pusan
961-Chung Ju

Korvetten / Corvettes
751-Dong Hae
752-Su Won
753-Kang Reung
755-An Yang
756-Po Hang
757-Kun San
758-Kyong Yu
759-Mok Po
761-Kim Chon
762-Chung Ju
763-Jin Ju
765-Yo Su
766-Jin Hae
767-Sun Chon
768-Yee Ree
769-Won Ju
771-An Dong
772-Chon Au
773-Song Nam
775-Bu Chon
776-Je Chon
777-Dae Chon
778-Sok Cho
779-Yong Yu
781-Nam Won
782-Kwang Myong
783-Sin Hung
785-Kong Yu

Uboote / Submarines
061-Chang Bogo
062-Yi Chon
063-Choi Muson
065-Pakui
066-Lee Jong Mu
067-Jeongun
068-Lee Sun-sin
069-Nadae Jong
071-

Minenleger / Minelayers
560-Wonsan

Minensucher / Minesweepers
551-Kum San
552-Ko Hung
553-Kum Kok
555-Nam Yang
556-Ha Dong

557-Sam Kok
558-Yong Dong
559-Ok Cheon
561-Kang Keong
562-Kang Jin
563-Ko Ryeong
565-Kim Po
566-Ko Chang
567-Kum Wha

Landungsfahrzeuge / Landings Vessel
611-Solgae
657-Wolmi
658-Ki Rin
671-Un Bong
675-Kae Bong
676-Wee Bong
677-Su Yong
678-Buk Han
679-Hwa San
681-Kojoon Bong
682-Biro Bong
683-Hyangro Bong
685-

Hilfsfahrzeuge / Auxiliary Vessels
21-Chunghaejin
27-Pyong Taek
28-Kwang Yang
57-Chun Jee
58-Dae Chung
59- Hwa Chun

Küstenwache / Coast Guard
278-Buk Han San
279-Chulmasan
281-
282-
1005-Han Kang
1006-Sum Jin Kang

1501-Jaemin I
1502-Jaemin II
3001-Tae Pung Yang

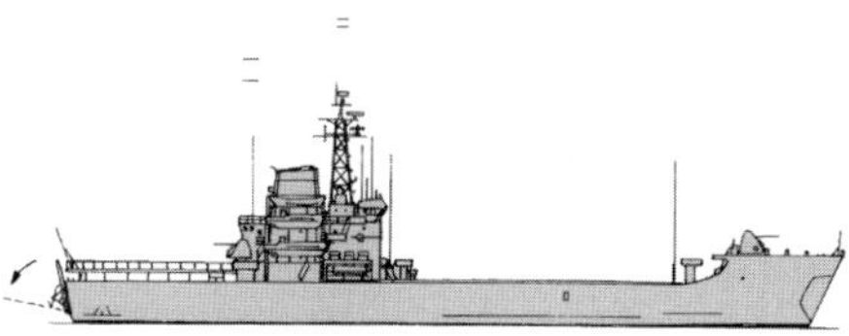

4200 ts, 16 kn, 107 m
4-4 , 2-2 , 4 LCVP, [700 Z]
4 LS: **Kojoon Bong** [681-683, 685] (92-99)

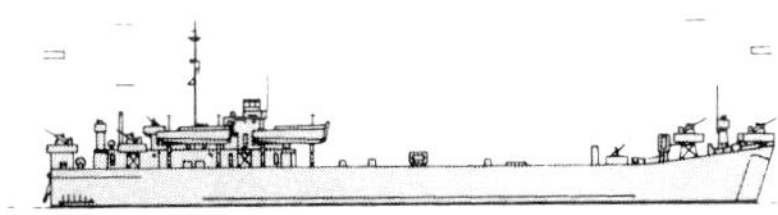

8 bis/to 10-4 , 2-2 1653 ts, 11 kn, 100 m
6 LS: **Buk Han** [671, 675-679] (43-45)
Typ US LST (2)

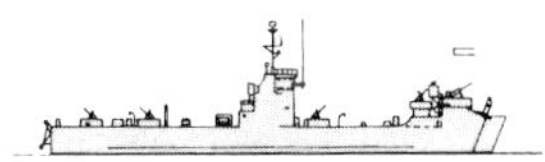

2-4 , 4-2 743 ts, 12.5 kn, 62 m
2 LS: **Ki Rin** (44-45) – *Typ US LSM*

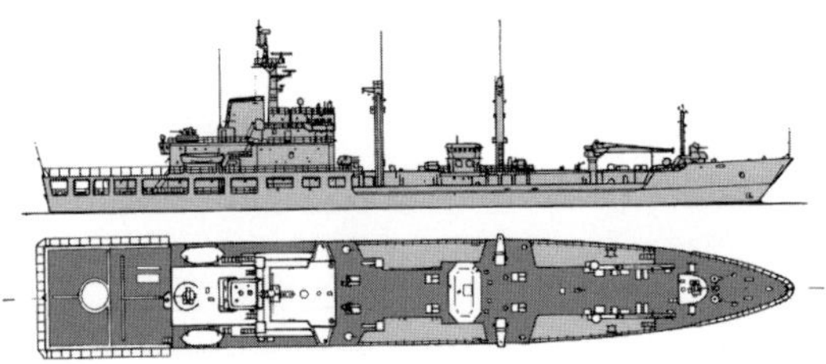

4800 ts, 20 kn, 130 m
4-3 , 2-2 , 1
3 AO: **Chun Jee** [57-59]
(90-97)

Korea (Republik/Republic)

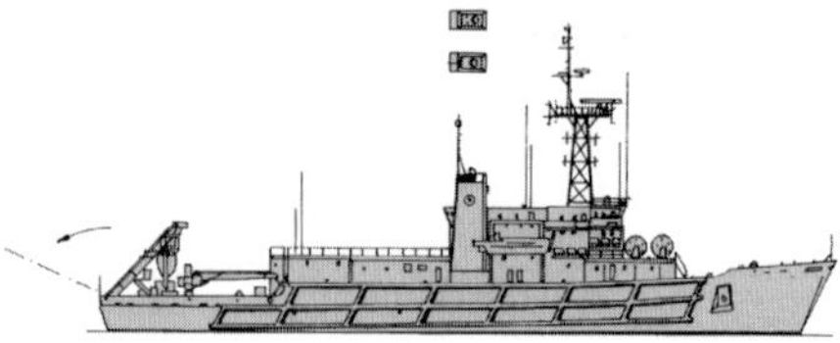

1-2 , 6 Mg 4300 ts, 18 kn, 103 m
1 AR: **Chunghaejin** [21] (95)

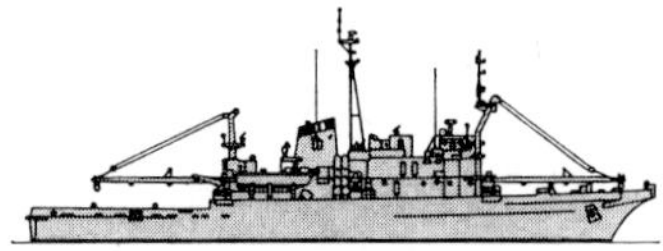

2-2 , 2650 ts, 16 kn, 88 m
2 AR: **Pyong Taek** [27, 28] (68-69)
Typ US Edenton

Küstenwache / Coast Guard

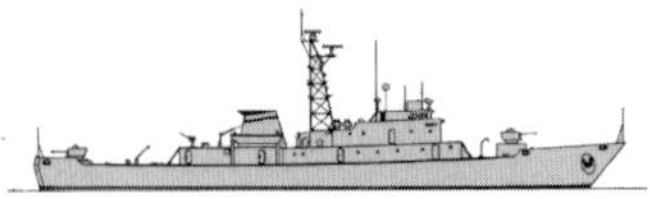

1-4 , 4-2 1200 ts, 21.5 kn, 80 m
3 FS: **PC 1001-1003** (~ 81)

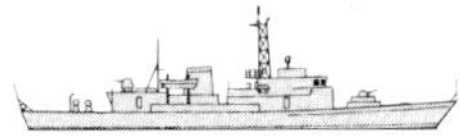

1-4 , 2-2 , 2 Mg 430 ts, 24 kn, 60.8 m
6 PP: **Sea Whale** Klasse (79-84)

Maßstab / Scale 1:1000

2-2 315 ts, 14 kn, 44.3 m
5 MS: **Nam Yang** [555-559] (63-75)
Typ US Bluebird

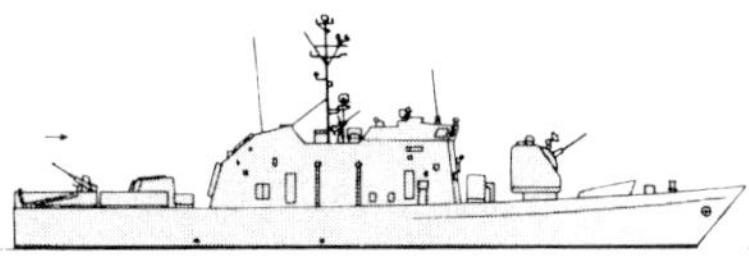

4 ⇨, 1-7.6 , 240 ts, 40 kn, 50.3 m
2-3 , 2 Mg
5 PG: **Paek Ku 56** [586-589, 591]
(75-77)

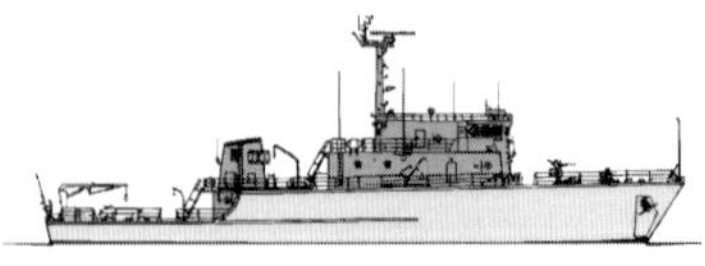

470 ts, 15 kn, 50 m
1-2 , 2 Pluto RCV
6 MB: **Kang Keong** [561-563, 565-567]
(85-93)

DG **Ulchimundok** [972] (97) *Typ KDX* 3-1999, Van Ginderen coll.

DG **Kwanggaeotodewan** [971] (96) *Typ KDX* 3-1999, Van Ginderen coll.

FF **Sin Hung** [783] (90) 3-1999, Van Ginderen coll.

SS **Lee Jong Mu** [067] (95) *Typ 209/1200* 3-1999, Van Ginderen coll.

PF **PKM 365** (~ 85) *Typ Sea Dolphin* 9-1997, Flottenkommando

Kroatien/Croatia

Maßstab / Scale 1:1000

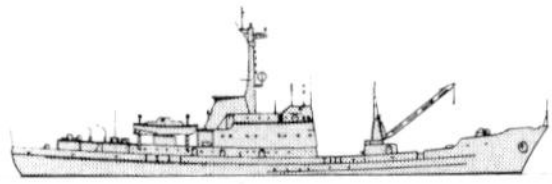

1250 ts, 15 kn, 73.3 m
1 AG: **Andrija Mohorovičić** (71)
Typ USSR Moma

4 SDV, ♉ 88/89 ts, 6/7 kn, 21 m
2 SC: **Velebit** [01] (85/96 – a.St./o.St)

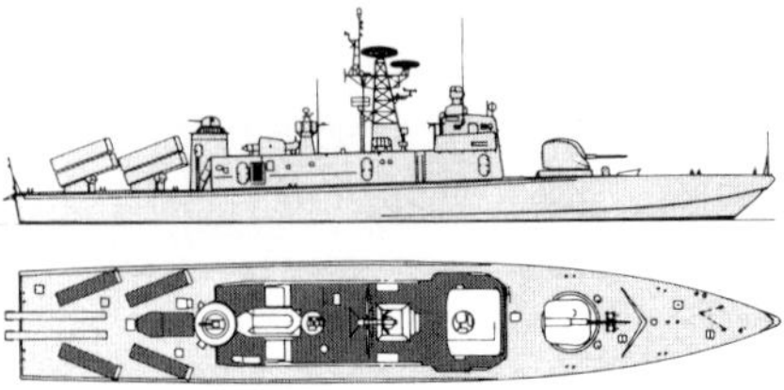

8 ⇨, 1-5.7, 1-3 $_{6}$, ./385 ts, 36 kn, 53.6 m
2-2, ♉
2 PG: **Kralj Petar Krešimir IV** [11]
(92-98) – *Typ Krešimir*

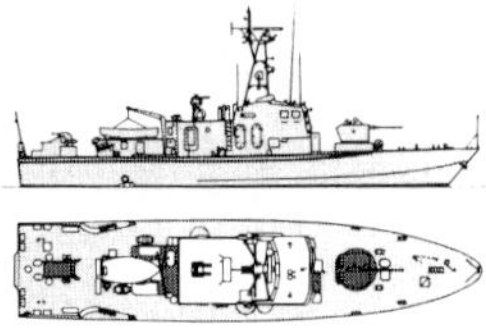

1-4, 1-2, 4 ↥ 120 ts, 28 kn, 32 m
4 PP: **Šolta** [61-64] (~ 83)
Typ ex jug. Mirna

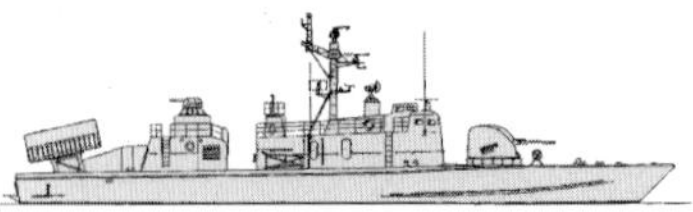

4 ⇨, 1-5.7, 1-3 $_{6}$ 240 ts, 35 kn, 45 m
1 PG: **Šibenik** [21] (~ 77) – *Typ ex jug. Končar*

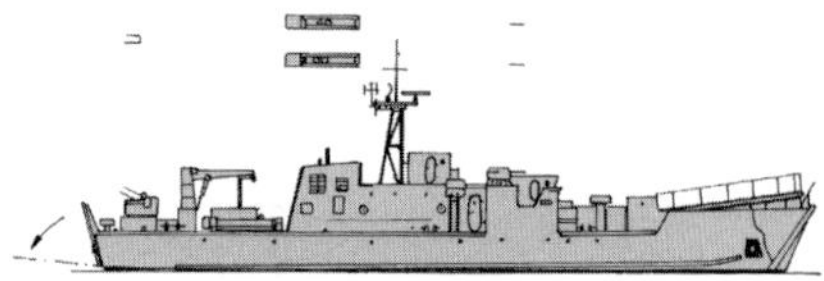

4-3, 2-2, 4 ↥, 94 ♉ ./880 ts, 12.5 kn, 49.7 m
2 LS: **Cetina** [81, 82] (92-94)

PG **Sibenik** [21] (~ 77) 1998, Brandt

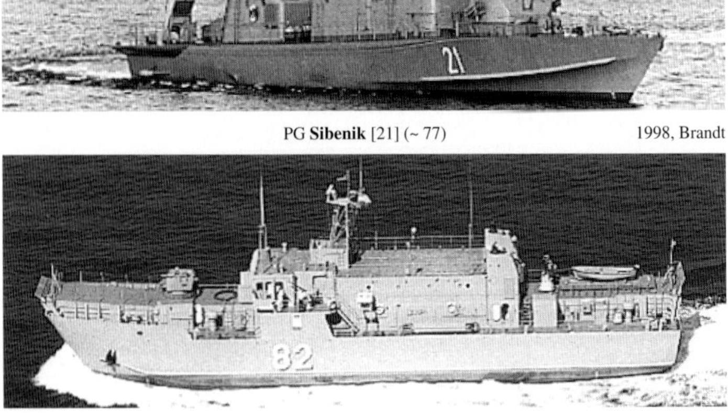

LS **Krka** [82] (94) 8-1998, Flottenkommando

Kuba/Cuba

395 ts, 32 kn, 58.5 m
1-7.6, 1-3, 1, 4 **UTR 40**, 2
1 FS: **321** (89) – *Typ USSR Pauk II*

750 ts, 13 kn, 55 m
1 AG: **Guama** (~ 75) – *Typ USSR Biya*

Maßstab / Scale 1:1000

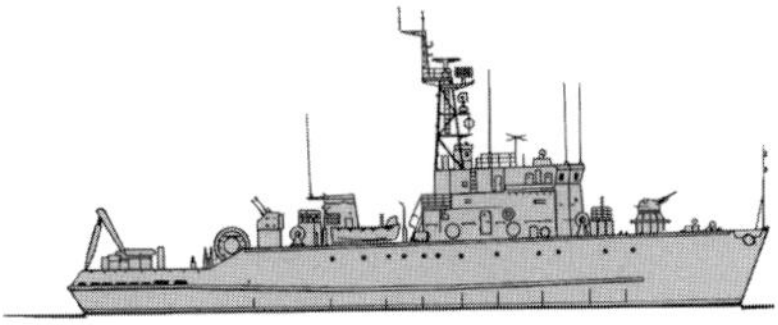

2-3, 2-2.5 350 ts, 18 kn, 48.5 m
2 MS: **570, 578** (~ 78) – *Typ USSR Sonya*

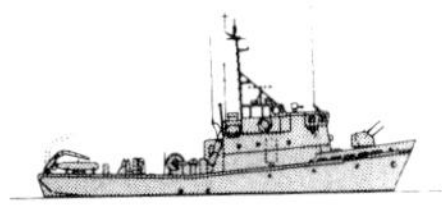

2 Mg 70 ts, 16 kn, 26.1 m
4 MS: **I-IV** (~ 75) – *Typ USSR Yevgenya*

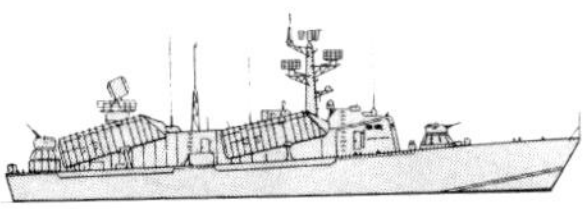

4 ⇨, 4-3 195 ts, 36 kn, 40 m
6 PG: **261** (~ 70) – *Typ USSR Osa II*

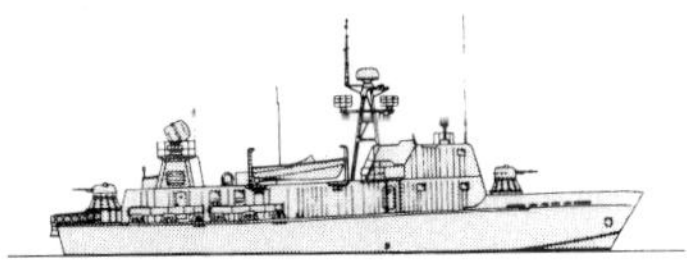

4-3 170 ts, 36 kn, 39.5 m
3 PC: **I-III** (~ 75) – *Typ USSR Stenka*

Kuwait

Maßstab / Scale 1:1000

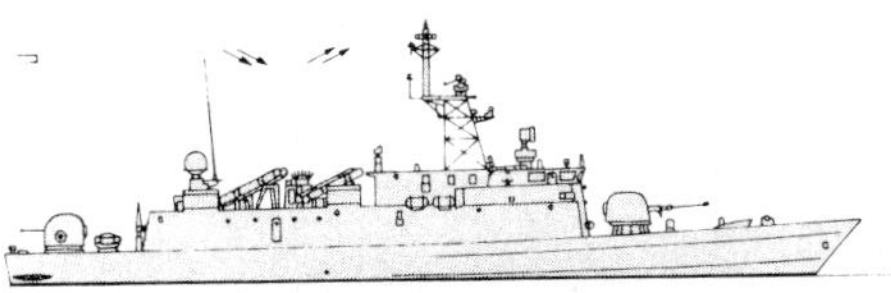

350 ts, 38 kn, 58.1 m
4 MM 40 ⇨, 1-7.6, 2-4
1 PG: **Istiqlal** [P 5702] (82)

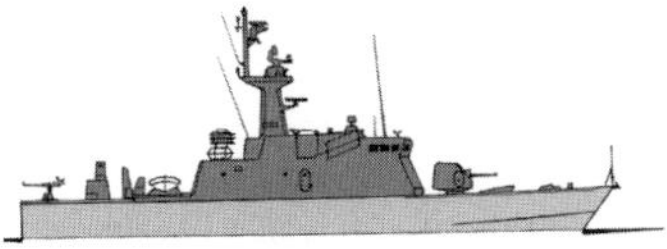

245 ts, 30 kn, 42 m
Sea Skua ⇨, 1-4, 2 Mg
8 PG: **Um Almaradim** (97-99)
[P 3711, 3713, 3715, 3717, 3719, 3721, 3723, 3725]
Typ CMN-P 37 BRL

Kuwait

4 MM 40 ⇨, 1-7.6 ⊿, 2-4 ⊿, 2 Mg ⊿ — 231 ts, 40.5 kn, 44.9 m
1 PG: **Al Sanbouk** [P 4505] (82)
Typ deutsch / German TNC 45

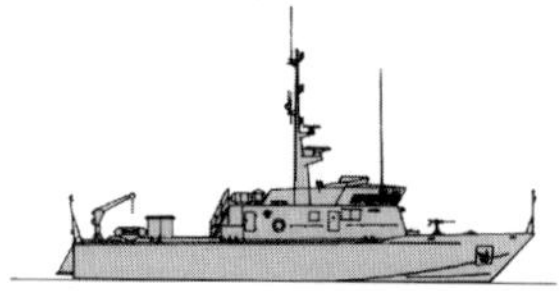

1-2 ⊿, 1 Mg ⊿ — ./150 ts, 28 kn, 31.5 m
4 PP: **Inttisar** [P 301-304] (92-93)
Typ austral. OPV 310

PG **Ouha** [P 3717] (97) — 5-1999, Prézelin

PP **Bayan** [P 306] (99) — 5-1999, Prézelin

Maßstab / Scale 1:1000

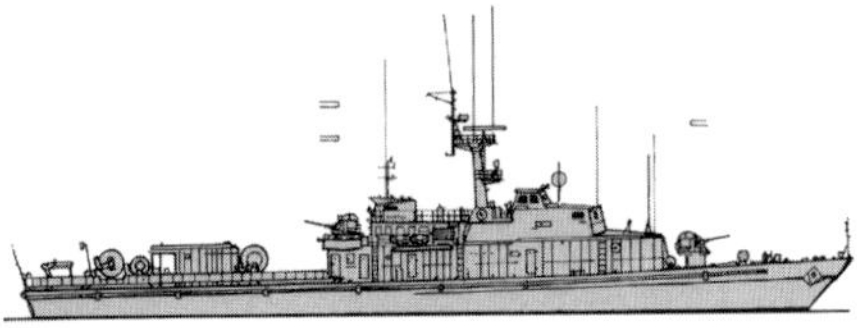

436 ts, 18 kn, 56.7 m
2-2.3 ⚓
2 MS: **Viesturs** [M 01, 02] (71)
Typ DDR / GDR Kondor II

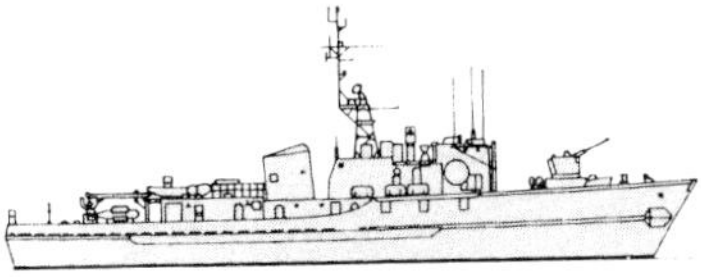

1-4 ⚓ 390 ts, 16.5 kn, 47.5 m
1 MB: **Namejs** [M 03] (59)
Klasse 331 B

1-2 ⚓ 141 ts, 15 kn, 34.4 m
2 PP: **Spulga** [KA 02, 03] (78)
Grenzwache / Border Guard

PP **Bulta** [P 04] (66) 7-1999, Behling

MB **Namejs** [M 03] (59) 7-1999, Wolf

Libyen / Libya

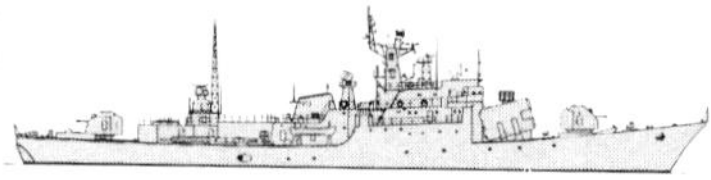

1500 ts, 30 kn, 96.4 m
4 ⇨, 4-7.6 ∡, 4-3 ∡, 2 ⇑, 4 **UTR** 40, 1 ✎
2 FG: **El Hani** [212, 213] (~ 85-86)
Typ USSR Koni

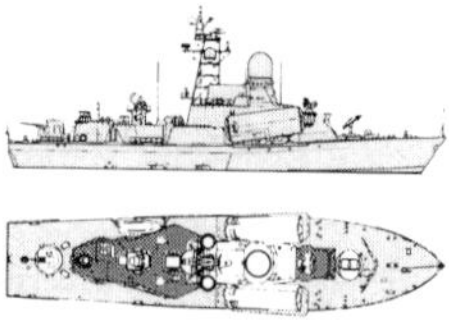

780 ts, 32 kn, 60.3 m
4 ⇨, 2 ⇑, 2-5.7 ∡
3 FG: **Tarek Ibn Ziyad** [416-418] (80-84)
Typ USSR Nanuchka II

550 ts, 31.5 kn, 61.7 m
4 ⇨, 1-7.6 ∡, 2-3.5 ∡, 6 **UTR**, ♁
4 PG: **Assad Al Tadjier** [412-415] (77-79)

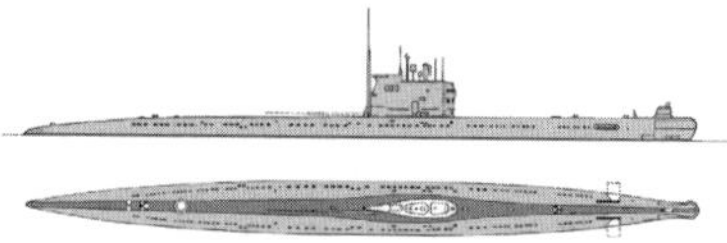

1950/2400 ts, 18/18 kn, 91.5 m
10 **TR**↓ (6 b, 4 h)
4 SS: **Al Badr** [311, 313, 314, 316] (75-82)
Typ USSR Foxtrot

Kennungen / Identification

Fregatten / Frigates
212-El Hani
213-Al Qirdabiyah
416-Tarek Ibn Ziyad
417-Ean Al Gazala
418-Ean Zaara

Uboote / Submarines
311-Al Badr
313-Al Ahad
314-Al Mitraka
316-Al Hunain

Minensucher / Minesweepers
111-Al Tiyar
113-Al Isar
115-R. Al Hamman
117-R. Al Fulaijah
119-R. Al Qula
121-R. Al Madwar
123-R. Al Massad
125-R. Al Hani

Kleine Kampfschiffe / Small Fighting Vessels
412-Assad Al Tadjier
413-A. A. Tougour
414-A. A. Khalij
415-A. A. Hudud
518-Sharaba
522-Shehab
524-Whag
528-Shouaiai
532-Shoula
534-Shafak
536-Bark
538-Rad
542-Laheeb
—
511-Al Katum
513-Al Zuara
515-Al Ruha
517-Al Baida
519-Al Nabha
521-Al Safhra
523-Al Fikar
525-Al Mathur
527-Al Muwashan
529-Al Sakab
531-Al Bitar
533- Al Sadad

Landungsfahrzeuge / Landing Vessels
112-Ibn El Hadrami
116-Ibn Umaja
118-Ibn El Farat
—
130-Ibn Al Idrissi
131-Ibn Marwan
… -El Kobayat
—
132-Ibn Ouf
134-Ibn Harissa

Hilfsfahrzeuge / Auxiliary Vessels
31-Ras El-Helal
32-Al Ahweirif
711-Zeltin
722-Al Munjed
917-Al Manoud

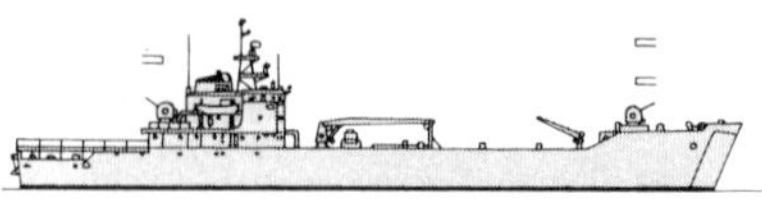

2800 ts, 15.2 kn, 99.5 m
6-4 ∡, 11 ⊟
1 LS: **Ibn Harissa** [134] (77)

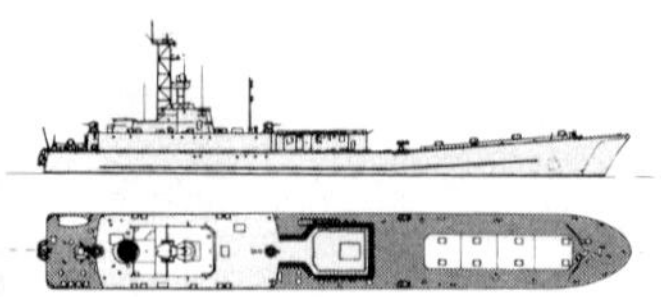

1150 ts, 15.5 kn, 84 m
4-3 ∡, 2 ↣ 40, 8 ⊟
3 LS: **Ibn El Hadrami** [112, 116, 118] (77-78)
Typ USSR Polnocny C

2200 ts, 15 kn, 99 m
2-4
1 AR: **Zeltin** [711] (68)

Maßstab / Scale 1:1000

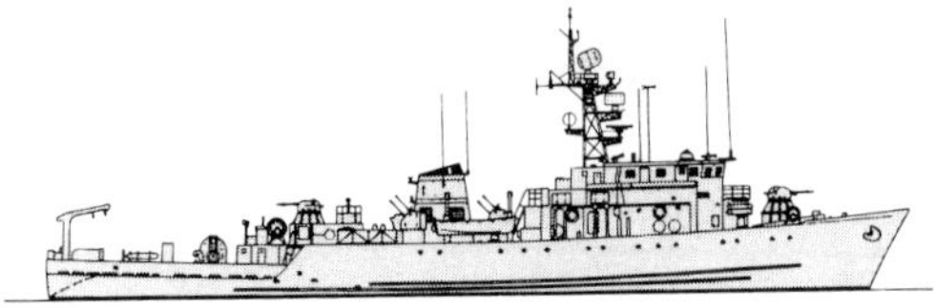

680 ts, 20 kn, 61 m
4-3, 4-2.5, 2
8 MB: **Al Tiyar**
[111, 113, 115, 117, 119, 121, 123, 125]
(80-85) – *Typ USSR Natya*

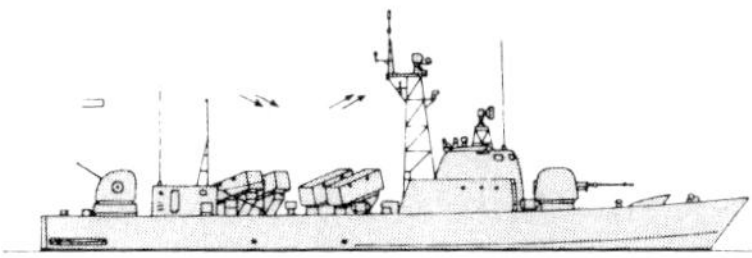

285 ts, 36 kn, 49 m
4, 1-7.6, 2-4
9 PG: **Sharaba** (79-82)
Typ frz. / French Combattante II G

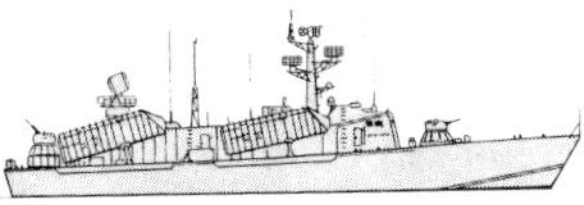

195 ts, 36 kn, 40 m
[4], 4-3
12 PG: **Al Katum** (75-78)
Typ USSR OSA II

Litauen/Lithuania

950 ts, 34 kn, 71.6 m
2$_{12}$, 2-5.7, 1-3$_{6}$, 2$_{12}$,
2 FF: **Zemajtis** [F 11, 12] (~ 80) – *Typ USSR Grisha III*

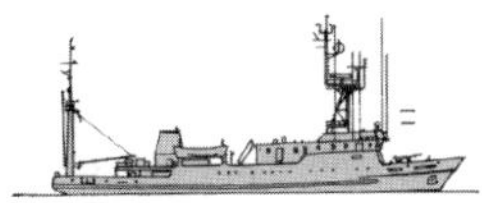

1050 ts, 12 kn, 54.9 m
1 AR: **Vetra,** [A 41] (80)
Typ USSR Valerian Urivayer

Maßstab / Scale 1:1000

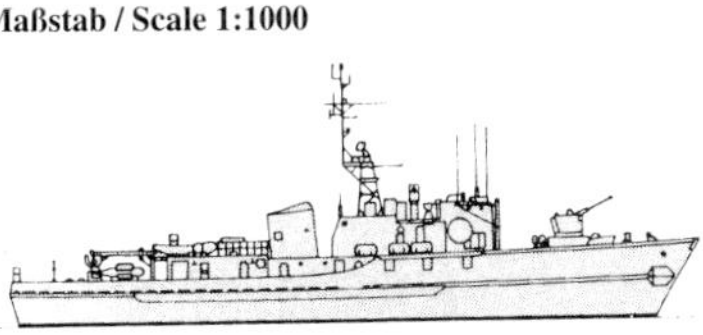

488 ts, 16.5 kn, 45.6 m
1-4
1 MB: **Süduvis** [M 52] (57)
Klasse 331 B

PP **Dzukas** (66) Typ norw. Storm 8-1996, Flottenkommando

FF **Aukstaitis** (~ 80) *Typ USSR Grisha III* 6-1998, Cišlak

MB **Süduvis** [M 52] (57) *Klasse 331 B* 9-1999, Voß

AR **Vetra** [(~ 80) *Typ USSR Valerian Urivayer* 9-1998, Behling

LC **Madeleine** (72) *Typ schwed. Kbv-B* 8-1999, Voß

1845 ts, 27 kn, 106 m
8 MM 40 ⇨, 1-5.7, 2-3, 1 VLS,
6 **UTR** 32.4 **III**, 1
2 FG: **Lekiu** (94-95)

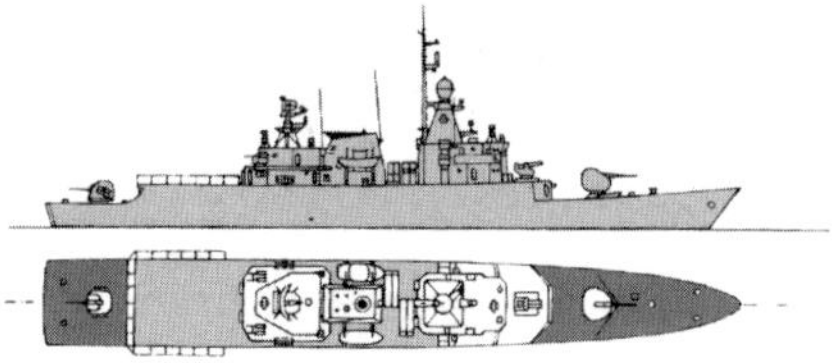

1690 ts, 28 kn, 97.3 m
4 MM 38 ⇨, 1-10, 1-5.7, 4-3,
1, 6 **UTR** 32.4 **III**
2 FG: **Kasturi** [F 25, 26] (83)
Typ deutsch / German FS 1500

1250 ts, 27 kn, 94 m
1-11.4, 4-3, 1
1 FE: **Rahmat** [F 24] (67)

1900 ts, 30 kn, 90.6 m
[⇨,], 1-5.7, 2-3, 1
6 FS: I-IV (a.St./o.St. – bew./auth.)
Typ MEKO 100 A

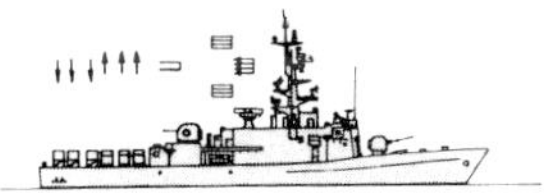

600 ts, 37.5 kn, 62.3 m
6 ⇨, 1 Aspide, 1-7.6, 2-4, 6 **UTR** 32.4 **IIII**
4 PG: **Laksamana Hang Nadim** [F 134-137] (83-84)

Kennungen / Identification

Fregatten / Frigates
F …
24-Rahmat
25-Kasturi
26-Lekir
27-Lekiu
28-Jebat
76-Hang Tuah
134-L. Hang Nadim
135-L. Tung Abdul Gamil
136-L. Muh. Amin
137-L. Tun Pusman
160-Musytari
161-Marikh

Kleine Kampfschiffe / Small Fighting Vessels
P …
34-Kris
36-Sundang
37-Badek
38-Renchong
39-Tombak
40-Lembing
41-Serampang
42-Panah
43-Kerambit
44-Beladau
45-Kelewang
46-Rentaka
47-Sri Perlis
49-Sri Johor
3144-Sri Sabah
3145-Sri Sarawak
3146-Sri Negri Sembilan
3147-Sri Melaka
3501-Perdana
3502-Serang
3503-Ganas
3504-Ganyang
3505-Jerong
3506-Todak
3507-Paus
3508-Yu
3509-Baung
3510-Pari
3511-Handalan
3512-Perkasa
3513-Pendekar
3514-Gempita

Minensucher / Minesweepers
M …
11-Mahamiru
12-Jerai
13-Ledang
14-Kinabala

Sonstige / Miscellaneous
A …
152-Mutiara
153-Perantau
1109-Duyong
1501-Sri Banggi
1503-Sri Indera Sakti
1504-Mahawangsa
1505-Sri Inderapura

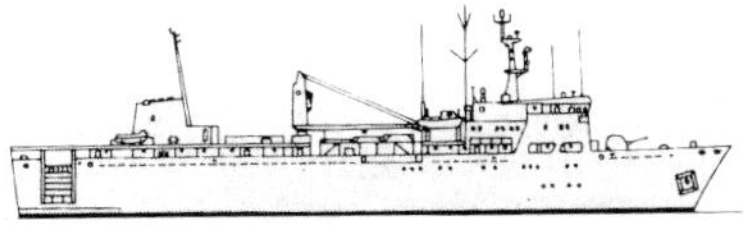

1-5.7, 2-2 1800 ts, 16.5 kn, 100 m
1 AK: **Sri Indera Sakti** [1503] (80)

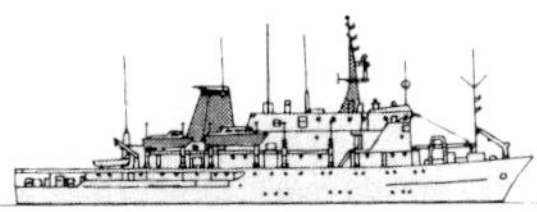

2-2 1950 ts, 16 kn, 70 m
1 AG: **Mutiara** [152] (76)

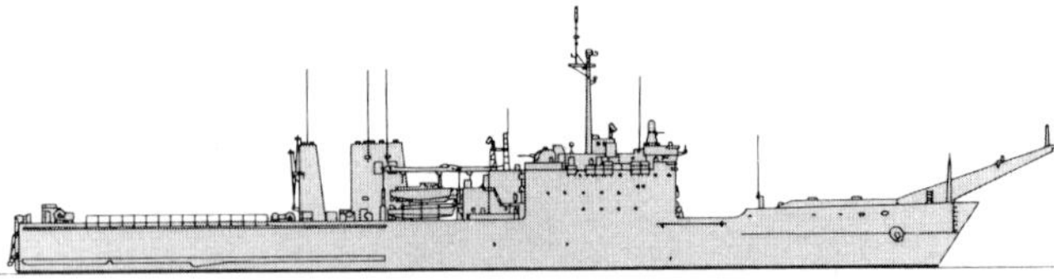

1-2 Phalanx, [400], [500 t] 4970 ts, 20 kn, 159 m
1 LS: **Sri Inderapura** [1505] (70) – *Typ US Newport*

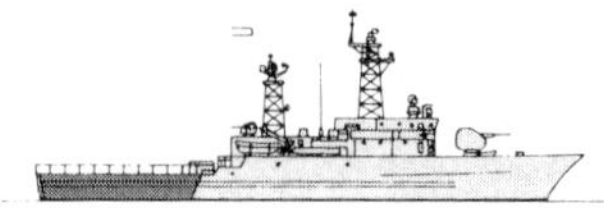

1000 ts, 22 kn, 75 m
1-10 , 2-3
2 FS: **Musytari** [F 160, 161] (84-86)

Maßstab / Scale 1:1000

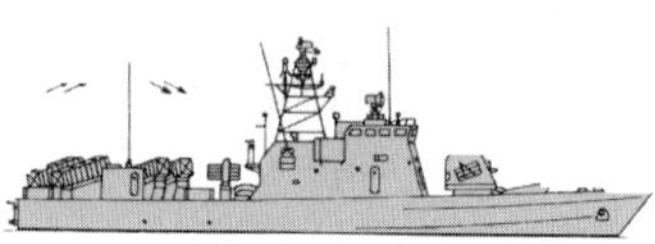

4 ⇨, 1-5.7 , 1-4 240 ts, 34.5 kn, 43.6 m
4 PG: **Handalan** [P 3511-3514] (78)

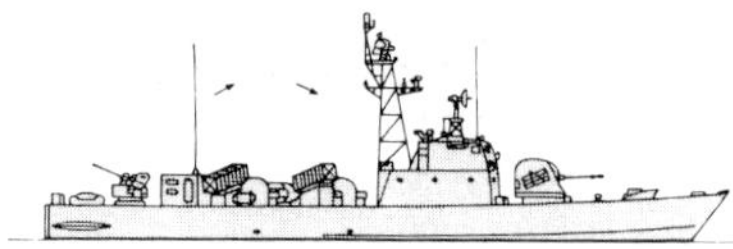

2 ⇨, 1-5.7 , 1-4 240 ts, 36.5 kn, 47 m
4 PG: **Perdana** [P 3501-3504] (71-72)

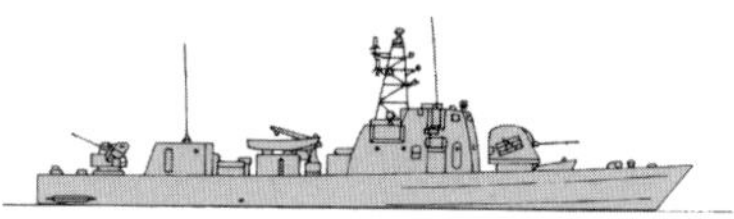

1-5.7 , 1-4 210 ts, 32 kn, 44.8 m
6 PP: **Jerong** [P 3505-3510] (75-77)

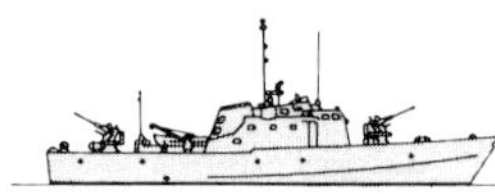

2-4 96 ts, 27 kn, 31.4 m
14 PP: **Kris** [P 34, 36-47, 49] (66-67)

FG **Laksamana Hang Nadim** [134] (83) 8-1997, Grazioli

FS **Marikh** (86) 4-1997, Gierke

Malta

Maßstab / Scale 1:1000

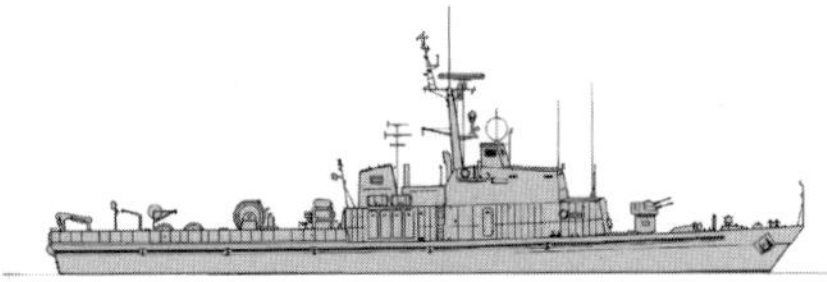

340 ts, 20 kn, 52 m
3 Mg
3 PP: **P 29, 30, 31** (69)
Typ DDR / GDR Kondor I

PP **La Valette** [P 29] (69) 3-1999, Van Ginderen coll.

Mauritius

1650 ts, 22 kn, 75 m
[1-4 , 2 Mg]
1 FF: **Vigilant** [21] (95)

Marokko/Morocco

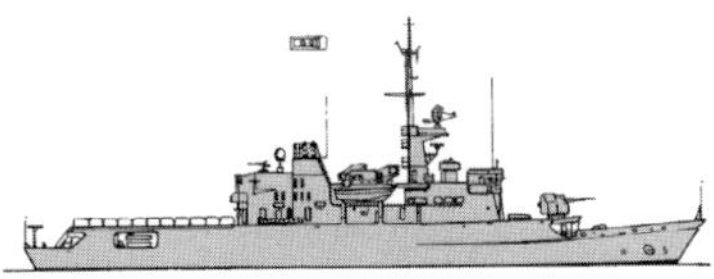

2600 ts, 20 kn, 93.5 m
4 ⇒, [1 SADRAL], 1-10 , 2-2 , 1
2 FG: I, II (a.St./o.St. – bew./auth.)
Typ franz. / French Floréal

1270 ts, 26 kn, 89 m
1-7.6 , 2-4 ,
1 Albatros , 6 **UTR**, 1
1 FF: **Lieutenant Colonel Arrhamani** [501] (82)
Typ span. Descubierta

520 ts, 25 kn, 64 m
1-4 , 1-2 , 2 Mg
5 PP: **Raïs Bargach** [318-322] (95-97)

Marokko/Morocco

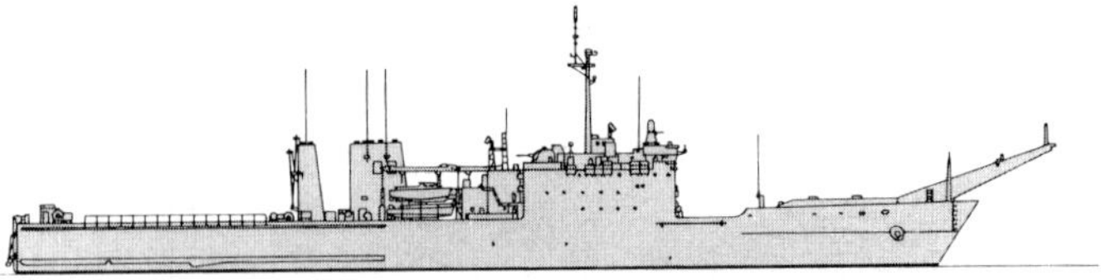

1-2 Phalanx, [400], [500 t] 4970 ts, 20 kn, 159 m
1 LS: **Sidi Mohammed Ben Abdallah** [407] (71) – *Typ US Newport*

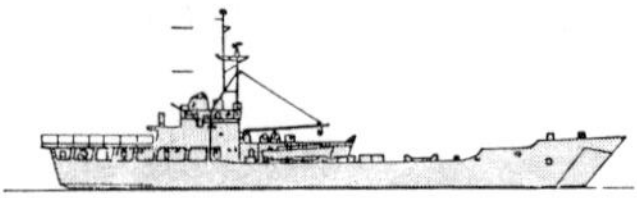

2-4, 2 Mg, 750 ts, 16 kn, 80 m
2-8.1 Mörser/mortars
3 LS: **Daoud Ben Aîcha** [402-404] (77-78)
Typ frz. / French BATRAL

2-2, 290 ts, 8 kn, 59 m
1-12 Mörser / mortar
1 LS: **Lieutenant Malghagh** [401] 63)
Typ frz. / French EDIC

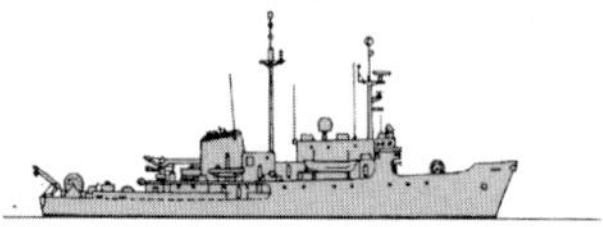

1200 ts, 13.5 kn, 64 m
1 AG: **Abu Al Baraka Al Barbari** [702] 66)
Typ US Robert D. Conrad

Maßstab / Scale 1:1000

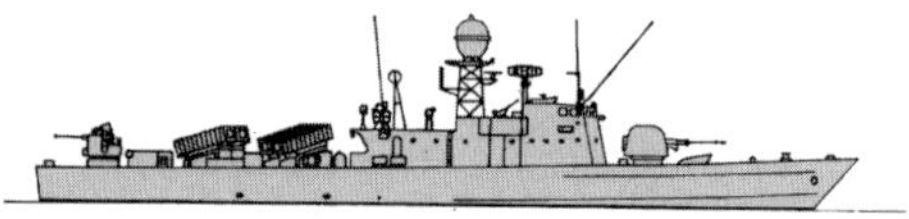

355 ts, 29.5 kn, 57.4 m
4 ⇨, 1-7.6, 2-4, 2-2
4 PG: **Commandant Al Khattabi** [P 304-307]
(80-82) – *Typ span. Lazaga*

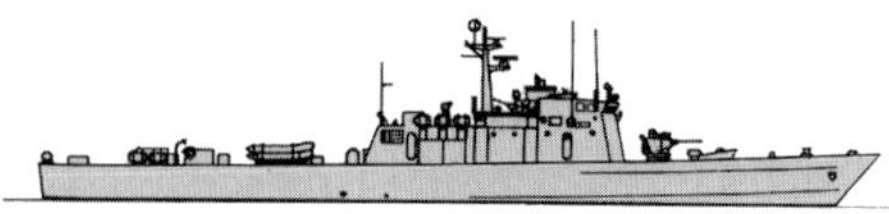

397 ts, 22 kn, 58.1 m
1-4, 2-2
6 PP: **L.-V. Rabhi** [P 310-315] (88-89)

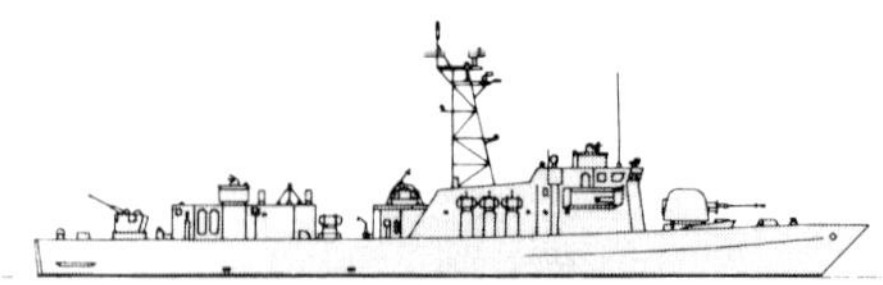

375 ts, 28 kn, 58.7 m
1-7.6, 1-4
2 PP: **Okba** [302, 303] (75-76)
Typ frz. / French PR 72

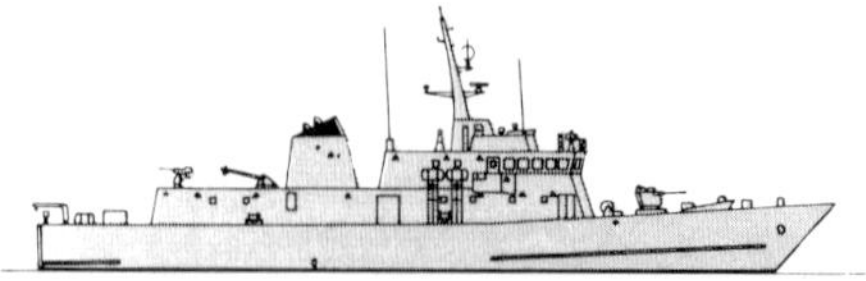

420 ts, 20 kn, 55 m
1-4, 2-2
4 PP: **El Hahiq** [308, 309, 316, 317] (87-90)
Typ dän. / Dan. Osprey Mk II

FE **Lieutenant Colonel Arrahmani** (82) 6-1996, D. Quevedo Carmona

PG **Commandant El Harty** (81) 7-1996, Findler & Winter

PP **Raïs Al Mounastiri** (97) 7-1998, Van Ginderen coll.

LS **Abu Abdallah El Ayachi** (78) 6-1998, Flottenkommando

Mexico

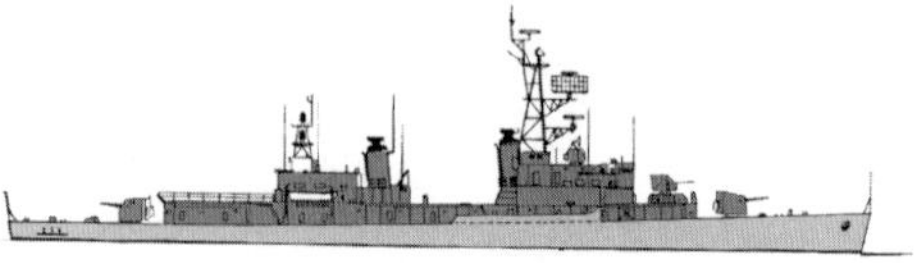

2445 ts, 30 kn, 119 m
4-12.7, 1-5.7
2 DD: **Ilhuicamina** [E 10, 11] (45)
Typ US Gearing / FRAM 1

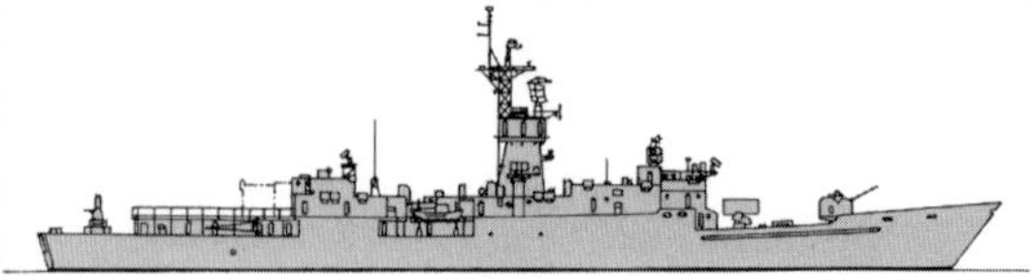

3011 ts, 27 kn, 134 m
8 ⇒, 1 Sea Sparrow 8, 1-12.7
4 **UTR** 32.4 II, 1 8, 1
2 FG: **Mariano Adabalos** [E 50, 51]
(67-70) *Typ US Knox*

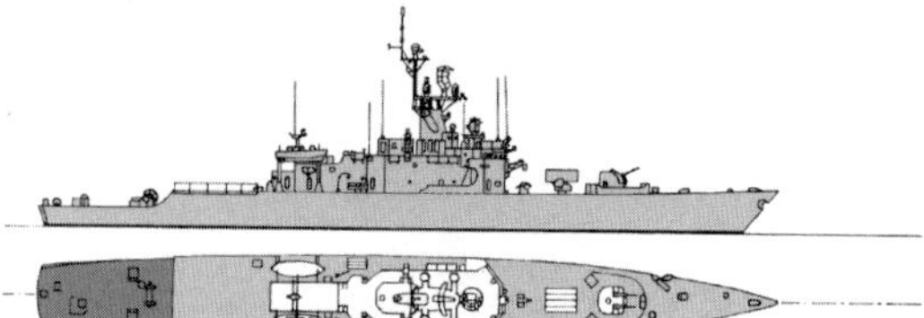

2360 ts, 24 kn, 113 m
2-7.6, 6 **UTR** 32.4 III, 1 8,
2 FF: **Nicolas Bravo** [E 40, 42] (62)
Typ US Bronstein

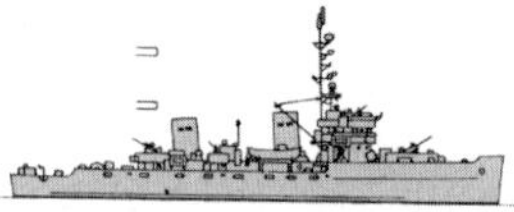

1-7.6, 4-4 1090 ts, 18 kn, 67 m
17 FS: **Leandro Valle** [C 70-86] (42-45)
Typ US Auk

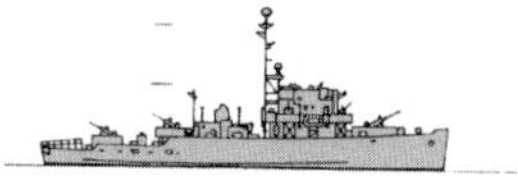

1-7.6, 6-4, 6-2 650 ts, 15 kn, 56 m
11 FS: **General Miguel Negrete** [C 50-57, 59-61]
(43-44) *Typ US MSF*

Kennungen / Identification

Zerstörer / Destroyers
E …
01-Cuitlahuac
10-Ilhuicamina
11-Netzahualcoyotl
20-M. Hidalgo
21-V. Guerrero
22-J. M. Morelos y P.
30-Cdro. M. Azueta P.
40-N. Bravo
42-H. Galeana
50-M. Adabalos
51-J. Allende

Fregatten / Frigates
C …
01-Cpt. Holzinger
02-Cpt. Brito
03-Brig. Gonzales
04-Gen. Berriozabal
07-Guanajuato
11-C. V. Uribe
12-T. J. Azueta
13-C. P. Sáinz de Baranda
14-C. C. C. Bretón
15-V. Othón-P. Blanco
16-C. A. O. Monasterio
50-Gen. M. Negrete
51-G. M. Gonzales
52-G. M. Rincon
53-G. F. Xicotencatl
54-Cad. A. Melgar
55-T. dela Barrera
56-Cad. J. Escutia
57-Cad. F. Montes
59-Cad. F. Marquez
60-G. I. Zaragoza
61-Cad. V. Suarez
70-L. Valle
71-G. Prieto
72-M. Escobedo
73-M. Doblado
74-S. L. de Tejada
75-S. Degollado
76-I. de La Llave
77-J. N. Alvarez
78-M. G. Zamora
79-V. G. Farias
80-I. Altamirano
81-F. Zarco
82-I. L. Vallarta
83-J. G. Ortega
84-M. Ocampo
85-J. Aldama
86-M. Matamoros
101-Démocrata
102-
2001-Rosas Coria
2002-
2003-
2004-
2005-

Wachboote / Patrol Vessels
P …
01-Azteca
02-Guaycura
03-Nahuatl
04-Totoran
05-Papago
06-Tarahumara
07-Tepehuan
08-Mexica
09-Zapoteca
10-Huasteca
11-Mazahua
12-Huichol
13-Seri
14-Yaqui
15-Tlapaneco
16-Tarasco
17-Acolhua
18-Otomi
19-Mayo
20-Pimas
21-Chichimeca
22-Chontal
23-Mazateco
24-Tolteca
25-Maya
26-Chochimie
27-Cora
28-Totonaca
29-Mixteco
30-Olmeca
31-Tlahuica
42-C. Corrientes
43-C. Corzo
44-C. Catoche
45-P. Morro
46-P. Mastun
51-Isla Coronado
52-Isla Lobos
53-Isla Guadalupe
54-Isla Cozumel
60-Pta. Morro
61-Pta. Mastun
70-Tamiahu
71-Lagartos
72-Kana
73-Cuyutlan
74-Mandinga
75-Alvarado
76-Catemaco
80-L. d. Patzcuaro
81-L. d. Chapala
82-L. d. Texcoco
83-L. d. Janitzio
84-L. d. Cuitzeo

Hilfsschiffe / Auxiliary Vessels
A …
01-R. Panuco
02-R. Papaloapan
03-R. Grijalva
10-R. Usumacinta
11-R. Coatzacoalcos
20-Rio Nauta
21-Rio Tonala
22-Rio Lerma
26-Rio Hondo
27-R. Suchiate
42-Port. de Llano
50-Quetzalcoatl
51-Huitilopochtli
52-Kukulkan
53-Ehacatl
54-Tonatiuh
55-Chac

H …
02-Aldebaran
03-A. de Humboldt
04-Onjuku
05-Altair
06-Antares

[1-5.7], 1-4 , 1 910 ts, 22 kn, 74.4 m
4 FS: **C. d. N.-S. J. Holzinger** [C 01-04] (88-89)

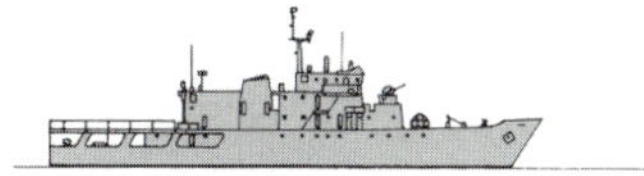

1-4 , 1 767 ts, 20.5 kn, 67 m
6 FS: **Cadete Virgilio Uribe** [C 11-16] (81-82)
Typ span. Halcón

Maßstab / Scale 1:1000

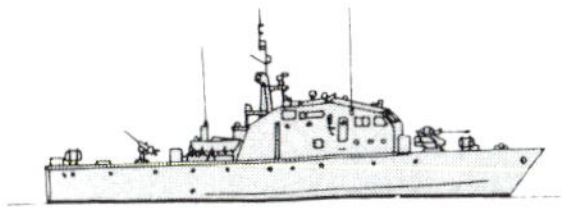

115 ts, 24 kn, 36.5 m
1-4 , 1-2 , 2 Mg
31 PP: **Azteca** [P 01-31] (74-81)

DD **Netzahualcoyotl** (45) 10-1996, Van Ginderen coll.

FS **Brigardier J.M. de la Vega Gonzales** (92) 10-1995, Findler & Winter

PP **Chontal** (76) *Azteca Klasse* 4-1999, Van Ginderen coll.

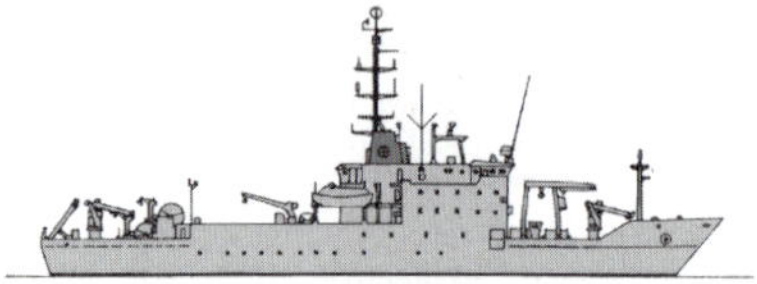

2465 ts, 16.3 kn, 93 m
1 AG: **Alliance** [A 1456] (86)

AG **Alliance** (86) 2-1997, Van Ginderen coll.

Neuseeland/New Zealand

3200 ts, 27.7 kn, 117 m
[⇨], 1-12.7, [1-2 Phalanx], 1 VLS,
6 **UTR** 32.4 **III**, 1
2 FG: **Te Kaha** [F 77,111] (95-97)
Typ deutsch / German MEKO 200 ANZ

Kennungen / Identification

Fregatten / Frigates
F …
69-Wellington
77-Te Kaha
111-Te Mana
412-Canterbury

Kleine Kampfschiffe Small Fighting Vessels
P …
3535-Moa
3554-Kiwi
3555-Wakakura
3556-Hinau

Hilfsfahrzeuge / Auxiliary Vessels
A …
02-Charles Upham
04-Kahu
07-Takapu
08-Tarapunga
09-Manawanui
10-Arataki
11-Endeavour
14-Resolution

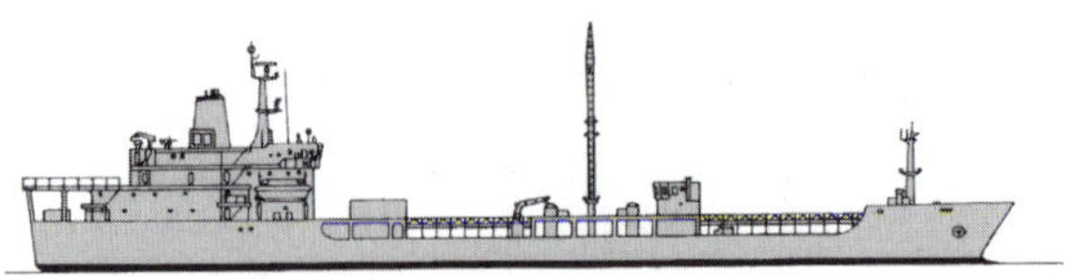

./12 390 ts, 14 kn, 136 m
[2-2]
1 AO: **Endeavour** [A 11] (87)

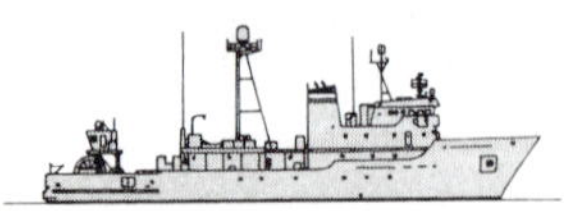

1600 ts, 11 kn, 68.3 m
1 AG: **Resolution** [A 14] (89)
Typ US Stalwart

FG **Te Kaha** [F 77] (95) *Typ MEKO 200 ANZ* 7-1997, Van Ginderen coll.

AO **Endeavour** [A 11] (87) 8-1998, Van Ginderen coll.

AK **Charles Upham** [A 02] (84) 10-1997, Fiebiger

Niederlande/Netherlands

Zerstörer / Destroyers

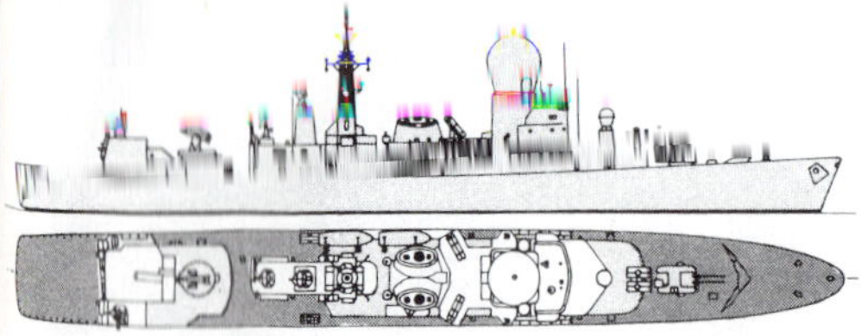

3660 ts, 30 kn, 138 m
8 Harpoon, 2-12,
1-3 Goalkeeper,
1 Sea Sparrow 8, 1 SM-1 (MR) 1,
6 **UTR** 32.4 **III**, 1
1 DG: **De Ruyter** [F 806] (74)

Fregatten / Frigates

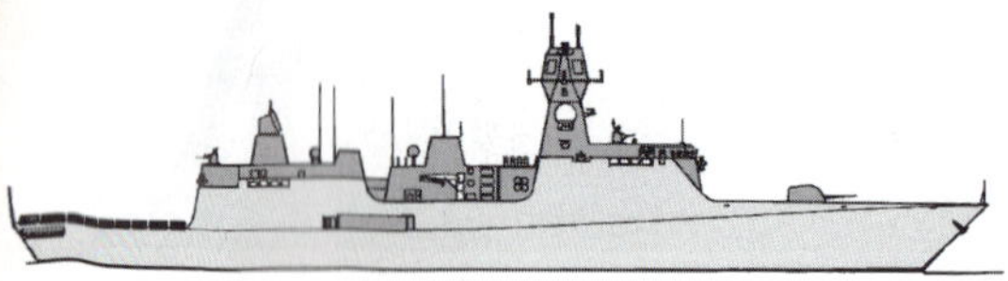

6048 ts, 30 kn, 144 m
8 Harpoon, SM 2 VLS,
1-12.7, 2-3 Goalkeeper,
2-2, 4 **UTR** 32.4 **II**, 1
4 FG: De Zeven Provincien
(a.St./o.St. – bew./auth.)
[F 802-805]
vorläufige Skizze /
preliminary drawing

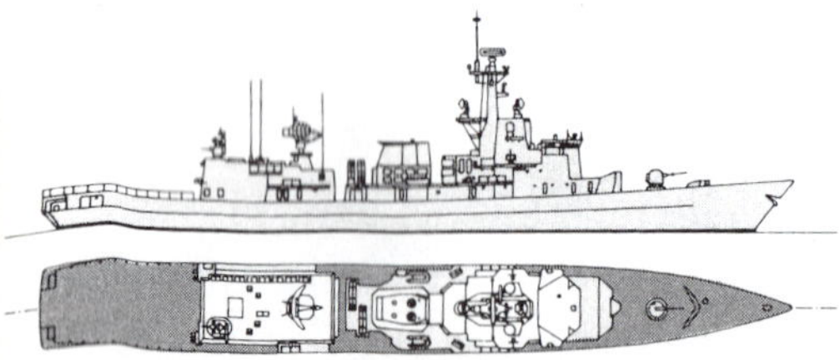

2800 ts, 28 kn, 122 m
8 Harpoon, 1-7.6,
1-3 Goalkeeper, 2-2, 1 VLS
Sea Sparrow, 4 **UTR** 32.4 **II**, 1
8 FG: **Karel Doorman**
[F 827-834] (88-94)

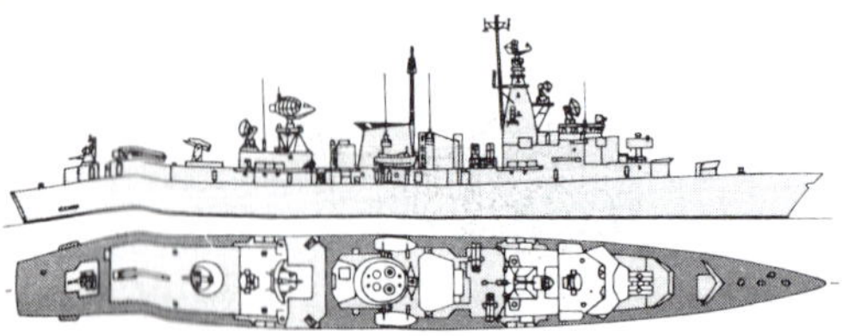

3000 ts, 30 kn, 130 m
8 Harpoon, 1 SM-1, 1 Sea Sparrow,
1-3 Goalkeeper, 4 **UTR** 32.4 **II**,
2 FG: **Jakob van Heemskerck**
[F 812, 813] (83-84)

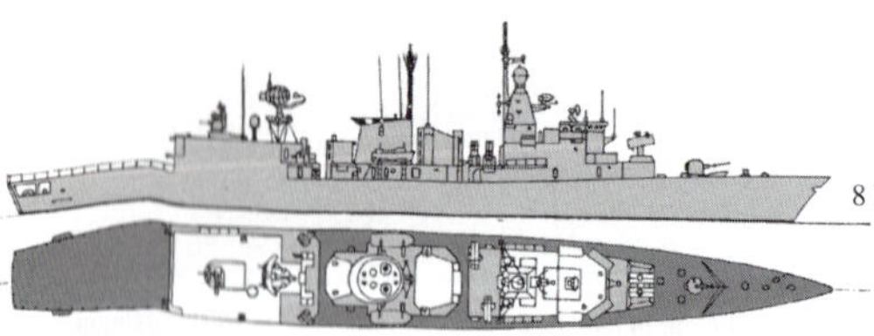

3050 ts, 30 kn, 130 m
8 Harpoon, 1-7.6, 1-3, Goalkeeper,
1 Sea Sparrow, 4 **UTR** 32.4 **II**, 2
4 FG: **Kortenaer**
[F 823-826] (79-82)

Kennungen / Identification

Fregatten / Frigates
F …
806-De Ruyter
812-J. v. Heemskerck
813-W. de With
823-Ph. v. Almonde
824-B. v. Treslong
825-J. v. Brakel
826-P. Florisz
827-K. Doorman
828-Van Speijk
829-W. v. d. Zaan
830-Tjerk Hiddes
831-Van Amstel
832-A. v. d. Hulst
833-Van Nes
834-Van Galen
802-De Zeven Provincien
803-Tromp
804-De Ruyter
805-Evertsen

Uboote / Submarines
S …
802-Walrus
803-Zeeleeuw
808-Dolfijn
810-Bruinvis

Minensucher / Minesweepers
M …
850-Alkmaar
851-Delfzijl
852-Dordrecht
853-Harlem
854-Harlingen
855-Scheveningen
856-Maassluis
857-Makkum
858-Middelburg
859-Hellevoetsluis
860-Schiedam
861-Urk
862-Zierikzee
863-Vlaardingen
864-Willemstad

Landungsfahrzeuge/ Landing Vessels
L …
800-Rotterdam
9525-9529
9530-9535
9536-9541

Sonstige / Micellaneous
A …
801-Pelikaan
832-Zuiderkruis
836-Amsterdam
851-Cerberus
852-Argus
853-Nautilus
854-Hydra
874-Linge
875-Regge
876-Huntze
877-Rotte
878-Gouwe
887-Thetis
900-Mercuur
902-Van Kinsbergen
904-Buyskes
906-Tydeman

Y …
8005-Nieuwdiep
8018-Breezand
8019-Balgzand
8050-Urania
8055-Schelde
8056-Wierbalg
8057-Malzwin
8058-Zuidwal
8059-Westwal
8500-Tax
8536-Patria

Uboote / Submarines

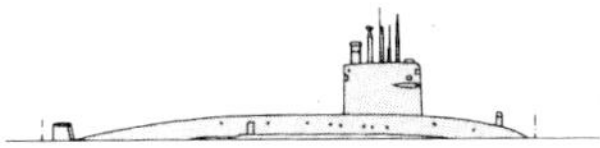

2450/2800 ts, 12/21 kn, 67.7 m
4 **TR** 53.3↓,
4 SS: **Walrus** [S 802, 803, 808, 810] (85-92)

Landungsfahrzeug / Landing Vessel

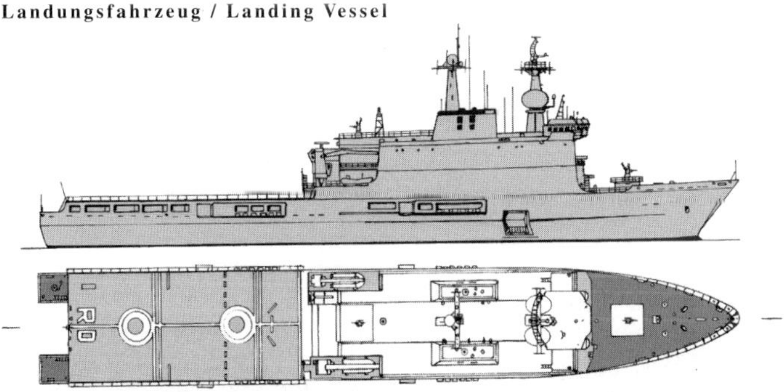

6 , 2-3 Goalkeeper, 4-2 , [600], 4 LCM-8 — 12 750 ts, 19 kn, 166 m
2 LD: **Rotterdam,** I [L 800 …] (97 – gepl./plan.)

Hilfsfahrzeuge / Auxiliary Vessels

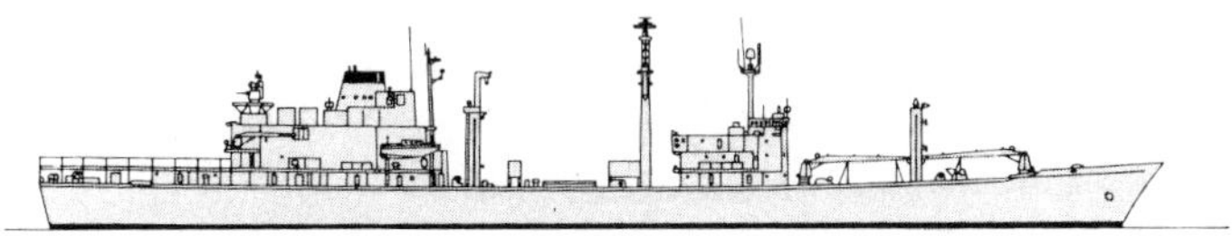

1-3 Goalkeeper, 5-2 , [5] — ./17 360 ts, 21 kn, 170 m
1 AK: **Zuiderkruis** [A 832] (74)

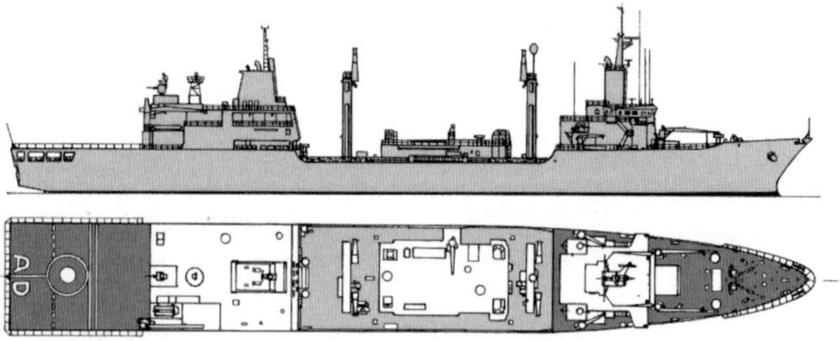

1-3 Goalkeeper, 2-2 , 4 ./17040 ts, 20 kn, 166 m

1 AK: **Amsterdam** [A 836] (93)

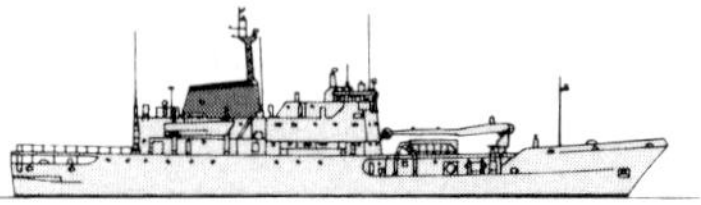

– 2980 ts, 15 kn, 90 m

1 AG: **Tydeman** [A 906] (75)

– 965 ts, 13 kn, 59 m

1 AG: **Buyskes** [A 904] (72)

Maßstab / Scale 1:1000

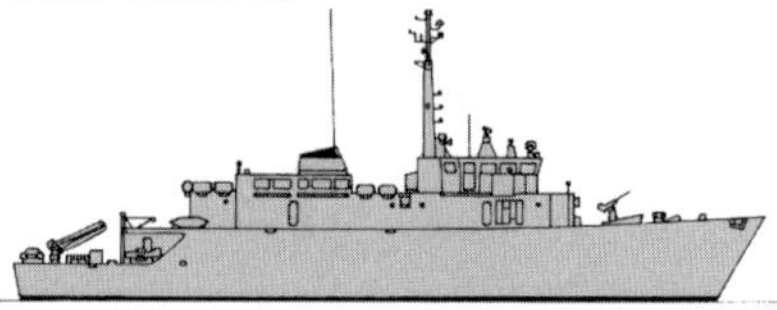

[1-2] 510 ts, 15 kn, 51.5 m

15 MB: **Alkmaar** [M 850-864] (82-89)

Niederl. Antillen

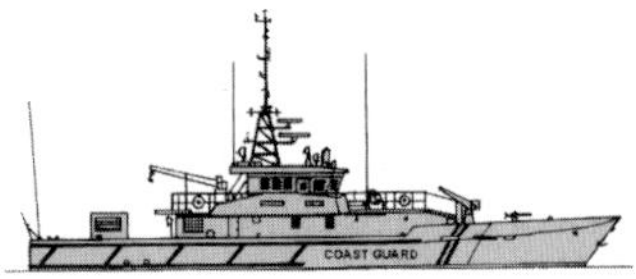

1 Mg 205 ts, 26 kn, 41.8 m

3 PP: **Jaguar** [P 810-812] (98)

DG **De Ruyter** [F 806] (74) 3-1999, Van Ginderen coll.

FG **Philips van Almonde** [F 823] (79) 8-1999, U. Albrecht

FG **Tromp** [F 801] (73) 11/99: a.D. / decom. 9-1999, Plokker

FG **Van Amstel** [F 831] (90) 5-1999, Van Ginderen coll.

SS **Walrus** [S 802] (85/89) 5-1999, Van Ginderen coll.

MB **Dordrecht** [M 852] (83) 9-1998, Voß

LD **Rotterdam** [L 800] (97) 4-1998, Van Ginderen coll.

AK **Amsterdam** [A 836] (93) 3-1998, Flottenkommando

AK **Zuiderkruis** [A 832] (74) 8-1998, W. Kramer

Tender **Mercuur** [A 900] (86) 6-1999, Winter & Findler

AT **Regge** [A 875] (87) 7-1999, Van Ginderen coll.

AT **Waker** (77) 7-1998, Wolf

PP **Jaguar** [P 810] (98) 10-1998, Plokker

Nigeria

740 ts, 27 kn, 69 m
1-7.6, 1-4, 2-2
1 FE: **Erin'mi** [F 83] (78)

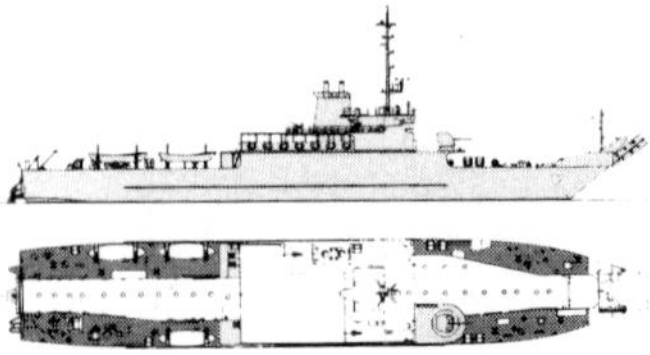

1570 ts, 17 kn, 86.9 m
1-4, 2-2
1 LS: **Ambe** [1312] (78)
Typ deutsch / German Ro Ro 1300

Maßstab / Scale 1:1000

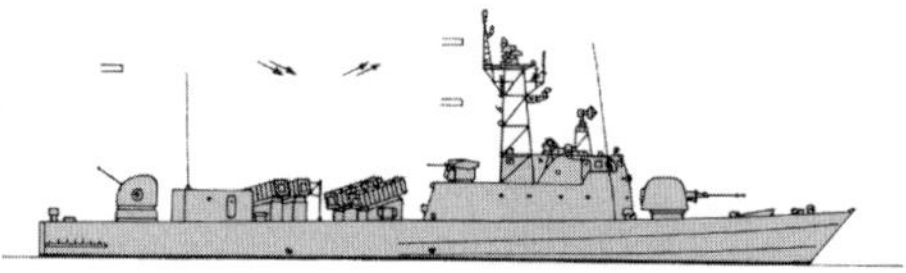

376 ts, 35 kn, 56.2 m
4 MM 38, 1-7.6, 2-4, 4-3
3 PG: **Siri** [P 181-183] (80-81)
Typ frz. / French Combattante III B

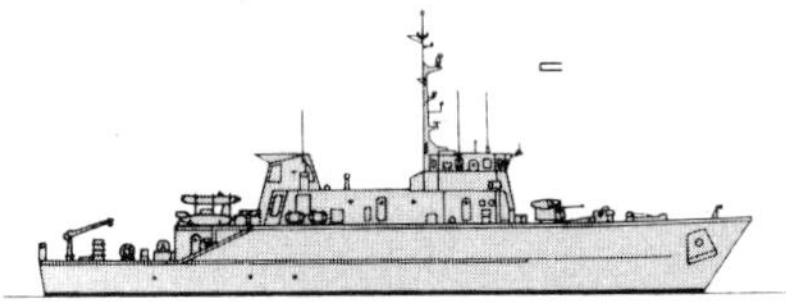

540 ts, 15.5 kn, 51 m
2-3, 2-2
2 MB: **Ohue** [M 371, 372] (85-86)

Norwegen/Norway

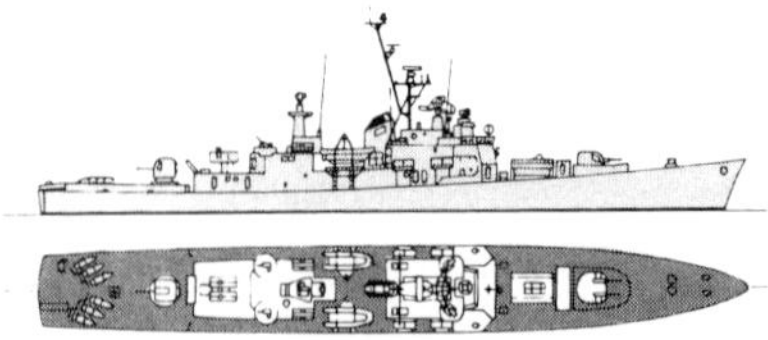

1450 ts, 25 kn, 96.6 m
6 Penguin, 2-7.6, 1-4, 2-2,
1 Sea Sparrow, 6 **UTR** 32.4 **III**, 1
4 FG: **Bergen** [F 301-304] (64-66) – *Oslo Klasse*

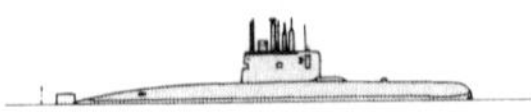

8 **TR** 53.3 b 1040/1150 ts, 11/23 kn, 60 m
6 SS: **Ula** [S 300-305] (88-91)
Typ deutsch / German 210

8 **TR** 53.3 b 370/460 ts, 10/17 kn, 47.2 m
6 SC: **Skolpen** [S 306, 308, 309, 314, 318, 319]
(64-67) *Typ deutsch / German 207*

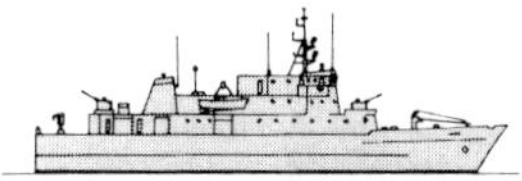

2-4, 1500 ts, 15 kn, 64.8 m
6 **UTR** 32.4 **III**, 320
2 NB: **Vidar** [N 52, 53] (77)

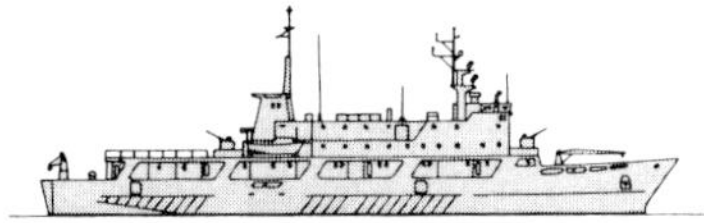

2-4, 60 ./2500 ts, 16 kn, 87.4 m
1 AR: **Horten** [A 530] (77)

Kennungen / Identification

Fregatten / Frigates
F …
301-Bergen
302-Trondheim
303-Stavanger
304-Narvik

Uboote / Submarines
S …
Ula Klasse
300-Ula
301-Utsira
302-Utstein
303-Utvaer
304-Uthaug
305-Uredd

Kobben Klasse
306-Skolpen
308-Stord
309-Svenner
314-Sklinna
318-Kobben
319-Kunna

Kleine Kampfschiffe / Small Fighting Vessels
P …
358-Hessa
359-Vigra
960-Skjold
961-Blink
965-Kjekk
966-Djerv
967-Skudd
969-Steil
972-Hvass
977-Brask
979-Gnist
986-Hauk
987-Ørn
988-Terne
989-Tjeld
990-Skarv
991-Teist
992-Jo
993-Lom
994-Stegg
995-Falk
996-Ravn
997-Gribb
998-Geir
999-Erle

Minenleger / Minelayers
N …
50-Tyr
52-Vidar
53-Vale

Minensucher / Minesweepers
M …
340-Oksøy
341-Karmøy
342-Måløy
343-Hinnøy
350-Alta
351-Otra
352-Rauma
353-Orkla
354-Glomma

Landungsfahrzeuge / Landing Vessels
L …
4502-Reinøysund
4503-Sørøysund
4504-Maursund
4505-Rotsund
4506-Tjeldsund

Hilfsfahrzeuge / Auxiliary Vessels
A 530-Horten
A 533-Norge
A 535-Valkyrien
HSD 10-Maagøy
HSD 15-Krøttøy
NSD 35-Rotvaer
ØSD 1-Welding
HM 5-Wisting
HS 1-Kvarven
HV 2-Viken
HP 21-Oscarsborg II
TRSD 4-Karlsøy
SSD 1-Tautra
VSD 1-Vernøy
VSD 4-Torpen
VSD 7-Samson
VSD10-Bogøy

Küstenwache / Coast Guard
W …
300-Nornen
303-Svalbard
311-Lance
312-Ålesund
313-Tromsø
314-Stålbas
315-Nordsjøbas
316-Volstad Jr.
317-Lafjord
318-Nysleppen
319-Grimsholm
320-Nordkapp
321-Senja
322-Andenes
KV …
1-Titran
2-Norvakt
3-Sture Gøran

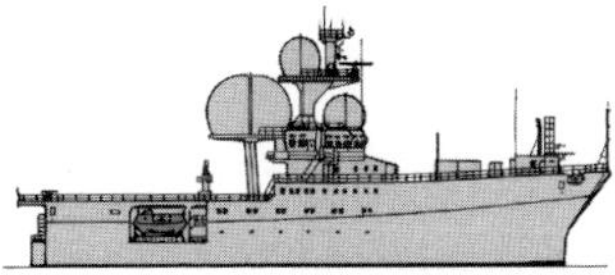

– 5300 ts, 15 kn, 81.5 m
1 AG: **Marjata** (92)

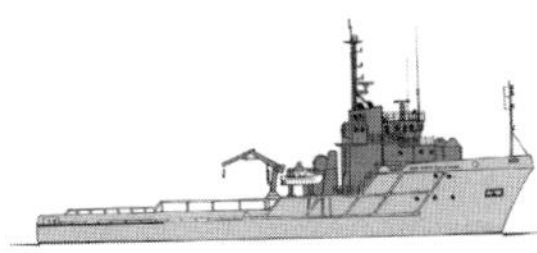

– 3000 ts, 16 kn, 68 m
1 AR: **Valkyrien** [A 535] (81)

Küstenwache / Coast Guard

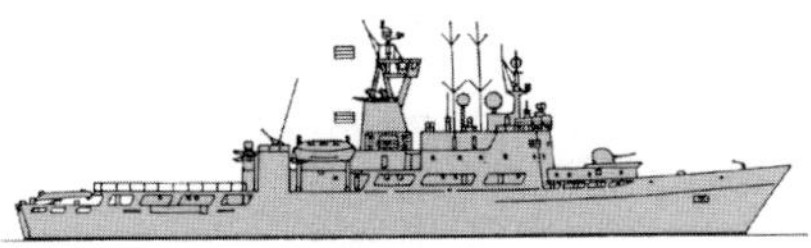

2165 ts, 23 kn, 105 m
[6 ⇨], 1-5.7, 4-2, [6 **UTR III**], 1
3 FS: **Nordkapp** [W 320-322] (80-81)

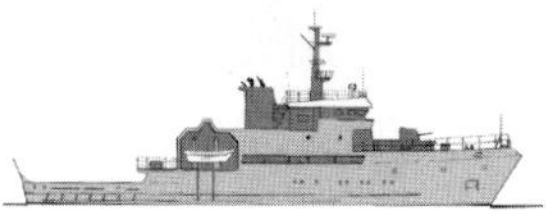

1350 tdw, 22 kn, 70 m
1-5.7, 1
1 FS: **Tromsø** [W 313] (97)

Maßstab / Scale 1:1000

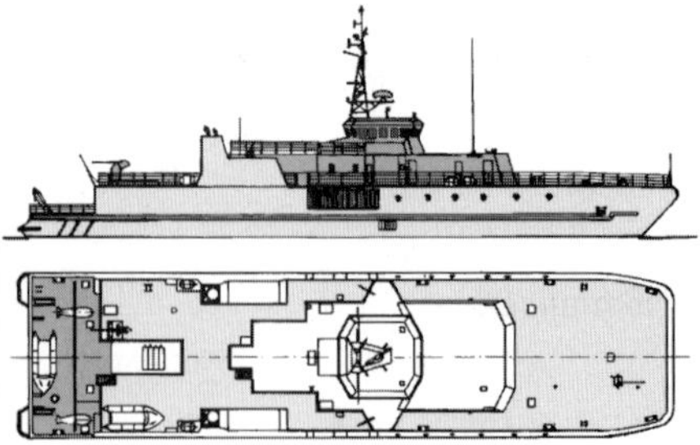

2-2 ⟋, 2-Mg ⟋, ⇑ 275/375 ts, 30 kn, 55.2 m
9 MS: **Oksøy** [M 340-343, 350-354] (93-97)

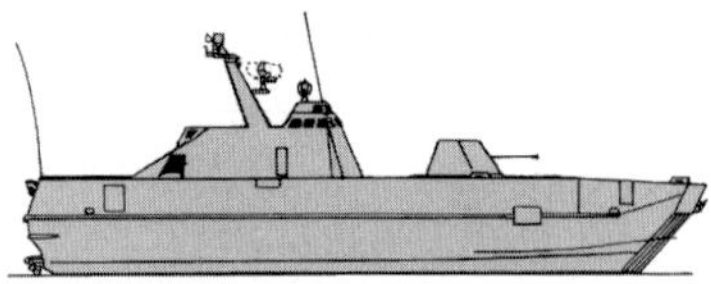

8 ⇨, 1-7.6 ⟋ 260 ts, 55 kn, 46.8 m
7 PG: **Skjold** [P 960, …] (99 – bew./auth.)
vorläufige Skizze / preliminary drawing

6 Penguin ⇨, 1-7.6 ⟋, 1-4 ⟋ 100 ts, 32 kn, 36.5 m
8 PG: **Blink** [P 961, 965-967, 969, 972, 977, 979] (65-67) – *Storm Klasse*

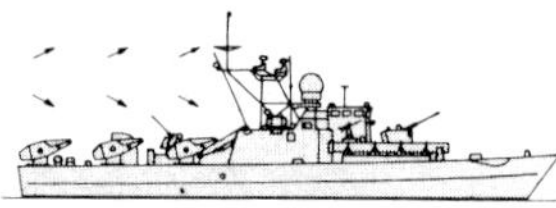

6 Penguin ⇨, 1-4 ⟋, 1-2 ⟋, 2 **TR** 53.3 135 ts, 34 kn, 36.5 m
14 PG: **Hauk** [P 986-999] (77-80)

FG **Narvik** [F 304] (65) 4-1998, Flottenkommando

SS **Utsira** (91) Ula-Klasse 6-1994, Streich

PG **Skjold** [P 960] (99) 6-1999, Hauke

PG **Falk** [P 995] (80) *Hauk Klasse* 5-1999, Findler & Winter

MS **Hinnøy** [M 343] (95) 6-1998, Flottenkommando

NB **Vale** [N 53] (77) 4-1998, Flottenkommando

AR **Valkyrien** [A 535] (81) 5-1998, R. Kramer

Königsyacht / Royal Yacht: **Norge** [A 533] (37) 6-1999, Behling

FS **Nordkap** [W 320] (80) 8-1999, Van Ginderen coll.

Österreich/Austria

PP **Oberst Brecht** [601] (56) 9-1998, Mießner

Oman

1135/1400 ts, 25 kn, 83.7 m
4 MM 40 ⇨, 1-7.6, 2-2, 2 Crotale ↥
2 FG: **Qahir Al Amwaj** [Q 31, 32] (94-95)

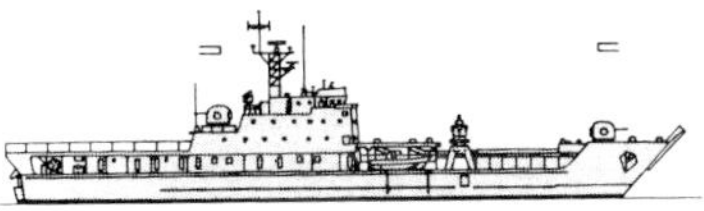

2-4, 2-2 2130 ts, 16 kn, 93 m
1 LS: **Nasr Al Bahr** [L 2] (84)
Typ alger. Kalaat

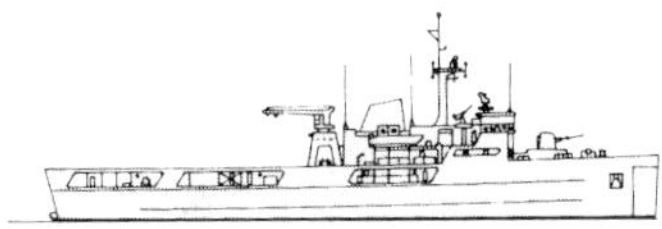

1-7.6, 2-2 2000 ts, 12 kn, 84 m
1 LS: **Al Munassir** [L 1] (78)

Maßstab / Scale 1:1000

410/474 ts, 24 kn, 54.5 m
1-7.6, 2-2, 2-Mg
3 PG: **Al Bushra** [B 1-3] (95-96)

310 ts, 40 kn, 56.7 m
8 MM 40 ⇨, 1-7.6, 2-4, 2 Mg
4 PG: **Dhofar** [B 10-12, 14] (81-88)

FG **Al Mua'zzar** [Q 32] (95) 7-1996, Behling

AK **Al Sultana** [A 2] (75) 4-1999, G. Schaeffer

Pakistan

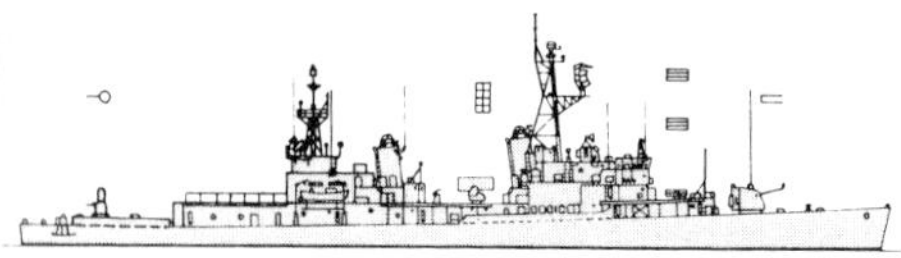

2425 ts, 35 kn, 119 m
2-12.7, 8-2.3, 8 Mg
1 DD: **Nazim** [156] (45) – MSA –
Typ US Gearing / FRAM I
– MSA –

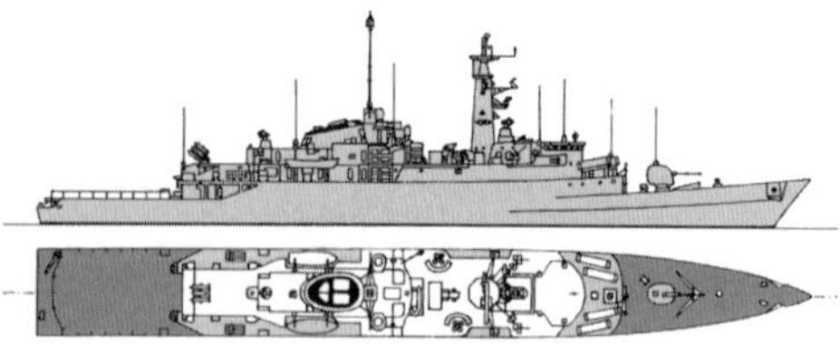

3100 ts, 30 kn, 117 m
4 MM 38, 1-11.4, 4-2,
4 Seacat, 6 **UTR** 32.4 **III**, 1
6 FG: **Tariq** [F 181-186] (71-75)
Typ brit. Amazon

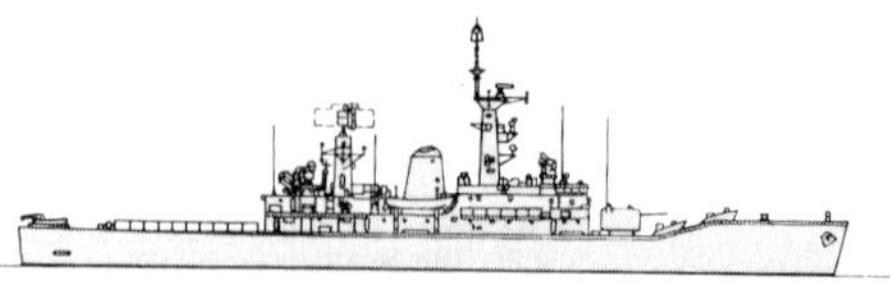

2550 ts, 28 kn, 113 m
2-11.4, 3-2, 4 Seacat, 1, 1
2 FF: **Zulfiqar** [262, 263] (69-70)
Typ brit. Leander, Batch 3 B

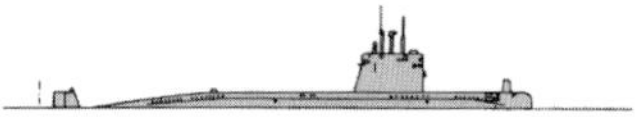

TR 53.3 b↓ 1490/1740 ts, 12/17 kn, 68 m
2 SS: **Hashmat** [S 135, 136] (77-78)
Typ frz. / French Agosta

12 **TR** (8 b↓, 4 h↑) 850/1040 ts, 13.5/16 kn, 59 m
4 SS: **Hangor** [131-134] (68-70)
Typ frz. / French Daphné

Kennungen / Identification

Fregatten / Frigates
181-Tariq
182-Babur
183-Khyber
184-Badr
185-Tippu Sultan
186-Sha Jahan
262-Zulfiqar
263-Shamsher

Uboote / Submarines
131-Hangor
132-Shushuk
133-Mangra
134-El Ghazi
135-Hashmat
136-Hurmat
137-Khalid
138-
139-

Minensucher / Minesweepers
163-Muhafiz
164-Mujahid
166-Munsif

Kleine Kampfschiffe / Small Fighting Vessels
140-Rajshahi
157-Larkana
1022-Jalalat
1026-Dehshat
1027-Himmat
1028-Quwwat

Hilfsfahrzeuge / Auxiliary Vessels
20-Moawin
21-Kalmat
34-Behr Paima
40-Attock
44-Bholu
45-Gama
47-Nasr
49-Gwadar
-Janbaz

Maritime Security Agency / MSA
156-Nazim
1060-Barkat
1061-Rehmat
1062-Nusrat
1063-Vehdat
1066-Sabqat
1068-Rafaqat
1069-Pishin
1070-Bahawalpar

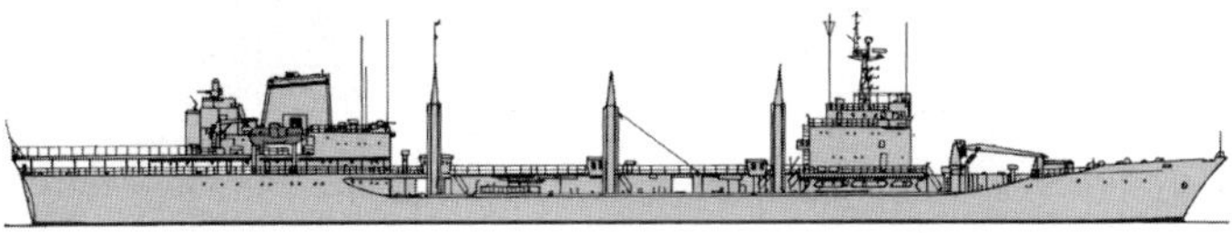

1-2 Phalanx, 1 7500 ts, 18 kn, 181 m
1 AO: **Nasr** [A 47] (~ 86) – *Typ chin. Fuqing*

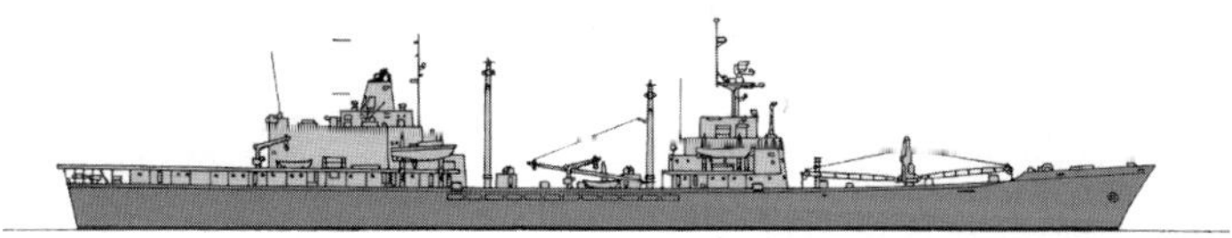

1-3 Goalkeeper, 1 ./16 840 ts, 21 kn, 168 m
1 AO: **Moawin** [A 20] (63)

Maßstab / Scale 1:1000

120 ts, 30 kn, 38.8 m
4-3.7, 4-2.5
4 PP: **Sabqat** [1066, 1068-1070] (72-76)
– MSA –
Typ chin. Shanghai II

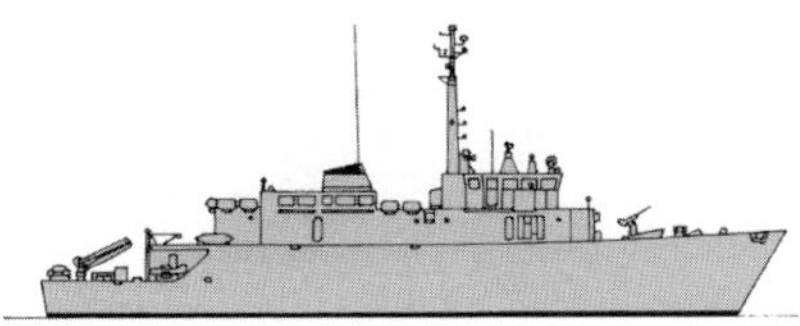

535 ts, 15 kn, 51.5 m
1-2, 2 Mg
3 MB: **Munsif** [M 166, 167, 163]
(88-97) *Typ frz. / French Eridan*

FG **Babur** [182] (71) Typ brit. Amazon 4-1997, Van Ginderen coll.

SS **Khalid** [137] (98) *Typ franz. Agosta 90 B* 4-1999, Prézelin

AO **Moawin** [20] (63) 2-1996, Van Ginderen coll.

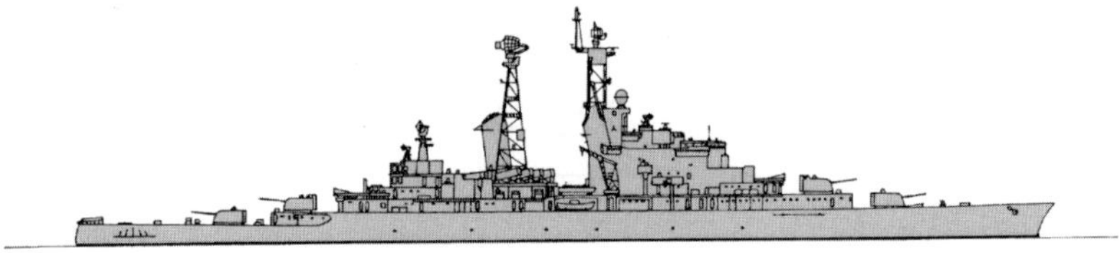

8 Otomat ⇨, 8-15, [6-4], 1 Albatros — 9529 ts, 32.3 kn, 187 m
1 CL: **Almirante Grau** [81] (44)

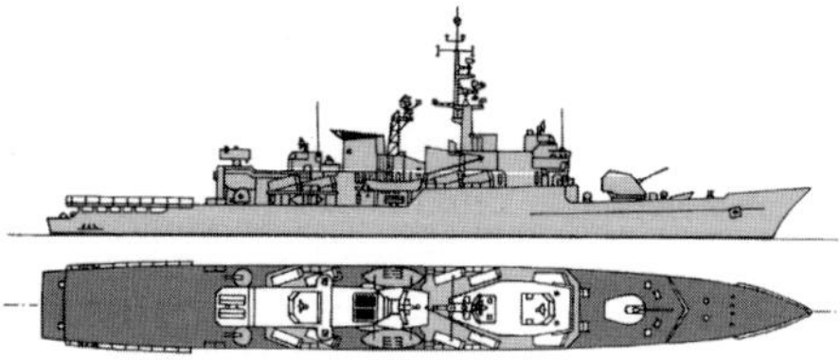

2208 ts, 35 kn, 113 m
8 Otomat ⇨, 1-12.7 , 4-4 ,
1 Albatros $_8$, 6 **UTR** 32.4 **III**, 1
4 FG: **Carvajal** [51-54] (76-84)
Typ ital. Lupo

1180/1290 ts, 10/21 kn, 56.1 m
8 **TR** 53.3 b
6 SS: **Casma** [31-36] (73-81)
Typ deutsch / German 209/1200, – 1000

2-7.6 , 1-4 , 4-2 — 350 ts, 12 kn, 47 m
2 PR: **Ucayali** [401, 402] (51)

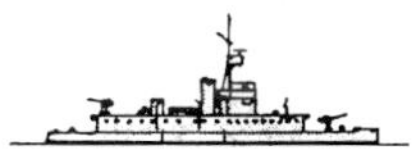

2-7.6 , 2-4 , 2-2 — 250 ts, 15 kn, 44 m
2 PR: **Amazonas** [403, 404] (34)

Kennungen / Identification

Kreuzer / Cruiser
81-Alm. Grau

Fregatten / Frigates
51-Carvajal
52-Villavicencio
53-Montero
54-Mariategui

Uboote / Submarines
31-Casma
32-Antofagasta
33-Pisagua
34-Chipana
35-Islay
36-Arica

Kleine Kampfschiffe / Small Fighting Vessels
21-Velarde
22-Santillana
23-Heros
24-Herrera
25-Larrea
26-S. Carrion
401-Ucayali
402-Marañon
403-Amazonas
404-Loreto

Landungsfahrzeuge / Landing Vessels
141-Paita
142-Pisco
143-Callao
144-Eten

Hilfsfahrzeuge / Auxiliary Vessels
111-Calayeras
118-Noguera
119-Gauden
120-Mejia
121-Huerta
123-Rios
126-Duenas
128-Olaya
129-Selendon
131-Ilo
152-Talara
157-Supe
159-Lobitos
160-Unanue
171-Carasco
172-Stiglich
174-Macha
175-Carillo
176-Melo
180-Tapuima
186-Gaudin
187-Zambrano
302-Morona
306-Puno
322-San Lorenzo

Küstenwache / Coast Guard
210-Rio Supe
211-Rio Vitor
212-Mancora
213-Huará
214-Quilca
215-Pucusano
223-Rio Chira
232-R. Santa
233-R. Majes
235-R. Viru
236-R. Lurin
237-R. Surco
242-Rio Piura
243-R. Nepeña
244-R. Tambo
245-R. Ocoña
246-R. Huarmey
247-R. Zaña
250-Contamana
251-Nueva Requeña
252-Atalaya
253-Zorrillos
254-Poyeni
255-Aguaytia
256-Puerto Inca
257-San Alejandro
261-Rio Santiago
262-R. Putumayo
263-R. Nanay
264-R. Napo
265-R. Yavari
266-R. Matador
267-R. Pachita
270-R. Itaya
271-R. Patayacu
272-R. Zapote
-R. Chambira
-R. Tambopata
290-Rio Ramis
291-Rio Ilave
292-Azangaro
350-La Cruz
351-Cabo Blanco
352-Colan
353-Samanco
354-Besique
355-Salinas
356-Ancon
357-Paracas
358-La Punta

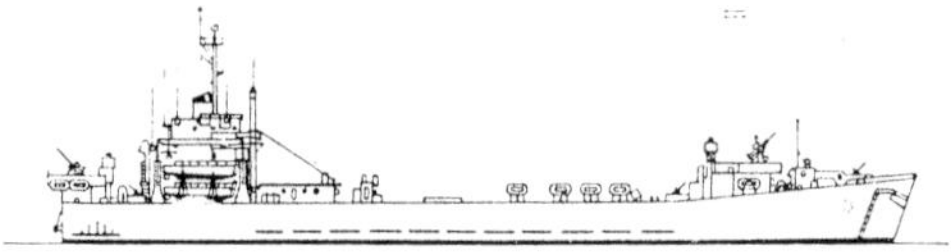

2600 ts, 13 kn, 117 m
5-4
4 LS: **Paita** [141-144] (53)
Typ US Terrebonne Parish

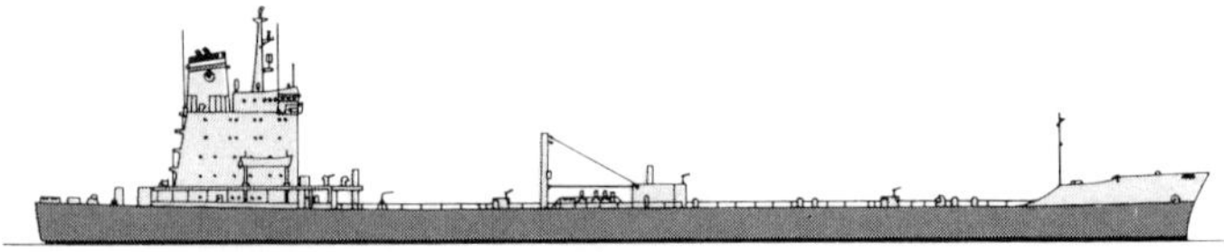

33 000 ts, 16 kn, 179 m
1 AO: **Lobitos** [159] (74)

Maßstab / Scale 1:1000

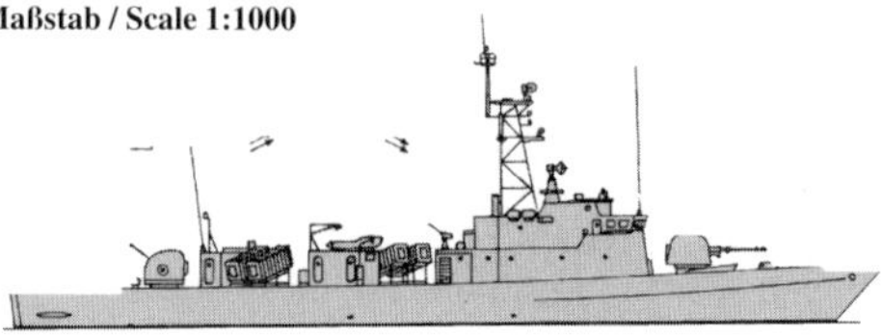

470 ts, 34 kn, 64 m
4 ⇨, 1-7.6, 2-4
6 PG: **Velarde** [21-26] (78-79)
Typ frz. / French PR 72 P

Küstenwache / Coast Guard

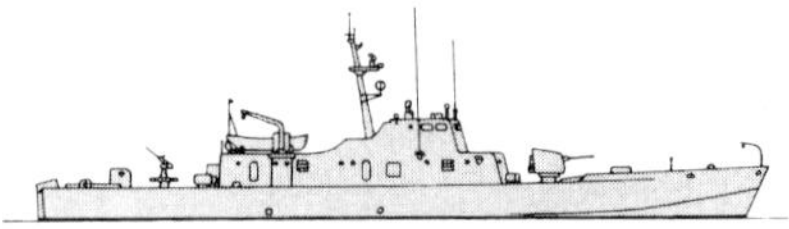

1-4, 1-2 ./300 ts, 21 kn, 50.9 m
5 PP: **Rio Nepeña** [243-247] (78-81)

1-4, 4-2, 2 Mg 130 ts, 18.5 kn, 30.8 m
1 PP: **Rio Chira** [223] (69)
Typ US PGM

Philippinen/Philippines

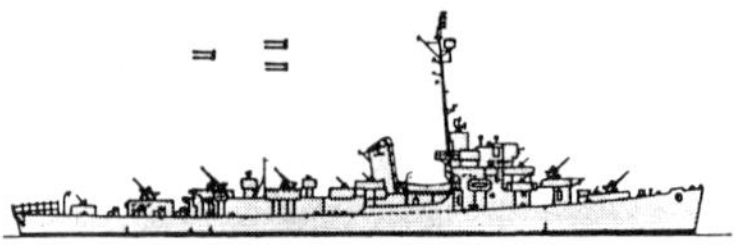

3-7.6, 6-4, 12-2, 1240 ts, 20 kn, 93 m
2 Mg, 1, 2
1 FE: **Raja Humabon** [11] (43)
Typ US Canon

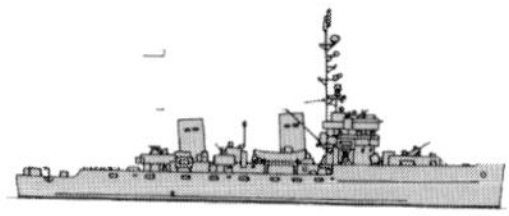

1-7.6, 4-4, 4-2, 890 ts, 18 kn, 67 m
3 **UTR**, 1, 2
2 FS: **Rizal** [74, 70] (43-44) – *Typ US Auk*
Plattform achtern / aft

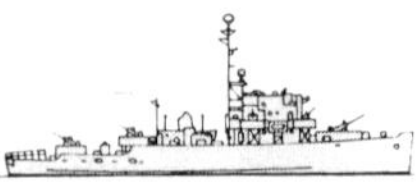

1-7.6, 6-4, 4-2 640 ts, 16 kn, 56 m
7 FS: **Cebu** [19, 22, 23, 28, 29, 31, 32]
(43-44) – *Typ US PCE*

1-7.6, 4 Mg 660 ts, 25 kn, 62.2 m
3 PP: **Emilio Jacinto** [35-37] (83-84)
Typ brit. Plover

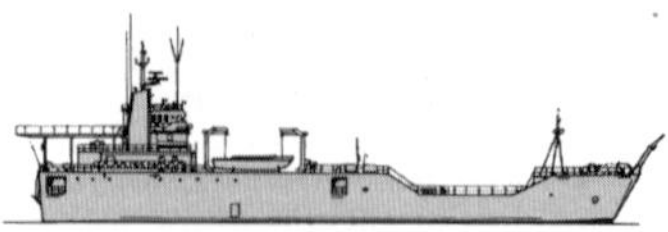

1625/4265 ts, 11 kn, 83.1 m
[150], [2000 ts]
2 LS: **Bacalod City** [550, 551] (92-93)

835 ts, 13.5 kn, 56.9 m
1 AK: **Corregidor** [891] (97)

FE **Rajah Humabon** [11] (43) 5-1998, Van Ginderen coll.

PP **Artemio Ricarte** [37] (84) 10-1997, Flottenkommando

PP **DF 351** (75) 5-1998, Van Ginderen coll.

Polen/Poland

4 ⇨, 4 ⇧, 4-7.6 ⊥, 4-3 $⊥_6$, 5 **UTR** 53.3 IIIII, 2 ✎, ⚓ 3700 ts, 35 kn, 146 m
1 DG: **Warszawa** [271] (68) – *Typ USSR Kashin mod.*

4 Harpoon/36 SM 1-MR ⇨/⇧, 1-7.6 ⊥, 1-2 ⊥ Phalanx, 6 **UTR** 32.4 III, 2 🚁 2770 ts, 28 kn, 136 m
2 FG: **Košciusko, I** (79) – *Typ US O.H. Perry*

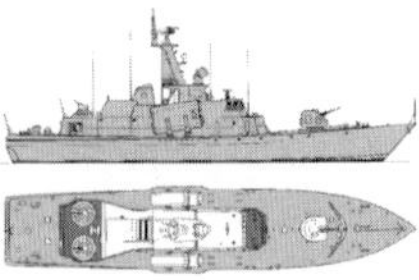

4 ⇨, 1 ↟, 1-7.6 ⊥, 2-3 $⊥_6$ 420 ts, 43 kn, 56.1 m
4 FG: **Gornik** [434-437] (82-87)
Typ USSR Tarantul I

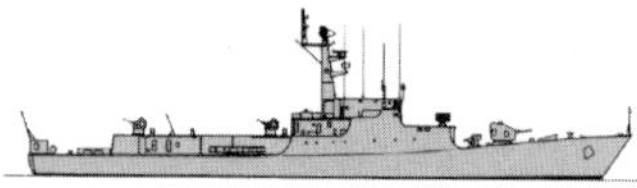

1-7.6 ⊥, Wrobel II: 1100 ts, 25 kn, 82.3 m
↟-2-3 ⊥-↟, 4 **UTR** 53.3 II, 2 ✎
1 FF: **Kaszub** [240] (86)

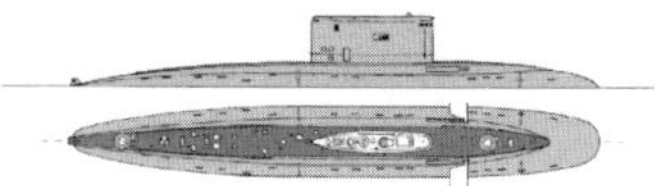

6 **TR** b↓ 2490/3180 ts, 12/17 kn, 72.6 m
1 SS: **Orzel** [291] (85)
Typ USSR Kilo-I

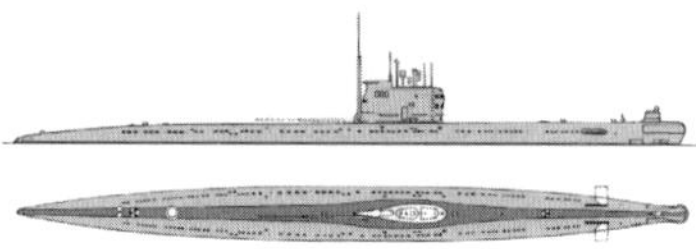

10 **TR** 53.3↓ 1950/2400 ts, 16/15.5 kn, 91 m
(6 b, 4 h)
2 SS: **Wilk** [292, 293] (66)
Typ USSR Foxtrot

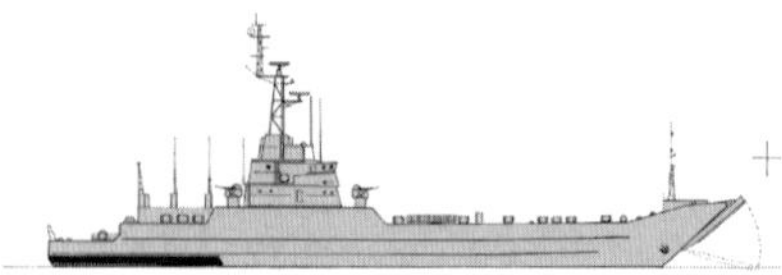

1350 ts, 16.5 kn, 95.8 m
↟-2-3 ⊥-↟, ⚓
5 LS: **Lublin** [821-825] (88-90)

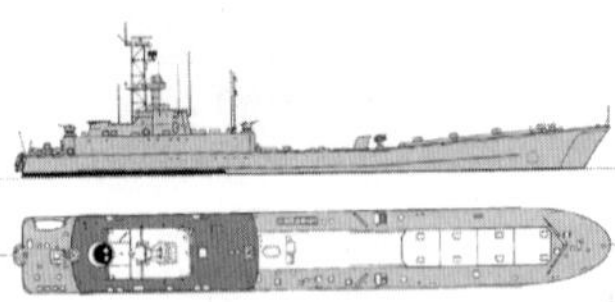

1060 ts, 18 kn, 81.3 m
4-3 ⊥, 2 $↣_{18}$, 8 ⛟, [130]
1 LS: **Grunwald** [811] (72)
Typ Polnocny D

Polen/Poland

Kennungen / Identification

Zerstörer / Destroyers
271-Warszawa
-Kościusko

Korvetten / Corvettes
240-Kaszub
434-Gornik
435-Hutnik
436-Metalowiec
437-Rolnik

Uboote / Submarines
291-Orzel
292-Wilk
293-Dzik

Kleine Kampfschiffe / Small Fighting Vessels
351-Grozny
352-Wytrwaly
353-Zreczny
354-Zwinny
355-Zwrotny
356-Zawziety
357-Nieugiety
358-Czujny
421-Orkan
422-Piorun
423-Grom
427-Puck
428-Ustka
429-Oksywie
430-Darlowo
431-Swinoujście
432-Dziwnow
433-Wladyslawowo

Minensucher / Minesweepers
622-Rybitwa
623-Mewa
624-Czajka
625-TR 25
626-TR 26
630-Goplo
631-Gardno
632-Bukowo
633-Dabie
634-Jamno
635-Mielno
636-Wicko
637-Resko
638-Sarbsko
639-Necko
640-Naklo
641-Druzno
642-Hancza
643-Mamry
644-Wigry
645-Sniardwy
646-Wdzydze

Landungsfahrzeuge / Landing Vessels
810-Cedynia
811-Grunwald
821-Lublin
822-Gniezno
823-Krakow
824-Poznan
825-Torun
851-KD11
852-KD12
853-KD13

Hilfsfahrzeuge / Auxiliary Vessels
251-Wodnik
252-Gryf
253-Iskra
261-Kopernik
262-Nawigator
263-Hydrograf
265-Heweliusz
266-Arctowski
281-Piast
282-Lech
711-Podchoraszy
712-Kadet
713-Elew
R11-Gniewko
R12-Bolko
R13-Semko
R14-Zbyszko
R15-Macko
Z 1-Baltyk

Seegrenzschutz / Coast Guard
SG- …
311-Kaper I
312-Kaper II
323-Zefir
324-Zorza
325-Tecza

836 ts, 18 kn, 75.2 m
1 AK: **Cedynia** [810] (71)
Typ Polnocny B

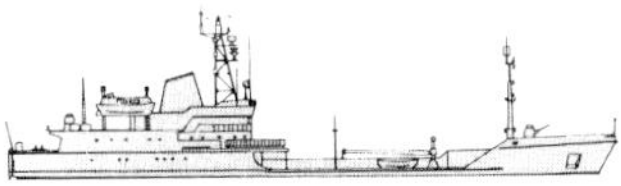

4-2.3 ./2980 ts, 15 kn, 84.4 m
1 AO: **Baltyk** [Z 1] (88)

[4-2.3] ./1200 ts, 10 kn, 58.5 m
3 AO: **Z 3, 8, 9** (69-70) – *Moskit Klasse*

– 1110 ts, 16 kn, 73.3 m
2 AG: **Nawigator** [262, 263] (75)
Typ USSR Moma mod.

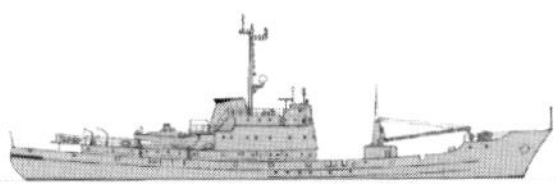

– 1250 ts, 17 kn, 73 m
1 AG: **Kopernik** [261] (74) – *Typ USSR Moma*

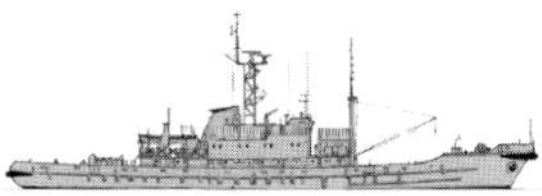

1660 ts, 16 kn, 72.7 m
[8-2.5]
2 AT: **Piast** [281, 282] (73-74)
Bergungsschiffe / Salvage Vessels

[2-2.5] 550 ts, 9 kn, 46 m
3 Tender: **SD 11-13** (71-72)
Mrowka Klasse

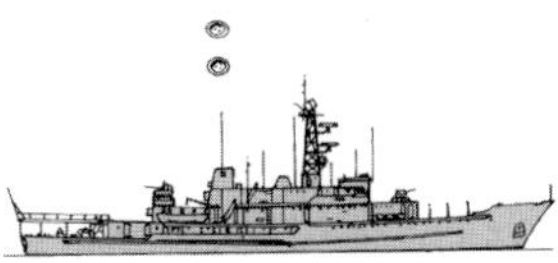

4-3 , 4-2.3 1617 ts, 16.8 kn, 72.2 m
1 AX: **Wodnik** [251] (75)
~ 1 AX: **Gryf** [252] (76)

Maßstab / Scale 1:1000

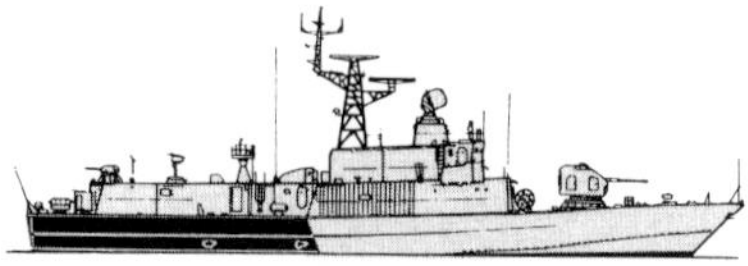

[⇨], 1-7.6 ⊿, 2-3 $⊿_6$, 1 ↥ 323 ts, 36 kn, 48.9 m
3 PG: **Orkan** [421-423] (90)

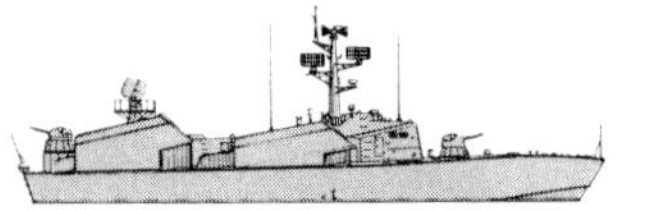

4 ⇨, 4-3 ⊿ 210 ts, 36 kn, 39.6 m
7 PG: *Typ USSR Osa I* [427-433] (64-74)

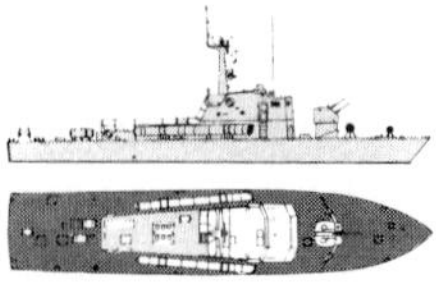

2-2.3 ⊿, 2 **TR** 80 ts, 30 kn, 29 m
11 PP: *Pilica Klasse* [166-176] (73-82)

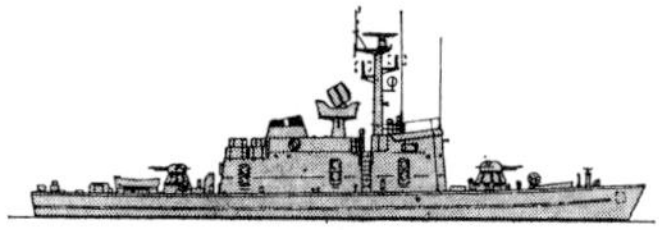

4-3 ⊿, Ö, ⊙ 215 ts, 24 kn, 41.3 m
8 PP: **Grozny** [351-358] (68-72)

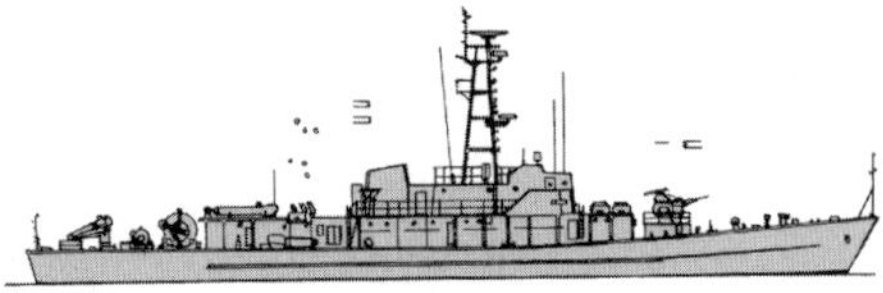

426 ts, 18 kn, 58.2 m
2-2.5 ⊿, z ↥, Ö, ⊙
1 MB: **Mewa** [623] (66)
~ 2 MB: **Rybitwa** [622, 624] (66)

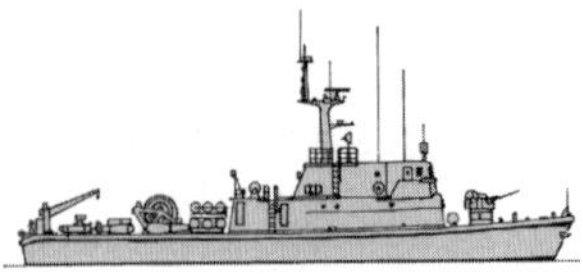

2-2.3 ⊿, $↥_2$, Ö, ⊙ 203 ts, 14.6 kn, 38.5 m
4 MS: **Mamry** [643-646] (91-94)
Notec II Klasse

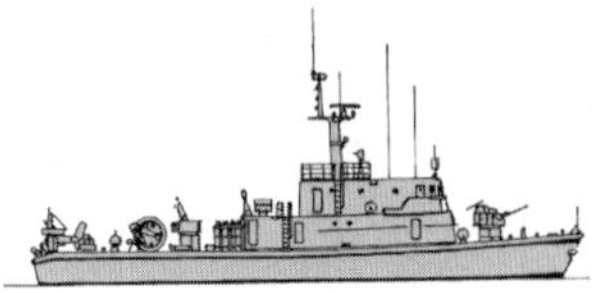

2-2.3 ⊿, Ö, ⊙ 208 ts, 14.6 kn, 38.5 m
13 MS: **Goplo** [630-642] (81-90)
Notec I Klasse

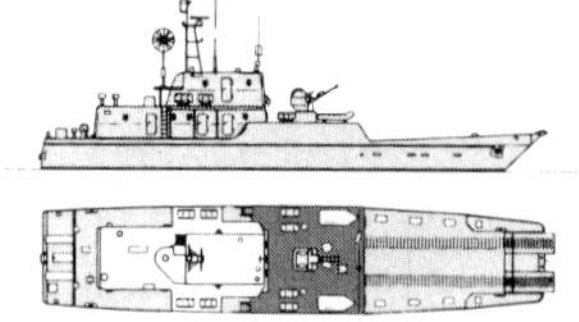

2-2.3 ⊿, [40 t], [50] 176 ts, 20 kn, 36.8 m
3 LC: **KD 11-13** [851-853] (87-91)
Deba Klasse

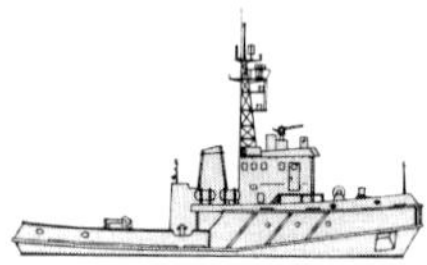

– ts, 11 kn, 27.8 m
2 AT: **H 6, H 8** (91-92)

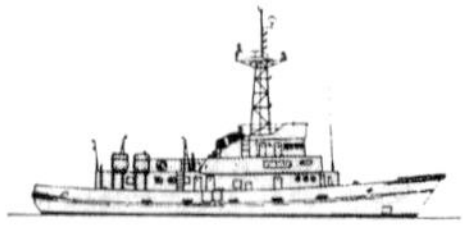

147 ts, 10 kn, 28.8 m
3 AX: **Podchorazy** [711-713] (74-75)
Bryza Klasse

Seegrenzschutz / Coast Guard

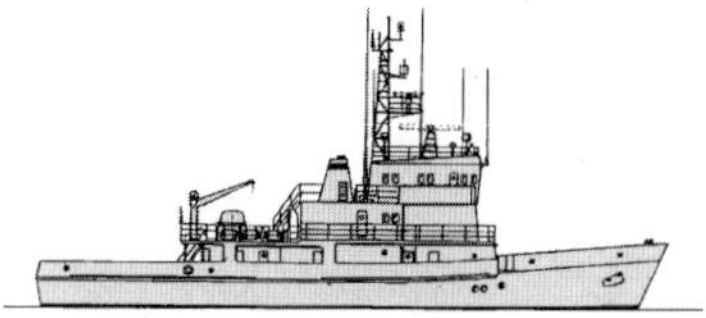

2 Mg 470 ts, 17.6 kn, 42.6 m
2 PP: **Kaper I, II** [SG 311, 312] (90-91)
– M.O.S.G. –

2 Mg 40 ts, 14 kn, 23 m
13 PP: **Wisloka** Klasse [SG 142-152] (73-77)
– M.O.S.G. –

DG **Warszawa** [271] (68) *Typ USSR Kashin Mod.* 3-1999 Flottenkommando

FF **Kaszub** [240] (86) 6-1998 Ehlers

PG **Piorun** [422] (90) 6-1998, Findler & Winter

FG **Gornik** [434] (82) *Typ USSR Tarantul I* 6-1999, Van Ginderen coll.

PP **Czujny** [358] (72) 5-1998, Flottenkommando

SS **Wilk** (~ 65) Typ USSR Foxtrot 9-1996, Ciślak

SS **Orzel** (85) *Typ USSR Kilo-I* 6-1997, Findler & Winter

MB **Czajka** [624] (66) 9-1995, Van Ginderen coll.

MS **Wigry** [644] (92) 5-1995, Flottenkommando

MS **Resko** [637] (87) 8-1998, W. Kramer

LS **Lublin** [621] (88) 8-1998, W. Kramer

LS **Grunwald** (72) Typ Polnocny C 8-1995, W. Kramer

AK (LS) **Cedynia** [810] (71) Typ Polnocny B 6-1997, Cišlak

AO **Baltyk** [Z-1] (88) 8-1999, Van Ginderen coll.

AX **Gryf** [252] (76) 8-1999, Van Ginderen coll.

AT **Piast** [281] (73) 8-1999, Van Ginderen coll.

YP **K 11** (70) *Pajak Klasse* 8-1999, Van Ginderen coll.

AT **Macko** [R 15] (91) 8-1999, Van Ginderen coll.

Portugal

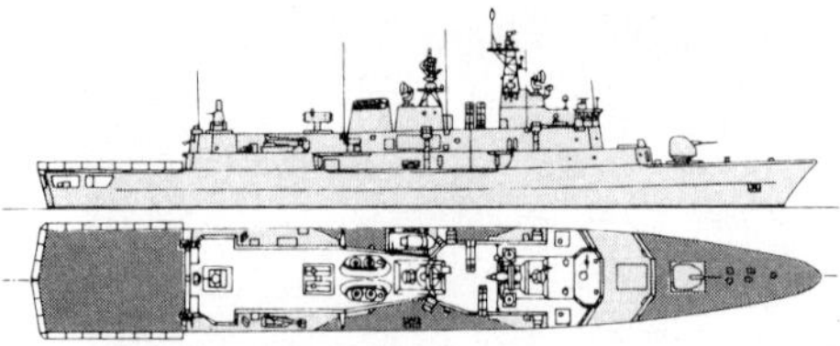

2900 ts, 31.8 kn, 116 m
8 Harpoon ⇨, 1-10, 1-2 Phalanx,
1 Sea Sparrow, 6 UTR 32.4 III, 2
3 FG: **Vasco da Gama** [F 330-332] (89-90)
Typ deutsch / German MEKO 200 PN

1760 ts, 26 kn, 103 m
3-10, 2-4, 6 UTR 55 III, 1 $_4$
3 FE: **Comandante Sacadura Cabral** [F 480, 481, 483]
(66-68) *Typ frz. / French Cdt. Rivière*

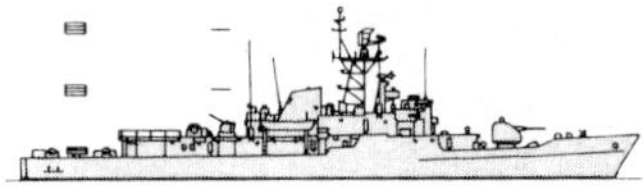

1-10, 2-4, 1250 ts, 24 kn, 84.5 m
6 UTR 32.4 III
4 FS: **Baptista de Andrade** [F 446-489] (73-74)

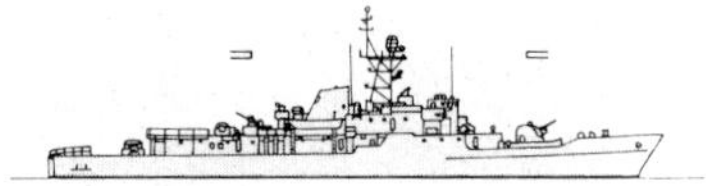

2-7.6, 2-4 [30] 1250 ts, 23 kn, 84.5 m
6 FS: **João Coutinho** [F 471, 475-477, 484, 485]
(69-70)

12 **TR** 55 (8 b↓, 4 h↑) 870/1040 ts, 13.5/15 kn, 58 m
3 SS: **Albacora** [S 163, 164, 166] (66-68)
Typ frz. / French Daphné

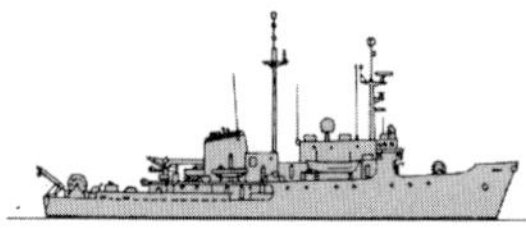

– 1300 ts, 12 kn, 64 m
1 AG: **Almeida Carvalho** [A 527] (64)
Typ US Lynch

Kennungen / Identification

Fregatten / Frigates
F …
330-V. da Gamma
331-A. Cabral
332-C. Real
471-A. Enes
475-J. Coutinho
476-J. Cândido
477-D'Eça
480-L. Belo
481-H. Capelo
483-S. Cabral
484-A. Castilho
485-H. Barreto
486-B. de Andrade
487-J. Roby
488-A.Cerqueira
489-O. e. Carmo

Uboote / Submarines
S …
163-Albacora
164-Barracuda
166-Delfim

Wachboote / Patrol Boats
P …
370-Rio Minho
1140-Cacine
1141-Cunene
1143-Rovuma
1144-Cuanza
1145-Geba
1146-Zaire
1147-Zambeze
1150-Argos
1151-Dragão
1152-Escorpião
1153-Cassiopeia
1154-Hidra
1160-Limpopo
1161-Save
1162-Albatroz
1163-Açor
1164-Andorinha
1165-Aguia
1167-Cisne

Landungsfahrzeuge / Landing Vessels
LDG …
203-Bacamarte

Hilfsfahrzeuge / Auxiliary Vessels
A …
520-Sagres
521-Schultz Xavier
527-Alm. Carvalho
528-D. Carlos I
5201-Vega
5203-Andromeda
5204-Polar
5205-Auriga
5210-Berrio
… -Adm. Gago Gautinho
UAM …
201-Creoula
602-Surriada
605-Mareta
608-Maresia
611-Bolina
612-Bonança
613-Mar Chão
630-Condor
631-Levante
636-Ventante
639-Tufão
642-Calmaria
643-Cirro
644-Vendaval
645-Moncão
646-Suão
647-Macareo
648-Preia-Mar
649-Baixa-Mar
659-P. Faustino
672-João da Silva
676-Guia
683-Boa Viagem
687-Bazante
688-Enchente
690-P. M. Macatrão
691-Reinha Amelia
692-Duque de Ribeira
801-Coral
802-Atlanta
803-Actinia
804-Sicandra
805-Fisalia
830-Savel

FG **Corte Real** [F 332] (90) 7-1999, U. Streich

FS **Baptista de Andrade** [F 486] (73) 8-1998, Findler & Winter

AX **Sagres** [A 520] (37) 6-1999, U. Streich

AG **Andromeda** [A 5203] (85) 8-1997, Van Ginderen coll.

Qatar

Maßstab / Scale 1:1000

400 ts, 38 kn, 56.6 m
8 MM 40 ⇨, 1-7.6 ∡, 1-3 ∡ Goalkeeper,
2 Mg ∡, 1 Sadral ↥$_6$
4 PG: **Barzan** [Q 04-07] (95-96)
Typ brit. Vita

PG **Al Deebel** [Q 07] (96) *Typ brit. Vita* 5-1998, Van Ginderen coll.

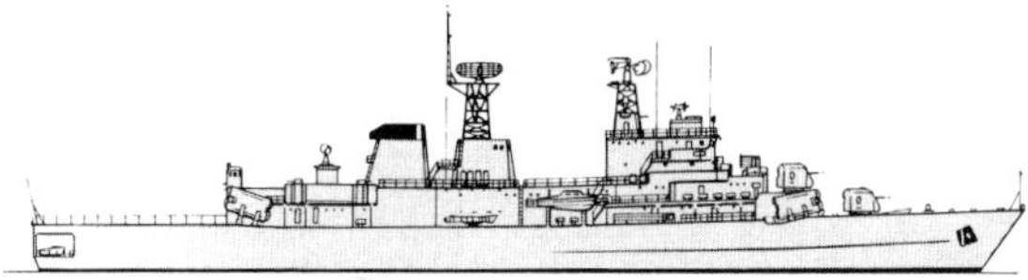

4500 ts, 32 kn, 145 m
8 ⇨, 4-7.6 ↗, 8-3 ↗, 6 **TR** 53.3 **III**, 1 ✎, 1 🚁
1 DG: **Marasesti** (82)

1480 ts, 25 kn, 95 m
4-7.6 ↗, 4-3 ↗, 4 Mg ↗, 4 **UTR** 53.3 **II**, 2 ✎
4 FF: **Adm. Petre Barbuneanu** [260-263] (82-89)
Tetal I Klasse

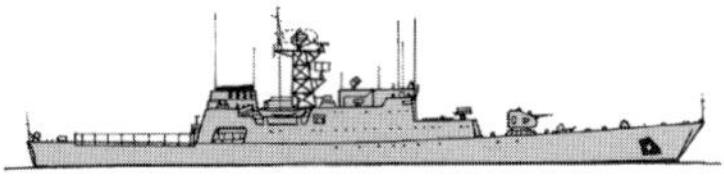

1480 ts, 25 kn, 95 m
1-7.6 ↗, 4-3 ↗, 4 Mg ↗, 4 **UTR** 53.3 **II**, 2 ✎
2 FF: **Contra Amiral Eustatiu Sebastian** [264-265] (88-92) – *Tetal II Klasse*

4 SS-N-2c ⇨, 1-7.6 ↗, 1-3 ↗ 420 ts, 44 kn, 56.1 m
3 FG: **Zborul** [188-190] (~ 85)
Typ USSR Tarantul-1

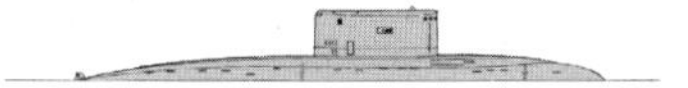

6 **TR** 53.3 b↓, Ö 2325/3075 ts, 12/25 kn, 74.3 m
1 SS: **Delfinul** [521] (~ 86)
Typ USSR Kilo-1

Kennungen / Identification

Zerstörer / Destroyers
111-Marasesti

Fregatten / Frigates
260-Adm. P. Barbuneanu
261-VA. V. Scodrea
262-VA. V. Urseanu
263-VA. E. Rosca
264-CA. E. Sebastian
265-Adm. H. Macellariu

Korvetten / Corvettes
13-VA. M. Gavrilescu
14-VA. I. Balanescu
15-VA. E. Grecescu
16-VA. I. Georgescu

Uboot / Submarine
521-Delfinul

Kleine Kampfschiffe / Small Fighting Vessels
188-Zborul
189-Pescarusul
190-Lastunul
195-Vulturul
198-Eretele
199-Albatrosul
201-Naluca
202-Smeul
203-Viforul
204-Vijelia
205-Viscolul
206-Vartejul
207-Fulgerul
208-Vantul
209-Vulcanul
210-Furtuna
211-Traznetul
212-Tornada

Flußmonitore / River Monitors
39-Rahova
45-M. Kogalniceanu
46-I. C. Bratianu
76-Mr. C. Ene
79-Cpt. I. G. Nastase
80-Cpt. N. L. Bogdan
94-Grivita
177-Opanez
178-Smardan
179-Posada
180-Rovine

Minenleger / Minelayers
271-VA. I. Murgescu
274-VA. C. Balescu

Minensucher / Minesweepers
4-C. Dumitrescu
5-Lt. C. Vartosu
6-Lt. G. Nicolescu
7-Lt. M. Panta
8-Lt. N. Stoicescu
9-Lt. A. Pompilian
17-Cdr. Lupescu
18-Cdr. Toescu
19-Cdr. Micoescu
26-Capt. Vasiliu
27-Capt. Istrate
28-Capt. Constantinescu
24-Lt. R. Lepri
25-Lt. L. Dinescu
29-Lt. D. Nicolescu
30-SLt. A. Axente

Hilfsschiffe / Auxiliaries
112-Lt. Cdr. E. Stihi
113-SLt. I. Ghiculescu
281-Constanta
283-Midia
500-Grozavu
530-
531-
532-
... -Albatros

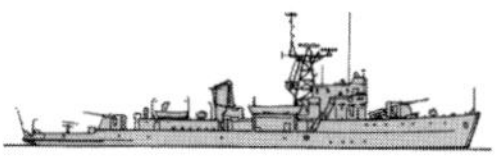

543 ts, 17 kn, 62 m
4-3.7 ↗, 2 Mg ↗, 2 ✎, Ö
4 FS: **VAdm. M. Gavrilescu** [13-16] (~ 53, 79)

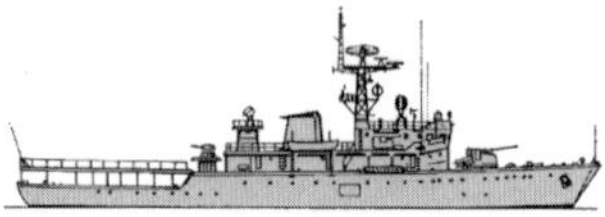

1200 ts, 18 kn, 79 m
1-5.7, 4-3, 8 Mg, 4, 2
1 NB: **VAdm. Ion Murgescu** [271] (79)
Cosar mod. Klasse

1200 ts, 18 kn, 79 m
1-5.7, 4-3, 8 Mg, 4, 2
1 NB: **VAdm. C. Balescu** [274] (81)
Cosar Klasse

1200 ts, 18 kn, 79 m
1 AG: **Grigore Antipa** (79)

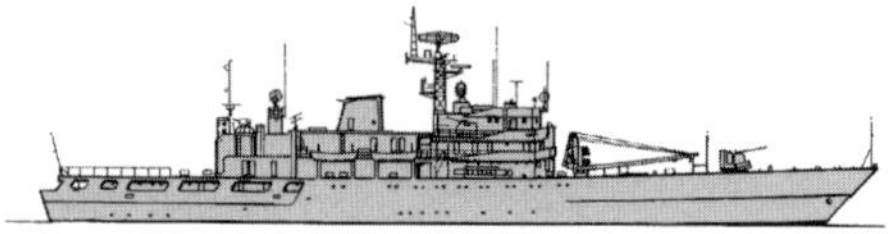

3500 ts, 14 kn, 118 m
2-5.7, 4-3, 4 Mg, 8, 2, 1
2 AR: **Constanta** [281, 283] (79-83)
Croitor Klasse

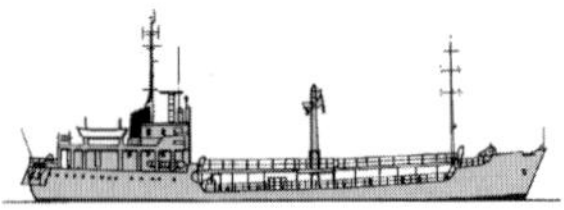

– 1000 ts, 11 kn, 70.2 m
1 AO: **Emil Racovita**

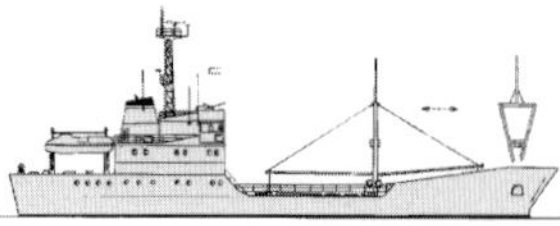

[2-3] 2170 ts, 16 kn, 76.3 m
1 AO: **532** (92)

Maßstab / Scale 1:1000

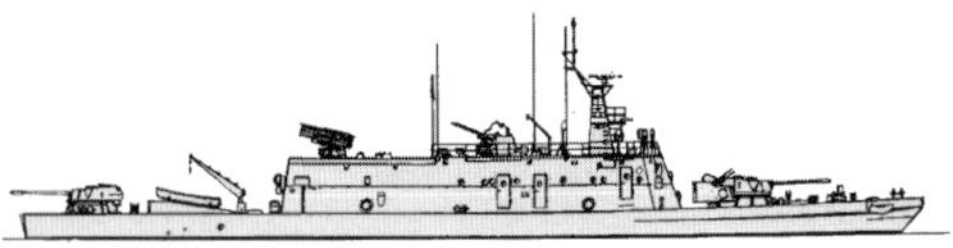

550 ts, 21 kn, 62 m
2-10.5, 12 Mg, 2 BM 21 ↣
3 PR: **M. Kogalniceanu** [45, 46] (93-96)

1-10, 4 Mg, 2 BM 21 ↣ 410 ts, 18 kn, 43 m
5 PR: **Opanez** [95, 177-180] (88-91)

1-8.5, 4 Mg, 85 ts, 17 kn, 32 m
2-8.1 Mörser / mortars
18 PR: **Mr. C. Ene** (73-81) – *VB Klasse*

4-1.5, 2 **TR** 53.3 39 ts, 55 kn, 21.5 m
20 PF: **51-68, 320-325** (73-83)
Typ chines. Huchuan

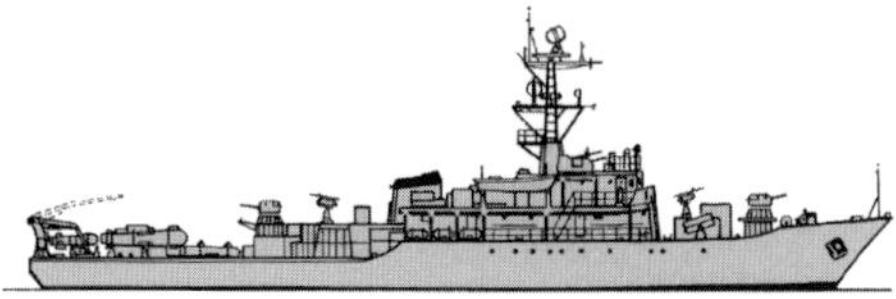

660 ts, 14 kn, 59.2 m
4-3, 8 Mg, 2, 2
4 MB: **Lt. Remus Lepri** [24, 25, 29, 30]
(87-89) – *Musca Klasse*

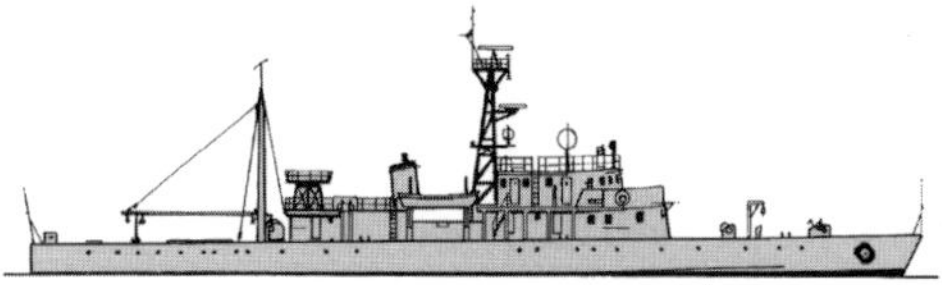

330 ts, 12 kn, 60.9 m
1-3.7, 4 Mg
1 AG: **Lt. Cdor Eugen Stihi** [17] (78-80)

DG **Marasesti** (82) 87-1995, Quevedo Carmona

FF **Contre Admiral Eustatiu Sebastian** (88) 8-1996, ANBw/FAFIO

FF **Adm. Petre Barbuneanu** [260] (82) *Tetal I Klasse* 8-1997, ANBw/FAFIO

FG **Pescarusul** (~ 85) 8-1996, Flottenkommando

SS **Delfinul** (~ 86) *Typ USSR Kilo-I* 10-19963, GSP

NB **Midia** [283] (81) 7-1995, Van Ginderen coll.

AO **532** (92) 8-1996, ANBw/FAFIO

Flugzeugträger / Aircraft Carriers

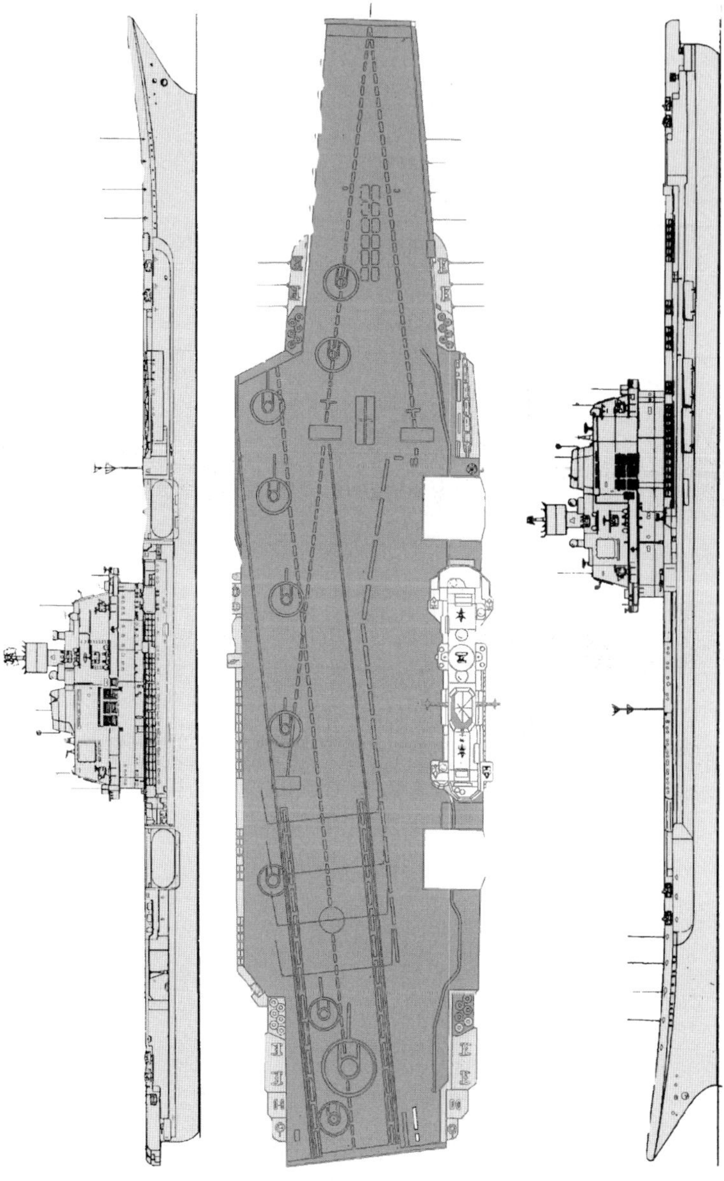

55 000 ts, 32 kn, 304 m

1 RB: **Admiral Flota Soveckogo Sojusa Kuznecov** (85)

32, 18, 12 SS-N-19, 4 SA-N-9,
8-3 $_6$ (CADS-1), 6-3, 2 $_{10}$

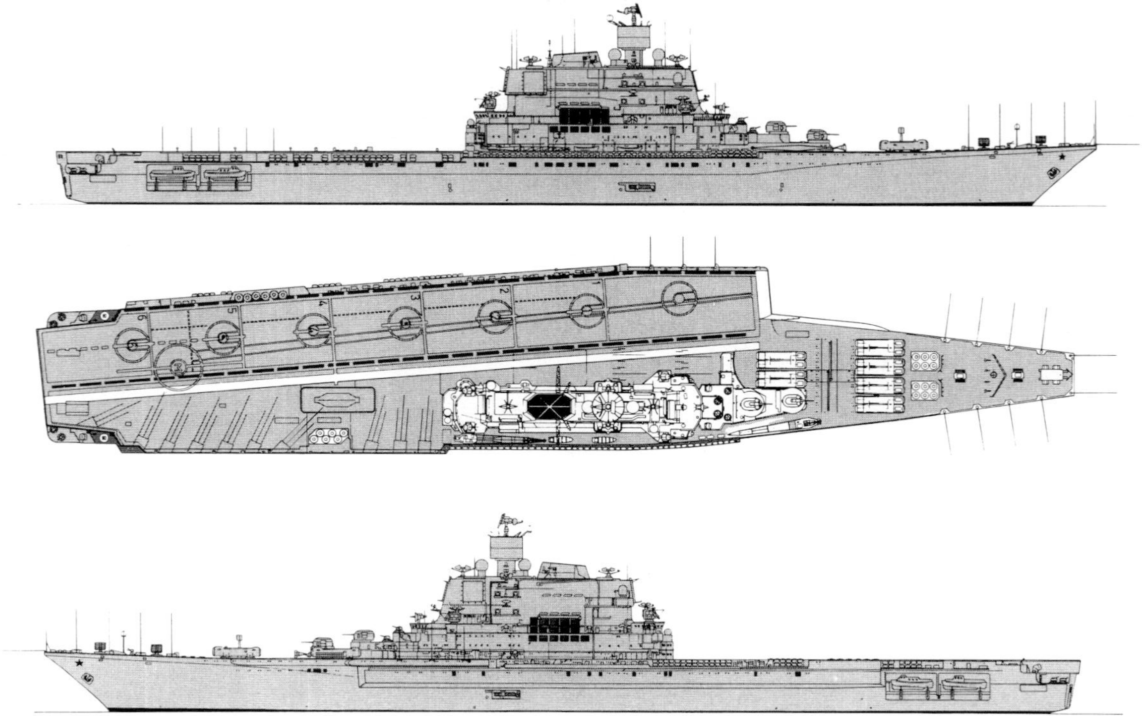

19 , 12 SS-N-12 ⇨, 4 SA-N-9 ⇧,
2-10 , 8-3 $_{6}$, 2 $_{10}$

./41 500 ts, 32 kn, 274 m

1 RB: **Admiral Flota Soveckogo Sojusa Gorškov** (82)

Kreuzer / Cruisers

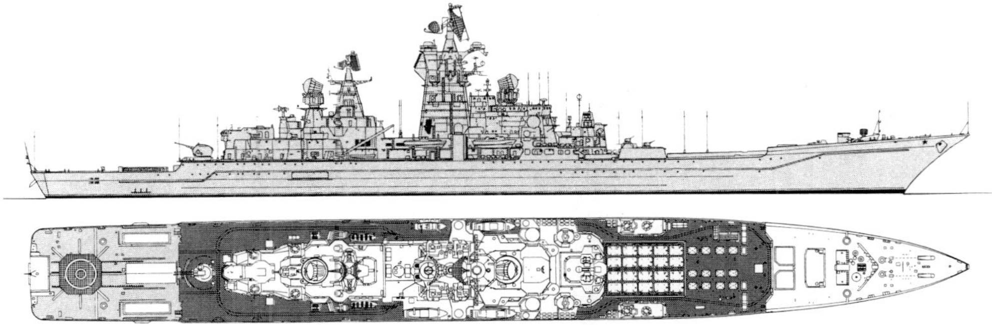

20 ⇨, 12 ⇧, 8 ⇧ VLS, 6-3 ⮣/↑ CADS 1, 10 **UTR** 53.3 IIIII, 3 ⇘, 3 ⛟ — 19 500 ts, 35 kn, 252 m

2 CG: **Admiral Nachimov** (86), ~ **Petr Velikij** (89)

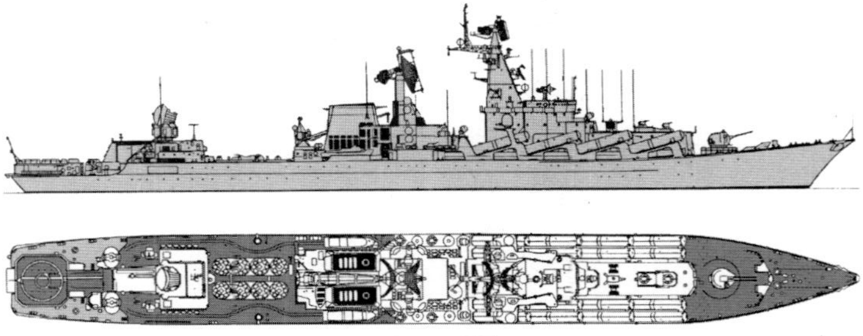

16 ⇨, 8 ⇧, 4 ⇧, 2-13 ⮣, 6-3 ⮣$_6$, 1C **UTR** 53.3 IIIII, 2 ⇘$_{12}$, 1 ⛟ — 9800 ts, 33 kn, 186 m

3 CG: **Moskva** (79-83) *Slava Klasse*

Kreuzer / Cruisers

8 ⇨$_4$, 4 ⇑$_2$, 4 ⇑$_2$, 4-7.6 ∠, 4-3 ∠$_6$, 10 **UTR** 53.3 IIIII, 2 ⇗$_{12}$, 2 ⇗$_6$, 1 ✈ — 6700 ts, 34 kn, 174 m

2 CG: **Kerč, Očakov** (71-72)

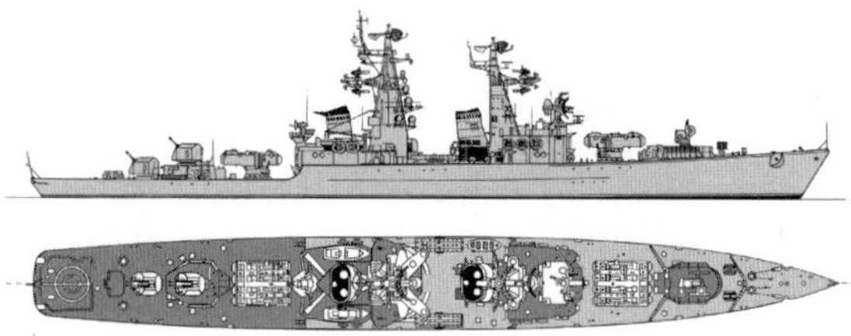

8 ⇨$_4$, 2 ⇑$_2$, 4-7.6 ∠, 6 **UTR** 53.3 III, 2 ⇗$_{12}$ — 4400 ts, 35 kn, 142 m

1 CG: **Admiral Golovko** (61) – *Kynda Klasse*

Zerstörer / Destroyers

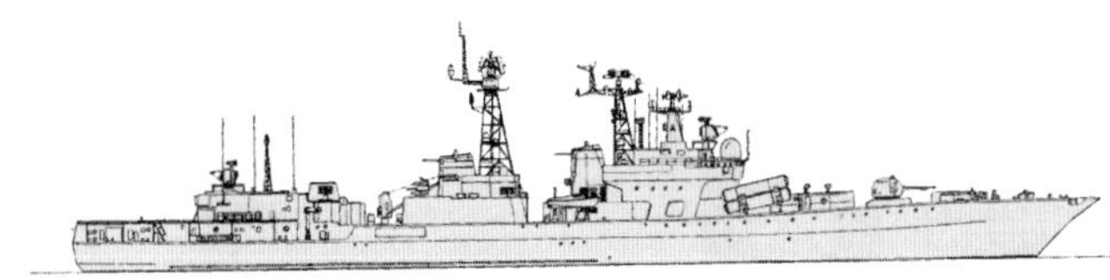

4 ⇨, 8 ⇑ (VLS), 2-13 ∠, 2 CADS-1, 8 **UTR** 53.3 IIII, 2 ⇗$_{12}$, 2 ✈ — 7400/8900 ts, 30 kn, 164 m

1 DG: **Admiral Chabanenko** (92) – *Udaloj II Klasse*

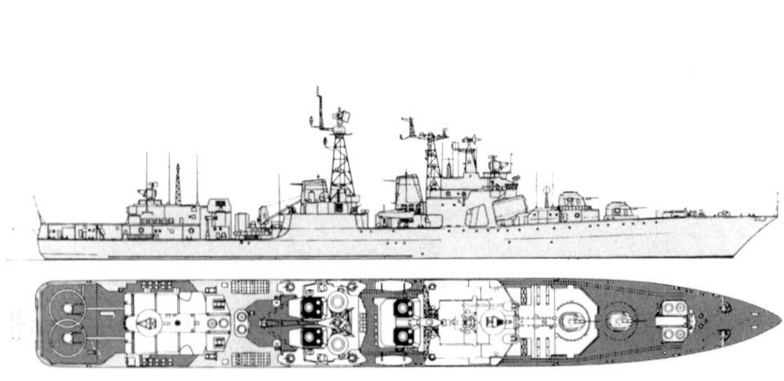

8 ⇨$_4$, 8 ⇑$_8$, 2-10 ∠, 4-3 ∠$_6$, 8 **UTR** 53.3 IIII, 2 ⇗$_{12}$, 2 ✈, ⚓ — 6400 ts, 33 kn, 164 m

9 DG: **Maršal Vasilevskij** (81-90) *Udaloj-I Klasse*

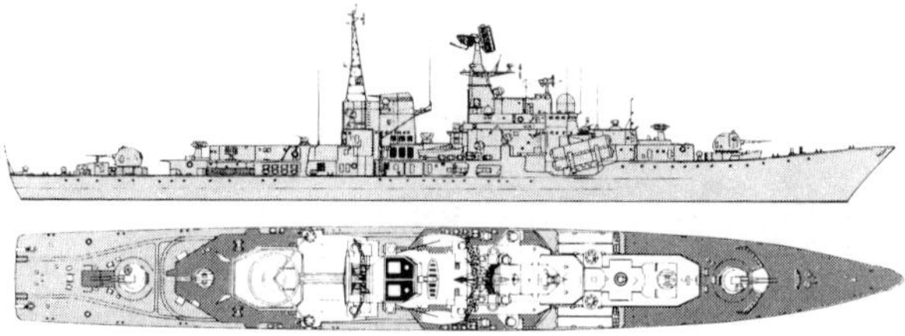

8 ⇨$_4$, 2 ⇧, 4-13 🔫, 4-3 🔫$_6$, 4 **UTR** 53.3 **II**, 2 ✎$_6$, 1 🚁, ⊙ 6300 ts, 35 kn, 156 m
11 DG: **Bezuprešnyj** (83-91) *Sovremennyj Klasse*

3700 ts, 36 kn, 146 m
4 ⇨, 4 ⇧$_2$, 4-7.6 🔫$_2$,
4-3 🔫$_6$, 5 **UTR** 53.3 **IIIII**,
2 ✎$_{12}$, ⊙
1 DG: **Sderžannyj** (72)
Kashin mod. Klasse

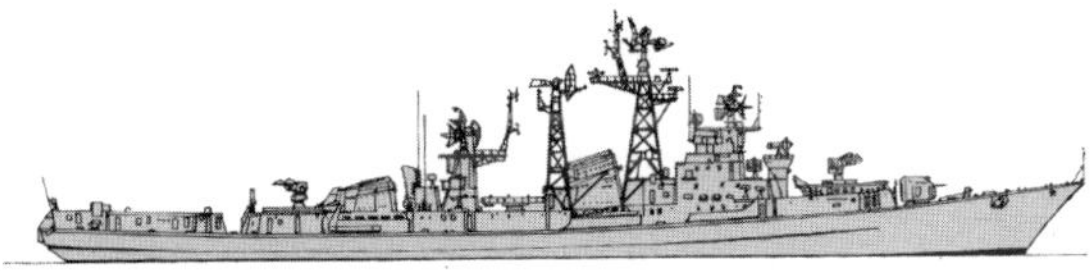

3600 ts, 36 kn, 143 m
4 ⇧, 8 ⇨, 2-7.6 🔫,
5 **UTR** 53.3 **IIIII**, 4 ✎
1 DG: **Smetlivyj** (67)
Kashin Klasse

Fregatten / Frigates

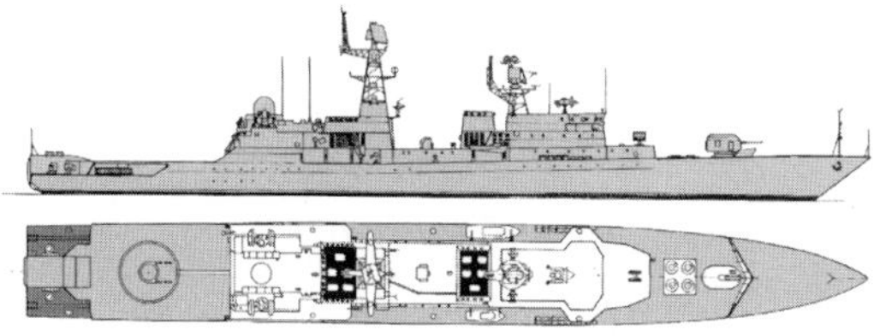

./4500 ts, 30 kn, 136 m
8 ⇨$_4$, 4 ⇧$_6$, 1-10 🔫, 2 🔫, CADS-1,
6 **UTR** 53.3 **III**, 1 ✎$_{10}$, ⊙, 1 🚁
1 FG: **Neustrašimyj** (88)

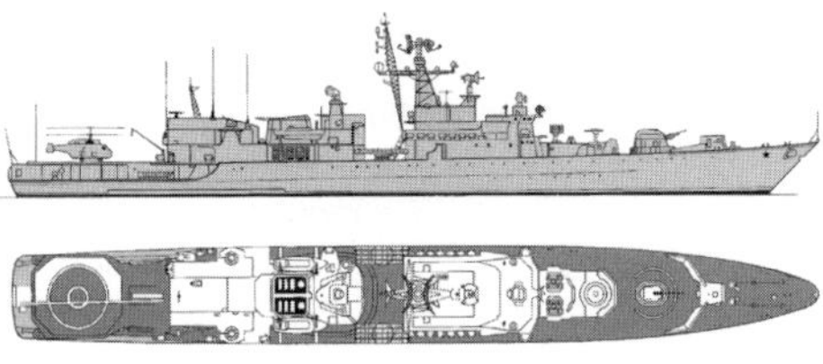

3300 ts, 33 kn, 124 m
2 ⇧$_2$, 1-10 🔫, 2-3 🔫$_6$,
8 **UTR** 53.3 **IIII**, 2 ✎$_{12}$, 1 🚁, ⊙
7 FF: **Menšinskij** (83-90)
Krivak III Klasse

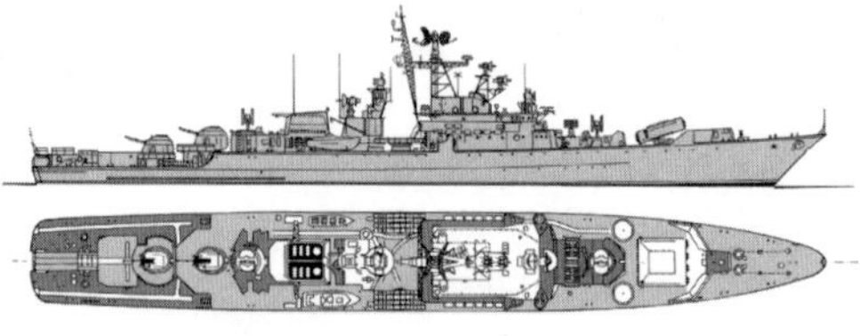

3100 ts, 33 kn, 123 m
4 ⇨$_{4}$, 4 ⇧$_{2}$, 2-10 ⊿, 8 **UTR** 53.3 **IIII**,
2 ⫽$_{12}$, Ö
3 FG: *Krivak II Klasse* (75-80)

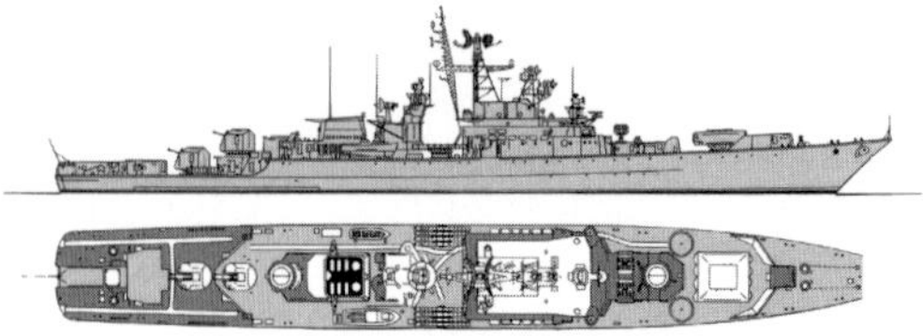

3100 ts, 33 kn, 123 m
4 ⇨$_{4}$, 4 ⇧$_{2}$, 4-7.6 ⊿$_{2}$, 8 **UTR** 53.3 **IIII**,
2 ⫽$_{12}$
3 FG: *Krivak I Klasse* (74-81)

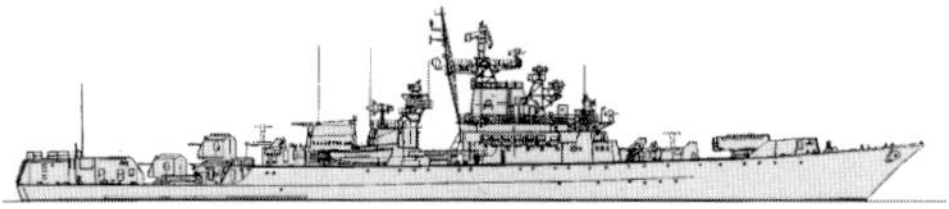

3100 ts, 33 kn, 123 m
4 ⇨$_{4}$, 4 ⇨$_{2}$, 4 ⇧, 4-7.6 ⊿,
8 **UTR** 53.3 **IIII**, 1 ⫽$_{12}$
3 FG: *Krival I mod. Klasse* (77-78)

3000 ts, 30 kn, 122 m
⇧, 8 ⇨, 1-7.6 ⊿, 2-3 ⊿
1 FG: Novik (a.St./o.St.)

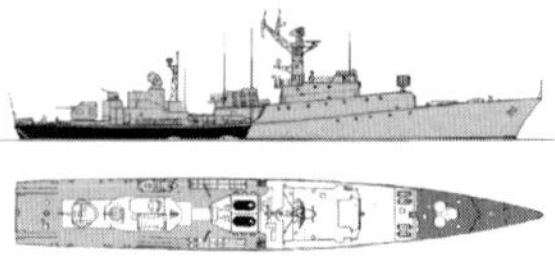

2 ⇧, 1-7.6 ⊿, 1-3 ⊿$_{6}$, 950 ts, 34 kn, 71.6 m
4 **UTR** 53.3 **II**, 1 ⫽$_{12}$, Ö
32 FF: *Grisha V Klasse* (85-91)

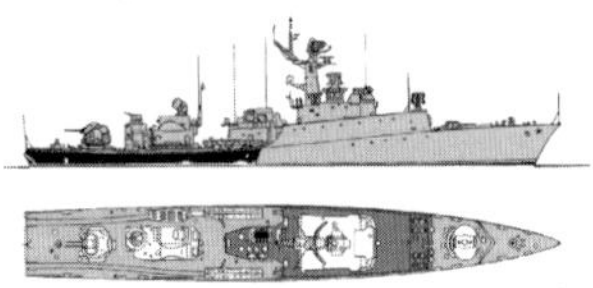

2 ⇧$_{2}$, 2-5.7 ⊿, 1-3 ⊿$_{6}$, 950 ts, 34 kn, 71.6 m
4 **UTR** 53.3 **II**, 2 ⫽$_{12}$, Ö
13 FF: *Grisha III Klasse* (75-85)

4-5.7 ⊿, 4 **UTR** 53.3 **II**, 950 ts, 34 kn, 71.6 m
2 ⫽$_{12}$, Ö
5 FF: *Grisha II Klasse* (73-76)

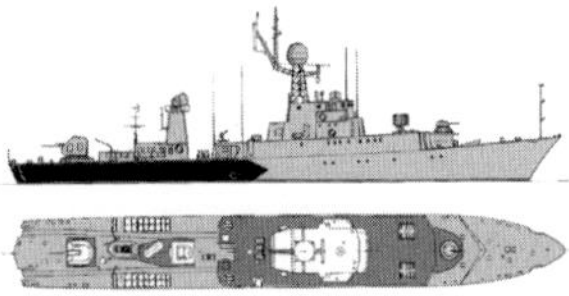

1-7.6 ⊿, 1-3 ⊿, 2 ↥, 2 ⫽ 800 ts, 28 kn, 75.2 m
4 **UTR** 53.3 **II**, 2 ⚲, Ö
11 FF: *Parchim II Klasse* (85-89)

Kennungen / Identification

Flugzeugträger / Aircraft Carriers
063-Kusnecov
069-Gorškov

Kreuzer / Cruisers
Kirov Klasse
080-Adm. Nachimov
099-Petr Velikij
Slava Klasse
011-Varjag
055-Ustinov
121-Moskva
Kara Klasse
707-Očakov
711-Kerch
Kynda Klasse
118-Adm. Golovko

Zerstörer / Destroyers
Udaloj Klasse
543-Marš. Sapošnikov
548-Ad. Panteleev
555-Ad. Spiridonov
564-Ad. Tribuc
572-Ad. Vinogradov
605-Ad. Levchenko
619-Severomorsk
650-Ad. Chabanenko
678-Ad. Charlamov
687-Marš. Vasilevskij
Sovremennyj Kl.
406-Bezuderžnyj
420-Rastoropnyj
429-Gremjaščij
434-Besstrašnyj
455-Bezuprešnyj
610-Nastojčivyj
620-Bespokojnyj
715-Bystryj
720-Bojevoy
754-Bezboyaznennyj
778-Burnyj
Kashin Mod./ Kashin Kl.
804-Sderžannyj
810-Smetlivyj

Fregatten / Frigates
Neustrashimyj Kl.
712-Neustrašimyj
Krivak-III Klasse
052-Vorovskij
060-Narva
097-Dzeržinskij
103-Kedrov
104-Pskov
116-Menšinskij
156- Orel
Krivak I/II Klasse
702-Pylkyj
731-Neukrotimyj
754-Družnyj
801-Ladnyj
808-Pytlivyj
916-Rezvyj
930-Legkij
937-Žarkij
955-Zadornyj

Korvetten / Corvettes
Grisha Klasse
053-MPK 207
055-MPK 199
059-MPK 49
064-MPK 134
068-MPK 52
071-Suzdalets
073-MPK 6
075-MPK 147
078-MPK 127
082-MPK 49
090-MPK 114
091-MPK 82
323-MPK 64
331-MPK 28
339-MPK 117
342-MPK 107
354-MPK 221
362-MPK 17
374-MPK 89
390-MPK 222
Dergach Klasse
615-Bora
890-Samum
Nanuchka Klasse
505-Uragan
520-Rasvjet
526-Nakat
533-Tucha
551-Liven
555-Gejser
560-Zyb
562-Priliv
564-Raduga
566-Burun
570-Passat
577-Storm
590-Meteor
595-Molnija
617-Miraš
620-Stil
621-Zarnitsa
Tarantul Klasse
700-R 160
819-R 42
820-R 255
825-R 291
832-R 8
833-R 125
847-R 5
860-R 26
874-R 293
908-R 240
921-R 20
927-R 19
937-R 18
940-R 11
943-R 261
946- R 24
951-R 297
953-R 239
954-R 334
955-R 60
958-R 83
962-R 71
964-R 229
971-R 298
Matka-Klasse
966-R 44
Parchim II Klasse
209-MPK 219
218-MPK 227
222-MPK 213
232-Kalmykija
243-MPK 224
245-MPK 105
258-MPK 216
301-MPK 67
304-MPK 192
308-MPK 99
311-Kazanjets
Pauk Klasse
021-Toljatti
024-Kaliningrad
043-Novorossijsk
052-Čeboksary
063-Sokol
077-N. Kaplunov
130-Kondor
134-Krechet
161-PSKR 805
306-MPK 144
316-MPK 60
322-MPK 76
Svetlyak Klasse
017-Rubin
028-Sochi
065-Briz
077-Neptun
141-Vyborg
182-Koršun
Babochka Klasse
068-Kunachovich
Mukha Klasse
058-MPK 215
060-Vladimirets
Susanin Klasse
018-Irtyš
019-Ruslan
077-Neva
083-Dunaj
112-Volga
161-Ajsberg
173-Anadyr
Sorum Klasse
010-Amur
016-Ural
022-Zapolarje
035-V. Kingisepp
038-Jenisej
067-Čukotka
073-Zabaikalje
101-Tajmir
103-Karelija
105-Bajkal
135-Brest
142-Bug
159-Primorje

Uboote / Submarines
Delta IV Klasse
849-Novomoskovsk
Oscar II Klasse
816-Smolensk
841-Krasnodar
850-Kursk
Yankee Notch Kl.
891-K 395
Akula I/II Klasse
853-Tigr
860-Ak Bars
867-Volk
872-Leopard
878-Pantera
970-Samara
Kilo I/II Klasse
469-Tur
504-B 229
507-B 345
529-B 187
554-B 871
599-B 177
Beluga Klasse
351-SS 533
Bravo Klasse
379-SS 226

Minensucher / Minesweepers
Gorya Klasse
762-Gumanenko
901-Želesnjakov
Natya Klasse
610-Svjazist
806-Motorist
828-Raketchik
909-VAdm. Žukov
911-Radist
913-Navodchik
960-Strelok
Sonya Klasse
426-BT 241
438-BT 40
501-BT 212
505-Aleksej Lebedev
510-BT 230
513-BT 48
522-BT 157
550-BT 94
561-BT 115
592-BT 114
598-BT 51
Lida Klasse
316-RT 57
331-RT 341
348-RT 284

Landungsfahrzeuge / Landing Vessels
Rogov Klasse
020-M. Moskalenko
Alligator Klasse
052-A. Tortsev
081-N. Vilkov
119-Don. Sachter
148-BDK 69
150-BDK 65
152-N. Filichenko
Ropucha I/II Kl.
016-BDK 45
027-BDK 182
050-BDK 14
055-BDK 98
066-BDK 101
077-BDK 11
102-Kaliningrad
110-A. Šabalin
130-BDK 122
151-Azov
156-BDK 67
158-T. Kunikov

Hilfsfahrzeuge / Auxiliary Vessels
Ugra Klasse
879-Volga
Don Klasse
805-PB 9
Lama-Mod. Kl.
874-PRTB-33
Vytegrales Mod. Klasse
204-Apšeron
208-Sevan
506-Daurija
Smolnyj Klasse
200-Perekop
210-Smolnyj

Korvetten / Corvettes

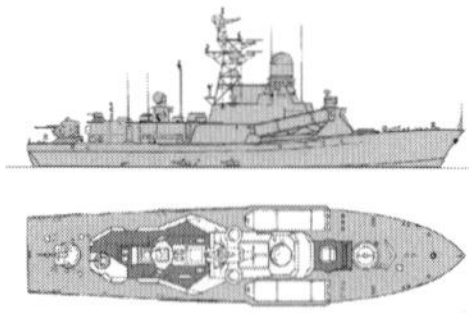

./850 ts, 36 kn, 59.3 m
12 ⇨$_6$, 1 ⇧, 1-7.6 ⟂, 1-3 ⟂$_6$
1 FG: **Nakat** (80)
Nanuchka IV Klasse

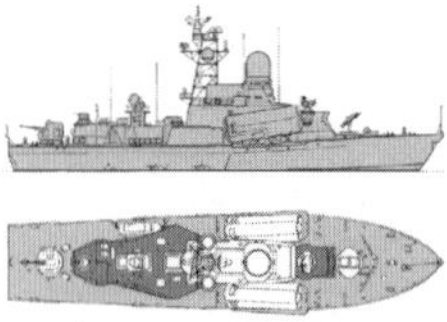

./850 ts, 36 kn, 59.3 m
6 ⇨$_3$, 2 ⇧$_2$, 1-7.6 ⟂, 1-3 ⟂$_6$
17 FG: *Nanuchka III Klasse*
(77-91)

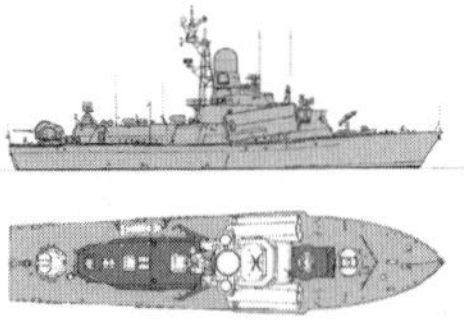

./850 ts, 36 kn, 59.3 m
6 ⇨$_3$, 2 ⇧$_2$, 2-5.7 ⟂
5 FG: *Nanuchka I Klasse*
(68-78)

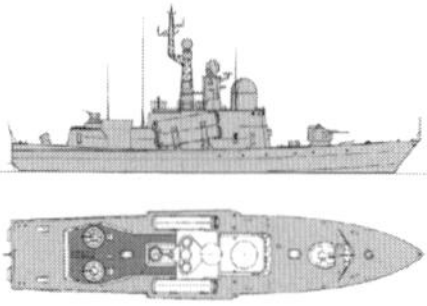

436 ts, 41 kn, 56.1 m
4 ⇨, 1 ↥$_4$, 1-7.6 ⟂, 2-3 ⟂$_6$
28 FG: *Tarantul III* (80-93)

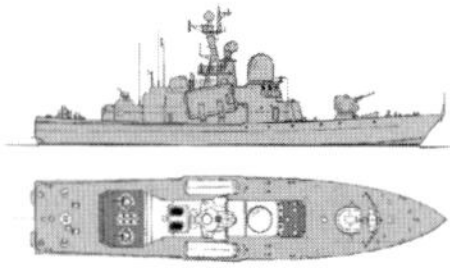

430 ts, 35 kn, 56.5 m
4 ⇨, 1 ↥$_4$, 1-7.6 ⟂, 2-3 ⟂$_6$
7 FG: *Tarantul II* (80-86)

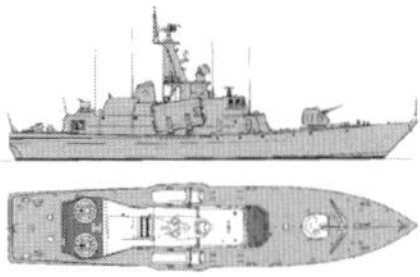

430 ts, 35 kn, 56.5 m
4 ⇨, 1 ↥$_4$, 1-7.6 ⟂, 2-3 ⟂$_6$
3 FG: *Tarantul I* (78)

8 ⇨$_4$, 2 ⇧$_2$, 1-7.6 ⟂, 2-3 ⟂$_6$, 1 ↥, ./850 ts, 53 kn, 64.5 m
2 FG: *Dergach Klasse* (87-92)

Uboote / Submarines

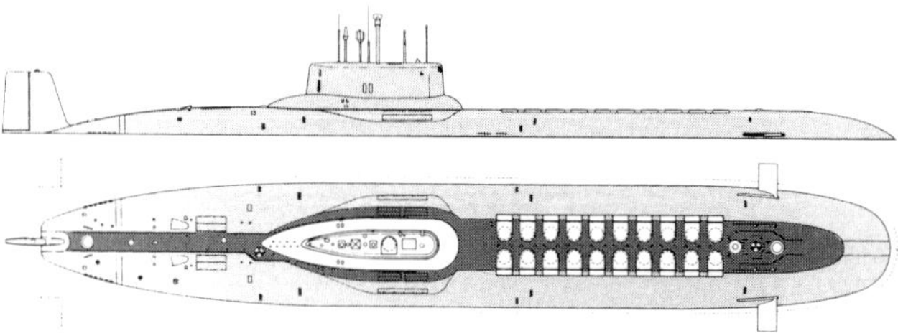

20 ♠, 6 **TR** b$_\downarrow$ 18 500/26 500 ts, 12/25 kn, 172 m
3 SB: *Typhoon Klasse* (85-88)

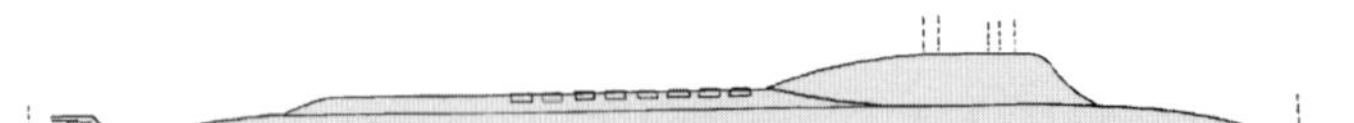

12-16 ⇧, ⇨, 6 **TR** 65 b$_\downarrow$, **TR** 53.3 b$_\downarrow$ 17 000 ts, ~ 26 kn, ~ 170 m
1 SB: Jurij Dolgorukij (a.St./o.St.) *Borey Klasse*
vorläufige Skizze / preliminary drawing

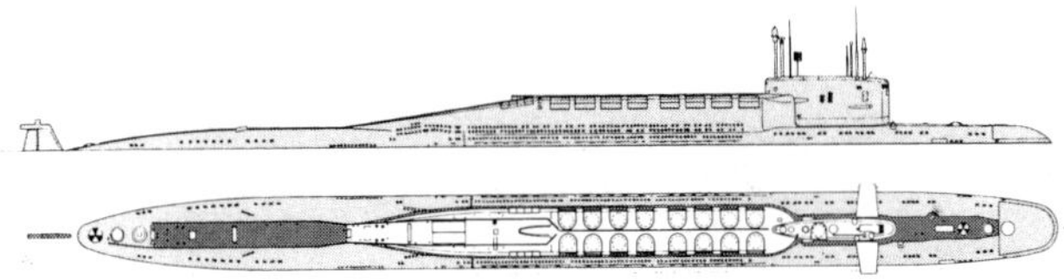

16 ▲, 6 **TR** $b_{\downarrow}$ — 10 800/13 550 ts, 19/24 kn, 165 m

7 SB: *Delta IV Klasse* (84-90)

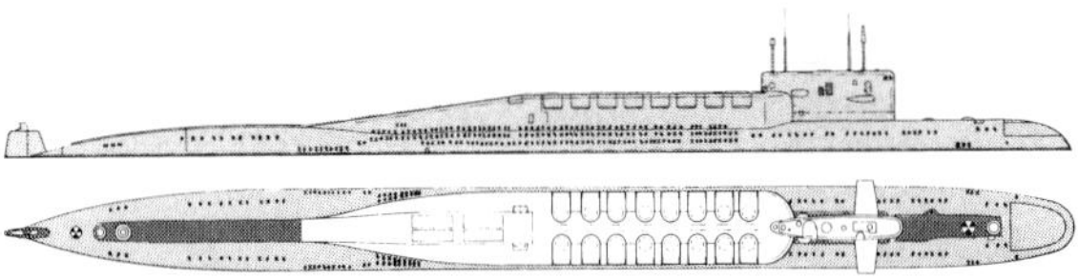

16 ▲, 6 **TR** 53.3 $b_{\downarrow}$ — 10 500/13 250 ts, 19/24 kn, 160 m

7 SB: *Delta III Klasse* (76-82)

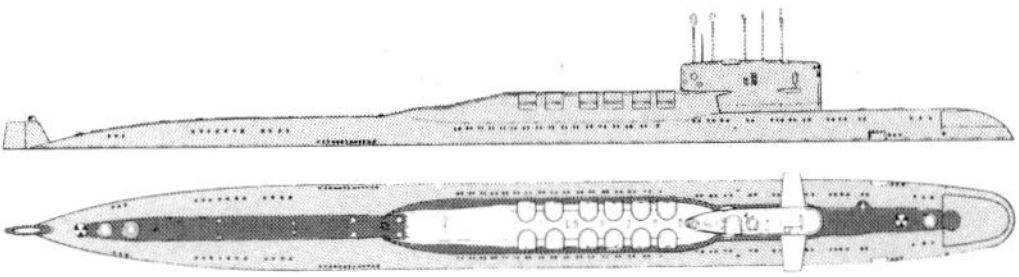

8900/10 400 ts, 20/26 kn, 138 m
12 ▲, 6 **TR** 53.3 $b_{\downarrow}$
3 SB: *Delta I Klasse* (72-77)

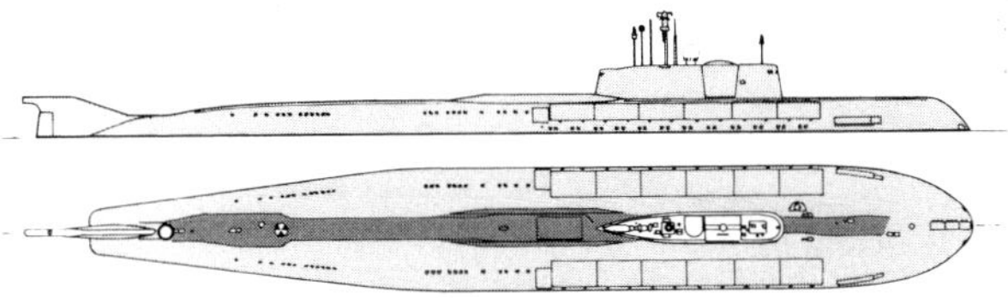

24 ⇨, 8 **TR** $b_{\downarrow}$ — 10 800/13 600 ts, 18/29 kn, 154 m

12 SG: *Oscar II Klasse* (85-99)

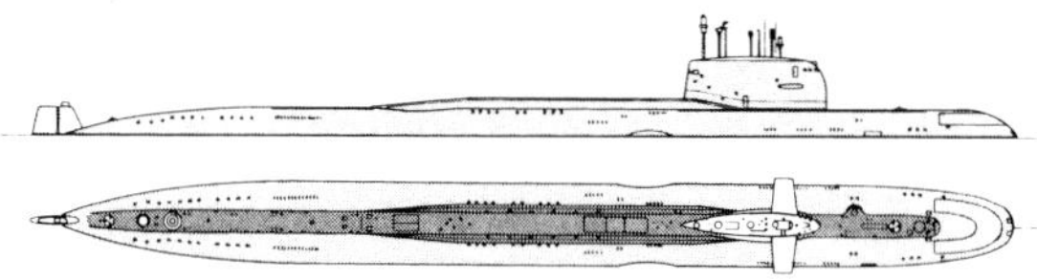

9400/13 650 ts, 16/26 kn, 142 m
⇨, 6 **TR** 53.3
1 SG: **K 395** [891] (69)
Yankee Notch Klasse

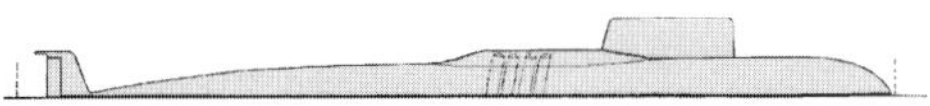

./10 500 ts, 19/30 kn, 120 m
12 △, 4 **TR** $b_{\downarrow}$, ⇨
2 SG: Severodvinsk (a.St./o.St.)
vorläufige Skizze / Preliminary drawing

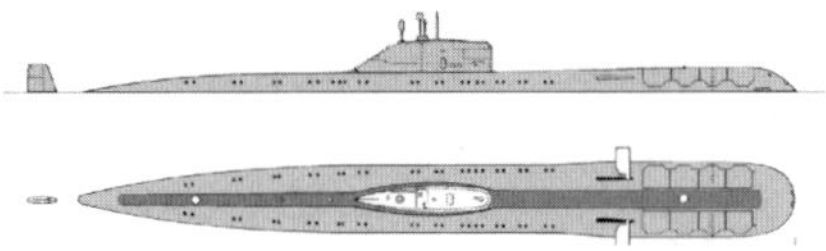

4400/5500 ts, 16/23 kn, 104 m
8 ⇨, 6 **TR** 53.3 b↓
1 SG: **Novgorod Velikij** (73)
Charlie II Klasse

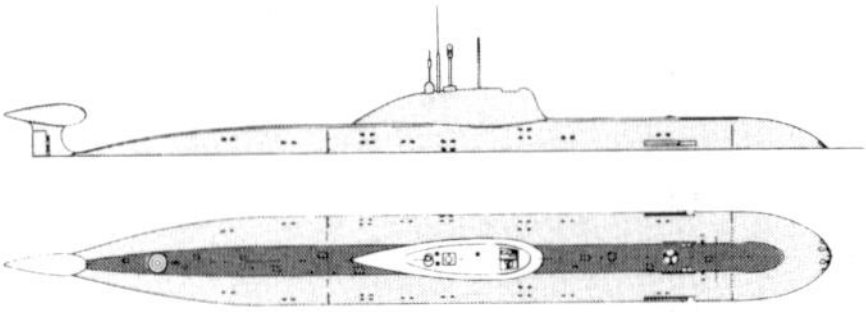

7500/9300 ts, 16/28 kn, 110 m
⇨, 4 **TR** 65, 4 **TR** 53.3 b↓
11 SS: *Akula I Klasse* (86-96)
~ 2 SS: *Akula II Klasse* (94-99)

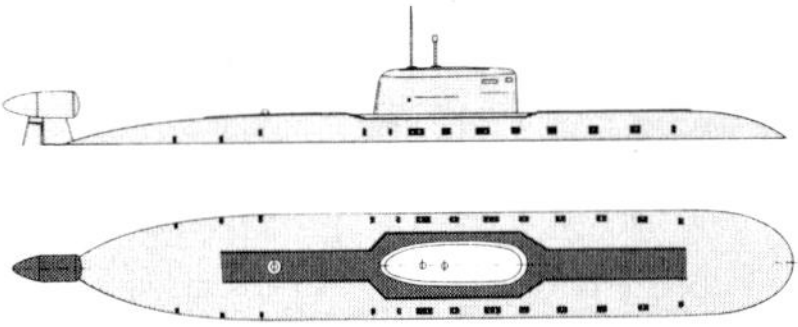

7200/8200 ts, 16/33 kn, 111 m
⇨, 6 **TR** 53.3, 2 **TR** 65, b,↓
2 SS: *Sierra II Klasse* (89-92)

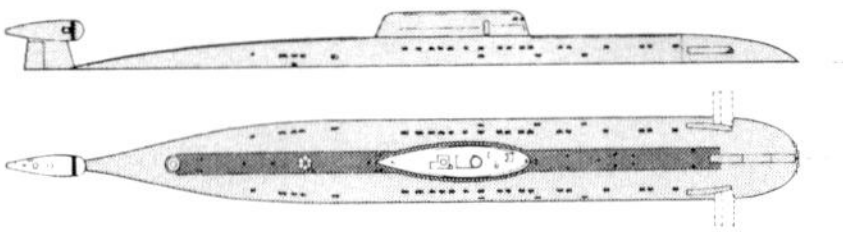

6800/7600 ts, 16/33 kn, 107 m
⇨, 8 **TR** b,↓
2 SS: *Sierra I Klasse* (83-86)

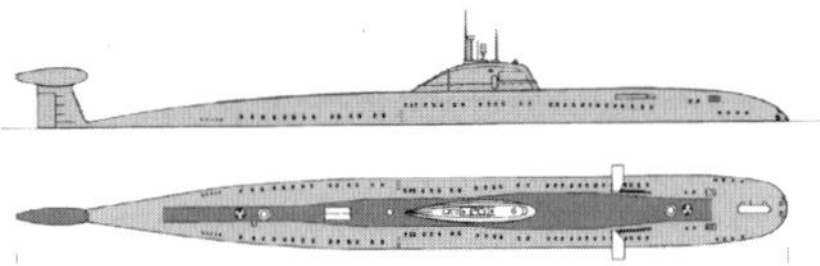

4900/6350 ts, 18/30 kn, 107 m
6 **TR** 53.3 b↓, ⇨
11 SS: *Victor III Klasse* (80-91)

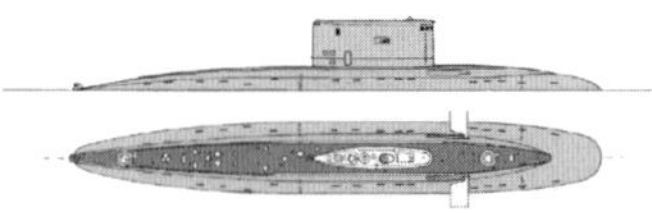

6 **TR** 53.3 b↓, 2500/3200 ts, 12/25 kn, 73 m
25 SS: *Kilo Klasse I/II* (80-93)

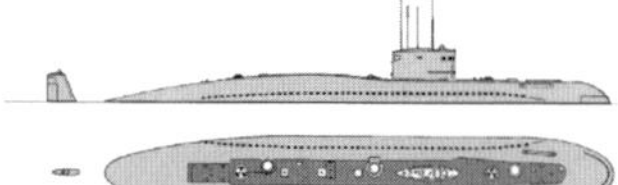

4 **TR** 53.3 b↓, 2400/2900 ts, 14/14 kn, 73.7 m
1 SS: **SS 310** (68) *Bravo Klasse*

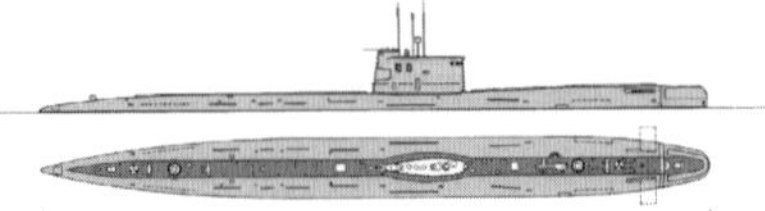

10 **TR** 53.3↓(6 b, 4 h) 3100/3900 ts, 16/16 kn, 91 m
⇨ 4 SS: *Tango Klasse* (73-82)

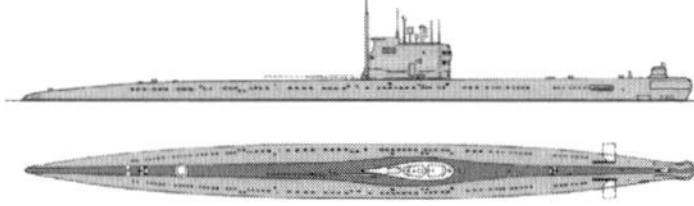

10 **TR** 53.3↓(6 b, 4 h) 1950/2400 ts, 16.5/15.6 kn, 91 m
2 SS: *Foxtrot Klasse* (71)

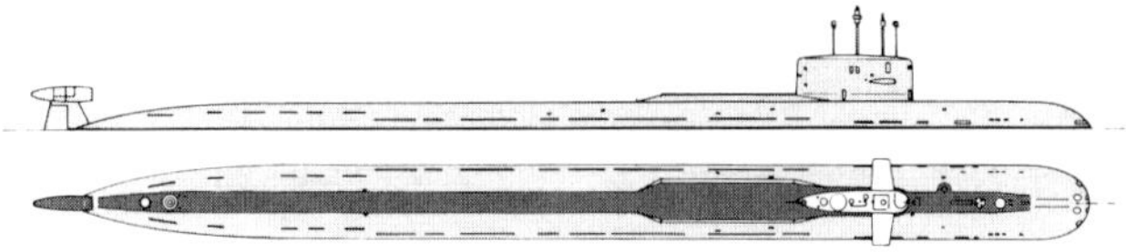

? **TR** b$_{\downarrow}$ — 9408 ts$_{\downarrow}$, ./27 kn, 160 m

1 SS: **K-411** (69) *Yankee Stretch Klasse*

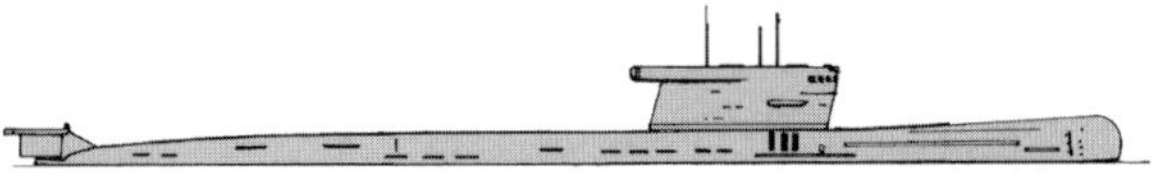

6 **TR** b$_{\downarrow}$, ⇒ — 8675/9190 ts, 18/27 kn, 151.8 m

1 SS: **KS-403** (70) *Yankee Big Nose Klasse*

– ./1400 ts, 10/30 kn, 69 m

3 SS: **AS 15-17** (82-93) *Uniform Klasse*

1900/2400 ts, 10/22 kn, 65 m

1 SS: **SS-533** (85) *Beluga Klasse*

Wachfahrzeuge / Patrol Ships

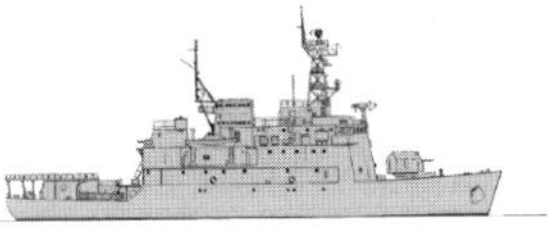

2-7.6, 2-3$_6$ — 2700 ts, 14.5 kn, 70 m

7 PP: *Susanin Klasse* (74-81)

4-3 — 1210 ts, 14 kn, 58 m

40 PP/AT: *Sorum Klasse* (72 – a.St./o.St.)

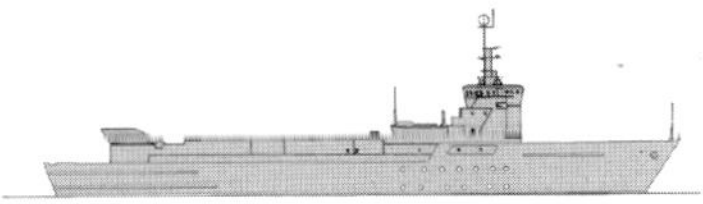

2440 ts, 19.5 kn, 88.3 m

2

4 PP: **Komandor** (88-90)

Landungsfahrzeuge / Landing Ships

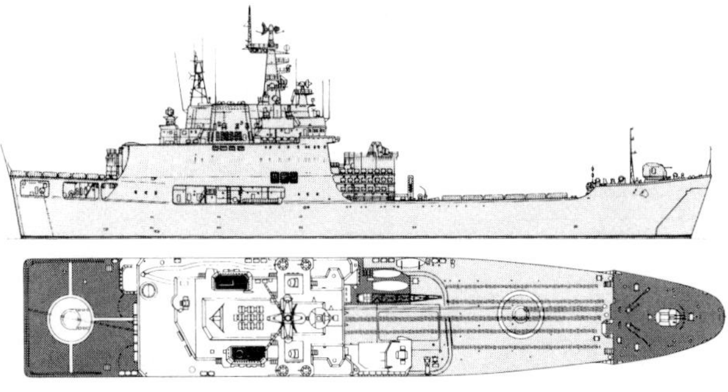

2$_2$, 2-7.6, 4-3$_6$, 2$_4$, 1 ↣ 20, 40, [530] 3 ACV, 4 — 11000 ts, 24 kn, 158 m

1 LD: **Mitrofan Moskalenko** (89) – *Rogov Klasse*

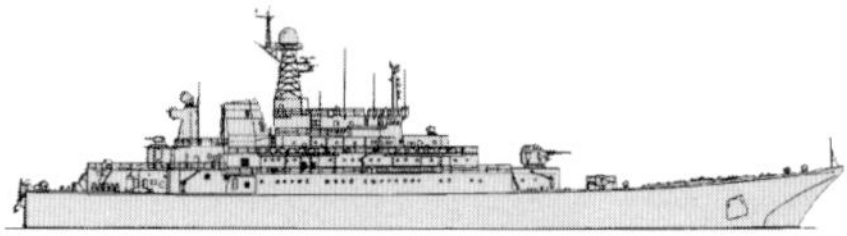

3600 ts, 18 kn, 113 m
1-7.6 , 2-3 $_6$, 20 , [230], [450 ts]
3 LS: *Ropucha II Klasse* (90-91)

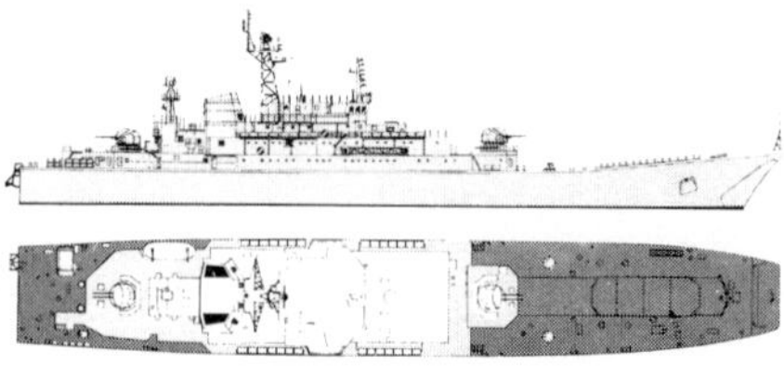

3600 ts, 18 kn, 113 m
4-5.7 , 20 , [230], [450 ts]
18 LS: *Ropucha I Klasse* (73-86)

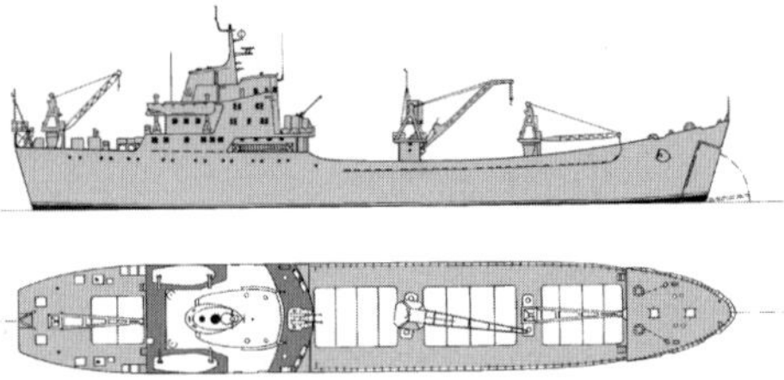

3400 ts, 18 kn, 114 m
2-5.7 , 4-2.5 , 40 , [1700 ts]
1 LS: **BDK-65** (64) *Alligator I Klasse*

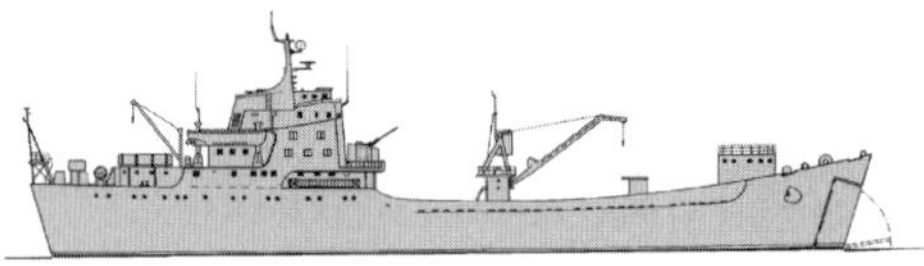

3400 ts, 18 kn, 114 m
2-5.7 , 40 , [1700 ts]
5 LS: *Alligator Klasse* (68-75)

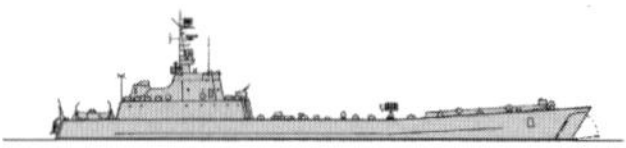

890 ts, 18 kn, 76.2 m
4-3 , 2 , 2 , 8 , [200 ts]
5 LS: *Polnocny B Klasse* (67-70)

Hilfsfahrzeuge / Auxiliary Vessels

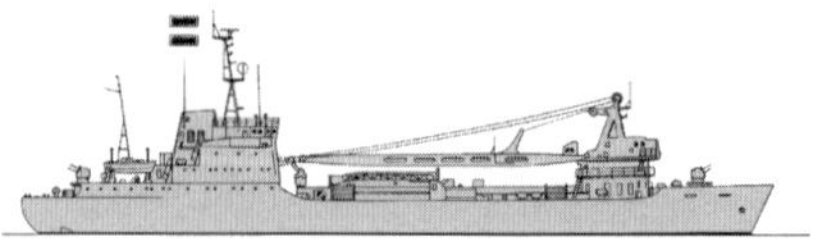

4500 ts, 16 kn, 104 m
4-2.5
3 AR: *Amga Klasse* (72-78)

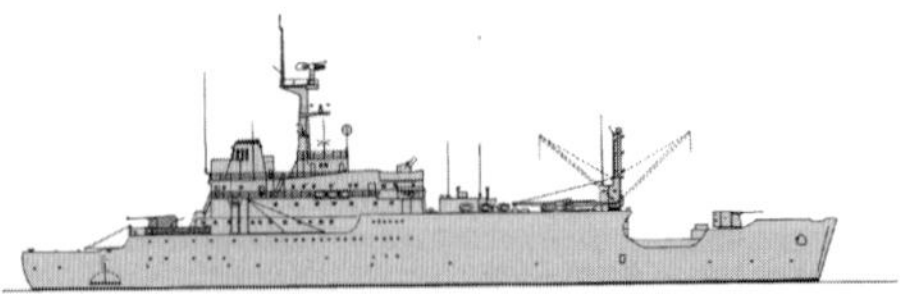

./4500 ts, 14 kn, 113 m
2-5.7 , 4-2.5
1 AR: **PRTB 33** (64)
Lama Mod. Klasse

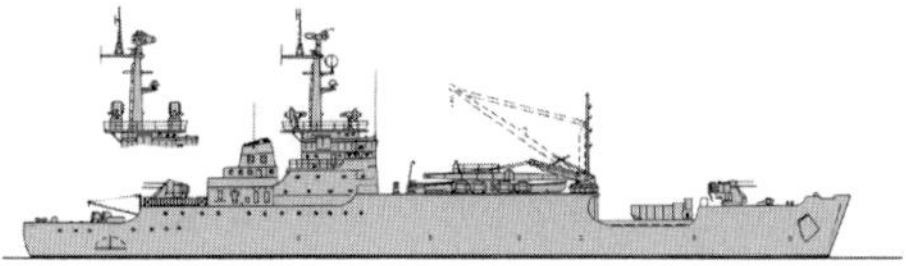

./4500 ts, 14 kn, 113 m
8-5.7, 2-4 $_4$
3 AR: **PM 44, 131, VTR-93** (62-78)
Lama Klasse

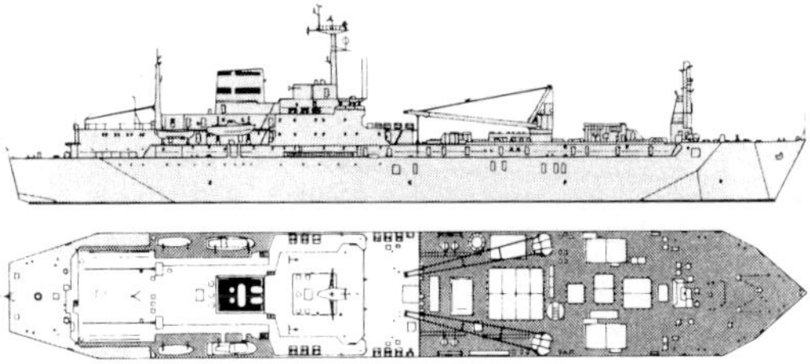

./15 000 ts, 17 kn, 137 m
[4-3 $_6$]
3 AR: **PM 12, 63, 74** (83-90)
Malina Klasse

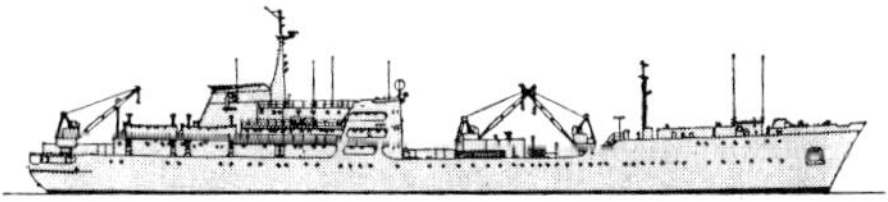

4000 ts, 18 kn, 122 m
22 AR: *Amur Klasse* (68-88)

–

2500 ts, 12 kn, 91 m

7 AR: *Oskol Klasse* (64-67)

Volga

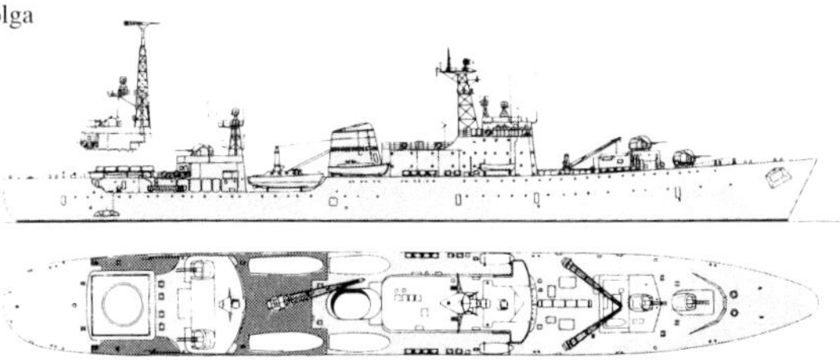

6700 ts, 17 kn, 145 m
8-5.7, 1
1 AS: **Volga** (66)
Ugra Klasse

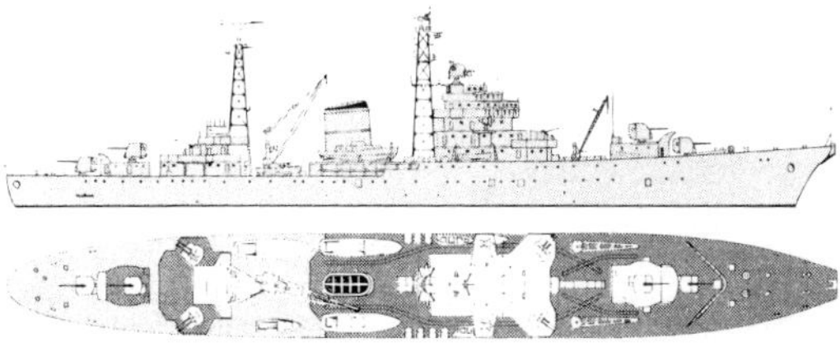

5200 ts, 20 kn, 140 m
2-10, 8-5.7, 8-2.5
1 AR: **PB-9** (57)
Don Klasse

Rußland/Russia

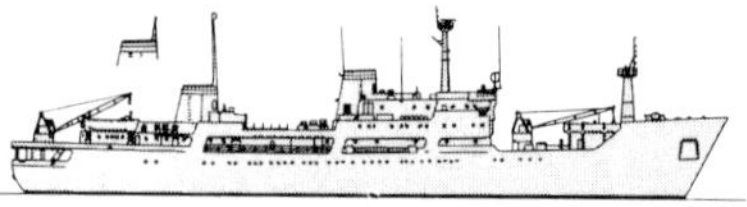

3900 ts, 14 kn, 107 m
1 AR: **ENS-348** (75)
Tomba Klasse

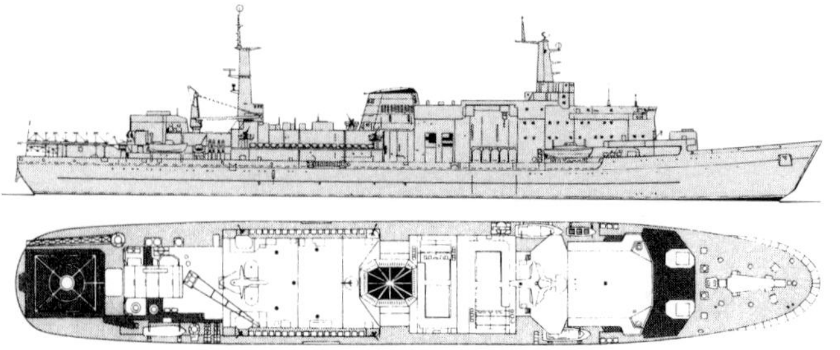

[4-3 $_{6}$, oder/or 8-3 $_{2}$], 1
19 000 ts, 17 kn, 172 m
1 AR: **Alagez** (82)

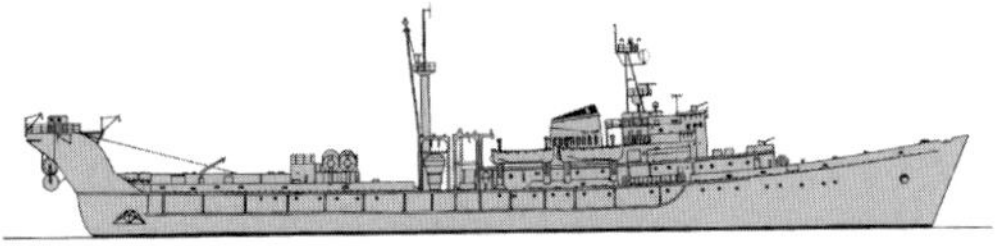

./6250 ts, 16 kn, 130 m
1 AR: **Karpatij** (68) – *Nepa Klasse*
Bergungsschiff / Salvage Vessel

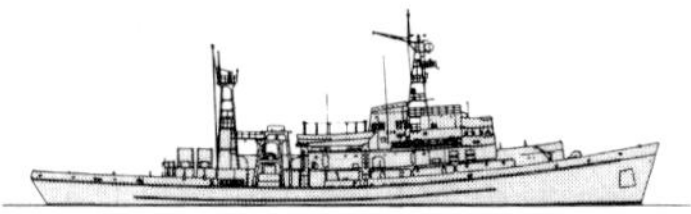

– 2800 ts, 20 kn, 90.2 m
3 AR: *Prut Klasse* (60-68)

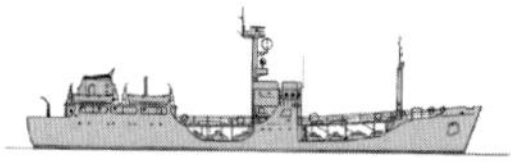

– 1900 ts, 12 kn, 62.5 m
2 AR: **Alambay, Don** (64-69)
Luza Klasse

6100 ts, 15 kn, 122 m
1
3 AK: *Vytegrales mod. Klasse* (63-66)

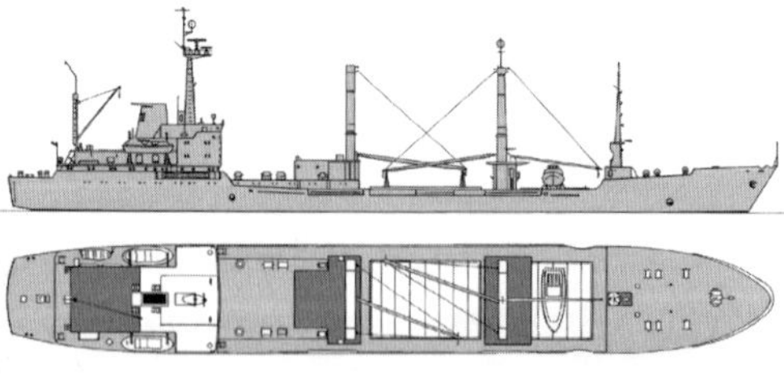

8500 ts, 16 kn, 130 m
4 AR: **Michail Rudnickij** (78-82)

5500 ts, 18 kn, 106 m
2-3 $_6$, 2 $_4$, 2
1 AG: **Kamchatka/SSV** (85)

Raketen- und Flugkörperbeobachtungsschiffe / Missile Range Instrumentation Ships

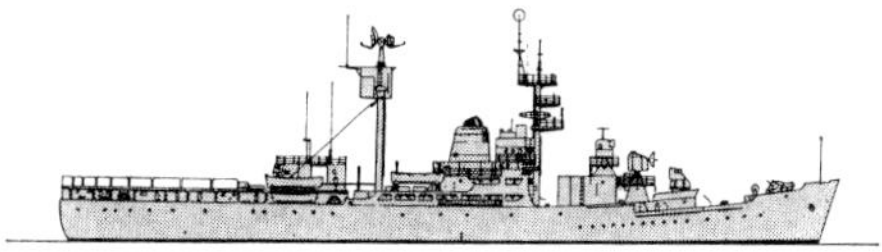

7800 ts, 13 kn, 108 m
1
2 AG: **Sachalin, Spassk** (~ 57) *Sibir Klasse*

Aufklärungsschiffe / Intelligence Ships

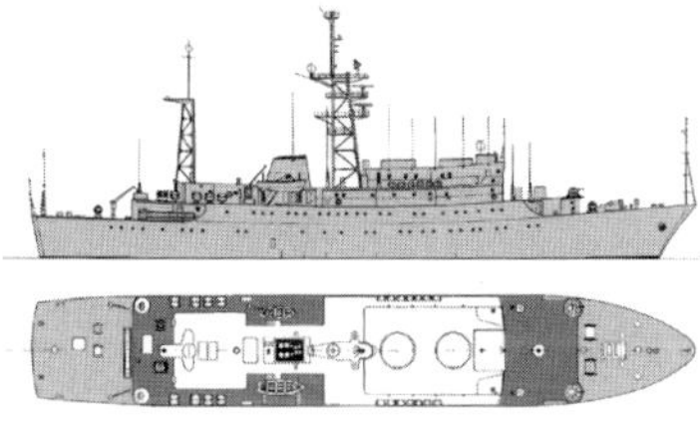

2-3 $_6$, 2 $_4$ 2690 ts, 16 kn, 94.4 m
7 AG: *Vishnya Klasse* (84-88)

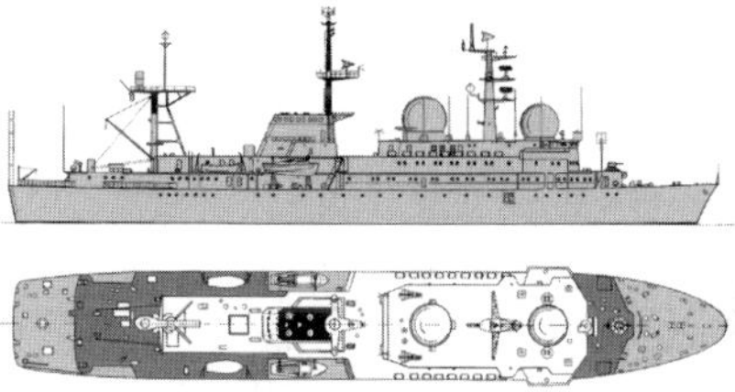

1-3 $_6$, 2 4500 ts, 22 kn, 105 m
3 AG: *Balzam Klasse* (80-85)

[4 Mg] 2700 ts, 16 kn, 82.5 m
2 AG: **Temryuk, SSV 704** (77-83) *Yug.-Mod. Klasse*

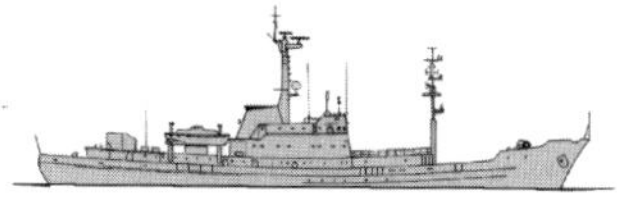

2 1250 ts, 15 kn, 73.3 m
5 AG: *Moma Klasse* (68-70)

– ./1200 ts, 13 kn, 53.7 m
3 AG: **GS 7, 19, 39** (~ 80) *Alpinist Mod. Klasse*

Forschungsschiffe – Marine / Research Ships – Navy

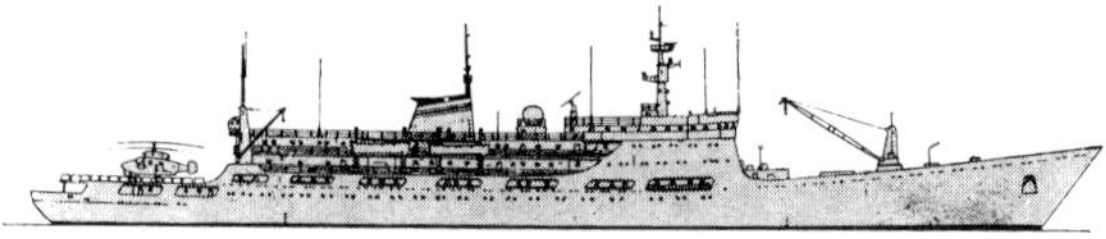

6600 ts, 20.5 kn, 147 m
1
3 AG: *Krylov Klasse* (74-78)

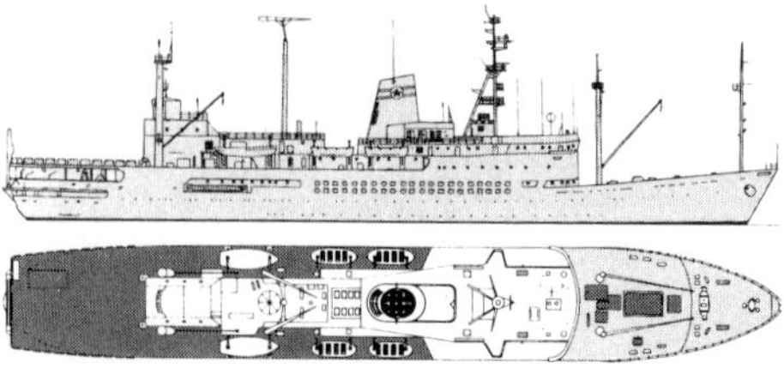

5500 ts, 18 kn, 125 m
1
3 AG: *Abkhaziya Klasse* (70-72)

– 2670 ts, 17 kn, 90 m
4 AG: *Zubov Klasse* (63-68)

[6-2.5] ./2500 ts, 16 kn, 82.5 m
13 AG: *Yug Klasse* (76-82)

Vermessungsschiffe – Marine / Surveying Ships – Navy

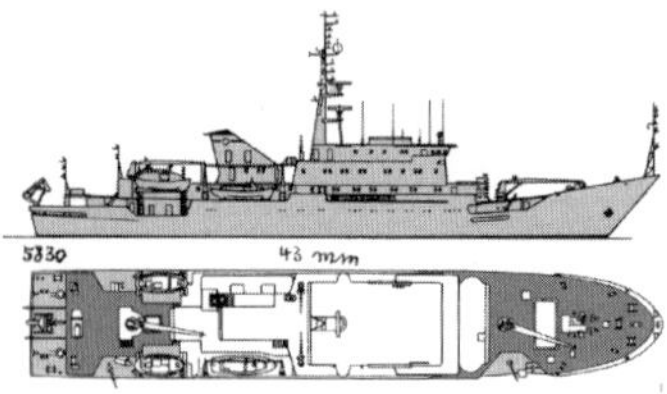

[1-3] ./3420 ts, 14 kn, 85.7 m
2 AG: **Sibiriakov** (90-91)

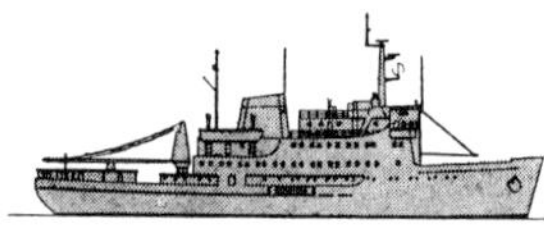

– ./3900 ts, 14 kn, 73 m
1 AG: **Vladimir Kavrajskij** (72)

– 1925 ts, 20 kn, 81 m
12 AG: *Onega Klasse* (70-93)

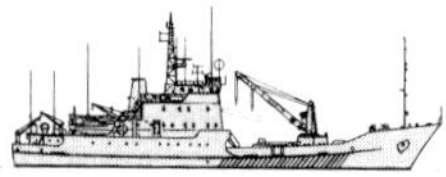

– 1200 ts, 13 kn, 61.3 m
20 AG: *Finik Klasse* (77-82)

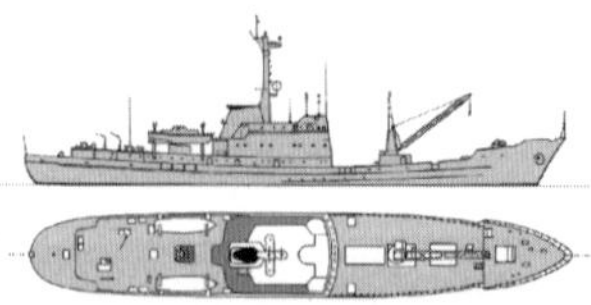

1250 ts, 17 kn, 73 m
12 AG: *Moma Klasse* (67-73)

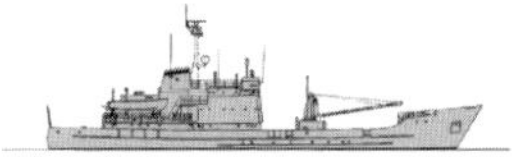

– 1050 ts, 15.5 kn, 60.4 m
6 AG: *Samara Klasse* (62-64)

– ./750 ts, 13 kn, 55 m
11 AG: *Biya Klasse* (70-74)

– 700 ts, 13.5 kn, 53.5 m
8 AG: *Kamenka Klasse* (68-69)

– 1850 ts, 13.8 kn, 69.5 m
18 AG: *Bereza Klasse* (83-91)

Versorger / Support Ships

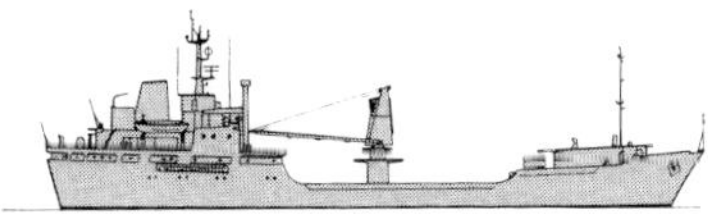

– ./2800 ts, 13 kn, 88.8 m
2 AK: *Partizan Klasse* (75-76)

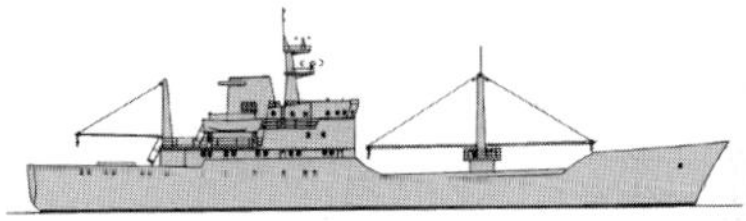

[2-3, 4 Mg, 2 $_4$] 4800 ts, 17 kn, 95 m
9 AK: *Antonov Klasse* (77-83)

– 750 ts, 11 kn, 50 m
11 AK: *Muna Klasse* (62-73)

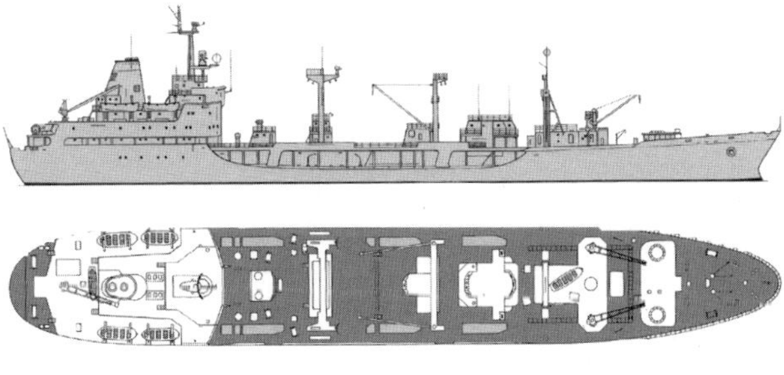

8700 ts, 17 kn, 162 m
[4-5.7]
5 AO: *Chilikin Klasse*
(72-77)

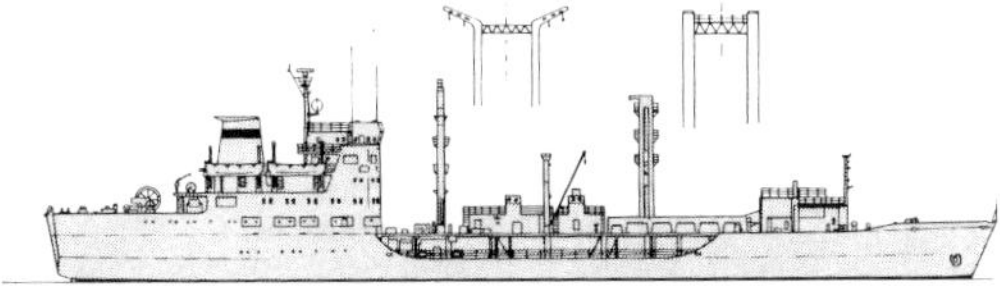

4300 ts, 16.3 kn, 130 m
1 AO: **Dubna** (74)

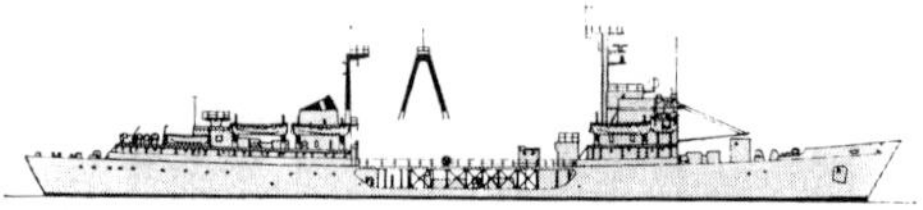

5500 ts, 17 kn, 122 m
[8-5.7]
4 AO: *Uda Klasse* (62-64)

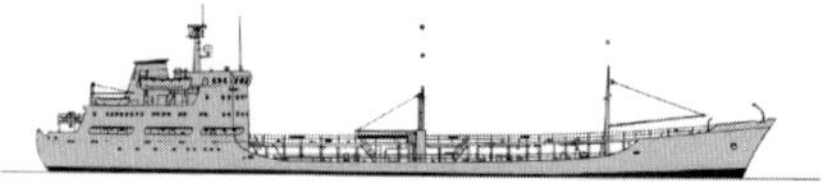

5500 ts, 13.3 kn, 106 m
5 AO: *Altay Klasse* (67-72)

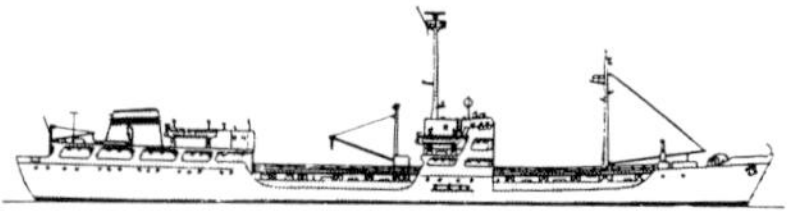

./6700 ts, 13.5 kn, 105 m
1 AO: **Zolotoj Rog** (60)
Pevek Klasse

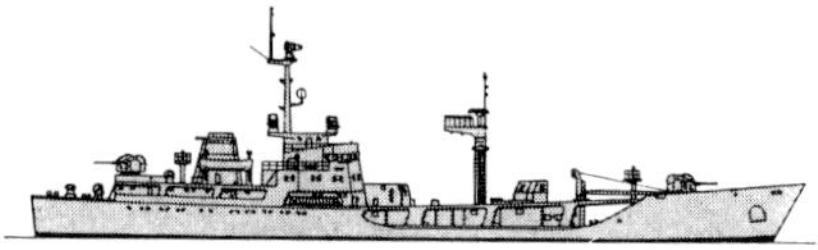

– ./7800 ts, 18 kn, 116 m –
2 AO: **Manyč** (71-76)

850 ts, 13 kn, 67.5 m
5 AO: *Khobi Klasse* (57-61)

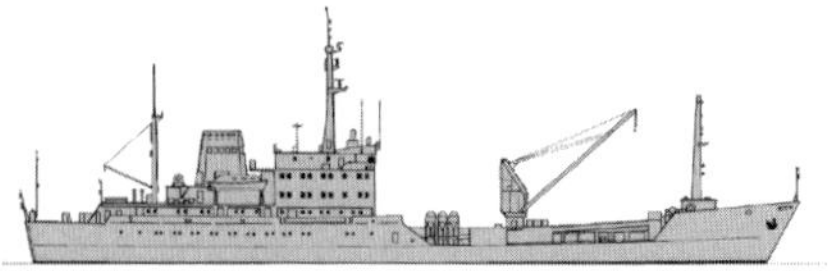

./6000 ts, 15 kn, 105 m
2 AO/AR: *Pinega Klasse* (85)

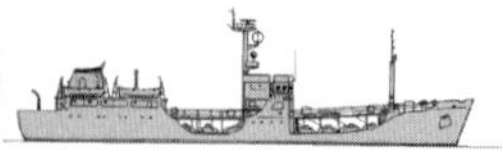

1900 ts, 13 kn, 62.5 m
4 AO: *Luza Klasse* (~ 60-68)

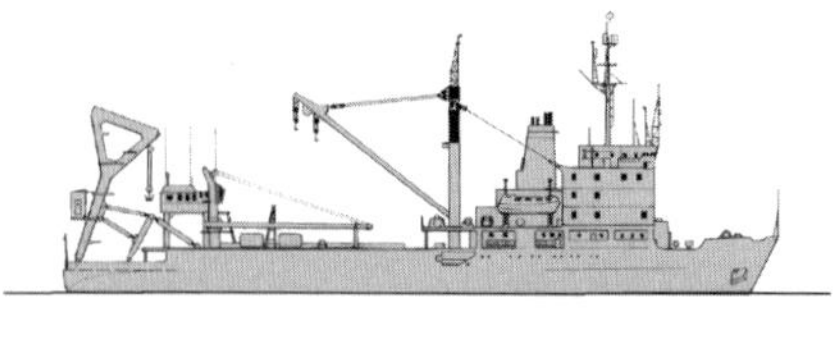

./6200 ts, 14 kn, 98 m
5 AN: **Aleksandr Puškin** (87-89)
Kashtan Klasse

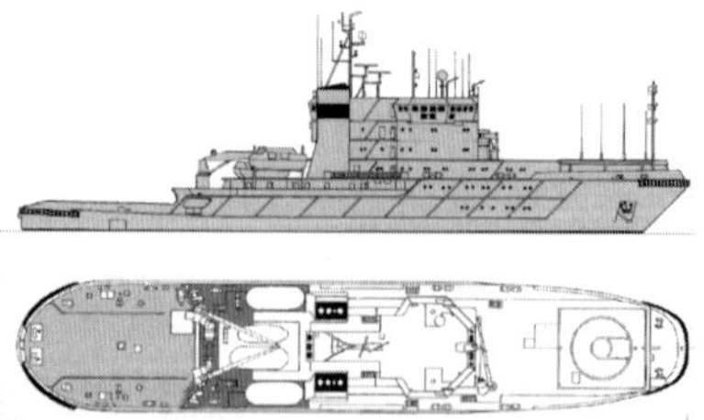

7000 ts, 18 kn, 98 m
1 AT: **Nikolaj Čiker / SB 131** (88)
Baklazhan Klasse

– 2800 ts, 15 kn, 81 m
1 AT/AR: **Ilga** (~ 83) *Neftegaz Klasse*

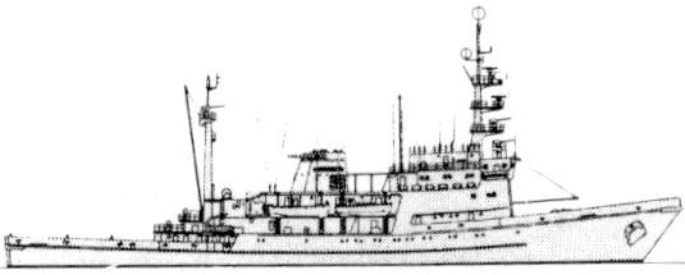

[2-5.7, 4-2.5] 3200 ts, 20 kn, 92.8 m
4 AT: *Ingul Klasse* (71-86)

– ./2240 ts, 16 kn, 63.5 m
13 AT: *Goryn Klasse* (77-83)

– ./2050 ts, 11 kn, 76 m
3 AC: **Emba** (80-81)

Lazarettschiffe / Hospital Ships

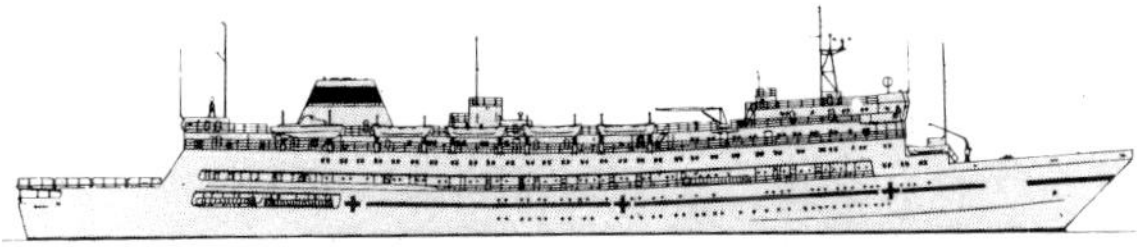

8000 ts, 19.5 kn, 152 m
1
4 AH: **Ob** (79-89)

Schulschiffe / Training Ships

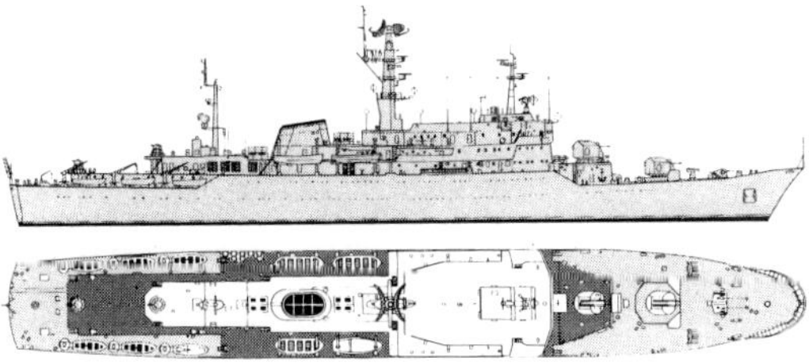

6900 ts, 20 kn, 138 m
4-7.6, 4-3, 2 $_{12}$
2 AX: *Smolny Klasse* (75-77)

Eisbrecher / Ice Breakers

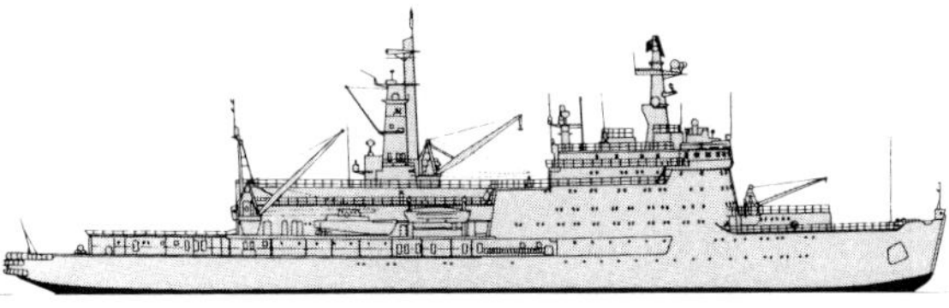

19 300 ts, 21 kn, 148 m
[2-7.6, 4-3 $_{6}$], 2
5 AI: **Arktika**
(72-89)

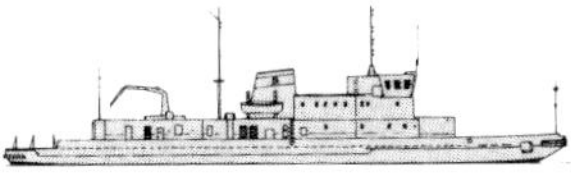

– ./2200 ts, 13.5 kn, 76.8 m
8 AI: **Kapitan Evdokimov** (82-85)

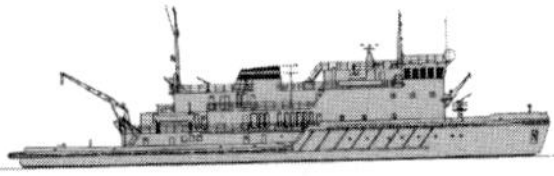

– 2240 ts, 14 kn, 77.6 m
6 AI: **Kapitan Čečkin** (77-78)

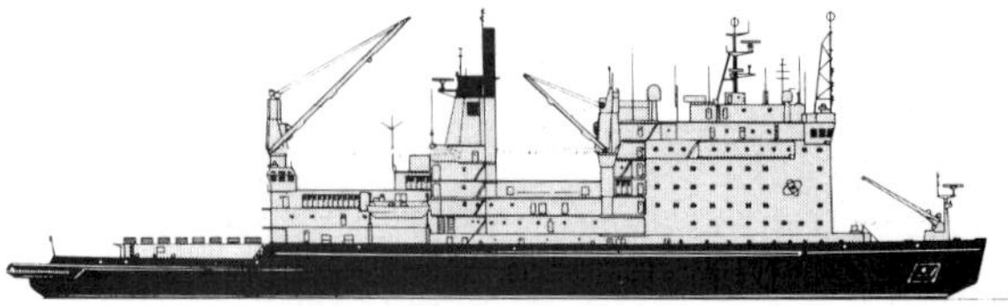

20 500 ts, 20.5 kn 150 m
2 AI: **Tajmir**
(87-88)

10 450 ts, 19 kn, 135 m
2 AI: **Kapitan Nikolaev** (77)

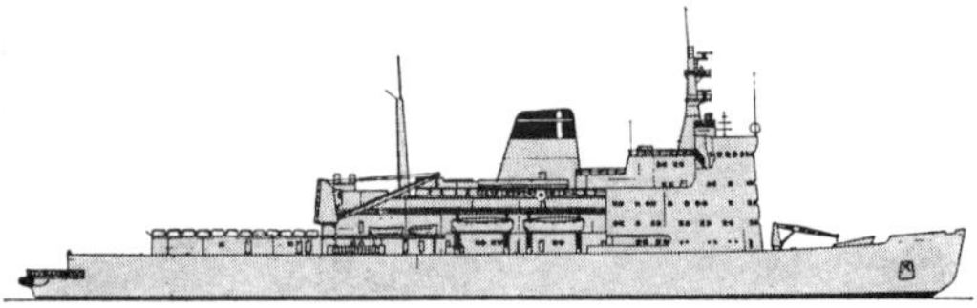

13 280 ts, 19.5 kn, 135 m
Admiral Makarov (73-75)

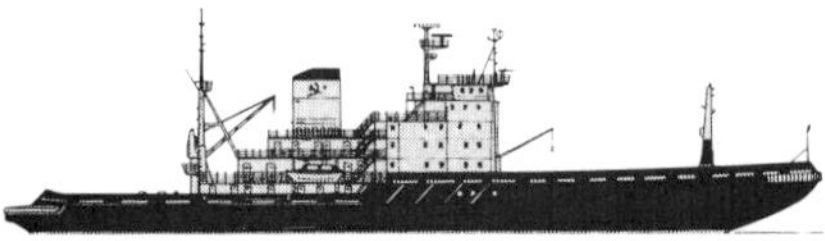

– 7228 ts, 17.5 kn, 111 m
1 AI: **Mudjug** (82, *85-86*)

– ./6140 ts, 17.5 kn, 92 m
2 AI: **Magadan** (82)

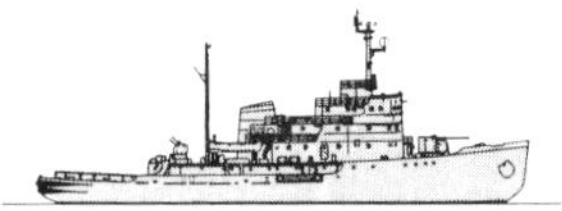

[2-5.7 , 2-2.5] ./2940 ts, 14 kn, 70 m
5 AI: **Peresvet** (59-74) – *Nikitich Klasse*

– 2000 ts, 14 kn, 68 m
8 AI: *Nikitich Klasse* (61-65)

Forschungsschiffe – Zivilbesatzung / Research Ships – Civilian operated

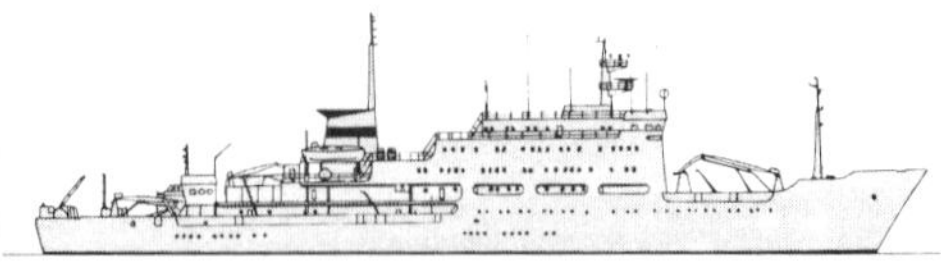

./5500 ts, 16 kn, 122 m
1 AG: **Akademik Mstislav Keldyš** (80)

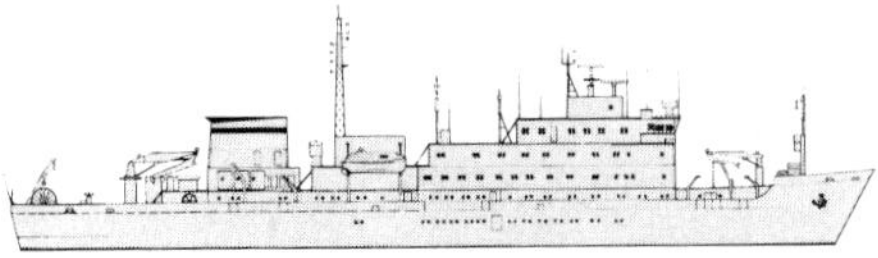

./6600 ts, 15 kn, 117 m
2 AG: **Akademik Joffe** (87-88)

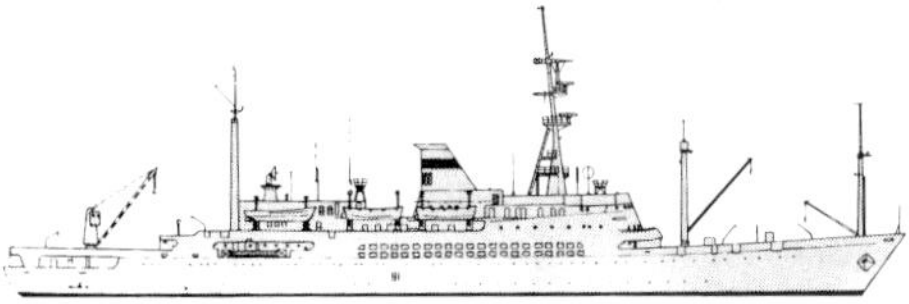

5500 ts, 18.2 kn, 124 m
2 AG: *Kurchatov Klasse* (65-66)

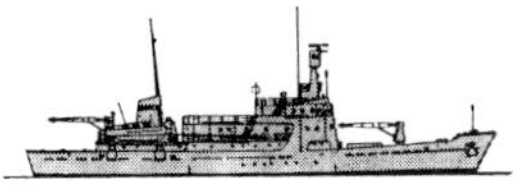

– 1450 ts, 13.5 kn, 68.7 m
12 AG: *Ovtsin Klasse* (69-77)

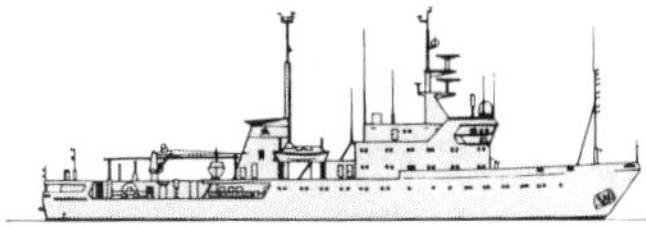

./3300 ts, 14.5 kn, 81.9 m
5 AG: *Akad. Fersman Klasse* (85-90)

Maßstab / Scale 1:1000

Kleine Kampfschiffe / Small Fighting Vessels

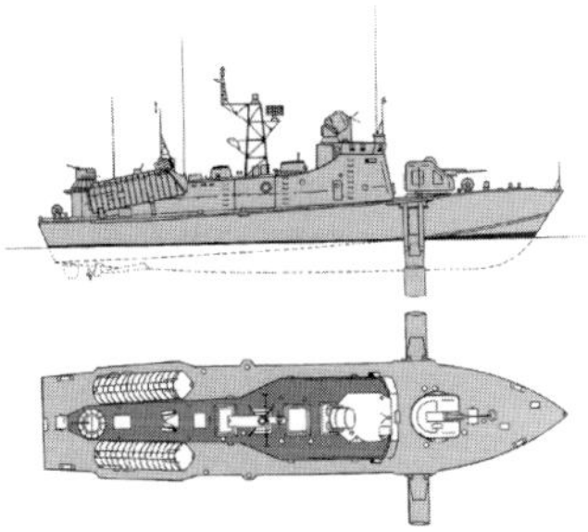

2 ⇨, 1-7.6, 1-3 $_6$ 225 ts, 40 kn, 40 m
5 PG: *Matka Klasse* (77-82)

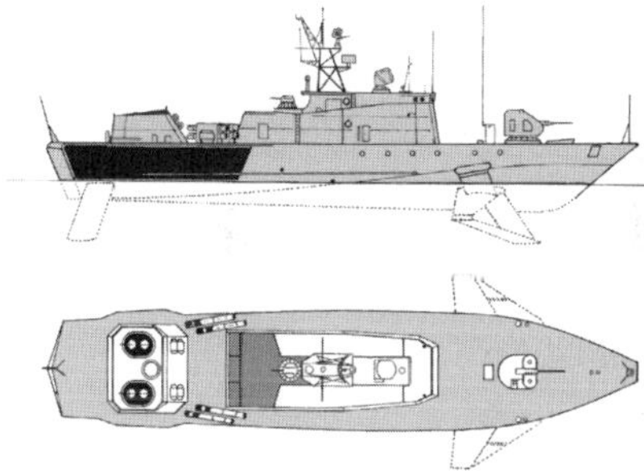

1-7.6, 1-3 $_6$ 320 ts, 45 kn, 50 m
8 UTR 40 ||||
2 PC: *Mukha Klasse* (86-89)

225 ts, 40 kn, 40 m
8 SS-N-25 ⇨, 1-7.6, 1-3
1 PG: **R-44** (82) *Matka-Mod Klasse*

./440 ts, 45 kn, 50 m
2-3 $_6$, 8 Medvedka ⇨ ||||
1 PC: **Kunachovich** (77)
Babochka Klasse

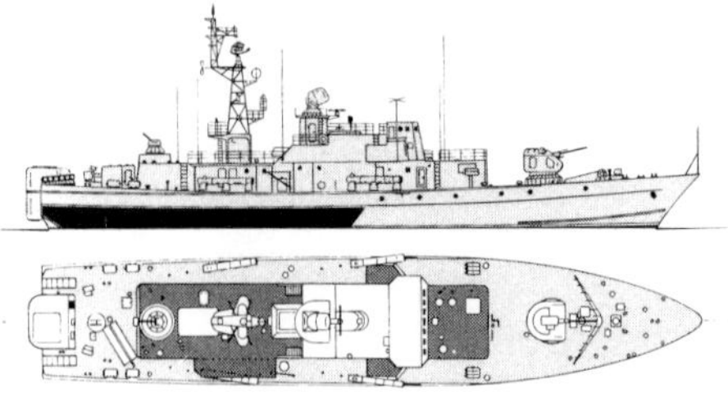

399 ts, 35 kn, 57.6 m
1-7.6, 1-3$_6$, 1, 4 **UTR** 40, 2$_6$
25 FS: **MPK-60** (78-95) *Pauk I Klasse*

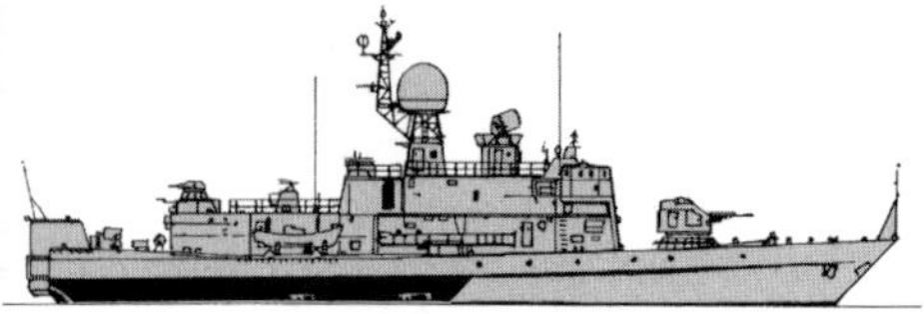

399 ts, 35 kn, 57.6 m
1-7.6, 1-3, 1, 4 **UTR** 40, 2$_6$
2 FS: **Kuban, Novorossijsk** (96)

./400, 30 kn, 49.5 m
1-7.6, 1-3$_6$, 4 **TR**, 1$_4$
31 FS: *Svetlyak Klasse* (~ 88-98)

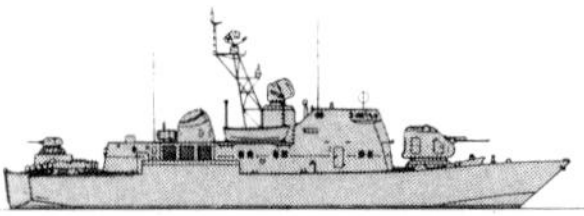

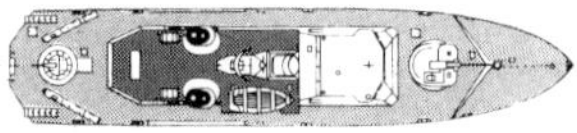

1-7.6, 1-3$_6$, 2 **UTR**
180 ts, 40 kn, 40.3 m
9 PC: *Muravey Klasse* (79-88)

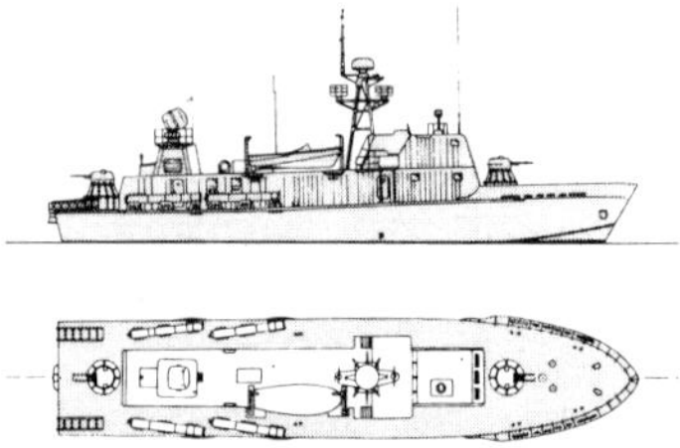

170 ts, 36 kn, 39.5 m
4-3, 4 **UTR** 40, 2
63 PC: *Stenka Klasse* (67-89)

3 Mg
45 ts, 34 kn, 24.6 m
30 PP: *Zhuk Klasse* (70-86)

1-7.6, 2-2.5
40 ts, 22 kn, 28 kn
5 Mg, 1
45 PR: *Shmel Klasse* (65-70)

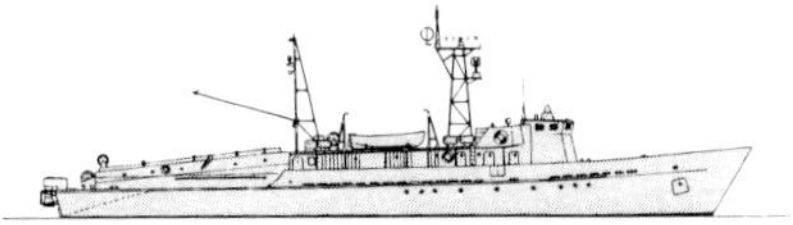

[2-2.3] ./270 ts, 26 kn, 46 m
20 YP: *Shelon Klasse* (75-?)

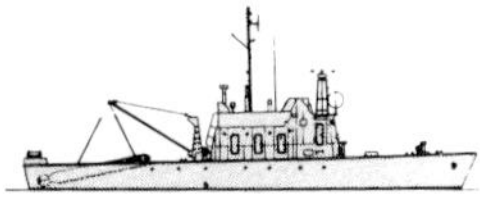

2 Mg 70 ts, 20 kn, 29.6 m
38 PP: *Poluchat Klasse* (~ 50)

Minensucher / Minesweepers

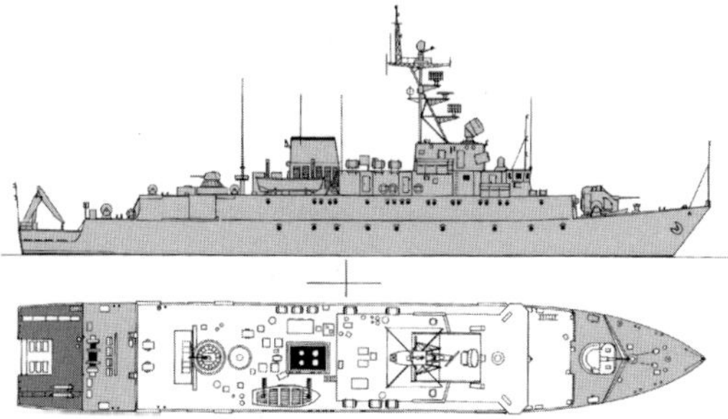

950 ts, 17 kn, 66.5 m
1-7.6 , 1-3 $_6$, 2 $_4$
2 MB: *Gorya Klasse* (86-90)

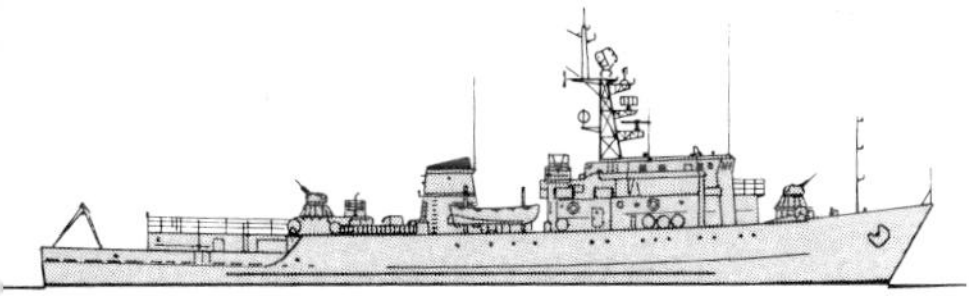

650 ts, 17 kn, 61 m
4-3 , 2
1 MB: **Strelok** (~ 79)
Natya II Klasse

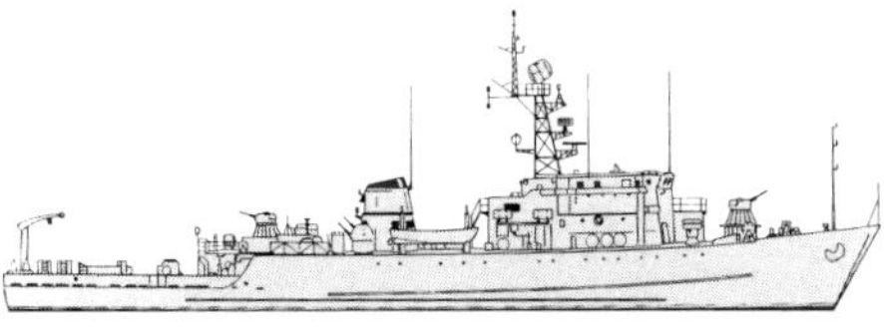

680 ts, 17 kn, 61 m
4-3 , 4-2.5 , 2 , 2 $_5$,
19 MB: *Natya I Klasse* (70-00)

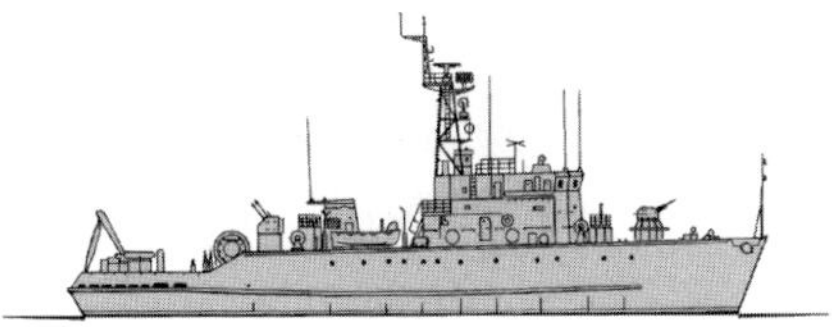

390 ts, 14 kn, 49 m
2-3 , 2-2.5
57 MS: *Sonya Klasse* (73-97)

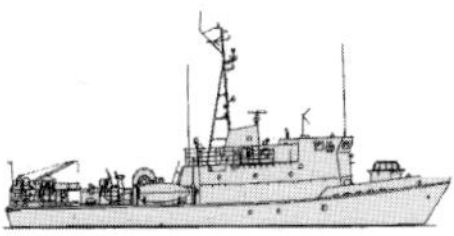

2-2.5 100 ts, 10 kn, 31 m
14 MS: *Lida Klasse* (87 – a.St./o.St.)

2 Mg 75 ts, 16 kn, 24.6 m
27 MS: *Yevgenya Klasse* (70-85)

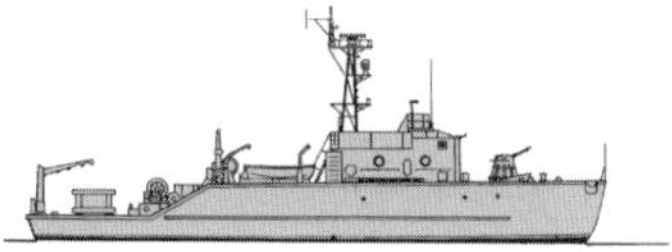

2-3 , 220 ts, 16 kn, 40 m
7 MS: *Vanya Klasse* (61-70)

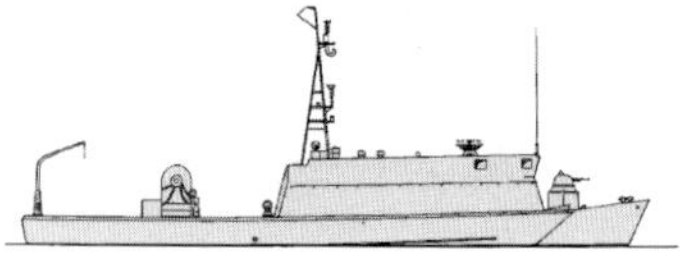

2 Mg 293 ts, 16.5 kn, 43 m
3 MS: **BT-44, 94, 115** (76) *Tolya Klasse*

2-2.5 44 ts, 15 kn, 25.5 m
3 MS: *Olya Klasse* (74-?)

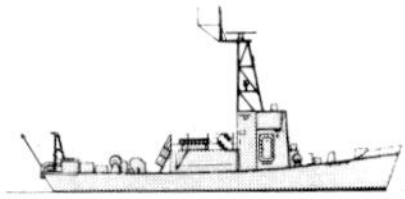

– 50 ts, 12 kn, 23 m
3 MS: *Ilyusha Klasse* (~ 70)

Landungsfahrzeuge / Landing Vessels

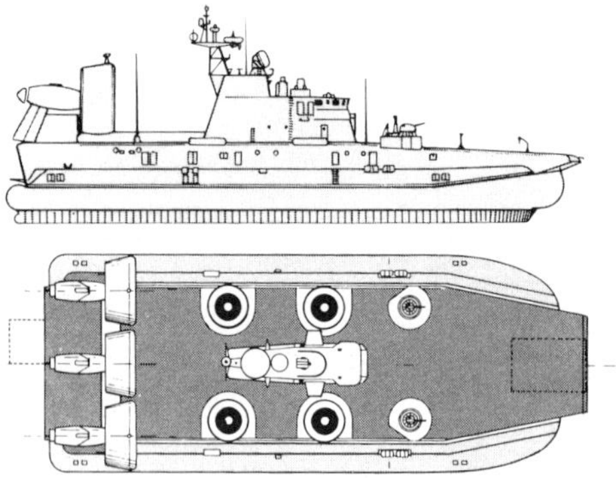

350 ts, 60 kn, 57.6 m
2-3 $_6$, 2 $_4$, 2 $_{12}$, 3 , [200]
4 LS: *Pomornik Klasse* (87-92)

4-3 , 2 $_4$, 1 [280] 220 ts, 65 kn, 47.8 m
7 LS: *Aist Klasse* (70-83)

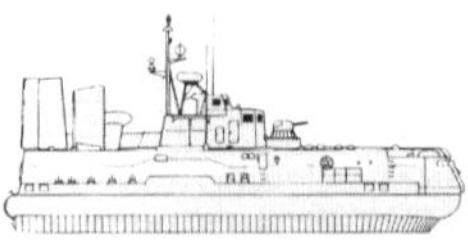

80 ts, 55 kn, 31.2 m
2-3 $_6$, 8 Mg , 1 , [80]
6 LC: *Tsaplya Klasse* (82-90)

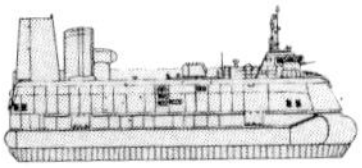

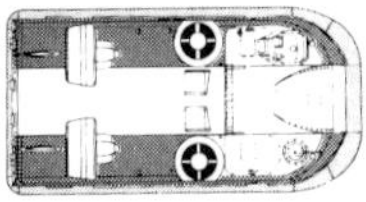

2 Mg, [120]

./85 ts, 50 kn, 23 m

7 LC: *Lebed Klasse* (76)

53/105 ts, 30 kn, 25.6 m
2, [45 t]
1 LC: **DK-747** (94) *Serna Klasse*

Hilfsfahrzeuge / Auxiliaries

748 ts, 10.5 kn, 45.5 m
5 AK: **Chanty-Mansijsk** (95-97)

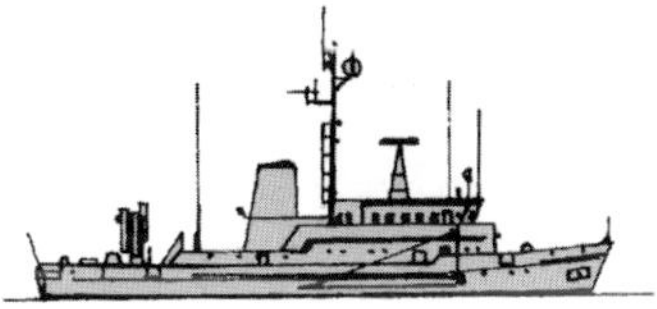

310 ts, 11.5 kn, 39.8 m
1 AG: **GS-439** (96) *Iva-II Klasse*

RB **Admiral Flota Soveckogo Sojusa Kuznecov** (85)
3-1996, Marine Nationale

CG **Petr Velikij** [099] (89) *Kirov Klasse* 7-1997, Slg. Lemachko

CG **Admiral Nachimov** (86) *Kirov Klasse* 7-1996, Slg. Lemachko

CG **Maršal Ustinov** (82) *Slava Klasse* 1-1998, Flottenkommando

CG **Varjag** (83) *Slava Klasse* 7-1999, Slg. Lemachko

CG **Moskva** [121] (79) *Slava Klasse* 7-1999, Slg. Lemachko

CG **Kerč** (72) *Kara Klasse* 9-1998, Ehlers

CG **Očakov** (71) *Kara Klasse* 9-1998, Ehlers

CG **Admiral Golovko** (62) *Kynda Klasse* 9-1998, Ehlers

DG **Admiral Chabanenko** [650] (92) *Udaloj II Klasse*
2-1999, Flottenkommando

DG **Severomorsk** (85) *Udaloj I Klasse* 6-1998, Flottenkommando

DG **Bespokojnyj** (90) *Sovremennyj Klasse* 7-1998, Van Ginderen coll.

FG **Neustrašimyj** (88) 8-1998, Engel

FG **Neukrotimyj** (77) *Krivak II Klasse* 7-1997, Slg. Lemachko

FG **Pytlivyj** (81) *Krivak II Klasse* 7-1998, Slg. Lemachko

FG **Družnyj** (75) *Krivak I Klasse* 3-1998, Engel

FF *Grisha V Klasse* (85) 7-1998, Veselov

FF **MPK-64** (~ 90) *Grisha V Klasse* 7-1999, Slg. Lemachko

FG **MRK-27 / Bora** (87) *Dergach Klasse* 7-1998, Slg. Lemachko

FG **Passat** (82) Nanuchka III Klasse 7-1996, Ehlers

FG **Zarnitsa** (~ 75) *Nanuchka I Klasse* 7-1998, Lemachko

PG **R-44** (~ 82) *Matka Mod. Klasse* 5-1998, Slg. Lemachko

FG **R-239** (88) *Tarantul III Klasse* 1998, Slg. Lemachko

FG **R-71** (~ 84) *Tarantul II Mod. Klasse* 7-1998, Slg. Lemachko

FG **R-255** (~ 86) *Tarantul II Klasse* 4-1998, Flottenkommando

FF **MPK-205** (86) Parchim II Klasse 8-1996, Engel

FS **MPK-144** (~ 82) *Pauk I Klasse* 7-1999, Engel

FS **Krechet** (~ 85) *Pauk I Klasse* 5-1998, Slg. Lemachko

SB **Typhoon** Klasse (~ 85) 1997, Slg. Lemachko

SB **Typhoon** Klasse – SB **Delta IV** Klasse 1997, Slg. Lemachko

SB **Delta IV** Klasse (~ 86) ~ 1998, Slg. Lemachko

SB **Delta IV** Klasse (~ 80) 1-1999, Slg. Lemachko

SG **Oscar II** Klasse (~ 87) ~ 1997, Slg. Lemachko

SS **Pskov** (92) *Sierra II Klasse* 1999, Slg. Lemachko
SS **Nišnyj Novgorod** (89) *Sierra II Klasse*
SS **Kostroma** (83) *Sierra I Klasse*

SS **Novgorod Velikij** (73) *Charlie II Mod.-Klasse* 1998, Slg. Lemachko

SS **Vepr** (94) *Akula II Klasse* 1997, Slg. Lemachko

SS **Vepr** (94) *Akula II Klasse* 5-1997, Kurganov

SS **Tigr** (93) *Akula I Mod. Klasse* 1997, Slg. Lemachko

SS **B-187** [529] (89) *Kilo II Klasse* 5-1999, Slg. Lemachko
SS **B-345** [507] (85) *Kilo I Klasse*

SS **B-871** [554] (80) *Kilo I Mod.-Klasse* 5-1999, Slg. Lemachko

SS **Tur** [469] (~ 83) *Kilo I Klasse* 7-1999, Slg. Lemachko

PC **Briz** (~ 97) *Svetlyak Klasse* 1998, Veselov

PC **Svetlyak** Klasse (~ 96) 1997, Slg. Lemachko

PP **PSKA-419** 5-1998, Slg. Lemachko

PP **TS-593** *Sajgak Klasse* 7-1998, Veselov

PP **Komandor** (88) 6-1998, Slg. Lemachko
– Fischereischutz / Fishery Protection Agency –

MB **Gumanenko** (91) 10-1997, Slg. Lemachko

MB **Vize Admiral Žukov** (~ 70) *Natya I Klasse* 7-1998, Slg. Lemachko

MS **BT-212** (~ 82) *Sonya Klasse* 8-1999, Engel

LD **Mitrofan Moskalenko** (89) *Rogov Klasse* 10-1996, Lemachko

LS **Donetzkij Sachter** (69) *Alligator Klasse* 8-1999, Engel

LS **Azov** (89) *Ropucha II Klasse* 7-1999, Slg. Lemachko

LS **BDK-182** (~ 79) *Ropucha I Klasse* 1998, Slg. Lemachko

LC **BSS-35060** (~ 79) *Ondatra Klasse* 7-1998, Veselov

LS **Pomornik** Klasse [770] (88) 8-1998, Voß

AR **SS-750** (89) *Kashtan Klasse* 8-1998, Engel

AR **Kommuna** (13) 5-1997, Slg. Lemachko

AG **Michail Rudnickij** (78) 11-1998, Slg. Lemachko

AG **Maršal Krylov** (90) *Nedelin Klasse* 8-1997, Slg. Lemachko

AG **SSV-520/Meridian** (84) *Vishnya Klasse* 4-1999, R. Kramer

AG **SSV-175/Odograf** (87) *Vishnya Klasse* 6-1998, Flottenkommando

AG **SSV-590/Krim** (70) *Primorye Klasse* 1998, Slg. Lemachko

AG **Liman** (70) *Moma Mod.-Klasse* 7-1998, Slg. Lemachko

AG **GS-19** (~ 80) *Alpinist Mod.-Klasse* 8-1999, Engel

AG **Leonid Demin** (76) *Krylov Klasse* 1999, Slg. Lemachko

AG **Pegas** (78) *Yug Klasse* 3-1998, Slg. Lemachko

AG **Persej** (78) *Yug Klasse* 8-1997, Flottenkommando

AG **Romuald Muklevich** (90) *Sibiriakov Klasse* ~ 1995, Veselov

AG **Antares** (72) *Moma Klasse* 5-1998, Slg. Lemachko

AG **GS-297** (83) *Finik I Klasse* 9-1997, Veselov

AG **GS-200** (72) *Biya Klasse* 5-1999, Slg. Lemachko

AG **GS-525** (85) *Vinograd Klasse* 6-1998, Ehlers

AG **GS-439** (96) *Iva II Klasse* 1997, Slg. Lemachko

AG **SFP-183** (~ 88) *Onega II Klasse* 9-1998, Ehlers

AGH **Sevan** (65) Vytegrales Mod.-Klasse 7-1997, Behling

AR **Vetluga** (~ 74) Amga Klasse 1975, Slg. Lemachko

AR **PM-9** (69) Amur Klasse 8-1997, W. Globke

AR **Amur** (85) Pinega Klasse 1991, Slg. Lemachko

AK **Jauza** (~ 74) *Amguema Klasse* 1999, Veselov

AK **Jamal** (63) Vytegrales Klasse 8-1997, Engel

AK **Irgiz** (~ 60) *MP-6 Klasse* 3-1999, Lemachko

AK **VTR-140** (71) *Polnocny C Klasse* 1999, Veselov

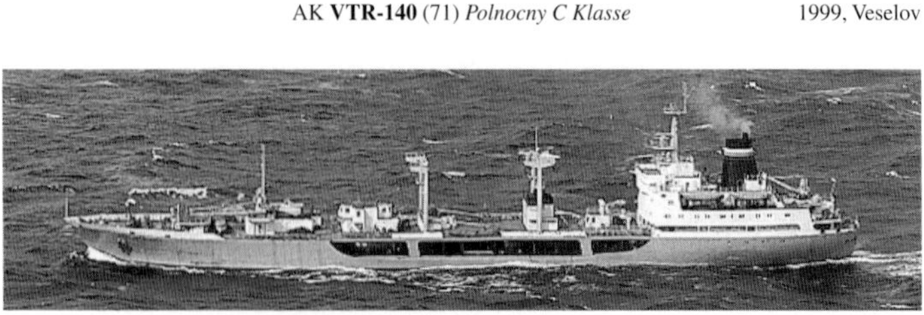

AO **Vladimir Kolečickij** (77) Chilikin Klasse 11-1993, JMSDF/SoW

AO **Ivan Bubnov** (76) *Chilikin Klasse* 4-1998, Slg. Lemachko

AO **Jelnja** (71) *Altaj Klasse* 8-1998, Engel

AO **Lena** (66) *Uda Klasse* 3-1999, Flottenkommando

AO **Pinega** (87) 2-1998, Slg. Lemachko

YO **VTN-96** (~ 84) *Toplivo III Klasse* 9-1998, Ehlers

AT **Nikolaj Čiker** (88) *Baklazhan Klasse* 1998, Slg. Lemachko

AT **Altaj** (87) *Ingul Klasse* 1998, Slg. Lemachko

AT **MB-38** (82) *Goryn Klasse* 2-1999, R. Kramer

AT **MB-76** (~ 80) Sorum Klasse 12-1992, JMSD/SoW

AT **SB-4** (~ 62) *Okhtensky Klasse* 1998, Slg. Lemachko

AT **RB-346** (88) 7-1997, Slg. Lemachko

AT **RB-325** (86) *Stividor Klasse* 7-1998, Slg. Lemachko

AN **Aleksandr Puškin** (86) *Kashtan Klasse* 2-1999, Flottenkommando

AN **KIL-29** (74) *Sura Klasse* 8-1999, Engel

AH **Ob** (79) *Ob Klasse* 5-1998, Slg. Lemachko

AG **SR-939** (89) *Bereza Klasse* 7-1998, Slg. Lemachko

AG **SR-26** (77) *Pelym Klasse* 1999, Slg. Lemachko

AI **Buran** (66) *Nikitich Klasse* 1997, Slg. Lemachko

AX **Perekop** (77) *Smolnyy Klasse* 5-1998, Osintsev

AX **Smolnyj** (75) *Smolnyy Klasse* 7-1997, Flottenkommando

YD **VM-154** (~ 80) *Yelva Klasse* 7-1998, Slg. Lemachko

YP **KRKH-1668** (~ 85) *Shelon II Klasse* 8-1999, Engel

YP **RVK-855** (~ 83) *Flamingo Klasse* 7-1998, Slg. Lemachko

YTR **PZHK-900** (~ 85) Morkov Klasse 7-1996, Ehlers

AI **Arktika** (72) 1998, Van Ginderen coll.

AI **Krasin** (75) *Ermak Klasse* 2-1998, Slg. Lemachko

AI **Kapitan Čadaev** (77) *Kapt. Cečkin Klasse* 1998, Slg. Lemachko

AI/AG **Akademik Fedorov** (86) 8-1997, Voß

AG **Akademik Mstislav Keldyš** (80) 8-1999, Groll

AG **Akademik Sergej Vavilov** (87) 5-1997, Veselov

AG **Akademik Boris Petrov** (84) 8-1999, Groll

AG **Akademik Nikolaj Strachov** (85) 10-1998, Grazioli

AG **Petr Kottsov** (90) 7-1998, Karpinski

Saudi Arabien/Saudi Arabia

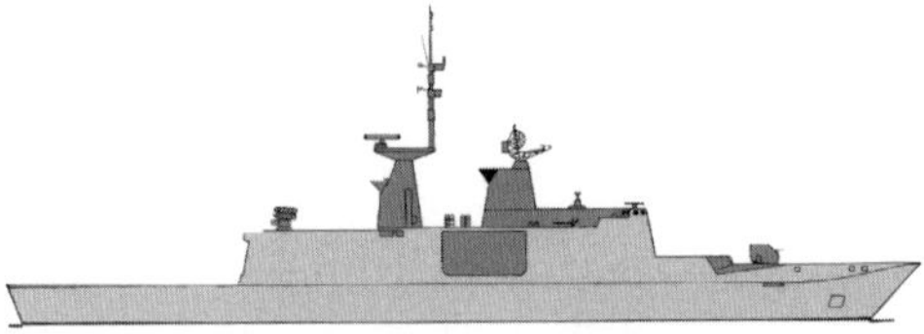

3500 ts, 28 kn, 129 m
8 MM 40 ⇨, 1 Crotale, 1-10, 2-2, 2 Mg, 1
3 FG: Arriyad (a.St./o.St. – bew./auth.)
Typ frz. / French F 3000 S
vorläufige Skizze / preliminary drawing

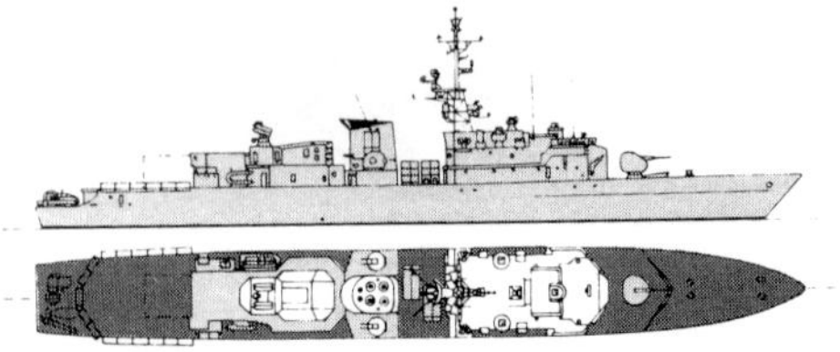

2250 ts, 30 kn, 115 m
8 Otomat ⇨, 1-10, 4-4, 1,
4 **UTR**, 1
4 FG: **Madina** [702, 704, 706, 708]
(83-84) – *Typ frz. / French F 2000*

900 ts, 30 kn, 74.7 m
8 Harpoon ⇨, 1-7.6, 1-2 CIWS, 2-2,
6 **UTR** 32.4 **III**,
1-8.1 Mörser / mortars, 2-4 Mörser / mortars
4 FG: **Badr** [612, 614, 616, 618] (80-81)

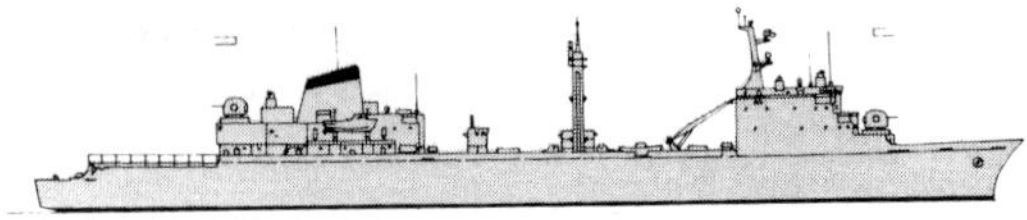

10 745 ts, 20 kn, 135 m
4-4, 2
2 AO: **Boraida** [902, 904] (83-84)

Kennungen / Identification

Fregatten / Frigates
612-Badr
614-Al Yarmook
616-Hitteen
618-Tabuk
702-Madina
704-Hofouf
706-Abha
708-Taif
-Arriyad
-…
-…

Kleine Kampfschiffe / Small Fighting Vessels
511-As Siddiq
513-Al Farouq
515-Abdul-Aziz
517-Faisal
519-Khalid
521-Amir
523-Tariq
525-Oqbah
527-Abu Obaidah

Minensucher / Minesweepers
412-Addriyah
414-Al Quysumah
416-Al Wadeah
418-Safwa
420-Al Jawf
422-Shaqra
424-Al Kharj
426-Onaizah
428-Al Rass
430-Al Bahan

Landungsfahrzeuge / Landing Vessels
212-Al Qiaq
214-As Sulayel
216-Al Ula
218-Afif
220-Dheba
222-Umlus
224-Al Leeth
226-Al Quonfetha

Verschiedene / Micellaneous
111-Turwaiq
112-Dareen
902-Boraida
904-Yunbou

Küstenwache / Coast Guard
351-Al Zouf
352-Turaif
354-Hail
355-Nazran

Maßstab / Scale 1:1000

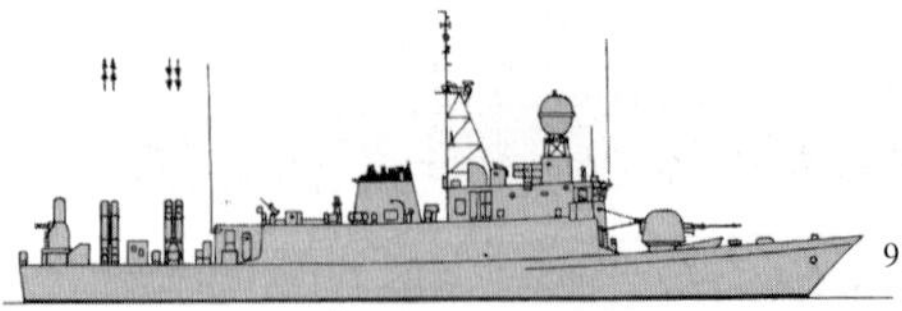

425 ts, 38 kn, 58 m
4 Harpoon ⇨, 1-7.6, 2-2, 1-2 CIWS
1-8.1 und / and 2-4 Mörser / mortars
9 PG: **As Siddiq** [511, 513, 515, 517, 519, 521, 523, 525, 527] (79-82)

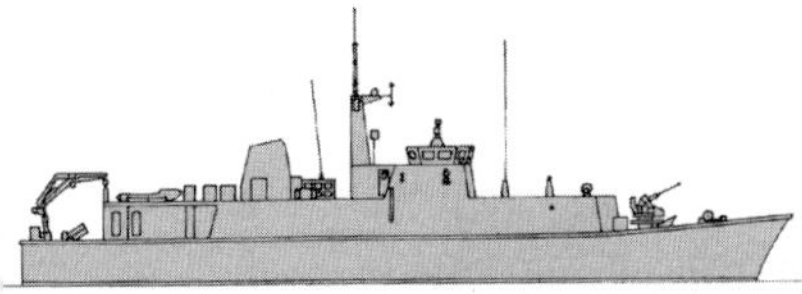

2-3 450 ts, 15 kn, 52.7 m
3 MS: **Al Jawf** [420, 422, 424] (89-93)
Typ brit. Sandown

2-2 320 ts, 14 kn, 46.6 m
4 MS: **Addriyah** [412, 414, 416, 418] (76-77)
Typ US Bluebird

Küstenwache / Coast Guard

./210 ts, 38 kn, 38.6 m
2-2 , 2 Mg
4 PP: **Al Zouf** [351, 352, 354, 355] (89)

FG **Abha** [706] (83) 6-1999, Van Ginderen coll.

PG **Tariq** [706] (83) 6-1993, Van Ginderen coll.

MS **Al Kharj** [424] (93) 7-1996, Behling

AO **Yunbou** [904] (84) 3-1999, Prézelin

PP **Turaif** [904] (89) 5-1994, Voß

Schweden/Sweden

Korvetten / Corvettes

660 ts, 35 kn, 72 m
⇨, 1-5.7, 4 **UTR**
4 FS: Visby (a.St./o.St.)
Typ YS 2000

Uboote / Submarines

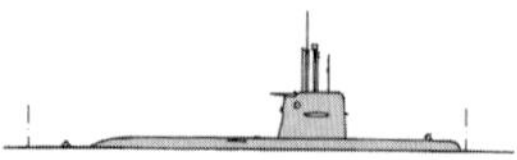

6 **TR**, 1240/1490 ts, 11/20 kn, 60.4 m
3 SS: **Gotland** (95-96)

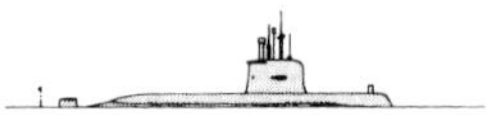

4 **TR**, 53.3 1070/1145 ts, 11/20 kn, 48.5 m
3 **TR** 40,
4 SS: **Västergötland** (86-88)

1030/1125 ts, 12/20 kn, 49.5 m
8 **TR**↓ (6 b, 2 h)
2 SS: **Näcken** (78)

Minenleger / Minelayer

2-5.7, 2-4, 105 — 3300 ts, 20 kn, 106 m
1 NB: **Carlskrona** [M 04] (80)

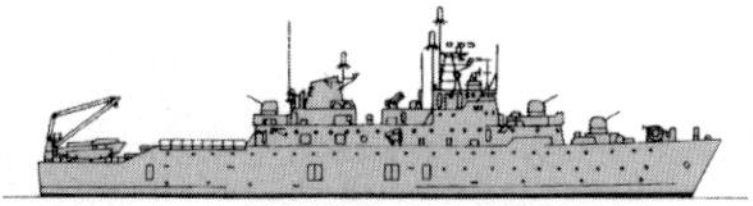

3-4, 300 — ./2650 ts, 15 kn, 92.4 m
1 NB: **Visborg** [M 03] (75)

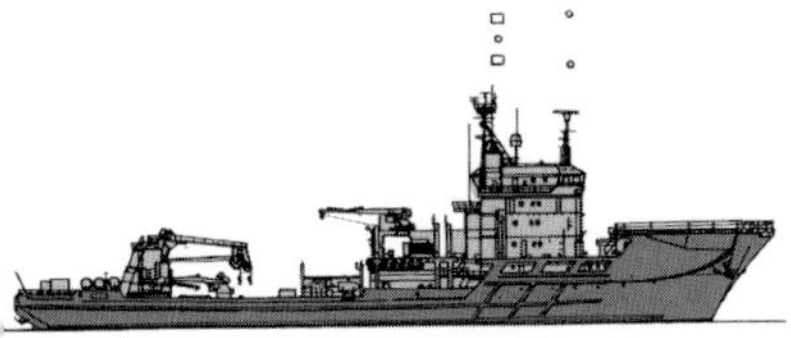

– 5070 BRT/grt, 14 kn, 105 m
1 AR: **Belos III** (85)

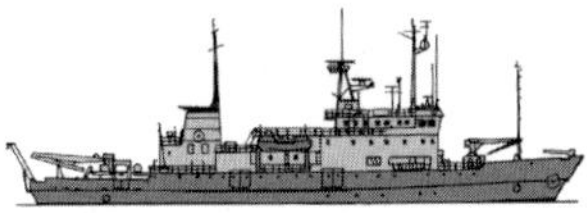

– ./2550 ts, 14 kn, 74.5 m
1 AR: **Trossö** (83)

Kennungen / Identification

Korvetten / Corvettes
K …
11-Stockholm
12-Malmö
21-Göteborg
22-Gävle
23-Kalmar
24-Sundsvall
-Visby

Kleine Kampfschiffe / Small Fighting Vessels
81-Tapper
82-Djärv
83-Dristig
84-Händig
85-Trygg
86-Modig
87-Hurtig
88-Rapp
89-Stolt
90-Ärlig
91-Munter
92-Orädd

R …
131-Norrköping
132-Nynäshamm
138-Piteå
139-Luleå
140-Halmstad
142-Ystad

P …
151-Hugin
152-Munin
154-Mode
156-Vidar
159-Kaparen
160-Väktaren
161-Snapphanen
162-Spejaren
163-Styrbjörn
164-Starkodder
165-Tordön
166-Tirfing

V …
09-Dalarö
10-Sandhamn
11-Osthammar
150-Jägaren

Minenleger / Minelayers
M …
03-Visborg
04-Carlskrona

MUL …
11-Kalvsund
12-Arkösund
13-Kalmarsund
15-Grundsund
17-Skramsösund
18-Fårösund
19-Barösund
20-Furusund

Minensucher / Minesweepers
M …
11-Styrsö
12-Spårö
13-Skaftö
14-Sturkö
31-Gässten
32-Norsten
33-Viksten
43-Hisingen
44-Blackan
45-Dämman
46-Galten
71-Landsort
72-Arholma
73-Kullen
74-Koster
75-Vinga
76-Ven
77-Ulvön

B …
01-Ejdern
02-Krickan
03-Svärtan
04-Viggen

Verschiedene / Miscellaneous
A …
201-Orion
212-Ägir
213-Nordanö
214-Belos III
229-Eldaren
241-Urd
247-Pelikanen
248-Pingvinen
251-Achilles
253-Hermes
261-Utö
262-Skredsvik
263-Gålö
264-Trossö
322-Heros
323-Hercules
324-Hera
330-Atlas
343-Sleipner
344-Loke

S …
01 Gladan
02-Falken

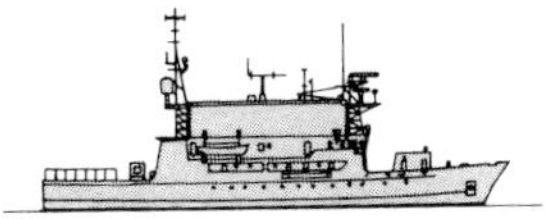

– ./1340 ts, 12.5 kn, 61.3 m
1 AG: **Orion** (83)

Schweden / Sweden

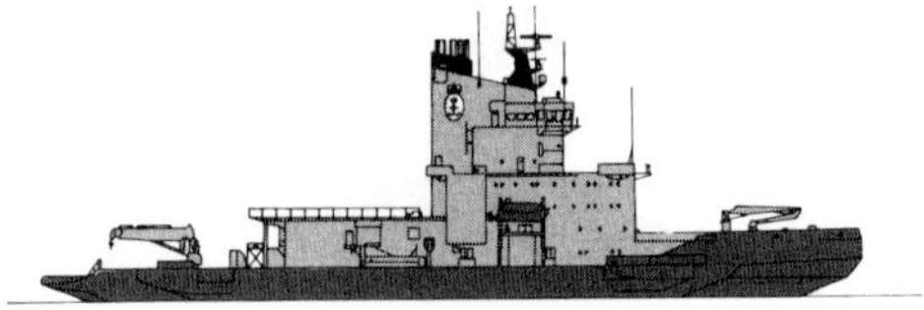

./13 000 ts, 17 kn, 108 m
[4-4]
1 AI: **Oden** (88)

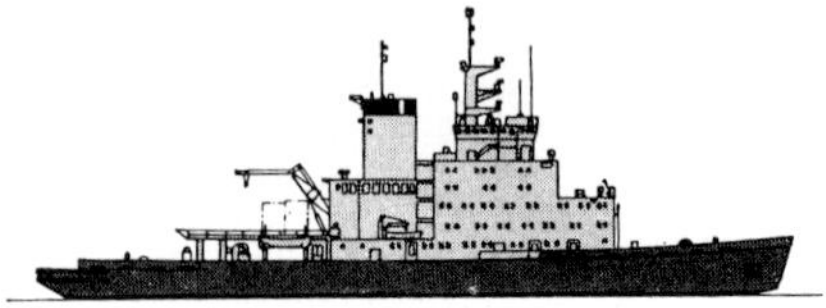

7900 ts, 18 kn, 105 m
[4-4], 2
3 AI: **Atle** (73-76) – *Typ finn. Urho*

Maßstab / Scale 1:1000

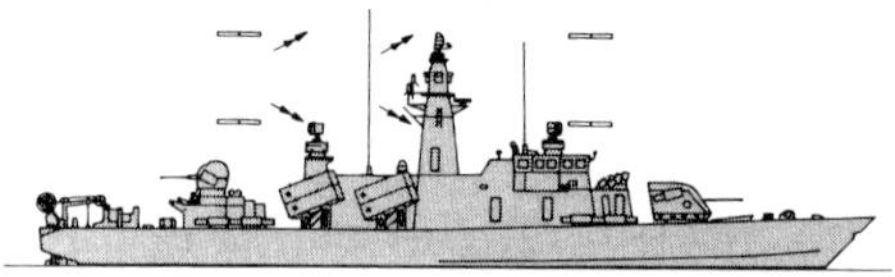

300 ts, 26 kn, 57 m
8 ⇨ oder / or 4 **TR**, 1-5.7 , 1-4 ,
4 **UTR**, 4 ,
4 FS: **Göteborg** [K 21-24] (89-91)

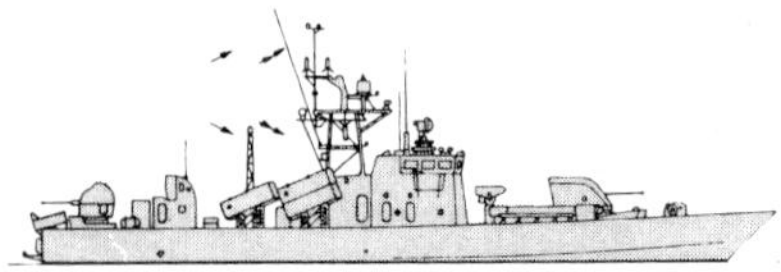

310 ts, 32 kn, 50 m
8 RBS 15 ⇨, 1-5.7 , 1-4 ,
2 **UTR**, [4 **TR**], 4 ELMA,
2 FS: **Stockholm** [K 11-12] (84-85)

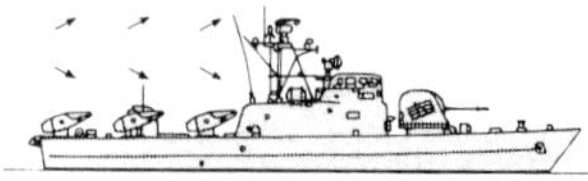

6 Rb 12 ⇨, 1-5.7 , 4 , 125 ts, 34 kn, 36.4 m
12 PG: **Hugin** [P 151, 152, 154, 156, 159-166]
(77-81)

8 RBS 15 ⇨, 1-5.7 , 190 ts, 40.5 kn, 44 m
4 **TR**, 4 ,
6 PG: **Norrköping** [R 131, 132, 138-140, 142]
(72-75) *Spica II Klasse*

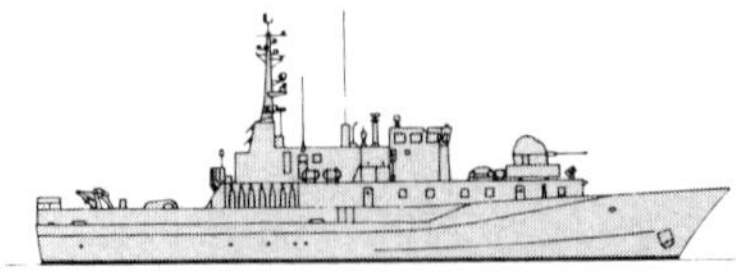

1-4 , 2 Mg , 4 , 310 ts, 15 kn, 47.5 m
7 MS: **Landsort** [M 71-77] (82-90)

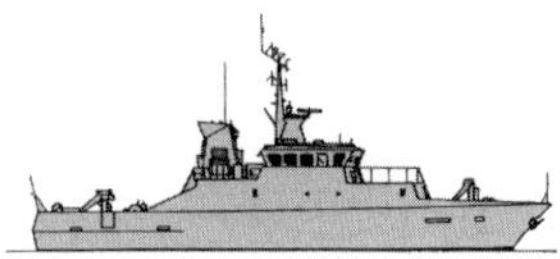

2 Mg 175 ts, 15 kn, 36 m
4 MS: **Styrsö** [M 11-14] (95-96)

Küstenwache / Coast Guard

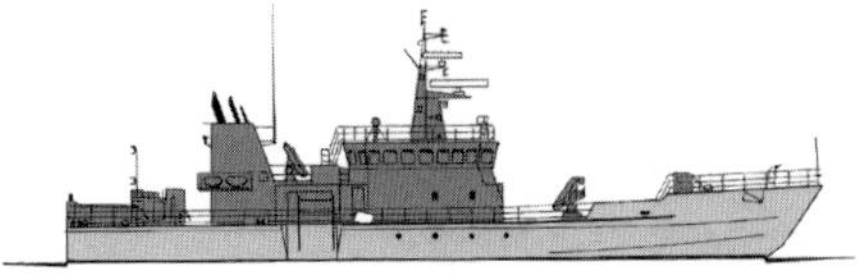

450 ts, 20 kn, 52 m
2 PP: Kbv 201, 202 (a.St/o.St. – bew./auth.)

FS **Sundsvall** (91) Göteborg Klasse 1996, Flottenkommando

FS **Malmö** (85) Stockholm Klasse 6-1996, Findler & Winter

SS **Gotland** (95) *A 19 Klasse* 1998, Kgl.Schwed Marine

SS **Hälsingland** (87) *A 17 Klasse* 6-1998, W. Kramer

PG **Piteå** [R 138] (75) *Norrköping Klasse* 6-1999, Findler & Winter

PG **Ystad** [R 142] (75) *Norrköping Klasse* 11-1997, Flottenkommando

PG **Kaparen** [R 159] (80) 6-1998, Cišlak

PP **Jägaren** [V 150] (72) 8-1997, Behling

NB **Visborg** [M 03] (75) 3-1998, Van Ginderen coll.

NB **Carlskrona** [M 04] (80) 4-1999, Van Ginderen coll.

NS **Barösund** [MUL-19] (57) 4-1998, Van Ginderen coll.

MS **Skaftö** [M 13] (97) 8-1997, Van Ginderen coll.

MS **Ulvön** [M 77] (92) 9-1997, Prokasi

PP **Dristig** [83] (93) 7-1998, R. Kramer

LC **832** (~ 94) 6-1999, D. Streich

AR **Belos** [A 214] (85) 9-1998, Cišlak

AR **Trossö** [A 264] (83) 6-1998, U. Streich

AI **Ale** (73) 9-1998, Van Ginderen coll.

AI **Njord** (68) 7-1998, R. Kramer

PP **Kbv 181** (90) 7-1996, ANBw/FAFIO

YO **Kbv 048** (83) 6-1999, Van Ginderen coll.

AG **Jacob Hägg** (83) 5-1998, Cišlak

Schweiz / Switzerland

PP **Mars** [M 1012] (~ 81) 1997, Vogelbacher

Senegal

PP **Sine-Saloum 2** (78) 12-1998, Prézelin

Seschellen/Seychelles

PP **Andromache** [605] (82) 7-1998, M. Globke

Singapur / Singapore

1130/1400 ts, 15/20 kn, 51 m
4 **TR** 53.3↓, 2 **TR** 40↓
4 SS: **Challenger** (67-68)
Typ schwed. A 12

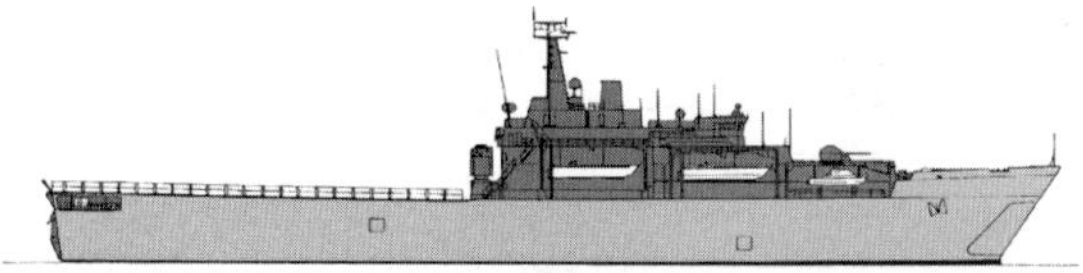

6000/8500 ts, 15 kn, 141 m
2 Simbad ⇧, 2 Barak 1-VLS ⇧
1-7.6 ✓, 2 Mg ✓, 18 ⊏⊐, [350]
4 LD: **Endurance** [207-210] (98-99)

Kennungen / Identification

Kleine Kampfschiffe / Small Fighting Vessels
P …
69-Independence
70-Freedom
72-Justice
75-Endeavour
76-Sea Wolf
77-Sea Lion
78-Sea Dragon
79-Sea Tiger
80-Sea Hawk
81-Sea Scorpion
82-Resilience
83-Unity
84-Sovereignty
85-Justice
86-Freedom
87-Independence
88-Victory
89-Valour
90-Vigilance
91-Valiant
92-Vigour
93-Vengeance
94-Fearless
95-Brave
96-Courageous
97-Gallant
98-Daring
99-Dauntless

Minensucher / Minesweepers
M …
101-Mercury
105-Bedok
106-Kallang
107-Katong
108-Punggol

Landungsfahrzeuge / Landing Vessels
202-Excellence
203-Intrepid
206-Perseverance
207-Endurance
208-Resolution
209-Persistence
210-
A …
102-Jupiter

Marine Polizei / Police Patrol Craft
PH …
50-Hammerhead Shark
51-Mako Shark
52-White Shark
53-Hammerhead Shark
54-Tiger Shark
55-Basking Shark
56-Sandbar Shark
57-Thresher Shark
58-Whitetip Shark
59-Blacktip Shark
60-Goblin Shark
61- School Shark

Maßstab / Scale 1:1000

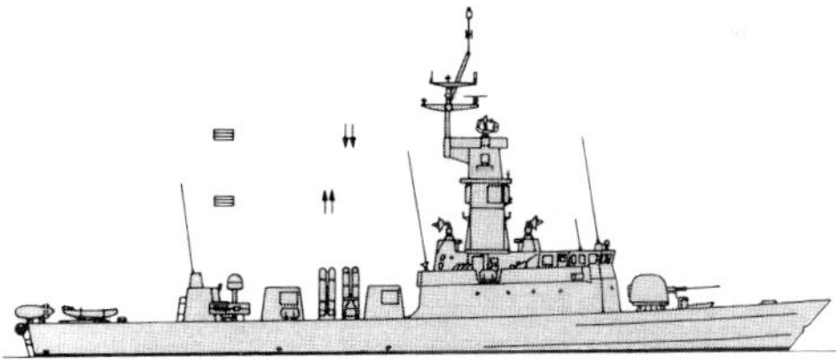

550 ts, 30 kn, 62.9 m
8 ⇨, 1-7.6 ✓, [1 ⇧], 6 **UTR** 32.4 Ⅲ
6 PG: **Victory** [88-93] (88-90)
Typ deutsch / German Lürssen 62

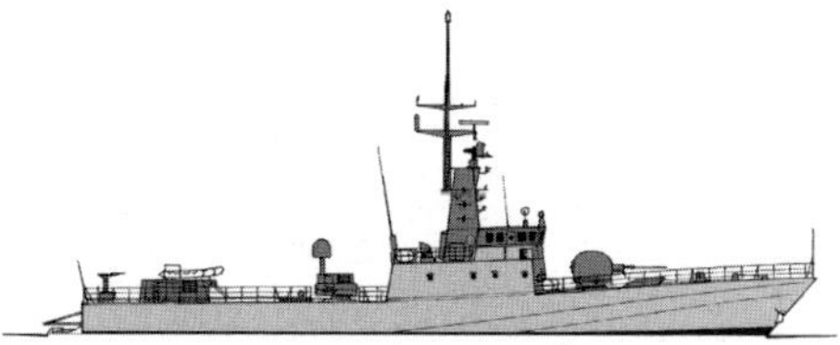

500 ts, 30 kn, 55 m
[⇨], 1-7.6 ✓, 2 Simbad ⇧
4 Mg ✓, 6 **UTR** 32.4 Ⅲ
12 PG: **Fearless** (95-98)
[94-99, 82-87]

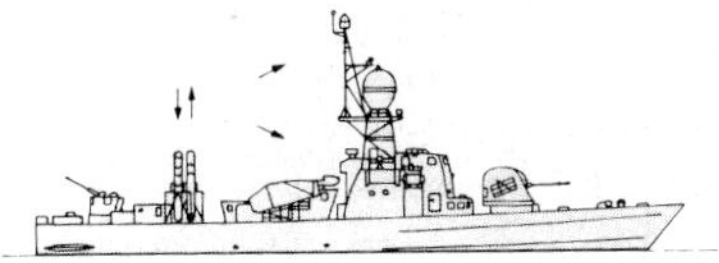

230 ts, 40 kn, 44.9 m
4 Harpoon ⇨, 2 Gabriel ⇨, 1 Simbad ⇧
1-5.7 ✓
6 PG: **Sea Wolf** [P 76-81] (72-75)
Typ deutsch / German TNC 45

PG **Valiant** [91] (89) 3-1998, Fiebiger

PG **Sovereignty** [84] (97) 3-1999, Van Ginderen coll.

PG **Sea Lion** [P 77] (72) 3-1998, Van Ginderen coll.

LD **Endurance** [207] (98) 5-1999, Van Ginderen coll.

MS **Bedok** [M 105] (93) 4-1998, Van Ginderen coll.

PP **Hammerhead Shark** (80) 5-1997, Van Ginderen coll.

PP **Leather Jacket** (84) 5-1999, Van Ginderen coll.

Spanien/Spain

Flugzeugträger / Aircraft Carrier

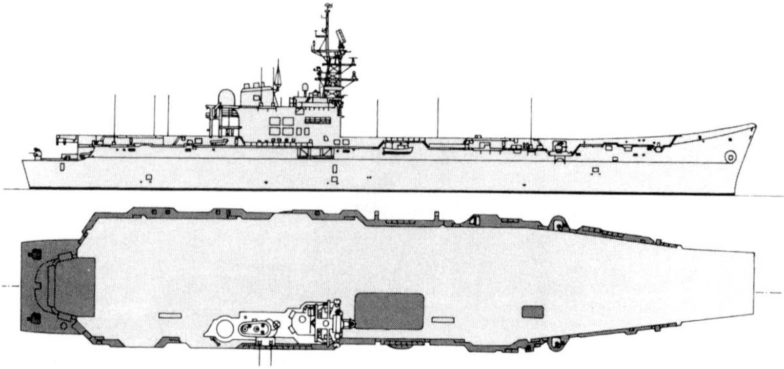

6 ⟨Flugzeug⟩, 10-20 ⟨Hubschrauber⟩, 4-2 ⟨Geschütz⟩ Meroka

15 150 ts, 26 kn, 196 m

1 RL: **Principe de Asturias** [R 11] (82)

Fregatten / Frigates

4500 ts, 28 kn, 146.4 m
1 VLS ⇨, 8 Harpoon ⇨,
1-12.7 ⟨Geschütz⟩, 2-2 ⟨Geschütz⟩ 12,
4 **UTR**, 1 ⟨Hubschrauber⟩
Alvaro de Bazan
(a.St./o.St. – bew./auth.)
F 100 Klasse – vorläufige Skizze / preliminary drawing

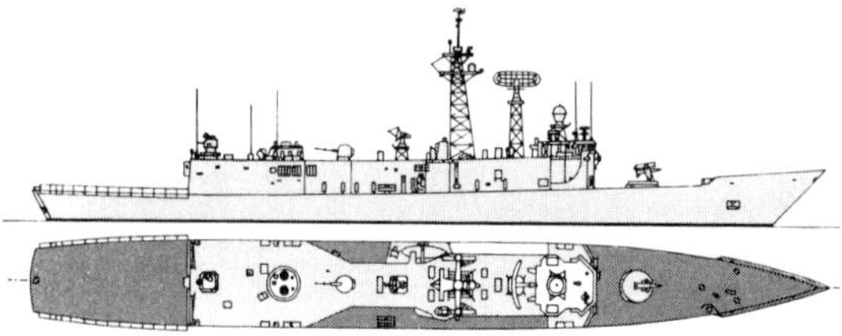

2850 ts, 30 kn, 139 m
Harpoon / Standard MR ⇨/⟨FK⟩,
1-7.6 ⟨Geschütz⟩, 1-2 ⟨Geschütz⟩ 12,
6 **UTR** 32.4 **III**, 2 ⟨Hubschrauber⟩
6 FG: **Santa Maria** [F 81-86]
(84-93) – *Typ US FGG 7*

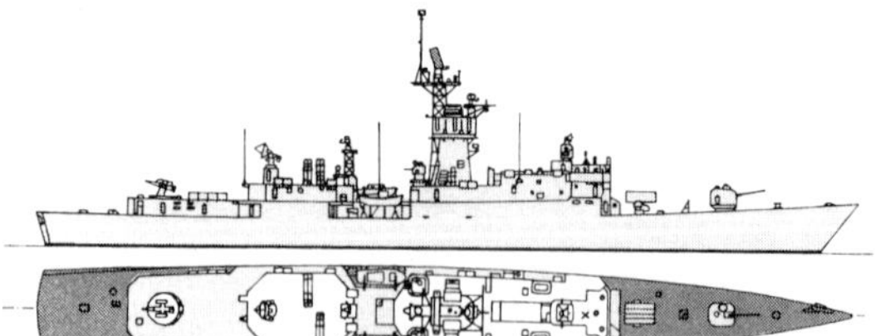

3015 ts, 28.5 kn, 134 m
8 Harpoon ⇨, 1-12.7 ⟨Geschütz⟩, 2-2 ⟨Geschütz⟩ 12,
1 Standard MR ⟨FK⟩, 2 **TR**,
4 **UTR** 32.4 **II**, 1 ⟨ASROC⟩
5 FG: **Baleares** [F 71-75] (70-72)

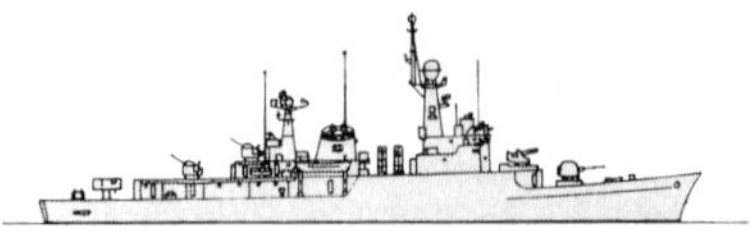

1420 ts, 26 kn, 88.9 m
8 Harpoon ⇨,
1-7.6 ⟨Geschütz⟩, 2-4 ⟨Geschütz⟩, 1 Sea Sparrow ⟨FK⟩,
6 **UTR** 32.4 **III**, 1 ⟨Raketenwerfer⟩
6 FG: **Descubierta** [F 31-36] (75-80)

Spanien/Spain

Kennungen / Identification

Flugzeugträger / Aircraft Carrier
R …
11-P. de Asturias

Fregatten / Frigates
F …
31-Descubierta
32-Diana
33-Inf. Elena
34-Inf. Cristina
35-Cazadora
36-Vencedora
71-Baleares
72-Andalucia
73-Cataluña
74-Asturias
75-Extremadura
81-Santa Maria
82-Victoria
83-Numancia
84-Reina Sofia
85-Navarra
86-Canarias
101-A. de Bazan
102-Blas de Lezo
103-Mendez Nuñez
104-R. de Lauria

Uboote / Submarines
S …
61-Delfin
62-Tonina
63-Marsopá
64-Narval
71-Galerna
72-Siroco
73-Mistral
74-Tramontana

Kleine Kampfschiffe/ Small Fighting Vessels
P …
11-Barceló
12-Laya
13-J. Quiroga
14-Ordoñez
15-Acevedo
16-C. Pérez
21-Anaga
22-Tagomago
23-Marola
24-Mouro
25-Grosa
26-Medas
27-Izaro
28-Tabarca
29-Deva
30-Bergantin
31-Conejera
32-Dragonera
33-Espalmador
34-Alcanada
81-Toralla
82-Formentor
201-Cabo Fradera

P …
61-Chilreu
62-Alborán
71-Serviola
72-Centinela
73-Vigia
74-Atalaya

Minensucher / Minesweepers
M …
21-Júcar
22-Ebro
24-Tajo
25-Genil
26-Odiel
27-Sil
31-Segura
32-Sella
33-Tambre
34-Turia
42-Guadalmedina
43-Guadalquivir

Landungsfahrzeuge/ Landing Vessels
L …
22-Aragón
41-H. Cortés
42-Pizzaro
51-Galicia
52-Castilla
53-

Hilfsfahrzeuge / Auxiliary Vessels
A …
01-C. Casado
05-Cam. Español
11-M. Ensenada
14-Patiño
21-Castor
22-Pollux
23-Antares
24-Rigel
31-Malaspina
32-Tofiño
33-Hespérides
43-Ferrol
51-Mahón
52-Las Palmas
63-T. Hernández
65-M. Jarana
66-C. Zaragoza
71-J. S. Elcano
72-Arosa
73-Hispaña
74-La Graciosa
81-G. Barrutia
82-G. Salas
83-G. Godinez
84-G. Rull
85-G. Chereguini
101-Mar Caribe
102-Neptuno
111-Alerta

Y …
563-Proserpina

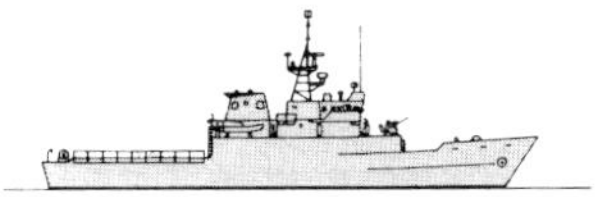

1-7.6, 2 Mg, 1 — 835 ts, 19 kn, 68.7 m
4 FS: **Serviola** [P 71-74] (90-91)

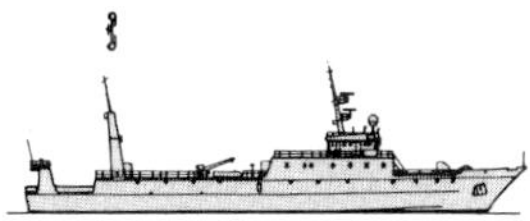

1 Mg — 1160 ts, 13 kn, 67.8 m
1 FS: **Chilreu** (88)
Fischereischutz / Fishery protection

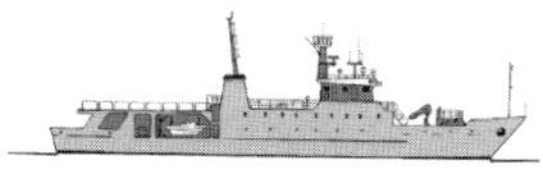

1175 ts, 13 kn, 65.9 m
1 Mg
1 FS: **Alborán** [P 62] (91)

Uboote / Submarines

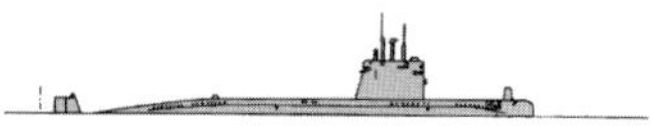

4 **TR** 55 b↓ [SM 39 ⇨] 1490/1750 ts, 12/20 kn, 68 m
4 SS: **Galerna** [S 71-74] (81-84)
Typ frz. / French Agosta

12 **TR** 55 (8 b↓, 4 h↑) 850 /1040 ts, 13.5/16 kn, 59 m
4 SS: **Delfin** [S 61-64] (72-74)
Typ frz. / French Daphné

1430/1570 ts, 12/21 kn, 63.5 m
6 **TR** 53.3 b↓
4 SS: I-IV (bew./auth.)
Typ Scorpène

Spanien / Spain

Landungsfahrzeuge / Landing Ships

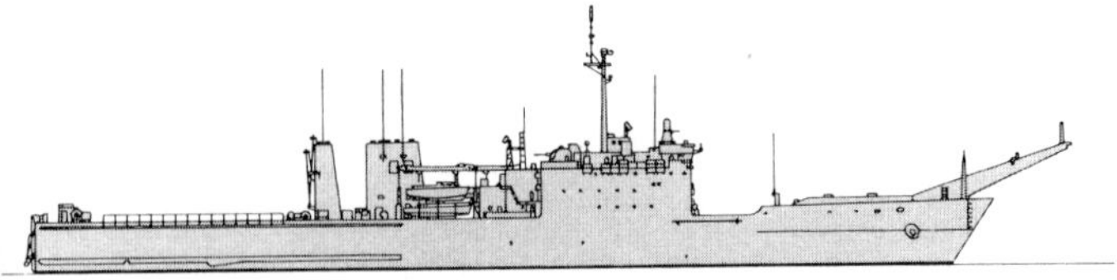

1-2 Phalanx, 2-2, [374], [500 t] — 4970 ts, 20 kn, 159 m

2 LS: **Hernán Cortéz, Pizzaro** (71) – *Typ US Newport*

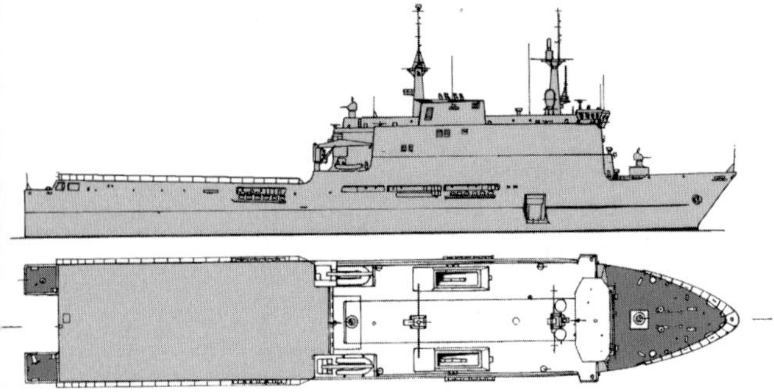

2-2 Meroka, 4-2, 4-6, [600], 4 LCM — 12 490 ts, 20 kn, 160 m

3 LP: **Galicia** [L 51-53] (97 – gepl./plan.)

Hilfsfahrzeuge / Auxiliary Vessels

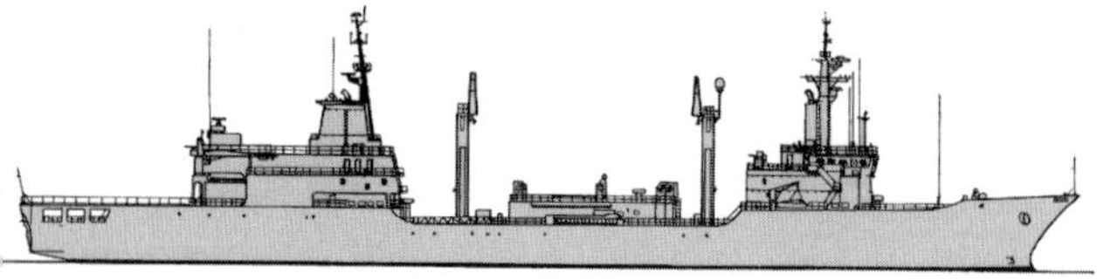

2-2 $_{12}$ Meroka, 2-2, 3 — ./17 000 ts, 20 kn, 166 m

1 AK: **Patiño** [A 14] (94)

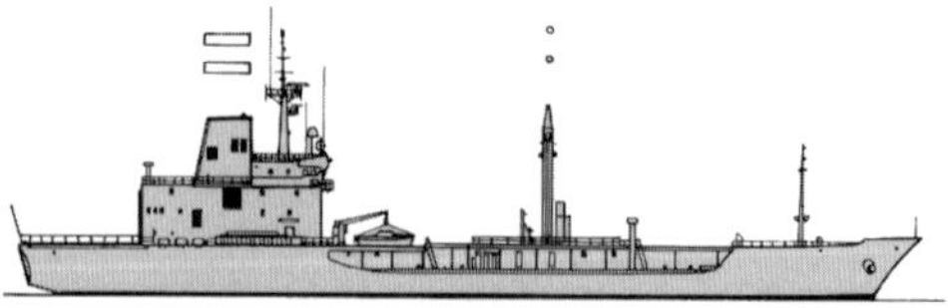

./13 400 ts, 16 kn, 123 m

[1-2 $_{12}$], 2 Mg, 1

1 AO: **Marqués de la Ensenada** [A 11] (90)

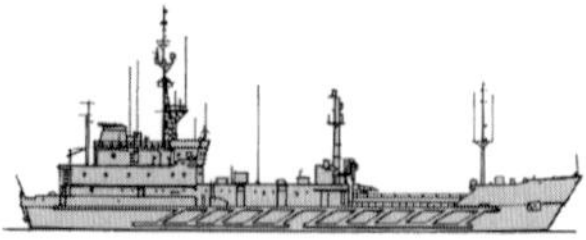

[6-2.5] — ./2290 ts, 12 kn, 76.3 m

1 AG: **Alerta** [A 111] (82)

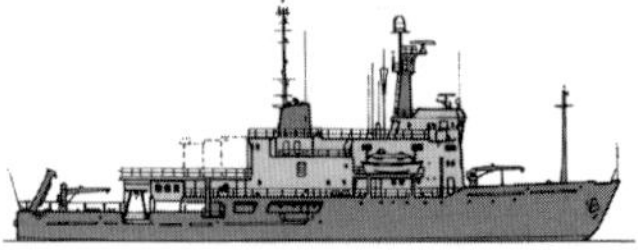

1 — 1950 ts, 15 kn, 82.5 m

1 AG: **Hespérides** [A 33] (90)

Maßstab / Scale 1:1000

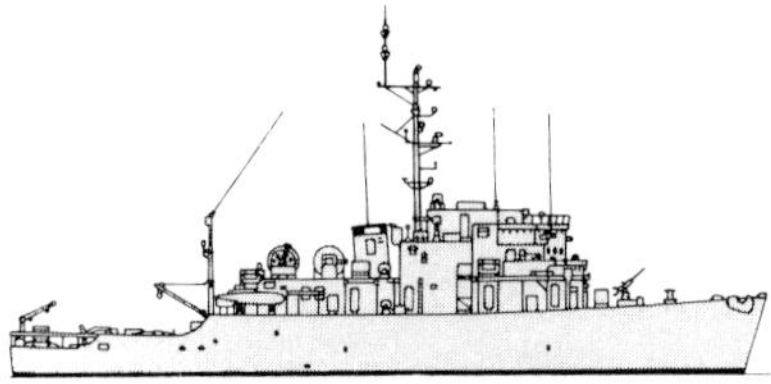

2-2, 2 Mg 750 ts, 15 kn, 52.6 m
2 MB: **Guadalmedina** [M 42-43] (52-55)
Typ US Agile

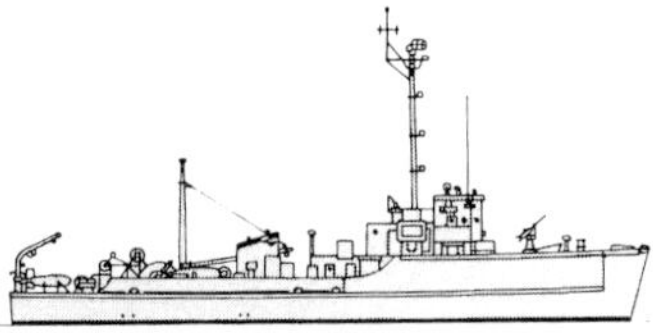

2-2 355 ts, 13.6 kn, 43 m
6 MS: **Júcar** [M 21, 22, 24-27] (58-59)
Typ US Bluebird

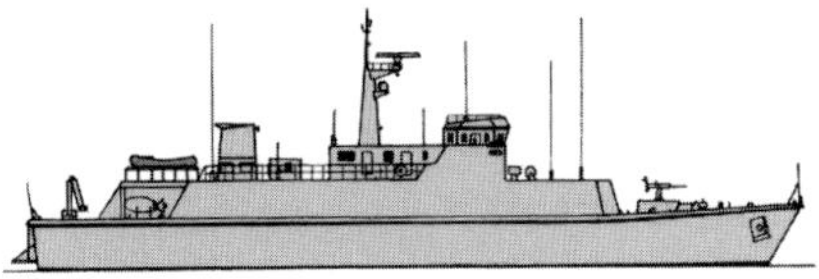

./530 ts, 14 kn, 54.5 m
1-2
4 MS: **Segura** [M 31-34] (97-99)
Typ brit. Sandown
vorläufige Skizze / preliminary drawing

110 ts, 36 kn, 36.2 m
1-4, 1-2, 2 Mg, [2 **TR**]
6 PC: **Barceló** [PC 11-16] (75-76)

RL **Principe de Asturias** [R 11] (82) 3-1998, Flottenkommando

FG **Victoria** [F 82] (86) 3-1999, Engel

FG **Reina Sofia** [F 84] (89) 4-1998, Flottenkommando

FG **Asturias** [F 74] (72) 6-1998, Schaeffer

FG **Extremadura** [F 75] (72) 10-1998, Prézelin

FG **Cazadora** [F 35] (78) 2-1999, Van Ginderen coll.

FS **Alborán** [P 62] (91) 2-1999, Wolf

SS **Siroco** (82) Typ frz. Agosta 4-1996, Quevedo C.

SS **Marsopa** Typ frz. Daphné 3-1996, Quevedo C.

PP **Vigia** [P 73] (91) 1-1999, Van Ginderen coll.

PP **Barceló** [P 11] (75) 1-1999, Busquets i Vilanova

MB **Sella** [M 32] (98) 1998, Rev. Gen de Marina

MB **Guadalquivir** [M 43] (55) 6-1998, Schaeffer

LP **Galicia** [L 51] (97) 1-1999, Busquets i Vilanova

LP **Castilla** [L 52] (99) 14. 6. 1999, Van Ginderen coll.

LS **Pizzaro** (71) Typ US Newport 2-1996, Flottenkommando

LP **Aragón** [L 22] (54) 11-1998, Van Ginderen coll.

AO **Marques de la Ensenada** [A 11] (90) 6-1998, Flottenkommando

AK **Patiño** [A 14] (94) 4-1998, M. Voss

AT **Neptuno** [A 102] (74) 1-1999, Van Ginderen coll.

AG/AI **Hespérides** (90) 5-1996, Quevedo C.

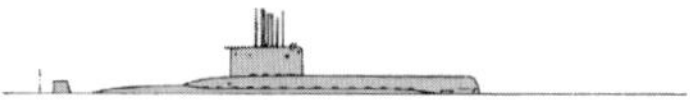

1100/1350 ts, 11/22 kn, 56 m
⇨, 8 **TR** 53.3 b↓
3 SS: I-III (bew./auth.)
Typ deutsch / German 209/1400

850/1040 ts, 13.5/16 kn, 59 m
12 **TR** 55 (8 b↓, 4 h↑)
3 SS: **Spear** [S 97-99] (69-70)
Typ frz. / French Daphné

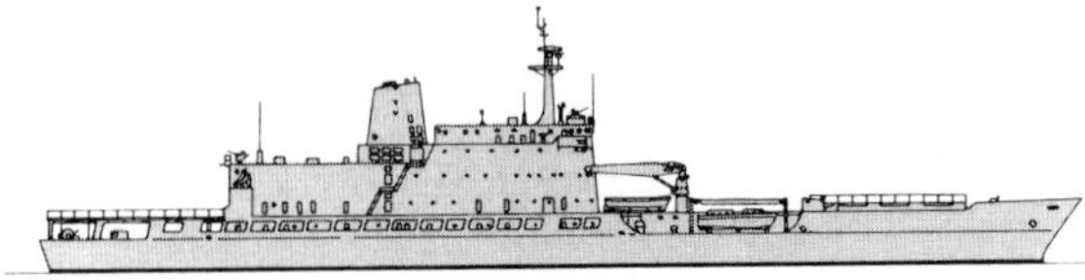

4-2, 2 — 1 AO: **Drakensberg** [A 301] (86) — 6000 ts, 20 kn, 147 m

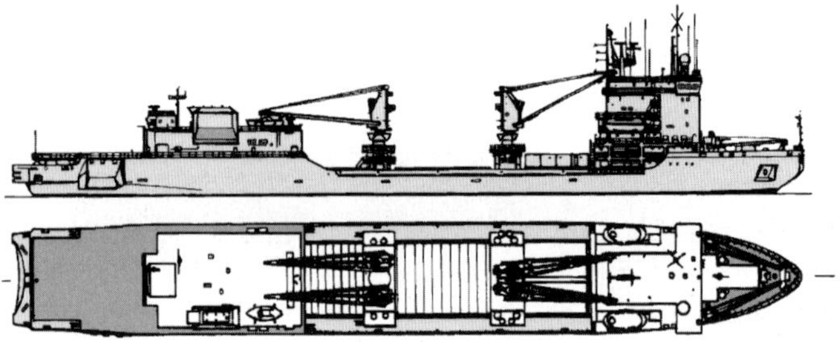

2 — 1 AK: **Outeniqua** [A 302] (91) — 21 025 ts, 17 kn, 166 m

Kennungen / Identification

Uboote / Submarines
S …
97-Spear
98-Umkhonto
99-Assagai

Kleine Kampfschiffe / Small Fighting Vessels
P …
1562-Shaka
1563-Adam Kok
1565-I. Dyobha
1566-R. Sethren
1567-Galeshewe
1568-J. Maseko
1569-Makhanda
3148-Fleur
–
1252-Tobie
1253-Tern
1254-Tekane

Minensucher / Minesweepers
M …
1142-Umzimkulu
1210-Kimberley
1212-Umhloti
1213-Umgeni
1214-Walvisbaai
1215-East London
1498-Windhoeck
1499-Umkomaas

Hilfsfahrzeuge / Auxiliary Vessels
A …
301-Drakensberg
302-Outeniqua
324-Protea

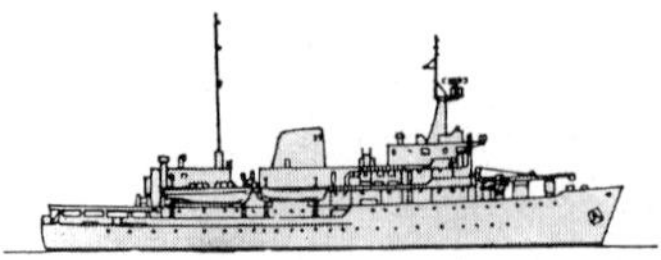

– 1915 ts, 16 kn, 79 m
1 AG: **Protea** [A 324] (71) – *Typ brit. Hecla*

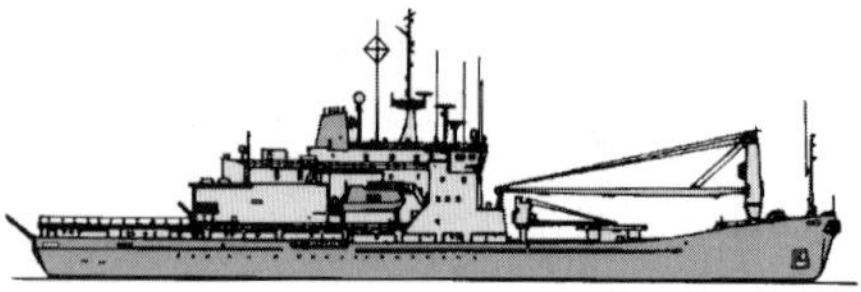

– 5353 BRT/grt, 14.5 kn, 101 m
AG/AI: **S. A. Agulhas** (77)

Maßstab / Scale 1:1000

415 ts, 32 kn, 58.1 m
6 Skerpioen ⇨, 2-7.6, 2-2, 4 Mg
7 PG: **Shaka** [P 1562, 1563, 1566-1569] (77-85)
ähnlich / similar to *Typ israel. Reshef*

1-2, 2 Mg ./380 ts, 15 kn, 48 m
4 MS: **Umzimkulu** [M 1142, 1212, 1213, 1499]
(~ 85-87)

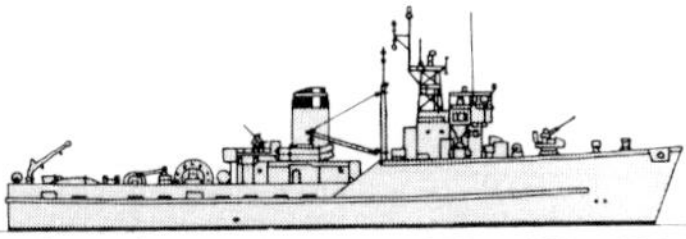

1-4, 1-2 360 ts, 15 kn, 46.3 m
4 MS: **Kimberly** [M 1210, 1214, 1215, 1498] (57-58)
Typ brit. TON

392 ts, 16.5 kn, 47.1 m
1-4
2 MB: **I, II** (57-59) *Typ deutsch / German 351*

PG **René Sethren** [P 1566] (79) 9-1999, Sifferlinger

MS **Mzimkulu** (87) 4-1997, Van Ginderen coll.

Syrien/Syria

AX/AP **Al Assad** (87) 6-1999, Grazioli

Taiwan (Republik China / Republic of China)

Zerstörer / Destroyers

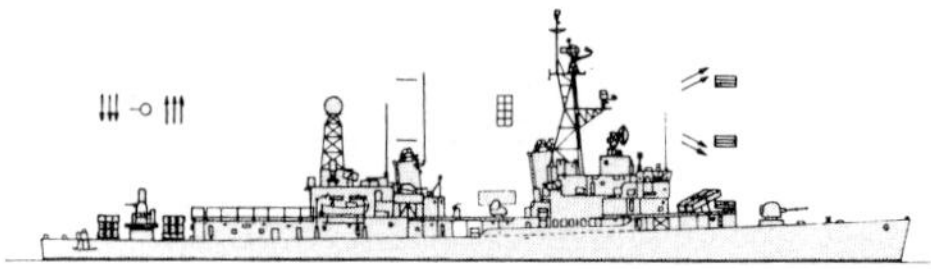

2425 ts, 35 kn, 119 m
10 ⇨/⇧, 1-7.6 ⚹, 2-4 ⚹,
1-2 ⚹ Phalanx,
6 **UTR** 32.4 **III**, 1 ✎$_8$, 1 ✈
7 DG: **Chien Yang** [912, 921, 923, 925, 927-929] (45) – *Typ US Gearing* / FRAM 1

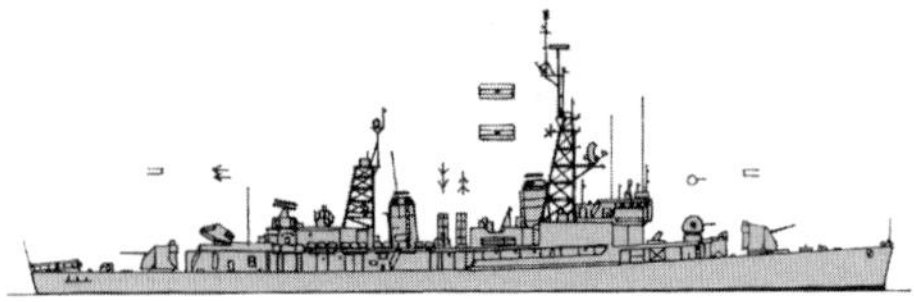

2425 ts, 35 kn, 119 m
5 ⇨, 4-12.7 ⚹, 1-7.6 ⚹, 2-4 ⚹,
4 Mg ⚹, 1 ↥$_4$,
6 **UTR** 32.4 **III**, 2 ✎$_8$
1 DG: **Fu Yang** [907] (45)
Typ US Gearing / FRAM 2

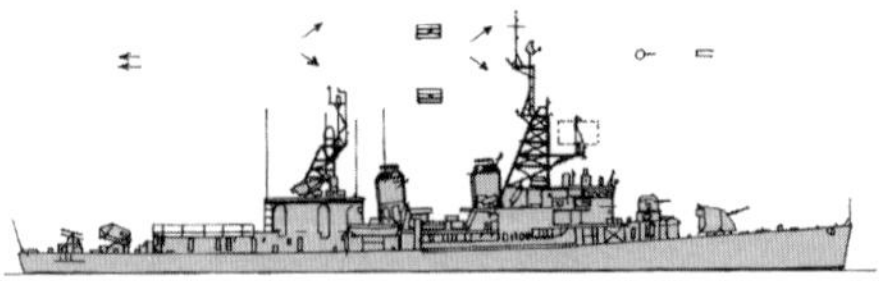

2050 ts, 35 kn, 115 m
5 ⇨, 2-12.7 ⚹, 2-4 ⚹, 1 ↥,
6 **UTR** 32.4 **III**
1 DG: **Nangyang** [917] (44)

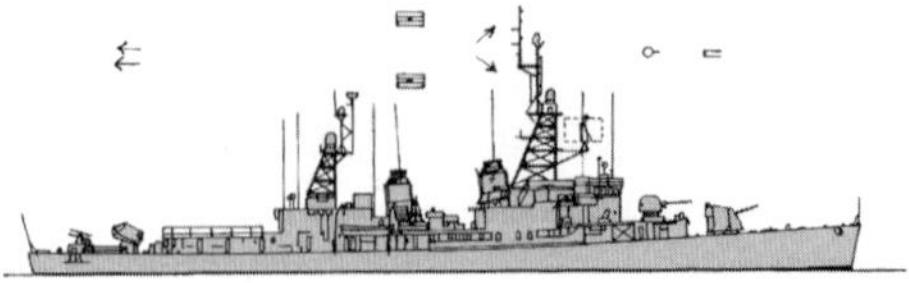

2050 ts, 35 kn, 115 m
5 ⇨, 1 ↥, 2-12.7 ⚹, 1-7.6 ⚹,
6 **UTR** 32.4 **III**
1 DG: **Loyang** [914] (44)

Fregatten / Frigates

3100 ts, 29 kn, 139 m
8 ⇨, 1 ⇧/⇨, 1-7.6, 2-4,
1-2 Phalanx,
6 **UTR** 32.4 **III**, 2
8 FG: **Cheng Kung** (91 – a.St./o.St.)
[1101, 1103, 1105-1109, 1110]

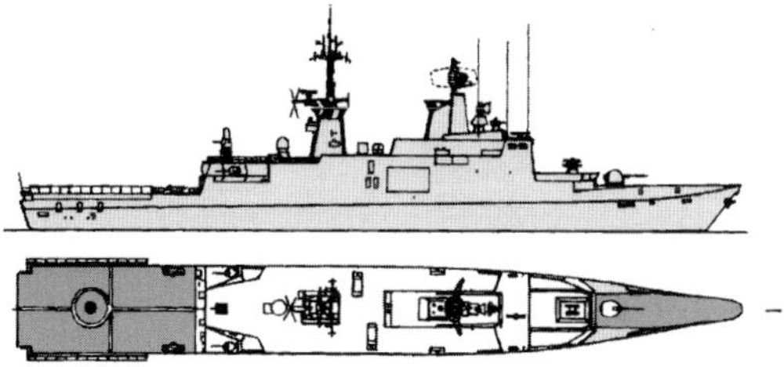

3000 ts, 25 kn, 125 m
8 ⇨, 2 ↥, 1-7.6, 2-4,
1-2 Phalanx,
6 **UTR** 32.4 **III**, 1
6 FG: **Kang Ding** (94-96)
[1202, 1203, 1205-1207, 1209]

Kennungen / Identification

Zerstörer / Destroyers
907-Fu Yang
908-Kwai Yang
912-Chien Yang
914-Lo Yang
917-Nangyang
921-Liao Yang
923-Shen Yang
924-Kai Yang
925-Te Yang
926-Shuei Yang
927-Yun Yang
928-Chen Yang
929-Shao Yang

Fregatten / Frigates
932-Chih Yang
933-Fong Yang
934-Feng Yang
935-Lan Yang
936-Hae Yang
937-Hwai Yang
938-Ning Yang
939-Yi Yang
1101-Cheng Kung
1103-Cheng Ho
1105-Chi Kuang
1106-Yueh Fei
1107-Tsu-Yi
1108-Pan Chao
1109-Chang Chien
1110-Tian Dan
1202-Kang Ding
1203-Hsi Ning
1205-Kun Ming
1206-Di Hua
1207-Wu Chang
1208-Chen De

Uboote / Submarines
791-Hai Shih
792-Hai Pao
793-Hai Lung
794-Hai Hu

Kleine Kampfschiffe / Small Fighting Vessels
601-Lung Chiang
602-Sui Chiang
603-Jin Chiang
605-Tan Chiang
606-Hsin Chiang
607-Fong Chiang
608-Tsen Chiang

Minensucher / Minesweepers
158-Yung Chuan
161-Yung Lo
167-Yung Yen
168-Yung Sui
1301-Yung Fung
1302-Yung Chia
1303-Yung Nieng
1305-Yung Shuen
1306-Yung Yang
1307-Yung Tzu
1308-Yung Kuh
1309-Yung Te

Landungsschiffe / Landing Ships
192-Cheng Hai
201-Chung Hai
205-Chung Chien
208-Chung Hsun
216-Chung Kuang
217-Chung Chao
219-Kao Hsiung
221-Chung Chuan
226-Chung Chih
227-Chung Ming
230-Chung Pang
231-Chung Yeh
232-Chung Ho
233-Chung Ping
341-Mei Chin
347-Mei Sung
353-Mei Ping
356-Mei Lo
401-Ho Chi
402-Ho Huei
403-Ho Yao
405-Ho Feng
406-Ho Chao
481-Ho Shun
482-Ho Tsung
484-Ho Chung
488-Ho Shan
489-Ho Chuan
490-Ho Seng
491-Ho Meng
492-Ho Mou
493-Ho Shou
494-Ho Chun
495-Ho Yung
496-Ho Chien
SB1-Ho Chie

Hilfsschiffe / Auxiliaries
507-Chang Pei
515-Lung Chuan
517-Hsing Lung
522-Tai Hu
523-Wan An
524-Yuen Feng
525-Wu Kang
526-Hsin Kang
530-Wu Yi
548-Ta Tung
549-Ta Peng
551-Ta Wan
552-Tai Hu
553-Ta Han
554-Ta Kang
555-Ta Fung
563-Ta Fei
1601-Ta Kuan

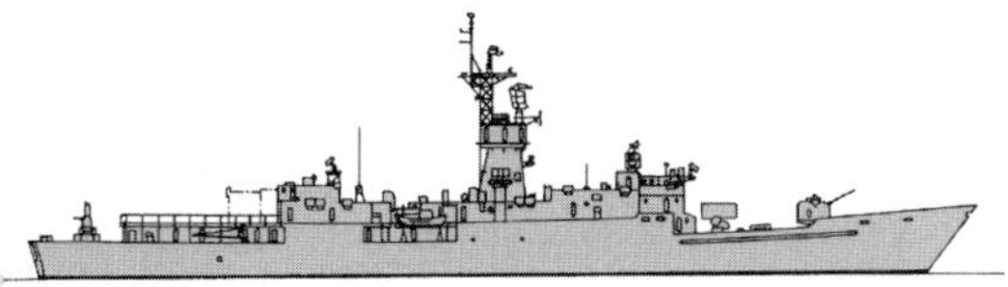

3010 ts, 27 kn, 134 m
8 Harpoon $⇨_4$, 1-12.7,
1-2 Phalanx,
4 **UTR** 32.4 **II**, 1 $⦨_8$, 1
8 FG: **Chih Yang** [932-939]
(70-71) – *Typ US Knox*

Taiwan (Republik China)

Uboote / Submarines

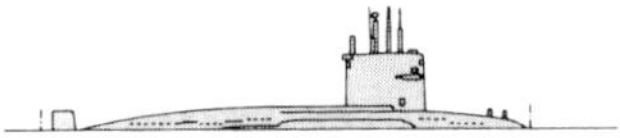

2375/2660 ts, 11/20 kn, 66.9 m
6 **TR** 53.3 b↓
2 SS: **Hai Lung** [793, 794] (86)

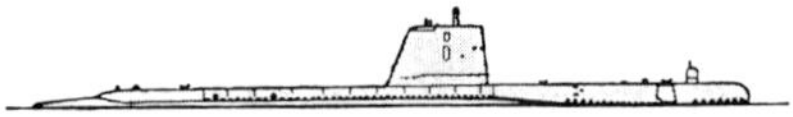

1870/2420 ts, 18/14 kn, 94 m
10 **TR** 53.3↓(6 b, 4 h)
2 SS: **Hai Shih** [791, 792] (44-45) – *Typ US Tench*

Landungsschiffe / Landing Ships

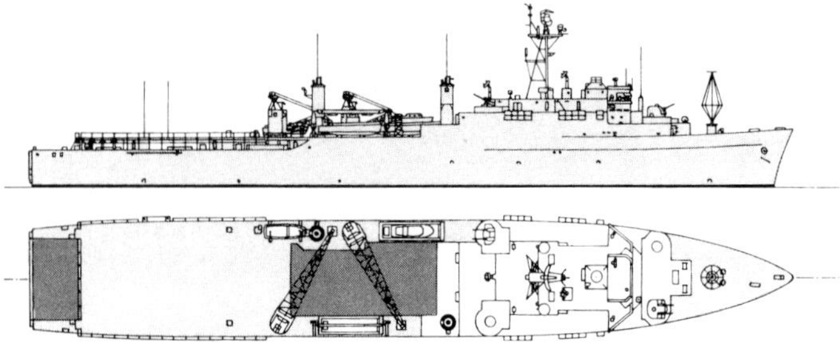

4-7.6, 2-2 Phalanx, [4], 3 LCU — 8600 ts, 20 kn, 168 m
2 LD: **I, II** (70-72) – *Typ US Pensacola*

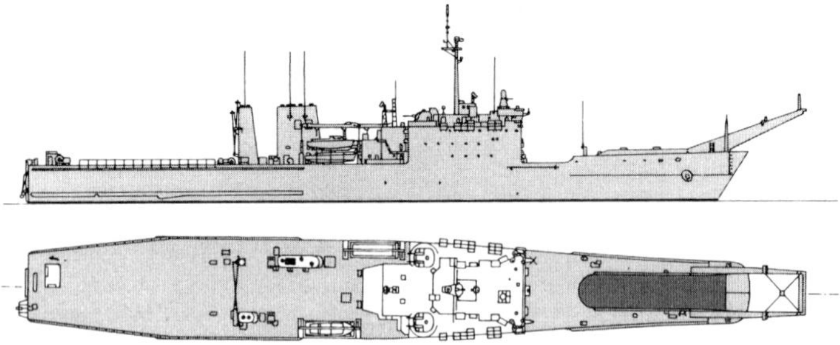

2-2 Phalanx, [390], [500 t] — 4970/8450 ts, 20 kn, 159 m
4 LCAC
3 LS: **Chung Ho** [232, 233, …] (69) – *Typ US Newport*

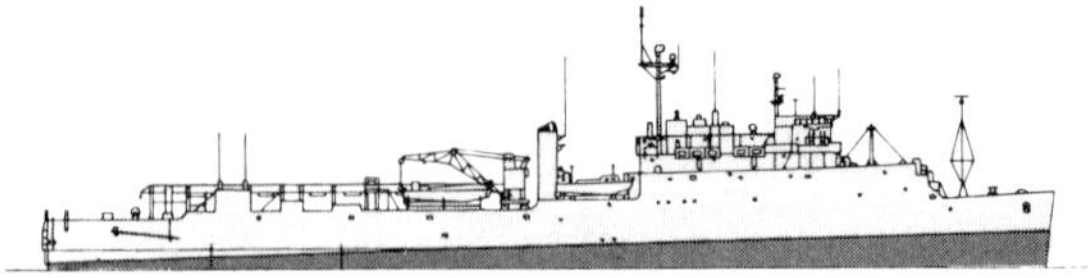

4800 ts, 15.4 kn, 139 m
12-4, 1 , 14 LC
1 LD: **Cheng Hai** [192] (45)
Typ US Casa Grande

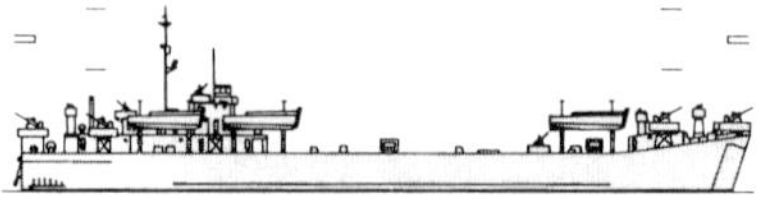

1-7.6, 9-4, 2-2 — 1650 ts, 11 kn, 100 m
10 LS: *Typ US LST (2)* (43-44)

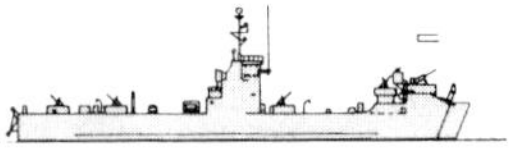

2-4, 4-2 — 734 ts, 12 kn, 62 m
4 LS: **Mei Lo** (~ 44) – *Typ US LSM*

Hilfsfahrzeuge / Auxiliary Vessels

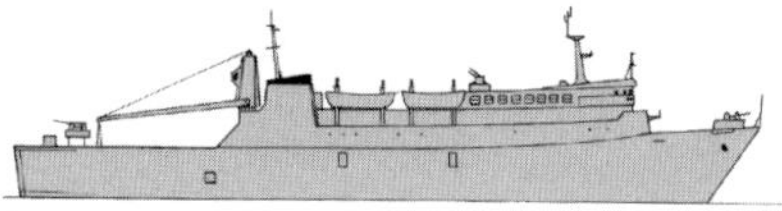

3040 ts, 15 kn, 101 m
3-4
6 AK: **Yuen Feng** [524-529] (82 – a.St./o.St.)

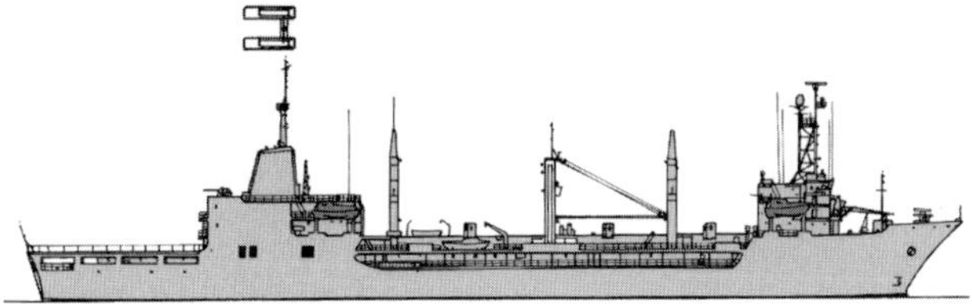

2-4 , 2-2 , 1 ,   7700 ts, 21 kn, 161 m
1 AO: **Wu Yi** [530] (89)

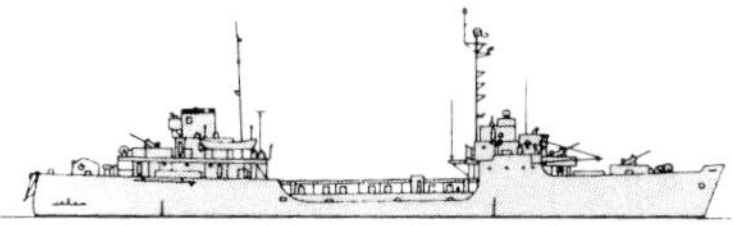

2-7.6 , 2-2   1850 ts, 14 kn, 102 m
2 AO: **Lung Chuan** [515, 517] (43-45)
Typ US Patapsco

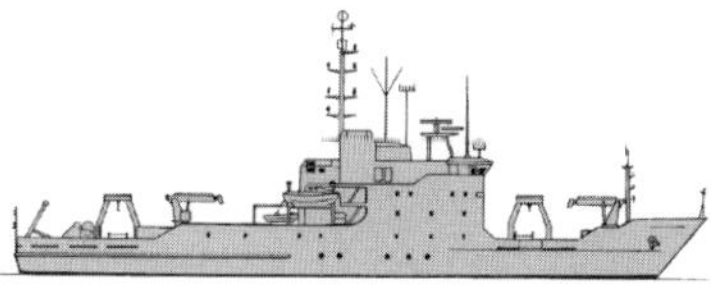

–   2460 ts, 16.5 kn, 93 m
1 AG: **Ta Kuan** (94)

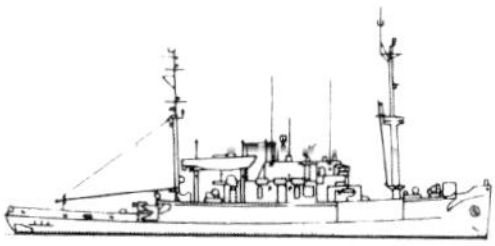

2-2   1530 ts, 14.8 kn, 65.1 m
3 AT: **Ta Peng** [549, 550, 552] (43-46)
Typ US ARS

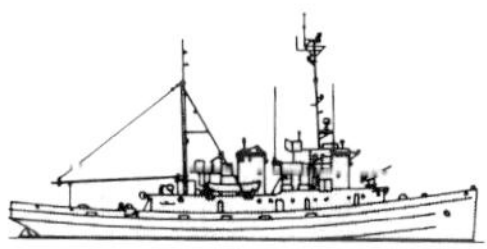

1-7.6 , 4-4   1235 ts, 16.5 kn, 63 m
6 AT: **Tu Tung** [548, 551, 553-555, 563] (42-43)
Typ US ATF

Maßstab / Scale 1:1000

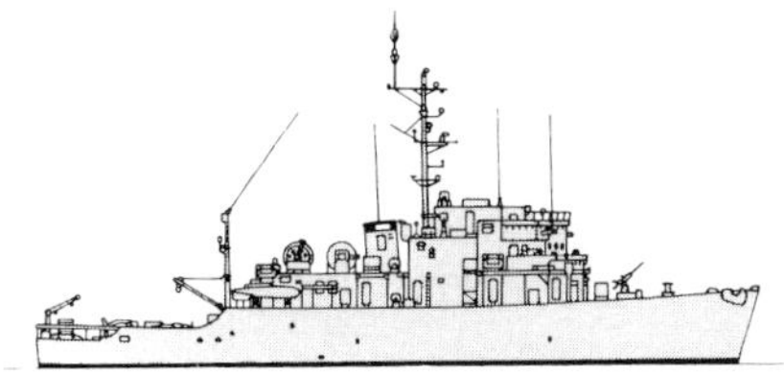

2 Mg   720 ts, 14 kn, 52.6 m
4 MB: **Yung Yang** [1306-1309] (53-55)
Typ US Agressive

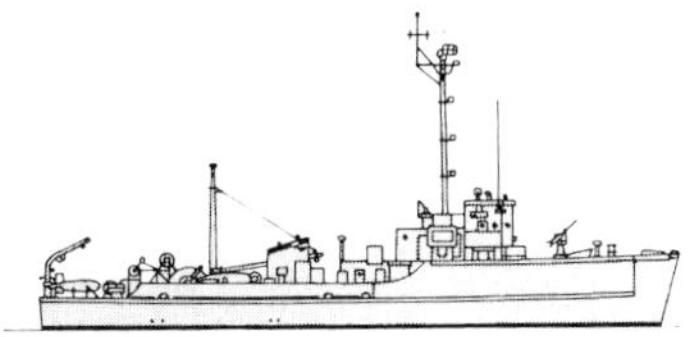

2-2   335 ts, 14 kn, 42.4 m
4 MS: **Yung Chuan** [158, 161, 167, 168] (53-59)
Typ US Adjutant

DG **Chien Yang** [912] (45) 3-1998, Gierke

FG **Cheng Ho** [1103] (92) 5-1999, Van Ginderen coll.

FG **Chang Chien** [1109] (97) 2-1998, Gierke

LS **Chung Ho** [232] (69) 1-1998, Gierke

LS **Mei Chin** [341] (~ 44) 8-1998, Gierke

LS **Kao Hsiung** [LCC 1] (44) 2-1998, Gierke

AK **Yuen Feng** [524] (89) 1-1998, Gierke

AO **Wu Yi** [530] (89) 2-1998, Gierke

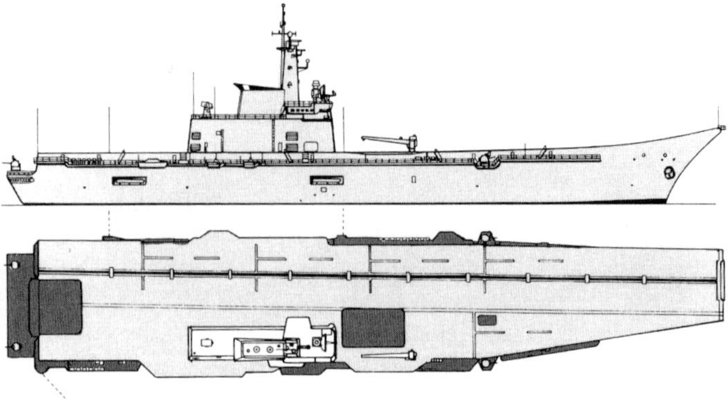

6, 15, 2-3, 4 CIWS ./11 370 ts, 27 kn, 183 m

1 RH: **Chakri Naruebet** [911] (96)

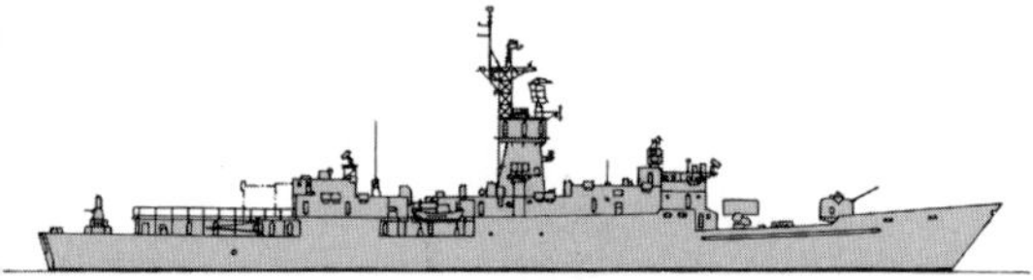

3070 ts, 27 kn, 134 m
8 Harpoon ⇨$_4$, 1-12.7,
1-2 Phalanx,
4 **UTR** 32.4 **II**, 1 $_8$, 1
2 FG: **Phutthayotla Chulalok**
[461, 462] (70-73) – *Typ US Knox*

2600 ts, 32 kn, 121 m
8 Harpoon ⇨$_4$, 1 VLS $_8$,
1-12.7, 4-3.7,
6 **UTR** 32.4 **IIII**, 1
2 FG: **Naresuan** [621, 622] (93-94)
Typ chin. 25 T

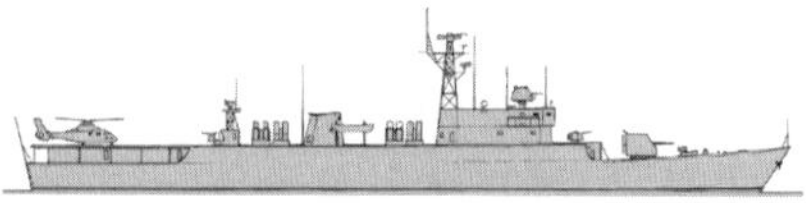

1680 ts, 28 kn, 103 m
8 ⇨, 2-10, 8-3.7, 2, 2, 2
2 FG: **Kraburi** [457, 458] (91)
Typ chin. 053 HT (H)

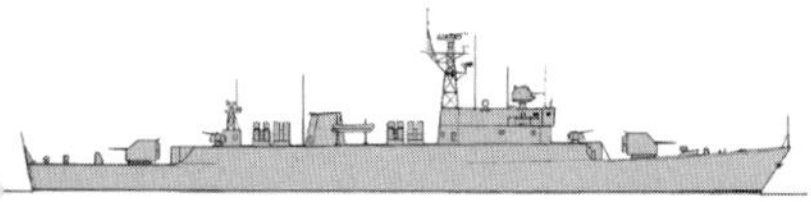

1800 ts, 28 kn, 103 m
8 ⇨, 4-10, 8-3.7, 2, 2
2 FG: **Chao Praya** [455, 456] (90) *Typ chin. 053 HT*

8 ⇨, 1-7.6, 2-4, 2-2, 840 ts, 30 kn, 76.8 m
1, 6 **UTR** 32.4 **III**
2 FG: **Rattanakosin** [441, 442] (85-86)

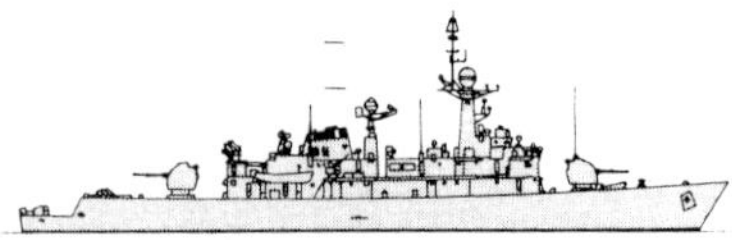

2-11.4, 1 Albatros, 1650 ts, 26 kn, 97.6 m
6 **UTR** 32.4 **III**, 1
1 FF: **Makut Rajakumarn** [433] (71)

Thailand

Kennungen / Identification

Hubschrauberträger / Helicopter Carrier
911-Chakri Naruebet

Fregatten – Korvetten / Frigates – Corvettes
411-Tachin
412-Prasae
413-Pinklao
421-Naresuan
422-Taksin
431-Tapi
432-Khiriat
433-M. Rajakumarn
441-Rattanakosin
442-Sukhutai
455-Chao Praya
456-Bangpakong
457-Kraburi
458-Saiburi
461-P. Chulalok
462-P. Naphalai
531-Chamronsin
532-Thayanchon
533-Longlom

Kleine Kampfschiffe / Small Fighting Vessels
311-Prabparapak
312-Hanhak Sattru
313-Suphairin
321-Ratcharit
322-Witthayakhom
323-Udomet
331-Chonburi
332-Songkhla
333-Phuket
521-Sattahip
522-Klongyai
523-Takbai
524-Kantang
525-Tepha
526-Thai Muang

Minensucher / Minesweepers
612-Bangkeo
613-Donchedi
621-Thalang
631-Bang Rachan
632-Nongsarai
633-Lat Ya
634-Tha Din Daong

Landungsschiffe / Landing Ships
712-Chang
713-Pangan
714-Lanta
715-Prathong
721-Sichang
722-Surin
731-Kut
732-Kram
741-Prab
751-Naka
761-Mataphon
762-Ravi
763-Adang
764-Phetra
766-Talibong
771-Thongkaeo
772-Thonglang
773-Wang Nok
774-Wang Nai

Hilfsfahrzeuge / Auxiliaries
811-Chantara
812-Suk
821-Suriya
831-Chula
832-Samui
833-Prong
834-Proet
835-Samed
841-Chuang
842-Chik
851-Khueng Baden
852-Marn Vichai
853-Rin
854-Rang
855-Samaesan
856-Raet
861-Kret Kaew
871-Similan

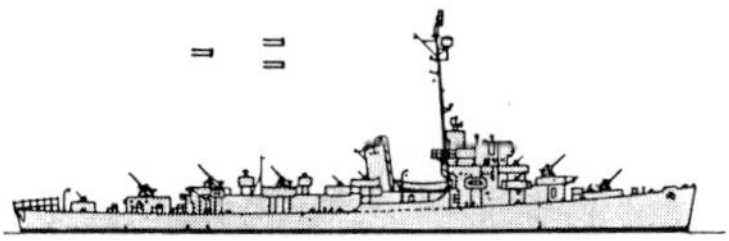

3-7.6, 6-4, 2 Mg, 1240 ts, 21 kn, 92 m
6 **UTR** 32.4 III, 1, 8
1 FE: **Pinklao** [413] (43) – *Typ US Cannon*

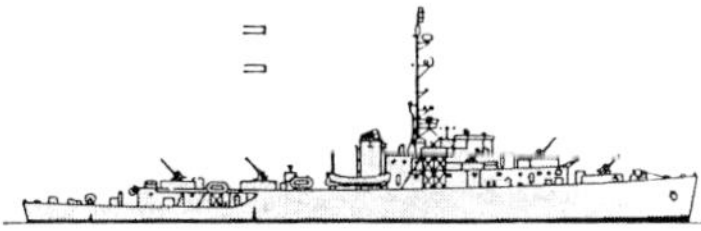

3-7.6, 2-4, 9-2, 1430 ts, 20 kn, 93 m
6 **UTR** 32.4 III, 1, 8
2 FE: **Prasae** [411, 412] (43) – *Typ US Tacoma*

1-7.6, 1-4, 2-2, 2 Mg, 860 ts, 20 kn, 84 m
6 **UTR** 32.4 III
2 FS: **Tapi** [431, 432] (70-72)

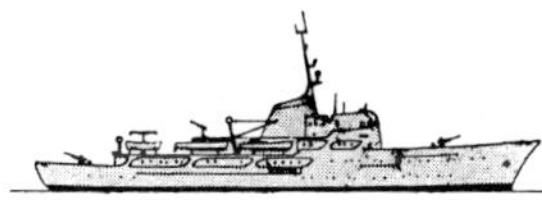

1-2, 870 ts, 14 kn, 71 m
1 AG: **Chantara** [811] (60)

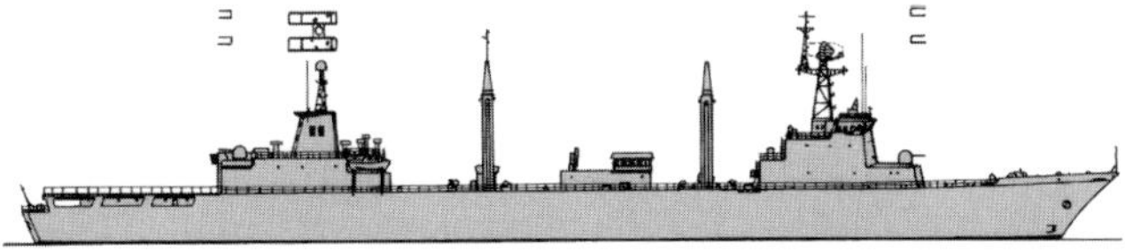

8-3.7, 2, 23 000 ts, 19.5 kn, 171 m
1 AO: **Similan** [871] (95)

Maßstab / Scale 1:1000

375 ts, 30 kn, 60.4 m
2-7.6, 2-4
3 PP: **Chonburi** [331-333] (82-83)

4 MM 38 ⇨, 1-7.6, 1-4 235 ts, 36 kn, 49.8 m
3 PG: **Ratcharit** [321-323] (78-79)

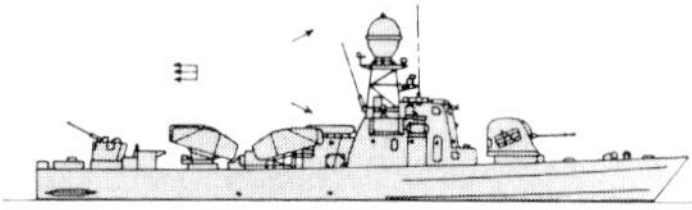

5 Gabriel ⇨, 1-5.7, 1-4 225 ts, 37.5 kn, 44.9 m
3 PG: **Prabparapak** [311-313] (75-76)

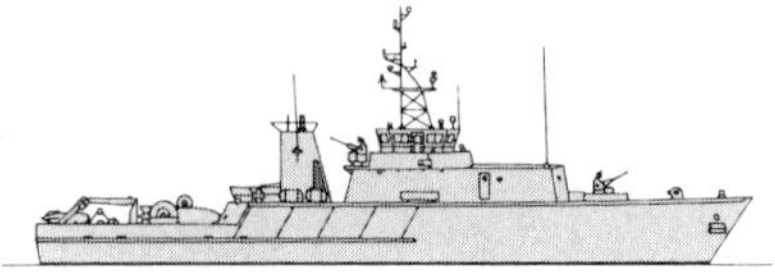

460 ts, 16 kn, 49.1 m
3-2,
2 MB: **Bangrachan** [631, 632] (86-87)

FG **Phutthaloetla Naphalai** [462] (70) 8-1998, Van Ginderen coll.

FG **Rattanakosin** [441] (85) 8-1998, Van Ginderen coll.

PP **Phuket** [333] (83) 5-1999, Van Ginderen coll.

PP **T 98** (86) 5-1999, Van Ginderen coll.

PP **T 222** [~ 84] (86) 5-1999, Van Ginderen coll.

AG **Suk** [812] (81) 5-1999, Van Ginderen coll.

Tonga

PP **Neiafu** (89) Typ austral. ASI 315 1-1997, Van Ginderen coll.

AO **Lomipeau** [A 301] (69) 8-1997, Van Ginderen coll.

Trinidad und Tobago / Trinidad and Tobago

PP **Barracuda** (79) 2-1994, Van Ginderen coll.

Maßstab / Scale 1:1000

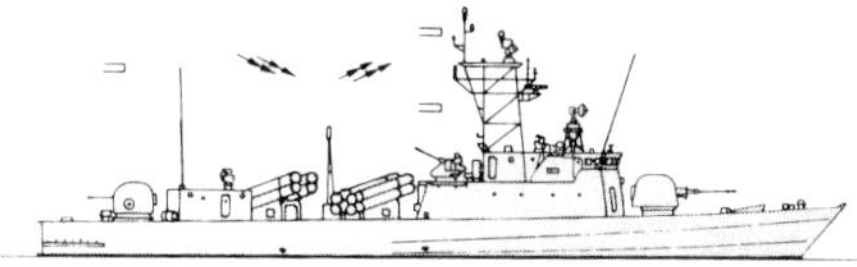

395 ts, 38.5 kn, 56.8 m
8 ⇨, 1-7.6, 2-4, 4-3
3 PG: **La Galité** [501-503] (83)
Typ frz. / French Combattante III M

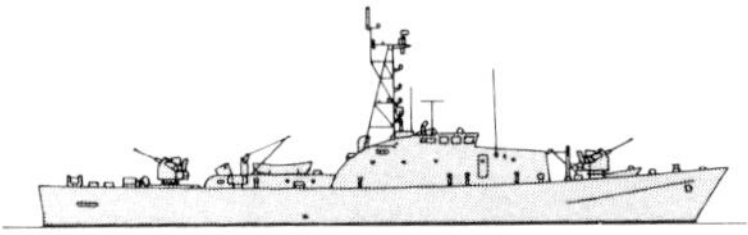

2-4, 2-2, 8 ↣, SS 12 — 250 ts, 22 kn, 47.5 m
3 PP: **Bizerte** [P 301, 302, 304] (69-74)
Typ madag. / Malag. Malaika

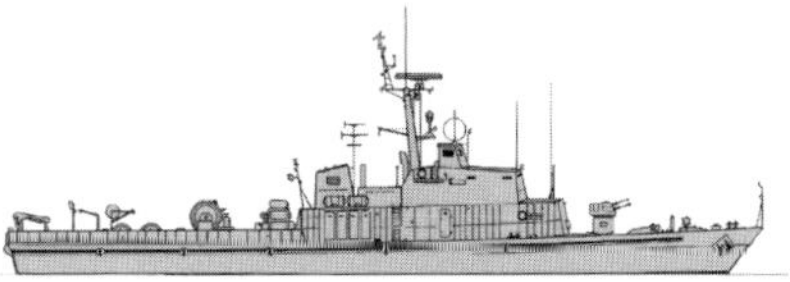

340 ts, 20 kn, 52 m
5 PP: **Ras El Blad** (69-70)
Typ ex DDR / GDR Kondor I

PP **Bizerte** [P 301] (69) — 7-1998, Van Ginderen coll.

AG/AX **Khaireddine** [A 700] (69) — 10-1998, Grazioli

Türkei/Turkey

Fregatten / Frigates

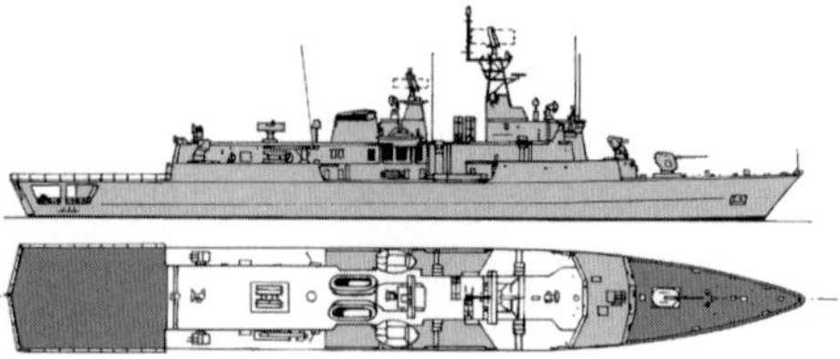

3100 ts, 32 kn 118 m
8 ⇨, 1 VLS, 1-12.7, 3-2.5,
6 **UTR** 32.4 III, 1
4 FG: **Barbaros** [F 244-247] (93-98)
Typ deutsch / German MEKO 200 TN II A, B

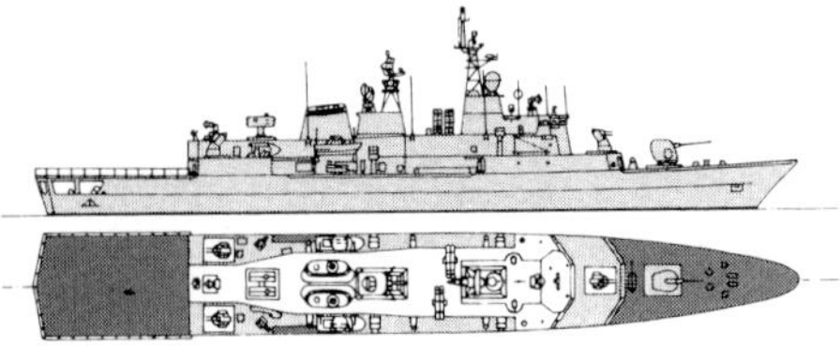

2200 ts, 27 kn, 111 m
8 Harpoon ⇨, 1-12.7, 3-2.5 Sea Zenith,
1 Sea Sparrow, 6 **UTR** 32.4 III,1
4 FG: **Yavuz** [F 240-243] (85-88)
Typ deutsch / German MEKO 200 TN

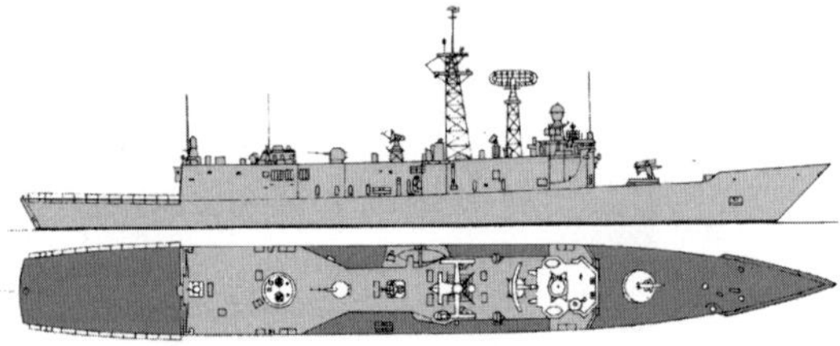

2750 ts, 29 kn, 135.6 m
4 ⇨, 1-7.6, 1-2 Phalanx,
4 Mg, 6 **UTR** 32.4 III, 2
6 FG: **Gaziantep** [490-495] (79-81)
Typ US O. H. Perry

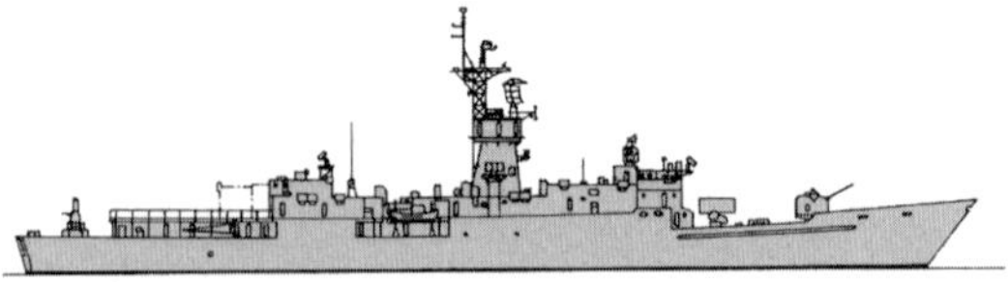

3070, 27 kn, 134 m
8 Harpoon $⇨_4$, 1-12.7,
1-2 Phalanx,
4 **UTR** 32.4 II, 1 $_8$, 1
8 FG: **Muavenet** [F 250-257] (70-72)
Typ US Knox

Uboote / Submarines

8 **TR** 53.3 b↓ 1185/1290 ts, 11/22 kn, 56.1 m
6 SS: **Atilay** [S 347-352] (74-86)
Typ deutsch / German 209/1200

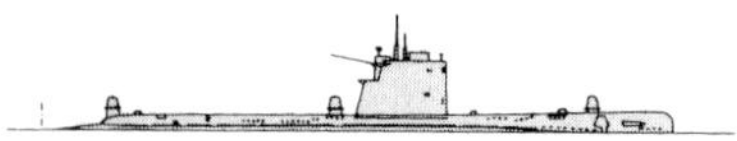

8 **TR** 53.3↓(6 b, 2 h) 1970/2600 ts, 15.5/16 kn, 87.5 m
2 SS: **Piri Reis** [S 343, 342] (51-52)
Typ US Tang

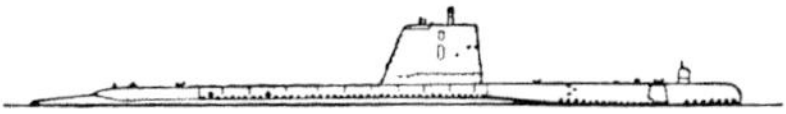

1840/2245 ts, 17/15 kn, 93 m
10 **TR** 53.3 (6 b, 4 h)
3 SS: **Uluc Ali Reis** [S 336, 338, 340]
(44) – *Typ US Tench / Balao*

Kennungen / Identification

Fregatten / Frigates
F …
240-Yavuz
241-Turgut Reis
242-Fatih
243-Yildirim
244-Barbaros
245-Oruc Reis
246-Salih Reis
247-Kemal Reis
250-Muavenet
251-Adatepe
252-Koçatepe
253-Zafer
254-Trakya
255-Karadeniz
256-Ege
257-Akdeniz
490-Gaziantep
491-Giresun
492-Gemlik
493-Gelibolu
494-Gökçeada
495-……

Uboote / Submarines
S …
336-Murat Reis
338-Uluc Ali Reis
340-Cerbe
342-Hizir Reis
343-Piri Reis
347-Atilay
348-Saldiray
349-Batiray
350-Yildiray
351-Doğanay
352-Dolunay
353-Preveze
354-Sakarya
355-18 Mart
356-Anafartala
357-Gür

Kleine Kampfschiffe / Small Fighting Vessels
P …
111-Sultanhisar
112-Demirhisar
113-Yarhisar
114-Akhisar
115-Sivrihisar
116-Koçhisar
140-Girne
321-Denizkusu
322-Atmaca
323-Sahin
324-Kartal
326-Pelikan
327-Albatros
328-Simsek
329-Kasirga
330-Kiliç
331-Kalkan
332-Mizrak
339-Bora
340-Dogan
341-Marti
342-Tayfun
343-Volkan
344-Rüzgar
345-Poyraz
346-Gurbet
347-Firtina
348-Yildiz
349-Karayel
530-Trabzon
531-Terme

Typ US PGM
121-124 = AB 21-24
–
125-129 = AB 25-29
131-136 = AB 31-36
–
141-144 = LS 9-12

Minenleger / Minelayers
N …
110-Nusret

NL …
120-Bayraktar
121-Sancactar
122-Çakabey
123-Saruçabey
124-Karamürselbey
125-Osman Gazi

Minensucher / Minesweepers
M …
260-Edincik
261-Edremit
262-Enez
263-Erdek
264-Erdemli
500-Foca
501-Fethiye
502-Fatsa
503-Finike
510-Samsun
511-Sinop
512-Sürmene
513-Seddülbahir
514-Silifke
515-Saros
516-Sigacik
517-Sapanca
518-Sariyer
520-Karamürsel
521-Kerempe
522-Kilimli

Landungsfahrzeuge / Landing Vessels
L …
401-Ertugrul
402-Serdar

Hilfsfahrzeuge / Auxiliary Vessels
A …
570-Taskizak
573-B.S. Gürcan
575-Inebolu
576-Degirmendere
577-S.M. Paşa
578-Darica
579-G.H. Paşa
580-Akar
581-Çinar
583-Akbaz
… -Çeşme
… -Yüz. Tolunay
… -Alb. H. Burak
584-Kurtaran
585-Akin
587-Gazal
589-Işin
590-Yunus
591-Sarköy
592-K. Ereglisi
593-Eçeabat
594-Çubuklu
595-Y. K. Güngör
596-Ulubat
597-Van
598-Sögüt
599-Önder
600-Kavak
601-Tekirdag
1543-Söndüren 3

P …
305-AG 5
306-AG 6

Y …
35-Mesaha 1
36-Mesaha 2
51-Sonduren 1
52-Doganarslan
53-Kuvvet
54-Kudret
55-Atil
66-Halas
76-Gül
95-Torp. Tenderi
97-Cephane 2
98-Takip
99-Ahmet Ersoy
111-116 = Pinar 1-6

Minenleger / Minelayers

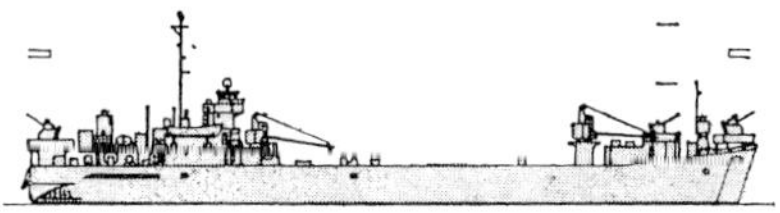

3640 ts, 9 kn, 101 m
6-4 ,
2 NB: **Sancatar** [NL 120, 121] (44)
Typ US LST (2)

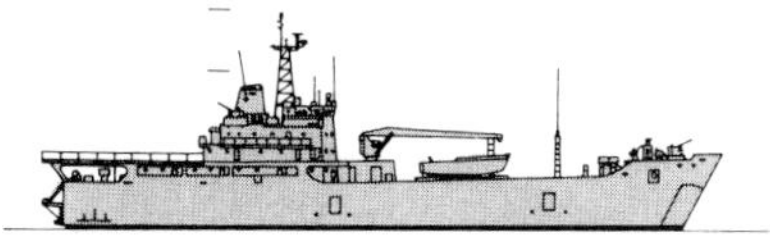

4-4 , 4-2 , 11 , 2 LCVP, [600], 150
2600 ts, 14 kn, 92 m
2 NB: **Saruçabey** [NL 123, 124] (81-84)

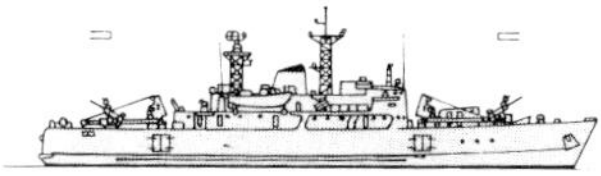

4-7.6 , 400
1800 ts, 18 kn, 77 m
1 NB: **Nusret** [N 110] (64)
Typ dän. / Dan. Falster

Türkei/Turkey

Landungsfahrzeuge / Landing Ships

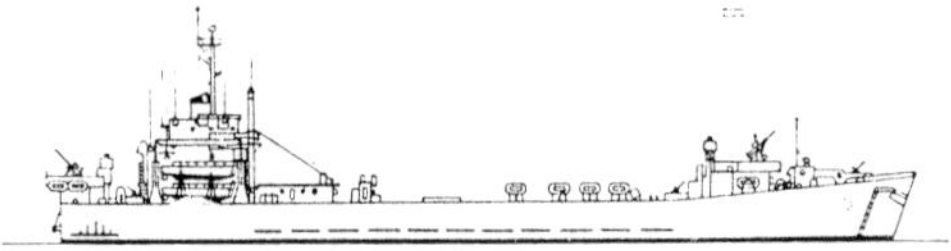

2700 ts, 15 kn, 117 m
6-7.6 ⊿, 4 LC, [400]
2 LS: **Ertugrul** [401, 402] (53-54)
Typ US Terrebonne Parish

Hilfsfahrzeuge / Auxiliary Vessels

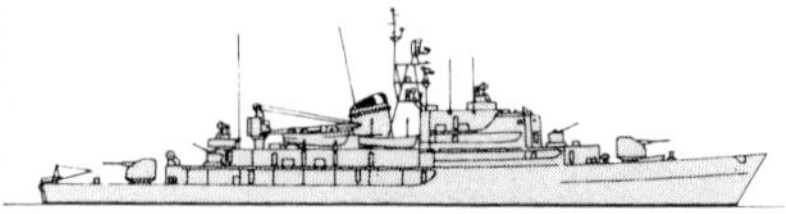

2-10 ⊿, 4-4 ⊿, [200], 70 Ծ 2370 ts, 20.5 kn, 98.2 m
2 AR: **Sokulloh Mehmet Paşa** [A 577, 579] (60)
Typ deutsch / German Rhein

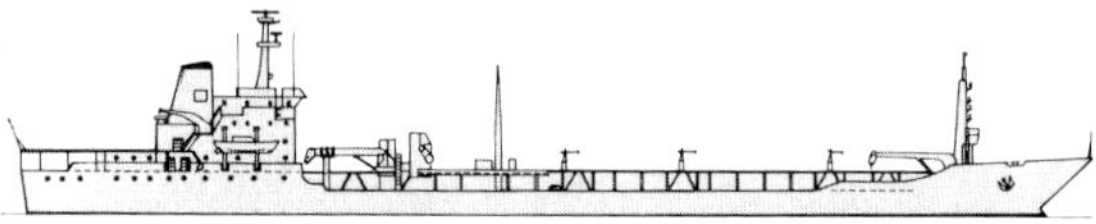

./14 000 ts, 14 kn, 145 m
1 AO: **Yarbay Kudret Güngör** (94)

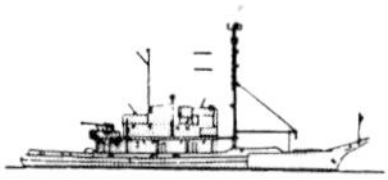

1-4 ⊿, 3-2 ⊿ 680 ts, 12 kn, 52.5 m
1 AN: **AG 5** [P 305] (60)

– 1500 ts, 15 kn, 71 m
1 AG: **Yunus** [A 590] (60)

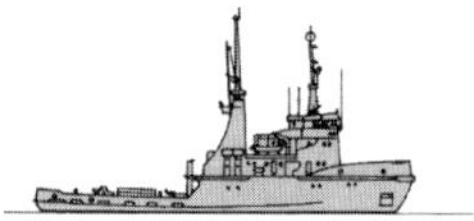

925 ts, 13.5 kn, 51 m
1 AT: **Degirmendere** [A 576] (74)
Typ frz. / French Tenace

Maßstab / Scale 1:1000

Kleine Kampfschiffe / Small Fighting Vessels

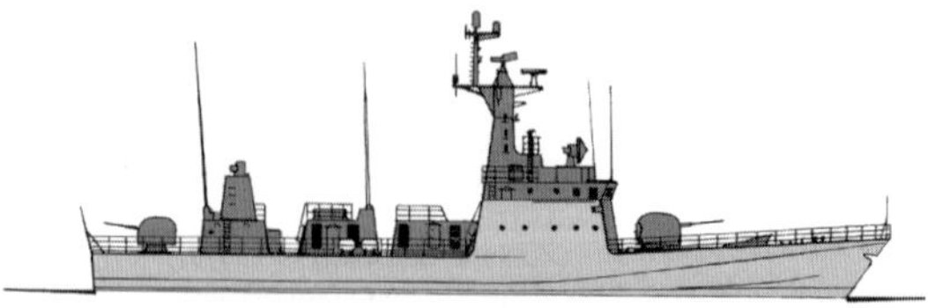

540 ts, 38 kn, 62.4 m
8 ⇨, 1-7.6 ⊿, 2-4 ⊿
3 PG: **Kiliç** [330-332] (97-99)
Typ deutsch / German FPB 57-052 B

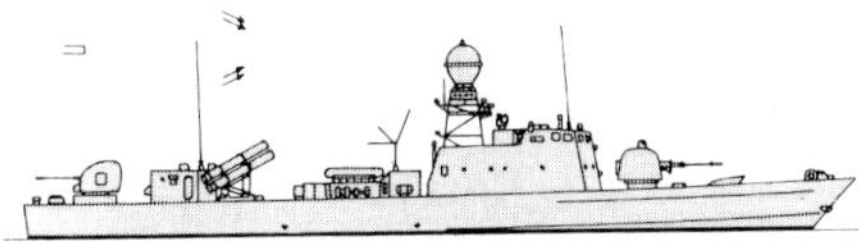

360 ts, 36.5 kn, 58.1 m
8 Harpoon ⇨, 1-7.6 ⊥, 2-3.5 ⊥, 2 Mg ⊥
8 PG: **Doğan** [P 340-347] (76-88)

4 Penguin ⇨, 2-4 ⊥, 185 ts, 42 kn, 42.8 m
4 **TR** 53.3
8 PG: **Kartal** [P 321-324, 326-329] (66-68)
Typ deutsch / German Jaguar

1-7.6 ⊥, 225 ts, 40 kn, 50.3 m
1-4 ⊥, 4 Mg ⊥
1 PF: **Bora** [P 339] (68)
Typ US Asheville

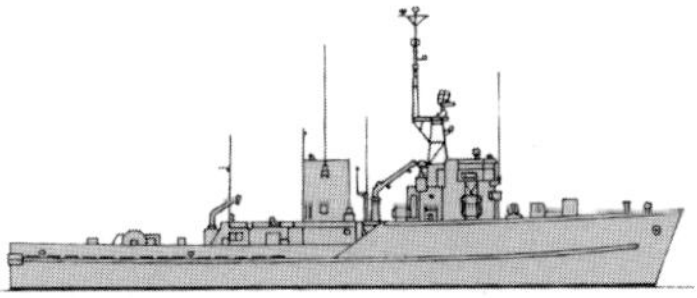

1-4 ⊥, 2 Mg ⊥ 390 ts, 16 kn, 50 m
2 PP: **Trabzon** [P 530, 531] (51-53)
Typ canad. Bay – ⊥ after funnel

1-4 ⊥, 2 Mg ⊥ 155 ts, 40 kn, 33.5 m
10 PF: **SG 61** (77-85)

Minensucher / Minesweepers

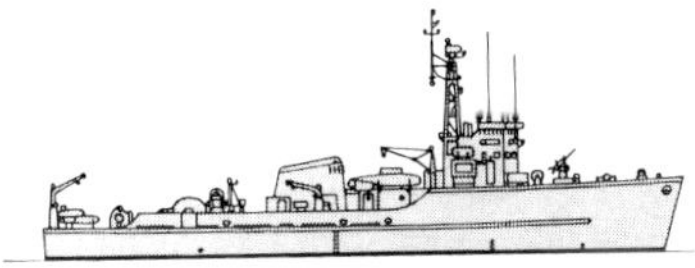

2-2 ⊥ 366 ts, 15 kn, 44.6 m
3 MS: **Karamürsel** [M 520-522] (59-60)
Typ frz. / French Mercure

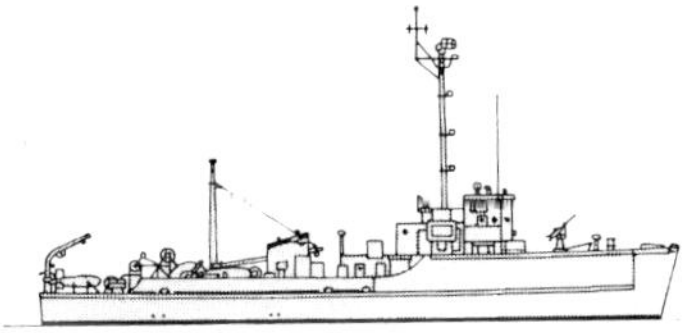

2-2 ⊥ 330 ts, 15 kn, 43.9 m
9 MS: **Samsun** [M 510-518] (52-59)
Typ US Adjutant

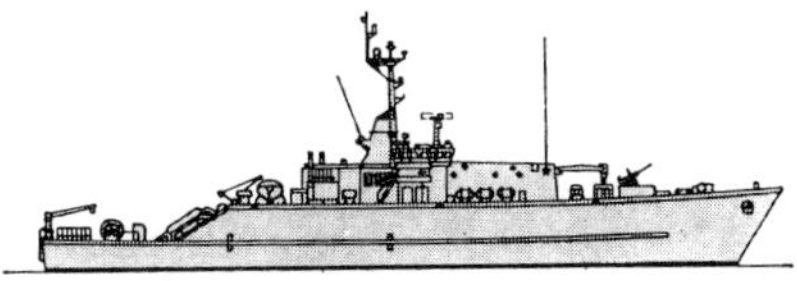

460 ts, 15 kn, 50.9 m
1-2 ⊥
5 MB: **Edincik** [260-264] (70-72)
Typ frz. / French Circé

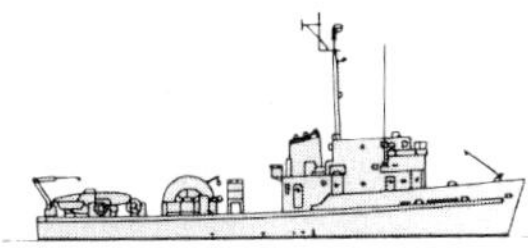

205 ts, 13 kn, 34 m
1 Mg ⊥
4 MS: **Foca** [500-503] (66-67)
Typ US MSL

FG **Gaziantep** [F 490] (80) *Typ US O.H. Perry* 8-1998, Van Ginderen coll.

FG **Gelibolu** [F 493] (80) *Typ US O.H. Perry* 3-1999, Sesemann

FG **Akdeniz** [F 257] (71) *Typ US Knox* 4-1998, Flottenkommando

FG **Muavenet** [F 250] (72) *Typ US Knox* 3-1999, Engel

FG **Salih Reis** [F 246] (97) *Typ MEKO 200 TN II* 4-1998, Ehlers

FG **Yildirim** [F 243] (88) *Typ MEKO 200 TN* 10-1998, Ehlers

PP **AB-25** [P 125] (68) 7-1998, Behling

SS **Saldiray** [S 348] (75) *Typ 209/1200* 1998, Türk. Marine

SS **Sakarya** (94) Typ 209/1400 4-1996, Ehlers

SS **Pirireis** [S 343] (52) *Typ US Tang* 7-1998, Behling

PG **Kiliç** [P 330] (97) *Typ Lürssen FPB 57-052* 11-1998, Ehlers

PG **Marti** [P 341] (77) *Typ Lürssen FPB 57* 7-1998, Behling

PG **Kartal** [P 324] (66) *Typ deutsch / German Jaguar* 7-1997, Behling

MB **Edincik** [M 260] (70) *Typ frz. / French Circé* 7-1998, Prézelin

MS **Silifke** [M 514] (65) 7-1998, Behling

MS **Fethiye** [M 501] (66) 10-1998, Ehlers

NB **Osman Gazi** (90) 10-1995, Ehlers

LS **Serdar** [L 402] (54) 6-1998, Flottenkommando

AR **Çezayirli Gazi Hasan Paşa** [A 579] (60) 7-1998, Van Ginderen coll.

PP **SG-23** (68) 7-1998, Behling

PP **SG 65** (~ 81) 7-1998, Behling

Kreuzer / Cruisers

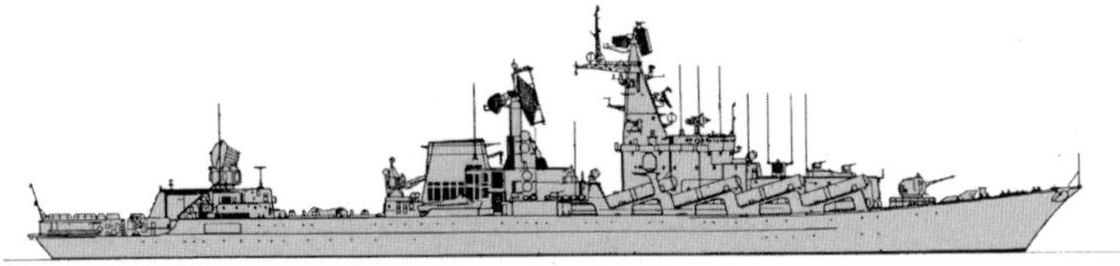

16 ⇨, 8 ⇑, 4 ⇑, 2-13 ∡, 6-3 $∡_6$, 10 UTR 53.3 IIIII, 2 $⨯_{12}$, 1 🚁 — 9800 ts, 35 kn, 186 m

1 CG: Ukraina (90) *Typ USSR Slava*

Fregatten / Frigates

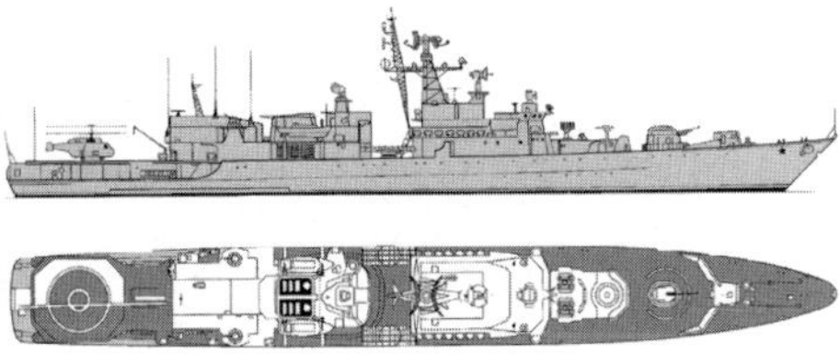

3000 ts, 33 kn, 123 m
2 $⇑_2$, 1-10 ∡, 2-3 $∡_6$,
8 **UTR** 53.3 IIII, 2 $⨯_{12}$, 1 🚁, ♁
1 FG: **Hetman Sagajdachnij** [U 130] (92)
Typ USSR Krivak III

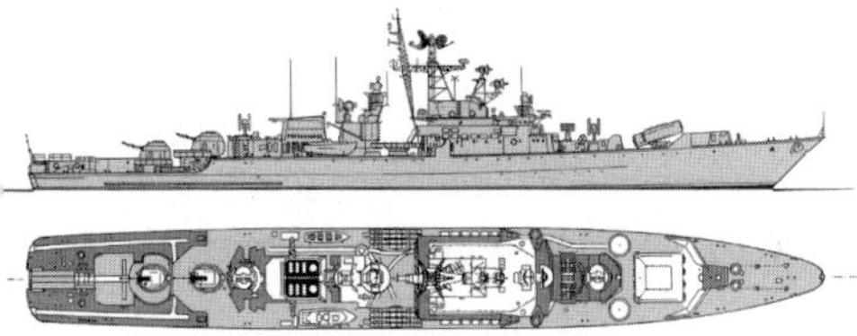

3100 ts, 33 kn, 123 m
4 $⇨_4$, 4 $⇑_2$, 2-10 ∡, 8 **UTR** 53.3 IIII,
2 $⨯_{12}$, ♁
1 FG: **Sevastopol** [U 132] (76)
Typ USSR Krivak II

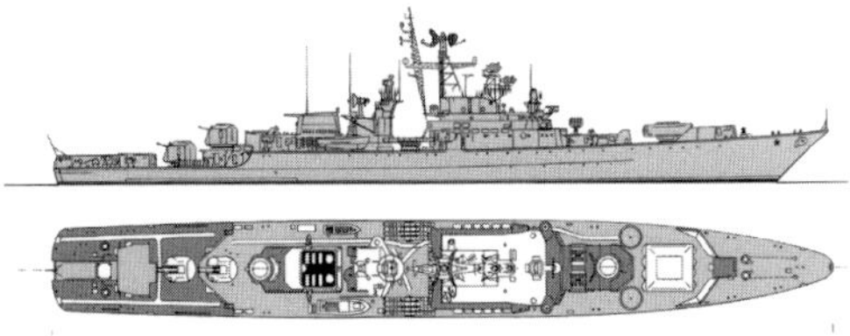

3100 ts, 33 kn, 123 m
4 $⇨_4$, 4 $⇑_2$, 4-7.6 $∡_2$, 8 **UTR** 53.3 IIII,
2 $⨯_{12}$
2 FG: **Mikolaïv** [U 133, 134] (79)
Typ USSR Krivak I

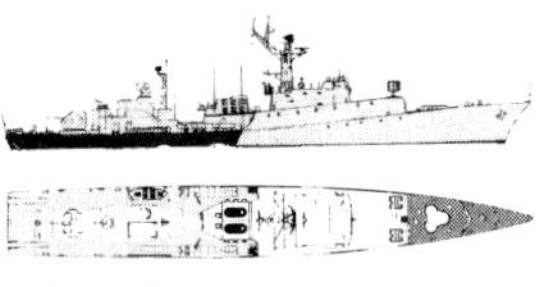

2 ⇑, 1-7.6 ∡, 1-3 $∡_6$, — 954 ts, 33 kn, 72.1 m
4 **UTR** 53.3 II, 1 ⊙, ♁
1 FG: **Luc'k** [U 200] (92)
Typ USSR Grisha V

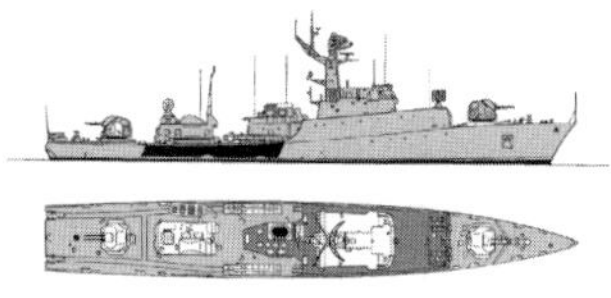

4-5.7 ∡, 4 **UTR** 53.3 II, — 950 ts, 34 kn, 71.6 m
2 $⨯_{12}$, ♁
2 FF: **Černigiv** [U 205, 206] (76-77)
Grisha II Klasse

Kennungen / Identification

Kreuzer / Cruisers
U …-Ukraina

Fregatten / Frigates
U 130-H. Sagaidachnij
U 132-Sevastopol
U 133-Mikolaïv
U 134-Dnipopetrovsk
U 200-Luc'k
U 205-Černigiv
U 206-Vinnicja
U 209-Sumi
U 210-Herson

Korvetten / Corvettes
U 155-Nikopol'
U 156-Kremenčuk
U 207-Užgorod
U 208-Hmel'nic'kij
U 240-Feodosija
U 241-

Uboot / Submarine
U 01-Zaporižzja

Kleine Kampfschiffe Small Fighting Vessels
U 151-Cjurupinsk
U 152-Uman'
U 153-Priluki
U 154-Kahovka
U 170-Skadovsk
U 172-

Minensucher / Minesweepers
U 310-Žovti Vodi
U 311-Čerkasi
U 330-Melitopol'
U 331-Mariupol'
U 360-Genichesk

Landungsfahrzeuge / Landing Ships
U 401-Rivne
U 402-K. Olšanskij
U 420-Donec'k
U 422-Kramatorsk
U 423-Gorlivka
U 424-Artemivs'k
U 537-Vil
U 538-Tarpan

Hilfsfahrzeuge / Auxiliary Vessels
U 510-Slavutich
U 511-Simferopol
U 512-Perejaslav
U 533-Kolomija
U 540-Čigirin
U 541-
U 542-
U 544-Voznesens'k
U 573-Berdjansk
U 601-GS-212
U 602-Alčevsk
U 603-GS-273
U 631-
U 632-
U 633-
U 634-
U 635-Skvira
U 701-Netišin
U 702-Cernivici
U 704-I. Frankivsk'
U 705-Kremenez'
U 706-Izjaslav
U 707-Brodi
U 722-Borščio
U 728-Evpatorija
U 731-Mirgorod
U 733-Tokmak
U 753-Krivij Rig
U 754-Džankoj
U 755-Jalta
U 756-Sudak
U 757-Makiivka
U 758-Kerč
U 759-Bahmač
U 760-Fastiv
U 782-Sokal
U 783-Illičivsk
U 803-Krasnodon
U 804-Sarni
U 811-Balta
U 812-Severodonec'k
U 813-Berdičiv
U 825-
U 830-Korec'
U 831-Kovel'
U 851-Novi Bug
U 852-Šostka
U 855-Zolotonoska
U 860-Kamjancha
U 861-Svitlovods'k
U 862-Korosten'
U 863-Arciz
U 890-Malin
U 891-Monastirišže
U 947-Krasnoperekops'k
U 948-
U 949-Berestečko
U 950-Hmilnik
U 953-Dubno

Küstenwache / Coast Guard
012-G. Kuropjatnikov
013-Poltava
014-G.-Gnatenko
019-
020-Volin
027-Galičina
031-Zakkarpattja
032-Zapporiž. Seč
033-Odesa
034-Bukovina
035-Donbas
036-Podilla
037-P. Deršavin
171-Lubni
172-Nižin
173-Kaniv
174-Izmaïl
500-Dunai

Korvetten / Corvettes

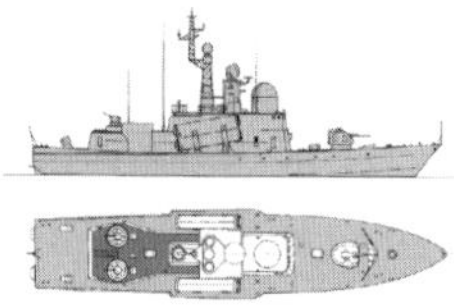

436 ts, 41 kn, 56.1 m
4 ⇨$_2$, 1 ↥, 1-7.6 ▲, 2-3 ▲$_6$
1 FG: **Kremenčuk** [U 156] (83)
Typ USSR Tarantul III

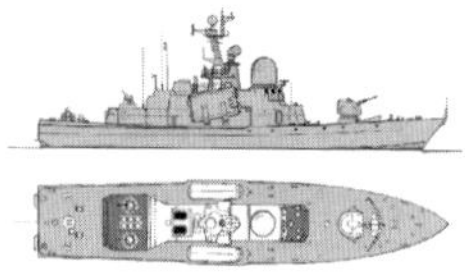

430 ts, 35 kn, 56.5 m
4 ⇨, 1 ↥, 1-7.6 ▲, 2-3 ▲$_6$
1 FG: **Nikopol'** [U 155] (82)
Typ USSR Tarantul II

U-Boot / Submarine

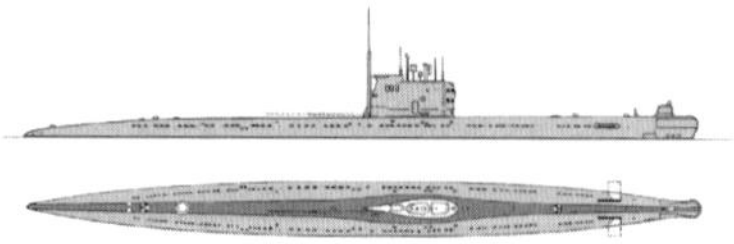

1950/2400 ts, 16.5/15.6 kn, 91 m
10 **TR** 53.3 (6 b, 4 h)↓
1 SS: **Zaporižžja** [U 01] (70) – *Foxtrot Klasse*

Landungsfahrzeuge / Landing Ships

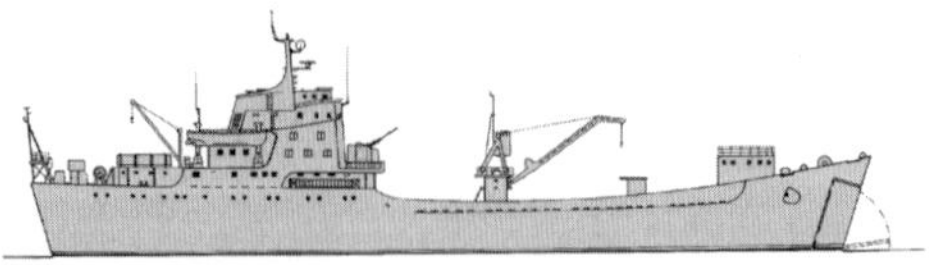

3400 ts, 18 kn, 114 m
[2-5.7 ▲], 40 [tank], [1700 ts]
1 LS: **Rivne** [U 401] (70)
Alligator Klasse

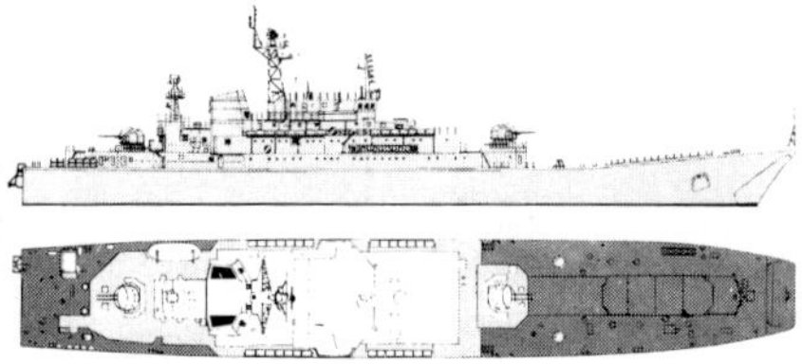

3600 ts, 18 kn, 113 m
4-5.7, 20, [230], [450 ts]
1 LS: **Konstantin Olšanskij** [U 402] (~ 84)
Ropucha I Klasse

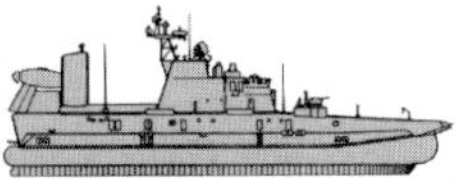

350 ts, 60 kn, 57.6 m
2-3 $_{6}$, 2 $_{4}$, 2 $_{12}$, 3, [200]
4 LS: **Donec'k** [U 420, 422-424] (87-92)
Pomornik Klasse

Hilfsfahrzeuge / Auxiliary Vessels

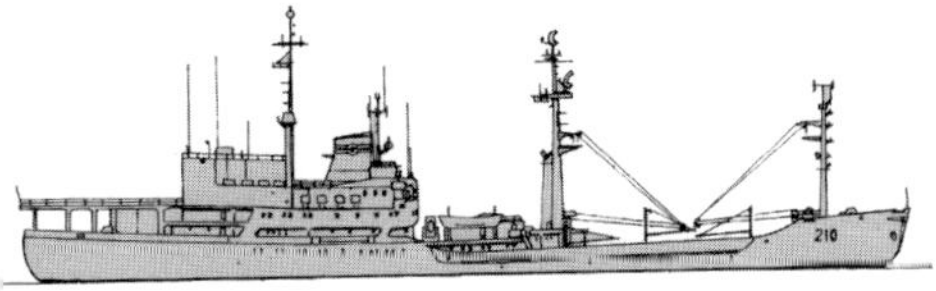

6100 ts, 15 kn, 122 m
1
2 AK: **Cernivici** [U 702, 704] (~ 64)
Vytegrales mod. Klasse

– 750 ts, 11 kn, 50 m
2 AK: **Krivij Rig** (62-73) – *Muna Klasse*

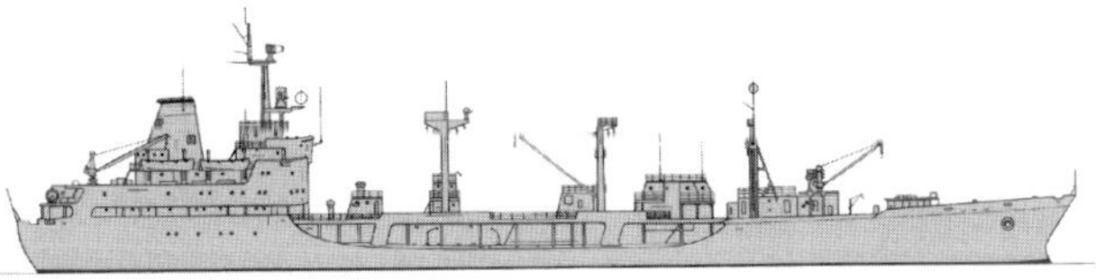

[4-5.7] 8700 ts, 17 kn, 162 m
1 AO: **Makiivka** [U 757] (70) *Chilikin Klasse*

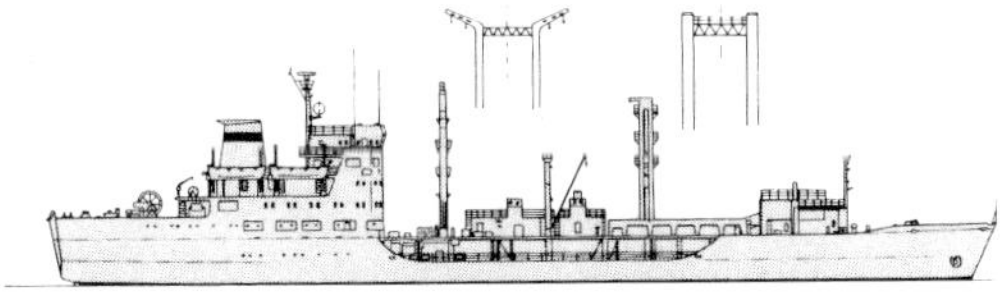

4300 ts, 16.3 kn, 130 m
1 AO: **Kerč** [U 758] (80)
Dubna Klasse

– ./2240 ts, 16 kn, 63.5 m
1 AT: **Kremenez'** [U 705] (82) *Goryn Klasse*

4-3 1210 ts, 14 kn, 58 m
1 AT: **Korec'** [U 830] (73) *Sorum Klasse*

Vermessungsschiffe / Surveying Ships

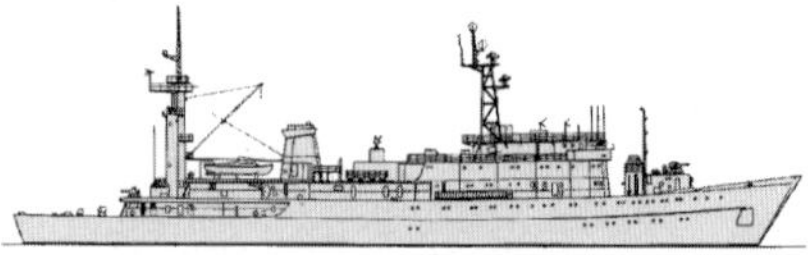

2-3 🔫, 2 ↥ 5000 ts, 18 kn, 107 m
1 AR: **Slavutich** [U 510] (90)

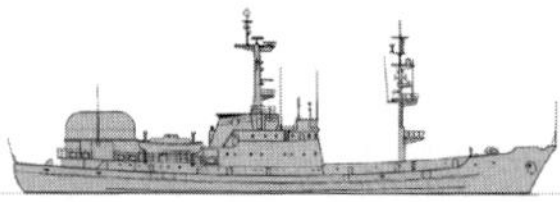

2 ↥ 1250 ts, 15 kn, 73.3 m
1 AG: **Simferopol** [U 511] (72) – *Moma Klasse*

– 1925 ts, 20 kn, 81 m
1 AG: **Severodonec'k** [U 812] (82) – *Onega Klasse*

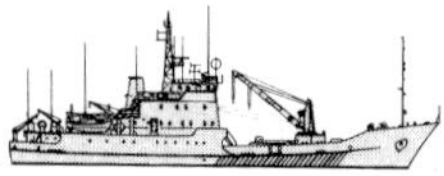

– 1200 ts, 13 kn, 61.3 m
2 AG: **I-II** (79-80) *Finik I Klasse*

– 700 ts, 13.5 kn, 53.3 m
1 AG: **GS-82** [U 600] (68) – *Kamenka Klasse*

– ./750 ts, 13 kn, 55 m
2 AG: **GS-212, 273** [U 601, 603] (74) *Biya Klasse*

Maßstab / Scale 1:1000

Kleine Kampfschiffe / Small Fighting Vessels

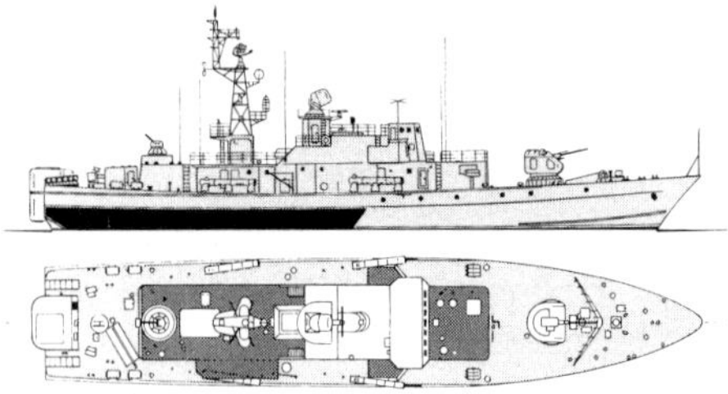

415 ts, 32 kn, 57.7 m
1-7.6 🔫, 1-3 🔫$_6$, 1 ↥, 4 **UTR** 40 **IIII**, 2
5 FS: **Užgorod** [U 207, 208, 012-014] (85-91)
Pauk I Klasse

1-7.6 🔫, 1-3 🔫$_6$, 2 **UTR I** 180 ts, 40 kn, 40.3 m
3 PG: **Galičina** [027, 025, 026] (~ 85) *Muravey Klasse*

1-7.6 🔫, 2-2.5 🔫, 40 ts, 22 kn, 28 m
5 Mg 🔫, 1 ↣,
10 PR: **Lubni** [171-180] (68-72)
Shmel Klasse

3 Mg 🔫 45 ts, 34 kn, 24.6 m
21 PP: **P 500** [600, 601, 608-611, 613, 614, 626, 627, 630, 632, 681-683, 686, 687, 691, 693, BG 101, 105] (79-99) – *Zhuk Klasse*

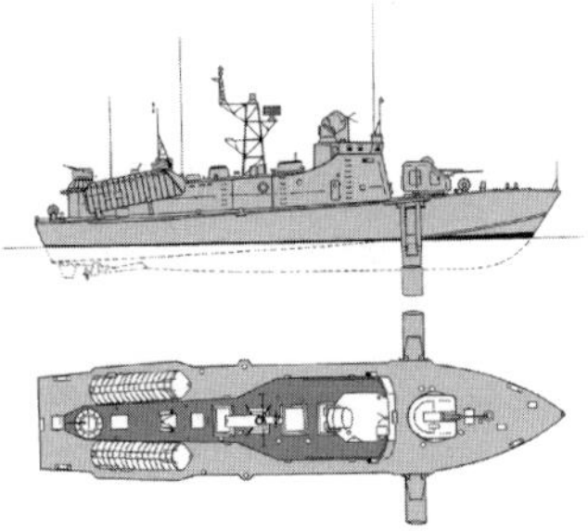

2 ⇨, 1-7.6, 1-3 $_6$ 225 ts, 40 kn, 40 m
4 PG: **Cjurupinsk** [U 151-154] (~ 83)
Matka Klasse

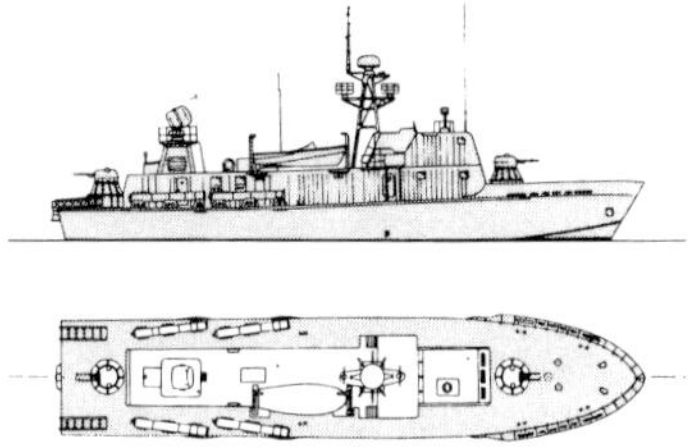

4-3, 4 **UTR** 40 **l**, 2 🔍 170 ts, 36 kn, 39.5 m
11 PC: **Volin** [019-021, 031-037] (~ 72-88)
Stenka Klasse

Minensucher / Minesweepers

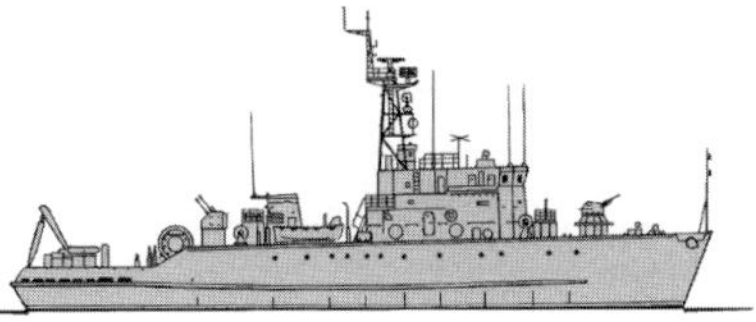

2-3, 2-2.5, 350 ts, 18 kn, 48.5 m
2 MS: **Melitopol** [U 330, 331] (~ 75)
Sonya Klasse

2 Mg, 2-2.5, 75 ts, 16 kn, 24.6 m
1 MS: **Genichesk** [U 360] (85)
Yevgenya Klasse

GC **Ukraina** (90) *Slava Klasse* 2-1998, Slg. Lemachko

FG **Hetman Sagajdachnij** [U 130] (92) 10-1997, Slg. Lemachko

FG **Sevastopol** [U 132] (76) *Krivak II Klasse* 9-1998, Ehlers

FG **Mikolaïv** [U 133] (79) *Krivak I Klasse* 9-1998, Ehlers

FG **Luc'k** [U 200] (92) 6-1998, Flottenkommando

FF **Černigiv** [U 205] (77) *Grisha II Klasse* 10-1997, Odajnik

FS **Hmel'nic'kij** [U 208] (85) *Pauk I Klasse* 8-1997, ANBw/FAFIO

PP **Skadovsk** [U 170] (80) *Zhuk Klasse* 1997, Slg. Lemachko

SS **Zaporižžja** [U 01] (70) *Foxtrot Klasse* 9-1998, Ehlers

MS **Genichesk** [U 360] (85) *Yevgenya Klasse* 8-1997, ANBw/FAFIO

LS **Rivne** [U 401] (70) *Alligator III Klasse* 10-1998, Slg. Lemachko

LS **Konstantin Olšanskij** [U 402] (~ 84) 7-1998, Slg. Lemachko

LS **Donec'k** [U 420] (87) *Pomornik Klasse* 8-1997, ANBw/FAFIO

AR **Slavutich** [U 510] (90) *Kamšatka Mod Klasse* 1998, Slg. Lemachko

AG **Simferopol** [U 511] (72) *Moma Mod Klasse* 8-1997, ANBw/FAFIO

AR **Kolomija** [U 533] (70) *Lama Mod Klasse* 9-1998, Ehlers

AO **Makiivka** [U 757] (70) *Chilikin Klasse* 9-1998, Ehlers

AT **Izjaslav** [U 706] (~ 55) *Okhtensky Klasse* 1998, Slg. Lemachko

AX **U 542** (~ 83) *Petrushka Klasse* 8-1997, ANBw/FAFIO

YD **Balta** [U 811] (87) *Bereza Klasse* 9-1998, Ehlers

AP **Zolotonosha** [U 855] *Typ USSR PSKL-16* 9-1998, Ehlers

Morska Ochorona – Küstenwache / Coast Guard

FS **Grigorij Gnatenko** [014] (89) *Pauk I Klasse* 9-1997, Slg. Lemachko

PC **Galičina** [027] (~ 85) *Muravey Klasse* 9-1998, Ehlers

PP **Volin** [020] (74) *Stenka Klasse* 1998, Slg. Lemachko

PR **Kaniv** [173] (71) *Shmel Klasse* 1998, Slg. Lemachko

Uruguay

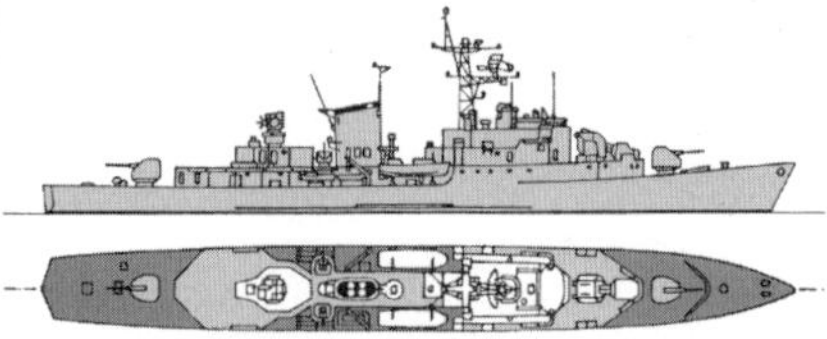

1750 ts, 25 kn, 103 m
4 MM 38 $_2$, 2-10, 2-3, 6 **UTR** 53.3 **III**,
1, [80]
3 FG: **Uruguay** [1-3] (58-61)
Typ frz. / French Cdt. Rivière

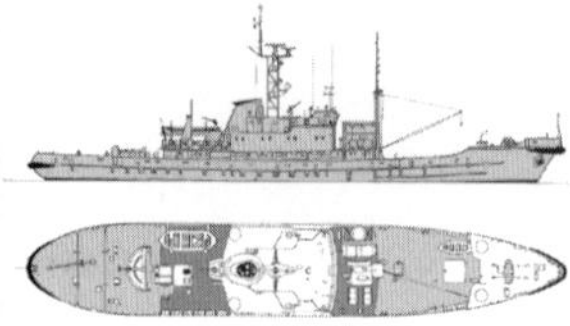

1660 ts, 17.2 kn, 73.2 m
1 AT: **Vanguardia** [26] (~ 76)
Typ pol. Piast

Maßstab / Scale 1:1000

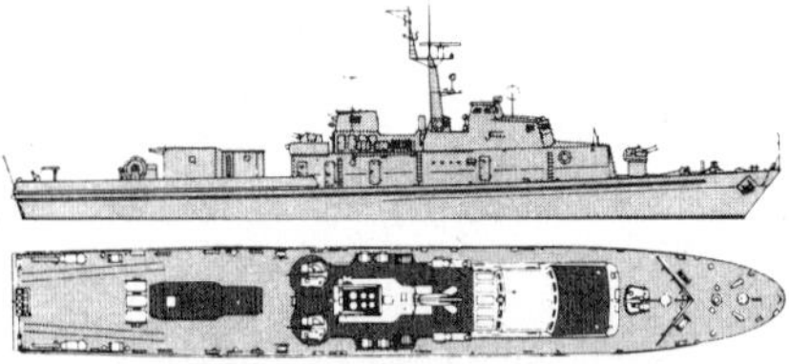

437 ts, 18 kn, 56.8 m
1-4
4 PP: **Temerario** [31-34] (72)
Typ ex DDR / GDR Kondor II

FG **General Artigas** [2] (58) 3-1999, Bentin

AT **Oyarvide** [22] (65) 3-1999, Bentin

Kennungen

Am Schiff nur Nummern, außer bei Hilfsfahrzeugen, die auch – meist kleinere – Buchstaben führen. MSC-Schiffe führen weder Buchstaben noch Nummern. Vorsatzbuchsaben: T= Seetransportdienst/MSC. W= Küstenwache/USCG; letzter Buchstabe: N= Atomantrieb

Identification

Hull numbers only; auxiliary vessels are identified by type letters combined with numbers. MSC ships do not show either letters or numbers. Prefixed letters: T= Military Sealift Command/MSC. W= US Coast Guard/USCG; the suffix N= nuclear propulsion

US Navy

Flugzeugträger / Aircraft Carriers
CV- … / CVN …
61-Ranger
62-Indepedence
63-Kitty Hawk
64-Constellation
65-Enterprise
66-America
67-John F. Kennedy
68-Nimitz
69-Dwight D. Eisenhower
70-Carl Vinson
71-Theodore Roosevelt
72-Abraham Lincoln
73-George Washington
74-John C. Stennis
75-Harry S. Truman
76-Ronald Reagan
77-
78-

Schlachtschiffe / Battleships
BB- …
61-Iowa
64-Wisconsin

Kreuzer / Cruisers
CG- … / CGN …, guided missile
47-Ticonderoga
48-Yorktown
49-Vincennes
50-Valley Forge
51-Thomas S. Gates
52-Bunker Hill
53-Mobile Bay
54-Antietam
55-Leyte Gulf
56-San Jacinto
57-Lake Champlain
58-Philippine Sea
59-Princeton
60-Normandy
61-Monterey
62-Chancellorsville
63-Cowpens
64-Gettysburg
65-Chosin
66-Hue City
67-Shiloh
68-Anzio
69-Vicksburg
70-Lake Erie
71-Cape St. George
72-Vella Gulf
73-Port Royal

Zerstörer / Destroyers
DDG- …, guided missile
51-Arleigh Burke
52-Barry
53-John Paul Jones
54-Curtis Wilbur
55-Stout
56-John S. McCain
57-Mitscher
58-Laboon
59-Russel
60-Paul Hamilton
61-Ramage
62-Fitzgerald
63-Stethem
64-Carney
65-Benfold
66-Gonzales
67-Cole
68-The Sullivans
69-Milius
70-Hooper
71-Roos
72-Mahan
73-Decatur
74-McFaul
75-Donald Cook
76-Higgins
77-O'Kane
78-Porter
79-Oscar Austin
80-Roosevelt
81-Winston S. Churchill
82-Lassen
83-Howard
84-Bulkeley
85-Mc Campbell
86-Shoup
87-Mason
88-Preble
89-Mustin
90-Chafee
91-Pinckney
92-
93-
94-
95-
96-
97-
98-
99-
100-
101-
102-
103-
104-
105-
106-
107-

DD-**Destroyers**
963-Spruance
964-Paul F. Foster
965-Kinkaid
966-Hewitt
967-Elliot
968-Arthur W. Radford
969-Peterson
970-Caron
971-David R. Ray
972-Oldendorf
973-John Young
975-O'Brien
977-Briscoe
978-Stump
980-Moosbrugger
981-John Hancock
982-Nicholson
985-Cushing
987-O'Bannon
988-Thorn
989-Deyo
991-Fife
992-Fletcher
997-Hayler

Fregatten / Frigates
FFG- …, guided missile
8-McInerney
9-Wadsworth
12-George Philp
13-Samuel Eliot Morison
14-Sides
15-Estocin
28-Boone
29-Stephen W. Groves
32-John L. Hall
33-Jarrett
36-Underwood
37-Crommelin
38-Curts
39-Doyle
40-Halyburton
41-McClusky
42-Klakring
43-Thach
45-De Wert
46-Rentz
47-Nicholas
48-Vandegrift
49-Robert G. Bradley
50-Taylor
51-Garry
52-Carr
53-Hawes
54-Ford
55-Elrod
56-Simpson
57-Reuben James
58-Samuel B. Roberts
59-Kauffman
60-Rodney M. Davis
61-Ingraham

Uboote / Submarines
SSN- …, (nuclear propulsion)
SSBN-Fleet ballistic missile submarines (nuclear propulsion)
21-Seawolf
22-Connecticut
23-Jimmy Carter
642-Kamehameha
683-Parche
684-Cavalla
686-L. Mendel Rivers
688-Los Angeles
690-Philadelphia
691-Memphis
698-Bremerton
699-Jacksonville
700-Dallas
701-La Jolla
702-Phoenix
705-City of Corpus Christi
706-Albuquerque
707-Portsmouth
708-Minneapolis-St. Paul
709-Hyman G. Rickover
710-Augusta
711-San Francisco
713-Houston
714-Norfolk
715-Buffalo
716-Salt Lake City
717-Olympia
718-Honolulu
719-Providence
720-Pittsburgh
721-Chicago
722-Key West
723-Oklahoma City
724-Louisville
725-Helena
726-Ohio
727-Michigan
728-Florida
729-Georgia
730-Henry M. Jackson
731-Alabama
732-Alaska
733-Nevada
734-Tennessee
735-Pennsylvania
736-West Virginia
737-Kentucky
738-Maryland
739-Nebraska
740-Rhode Island
741-Maine
742-Wyoming
743-Louisiana
750-Newport News
751-San Juan
752-Pasadena
753-Albany
754-Topeka
755-Miami
756-Scranton
757-Alexandria
758-Asheville
759-Jefferson City
760-Annapolis

761-Springfield
762-Columbus
763-Santa Fé
764-Boise
765-Montpelier
766-Charlotte
767-Hampton
768-Hartford
769-Toledo
770-Tucson
771-Columbia
772-Greenville
773-Cheyenne
774-Virginia
775-Texas
776-
777-
778-

AGSS- Research submarinne
555-Dolphin

Kleine Kampfschiffe / Small Fighting Vessels

PC- Patrol boats, coastal
2-Tempest
3-Hurricane
4-Monsoon
5-Typhoon
6-Sirocco
7-Squall
8-Zephyr
9-Chinook
10-Firebold
11-Whirlwind
12-Thunderbolt
13-Shamal
14-Tornado

Minensucher / Minesweepers

MCS- Mine countermeasures support ship
12-Inchon

MCM- Mine countermeasures ships
1-Avenger
2-Defender
3-Sentry
4-Champion
5-Guardian
6-Devastator
7-Patriot
8-Scout
9-Pioneer
10-Warrior
11-Gladiator
12-Ardent
13-Dextrous
14-Chief

MHC- Minesweeper hunters coastal
51-Osprey
52-Heron
53-Pelican
54-Robin
55-Oriole
56-Kingfisher
57-Cormorant
58-Black Hawk
59-Falcon
60-Cardinal
61-Raven
62-Shrike

Amphibische Fahrzeuge / Amphibious Vessels

LCC- Amphibious command ships
19-Blue Ridge
20-Mount Whitney

AGF- Command flagships
3-La Salle
11-Coronado

LHA- Amphibious assault ships
1-Tarawa
2-Saipan
3-Belleau Wood
4-Nassau
5-Peleliu

LHD- Amphibious assault ships (multipurpose)
1-Wasp
2-Essex
3-Kearsarge
4-Boxer
5-Bataan
6-Bonhomme Richard
7-Iwo Jima
8-

LPD- Amphibious transport, dock
4-Austin
5-Ogden
6-Duluth
7-Cleveland
8-Dubuque
9-Denver
10-Juneau
12-Shreveport
13-Nashville
14-Trenton
15-Ponce
17-San Antonio
18-New Orleans
19-Clifton B. Gates
20-

LSD- Landing ships, dock
36-Anchorage
37-Portland
39-Mount Vernon
40-Fort Fisher
41-Whidbey Island
42-Germantown
43-Fort McHenry
44-Gunston Hall
45-Comstock
46-Tortuga
47-Rushmore
48-Ashland
49-Harpers Ferry
50-Carter Hall
51-Oak Hill
52-Pearl Harbor

LST- Landing ships, tank
1184-Frederick
1194-La Moure Co.

Hilfsschiffe / Auxiliary Vessels

AD- Destroyer tenders
37-Samuel Gompers
38-Puget Sound
41-Yellowstone
42-Acadia
43-Cape Cod
44-Shenandoah

AOE- Fast combat support ships
1-Sacramento
2-Camden
3-Seattle
4-Detroit
6-Supply
7-Rainer
8-Arctic
10-Bridge

ARS- Salvage vessels
50-Safeguard
51-Grasp
52-Salvor
53-Grapple

AS- Submarine tenders
33-Simon Lake
36-L. Y. Spear
39-Emory S. Land
40-Frank Cable
41-McKee

AGOR- Oceanographic research ships
14-Melville
15-Knorr
21-Gyre
22-Moana Wave
23-Thomas G. Thompson
24-Roger Revell
25-Atlantis
26-Ronald H. Brown

Verschiedene / Miscellaneous
… IX …
501-Elk River
508-Orca
517-Gospert

Military Sealift Command/MSC

T-ACS- Auxiliary crane ship
1-Keystone State
2-Gem State
3-Grand Canyon State
4-Gopher State
5-Flickertail State
6-Cornhusker State
7-Diamond State
8-Equality State
9-Green Mountain State
10-Beaver State

T-AE- Ammunition ship
26-Kilauea
27-Butte
28-Santa Barbara
32-Flint
33-Shasta
34-Mount Baker
35-Kiska

T-LKA- Amphibious cargo ships
113-Charleston
114-Durham
115-Mobile
116-St. Louis
117-El Paso

T-AFS- Combat store ships
3-Niagara Falls
5-Concord
7-San José
8-Sirius
9-Spica
10-Saturn

T-AG- Miscellaneous auxiliaries
195-Hayes

T-AGM- Missile range instrumentation ships
23-Observation Island
45-Waters

T-AGOS- Ocean Surveillance ships
1-Stalwart
3-Vindicator
7-Indomitable
8-Prevail
10-Invincible
12-Bold
16-Capable
19-Victorious
20-Able
21-Effective
22-Loyal
23-Impeccable

T-AGS- Surveying ships
26-Silas Bent
27-Kane
51-John McDonnell
52-Littlehales
60-Pathfinder
61-Sumner
62-Bowditch
63-Henson
64-Heezen
65-Mary Sears

T-AH- Hospital ships
19-Mercy
20-Comfort

T-AK
284-Northern Light

T-AVB- Maintenance aviation support ships
3-Wright
4-Curtiss

Military Sealift Command/MSC

T-AKR- Vehicle cargo ships
287-Algol
288-Bellatrix
289-Denebola
290-Pollux
291-Altair
292-Regulus
293-Capella
294-Antares
295-Shugart
296-Gordon
297-Yano
298-Gililand
299-Soderman
300-Bob Hope
301-Fisher
302-Seay
303-Mendonca
304-Pililaan
305-Brittin
306-
310-Watson
311-Sisler
312-Dahl
313-Red Cloud
314-Charlton
315-Watkins
316-Pomeroy

T-AO- Replenishment oilers
187-Henry J. Kaiser
188-Joshua Humphreys
189-John Lenthall
193-Walter S. Diehl
194-John Ericson
195-Leroy Grumman
196-Kanawha
197-Pecos
198-Big Horn
199-Tippecanoe
200-Guadalupe
201-Patuxent
202-Yukon
203-Laramie
204-Rappahannock

T-AOT- Transport oilers
1121-G. W. Darnell
1122-Paul Buck
1123-S. L. Cobb
1124-R. G. Mathieson
1125-L. H. Gianella

T-ATF- Fleet ocean tugs
166-Powhatan
167-Narrangasett
168-Catawba
169-Navajo
170-Mohawk
171-Sioux
172-Apache

T-ARC- …, Cable ships
7-Zeus

Prepositioning Ships

T-AK
2026-American Cormorant
2049-Green Valley
2050-Green Wave
2064-Green Harbour
3000-L. J. Hauge
3001-W. B. Baugh
3002-J. Anderson
3003-A. Bonnyman
3004-H. Fisher
3005-M. Kocak
3006-E. Obregon
3007-S. W. Pless
3008-J. P. Bobo
3009-D. T. Williams
3010-B- Lopez
3011-L. Lummus
3012-W. R. Button
3015-H. L. Martin
3016-R. M. Wheat
4296-Cpt. St. L. Bennet
4397-C. P. Titus
4398-E. G. Gibson
9204-Jeb Stuart
9205-Str. Virginian
9655-Green Ridge
9881-Buffulo Soldier

T-AOT- Transport oilers
181-Potomac
9101-Petersburg

Ready Reserve Force (RRF)

T-AKR- Vehicle cargo ships
10-Cape Island
11-Cape Intrepid
112-Cape Texas
113-Cape Taylor
1001-Adm. W. M. Callaghan
1014-Cape Nome

2016-Pr. Commander
2018-Pr. Contractor
2019-Pr. Crusader
2036-Gulf Trader
2039-Cape Girardeau
2044-Cape Orlando
4396-Mj. B. Fisher
5008-Banner
5009-Cape Ann
5010-Cape Alexander
5011-Cape Archway
5012-Cape Alava
5013-Cape Avinof
5016-Lake
5018-Scan
5019-Courier
5022-Cape John
5029-Cape Jacob
5036-Cape Chalmers
5039-Cape Clear
5041-Cape Cod
5044-Gulf Banker
5051-Cape Ducato
5053-Cape Catoche
5055-Cape Diamond
5056-Cape Breton
5057-Cape Bover
5058-Cape Borda
5059-Cape Bon
5060-Cape Blanco
5062-Cape Isabel
5063-Cape May
5064-Cape Mendocino
5065-Cape Mohican
5066-Cape Hudson
5069-Cape Edmont
5074-Cape Catawba
5075-Cape Johnson
5076-Cape Inscription
5077-Cabe Juby
5078-Cape Lobos
5082-Cape Kennedy
5083-Cape Knox
9025-Strong Virginian
9301-American Merlin
9302-Buffalo Soldier
9660-Cape Race
9666-Cape Vincent
9678-Cape Rise
9679-Cape Ray
9701-Cape Victory
9711-Cape Trinity

T-AOT- Transport oilers
1012-M. Buenaventura
1121-G. W. Darnell
1122-Paul Buck
1123-S. L. Cobb
1124-R. G. Matthiesen
1125-L. H. Gianella

5005-M.-Capistrano
5076-Mount Washington
5084-Cheasapeake

US Coast Guard

WHEC- High endurance cutters
715-Hamilton
716-Dallas
717-Mellon
718-Chase
719-Boutwell
720-Sherman
721-Gallatin
722-Morgenthau
723-Rush
724-Munro
725-Jarvis
726-Midgett

WMEC- Medium endurance cutters
38-Storis
39-Alex Hailey
167-Acushnet
615-Reliance
616-Diligence
617-Vigilant
618-Active
619-Confidence
620-Resolute
621-Valiant
622-Courageous
623-Steadfast
624-Dauntless
625-Venturous
626-Deendable
627-Vigorous
628-Durable
629-Decisive
630-Alert
901-Bear
902-Tampa
903-Harriet Lane
904-Northland
905-Spencer
906-Seneca
907-Escanaba
908-Tahoma
909-Campbell

US Coast Guard

WMEC- Medium endurance cutters
910-Thetis
911-Forward
912-Legare
913-Mohawk

WBP- Patrol boats
… -Cyclone
1301-Farallon
1302-Manitou
1303-Matagorda
1304-Maui
1305-Monhegan
1306-Nunivak
1307-Ockracoke
1308-Vashon
1309-Aquidneck
1310-Mustang
1311-Naushon
1312-Sanibel
1313-Edisto
1314-Sapelo
1315-Matinicus
1316-Nantucket
1317-Attu
1318-Baranof
1319-Chandeleur
1320-Chincoteague
1321-Cushing
1322-Cuttyhunk
1323-Drummond
1324-Largo
1325-Metompkin
1326-Monomoy
1327-Orcas
1328-Padre
1329-Sitkinak
1330-Tybee
1331-Washington
1332-Wrangell
1333-Adak
1334-Liberty
1335-Anacapa
1336-Kiska
1337-Assateague
1338-Grand Isle
1339-Key Biscayne
1340-Jefferson Island
1341-Kodiak Island
1342-Long Island
1343-Bainbridge Island
1344-Block Island
1345-Staten Island
1346-Roanoke Island
1347-Knight Island
1348-Pea Island
1349-Galveston Island

823 … / Point …
33-Pt. Highland
35-Pt. Countess
36-Pt. Glass
38-Pt. Bridge
39-Pt. Chico
43-Pt. Wells
47-Pt. Bonita
49-Pt. Spencer
52-Pt. Sal
58-Pt. Stuart
60-Pt. Winslow
66-Pt. Lobos
70-Pt. Richmond
72-Brower
78-Jackson

873- …
01-Barracuda
02-Hammerhead
03-Maco
04-Marlin
05-Stingray
06-Dorado
07-Osprey
08-Chinook
09-Albacore
10-Tarpon
11-Cobia
12-Hawksbill
13-Cormorant
14-Finback
15-Amberjack
16-Kittiwake
17-Blackfin
18-Bluefin
19-Yellowfin
20-Manta
21-Coho
22-Kingfisher
23-Seahawk
24-Steelhead
25-Beluga
26-Blacktip
27-Razorbill
28-Ridley
29-Cochito
30-Man o' War
31-Moray
32-Pelican
33-Adelie
34-Gannet
35-Narwhal
36-Sturgeon
37-Sockeye
38-Obos
39-Pompano
40-Halibut
41-Bonito
42-Shrike
43-Tern
44-Heron
45-Wahoo
46-Flyingfish
47-Haddock
48-Brant
49-Shearwater
50-Petrel

WLB- Tenders, seagoing
201-Juniper
202-Willow
203-Kukui
204-Elm
205-Walnut
206-Spar
207-Maple
208-Aspen
209-Sycamore
210-Aspen
211-Cypress
212-Oak
213-Maple
214-Alder
215-Holyhock
216-Sequoia
277-Cowslip
290-Gentian
297-Ironwood
301-Conifer
302-Madrona
306-Buttonwood
309-Sweetgum
392-Bramble
393-Firebush
397-Mariposa
401-Sassafras
402-Sedge
404-Sundew
405-Sweetbriar
406-Acacia
407-Woodbrush

WLIC- Construction tenders
800-Pamlico
801-Hudson
802-Kennebec
803-Saginaw

WLM- Tenders, coastal
544-White Sage
551-Ida Lewis
552-Katherine Walker
553-Abigail Burgess
554-Marcus Hanna
555-James Rankin
556-Joshua Appleby
557-Frank Drew
558-Anthony Petit
559-Barbara Mabrity
560-William Tate
561-Harry Claiborne
562-Maria Brax
563-Henry Blake
564-George Cobb

WIX- Training cutter
327-Eagle

WAGB- Icebreakers
10-Polar Star
11-Polar Sea
20-Healy
83-Mackinaw

WTGB- icebreaking tugs
101-Katmai Bay
102-Bristol Bay
103-Mobile Bay
104-Biscayne Bay
105-Neah Bay
106-Morro Bay
107-Penobscot Bay
108-Thunder Bay
109-Sturgeon Bay

WYTL- harbor tugs, small
656 …
01-Capstan
02 Chock
04-Tackle
07-Bridle
08-Pendant
09-Shackle
10-Hawser
11-Line
12-Wire
14-Bollard
15-Cleat

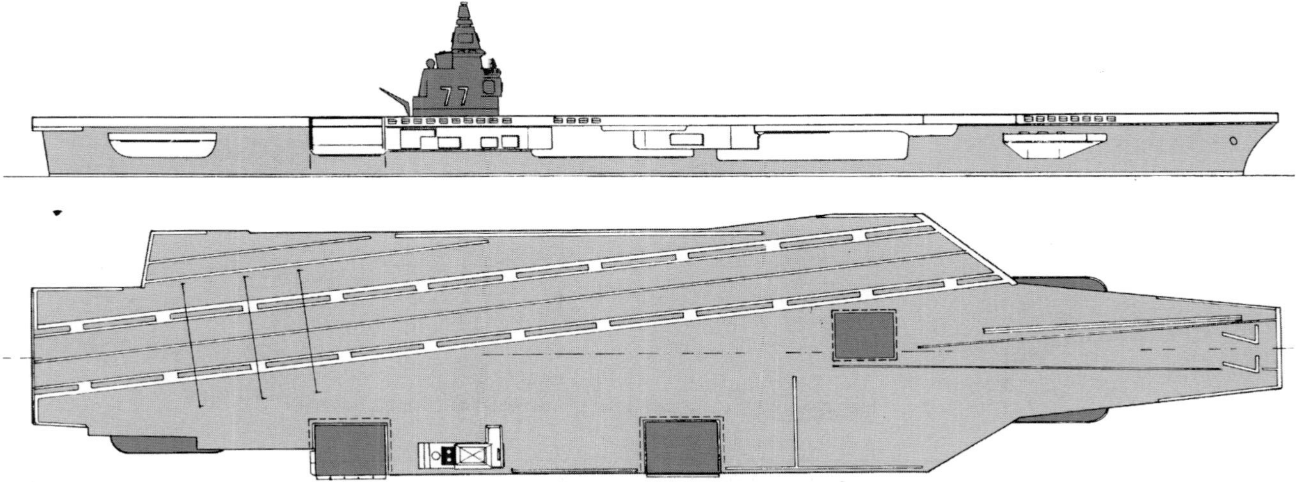

2 RB: I, II/CVN 77,78 (bew./auth. – gepl./plan.)
Vorläufige Skizze / Preliminary drawing

74 000 ts, 31.5 kn, 335 m

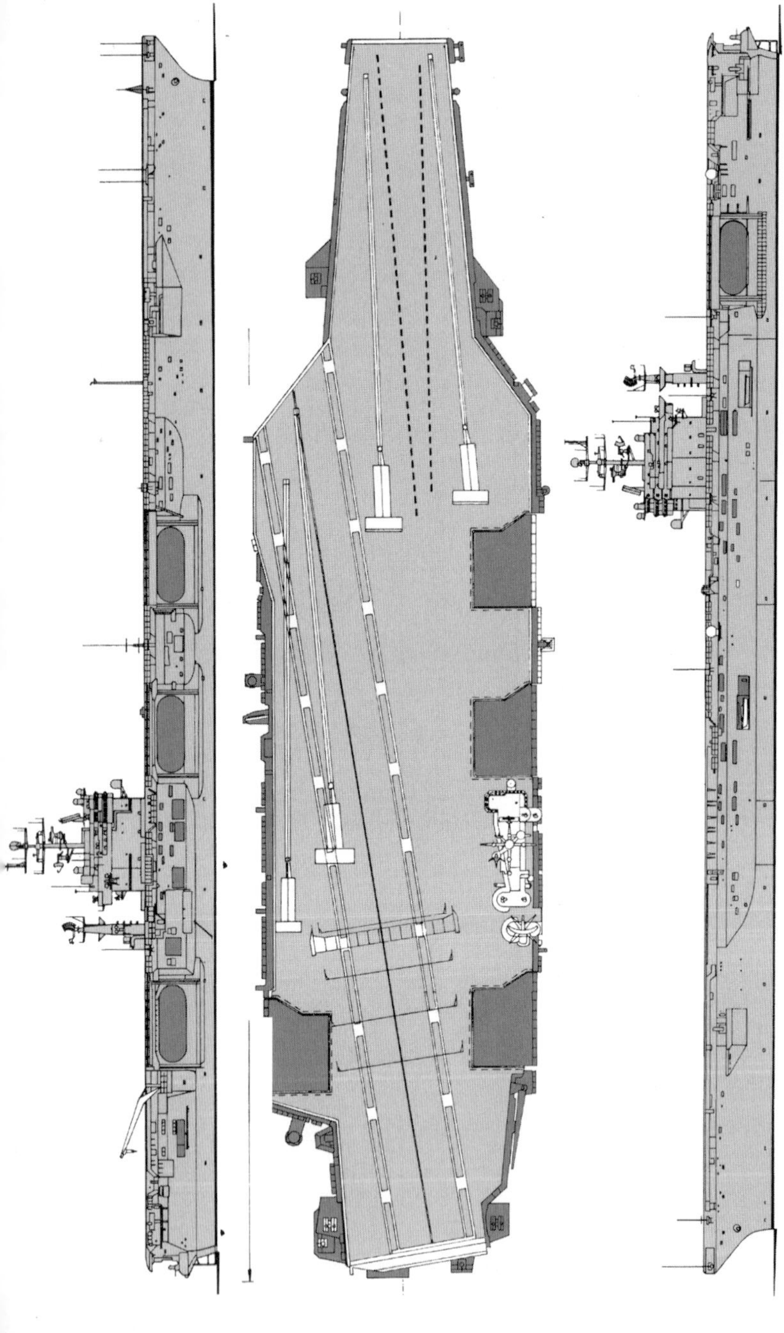

73 970 ts, 31.5 kn, 333 m

6 RB: **Theodore Roosevelt** / CVN 71-76 (84 – a.St/o.St.)

86 , , 4-2 Phalanx, 3 Sea Sparrow 8, 4

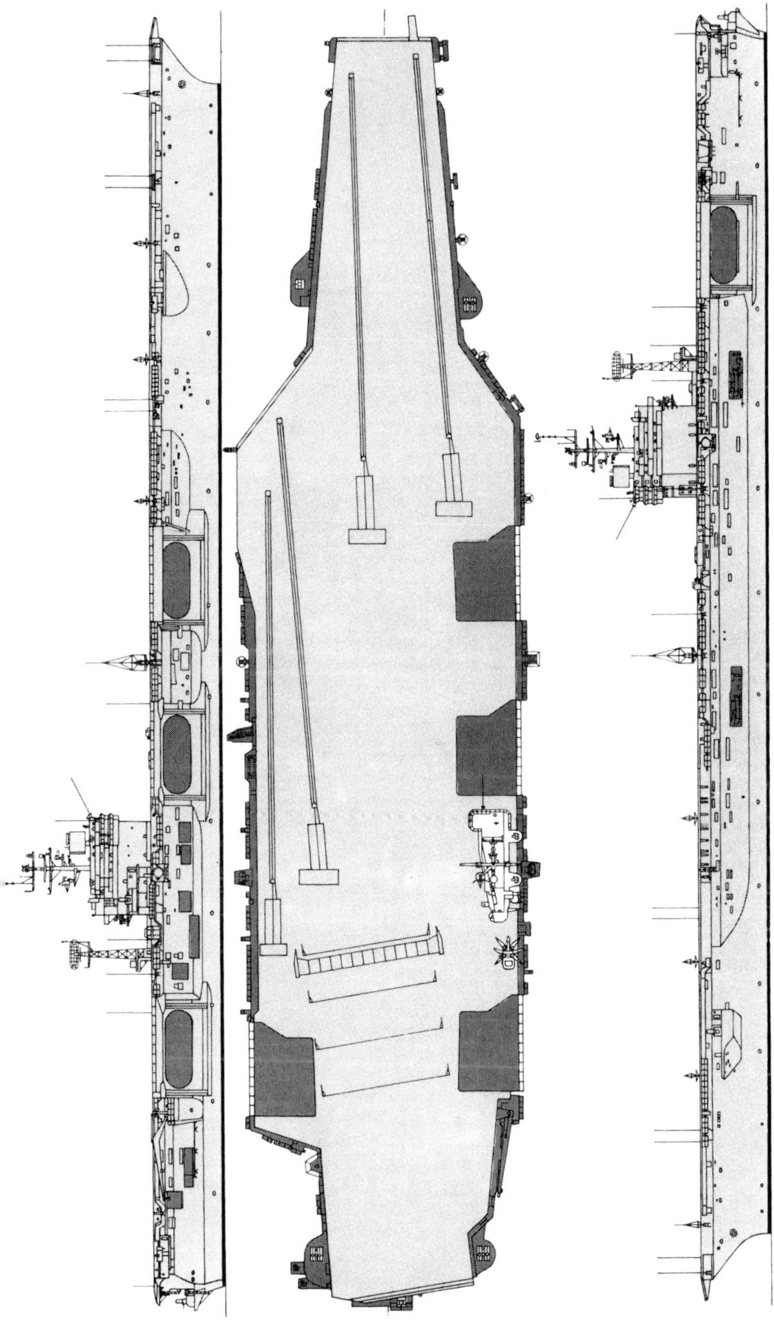

3 RB: **Nimitz** / CVN 68-70 (72-80) 72 920 ts, 30 kn, 333 m

86, 3-2 Phalanx, 3 NATO Sea Sparrow 8

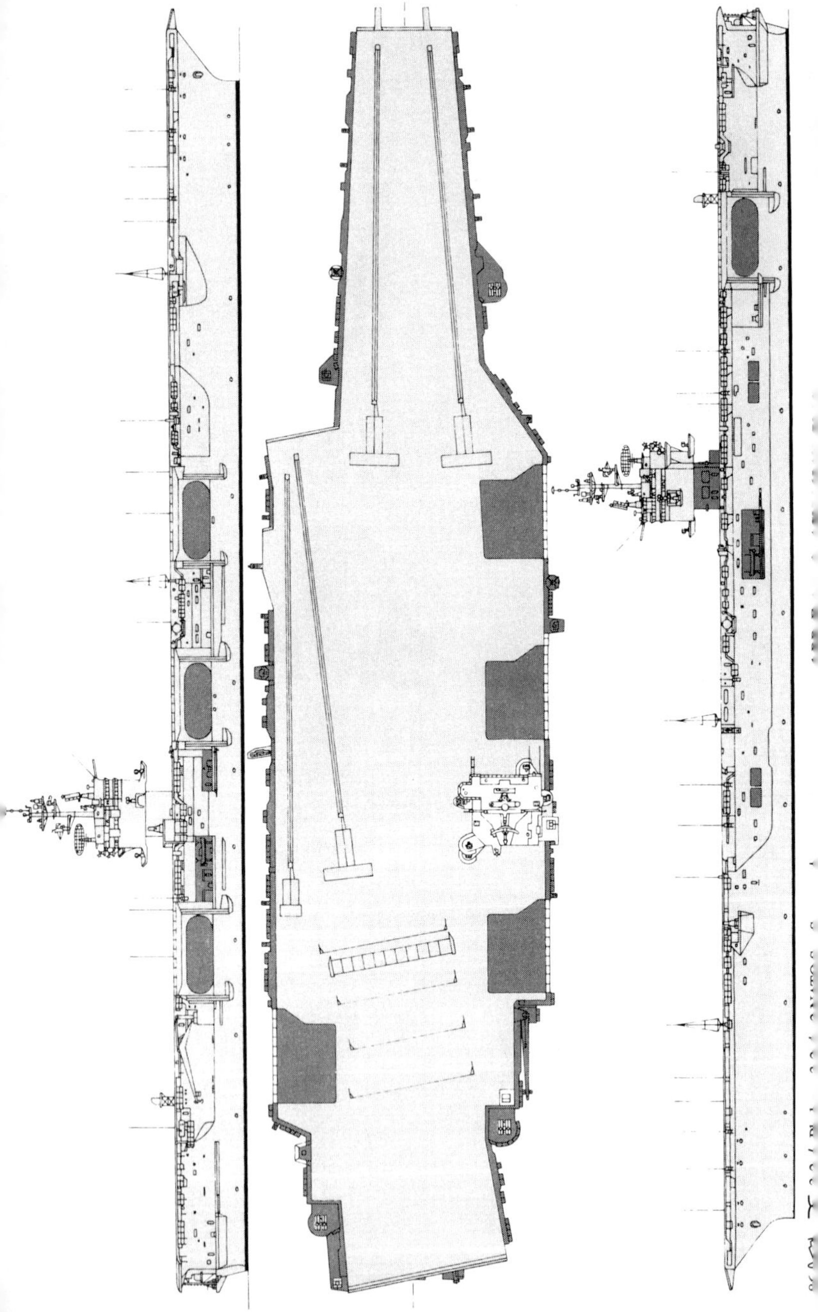

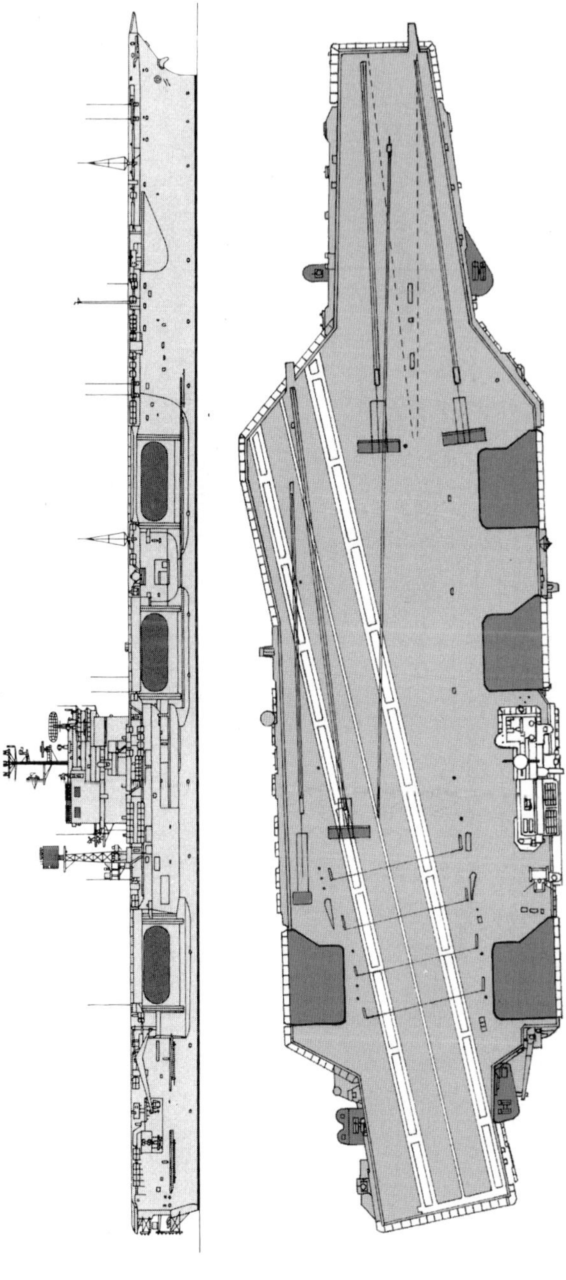

78, , 3-2 Phalanx, 3 NATO Sea Sparrow 8 — 1 RB: **John F. Kennedy** / CV 67 (67) — 60 650 ts, 35 kn, 320 m

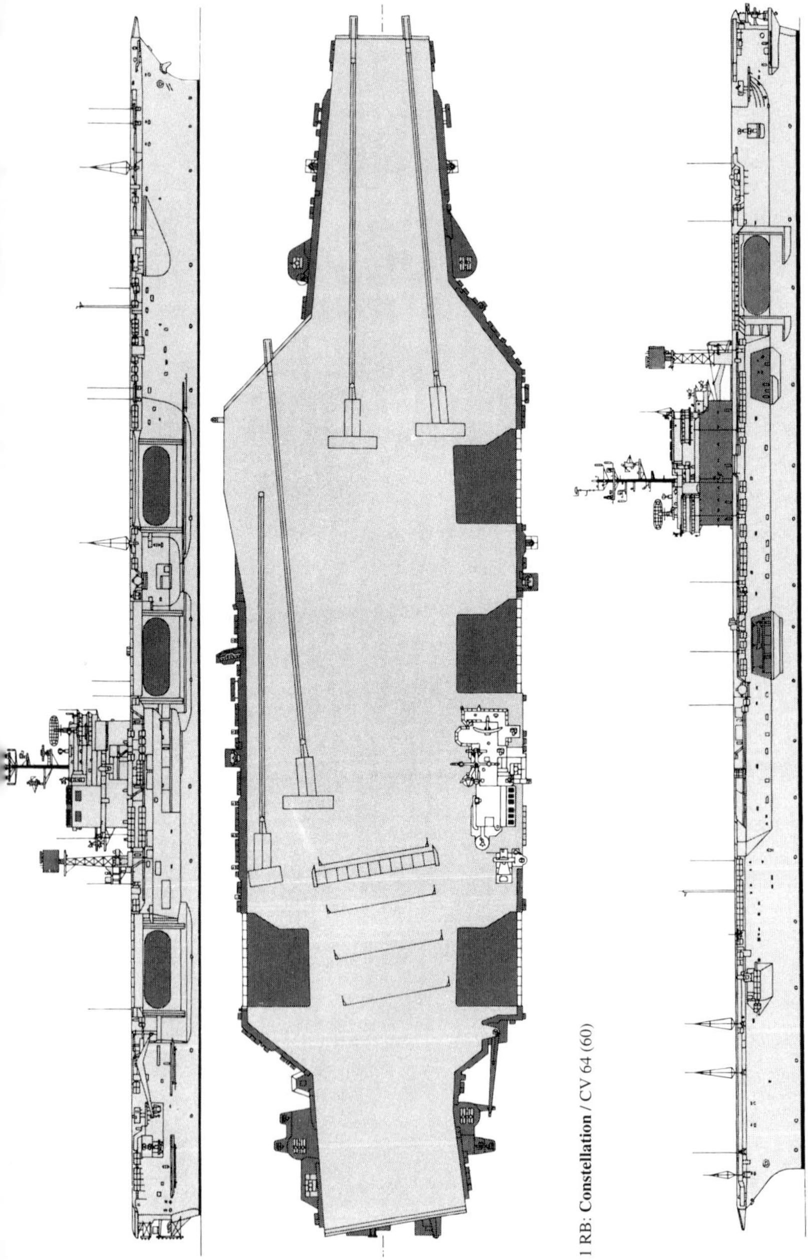

1 RB: **Constellation** / CV 64 (60)

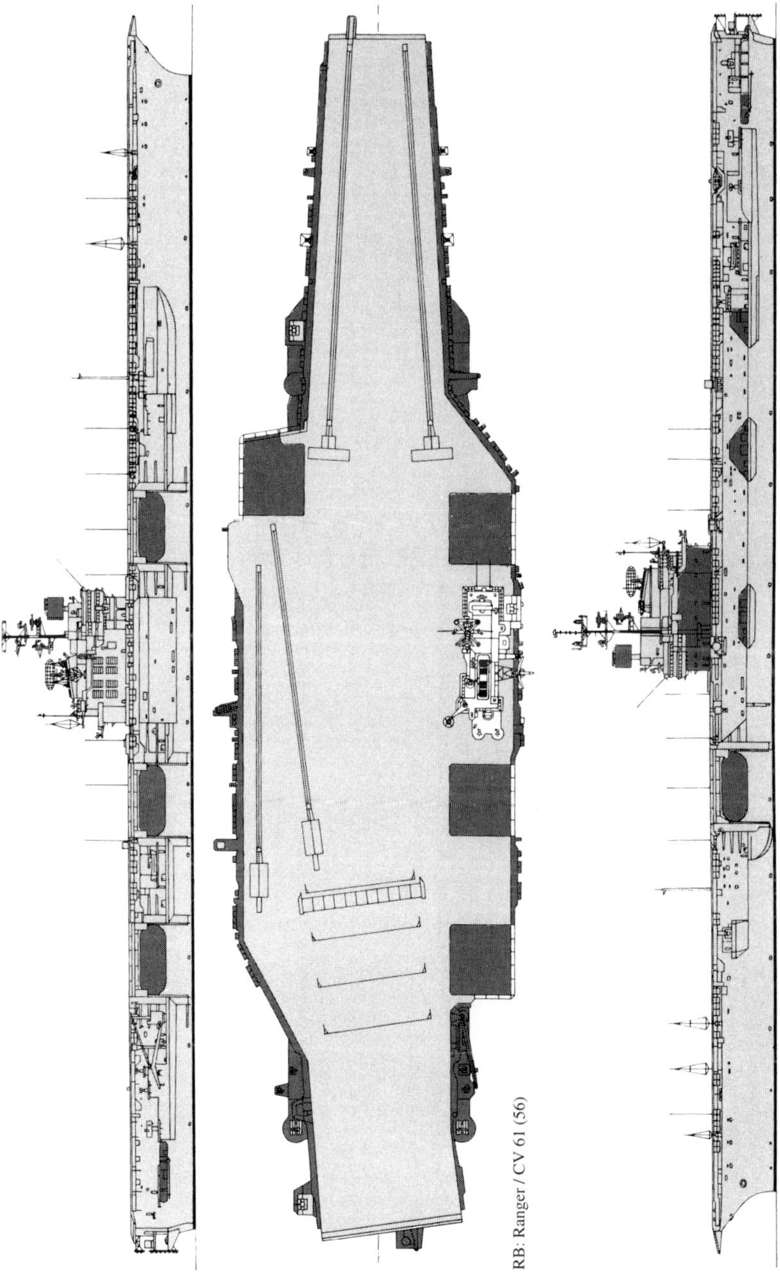

1 RB: Ranger / CV 61 (56)

1 RB: Independence / CV 62 (58)

60 000 ts, 35 kn, 326 m

86 [aircraft], [helicopter], 3-2 Phalanx, 3 NATO Sea Sparrow 8

Schlachtschiffe / Battleships

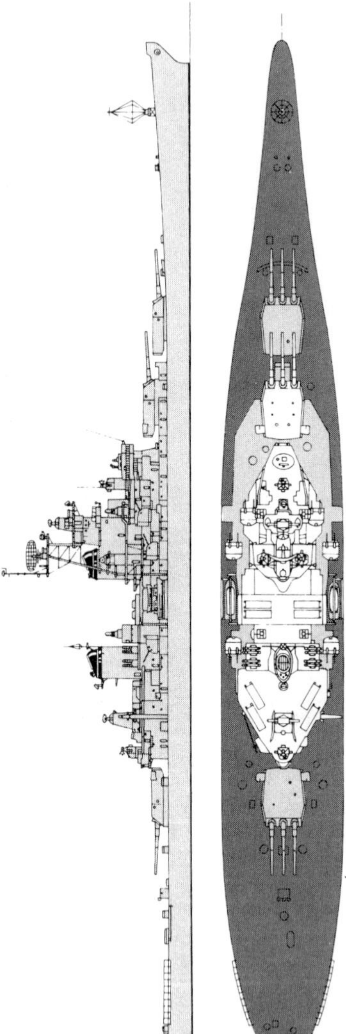

32 Tomahawk ⇨$_4$, 16 Harpoon ⇨$_4$, 9-40.6, 12-12.7 ⅄, 4-2 ⅄ Phalanx, 2 ⚲ 46 175 ts, 31 kn, 271 m
2 BB: Iowa / BB 61 (42). Ähnlich/similar: Wisconsin / BB 64 (43)

Kreuzer / Cruisers

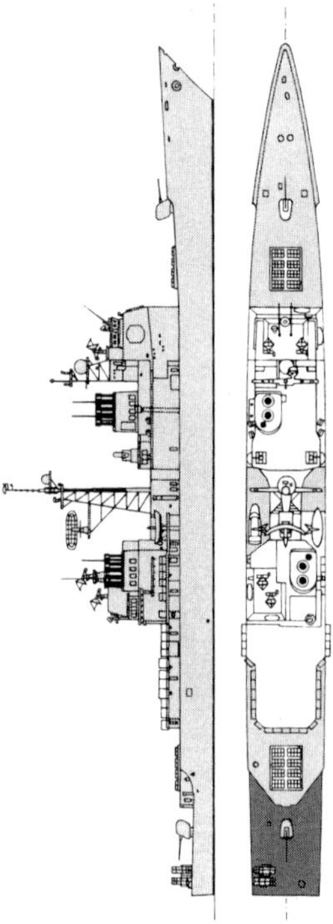

8 Harpoon ⇨$_4$, 2-12.7 ⅄, 2 VLS ⇨/⇧, 2-2 ⅄ Phalanx, 6 **UTR** 32.4 **III**, 2 ⚲ 8910/9410 ts, 30 kn, 173 m
22 CG: **Bunker Hill** / CG 52-73 (85-92) – *Ticonderoga Klasse*

Kreuzer / Cruisers

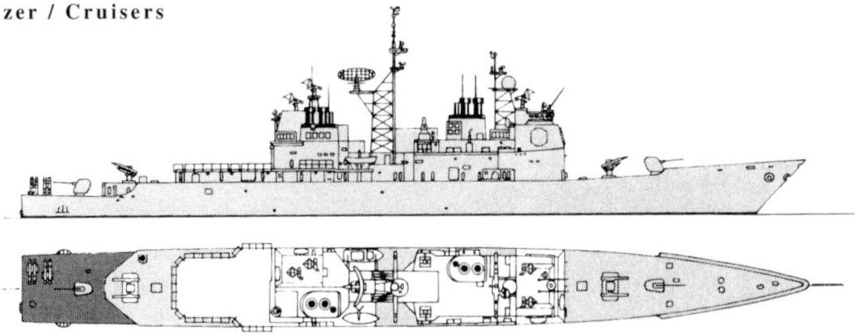

8 Harpoon ⇨$_4$, 2-12.7, 4 Standard $_2$, 2-2 Phalanx, 6 **UTR** 32.4 **III**, 2 — 7019/9450 ts, 30 kn, 173 m
5 CG: **Ticonderoga** / CG 47-51 (81-85)
ab CG 49 Hauptmast wie Bunker Hill / from CG 49 main mast like Bunker Hill

Zerstörer / Destroyers

2 VLS ⇨/, 1-12.7, 2-2, 6 **UTR** 32.4 **III**, 2 — ./9217 ts, 32 kn, 155 m
29 DG: **Oscar Austin** / DDG 72-107 (98 – bew./auth.) – *Burke Flight II A Klasse*
vorläufige Skizze / preliminary drawing

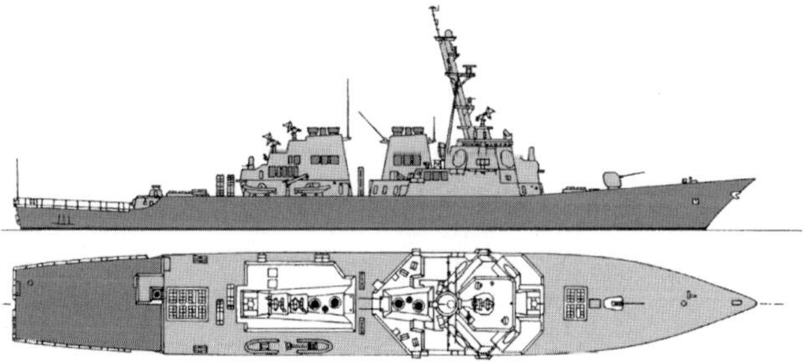

2 VLS ⇨/, 8 Harpoon ⇨, 1-12.7, 2-2 Phalanx, 6 **UTR** 32.4 **III** — 6630 ts, 30 kn, 154 m
28 DG: **Arleigh Burke** / DDG 51-78 (1989 – a.St./o.St.)

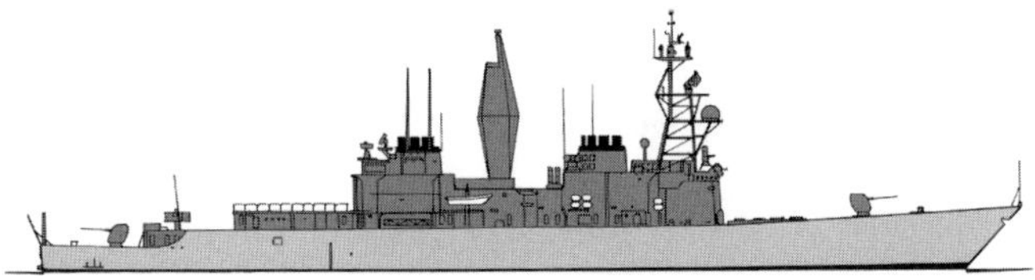

1 VLS, ⇨, 1 Sea Sparrow, 2-12.7, 2-2, 4 Mg — 6165 ts, 32.5 kn, 172 m
6 **UTR** 32.4 **III**
1 DG: **Arthur W. Radford** / 968 (75)
Versuchsschiff / trials ship: Advanced Enclosed Mast Sensor System – *Spruance Klasse*

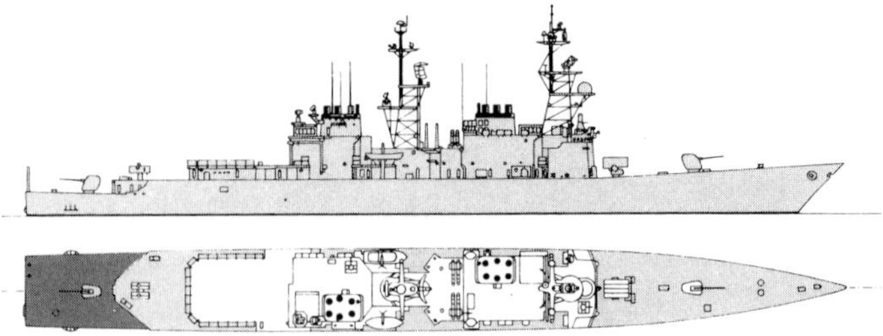

8 Harpoon ⇨$_4$, 2-12.7, 2-2 Phalanx, 4 Mg, 1 NATO Sea Sparrow ⇧$_8$
6 **UTR** 32.4 **III**, 1 $_8$, 1
17 DG: **Kinkaid** / DD 965, 966, 969-973, 975, 977, 978, 980-982, 985, 987, 988, 997 (74-82) – *Spruance Klasse*

6165 ts, 32.5 kn, 172 m

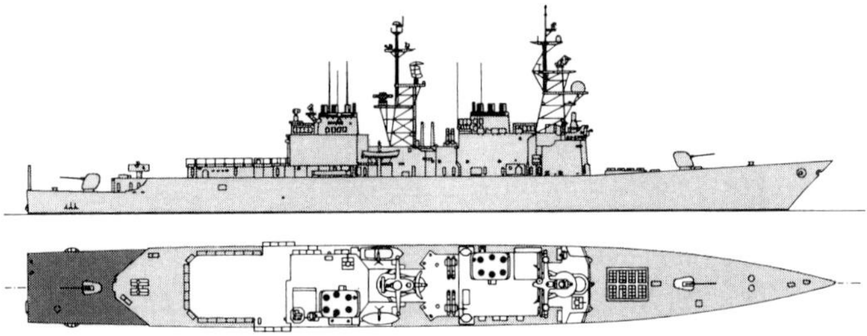

1 VLS ⇧/⇨, 8 Harpoon ⇨, 2-12.7, 2-2 Phalanx, 4 Mg,
1 NATO Sea Sparrow ⇧$_8$, 6 **UTR** 32.4 **III,** 1
5 DG: **Spruance** / DD 963, 964, 967, 991, 992 (72-79)

6165 ts, 32.5 kn, 172 m

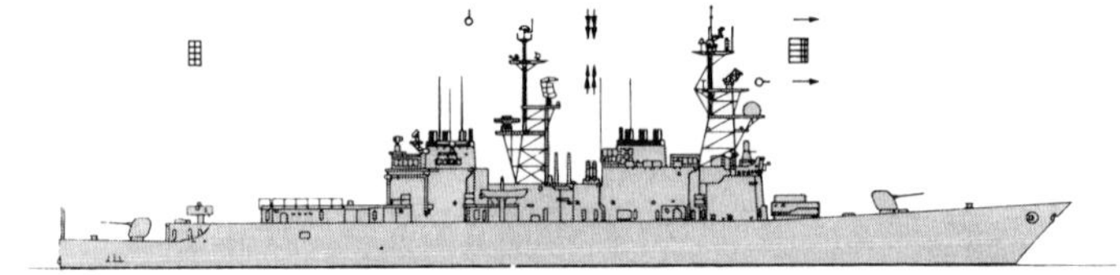

8 Tomahawk ⇨$_4$, 8 Harpoon ⇨$_4$, 2-12.7, 2-2 Phalanx, 4 Mg,
1 NATO Sea Sparrow ⇧$_8$, 6 **UTR** 32.4 **III,** 1, 1
1 DG: **Deyo** / DD 989 (79) – *Spruance Klasse*

6165 ts, 32.5 kn, 172 m

Fregatten / Frigates

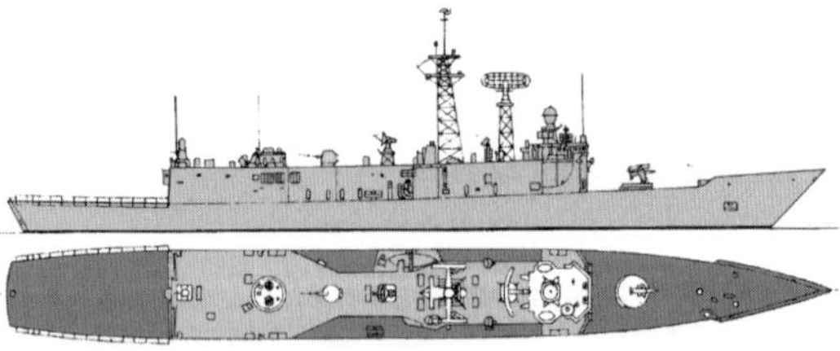

2770 ts, 28 kn, 136 m
4 Harpoon / 36 Standard MR ⇨/⇧,
1-7.6, 1-2 Phalanx,
6 **UTR** 32.4 **III**, 2
35 FG: *O. H. Perry Klasse* –
FFG 8, 9, 12-15, 28, 29, 32, 33,
36-43, 45-61 (78-88)

Uboote / Submarines

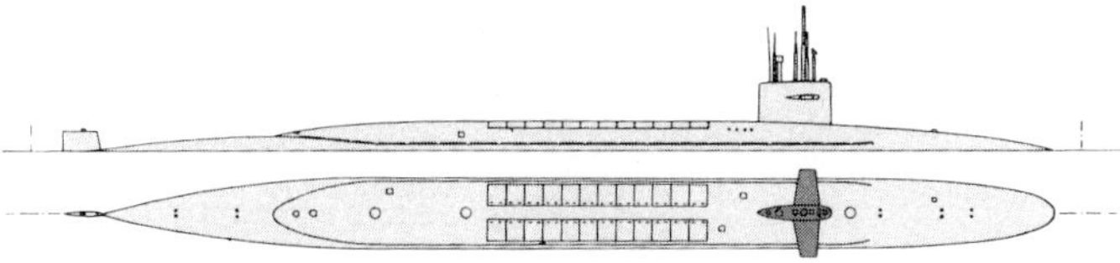

24 Trident 1 C 4 ⇧, 4 **TR** 53.3 b ↓ 16 775/18 770 ts, ./25kn, 171 m
18 SB: **Ohio** / SSBN 726-743 (79-96)

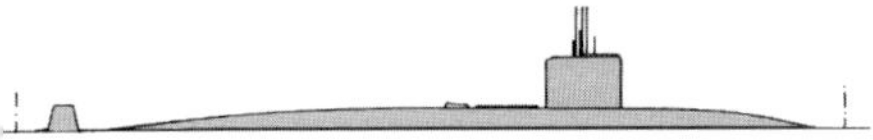

./7770 ts, ./32 kn ↓, 115 m
12 VLS ⇧, 4 **TR** 53.3 ↓
5 SS: Virginia **/** 774-778 (a.St./o.St – gepl./plan.)
NSSN; vorläufige Skizze /
preliminary drawing

7460/9150 ts, ./35 kn, 99.4 m
8 **TR** 76.2 ↓ (auch / also ⇨) ♉
2 SS: **Seawolf /** SSN 21, 23
(95-97)

6330/7177 ts, 15/35 kn, 110 m
VLS (Tomahawk + Harpoon ⇨) 4 **TR** 53.3 s ↓
23 SS: **San Juan /** SSN 751-773 (86-95)
Improved Los Angeles Klasse

6130/6977 ts, 15/35 kn, 110 m
8 Tomahawk, Harpoon ⇨,
4 **TR** 53.3 s ↓,
28 SS: **Los Angeles /** SSN 688, 690, 691,
688-691, 698-702, 705-711, 713-725, 750 (74-86)

7250/8250 ts, 15/25 kn, 130 m
4 **TR** 53.3 b ↓ [65]
1 SS: **Kamehameha** / 642 (65)

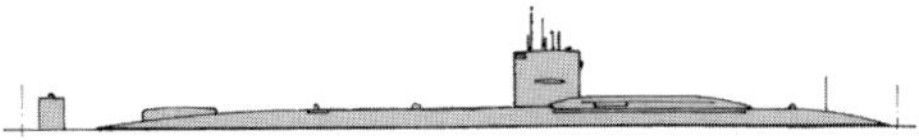

7800 ts, 15/28 kn, 120 m
4 **TR** 53.3 b ↓ (auch / also ⇨)
1 SS: **Parche** / SSN 683 (73/*91*)

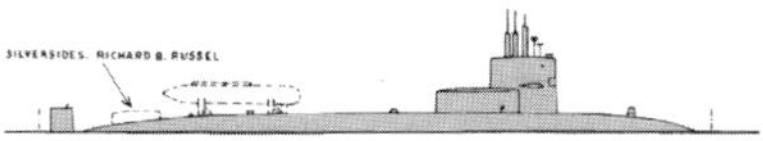

4460 ts, 20/30 kn, 92.1 m
4 **TR** 53.3 s (auch / also ⇨)
1 SS: **L. Mendel Rivers** / SSN 686 (73)
Sturgeon Klasse

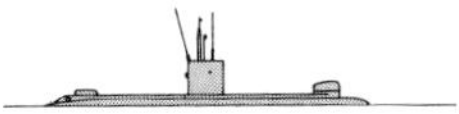

– 860/950 ts, 7.5/15 kn, 50.3 m
1 SS: **Dolphin** / AGSS 555 (68)

Minenabwehrführungsschiff / Mine Countermeasures Support Ship

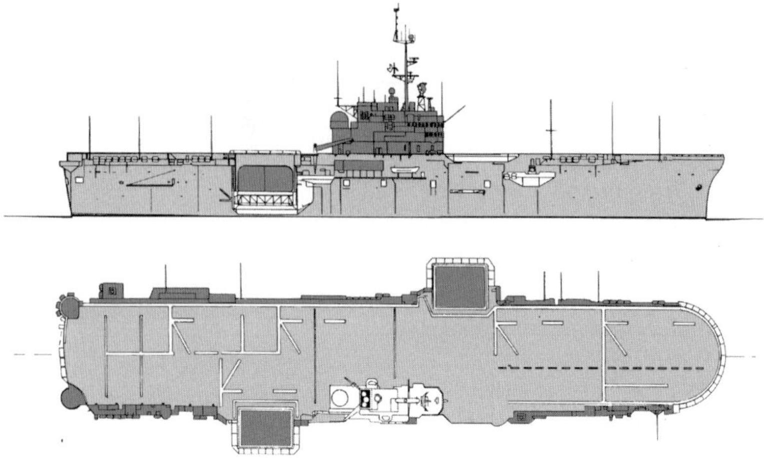

11, 2-2 Phalanx, 2-2.5, 8Mg — 19 600 ts, 23 kn, 184 m

1 MC: **Inchon** / MCS 12 (69)

Flaggschiffe / Command Ships

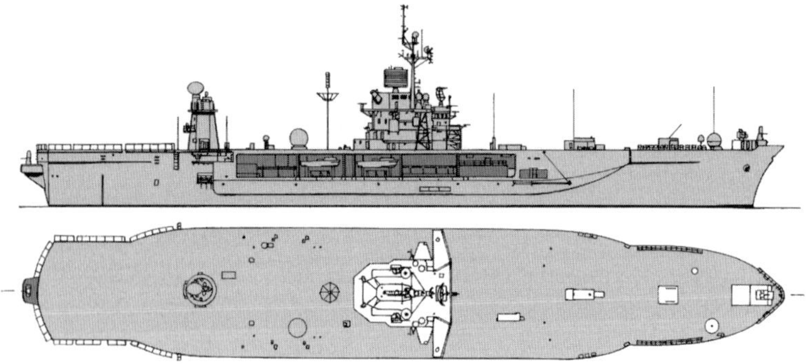

[4-7.6], 2-2 Phalanx, [2 Sea Sparrow 8], 3 LCPL, 2 LCVP — 15 790 ts, 20 kn, 194 m

2 LF: **Blue Ridge** / LCC 19, 20 (69-70)

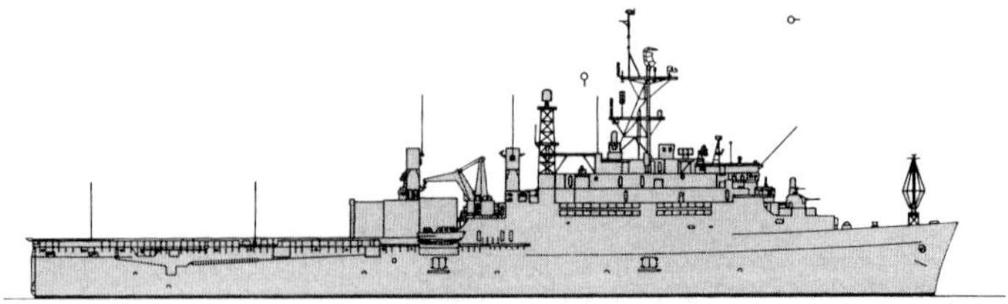

2-2 Phalanx, 2 Mg — 1 LF: **Coronado** / AGF 11 (66) — 11 050 ts, 21 kn, 173 m

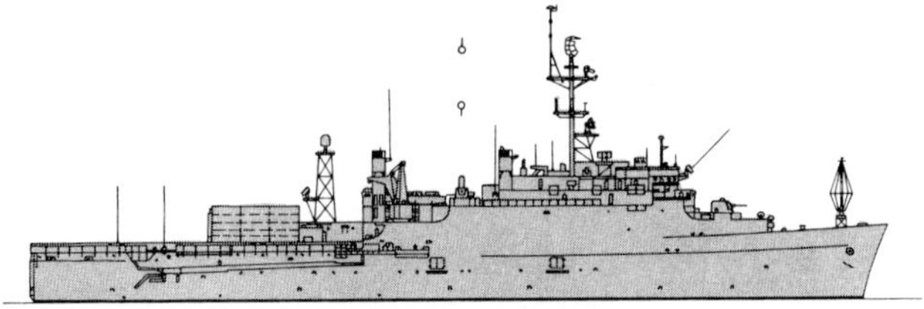

2-2 Phalanx, 2-2.5, 2 Mg — 1 LF: **La Salle** / AGF 3 (63) — 8040 ts, 21 kn, 158 m

Amphibische Fahrzeuge / Amphibious Ships

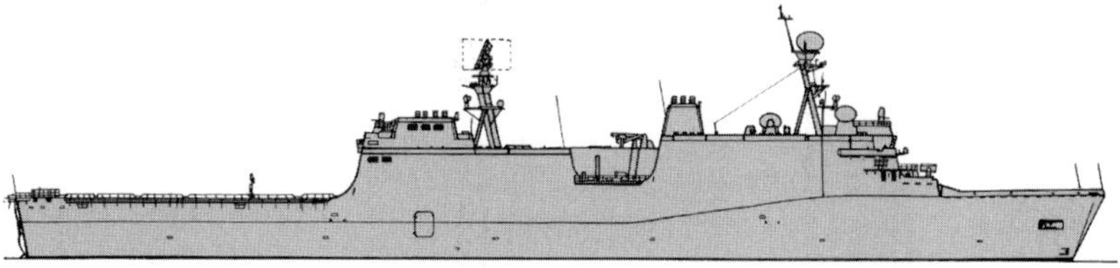

2-2 Phalanx, 2 RAM $_{21}$, [900], 2 LCAC — 25 300 ts, 22 kn, 208 m
4 LD: San Antonio / LPD 17-20 (a.St./o.St. – bew./auth.)
vorläufige Skizze / preliminary drawing

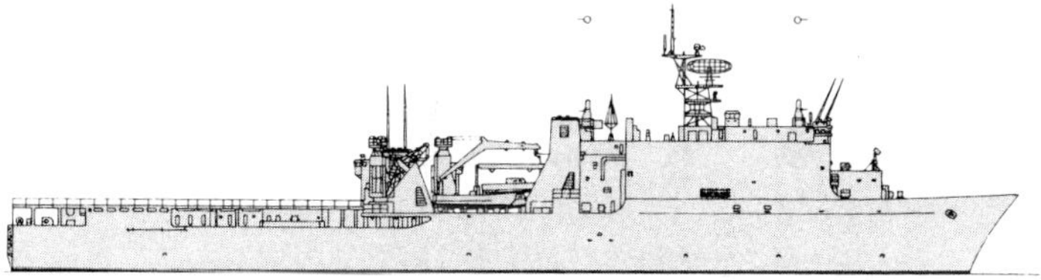

2-2 Phalanx, 2-2, 8 Mg, [500], 4 LCAC, 21 LCM (6) — 11 850 ts, 22 kn, 186 m
2 RAM $_{21}$
8 LD: **Whidbey Island** / LSD 41-48 (83-89)

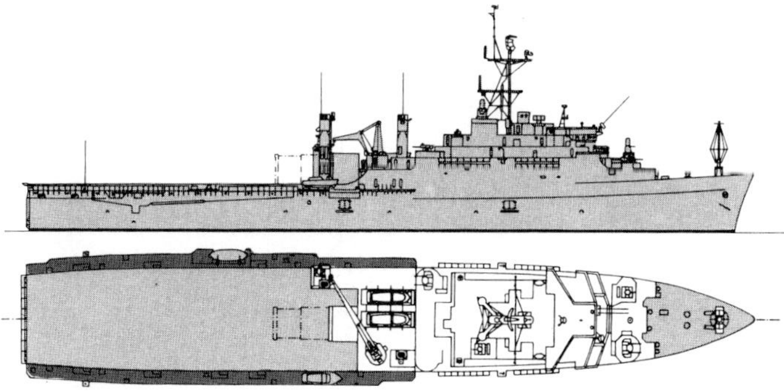

2-2.5, 2-2 Phalanx, [930], [6] — 11 050 ts, 21 kn, 173 m
5 LD: **Cleveland** / LPD 7-9, 12, 13 (66-67) – *Austin Klasse*

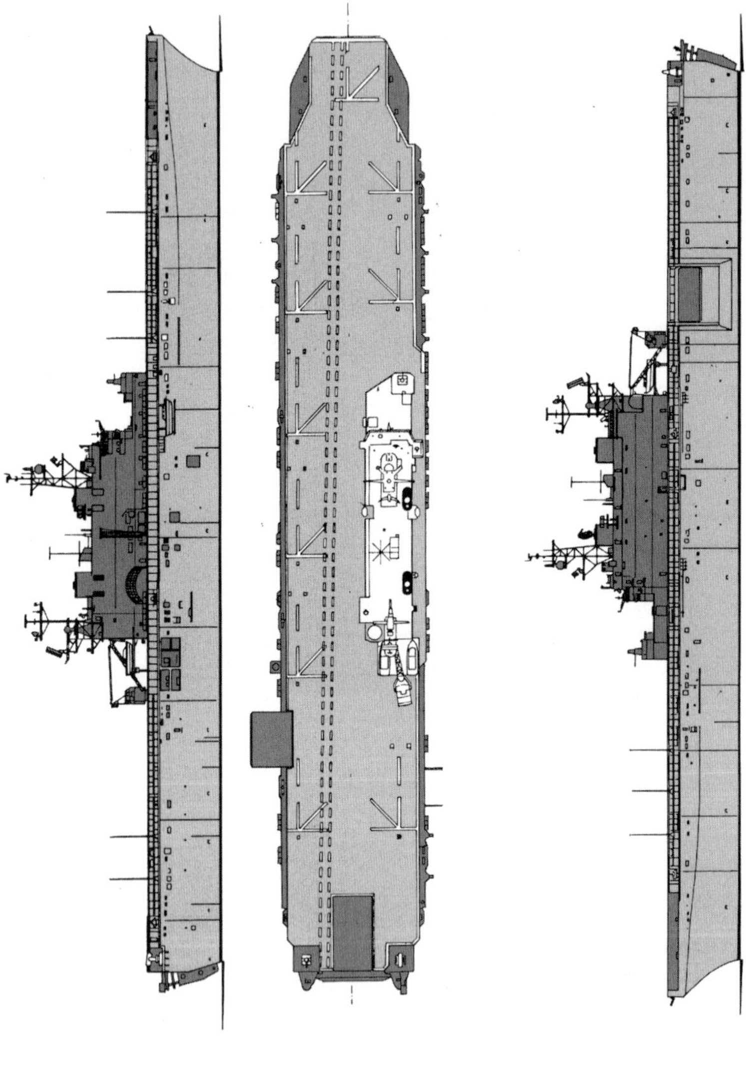

30, 6-2.5, 2-2 Phalanx, 8 Mg, 2 RAM, 4 LCU, 1 LCAC, [2000] 33 536 ts, 24 kn, 254 m
5 LH: **Tarawa** / LHA 1-5 (73-78)

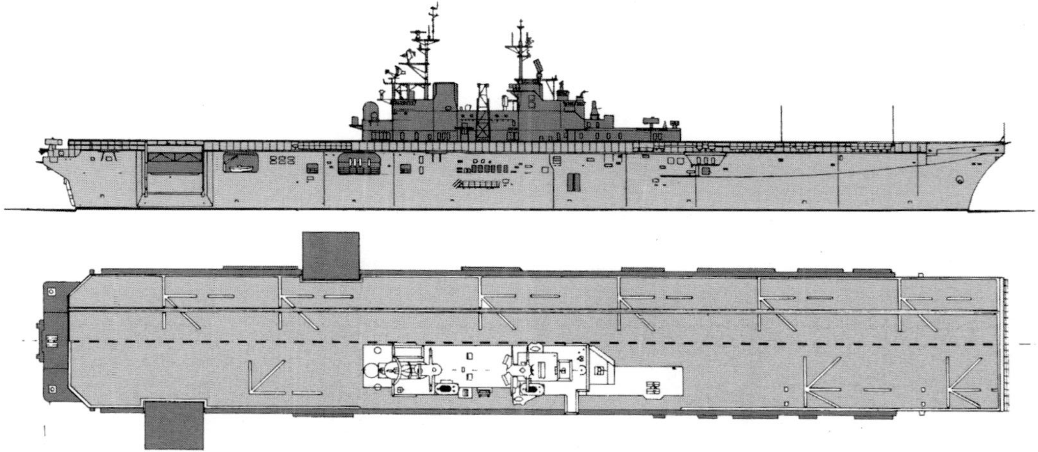

6-8, 30, 2 Sea Sparrow / 1 RAM, 2-2 Phalanx,
8 Mg, [1870], 3 LCAC oder / 12 LCM

28 230 ts, 23 kn, 257 m

8 LH: **Wasp** / LHD 1-8 (87 – bew./auth.)

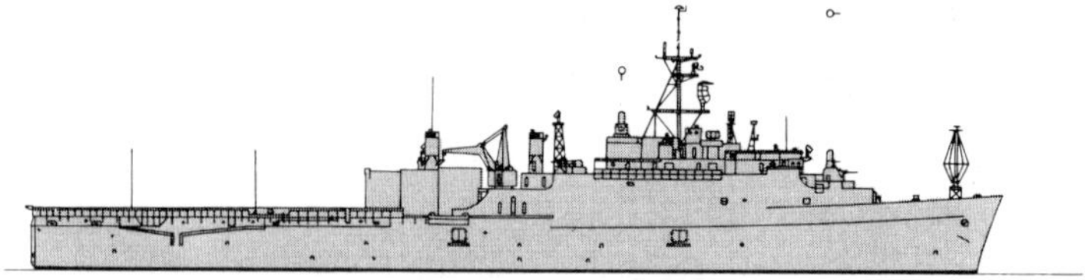

2-2.5, 2-2 Phalanx, [930], [6] 11 050 ts, 21 kn, 173 m

6 LD: **Austin** / LPD 4-6, 10, 14, 15 (64-70)

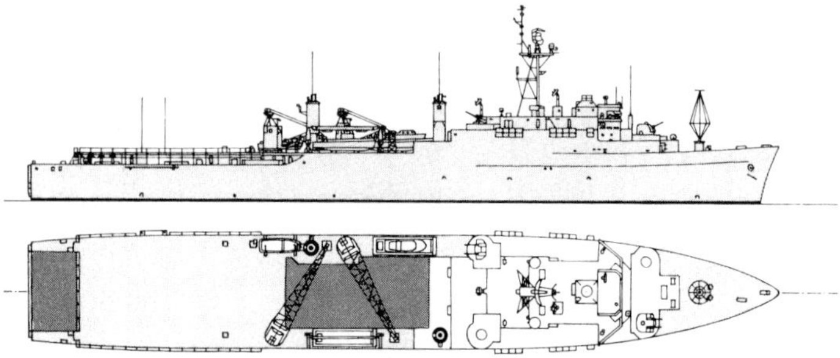

2-2.5, 2-2 Phalanx, [340], [4], 3 LCU 8600 ts, 20 kn, 168 m

3 LD: **Anchorage** / LSD 36, 37, 39 (68-71)

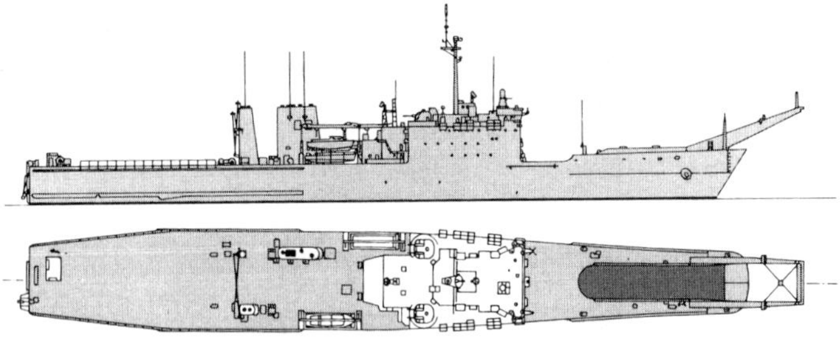

1-2 Phalanx, 4 Mg, [400], [500 ts] 4970 ts, 20 kn, 159 m

2 LS: **Frederick** / LST 1184, 1194 (69-71) – *Newport Klasse*

US Army

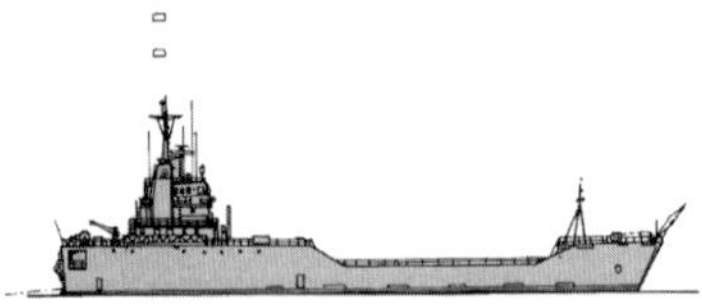

1615/4265 ts, 11.3 kn, 83.1 m
[2000 t]
6 LS: **General Frank S. Besson Jr.** / LSV 01-06
(87-94)

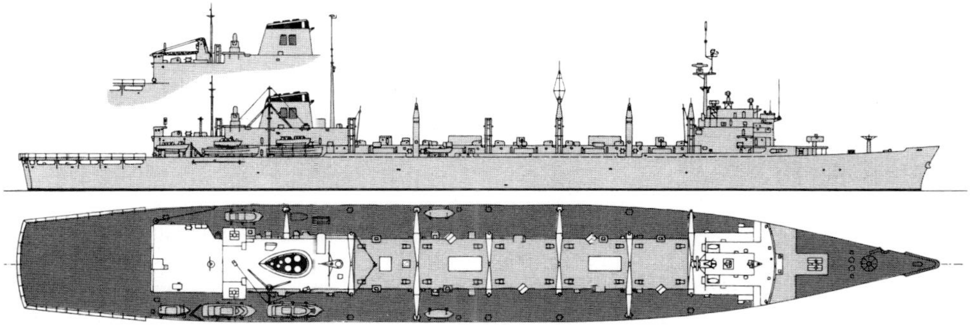

1 Sea Sparrow, 2-2 Phalanx, 4 Mg, 2 — 19 700 ts, 26 kn, 242 m

4 AO: **Sacramento** / AOE 1-4 (63-69)

1 Sea Sparrow, 2-2.5, 2-2 Phalanx, 4 Mg, 3 — 18 700 ts, 26 kn, 230 m

4 AO: **Supply** / AOE 6-8, 10 (90-97)

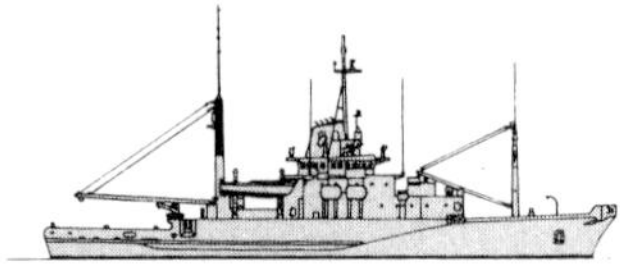

2 Mg 2750 ts, 15.5 kn, 77.7 m
4 AT: **Safeguard** / ARS 50-53 (83-84)

Maßstab / Scale 1:1000

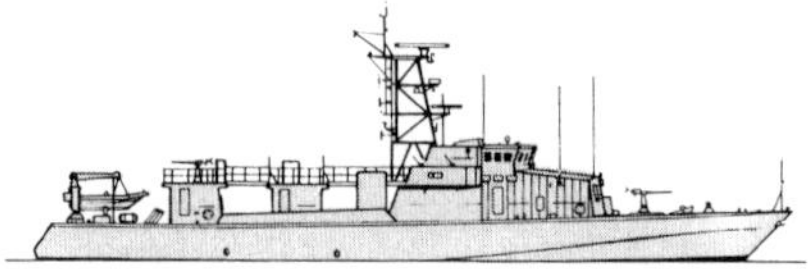

300 ts, 35 kn, 52 m
2-2.5, 4 Mg, 2-40 Mörser / mortars,
14 PP: **Tempest** / PC 2-14, WPC-1 (92-99)

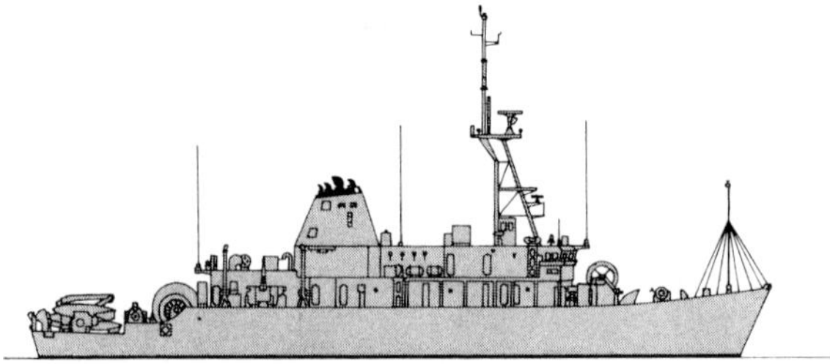

1195 ts, 14 kn, 68.4 m
2 Mg
14 MB: **Avenger** /
MCM 1-4 (85-94)

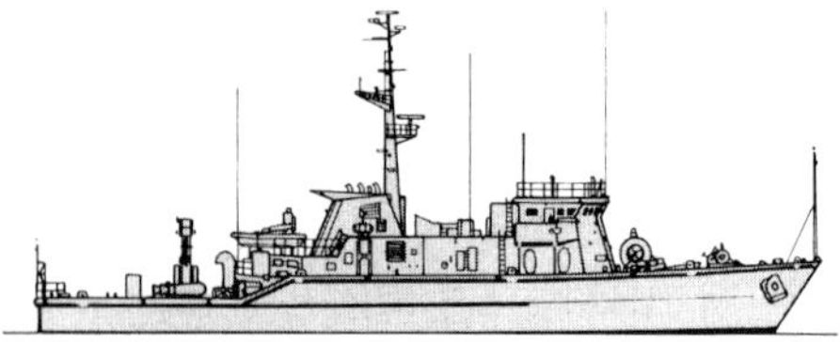

850 ts, 12 kn, 57.3 m

12 MB: **Osprey** / MHC 51-62
(91-97)

Military Sealift Command / MSC

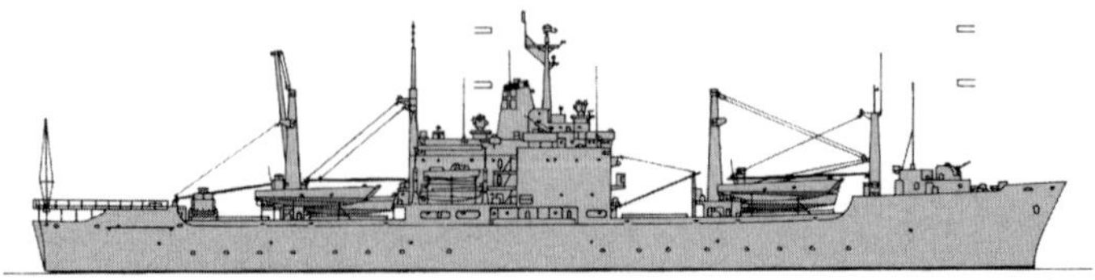

4-7.6, 2-2 Phalanx, 4 LCM (8), 5 LCM (6), 7 LCVP, 2 LCP, [230] 10 000 ts, 20 kn, 176 m
5 AK: Charleston / T-LKA 113-117 (67-69)

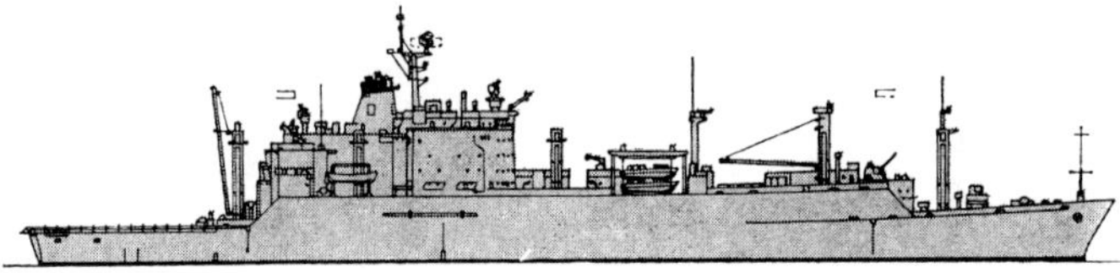

[4-7.6], 2-2 Phalanx, 2 — 10000 ts, 20 kn, 172 m

7 AK: **Santa Barbara** / T-AE 26-28, 32-35 (67-72)

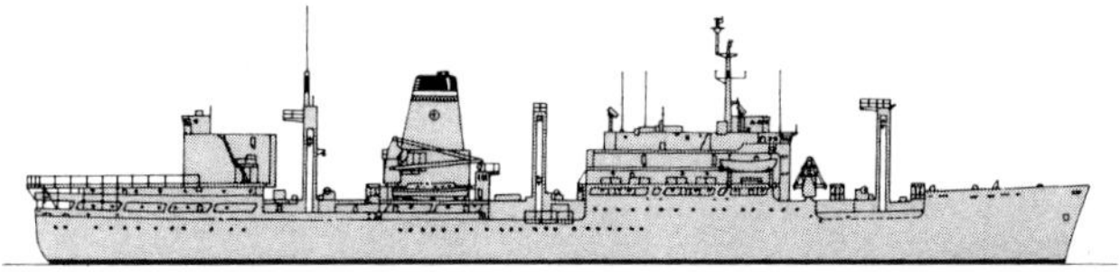

9010 ts, 19 kn, 160 m
2
3 AK: **Sirius** /
T-AFS 8-10 (66-67)
Typ brit. Lyness

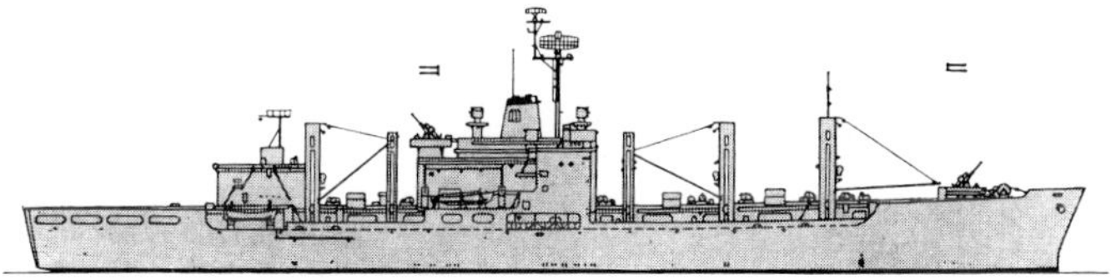

[4-7.6 , 2-2 Phalanx], 2 , [7300 ts] — 9200 ts, 20 kn, 177 m

3 AK: **Niagara Falls** / T-AFS 3, 5, 7 (67-70)

[2-2 Phalanx] — ./40 800 ts, 20 kn, 207 m

15 AO: **Henry J. Kaiser** / T-AO 187-189, 193-204 (85-95)

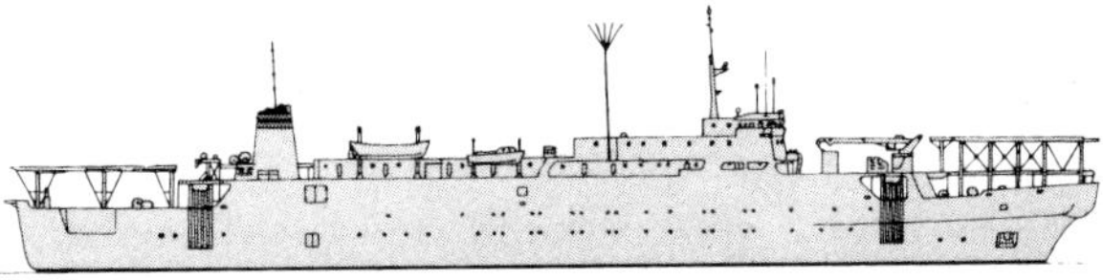

8370 ts, 15 kn, 153 m
1 Kabelleger / Cable Ship:
Zeus / T-ARC 7 (82)

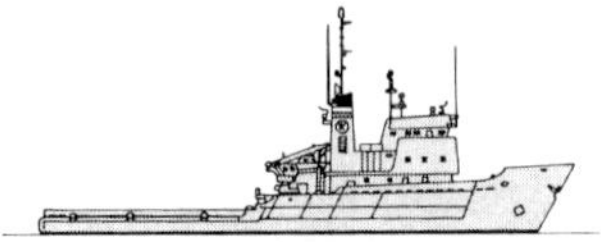

2000 ts, 15 kn, 73.2 m
[2-2 ⅄, 2 Mg ⅄]
7 AT: **Powhatan** / T-ATF 166-172 (78-80)

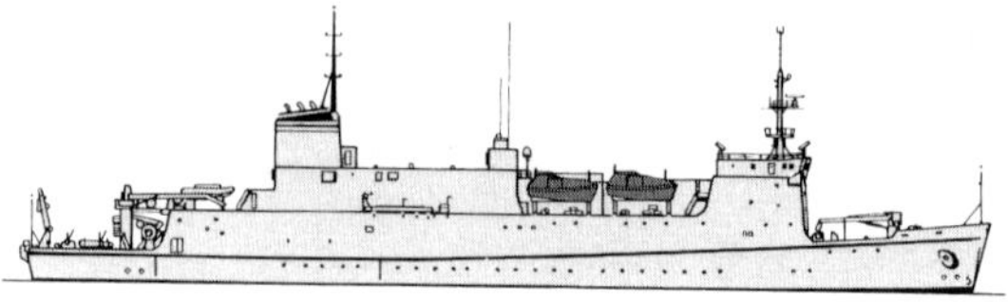

7310 ts, 16 kn, 139 m
1 AG: **Waters** / T-AGM 45 (92)

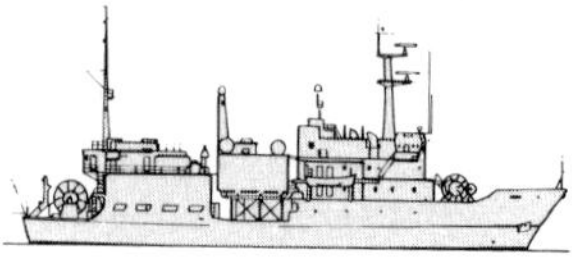

3543 ts, 12 kn, 75.1 m
1 AG: **Hayes** / T-AG 195 (70/92)

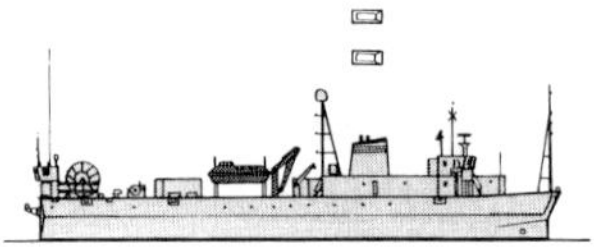

– 2675 ts, 16.3 kn, 71.5 m
4 AG: **Victorious** / T-AGOS 19-22 (90-92)

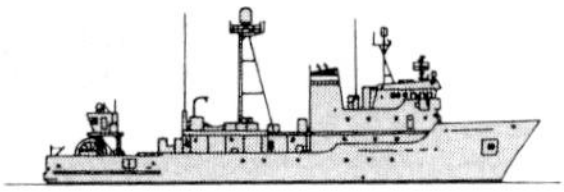

– 1600 ts, 11 kn, 68.3 m
7 AG: **Stalwart** / T-AGOS 1, 3, 7, 8, 10, 12, 16 (83-89)

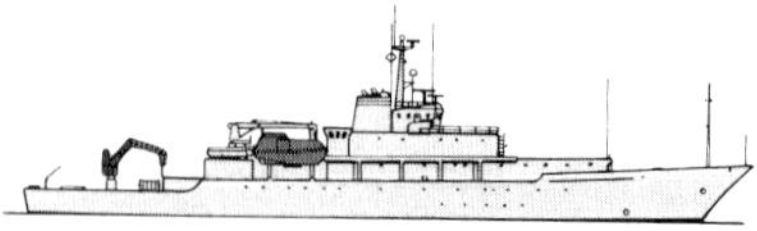

3600 ts, 12 kn, 100 m
6 AG: **Pathfinder** / T-AGS 60-65
(93 – a.St./o.St.)

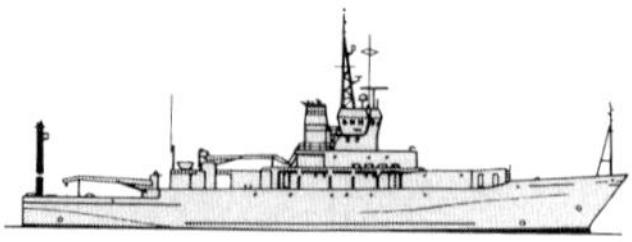

2100 ts, 15 kn, 83.5 m
4 AG: **Thomas G. Thompson** / AGOR 23-26
(90-96)

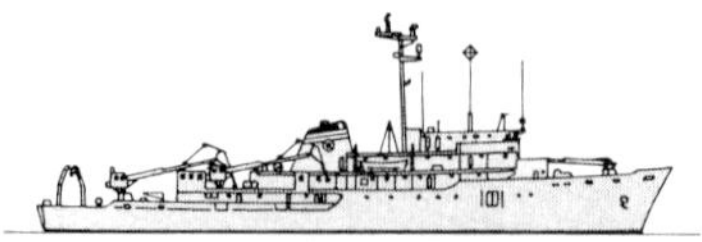

1935 ts, 15 kn, 87 m
1 AG: **Kane** / T-AGS 27 (65)

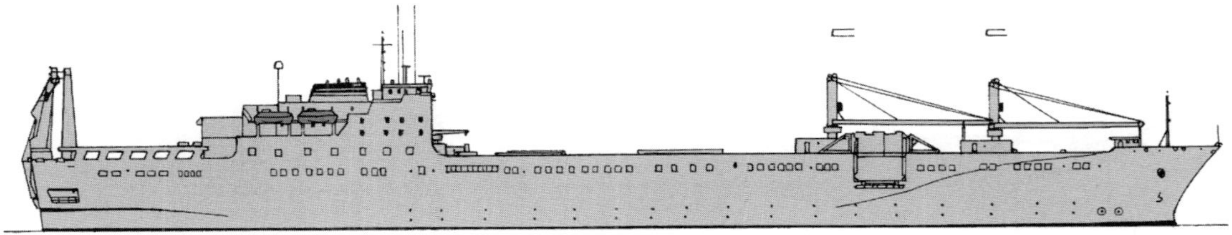

– 62 070 ts, 24 kn, 290 m

7 AK: **Bob Hope** / T-AKR 300-306 (97 – a.St./o.St.)

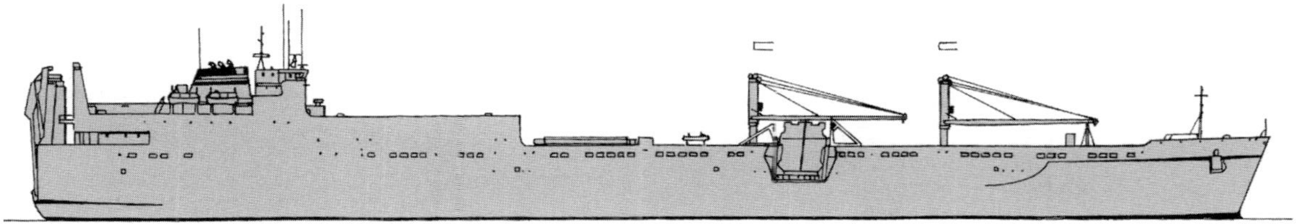

– 62 970 ts, 24 kn, 290 m

7 AK: **Watson** / T-AKR 310-316 (97 – a.St./o.St.)

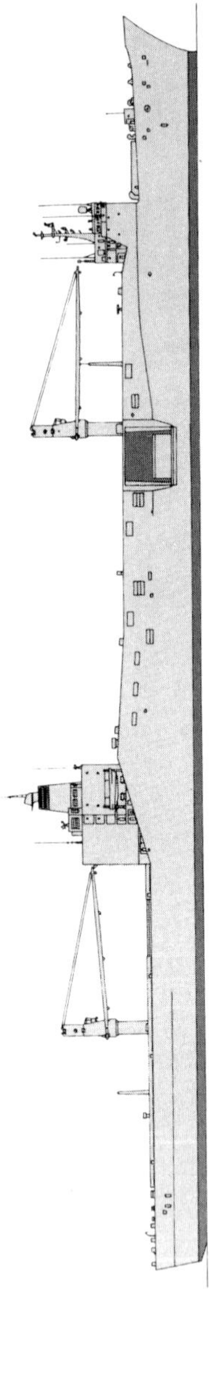

8 AK: **Algol** / T-AKR 287-294 (72-73)

/55 350 ts, 33 kn, 288 m

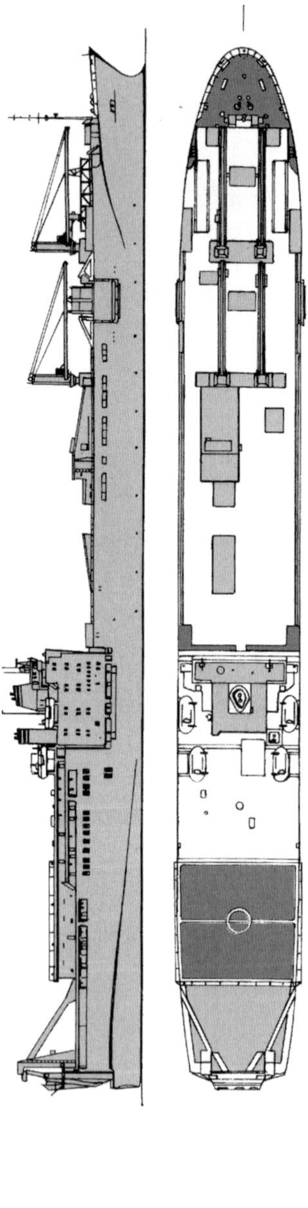

3 AK: **Sgt. 1st Class Randall D. Shughart** / T-AKR 295, 297, 299 (81)

/54 300 ts, 24 kn, 277 m

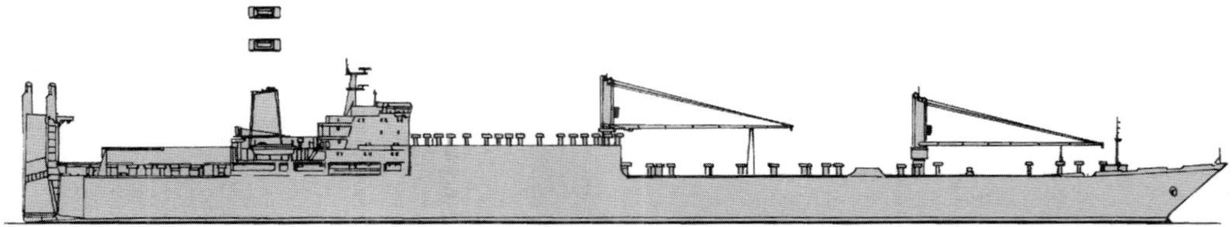

50 101 ts, 27.5 kn, 263 m

1 AK: **LCpl. Roy M. Wheat** / T-AKR 3016 (84/*99*)

51 615 ts, 21 kn, 250 m

3 AK: **Sgt. Matej Kocak** / T-AK 3005-3007 (85-86)

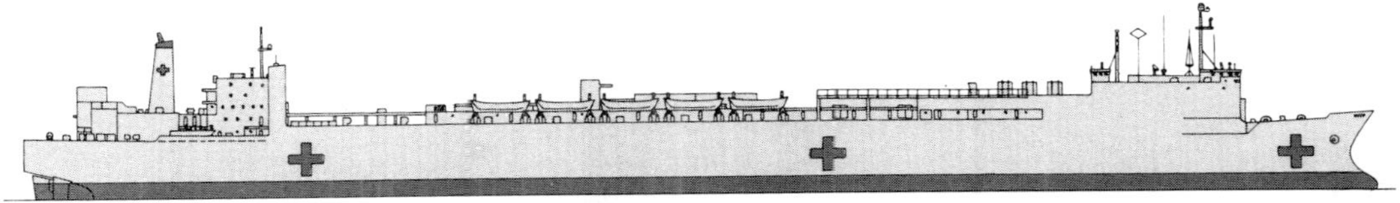

24 700 ts, 17.5 kn, 272 m

2 AH: **Mercy** / T-AH 19, 20 (76, *83-87*)

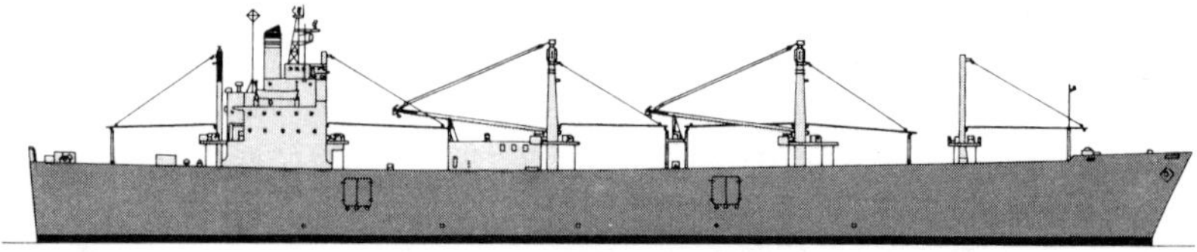

–

./24 500 ts, 26 kn, 212 m

1 AK: **Admiral Wm. M. Callaghan /** T-AKR 1001 (67)

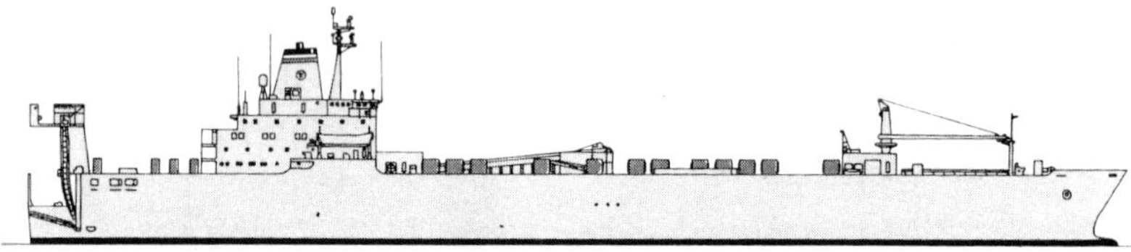

–

14 200 ts, 23 kn, 209 m

4 AK: **Cape Island /** T-AKR 11, 12, 5062, 5076 (75-76)

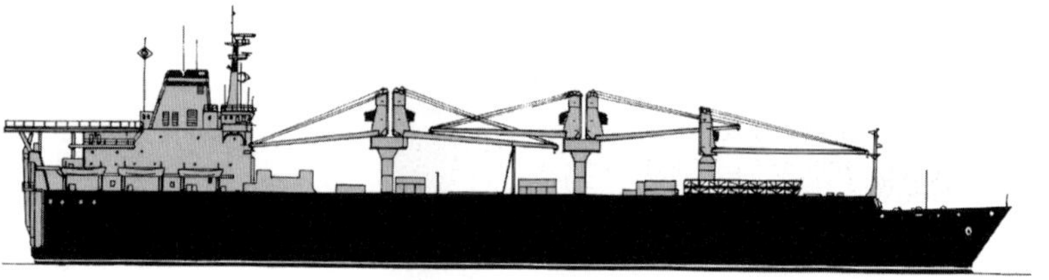

–

22 700 ts, 18 kn, 205 m

5 AK: **2nd Lt. John P. Bobo /** T-AKR 3008-3012 (85-86)

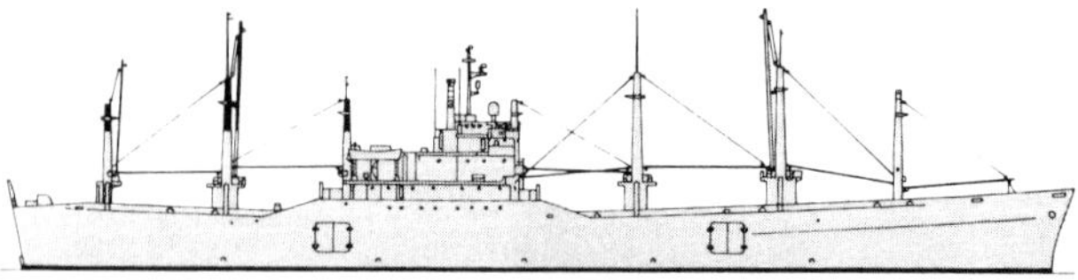

9150 ts, 20 kn, 165 m
1 AK: **Meteor /**
T-AKR 9 (65)

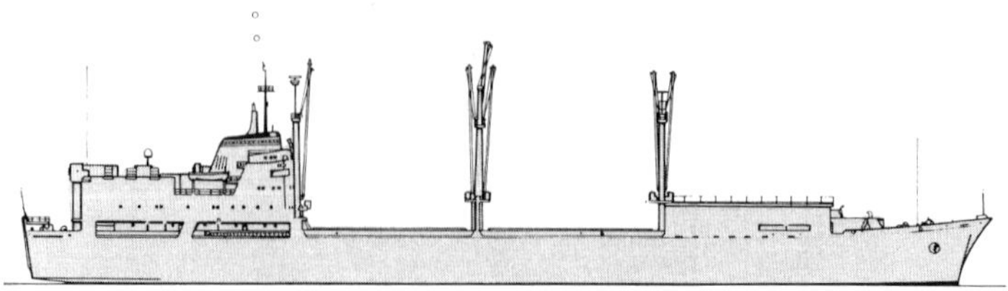

–

./23 870 ts, 23.5 kn, 183 m

2 AG: **Wright /** T-AVB 3, 4 (69-70)

Küstenwache / Coast Guard

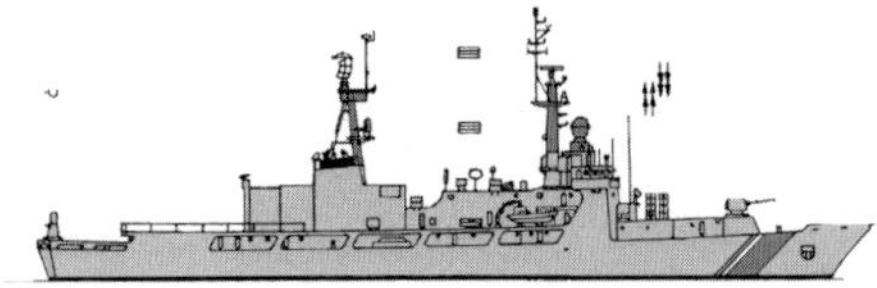

2716 ts, 29 kn, 115 m
[8 Harpoon], 1-7.6, 1-2 Phalanx, 2-2, 4 Mg, [6 **UTR** 32.4 III], 1
12 FF: **Hamilton** / WHEC 715-726
(66-71, *85-91*)

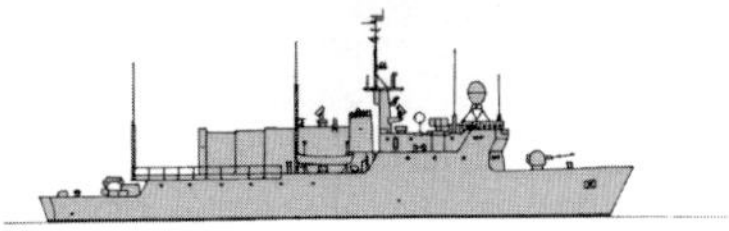

1200 ts, 19.5 kn, 82.3 m
1-7.6, [1-2 Phalanx], 2 Mg, 2-4 Mörser / mortars], 1
13 FE: **Bear** / WMEC 901-913 (80-89)

1-2.5, 2 Mg, 1 — 950 ts, 18 kn, 64 m
16 FE: **Reliance** Klasse / WMEC 615-630
(63-68/*89-96*)

– — 931 ts, 12 kn, 53.2 m
14: **Ida Lewis** / WLM 551-564
(95-99)

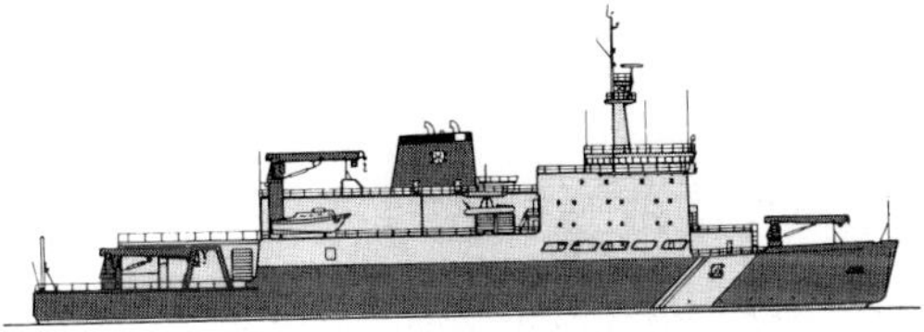

15 352 ts, 12.5 kn, 128 m
2 Mg, 2
1 AI: **Healy** / WAGB 20 (97)

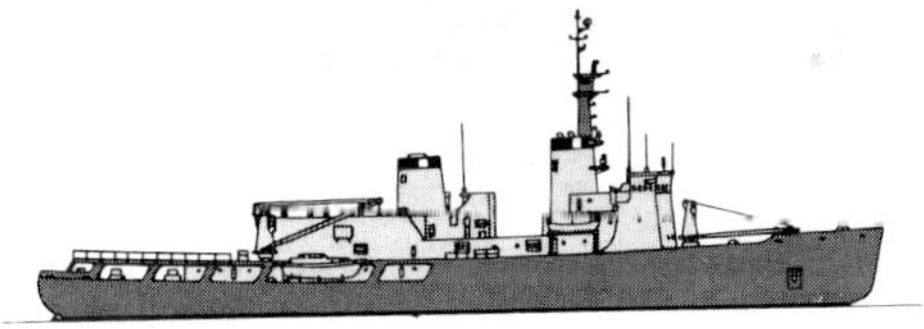

10 860 ts, 18 kn, 122 m
[4-2, 2-4 Mörser / mortars], 2
2 AI: **Polar Star** / WAGB 10, 11 (73-75)

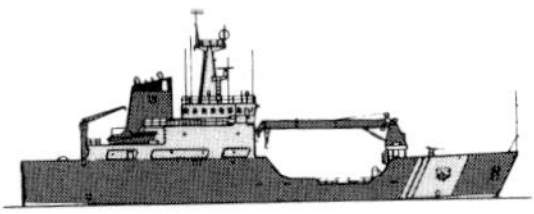

[1-2.5] — 2032 ts, 15 kn, 68.6 m
16: **Juniper** / WLB 201-216 (95 – bew./auth.)

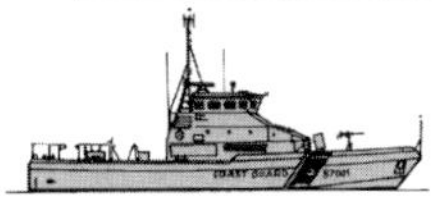

2 Mg — 90 ts, 25 kn, 26.5 m
50 PP: **Barracuda** / WPB 87301-87350
(97 – gepl./plan.)

Maßstab / Scale 1:1000

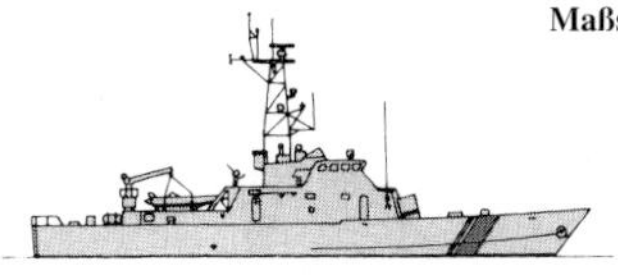

1-2, 2 Mg, 2-4 Mörser / mortars — 120 ts, 29.5 kn, 33.5 m
49 PP: **Island** Klasse / WPB 1301-1349
(85-91)

2-4 Mörser / mortars, 2 Mg — 68 ts, 23.5 kn, 23.7 m
15 PP: **WPB 83'** Klasse (60-70)

RB **Harry S. Truman** / CVN 75 (96) 11-1998, Bentin

RB **Harry S. Truman** / CVN 75 (96) 9-1998, Winter & Findler

RB **George Washington** / CVN 73 (90) 2-1998, Bentin

RB **John C. Stennis** / CVN 74 (93) 6-1999, Van Ginderen coll.

RB **Abraham Lincoln** / CVN 72 (88) 10-1999, Findler & Winter

RB **Abraham Lincoln** / CVN 72 (88) 7-1998, Kürsener

RB **Theodore Roosevelt** / CVN 71 (84) 9-1998, Winter & Findler

RB **Nimitz** / CVN 68 (72) 12-1997, Bentin

RB **John F. Kennedy** / CVN 67 (67) 1998, Slg. W. Kramer

RB **Enterprise** / CVN 65 (60) 1997, ANBw/FAFIO

RB **Constellation** / CV 64 (60) 4-1997, Van Ginderen coll.

BB **Iowa** / BB 61 (42) 9-1998, Findler & Winter

CG **Valley Forge** / CG 50 (84) 10-1999, Findler & Winter

CG **Hué City** / CG 66 (90) 3-1999, Findler & Winter

CG **Philippine Sea** / CG 58 (87) 1-1999, Engel

CG **Vella Gulf** / CG 72 (92) 6-1998, U. Streich

CG **Vella Gulf** / CG 72 (92) 6-1998, R. Kramer

DG **Barry** / DDG 52 (91) 9-1998, Winter & Findler

DG **Fitzgerald** / DDG 62 (94) 10-1999, Findler & Winter

DG **Higgins** / DDG 76 (97) 5-1999, Van Ginderen coll.

DG **Porter** / DDG 78 (97) 4-1999, Kürsener

DG **Arthur W. Radford** / DD 968 (75) 7-1998, Prézelin

DG **Stump** / DD 978 (77) 11-1998, Grazioli

DG **O'Bannon** / DD 987 (78) 8-1997, Flottenkommando

FG **Jarrett** / FFG 33 (81) 10-1999, Findler & Winter

FG **Hawes** / FFG 53 (84) 10-1998, Fiebiger

FG **Simpson** / FFG 56 (84) 4-1998, Flottenkommando

SB **Ohio** / SSBN 726 (79) 5-1999, Van Ginderen coll.

SB **Maryland** / SSBN 738 (91) 6-1999, Van Ginderen coll.

SS **Sea Wolf** / SSN 21 (95) 1998, NAFO

SS **Minneapolis – St. Paul** / SSN 708 (83) 10-1998, Fiebiger

SS **San Francisco** / SSN 711 (79) 10-1999, Findler & Winter

SS **Annapolis** / SSN 760 (79) 2-1999, Van Ginderen coll.

SS **Springfield** / SSN 761 (92) 8-1998, Van Ginderen coll.

PP **Typhoon** / PC 5 (93) 8-1999, Van Ginderen coll.

PR *Pegasus Klasse* **MK V [974]** (98) 7-1999, Van Ginderen coll.

MC **Inchon** / MCS 12 (69) 3-1999, Prézelin

MB **Scout** / MCM 8 (89) 7-1999, Van Ginderen coll.

MB **Raven** / MHC 61 (96) 7-1998, Van Ginderen coll.

LF **Blue Ridge** / LCC 19 (69) 3-1997, Van Ginderen coll.

LF **Mount Whitney** / LCC 20 (70) 5-1999, Van Ginderen coll.

LF **Coronado** / AGF 11 (66) 9-1999, Winter & Findler

LF **La Salle** / AGF 3 (63) 1999, Van Ginderen coll.

LH **Nassau** / LHA 4 (78) 7-1998, Kürsener

LH **Essex** / LHD 2 (91) 10-1999, Findler & Winter

LH **Kearsarge** / LHD 3 (92) 9-1998, Findler & Winter

LD **Ponce** / LPD 15 (70) 8-1998, Sifferlinger

LD **Pearl Harbor** / LSD 52 (96) 10-1999, Findler & Winter

LS **La Moure County** / LST 1194 (71) 6-1999, Van Ginderen coll.

LS **LCU 1658** / (69) 9-1998, Findler & Winter

LC **LCAC 61** / (93) 5-1999, Van Ginderen coll.

LS **Specialist 4 James A Loux** / LSV 6 (94) 10-1996, Van Ginderen coll.

LS **Bristoe Station** / LCU 2006 (89) 9-1998, Winter & Findler

AR **Emory S. Land** / AS 39 (77) 4-1999, Kursener

AO **Arctic** / AOE 8 (93) 2-1999, Van Ginderen coll.

AO **Camden** / AOE 2 (65) 3-1999, Sesemann

AT **Col. Seth Warner** / LT-806 (93) 9-1998, Findler & Winter

AT **Safeguard** / ARS 50 (83) 7-1996, Van Ginderen coll.

YE **Sea Shadow** (85) 8-1999, Van Ginderen coll.

YE **515** (78) 9-1998, Findler & Winter

YE **Kellie Chouest** (94) 1-1999, Van Ginderen coll.

Military Sealift Command / MSC

Naval Fleet Auxiliary Force

AK **Kiska** / T-AE 35 (72) 4-1999, Sesemann

AK **Sirius** / T-AFS 8 (66) 9-1998, Winter & Findler

AG **Pecos** / T-AO 197 (88) 10-1999, Findler & Winter

AT **Apache** / T-ATF 172 (80) 10-1995, Ehlers

AH **Mercy** / T-AH 19 (76/*85*) 3-1999, Van Ginderen coll.

AG **Observation Island** / T-AGM 23 (53) 1994, Arra

AG **Able** / T-AGOS 20 (91) 9-1998, Winter & Findler

AG **Invincible** / T-AGOS 10 (85) 9-1998, Winter & Findler

AG **Kane** / T-AGS 27 (69) 7-1994, Voß

Auxiliary Sealift Ships

Maritime Prepositioning Ships

AK **Pollux** / T-AKR 290 (73/*86*) 4-1999, Kürsener

AK **Pfc William A. Soderman** / T-AKR 299 (81/*97*) 6-1999, Voß

AK **Bob Hope** / T-AKR 300 (97) 6-1999, Findler & Winter

AK **Sisler** / T-AKR 311 (98) 8-1999, Van Ginderen coll.

AK **Red Cloud** / T-AKR 313 (99) 9-1999, Winter & Findler

AK **Major Stephen W. Pless** / T-AK 3007 (83) 3-1999, Fiebiger

AK **Cape Isabel** / T-AKR 5062 (76) 3-1999, Seseman

AK **Comet** / T-AKR 7 (57) 10-1999, Findler & Winter

AK **Curtiss** / T-AVB 4 (70) 9-1997, Winter & Findler

AK **Diamond State** / T-ACS 7 (62) 6-1999, Van Ginderen coll.

AK **Gopher State** / T-ACS 4 (73) 2-1999, Van Ginderen coll.

AO **Chesapeake** / T-AOT 5084 (63) 10-1999, Findler & Winter

Küstenwache/Coast Guard

FG **Chase** / WHEC 718 (67) 3-1999, Seseman

FE **Legare** / WMEC 912 (87) 8-1998, Sifferlinger

FE **Active** / WMEC 618 (65) 1-1999, Van Ginderen coll.

PP **Manitou** / WPB 1302 (85) 10-1998, Fiebiger

PP **Point Brower** / WPB 82372 (70) 3-1998, Van Ginderen coll.

PP **WYFL 41424** (~ 75) 10-1998, Fiebiger

Willow / WLB 202 (96) 6-1998, Ehlers

Marcus Hanna / WLM 554 (97) 2-1998, Van Ginderen coll.

AI **Polar Sea** / WAGB 11 (78) 12-1993, Van Ginderen coll.

Venezuela

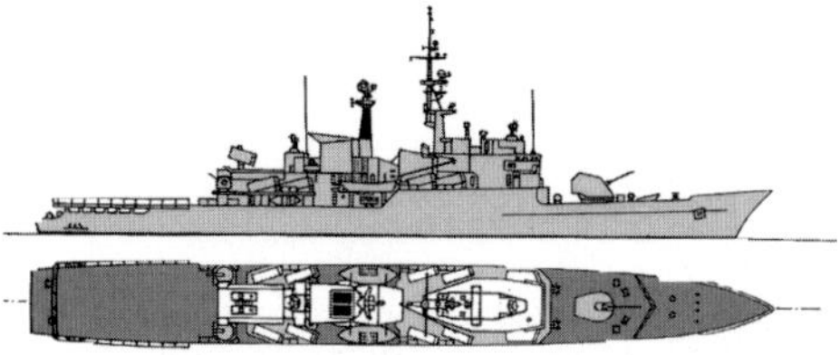

2210 ts, 34 kn, 113 m
8 Otomat ⇨, 1-12.7, 4-4 $_2$,
1 Albatros $_8$, 6 **UTR** 32.4 **III**, 2
4 FG: **Mariscal Sucre** [F 23-26] (79-80)
Typ ital. Lupo

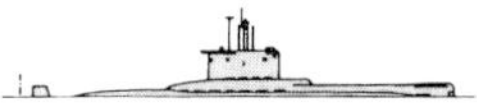

1285/1450 ts, 10/21 kn, 59.5 m
8 **TR** 53.3 b↓
2 SS: **Sabalo** [S 31, 32] (75)
Typ deutsch / German 209/1200

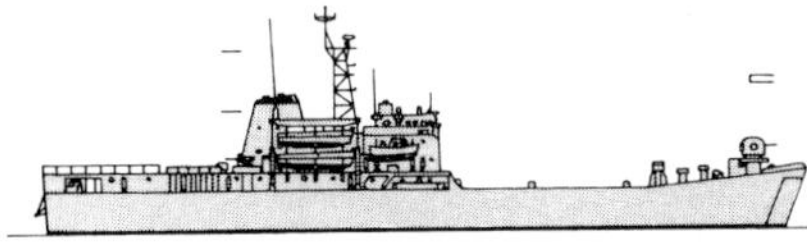

2-4, 2-2 — 1800 ts, 15 kn, 105 m
4 LS: **Capana** [T 61-64] (83-84)

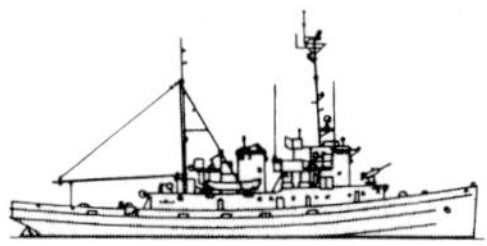

– 1235 ts, 15 kn, 61.7 m
1 AG: **Miguel Rodriguez** [RA 33] (~ 45)
Typ US ATF – Coast Guard

Kennungen / Identification

Fregatten / Frigates
F …
21-M. Sucre
22-Alm. Brion
23-Gen. Urdaneta
24-Gen. Soublette
25-Gen. Salom
26-Alm. Garcia

Uboote / Submarines
S …
31 Sabalo
32-Caribe

Kleine Kampfschiffe / Small Fighting Vessels
PC …
11-Constitucion
12-Federacion
13-Independencia
14-Libertad
15-Patria
16-Victoria

PF …
21-Manaure
22-Mara
23-Guaicapuro
24-Tamanaco
31-Terepaima
32-Tiuna
33-Yaracuy
34-Sorocaiama

Landungsfahrzeuge / Landing Vessels
T …
44-P. Cabello
61-Capana
62-Esequibo
63-La Guajira
64-Los Llanos
71-Margarita
72-La Orchila

Hilfsfahrzeuge / Auxiliary Vessels
LH …
11-Gabriela
12-Lely

BE …
11-S. Bolivar

BO …
11-Punta Brava

National Garde / National Guard
A …
6901-Lago 1
6902-Lago 2
6903-Lago 3
6904-Lago 4
7414-R. Orinoco
7416-R. Ventuari
7417-R. Caparo
7418-R. Tucuyo
7419-R. Venamo
7420-R. Limon
7421-R. San Juan
7422-R. Turbio
7423-R. Torres
7424-R. Escalante
7430-R. Yuruan
7436-R. Guaicaipuro
7437-R. Tamanaco
7438-R. Manaure
7439-R. Ara
7918-Rio Cabriales
7919-Rio Chama
7920-Rio Caribe
7921-Rio Tuy
7929-Yate Manati
8201-P. Perret
8202-P. Mulatos
8203-P. Barima
8204-P. Mosquito
8205-P. Playa
8206-P. Unare
8207-P. Ballena
8208-P. Macuro
8209-P. Mariusa
8210-P. Moron
8211-P. Macoya
8212-P. Cardon
8223-Y. Goaigoaza

B …
8421-Rio Arauca II
8422-R. Catatumbo II
8423-R. Apure II
8424-R. Nearo II
8425-R. Meta II
8426-R. Portuguesa II
8427-R. Sarare
8428-R. Uribante
8429-R. Cinaruco
8430-R. Icabara
8431-R. Guarcio II
8432-R. Yaracuy

Küstenwache / Coast Guard
GC …
11-Alm. Clemente
12-Gen. J. T. Moran

LG …
11-Los Taques
12-Los Gayos
21-Polaris
22-Spica
23-Rigel
24-Aldebaran
25-Antares
26-Canopus
27-Altair

PG …
31-Petrel
32-Alcatraz

RA …
33-M. Rodriguez

Maßstab / Scale 1:1000

2 Otomat ⇨, 1-3 — 125 ts, 29 kn, 37 m
3 PG: **Federacion** [P 12, 14, 16] (73-74)

1-7.6 — 125 ts, 29 kn, 37 m
3 PP: **Constitucion** [P 11, 13, 15] (73-74)

FG **Almirante Garcia** [F-26] (80) 3-1995, Van Ginderen coll.

SS **Caribe** [S-32] (75) 2-1995, Behling

PP **Petrel** [PG-31] (67) 6-1995, Ehlers

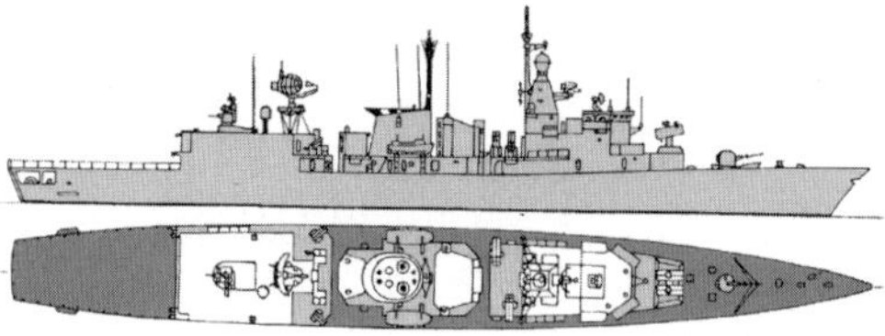

3050 ts, 30 kn, 130 m
8 Harpoon ⇨, 1-7.6, 1-3 Goalkeeper,
1 Sea Sparrow, 4 **UTR** 32.4 II, 2
2 FG: **Abu Dhabi** [F 01, 02] (78-81)
Ndl. Kortenaer Klasse

FG **Al Emirat** [F 02] (78) 5-1998, Van Ginderen coll.

PG **Rodqm** [P 4503] (81) 1996, Flottenkommando

PG **Makasib** [P 4402] (90) 1996, Flottenkommando

Maßstab / Scale 1:1000

517 ts, 32 kn, 62 m
8 SS-N-25 ⇒, 1 SA-N-8 ↑
1-7.6 , 1-3
2 FG: **I**, II (97-98) *Typ Rus. BPS-500*
Vorläufige Skizze/Preliminary drawing

FF **HQ 13** (~ 66) *Typ USSR Petya III* 11-1997, Slg. Kramer

LS **HQ 513** (79) Typ USSR Polnocny-B 6-1995, Slg. Kramer

AO **BO-82** (~ 57) Typ USSR Voda 5-1996, Slg. Kramer

West Samoa/Western Samoa

PP **Nafanua** (86) *Typ austral. ASI-315* 1-1996, Van Ginderen coll.

Zypern/Cyprus, Republic

PP **Poseidon** / PV 20 (91) 11-1999, M. Globke

PP **Kimon** / PL 2 (79) 6-1997, R. Kramer

Erklärungen für Flugzeuge und Flugkörper / Abbreviations for Aircraft and Missiles

Flugzeugtypen – Type of Aircraft (a / c):

A. Starrflügler – fixed wing

VA	= Jagdbomber, auch Aufklärer	– attack, reconnaissance a/c
VAH	= Angriffsbomber	– heavy attack a/c
RVAH	= Fernaufklärer	– heavy reconnaissance attack a/c
VF	= Abfang-, Allwetterjäger	– interceptor, all-weather fighter
VS	= U-Jäger (Trägerflugzeug)	– antisubmarine a/c – carrier based
VP	= Langstrecken-U-Jagdflugzeug und Aufklärer	– ASW-Patrol and long distance reconnaissance a/c – land based
VA(W)	= Frühwarnflugzeug (Träger)	– early warning a/c – carrier based
VW	= Frühwarnflugzeug, landgestützt	– early warning a/c – land based
VC	= Seenot-Transport-Verbindungsflugzeug	– utility a/c
VE	= Flugzeug für elektron. Kriegführung	– a/c for electronic warfare
Cb	= trägergestützt	– carrier based

B. Hubschrauber – helicopter

HS	= U-Jagd-Hubschrauber	– ASW-helicopter
HM	= Minensuch-Hubschrauber	– minesweeping-helicopter
HR	= Kampfzonen-Hubschrauber	– assault-helicopter
HC	= Seenot-Transport-Verbindung	– utility-helicopter
	—	
STOL	= kurzstartendes und landendes Flugzeug	– short take off and landing
VTOL	= senkrecht startendes und landendes Flugzeug	– vertical take off and landing
SAR	= Seenotdienst	– search and rescue
ECM	= elektr. Gegenmaßnahme	– electr. countermeasures
MAD	= magn. Ortungsgerät	– magn. air detection

Flugkörper / Missiles:

AAM	= Luft-Luft	– air to air
ASM	= Luft-Boden	– air to surface
ASW	= U-Jagdwaffen	– anti-submarine-weapons
SAM	= Boden-Luft	– surface to air
SSM	= Boden/Boden	– surface to surface

AA- und AS-Flugkörper / AA and AS Missiles:
Ma = Matra; Mv = Maverick; Ph = Phoenix; Sp = Sparrow; Sw = Sidewinder

Bewaffnung *) / Armament **)

GK	= Gefechtskopf	wh = warhead
➠/⬇	= schwere gelenkte Raketen	heavy guided missiles (AS)
⇨/⇩	= gelenkte Raketen	guided missiles (AA / AS)
⤜/⇟	= ungelenkte Kleinraketen	rockets (AA / AS)
B	= Bombe	bomb
AST	= Ujagd-Torpedo	AS homing torpedo
ASR	= Ujagd-Rakete	AS rocket
DC	= Wasserbombe	depth-charge
R	= Aufklärungspod	recce pod
SB	= Ortungsboje	sonobuoy
nu	= Kernwaffen	nuclear weapons
conv.	= herkömmliche Waffen	conv. weapons

Geschwindigkeit in Kn oder *Mach* = ~660 sm (Schallgeschwindigkeit) / Speed in kn or *Mach* = ~660 kn (velocity of sound)

Gipfelhöhe: Höhe, in der das Flugzeug nicht mehr als 30 m/min steigen kann / **Ceiling:** Height limiting the rate of climb to 30 m/min

Gewicht: Voll ausgerüstet mit Zuladung (max. weight). Bei Flugkörpern Rakete + Starttriebwerk (booster) soweit vorhanden. / **Weight:** Maximum weight including equipment and payload. For missiles: including booster, if any.

Triebwerk / Power Plant:

TP	= Propellermotor	turbo prob
TJ	= Strahlturbine	turbo jet
RM	= Raketenmotor	rocket motor
RJ	= Staustrahl ...	ram jet

Leistung: in PS für Propellerantrieb, in *kp (kilopond)* als maximaler Schub bei Düsenantrieb /

Rating: in hp = (horse power – conventional engines) or thrust in *kp* = (kilopond-jet engines)

Brennstoff für Flugkörper / Missile Propellant
f = fest (solid) l = flüssig (liquid)

Abmessungen / Dimensions
sp = Spannweite / span oder *Rotor Diameter*
lg = Länge / lenght hg = Höhe / height

Lenkung der Flugkörper / Missile Guidance

zra	= Radarsuchkopf	radar homing head
sar	= halbaktiver Radarsuchkopf	semi-active ranging
zinf	= Infrarotsuchkopf	infrared homing head
sosk	= Sonarsuchkopf	sonar homing head
trnav	= Trägheitsnavigation	inertial navigation
scw	= halbaktiver CW-Zielsucher	semi-active CW-ranging
kdl	= Kommando durch Leitstrahl	beam riding
kdf	= Kommando durch Funk	commands by radio
bal	= ballistischer Flug	ballistic flight

*) Kaliber für Bordkanonen in cm

**) caliber of aircraft cannons in cm

Anzahl/Number *Indienstnahme* *Date of Service*	Verwendung/ Purpose/*Crew*	Bewaff-nung/ Armament	Geschwin-digkeit/ Speed Kn *Mach*	Reichweite Range Sm	Gipfelhöhe/ Ceiling km	Gewicht/ Weight ts	Triebw. Leistung Pow.Pl. Rating KW - *kp*	sp lg hg m	Sonstige Angaben/ Remarks

Argentinien / Argentina - *Aviación Naval*

7 Dassault-Bréguet Super Étendard
3 Lockheed L-188 E/Electrón
5 Grumman S-2 E (UP) A/Tracker
4 Embraer MB 339, 4 MB 326
4 Sikorsky SH-3 D/H Sea King
1 Aérospatiale SA 330 L/Super Puma
5 A-4 M/Skyhawk - ex USA
3 P-3 B/Orion - ex USA
2 Fokker F 28/HPA
2 Aérospatiale AS 565 MA/Dauphin
1 Aérospatiale AS 365 N-2

Australien / Australia - *Royal Australian Navy, Fleet Air Arm*

18 Lockheed AP-3 C (U-II)/Orion
16 Sikorsky SH-70 B/Sea Hawk
2 BAe HS-748 für/for ELINT
14 Kaman SH-2 G/Super Seasprite
7 Westland HAS 50/50 A Sea King
2 Bell UH-1 B/Iroquois
6 Aérospatiale AS-350/Squirrel

Belgien / Belgium - *Belgische Zeemacht / Force Navale Belge*

5 Westland Sea King Mk 48 (SAR)
3 Aérospatiale Alouette III

Brasilien / Brazil - *Forca Aeronaval da Marinha do Brasil*

12 Grumman S-2 A/E Tracker - (Lw/Air Force)
14 Westland Lynx Mk 21/23
10 Sikorsky ASH-3 A/ASH-3 B Sea King
7 Eurocopter AS 332 M/Cougar
23 A-4 M/Skyhawk - ex Kuweit
11 Aérospatiale AS 550 U-2/Esquibo
10 Aérospatiale UH-13/Ecureuil 2
18 Bell IH-6 B/Jet Ranger

Brunei

3 Casa CN-235 MPA
1 Casa CN-235

Bulgarien / Bulgaria

6 Mi 14 (Haze A)

Chile - *Armada de Chile / Aviacion Naval*

8 Lockheed P-3 A/Orion - ex USA
6 Embraer EMB-111A (N) Bandeirante
3 CASA Aviocar 212
10 Cessna 337 Skymaster
6 Aérospatiale/Nurtanio NAS-332 SC/Cougar
6 MBB BO-105 C
6 Bell 206-B/Jet Ranger

China

280 Shenyang F 6, J 8	Va/1	2-2.3, 12 ⇨, ⇩	1.2	610	18.5	12.5	2 TJ / *7300*	10.3 16.7 3.8	

70 Nanchang Q-5 (Fantan)
75 Harbin H-5 (~ Il-28)
7 Harbin SH-5 - Flugboote/Flying Boats
12 BE 6 (Madge) -Flugboote/Flying Boats
9 Aérospatiale SA-321 G + 3 ZHi-8/Super Frelon
15 Harbin ZHi-9A/Dauphin 2

Dänemark / Denmark

2 Gulfstream SMA-3/Gulfstream III
7 Sikorsky S-61 A/Sea King
8 Westland Lynx Mk 91

Deutschland / Germany - *Marineflieger*

51 Panavia Tornado/*82*	VAH /2	2-2.7, ⇨, ⇩ B, ECM, R	2.1	1400	20.5	27.9	2 TJ / *13 600*	13.9 16.7 5.7	4 ⇩ Kormoran, erhalten ⇩ AGM-65

18 Bréguet 1150/Atlantic */62*, davon/there of: 4 SIGINT (Signal Intelligence)
15 Westland Sea Lynx Mk 88 + 7 Mk 88 A
4 Do 228/*86*, davon 2 Transportversion, 2 Pollution Control
20 Westland Mk 41 Sea King/*73*, SAR und/and Kampfunterstützung/assault helicopter
13 AS 365-N4 - *Bundesgrenzschutz-See/Border Guard-Sea*

Anzahl/Number *Indienstnahme* *Date of Service*	Verwendung/ Purpose/*Crew*	Bewaff- nung/ Armament	Geschwin- digkeit/ Speed Kn *Mach*	Reichweite Range Sm	Gipfelhöhe/ Ceiling km	Gewicht/ Weight ts	Triebw. Leistung Pow.Pl. Rating KW - *kp*	sp lg hg m	Sonstige Angaben/ Remarks
Frankreich / France - *Aeronautique Navale*									
12 Dassault Rafale M */92-99*	VA VF Cb/1	1-3, ⇩	2	1600	16	14/ 19	2 TJ 15000	10.9 15.3 9.0	Zulauf ab/delivery from: 1999; +48 gepl./plan.
50 Dassault- Bréguet Super- Étendard/*78*	VA, VF Cb/1	2-3, ⇩	1.05	940	13.7	11.5	1 TJ *4950*	9.6 14.3 3.9	Modernisierung: 1992-98
5 Dassault Éten- dard IV P/*61*	VA, VF Cb/1	2-3, 4 ⇨, Sw, ECM	1.0	1400	15.5	10.3	1 TJ *4400*	9.6 14.4 3.8	Aufklärer/Recce. a/c. Werden a.D./ to be retired: 2000
9 Bréguet 1050/ Alizé/*59*	VS Cb/3	1 AST, 3 DC, 2 ⇨, 6 SB	285	1500	7.9	8.2	1 TP 2100	15.6 13.8 5.0	1992-93: moder- nisiert/modernized
28 Dassault Atlantique Mk 2 */88-96*	VP/ 12-15	Radar, ECM, ELINT 2 ⇨ AM 39, 8 AST	350	3000	10.0	46.2	2 TP 12200	37.4 33.6 10.9	
6 Dassault Falcon 50 Surmar/78, *99*	VP, SAR /8	Radar, ESM, SB	420	2700	15.0	17.6	2 TJ *2290*	18.9 18.5 7.0	Seeraumüberwachung/ maritime surveillance
4 Dassault Gardian/*81*	VP, SAR /8	Radar, ECM, SB	460	2300	13.5	14.1	2 TJ *2290*	16.3 17.1 5.3	
4 Grumman E-2 C Hawkeye/*71*	VA (W)	Radar, ECM, SB	350	1600	11.5	23.5	2 TP 10500	24.5 17.5 5.7	Zulauf/delivery: 97-99
16 Aérospatiale SA 321 G Super Frelon/*62*	HC, HR	[27]	150	450	3.5	13.0	3 TP *4710*	*18.9* 20.0 6.7	
33 Westland Lynx Mk 4 (FN)	HS	2 TR, DC, SB	125	360	3.7	5.15	2 TP 2240	12.8 13.2 3.5	

22 Aérospatiale SA 365-S/AS 565

29 Aerospatiale SA 319 B Alouette III

Griechenland / Greece - *Elliniki Polimiko Naftikon*

6 Lockheed Orion P-3 B (Lw/Air Force)
8 Sikorsky S-70 B 6/Sea Hawk
4 Embraer EMB-145
8 Agusta Bell AB-212 ASW
2 Aerospatiale SA-319 B Alouette III

Anzahl/Number	Verwendung	Bewaffnung	Speed	Range	Ceiling	Weight	Rating	sp/lg/hg	Remarks
Großbritannien / Great Britain - *Fleet Air Arm*									
47 BAe Sea Harrier FA-2	VAH, VF, Cb/1	2-3, ⇨ SW, ECM, 2.3 t B	0,95	790	15.3	11.4	1 TJ *9760*	7.7 14.5 3.7	STOL; 7-T 8 (N)
25 Hawker Siddeley Nimrod MR 2/2 P	VP/12	ASW, SB, ECM, DC, MAD, TR	510	5200	13.2	80.7	4 TJ *20868*	35.0 38.6 9.0	Coastal Command/ RAF; 3: ELINT
44 Westland EH 101 Merlin HAS 1/*98*	HS, HC/2	ASW, AST, [44]	160	560	4.7	13.0	3 TP 3870	18.6 22.9 6.5	Zulauf ab/ delivery from: 1998
41 Westland Sea King HAS 5/6 *89*	HS, HC/5	AST, DC, SB	120	510	3.0	9.5	2 TP 3320	18.9 22.1 5.1	
10 Westland Sea King AEW 7	HVW	Radar	115	650	3.0	9.8	2 TP 3320	18.9 22.1 5.1	Umrüstung bis/to be modernized till 2000

Anzahl/Number *Indienstnahme* *Date of Service*	Verwendung/ Purpose/*Crew*	Bewaff-nung/ Armament	Geschwin-digkeit/ Speed Kn *Mach*	Reichweite Range Sm	Gipfelhöhe/ Ceiling km	Gewicht/ Weight ts	Triebw. Leistung Pow.Pl. Rating KW - *kp*	sp lg hg m	Sonstige Angaben/ Remarks
29 Westland Sea King HC Mk 4	HR	ESM, ECM	120	640	3.0	9.9	2 TP / 3320	18.9 22.1 5.1	
58 Westland Lynx HAS 3	HS, HC/2	AST, ASW, 4 ⇨	120	320	3.0	4.7	2 TP / 1800	12.8 15.2 3.6	

Indien / India

24 BAe Sea Harrier FRS Mk 51/Mk 60
8 Tupolew Tu 142 M (Bear F)
5 Ilyušhin IL-38 (May)
30 Dornier Do 228-101
7 Kamov 28/31 (Helix) + 4 i.A./ordered
37 Sikorsky Sea King Mk 42 A/B/C/D
5 Kamov 25 (Hormone)
23 HAL Alouette III/Chetak
11 B.-N. 2 B/Maritime Defender

Indonesien / Indonesia - *Angkatan Laut / DISNERBAL*

29 GAF N-22 B, 6 GAF N-22 SL
6 CN 235-MPA
11 CASA NC 212 M-200
4 Aérospatiale NAS 332 F
4 NBO 105 CB
6 Bell NB-412 S
6 Westland Wasp HAS Mk 1

Iran

2 Lockheed P-3 A/Orion
3 Sikorsky RH-53 D/Sea Stallion
6 Sikorsky ASH-3 D/Sea King
15 Agusta AB-205 A/AB-212 ASW
10 Agusta AB-206 B/Jet Ranger

Irland / Ireland

5 Aérospatiale SA-365 F/Dauphin 2
3 CASA CN-235

Israel

2 Aérospatiale SA-366 G/Dauphin
4 Eurocopter AS-565 MA/Panther

Italien / Italy - *Aviazione per la Marina Militare*

16 McDonnell-Douglas AV-8 B Harrier II Plus
2 McDonnell-Douglas TAV-8 B Harrier II Plus
17 Bréguet Atlantic 1 (LW/Air Force)
36 Agusta-Sikorsky ASH-3 D/H
64 Agusta-Bell AB-212 ASW
16 Agusta-Westland EH-101/Merlin (ab/from 1999)

Japan - *Maritime Self Defence Force*

93 Lockheed-Kawasaki P-3 C U II/P-3 U III/EP-3/NP-3 Orion
55 Sikorsky-Mitsubishi SH-60 J/Seahawk
12 Sikorsky-Mitsubishi UH-60 J/Black Hawk
6 Shin Meiwa US-1
34 Sikorsky-Mitsubishi HSS-2 A/B Sea King
10 Sikorsky-Mitsubishi MH-53 E Sea Dragon

Kanada/Canada - *Maritime Air Group*

18+3 Lockheed CP-140 Aurora/CP 140-A Arcturus
30 Sikorsky CH-124 A/B Sea King
15 AW-520 Cormorant: i.A./on order

Kolumbien/Colombia - *Aviación Naval Armada*

3 Rockwell Commander 500
4 Piper PA-28 Cherokee
1 Piper PA 31 Navajo
4 MBB BO-105 CB

Korea (Republik/Republic)

8 Lockheed P-3 C/Orion
8 Grumman S-2 A/F Tracker
6 Cessna F-406 Caravan II
30 Westland Super Lynx Mk 99/100
6 Aérospatiale SA 316 B/Alouette III

Malaysia

5 Westland Wasp HAS 1
4 Beechcraft B-200 T
6 Westland Super Lynx (gepl./plan.)

Mexiko / Mexico

9 CASA C 212-200 Aviocar
11 MBB Bo 105 C/CBS
4 Eurocopter AS 555 AF/Fennec

Anzahl/Number *Indienstnahme* *Date of Service*	Verwendung/ Purpose/*Crew*	Bewaffnung/ Armament	Geschwindigkeit/ Speed Kn *Mach*	Reichweite Range Sm	Gipfelhöhe/ Ceiling km	Gewicht/ Weight ts	Triebw. Leistung Pow.Pl. Rating KW - *kp*	sp lg hg m	Sonstige Angaben/ Remarks

Neuseeland / New Zealand

6 Lockheed P-3 K/Orion
5 Kaman SH-2 F (ab/from 2000): SH-2 G
6 Westland Wasp HAS Mk 1

Niederlande / Netherlands

10 Lockheed P-3 C/U-2 Orion
7 P-3 C III Modernisierung ab 2001
22 Westland Lynx Mk 25/27 A/81 A
2 Fokker F 27-200 MPA

Norwegen / Norway - *(Lw / Air Force)*

4 Lockheed P-3 CIII/Orion
12 Sikorsky Sea King Mk 43 B
6 Westland Lynx Mk 86

Pakistan

2 Lockheed P-3 C-U II/Orion
3 Bréguet Atlantic-1
5 Fokker F 27 Mk 200/200 MP/400 M
6 Westland Sea King Mk 45
3 Westland Lynx HAS-3 (+3?)
6 Aérospatiale SA-319 B/Alouette III

Peru - *Servicio Aeronaval de la Marina*

12 Fokker F-27-200 MPA
2 Antonov AN-32 (Cline)
3 Embraer EMB-110/Bandeirante
5 Beechcraft 200-T/Super King
3 Mil Mi-8 T (Hip-C)
3 Agusta-Sikorsky AS-61 D/ASH-3 H
5 Agusta Bell AB-212 AS

Polen / Poland - *Lotnictwo Marynarki Wojennej*

22 MiG 21 (Fishbed)
5 MiG 21 UM (Mongol)
5 PZL AN-28 RM (Cash)
5 PZL AN-2 (Colt)
18 PZL TS-11/Iskra D/DF/R
5 PZL Swidnik WR-3 M/Anakonda
2 PZL Swidnik W-3/Sokol
12 Mil Mi-14 PL/PS (Haze-A)
6 PZL Mi-2 (Hoplite)
3 Antonov AN-28 RM

Portugal - *Aviação Naval*

6 Lockheed P-3 P/Orion (Lw./Air Force)
7 CASA C-212-200/300
5 Westland Super Lynx Mk 95
10 Aérospatiale SA-330 C/Puma

Rumänien / Romania

6 IAR-316 B/Alouette III

Rußland / Russia - *Aviatsija Voenno-Morskogo Flota*
(Die englischen Namen sind NATO-Bezeichnungen / the English names are NATO reporting names)

24 Suchoj SU-33 (Flanker D)	VF/1	1-3, ⇨, ⇩	*2.35*	1600	18.0	33.0	2 TJ 16200	14.7 21.9 5.9	trägergestützt/ carrier based
42 Suchoj SU-24 (Fencer C/D)	VA/ 2	1-3, ⇨, ↓ B	*2.2*	1800	17.0	33.3	1 TJ 27000	17.6 24.5 6.2	
12 Suchoj SU-25 TM (Frogfoot)	VA/1	1-3, ⇨, ⇩ B	520	600	10.5	19.5	2 TJ 9000	14.4 15.5 5.2	trägergestützt/ carrier based
21 Tupolev Tu 22 (Blinder)	VAH /3	1-2.3, ➡, B	*1.8*	3100	13.3	92.0	2 TJ 35200	23.5 42.6 10.0	
95 Tupolev Tu-22 M (Backfire B/C)	VAH RVAH /4	2-2.3, ➡, B	*1.9*	2850	13.3	124	2 TJ 48000	34.3 42.5 10.5	
24 Tupolev Tu-95 (Bear D, G, H)	VAH	2-2.3, ➡ 16	452	17300	12.0	188	4 TP 58000	50.0 47.2 13.3	

Anzahl/Number *Indienstnahme Date of Service*	Verwendung/ Purpose/*Crew*	Bewaffnung/ Armament	Geschwindigkeit/ Speed Kn *Mach*	Reichweite Range Sm	Gipfelhöhe/ Ceiling km	Gewicht/ Weight ts	Triebw. Leistung Pow.Pl. Rating KW - *kp*	sp lg hg m	Sonstige Angaben/ Remarks
22 Tupolev Tu-142/ 142 MR (Bear F/J)	VAH RVAH	2-2.3, 7.5 t B, ASW	462	18300	12.0	185	4 TP 58000	50.0 49.2 13.3	TU 142 MR: COM. für/for SSBN/SSGN
36 Iljušin Il-38 (MAY)	RVAH /12	ASW MAD	448	7800	9.1	63.5	4 TP 17000	37.4 39.6 10.2	Einige/some: ELINT
3 Iljušin Il-20 (Coot A/B)	RVAH /12	—	420	6500	10.0	64.0	4 TP 17000	37.4 35.9 10.2	ELINT / COMINT / SLAR
8 Antonov An-12 (Cub B/C/D)	VC /5	2-2.3	482	4160	10.2	61.0	4 TP 11720	38.0 33.1 10.5	
34 Beriev Be-12 (Mail)	VP/6	ASW MAD	370	3950	11.0	36.0	2 TP 7900	29.8 29.0 7.4	Einige/some: SAR
40 Kamov Ka-25 (Hormone)	HS/2	ASW, AST, MAD	113	750	3.5	7.5	2 TP 1880	15.7 9.6 5.4	
122 Kamov Ka-27 PL/29/31 (Helix)	HS/2	ASW AST MAD	157	495	6.0	12.1	2 TP 4340	15.9 11.6 5.4	2 KA-31: Radar-EW
65 Mil Mi-14 PL/ PT/PS (Haze-A, C)	HS, HC /6	ASW AST DC	124	705	3.5	14.0	2 TP 2400	21.3 25.3 6.9	Einige/some: SAR
25 Mil Mi-14 BT (Haze-B)	HM /6	SB	124	705	3.5	13.8	2 TP 2900	21.3 25.3 6.9	

Saudi Arabien / Saudi Arabia

12 Aérospatiale AS 332-B/Super Puma
20 Aérospatiale AS 565 SA/565 MA

Schweden / Sweden - *Marine Flygjänst*

14 Boeing-Kawasaki KV-107 II/Sea Knight
1 CASA C 212-200/Aviocar
10 Agusta-Bell AB-206 A/Jet Ranger
3 Piper TP 54/Navajo

Singapur / Singapore

5 Fokker F 50 Mk 2 S/Enforcer
4 Grumman E-2 C/Hawkeye

Südafrika / South Africa

8 Aérospatiale SA 330 C/J/L Puma

Spanien / Spain - *Arma Aéra de la Armada*

19 McDonnell-Douglas EAV-8 B II Plus/Matador
2 McDonnell-Douglas TAV-8 S/Matador
12 Sikorsky SH-3 D/SH-3 D-AEW/Sea King
6 Sikorsky SH-70 L/Seahawk (LAMPS III)
10 Agusta-Bell AB 212
10 Hughes 500 MD

7 Lockheed P-3 A/B Orion: Lw/Air Force
3 Fokker F 27-200 MPA: Lw/Air Force
14 CASA 212-200/Aviocar: Lw/Air Force

Syrien / Syria

13 Mil Mi 14 P (Haze A/C)
2 Kamov Ka-28 (Helix)

Taiwan

21 Grumman S-2 T/Tracker
3 Grumman S-2 E/G Tracker
12 Kaman SH-2 F/Seasprite
20 Sikorsky S-70 C (M)-1 / Seahawk
9 Hughes 500 MD/ASW

Anzahl/Number *Indienstnahme* *Date of Service*	Verwendung/ Purpose/*Crew*	Bewaffnung/ Armament	Geschwindigkeit/ Speed Kn *Mach*	Reichweite Range Sm	Gipfelhöhe/ Ceiling km	Gewicht/ Weight ts	Triebw. Leistung / Pow.Pl. Rating KW - *kp*	sp lg hg m	Sonstige Angaben/ Remarks

Thailand

7 McDonnell-Douglas AV-8 S/Matador
2 McDonnell-Douglas TAV-8 S/Matador
18 LTV A 7 E/TA-7 E Corsair II
3 Lockheed P-3 T/UP-3 T Orion
5 GAF Searchmaster B
5 Fokker F 27-200 ME/400 M
6 Dornier DO 228
2 Canadair CL-215
6 Sikorsky S-70 B/Seahawk
8 Bell 212 ASW

Türkei / Turkey - *Türk Cumkuriyet Bahrya*

9 CN-235 (MPA) i.A./on order
13 Agusta-Bell AB-212 ASW
8 Sikorsky S-70 B Seahawk

Ukraine Anzahl unsicher / numbers uncertain

10 Tupolev TU-22 M (Backfire)
Suchoj SU-17 (Fitter)
Beriev Be-12 (Mail)
Antonov An-12 (Cub B/D)
Antonov An-72 P (Coaler)
Ilyušhin Il-20 (Coot)
Kamov Ka-25 (Hormone)
Kamov Ka-27 (Helix)

Uruguay - *Aviacion Naval*

3 Grumman S-2A/G
1 Cessna King Air 200 T
3 Cessna 182
3 Beech T-34 B/C
2 Piper P-34/Seneca
6 Westland Wessex HC-2
2 Bell 47 G

USA - *US Navy & Marine Corps*

Anzahl/Number	Purpose/Crew	Armament	Speed	Range	Ceiling	Weight	Pow.Pl. Rating	sp lg hg	Remarks
232 Grumman F-14 A/B Tomcat	VF, VA /2	1-2, 4 ⇨ Ph./SW/Sp	*2.4*	2200	17.6	33.7	2 TJ / *18960*	19.5 18.9 4.9	
46 Grumman F-14 D Tomcat	VF, /2	1-2, 4-6 ⇨ Ph/SW/ AMR	*2.5*	2380	17.6	33.7	2 TJ / *24560*	19.5 18.9 4.9	
769 McDonnell-Douglas F/A-18 A/B/C/D	VA, VF, /1	1-2, ⇨, ᛉ SW/Sp	*1.8*	1080	16.5	23.5	2 TJ / *15500*	12.3 17.1 4.7	
20 McDonnell-Douglas F/A-18 E/F Super Hornet	VA, VF /1	1-2, 4-6 ⇨ Ph/SW/Sp	*1.9*	1280	16.5	23.5	2 TJ / 19800	13.7 18.4 4.9	
201 McDonnell-Douglas AV-8 B/B-Plus, TAV-8 B Harrier	VA /1	1-2.5, 4 ⇨ SW 4 ᛉ Mv	*0.98*	1180	13.7	14.1	1 TJ / 10795	9.2 15.3 4.1	Marine-Corps
130 Lockheed S-3 B/ES-3 A Viking	VS Cb/4	AST, ASR, DC, MAD	430	3980	10.6	23.8	2 TJ / 8420	20.9 16.3 6.9	US-3 B
123 Grumman EA-6 B/ Prowler	VE /4	Radar ECM/ ECCM	0.95	2200	12.6	29.5	2 TJ / *22400*	16.2 18.2 4.9	Mod: Block 89
75 Grumman E-2 C/ Hawkeye	VA (W) /5	Radar AN/APS-145	372	1600	9.5	23.5	2 TP / 8800	24.6 17.6 5.6	C-2 A Transport-Version(Cb/5)
240 Lockheed P-3 C/EP-3 C Orion	VP /12	ASW, AST, DC, ECH, MAD, 4 ⇨	473	3250	10.2	61.2	4 TP / *19640*	30.4 35.6 10.3	
16 Boeing E-6 A/B Mercury	VE /11	VLF SATCOM	530	3980	15.8	155	4 TJ / *42400*	45.2 46.6 12.9	TACAMO IV, COM für/for: SSBN

Anzahl/Number *Indienstnahme* *Date of Service*	Verwendung/ Purpose/*Crew*	Bewaff- nung/ Armament	Geschwin- digkeit/ Speed Kn *Mach*	Reichweite Range Sm	Gipfelhöhe/ Ceiling km	Gewicht/ Weight ts	Triebw. Leistung Pow.Pl. Rating KW - *kp*	sp lg hg m	Sonstige Angaben/ Remarks
311 Boeing-Vertol CH-46 D/ CH-46 E/ HH-46 D/ MH-46 D - Sea Knight	HC, HR /2	[25] 2.9 t	165	650	3.6	11.0	2 TP 3740	15.4 25.7 5.2	
151 Sikorsky CH-53 E/ MH-53 E, Super Stallion	HR, HM /3	[56] 14.5 t	170	2050	5.6	31.6	3 TP 12980	24.1 22.3 5.3	44: MH-53 E/ Sea Dragon
43 Sikorsky CH-53 D/ Sea Stallion	HR HC /3	[38] 3.6 t	180	1850	5.6	28.5	2 TP 7850	22.0 26.9 7.6	
10 Bell-Boeing V-22/Osprey	VC/ HC /3	[24] 9 t	313	3800	9.9	26.3	2 TP 12300	25.8 19.1 5.4	Kippflügel/tilt wings VTOL/STOL
243 Sikorsky SH-60 B/ SH-60 F/ HH-60 H Seahawk	HS, HR, HC/3	ASW, AST, SB, ECM	145	.	3.5	9.9	2 TP 3800	16.4 19.7 5.2	
10 Kaman SH-2 F/ SH-2 G Sea- sprite Lamps I	HS, HM /3	ASW, 2 AST, MAD	146	720	6.8	6.1	2 TP 3380	13.4 16.0 4.1	
57 Sikorsky SH-3 H Sea King	HS, HM /4	ASW, AST	140	1080	4.5	9.3	2 TP 2800	18.9 22.1 5.1	
186 Bell AH-1 W Super Cobra	HR /2	1-2, 66 ⁑ TOW	175	360	4.5	6.7	2 TP 3250	14.6 16.7 4.3	
105 Bell UH-1 N Iroquois	HR, HC, /2	2 Mg, 36 ⁑ [16]	110	505	5.5	4.3	2 TP 1800	14.6 17.4 4.4	
US-Coast Guard									
30 Lockheed HC-130 H Hercules	VC, /5	.	374	3500	11.5	79.3	4 TP 13448	40.4 29.8 11.7	SAR, HRU
41 Dassault HU-25 A/B/C Guardian	VC, /2	[14]	536	2080	12.5	13.0	2 TJ *8990*	16.3 17.1 5.3	
42 Sikorsky HH-60 J/ Jayhawk	HC /3	.	145	950	5.8	10.7	2 TP 3890	16.4 19.8 5.2	SAR
95 Aérospatiale HH-65 A/ Dolphin	HC /2	[10]	184	535	3.2	4.2	2 TP 1760	11.9 13.7 4.0	FLIR, SAR

Venezuela - *Aviacion de la Marina Venezolana*

5 CASA C.212-200 ASW + 3 C 212-400
1 DHC-7 Dash 7

12 Agusta-Bell AB-212 AS

Vereinigte Arabische Emirate/UAE

4 CASA-Nurt. CN-235/200 MPA

Vietnam

4 Beriev Be-12 (Mail)

3 Kamov Ka-27 (Helix-A)

Flugkörper / Missiles

Art / Type	Bezeichnung / Designation	Durchmesser/ Diameter cm	Länge/ Length m	Gewicht/ Weight kg	Geschwindigkeit/ Speed *Mach*	Reichweite/ Range sm	Triebwerk / Power Plant	Lenkung/ Guidance	Sonstige Angaben / Remarks Gefechtskopf / war head Gk / wh
China									
ASM	C 601	24	7.4	2450	*0.9*	100	f-RM	zra	
ASM	HY 4	76	7.4	2000	*0.8*	150	f-RM	kdf	H 6, auch / also SSM
ASM	RF 61	29	4.0	320	*3.0*	11	f-RM	sar	Radar; Fog Lamp + Rice Screen
SSM	CSS-N-3/JL-1	150	10.0	14000	.	3000	f-RM	trnav	Xia Kl., 2 MT/3-MRV
SSM	CSS-N-4X/JL-2	.	.	.	.	8000	f-RM	trnav	2.5 MT, 3-MRV
SSM	C 801	36	5.8	815	*0.9*	45	f-RM	kdf	
SSM	HY 2	.	7.4	2998	*0.9*	90	f-RM	kdf	Active radar seeker, HY G: Active radar seeker + radio altiometer, HY 2 A: Passive radar seeker
Deutschland / Germany									
ASM	Kormoran	34	4.4	600	*0.95*	30	f-RM	zinf + zra	Tornado. Auch Italien / also Italy Gk / wh: 165 kg
SAM	RAM/ RIM-116 A	12.7	2.8	71	*2.0*	5	f-RM	zinf	Funded by Germany, USA, Denmark. DG, FG, PG, LH
SSM	Polyphem	2.2	2.3	130	.	60	.	.	Für/for: Kl. 130, Kl. 212 A
Frankreich / France									
AAM	R 550 Magic	15.7	2.9	90	*2.0+*	8	f-RM	sar zinf	Super Étendard / Crusader
AAM	Mica	16	31	110	*4.0*	55	f-RM	zinf +zra	
ASM	AM 39	35	4.6	650	*0.92*	50	f-RM	trnav +zra	Super Étendard, Argentinien, Pakistan, Irak
ASM	AS-15 TT	18	2.3	96	*0.95*	8.1	f-RM	kdf	Für / for AS 365 F Dauphine
SAM	Masurca Mk 2 mod. 3	40	8.6	2080	*3.0*	25	f-RM	sar	Suffren Klasse
SAM	Crotale NG	15	2.9	75	*3.6*	11	f-RM	zra +zinf	Für / for AS 365 F Dauphine
SAM	Crotale NAVAL	15	2.9	80	*2.3*	13	f-RM	kdf	Gk / wh: 15 kg, Typ C 70, Tourville Kl.
SAM	SADRAL	9	1.8	18	*2.5*	3.3	f-RM	zinf	PDMS. To engage down 3.3 m SIMBAD: Twin launcher
SSM	MSBS M 4	193	11.1	35000	.	2200	f-RM	trnav	Nu: 6 MIRV à 150 KT
SSM	MSBS 45	193	11.1	35000+	.	5000	f-RM	trnav	Le Triomphant
SSM	MSBS 51	2.3	12.0	48	.	8000	f-RM	trnav	Ersatz: M 45
SSM	ASMP-A	.	.	.	.	500	Tj	.	Nuk. Sprengkopf 2007/08 operat.
SSM	MM 40	35	5.8	825	*0.93*	38	f-RM	trnav +zra	Auch für Küstenschutz / also for coastal defence
SSM	SM 39	35	4.7	650	.	27	f-RM	trnav +zra	Torpedo tube launched version
SSM	MM 38	35	5.2	735	*0.93*	23	f-RM	trnav +zra	Sea skimmer, Gk / wh: 165 kg

Art / Type	Bezeichnung / Designation	Durchmesser/ Diameter cm	Länge/ Length m	Gewicht/ Weight kg	Geschwindigkeit/ Speed *Mach*	Reichweite/ Range sm	Triebwerk / Power Plant	Lenkung/ Guidance	Sonstige Angaben / Remarks Gefechtskopf / war head Gk / wh
Großbritannien / Great Britain									
ASM	Sea Eagle/P 3 T	25	4.0	600	*0.9*	55+	f-RM	zra	Sea Harrier. Auch/also SSM
ASM	Sea Skua/CL 834	25	2.5	145	*0.8*	8	f-RM	sar	Lynx. Gk/wh: 35 kg. Auch/also SSM
SAM	PAAMS	.	.	.	.	.	f-RM	.	For/for: DDG Type 45 + Projekt Horizon
SAM	Sea Dart Mk 1/ GWS 30	42	4.4	550	*2.0+*	35	f-RM + RJ	sar	
SAM	Seawolf/GWS 25	18	1.9	82	*2.5*	2.7	f-RM	.	Für Nahverteidigung/Shipboard point-defence missile
Israel									
SAM	Barak I	17	2.2	98	*2.0*	10	f-RM	sar	Vertical launching (VLS)
SSM	Gabriel I	34.1	3.8	560	*0.7*	11	f-RM	zra	Gk/wh: 100 kg. Gabriel II: Range 22 sm. III: Improved Electronics. S. Africa: Scerpioen, Taiwan: Hsiung Feng
Italien/Italy									
AAM	Aspide	20	3.7	205	*4.0*	15+	f-RM	sar	Gk/wh: 35 kg. Auch/also SAM
SSM	Otomat Mk I	46	4.5	770	*0.9*	61	f-RM l-TJ	trnav + zra	Mk 2: Teseo, 80 sm
SSM	Seakiller Mk 2/ Marte	21	4.8	345	*0.8*	25	f-RM	kdl	Mk 1/Marte: . Gk/wh: 70 kg
Norwegen/Norway									
SSM	Penguin Mk 2	29	3.0	340	*0.8*	27	f-RM	trnav + zinf	Gk/wh: 120 kg. Schweden: RB 12. Mk 1: 11 sm. Mk 3: ASM
ASM	Penguin Mk 3	28	3.0	350	*0.8*	40+	f-RM		Gk/wh: 120 kg.
Rußland/Russia – Bezeichnungen/Designations: NATO Code									
AAM	AA-12 Adder	20	3.6	175	.	90.0	f-RM	zrad	Su 27 K; R-77
AAM	AA-11 Archer	17	2.9	105	*2.5*	30.0	f-RM	zinf	Su 27 K; R-73
AAM	AA-10c Alamo	26	4.7	350	*4.0*	13.0	f-RM	sar	R-27 RE
AAM	AA-10b Alamo	23	3.7	245	.	40	f-RM	zinf	Su 27. Several variants zinf, sar
AAM	AA-9 Amos	39	4.2	490	.	65.0	f-RM	trnav	Active terminal guidance radar
AAM	AA-8 Aphid	12	2.1	44	*3.0*	4.0	f-RM	zinf	R-60
AAM	AA-7 Apex	20	4.5	223	*3.5*	19.0	f-RM	sar, zinf	
AAM	AA-6 Acrid	36	6.2	475	*4.5*	38	f-RM	sar, zinf	
AAM	AA-5 Ash	30	4.1	350	.	22.0	f-RM	sar, zinf	
ASM	AS-20	.	.	.	.	.	.	f-RM	.
ASM	AS-19 Koala	1.3	9.7	4.5	*3.0*	250	f-RM	.	Kh 41
SSM	AS 18 Kazoo	.	530	1000	*0.6*	109	TJ	.	Nanuchka IV ?
ASM	AS-17 Krypton	36	5.2	600	.	111	.	.	
ASM	AS-16 Kickback	.	.	1200	.	83	.	kdl	
ASM	AS-15 Kent	.	.	.	*0.7*	1500	l-TJ	.	Bear H, Backfire. 200KT nu. Air launched SS-N-21

Art / Type	Bezeichnung / Designation	Durchmesser/ Diameter cm	Länge/ Length m	Gewicht/ Weight kg	Geschwindigkeit/ Speed Mach	Reichweite/ Range sm	Triebwerk / Power Plant	Lenkung/ Guidance	Sonstige Angaben / Remarks Gefechtskopf / war head Gk / wh
ASM	AS-14 Kedge	38	3.9	657	*3.0*	4.5	f-RM		
ASM	AS 13 Kingbolt	425	5.85	875	.	32	f-RM	z.	
ASM	AS-12 Kegler	28	4.2	330	.	19	f-RM	zar	Homes on electromagnetic radiation
ASM	AS-11 Kilter	38	4.8	640	*3.6*	27	f-RM	zrad	Antiradar
ASM	AS-10 Karen	35	3.8	300	*1.0+*	6	f-RM	sar	Fitter D
ASM	AS-9 Kyle	50	6.0	650	*3.0*	60	f-RM	.	Anti-radar missile, Badger, Fencer, Fitter, Backfire
ASM	AS-7 Kerry	30	3.5	1200	*1.0*	6	f-RM	kdf,zra	Fitter, Badger
ASM	AS-6 Kingfish	90	7.1	3800	*3.0*	300	f-RM	trnav +kdf	TU-16 Badger (nu 350 KT)
ASM	AS-4 Kitchen	90	11.0	6400	*3.5*	160	f-RM	trnav	Tu-22 Blinder, Backfire
SAM	SA-N-11 Grison	152	2.5	43.6	*2.6*	4.0	f-RM	Rdl	CADS-N-1
SAM	SA-N-9	23	2.3	165	*3.0*	9	.	.	Udaloj Klasse
SAM	SA-N-7 Gadfly	40	5.5	69.0	*3.0*	15	f-RM	sar, zinf	Sovremennyj Klasse
SAM	SA-N-6 Grumble	45	7.0	1500	*6.0*	44	f-RM	.	Auch/also SSM. Senkrechte Starter/vertical launchers
SAM	SA-N-5 Grail	7	0.7	9	*1.5*	5.4	f-RM	zinf	Manual aiming with IR
SAM	SA-N-4 Gecko	21	3.6	127	*2.5*	8	f-RM	sar	Für Nahverteidigung/ for close-range defence
SAM	SA-N-3 Goblet	33	6.0	550	*2.5*	16/30	f-RM	kdf	Kara-Klasse
SAM	SA-N-1 Goa	45	6.6	400	*2.0*	10/19	f-RM	kdf	Kashin-Klasse
SSM	SS-Nx-27	.	.	.	.	.	f-RM	trnav	
SSM	SS-N-23 Skiff	190	14.8	40300	.	4940	l-RM	trnav	Delta IV.4 MIRV
SSM	SS-N-20 Sturgeon	240	16.0	90000	.	4540	f-RM	trnav	10/4 MIRV à 100 KT. SB Typhoon
SSM	SS-N-18 Stingray mod. 1	180	14.3	33300	.	3550	l-RM	trnav	Delta III. 3 MIRV à 200 KT; mod. 2: 1 RV 0.5 MT, 4370 sm; mod. 3: 7 MRV à 200 KT
SSM	SS-N-8 Sawfly	180	13	33000	.	./4950	l-RM	trnav	Delta I. Nu, 1 MT
SSM	SS-N-25 Switchblade	42	4.5	600	.	70	f-RM	.	Krivak/Kashin/Matka
SSM	SS-N-22 Sunburn	80	9.4	3950	*2.5*	250	f-RM	zra	Sovremennyi, Tarantul II
SSM	SS-N-21 Sampson	51	8.1	1700	*0.7*	1600	l-TJ	sar +TF	SLCM. For use from TR 53.3
SSM	SS-N-19 Shipwreck	96	10.2	4535	*2.5*	300	?-TJ	zra	SLCM/SSM. Kirov, Oscar
SSM	SS-N-16 Stallion	.	.	.	.	50	f-RM	trnav	SLCM. For use from TR 65
SSM	SS-N-15 Starfish	.	.	.	.	20	f-RM	trnav	SLCM. For use from TR 53.3
SSM	SS-N-14 Silex	.	7.2	3930	*1.0*	50	f-RM	kdf	Kara, Krivak
SSM	SS-N-12 Sandbox	78	11.7	4800	*2.5*	550	?-TJ	zra	SLCM Kiev, Slava
SSM	SS-N-9 Siren	80	8.8	3300	*0.9*	150	f-RJ	zra	SLCM. Nanuchka
SSM	SS-N-3 C Shaddock	96	11.8	5400	*1.1*	250	f-TJ		SLCM. Kynda-Klasse
SSM	SS-N2 C	75	6.6	2585	*0.9*	45	f-RM	zra	Sea-skimmer
SSM	SS-N-2 A, B Styx	75	5.8	2115	*0.9*	25	f-RM	zra	Osa I, II

Art / Type	Bezeichnung / Designation	Durchmesser/ Diameter cm	Länge/ Length m	Gewicht/ Weight kg	Geschwindigkeit/ Speed *Mach*	Reichweite/ Range sm	Triebwerk / Power Plant	Lenkung/ Guidance	Sonstige Angaben / Remarks Gefechtskopf / war head Gk / wh
Schweden/Sweden									
SAM	RBS 70	11	1.3	15	*1.0*	2.7	f-RM		Optical/Laser guidance
SSM	RBS 15	50	4.4	770	*0.9*	50	f-RM	zra	RBS 15 F: ASM
USA									
AAM	AMRAAM AIM-120 A	18	3.7	156	*4.0*	40	f-RM	tnrav	Replacement for Sparrow III RIM 7 F
AAM	Phoenix AIM-54 A, C	38	4.0	455	*5.0+*	110	f-RM	kdl	Grumman F-14 A. Gk/wh: 60 kg
AAM	Sparrow III AIM-7 F, M	20	3.7	205	*2.5*	14	f-RM	zra +scw	VF, RIM-7 M, 24 sm
AAM	Sidewinder AIM-9 H, L, M	13	2.9	86.6	*2.5*	18	f-RM	zinf, sar	
ASM	Harm AGM-88 B, C	25	4.2	360	*2.0+*	40	f-RM	zra	Homes on electromagnetic radiation
ASM	Maverick AGM-65, E, F, G	30	2.5	287	.	13	f-RM	zinf, sar	E: Marine Corps, F: Navy
ASM	Walleye II AGM-62	46	4.0	1114	.	20	f-RM	kdf	Gk/wh: 910 kg. TV-guidance
ASM	Sidearm AGM-122 A	13	2.9	86	*2.3*	15	f-RM	.	Antiradar
SAM	Standard SM-2 ER RIM-67 B	34	8.0	1450	*2.5+*	75	f-RM	trnav +sar	ER = Extended Range
SAM	Standard SM-2MR RIM-67 C	34	8.0	1302	*2.5+*	40	f-RM	sar	
SAM	Standard SM-1MR RIM-66 B	34	4.5	630	*2.0+*	25+	f-RM	kdl +sar	MR = Medium Range. 66 C: AEGIS
SAM	ESSM RIM-7 PTC	26	3.2	310	*3.0*	.	f-RM	.	Evolved Sea Sparrow
SAM	Sea Sparrow AIM-7	20	3.7	205	*4.0*	8	f-RM	zra +scw	IPDMS: NATO-Sea Sparrow
SSM	Trident II D 5 UGM-133 A	188	13.4	57200	.	6000	f-RM	trav	SSBN. Ohio: 734-743 8 MIRV à 100 KT
SSM	Trident I C 4 UGM-96 A	188	10.4	32000	.	4350	f-RM	trnav	SSBN. Ohio 726-733 8 MIRV à 100 KT
SSM	Tomahawk BGM 109	52	6.2	1540	*0.75*	250	f-RM + 1 Tj	sar + tercom	SLCM (Sea Launched-Cruise-Missile) Reichweite/range: TLAM-C: BGM 109 C/F: 670 sm, TLAM-D: BGM 109 D: 480 sm, TASM-C: BGM 109 B/E: 255 sm
SSM	Harpoon RGM-84 A	34.3	4.6	620	*0.85*	80	f-RM	sar	For SS: UGM-84. ASM: Lg 3.8 m, 522 kg (AGM-84 A)

Bordartillerie/Guns (Naval Artillery)

Hersteller/Manufacturer: Bo = Bofors, Br = Breda, CH = China, EM = Emerlec, FL = Frankreich/staatl., GE = General Electric, HS = Hispano Suiza, HSa = Hollandse Signaalapparaten, Oe = Oerlikon, OTO = Melara, La Spezia, Rh = Rheinmetall, RU = Rußland, Sp = Spanien/staatl., T=Terni, V=Vickers, US = Vereinigte Staaten. In Spalte *Turmgewicht* bedeutet eine römische Ziffer die Anzahl der Rohre in den Türmen/A Roman numeral in the *Weight of Turret* column indicates number of guns per turret

Kaliber in cm, Rohrlänge in Kal./Caliber in cm, length in Cal.	Hersteller/Einführung - Manufacturer/introduced	Rohr-, *Turm*-Gewicht/ Weight of Gun, *Turret* ts	Schuß je Min. u. Waffe Rounds per min. and weapon	max. Reichweite/Steighöhe, *Einsatzschußweite/-höhe* max. Range/Height, *useful Range/Height* km	Geschoß/Projectile Gewicht/ Weight kg	Mündungs-geschwindigkeit/ Muzzle Velocity m/sec	Mündungsarbeit/ Muzzle Energy m ts	Bemerkungen/ Remarks h. aut. = halbautomatisch/ semi-automatic v. aut. = vollautomatisch/ fully-automatic
China								
10.0 L/56	CH/.	II *34*	25	22.5/15.0	15.9	916	.	∡ 85°, v. aut
3.7	CH/.	II *4*	180	9.5/6.7	0.73	866	.	∡ 85°,
Deutschland/Germany								
2.0 L/85	Rh/73	I *4.1*	1000	2.0/*2.0*	0.12	1050	.	∡ 85°, v. aut.
Frankreich/France								
10.0 L/55	FL/68	I *22*	60	17.0/10.0	13.5	855	493	∡ 80°, v. aut.; R, C, D, F
5.7 L/60	Bo/50	II *16*	120	13.0/*5.0*	2.96	865	112	∡ 90°, v. aut.; C, D, F
3.0 L/70	HS/62	I 3.5	650	8.5/*2.8*	0.42	1000	21	∡, F, A
2.0 L/90	FL/83	I *3.4*	720	2.0/*1.3*	0.10	1250	.	∡ 60°, aut.
Großbritannien/Great Britain								
11.4 L/55	V/72	I *25.7*	25	23.0/*6.0*	21.0	850	.	∡ 53°, v. aut.; D, F
11.4 L/45	V/43	II 38.6	12	19.0/12.5	25.0	840	.	∡ 55°, h. aut.; Indonesien, Malaysia, Pakistan
7.6 L/70	V/51	II 38	60	17.0/*5.0*	7.0	980	.	∡ 80°, v. aut.; Canada
3.0 L/.	HS/	II *21*	650	10.0/6.0.	.	1080	.	∡ 80° v. aut.; F
3.0	HS/87	I *1.2*	650	.	0.43	1080	.	∡ 65°; DS 30/Sigma: 2 ↥
Italien/Italy								
12.7 L/54	OTO/68	I *37.5*	45	23.7/14.8	31.8	808	.	∡ 85°, v. aut.; D, F
7.6 L/62	OTO/69	I *7.5*	120	16.0/11.5	6.2	925	269	∡ 85°, v. aut.; C, F
7.6 L/62	OTO/61	I *12*	80	16.3/11.8	6.0	950	.	∡ 80°, ältere/older F
4.0 L/70	Br/74	II *7*	300	12.5/8.7	1.0	1000	.	∡ 85°, v. aut.
3.0 L/82	Br/80	II .	800	3.0/*1.5*	.	1040	.	∡ 80°, v. aut.
Niederlande/Netherlands								
3.0 L/70	HSa/86	VII *6.3*	4200	2.0/.	0.23	1020	.	Gatling. ∡ 85°, v. aut.; Goalkeeper
Rußland/Russia								
13.0 L/54	RU/81	II *98*	43	20.0/*15.0*	33.4	850	.	∡ 85°; AK-130 MR
13.0 L/51	RU/49	II *59*	15	27.8/*19.0*	.	945	.	∡ 82°; SM-2-1
10.0 L/59	RU/78	I *49*	60	15.0/*8.0*	15.6	880	.	∡ 85°; AK-100 MR 145
7.6 L/60	RU/56	II *26*	120	16.5/*11.0*	5.9	980	.	∡ 84°; AK-726
7.6 L/.	RU/77	I *17*	120	16.5/*11.0*	5.9	980	.	∡ 85°; AK-176M/MR-123
5.7 L/75	RU/60	II *25*	100	12.0/*8.8*	2.85	1020	.	∡ 85°; AK-725 (ZiF-72)
5.7 L/70	RU/56	II *11*	150	10.5/*4.5*	.	950	.	∡ 85°; Typ 66 (ZiF-31 B)
3.7 L/63	RU/43	II *3.8*	160	9.5/*6.7*	0.73	880	.	∡ 85°; Typ 76/NG-15-2
3.0 L/54	RU/80	VI *1.5*	1000	5.0/*4.0*	.	880	.	∡ 90°; AK-306
3.0 L/54	RU/71	VI *7.0*	5000	5.0/*4.0*	0.38	880	.	∡ 90°; AK-630 M-MR 123
3.0 L/54	RU/93	XII *7.5*	10000	8.0/*5.0*	0.38	880	.	∡ 90°; AK-630 M1-2-MR
2.5 L/60	RU/52	II *1.6*	450	3.0/.	0.28	910	.	∡ 85°; 2 M-3 M/Typ 61
2.3 L/80	RU/.	II *0.9*	1000	7.0/*5.1*	0.19	970	.	∡ 90°; ZU-23-2
1.2	RU/76	II *0.6*	800	2.0/*1.5*	0.15	860	.	∡ 85°; UTES-M

Kaliber in cm, Rohrlänge in Kal./Caliber in cm, length in Cal.	Hersteller/Einführung - Manufacturer/introduced	Rohr-, *Turm*-Gewicht/ Weight of Gun, *Turret*	Schuß je Min. u. Waffe Rounds per min. and weapon	max. Reichweite/Steighöhe, *Einsatzschußweite/-höhe* max. Range/Height, *useful Range/Height*	Geschoß/Projectile			Bemerkungen/ Remarks h. aut. = halbautomatisch/ semi-automatic v. aut. = vollautomatisch/ fully-automatic
					Gewicht/ Weight	Mündungs-geschwindigkeit/ Muzzle Velocity	Mündungsarbeit/ Muzzle Energy	
		ts		km	kg	m/sec	m ts	
Schweden/Sweden								
12.0 L/46	Bo/67	*28.5*	80	18.5/11.8	21.0	800	690	∡ 80°, v. aut.; Fin. Turunmaa
7.6 L/50	Bo/62	6.5	30	8.0	5.9	825	.	Norw. Storm-Klasse, 30°
5.7 L/70	Bo/85	*6.7*	220	17.0/14.0	2.4	900	.	∡ 85°, v. aut.
5.7 L/70	Bo/71	I *6.5*	200	14.5/10.3	2.4	1025	.	∡ 75°, v. aut.; Spica-Kl.
4.0 L/70	Bo/46/ 58	I *2.7/ 3.35*	240	12.6/.	0.96	1005	50	∡ 80°, v. aut.
4.0 L/60	Bo/42	I *0.8*	120	10.0/7.2	0.89	830	35	∡ 80°, v. aut.
Schweiz/Switzerland								
3.5 L/90	Oe/68	II *5.9*	550	*6.0/5.0*	0,55	1175	40	∡ 85°, v. aut.; Typ GDM-A
3.5 L/90	Oe/68	II *6.7*	550	*6.0/5.0*	0.55	1175	40	∡ 85°, v. aut.; Typ GDM-C
3.0 L/75	Oe/74	II *2.0*	650	10.2/*3.0*	0.36	1080	22	∡ 75°, v. aut.; Typ GCM
2.5 L/92	Oe/83	IV *4.5*	3400	*3.0/2.5*	0.19	1355	18	∡ 125°, v. aut.; Seaguard
2.5 L/80	Oe/80	I *0.5*	570	*2.5/2.0*	0.18	1100	11	∡ 50°; Typ GBM-A 01
2.0 L/85	Oe/68	I *0.4*	1000	*2.0/1.8*	0.125	1100	8	∡ 60°, Typ GAM-B 01
2.0 L/70	Oe/.	I *0.2*	800	*1.8/1.5*	0.142	835	5	∡ 50°; Typ A-41 A
Spanien/Spain								
2.0 L/120	Sp./.	XII 4.5	3600	*2.0/2.0*	0.1	1215	8	∡ 85°, v. aut., Meroka
USA								
40.6 L/50	./43	III *1701*	2	38.0/.	862	820	.	High-capacity shell. Armor-piercing shell: 1225 kg, 762 m/sec, 38.7 km
15.5/52	./04	I /.	.	.	.	.	.	DD 21: AGS = Advanced gun system
12.7/62	./01	I /.	.	*50*	.	.	.	Munition: ERGM = Extended range guided munition: Rw: *116*
12.7 L/54	./69	I *21.7*	20	23.7/14.8	31.8	807	.	∡ 65°, v. aut.; C. DG, LHA
12.7 L/54	./53	I *65.7*	40	23.7/14.8	31.8	807	1054	∡ 80°, v. aut.
12.7 L/38	./35	II *43.4* I *18.6*	22	16.6/11.3	24.9	792	642	∡ 80°, h. aut.; D, A
7.6 L/62	./74	I *6.2*	85	16.0/11.5	6.2	925	269	∡, v. aut.; FFG 7. OTO Lizenz
7.6 L/50	./51	II *50*	45	13.3/9.1	5.9	823	.	∡ 85°, v. aut.
3.0 L/.	Oe/74	II *1.9*	600	3.4/.	.	850	.	Emerlec 30/EX 74
2.5 L/.	./82	I 0.1	240	.	.	1100	.	Bushmaster
2.0 L/80	.	I	800	3.0/.	0.1	.	.	∡, v. aut.
2.0 L/.	./80	VI *5.4*	3000	*1.5/1.0*	0.1	1030	.	∡, v. aut.; Phalanx

Torpedos / Torpedoes

SS = Uboot / Submarine
ÜF = Überwasserfahrzeug / Surface Craft
FH = Flugzeug oder Hubschrauber / Aircraft or Helicopter

Name/ Designation	Länge/ Length m	Durch- messer/ Diameter cm	Gewicht/ Weight kg	Geschwin- digkeit/ Speed kn	Reich- weite/ Range km	Abschuß von/ fired from	Ziel/ target
Deutschland (Bundesrepublik) / Germany (Federal Republic)							
SST 4 (Seeaal)	6.6	53.3	1414	35/23	13/35	SS, ÜF	SS, ÜF
Seeschlange/DM 2A3	6.4	53.3	1370	35/23	10/35	SS	SS, ÜF
Seehake/DM 2A4	.	.	.	.	.	SS	SS, ÜF
Frankreich / France							
F 17 mod. 1/2	5.4	55	1360	35/40	20	SS	SS, ÜF
L 5 mod. 3	.	53.3	1300	35	7.7	SS	SS, ÜF
L 5 mod. 4	4.4	53.3	935	35	10	ÜF, SS	SS, ÜF
L 3	4.3	55	910	25	5.5	ÜF	SS, ÜF
L 4	3.1	53.3	525	30	6.0	FH	SS
MU 90	3.0	32.4	250	55	11	FH	SS/1 km
Großbritannien/Great Britain							
Spearfish	8.0	53.3	1850	65	24	SS	SS, ÜF
Tigerfish/Mk 24	6.5	53.3	1550	35	31	SS	SS, ÜF
Stingray/Mk 46	2.5	32.4	267	45	8.2	FH	SS
Italien/Italy							
A 184-A	.	53.3	.	45	40	SS	SS, ÜF
A 184	6.0	53.3	1265	36	10	SS, ÜF	SS, ÜF
MU 90	3.0	32.4	250	55	14	FH	SS
A 244 S	2.7	32.4	235	36	8	ÜF, FH	SS
A 244 S/Mod 3	2.7	32.4	240	39	14	ÜF, FH	SS
Rußland / Russia							
65-73/76	11.1	65.0	4500?	50	50	SS	ÜF
53-57/61	7.6	53.3	2000	45	18	SS, ÜF	ÜF
53-65 K	8.0	53.3	2070	45	22	SS, ÜF	ÜF
SET 53 M	7.8	53.3	1480	29	14	SS, ÜF	SS
SAET 60 M	7.8	53.3	2000	42	15	SS	ÜF
SET 65	7.8	53.3	1750	40	16	SS, ÜF	SS
TEST 71 M	7.9	53.3	1750	35	25	SS, ÜF	SS, ÜF
STEST 68	7.9	53.3	2000?	50	20	SS, ÜF	SS, ÜF
USET 80	7.9	53.3	.	200	15	SS	SS, ÜF
VA 111 Shkval	8.2	53.3	.	200	15	SS	SS, ÜF
TEST 96	8.0	53.3	1800	.	.	SS	SS, ÜF
UGST	7.2	53.3	2200	50	40	SS, ÜF	SS, ÜF
AT 2	4.8	53.3	1050	40	7	FH, ÜF	SS
SET 40 (MGT 2)	4.5	40.0	550	29	8	SS, ÜF	SS
SET 72	4.5	40.0	700	40	8	SS, ÜF	SS, ÜF
AT 3 (UMGT 1)	3.8	40.0	700	41	8	FH, ÜF	SS
APSET 95	3.9	40.0	720	50	30	FH	SS
APR 2	3.7	35.0	575	62	2	FH	SS
Kolibri	2.7	330	250	45	8	FH	SS
Schweden / Sweden							
TP 422	2.6	40.0	300	.	20	SS, ÜF, FH	SS, ÜF
TP 42	2.4	40.0	290	25	20	SS, ÜF, FH	SS
TP 617 (Export)	7.0	53.3	1850	.	.	SS, ÜF	ÜF
TP 61	7.3	53.3	1765	45	25	SS, ÜF	SS, ÜF
TP 62	6.0	53.3	1314	60	32	SS, ÜF	SS, ÜF

Torpedos / Torpedoes

Name/ Designation	Länge/ Length m	Durch-messer/ Diameter cm	Gewicht/ Weight kg	Geschwin-digkeit/ Speed kn	Reich-weite/ Range km	Abschuß von/ fired from	Ziel/ target
USA							
Mk 48 mod. 1, 3, 4	5.8	53.3	1579	50	30	SS	SS 750 m
Mk 48 ADCAP	5.8	53.3	1579	65	20	SS	SS 1000 m
NT 37 E (Export)	3.8	48.4	642	35	18	SS	SS, ÜF
Mk 46 mod. 1, 2, 5, 6 Neartip	2.6	32.4	258	45	11	ÜF, FH	SS
Mk 50 ALWT	2.8	32.4	360	55	18	SS	SS
Mk 46 mod. 5	2.6	32.4	258	30	16	FH	SS

U-Jagdwaffen / ASW-Weapons

- Wasserbomben mit Zeitzündung. Ablaufgerüste für mehrere Wasserbomben am Heck/Depth charge with time fuze. Depth-charge release gear at stern for many depth charges.
- Wasserbombenwerfer für je eine Wasserbombe alter Art/Depth charge projector for one depth charge of old type.
- Wabomörser mit Pulverkartusche, ein- oder mehrrohrig/Depth charge mortar with powder cartridge, one or more tubes.
- Vielläufige Raketenwerfer für gleichzeitigen Abschuß kleiner Sprengkörper mit Aufschlagzündung/Multiple rocket launcher for simultaneous firing of small charges with impact-type fuze.
- UAbwehr-Raketenwerfer für mittlere Entfernungen, ein- oder mehrrohrig/Medium range ASW rocket launcher, one or more tubes.

UTR UAbwehrtorpedos mit Zielsuchzünder/ASW torpedos with sosk.
UT Raketenwerfer auf größere Entfernungen für UT - ein- oder mehrrohrig/Long range rocket launcher for UTR, one or more tubes.

	Bezeichnung/ Designation	Kaliber/ Caliber cm	Gewicht/ Weight kg	Reichweite/ Range m	Konstruktions-jahr und -land/ Year and Country of Origin	Rohre/ Launchers	Eingesetzt auf/ Used on
	DTC	30.5	150	100/ 160	17, 40/US	1	allen Typen¹)
	Limbo	30.5	200	800/2000	55/GB	3	D, F
	ELMA	10.0	4.2	400	86/SW	9	PG
	Hedgehog	12.7	26	350	43/US	24	D, F¹)
	Flora	37.5	241	1600	57/SW	4	D, F
	Nelli	37.5	230	3600	66/SW	4	D, F
	Terne III	20.0	120	5000	61/NO	6	D, F, P
	RBU 1000	30.0	190	1000	62/RU	6	C, D
	RBU 1200	25.0	71.5	1200	58/RU	5	F, P, M
	RBU 2500	25.0	.	2500	57/RU	16	D, F
	RBU 6000	25.0	110	6000	62/RU	12	R, C, D, F, P
	RBU 12000	.	250	12000	88/RU	10	R, C
	Asroc	32.4	435	9200	60/US	8	C, D, F
	Malafon	65.0	1442	12000	62/FR	1	C, D
	SS-N-14	135	3930	50000	70/RU	4	R, C, D²)
	SS-N-16	.	.	92600	78/RU	1	Entwickelt aus/ derived from SS-N-15. Mit Suchtorpedo/ with homing torpedo
	SS-N-15	53.3	.	40000	72/RU	1	S²); RPK-2

¹) Veraltet/outmoded
²) Auch mit nu-Kopf/also with nuclear warhead

Einsatzart Typbezeichnung/ Function Designation	Band	Reichweite: Sm/ Max. Sendeleistung: kW / Range: nm/ Transmitter Peak Power: kW	Hersteller / Manufacturer	Bemerkungen / Remarks
China				
Air/Surface Search				
Bean Stick	P	./.	China	DG Luda, FG Jiangwei
Eye Shield	C	50/500	China	DG Luda, FG Jianghu
ESR-1	S	12/.	China	DG Luhu
Rice Screen	C	180/150	China	DG Luda, FG Jiangdong
Frankreich/France				
Air/Surface-Search				
DRBV-15 C	S	170/60	Thomson NCS	
DRBV 21 A	L	60/.	Thomson CSF	
DRBV 22	L	110/2 mW	Thomson CSF	A, C, D, E-versions
DRBV 23	L	110/2 mW	Thomson CSF	B, C-versions
DRBV 26-A, C, D	L	200/2 mW	Thomson CSF	DG Tourville class
DRBV 15 C	S	16/250	Thomson CSF	
DRBV 51	C	16/250	Thomson CSF	A, B, C-versions
DRUA-33	X	20/70	FR	SS
TRS 3033	S	25/10	T-CSF	PG
3 D-Search				
DRBI 10	E, F	140/1-2 mW	Thomsen CSF	RL
DRBJ 11 B	E, F	150/.	Thomsen CSF	DG Cassard
DRBJ 23	L	.	Thomsen CSF	DG Suffren
DRBV 27	L	400/.	T-CSF	DG Horizon
Fire-Control				
DRBC 33 A	X	17/30	Thomsen CSF	DG Cassard
DRBC 32	X	8/80	Thomsen CSF	A, C, D, E-versions
DRBR 51	C	.	Thomsen CSF	Masurca
Deutschland/Germany				
Navigation				
Atlas 1555	.	.	Krupp, Atlas-Elektronik	
3 D-Search				
TRS-3 D/16	G	.	DASA	SF 300, Niels Juel
TRS-3 D/32	G	.	DASA	DEU: Klasse 122, 130
Großbritannien/Great Britain				
Navigation				
Type 1003	.	.	.	SSBN, SSN
Type 1006	X	64/25	Kelvin Hughes	
Type 1007	X	.	Kelvin Hughes	SS
Air/Surface-Search				
Type 967	H, G, I	.	Marconi	Air search Sea Wolf ⍋
Type 968	H, G, I	.	Marconi	Surface search Sea Wolf ⍋
Type 975	X			
Type 978	I	./20	Decca	
Type 996	E, F	.	Plessey	AWS 9 3-D System
Type 992	E/F	30/.		
Type 993	S	30/750		
Type 996 (AWS-9)	S	85/80	Plessey	
Air-Search, early warning				
Type 965 M/966	P	./450	Marconi	DG Type 42
Type 1022	L	225/.	Marconi/Signaal	Invicible Klasse

Einsatzart Typbezeichnung/ Function, Designation	Band	Reichweite: Sm/ Max. Sendeleistung: kW / Range: nm/ Transmitter Peak Power: kW	Hersteller / Manufacturer	Bemerkungen / Remarks
Fire-Control				
Type 903	X	20/.	Sperry/Plessey	11.4, Seacat
Type 904	X	20/.	Sperry/Plessey	Seacat
Type 910	I, J	.	Marconi	Sea Wolf
Type 911	X	.	Marconi	Sea Wolf in Typ 22, Batch 3, Typ 23
International				
APAR	I/J	150/.	Signaal/DASA T-CS, NTC	CA/D/NL: für/for SM-2/ESSM/RAM
EMPAR	G	.	AESN/GEC-Marconi	IT/GB: für/for: SAAM-1/PAAMS
S 1850 L	L/D	./3 MW	Signaal/GEC-Marconi-Martello	DG: Horizon
Israel				
Surface-Search				
EL/M-2207	F	./450	Elta Electronics	
Air/Surface-Search				
EL/M-2208	S, X	./425, 25	Elta Electronics	
Fire-Control				
EL/M-2221	I, J	.	Elta Electronics	Gabriel,
El/M 2228 X	I/J	.	IAI, Elta	
El/M 2228 S	E/F	.	IAI, Elta	
Italien/Italy				
Navigation				
MM/SPN 703	I	./20	SMA	BPS 704 in SS
Air/Surface-Search				
MM/SPQ 2-D	I	/200	SMA	
RAN 10 S (SPS-774)	E, F	35/80	Selenia	small ships
RAN 11/12 L/X	I, J	45/.	Selenia	
RAN-3 L (SPS 768)	D	280/.	Alenia-Elsag	
RAN-30 X	I/J	.	Alenia-Elsag	SP
RAN-20 S	E	270/.	Alenia-Elsag	Niteroi - upgrade
RAN-25/30 S	E/F	.	Alenia-Elsag	
Niederlande/Netherlands				
Navigation				
ZW 06/ZW 07	I	14/60	Hollandse Signaal	
Air/Surface-Search				
LW 02	D	100/500	Hollandse Signaal	many navies
LW 03	D	.	Hollandse Signaal	
LW 08/09	D	145/150	Hollandse Signaal	FG Kortenaer class
DA 05/05 A	E, F	75/1.2 mW	Hollandse Signaal	many navies
DA 08/10	F	110/150	Hollandse Signaal	German FG Typ 122, 123, Typ MEKO 360
3 D Air-Search				
SMART-L	D, I, J	400/.	Hollandse Signaal	DEU/NL
SPS 01	F	long/750	Hollandse Signaal	3 D
Fire-Control				
WM 20-25	I, J	25/.	Hollandse Signaal	

Einsatzart Typbezeichnung/ Function Designation	Band	Reichweite: Sm/ Max. Sendeleistung: kW / Range: nm/ Transmitter Peak Power: kW	Hersteller / Manufacturer	Bemerkungen / Remarks
Rußland/Russia				
Navigation				
Palm Frond	I	.	USSR	
Kivach 3	.	.	USSR	small combatants
Surface-Search				
Pot Head	X	./100	USSR	minor combatants
Nyada/MR-201	X	16/.	USSR	FG, PG, AG, AR
Snoop Tray	X	.	USSR	SS
Snoop Plate	X	./~75	USSR	SS
Long-Range Air-Search				
Head Net C	F	~70/.	USSR	CG/DG
Big Net	L	~200/1.5 MW	USSR	DG Kashin class
Strut Curve	F	.	USSR	FF Grisha
Strut Pair	F	.	USSR	DG Udaloj class, FG
Peel Cone	.	.	USSR	PC Pauk
3 D Air Search				
Top Pair	C, F	.	USSR	CG Kirov, Slava class
Top Sail	C	~300/.	USSR	RB, CG Kara
Top Plate	E	100/.	USSR	DG, FG, AG
Half Plate	E	100/.	USSR	FG, AR
Plate Steer	.	.	USSR	RB: Gorškov
Sky Watch	.	.	USSR	RB: Kuznetsov, Gorškov
Mad Hack	.	.	USSR	AG/AGI
Flat Screen	C	300/.	USSR	Kara: Kerč
Top Steer	E	.	USSR	Slava
Missile Tracking and Control				
Front Door	C	.	USSR	For SS-N-12 ⇨
Peel Group	E, I	40/	USSR	SA-N-1 SAM ⇑
Head Light-C	X/C/S	.	USSR	For SA-N-3 ⇑ and SS-N-14 ⇨, A, B, C-vers.
Pop Group	F, H, I, J	.	USSR	For SA-N-4
Eye Bowl	S	.	USSR	For SA-N-14 ⇑ in CG Kirov, DG Udaloj, FG Krivak
Band Stand	.	.	USSR	DG Sovremennyj, FG Tarantul II, Nanuchka
Top Dome	I/J	.	USSR	For SA-N-6 ⇑ in CG Kirov, vertical launched
Front Dome	C	.	USSR	For SA-N-7 ⇑ in DG Sovremennyj
Cross Sword	K/X	.	RUS	RB, CG, DG, FG
Gun Fire-Control				
Hawk Screech	G	12/150	USSR	7.6
Owl Screech	G	./250	USSR	7.6. Impr. Hawk Screech
Kite Screech	G, I	.	USSR	New 13 $_2$, 10
Muff Cob	G, H, I	.	USSR	5.7; TV-camera
Drum-Tilt		15/.	USSR	PC Stenka
Bass Tilt	H	.	USSR	Gatling gun, 5.7, 7.6
Hot Flash	.	.	USSR	CADS-1
Schweden/Sweden				
Surface-Search				
9 GR 600	I	./200	Philips Elektronik	
Air-Search				
Sea Giraffe 50 HC	C	25/15	Telefon AB Ericson	small PP
Sea Giraffe 100	C	45/15	Telefon AB Ericson	larger PG, PP
Sea Giraffe 150	G	67/60	Telefon AB Ericson	corvettes

Einsatzart Typbezeichnung/ Function Designation	Band	Reichweite: Sm/ Max. Sendeleistung: kW / Range: nm/ Transmitter Peak Power: kW	Hersteller / Manufacturer	Bemerkungen / Remarks
Schweiz/Switzerland				
Surface-Search				
Sea Hunter 4	X	./180	Contraves	
USA				
Surface-Search and Navigation				
PS-10	G, H	32/190-285	Raytheon/Sylvania	To be replaced by SPS 67
SPS-53	I, J	./40	Sperry	Auxiliaries, Coast Guard
SPS-55	I, J	./130	Westinghouse	DD Spruance, FFG 7 class
SPS-64	I/J	.	USA	Coast Guard
SPS-66	D	.	USA	Pulse Doppler
SPS-67	.	.	Northrop	
and numerous smaller ones as LN 66, SPS 51, 57, 59, 60				
BPS 5, 9, 11, 14	I, J	.	USA	Submarine radar, also fire-control
BPS 15/16	X	./50	.	SSBN/SSN
2 D Air-Search				
SPS-29	B, C	250/750	Westinghouse	Coast Guard
SPS-37	B, C	300/.	Westinghouse	CV, CGN, DDG
SPS-40 E	E, F	175/200	Lockheed	Standard US light-weight radar
SPS-49	C, D	250/280	Raytheon	FFG 7 class
SPS-58	D	66/.	Westinghouse	Pulse Doppler
SPS-62	L	./240	Westinghouse	Pulse Doppler
SPS-65	D	.	Westinghouse	Pulse Doppler
3 D Air-Search				
SPS-39	E, F	150/1 mW	Hughes	
SPS-48 E, F	E, F	220/2.2 mW	ITT/Gilfillan	CG
SPS-52 C	E, F	240/.	Hughes	
SPY-1 A/B/D	E, F	.	RCA	AEGIS-System. CG 47 class
Fire-Control				
SYS-2	.	.	.	CG 47, FFG 61, LHD
Mk 35	I, J	./50	General Electric	Associated with Mk 56 fire-control
Mk 91	.	.	Raytheon	Sea Sparrow
MK 92/94	I, J	4/.	Sperry	FFG 7 Coast Guard. From Netherl. WM 20 series
SPG 51	G, I	.	Raytheon	Associated with Mk 73 (SM-1). B, C, D-versions
SPG 52	K	.	Lockheed	Associated with Mk 70 fire-control
SPG 53	I, J	./250	Western Electric	Associated with Mk 68 fire-control
SPG 55 A/B/C	G, H	28/1 mW	Sperry/RCA	Standard-ER illuminator-tracker
SPG 60	I, J	28/.	Lockheed	Standard-MR illuminator-tracker
SPG 62	I, J	.	Raytheon/RCA	AEGIS illuminator
Carrier Aircraft				
SPN 42	I/J	.	.	Replacement for SPN 6
SPN 43	E, F	50/850	.	
SPN 46	I/J	20/.		

Typbezeichnung / Designation	Beschreibung / Description	Einbau / Mounting	Frequency: kHz/ Power: kW	Hersteller / Manufacturer	Schiffstyp / Ship Type
Australien/Australia					
Mulloka HF	Leight weight active scanning	Hull	6-11	EMI, Honeywell	
Deutschland/Germany					
DSQS 21 BZ	Active panoramic A/S	Hull, towed	.	Krupp Atlas-Elektronik	Destroyers, frigates
DSQS 21 C	Active panoramic A/S	Hull, towed	.	Krupp Atlas-Elektronik	Frigates, corvettes
DSQS 23 DG	Active panoramic A/S	Hull, towed	.	Krupp Atlas-Elektronik	Surface Ships
CSU 3	Passive/active/ intercept	Hull	0.3-12	Krupp Atlas-Elektronik	Submarines
PRS 3	Passive ranging	Hull	.	Krupp Atlas-Elektronik	Submarines
PSU 1-2	Passive SS sonar	Hull	.	Krupp Atlas-Elektronik	Small submarines
ASO 4-2 mod.	Active sonar	Hull	.	Krupp Atlas-Elektronik	Small ships
DSQS 11 A	Mine avoidance sonar	Hull	.	Krupp Atlas-Elektronik	Minesweepers
DSQS 11 H	Mine hunting	Hull	.	Krupp Atlas-Elektronik	Minehunters
Frankreich/France					
DUBV V/23 D	Active search/ attack	Bow	4 x ~5/2 x 48	CIT/ALCATEL	Destroyers, frigates
DUBV 43	VDS	Towed	LF	CIT/ALCATEL	A/S escorts
DUBV 24 C	Low frequency panoramic	.	4 x ~5/2 x 24	CIT/ALCATEL	
DUBA 25	Attack	Hull, towed	MF	Thomson CSF	Type A 69, C 70
DUUX 2 A-C	Passive sonar	.	.	CIT/ALCATEL	Submarines
DUUA 2 A	Simultaneous search/attack	.	8.4/30	CIT/ALCATEL	SS Rubis, Agosta
DUUA 2 B	Passive detection	Hull	.	CIT/ALCATEL	SS Agosta class
Diodon	SS detection, target tracking	Hull	11-13/.	Thomson CSF	Export. Small ships
DUBM 41 A	Side looking	Towed	8-10/.	Thomson CSF	Small ships
DUBM 21 A	Mine counter measure	Hull	100/2	Thomson CSF	Minehunters
DUBM 20 B	Active mine hunting	Towed	730/1	Thomson CSF	Minehunters
DUBM 41 B	Side-scan	3 towed bodies	.	Thomson CSF	Minehunters
Großbritannien/Great Britain					
Type 162 M	Side looking	Hull	50/.	Kelvin/Hughes	All major surface ships
Type 184 M	Medium range panoramic	Hull	MF	Graseby	RL, DD, FF
Type 2016	Advanced fleet escort sonar	Hull or Bow	.	Plessey	Invincible class, Type 42
Type 2031 Z	Passive array	Towed	.	.	Surface ships
Type 2001	Active/passive	Hull	.	BAC	Bow array
Type 2007	Long range passive	Hull	.	BAC	Beam array

Typbezeichnung / Designation	Beschreibung / Description	Einbau / Mounting	Frequency: kHz/ Power: kW	Hersteller / Manufacturer	Schiffstyp / Ship Type
Type 2019		Hull	.	EMI	SS
Type 2020	Passive	Hull	.	Plessey	SSN
Type 2023	Linear passive array	Towed	.	.	SSBN. Copy of US BQR 15
Type 2040	Active/passive	Hull	.	.	SS Upholder
Type 2046	Passive	Hull/Towed	.	Ferranti-Thomson	SSN
Type 2050	Towed array	Towed	5.5-7.5/.	Plessey/McMichael	Type 23, 42, SS
Type 2054		Hull	.	GEC-Marconi	SB Vanguard
Type 2076		Hull	.	FTSS	SS Trafalgar
Type 2074		Hull	LF	GEC-Marconi	SSN
Type 2087	low frequency	Towed	LF/VLF	.	Surface Ships
Type 2078	LF	Hull	.	.	SSN
active sonar					
Type 2093	Mine hunting	.	HF	GEC Marconi	MCMV's
Type 193	Acousting mine hunting	Hull	HF	Plessey	Vosper minehunters. 193 M-version
AQS 951	Dropping	.	.	FTSS	Merlin
Niederlande/Netherlands					
PHS 32-36	High performance search/attack	Hull	.	Hollandse Signaal	FG J. v. Heemskerck, M class
USA					
SQQ 14	Mine hunting and classification	Hull	.	General Electric	MCM
SQQ 23	Long range active (dual dome)	Hull	.	Sperry	AS patrol ships
SQQ 32	Mine hunting	Towed	.	Raytheon/ Thomson/Simtra	Avenger, Osprey
SQR 18 A	Passive towed array (TACTAS)	Towed	.	EDO	FFG 7 class
SQR 19	Improved TACTAS	Towed	.	.	CG 47, DD 963, FFG 7 class
SQS 38	Medium range	Hull	LF	EDO	US CG cutters
SQS 56	Medium range	Hull	MF	Raytheon	FFG 7 class
SURTASS UQQ 2	Surveillance Towed-Array-Sonar System	Towed	.	.	T-AGOS 1 class
BQQ 5	Active/passive	Hull	.	Hughes/GE/IBM/ Raytheon	SSN 688 class
BQQ 6	Passive	Hull	.	IBM	SSBN 726 class
BQR 2 B	Passive	Hull	.	EDO	Submarines
BQR 19	Active, short-range, navigation set	Hull	HF	Raytheon	SSBNs FBM-unique sonar system
BQR 21	DIMUS (Digital Multi-Beam Steering)	Hull	.	Honeywell	SSBNs FBM - unique sonar system
BQR 23	.	Hull	.	Honeywell	SSBN 726 Kl.
BQS 13	Passive/active search	Hull	LF	Raytheon	Later SSNs
BQS 15	Under ice navigation	Hull	HF	.	Later SSNs 688 Kl.
BQS 24	Under ice mine avoidance set	Hull	HF	.	Later SSNs

Land/ Country	Stärke/ Strength	Gliederung/Organisation Div.	Brig./Rgt.	Btl.	Komp.	Sonstige Angaben/ Remarks
Argentinien	4 000		2	2		*Infanteria de Marina*
Bolivien	600			2		*Batallon „Almirante Grau"*
Brasilien	14 600	1				*„Corpo de Fuzileiros Navais"*
Chile	5 200			5		*„Infanteria de Marina"*
China	6 000		3			
Ecuador	1 500			3		
El Salvador	1 000			1		
Frankreich	8000	1				Commandos *(Fusiliers marins)*
Griechenland	2000 +					
Großbritannien	7 400		1			*„Royal Marines"*
Guatemala	700			2		*Infanteria de Marina*
Honduras	600			1		
Indien	1 000		1			
Indonesien	12 000		3			
Israel	600					Naval commandos
Italien	800			1		*Lagunari*
Kolumbien	6 800		2			*„Infanteria de Marina de la Armada"*
Korea (Republik)	~25 000	2	1			
Kuba	550			1		
Marokko	1 500			3		
Mexiko	7 500		1	1	35	*Infanteria de Marina*
Niederlande	4 000			3	1	*Korps Mariniers*
Paraguay	500			1		
Peru	5 000		1	5		*Infanteria de Marina*
Philippinen	8 000			14		
Polen	4 000		1	5	2	
Portugal	2 500			3	1	*Fuzileiros Navais*
Rußland/Russia	9 000		4			*„Morskaia Pekhota"*
Saudi Arabien	1 200		1			
Spanien	7 000		1/5	6		*„Infanteria de Marina"*
Taiwan	30 000	2				
Thailand	20 500	2				
Türkei	4 000		1			*Amfibi Deniz Piyade*
Uruguay	600			1		*Fusileros Navales*
USA	172 600	3	6			*„United States Marine Corps"* +3 Air Wings Reserves: 1 Div + 1 Air Wing
Venezuela	6 000			8	3	*„Infanteria de Marina"*
Vietnam	25 000		6			

Fuß [′] in Meter [m] / Foot [′] in Meter [m]

1′ = 0,304 794 492 m, 1 Yard = 3′ = 0,914 383 476 m

Fuß	0	1	2	3	4	5	6	7	8	9
0	0,000	0,305	0,610	0,914	1,219	1,524	1,829	2,134	2,438	2,743
10	3,048	3,353	3,658	3,962	4,267	4,572	4,877	5,182	5,486	5,791
20	6,096	6,401	6,706	7,010	7,315	7,620	7,925	8,230	8,534	8,839
30	9,144	9,449	9,753	10,058	10,363	10,688	10,973	11,277	11,582	11,887
40	12,192	12,497	12,801	13.106	13,411	13,716	14,021	14,325	14,630	14,935
50	15,240	15,545	15,849	16,154	16,459	16,764	17,068	17,373	17,678	17,983
60	18,288	18,592	18,879	19,202	19,507	19,812	20,116	20,421	20,726	21,031
70	21,336	21,640	21,945	22,250	22,555	22,860	23,164	23,469	23,774	24,079
80	24,384	24,688	24,993	25,298	25,603	25,908	26,212	26,517	26,822	27,127
90	27,432	27,736	28,041	28,346	28,651	28,956	29,260	29,565	29,870	30,175
100	30,480	30,784	31,089	31,394	31,699	32,004	32,308	32,613	32,918	33,223
110	33,528	33,832	34,137	34,442	34,747	35,052	35,356	35,661	35,966	36,271
120	36,576	36,880	37,185	37,490	37.795	38,100	38,404	38,709	39,014	39,319
130	39,624	39,928	40,233	40,538	40,843	41,148	41,452	41,757	42,062	42,367
140	42,672	42,976	43,281	43,586	43,891	44,196	44,500	44,805	45,110	45,415
150	45,720	46,024	46,329	46,634	46,939	47,244	47,548	47,853	48,158	48,463
160	48,768	49,072	49,377	49,682	49,987	50,292	50,596	50,901	51,206	51,511
170	51,816	52,120	52,425	52,730	53,035	53,340	53,644	53,949	54,254	54,559
180	54,863	55,168	55,473	55,778	56,083	56,388	56,693	56,998	57,302	57,607
190	57,911	58,216	58,521	58,825	59,130	59,435	59,740	60,045	60,349	60,654
200	60,959	61,264	61,568	61,873	62,178	62,483	62,788	63,092	63,397	63,702
210	64,007	64,312	64,616	64,921	65,226	65,531	65,836	66,140	66,445	66,750
220	67,055	67,360	67,664	67,969	68,274	68,579	68,884	69,188	69,493	69,798
230	70,103	70,408	70,712	71,017	71,322	71,627	71,932	72,236	72,541	72,846
240	73,151	73,455	73,760	74,065	74,370	74,675	74,979	75,284	75,589	75,894
250	76,199	76,503	76,808	77,113	77,418	77,722	78,027	78,332	78,637	78,942
260	79,246	79,551	79,856	80,161	80,466	80,770	81,075	81,380	81,685	81,990
270	82,294	82,600	82,904	83,209	83,514	83,818	84,123	84,430	84,733	85,038
280	85,342	85,647	85,952	86,257	86,561	86,866	87,171	87,476	87,781	88,085
290	88,390	88,695	89,000	89,305	89,609	89,914	90,219	90,524	90,829	91.133
300	91,438	91,743	92,048	92,353	92,657	92,962	93,267	93,572	93,877	94,181
310	94.486	94,791	95,096	95,401	95,705	96,010	96,315	96,620	96,924	97,299
320	97,534	97,839	98,144	98,448	98,753	99,058	99,363	99,698	99,972	100,28
330	100,58	100,89	101,19	101,50	101,80	102,11	102,41	102,72	103,02	103,32
340	103,63	103,93	104,24	104,54	104,85	105,15	105,46	105,76	106,07	106,37
350	106,68	106,98	107,29	107,59	107,90	108,20	108,51	108,81	109,12	109,42
360	109,73	110,03	110,33	110,64	110,94	111,25	111,55	111.86	112,16	112,47
370	112,77	113,08	113,38	113,69	113,99	114,30	114,60	114,91	115,21	115,52
380	115.82	116,13	116,43	116,74	117,04	117,35	117,65	117,95	118,26	118,56
390	118,87	119,17	119,48	119,78	120,09	120,39	120,70	121,00	121,31	121,61
400	121,92	122,22	122,53	122,83	123,14	123,44	123,74	124,05	124,35	124,66
410	124,96	125,27	125,57	125,88	126,18	126,45	126,79	127,09	127,40	127,71
420	128,01	128,32	128,62	128,93	129,23	129,54	129,84	130,15	130,45	130,76
430	131,06	131,36	131,67	131,98	132,28	132,58	132,89	133,19	133,50	133,80
440	134,11	134,41	134,72	135,02	135,33	135,63	135,94	136,24	136,55	136,85
450	137,16	137,46	137,77	138,07	138,38	138,68	138,99	139,29	139,59	139,90
460	140,20	140,51	140,81	141,12	141,42	141,73	142,03	142,34	142,64	142,95
470	143,25	143,56	143,86	144,17	144,47	144,78	145,08	145,39	145,70	145,99
480	146,30	146,61	146,91	147,22	147,52	147,83	148,13	148,43	148,74	149,04
490	149,35	149,65	149,96	150,26	150,57	150,87	151,18	151,48	151,79	152,09

Fuß	0	1	2	3	4	5	6	7	8	9
500	152,40	152,70	153,01	153,31	153,62	153,92	154,23	154,53	154,83	155,14
510	155,45	155,75	156,05	156,36	156,66	156,97	157,27	157,58	157,88	158,19
520	158,49	158,79	159,10	159,41	159,71	160,02	160,32	160,63	160,93	161,24
530	161,54	161,85	162,15	162,45	162,76	163,07	163,37	163,67	163,98	164,28
540	164,59	164,89	165,20	165,50	165,81	166,11	166,42	166,72	167,03	167,33
550	167,64	167,94	168,25	168,55	168,86	169,16	169,47	169,77	170,08	170,38
560	170,68	170,98	171,29	171,59	171,90	172,20	172,51	172,81	173,12	173,42
570	173,73	174,03	174,34	174,64	174,95	175,25	175,56	175,86	176,17	176,47
580	176,78	177,08	177,39	177,69	178,00	178,30	178,61	178,91	179,22	179,52
590	179,83	180,13	180,44	180,74	181,05	181,35	181,66	181,96	182,27	182,57
600	182,88	183,18	183,49	183,79	184,10	184,40	184,71	185,01	185,32	185,62
610	185,92	186,22	186,53	186,83	187,14	187,44	187,75	188,05	188,36	188,66
620	188,97	189,27	189,58	189,88	190,19	190,49	190,80	191,10	191,41	191,71
630	192,02	192,32	192,63	192,93	193,24	193,54	193,85	194,15	194,46	194,76
640	195,07	195,37	195,68	195,98	196,29	196,59	196,90	197,20	197,51	197,81
650	198,12	198,42	198,73	199,03	199,34	199,64	199,95	200,25	200,56	200,86
660	201,16	201,46	201,77	202,07	202,38	202,68	202,99	203,29	203,60	203,90
670	204,21	204,51	204,82	205,12	205,43	205,73	206,04	206,34	206,65	206,95
680	207,26	207,56	207,87	208,17	208,48	208,78	209,09	209,39	209,70	210,00
690	210,31	210,61	210,92	211,22	211,53	211,83	212,14	212,44	212,75	213,05
700	213,36	213,66	213,97	214,27	214,58	214,88	215,19	215,49	215,80	216,10
710	216,40	216,70	217,01	217,31	217,62	217,92	218,23	218,53	218,84	219,14
720	219,45	219,75	220,06	220,36	220,67	220,97	221,28	221,58	221,89	222,19
730	222,50	222,80	223,11	223,41	223,72	224,02	224,33	224,63	224,94	225,24
740	225,55	225,85	226,16	226,46	226,77	227,07	227,38	227,68	227,99	228,29
750	228,60	228,90	229,21	229,51	229,82	230,12	230,43	230,73	231,04	231,34
760	231,64	231,94	232,25	232,55	232,86	233,16	233,47	233,77	234,08	234,38
770	234,69	234,99	235,30	235,60	235,91	236,21	236,52	236,82	237,13	237,43
780	237,74	238,04	238,35	238,65	238,96	239,26	239,57	239,87	240,18	240,48
790	240,79	241,09	241,40	241,70	242,01	242,31	242,62	242,92	243,23	243,53
800	243,84	244,14	244,45	244,75	245,06	245,36	245,67	245,97	246,28	246,58
810	246,88	247,18	247,49	247,79	248,10	248,40	248,71	249,01	249,32	249,62
820	249,93	250,23	250,54	250,84	251,15	251,45	251,76	252,06	252,37	252,67
830	252,98	253,28	253,59	253,89	254,20	254,50	254,81	255,11	255,42	255,72
840	256,03	256,33	256,64	256,94	257,25	257,55	257,86	258,16	258,47	258,77
850	259,08	259,38	259,69	259,99	260,30	260,60	260,91	261,21	261,52	261,82
860	262,12	262,42	262,73	263,03	263,34	263,64	263,95	264,25	264,56	264,86
870	265,17	265,47	265,77	266,08	266,38	266,69	267,00	267,30	267,61	267,91
880	268,22	268,52	268,83	269,13	269,44	269,74	270,05	270,35	270,66	270,96
890	271,27	271,57	271,88	272,18	272,49	272,79	273,10	273,40	273,71	274,01
900	274,32	274,62	274,93	275,23	275,54	275,84	276,15	276,45	276,76	277,06
910	277,36	277,66	277,97	278,27	278,58	278,88	279,19	279,49	279,80	280,10
920	280,41	280,71	281,02	281,32	281,63	281,93	282,24	282,54	282,85	283,15
930	283,46	283,76	284,07	284,37	284,68	284,98	285,29	285,59	285,90	286,20
940	286,51	286,81	287,12	287,42	287,73	288,03	288,34	288,64	288,95	289,25
950	289,56	289,86	290,17	290,47	290,78	291,08	291,39	291,69	292,00	292,30
960	292,60	292,90	293,21	293,51	293,82	294,12	294,43	294,73	295,04	295,34
970	295,65	295,95	296,26	296,56	296,87	297,17	297,48	297,78	298,09	298,39
980	298,70	299,00	299,31	299,61	299,92	300,22	300,53	300,83	301,14	301,44
990	301,75	302,05	302,36	302,66	302,97	303,27	303,58	303,88	304,19	304,49

Meter [m] in Fuß [′] und Zoll [″] / Meter [m] in Foot [′] and Inch [″]

m	0 ′	0 ″	0.1 ′	0.1 ″	0.2 ′	0.2 ″	0.3 ′	0.3 ″	0.4 ′	0.4 ″	0.5 ′	0.5 ″	0.6 ′	0.6 ″	0.7 ′	0.7 ″	0.8 ′	0.8 ″	0.9 ′	0.9 ″
0	0	0	0	4	0	8	1	0	1	4	1	8	2	0	2	4	2	8	2	11
1	3	3	3	7	3	11	4	3	4	7	4	11	5	3	5	7	5	11	6	3
2	6	7	6	11	7	3	7	7	7	11	8	2	8	6	8	10	9	2	9	6
3	9	10	10	2	10	6	10	10	11	2	11	6	11	10	12	2	12	6	12	10
4	13	1	13	5	13	9	14	1	14	5	14	9	15	1	15	5	15	9	16	1
5	16	5	16	9	17	1	17	5	17	9	18	1	18	4	18	8	19	0	19	4
6	19	8	20	0	20	4	20	8	21	0	21	4	21	8	22	0	22	4	22	8
7	23	0	23	4	23	8	23	11	24	3	24	7	24	11	25	3	25	7	25	11
8	26	3	26	7	26	11	27	3	27	7	27	11	28	3	28	7	28	10	29	2
9	29	6	29	10	30	2	30	6	30	10	31	2	31	6	31	10	32	2	32	6
10	32	10	33	2	33	6	33	10	34	1	34	5	34	9	35	1	35	5	35	9
11	36	1	36	5	36	9	37	1	37	5	37	9	38	1	38	5	38	9	39	1
12	39	4	39	8	40	0	40	4	40	8	41	0	41	4	41	8	42	0	42	4
13	42	8	43	0	43	4	43	8	44	0	44	3	44	7	44	11	45	3	45	7
14	45	11	46	3	46	7	46	11	47	3	47	7	47	11	48	3	48	7	48	11
15	49	3	49	7	49	11	50	2	50	6	50	10	51	2	51	6	51	10	52	2
16	52	6	52	10	53	2	53	6	53	10	54	2	54	6	54	9	55	1	55	5
17	55	9	56	1	56	5	56	9	57	1	57	5	57	9	58	1	58	5	58	9
18	59	1	59	5	59	9	60	0	60	4	60	8	61	0	61	4	61	8	62	0
19	62	4	62	8	63	0	63	4	63	8	64	0	64	4	64	8	65	0	65	3
20	65	7	65	11	66	3	66	7	66	11	67	3	67	7	67	11	68	3	68	7
21	68	11	69	3	69	7	69	11	70	3	70	7	70	10	71	2	71	6	71	10
22	72	2	72	6	72	10	73	2	73	6	73	10	74	2	74	6	74	10	75	2
23	75	6	75	9	76	1	76	5	76	9	77	1	77	5	77	9	78	1	78	5
24	78	9	79	1	79	5	79	9	80	1	80	5	80	9	81	0	81	4	81	8
25	82	0	82	4	82	8	83	0	83	4	83	8	84	0	84	4	84	8	85	0
26	85	4	85	8	85	11	86	3	86	7	86	11	87	3	87	7	87	11	88	3
27	88	7	88	11	89	3	89	7	89	11	90	3	90	7	90	11	91	2	91	6
28	91	10	92	2	92	6	92	10	93	2	93	6	93	10	94	2	94	6	94	10
29	95	2	95	6	95	10	96	2	96	5	96	9	97	1	97	5	97	9	98	1
30	98	5	98	9	99	1	99	5	99	9	100	1	100	5	100	9	101	1	101	5
31	101	8	102	0	102	4	102	8	103	0	103	4	103	8	104	0	104	4	104	8
32	105	0	105	4	105	8	106	0	106	4	106	8	106	11	107	3	107	7	107	11
33	108	3	108	7	108	11	109	3	109	7	109	11	110	3	110	7	110	11	111	3
34	111	7	111	11	112	2	112	6	112	10	113	2	113	6	113	10	114	2	114	6
35	114	10	115	2	115	6	115	10	116	2	116	6	116	10	117	2	117	5	117	9
36	118	1	118	5	118	9	119	1	119	5	119	9	120	1	120	5	120	9	121	1
37	121	5	121	9	122	1	122	5	122	8	123	0	123	4	123	8	124	0	124	4
38	124	8	125	0	125	4	125	8	126	0	126	4	126	8	127	0	127	4	127	8
39	128	0	128	3	128	7	128	11	129	3	129	7	129	11	130	3	130	7	130	11
40	131	3	131	7	131	11	132	3	132	7	132	10	133	2	133	6	133	10	134	2
41	134	6	134	10	135	2	135	6	135	10	136	2	136	6	136	10	137	2	137	6
42	137	10	138	1	138	5	138	9	139	1	139	5	139	9	140	1	140	5	140	9
43	141	1	141	5	141	9	142	1	142	5	142	9	143	1	143	4	143	8	144	0
44	144	4	144	8	145	0	145	4	145	8	146	0	146	4	146	8	147	0	147	4
45	147	8	148	0	148	4	148	8	148	11	149	3	149	7	149	11	150	3	150	7
46	150	11	151	3	151	7	151	11	152	3	152	7	152	11	153	3	153	7	153	10
47	154	2	154	6	154	10	155	2	155	6	155	10	156	2	156	6	156	10	157	2
48	157	6	157	10	158	2	158	6	158	10	159	1	159	5	159	9	160	1	160	5
49	160	9	161	1	161	5	161	9	162	1	162	5	162	9	163	1	163	5	163	9

m	0 ′	0 ″	1 ′	1 ″	2 ′	2 ″	3 ′	3 ″	4 ′	4 ″	5 ′	5 ″	6 ′	6 ″	7 ′	7 ″	8 ′	8 ″	9 ′	9 ″
50	164	1	167	4	170	7	173	11	177	2	180	5	183	9	187	0	190	3	193	7
60	196	10	200	2	203	5	206	8	210	0	213	3	216	6	219	10	223	1	226	5
70	229	8	232	11	236	3	239	6	242	9	246	1	249	4	252	8	255	11	259	2
80	262	6	265	9	269	0	272	4	275	7	278	10	282	2	285	5	288	9	292	0
90	295	3	298	7	301	10	305	1	308	5	311	8	314	11	318	3	321	6	324	10
100	328	1	331	4	334	8	337	11	341	2	344	6	347	9	351	1	354	4	357	7
110	360	11	364	2	367	5	370	9	374	0	377	4	380	7	383	11	387	2	390	5
120	393	8	397	0	400	3	403	7	406	10	410	1	413	5	416	8	419	11	423	3
130	426	6	429	9	433	1	436	4	439	8	442	11	446	2	449	6	452	9	456	0
140	459	4	462	7	465	11	469	2	472	5	475	9	479	0	482	3	485	7	488	10
150	492	2	495	5	498	8	502	0	505	3	508	6	511	10	515	1	518	4	521	8
160	524	11	528	3	531	6	534	9	538	1	541	4	544	7	547	11	551	2	554	6
170	557	9	561	0	564	4	567	7	570	10	574	2	577	5	580	9	584	0	587	3
180	590	7	593	10	597	1	600	5	603	8	606	11	610	3	613	6	616	10	620	1
190	623	4	626	8	629	11	633	2	636	6	639	9	643	1	646	4	649	7	652	11
200	656	2	659	5	662	9	666	0	669	4	672	7	675	10	679	2	682	5	685	8
210	689	0	692	3	695	7	698	10	702	1	705	5	708	8	711	11	715	3	718	6
220	721	9	725	1	728	4	731	8	734	11	738	2	741	6	744	9	748	0	751	4
230	754	7	757	11	761	2	764	5	767	9	771	0	774	3	777	7	780	10	784	1
240	787	5	790	8	793	11	797	3	800	6	803	10	807	1	810	4	813	8	816	11
250	820	3	823	5	826	9	830	1	833	4	836	7	839	11	843	2	846	5	849	9
260	853	0	856	4	859	7	862	10	866	2	869	5	872	8	876	0	879	3	882	7
270	885	10	889	1	892	5	895	8	898	11	902	3	905	6	908	10	912	1	915	4
280	918	8	921	11	925	2	928	6	931	9	935	0	938	4	941	7	944	11	948	2
290	951	5	954	9	958	0	961	3	964	7	967	10	971	2	974	5	977	8	981	0
300	984	3	987	6	990	10	994	1	997	5	1000	8	1003	11	1007	3	1010	6	1013	9
310	1017	1	1020	4	1023	7	1026	11	1030	2	1033	6	1036	9	1040	0	1043	4	1046	7
320	1049	10	1053	2	1056	5	1059	9	1063	0	1066	3	1069	7	1072	10	1076	2	1079	5
330	1082	8	1085	11	1089	3	1092	6	1095	10	1099	1	1102	4	1105	8	1108	11	1112	3
340	1116	6	1118	9	1122	1	1125	4	1128	7	1131	11	1135	2	1138	6	1141	9	1145	0
350	1148	4	1151	7	1154	10	1158	2	1161	5	1164	8	1168	0	1171	3	1174	7	1177	10
360	1181	1	1184	5	1187	8	1190	11	1194	3	1197	6	1200	9	1204	1	1207	4	1210	8
370	1213	11	1217	2	1220	6	1223	9	1227	0	1230	4	1233	7	1236	11	1240	2	1243	5
380	1246	9	1250	0	1253	3	1256	7	1259	10	1263	1	1266	5	1269	8	1273	0	1276	3
390	1279	7	1282	10	1286	2	1289	5	1292	8	1296	0	1299	3	1302	7	1305	10	1309	1
400	1312	4	1315	7	1318	11	1322	2	1325	6	1328	9	1332	0	1335	4	1338	7	1341	10
410	1345	2	1348	5	1351	9	1355	0	1358	3	1361	7	1364	10	1368	1	1371	5	1374	8
420	1377	11	1381	3	1384	6	1387	10	1391	1	1394	4	1397	8	1400	11	1404	3	1407	6
430	1410	9	1414	0	1417	4	1420	7	1423	11	1427	2	1430	5	1433	9	1437	0	1440	3
440	1443	7	1446	10	1450	2	1453	5	1456	8	1460	0	1463	3	1466	6	1469	10	1473	1
450	1476	5	1479	8	1482	11	1486	3	1489	6	1492	9	1496	1	1499	4	1502	8	1505	11
460	1509	2	1512	6	1515	9	1519	0	1522	4	1525	7	1528	11	1532	2	1535	5	1538	9
470	1542	0	1545	3	1548	7	1551	10	1555	1	1558	5	1561	8	1565	0	1568	3	1571	6
480	1574	10	1578	1	1581	4	1584	8	1587	11	1591	3	1594	6	1597	9	1601	1	1604	4
490	1607	7	1610	11	1614	2	1617	5	1620	9	1624	0	1627	4	1630	7	1633	10	1637	2

Schiffsnamenverzeichnis / General Index

ab Antigua und Barbuda
ag Algerien / Algeria
al Albanien / Albania
an Anguilla
ao Angola
ar Argentinien / Argentina
au Australien / Australia
eg Ägypten / Egypt
ba Bahamas
bd Barbados
be Belgien / Belgium
bg Bangladesch / Bangladesh
bh Bahrein / Bahrain
bi Brunei Darussalam
bl Bolivien/Bolivia
bm Bermuda
bn Benin
br Brasilien / Brazil
bu Bulgarien / Bulgaria
bz Belize
ca Canada
ch Chile
ci China
ck Cook-Inseln / Cook Islands
co Columbien / Colombia
ct Costarica / Costa Rica
cu Cuba
db Deutschland / Germany
de Dänemark / Denmark
do Dominikanische Republik / Dominikan Republik
ds Dschibuti / Jibuti
ec Ecuador
el Elfenbeinküste / Ivory Coast
es El Salvador
et Estland/Estonia
fd Fidschi/Fiji
fi Finnland/Finland
fr Frankreich / France
ga Gabun / Gaboon
gb Großbritannien / Great Britain
gh Ghana
gi Guinea
gm Gambia
gn Grenada
gr Griechenland / Greece
gs Guinea-Bissau
gu Guatemala
gy Guyana
ha Haiti
hk Hong Kong
ho Honduras
ia Iran
id Indonesien / Indonesia
ik Irak / Iraq
il Israel
in Indien / India
ir Irland / Ireland
is Island / Iceland
it Italien / Italy
ja Japan
je Jemen / Yemen
ji Jungfern-Inseln / Virgin Islands
jm Jamaika / Jamaica
jo Jordanien / Jordan
ju Jugoslawien / Yugoslavia
ka Kenia / Kenya
kg Kongo / Congo
km Kamerun / Cameroon
kn Korea-Nord / Korea-North
ko Komoren / Comoro Islands
kr Kroatien / Croatia
ks Korea-Süd / Korea-South
ku Kuwait
kz Kasachstan / Kazakhstan
kv Kapverden / Cape Verde
lb Libanon / Lebanon
le Lettland / Latvia
li Liberia
lt Litauen / Lithuania
ly Libyen / Libya
ma Malaysia
me Mexico
mg Madagaskar / Malagasy
mi Marshall-Inseln / Marshall Islands
ml Malta
mn Mikronesien / Micronesia
mo Marokko / Morocco
mt Mauretanien / Mauretania
mu Mauritius
mw Malawi
my Myanmar
na Namibia
nc Nicaragua
ni Nigeria
nl Niederlande / Netherlands
no Norwegen / Norway
ns Neuseeland / New Zeeland
nt NATO
om Oman
os Österreich/Austria
pa Pakistan
pe Peru
pg Papua-Neu-Guinea / Papua-New-Guinea
ph Philippinen / Philippines
pl Polen / Poland
pn Panama
po Portugal
py Paraguay
qu Qatar
rm Rumänien / Romania
ru Rußland/Russia
sa Saudi-Arabien / Saudi-Arabia
sc Saint Lucia
se Seschellen / Seyschelles
sg Senegal
sh Sabah
si Singapur / Singapore
sk Sri Lanka
sl Sierra Leone
sm Salomonen / Solomon Islands
sn Sudan
so Südafrika / South Africa
sp Spanien / Spain
sr Surinam
st Saint Kitts
sv Saint Vincent and the Grenadines
sw Schweden / Sweden
sy Syrien/Syria
sx Slowenien / Slovenia
sz Schweiz / Switzerland
ta Tansania/Tanzania
tg Tonga
th Thailand
ti Trinidad und Tobago / Trinidad and Tobago
tn Tunesien / Tunisia
to Togo
tu Türkei/Turkey
tw Taiwan
ug Ungarn / Hungaria
uk Ukraine
ur Uruguay
us USA
va Vereinigte Arabische Emirate / United Arab Emirates
ve Venezuela
vn Vietnam
vu Vanuatu
ws West-Samoa / Western Samoa
za Zaïre
zt Zypern/Cyprus Turkish Republic
zy Zypern / Cyprus, Republic

Nur bei amerikanischen Schiffen ist hinter dem Schiffsnamen / die Kennung angegeben, da diese einen Teil des Schiffsnamens bildet.
Mit römischen Zahlen bezeichnete Schiffe sind nicht berücksichtigt. Schiffe, deren Namen eine Zahl vorangesetzt ist, befinden sich am Ende des Schiffsnamenverzeichnisses.

Only United Staates ships are indexed by type and serial number, as well as by name, because the number is a part of the ship's name.
Ships with roman numerals for names are not indexed, Ships whose name begin with a number are to be found at the end of this register.

Bundesrepublik Deutschland

Bundesflagge | Marine | Dienstflagge

Admiral | Vizeadmiral | Konteradmiral | Flottillenadmiral

Ägypten N | Ägypten K | Albanien N | Albanien K | Algerien N

Algerien K | Angola N | Anguilla K | Antigua, Barbuda | Äquatorialguinea

Argentinien K | Aserbaidschan N | Australien N | Australien K | Bahamas N

Bahamas K | Bahrein N | Bangladesch N | Bangladesch K | Barbados N

Barbados K | Belgien N | Belgien K | Belize N/K | Benin N

Bermudas K | Bolivien | Bolivien K | Brasilien N | Brunei Darussal.N

Brunei K | Bulgarien H | Bulgarien K | Chile N | China N

China K | Cook-Inseln N | Costa Rica K | Dänemark H | Dänemark K

Dominica N | Dominikan.Rep.K | Dschibuti N | Ecuador K | Elfenbeinküste N

El Salvador K
Eritrea N
Estland N
Estland K
Faroer N
Fidschi K
Finnland H
Finnland K
Frankreich N
Gabun N
Gambia N
Georgien N
Ghana N
Ghana K
Grenada K
Griechenland N
Großbritannien N
Großbritannien K
Royal Fleet Auxiliary
Guatemala K
Guinea N
Guinea-Bissau N
Guyana H
Haiti K
Honduras N
Indien N
Indien K
Indonesien N
Irak N
Iran N
Irland N
Island H
Island K
Israel N
Israel K
Italien K
Italien N
Jamaika N
Jamaika K
Japan H
Japan K
Jemen N
Jordanien N
Jordanien K
Jugoslawien K
Jungfern Inseln N
Kambodscha N
Kamerun N
Kanada N
Kap Verde N
Kasachstan K
Kenia N
Kenia K
Kiribati N
Kolumbien K

Komoren N
Kongo N
Kongo, Dem.Rep. N
Korea, Rep. N
Korea, Rep. K
Kora/Nord N
Kroatien N
Kuba N
Kuweit N
Lettland N
Lettland K
Libanon N
Liberia N
Libyen N
Litauen N
Litauen K
Madagaskar N
Malaysia N
Malaysia K
Malediven N
Malta N
Malta H
Marokko K
Marshallinseln N
Mauretanien N
Mauritius K
Mexiko N
Mikronesien N
Mosambik N
Myanmar K
Namibia N
NATO
Neuseeland N
Neuseeland K
Nauru N
Nicaragua N
Niederlande N
Nigeria N
Nigeria K
Norwegen H
Norwegen K
Oman K
Österreich N
Österreich K
Pakistan K
Palau N
Panama N
Papua-Neuguinea K
Paraguay N
Peru K
Philippinen N
Polen N
Polen K
Portugal N
Qatar N

Rumänien N
Rußland N
Rußland K
Rußland Grenzwache
Salomonen N
Samoa (West) N
Sào Tomé u.Principe N
Saudi Arabien N
Saudi Arabien K
Schweden H
Schweden K
Schweiz
Senegal N
Seychellen N
Sierre Leone K
Singapur N
Singapur K
Slowenien N
Somalia N
Spanien N
~~Südafrika~~ N Sri Lanka
~~Südafrika~~ K
St. Kitts-Nevis K
St. Lucia N
St.Vincent u.d.Grena
~~Taiwan K~~ Südafrika N
Südafrika K
Sudan N
Suriname N
Syrien N
Taiwan K
Tansania N
Tansania K
Thailand H
Thailand K
Togo N
Tonga N
Tonga K
Tobago K
Tunesien N
Türkei N
Turkmenistan N
Turks u.Caicos N
Tuvalu N
Ungarn N
Ukraine N
Ukraine K
Uruguay N
USA N
Vanuatu K
Venezuela K
Ver.Arab.Emirate N
Vietnam N
Weißrußland N
Zypern N

A

B

E

F

H

I

J

L

M

P

Q

R

S

T

W

X

Y

Umfang: XXXII+886 Seiten

Herstellung und Layout: Walter Amann, München
Satz/Lithos: FIBO Druck und Verlags GmbH, München
Gebr. Parcus KG, München
Repro GmbH, Essenbach
Druck und Bindung: Konkordia Druck GmbH, Bühl
Printed in Germany

ISBN 3-7637-4515-7